|山东省实用水文预报方案丛书|

山东省重要河道预报断面
实用水文预报方案

王 松　刘小虎　李 栋　王 凯　于传宁　赵庆鲁　李 珂◎著

河海大学出版社
HOHAI UNIVERSITY PRESS
·南京·

图书在版编目（CIP）数据

山东省重要河道预报断面实用水文预报方案 / 王松等著. --南京：河海大学出版社, 2023.11
（山东省实用水文预报方案丛书）
ISBN 978-7-5630-7779-3

Ⅰ.①山… Ⅱ.①王… Ⅲ.①河道—水文预报—方案—山东 Ⅳ.①P338

中国版本图书馆CIP数据核字（2022）第207784号

书　　名	山东省重要河道预报断面实用水文预报方案 SHANDONG SHENG ZHONGYAO HEDAO YUBAO DUANMIAN SHIYONG SHUIWEN YUBAO FANG'AN
书　　号	ISBN 978-7-5630-7779-3
责任编辑	章玉霞
特约校对	袁　蓉
装帧设计	徐娟娟
出版发行	河海大学出版社
地　　址	南京市西康路1号　（邮编：210098）
网　　址	http://www.hhup.com
电　　话	（025）83737852（总编室） （025）83722833（发行部）
经　　销	江苏省新华发行集团有限公司
排　　版	南京布克文化发展有限公司
印　　刷	广东虎彩云印刷有限公司
开　　本	787 mm × 1092 mm　1/8
印　　张	67
字　　数	1666千字
版　　次	2023年11月第1版
印　　次	2023年11月第1次印刷
定　　价	1700.00元

前　言

水文预报是一项重要的防洪减灾非工程措施，水文预报方案是作业预报的基本依据和重要手段。近年来山东省暴雨频发，河道的防洪标准提高，河流汇流特性也发生了一定的改变。本次修编前，山东现有的省级重要断面预报方案资料仅更新至了2010年，未涵盖近年来较大洪水场次，且现有的省级断面方案并未单独成册，而是分散刊印在黄河流域实用水文预报方案、海河流域实用水文预报方案、淮河流域沂沭泗水系实用水文预报方案等多本方案中，翻阅起来也较为不便。因此有必要对山东省已有的预报方案进行修订，将资料年份更新至近年，且将方案刊印成册，供预报人员翻阅方便，以满足新时期防洪要求。

山东省现有省级断面包含了全省33处大型水库站和33处骨干河道重要控制站，本次修订利用近年洪水资料和工程建设情况，将现有的山东省级断面方案资料更新至了2020年，分水库和河道共2册刊印。本书为第2册，即《山东省重要河道预报断面实用水文预报方案》，包含了海河流域漳卫南运河水系、徒骇马颊河水系，黄河流域大汶河水系，淮河流域沂沭泗水系、南四湖及中运河水系、大沽河水系共33个重要河道断面的预报方案。

为保证方案编制质量，山东省水文中心和淮河水利委员会水文局（信息中心）多次组织召开相关会议。2021年9月，在山东烟台召开了山东省级预报方案修订工作部署会，对省级方案的全面修订工作进行了安排部署；2022年3月，在山东济南组织召开预报方案培训交流会，进一步明确了需求，同时提升了山东各地市水文中心方案编制水平；2022年5月，组织专家对省级预报方案的初稿进行了第1次专家函审，2022年8—9月，连续召开省级预报方案编制成果审查会，针对方案提出了很多修改建议，进一步保证了方案编制质量；2022年11月，组织第2次专家函审，完成了省级方案的专家审查，并于2023年5月提交至出版社进行三审三校。

预报方案在修订成书过程中，得到了山东省水文中心和各地市水文中心的大力支持，出版社及承印单位也为本书的编绘出版、装帧设计付出了辛劳工作。全部汇编工作历时2年多，现已汇编完成。

本次修订方案有以下特点：

（1）延长了资料系列。本次修订的方案资料系列延长至2020年，包含了大、中、小洪水年份，具有足够代表性的场次洪水资料，方案基本达到了规范化、标准化的要求。

（2）重新进行定线，能够反映近年来流域下垫面的改变对区域产汇流关系的影响。共有21站的关系线发生了变化，具体如下：

海河流域漳卫南运河水系南陶站原相关方案元村站加岳城水库同时流量与24 h后南陶站流量相关线重新进行定线；马颊河王铺闸站新增1条经验单位线；刘桥闸站新增3条单位线；李家桥闸站、大道王闸站、郑店闸站、宫家闸站新增了P_a不分层的降雨径流关系线。

黄河流域大汶河水系大汶口站产流方案$P+P_a-R$和$P-P_a-R$、汇流方案峰量关系线均重新进行定线，并新建了时段为2 h的3条单位线；戴村坝站新建了大汶口－戴村坝净峰流量上下游相关关系线。

淮河流域沂沭泗水系葛沟站新增2条经验单位线；姜庄湖站汇流方案峰量关系线重新进行定线，新增2条经验单位线；临沂站新增了4条经验单位线，且对原方案中上下游相关法的关系线均进行了重新修订；石拉渊站新增了2条经验单位线；大官庄站新增了2条经验单位线，上下游相关法的洪峰传播时间关系线重新进行了修订。

淮河流域南四湖及中运河水系湖东区黄庄站和书院站分别补充分析了1条2 h经验单位线，滕州站对原降雨径流$P+P_a-R$关系线上部进行了微调，中下部保持不变，新增1条单位线；湖西区后营站、梁山闸站、孙庄站、鱼台站、南四湖上级湖、南四湖下级湖针对近年来场次新增了1条$P+P_a-R$关系线，其中孙庄站补充分析了3条6 h经验单位线，南四湖上级湖补充分析了两条24 h径流分配过程线。

（3）本册共有32个断面的方案参与了评定（因刘家道口站较临沂水文站流域面积相差不大，该站洪峰流量预报可直接参考临沂水文站的预报结果）。按照《水文情报预报规范》（GB/T 22482—2008）规定的技术标准进行评定，32个站点方案中共有甲级方案1个，为漳卫南运河水系临清站，主要采用上下游相关法；乙级方案25个，占到了方案总数的78%，可用于正式预报；庆云闸站和书院站为丙级方案，可用于参考性预报；另外徒骇马颊河水系的李家桥闸、大道王闸、郑店闸和宫家闸等站点由于受闸门启闭影响较大，预报难度也较大，汇流方案峰量关系的精度为不合格，可用于参考性估报。受时间和水平的限制，难免会有一些缺点、错误和遗漏，请使用单位发现问题后及时指正。

目　录

海河流域

漳卫南运河水系

徒骇马颊河水系

黄河流域

大汶河水系

淮河流域

沂沭河水系

南四湖及中运河水系

大沽河水系

第一章　漳卫南运河南陶站水文预报方案编制说明

1　流域概况

1.1　流域自然地理特征

漳卫南运河为海河水系五大河系之一，地处太岳山以东，黄河与徒骇河、马颊河以北，滏阳河以南。上游分漳河、卫河两大支流，在徐万仓处汇集入卫运河，经四女寺枢纽，大部分洪水经漳卫新河在海丰以下入渤海，少部分从南运河下泄，再经捷地减河、马厂减河及海河入渤海。河系面积为 37 584 km^2，其中山区、丘陵面积 25 436 km^2。

本河系多年平均年降水量为 500 ~ 800 mm。降水量分布受地形影响，山区一般在 700 ~ 800 mm，平原为 500 ~ 600 mm。降水年内分布极不均匀，70% ~ 80% 集中在汛期 6—9 月，而汛期又主要集中在 7、8 两个月。

南运河上游山区是南运河河系径流的主要源地，地形对暴雨的影响比较明显，太行山脊以东的迎风坡是大暴雨经常发生的地区，太行山脊以西很少出现大暴雨。河系上游坡度陡峻，植被较差，历史上径流系数很大，洪水峰形尖瘦，涨落急剧。

漳河发源于山西高原和太行山区，东与滏阳河为邻，北接滹沱河及潇河，西接沁河，南靠丹河及卫河，地跨晋、冀、豫三省。其上游分清漳与浊漳两大支流。清漳河刘家庄以上面积为 3 800 km^2，其上游无水库，浊漳河石梁以上面积 9 652 km^2，其南源、西源和北源分别建有漳泽、后湾、关河三座水库，它们的控制面积分别为 3 146 km^2、1 296 km^2、1 747 km^2。清漳河与浊漳河在合漳处汇合后为漳河，其下游出山口观台站以下建有一大型水库——岳城水库。观台站以上面积为 17 800 km^2，岳城水库以下漳河进入平原区，在徐万仓处与卫河汇合。由于太行山主脉横贯漳河中部，把漳河分成东西两个产汇流特点不同的区域。其中，清漳河地处太行山迎风坡，多集中发生暴雨，且坡陡流急，洪水往往峰高量大，是漳河洪水主要来源之地；浊漳河地处太行山背风坡，暴雨频次、量级均少于清漳河。根据洪水资料分析，漳河观台站以上洪水组成主要可以分成如下三种情况：①以清漳河刘家庄以上及石梁、刘家庄、观台区间来水为主；②以石梁、刘家庄、观台区间的暴雨为主；③以浊漳河漳泽、后湾、关河三座水库至石梁区间来水为主。

卫河发源于太行山区，南邻黄河，东面与马颊河接壤，主要干支流自太行山前陡坡下跌进入平原，山区约占 60%，左岸支流均发源于太行山前，呈梳齿状平行汇于卫河干流，较大者有淇河、汤河、安阳河等，淇河是卫河的主要支流之一，中部是南运河河系的径流高值区，淇河新村站以上水量占卫河淇门站以上水量的 30% 左右。右岸全为平原，有几条小的排涝河道。因卫河山区支流均处于太行山迎风坡，多集中发生暴雨洪水，且源短流急，是卫河洪水的主要来源地。卫河干流中下游蜿蜒于平原区，河道坡度平缓，沿河有滞洪坡洼八处，遇较大洪水，河道宣泄不及时，常常向两岸坡洼分洪、滞洪。1978—1985 年，卫河老观嘴至徐万仓之间河段进行了扩大治理，淇门至老观嘴间进行了河道清淤。1978 年冬，卫河治理工程开工，原卫河深槽较弯曲，不少河段形成对头弯，水流不顺，多险工。治理工程措施因势利导，稳定河床，使河道顺直，有利于消除险工，减轻险情，并节省工程量。为改善河道流势，平顺水流，设计中在 17 处弯河段裁弯取直，小弯河段采取切滩抹嘴，其他河段整治基本沿原河扩挖浚深，保留一定河滩宽度。经过了两个冬春的努力，实现了国务院“1980 年汛前完成，发挥效益”的要求，1980 年 6 月 26 日干流拆坝正式通水投入运用。1981 年后继续完成的工程主要有河道少量尾工、建筑物配套和险工护岸、穿老河和单堤陡岸堤段加筑戗台、堤防包胶和灌浆等。截至 1985 年底，工程全面竣工。竣工后该河段行洪能力有了较大提高，原淇门 (刘庄闸) 以下卫河河道行洪能力仅 750 m^3/s，治理后老观嘴—徐万仓段提高到 2 000 ~ 2 500 m^3/s，淇门至老观嘴段提高到 1 200 ~ 1 500 m^3/s。

徐万仓至山东省武城县四女寺枢纽段称为卫运河，河道全长 157 km；四女寺枢纽至大口河入海口称为漳卫新河，河道全长 240.3 km；南运河自四女寺枢纽至天津东淀大清河，全长 309 km。漳卫南运河南陶站以上流域图见图 1–1。

1.2　测站概况

南陶水文站位于聊城市冠县东古城镇，是漳卫河进入山东省的重要控制站，属于国家一类水文站。南陶水文站原为称钩湾水文站，于 1952 年设立，1973 年 6 月下迁 6.5 km 更名为南陶水文站。该站位于冠县东古城镇东陶村，其上游 55 km 处有河北省境内卫河龙王庙水文站，上游 60 km 处有漳河蔡小庄水文站，下游 65km 处有临清水文站。该站测验断面位于冠县漳卫河特大桥上游 30 m，基本水尺断面兼流速仪测流断面，河道顺直，长度约为 2 000 m，主槽宽 150 m，右岸滩地宽 40 m，洪水漫滩时，水面宽可达 930 m。水流集中，无分流、串沟、死水等情况。河底高程为 31.65 m，堤顶高程均为 46.50 m。河床均为沙壤土，大水时有冲淤现象。

本站所处流域属半湿润半干旱地区，大陆性季风气候，降水主要受太平洋东南季风影响，多年平均年降水量为 564.0 mm，降水主要集中在 7、8 月份，约占全年的 70%，且年际变化较大。南陶水文站距聊城市 60 km，有济聊馆高速公路相通，交通便利，驱车不到 1 h 即可到达。

南陶水文站自 1973 年建站以来的 50 年间，流量超 500 m^3/s 的年份有 8 年，流量超 1 000 m^3/s 的有 4 次，其中最大流量 1 950 m^3/s 发生在 1996 年，次大流量 1 370 m^3/s 发生在 1982 年，2021 年发生的两场洪水流量均超过 1 000 m^3/s。1983 年至 2020 年的 20 多年中只有 1988 年、1996 年超过 500 m^3/s，1988 年的最大流量只有 563 m^3/s, 其余各年中最大流量均不超过 500 m^3/s；1996 年实测最大流量为 1 950 m^3/s, 最高水位为 41.76 m，最大流速为 2.76 m/s。本站最大 24 h 降雨量为 274.0 mm。

1.3 漳卫南运河历史洪水

漳卫河流域历史上发生多次洪水，1963 年洪水历时长、洪水总量大、灾害严重，为近代大洪水之最。1971—1974 年漳卫河进行了大规模治理，提高了河道的行洪能力及防洪标准，同时漳河上游岳城水库（总库容 13 亿 m^3）建成蓄水，漳卫河洪水得到了有效控制，漳卫河防汛形势发生了较大变化。现将洪峰流量大于 1 000 m^3/s 的近代历史洪水分述如下。

1963 年洪水发生在 8 月上旬，漳河、卫河同时来水，水势猛、总量大，卫河老观嘴以下至称钩湾多处漫溢决口，岳城水库 8 月 6 日开始泄洪，9 日最大泄量为 3 500 m^3/s，漳河左右两堤洪水漫溢，河北省大名县王乍村至徐万仓漫溢段长达 4.6 km，决口 8 处，在安阳河下游及漳卫河之间的平原区连成一片水区，称钩湾（南陶站上游 6.5 km）站 8 月 10 日出现 3 240 m^3/s 的洪峰流量，洪峰水位为 44.90 m；右岸临清市冯圈村 11 日发生决口，受决口影响，临清站 8 月 16 日出现洪峰流量 2 540 m^3/s，洪峰水位 37.84 m，比正常情况延长 3 ~ 4 d，通过临清站下泄的洪水总量达 59.48 亿 m^3，灾害严重。

1982 年洪水发生在南运河拓宽治理之后，卫河来水量较大，安阳河安阳站 8 月 2 日出现最大洪峰流量 2 060 m^3/s，断面上游决口 6 处，卫河干流元村站 8 月 5 日出现最大洪峰流量 1 080 m^3/s；漳河岳城水库 8 月 3 日 10 时开始泄洪，12 时达到最大泄量 603 m^3/s，两支流洪水汇入南运河。8 月 5 日 13 时，南陶站出现 1 370 m^3/s 的洪峰流量，洪峰水位为 39.73 m；5 日 18 时临清站出现 1 230 m^3/s 的洪峰流量，洪峰水位为 33.74 m，洪水仅发生局部漫滩，没有造成大的灾害。

1996 年洪水发生在 8 月，漳河、卫河同时来水，卫河来水量较大。漳河岳城水库 8 月 4 日 8 时开始泄洪，至 7 日 20 时连续 70 h 泄水流量 1 500 m^3/s；卫河干流元村站 8 月 6 日出现最大洪峰流量 900 m^3/s；两支流洪水汇入南运河后涨水势猛，南陶站实测最大流速 2.76 m/s，8 月 5 日 23 时，过河缆道被冲断，被迫采用桥测，8 月 9 日 16 时，南陶站出现 1 950 m^3/s 的洪峰流量，洪峰水位为 41.76 m；10 日 19 时临清站出现 1 840 m^3/s 的洪峰流量，洪峰水位为 35.79 m，除局部河段外，滩地大部分被洪水淹没，临清站控制断面滩地最大水深为 3.97 m，未发生大堤决口、漫堤等险情。

2021 年漳卫河流域发生两次大洪水。7 月下旬，受上游卫河流域特大降水影响，漳河、卫河同时来水，卫河来水量较大。漳河岳城水库 7 月 23 日 17 时开始泄洪，至 28 日 20 时最高泄水流量 701 m^3/s；卫河干流元村站 7 月 25 日出现最大洪峰流量 947 m^3/s；两支流洪水汇入南运河后涨水势猛，聊城境内南陶水文站 7 月 20 日 8 时开始涨水，30 日 14 时南陶水文站达到洪峰流量 1 100 m^3/s，相应水位 40.24 m。下游临清水文站 7 月 31 日 14 时出现洪峰流量 953 m^3/s，相应水位 33.82 m。此次洪水，上游卫河共启用 8 处蓄滞洪区，受灾严重，聊城段内滩地大部分被洪水淹没，但未发生大堤决口等险情。

2021 年 9 月下旬，上游河南、山西境内出现强降水，漳河、卫河同时来水，水量相当。漳河岳城水库最大下泄流量为 850 m^3/s，自 10 月 7 日 21 时 30 分至 12 日 6 时一直保持此下泄流量，卫河干流元村站 10 月 5 日 8 时达到最大流量 804 m^3/s。受此影响，漳卫河洪水快速上涨，漳卫河流域出现本年第二次大洪水。南陶水文站 10 月 11 日 9 时达到洪峰流量 1 220 m^3/s，相应水位 40.07 m；临清水文站 10 月 11 日 16 时达到洪峰流量 1 180 m^3/s，相应水位 33.74 m。河道受 7 月份洪水冲刷影响，行洪能力增强，本次洪水流量较 7 月份增大，但水位较上次明显偏低，仅发生局部漫滩。

2 预报方案编制

2.1 资料情况及方案沿革

2.1.1 资料情况

本次修订预报方案以 2016 年预报方案为基础，资料系列进行延长至 2021 年，增加近期较大洪水实测资料，特别是 2021 年连续两次的洪水资料。选取代表性较强、受人为因素影响较小的资料，资料系列为 1980—2021 年，共 26 场次洪水资料。

2.1.2 方案沿革

南陶站预报方案主要采用上下游相关法，利用上游元村站和岳城水库来水资料进行预报，包括元村 – 南陶洪峰流量相关图，元村站流量与 18 h、24 h 后南陶站流量相关图，元村站加岳城水库同时流量与 24 h 后南陶站流量相关图等 3 种相关方法。

历史修订情况：本站预报方案于 1990 年分析编制完成，又分别在 2006 年、2016 年进行了修订。由于 1980 年以后卫河中下游治理完成，河道进行了裁弯取直，河道传播特性发生了较大改变，元村站流量与 18 h、30 h 后南陶站流量相关图等已不再适用当前情况，因此在 2006 年修订时，对 1980—2005 年资料进行重新定线，重新绘制了元村 – 南陶洪峰流量相关图，元村站流量与 18 h、24 h 后南陶站流量相关图，元村站加岳城水库同时流量与 24 h 后南陶站流量相关图等。2016 年修订时增加了 2006—2015 年的资料，相关图未发生变化。

本次修订，主要是在 2016 年修订的基础上对元村 – 南陶洪峰流量相关图增加了 2 个点据，关系线不变；元村站流量与 18 h、24 h 后南陶站流量相关图增加了 6 个点据，关系线不变；元村站加岳城水库同时流量与 24 h 后南陶站流量相关图增加了 10 个点据，重新进行定线，增加了预报方案的实用性。

2.2 预报方案

2.2.1 元村–南陶洪峰流量相关图

选取 1980—2021 年卫河单独来水、岳城水库无放水的 26 场洪水，绘制元村 – 南陶洪峰流量相关图，适用于卫河单独来水、岳城水库无放水的情况，作为卫河单独来水时南陶站洪水预报方案。

历史修订情况：1978 年以后卫河中下游进行了扩大治理，对河道进行了裁弯取直，元村至徐万仓河道距离由 113 km 减到 60 km，洪水传播时间明显缩短，上下游洪峰流量关系也发生了显著变化。2006 年修订时，发现新增点据明显偏离 1990 年原方案元村 – 南陶洪峰流量相关线左边，表明因河道治理上下游洪峰流量关系已发生变化，因此以 1980—2005 年点据为依据，重新绘制元村－南陶洪峰流量相关线。2016 年修订时，补充了 2006—2015 年 6 场洪水，关系线未发生变化。

本次修订，补充 2016—2021 年 2 场洪水点据，因为点据较少且预报误差均在许可误差内，因此本次不对元村－南陶洪峰流量相关图进行修改。根据南陶站洪峰的实测值和预报值计算的确定性系数为 0.94，点合格率为 84.6%，依此评定，方案的有效性属乙等，分析情况见表 1–1、图 1–2。

2.2.2 元村站流量与18 h、24 h后南陶站流量相关图

从 1980—2021 年卫河单独来水、岳城水库无放水的洪水场次中选出 37 个点据绘制元村站流量与 18 h、24 h 后南陶站流量相关图，适用于卫河单独来水、岳城水库无放水的情况，作为卫河单独来水时南陶站洪水预报方案。

历史修订情况：1990 年方案为元村站流量与 24 h、30 h 后南陶站流量相关图，由于 1980 年以后卫河中下游进行了扩大治理，河道进行了裁弯取直，元村至徐万仓河道距离由 113 km 减到 60 km，洪水传播时间缩短，元村站流量与 24 h、30 h 后南陶站流量相关图不再适用现状河道洪水传播的实际情况。2006 年修订时，从 1980—2005 年上下游洪水资料中选取元村站流量与 18 h、24 h 后南陶站流量相关点据 24 对，重新编绘元村站流量与 18 h、24 h 后南陶站流量相关图，作为未来卫河单独来水时南陶站洪水预报方案。2016 年修订时增加了 2006—2015 年的资料，相关图未发生变化。

本次修订，主要是在 2016 年修订的基础上，补充 2016—2021 年洪水资料，增加点据 6 个，其中 3 个在误差范围内，因此未对关系线进行重新定线，通过对关系线确定性的分析，18 h 关系线的确定性系数为 0.96，点合格率 81.1%，精度为乙等；24 h 关系线确定性系数为 0.93，点合格率 81.1%，精度为乙等，分析情况见表 1–2、图 1–3。

2.2.3 元村加岳城水库同时流量与24h后南陶站流量相关图

从 1982—2021 年卫河与岳城水库同时来水的洪水场次中选取 27 个点据绘制元村站加岳城水库同时流量与 24 h 后南陶站流量相关图，作为卫河与岳城水库同时来水时南陶站洪水预报方案。

历史修订情况：1990 年方案为元村站加岳城水库同时流量与 30 h 后南陶站流量相关图，由于当时仅选用了 3 个中小洪水年份的资料进行编制，资料代表性不足，同时卫河裁弯取直后元村至南陶的洪水传播时间由原来的 30 h 左右缩短至 24 h 左右，因此 2006 年修订时，从 1980—2005 年上下游洪水资料中选取卫河、岳城水库同时来水的相关点据 16 个，重新绘制了元村站加岳城水库同时流量与 24 h 后南陶站流量相关图，2016 年修订时增加了 2006—2015 年的资料，相关图未发生变化。

本次修订，补充 2016—2021 年洪水资料，添加洪水流量相关数据 10 对，添加点据后发现使用原线进行预报的数据普遍偏小，为此重新绘制了元村站加岳城水库同时流量与 24 h 后南陶站流量相关图。新图因采用了近期大洪水资料，较原方案更具实用性。对关系线进行精度评定，确定性系数为 0.97，点据合格率为 81.5%，预报等级为乙等，分析情况见表 1–3、图 1–4。

2.2.4 南陶站水位流量关系高水及低水延长图

南陶水文站是漳卫河上游重要控制站，控制断面为复式河槽，主槽宽 150 m，滩地主要分布在右岸，宽约 740 m。河道接纳漳河来水时涨水快、来势猛，漳河、卫河同时来水的情况也经常发生，河道治理后曾发生“82・8”“96・8”等较大洪水。2006 年修订时，预报方案依据实测大洪水资料，编制南陶站水位－流量关系高水延长线。2016 年预报修订时，选取了中小洪水，重新编制南陶站水位－流量关系线，并对低水进行延长，作为预报方案的补充。本次修订时，根据 2021 年两场洪水的实测数据添加了两条南陶站的水位－流量关系线，两场洪水的关系线均较原线偏左，说明河槽近几年行洪能力减弱，但 2021 年的第二场洪水较第一场洪水的关系线偏右，说明河槽经过洪水冲刷，行洪能力增强。由于 2021 年的两场洪水为连续的两次大洪水，较为罕见，因此在今后的预报中具有较大的参考价值。

（1）水位－流量关系高水延长线制作。分别对主槽与滩地绘制水位－流量关系线并用水力学方法进行延长，然后将主槽与滩地同级水位的流量合成，绘制断面水位－总流量高水关系曲线，水位－流量关系曲线水位为 34.00 ~ 46.00 m，流量为 50 ~ 5 800 m^3/s。

（2）主槽水位－流量关系曲线制作及高水延长。选用“82・8”“96・8”两次大洪水实测流量资料，通过将逐次流量过水面积导向同一断面（“96・8”大洪水后近期实测断面）的方法进行测点综合，据此制作水位－流量关系曲线，并采用顺势延长水位－流速曲线的方法对水位－流量关系曲线进行高水延长。

（3）滩地水位－流量关系曲线制作。南陶站控制断面漫滩水位为 41.60 m，漫滩水位以上滩地水位－流量关系曲线采用谢才公式 $Q=AC\sqrt{RS}$ 计算逐级水位相应流量绘制而成。计算公式中，比降 S 采用“96・8”大洪水南陶至临清河段洪峰期平均水面比降 $S=1.15\times10^{-4}$；谢才系数 C 应用曼宁公式 $C=\frac{1}{n}R^{\frac{1}{6}}$ 计算，糙率 n 高水时采用 0.05，低水时针对作物倒伏前后的不同情况采用两条 z-n 关系曲线，分别计算滩地流量，应用于水位漫滩后的不同情况。

南陶站水位－流量关系曲线图及南陶站断面图分别见图 1–5、图 1–6。

3 预报方案的应用

（1）南陶站做预报时主要误差出现在洪峰传播时间上，因上游河槽内有农作物和树木，在对每年第一次较大洪水进行预报时，应加大洪峰传播时间值；在预报间隔若干连续枯水年份以后的洪峰传播时间时，更应该加大洪峰传播时间值。

（2）利用水位流量关系线时，要区分是卫河来水为主还是漳河来水为主，本次更新的水位－流量关系曲线是根据漳河、卫河同时来水的情况做出的，如遇卫河或漳河单独来水的情况，应视情况具体分析。

（3）考虑河道每年都会发生变化，在具体预报工作中也可根据实测数据实时更新水位－流量关系曲线。

（4）应随时掌握上游工程蓄水及泄洪情况，对预报值要根据实际情况进行及时修正。

由于影响因素太多，在进行预报时，应具体问题具体分析，并采用多种方法，考虑各种因素进行综合分析，确定采用的预报值。

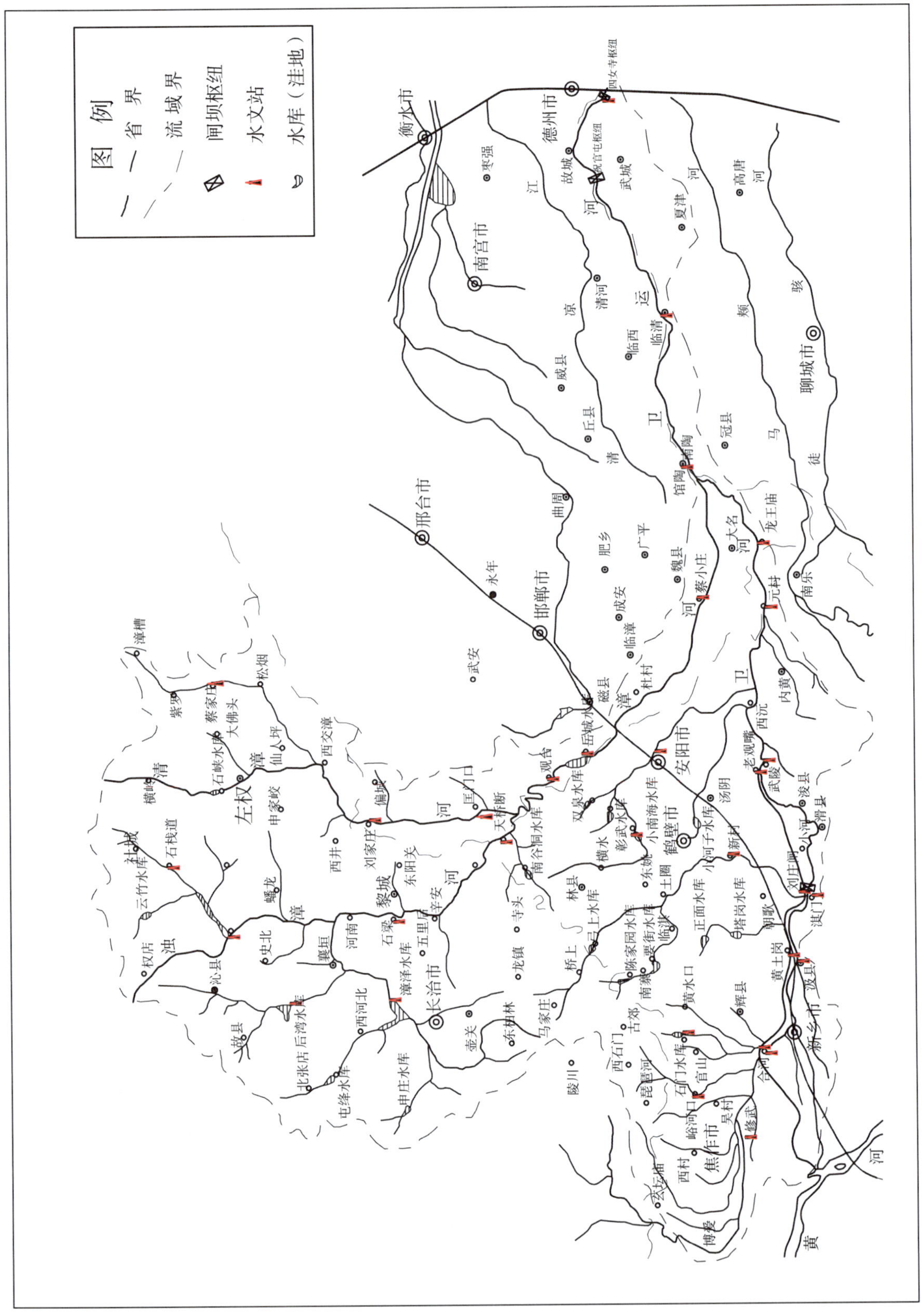

图 1-1 漳卫南运河南陶站以上流域图

表 1-1 元村 – 南陶洪峰流量相关表

序号	洪号	元村站洪峰流量 $Q_{m元}$（m^3/s）	南陶站实测值（m^3/s）			预报洪峰流量 $Q_{m南预}$（m^3/s）	预报误差（m^3/s）	许可误差（m^3/s）	评定结果		传播时间 τ（h）
			同时流量 Q	洪峰流量 $Q_{m南}$	变幅				合格	不合格	
1	830911	166	144	148	4	132	−16	29.6	√		19
2	840811	193	144	181	37	157	−24	36.2	√		24
3	850920	173	157	168	11	140	−28	33.6	√		16
4	890719	160	—	133	—	128	−5	26.6	√		21
5	900627	116	—	100	—	90.0	−10	20.0	√		24
6	930717	68.1	62.6	68.1	5.5	52.0	−16.1	13.6		√	30
7	930805	138	54.0	89.0	35	107	18	17.8		√	26
8	940714	426	319	355	36	379	24	71.0	√		17
9	940810	110	80.7	89.3	8.6	85.0	−4.3	17.9	√		18
10	980807	162	96.2	137	40.8	130	−7	27.4	√		30.5
11	980825	292	166	212	46	251	39	42.4	√		26
12	990708	111	74.5	92.0	17.5	86.0	−6	18.4	√		30
13	000707	528	255	380	125	481	101	76.0		√	20
14	000718	165	127	138	11	132	−6	27.6	√		19.5
15	000721	144	117	117	0	113	−4	23.4	√		12
16	000729	207	84.6	148	63.4	170	22	29.6	√		20.5
17	010729	100	65.5	80.1	14.6	77.0	−3.1	16.0	√		44
18	010818	109	52.0	73.5	21.5	82.0	8.5	14.7	√		26.5
19	060708	201	120	154	34	162	8	30.8	√		26.5
20	070804	106	66.9	77.8	10.9	81.0	3.2	15.6	√		21
21	080720	151	133	148	15	119	29	29.6	√		24
22	100825	156	97.7	125	27.3	124	−1	25.0	√		40
23	110920	80.7	53.3	66.8	13.5	60.0	−6.8	13.4	√		40
24	140921	55.8	45.0	25.4	−19.6	40.0	14.6	5.08		√	24
25	160714	152	95.5	115	19.5	122	7	23.0	√		24
26	210906	343	267	331	64	297	−34	66.2	√		24

备注：点合格率 84.6%，方案等级为乙级。

表 1-2　元村站流量与 18 h、24 h 后南陶站流量相关表

序号	年份	元村站流量 $Q_{t元}$（m^3/s）	18 h 后南陶站流量 $Q_{t南18}$（m^3/s）		预报误差（m^3/s）	许可误差（m^3/s）	评定结果		24 h 后南陶站流量 $Q_{t南24}$（m^3/s）		预报误差（m^3/s）	许可误差（m^3/s）	评定结果	
			实测	预报			合格	不合格	实测	预报			合格	不合格
1	1983 年	164	146	118	−28	29.2	√		142	134	−8	28.4	√	
2	1984 年	105	94.1	75.8	−18.3	18.8	√		124	85.9	−38.1	24.8		√
3	1985 年	173	165	125	−40	33.0		√	158.5	142	−16.5	31.7	√	
4	1989 年	164	131	118	−13	26.2	√		124	134	10	24.8	√	
5	1989 年	163	147	117	−30	29.4		√	143	133	−10	28.6	√	
6	1990 年	106	92.6	76.5	−16.1	18.5	√		92.1	86.7	−5.4	18.4	√	
7	1993 年	137	84.5	98.9	14.4	16.9	√		89.0	112	23	17.8		√
8	1994 年	426	355	308	−47	71.0	√		355	348	−7	71.0	√	
9	1994 年	203	174	147	−27	34.8	√		169	166	−3	33.8	√	
10	1994 年	110	89.3	79.4	−9.9	17.9	√		88.5	90.0	1.5	17.7	√	
11	1998 年	162	162	117	−45	32.4		√	132	133	1	26.4	√	
12	1998 年	135	99.9	97.5	−2.4	20.0	√		113	110	−3	22.6	√	
13	1998 年	120	110	86.6	−23.4	22.0		√	105	98.2	−6.8	21.0	√	
14	1998 年	292	207	211	4	41.4	√		211	239	28	42.2	√	
15	1998 年	251	207	181	−26	41.4	√		200	205	5	40.0	√	
16	1999 年	111	87.1	80.1	−7	17.4	√		89.6	90.8	1.2	17.9	√	
17	2000 年	336	255	243	−12	51.0	√		316	275	−41	63.2	√	
18	2000 年	404	298	292	−6	59.6	√		351	330	−21	70.2	√	
19	2000 年	438	316	316	0	63.2	√		362	358	−4	72.4	√	
20	2000 年	528	380	381	1	76.0	√		372	432	60	74.4	√	
21	2000 年	144	101	104	3	20.2	√		98.0	118	20	19.6		√
22	2000 年	207	146	149	3	29.2	√		148	169	21	29.6	√	
23	2001 年	100	74.9	72.2	−2.7	15.0	√		76.2	81.8	5.6	15.2	√	
24	2001 年	107	70.8	77.3	6.5	14.2	√		73.5	87.5	14	14.7	√	
25	2006 年	113	68.1	81	12.9	13.6	√		78.5	95.0	16.5	15.7		√
26	2006 年	160	98	118	20	19.6		√	116	132	16	23.2	√	
27	2006 年	201	146	140	−6	29.2	√		152	162	10	30.4	√	
28	2007 年	106	77.1	75	−2.1	15.4	√		77.8	87.0	9.2	15.6	√	
29	2008 年	151	146	147	1	29.2	√		148	123	−25	29.6	√	
30	2010 年	156	119	113	−6	23.8	√		124	128	4	24.8	√	
31	2011 年	80.7	63	56	−7	12.6	√		64.2	66	1.8	12.8	√	
32	2016 年	97.8	52.5	71.7	19.2	10.5		√	61.4	80	18.6	12.3		√
33	2016 年	151	108	107	−1	21.6	√		113	123	10	22.6	√	
34	2016 年	150	102	109	7	20.4	√		120	123	3	24.0	√	
35	2016 年	309	176	222	46	35.2		√	205	253	48	41.0		√
36	2021 年	327	248	236	−12	49.6	√		385	267	−118	77.0		√
37	2021 年	814	529	586	57	105.8	√		572	665	93	114.4	√	

备注：18 h 点合格率为 81.1%，方案等级为乙级；24 h 点合格率为 81.1%，方案等级为乙级。

表 1-3　元村站加岳城水库同时流量与 24 h 后南陶站流量相关表

序号	年份	元村站流量 $Q_{t元}$（m^3/s）	岳城水库流量 $Q_{t岳}$（m^3/s）	$Q_{t元}+Q_{t岳}$（m^3/s）	24 h 后南陶站流量 $Q_{t南}$（m^3/s）		预报误差（m^3/s）	许可误差（m^3/s）	评定结果		合格率
					实测	预报			合格	不合格	
1	1982 年	785	603	1 388	1 198	1 208	10	240	√		
2	1982 年	977	603	1 580	1 250	1 374	124	250	√		
3	1988 年	175	398	573	493	483	−10	98.6	√		
4	1994 年	111	73.1	184.1	102	131	29	20.4		√	
5	1994 年	73.6	73.1	146.7	111	103	−8	22.2	√		
6	1994 年	47.5	83.0	130.5	81.5	90.0	8.5	16.3	√		
7	1996 年	139	658	797	467	677	210	93.4		√	
8	1996 年	888	1 460	2 348	1 620	2 050	430	324		√	
9	1996 年	758	1 280	2 038	1 830	1 782	−48	366	√		
10	1996 年	813	1 460	2 273	1 880	1 989	109	376	√		
11	1996 年	534	332	866	712	750	38	142	√		
12	1996 年	724	360	1 084	1 010	928	−82	202	√		
13	1997 年	18.6	71.4	90	48.9	58	9.1	9.78	√		
14	2001 年	56.9	200	256.9	183	199	16	36.6	√		
15	2001 年	37.8	70.7	108.5	98	75	−23	19.6		√	
16	2001 年	21.2	75.1	96.3	58.5	64	5.5	11.7	√		
17	2013 年	70.2	150	220.2	125	277	152	25.0		√	
18	2016 年	415	307	722	556	612	56	111	√		
19	2016 年	365	200	565	496	473	−23	99.2	√		
20	2021 年	883	356	1 239	963	1 072	109	193	√		
21	2021 年	501	50.3	551.3	517	461	−56	103	√		
22	2021 年	729	400	1 129	964	974	10	193	√		
23	2021 年	699	500	1 199	1 020	1 038	18	204	√		
24	2021 年	804	500	1 304	1 190	1 130	−60	238	√		
25	2021 年	698	650	1 348	1 170	1 170	0	234	√		
26	2021 年	594	850	1 444	1 210	1 255	45	242	√		
27	2021 年	567	850	1 417	1 220	1 228	8	244	√		

备注：点合格率为 81.5%，方案等级为乙级。

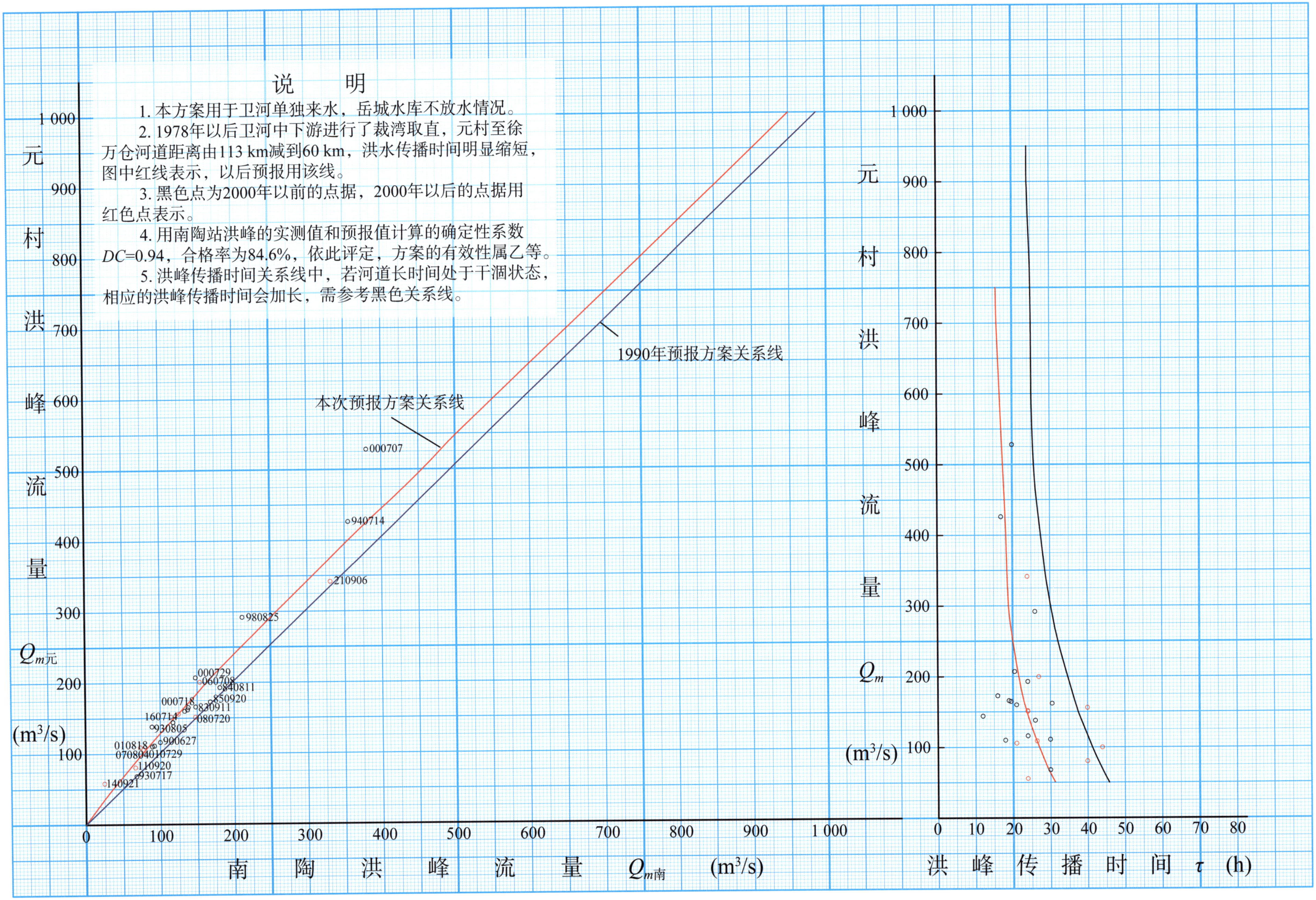

图 1-2 元村－南陶洪峰流量相关图

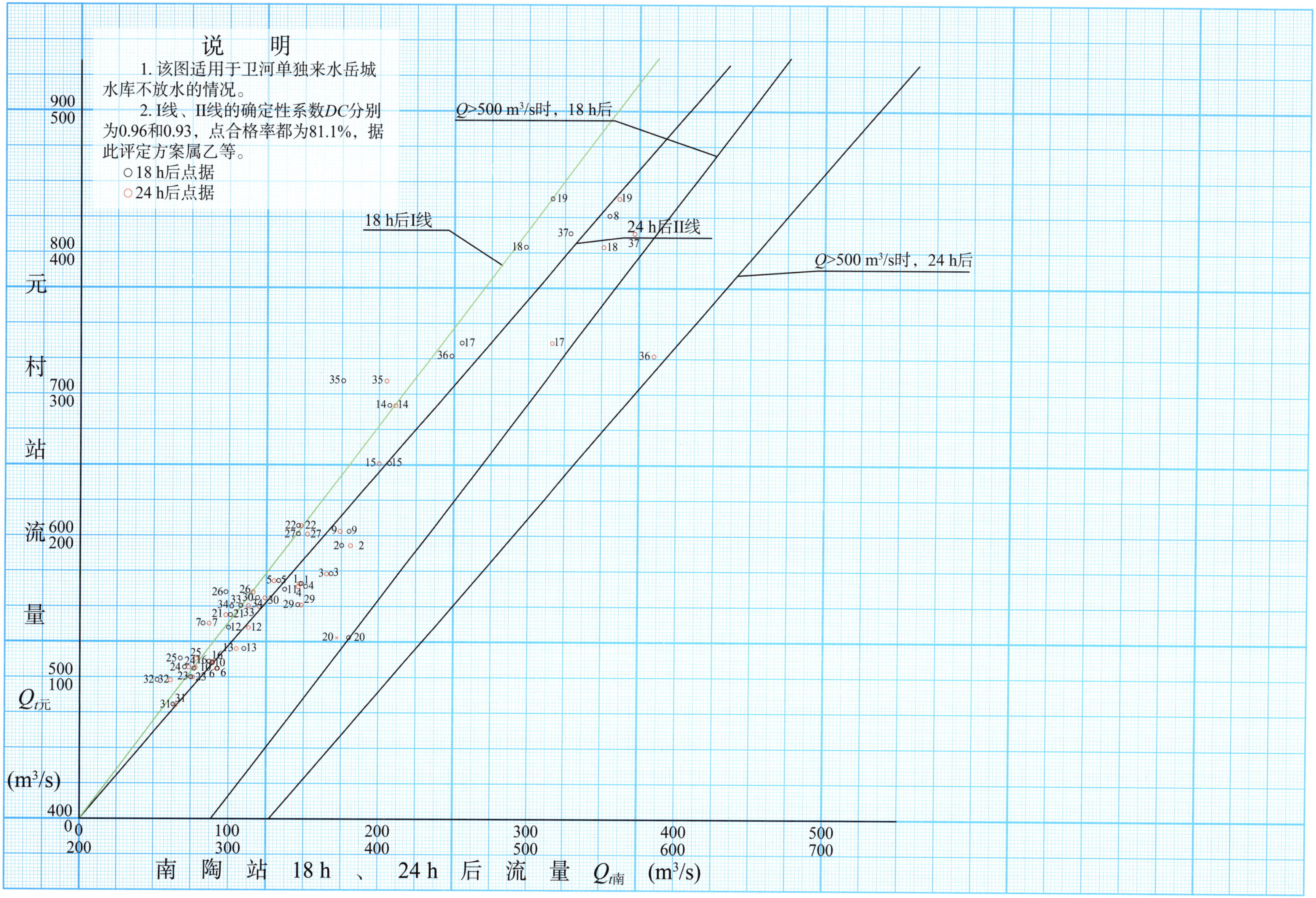

图 1-3　元村站流量与 18 h、24 h 后南陶站流量相关图

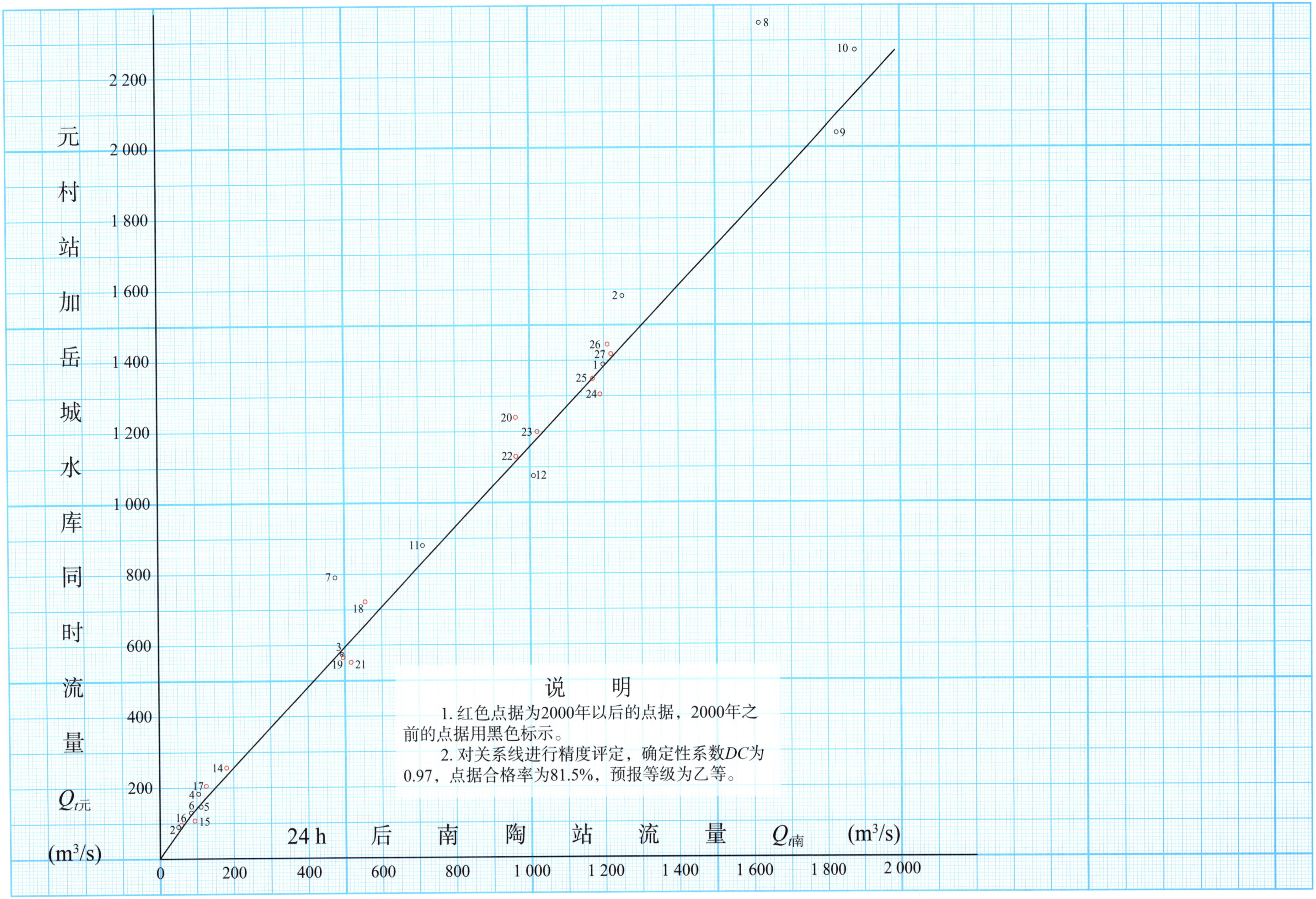

图 1-4　元村站加岳城水库同时流量与 24 h 后南陶站流量相关图

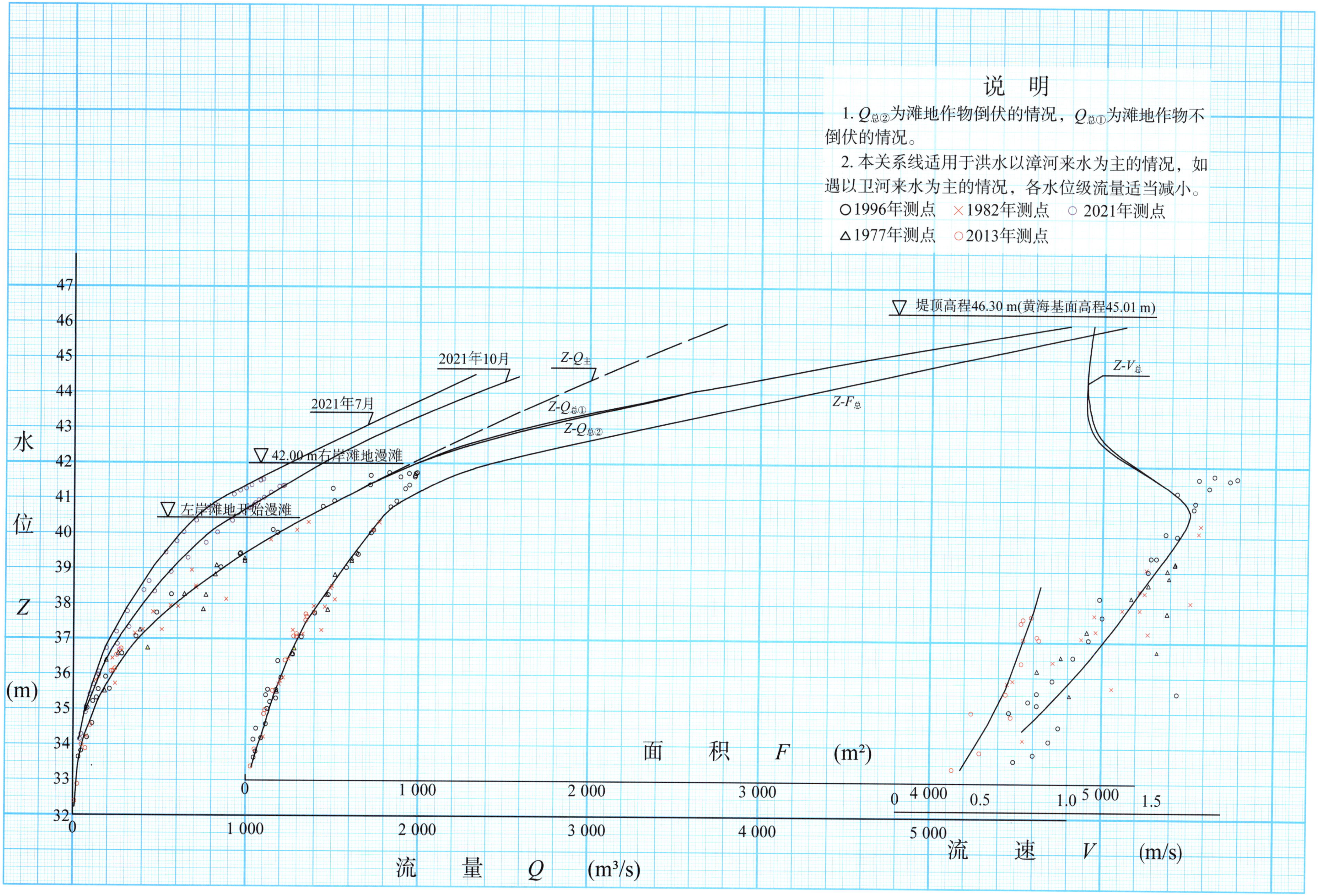

图 1–5 南陶站水位 – 流量关系曲线图

1963 年洪水发生在 8 月上旬，漳河、卫河同时来水，水势猛、总量大，卫河老观嘴以下至称钩湾多处漫溢决口，岳城水库 8 月 6 日开始泄洪，9 日最大泄量为 3 500 m³/s，漳河左右两堤洪水漫溢，河北省大名县王乍村至徐万仓漫溢段长达 4.6 km，决口 8 处，在安阳河下游及漳卫河之间的平原区连成一片水区，称钩湾（南陶站上游 6.5 km）站 8 月 10 日出现 3 240 m³/s 的洪峰流量，洪峰水位为 44.90 m；右岸临清市冯圈村 11 日发生决口，受决口影响，临清站 8 月 16 日出现洪峰流量 2 540 m³/s，洪峰水位 37.84 m，比正常情况延长 3 ~ 4 d，通过临清站下泄的洪水总量达 59.48 亿 m³，灾害严重。

1982 年洪水发生在南运河拓宽治理之后，卫河来水量较大，安阳河安阳站 8 月 2 日出现最大洪峰流量 2 060 m³/s，断面上游决口 6 处，卫河干流元村站 8 月 5 日出现最大洪峰流量 1 080 m³/s；漳河岳城水库 8 月 3 日 10 时开始泄洪，12 时达到最大泄量 603 m³/s，两支流洪水汇入南运河。8 月 5 日 13 时，南陶站出现 1 370 m³/s 的洪峰流量，洪峰水位为 39.73 m；5 日 18 时临清站出现 1 230 m³/s 的洪峰流量，洪峰水位为 33.74 m，洪水仅发生局部漫滩，没有造成大的灾害。

1996 年洪水发生在 8 月，漳河、卫河同时来水，卫河来水量较大。漳河岳城水库 8 月 4 日 8 时开始泄洪，至 7 日 20 时连续 70 h 泄水流量 1 500 m³/s；卫河干流元村站 8 月 6 日出现最大洪峰流量 900 m³/s；两支流洪水汇入南运河后涨水势猛，南陶站实测最大流速 2.76 m/s，8 月 5 日 23 时，过河缆道被冲断，被迫采用桥测，8 月 9 日 16 时，南陶站出现 1 950 m³/s 的洪峰流量，洪峰水位为 41.76 m；10 日 19 时临清站出现 1 840 m³/s 的洪峰流量，洪峰水位为 35.79 m，除局部河段外，滩地大部分被洪水淹没，临清站控制断面滩地最大水深为 3.97 m，未发生大堤决口、漫堤等险情。

2021 年漳卫河流域发生两次大洪水。7 月下旬，受上游卫河流域特大降水影响，漳河、卫河同时来水，卫河来水量较大。漳河岳城水库 7 月 23 日 17 时开始泄洪，至 28 日 20 时最高泄水流量 701 m³/s；卫河干流元村站 7 月 25 日出现最大洪峰流量 947 m³/s；两支流洪水汇入南运河后涨水势猛，聊城境内南陶水文站 7 月 20 日 8 时开始涨水，30 日 14 时南陶水文站达到洪峰流量 1 100 m³/s，相应水位 40.24 m。下游临清水文站 7 月 31 日 14 时出现洪峰流量 953 m³/s，相应水位 33.82 m。此次洪水，上游卫河共启用 8 处蓄滞洪区，受灾严重，聊城段内滩地大部分被洪水淹没，但未发生大堤决口等险情。

2021 年 9 月下旬，上游河南、山西境内出现强降水，漳河、卫河同时来水，水量相当。漳河岳城水库最大下泄流量为 850 m³/s，自 10 月 7 日 21 时 30 分至 12 日 6 时一直保持此下泄流量，卫河干流元村站 10 月 5 日 8 时达到最大流量 804 m³/s。受此影响，漳卫河洪水快速上涨，漳卫河流域出现本年第二次大洪水。南陶水文站 10 月 11 日 9 时达到洪峰流量 1 220 m³/s，相应水位 40.07 m；临清水文站 10 月 11 日 16 时达到洪峰流量 1 180 m³/s，相应水位 33.74 m。河道受 7 月份洪水冲刷影响，行洪能力增强，本次洪水流量较 7 月份增大，但水位较上次明显偏低，仅发生局部漫滩。

2 预报方案编制

2.1 资料情况及方案沿革

2.1.1 资料情况

本次洪水预报方案是在 2016 年洪水预报方案的基础上，延长资料系列至 2021 年，增加近期较大洪水实测资料，特别是 2021 年连续两次洪水资料。在资料选取上，选用代表性较强、受人为因素影响较小的资料。资料系列为 1956—2021 年，共 66 场次洪水资料。

2.1.2 方案沿革

临清站预报方案主要采用上下游相关法，利用上游南陶站来水资料进行预报，包括南陶 – 临清洪峰流量相关图、临清站洪峰水位相关图等 2 种相关方法。

历史修订情况：本站预报方案于 1990 年分析编制完成，又分别在 2006 年、2016 年进行了修订。2006 年修订时补充 1991—2005 年洪水资料，关系线未发生变化。2016 年修订时补充 2006—2015 年的资料，关系线未发生变化。

本次修订，主要是在 2016 年修订的基础上，对南陶 – 临清洪峰流量相关图、临清站洪峰水位相关图各增加了 4 个点据，相关图未发生变化，新增点据均较均匀地分布在关系线两边，表明原相关图能较好反映洪水在本河段传播的规律。

2.2 预报方案

2.2.1 南陶–临清洪峰流量相关图

选取 1956—2021 年共 66 场洪水资料，绘制南陶临清洪峰流量相关图，作为南陶站来水时，临清站洪水预报方案。

历史修订情况：2006 年修订时，选取了 1991—2005 年共十余场洪水资料，增加上下游洪峰流量点据 16 个，将新增点据点绘到原洪峰流量相关图上，新增点据较均匀地分布在原南陶 – 临清洪峰流量相关线两边，相对误差在 5% 以内，关系线未发生变化；2016 年修订时，补充 2006—2015 年洪水场次资料，新增点据 9 个，较均匀地分布在原南陶 – 临清洪峰流量相关线两边，关系线未发生变化。

本次修订，补充 2016—2021 年 4 场洪水点据，根据原南陶 – 临清洪峰流量相关线进行预报，4 个预报值都接近实测值，表明原相关图能较好地反映洪水在本河段传播的规律，能够在未来洪水预报作业中继续应用。南陶 – 临清洪峰流量相关图点合格率为 95.5%，方案为甲等，分析情况见表 2–1、图 2–2。

2.2.2 临清站洪峰水位相关图

选取 1956—2021 年共 49 场洪水资料，绘制临清站洪峰水位相关图，临清站洪峰水位相关图以南陶站洪峰时的临清站水位作为相关预报因子，用南陶站出现洪峰水位时的临清站同时水位，增加 0.16 m 作为临清站洪峰水位预报值。

历史修订情况：2006 年修订时，选取 1991—2005 年共 15 场洪水，增加洪峰水位相关点据 15 个，将新增点据点绘到原洪峰水位相关图上，新增点据中个别点据偏离幅度较大，经分析，主要是因为来水年份较少，河槽内农作物、树木等阻水严重，造成下游水位抬高。除此之外，其余点据均匀分布在原临清站洪峰水位相关线两边，误差在 0.10 m 以内，相关图未发生变化。2016 年修订时，补充 2006—2015 年洪水，增加洪峰水位相关点据 8 个，点据基本都分布在原关系线附近，相关图未发生变化。

本次修订，补充 2016—2021 年 4 次洪水，增加 4 个点据，也基本都在原关系线附近，表明近几年来河道未发生影响洪水传播规律的较大变化，洪峰水位相关图可以在洪水预报作业中继续使用。南陶站出现洪峰水位时的临清站水位与传播时间关系点据相对比较散乱，其原因是近期漳卫河枯水年份较多，河槽内多水草，遇到较大洪水时传播时间延长，影响到水位与传播时间之间的关系。按许可误差 =20% 实测值计算，临清站洪峰水位相关图合格率为 100%，方案等级为甲级，但水位受影响因素太多，并且在防汛调度上对水位的精确度要求较高，因此，临清站洪峰水位相关图在预报时仅作参考。具体情况需根据当时的河道行洪能力进行调整，分析情况见表 2–2、图 2–3。

2.2.3 临清站水位–流量关系高水延长图

临清水文站是卫运河干流重要控制站，位于南陶站下游 65 km。控制断面为复式河槽，主槽在右岸，宽约 200 m，滩地主要分布在左岸，宽约 300 m。河道治理后曾发生“82・8”“90・7”“96・8”等较大洪水。2006 年修订时，预报方案依据大洪水实测资料，编制临清站水位 – 流量高水延长线，2016 年修订时，添加 2013 年实测点据作为预报方案的补充。本次修订时，添加了 2021 年两场洪水的实测点据并绘制了水位 – 流量高水延长线，由于 2021 年为连续的两场大洪水，因此在今后的预报中具有较大的参考价值。

（1）水位 – 流量关系高水延长线制作。分别对主槽与滩地绘制水位 – 流量关系线并用水力学方法进行延长，然后将主槽与滩地同级水位的流量合成，绘制断面水位 – 总流量高水关系曲线，水位 – 流量关系曲线水位为 28.00 ~ 39.30 m，流量为 70 ~ 4 600 m^3/s。

（2）主槽水位 – 流量关系曲线制作及高水延长。选用“82・8”“90・7”“96・8”三次大洪水实测流量资料，对水位 – 流量关系曲线进行分析。临清站控制断面上游 175 m 处有一跨河公路桥，对河槽水位流量关系起到控制作用，主槽断面比较稳定，受洪水涨落影响，30 ~ 34 m 水位级有轻度冲淤变化，比较三次洪水水位流量关系，“96・8”洪水点据略偏左，综合三次洪水绘制主槽水位 – 流量关系曲线，并采用顺势延长水位 – 流速曲线的方法对主槽水位 – 流量关系曲线进行高水延长。

（3）滩地水位 – 流量关系曲线制作。临清站控制断面漫滩水位为 32.50 m，漫滩水位以上滩地水位 – 流量关系曲线采用“96・8”洪水漫滩后实测滩地流量资料分析。“96・8”洪水洪峰水位为 35.79 m，漫滩后滩地最大水深为 3.29 m，根据作物倒伏前后的实测水位流速关系，分别绘制两条 z-v 关系曲线并顺势高水延长，逐级计算不同水位的相应滩地流量，制作临清站滩地水位 – 流量关系曲线。

（4）2013 年实测点据关系线（图 2–4 中以蓝色标示）与原来关系线比较，明显偏左，说明河槽行洪能力减弱。

（5）2021 年实测点据关系线中，第二场洪水较第一场洪水偏右，说明河槽经过第一场洪水的冲刷，行洪能力增强。临清站水位流量关系曲线图及断面图分别见图 2–4 与图 2–5。

3 预报方案的应用

（1）临清站做预报时主要误差出现在洪峰传播时间上，因上游河槽内有农作物和树木，在对每年第一次较大洪水做预报时，应加大洪峰传播时间值；在预报间隔若干连续枯水年份以后的洪峰传播时间时，更应该加大洪峰传播时间值。

（2）考虑河道每年都会发生变化，在具体预报工作中也可根据实测数据实时更新水位 – 流量关系曲线。

（3）应随时掌握上游泄洪情况，对预报值要根据实际情况进行及时修正。

由于影响因素太多，在进行预报时，应具体问题具体分析，并采用多种方法，考虑各种因素进行综合分析，确定采用的预报值。

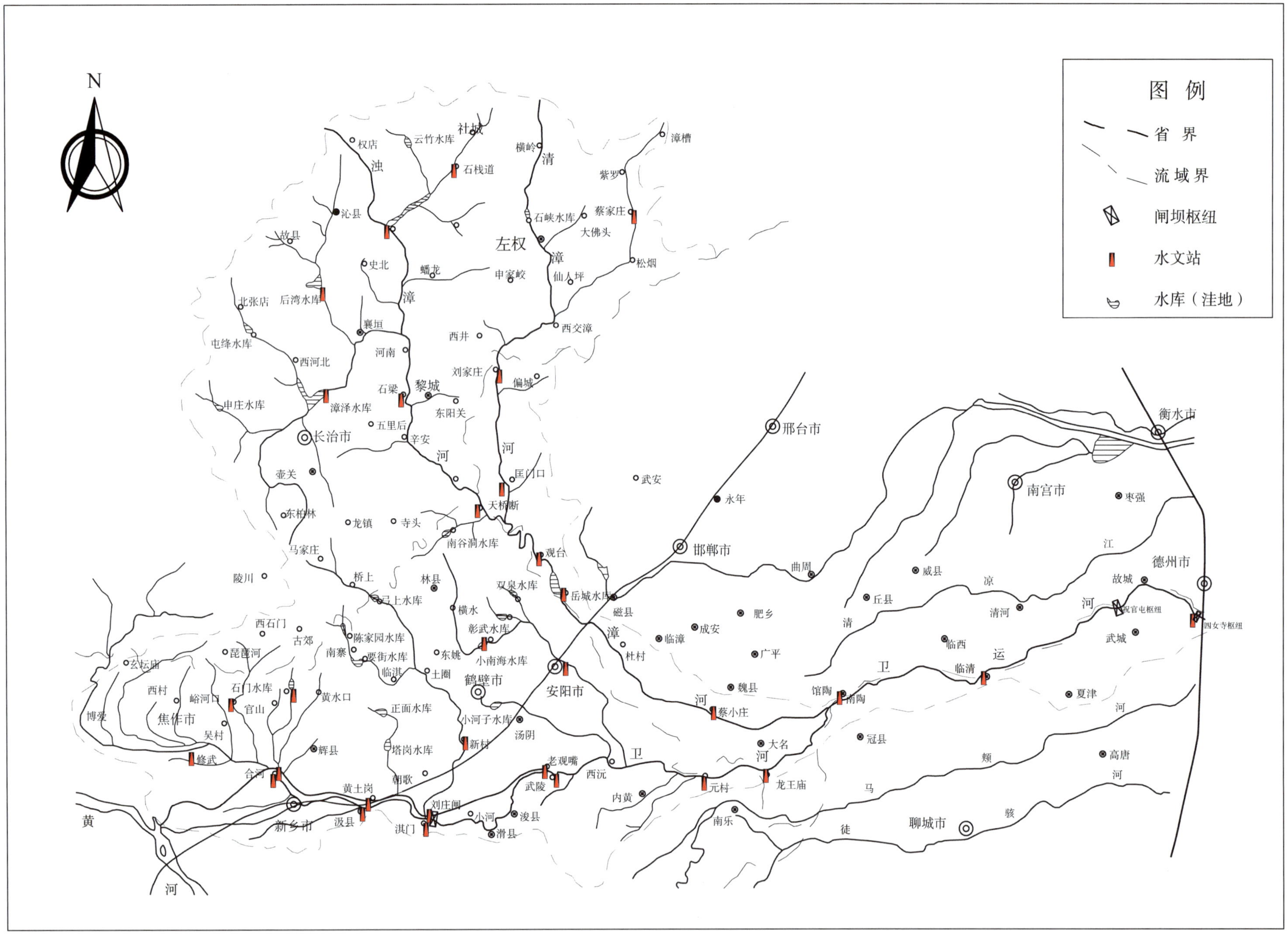

图 2-1　漳卫南运河临清站以上流域图

表 2–1　南陶 – 临清洪峰流量相关表

序号	洪号	南陶洪峰流量 $Q_{m南}$（m^3/s）	临清		预报洪峰流量 $Q_{m临预}$（m^3/s）	预报误差（m^3/s）	许可误差（m^3/s）	评定结果		洪峰传播时间（h）
			同时流量 Q（m^3/s）	洪峰流量 $Q_{m临}$（m^3/s）				合格	不合格	
1	560806	1 890		1 926	1 795	−131	385	√		12
2	560811	1 910		1 898	1 815	−83	379	√		12
3	630810	3 240		3 155	3 070	−85	631	√		12
4	700811	706	656	686	675	−11	137	√		13
5	710501	94	66	76	90	14	15.2	√		30
6	710825	337	324	333	320	−13	66.6	√		9.7
7	710906	758	663	696	720	24	139	√		12
8	720804	377	328	336	355	19	67.2	√		7.8
9	720802	119	100	109	110	1	21.8	√		
10	730705	185	155	178	175	−3	35.6	√		24
11	730731	298	257	276	280	4	55.2	√		28.3
12	730902	156	144	153	145	−8	30.6	√		21.5
13	730912	321	291	297	305	8	59.4	√		30
14	730919	268	251	251	255	4	50.2	√		15.8
15	730930	435	379	386	415	29	77.2	√		11.7
16	731009	551	484	486	525	39	97.2	√		11.9
17	731017	577	458	494	545	51	98.8	√		11.8
18	731021	578	502	518	550	32	103	√		24
19	740811	350	313	328	330	2	65.6	√		13.8
20	750724	187	44.5	136	175	39	27.2		√	9.5
21	750813	909	811	867	865	−2	173	√		24
22	750815	949	875	875	900	25	175	√		11
23	750814	917	867	884	870	−14	176	√		24
24	760727	878	846	850	840	−10	170	√		11
25	760731	853	816	850	810	−40	170	√		6.9
26	760920	538	483	503	515	12	100	√		8.8
27	770708	355	310	324	340	16	64.8	√		
28	770802	991	909	925	940	15	185	√		12
29	780419	169	107	145	160	15	29.0	√		17.7
30	810820	153	135	154	145	−9	30.8	√		18
31	820805	1 370	1 170	1 230	1 300	70	246	√		5
32	820818	720	736	750	680	−70	72.0	√		3.9
33	820904	380	314	360	360	0	72.0	√		7.7
34	820906	350	348	372	330	−42	74.4	√		13.9
35	830912	148	136	147	145	−2	29.4	√		
36	840812	181	191	199	170	−29	39.8	√		5.9
37	850920	168	140	158	160	2	31.6	√		17.9
38	930806	89	64	75	82	7	15	√		14
39	940715	355	267	347	340	−7	69.4	√		29
40	940727	119	85	109	115	6	21.8	√		24
41	960809	1 950	1 610	1 840	1 850	10	368	√		26
42	960909	209	177	186	210	24	37.2	√		24
43	980808	137	132	139	130	−9	27.8	√		16
44	980826	212	197	210	102	−108	42		√	10
45	990710	92	83	91	87	−4.4	18.3	√		
46	000708	380	247	377	360	−17	75.4	√		18
47	000719	138	119	128	130	2	25.6	√		18
48	000730	148	112	134	135	1	26.8	√		12
49	010805	183	174	184	172	−12	36.8	√		12
50	040721	114	88	102	103	1	20.4	√		12
51	040724	124	114	123	118	−5	24.6	√		10
52	050728	109	108	113	103	−10	22.6	√		12
53	050803	82.1	84	89	89	−0.1	17.8	√		26
54	060710	154	125	149	155	6	29.8	√		34
55	070805	77.8	73	81	79	−2.3	16.2	√		21
56	080722	148	120	134	149	15	26.8	√		40
57	090927	33.9	33	33	35	2	6.6	√		42
58	100912	131	96	99	130	31.4	19.7		√	18
59	110922	66.8	26	62	67	4.9	12.4	√		48
60	120811	113	90	99	114	14.8	19.8	√		22
61	130728	280	275	291	281	−10	58.2	√		12
62	140923	48.8	25	51	50	−1.3	10.2	√		46
63	160728	556	410	457	527	70	91.4	√		35
64	160808	253	208	233	239	6	46.6	√		44
65	210730	1 100	895	953	1 043	90	190	√		22
66	210930	1 220	1 170	1 180	1 159	−21	236	√		11

备注：点合格率为 95.5%，预报等级为甲级。

表 2-2　临清站洪峰水位相关表

序号	峰号	南陶 $Z_{m南}$（m）	临清		预报洪峰水位 $Z_{m临预}$（m）	预报误差（m）	许可误差（m）	评定结果		洪峰传播时间 τ（h）
			同时 Z（m）	$Z_{m临}$（m）				合格	不合格	
1	560629	39.98	33.07	33.49	33.23	−0.26	0.67	√		14
2	560806	43.79	36.22	36.64	36.38	−0.26	0.73	√		10
3	590728	38.85	31.26	31.59	31.42	−0.17	0.63	√		11
4	600709	37.69	29.96	29.99	30.12	0.13	0.60	√		12
5	600723	38.19	30.30	30.63	30.46	−0.17	0.61	√		11
6	600804	39.34	31.91	32.12	32.07	−0.05	0.64	√		14
7	600904	38.63	31.20	31.34	31.36	0.02	0.63	√		8
8	620718	38.29	30.41	30.75	30.57	−0.18	0.62	√		15
9	640803	40.01	32.26	32.30	32.42	0.12	0.65	√		9
10	650712	38.11	29.22	29.51	29.38	−0.13	0.59	√		12
11	680811	38.03	28.99	29.16	29.15	−0.01	0.58	√		10
12	700811	40.29	32.79	32.80	32.95	0.15	0.66	√		9
13	710906	40.25	32.37	32.58	32.53	−0.05	0.65	√		12
14	620508	37.90	29.00	29.47	29.16	−0.31	0.59	√		10
15	720711	38.45	29.94	30.19	30.10	−0.09	0.60	√		13
16	730930	37.84	30.76	30.80	30.92	0.12	0.62	√		14
17	760727	38.43	31.64	31.67	31.80	0.13	0.63	√		11
18	770802	38.44	31.88	32.01	32.04	0.03	0.64	√		12
19	820805	39.73	33.50	33.74	33.66	−0.08	0.67	√		7
20	820815	37.86	31.44	31.66	31.60	−0.06	0.63	√		10
21	820904	36.50	29.92	30.13	30.08	−0.05	0.60	√		8
22	880818	37.79	31.88	31.99	32.04	0.05	0.64	√		8
23	930806	35.14	28.53	28.77	28.69	−0.08	0.58	√		14
24	940715	37.47	30.80	31.41	30.96	−0.45	0.63	√		28
25	960809	41.71	35.29	35.73	35.45	−0.28	0.71	√		26
26	960909	35.89	29.66	29.75	29.82	0.07	0.60	√		24
27	980808	35.49	29.01	29.28	29.17	−0.11	0.59	√		16
28	980826	36.19	29.85	29.98	30.01	0.03	0.60	√		10
29	990710	35.12	28.33	28.49	28.49	0.00	0.57	√		10
30	000708	37.63	30.31	31.15	30.47	−0.68	0.70	√		18
31	000719	35.82	29.36	29.47	29.52	0.05	0.59	√		18
32	000730	35.86	28.94	29.28	29.10	−0.18	0.59	√		11.5
33	010805	36.35	29.66	29.96	29.82	−0.14	0.60	√		12
34	040721	35.53	28.78	28.99	28.94	−0.05	0.58	√		12
35	040724	35.65	29.15	29.26	29.31	0.05	0.59	√		10
36	050728	35.46	28.91	29.03	29.07	0.04	0.58	√		12
37	050803	35.09	28.81	28.82	28.97	0.15	0.58	√		26
38	060708	35.99	29.45	29.77	29.61	−0.16	0.60	√		34
39	070804	35.03	28.53	28.66	28.69	0.03	0.57	√		21
40	080720	35.94	29.66	29.85	29.82	−0.03	0.60	√		40
41	090925	34.24	27.99	28.09	28.15	0.06	0.56	√		42
42	100911	35.67	29.60	29.66	29.76	0.10	0.59	√		18
43	120810	35.51	29.25	29.42	29.41	−0.01	0.59	√		22
44	130728	37.77	31.40	31.70	31.56	−0.14	0.63	√		12
45	140921	34.60	28.49	28.60	28.65	0.05	0.57	√		46
46	160728	40.18	32.51	32.98	32.67	−0.31	0.66	√		35
47	160808	37.43	30.82	31.10	30.98	−0.12	0.62	√		44
48	210730	41.53	34.98	35.09	35.14	0.05	0.70	√		22
49	210106	41.36	35.00	35.01	35.16	0.15	0.70	√		11

备注：方案合格率为 100%，方案等级为甲级。

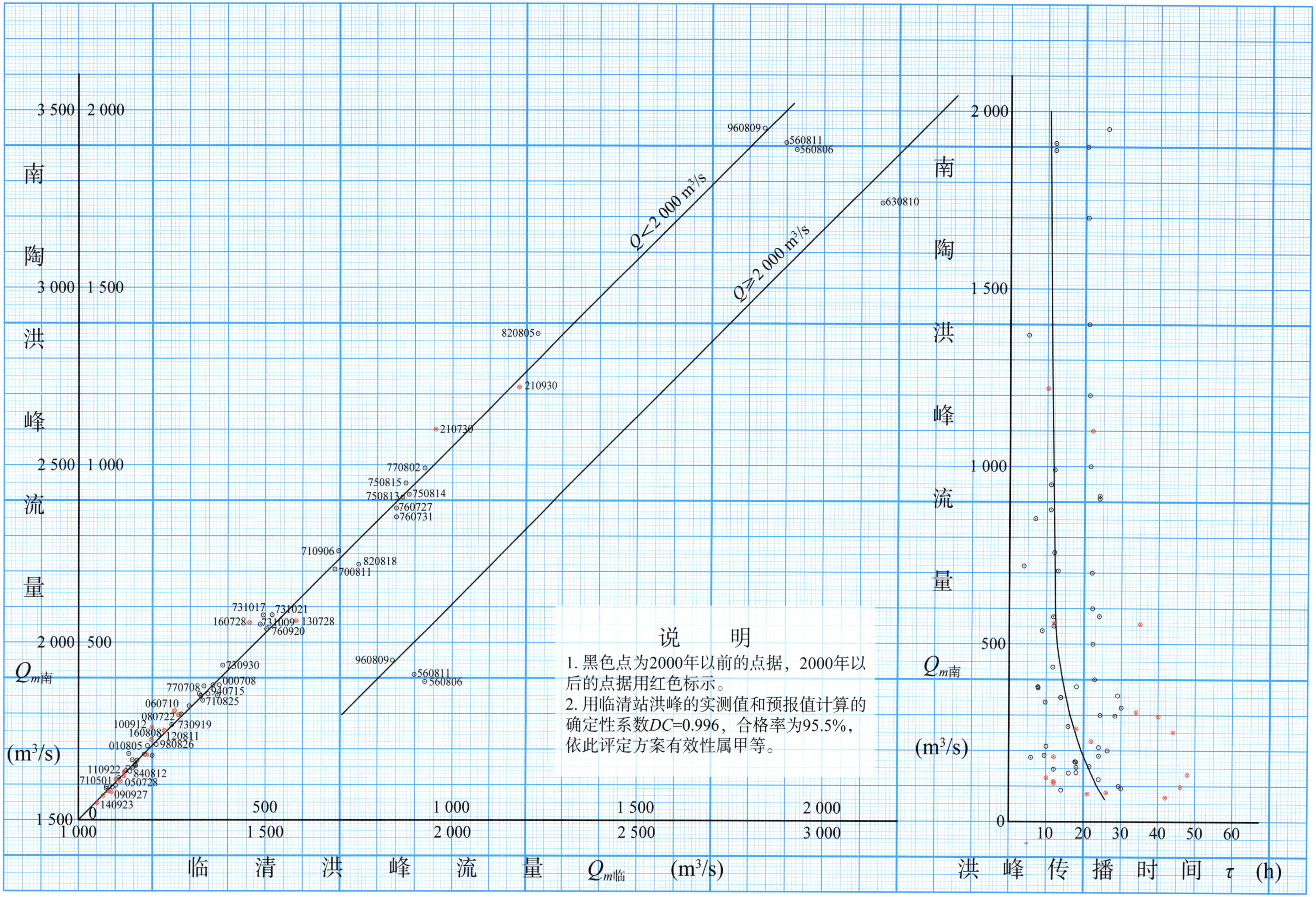

图 2-2 南陶－临清洪峰流量相关图

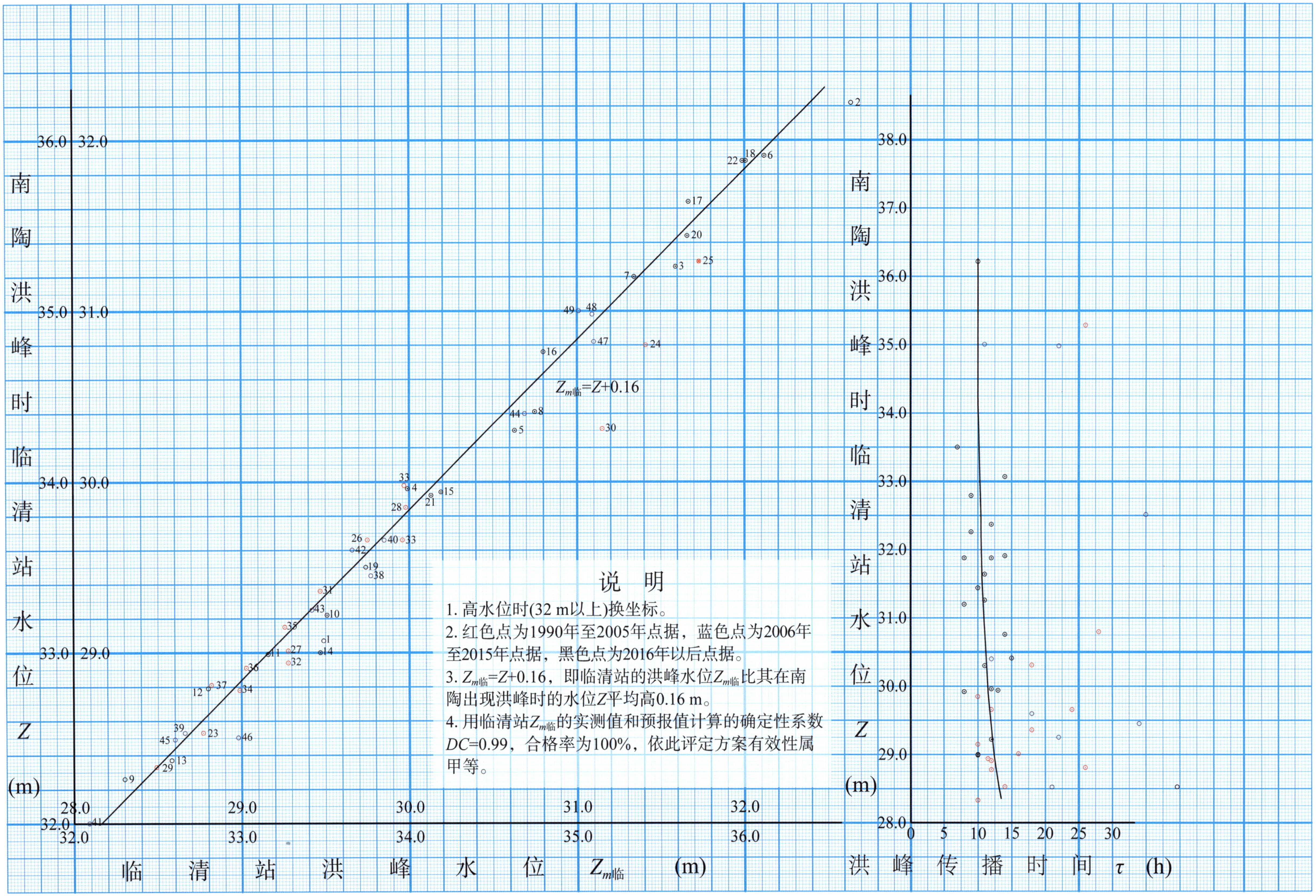

图 2-3　临清站洪峰水位相关图

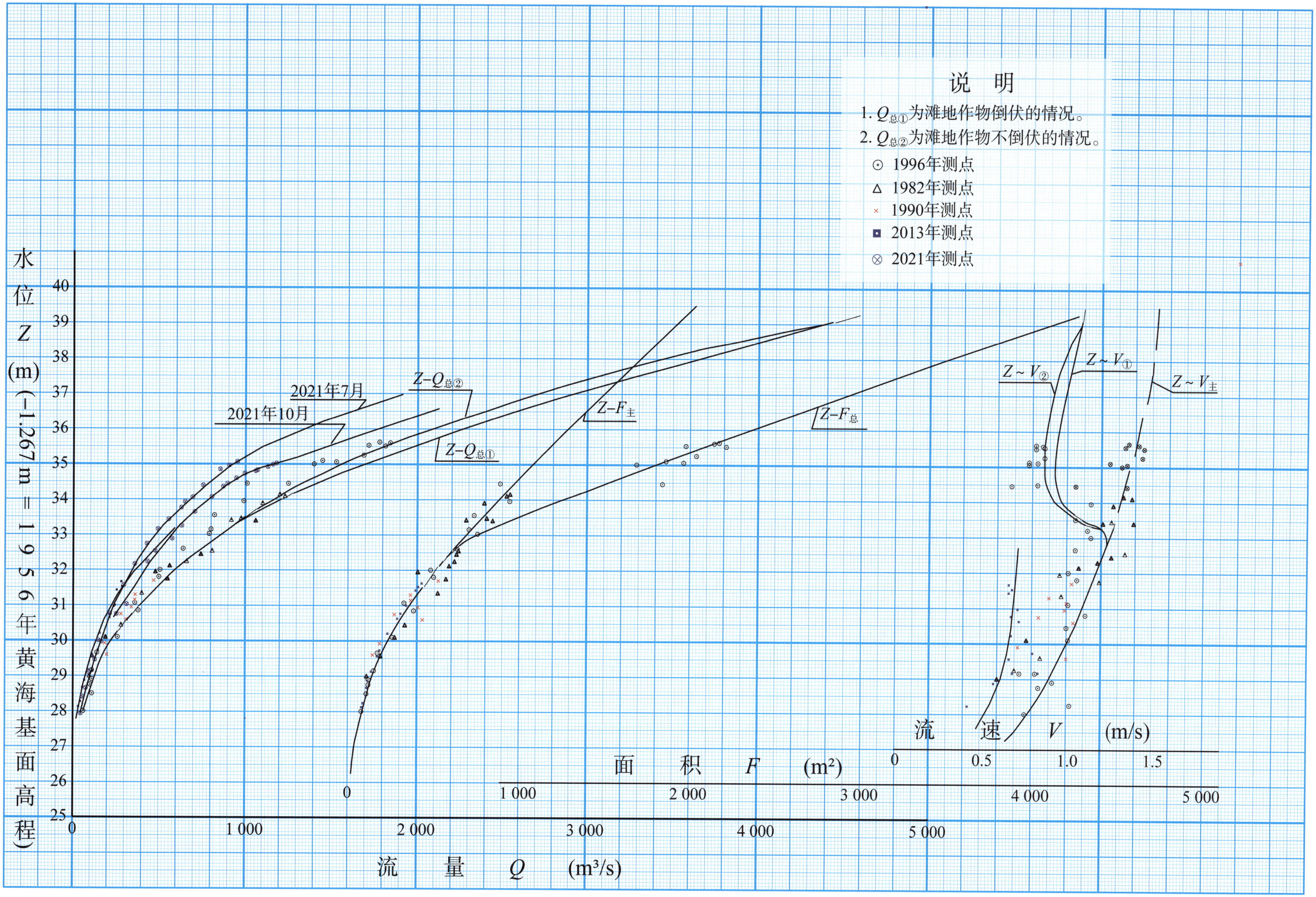

图 2–4 临清站水位流量关系曲线图

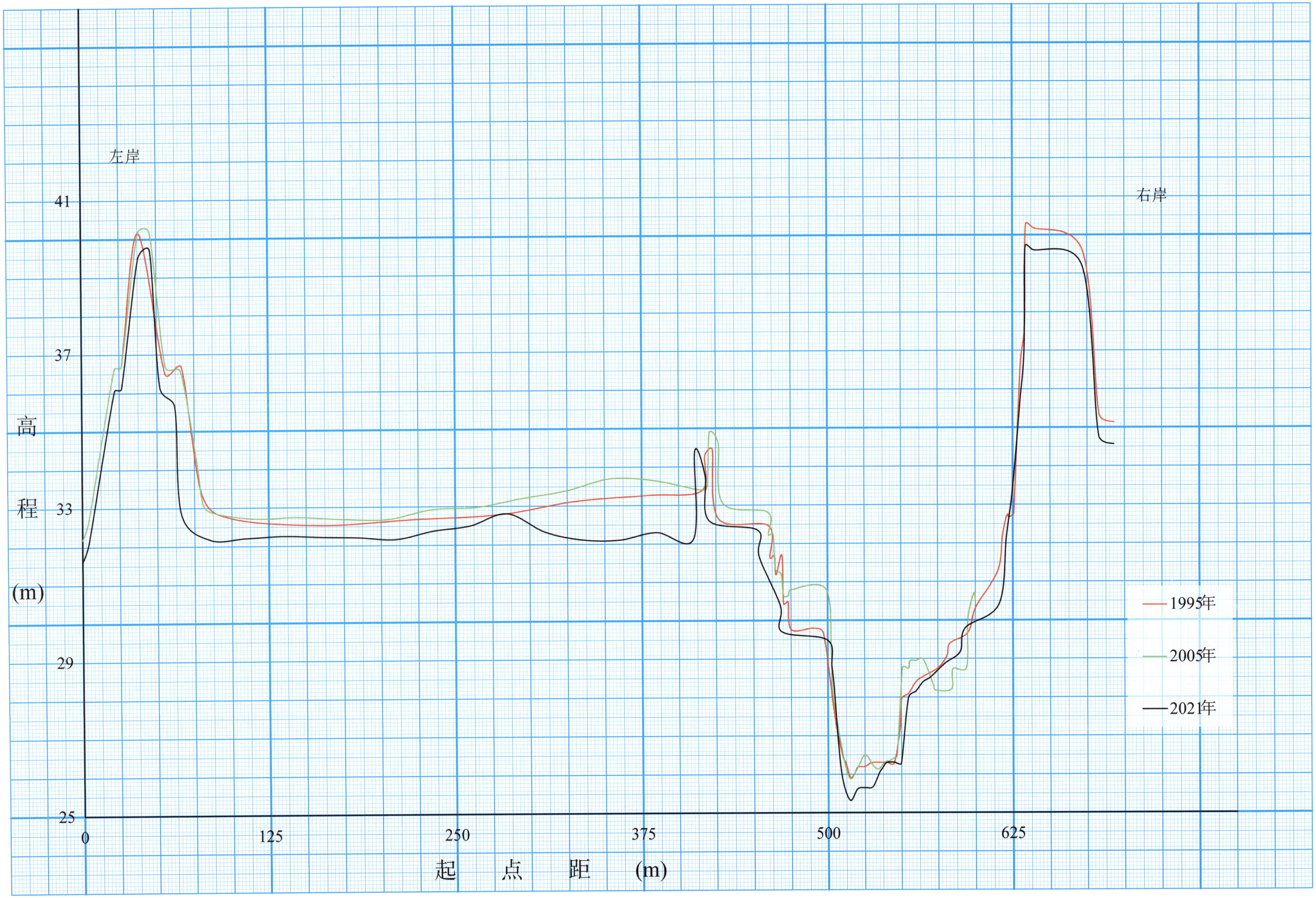

图 2-5 1995 年、2005 年、2021 年临清站断面图

第三章　漳卫南运河四女寺闸站水文预报方案编制说明

1　流域概况

1.1　流域自然地理特征

漳卫南运河为海河水系五大河系之一，地处太岳山以东，黄河与徒骇河、马颊河以北，滏阳河以南，流经山西、河北、河南、山东四省及天津市入渤海，是海河南系的一条主要行洪排涝河道。漳卫南运河由漳河、卫河、卫运河、漳卫新河及南运河等支流及河段组成，流域面积为 37 584 km^2。

漳卫南运河流域西部（上游）地处太岳山麓和太行山区，地面高程一般在海拔 1 000 m 以上，东部及东北部（中下游）为广阔山前洪积、坡积、冲积平原。山区、丘陵区面积为 25 436 km^2，占流域总面积的 68%；平原面积为 12 148 km^2，占流域总面积的 32%。西部山区与东部平原直接相接，山前丘陵过渡区很短。地形总趋势西高东低，山区、丘陵区地面坡度为 10‰ ~ 0.5‰，平原为 0.1‰ ~ 0.3‰。平原内微地形复杂，中游分布着许多大小不等的洼地，成为河道的行滞洪区；下游沿海岸带为滨海冲积平原。漳卫南运河四女寺闸站以上流域图见图 3-1。

1.2　河流水系

漳卫河水系由漳河、卫河、卫运河、漳卫新河、南运河组成，山东省境内河道全长 448 km，流域面积 2 934 km^2，包括卫河、卫运河、南运河、漳卫新河，流经山东省境内聊城、德州、滨州三市所辖的冠县、临清、夏津、武城、德州、宁津、乐陵、庆云和无棣 9 个县（市、区）。山东沿河有长顺渠、六五河、宁津新河等支流，当卫运河、漳卫新河洪水较小时可相机排水。

漳河发源于山西高原和太行山区，东与滏阳河为邻，北接滹沱河及潇河，西接沁河，南靠丹河及卫河，地跨晋、冀、豫三省。其上游分清漳与浊漳两大支流。清漳河刘家庄以上面积为 3 800 km^2，其上游无水库，浊漳河石梁以上面积 9 652 km^2，其南源、西源和北源分别建有漳泽、后湾、关河三座水库，它们的控制面积分别为 3 146 km^2、1 296 km^2、1 747 km^2。清漳河与浊漳河在合漳处汇合后为漳河，其下游出山口观台站以下建有一大型水库——岳城水库。观台站以上面积为 17 800 km^2，岳城水库以下漳河进入平原区，在徐万仓处与卫河汇合。由于太行山主脉横贯漳河中部，把漳河分成东西两个产汇流特点不同的区域。其中，清漳河地处太行山迎风坡，多集中发生暴雨，且坡陡流急，洪水往往峰高量大，是漳河洪水主要来源之地；浊漳河地处太行山背风坡，暴雨频次、量级均少于清漳河。根据洪水资料分析，漳河观台站以上洪水组成主要可以分成如下三种情况：①以清漳河刘家庄以上及石梁、刘家庄、观台区间来水为主；②以石梁、刘家庄、观台区间的暴雨为主；③以浊漳河漳泽、后湾、关河三座水库至石梁区间来水为主。

卫河发源于太行山区，南邻黄河，东面与马颊河接壤，主要干支流自太行山前陡坡下跌进入平原，山区约占 60%，左岸支流均发源于太行山前，呈梳齿状平行汇于卫河干流，较大者有淇河、汤河、安阳河等，淇河是卫河的主要支流之一，中部是南运河河系的径流高值区，淇河新村站以上水量占卫河淇门站以上水量的 30% 左右。右岸全为平原，有几条小的排涝河道。因卫河山区支流均处于太行山迎风坡，多集中发生暴雨洪水，且源短流急，是卫河洪水的主要来源地。卫河干流中下游蜿蜒于平原区，河道坡度平缓，沿河有滞洪坡洼八处，遇较大洪水，河道宣泄不及时，常常向两岸坡洼地分洪滞洪。1978—1985 年，卫河老观嘴至徐万仓之间河段进行了扩大治理，淇门至老观嘴间进行了河道清淤。1978 年冬，卫河治理工程开工，原卫河深槽较弯曲，不少河段形成对头弯，水流不顺，多险工。治理工程措施因势利导，稳定河床，使河道顺直，有利于消除险工，减轻险情，并节省工程量。为改善河道流势，平顺水流，设计中在 17 处弯河段裁弯取直，小弯河段采取切滩抹嘴，其他河段整治基本沿原河扩挖浚深，保留一定河滩宽度。竣工后该河段行洪能力有了较大提高，原淇门（刘庄闸）以下卫河河道行洪能力仅 750 m^3/s，治理后老观嘴—徐万仓段提高到 2 000 ~ 2 500 m^3/s，淇门至老观嘴段提高到 1 200 ~ 1 500 m^3/s。

卫运河是漳河与卫河自河北省馆陶县徐万仓汇合后的统称，自徐万仓至四女寺枢纽河长 157 km，中间无支流汇入。四女寺闸坐落于卫运河末端，四女寺枢纽以下分南运河和漳卫新河，南运河自四女寺枢纽向北跨子牙新河于天津东淀入大清河，河长 309 km，其中山东境内 41 km；漳卫新河自四女寺枢纽至大口河入海口，总长 240.3 km。

漳卫新河是人工开挖的微曲型河道，比较顺直，大部分河岸土质较好。左岸为河北省，右岸为山东省，上段分岔河和减河，减河从四女寺枢纽至大王铺，河长 53 km；岔河从四女寺枢纽至大王铺，河长 43 km，山东省境内长 23 km。下段从大王铺至大口河，河长 164.3 km。

1.3　水文气象

漳卫南运河流域暴雨主要由天气系统和地形条件结合所致，易在太行山区迎风坡形成大暴雨。流域多年平均年降水量为 500 ~ 800 mm。降水量分布受地形影响，山区一般在 700 ~ 800 mm，平原为 500 ~ 600 mm。降水年内分布极不均匀，70% ~ 80% 集中在汛期 6—9 月，流域暴雨多集中在 7、8 两个月份。

1.4　历史洪水

（1）1963 年洪水发生在 8 月上旬，漳河、卫河同时来水，水势猛、总量大，漳卫河上游旬降雨量超过 1 000 mm，笼罩面积 5 390 km^2，卫河老观嘴以下至称钩湾多处漫溢决口，漳河、卫河大堤多处溃决，左右两堤洪水漫溢，一片汪洋，右岸临清市冯圈村 11 日发生决口，受决口影响，临清站 8 月 16 日出现洪峰流量 2 540 m^3/s，洪峰水位 37.84 m，超标准行洪，日最大泄量为 3 500 m^3/s，比正常情况延长 3 ~ 4 d，通过临清站下泄的洪水总量达 59.48 亿 m^3，灾害严重。四女寺枢纽以上约 500 m 的卫运河右堤银丁扣处扒堤，口宽 51 m。分洪口门宽 35 m，深 3.5 m，分洪流量 150 m^3/s，最后口门冲宽至 225 m，8 月 20 日最大分洪流量为 1 000 m^3/s，24 日洼内水位为 24.75 m，蓄水量 7 亿 m^3，各县市灾害严重。

（2）1982 年洪水发生在南运河拓宽治理之后，卫河来水量较大，8 月 5 日 18 时临清站出现 1 230 m^3/s 的洪峰流量，洪峰水位 33.74 m，洪水仅发生局部漫滩，没有造成大的灾害；四女寺站 8 月 6 日 14 时出现合成最大洪峰流量 1 149 m^3/s，洪峰水位 24.08 m。8 月 7 日 22 时 54 分庆云闸最大洪峰流量为 509 m^3/s。

（3）1996 年洪水发生在 8 月，漳河、卫河同时来水，卫河来水量较大。10 日 19 时临清站出现 1 840 m^3/s 的洪峰流量，洪峰水位 35.79 m，除局部河段外，滩地大部分被洪水淹没，临清站控制断面滩地最大水深 3.97 m，未发生大堤决口、漫堤等险情。两支流洪水汇入南运河后涨水势猛，8 月 11 日四女寺站出现合成洪峰流量 1 518 m^3/s，洪峰水位 24.61 m；13 日实测减河最大流速 2.11 m/s，最大水深 5.60 m。8 月 15 日 6 时庆云闸最大洪峰流量 1 380 m^3/s，未发生大堤决口等险情。

（4）2016 年 7 月 19 日，漳河、卫河突降暴雨，7 月 24 日岳城水库最大下泄流量为 300 m^3/s；7 月 28 日，卫运河南陶站出现最大洪峰流量 558 m^3/s；7 月 29 日临清站出现最大洪峰流量 457 m^3/s；7 月 30 日，四女寺闸上出现合成洪峰流量 450.3 m^3/s。

（5）2021 年 7 月下旬至 8 月上旬，受上游洪水和台风“烟花”叠加影响，漳河、卫河同时来水，水势猛、总量大，卫河来水量较大。7 月 27 日漳河岳城水库下泄流量为 701 m^3/s，卫河元村站 7 月 25 日出现洪峰流量 947 m^3/s，漳卫河上游南陶水文站（入山东省第一个监测断面）洪峰流量为 1 100 m^3/s，临清站 7 月 31 日洪峰流量为 953 m^3/s，8 月 4 日四女寺闸闸上合成流量为 879 m^3/s，8 月 16 日 14 时庆云闸洪峰流量为 800 m^3/s。除局部河段外，滩地大部分被洪水淹没，未发生大堤决口、漫堤等险情。

（6）2021 年 9 月漳卫南运河流域发生第二次洪水，9 月下旬和 10 月上旬漳卫河上游遭遇 3 场强降雨，发生了自 1951 年有记录以来的秋汛，岳城水库提闸放水，卫河水势暴涨。卫河元村站 10 月 5 日洪峰流量为 804 m^3/s，漳河岳城水库下泄流量为 850 m^3/s。漳河、卫河洪水合成后南陶站 10 月 10 日洪峰流量为 1 220 m^3/s，临清站 10 月 11 日洪峰流量为 1 180 m^3/s。除局部河段外，滩地大部分被洪水淹没，未发生大堤决口、漫堤等险情。10 月 12 日四女寺闸出现合成流量 1 097 m^3/s，10 月 14 日 8 时庆云闸最大洪峰流量为 1 020 m^3/s。

1.5 洪水特性

历史上漳卫河系水灾频繁，流域上游为山区，流域暴雨集中在 7、8 两个月，暴雨中心多发生在太行山山前迎风区，是产生大洪水的主要地区，洪水一般历时短、峰型尖瘦、陡涨陡落。中下游为平原，受河道及洼地调蓄，高水维持时间较长，洪水涨落过程最长可持续 3 ~ 4 个月。

漳河流域受暴雨特性及流域下垫面综合影响，东、西两区洪水特性有所差异。东区暴雨量级大，且下垫面以石质山区为主，有很好的产汇流条件。东区洪水出现频次多、峰高量大、汇流时间短，且年际变化大；西区发生洪水少，洪水过程缓慢，量级也比东区小。

卫河山区支流均处于太行山迎风坡，洪水频次高、量级大，且源短流急，洪水迅猛，是卫河洪水的主要发源地。各支流洪水多由同一场暴雨所形成，因此支流洪水常常遭遇。卫河干流中下游河道坡度平缓，沿河有滞洪坡洼 8 处，遇较大洪水，河道宣泄不及时，常常向两岸坡洼分洪、滞洪，一般卫河洪水峰型较平缓、持续时间长。

卫运河主要承接上游漳河、卫河来水，汇流面积大，加上上游河流的调蓄，其峰型较平缓，而洪量较大，洪水持续时间长。

漳卫新河河道顺直，洪水量大，洪水峰型平缓，起涨一般较为迅速。

漳卫南运河流域主要河段距离、洪水传播时间示意图见图 3–2。

1.6 河道防洪工程现状

山东省境内漳卫南运河已基本建成由堤防、水闸、滞洪区组成的防洪工程体系。在适时运用蓄滞洪区分洪和加强堤防防守情况下，卫河基本可防御 20 年一遇洪水，卫运河、漳卫新河（辛集闸以上）基本可防御 50 年一遇洪水。山东省境内漳卫南运河河道行洪能力见表 3–1，漳卫新河现状行洪能力见表 3–2。

表 3–1 山东省境内漳卫南运河河道行洪能力情况表

河名	河段	控制站点	警戒水位（m）	保证水位（m）	设计行洪能力（m^3/s）	现状行洪能力（m^3/s）
卫运河	徐万仓至油坊镇	南陶	40.87	42.80	4 000	4 000
	油坊镇至甲马营	祝官屯闸	26.77	31.43	4 000	4 000
	甲马营至四女寺闸	四女寺闸上	23.45	25.27	4 000	4 000
漳卫新河	岔河	吴桥闸	19.78	22.07	1 970	2 000
	减河	袁桥闸	20.71	23.21	1 680	1 500
	大王铺至罗寨闸	罗寨闸	13.74	15.60	3 650	3 500
	罗寨闸至庆云闸	庆云闸	9.50	11.74	2 650	3 500
	庆云闸至辛集闸	辛集闸	5.81	7.86	2 650	3 500
	辛集闸至孟家庄	孟家庄	—	3.60	3 650	3 650
南运河	四女寺闸至捷地闸	四女寺节制闸下	20.20	21.82	150	300 ~ 150

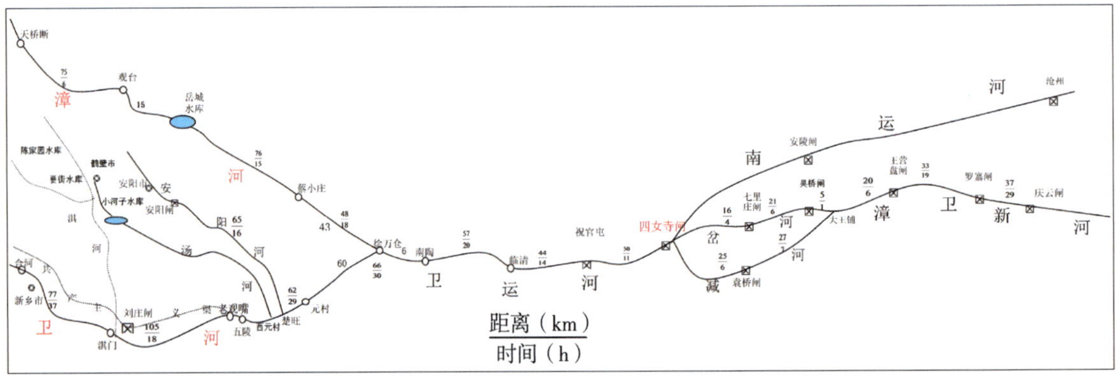

图 3–2 漳卫南运河主要河段距离、洪水传播时间示意图

表 3–2　漳卫新河现状行洪能力情况表

河段	断面名称	排涝（警戒）水位			设计（保证）水位			校核水位		
		原设计行洪能力（m^3/s）	现状行洪能力（m^3/s）	变幅（%）	原设计行洪能力（m^3/s）	现状行洪能力（m^3/s）	变幅（%）	原设计行洪能力（m^3/s）	现状行洪能力（m^3/s）	变幅（%）
减河	袁桥闸上	400	400	0	1 500	1 500	0	2 200	2 230	1
	铁路桥	400	300	–25	1 500	1 400	–7	2 200	2 100	–5
	四女寺南闸下	400	250	–38	1 500	1 300	–13	2 200	1 930	–12
岔河	吴桥闸上	780	700	–10	2 000	1 940	–3	2 800	2 730	–3
	铁路桥	780	680	–13	2 000	1 800	–10	2 800	2 630	–6
	四女寺北闸下	780	690	–12	2 000	1 830	–9	2 800	2 600	–7
漳卫新河	大王铺	1 200	1 100	–8	3 500	3 340	–5	5 000	4 700	–6
	王营盘闸上	1 200	1 120	–7	3 500	3 340	–5	5 000	4 820	–4
	前罗闸上	1 200	1 150	–4	3 500	3 320	–5	5 000	4 920	–2
	庆云闸上	1 200	1 030	–14	3 500	3 100	–11	5 000	4 620	–8
	辛集闸上	1 250	530	–58	3 500	2 250	–36	5 000	3 800	–24
	埕口	1 250	500	–60	3 500	3 650	4	5 000	3 650	–27
	孟家庄	1 250	500	–60	3 500	3 650	4	5 000	3 650	–27

1.7　测站概况

四女寺闸水文站位于山东省德州市武城县滕庄镇与河北省故城县接壤处，是漳卫南运河总控制站，国家级重点水文站，该站于 1919 年设立，上游有漳河、卫河两支流，二者于徐万仓交汇，后称卫运河，卫运河自徐万仓至四女寺枢纽河长 157 km，集水面积 37 200 km^2，河床均为沙壤土，大水时有冲淤现象，中间无支流汇入，闸上为宽敞河槽，闸上约 50 km 处有祝官屯拦河闸。

四女寺闸水文站基面采用冻结基面，冻结基面高程 –1.472=1985 年国家高程基准高程。警戒水位为 23.45 m，警戒流量为 1 330 m^3/s，保证水位为 25.27 m，保证流量为 3 800 m^3/s，实测历史最高水位为 25.75 m（1963–8–24），实测历史最大流量为 1 518 m^3/s（1996–8–13）。洪水来源最主要为上游来水及本地降水，洪水为单峰型，水位流量关系不稳定。四女寺枢纽闸下分为南运河节制闸、四女寺南进洪闸（四女寺减河）、四女寺北进洪闸（漳卫新河）。

根据 2008 年 2 月国务院批复的《海河流域防洪规划》，漳卫河水系防洪标准为 50 年一遇。漳、卫两河 50 年一遇洪水至徐万仓汇合后，卫运河设计流量为 4 000 m^3/s；至四女寺枢纽，漳卫新河承泄 3 650 m^3/s，南运河承泄 150 m^3/s；卫运河来水超过 3 800 m^3/s 时，漳卫新河强迫行洪，如发生险情，可向恩县洼滞洪区分洪。漳河、卫河发生 100 年一遇洪水时，卫运河及漳卫新河强迫行洪，若发生险情，启用恩县洼滞洪区。

南运河节制闸于 1958 年建成，闸上游约 800 m 左岸有船闸引航道引出，闸下游约 800 m 有船闸引航道汇入。警戒水位为 20.20 m，警戒流量为 150 m^3/s，保证水位为 21.82 m，保证流量为 300 m^3/s，历史最大流量为 740 m^3/s（1958–7–20），实测最高水位为 25.72 m（1963–8–24），其淹没孔流系数 M_2=3.10。闸下游测验河段顺直，测验条件良好。河床为壤土质，无滩地，两岸均有干砌石护坡。测流断面于 2020 年由原来闸下 217 m 上移至闸下 207 m 处。

当卫运河发生较大洪水时，视情况运用四女寺节制闸向南运河分洪，分洪流量原则上不超过 150 m^3/s。遇南运河下游地区有用水需求时，视情况适当向下游地区分泄部分水量。

四女寺减河于 1958 年开挖并在同年建成，测验河段顺直，长约 2.0 km，河床为壤土质。1973 年在河槽中央开挖宽 50.0 m、深 2.00 m 的主槽，1993 年主槽再次开挖。左右岸均有滩地，各宽约 50.0 m，水位为 22.30 m 时漫滩。警戒水位为 22.71 m，警戒流量为 400 m^3/s，保证水位为 25.09 m，保证流量为 1 500 m^3/s，实测最高水位为 25.76 m（1963–8–24），历史最大流量为 1 170 m^3/s（1963–8–23）。一般采用临时曲线推流；孔流期间，采用历年综合流量系数线推流。淹没孔流系数 M_2=2.930，自由式孔流系数 M_1=2.90 ~ 2.08。

四女寺闸减河闸下 1.3 km 处有利民渠，六六河自右岸汇入，闸下 13 km 处有袁桥拦河闸，于 1972 年建成，回水对本站有影响。

四女寺闸漳卫新河于 1973 年开挖，6 月完工。测验河段顺直，长约 1.0 km，河床为壤土质，两岸均有干砌石护坡。水流畅通，测验条件良好。水位流量关系不稳定，一般采用临时曲线推流；孔流期间，采用历年综合流量系数线推流。淹没孔流系数 $M_2=2.69(e/\Delta Z)^{-0.035}$。警戒水位为 22.96 m，警戒流量为 780 m^3/s，保证水位为 25.10 m，保证流量为 2 000 m^3/s，实测最高水位为 24.67 m（1996–8–13），历史最大流量为 951 m^3/s（1996–8–13）。

四女寺闸漳卫新河闸下 16 km 处有七里庄拦河闸，回水对本站有影响。

当卫运河来水流量小于等于 150 m^3/s 时，可结合农业灌溉用水需要通过四女寺北进洪闸（漳卫新河）、南运河节制闸、四女寺南进洪闸（四女寺减河）中一座或多座泄水。

当卫运河来水流量大于 150 m^3/s，小于等于 1 000 m^3/s 时，应以不淹没下游河道滩地、尽量减少损失为前提，选择四女寺南进洪闸（四女寺减河）、北进洪闸（漳卫新河）、南运河节制闸的一座或多座泄洪，南进洪闸（四女寺减河）最大下泄流量不超过 750 m^3/s。

当卫运河来水流量大于 1 000 m^3/s 时，四女寺南进洪闸（四女寺减河）、四女寺北进洪闸（漳卫新河）尽量打开泄洪，四女寺南进洪闸（四女寺减河）最大下泄流量不超过 2 000 m^3/s。

2　预报方案编制

2.1　资料选用情况

本站资料年限为 46 年（1976—2021 年），预报方案选用 1976—2021 年代表性较强，受人为因素影响较小，大、中型洪水的实测资料，本次预报未采用调查资料。

2.2 预报方案

该站为闸坝站，且流域内无支流汇入，预报方案以汇流为主，采用上下游相关图。

2.2.1 临清-四女寺闸洪峰流量相关图

利用 1976—2021 年临清站、四女寺闸资料，绘制临清站 - 四女寺闸洪峰流量相关图（$Q_{m临}$-$Q_{m四}$），通过点群中心 $Q_{m临}$、$Q_{m四}$逐渐增大的趋势定线，见图 3-3。

精度评定：按许可误差 =20% 实测值的标准进行逐次洪水评定。受上游河槽内农作物、树木、闸坝调蓄影响，只采用 1976—2021 年资料中 18 个点据，14 个合格，合格率为 77.8%，方案属于乙级。临清 - 四女寺闸洪峰流量精度评定见表 3-3。

2.2.2 洪水传播时间相关图

以临清站洪峰流量发生时间至四女寺闸洪峰流量发生时间的差值为参数，绘制临清站至四女寺闸区间 $Q_m - \tau$ 相关图。

精度评定：按许可误差 =30% 实测值的标准（并当许可误差小于 3 h 时以 3 h 为下限）进行逐次洪水评定。本方案共选用 1976—2021 年 16 个点据，9 个合格，Q_m-τ 相关图点据散乱，故只作参考不做评定。点据散乱的主要原因是近期漳卫南运河枯水年份较多，上游河道闸坝调蓄、河槽农作物、树木等阻水严重，遇到较大洪水时传播时间延长，影响到洪峰流量与传播时间之间的关系。临清站至四女寺闸洪水传播时间相关图见图 3-3。

2.2.3 四女寺闸洪峰水位自相关图

四女寺闸洪峰水位自相关图根据临清站出现洪峰水位时的四女寺闸同时水位与四女寺闸洪峰水位点绘，见图 3-4。

精度评定：按许可误差 =20% 实测值的标准逐次洪水评定。由于漳卫南运河来水年份偏少，上游闸坝调蓄等影响，只采用 1976—2021 年资料中 18 个点据，15 个合格，合格率为 83.3%，方案属于乙级。利用四女寺闸闸上的 Z_m 实测值和预报值计算的确定系数 DC 为 0.89，经评定，方案属于乙级，由于点据不足，降级使用。在今后作业预报中，应结合汛前闸上实测大断面图做适当的插补修改。四女寺闸洪峰水位自相关表见表 3-4。

2.2.4 洪峰流量的相应水位预报

通过上述方案，可以预报出洪峰流量，但四女寺闸的预测值与实测值偏差较大，合格率偏低。其主要原因是近期漳卫运河枯水年份较多，上游河道闸坝调蓄，河槽农作物、树木等阻水严重，为了防汛需要，尚需预报出洪峰流量的相应水位，为此，绘制了该站闸下南运河、减河、漳卫新河三条河道历年水位与流量、面积、流速关系曲线图，以便在预报出洪峰流量之后，再根据断面淤积、洪水涨落趋势等情况预报出洪峰水位或水位过程。在今后作业预报中，应结合汛前实测大断面图情况做适当插补修正。四女寺闸下南运河水位与流量、面积、流速关系图见图 3-7。四女寺闸下漳卫新河水位与流量、面积、流速关系图见图 3-9。四女寺闸下减河水位与流量、面积、流速关系图见图 3-11。

2.2.5 洪水预警

该站绘制了历年实测（有代表性）大断面图，由此可大体看出历年河道断面变化（包括淤积、疏浚等情况）过程，另外在预报出洪峰水位后可在大断面图上清楚地看到安全、危险程度，如距堤顶米数是否超过防洪水位等，以便及时向防汛指挥部门报警。四女寺闸上，闸下南运河、漳卫新河、减河历年大断面图分别见图 3-5、图 3-6、图 3-8、图 3-10。

3 方案合理性检查

在方案修订过程中，根据《水文情报预报规范》（GB/T 22482—2008）要求及有关文件规定进行合理性检查，特别对突出点据从原始资料反复查对，对中间处理过程也进行了认真审查，发现不合理的问题基本上做了检查改正。然后对每个方案尽量根据水情规范规定来用表格形式进行了精度评定（用许可误差法）。

4 方案使用说明

四女寺闸水文站做预报时的主要误差出现在洪峰传播时间上，因上游河槽内有农作物和树木，在对每年第一次较大洪水做预报时，应加大洪峰传播时间值，在预报间隔若干连续枯水年份以后的洪峰传播时间时，更应该加大洪峰传播时间值。

闸上约 50 km 处有祝官屯拦河闸，发生中小洪水时，来水受上游河道调蓄影响，因此应根据实际情况对预报值进行及时修正。

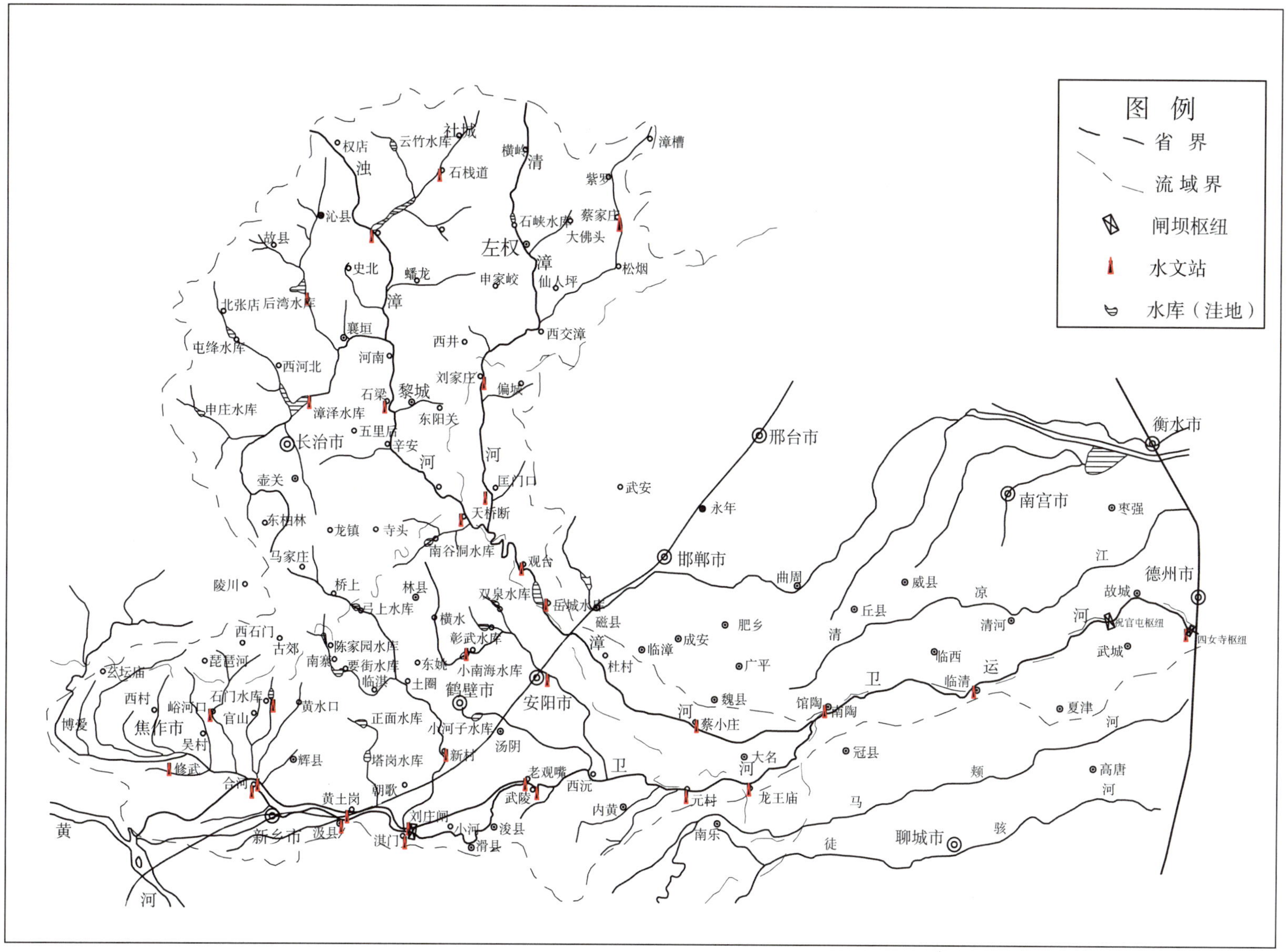

图 3-1　漳卫南运河四女寺闸站以上流域图

表 3–3　临清 – 四女寺洪峰流量精度评定表

序号	洪号	临清站洪峰时间	临清站洪峰流量 $Q_{m临}$（m^3/s）	四女寺闸洪峰流量时间	四女寺闸实测值（m^3/s）		洪峰流量（m^3/s）			洪峰流量评定结果		洪水传播时间（h）	
					同时流量 Q	洪峰流量 $Q_{m四}$	预报 $Q_{m四预}$	预报误差	许可误差	合格	不合格	实测 $\tau_{实}$	预报 $\tau_{预}$
1	760728	7 月 28 日 6:00	850	7 月 28 日 15:00	693	845	796	−49	169	√		9	15.3
2	760801	7 月 31 日 17:00	850	8 月 1 日 8:00	718	769	790	21	154	√		15	15.3
3	760920	9 月 20 日 8:00	505	9 月 20 日 20:00	233	239	438	199	47.8		√	12	15.9
4	770710	7 月 9 日 10:30	324	7 月 10 日 20:00	296	268	294	26	53.6	√		9.5	16.7
5	770803	8 月 2 日 14:00	925	8 月 3 日 8:00	910	883	870	−13	177	√		18	15.4
6	810822	8 月 21 日 14:00	154	8 月 22 日 9:42	97.0	110	67.0	−43	22.0		√	19.7	19.6
7	820806	8 月 5 日 18:00	1 230	8 月 6 日 14:00	1 069	1 149	1 142	−7	230	√		20	15.7
8	820818	8 月 18 日 8:00	750	8 月 18 日 16:00	608	654	690	36	131	√		8	15.8
9	820905	9 月 5 日 6:00	360	9 月 5 日 19:00	208	261	290	29	52.2	√		13	16.4
10	820907	9 月 7 日 2:00	372	9 月 7 日 19:00	276	344	305	−39	68.8	√		16.8	16.8
11	830913	9 月 13 日 6:00	147	9 月 13 日 20:00	110	120	62.0	−58	24.0		√	13.8	20.8
12	850922	9 月 21 日 21:00	158	9 月 22 日 17:00	104	123	71.0	−52	24.6		√	21	20.8
13	940717	7 月 16 日 17:00	347	7 月 16 日 17:00	231	297	281	−16	59.4	√		15	16.7
14	960811	8 月 10 日 18:00	1 840	8 月 10 日 18:00	1 197	1 518	1 658	140	304	√		16	15.8
15	000710	7 月 9 日 2:00	377	7 月 10 日 4:00	0	234	208	−26	46.8	√		26	16.6
16	160731	7 月 29 日 20:00	455	7 月 31 日 20:00	407	436	390	−46	87.2	√		48	16.2
17	210804	7 月 31 日 12:00	960	8 月 4 日 12:00	786	924	894	15	176	√		46	14.8
18	211012	10 月 11 日 6:00	1 190	10 月 12 日 14:00	1 081	1 097	1 108	11	219	√		32	14.8

备注：洪峰预报合格率：14/18=77.8%，方案等级为乙级。

表 3-4 四女寺闸洪峰水位自相关表

序号	临清站洪号	临清站洪峰水位 $Z_{m临}$（m）	四女寺闸实测值		预报洪峰水位 $Z_{m四预}$（m）	预报误差（m）	许可误差（m）	评定结果	
			同时水位 Z（m）	洪峰水位 $Z_{m四}$（m）				合格	不合格
1	760727	31.67	23.49	23.58	23.66	0.08	0.47	√	
2	760731	31.69	22.91	23.51	22.92	–0.59	0.47		√
3	760920	30.32	23.43	23.67	23.61	–0.06	0.47	√	
4	770708	29.67	21.56	22.21	21.62	–0.59	0.44		√
5	770802	32.01	23.45	23.24	23.60	0.36	0.46	√	
6	810820	29.34	23.25	23.40	23.42	0.02	0.47	√	
7	820805	33.74	23.43	24.08	23.61	–0.47	0.48	√	
8	820818	31.71	23.92	23.93	24.38	0.45	0.48	√	
9	820904	30.13	22.56	23.40	22.58	–0.82	0.47		√
10	820906	30.23	23.50	23.61	23.68	0.07	0.47	√	
11	830912	29.03	20.92	20.99	21.14	0.15	0.42	√	
12	850920	29.37	22.83	22.93	22.84	–0.09	0.46	√	
13	940715	31.41	22.98	23.51	23.22	–0.29	0.47	√	
14	960809	35.73	23.95	24.61	24.43	–0.18	0.49	√	
15	000708	31.15	21.5	21.44	21.58	0.14	0.43	√	
16	160727	32.98	22.09	22.12	22.08	–0.04	0.44	√	
17	210804	35.09	23.47	24.04	23.64	–0.40	0.48	√	
18	211012	35.01	23.90	23.94	24.26	0.32	0.48	√	

备注：共选用 18 个点据，15 个合格，合格率为 83.3%，方案等级为乙级。

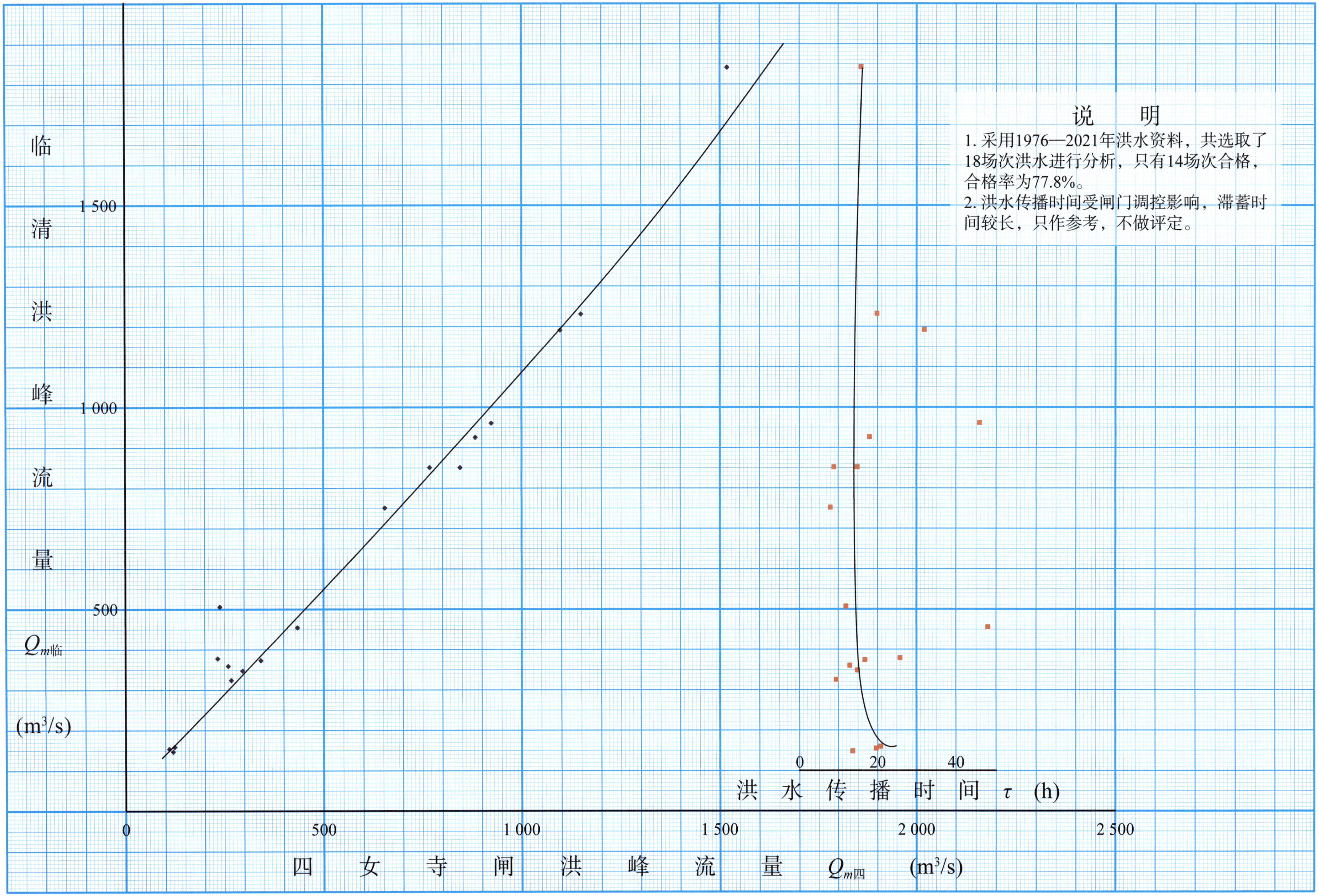

图 3–3　漳卫南运河临清站 – 四女寺闸洪峰流量相关图

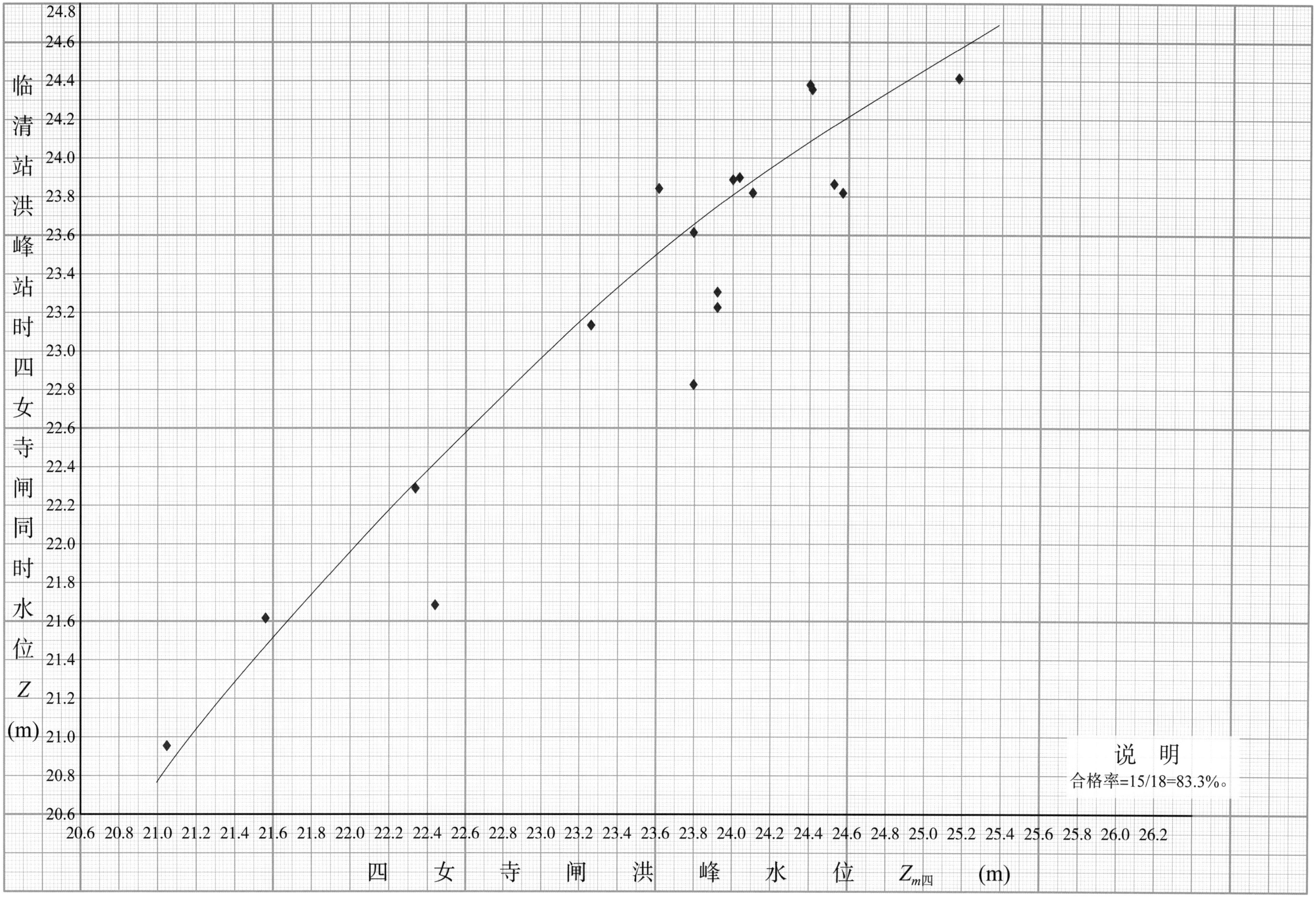

图 3–4　漳卫南运河四女寺闸洪峰水位自相关图

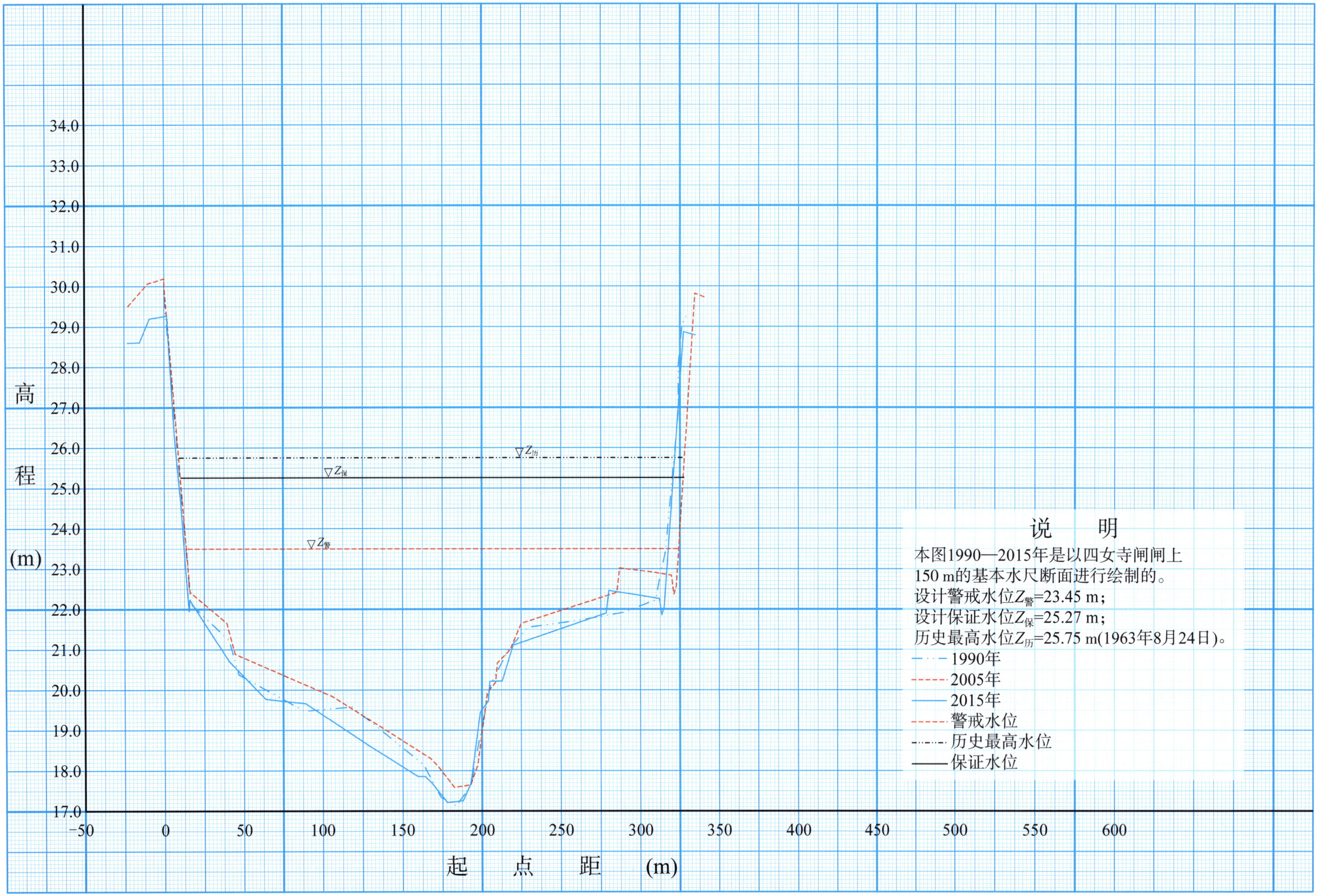

图 3-5　漳卫南运河四女寺闸上历年实测大断面图

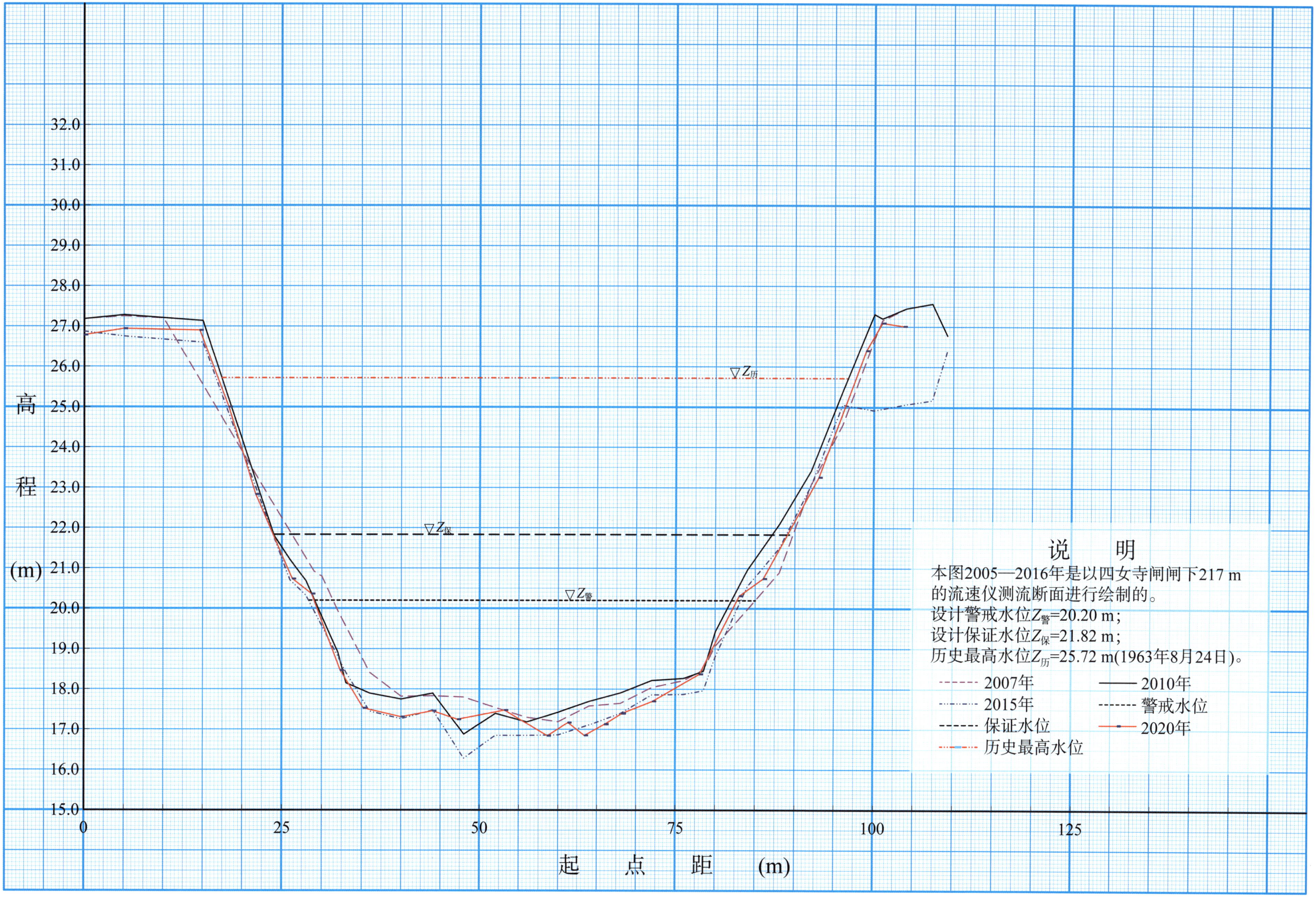

图 3-6 漳卫南运河四女寺闸下南运河历年大断面图

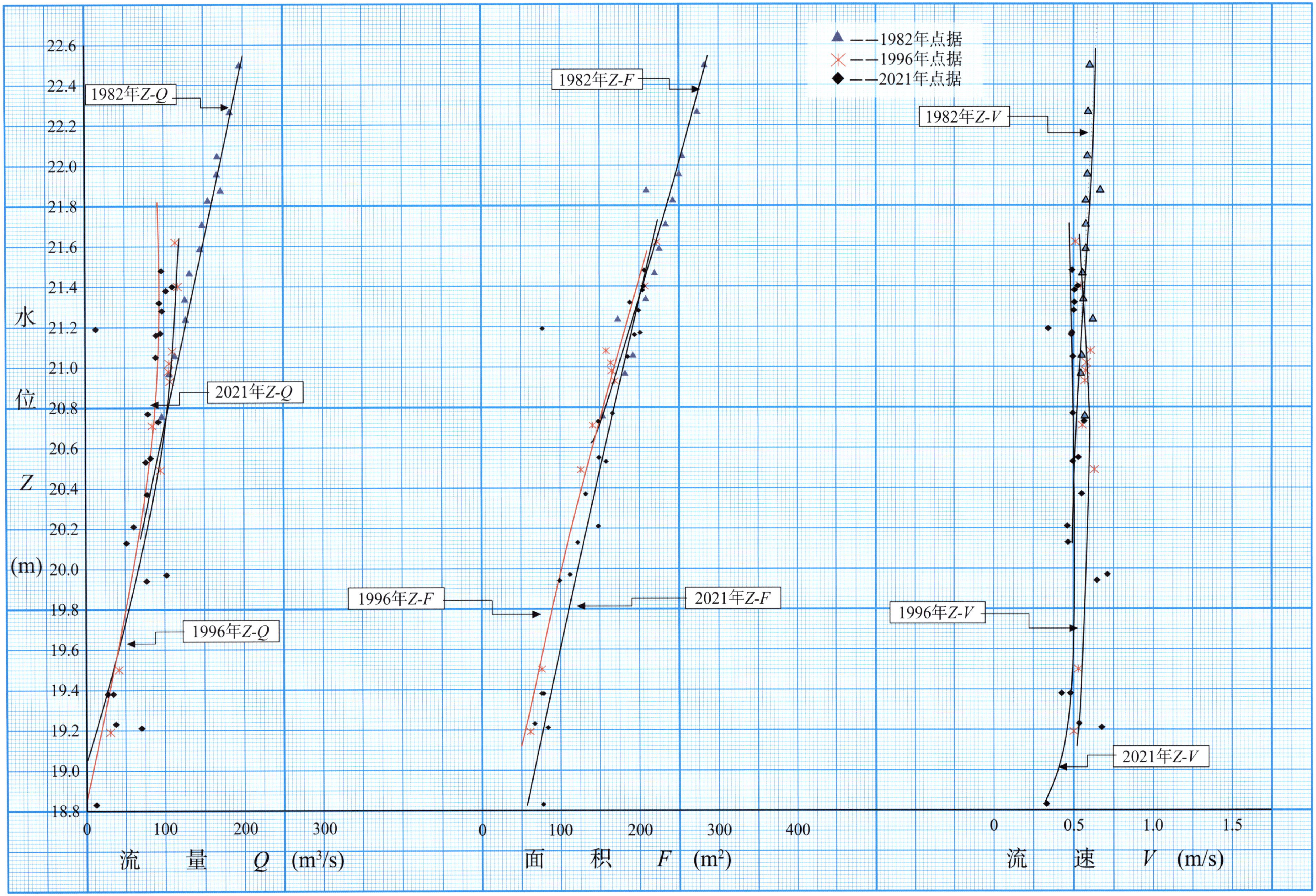

图 3-7 漳卫南运河四女寺闸下南运河水位－流量、水位－面积、水位－流速关系曲线图

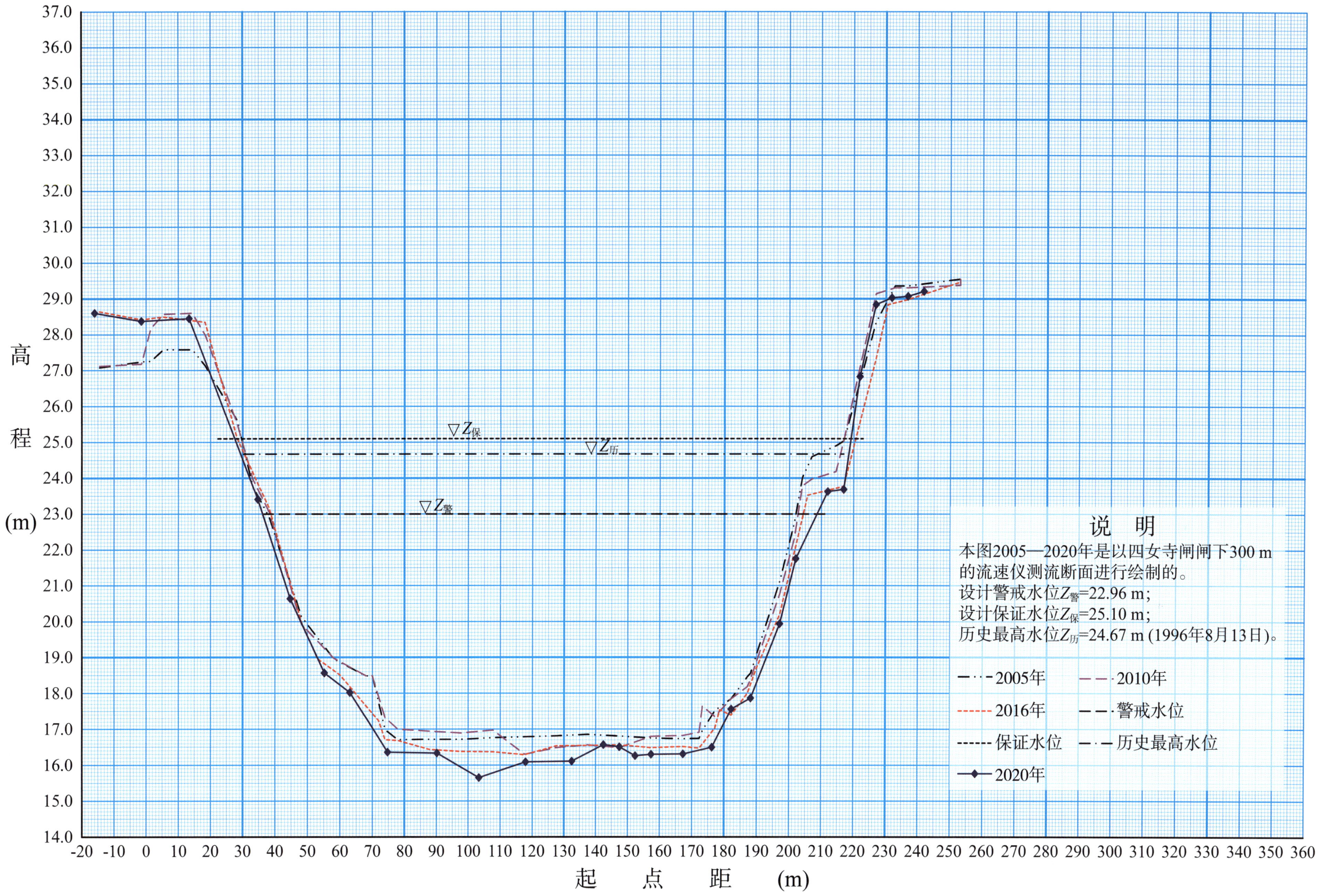

图 3-8　漳卫南运河四女寺闸下漳卫新河大断面图

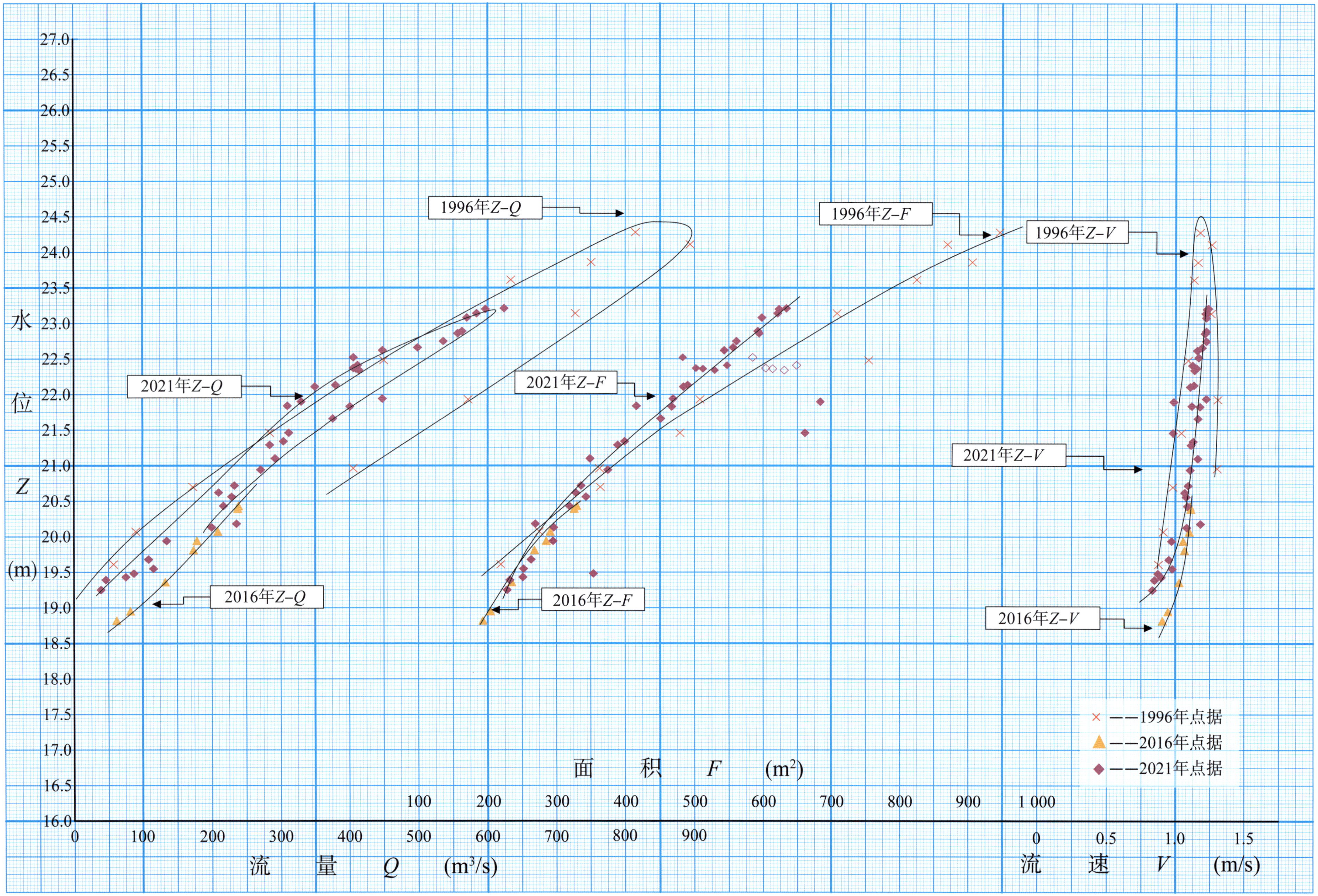

图 3-9 漳卫南运河四女寺闸下漳卫新河水位－流量、水位－面积、水位－流速关系曲线图

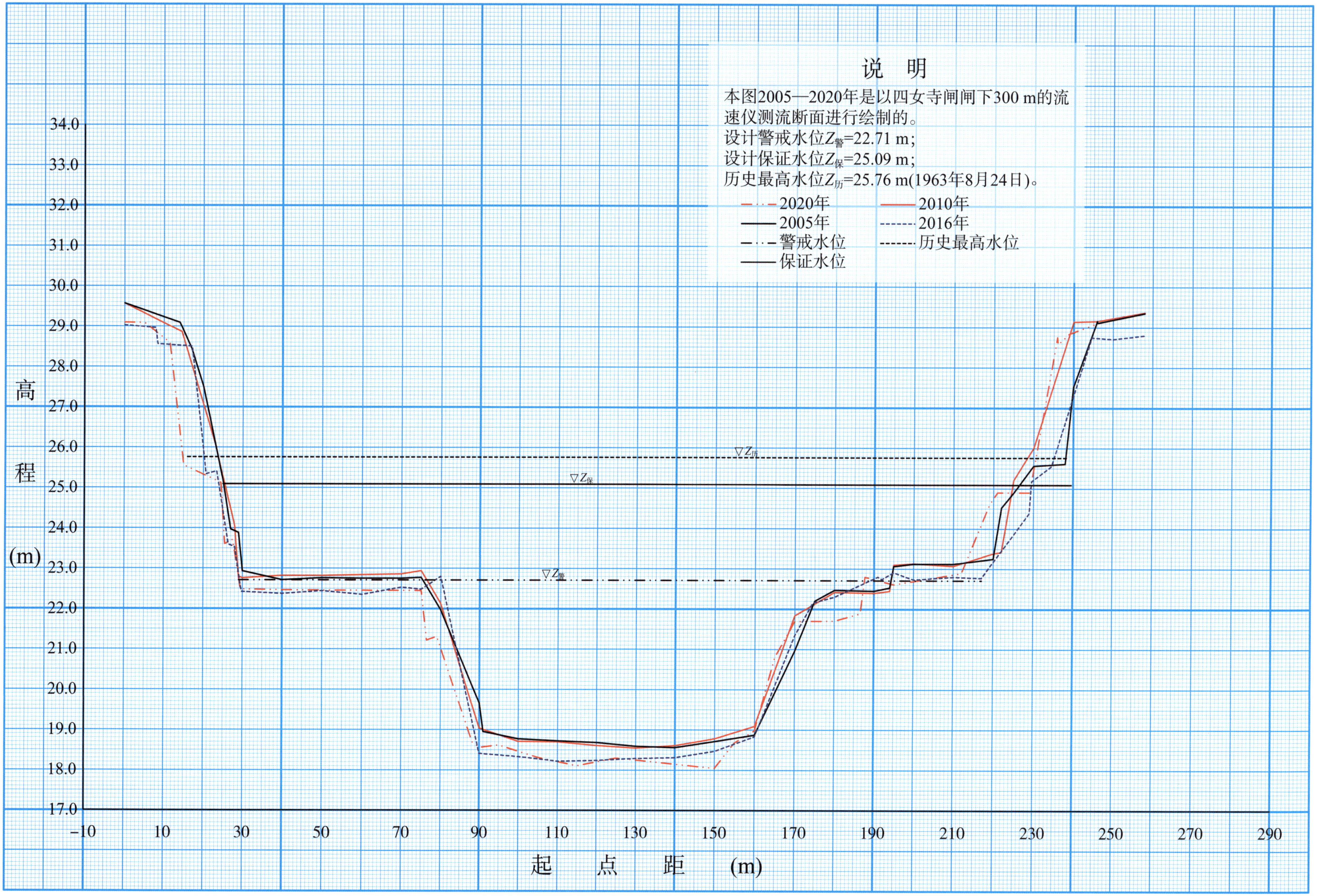

图 3-10 漳卫南运河四女寺闸下减河历年大断面图

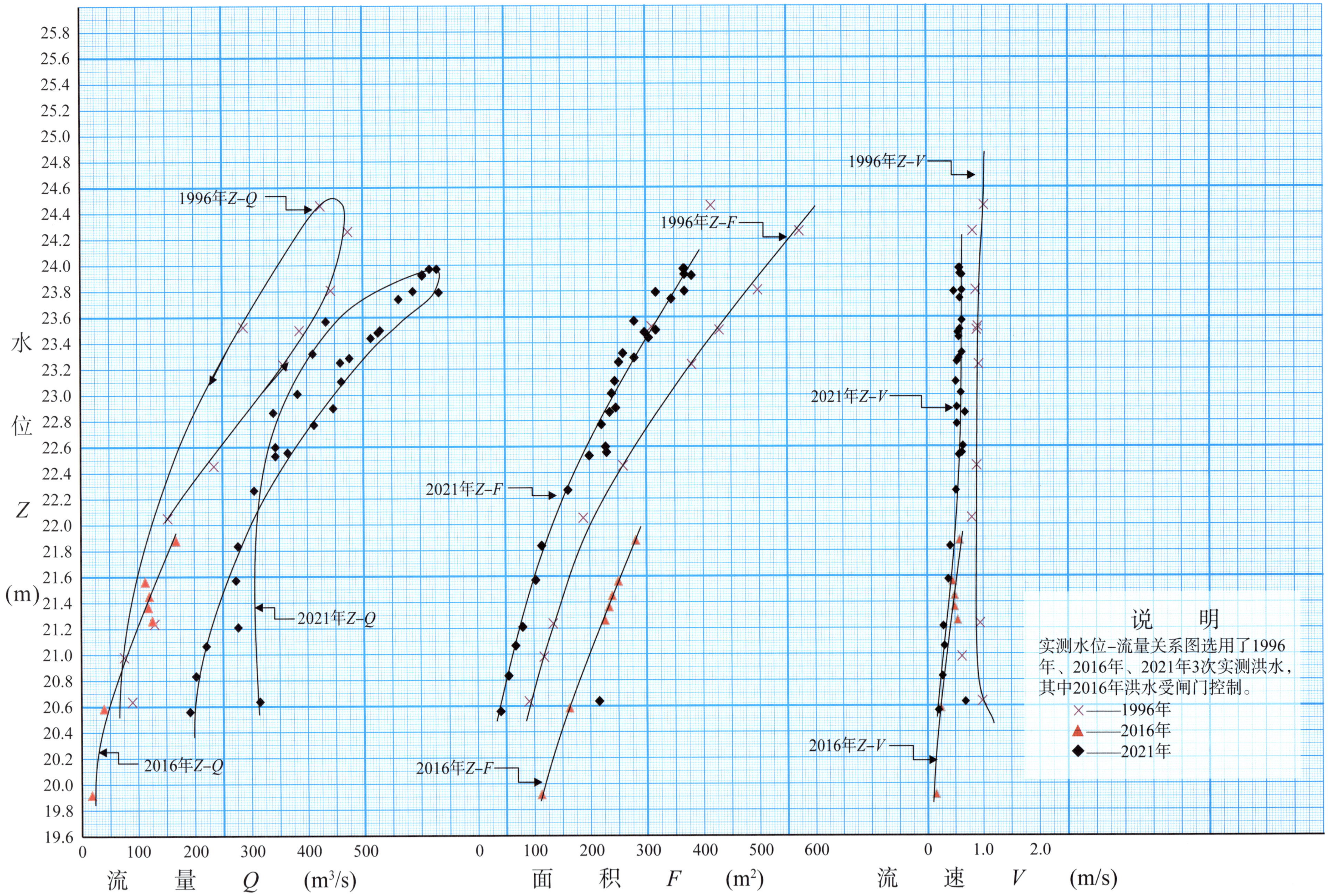

图 3-11 漳卫南运河四女寺闸下减河水位－流量、水位－面积、水位－流速关系曲线图

第四章　漳卫新河庆云闸站水文预报方案编制说明

1　流域概况

1.1　流域自然地理特征

漳卫南运河为海河水系五大河系之一，地处太岳山以东，黄河与徒骇河、马颊河以北，滏阳河以南，流经山西、河北、河南、山东四省及天津市入渤海，是海河南系的一条主要行洪排涝河道。漳卫南运河由漳河、卫河、卫运河、漳卫新河及南运河等支流及河段组成，流域面积为 37 584 km^2。

漳卫南运河流域西部(上游)地处太岳山麓和太行山区，地面高程一般在海拔 1 000 m以上，东部及东北部（中下游）为广阔山前洪积、坡积、冲积平原。山区、丘陵区面积为25 436 km^2，占流域总面积的 68%；平原面积为 12 148 km^2，占流域总面积的 32%。西部山区与东部平原直接相接，山前丘陵过渡区很短。地形总趋势西高东低，山区、丘陵区地面坡度为 10‰~ 0.5‰，平原为 0.1‰ ~ 0.3‰。平原内微地形复杂，中游分布着许多大小不等的洼地，成为河道的行滞洪区；下游沿海岸带为滨海冲积平原。

1.2　河流水系

漳卫河水系由漳河、卫河、卫运河、漳卫新河、南运河组成，山东省境内河道全长448 km，流域面积 2 934 km^2，包括卫河、卫运河、南运河、漳卫新河，流经山东省境内聊城、德州、滨州三市所辖的冠县、临清、夏津、武城、德州、宁津、乐陵、庆云和无棣 9 个县（市、区）。山东沿河有长顺渠、六五河、宁津新河等支流，当卫运河、漳卫新河洪水较小时可相机排水。

漳河发源于山西高原和太行山区，东与滏阳河为邻，北接滹沱河及潇河，西接沁河，南靠丹河及卫河，地跨晋、冀、豫三省。其上游分清漳与浊漳两大支流。

卫河发源于太行山区，南邻黄河，东面与马颊河接壤，主要干支流自太行山前陡坡下跌进入平原。因卫河山区支流均处于太行山迎风坡，多集中发生暴雨洪水，且源短流急，是卫河洪水的主要来源地。卫河干流中下游蜿蜒于平原区，河道坡度平缓，沿河有滞洪坡洼八处，遇较大洪水，河道宣泄不及时，常常向两岸坡洼地分洪滞洪。1978—1985 年，卫河老观嘴至徐万仓之间河段进行了扩大治理，淇门至老观嘴间进行了河道清淤。1978 年冬，卫河治理工程开工，原卫河深槽较弯曲，不少河段形成对头弯，水流不顺，多险工。治理工程措施因势利导，稳定河床，使河道顺直，有利于消除险工，减轻险情，并节省工程量。为改善河道流势，平顺水流，设计中在 17 处弯河段裁弯取直，小弯河段采取切滩抹嘴，其他河段整治基本沿原河扩挖浚深，保留一定河滩宽度。

卫运河是漳河与卫河自河北省馆陶县徐万仓汇合后的统称，自徐万仓至四女寺枢纽河长157 km，中间无支流汇入。四女寺站坐落于卫运河末端，四女寺枢纽以下分南运河和漳卫新河，漳卫新河自四女寺枢纽至大口河入海口，总长 240.3 km。

漳卫新河（含岔河、减河）是人工开挖的微曲型河道，比较顺直，大部分河岸土质较好。左岸为河北省，右岸为山东省。减河从四女寺枢纽至大王铺，河长 53 km；岔河从四女寺枢纽至大王铺，河长 43 km，山东省境内长 23 km。漳卫新河大王铺至辛集闸段河道长 127.1 km，主河槽上口宽 80 ~ 120 m，深 3 ~ 4 m，河底比降为 1/10 000。下段从大王铺至大口河，河长164.3 km。

1.3　水文气象

漳卫南运河流域暴雨主要由天气系统和地形条件结合所致，易在太行山区迎风坡形成大暴雨。流域多年平均年降水量为 500 ~ 800 mm。降水量分布受地形影响，山区一般在 700 ~ 800 mm，平原为 500 ~ 600 mm。降水年内分布极不均匀，70% ~ 80% 集中在汛期 6—9 月，流域暴雨多集中在 7、8 两个月份。

1.4　历史洪水

（1）1963 年洪水发生在 8 月上旬，漳河、卫河同时来水，水势猛、总量大，漳卫河上游旬降雨量超过 1 000 mm，笼罩面积 5 390 km^2，卫河老观嘴以下至称钩湾多处漫溢决口，漳河、卫河大堤多处溃决，左右两堤洪水漫溢，一片汪洋，右岸临清市冯圈村 11 日发生决口，受决口影响，临清站 8 月 16 日出现洪峰流量 2 540 m^3/s，洪峰水位 37.84 m，超标准行洪，日最大泄量为 3 500 m^3/s，比正常情况延长 3 ~ 4 d，通过临清站下泄的洪水总量达 59.48 亿 m^3，灾害严重。四女寺枢纽以上约 500 m 的卫运河右堤银丁扣处扒堤，口宽 51 m。分洪口门宽 35 m，深 3.5 m，分洪流量 150 m^3/s，最后口门冲宽至 225 m，8 月 20 日最大分洪流量为 1 000 m^3/s，24 日洼内水位为 24.75 m，蓄水量 7 亿 m^3，各县市灾害严重。

（2）1982 年洪水发生在南运河拓宽治理之后，卫河来水量较大，8 月 5 日 18 时临清站出现 1 230 m^3/s 的洪峰流量，洪峰水位 33.74 m，洪水仅发生局部漫滩，没有造成大的灾害；四女寺站 8 月 6 日 14 时出现合成最大洪峰流量 1 149 m^3/s，洪峰水位 24.08 m。8 月 7 日 22 时54 分庆云闸最大洪峰流量为 509 m^3/s。

（3）1996 年洪水发生在 8 月，漳河、卫河同时来水，卫河来水量较大。10 日 19 时临清站出现 1 840 m^3/s 的洪峰流量，洪峰水位 35.79 m，除局部河段外，滩地大部分被洪水淹没，临清站控制断面滩地最大水深 3.97 m，未发生大堤决口、漫堤等险情。两支流洪水汇入南运河后涨水势猛，8 月 11 日四女寺站出现合成洪峰流量 1 518 m^3/s，洪峰水位 24.61 m；13 日实测减河最大流速 2.11 m/s，最大水深 5.60 m。8 月 15 日 6 时庆云闸最大洪峰流量 1 380 m^3/s，未发生大堤决口等险情。

（4）2016 年 7 月 19 日，漳河、卫河突降暴雨，7 月 24 日岳城水库最大下泄流量为 300 m^3/s；

7 月 28 日，卫运河南陶站出现最大洪峰流量 558 m^3/s；7 月 29 日临清站出现最大洪峰流量 457 m^3/s；7 月 30 日，四女寺闸上出现合成洪峰流量 450.3 m^3/s；8 月 1 日 16 时庆云闸最大洪峰流量为 357 m^3/s。

（5）2021 年 7 月下旬至 8 月上旬，漳河、卫河同时来水，水势猛、总量大，卫河来水量较大。7 月 27 日漳河岳城水库下泄流量为 701 m^3/s，卫河元村站 7 月 25 日出现洪峰流量 947 m^3/s，漳卫河上游南陶水文站（入山东省第一个监测断面）洪峰流量为 1 100 m^3/s，临清站 7 月 31 日洪峰流量为 953 m^3/s，8 月 4 日四女寺闸闸上合成流量为 879 m^3/s，8 月 16 日 14 时庆云闸洪峰流量为 800 m^3/s。除局部河段外，滩地大部分被洪水淹没，未发生大堤决口、漫堤等险情。

（6）2021 年 9 月漳卫南运河流域发生第二次洪水。9 月下旬和 10 月上旬，漳卫河上游遭遇 3 场强降雨，发生了自 1951 年记录以来的秋汛，岳城水库提闸放水，卫河水势暴涨。卫河元村站 10 月 5 日洪峰流量为 804 m^3/s，漳河岳城水库下泄流量为 850 m^3/s。漳河、卫河洪水合成后南陶站 10 月 10 日洪峰流量为 1 220 m^3/s，临清站 10 月 11 日洪峰流量为 1 180 m^3/s。除局部河段外，滩地大部分被洪水淹没，未发生大堤决口、漫堤等险情。10 月 12 日四女寺闸出现合成流量 1 097 m^3/s，10 月 14 日 8 时庆云闸最大洪峰流量为 1 020 m^3/s。

1.5 洪水特性

历史上漳卫河水系水灾频繁，流域上游为山区，流域暴雨集中在 7、8 两个月，暴雨中心多发生在太行山山前迎风区，是产生大洪水的主要地区，洪水一般历时短、峰型尖瘦、陡涨陡落。中下游为平原，受河道及洼地调蓄，高水维持时间较长，洪水涨落过程最长可持续 3 ~ 4 个月。

漳河流域受暴雨特性及流域下垫面综合影响，东、西两区洪水特性有所差异。东区暴雨量级大，且下垫面以石质山区为主，有很好的产汇流条件。东区洪水出现频次多、峰高量大、汇流时间短，且年际变化大，西区发生洪水少，洪水过程缓慢，量级也比东区小。

卫河山区支流均处于太行山迎风坡，洪水频次高、量级大，且源短流急，洪水迅猛，是卫河洪水的主要发源地。各支流洪水多由同一场暴雨所形成，因此支流洪水常常遭遇。卫河干流中下游河道坡度平缓，沿河有滞洪坡洼 8 处，遇较大洪水，河道宣泄不及时，常常向两岸坡洼分洪、滞洪，一般卫河洪水峰型较平缓、持续时间长。

卫运河主要承接上游漳河、卫河来水，汇流面积大，加上上游河流的调蓄，其峰型较平缓，而洪量较大，洪水持续时间长。

漳卫新河河道顺直，洪水量大，洪水峰型平缓，起涨一般较为迅速。

漳卫南运河流域主要河段距离、洪水传播时间示意图见图 4-1。

1.6 河道防洪工程现状

山东省境内漳卫南运河已基本建成由堤防、水闸、滞洪区组成的防洪工程体系。在适时运用蓄滞洪区分洪和加强堤防防守情况下，卫河基本可防御 20 年一遇洪水，卫运河、漳卫新河（辛集闸以上）基本可防御 50 年一遇洪水。漳卫新河现状行洪能力见表 4-1。

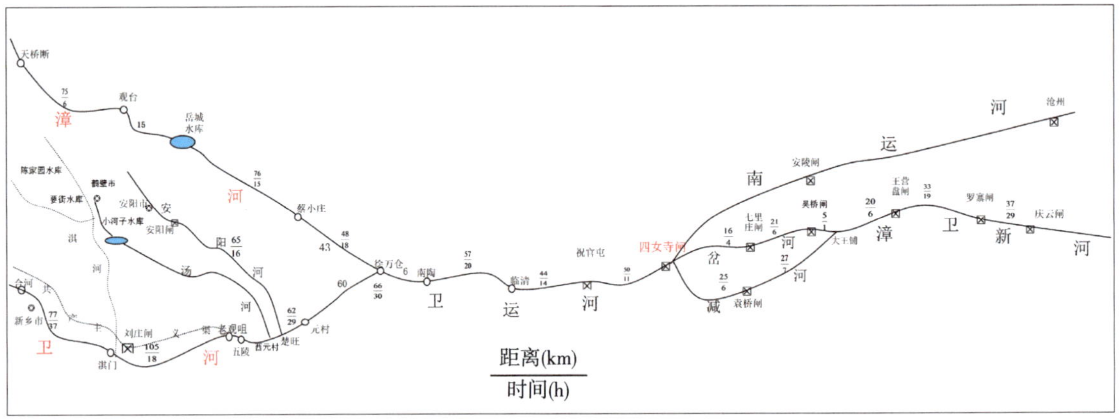

图 4-1　漳卫南运河主要河段距离、洪水传播时间示意图

表 4-1　漳卫新河现状行洪能力情况表

河段	断面名称	排涝（警戒）水位			设计（保证）水位			校核水位		
		原设计行洪能力（m^3/s）	现状行洪能力（m^3/s）	变幅（%）	原设计行洪能力（m^3/s）	现状行洪能力（m^3/s）	变幅（%）	原设计行洪能力（m^3/s）	现状行洪能力（m^3/s）	变幅（%）
减河	袁桥闸上	400	400	0	1 500	1 500	0	2 200	2 230	1
	铁路桥	400	300	−25	1 500	1 400	−7	2 200	2 100	−5
	四女寺南闸下	400	250	−38	1 500	1 300	−13	2 200	1 930	−12
岔河	吴桥闸上	780	700	−10	2 000	1 940	−3	2 800	2 730	−3
	铁路桥	780	680	−13	2 000	1 800	−10	2 800	2 630	−6
	四女寺北闸下	780	690	−12	2 000	1 830	−9	2 800	2 600	−7
漳卫新河	大王铺	1 200	1 100	−8	3 500	3 340	−5	5 000	4 700	−6
	王营盘闸上	1 200	1 120	−7	3 500	3 340	−5	5 000	4 820	−4
	前罗闸上	1 200	1 150	−4	3 500	3 320	−5	5 000	4 920	−2
	庆云闸上	1 200	1 030	−14	3 500	3 100	−11	5 000	4 620	−8
	辛集闸上	1 250	530	−58	3 500	2 250	−36	5 000	3 800	−24
	埕口	1 250	500	−60	3 500	3 650	4	5 000	3 650	−27
	孟家庄	1 250	500	−60	3 500	3 650	4	5 000	3 650	−27

1.7 测站概况

庆云闸水文站位于德州市庆云县庆云镇庆云闸，于 1977 年 7 月设立，属于海河流域漳卫南运河水系漳卫新河，是漳卫新河下游水量控制站，洪水来源于上游来水，受上、下游闸坝影响，降雨径流关系不稳定，一般采用临时曲线推流。孔流期间，采用历年综合流量系数线推流，

淹没孔流系数 M_2=2.956 2（$e/\Delta z$）$^{-0.010\,3}$。测洪标准为 50 年一遇。庆云闸上游 37 km 处有罗寨拦河闸，下游 33 km 处有辛集挡潮闸，涨潮时对本站有回水影响。

庆云闸使用冻结基面，冻结基面高程 -0.153 m=1985 年国家高程基准高程，闸上警戒水位为 9.50 m，警戒流量为 1 200 m^3/s, 保证水位为 11.74 m，保证流量为 3 500 m^3/s，实测历史最高水位为 9.36 m（1996-8-15），实测历史最大流量为 1 470 m^3/s（1996-8-14）。测验河段顺直，闸上游约 600 m 及闸下游约 1 000 m 处有弯道，不影响流量测验。河床、河岸为沙壤土质，测验条件良好。两堤相距约 550 m，大水时有冲淤现象，主槽偏左岸，宽约 140 m，左岸滩地宽约 120 m，有古河道，右岸滩地宽约 160 m。

2 预报方案编制

2.1 资料的选用情况

本站实测资料年限为 45 年（1977—2021 年），方案选用 1977—2021 年代表性较强、受工程因素影响较小的洪水。对实测洪水点据掌握“高水不漏，小水不凑”原则，共分析了 11 场次洪水。

2021 年洪水期间，为了减轻行洪压力，漳卫河开始分洪，7 月 27 日通过沙杨河向马颊河分洪，8 月 1 日通过跃丰河、漳马河向马颊河分洪，三条路线开始同时运行，每天监测一次流量。

对 2021 年洪水做了还原计算，但在长时间畅流期和阴雨天气做还原计算时没有考虑河道下渗和蒸发。

庆云闸站测流断面 1997—1999 年、2001—2003 年、2005 年用的是闸下 2 400 m 基本水尺断面，2000 年、2004 年、2006—2021 年用的都是闸上 130 m 流速仪测流断面。

2.2 预报方案

该站为闸坝站，且流域内无支流汇入，预报方案以汇流为主，采用上、下游相关做预报。

2.2.1 四女寺闸-庆云闸洪峰流量相关图

本方案选取了 1977—2021 年 11 场次洪水资料，绘制了四女寺闸 - 庆云闸洪峰流量相关图（$Q_{m四}$-$Q_{m庆}$），通过点群中心逐渐增大的趋势定线，详见图 4-2。

精度评定：按许可误差 =20% 实测值的标准进行逐次洪水评定。受河槽内农作物、树木及闸坝调蓄影响，本方案只采用 1977—2021 年 11 个点据，7 个合格，合格率为 63.6%，方案等级为丙级。四女寺闸 - 庆云闸洪峰流量相关表见表 4-2。

2.2.2 洪水传播时间相关图

以四女寺闸洪峰流量发生时间至庆云闸洪峰流量发生时间的差值为参数，绘制四女寺闸至庆云闸区间 Q_m-τ 相关图。由于该图点据散乱，故只作参考不做评定。点据散乱的主要原因是近期漳卫新河枯水年份较多，上游河道闸坝调蓄及河槽内农作物、树木等阻水严重，遇到中小洪水时传播时间延长，影响到洪峰流量与传播时间之间的关系。

2.2.3 洪峰流量的相应水位预报

通过上述方案可以预报出庆云闸洪峰流量，但中小洪水的预测值与实测值偏差较大，合格率偏低。其主要原因是近期漳卫新河枯水年份较多，上游河道闸坝调蓄和河槽内农作物、树木等阻水严重，为了防汛需要，尚需预报出洪峰流量的相应水位，为此绘制了漳卫新河庆云闸历年水位与流量、面积、流速关系曲线图，以便在预报出洪峰流量之后，再根据断面淤积、洪水涨落趋势等情况预报出洪峰水位或水位过程。在今后作业预报中，应结合汛前实测大断面图及上下清淤情况做适当插补修正。庆云闸站水位与流量、面积、流速关系曲线图见图 4-3。

2.2.4 洪水预警

该站绘制了历年实测（有代表性）大断面图，由此可大体看出历年河道断面变化（包括淤积、疏浚等情况）过程，另外在预报出洪峰水位后可在断面图上清楚地看到洪峰水位与堤顶距离是否超过防洪水位等，以便及时向防汛指挥部门报警，庆云闸闸上历年大断面图见图 4-4，庆云闸闸下历年大断面图见图 4-5。

3 方案合理性检查

在方案修订过程中，根据《水文情报预报规范》（GB/T 22482—2008）要求及有关文件规定进行合理性检查，特别对突出点据从原始资料反复查对，对中间处理过程也进行了认真审查，发现不合理的问题基本上做了检查改正。然后对每个方案尽量根据水情规范规定采用表格形式进行了精度评定（用许可误差法）。

4 方案使用说明

庆云闸水文站做预报时的主要误差出现在洪峰传播时间和洪峰总量上，因上游河槽内有农作物和树木，在对每年第一次较大洪水做预报时，应加大洪峰传播时间值，在预报间隔若干连续枯水年份以后的洪峰传播时间时，更应该加大洪峰传播时间值。

由于上游站四女寺站是闸坝站，且受闸门控制严重，又因在河道上游德城区漳卫新河和减河分别建立有景观橡胶坝等游乐设施，因此建立的上下游相关很难吻合，汇流系数不呈单一线，无法用马斯京根法演算。

表 4-2　四女寺闸 – 庆云闸洪峰流量相关表

序号	洪号	四女寺闸洪峰流量出现时间	四女寺闸洪峰流量 $Q_{m四}$（m^3/s）	庆云闸洪峰流量出现时间	庆云闸（m^3/s）		预报洪峰流量 $Q_{m庆预}$（m^3/s）	预报误差（m^3/s）	许可误差（m^3/s）	评定结果		四女寺闸至庆云闸洪水传播时间 τ（h）	备注
					同时流量 Q	洪峰流量 $Q_{m庆}$				合格	不合格		
1	770806	8 月 2 日 10:00	908	8 月 6 日 0:00	765	890	851	–39	178	√		86	
2	820807	8 月 2 日 10:00	881	8 月 7 日 22:54	0	509	822	313	102		√	134	闸前蓄水
3	820816	8 月 15 日 23:00	376	8 月 16 日 16:48	0	349	357	8	69.8	√		17.8	闸前蓄水
4	880818	8 月 17 日 15:42	401	8 月 18 日 16:18	54.2	165	380	215	33.0		√	24.6	
5	890730	7 月 29 日 15:54	436	7 月 30 日 17:30	0	209	406	197	41.8		√	25.4	闸前蓄水
6	940720	7 月 18 日 21:54	177	7 月 20 日 7:42	0	215	195	–20	43.0	√		32.3	闸前蓄水
7	960815	8 月 13 日 3:48	1 510	8 月 15 日 6:00	1 160	1 380	1 420	40	276	√		49.2	
8	000714	7 月 10 日 14:00	234	7 月 14 日 9:12	0	129	238	109	25.8		√	93.2	闸前蓄水
9	160801	7 月 30 日 8:00	410	8 月 1 日 16:00	305	357	382	25	71.4	√		56	
10	210806	8 月 4 日 12:00	879	8 月 6 日 14:00	778	800	820	20	160	√		50	
11	211014	10 月 12 日 14:00	1 097	10 月 14 日 14:00	1 067	1 072	1 026	–46	214	√		42	

备注：合格率 =7/11=63.6%，属于丙级方案。

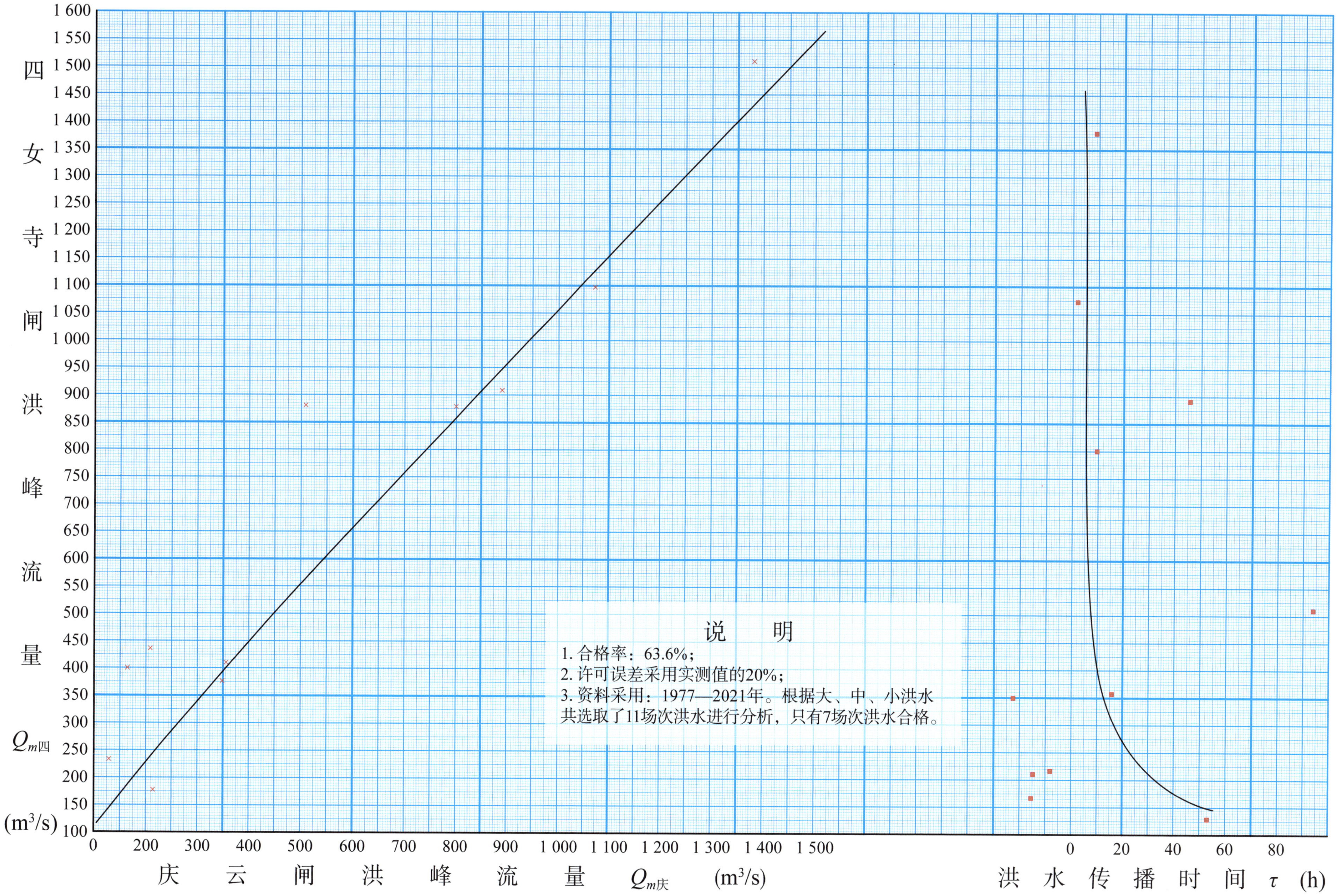

图 4-2 漳卫新河四女寺闸－庆云闸洪峰流量相关图

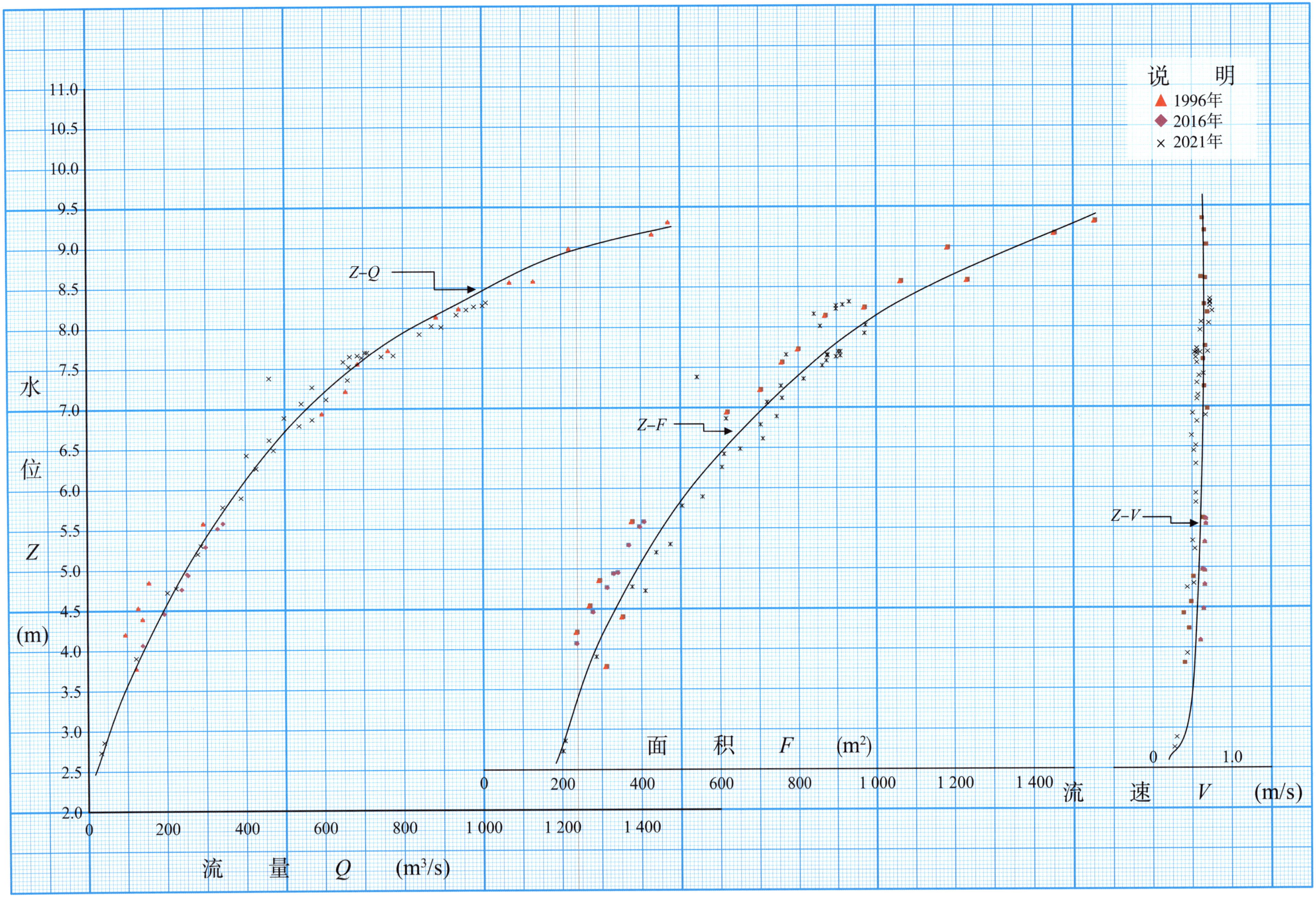

图 4-3　漳卫新河庆云闸水位与流量、面积、流速关系曲线图

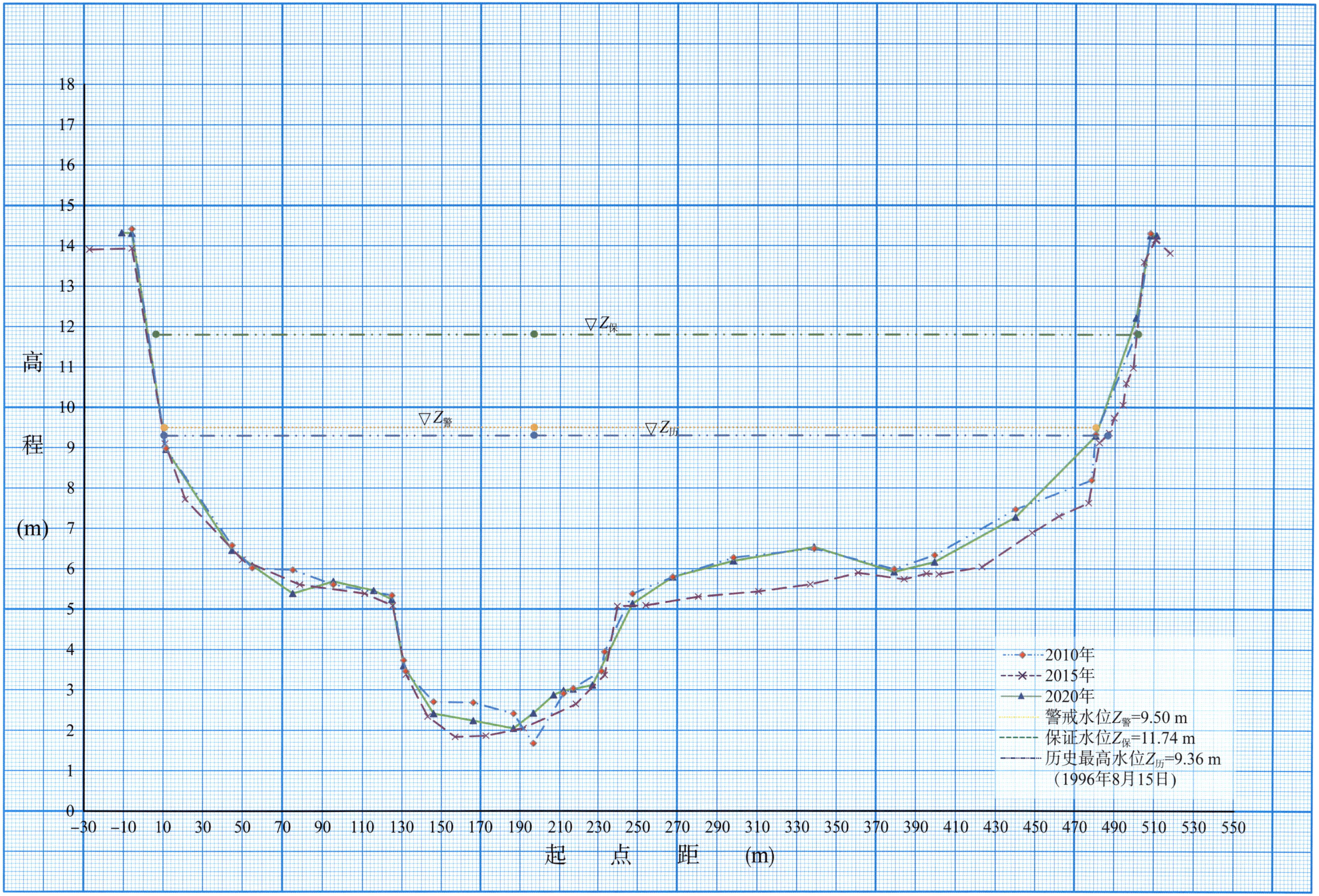

图 4-4 漳卫新河庆云闸闸上历年大断面图

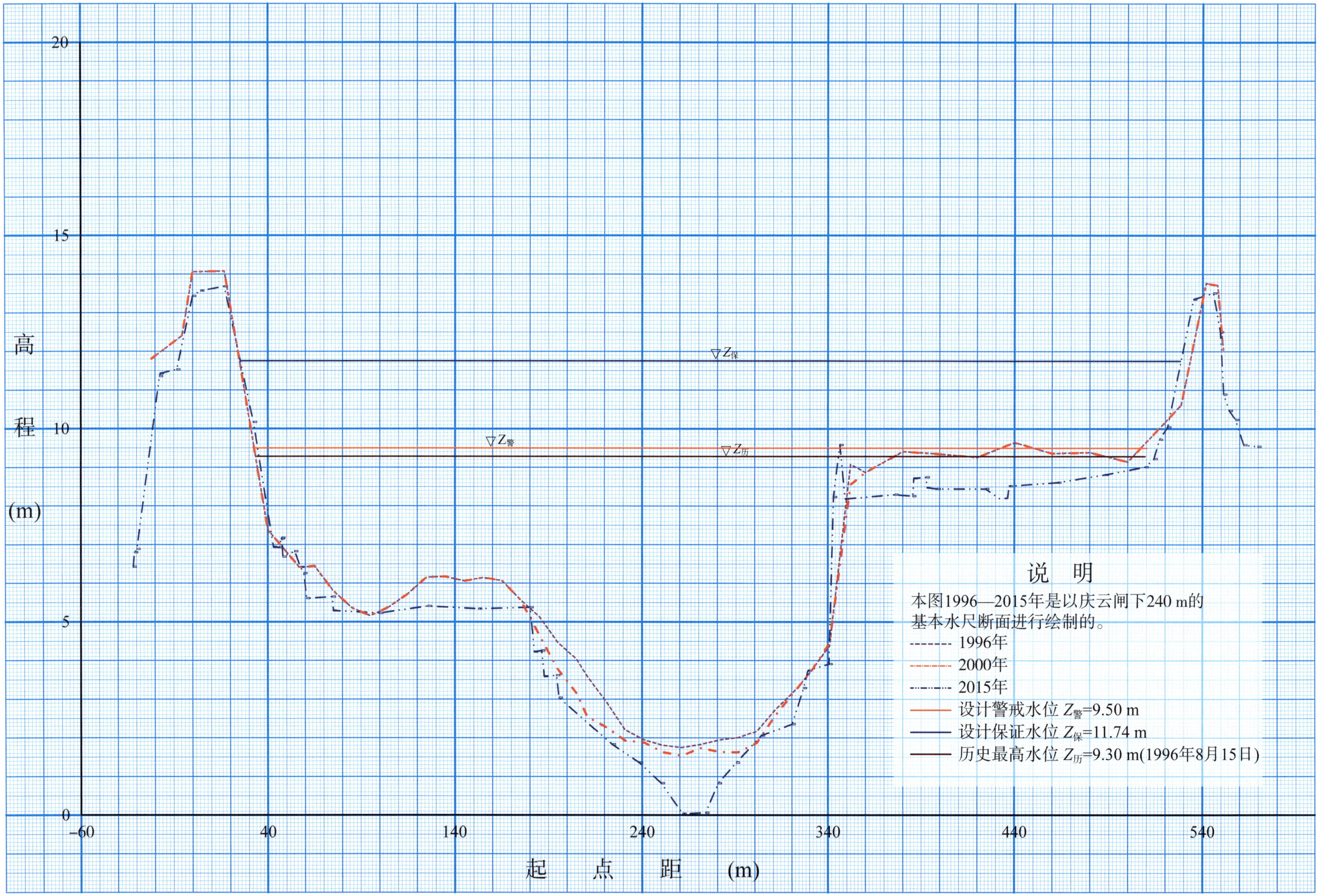

图 4-5 漳卫新河庆云闸闸下历年大断面图

第五章　马颊河王铺闸站水文预报方案编制说明

1　流域概况

1.1　流域自然地理特征

马颊河属海河流域独立入海的河流，位于山东省境内黄河以北。马颊河南临徒骇河、德惠新河，北靠漳卫新河，属于黄河下游冲积平原，发源于河南省濮阳市金堤河分水闸，流经河北省大名县东南端进入山东省，在无棣县注入渤海。马颊河流域面积为 10 638 km^2，河流全长 338 km；流域呈狭长形，流域坡度一般为 1/5 000 ~ 1/10 000。该流域沉积了极厚的松散土层，沉积物主要为黄河冲积泥沙。土壤岩性大部分为黏土、亚黏土、亚砂土和粉细砂，包气带与潜水变幅带岩性主要为亚砂土与亚黏土。历来受黄河多次决口改道和自然侵蚀的影响，本河系形成岗、坡、洼相间的平原地貌，地下水埋深一般在 5 ~ 8 m，局部地区大于 10 m，水源补给困难，农作物以小麦、玉米、棉花为主。

本流域位于暖温带季风气候区，冬季在蒙古高压控制之下， 空气寒冷而干燥，雨雪稀少；夏季亚热带太平洋暖气团势力增强，冷暖气团交汇机会较多，降雨集中；春季干燥多风；秋季天高气爽。全流域多年平均年降水量为 564.4 mm，汛期（6—9 月）多年平均降水量为 449.0 mm，占年降水量的 80%。自 1916 年以来，最大年降水量是 1964 年的 993.2 mm，最小年降水量是 1968 年的 333.9 mm，仅相当于 1964 年的 1/3。1964 年 6—9 月降水量为 754.0 mm，1968 年 6—9 月降水量为 166.0 mm，1964 年为 1968 年的 4.5 倍。多年平均年径流深为 45.6 mm，主要集中在汛期，约占年径流深的 85%。王铺闸站以上流域图见图 5–1。

1.2　水利工程情况

为拦蓄地表水资源，马颊河王铺闸以上先后建成 5 座拦河闸坝，分别为马村闸、甘寨闸、务庄闸、张洼闸、王铺闸；马颊河王铺闸以下聊城段还有薛王刘闸、裴庄闸、李奇闸 3 座拦河闸坝，对洪水有较大的调控作用，在洪水预报时应充分考虑各拦河闸的蓄水情况。马颊河各闸坝的设计指标见表 5–1。

1.3　测站概况

王铺闸水文站于 1971 年 4 月设立，上、下游分别设有南乐、李家桥闸水文站。王铺闸站为马颊河上游区代表站，该站以上干流全长 49 km，平均坡降 1/7 500，集水面积 3 088 km^2，该站测验项目包括水位、流量、悬移质输沙率和单位含沙量、降水、蒸发、冰凌、水化学、土壤含水率、地下水位、水准测量等，测流采用水文缆道和桥测两种方案，历年实测最高水位为 33.50 m，最大流量为 193 m^3/s。多年平均年降水量在 550 mm 左右，年际变化较大，6—9 月降水量占全年降水量的 70% ~ 80%。本河系为雨洪河道，径流时空分布和降水量基本一致，多年平均年径流深仅 10 mm 左右。

表 5–1　马颊河拦河闸情况统计表

闸名	位置	设计闸底（m）	闸门尺寸			设计除涝		设计防洪		汛期控制水位（m）
			孔数	宽（m）	高（m）	水位（m）	流量（m^3/s）	水位（m）	流量（m^3/s）	
马 村	山东莘县	35.57	8	4	3.5	39.37	184	40.11	283	38.37
甘 寨	山东莘县	33.60	9	4	4	37.21	193	37.85	292	36.21
务 庄	山东莘县	32.26	12	2.7	2.5	36.06	193	36.70	292	34.96
张 洼	山东东昌府	30.04	5	8	4.5	34.44	226	35.00	344	33.44
王 铺	山东东昌府	29.15	5	10	4.5	33.15	277	34.03	418	32.15
薛王刘	山东茌平	26.20	5	10	5	30.77	292	31.78	439	29.77
裴 庄	山东高唐	24.00	5	10	6	28.30	292	29.27	439	27.30
李 奇	山东高唐	21.80	10	5.8	5	26.05	346	27.10	514	25.05

1.4　河道治理情况

1956 年 8 月卫河决口，洪水进入马颊河。该河于 1957 年治理疏浚，于 1958 年在现马村闸处兴建马村水库，经反复论证，效益较差，于 1963 年废除。1963 年 8 月，海河流域发生大水，卫河、金堤河、马颊河、徒骇河均出现前所未有的特大洪水，卫河右岸内黄县境内二道防线苏堤决口，洪水进入马颊河。马颊河自 1965 年开始按 1964 年雨型（45 天降雨 400 mm）排涝、1961 年雨型（45 天降雨 600 mm）防洪进行扩大治理，于 1971 年基本完成。马颊河扩大治理后，干流下游防洪保证流量提高到 1 030 m^3/s。1970 年至 1971 年，王铺闸以上先后建成甘寨闸、王铺闸两座拦河闸，1980 年以后又建成马村、务庄拦河闸，聊城境内王铺闸以下还设有薛王刘闸、裴庄闸、李奇闸。王铺闸以上最大蓄水能力为 0.065 6 亿 m^3，聊城境内各拦河闸总蓄水能力为 0.182 1 亿 m^3。

自 1971 年位山引黄灌区复灌以来，由于引黄三干渠与马颊河串通，淤积严重，至 1982 年，马颊河干流断面减少行洪能力 45% 左右，改变了河槽汇流条件，给预报方案的编制和应用带来了较大困难。

2019 年至 2020 年，聊城市对马颊河干流河道进行了防洪治理，河道下垫面发生了变化。加之王铺闸水文站为闸坝站，给预报方案的编制带来了更大的困难。

1.5 历史洪水情况

王铺闸站是马颊河干流控制站，流域面积 3 088 km^2，设计防洪水位 34.03 m，相应流量 418 m^3/s，1971 年曾出现洪峰流量 193 m^3/s 的历史洪水，因上游干流建有多座拦河闸，受工程调度影响，洪水过程已改变了自然形态，近期发生了如下几场较大洪水。

1982 年 8 月洪水，降雨发生在 8 月 9 日 20 时至 12 日 14 时，暴雨中心雨量为 130.0 mm，位于王铺闸站以上流域上游的濮阳站，最小点雨量为 21.7 mm。降雨特点为历时较长，降雨分布不均匀，流域前期较干旱。流域次平均雨量为 87.9 mm，前期影响雨量为 58.5 mm，实测洪峰流量为 26.6 m^3/s，洪水历时 158 h，洪水总量为 667 万 m^3。

1984 年 8 月洪水，降雨发生在 8 月 9 日 2 时至 10 日 8 时，暴雨中心雨量为 195.5 mm，位于流域下游王铺闸站，最小点雨量为 117.6 mm。降雨特点为历时较短，降雨强度较大，降雨分布比较均匀，流域前期比较干旱。流域次平均雨量为 164.2 mm，前期影响雨量为 33.2 mm，降水总历时 30 h，有效降雨历时 12 h，实测洪峰流量为 127 m^3/s，洪水历时 170 h，洪水总量为 2 021 万 m^3。

1985 年 7 月洪水，降雨发生在 7 月 23 日 14 时至 24 日 2 时，暴雨中心雨量为 157.3 mm，位于流域下游王铺闸站，最小点雨量为 3.6 mm。降雨特点为历时短、降雨强度大，降雨分布不均匀，流域前期严重干旱。流域次平均雨量为 63.2 mm，前期影响雨量为 20.5 mm，降水总历时 12 h，有效降雨历时 12 h，洪峰流量为 79.5 m^3/s，洪水历时 119 h，洪水总量为 1 058 万 m^3。

2012 年 8 月洪水，降雨发生在 8 月 4 日 11 时至 5 日 11 时，暴雨中心雨量为 192.0 mm, 位于流域下游王铺闸站，最小点雨量为 49.0 mm。降雨特点为历时较长、降雨强度较大，降雨分布较均匀，流域前期比较湿润。流域次平均雨量为 112.0 mm，前期影响雨量为 55.8 mm，降水总历时 24 h，有效降雨历时 18 h，洪水受闸门调控影响较大，洪峰流量为 54.3 m^3/s，洪水历时 200 h，洪水总量为 2 239 万 m^3。

2013 年 7 月洪水，降雨发生在 7 月 22 日 3 时至 27 日 0 时，暴雨中心雨量为 166.5 mm，位于流域下游王铺闸站，最小点雨量为 38.0 mm。降雨特点为历时较长、降雨强度较大，降雨分布较均匀，流域前期比较湿润。流域次平均雨量为 118.2 mm, 前期影响雨量为 59.8 mm，降水总历时 97 h，有效降雨历时 24 h，洪水受闸门调控影响较大，洪峰流量为 66.1 m^3/s，洪水历时 192 h，洪水总量为 2 335 万 m^3。

2 预报方案编制

2.1 资料情况及方案沿革

2.1.1 预报区间及资料情况

王铺闸站预报区间为王铺闸以上至河源，总集水面积为 3 088 km^2。自 20 世纪 60 年代末河道大规模治理以来，径流过程受到人类活动的影响。一方面，河系界线不清、变动、河道串通，引出引入水量不清；另一方面，由于大量引黄抬高了地下水位，尾水去向不明。因此，实测资料很难反映自然产汇流规律，给分析计算工作带来了困难。本次修订以 2016 年预报方案为基础，将资料系列延长至 2020 年，选用代表性较强、受人为因素影响较小的洪水，增加 2 场较大洪水实测资料。资料系列为 1971 年至 2020 年，共 45 场次洪水资料。

2.1.2 方案沿革

本站预报方案于 1990 年分析编制完成，原产流方案主要采用降雨径流相关图 P–Pa–R，汇流方案采用峰量关系图、径流分配过程线等方法。

历史修订情况：1990 年方案选用 1971 年至 1990 年的受工程影响较小、较大降雨形成的径流过程资料，后来方案分别在 2006 年和 2016 年进行了修订。2006 年方案修订时因 1990 年以来马颊河王铺闸站以上流域以枯水年居多，所以没有增加 1990 年至 2005 年的点据；2016 年修订采用 2006—2015 年资料，新增降雨径流关系点据 14 个，较大洪水点据 4 个，中小洪水点据 10 个，将新增点据点绘在原 P–P_a–R 相关图上，新增点据有 8 个在误差允许范围内，为合格点据；6 个点据超出允许误差范围，为不合格点据，合格率较低，原降雨径流相关图仅供参考。

本次修订，主要是在 2016 年修订的基础上新增降雨径流关系点据 2 个，新增点据超过误差允许范围，但因本次添加点据较少，且洪水受人为影响较大，关系线保持不变；原汇流方案峰量关系图增加 1 个点据，关系线保持不变，本次利用 2020 年洪水资料新建时段为 2 h 的一条单位线。

2.2 产流方案

产流预报依据蓄满产流的基本原理，采用降雨径流经验相关的方法。

2.2.1 主要参数的计算

2.2.1.1 流域平均雨量P的计算

流域平均雨量根据张鲁、王奉、桑阿镇、冠县、王铺闸 5 站雨量采用算术平均法计算。

2.2.1.2 流域平均前期影响雨量P_a的计算

一般每年的 6 月 16 日或 6 月 26 日对水系内墒情站监测一次墒情并上报，从这时开始计算 P_a 初值。$P_{a上}$、$P_{a下}$采用该日实测的流域平均土壤含水量换算。$P_{a下}= 0.35\times 1\,000\times(\rho-5\%)\times\gamma_0$，式中，0.35 为下层土壤厚度，以 m 计；$\rho$ 为流域平均含水量；5% 为土壤凋萎含水量；γ_0 为土壤干容重，采用 1.3 g/cm^3。

由于土壤水分在上下两层的蒸发损失过程中有很大差别，所以分层计算 P_a 值。

有降雨时，完全满足上层缺水量（$I_{m上}-P_{a上}$）后才开始渗透补给下层，满足下层缺水量后才开始产流。

无降雨时，上层土壤水分按蒸发能力递减，直至上层土壤含水量达到枯竭(土壤含水量为5%，$P_{a上}$=0)，此时下层土壤水分才按消退系数 K 消退；当 $P_{a下}$=0 时，下层土壤水分停止消退。

（1）$P_{a上}$的计算

当 $P_{a上,t}+P_t \geqslant E_t$ 时，

$$P_{a上,t+1}=P_{a上,t}+P_t-R_t-E_t \qquad (0 \leqslant P_{a上,t+1} \leqslant I_{m上})$$

（2）$P_{a下}$的计算

当 $P_t+P_{a上,t}=0$ 时，

$$P_{a下,t+1}=KP_{a下,t}$$

式中：K 为消退系数，采用公式 $K=1-E_m/I_{m下}$求得。各站不同月份不同天气情况的 K 值见表 5–2。

当 $P_{a上,t}+P_t-R_t-E_t > I_{m上}$时，

$$P_{a下,t+1}=P_{a下,t}+(P_{a上,t}+P_t-R_t-E_t-I_{m上}) \qquad (P_{a下,t+1} \leqslant I_{m下})$$

（3）$P_{a上}$、$P_{a下}$混合计算

$$P_{a上,t+1}=0$$

$$P_{a下,t+1}=P_{a下,t}\left(1-\frac{E_t-P_t-P_{a上,t}}{I_{m下}}\right) \qquad (0<P_t+P_{a上,t}<E_t)$$

表 5–2　前期影响雨量递减系数 K 表

类型			4 月	5 月	6 月	7 月	8 月	9 月	10 月
无雨日	I_m（mm）	100	0.940	0.920	0.920	0.945	0.956	0.965	0.975
		110	0.946	0.927	0.927	0.950	0.950	0.968	0.977
		120	0.950	0.933	0.933	0.954	0.954	0.971	0.979
		130	0.954	0.938	0.938	0.958	0.958	0.973	0.981
晴雨日	I_m（mm）	100	0.945	0.945	0.945	0.950	0.962	0.973	0.980
		110	0.950	0.950	0.950	0.955	0.965	0.975	0.982
		120	0.954	0.954	0.954	0.958	0.968	0.978	0.983
		130	0.958	0.958	0.958	0.962	0.971	0.979	0.985
全雨日	I_m（mm）	100	0.980	0.975	0.970	0.975	0.980	0.985	0.990
		110	0.982	0.977	0.973	0.977	0.982	0.986	0.991
		120	0.983	0.979	0.975	0.979	0.983	0.988	0.992
		130	0.985	0.981	0.977	0.981	0.985	0.988	0.992

2.2.1.3　最大损失量I_m的确定

本方案采用的I_m值是1990年编制方案时分析得出的，本次未重新分析。I_m值采用下式计算：

$$I_m=P+P_a-R-E$$

式中：P 为流域平均降雨量（mm）；P_a 为前期影响雨量（mm）；R 为径流深（mm）；E 为雨间蒸发量（mm）。

分析时，考虑不同深浅的土层具有不同的蒸发能力，把流域下垫面土壤分为上、下两层。上层即耕作层，厚度约0.15 m；下层即上层以下至水分强烈活动层的下限处，厚度为0.3 ~ 0.5 m。上层的最大损失量 $I_{m上}=S+$ 填洼量 + 截留量，式中，S 为上层田间持水量；截留量定为 6 mm；由于河道治理以后，洼地排水一般比较畅通，暂不考虑填洼量，但由于河道淤积及田间排水工程的破坏，填洼损失将越来越大。上层深度采用 0.15 m，田间持水量为 25%，土壤凋萎含水量为 5%，土壤干容重为 1.3 g/cm^3，则 $S=0.15\times1\ 000\times(25\%-5\%)\times1.3=39$ mm，再加上截留量 6 mm，所以 $I_{m上}=45$ mm。$I_{m下}=I_m-I_{m上}$。由于采用计算出来的 $I_{m上}$，$I_{m下}$值计算 $P_{a上}$、$P_{a下}$所点绘的降雨径流相关图点据有时不佳，在这种情况下，又采用了试算法。通过变动 $I_{m上}$、$I_{m下}$值，再次计算 $P_{a上}$、$P_{a下}$值，并点绘降雨径流相关图，最后选用相关关系好的 $I_{m上}$、$I_{m下}$。马颊河 $I_{m上}=40$ ~ 60 mm；$I_{m下}=100$ ~ 130 mm，各站 I_m 分析成果见表 5–3。

表 5–3　最大损失量 I_m 表

河名	站名	$I_{m上}$（mm）	$I_{m下}$（mm）
马颊河	王铺闸	40	100
	李家桥闸	60	120
	王铺闸—宫家闸	60	120
	大道王闸	50	130
	李家桥闸—大道王闸	50	130

2.2.1.4　蒸发能力E_m的推求

在土壤充分供水的条件下，蒸发量近似等于蒸发能力。一般情况下，土壤蒸发量小于蒸发能力。本流域内有三处蒸发站，均采用 E601 型蒸发皿观测资料。由于夜间无光照、温度低，所以蒸发能力极微，大量水分均在白天蒸发掉。因此，将单站蒸发资料按月份分为三种情况进行统计：①无雨日——全日无雨；②全雨日——白天（8—20 时）降雨历时达到或超过 6 h，或白天降雨量达到或超过 20 mm；③晴雨日——白天降雨历时不足 6 h 或白天降雨量不足 20 mm。

将上述三种情况分别求得月平均蒸发量，最后综合对比多站分析成果，发现成果比较接近。因此，流域采用统一的蒸发分析成果参加计算。蒸发能力综合成果见表 5–4。

表 5–4　蒸发能力 E_m 表　　单位：mm

类型	4 月	5 月	6 月	7 月	8 月	9 月	10 月
无雨日	6.0	8.0	8.0	5.5	4.4	3.5	2.5
晴雨日（白天降雨历时小于 6 h 或白天雨量不足 20 mm）	5.5	5.5	5.5	5.0	3.8	2.7	2.0
全雨日（白天降雨历时大于等于 6 h，或白天雨量达到或超过 20 mm）	2.0	2.5	3.0	2.5	2.0	1.5	1.0

2.2.2 精度评定

本次修订是在2016年基础上进行的，2016年修订时新增点据14个，本次修订新增点据2个。方案共选用45个点据，合格点据为32个，总合格率为71%，属乙级方案，详见表5–5、图5–2。

2.3 汇流方案

本方案主要采用峰量关系图、径流分配过程线及经验单位线等方法。

2.3.1 峰量关系图

平原地区峰量关系比较复杂，且工程治理前的实测峰量关系资料已无代表性，故只选用1971年以后的实测洪水点据，但大部分洪峰流量受闸门影响，难以改正，因此选取的合理点据不多，定线困难。峰量关系方案大都采用合轴相关图的形式，主要选用以暴雨中心位置 P_φ 为参数的相关图。2016年修订方案，王铺闸站补充了9次洪水的峰量关系点据，合格点据4个，不合格点据5个；本次修订新增1个点据，受人为调控影响，为不合格点据，总体合格率低，主要原因是拦河闸门变动改变了洪水过程，直接影响洪水峰量关系，本次修订后，合格点据共13个，不合格点据6个，合格率为68%；洪峰滞时受田间排水系统的影响，滞蓄时间较长，加大了降水损失量，合格点据17个，不合格点据2个，合格率为89%，因点据不足，本方案等级定为乙级。本次修订仍采用原预报方案的峰量关系，相关分析见表5–6、图5–3。

2.3.2 历年典型洪水的水位流量关系曲线

本次方案修订保留1977年7月以及1985年7月水位－流量关系曲线和2013年7月的水位－流量关系线，详见图5–4。

通过上述方案，可以预报出各有关预报站河段的洪峰流量，但为了防汛需要，尚需预报其洪峰水位，为此分别绘制了历年水位与流量、面积、流速关系曲线图，以便在预报出洪峰流量之后，再根据断面淤积、洪水涨落趋势等情况预报出洪峰水位或水位过程。

2.3.3 径流分配过程线及经验单位线

为了简捷快速地推求各河道洪水过程，采用径流分配过程线。首先选择标准暴雨洪水样本（包括暴雨中心位置分别在上、中、下游），然后点绘洪水流量过程线，再分割基流，求得地表径流过程。

$$\sum Q_i = W/(0.36\Delta t) = 0.1RF/(0.36\Delta t)$$

$$\eta = Q_i/\sum Q_i$$

式中：η 为时段 Δt 相应净流量分配数（简称流量比）（%）；Q_i 为时段相应净流量（m^3/s）；$\sum Q_i$ 为时段净流量之和（m^3/s）；W 为地表径流总量（万 m^3）；Δt 为时段长（h）；R 为径流深（mm）；F 为集水面积（km^2）。

采用上式分别计算出典型洪水的时段流量比 η（%），点绘出的过程线即为径流分配过程线。本站径流分配过程线分两种情况，Ⅰ线由710820及770730两场次洪水分析综合而得，暴雨中心在中上游；Ⅱ线根据710726及770805两场次洪水分析综合而得，暴雨中心在下游。径流分配过程线仍采用原方案，因有特定条件，如暴雨中心位置、雨型分配，在套用时应特别注意，径流分配过程线图见图5–5。

受2019年河道治理影响，本次仅采用200816场次实测洪水资料进行分析，分析出1条单位线，Δt 取2 h，详见图5–6。

2.3.4 大断面图

在本次修订中，根据资料选用情况，绘制了资料初期1995年、资料中期2005年以及资料末期2020年三年的大断面图，能较好地反映断面冲淤情况。从图5–7上可以看出，经过治理，河底高程明显降低。

3 方案使用说明

3.1 产流方案

由于流域内人类活动影响比较大，当出现全流域大暴雨情况进行洪水作业预报时，需要根据具体情况具体分析。

3.2 汇流方案

1972年以后大量引黄，既抬高了地下水位，又产生了部分尾水回归河道。受各种因素综合影响，实测资料发生了严重的“失真”现象，由于连续降雨及河道行洪能力发生变化，复式洪峰情况非常复杂。对于洪水过程的处理，首先分析标准径流过程线样本及退水曲线，对实测洪水进行雨洪对应分析，并对洪水过程线合理切割河道基流。对于闸前有蓄水的情况，要考虑闸前蓄水情况。

3.3 方案使用经验

马颊河设计防洪流量为418 m^3/s，实测最大流量为193 m^3/s，占设计防洪流量的46.2%，历史上未出现超过设计防洪流量的洪水，今后若出现超标准洪水，预报时要全面分析，加强预报会商，尽量使预报符合实际情况。由于影响因素太多，特别是近几年经过治理河床变化较大，方案不能全部反映实际情况，因而不能照搬方案，应具体问题具体分析。

（1）由于流域内人类活动影响比较大，当出现全流域大暴雨情况进行洪水作业预报时，需要具体分析。

（2）应随时掌握上游蓄水及闸门启闭情况，对预报值要根据实际情况进行及时修正。

本方案适用于防洪标准以下的洪水作业预报。如遇超标准洪水，则需根据当时具体情况酌情修正。

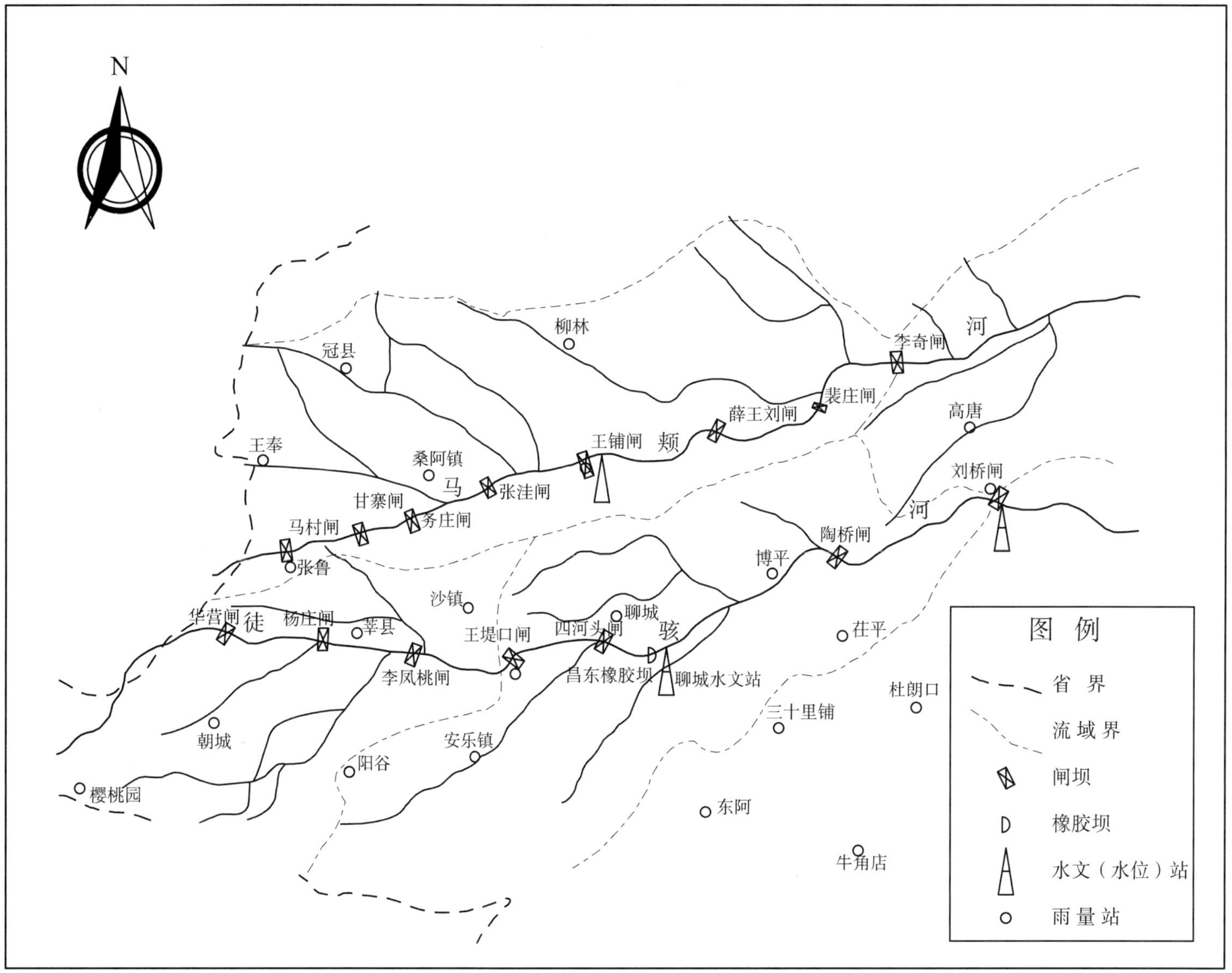

图 5-1　马颊河王铺闸站以上流域图

表 5–5　马颊河王铺闸站降雨径流分析成果表

序号	洪号	降雨起讫时间							流域平均雨量 P（mm）	雨间蒸发 E（mm）	$P-E$（mm）	前期影响雨量 P_a（mm）	降雨历时（h）		暴雨中心位置	洪水发生时间									洪水历时（h）	洪峰流量 Q_m（m³/s）	净峰流量 $Q_{m净}$（m³/s）	洪峰滞时 t_p（h）	地表径流总量 W（万 m³）	集水面积 F（km²）	径流深 R（mm）	径流系数 α	最高水位（m）	预报径流深（mm）	预报误差（mm）	评定结果
		起				讫										起涨			峰顶			落平														
		年	月	日	时	月	日	时					全部	有效		月	日	时	月	日	时	月	日	时												
1	710626	1971	6	24	23	6	26	2	152.7	8.5	144.2	43.3	27	—	中上游	6	26	6	6	26	19	6	28	18	60	181	—	—	2 240	2 605	8.6	0.06	31.60	14.0	5.4	×
2	710629	1971	6	28	17	6	29	11	28.4	5.5	22.9	134.3	18	—	上游	6	28	20	6	29	14	7	1	2	54	39.9	—	—	1 172	2 605	4.5	0.16	30.20	2.8	–1.7	√
3	710704	1971	7	3	20	7	4	4	38.9	5.0	33.9	129.1	8	—	上游	7	3	15	7	4	8	7	6	20	77	63.0	—	—	1 250	2 605	4.8	0.12	—	4.7	–0.1	√
4	710707	1971	7	6	14	7	7	2	30.6	5.0	25.6	129.0	12	12	上游	7	6	20	7	7	20	7	10	8	84	55.3	38.0	30	949	2 605	3.6	0.12	30.33	3.3	–0.3	√
5	710727	1971	7	26	14	7	27	8	41.2	2.5	38.7	93.7	18	18	下游	7	26	21	7	27	12	7	30	12	87	125	85.0	17	964	2 605	3.7	0.09	30.73	1.9	–1.8	√
6	710731	1971	7	30	14	8	2	8	96.5	12.0	84.5	109.7	66	—	上游	7	30	14	7	31	8	8	8	8	210	73.0	—	—	2 554	2 605	9.8	0.10	—	12.8	3.0	√
7	710809	1971	8	8	20	8	9	14	36.6	3.8	32.8	118.0	18	12	下游	8	9	10	8	9	18	8	14	8	118	124	68.0	19	783	2 605	3.0	0.08	—	3.0	0.0	√
8	710816	1971	8	15	14	8	16	8	41.7	2.0	39.8	128.0	18	12	中下游	8	16	2	8	16	6	8	21	2	120	193	128	14	2 259	2 605	8.7	0.21	31.38	6.3	–2.4	√
9	710821	1971	8	20	2	8	21	17	63.0	4.0	59.0	138.0	39	18	上中游	8	21	2	8	21	22	8	27	20	162	128	123	20	2 554	2 605	9.8	0.16	30.96	12.0	2.2	√
10	710904	1971	9	2	11	9	3	8	41.3	1.5	39.8	100.0	21	—	上游	9	2	20	9	4	11	9	14	20	288	33.2	—	—	1 172	2 605	4.5	0.11	30.18	2.3	–2.2	√
11	730703	1973	7	1	6	7	2	17	84.0	5.0	79.0	67.6	35	—	上中游	7	1	6	7	3	11	7	10	8	218	73.6	—	—	1 236	3088	4.0	0.05	30.33	4.3	0.3	√
12	730723	1973	7	18	10	7	22	19	28.4	2.5	25.9	121.9	105	—	上中游	7	19	18	7	23	2	7	25	9	135	26.9	—	—	710	3 088	2.3	0.08	29.77	2.3	0.0	√
13	730726	1973	7	25	9	7	25	16	36.8	2.5	34.3	120.5	7	—	上游	7	25	9	7	26	2	7	28	23	86	27.5	—	—	865	3 088	2.8	0.08	—	3.6	0.8	√
14	730729	1973	7	28	10	7	29	6	43.0	2.5	40.5	129.0	20	—	下游	7	28	22	7	29	6	8	4	20	166	58.0	—	—	1 545	3 088	5.0	0.12	30.39	6.1	1.1	√
15	730902	1973	8	30	2	8	31	14	87.4	4.3	83.1	48.1	36	—	上游	8	30	20	9	2	22	9	3	13	89	47.2	—	—	1 330	3 088	4.3	0.05	30.65	2.9	–1.4	√
16	740810	1974	8	7	9	8	9	21	50.7	4.0	46.7	116.0	60	—	下游	8	9	9	8	10	10	8	16	0	159	71.5	—	—	1 483	3 088	4.8	0.09	—	4.8	0.0	√
17		1975	7	29	4	7	30	1	34.4	2.5	31.9	62.8	21	—	下游	—	—	—	—	—	—	—	—	—	—	—	—	—	432	3 088	1.4	0.04	—	0.6	–0.8	√
18	760720	1976	7	19	8	7	20	8	78.0	2.5	75.5	29.1	24	18	普雨	7	20	9	7	20	20	8	23	10	73	54.2	—	—	294	3 088	1.0	0.01	30.68	1.0	0.0	√
19	760821	1976	8	19	14	8	20	8	57.0	2.0	55	123.8	18	18	中游	8	20	6	8	21	12	8	25	8	122	65.7	66.0	30	1 100	3 088	3.6	0.06	31.00	8.4	4.8	×
20	770705	1977	7	5	2	7	5	20	89.7	7.5	82.2	40.1	18	12	上游	7	5	8	7	5	9	7	7	0	40	41.0	—	—	177	3 088	0.6	0.01	30.75	1.9	1.3	√
21	770731	1977	7	30	14	7	31	14	60.0	7.5	52.5	137.3	24	18	中游	7	30	16	7	31	23	8	5	20	148	110	85.0	27	1 962	3 088	6.4	0.11	32.13	9.4	3.0	√
22	770806	1977	8	5	14	8	6	2	13.5	3.8	9.7	123.3	12	6	下游	8	5	20	8	6	13	8	9	12	88	94.5	80.0	16	1 174	3 088	3.8	0.28	31.62	0.8	–3.0	√
23	810817	1981	8	16	2	8	16	14	133.6	5.8	127.8	16.1	12	6	中下游	8	16	5	8	17	8	8	19	10	77	49.5	—	—	1 228	3 088	4.0	0.03	31.56	4.5	0.5	√
24	820705	1982	7	3	20	7	5	8	98.7	5.0	93.7	39.8	36	12	中游	7	4	0	7	5	20	7	13	18	234	3.77	—	—	108	3 088	0.3	0.01	30.57	3	2.7	√
25	820812	1982	8	9	20	8	12	14	87.9	9.8	78.1	58.5	66	18	普雨	8	9	22	8	12	23	8	17	8	178	26.6	—	—	667	3 088	2.2	0.03	31.57	3	0.8	√

续表

序号	洪号	降雨起讫时间							流域平均雨量 P（mm）	雨间蒸发 E（mm）	$P-E$（mm）	前期影响雨量 P_a（mm）	降雨历时（h）		暴雨中心位置	洪水发生时间									洪水历时（h）	洪峰流量 Q_m（m^3/s）	净峰流量 $Q_{m净}$（m^3/s）	洪峰滞时 t_p（h）	地表径流总量 W（万 m^3）	集水面积 F（km^2）	径流深 R（mm）	径流系数 α	最高水位（m）	预报径流深（mm）	预报误差（mm）	评定结果
		起				讫										起涨			峰顶			落平														
		年	月	日	时	月	日	时					全部	有效		月	日	时	月	日	时	月	日	时												
26	820901	1982	8	30	20	9	1	14	62.7	9.6	53.1	71.3	42	36	中下游	9	1	0	9	1	10	9	18	8	416	21.6	—	—	1 849	3 088	6.0	0.1	31.75	1.7	-4.3	×
27	840711	1984	7	10	8	7	11	8	45.2	2.5	42.7	77.0	24	18	上游	7	10	20	7	11	18	7	16	20	144	4.20	—	—	138	3 088	0.4	0.01	31.04	1.3	0.9	√
28	840814	1984	8	9	2	8	10	8	164.2	2.0	162.2	33.2	30	12	上下游	8	9	10	8	14	19	8	16	12	170	127	—	—	2 021	3 088	6.5	0.04	32.11	14.2	7.7	×
29	850824	1985	7	23	14	7	24	2	63.2	7.5	55.7	20.5	12	12	下游	8	23	19	8	24	12	8	28	18	119	79.5	71.0	18	1 058	3 088	3.4	0.05	32.54	0.3	-3.1	×
30	080717	2008	7	14	2	7	18	8	98.6	10.6	88.0	69.2	102	30	上游	7	17	7	7	17	8	7	21	19	108	22.2	21.7	12	333	3 088	1.1	0.01	31.46	4.8	3.7	×
31	080813	2008	8	11	2	8	14	19	82.1	9.0	73.1	64.9	89	12	上游	8	10	20	8	13	16	8	21	14	258	18.8	17.8	36	789	3 088	2.6	0.03	31.70	2.7	0.1	√
32	090513	2009	5	9	14	5	10	19	115.0	1.3	113.7	49.5	29	18	上游	5	9	8	5	13	8	5	20	8	264	40.3	38.3	34	967	3 088	3.1	0.03	31.55	1.0	-2.1	×
33	100702	2010	6	30	14	7	1	17	75.9	2.2	73.7	28.4	27	24	上游	7	2	15	7	2	16	7	9	2	155	4.36	4.36	16	184	3 088	0.7	0.01	30.35	0.8	0.1	√
34	100721	2010	7	19	2	7	19	23	85.9	0.3	85.6	49.1	21	12	上游	7	19	10	7	21	2	8	4	8	382	13.1	13.1	24	394.9	3 088	1.4	0.02	31.42	1.7	0.3	√
35	100811	2010	8	9	0	8	14	8	136.9	5.0	131.9	80.8	128	30	上游	8	8	20	8	11	2	8	18	8	228	4.56	4.56	30	223.4	3 088	0.7	0.01	31.25	9.9	9.2	×
36	100822	2010	8	19	0	8	24	17	100.9	8.8	92.1	68.4	137	30	上游	8	19	8	8	22	14	9	4	8	384	9.4	8.40	12	1 067	3 088	3.5	0.03	31.59	3.7	0.2	√
37	110707	2011	7	2	7	7	3	17	25.3	2.5	22.8	74.0	34	12	下游	7	6	15	7	7	2	7	10	14	95	5.49	5.49	12	64.5	3 088	0.2	0.01	30.33	0.2	0.0	√
38	110924	2011	9	11	14	9	18	23	87.8	6.1	81.7	53.6	177	24	中游	9	10	8	9	24	2	9	28	8	432	6.10	6.10	24	361.3	3 088	1.2	0.01	31.99	1.4	0.2	√
39	120802	2012	7	29	21	8	1	10	125.0	3.1	121.9	62.4	61	30	上游	7	30	2	8	2	6	8	4	20	138	19.2	19.2	36	283.3	3 088	0.9	0.01	31.66	0.8	-0.1	√
40	120806	2012	8	4	11	8	5	11	112.0	0.4	111.6	85.8	24	18	下游	8	5	0	8	6	8	8	13	8	200	54.3	53.3	28	2 239	3 088	7.3	0.06	32.61	12.8	5.5	×
41	130715	2013	7	8	22	7	16	2	179.9	11.7	168.2	80.4	172	36	上游	7	9	2	7	15	6	7	22	20	330	30.8	30.3	24	1 457	3 088	4.7	0.03	31.69	5.6	0.9	√
42	130726	2013	7	22	23	7	27	0	118.2	9.6	108.6	130.3	97	24	上游	7	23	2	7	26	19	8	5	8	318	66.1	64.1	33	2 335	3 088	7.6	0.06	32.11	17.8	10.2	×
43	130813	2013	8	11	22	8	13	8	90.1	5.1	85.0	86.7	34	18	上游	8	12	8	8	13	20	8	21	9	217	41.9	41.9	24	1 006.8	3 088	3.3	0.04	31.55	7.1	3.8	×
44	160720	2016	7	19	18	7	20	8	67.1	2.5	64.6	112.0	14	12	上游	7	19	22	7	20	20	7	24	22	120	32.7	28.6	26	988	3 088	3.2	0.05	31.37	8.1	4.9	×
45	200816	2020	8	15	4	8	15	12	131.0	3.8	127.2	135.0	8	8	上游	8	15	4	8	16	14	8	23	8	196	120	116	36	2 995.3	3 088	9.7	0.07	32.84	20.0	10.3	×

备注：合格率为 71%，属乙级方案。

表 5-6　王铺闸站峰量关系及洪峰滞时评定表

序号	洪号	实测径流深（mm）	暴雨中心位置	峰量关系评定结果						洪峰滞时评定结果					
				实测净峰流量 $Q_{m净实}$（m^3/s）	预报净峰流量 $Q_{m净预}$（m^3/s）	预报误差（m^3/s）	许可误差（m^3/s）	评定结果		实测洪峰滞时（h）	预报洪峰滞时（h）	预报误差（h）	许可误差（h）	评定结果	
								合格	不合格					合格	不合格
1	710707	3.6	上	38.0	38	0	8.00	√		30	35	5	9	√	
2	710727	3.7	下	85.0	77	−8	17.0	√		17	17	0	5	√	
3	710809	3.0	下	68.0	67	−1	14.0	√		19	19	0	6	√	
4	710816	8.7	中下	128	132	4	26.0	√		14	17	3	4	√	
5	710821	9.8	上中	123	116	−7	25.0	√		20	22	2	6	√	
6	760821	3.6	中	66.0	56	−10	13.0	√		30	28	−2	9	√	
7	770731	6.4	中	85.0	86	1	17.0	√		27	25	−2	8	√	
8	770806	3.8	下	80.0	78	−2	16.0	√		16	17	1	5	√	
9	850824	3.4	下	71.0	73	2	14.0	√		18	18	0	5	√	
10	080717	1.1	上	21.7	15	−6.7	4.34		√	12	45	33	4		√
11	080813	2.6	上	17.8	29	11.2	3.56		√	36	36	0	11	√	
12	090513	3.1	上	38.3	35	−3.3	7.66	√		34	27	−7	10	√	
13	100721	1.3	上	13.1	16	3.0	2.62	√		24	41	32	7		√
14	120802	0.9	上	19.2	13	−6.2	3.84		√	36	33	−3	11	√	
15	120806	7.3	下	53.3	119	65.7	10.7		√	28	21	−7	8	√	
16	130715	4.7	上	30.3	48	17.7	6.06		√	24	27	3	7	√	
17	130726	7.6	上	64.1	71	6.9	12.8	√		33	28	−5	10	√	
18	130813	3.3	上	41.9	36	−5.9	8.38	√		24	24	0	7	√	
19	160720	3.2	上	28.6	36	7.4	5.72		√	26	28	2	8	√	

备注：1. 峰量关系许可误差取实测值的 20%，合格率为 68%，属丙级方案；2. 洪峰滞时许可误差取实测值的 30%，合格率为 89%，因点据不足，方案定为乙级。

说 明

1. 1971—2005年资料点据为⊙，2006—2015年资料点据为▫，本次修订2016—2020年资料点据为⊗。
2. 集水面积F=3 088 km²。
3. 流域平均降雨量P根据张鲁、王奉、桑阿镇、冠县、王铺闸5站雨量采用算术平均法求得。
4. 计算参数本站$I_{m上}$=40 mm；$I_{m下}$=100 mm，采用的E_m值如下表。
5. 本方案共选用点据45个，合格点32个，合格率为71%，属于乙级方案。
6. 由于流域内人类活动影响较大，当出现全流域大暴雨进行洪水预报时，需要具体分析。

类型		6月	7月	8月	9月
无雨日	K	0.938	0.958	0.965	0.973
	E_m(mm)	8.0	5.5	4.4	3.5
晴雨日	K	0.958	0.962	0.971	0.97
	E_m(mm)	5.5	5.0	3.8	2.7
全雨日	K	0.977	0.981	0.985	0.988
	E_m(mm)	3.0	2.5	2.0	1.5

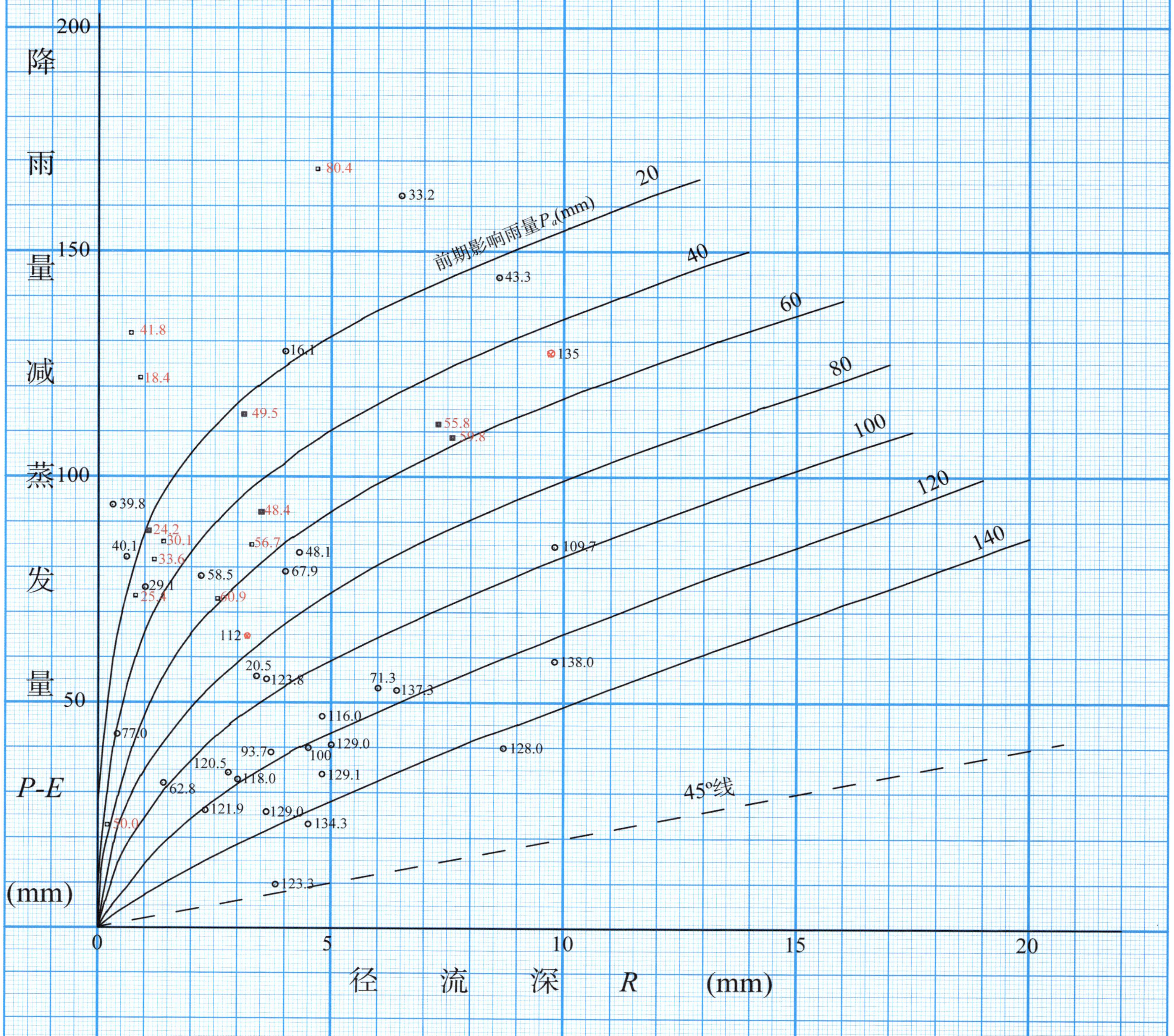

图 5-2 马颊河王铺闸站降雨径流相关图

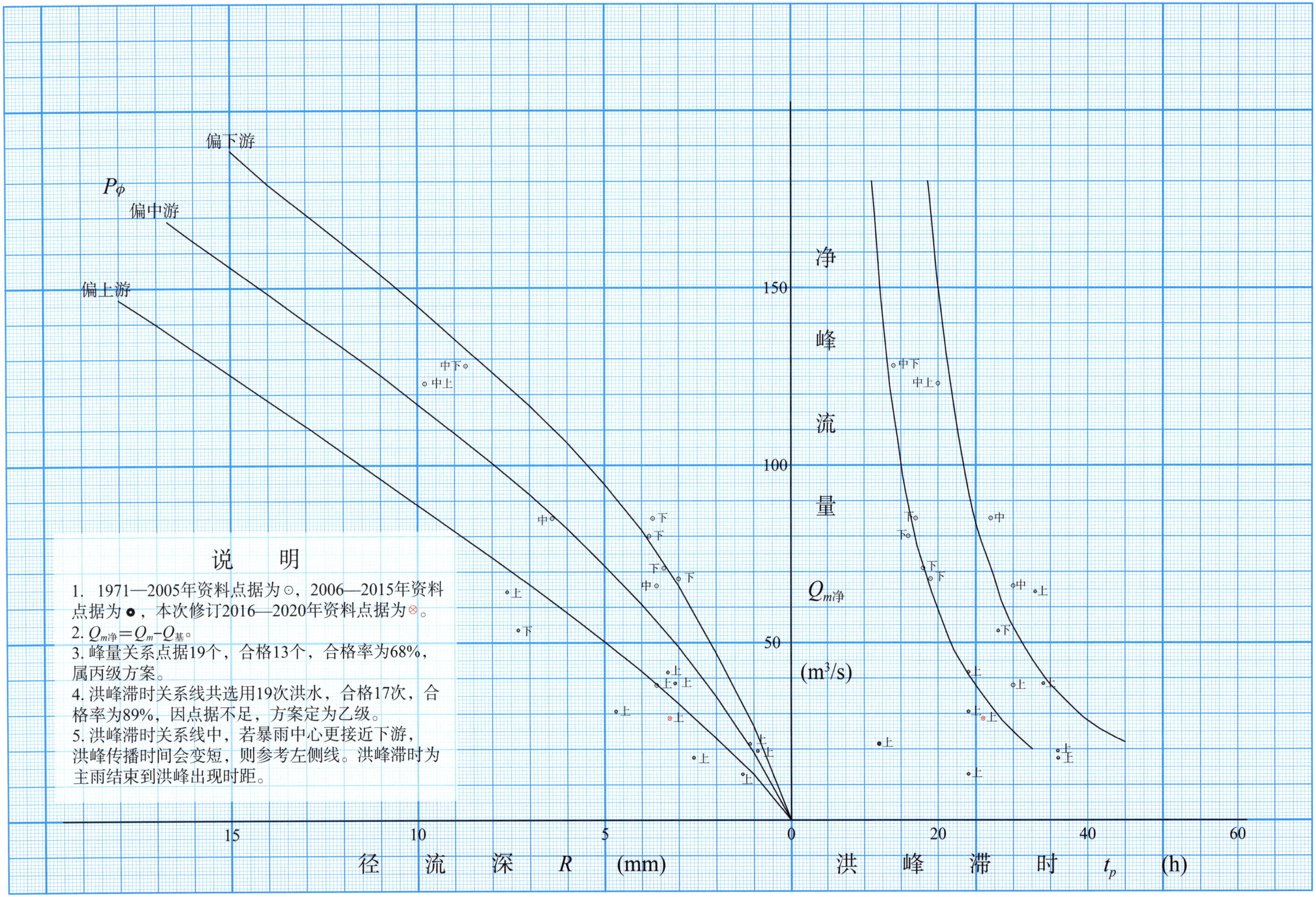

图 5-3 马颊河王铺闸站峰量关系合辅相关图

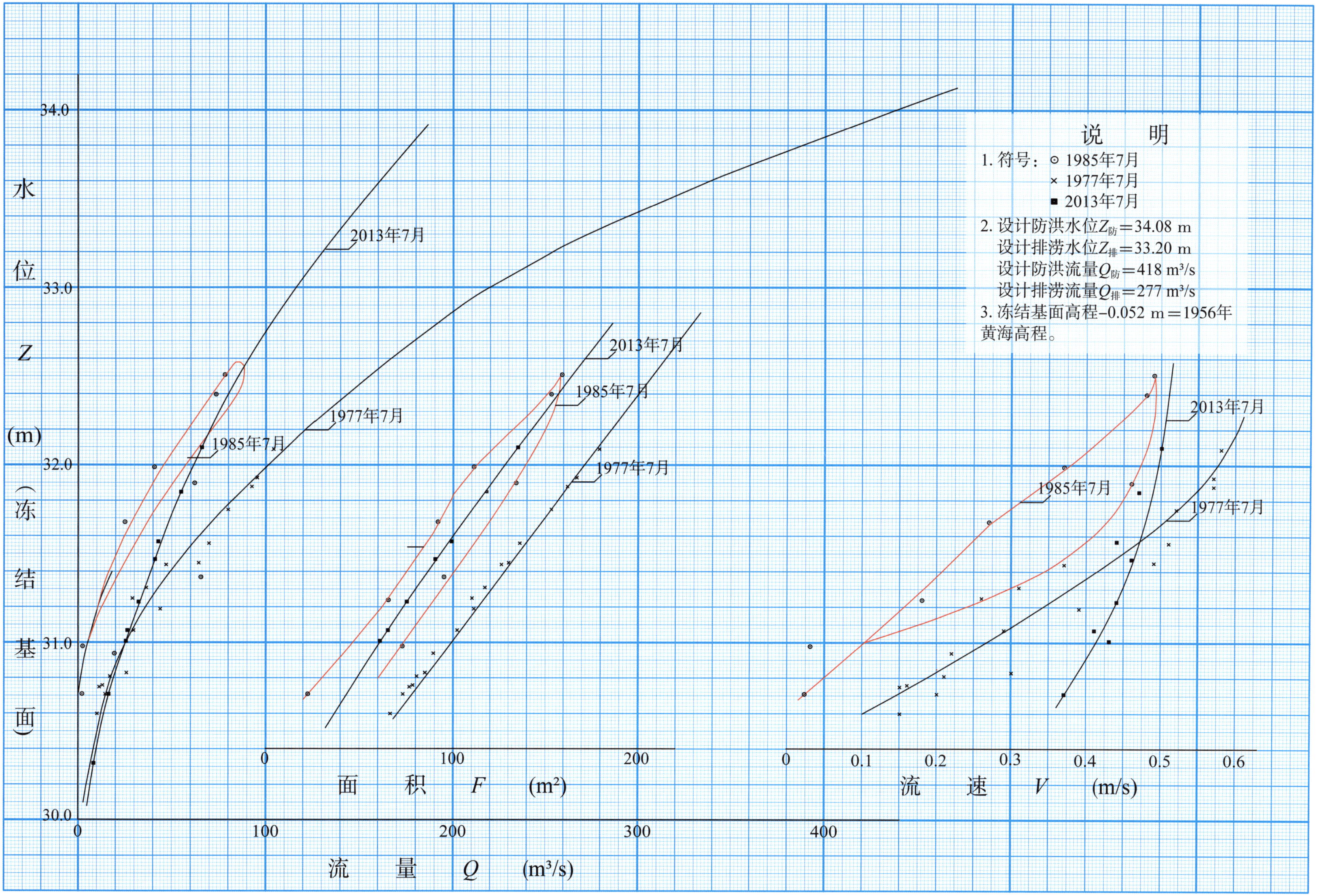

图 5-4 马颊河王铺闸站历年水位与流量、面积、流速关系曲线图

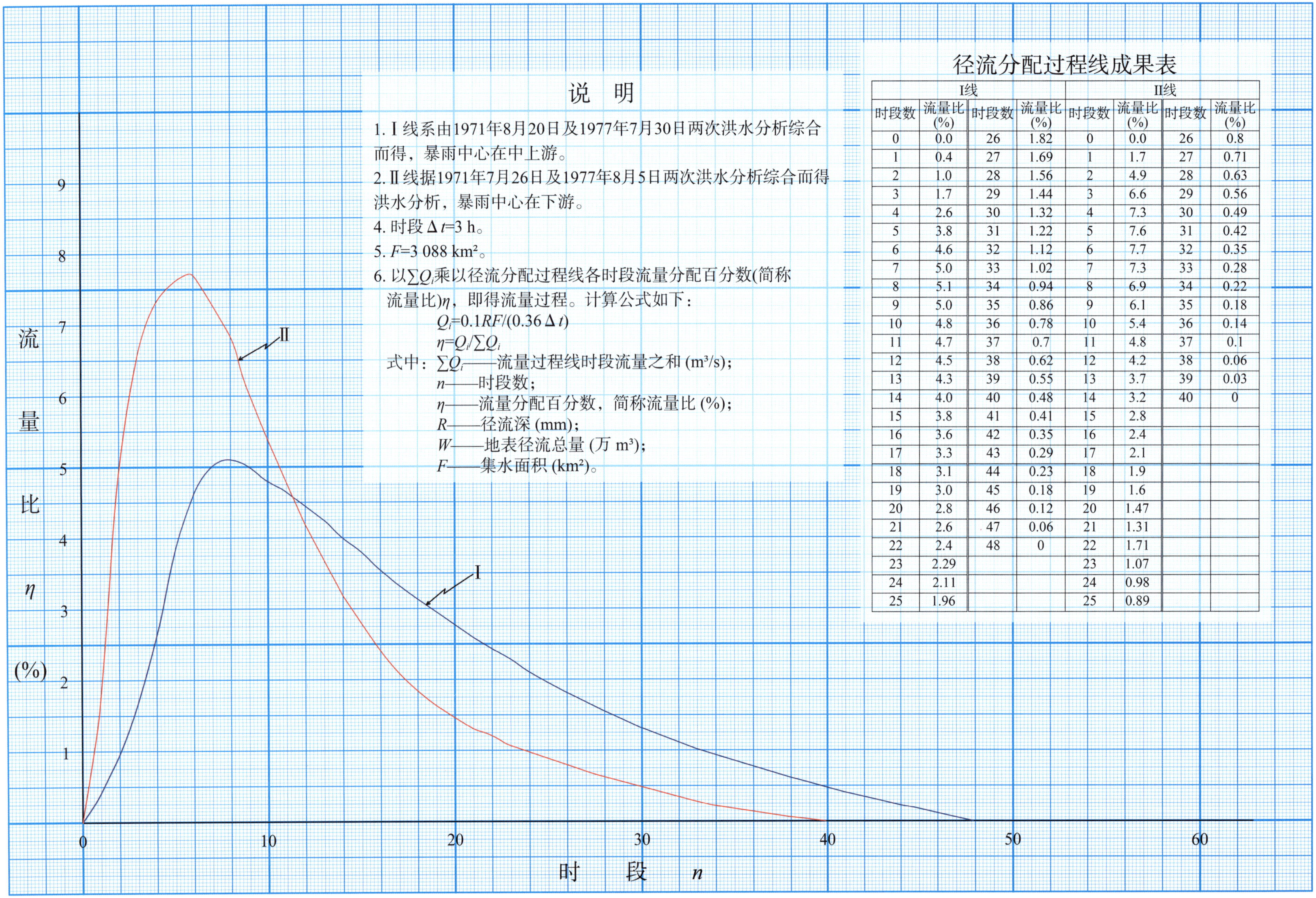

说 明

1. Ⅰ线系由1971年8月20日及1977年7月30日两次洪水分析综合而得，暴雨中心在中上游。

2. Ⅱ线据1971年7月26日及1977年8月5日两次洪水分析综合而得洪水分析，暴雨中心在下游。

4. 时段 Δt=3 h。

5. F=3 088 km²。

6. 以$\sum Q_i$乘以径流分配过程线各时段流量分配百分数(简称流量比)η，即得流量过程。计算公式如下：

$$Q_i=0.1RF/(0.36\Delta t)$$

$$\eta=Q_i/\sum Q_i$$

式中：$\sum Q_i$——流量过程线时段流量之和 (m³/s)；

n——时段数；

η——流量分配百分数，简称流量比 (%)；

R——径流深 (mm)；

W——地表径流总量 (万 m³)；

F——集水面积 (km²)。

径流分配过程线成果表

Ⅰ线				Ⅱ线			
时段数	流量比(%)	时段数	流量比(%)	时段数	流量比(%)	时段数	流量比(%)
0	0.0	26	1.82	0	0.0	26	0.8
1	0.4	27	1.69	1	1.7	27	0.71
2	1.0	28	1.56	2	4.9	28	0.63
3	1.7	29	1.44	3	6.6	29	0.56
4	2.6	30	1.32	4	7.3	30	0.49
5	3.8	31	1.22	5	7.6	31	0.42
6	4.6	32	1.12	6	7.7	32	0.35
7	5.0	33	1.02	7	7.3	33	0.28
8	5.1	34	0.94	8	6.9	34	0.22
9	5.0	35	0.86	9	6.1	35	0.18
10	4.8	36	0.78	10	5.4	36	0.14
11	4.7	37	0.7	11	4.8	37	0.1
12	4.5	38	0.62	12	4.2	38	0.06
13	4.3	39	0.55	13	3.7	39	0.03
14	4.0	40	0.48	14	3.2	40	0
15	3.8	41	0.41	15	2.8		
16	3.6	42	0.35	16	2.4		
17	3.3	43	0.29	17	2.1		
18	3.1	44	0.23	18	1.9		
19	3.0	45	0.18	19	1.6		
20	2.8	46	0.12	20	1.47		
21	2.6	47	0.06	21	1.31		
22	2.4	48	0	22	1.71		
23	2.29			23	1.07		
24	2.11			24	0.98		
25	1.96			25	0.89		

图 5-5 马颊河王铺闸站径流分配过程线图

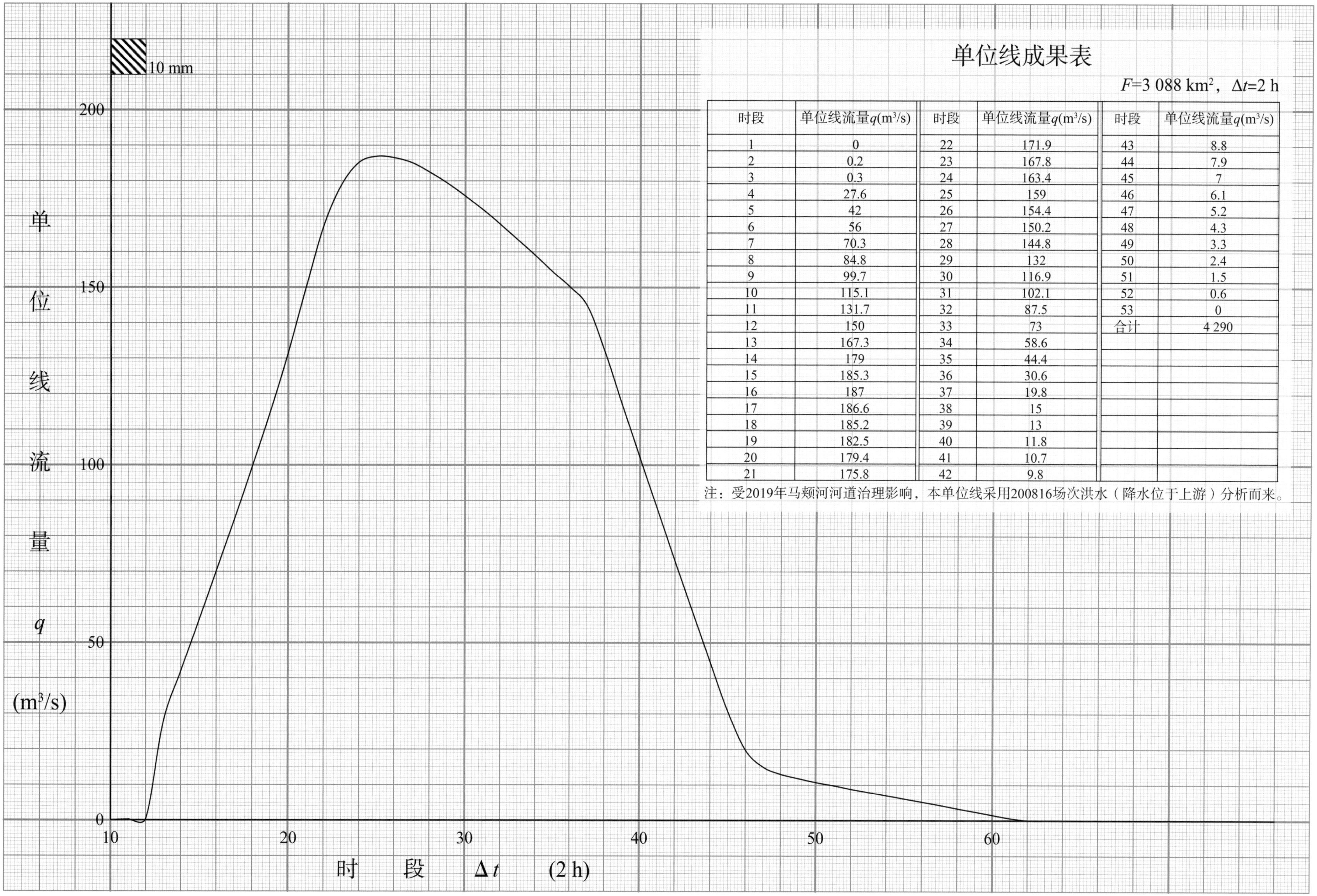

单位线成果表

F=3 088 km²，Δt=2 h

时段	单位线流量q(m³/s)	时段	单位线流量q(m³/s)	时段	单位线流量q(m³/s)
1	0	22	171.9	43	8.8
2	0.2	23	167.8	44	7.9
3	0.3	24	163.4	45	7
4	27.6	25	159	46	6.1
5	42	26	154.4	47	5.2
6	56	27	150.2	48	4.3
7	70.3	28	144.8	49	3.3
8	84.8	29	132	50	2.4
9	99.7	30	116.9	51	1.5
10	115.1	31	102.1	52	0.6
11	131.7	32	87.5	53	0
12	150	33	73	合计	4 290
13	167.3	34	58.6		
14	179	35	44.4		
15	185.3	36	30.6		
16	187	37	19.8		
17	186.6	38	15		
18	185.2	39	13		
19	182.5	40	11.8		
20	179.4	41	10.7		
21	175.8	42	9.8		

注：受2019年马颊河河道治理影响，本单位线采用200816场次洪水（降水位于上游）分析而来。

图 5-6　马颊河王铺闸站汇流单位线图

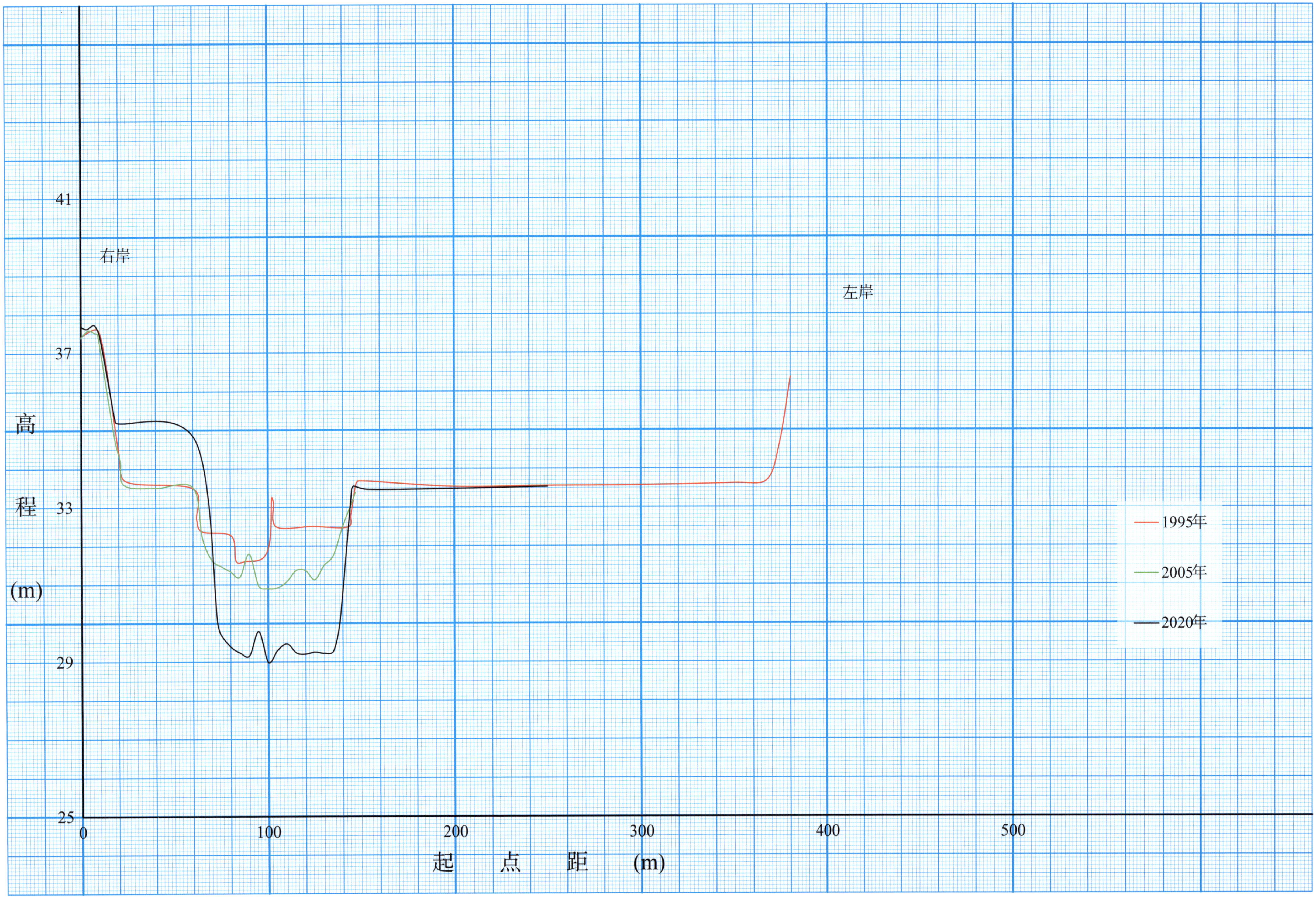

图 5-7 马颊河王铺闸站历年实测大断面图

第六章　马颊河李家桥闸站水文预报方案编制说明

1　流域概况

1.1　流域自然地理特征

马颊河南临徒骇河、德惠新河，北靠漳卫新河，属于黄河下游冲积平原，发源于河南省濮阳市，流经河北省大名县东南端，在聊城市莘县沙王庄村进入山东省境内，在无棣县注入渤海。

马颊河流域面积为 10 638 km^2，河流全长 338 km，历来受黄河多次决口改道和自然侵蚀的影响，本河系形成岗、坡、洼相间的平原地貌。该流域沉积了极厚的松散土层，沉积物主要为黄河冲积泥沙。土壤岩性大部分为黏土、亚黏土、亚砂土和粉细砂。包气带与潜水变幅带岩性主要为亚砂土与亚黏土，地下水埋深一般在 5 ~ 8 m，局部地区大于 10 m，水源补给困难，农作物以小麦、玉米、棉花为主。

本流域位于暖温带季风气候区，冬季在蒙古高压控制之下，空气寒冷而干燥，雨雪稀少；夏季亚热带太平洋暖气团势力增强，冷暖气团交汇机会较多，降雨集中；春季干燥多风；秋季天高气爽。流域内多年平均年降水量为 564.4 mm，最大年降水量（1964 年）为 993.2 mm，最小年降水量（1968 年）仅为 333.9 mm。大部分降雨集中在 7—9 月份，汛期（6—9 月）多年平均降雨量为 449.0 mm，占全年的 80%，而且多发生局部暴雨。

1.2　典型历史暴雨、洪水概况

（1）1961 年 8 月 22 日典型洪水

马颊河流域 1961—1964 年多次发生洪涝灾害。1961 年，德州市全年降水量为 908.5 mm，6—9 月降雨量为 805.0 mm。7 月 10 日至 8 月底，全区有 22 天普降暴雨，7 月中旬，暴雨中心三日雨量为 470.7 mm（临邑县夏口），马颊河等干支流河水暴涨。马颊河德平站 8 月 22 日最大洪峰流量 217 m^3/s，最高水位 13.95 m，超过防洪保证流量 67.0 m^3/s，洪水总量 9.7 亿 m^3，洪水持续 40 余天。

（2）1964 年 9 月 16 日典型暴雨洪水

1964 年汛期马颊河全流域连续降雨，上游降雨量为 500 ~ 600 mm，中游 700 ~ 800 mm，下游 800 ~ 900 mm，暴雨中心在下游。干流中下游发生了 2 次特大洪水。德州市全区年平均降水量为 1 044.4 mm，是 1949 年以来降水量之冠。马颊河等干支流河水暴涨。马颊河德平站 9 月 16 日最大洪峰流量 189 m^3/s，最高水位 15.75 m。马颊河中下游两岸一片汪洋，造成直接经济损失 23 亿元。

（3）1973 年 7 月 28 日典型暴雨洪水

1973 年 7 月 28 日至 29 日，马颊河全流域普降暴雨，流域平均降雨量为 105.3 mm，降雨历时 24 h 左右，暴雨中心发生在中下游；7 月 28 日 14 时，李家桥闸洪水开始起涨，30 日 3 时涨至洪峰，相应流量 410 m^3/s，最高水位 21.36 m，至 8 月 7 日 6 时落平，径流总量为 0.88 亿 m^3，洪水历时 256 h。此次洪水造成直接经济损失 23 亿元。

（4）1974 年 8 月 7 日典型暴雨洪水

1974 年 8 月 7 日至 9 日，马颊河流域普降暴雨，流域平均降雨量为 111.8 mm，降雨历时 60 h，暴雨中心位置在下游；8 月 8 日 20 时，李家桥闸洪水开始起涨，8 月 10 日 2 时涨至洪峰，相应流量 524 m^3/s，最高水位 21.10 m，至 8 月 16 日 0 时落平，径流总量为 1.44 亿 m^3，洪水历时 172 h。

（5）1977 年 8 月 7 日典型暴雨洪水

1977 年是涝年，8 月 5—6 日马颊河下游普降大暴雨，流域平均降雨量为 53.1 mm，前期影响雨量为 163.7 mm，土壤达到饱和，马颊河李家桥闸 8 月 7 日 10 时涨至峰顶，洪峰流量为 290 m^3/s，最高水位 19.57 m，至 8 月 13 日 18 时落平，径流总量为 0.635 亿 m^3，洪水总历时 190 h。

（6）2012 年 8 月 1 日典型暴雨洪水

2012 年是涝灾年，7 月 30 日至 8 月 1 日马颊河流域普降大暴雨和局部特大暴雨，暴雨中心位置在下游，受强降雨和上游泄洪影响，支流多处河段出现漫堤、河水倒灌，洪涝灾害严重。

马颊河流域平均雨量为 171.2 mm，前期影响雨量为 132.4 mm，李家桥闸 7 月 30 日 19 时 30 分开始起涨，8 月 1 日 20 时涨至峰顶，实测最大洪峰流量 243 m^3/s，最高水位 20.32 m，至 8 月 3 日 20 时落平，径流总量为 0.537 亿 m^3，洪水总历时 96.5 h。

（7）2013 年 7 月 28 日典型暴雨洪水

2013 年 7 月 22—29 日中游降暴雨，流域平均降雨量为 134.3 mm，前期影响雨量为 169.7 mm，马颊河李家桥闸 7 月 28 日 8 时涨至峰顶，洪峰流量 228 m^3/s，最高水位 20.29 m，至 8 月 7 日 8 时落平，径流总量为 1.54 亿 m^3，洪水总历时 371.5 h。

1.3　水利工程概况

马颊河自 1965 年开始按 1964 年雨型（45 天降雨 400 mm）排涝、按 1961 年雨型（45 天降雨 600 mm）防洪进行扩大治理，于 1971 年基本完成。河道治理前，李家桥闸站上游 10 km 处有花园水文站，1971 年河道治理后，撤销花园站，1972 年新设李家桥闸站。

马颊河扩大治理后，干流下游防洪保证流量提高到 1 030 m^3/s，干流建闸 13 座，总蓄水能力为 0.80 亿 m^3。马颊河自 1972 年按 1961 年雨型防洪标准治理后，到 2000 年未再进行系统治理。李家桥闸站以上有潘庄引黄干渠注入干流，各支流以闸控制与干流相通，能引能排，马颊河干流尚庙闸至李家桥闸长 22 km 河段是引黄输水重点落淤段落，为保持河道畅通，自 1998 年至 2000 年底进行了清淤作业。1986 年至 2000 年间，干流河道增建水闸 3 座：一是位于临邑县郭桥村南的郭桥闸，二是位于乐陵市大桥村南的大桥闸，三是为增加拦蓄能力，与严务水库配合，解决庆云北部苦咸地区用水困难问题，在大淀村东马颊河干流上兴建的大淀闸。该河道闸坝工程指标详见表 6–1。马颊河主要闸坝距离、洪水传播时间示意图见图 6–1。

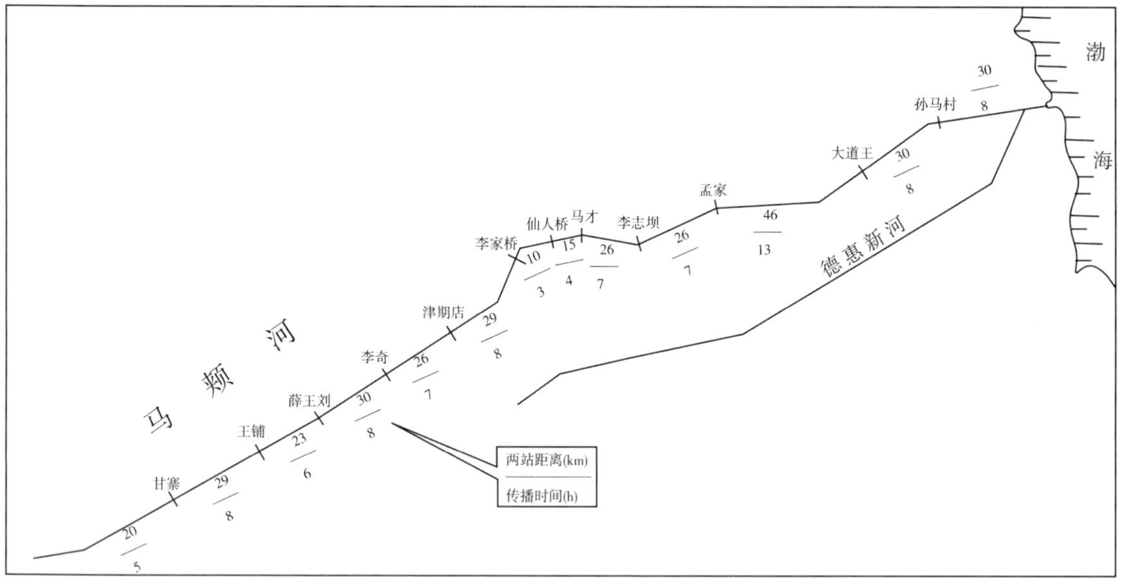

图 6-1　马颊河主要闸坝距离、洪水传播时间示意图

1.4　测站情况

李家桥闸水文站位于德州市德城区黄河涯镇李家桥闸，于 1972 年 1 月设立。李家桥闸水文站是马颊河中游控制站，测站以上河长 158 km，控制流域面积 5 393 km^2，流域为长条状，河道纵坡为 1/6 330 ~ 1 /13 700，地势平坦，土层深厚，地下水埋深大，多为壤土、沙壤土，下渗能力强。测验河段 1 000 m 较顺直，两岸有滩地，左岸宽约 110 m，右岸宽约 70.0 m。河床为黏土质。

李家桥闸水文站基面采用冻结基面，冻结基面高程 −0.052=1985 年国家高程基准高程。该站历史最高水位为 21.36 m，出现在 1973 年 7 月 30 日；最大流量为 524 m^3/s，出现在 1974 年 8 月 10 日。本站设计防洪能力为 663 m^3/s，治理后达到遇旱能灌、遇涝能排的要求。上游 29 km 处有津期店拦河闸，下游 10 km 处有仙人桥分水闸，回水对本站有影响。下游测验河段内淤积严重。左岸闸上 70 m 处有扬水站，左岸闸上 1 300 m 处有沙杨河分水，均对闸上水位有影响。本站洪水过程呈缓涨缓落型，中小洪水受闸门控制影响严重。

表 6-1　马颊河灌溉节制闸工程基本情况表

序号	闸名	中泓桩号	闸址河道状况				节制闸工程指标								启闭现状		流域面积（km^2）
			滩地高程（m）		堤顶高程（m）		1964 年雨型排涝		1961 年雨型防洪		闸底高程（m）	孔数	孔净跨（m）	闸门高（m）	启闭形式	启闭机数	
			左岸	右岸	左岸	右岸	流量（m^3/s）	水位（m）	流量（m^3/s）	水位（m）							
1	甘寨	21+000	37.59	37.69	41.44	42.15	193	37.27	292	37.85	33.41	9	4	4	丝杠	9	1 490
2	王铺	49+882	33.45	33.28	35.93	37.25	277	33.15	418	34.03	29.15	5	10	4.5	固定	5	3 088
3	薛王刘	72+669	31.37	31.76	33.81	36.69	292	30.77	439	31.78	26.20	5	10	5	固定	5	3 406
4	李奇	103+027	26.57	27.11	29.86	30.64	346	25.82	514	26.82	21.52	10	5.8	5	挂钩	3	3 758
5	津期店	129+022	21.37	21.15	29.50	29.30	403	22.70	607	23.52	18.20	8	8	5	挂钩	3	4 193
6	李家桥	157+823	18.91	19.33	23.85	26.29	429	20.05	658	21.32	15.55	7	10	5.5	挂钩	3	5 393
7	仙人桥	167+385	19.28	21.30	21.50	22.50	283	19.45	318	20.52	14.70	3	10	5.5	固定	3	5 880
8	马才（老）	23+923	17.40	20.99	17.40	20.99	150	17.29	360	18.20	13.60	4	10	5.5	固定	4	6 373
9	马才（新）	182+661	16.64	16.73	19.90	20.15	283	17.29	318	18.20	12.80	4	10	4	固定	4	6 373
10	三刘	208+478	14.69	14.30	18.22	16.87	496	13.58	759	14.91	8.58	11	5.8	5	挂钩	4	6 950
11	郭桥	216+048	—	—	—	—	511	12.45	780	14.00	7.00	6	10	5.5	—	—	—
12	孟家	234+032	11.47	11.91	13.35	14.06	556	10.41	854	12.07	4.30	7	10	6	固定	7	7 641
13	大桥	252+185	—	—	—	—	586	7.90	899	9.60	2.00	7	10	6	—	—	—
14	大道王	280+074	8.41	8.27	10.87	10.54	656	6.01	1 004	7.56	−0.20	9	10	7	固定	9	8 657
15	大淀	289+350	—	—	—	—	661	—	1 004	—	−0.70	9	10	6.5	—	—	—
16	孙马村	310+450	5.32	5.26	8.57	7.46	678	4.08	1 030	5.29	−2.50	9	10	7	固定	9	9 490

2 预报方案编制

2.1 预报区间的确定

确定李家桥闸站以上全流域为预报区间，预报区间面积为 5 393 km^2。

2.2 资料情况及方案沿革

2.2.1 资料情况

本站实测资料年限为 50 年（1971—2020 年），历年没有出现过特大洪水。方案从 1971—2020 年的实测水文资料中选取大、中、小洪水进行分析计算。本次计算未采用调查资料，产流方案借用原花园站 1971 年的 3 次大水资料。

该站为闸坝站，流域内干支流拦河闸众多，放水大小均由人工控制，因此中、小洪水洪峰流量不是真正的天然径流量。大洪水时，各拦河闸如果全部打开，其控制站的洪峰流量受人工控制相对较小，能反映出洪水的自然状态，资料代表性也较高。

鲁北地区自河道开挖治理以来，产汇流规律发生了很大变化，特别是建闸后，径流过程受到人为调节影响。马颊河、德惠新河、徒骇河三条主要河道有引河相互沟通，致使洪水过程中引入引出水量难以算清。1972 年以后大量引黄，既抬高了地下水位，加大了径流系数，又产生了部分尾水回归河道。受各种因素综合影响，实测资料发生了严重的"失真"现象。由于连续降雨及河道泄洪能力较低，各河复式洪峰情况非常复杂。对于洪水过程的处理，首先分析了标准径流过程线样本及退水曲线，对实测洪水进行雨洪对应分析，并对洪水过程线从起涨处水平切割河道基流。

2016 年编制方案是对 1992 年预报方案的补充与延续，由于 1992 年已做了分析审查，所以未重新分析，直接采用前次编制方案时的分析成果，仅对个别重点测次进行抽查，发现错误予以改正。对 1991—2020 年的资料尽量选用受工程影响较小的洪水，对雨洪对应不好或受工程影响较严重的洪水不予采用。通过延长资料系列对原预报方案进行补充修订，使方案符合近期流域产汇流规律。

2.2.2 方案沿革

原方案包括产流方案、汇流方案及上下游相关方案。产流方案采用降雨径流相关图 P-E-P_a-R，其中前期影响雨量 P_a 采用分层计算方法；汇流方案采用以暴雨中心为参数的峰量关系曲线图、径流分配过程线；上下游相关方案采用以王铺闸至李家桥闸区间 P+P_a 为参数的王铺闸站洪峰流量与李家桥闸站洪峰流量相关图。

本次修订，在原产流方案降雨径流相关图 P-E-P_a-R 中增加了 6 个点据，关系线保持不变，另外利用 35 场洪水资料新建了产流方案降雨径流相关图 P-P_a-R，新方案中的前期影响雨量 P_a 采用常规的不分层计算方法；在原汇流方案峰量关系曲线图中增加了 6 个点据，关系线保持不变，径流分配过程线继续沿用原方案；由于引黄配水河网串通造成上下游相关关系不好，故原上下游相关方案没有新增点据，关系线保持不变。

2.3 产流方案

产流方案采用降雨径流相关图 P-E-P_a-R（分层计算 P_a）和 P-P_a-R（单层计算 P_a），详见图 6-2 和图 6-3，P_a 的计算方法详见 2.3.3.5 节详细描述。

2.3.1 降雨径流相关图P-E-P_a-R（分层计算P_a）

选用 1971—2020 年资料（其中 1971 年资料为原花园站资料）分析计算的 38 个点据，以前期影响雨量 P_a 为参数，通过点群中心定线。降雨径流相关图 P-E-P_a-R 上部曲线一般略左偏于 45° 线，这是因为平原河道泄水能力低又多复式洪峰，退水时间长，洼地积涝过程中蒸发、下渗损失比较大等。李家桥闸降雨径流（P-E-P_a-R）分析成果见表 6-6，相关图见图 6-2。

精度评定：按许可误差 =20% 实测值的标准（并当许可误差大于 20.0 mm 时以 20.0 mm 为上限，小于 3.0 mm 时以 3.0 mm 为下限）进行逐次洪水评定，选取 38 场洪水资料，其中 29 场合格，合格率为 76.3%，属于乙级方案，详见表 6-7。

1990 年以来马颊河李家桥闸站以上流域以枯水年居多，流域部分区域地下水埋深在 10 m 以上，一般暴雨无径流产生。经反复筛选分析，新增降雨径流关系点据 6 个，均为中小洪水，将新增点据点绘在原 P-E-P_a-R 相关图上，新增点据有 5 个在误差允许范围内，1 个因受闸门启闭影响大，误差较大。因增加点据较少，所以原产流方案可继续使用。

2.3.2 降雨径流相关图P-P_a-R（不分层计算P_a）

P-P_a-R 相关图选用的资料是李家桥闸建站后的资料（1972—2020 年），此次补充修订方案在原方案基础上新增 1 个点据，首先将本站历年实测次暴雨洪水点绘降雨量、流量混合过程线，再进行分析计算，求得各种水文要素数值制表；然后点绘降雨径流相关图（P-P_a-R），分别通过点群中心定线。分析修正突出点，一般上部曲线略左偏于 45° 线，这是因为平原河道泄水能力低又多复式洪峰，退水时间长，洼地积涝过程中蒸发、下渗损失比较大等。李家桥闸降雨径流（P-P_a-R）分析成果见表 6-6，相关图见图 6-3。

精度评定：按许可误差 =20% 实测值的标准（并当许可误差大于 20.0 mm 时以 20.0 mm 为上限，小于 3.0 mm 时以 3.0 mm 为下限）进行逐次洪水评定。2013 年以后李家桥闸没有大的洪水过程发生。共选用 35 个点据，其中 130715 场次洪水受闸门调控影响只作参考，不参加评定，即 34 个点据参加评定，23 个合格，合格率为 67.6%，为丙级方案，详见表 6-8。

2.3.3 主要参数的计算

2.3.3.1 流域平均降水量P的计算

流域平均降水量采用算术平均法或面积加权法计算。李家桥闸站以上流域 1971—1990 年有 10 个雨量站，1991—2020 年有 8 个雨量站，李家桥闸站以上流域雨量站的面积控制权重见表 6-2。

表 6-2 李家桥闸站以上流域雨量站面积控制权重统计表

年份	南乐	旧城	张鲁	冠县	王铺闸	柳林	高唐	夏津	腰站	李家桥闸
1971—1990 年	0.1	0.1	0.1	0.1	0.1	0.1	0.1	0.1	0.1	0.1
1991—2020 年	—	—	0.125	0.125	0.125	0.125	0.125	0.125	0.125	0.125

2.3.3.2　暴雨中心位置的确定

按河长等距离划分上、中、下游三个区，依此进行暴雨分区。

2.3.3.3　流域最大损失量I_m的计算

本方案采用的I_m值是1976年编制方案时分析的，本次未重新分析。I_m值采用下式计算：

$$I_m = P + P_a - R - E$$

式中：P为流域平均降雨量（mm）；P_a为前期影响雨量（mm）；R为径流深（mm）；E为雨间蒸发量（mm）。

分析时，考虑不同深浅的土层具有不同的蒸发能力，把流域下垫面土壤分为上、下两层。上层即耕作层，厚度约0.15 m；下层即上层以下至水分强烈活动层的下限，厚度为0.3～0.5 m。上层的最大损失量$I_{m上}$=S+填洼量+截留量，式中，S为上层田间持水量；截留量定为6 mm；由于河道治理以后，洼地排水一般比较畅通，暂不考虑填洼量，但由于河道淤积及田间排水工程的破坏，填洼损失将越来越大。上层深度采用0.15 m，田间持水量为25%，土壤凋萎含水量为5%，土壤干容重为1.3 g/cm³，则S=0.15×1 000×（25%–5%）×1.3=39 mm，再加上截留量6 mm,所以$I_{m上}$=45 mm。$I_{m下}$=I_m–$I_{m上}$。由于采用计算出来的$I_{m上}$、$I_{m下}$值计算$P_{a上}$、$P_{a下}$所点绘的降雨径流相关图点据有时不佳，在这种情况下，又采用了试算法。通过变动$I_{m上}$、$I_{m下}$值，再次计算$P_{a上}$、$P_{a下}$值，并点绘降雨径流相关图，最后选用相关关系好的$I_{m上}$、$I_{m下}$。鲁北各河$I_{m上}$=40～70 mm；$I_{m下}$=100～130 mm，李家桥闸站I_m分析成果见表6–3。

表6–3　最大损失量I_m表

河名	站名	$I_{m上}$（mm）	$I_{m下}$（mm）
马颊河	李家桥闸	60	120
	王铺闸–李家桥闸	60	120

2.3.3.4　蒸发能力E_m的推求

在土壤充分供水的条件下，蒸发量近似等于蒸发能力。一般情况下，土壤蒸发量小于蒸发能力。由于夜间无光照、温度低，所以蒸发能力极微，大量水分均在白天蒸发掉。因此，将单站蒸发资料按月份分为三种情况进行统计：①无雨日——全日无雨；②全雨日——白天（8—20时）降雨历时达到或超过6 h，或白天降雨量达到或超过20 mm；③晴雨日——白天降雨历时不足6 h或白天降雨量不足20 mm。

将上述三种情况分别求得月平均蒸发量，最后综合对比多站分析成果，发现成果比较接近。因此，流域采用统一的蒸发分析成果参加计算。蒸发成果见表6–4。

表6–4　蒸发能力E_m值　　单位：mm

类型	4月	5月	6月	7月	8月	9月	10月
无雨日	6.0	8.0	8.0	5.5	4.4	3.5	2.5
晴雨日（白天降雨历时小于6 h或白天雨量不足20 mm）	5.5	5.5	5.5	5.0	3.8	2.7	2.0
全雨日（白天降雨历时大于等于6 h，或白天雨量达到或超过20 mm）	2.0	2.5	3.0	2.5	2.0	1.5	1.0

2.3.3.5　原方案分层P_a的计算

由于土壤水分在上下两层的蒸发损失过程中有很大差别，所以原方案分层计算P_a值。有降雨时，完全满足上层缺水量（$I_{m上}$–$P_{a上}$）后才开始渗透补给下层，满足下层缺水量后才开始产流。无降雨时，上层土壤水分按蒸发能力递减，直至上层土壤含水量达到枯竭（土壤含水量为5%，$P_{a上}$=0），此时下层土壤水分才按消退系数K消退；当$P_{a下}$=0时，下层土壤水分停止消退。

1. P_a初值的计算

一般每年的6月16日或6月26日对水系内墒情站监测一次墒情并上报，从这时开始计算P_a初值。设$P_{a上}$=0，$P_{a下}$采用该日实测的流域平均土壤含水量换算。$P_{a下}$=0.35×1 000×（ρ–5%）×γ_0，式中，0.35为下层土壤厚度，以m计；ρ为流域平均含水量；5%为土壤凋萎含水量；γ_0为土壤容重，采用1.3 g/cm³。

2. P_a的连续计算

（1）$P_{a上}$的计算

当$P_{a上,t}+P_t \geqslant E_t$时，

$$P_{a上,t+1}=P_{a上t}+P_t-E_t \qquad (0 \leqslant P_{a上,t+1} \leqslant I_{m上})$$

当$P_{a上,t}+P_t \geqslant I_{m上}$时，

$$P_{a上,t+1}=P_{a上,t}+P_t-R_{t上}-E_t \qquad (0 \leqslant P_{a上,t+1} \leqslant I_{m上})$$

$$R_{t上}=P_{a上,t}+P_t-E_t-I_{m上}$$

式中：E_t为当日8时至次日8时的蒸发量；$R_{t上}$为次降雨所产生的壤中流，上层蓄满后补充下层。

（2）$P_{a下}$的计算

当$P_t+P_{a上}=0$时，

$$P_{a下,t+1}=KP_{a下,t}$$

当$P_{a上,t}+P_t-R_t-E_t > I_{m上}$时，

$$P_{a下,t+1}=P_{a下,t}+(P_{a上,t}+P_t-E_t-I_{m上}) \qquad (P_{a下,t+1} \leqslant I_{m下})$$

$$=P_{a下,t}+R_{t上}$$

当$P_{a下,t}+(P_{a上,t}+P_t-E_t-I_{m上}) > I_{m下}$时，

$$R_{t下}=P_{a下,t}+(P_{a上,t}+P_t-E_t-I_{m上})-I_{m下}$$

式中：$R_{t下}$为地表径流。

（3）$P_{a上}$、$P_{a下}$混合计算

$$P_{a上,t+1}=0$$

$$P_{a下,t+1}=P_{a下,t}\left(1-\frac{E_t-P_t-P_{a上,t}}{I_{m下}}\right) \qquad (0 < P_t+P_{a上,t} < E_t)$$

式中：K为消退系数，$K=1-E_m/I_{m下}$。

该站不同月份不同天气情况的K值见表6–5。

表 6-5　前期影响雨量递减系数 K 表

类型			4 月	5 月	6 月	7 月	8 月	9 月	10 月
无雨日	I_m（mm）	100	0.940	0.920	0.920	0.945	0.956	0.965	0.975
		110	0.946	0.927	0.927	0.950	0.960	0.968	0.977
		120	0.950	0.933	0.933	0.954	0.963	0.971	0.979
		130	0.954	0.938	0.938	0.958	0.965	0.973	0.981
晴雨日	I_m（mm）	100	0.945	0.945	0.945	0.950	0.962	0.973	0.980
		110	0.950	0.950	0.950	0.955	0.965	0.975	0.982
		120	0.954	0.954	0.954	0.958	0.968	0.978	0.983
		130	0.958	0.958	0.958	0.962	0.971	0.979	0.985
全雨日	I_m（mm）	100	0.980	0.975	0.970	0.975	0.980	0.985	0.990
		110	0.982	0.977	0.973	0.977	0.982	0.986	0.991
		120	0.983	0.979	0.975	0.979	0.983	0.988	0.992
		130	0.985	0.981	0.977	0.981	0.985	0.988	0.992

2.3.3.6　*新修订方案单层P_a的计算*

新修订方案在计算 P_a 时未考虑土壤分层和雨间蒸发量的损失。一般从汛前一个月开始连续计算，以 $0 \leqslant P_a \leqslant 130$ mm 控制，其计算公式如下：

$$P_{a,\ t}=K\left(P_{a,\ t-1}+P_{t-1}\right)$$

式中：$P_{a,\ t}$ 为当日流域平均前期影响雨量（mm）；$P_{a,\ t-1}$ 为前日流域平均前期影响雨量（mm）；P_{t-1} 为前日流域平均降雨量（mm）；K 为递减系数。

晴天（$P < 5$ mm）时，$K = 0.954$；阴天（$5\text{ mm} \leqslant P < 20$ mm）时，K =0.968；雨天（$P \geqslant 20$ mm）时，K=0.988。I_{max}=180 mm。

2.4　汇流方案

本方案主要采用峰量关系图、径流分配过程线等方法。

2.4.1　峰量关系图

以暴雨中心位置为参数建立峰量关系曲线 R-P_ϕ-$Q_{m净}$、$Q_{m净}$-P_ϕ-t_p。其中，R 为一次降雨径流深，由次洪水总量除以相应集水面积而得；P_ϕ 为暴雨中心位置，$Q_{m净}$为一次降雨过程所产生的区间净峰流量；t_p 为洪峰滞时，是指从有效降雨开始至洪峰出现的时间。

平原地区峰量关系比较复杂，故只选用 1971 年以后的实测洪水点据，但大部分洪峰流量受闸门影响，难以改正，因而选取的合理点据不多，定线困难。峰量关系方案大都采用合轴相关图的形式，李家桥闸站峰量关系合轴相关图见图 6–4。

峰量关系精度评定：净峰流量许可误差以实测净流量 20% 为控制。峰量关系图 R-P_ϕ-$Q_{m净}$，共选用 28 个点据，15 个合格，合格率为 53.6%，详见表 6–9。由于马颊河、德惠新河、徒骇河三条主要河道有引河相互串通，滞蓄时间较长，加大了降水损失量，同时拦河闸闸门变动影响改变了洪水过程，直接影响洪水峰量关系，这也是合格率较低的重要原因。

洪峰滞时关系精度评定：洪峰滞时关系图 $Q_{m净}$-P_ϕ-t_p 因洪水资料中畅流洪水多受闸门调控影响，洪峰与雨峰不对应，关系不好，故不进行评定，仅供参考。

2.4.2　径流分配过程线

为了简捷快速地推求各河洪水过程，一律采用径流分配过程线。首先选择标准暴雨洪水样本（包括暴雨中心位置分别在上、中、下游），然后点绘洪水流量过程线法，再分割基流，求得地表径流过程。

$$\sum Q_i = W/\left(0.36\Delta t\right) = 0.1RF/\left(0.36\Delta t\right)$$

$$\eta = Q_i / \sum Q_i$$

式中：η 为时段 Δt 相应净流量分配数（简称流量比）（%）；Q_i 为时段相应净流量（m^3/s）；$\sum Q_i$ 为时段净流量之和（m^3/s）；W 为地表径流总量（万 m^3）；Δt 为时段长（h）；R 为径流深（mm）；F 为集水面积（km^2）。

该站洪水过程又受到闸门变动影响较大，实测洪水过程以闸门干扰条件下的不规则过程居多，本次汇流方案未能选择出合适的径流过程线取代原径流分配过程线，故马颊河李家桥闸汇流预报仍采用原径流分配过程线，详见图 6–5。

2.5　上下游相关法

为了解决狭长形河流暴雨不均引起的不均匀产汇流预报的问题，以王铺闸站至李家桥闸站 $P_{区}+P_a$ 为参数做上下游洪峰流量相关预报。经过定性分析，此种方案可行，也可在作业预报中进行试用比较，但目前大洪水点据较少，中、小洪水又多受闸门启闭影响，上下游洪峰变形，时间也不对应，故有待改进。王铺闸站至李家桥闸站区间洪峰相关分析成果见表 6–10，王铺闸站至李家桥闸站上下游洪峰流量相关图见图 6–6。

上下游相关精度评定：以 $Q_{m下}$的 20% 为许可误差，$Q_{m上}$-$Q_{m下}$相关图共选用 17 个点据，其中 3 场洪水受闸门影响，1 场洪水暴雨中心位置在下游，上游流量小于 10 m^3/s，只作参考，不参与评定，8 个合格，合格率为 61.5%。

2.6　洪峰流量相应水位预报

通过上述方案可以预报出洪峰流量，但查线值比实测值均偏小较多，超过允许误差，不合格。其主要原因是田间排水系统受到破坏，滞蓄时间较长，加大蒸发渗漏损失，再加上淤积，泄洪时间较长。但为了防汛需要，尚需预报出洪峰水位，为此，绘制了李家桥闸历年水位与流量、面积、流速关系曲线图，以便在预报出洪峰流量之后，再根据断面淤积、洪水涨落趋势等情况预报出洪峰水位或水位过程。在今后作业预报中，应结合汛前实测大断面图及上下清淤情况做适当插补修正。李家桥闸历年实测水位与流量、面积、流速关系图见图 6-7。

2.7 大断面图

根据历年实测（有代表性的）资料绘制了大断面图，由此可大体看出历年河道断面变化(包括淤积、疏浚等情况)过程，另外在预报出洪峰水位后可在断面图上清楚地看到安全、危险程度，洪峰水位到堤顶距离是否超过防洪水位等，以便及时向防汛指挥部门报警。李家桥闸站历年实测大断面图见图 6-8。

2.8 方案合理性检查及评定

在方案建立过程中，随时根据“规范”要求及有关文件规定进行合理性检查，特别对突出点据从原始资料反复查对，对中间处理过程也进行了认真审查，发现不合理的问题基本上做了检查改正。方案建立后，先从线形以及上下游邻站之间进行比较，防止出现矛盾现象。然后对每个方案尽量根据水情规范规定采用表格形式进行了精度评定（用许可误差法）。其中 $P–E-P_a-R$ 相关图合格率为 76.3%，$P-P_a-R$ 相关图合格率为 67.6%。$R-P_\phi-Q_{m净}$相关图合格率为 53.6%，$Q_{m净}-P_\phi-\tau_p$ 相关图因受人为影响较大，点子散乱，故该线只作参考，不进行评定。

3 方案使用说明

3.1 径流深预报

计算出流域平均降雨量和流域平均前期影响雨量，再根据降雨径流关系图 $P–E-P_a-R$ 和 $P-P_a-R$ 的查算结果进行综合分析，确定地表径流深 R 的预报值。

3.2 净峰流量预报

3.2.1 $R–P_\phi–Q_{m净}$相关图

根据 R，P_ϕ 查询 $R-P_\phi-Q_{m净}$关系曲线得到 $Q_{m净}$，当 P_ϕ 介于两条关系曲线之间时，首先查出两条曲线中对应 $Q_{m净}$的数值，然后进行插补，根据报汛降水资料判断 P_ϕ，查出 $Q_{m净}$预报值。

3.2.2 $Q_{m净}-P_\phi-t_p$相关图

根据 $Q_{m净}$，P_ϕ 查询 $Q_{m净}-P_\phi-t_p$ 关系曲线得到 t_p，根据报汛降水资料判断 P_ϕ，查出 t_p 预报值。

3.3 方案适应能力

本站设计防洪流量为 663 m^3/s，实测最大流量为 524 m^3/s，占设计防洪流量的 79%，本方案适用于防洪标准以下的洪水作业预报。如遇超标准洪水，则需根据当时具体情况酌情修正。

4 注意事项

（1）受引黄影响，仅根据降雨量计算的 P_a 值可能偏小。

（2）局部暴雨时要注意超渗产流，可适当加大查算的 R 值。

（3）久旱初雨时产流偏小，部分原因是沟渠及洼地局部蓄水，应适当修正所查 R 值。

（4）为了有效使用本方案，汛期要掌握好上游各闸蓄水变化情况，若大雨时上游闸坝放水，作业预报时应予以考虑。

表 6-6　马颊河李家桥闸站降雨径流分析成果表

序号	洪号	降雨起止时间		流域平均雨量 P（mm）	前期影响雨量（mm）		雨间蒸发 E（mm）	降雨历时（h）		暴雨中心位置	洪水起止时间			洪峰流量 Q_m（m^3/s）	净峰流量 $Q_{m净}$（m^3/s）	洪水总历时 $T_{洪}$（h）	涨洪历时 $T_{涨洪}$（h）	洪峰滞时 t_p（h）	次洪流量 W（万 m^3）	区间面积 F（km^2）	次洪径流深 R（mm）	径流系数 α
		起	止		分层计算 P_a	不分层计算 P_a		全部	有效		起涨	封顶	落平									
1	710803	7月30日8:00	8月1日8:00	88.3	163.4		9.5	48	38	上游	8月1日8:00	8月3日12:00	8月5日6:00	120	120	94	52	72	4 970	4 869	10.2	0.12
2	710817	8月15日8:00	8月21日8:00	81.2	157.3		21.2	144	115	中游	8月16日12:00	8月17日0:00	8月28日12:00			288	12		5 455	4 869	11.2	0.14
3	710903	9月2日8:00	9月3日8:00	47.3	147.4		1.5	24	19	下游	9月2日6:00	9月3日11:30	9月12日6:00			240	18		1 949	4 869	4.0	0.08
4	730706	7月1日8:00	7月3日8:00	74.3	30.9	76.0	5.0	48	38	中游	7月4日19:00	7月6日0:00	7月9日0:00	114	114	101	29	52	1 852	4 869	3.8	0.05
5	730715	7月14日8:00	7月15日8:00	40.4	74.2	99.5	2.5	24	15	中游	7月15日14:30	7月15日16:00	7月17日9:00	83.8	83.8	43	–1	8	1 809	4 869	3.7	0.09
6	730729	7月25日2:00	7月25日20:00	29.7	86.1	115.8	2.5	18	12	中游	7月26日19:00	7月27日14:00	7月29日19:00	68.3	68.3	72	19	47	1 755	4 869	3.6	0.12
7	730730	7月28日8:00	7月29日8:00	105.3	99.2	115.5	2.5	24	14	中下游	7月28日14:00	7月30日3:00	8月7日6:00	410	370	232	37	20	8 833	4 869	18.1	0.17
8	730904	8月30日2:00	9月1日4:00	75.7	89.2	41.0	2.0		24	上游	9月1日9:00	9月4日19:00	9月6日8:00	79.6	79.6	119	82	107	2 241	4 869	4.6	0.06
9	740725	7月22日8:00	7月23日8:00	90.1	39.4	59.5	17.5	24	12	下游	7月23日18:00	7月25日19:00	7月25日11:00	150	150	41	49	12	2 277	5 393	4.2	0.05
10	740810	8月7日8:00	8月9日20:00	111.8	108.7	131.2	6.0	60	52	下游	8月8日20:00	8月10 2:00	8月16 0:00	524	524	172	30	6	14 400	5 393	26.7	0.24
11	740815	8月13日2:00	8月14日20:00	19.5	176.5	171.6	2.0	42	42	下游	8月14日0:00	8月15日2:00	8月24日0:00	97.2	54.0	240	26	21	720	5 393	1.3	0.07
12	760801	7月31日2:00	8月2日6:00	66.1	73.2	79.3		52	40	中下游	7月31日1:00	8月1日6:00	8月5日8:00	108	27	127	37	2	2 249	5 393	4.2	0.68
13	760821	8月19日8:00	8月20日8:00	59.7	92.8	91.3	2.0	24	19	中下游	8月20日8:00	8月21日10:00	8月24日12:00	143	143	100	26	26	2 628	5 393	4.9	0.08
14	770706	7月4日20:00	7月6日8:00	85.3	55.0	66.3	10.0	36	18	下游	7月5日6:00	7月6日9:00	7月12日0:00	270	270	162	27	15	3 053	5 393	5.7	0.07
15	770723	7月21日8:00	7月22日20:00	53.2	88.3	106.1	7.5	36	17	下游	7月21日20:00	7月23日2:00	7月26日12:00	186	173	112	30	18	2 369	5 393	4.4	0.08
16	770802	7月30日14:00	8月1日8:00	72.0	177.7	165.4	12.5	42	30	上游	7月31日1:00	8月2日0:00	8月5日20:00	284	210	139	47	26	9 245	5 393	17.1	0.24
17	770807	8月5日14:00	8月6日8:00	53.1	163.7	158.3	2.0	18	10	中游	8月5日20:00	8月7日10:00	8月13日18:00	290	265	190	38	41	6 350	5 393	11.8	0.22
18	780727	7月21日8:00	7月30日8:00	115.4	29.3	64.7	40.0	216	96	中游	7月25日4:30	7月27日7:00	8月4日8:00	43.1	43.1	243	51	0	1 098	5 393	2.0	0.17
19	800629	6月28日8:00	6月30日8:00	95.1	58.4	44.6	6.0	48	30	下游	6月29日17:00	6月29日20:00	7月8日14:00	234	184	213	3	39	3 226	5 393	6.0	0.06
20	820710	7月3日8:00	7月10日8:00	99.8	33.8	82.2	25.5	96	72	中游	7月8日9:00	7月10日22:00	7月20日0:00	18.2	18.2	279	61	72	637	5 393	1.2	0.01
21	820815	8月9日20:00	8月12日20:00	107.1	36.9	51.7	8.0	72	18	中游	8月14日17:00	8月15日9:00	8月16日19:00	120	120	50	16	163	1 642	5 393	3.0	0.03
22	840612	6月3日8:00	6月6日8:00	54.0	59.0	31.5	8.5	72	48	上游	6月12日7:30	6月12日8:00	6月15日20:00	142	142	84	0	17	818	5 393	1.5	0.06
23	840703	7月1日20:00	7月2日20:00	87.1	24.5	49.7	7.5	24	22	中下游	7月2日18:30	7月3日8:00	7月8日13:00	66.0	59.0	139	14	72	660.6	5 393	1.2	0.01
24	840707	7月6日8:00	7月7日8:00	13.2	87.3	90.9	5.0	24	24	中游	7月7日2:00	7月7日20:00	7月14日8:00	26.2	22.0	174	18	70	317	5 393	0.6	0.05
25	840813	8月9日2:00	8月10日8:00	168.7	29.6	27.3	2.0	30	18	上游	8月10日2:00	8月13日2:00	8月15日19:00	176	176	137	72	29	4 777	5 393	8.9	0.05
26	900708	7月6日8:00	7月7日8:00	95.2	63.3	55.9	2.5	24		下游	7月6日23:00	7月8日8:00	7月9日12:00	98.5	98.5	61	33	18	3 942	5 393	7.3	0.08
27	910717	7月17日8:00	7月18日8:00	46.8	39.4	45.6	2.5	24	8	上游	7月17日22:00	7月17日23:00	7月20日20:00	57.0	45.0	70	1	13	464.1	5 393	0.9	0.02
28	940703	6月29日0:00	7月7日8:00	108.3	59.3	84.2	29.5	200	102	下游	7月2日9:00	7月3日8:30	7月10日20:00	51.0	47.0	203	23	30	1 262	5 393	2.3	0.02
29	960711	7月9日8:00	7月11日22:00	50.1	62.0	73.3	10.0	62	28	下游	7月11日11:54	7月11日19:00	7月13日23:00	120	108	59	7	132	419.6	5 393	0.8	0.02
30	960811	8月4日12:00	8月6日16:00	82.5	138.4	138.4	8.4	52	41	下游	8月5日2:00	8月11日18:00	8月17日16:00	65.0	65.0	302	160	2	4 282	5 393	7.9	0.1
31	980714	7月14日0:00	7月15日20:00	22.4	132.3	114.8	5.0	44	6	下游	7月14日9:36	7月14日12:00	7月15日23:00	95.1	74.0	37	2	17	991.9	5 393	1.8	0.08
32	100811	8月8日18:00	8月10日14:00	131.7	97.8	98.8	14.2	44	28	下游	8月9日10:00	8月11日4:00	8月20日14:00	210	210	268	42	12	8 898	5 393	16.5	0.13
33	120801	7月31日0:00	8月1日20:00	171.2	132.4	108.9	7.0	68	45	下游	7月30日19:30	8月1日20:00	8月3日20:00	243	243	97	49	32	5 370	5 393	10.0	0.06
34	120806	8月4日12:00	8月5日14:00	91.1	161.3	161.3	10.2	26	26	中游	8月5日10:00	8月6日18:00	8月9日14:00	222	213	100	32	35	5 107	5 393	9.5	0.1
35	130715	7月12日20:00	7月16日3:00	234.8	68.8	115.1	30.0	175	142	中游	7月10日15:00	7月15日20:00	7月22日20:00	122	122	293	125	94	6 514	5 393	12.1	0.05
36	130728	7月22日23:00	7月30日0:00	134.3	169.7	167.4	36.5	169	128	中游	7月22日20:30	7月28日8:00	8月7日8:00	228	228	372	132	70	15 421	5 393	28.6	0.21
37	130815	8月11日22:00	8月13日8:00	77.9	128.9	128.9	8.4	36	29	下游	8月13日0:00	8月15日12:00	8月22日6:00	248	248	222	60	81	9 173	5 393	17.0	0.22
38	200818	8月14日1:00	8月16日7:00	93.4	180.0	173.0	12.2	30	28	上游	8月17日20:00	8月18日18:00	8月25日7:00	204	192	179	20	81	2 966	5 393	5.5	0.10

表 6-7　马颊河李家桥闸站降雨径流分层计算 P_a 精度评定表（P–E-P_a-R）

序号	洪号	流域均降雨量 P（mm）	雨间蒸发 E（mm）	P–E（mm）	前期影响雨量 P_a（mm）	实测径流深 $R_{实}$（mm）	预报径流深 $R_{预}$（mm）	预报误差（mm）	许可误差（mm）	评定结果	
										合格	不合格
1	710803	88.3	9.5	78.8	163.4	10.2	19.8	9.6	3.0		√
2	710817	81.2	21.2	60	157.3	11.2	13	1.8	3.0	√	
3	710903	47.3	1.5	45.8	147.4	4.0	6.7	2.7	3.0	√	
4	730706	74.3	5.0	69.3	30.9	3.8	0.6	−3.2	3.0		√
5	730715	40.4	2.5	37.9	74.2	3.7	1.2	−2.5	3.0	√	
6	730729	29.7	2.5	27.2	86.1	3.6	1.1	−2.5	3.0	√	
7	730730	105.3	2.5	102.8	99.2	18.1	15.6	−2.5	3.6	√	
8	730904	75.7	2.0	73.7	40.95	4.6	2.2	−2.4	3.0	√	
9	740725	90.1	17.5	72.6	39.4	4.2	1.4	−2.8	3.0	√	
10	740810	111.8	6.0	105.8	131.2	26.7	22	−4.7	5.3	√	
11	740815	19.5	2.0	17.5	176.5	1.3	3.8	2.5	3.0	√	
12	760801	66.1		66.1	73.2	4.2	6.4	2.2	3.0	√	
13	760821	59.7	2.0	57.7	92.8	4.9	4.2	−0.7	3.0	√	
14	770706	85.3	10.0	75.3	55	5.7	3.1	−2.6	3.0	√	
15	770723	53.2	7.5	45.7	88.3	4.4	2.8	−1.6	3.0	√	
16	770802	72	12.5	59.5	106	17.1	6.6	−10.5	3.4		√
17	770807	53.1	2.0	51.1	163.7	11.8	10.8	−1.0	3.0	√	
18	780727	115.4	40.0	75.4	29.3	2.0	0.8	−1.2	3.0	√	
19	800629	95.1	6.0	89.1	58.4	6	5.1	−0.9	3.0	√	

序号	洪号	流域均降雨量 P（mm）	雨间蒸发 E（mm）	P–E（mm）	前期影响雨量 P_a（mm）	实测径流深 $R_{实}$（mm）	预报径流深 $R_{预}$（mm）	预报误差（mm）	许可误差（mm）	评定结果	
										合格	不合格
20	820710	99.8	25.5	74.3	33.8	1.2	1.1	−0.1	3.0	√	
21	820815	107.1	8.0	99.1	36.9	3	3.6	0.6	3.0	√	
22	840612	54	8.5	45.5	59	1.5	1.2	−0.3	3.0	√	
23	840703	87.1	7.5	79.6	24.5	1.2	1.0	−0.2	3.0	√	
24	840707	13.2	5.0	8.2	87.3	0.6	0.5	−0.1	3.0	√	
25	840813	168.7	2.0	166.7	29.6	8.9	8.5	−0.4	3.0	√	
26	900708	95.2	2.5	92.7	63.3	7.3	6.4	−0.9	3.0	√	
27	910717	46.8	2.5	44.3	39.4	0.9	1.2	0.3	3.0	√	
28	940703	108.3	29.5	78.8	59.3	2.3	3.7	1.4	3.0	√	
29	960711	50.1	10.0	40.1	62	0.8	1.2	0.4	3.0	√	
30	960811	82.5	4.0	78.5	138.4	7.9	14.6	6.7	3.0		√
31	980714	22.4	5.0	17.4	132.3	1.8	0.6	−1.2	3.0	√	
32	100811	131.7	14.2	117.5	97.8	16.5	18.8	2.3	3.0	√	
33	120801	171.2	7.0	164.2	132.4	10	42.2	32.2	3.0		√
34	120806	91.1	10.2	80.9	161.3	9.5	21.2	11.7	3.0		√
35	130715	234.8	30.0	204.8	68.8	12.1	27.6	15.5	3.0		√
36	130728	134.3	36.5	97.8	169.7	28.6	31.4	2.8	5.7	√	
37	130815	77.9	8.4	69.5	128.9	17	11.2	−5.8	3.4		√
38	200818	93.4	12.2	81.2	180	5.5	27.7	22.2	3.0		√

备注：1. 预报误差 = 预报值 − 实测值；2. 许可误差 = 实测值的 20%，以 20.0 mm 为上限，以 3.0 mm 为下限；3. 洪水资料选用 1971—2020 年的 38 场洪水进行编制，不合格场次洪水 9 场，合格率为 76.3%，为乙级方案。

表 6-8　马颊河李家桥闸站单层计算 P_a 降雨径流精度评定表（P-P_a-R）

序号	洪号	流域平均雨量 P（mm）	流域平均前雨 P_a（mm）	实测径流深 $R_{实}$（mm）	预报径流深 $R_{预}$（mm）	预报误差（mm）	许可误差（mm）	评定表误差		序号	洪号	流域平均雨量 P（mm）	流域平均前雨 P_a（mm）	实测径流深 $R_{实}$（mm）	预报径流深 $R_{预}$（mm）	预报误差（mm）	许可误差（mm）	评定表误差	
								合格	不合格									合格	不合格
1	730706	74.3	76.0	3.8	5.4	1.6	3.0	√		19	840612	54	31.5	1.5	0.6	–0.9	3.0	√	
2	730715	40.4	99.5	3.7	5.2	1.5	3.0	√		20	840703	87.1	49.7	1.2	3.9	2.7	3.0	√	
3	730729	29.7	115.8	3.6	2.8	–0.8	3.0	√		21	840710	14.8	90.9	0.6	0.4	–0.2	3.0	√	
4	730730	105.3	115.5	18.1	19	0.9	3.6	√		22	840813	168.7	27.3	8.9	10.0	1.1	3.0	√	
5	730904	75.7	41.0	4.6	2.1	–2.5	3.0	√		23	900708	95.2	55.9	7.3	5.4	–1.9	3.0	√	
6	740725	90.1	59.5	4.2	5.2	1	3.0	√		24	910717	46.8	45.6	0.9	1.1	0.2	3.0	√	
7	740810	111.8	131.2	26.7	24.2	–2.5	3.6	√		25	940703	108.3	84.2	2.3	12.8	10.5	3.0		√
8	740815	19.5	171.6	1.3	3.7	2.4	3.0	√		26	960711	50.1	73.3	0.8	2.4	1.6	3.0	√	
9	760801	66.1	79.3	4.2	4.4	0.2	3.0	√		27	960811	82.5	138.4	7.9	16.5	8.6	3.0		√
10	760821	59.7	91.3	4.9	5.6	0.7	3.0	√		28	980714	22.4	114.8	1.8	1.3	–0.5	3.0	√	
11	770706	85.3	66.3	5.7	6.0	0.3	3.0	√		29	100811	131.7	98.8	16.5	22.5	6	3.3		√
12	770723	53.2	106.1	4.4	6.0	1.6	3.0	√		30	120801	171.2	108.9	10.0	35.7	25.7	3.0		√
13	770802	72	165.4	17.1	18.6	1.5	3.0	√		31	120806	91.1	161.3	9.5	24.7	15.2	3.0		√
14	770807	53.1	158.3	11.8	11.5	–0.3	3.0	√		32	130715	234.8	115.1	12.1					
15	780727	115.4	64.7	2.0	10.4	8.4	3.0		√	33	130728	134.3	167.4	28.6	45.1	16.5	5.7		√
16	800629	95.1	44.6	6.0	4.3	–1.7	3.0	√		34	130815	77.9	128.9	17.0	12.7	–4.3	3.4		√
17	820710	99.8	82.2	1.2	11.7	10.5	3.0		√	35	200818	93.4	173.0	5.5	27.8	22.3	3.0		√
18	820815	107.1	51.7	3.0	6.4	3.4	3.0		√										

备注：1. 预报误差 = 预报值 – 实测值；2. 许可误差 = 实测值的 20%，以 20.0 mm 为上限，以 3.0 mm 为下限；3. 洪水资料选用 1972— 2020 年的 35 场洪水进行编制，其中 130715 号洪水受闸门调控影响只作参考，不参与评定；合格 23 场次，合格率 67.6%；为丙级方案；4. 2010 年以后尚庙闸至李家桥闸受引黄河水淤积及河网串通拦河闸闸门变动影响改变了洪水过程造成过闸流量偏小，计算径流深偏小，也是合格率较低的重要原因。故 2010 年以后所选洪水场次不合格属于正常。

表 6-9　马颊河李家桥闸站净峰流量精度评定表

序号	洪号	径流深 R（mm）	降雨中心分布	洪峰滞时 t_p（h）	净峰流量		预报误差（m^3/s）	许可误差（m^3/s）	评定结果	
					实测 $Q_{m净实}$（m^3/s）	预报 $Q_{m净预}$（m^3/s）			合格	不合格
1	710803	10.2	上游	72.0	120	144	24	24	√	
2	730715	3.7	中游	8.0	83.8	98	14	16.8	√	
3	730730	18.1	下游	20.0	370	392	22	74	√	
4	730904	4.6	上游	107.0	79.6	72	–8	15.9	√	
5	740810	26.7	下游	6.0	524	514	–10	105	√	
6	740725	4.2	下游	12.0	150	171	21	30	√	
7	760821	4.9	下游	26.0	143	182	39	28.6		√
8	770706	5.7	中游	15.0	270	124	–146	54		√
9	770723	4.4	下游	18.0	173	168	–5	34.6	√	
10	770802	17.1	上游	26.0	256	230	–26	51.2	√	
11	770807	11.8	中游	41.0	265	222	–43	53	√	
12	780727	2.0	中游	0.0	43.1	60	17	8.62		√
13	800629	6.0	下游	39.0	184	198	14	36.8	√	
14	820710	1.2	中游	72.0	18.2	42	24	3.64		√
15	8200815	3.0	中游	163	120	83	–37	24		√
16	840707	0.6	中游	70	22	22	0	4.4	√	
17	840813	8.9	中游	29	176	184	8	35.2	√	
18	900708	7.3	下游	18	98.5	226	128	19.7		√
19	910717	0.9	下游	13	45	87	42	9		√
20	940703	2.3	下游	30	47	122	75	9.4		√
21	960711	0.8	下游	132	108	86	–22	21.6		√
22	980714	1.8	下游	17	74	105	31	14.8		√
23	100811	16.5	下游	12	210	367	157	42		√
24	120801	10.0	下游	32	243	268	25	48.6	√	
25	120806	9.5	中游	35	213	192	–21	42.6	√	
26	130715	12.1	下游	94	122	286	164	24.4		√
27	130815	17.0	中游	81	228	236	8	45.6	√	
28	200818	5.5	上游	81	192	85	–107	38.4		√

备注：1. 预报误差 = 预报值 – 实测值；2. 许可误差 = 实测值的 20%；3. 合格率 28 个点据 15 个合格，合格率 =53.6%；4. 因受河道冲於和闸门启闭影响，合格率较低；5. 洪峰滞时关系，因洪水资料中畅流洪水太少，洪峰与雨峰不对应，关系不好，故不进行评定，仅供参考。

表 6-10　马颊河王铺闸站至李家桥闸站区间洪峰相关分析成果表

序号	洪号	区间降雨时间		区间平均雨量 $P_{区}$（mm）	区间前期影响雨量 $P_{a区}$（mm）	$P_{区}+P_{a区}$（mm）	区间流域面积（km^2）	区间蒸发量 $E_{区}$（mm）	峰现时间		洪峰流量（m^3/s）				$Q_{m下查}$（m^3/s）	$Q_{m下查}-Q_{m下}$（m^3/s）	允许误差（m^3/s）	评定结果	
									上游站		上游站		下游站						
		起	止						起	止	$Q_{m净上}$	$Q_{m上}$	$Q_{m净下}$	$Q_{m下}$				合格	不合格
1	730706	7月1日	7月2日	61.0	19.8	80.8	2 264	5.0	7月3日11:00	7月6日0:00		73.6	114	114	116	2	22.8	√	
2	730730	7月28日	7月28日	148.2	102.5	250.7	2 264	2.5	7月30日0:00	7月30日3:00		58.0	370	410	398	−12	82	√	
3	730729	7月25日	7月25日	22.6	96.2	118.8	2 264	2.5	7月26日8:00	7月27日14:00		27.0	68.3	68.3	96	27.7	5.4		√
4	740810	8月7日	8月9日	181.9	150.5	332.4	2 264	7.8	11月30日0:00			29.0	524	524	524	0	105	√	
5	760821	8月19日	8月19日	68.7	107.0	175.7	2 264	2.0	8月21日13:00	8月21日10:00		49.7	143	143		−143			
6	770706	7月4日	7月6日	99.0	94.1	193.1	2 264	10.0	7月5日9:00	7月6日9:00	41.0	41.0	240	240	240	0	48	√	
7	770723	7月19日	7月22日	91.8	130.1	221.9	2 264	15.0				5.00	173	186	160	−26	37	√	
8	770801	7月25日	7月31日	119.7	171.4	291.4	2 264	25.0	8月1日8:00	8月2日0:00		110	260	284		−284			
9	770802	8月5日	8月5日	57.1	164.5	221.6	2 264	2.0	8月6日8:00	8月7日10:00		95.0	265	290	368	78	58		√
10	800629	6月28日	6月29日	97.9	58.4	156.3	2 264	6.0				20.0	164	184	154	−30	37	√	
11	820710	7月3日	7月8日	70.7	33.7	104.4	2 264	25.5				3.70	18.2	18.2	20	1.8	3.6	√	
12	820815	8月9日	8月12日	126.0	26.8	152.8	2 264	9.8	8月12日8:00	8月15日23:00	26.6	26.6	120	120	156	36	24		√
13	840703	7月1日	7月2日	82.2	28.8	111.0	2 264	7.5				3.00	59.0	66.0	34	−32	13.2		√
14	840813	8月9日	8月12日	244.3	15.6	259.9	2 264	12.2	8月10日8:00	8月13日13:00		48.0	176	176		−176			
15	910717	7月16日	7月18日	66.9	14.8	81.7	2 264	—	7月19日7:00	7月19日8:00		23.3	31.8	57.0	50	−7	11.4	√	
16	940703	7月29日	8月1日	187.7	137.0	324.7	2 264	12.0	8月1日8:00	8月1日14:00			243						
17	130728	7月22日	7月29日	146.3	169.7	316.0	2 264	25.5	7月26日7:00	7月28日18:48	66.1	66.1	228	228	360	132	45.6		√

备注：1. 760821、770801、840813 场次洪水因受闸门影响，只供参考，不做评定。940703 场次洪水暴雨中心位置在下游，上游流量小于 10 m^3/s，不做评定。2. 以 $Q_{m下}$的 20% 为允许误差。3. 合格率为 61.5%，属丙级方案。

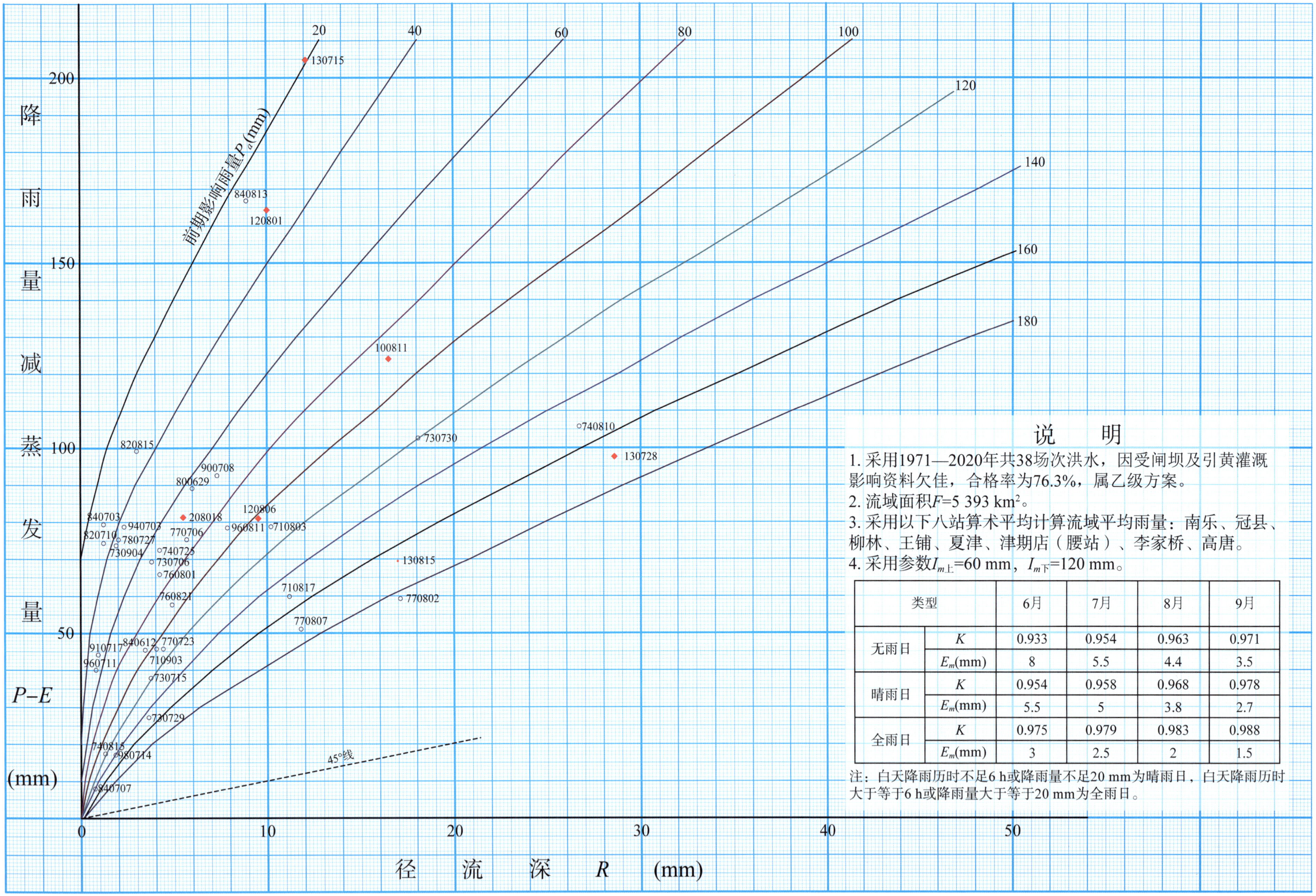

说　　明

1. 采用1971—2020年共38场次洪水，因受闸坝及引黄灌溉影响资料欠佳，合格率为76.3%，属乙级方案。
2. 流域面积F=5 393 km²。
3. 采用以下八站算术平均计算流域平均雨量：南乐、冠县、柳林、王铺、夏津、津期店（腰站）、李家桥、高唐。
4. 采用参数$I_{m上}$=60 mm，$I_{m下}$=120 mm。

类型		6月	7月	8月	9月
无雨日	K	0.933	0.954	0.963	0.971
	E_m(mm)	8	5.5	4.4	3.5
晴雨日	K	0.954	0.958	0.968	0.978
	E_m(mm)	5.5	5	3.8	2.7
全雨日	K	0.975	0.979	0.983	0.988
	E_m(mm)	3	2.5	2	1.5

注：白天降雨历时不足6 h或降雨量不足20 mm为晴雨日，白天降雨历时大于等于6 h或降雨量大于等于20 mm为全雨日。

图 6-2　马颊河李家桥闸站降雨径流相关图（P-E-P_a-R）

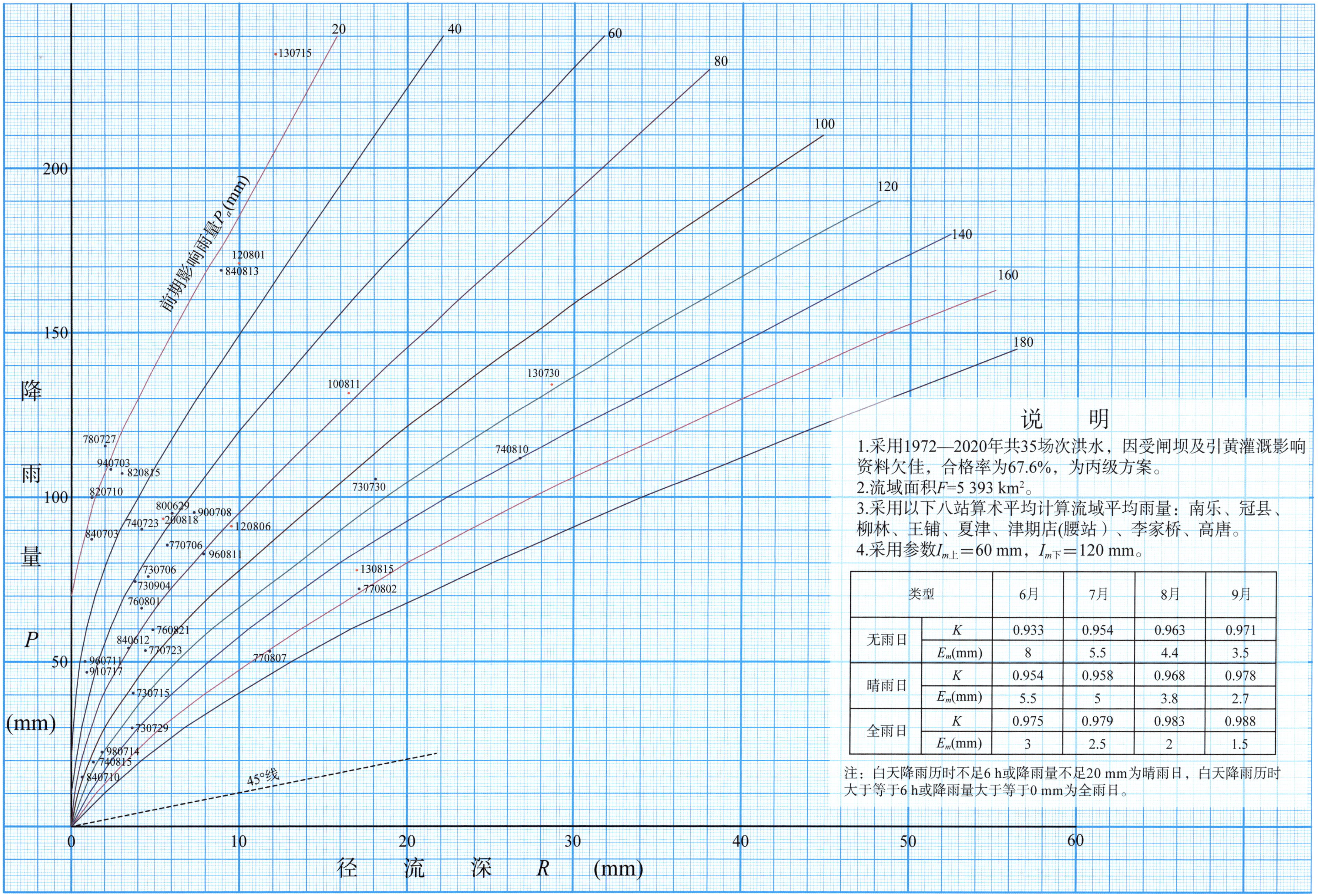

类型		6月	7月	8月	9月
无雨日	K	0.933	0.954	0.963	0.971
	E_m(mm)	8	5.5	4.4	3.5
晴雨日	K	0.954	0.958	0.968	0.978
	E_m(mm)	5.5	5	3.8	2.7
全雨日	K	0.975	0.979	0.983	0.988
	E_m(mm)	3	2.5	2	1.5

图 6-3 马颊河李家桥闸站降雨径流相关图（P-P_a-R）

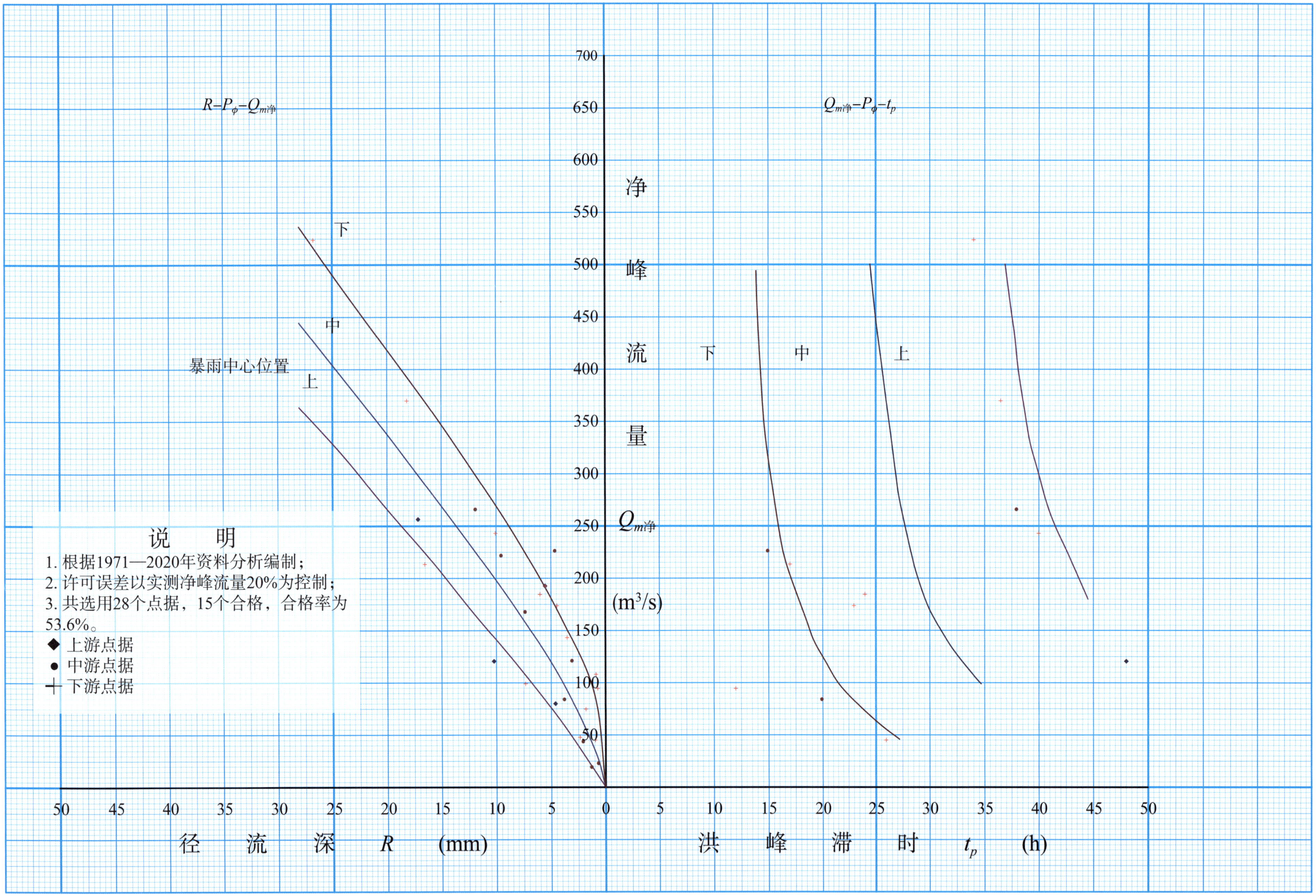

图 6-4　马颊河李家桥闸站峰量关系合轴相关图

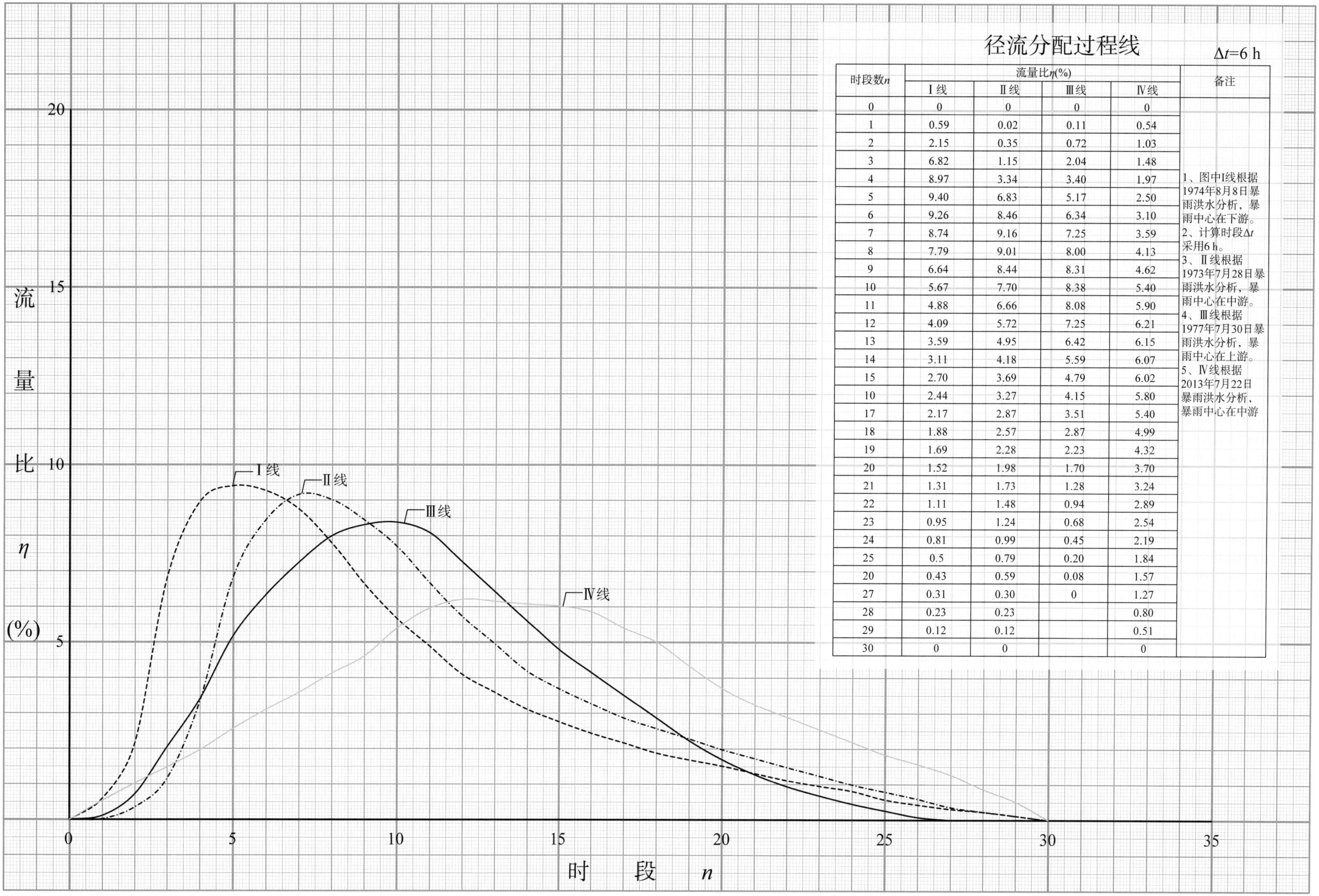

径流分配过程线

Δt=6 h

时段数n	流量比η(%)				备注
	Ⅰ线	Ⅱ线	Ⅲ线	Ⅳ线	
0	0	0	0	0	
1	0.59	0.02	0.11	0.54	
2	2.15	0.35	0.72	1.03	
3	6.82	1.15	2.04	1.48	
4	8.97	3.34	3.40	1.97	
5	9.40	6.83	5.17	2.50	
6	9.26	8.46	6.34	3.10	
7	8.74	9.16	7.25	3.59	
8	7.79	9.01	8.00	4.13	
9	6.64	8.44	8.31	4.62	
10	5.67	7.70	8.38	5.40	
11	4.88	6.66	8.08	5.90	
12	4.09	5.72	7.25	6.21	
13	3.59	4.95	6.42	6.15	
14	3.11	4.18	5.59	6.07	
15	2.70	3.69	4.79	6.02	
10	2.44	3.27	4.15	5.80	
17	2.17	2.87	3.51	5.40	
18	1.88	2.57	2.87	4.99	
19	1.69	2.28	2.23	4.32	
20	1.52	1.98	1.70	3.70	
21	1.31	1.73	1.28	3.24	
22	1.11	1.48	0.94	2.89	
23	0.95	1.24	0.68	2.54	
24	0.81	0.99	0.45	2.19	
25	0.5	0.79	0.20	1.84	
20	0.43	0.59	0.08	1.57	
27	0.31	0.30	0	1.27	
28	0.23	0.23		0.80	
29	0.12	0.12		0.51	
30	0	0		0	

备注：

1、图中I线根据1974年8月8日暴雨洪水分析，暴雨中心在下游。

2、计算时段Δt采用6 h。

3、Ⅱ线根据1973年7月28日暴雨洪水分析，暴雨中心在中游。

4、Ⅲ线根据1977年7月30日暴雨洪水分析，暴雨中心在上游。

5、Ⅳ线根据2013年7月22日暴雨洪水分析，暴雨中心在中游

图 6-5 马颊河李家桥闸站径流分配过程线图

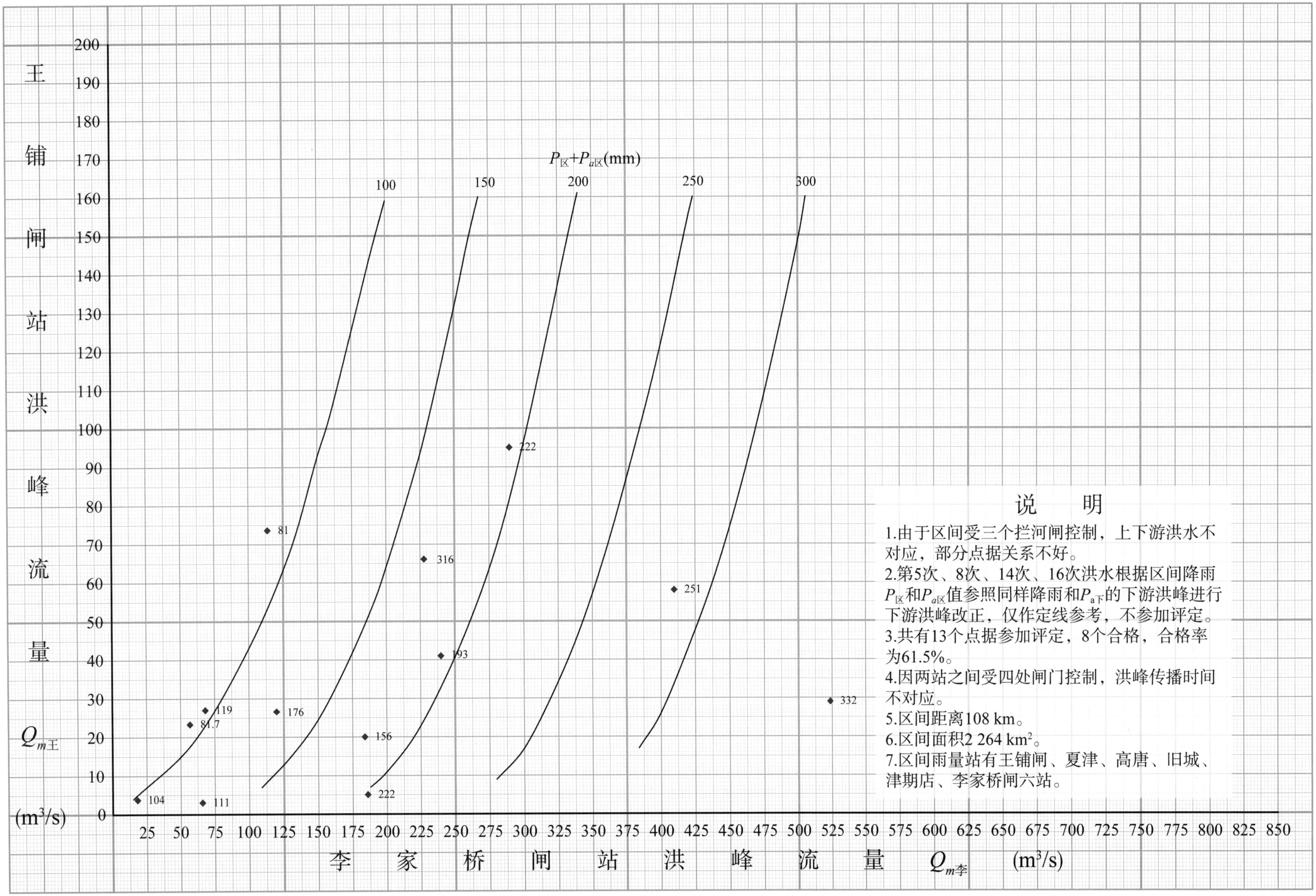

图 6–6　马颊河王铺闸站至李家桥闸站上下游洪峰流量相关图

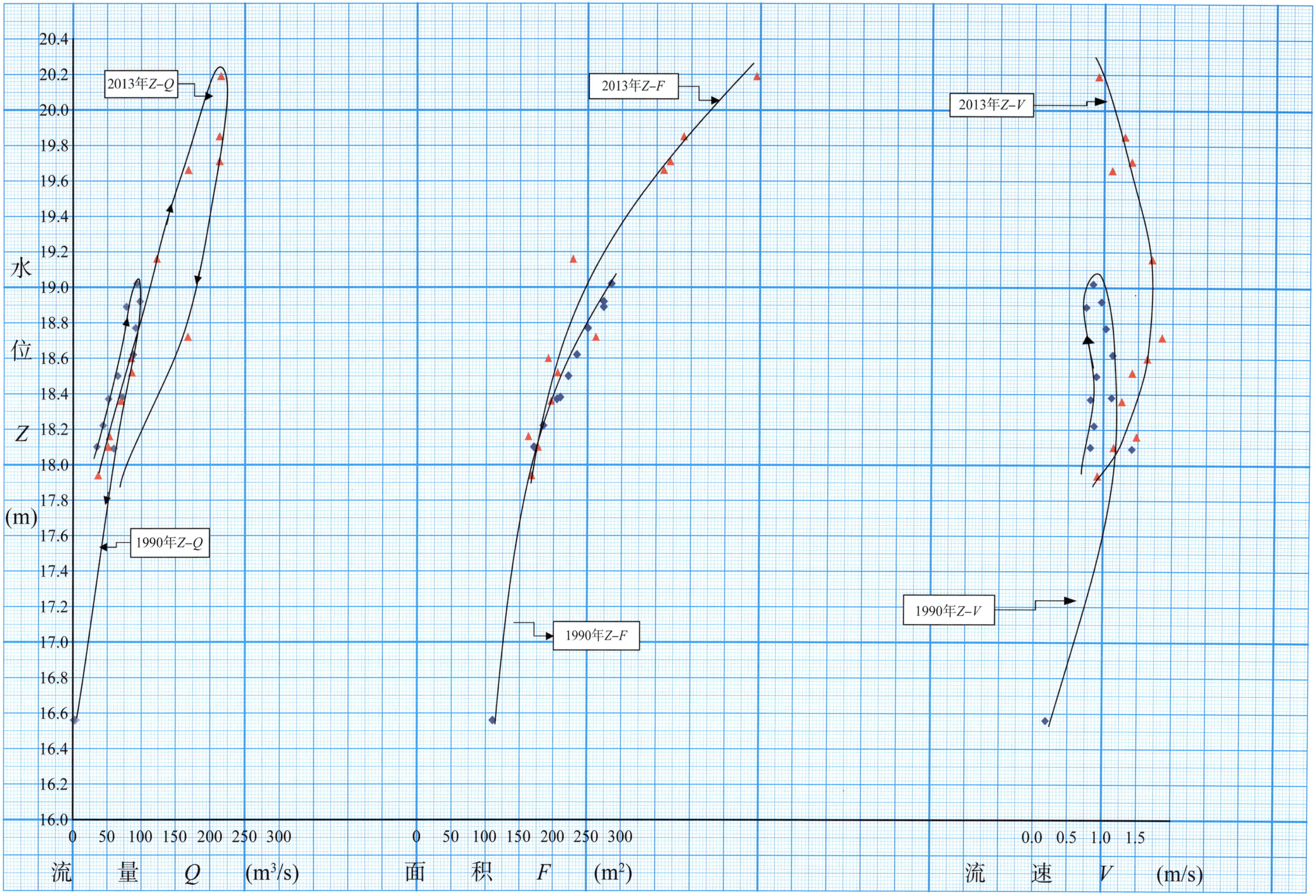

图 6-7　马颊河李家桥闸历年水位－流量、水位－面积、水位－流速关系曲线图

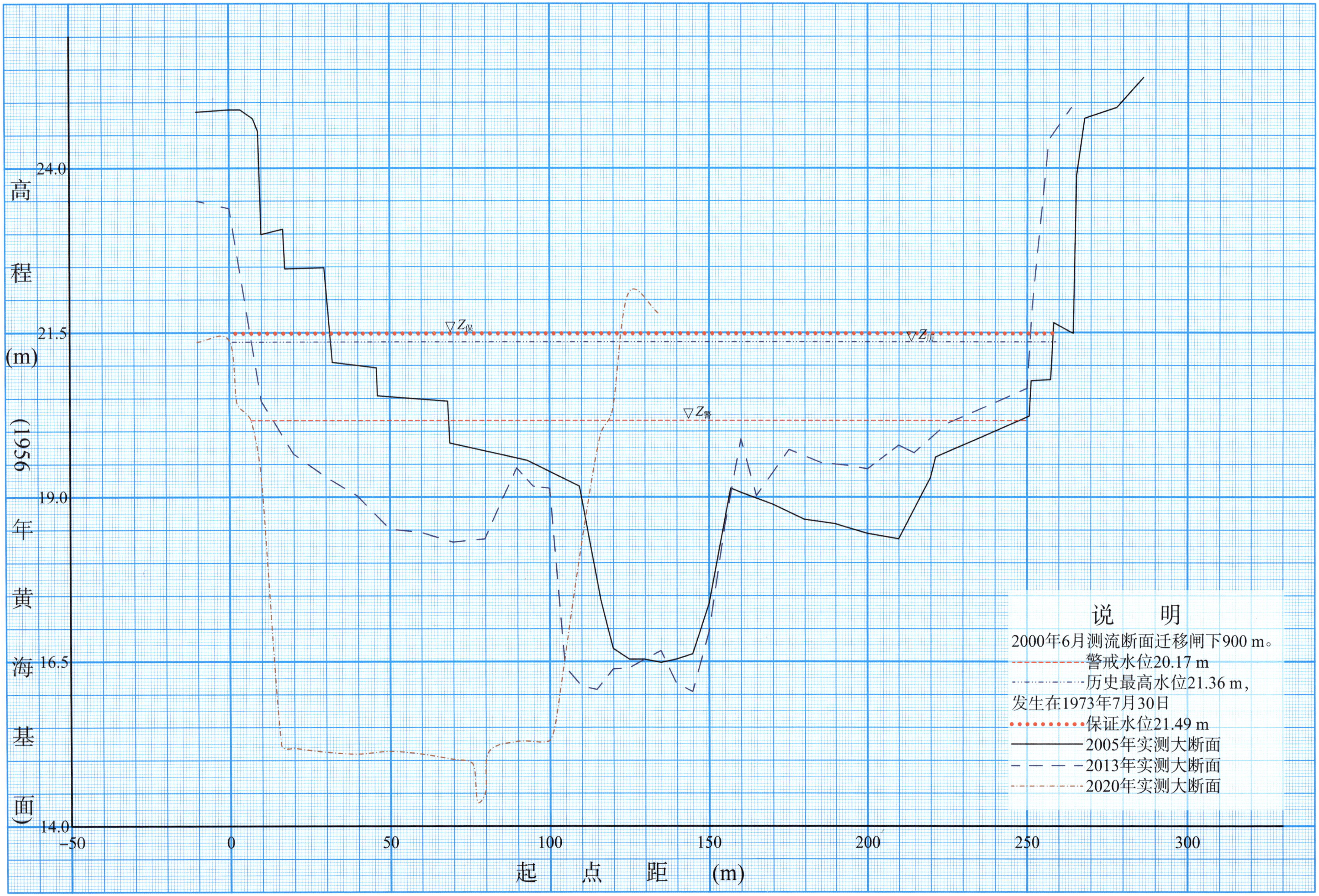

图 6-8 马颊河李家桥闸历年实测大断面图

第七章 马颊河大道王闸站水文预报方案编制说明

1 流域概况

1.1 流域自然地理特征

马颊河为海河流域独立入海的河流，属黄河冲积平原，位于山东省境内黄河以北鲁西北地区。马颊河流域面积 10 638 km^2，河流全长 338 km。流域内多年平均年降水量为 564.4 mm，最大年降水量（1964 年）为 993.2 mm，最小年降水量（1968 年）仅为 333.9 mm。大部分降雨集中在 7—9 月份，汛期（6—9 月）多年平均降雨量为 449.0 mm，占全年的 80%，而且多发生局部暴雨。

1.2 典型历史暴雨、洪水概况

（1）1961 年 8 月 22 日典型洪水

1961—1964 年连续 4 年洪涝灾害，发生多次洪水，洪峰接踵而来，峰高量大，持续时间长。1961 年 8 月 22 日马颊河德平站最大洪峰流量 217 m^3/s，最高水位 13.95 m，超过防洪保证流量 67 m^3/s，洪水总量 9.7 亿 m^3，洪水持续 40 余天。

（2）1977 年 8 月 14 日典型暴雨洪水

1977 年是涝年，8 月 5—7 日马颊河下游发生大暴雨，流域平均降雨量为 82.0 mm，前期影响雨量为 164.2 mm，土壤达到饱和，马颊河大道王闸站 8 月 7 日 14 时涨至峰顶，洪峰流量为 910 m^3/s，最高水位 5.73 m，至 8 月 13 日 14 时落平，径流总量 3.4 亿 m^3，洪水总历时 182 h。

（3）1990 年典型暴雨洪水

1990 年鲁北各河中下游自入汛以来连续降雨，河道各闸全部打开提出水面，所测得的洪水过程代表了天然情况下不受人工开关闸门影响的洪水过程，资料代表性较高。7 月 23 日大道王闸站洪峰流量 714 m^3/s，最高水位 5.45 m，洪水全部历时 177 h。

（4）1998 年典型洪水

1998 年为偏丰年，但站点的洪峰流量多数不是自然状态下的天然径流量，马颊河大道王闸站 7 月 16 日 0 时涨至峰顶，实测最大洪峰流量 497 m^3/s，相应水位 5.67 m，至 7 月 20 日 16 时 30 分落平，径流总量 2.1 亿 m^3，洪水历时 159 h。

（5）2010 年典型暴雨洪水

2010 年 8 月马颊河流域连续降雨，发生 2 次大洪水。从暴雨过程分析，流域主要暴雨中心顺河流走向自上而下移动，由此形成的洪水过程相互叠加。大道王闸站 8 月 13 日 20 时涨至峰顶，实测最大洪峰流量 398 m^3/s，最高水位 5.16 m，径流总量 4.76 亿 m^3，洪水总历时 362 h；8 月 19 日又发生一次洪水过程，23 日 4 时涨至峰顶，实测最大洪峰流量 431 m^3/s，最高水位 5.41 m，至 9 月 2 日 20 时落平，径流总量 3.63 亿 m^3，洪水总历时 334 h。

（6）2012 年典型暴雨洪水

2012 年是涝灾年，7 月 30 日至 8 月 1 日马颊河流域普降大暴雨和局部特大暴雨，暴雨中心位置在中下游，受强降雨和上游泄洪影响，支流多处河段出现漫堤、河水倒灌，洪涝灾害严重，德州市造成直接经济损失 23 亿元。受强降雨和上游客水大量下泄的双重作用，自 8 月 1 日起，马颊河河道水位急涨，长时间高水位运行，赵棒槌站径流总量 5 361 万 m^3，穆家桥站径流总量 8 974 万 m^3，沙杨河站径流总量 5 338 万 m^3，孟家闸径流总量 3 603 万 m^3，四南干渠径流总量 1 475 万 m^3。马颊河流域面平均雨量为 175.7 mm，前期影响雨量为 147.0 mm，大道王闸站 8 月 5 日 18 时 22 分涨至峰顶，实测最大洪峰流量 702 m^3/s，最高水位 5.74 m，至 9 月 4 日 8 时落平，还原后的径流总量 7.78 亿 m^3，洪水总历时 840 h。

（7）2013 年典型暴雨洪水

2013 年 7 月 22—29 日马颊河流域中上游发生大暴雨，降雨持续时间长，流域面平均降雨量为 122.3 mm，前期影响雨量为 170.0 mm，马颊河大道王闸站 7 月 29 日 14 时 20 分涨至峰顶，洪峰流量 526 m^3/s，最高水位 4.92 m，至 8 月 10 日 20 时落平，径流总量 3.81 亿 m^3，洪水总历时 424 h。

1.3 水利工程概况

马颊河自 1965 年开始按 1964 年雨型（45 天降雨 400 mm）排涝、按 1961 年雨型（45 天降雨 600 mm）防洪进行扩大治理，于 1971 年基本完成。马颊河扩大治理后，干流下游防洪保证流量提高到 1 030 m^3/s，干流建闸 13 座，总蓄水能力 0.80 亿 m^3。马颊河自 1972 年按 1961 年雨型防洪标准治理后，到 2000 年未再进行系统治理。1986 年至 2000 年间，干流河道增建水闸 3 座：一是位于临邑县郭桥村南的郭桥闸，二是位于乐陵市大桥村南的大桥闸，三是为增加拦蓄能力，与严务水库配合，解决庆云北部苦咸地区用水困难问题，在大淀村东马颊河干流上兴建的大淀闸。该河道闸坝工程指标详见表 7–1。马颊河主要闸坝距离、洪水传播时间示意图见图 7–1。

1.4 测站概况

大道王闸水文站位于山东省德州市庆云县常家镇大道王闸，于 1970 年 6 月设立。大道王闸水文站为马颊河下游控制站，测站以上河长 280 km，流域面积 8 657 km^2，流域呈长条状，河道纵坡 1/6 330~1/13 700，流域地势平坦，土层深厚，多为壤土、沙壤土，下渗能力较强。闸上、闸下 2 000 m 以内河段较顺直，两岸滩地宽约 70.0 m。河床、河岸为沙壤土质，主槽两岸有冲刷现象。闸上 1 000 m 处右岸有马东沟、左岸有马西沟汇入。上游 27.89 km 处有大桥拦河闸，下游 9.28 km 处有大淀拦河闸。

大道王闸水文站基面采用冻结基面，冻结基面高程 –0.038 m=1985 年国家高程基准高程。

表 7–1　马颊河灌溉节制闸工程基本情况表

序号	闸名	中泓桩号	闸址河道状况				节制闸工程指标								启闭现状		流域面积（km^2）
			滩地高程（m）		堤顶高程（m）		1964 年雨型排涝		1961 年雨型防洪		闸底高程（m）	孔数	孔净跨（m）	闸门高（m）	启闭形式	启闭机数	
			左岸	右岸	左岸	右岸	流量（m^3/s）	水位（m）	流量（m^3/s）	水位（m）							
1	甘寨	21+000	37.59	37.69	41.44	42.15	193	37.27	292	37.85	33.41	9	4	4	丝杠	9	1 490
2	王铺	49+882	33.45	33.28	35.93	37.25	277	33.15	418	34.03	29.15	5	10	4.5	固定	5	3 088
3	薛王刘	72+669	31.37	31.76	33.81	36.69	292	30.77	439	31.78	26.20	5	10	5	固定	5	3 406
4	李奇	103+027	26.57	27.11	29.86	30.64	346	25.82	514	26.82	21.52	10	5.8	5	挂钩	3	3 758
5	津期店	129+022	21.37	21.15	29.50	29.30	403	22.70	607	23.52	18.20	8	8	5	挂钩	3	4 193
6	李家桥	157+823	18.91	19.33	23.85	26.29	429	20.05	658	21.32	15.55	7	10	5.5	挂钩	3	5 393
7	仙人桥	167+385	19.28	21.30	21.50	22.50	283	19.45	318	20.52	14.70	3	10	5.5	固定	3	5 880
8	马才(老)	23+923	17.40	20.99	17.40	20.99	150	17.29	360	18.20	13.60	4	10	5.5	固定	4	6 373
9	马才(新)	182+661	16.64	16.73	19.90	20.15	283	17.29	318	18.20	12.80	4	10	4	固定	4	6 373
10	三刘	208+478	14.69	14.30	18.22	16.87	496	13.58	759	14.91	8.58	11	5.8	5	挂钩	4	6 950
11	郭桥	216+048	—	—	—	—	511	12.45	780	14.00	7.00	6	10	5.5	—	—	—
12	孟家	234+032	11.47	11.91	13.35	14.06	556	10.41	854	12.07	4.30	7	10	6	固定	7	7 641
13	大桥	252+185	—	—	—	—	586	7.90	899	9.60	2.00	7	10	6	—	—	—
14	大道王	280+074	8.41	8.27	10.87	10.54	656	6.01	1 004	7.56	−0.20	9	10	7	固定	9	8 657
15	大淀	289+350	—	—	—	—	661	—	1 004	—	−0.70	9	10	6.5	—	—	—
16	孙马村	310+450	5.32	5.26	8.57	7.46	678	4.08	1 030	5.29	−2.50	9	10	7	固定	9	9 490

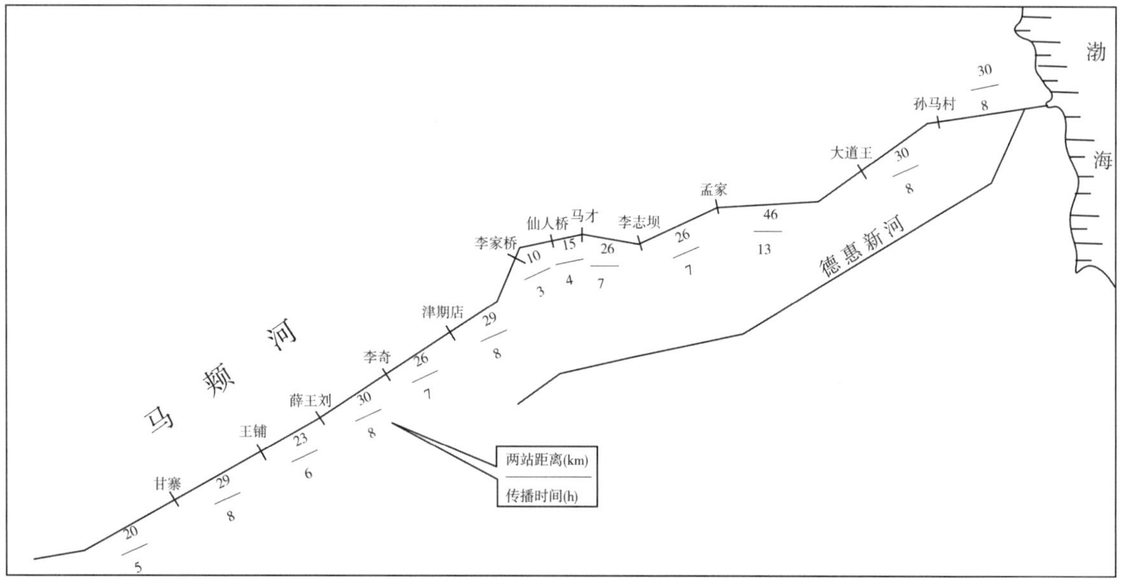

图 7–1　马颊河主要闸坝距离、洪水传播时间示意图

该站历史最高水位为 5.73 m，最大流量为 910 m^3/s，出现在 1977 年 8 月 7 日。本站设计防洪能力为 1 004 m^3/s，治理后达到遇旱能灌、遇涝能排的要求。在测站以上 280 km 的河段上建有拦河闸 14 座，引黄输水干渠 3 条，横贯中下游，沿河支流调水闸 14 座与干流相通，干支流一次性蓄水量近 1 亿 m^3，中下游形成纵横交错的排灌网络，打乱了洪水的自然流势，给资料分析和洪水预报带来很大困难。

本站洪水过程呈缓涨缓落型，中小洪水多受闸门控制，自然峰形受到破坏。

2　预报方案编制

2.1　预报区间的确定

确定大道王桥闸站以上全流域为预报区间，预报区间面积为 8 657 km^2。

2.2 资料情况及方案沿革

2.2.1 资料情况

本站实测资料年限 58 年（1963—2020 年），历年没有出现过特大洪水。方案从 1963—2020 年实测水文资料中选取受人为因素影响较小的大中型洪水进行分析计算。本次计算未采用调查资料，产流方案中借用白鹤观闸站 1963 年、1964 年的 4 次大水资料。

该站为闸坝站，流域内干支流拦河闸众多，放水大小均为人工控制，因此中、小水年控制站的洪峰流量不是真正的天然径流量。但遭遇大洪水时，各拦河闸如果全部打开，其控制站的洪峰流量受人工控制相对较小，能反映出洪水的自然状态，资料代表性也较高。

鲁北地区自河道开挖治理以来，产汇流规律发生了很大变化，特别是建闸后，径流过程受到人为调节影响。1972 年以后大量引黄，既抬高了地下水位，加大了径流系数，又产生了部分尾水回归河道。受各种因素综合影响，实测资料发生了严重的"失真"现象。由于连续降雨及河道泄洪能力较低，河道复式洪峰情况非常复杂。对于洪水过程的处理，首先分析了标准径流过程线样本及退水曲线，对实测洪水进行雨洪对应分析，并对洪水过程线从起涨处水平切割河道基流。

2016 年编制方案是对 1992 年预报方案的补充与延续，由于 1992 年已做了分析审查，所以未重新分析，直接采用前次编制方案时的分析成果，仅对个别重点测次进行抽查，发现错误予以改正。对 1991—2020 年的资料尽量选用受工程影响较小的洪水，对雨洪对应不好或受工程影响较严重的洪水不予采用。

2.2.2 方案沿革

原方案包括产流方案、汇流方案。产流方案采用降雨径流相关图 $P\text{-}E\text{-}P_a\text{-}R$，其中前期影响雨量 P_a 采用分层计算方法；汇流方案采用以暴雨中心为参数的峰量关系曲线图、径流分配过程线。

本次修订，在原产流方案降雨径流相关图 $P\text{-}E\text{-}P_a\text{-}R$ 中增加了 3 个点据，关系线保持不变，另外利用 32 场洪水资料新建了产流方案降雨径流相关图 $P\text{-}P_a\text{-}R$，新方案中的前期影响雨量 P_a 采用常规的单层计算方法；在原汇流方案峰量关系图中增加了 3 个点据，关系线保持不变，径流分配过程线继续沿用原方案。

2.3 产流方案

产流方案采用降雨径流相关图 $P\text{-}E\text{-}P_a\text{-}R$（分层计算 P_a）、$P\text{-}P_a\text{-}R$（单层计算 P_a），详见图 7–2 和图 7–3。P_a 的计算方法详见 2.3.3.5 节详细描述。

2.3.1 降雨径流相关图 $P\text{-}E\text{-}P_a\text{-}R$（分层计算 P_a）

选用资料 1963—2020 年分析计算的 38 个点据，其中 1963 年、1964 年的 4 次洪水资料借用白鹤观闸站资料（白鹤观闸站是 1961 年在马颊河上设站的，1969 年德惠新河开挖后，由于水系调整，测站河段调整为德惠新河），以前期影响雨量 P_a 为参数，通过点群中心定线。降雨径流相关图 $P\text{-}E\text{-}P_a\text{-}R$ 上部曲线一般略左偏于 45° 线，这是因为平原河道泄水能力低又多复式洪峰，退水时间长，洼地积涝过程中蒸发、下渗损失比较大等。大道王闸降雨径流（$P\text{-}E\text{-}P_a\text{-}R$）分析成果见表 7–6，相关图见图 7–2。

精度评定：按许可误差 =20% 实测值的标准（并当许可误差大于 20.0 mm 时以 20.0 mm 为上限，小于 3.0 mm 时以 3.0 mm 为下限）进行逐次洪水评定。$P\text{-}E\text{-}P_a\text{-}R$ 相关图共选用 1963—2016 年的 38 场洪水资料，其中 710716、710727、710802、770813、830730、840813 场次洪水受闸门变动影响较大，只做峰量关系用，不参与评定，900724、120805 场次洪水进行了还原计算。共有 32 场洪水参加评定，不合格 10 场，合格率为 68.8%，为丙级方案，详见表 7–7。

2.3.2 降雨径流相关图 $P\text{-}P_a\text{-}R$（单层计算 P_a）

$P\text{-}P_a\text{-}R$ 相关图选用的资料是大道王闸建站后的资料（1971—2020 年），此次补充修订方案在原方案基础上新增 3 个点据，首先将本站历年实测次暴雨洪水点绘降雨量、流量混合过程线，再进行分析计算，求得各种水文要素数值制表，然后点绘降雨径流相关图（$P\text{-}P_a\text{-}R$），分别通过点群中心定线。分析修正突出点，一般上部曲线略左偏于 45° 线，这是由于平原河道泄水能力低又多复式洪峰，退水时间长，洼地积涝过程中蒸发、下渗损失比较大等。李家桥闸降雨径流（$P\text{-}P_a\text{-}R$）分析成果见表 7–6，相关图见图 7–3。

精度评定：按许可误差 =20% 实测值的标准（并当许可误差大于 20.0 mm 时以 20.0 mm 为上限，小于 3.0 mm 时以 3.0 mm 为下限）进行逐次洪水评定。2013 年以后大道王闸没有大的洪水过程发生。共选用 32 个点据，其中 710716、710727、710802、840813、200818 场次洪水受闸门控制影响只作参考，不参与评定，共 27 个点据参加评定，13 个合格，合格率为 48.1%，详见表 7–8。

2.3.3 主要参数的计算

2.3.3.1 流域平均降水量 P 的计算

流域平均降水量采用算术平均法或面积加权法计算，大道王闸站以上流域 1971—1990 年有 18 个雨量站，1991—2020 年有 16 个雨量站。大道王闸站以上流域雨量站的面积控制权重见表 7–2。

2.3.3.2 暴雨中心位置的确定

本站至李家桥闸站为下游，李家桥闸站至薛王刘闸站为中游，薛王刘闸站以上为上游，据以上分法进行暴雨分区计算。

2.3.3.3 流域最大损失量 I_m 的计算

本方案采用的 I_m 值是 1976 年编制方案时分析的，本次未重新分析。I_m 值采用下式计算：

$$I_m=P+P_a-R-E$$

式中：P 为流域平均降雨量（mm）；P_a 为前期影响雨量（mm）；R 为径流深（mm）；E 为雨间蒸发量（mm）。

表 7-2　大道王闸站以上流域雨量站面积控制权重统计表

年份	南乐	旧城	张鲁	冠县	王铺闸	柳林	高唐	夏津	腰站	李家桥闸	平原	马才	陵县	宁津	化家	黄夹	乐陵	大道王闸
1971—1990 年	0.052	0.052	0.056	0.056	0.056	0.056	0.056	0.056	0.056	0.056	0.056	0.056	0.056	0.056	0.056	0.056	0.056	0.056
1991—2020 年	—	—	0.062 5	0.062 5	0.062 5	0.062 5	0.062 5	0.062 5	0.062 5	0.062 5	0.062 5	0.062 5	0.062 5	0.062 5	0.062 5	0.062 5	0.062 5	0.062 5

分析时，考虑不同深浅的土层具有不同的蒸发能力，把流域下垫面土壤分为上、下两层。上层即耕作层，厚度约 0.15 m；下层即上层以下至水分强烈活动层的下限，厚度为 0.3 ~ 0.5 m。上层的最大损失量 $I_{m上}$=S+ 填洼量 + 截留量，式中，S 为上层田间持水量；截留量定为 6 mm；由于河道治理以后，洼地排水一般比较畅通，暂不考虑填洼量。但由于河道淤积及田间排水工程的破坏，填洼损失将越来越大。上层深度采用 0.15 m，田间持水量为 25%，土壤凋萎含水量为 5%，土壤干容重为 1.3 g/cm^3。则 S=0.15 × 1 000 ×（25%–5%）× 1.3=39 mm，再加上截留量 6 mm，所以 $I_{m上}$=45 mm。$I_{m下}=I_m-I_{m上}$。由于采用计算出来的 $I_{m上}$、$I_{m下}$值计算 $P_{a上}$、$P_{a下}$所点绘的降雨径流相关图点据有时不佳，在这种情况下，又采用了试算法。通过变动 $I_{m上}$、$I_{m下}$值，再次计算 $P_{a上}$、$P_{a下}$值，并点绘降雨径流相关图，最后选用相关关系好的 $I_{m上}$、$I_{m下}$。鲁北各河 $I_{m上}$=40 ~ 70 mm，$I_{m下}$=100 ~ 130 mm，大道王闸站 I_m 分析成果见表 7–3。

表 7–3　流域最大损失量 I_m 表

河名	站名	$I_{m上}$（mm）	$I_{m下}$（mm）
马颊河	大道王闸	50	130
	李家桥闸—大道王闸	50	130

2.3.3.4　*蒸发能力 E_m 的推求*

在土壤充分供水的条件下，蒸发量近似等于蒸发能力。一般情况下，土壤蒸发量小于蒸发能力。由于夜间无光照、温度低，所以蒸发能力极微，大量水分均在白天蒸发掉。因此，将单站蒸发资料按月份分为三种情况进行统计：①无雨日——全日无雨；②全雨日——白天（8—20 时）降雨历时达到或超过 6 h，或白天降雨量达到或超过 20 mm；③晴雨日——白天降雨历时不足 6 h 或白天降雨量不足 20 mm。

将上述三种情况分别求得月平均蒸发量，最后综合对比多站分析成果，发现成果比较接近。因此，流域采用统一的蒸发分析成果参加计算。蒸发成果见表 7–4。

表 7–4　蒸发能力 E_m 值　　单位：mm

类型	4 月	5 月	6 月	7 月	8 月	9 月	10 月
无雨日	6.0	8.0	8.0	5.5	4.4	3.5	2.5
晴雨日（白天降雨历时小于 6 h 或白天雨量不足 20 mm）	5.5	5.5	5.5	5.0	3.8	2.7	2.0
全雨日（白天降雨历时大于等于 6 h，或白天雨量达到或超过 20 mm）	2.0	2.5	3.0	2.5	2.0	1.5	1.0

2.3.3.5　*原方案分层 P_a 的计算*

由于土壤水分在上下两层的蒸发损失过程中有很大差别，所以原方案分层计算 P_a 值。有降雨时，完全满足上层缺水量（$I_{m上}-P_{a上}$）后才开始渗透补给下层，满足下层缺水量后才开始产流。无降雨时，上层土壤水分按蒸发能力递减，直至上层土壤含水量达到枯竭（土壤含水量为 5%，$P_{a上}$=0），此时下层土壤水分才按消退系数 K 消退；当 $P_{a下}$=0 时，下层土壤水分停止消退。

1. P_a 初值的计算

一般每年的 6 月 16 日或 6 月 26 日对水系内墒情站监测一次墒情并上报，从这时开始计算 P_a 初值。设 $P_{a上}$=0，$P_{a下}$采用该日实测的流域平均土壤含水量换算。$P_{a下}$=0.35 × 1 000 ×（ρ–5%）× γ_0，式中，0.35 为下层土壤厚度，以 m 计；ρ 为流域平均含水量；5% 为土壤凋萎含水量；γ_0 为土壤容重，采用 1.3 g/cm^3。

2. P_a 的连续计算

（1）$P_{a上}$的计算

当 $P_{a上,t}+P_t \geqslant E_t$ 时，

$$P_{a上,t+1}=P_{a上,t}+P_t-E_t \qquad (0 \leqslant P_{a上,t+1} \leqslant I_{m上})$$

式中：E_t 为当日 8 时至次日 8 时的蒸发量；$R_{t上}$为次降雨所产生的壤中流，上层蓄满后补充下层。

（2）$P_{a下}$的计算

当 $P_t+P_{a上}=0$ 时，

$$P_{a下,t+1}=KP_{a下,t}$$

当 $P_{a上,t}+P_t-R_t-E_t>I_{m上}$时，

$$P_{a下,t+1}=P_{a下,t}+(P_{a上,t}+P_t-E_t-I_{m上})=P_{a下,t}+R_{t上} \qquad (P_{a下,t+1} \leqslant I_{m下})$$

当 $P_{a下,t}+(P_{a上,t}+P_t-E_t-I_{m上})>I_{m下}$时，

$$R_{t下}=P_{a下,t}+(P_{a上,t}+P_t-E_t-I_{m上})-I_{m下}$$

式中：$R_{t下}$为地表径流。

（3）$P_{a上}$、$P_{a下}$混合计算

$$P_{a上, t+1} = 0$$

$$P_{a下, t+1} = P_{a下, t}\left(1 - \frac{E_t - P_t - P_{a上, t}}{I_{m下}}\right) \qquad (0 < P_t + P_{a上, t} < E_t)$$

式中：K 为消退系数，$K = 1 - E_m / I_{m下}$。

该站不同月份不同天气情况的 K 值见表 7–5。

表 7–5　前期影响雨量递减系数 K 表

类型			4 月	5 月	6 月	7 月	8 月	9 月	10 月
无雨日	I_m（mm）	100	0.940	0.920	0.920	0.945	0.956	0.965	0.975
		110	0.946	0.927	0.927	0.950	0.960	0.968	0.977
		120	0.950	0.933	0.933	0.954	0.963	0.971	0.979
		130	0.954	0.938	0.938	0.958	0.965	0.973	0.981
晴雨日	I_m（mm）	100	0.945	0.945	0.945	0.950	0.962	0.973	0.980
		110	0.950	0.950	0.950	0.955	0.965	0.975	0.982
		120	0.954	0.954	0.954	0.958	0.968	0.978	0.983
		130	0.958	0.958	0.958	0.962	0.971	0.979	0.985
全雨日	I_m（mm）	100	0.980	0.975	0.970	0.975	0.980	0.985	0.990
		110	0.982	0.977	0.973	0.977	0.982	0.986	0.991
		120	0.983	0.979	0.975	0.979	0.983	0.988	0.992
		130	0.985	0.981	0.977	0.981	0.985	0.988	0.992

2.3.3.6　新修订方案单层P_a的计算

新修订方案在计算 P_a 时没有考虑雨间蒸发量的损失和土壤分层。一般从汛前一个月开始连续计算，以 $0 \leqslant P_a \leqslant 180$ mm 控制。其计算公式如下：

$$P_{a, t} = K\left(P_{a, t-1} + P_{t-1}\right)$$

式中：$P_{a, t}$ 为当日流域平均前期影响雨量（mm）；$P_{a, t-1}$ 为前日流域平均前期影响雨量（mm）；P_{t-1} 为前日流域平均降雨量（mm）；K 为递减系数。

晴天（$P < 5$ mm）时，K=0.938；阴天（5 mm $\leqslant P <$ 20 mm）时，K=0.979；雨天（$P \geqslant$ 20 mm）时，K=0.986。I_{max}=180 mm。

2.4　汇流方案

汇流方案主要采用峰量关系图、径流分配过程线等方法。

2.4.1　峰量关系曲线

以暴雨中心位置为参数建立峰量关系曲线 R-P_ϕ-$Q_{m净}$、$Q_{m净}$-P_ϕ-t_p。其中，R 为一次降雨径流深，由次洪水总量除以相应集水面积而得；P_ϕ 为暴雨中心位置；$Q_{m净}$为一次降雨过程所产生的区间净峰流量。t_p 为洪峰滞时，是指从有降雨开始至洪峰出现的时间。

平原地区峰量关系比较复杂，故只选用 1971 年以后的实测洪水点据，但大部分洪峰流量受闸门影响，难以改正，因而选取的合理点据不多，定线困难。峰量关系方案大都采用合轴相关图的形式。大道王闸站峰量关系合轴相关图见图 7–4。

峰量关系精度评定：按许可误差 =20% 实测值的标准进行逐次洪水评定。受闸门影响，峰量关系图 R-P_ϕ-$Q_{m净}$分析选用 30 个点据，15 个合格，合格率为 50.0%，详见表 7–10。

洪峰滞时关系精度评定：$Q_{m净}$-P_ϕ-t_p 关系曲线，因洪水资料中畅流洪峰太少，洪峰与雨峰不对应，关系不好，故不进行评定，仅供参考。

2.4.2　径流分配过程线

为了简捷快速地推求各河洪水过程，采用径流分配过程线法，首先选择标准暴雨洪水样本（包括暴雨中心位置分别在上、中、下游），然后点绘洪水流量过程线，分割基流，求得地表径流过程。

$$\sum Q_i = W / (0.36\Delta t) = 0.1RF / (0.36\Delta t)$$

$$\eta = Q_i / \sum Q_i$$

式中：η 为时段 Δt 相应净流量分配数（简称流量比）（%）；Q_i 为时段相应净流量（m^3/s）；$\sum Q_i$ 为时段净流量之和（m^3/s）；W 为地表径流总量（万 m^3）；Δt 为时段长（h）；R 为径流深（mm）；F 为集水面积（km^2）。

采用上式分别计算出典型洪水的时段流量比 η（%），点绘出的过程线即为径流分配过程线。因有特定条件，如暴雨中心位置、雨型分配，在套用时应特别注意。由于 1990—2016 年期间，历次洪水过程受闸门控制影响，洪水过程线曲曲折折，只选出了 2012 年 7 月 30 日一场自然状态洪水过程进行分析，定出一条新的径流分配过程线，大道王闸径流分配过程线见图 7–5。

2.5　洪峰流量相应水位预报

通过上述方案可以预报出洪峰流量，但大道王闸站的查线值比实测值均偏小较多，超过允许误差，不合格。其主要原因是田间排水系统受到破坏，滞蓄时间较长，加大蒸发渗漏损失，再加上淤积，泄洪时间较长。为了防汛需要，尚需预报出洪峰水位，为此，绘制了该站历年水位与流量、面积、流速关系曲线图，以便在预报出洪峰流量之后，再根据断面淤积、洪水涨落趋势等情况预报出洪峰水位或水位过程。在今后作业预报中，应结合汛前实测大断面图及上下清淤情况做适当插补修正。大道王闸水位 – 流量、水位 – 面积、水位 – 流速关系曲线图见图 7–6。

2.6　大断面图

根据历年实测（有代表性的）资料绘制了大断面图，由此可大体看出历年河道断面变化（包括淤积、疏浚等情况）过程，另外在预报出洪峰水位后可在断面图上清楚地看到安全、危险程度，洪峰水位到堤顶的距离是否超过防洪水位等，以便及时向防汛指挥部门报警，大道王闸

站历年大断面图见图 7–7。

2.7 方案合理性检查及评定

在方案修订过程中，根据“规范”要求及有关文件规定进行合理性检查，特别对突出点据从原始资料反复查对，对中间处理过程也进行了认真审查，发现不合理的问题基本上做了检查改正。方案修订后，先从线形以及上下游邻站之间进行比较，防止出现矛盾现象。然后对每个方案尽量根据水情规范规定采用表格形式进行了精度评定（用许可误差法）。其中 $P\text{–}E\text{-}P_a\text{-}R$ 相关图合格率为 68.8%，$P\text{-}P_a\text{-}R$ 相关图合格率为 48.1%，$R\text{-}P_\phi\text{-}Q_{m净}$ 相关图合格率为 50.0%，$Q_{m净}\text{-}P_\phi\text{-}t_p$ 相关图因受人为影响较大，点子散乱，故该线只作参考，不进行评定。

3 方案使用说明

3.1 径流深预报

计算出流域平均降雨量和流域平均前期影响雨量，根据降雨径流关系图 $P\text{–}E\text{-}P_a\text{-}R$ 和 $P\text{-}P_a\text{-}R$ 的查算结果进行综合分析，确定地表径流深 R 的预报值。

3.2 净峰流量预报

3.2.1 $R\text{-}P_\phi\text{-}Q_{m净}$ 相关图

根据 R，P_ϕ 查询 $R\text{-}P_\phi\text{-}Q_{m净}$ 关系曲线得到 $Q_{m净}$，当 P_ϕ 介于两条关系曲线之间时，首先查出两条曲线中对应 $Q_{m净}$ 的数值，然后进行插补，根据报汛降水资料判断 P_ϕ，查出 $Q_{m净}$ 预报值。

3.2.2 $Q_{m净}\text{-}P_\phi\text{-}t_p$ 相关图

根据 $Q_{m净}$，P_ϕ 查询 $Q_{m净}\text{-}P_\phi\text{-}t_p$ 关系曲线得 t_p，根据报汛降水资料判断 P_ϕ，查出 t_p 预报值。

3.3 方案适应能力

本站设计防洪流量为 1 004 m^3/s，实测最大洪峰流量为 910 m^3/s，占设计防洪流量的 91%，在产流预报方面，有 20 世纪 60 年代大水点子做上部控制。本方案适用于防洪标准以下的洪水作业预报。如遇超标准洪水，则需根据当时具体情况酌情修正。

4 注意事项

（1）受引黄影响，仅根据降雨量计算的 P_a 值可能偏小。

（2）局部暴雨时要注意超渗产流，可适当加大查算的 R 值。

（3）久旱初雨时产流偏小，部分原因是沟渠及洼地局部蓄水，应适当修正所查 R 值。

（4）为了有效使用本方案，汛期要掌握好上游各闸蓄水变化情况，若大雨时上游闸坝放水，作业预报时应予以考虑。

表 7-6 马颊河大道王闸站降雨径流分析成果表

序号	洪号	降雨起止时间		流域平均雨量 P（mm）	前期影响雨量 P_a（mm）		雨间蒸发 E（mm）	降雨历时		暴雨中心位置	洪水起止时间			洪峰流量 Q_m（m^3/s）	净峰流量 $Q_{m净}$（m^3/s）	洪水总历时 $T_洪$（h）	涨洪历时 $T_{涨洪}$（h）	洪峰滞时 t_p（h）	次洪径流量 W（万 m^3）	区间面积 F（km^2）	次洪径流深 R（mm）	径流系数 α
		起	止		分层计算 P_a	单层计算 P_a		全部 T(h)	有效 T_c(h)		起涨	峰顶	落平									
1	630716	7 月 6 日 8:00	7 月 14 日 8:00	108.5	70.2		42.0	192	154	下游	7 月 12 日 8:00	7 月 16 日 6:00		81.2	81.2		70		8 928	10 032	8.9	0.08
2	630903	8 月 8 日 8:00	8 月 10 日 8:00	39.9	180.0		9.6	48	38	上游	8 月 8 日 8:00	9 月 3 日 8:00		114	114		648		15 400	10 032	15.4	0.38
3	640814	7 月 25 日 8:00	8 月 15 日 20:00	300.9	124.9		77.7	516	414	下游	7 月 28 日 6:00	8 月 14 日 9:00		222	222		435		132 000	10 032	132.0	0.44
4	640918	8 月 27 日 2:00	9 月 12 日 20:00	130.4	162.0		48.8	400	320	下游	9 月 1 日 8:00	9 月 18 日 8:00		214	214		432		40 300	10 032	40.2	0.31
5	710716	7 月 13 日 0:00	7 月 14 日 9:00	68.5	163.5	131.8	2.5			中游		7 月 15 日 23:00		469	469			47	9 182	8 133	11.3	0.16
6	710727	7 月 23 日 0:00	7 月 26 日 0:00	100.0	132.0	129.4	10.0			中游		7 月 27 日 6:00		420	420			52	10 200	8 133	12.5	0.13
7	710802	7 月 30 日 0:00	8 月 2 日 0:00	99.9	163.5	180.0	14.5			中游		8 月 2 日 11:00		528	528			45	11 500	8 133	14.1	0.14
8	730707	7 月 1 日 8:00	7 月 3 日 8:00	65.3	52.5	52.2	5.0	24	19	下游	7 月 5 日 8:00	7 月 7 日 15:00	7 月 8 日 9:00	118	118	73	55		2 084	8 133	2.6	0.04
9	730715	7 月 10 日 2:00	7 月 15 日 8:00	60.9	81.5	81.8	21.0	106	24	中游	7 月 15 日 8:00	7 月 19 日 6:00	7 月 20 日 6:00	76	76	118	94		5 901	8 133	7.3	0.12
10	730730	7 月 25 日 2:00	7 月 29 日 8:00	110.0	93.8	115.0	16.0	102	18	中游	7 月 27 日 8:00	7 月 30 日 4:00	8 月 6 日 6:00	581	581	238	68	34	16 920	8 133	20.8	0.19
11	730905	8 月 30 日 2:00	8 月 31 日 14:00	60.2	129.4	90.2	2.0	36	24	下游	8 月 31 日 20:00	9 月 5 日 20:00	9 月 6 日 14:00	158	158	138	144		8 634	8 133	10.6	0.18
12	740724	7 月 22 日 14:00	7 月 26 日 8:00	75.3	44.9	71.0	17.0	90	84	下游	7 月 23 日 10:00	7 月 24 日 1:00	7 月 24 日 17:00	304	304	31	3	22	4 109	8 657	4.7	0.06
13	740811	8 月 7 日 8:00	8 月 9 日 8:00	127.0	102.9	102.1	6.0	48	18	下游	8 月 9 日 0:00	8 月 11 日 4:00	8 月 17 日 22:00	890	890	214	52	50	28 800	8 657	33.3	0.26
14	740814	8 月 13 日 14:00	8 月 15 日 2:00	44.3	176.4	173.2	4.0	36	24	下游	8 月 14 日 0:00	8 月 14 日 12:00	8 月 19 日 0:00	658	378	120	12		13 860	8 657	16.0	0.36
15	760728	7 月 27 日 14:00	8 月 1 日 20:00	125.3	49.3	49.5	20.0	140	24	中游	7 月 28 日 12:00	7 月 28 日 14:00	8 月 6 日 10:00	612	612	214	2	12	17 870	8 657	20.6	0.16
16	770707	7 月 4 日 20:00	7 月 6 日 8:00	88.5	55.4	54.2	7.5	36	18	上中游	7 月 4 日 22:00	7 月 7 日 5:00	7 月 13 日 8:00	400	400	202	67	52	9 547	8 657	11.0	0.12
17	770724	7 月 19 日 20:00	7 月 24 日 2:00	78.3	83.7	84.0	12.5	78	18	上中游	7 月 23 日 6:00	7 月 24 日 20:00	7 月 27 日 18:00	337	337	108	38	66	8 568	8 657	9.9	0.13
18	770803	7 月 29 日 20:00	7 月 31 日 14:00	61.3	178.2		10.0	42	24	上中游	7 月 31 日 20:00	8 月 3 日 4:00	8 月 5 日 2:00	366	366	102	56	86	11 506	8 657	13.3	0.22
19	770807	8 月 5 日 2:00	8 月 7 日 2:00	82.0	164.2	100.0	4.0	48	30	下游	8 月 6 日 0:00	8 月 7 日 14:00	8 月 13 日 14:00	910	910	182	38	42	33 984	8 657	39.3	0.48
20	770813	8 月 11 日 0:00	8 月 12 日 0:00	11.2	171.9	12.1	7.6			上游		8 月 13 日 8:00		179	171				6 178	8 657	7.1	0.63
21	820817	8 月 9 日 20:00	8 月 13 日 8:00	93.0	33.0	37.9	8.0	84	66	上中	8 月 16 日 19:00	8 月 17 日 1:00	8 月 18 日 11:00	216	216	40	31		3 251	8 657	3.8	0.04
22	830730	7 月 27 日 0:00	7 月 31 日 0:00	104.9	6.9	88.0	12.5			下游		7 月 30 日 19:00	11 月 30 日 0:00	590	590				8 514	8 657	9.8	0.09
23	840704	7 月 1 日 14:00	7 月 2 日 20:00	88.1	55.3	52.1	7.5	30	24	上中	7 月 2 日 11:00	7 月 4 日 10:00	7 月 5 日 4:00	345	345	65	47	80	7 027	8 657	8.1	0.09
24	840711	7 月 10 日 8:00	7 月 12 日 8:00	30.7	108.3		7.5	48	38	上游	7 月 10 日 18:00	7 月 11 日 0:00	7 月 12 日 10:00	246	246	40	6	35	3 051	8 657	3.5	0.11
25	840813	8 月 9 日 0:00	8 月 12 日 0:00	206.8	44.1	166.0	9.8			上游		8 月 13 日 20:00		354	354				9 156	8 657	10.6	0.05
26	900708	7 月 6 日 8:00	7 月 7 日 8:00	106.0	63.6	63.6	5.0	24	19	中游	7 月 7 日 10:00	7 月 8 日 0:00	7 月 18 日 15:00	493	450				34 866	8 657	40.3	0.38
27	900724	7 月 21 日 8:00	7 月 23 日 8:00	56.6	165.7	170.6	5.0	36	30	下游	7 月 21 日 16:00	7 月 23 日 7:00	7 月 29 日 1:00	714	650	177	39		22 494	8 657	26.0	0.46
28	930713	7 月 7 日 2:00	7 月 16 日 8:00	116.1	59.4	72.6	40.0	222	198	中游	7 月 10 日 0:22	7 月 11 日 0:29	7 月 19 日 20:00	270	262	232	26.7	41	15 236	8 657	17.6	0.15
29	940707	7 月 3 日 2:00	7 月 16 日 20:00	159.5	102.0	84.3	66.5	330	234	下游	7 月 4 日 0:45	7 月 7 日 0:02	7 月 20 日 20:00	209	200	385.8	78.6	19	21 296	8 657	24.6	0.15
30	980716	7 月 12 日 14:00	7 月 15 日 20:00	69.0	124.9	131.9	12.0	78	8	下游	7 月 14 日 0:05	7 月 16 日 1:00	7 月 20 日 0:41	497	477	158.5	46	44	20 517	8 657	23.7	0.34
31	100813	8 月 8 日 5:00	8 月 14 日 2:00	149.1	114.7	132.4	20.0	141	76	上中	8 月 11 日 0:15	8 月 13 日 0:50	8 月 26 日 0:20	398	398	362	38	96	47 563	8 657	54.9	0.35
32	100823	8 月 19 日 3:00	8 月 24 日 10:00	106.0	166.8	155.5	30.0	151	96	中游	8 月 19 日 0:55	8 月 23 日 0:10	9 月 2 日 0:50	431	411	334	78	120	36 258	8 657	41.9	0.40
33	120805	7 月 30 日 6:00	8 月 1 日 20:00	175.7	147.0	126.8	7.0	62	45	上中游	7 月 31 日 0:20	8 月 5 日 0:45	9 月 4 日 0:20	702	702	840	130.4	155	77 817	8 657	89.9	0.51
34	130717	7 月 8 日 22:00	7 月 16 日 3:00	220.2	71.9	52.9	25.0	173	61	中游	7 月 14 日 0:50	7 月 17 日 0:20	7 月 23 日 0:50	491	491	216	60	183	26 043	8 657	30.1	0.14
35	130729	7 月 22 日 23:00	7 月 29 日 20:00	122.3	170.0	158.0	28.5	165	35	中上	7 月 24 日 0:10	7 月 29 日 0:35	8 月 10 日 0:50	526	526	424	130	158	38 136	8 657	44.1	0.36
36	150805	8 月 3 日 6:00	8 月 4 日 4:00	100.7	88.7	86.1	10.4	22	18	下游	8 月 3 日 6:00	8 月 5 日 0:00	8 月 6 日 16:00	351	351	82	42	30	9 263	8 657	10.7	0.11
37	180817	8 月 14 日 10:00	8 月 15 日 6:00	86.9	145.0	51.1	10.2	20	16	下游	8 月 14 日 12:00	8 月 17 日 7:00	8 月 18 日 16:00	249	244	100	67	65	4 155	8 657	4.8	0.06
38	200818	8 月 11 日 2:00	8 月 17 日 10:00	142.1	180.0	174.2	20.6	56	45	上游	8 月 17 日 14:00	8 月 18 日 23:00	8 月 21 日 20:00	239	233	102	33	92	4 675	8 657	5.4	0.04

表 7-7　马颊河大道王闸站分层计算 P_a 降雨径流精度评定表（P-E-P_a-R）

序号	洪号	流域平均降雨量 P（mm）	雨间蒸发量 E（mm）	$P-E$（mm）	前期影响雨量 P_a（mm）	实测径流深 $R_{实}$（mm）	预报径流深 $R_{预}$（mm）	预报误差（mm）	许可误差（mm）	评定结果	
										合格	不合格
1	630716	108.5	42.0	66.5	70.2	8.9	9.0	0.1	3.0	√	
2	630903	39.9	9.6	30.3	180.0	15.4	14.0	−1.4	3.1	√	
3	640814	300.9	77.7	223.2	124.9	132.0	125.0	−6.5	20.0	√	
4	640918	130.4	48.8	81.6	162.0	40.3	37.5	−2.8	8.1	√	
5	710716	68.5	2.5	66.0	163.5	11.3					
6	710727	100.0	10.0	90.0	132.0	12.5					
7	710802	99.9	14.5	85.4	163.5	14.3					
8	730707	65.3	5.0	60.3	52.5	2.6	5.3	2.7	3.0	√	
9	730715	60.9	21.0	39.9	81.5	7.3	6.0	−1.3	3.0	√	
10	730730	110.0	16.0	94.0	93.8	20.8	20.7	−0.1	4.2	√	
11	730905	60.2	2.0	58.2	129.4	10.6	16.5	5.9	3.0		√
12	740724	75.3	17.0	58.3	44.9	4.7	4.4	−0.3	3.0	√	
13	740811	127.0	6.0	121.0	102.9	33.3	34.5	1.2	6.7	√	
14	740814	44.3	4.0	40.3	176.4	16.0	16.5	0.5	3.2	√	
15	760728	125.3	20.0	105.3	49.3	20.6	11.8	−8.8	4.1		√
16	770707	88.5	7.5	81.0	55.4	11.0	11.0	0	3.0	√	
17	770724	78.3	12.5	65.8	83.7	9.9	11.0	1.1	3.0	√	
18	770803	61.3	10.0	51.3	178.2	13.3	23.7	10.4	3.0		√
19	770807	82.0	4.0	78.0	164.2	39.3	37.0	−2.3	7.9	√	
20	770813	11.2	7.6	3.6	171.9	7.1					
21	820817	93.0	8.0	85.0	33.0	3.8	4.0	0.2	3.0	√	
22	830730	104.9	12.5	92.4	60.1	9.8					
23	840704	88.1	7.5	80.6	55.3	8.1	8.7	0.6	3.0	√	
24	840711	30.7	7.5	23.2	108.3	3.5	4.2	0.7	3.0	√	
25	840813	206.8	9.8	197.0	44.1	10.6					
26	900708	106.0	5.0	101.0	63.6	40.3	16.5	−23.8	8.1		√
27	900724	56.6	5.0	51.6	165.7	26.0	21.5	−4.5	5.2	√	
28	930713	116.1	40.0	76.1	59.4	17.6	8.1	−9.5	3.5		√
29	940707	159.5	66.5	93.0	102.0	24.6	23.5	−1.1	4.9	√	
30	980716	69.0	12.0	57.0	124.9	23.7	16.0	−7.7	4.7		√
31	100813	149.1	20.0	129.1	114.7	52.9	48.0	−4.9	10.6	√	
32	100823	106.0	30.0	76.0	166.8	41.9	39.5	−2.4	8.4	√	
33	120805	175.7	7.0	168.7	147.0	89.9	97.5	7.6	18.0	√	
34	130717	220.2	25.0	195.2	71.9	30.1	57.0	26.9	6.0		√
35	130729	122.3	28.5	93.8	170.0	44.1	50.5	6.4	8.8	√	
36	150805	100.7	10.4	90.3	88.7	10.7	16.5	5.8	3.0		√
37	180817	86.9	10.2	76.7	145.0	4.8	26.5	21.7	3.0		√
38	200818	142.1	20.6	121.5	180.0	5.4	80.0	74.6	3.0		√

备注：1. 预报误差 = 预报值 − 实测值；2. 许可误差 = 实测值的 20%，以 20.0 mm 为上限，以 3.0 mm 为下限；3. 洪水资料选用 1963—2020 年的 38 场洪水进行编制，其中 710716、710727、710802、770813、830730、840813 号洪水受闸门控制影响，不参与评定，只做峰量关系用，共选用 32 场次洪水参与误差，合格 22 场次，合格率 68.8%，为丙级方案。

表 7–8　马颊河大道王闸站单层计算 P_a 降雨径流精度评定表（P-P_a-R）

序号	洪号	流域平均雨量 P（mm）	前期影响雨量 P_a（mm）	实测预报径深 $R_{实}$（mm）	预报径流深 $R_{预}$（mm）	预报误差（mm）	许可误差（mm）	评定结果	
								合格	不合格
1	710716	68.5	131.8	11.3	22.3	11.0	3.0		
2	710727	100.0	129.4	12.5	35.8	23.3	3.0		
3	710802	99.9	180.0	14.3	60.5	46.2	3.0		
4	730707	65.3	52.2	2.6	5.1	2.5	3.0	√	
5	730715	60.9	81.8	7.3	10.0	2.7	3.0	√	
6	730730	110.0	115.0	20.8	32.0	11.2	4.2		√
7	730905	60.2	90.2	10.6	10.5	−0.1	3.0	√	
8	740724	75.3	71.0	4.7	8.5	3.8	3.0		√
9	740811	127.0	102.1	33.3	37.5	4.2	6.7	√	
10	740814	44.3	173.2	16.0	19.0	3.0	3.2	√	
11	760728	125.3	49.5	20.2	16.5	−3.7	4.0	√	
12	770707	88.5	54.2	11.0	5.6	−5.4	3.0		√
13	770724	78.3	84.0	9.9	14.1	4.2	3.0		√
14	770807	82.0	100.0	13.3	18.2	4.9	3.0		√
15	770813	11.2	12.1	7.1	0.0	−7.1	3.0		√
16	820817	93.0	33.9	3.8	6.1	2.3	3.0	√	
17	830730	104.9	88.0	9.8	22.5	12.7	3.0		√
18	840704	88.1	52.1	8.1	9.0	0.9	3.0	√	
19	840813	206.8	166.0	10.6	144.2	133.6			
20	900708	106.0	63.6	40.3	15.3	−25.0	8.1		√
21	900724	56.6	170.6	26.0	26.4	0.4	5.2	√	
22	930713	116.1	72.6	17.6	20.6	3.0	3.5	√	
23	940707	159.5	84.3	24.6	47.0	22.4	4.9		√
24	980716	69.0	131.9	23.7	22.5	−1.2	4.7	√	
25	100813	149.1	132.4	52.9	67.5	14.6	10.6		√
26	100823	106.0	155.5	41.9	50.5	8.6	8.4		√
27	120805	175.7	126.8	89.9	86.5	−3.4	18.0	√	
28	130717	220.2	52.9	30.1	52.4	22.3	6.0		√
29	130729	122.3	158.0	44.1	62.4	18.3	8.8		√
30	150805	100.7	86.1	10.7	21.5	10.8	3.0		√
31	180817	86.9	51.1	4.8	7.5	2.7	3.0	√	
32	200818	142.1	174.2	5.4	92.8	87.4	3.0		

备注：1. 预报误差 = 预报值 – 实测值。2. 许可误差 = 实测值的 20%，以 20.0 mm 为上限，以 3.0 mm 为下限。3. 洪水资料选用 1971—2020 年的 32 场洪水进行编制，其中 710716、710727、710802、840813 、200818 号洪水受闸门控制影响只作参考，不参与评定，只做峰量关系用，共 27 场次洪水参加评定，合格 13 场次，合格率 48.1%。4. 合格率偏低的主要原因：平原区河道受引黄河水淤积及河网串通拦河闸闸门变动影响改变了洪水过程造成过闸流量偏小，计算径流深偏小，单层计算 P_a 不适合平原区河道使用。

表 7-9　马颊河大道王闸站净峰流量精度评定表

序号	洪号	径流深 R（mm）	暴雨中心位置	洪峰滞时 t_p（h）	净峰流量		预报误差（m^3/s）	许可误差（m^3/s）	评定结果		序号	洪号	径流深 R（mm）	暴雨中心位置	洪峰滞时 t_p（h）	净峰流量		预报误差（m^3/s）	许可误差（m^3/s）	评定结果	
					实测 $Q_{m净实}$（m^3/s）	预报 $Q_{m净预}$（m^3/s）			合格	不合格						实测 $Q_{m净实}$（m^3/s）	预报 $Q_{m净预}$（m^3/s）			合格	不合格
1	710716	11.3	中	47	469	475	6.0	93.8	√		16	840711	中	3.5	35	246	275	29.0	49.2	√	
2	710727	12.5	中	52	420	500	80.0	84	√		17	840813	上	10.6		354	355	1.0	70.8	√	
3	710802	14.1	中	45	528	526	−2.0	106	√		18	900708	下	40.3		450	910	460	90.0		√
4	730730	20.8	中	34	581	597	16.0	116.2	√		19	900724	下	26		650	773	123	130	√	
5	740724	4.7	中	22	304	325	21.0	60.8	√		20	930713	中	17.6	41	262	560	298	52.4		√
6	740811	33.3	下	50	890	845	−45.0	178	√		21	940707	下	24.6	19	200	772	572	40		√
7	760728	20.6	中	12	612	672	60.0	122	√		22	980716	下	23.7	44	477	760	283	95.4		√
8	770707	11	中上	52	400	475	75.0	80	√		23	100813	中上	52.9	96	398	860	462	79.6		√
9	770724	9.9	上	66	337	343	6.0	67.4	√		24	100823	中	41.9	120	411	757	346	82.2		√
10	770803	13.3	中上	86	366	512	146	73.2		√	25	120805	中上	89.9	155	702	920	218	140.4		√
11	770807	39.3	下	42	910	897	−13.0	182	√		26	130717	中	30.1	183	491	620	129	98.2		√
12	770813	7.1	上		171	280	109	34.2		√	27	130729	中上	44.1	158	526	745	219	105.2		√
13	820817	3.8	上		216	160	−56.0	43.2		√	28	150805	下	10.7	30	351	604	253	70.2		√
14	830730	9.8	下		590	587	−3.0	118	√		29	180817	下	4.8	65	244	445	201	48.8		√
15	840704	8.1	中上	80	345	430	85.0	69		√	30	200818	上	5.4	92	233	215	−18	46.6	√	

备注：1. 合格率 = 合格点数 / 总点数；2. 许可误差采用实测值的 20%；3. 资料采用 1971—2020 年 30 场次不受闸门影响的洪水；4. $Q_{m净}=Q_m-Q_基$；5. $R-P_\varphi-Q_{m净}$关系选用 30 个点据，15 个合格，合格率为 50.0%。

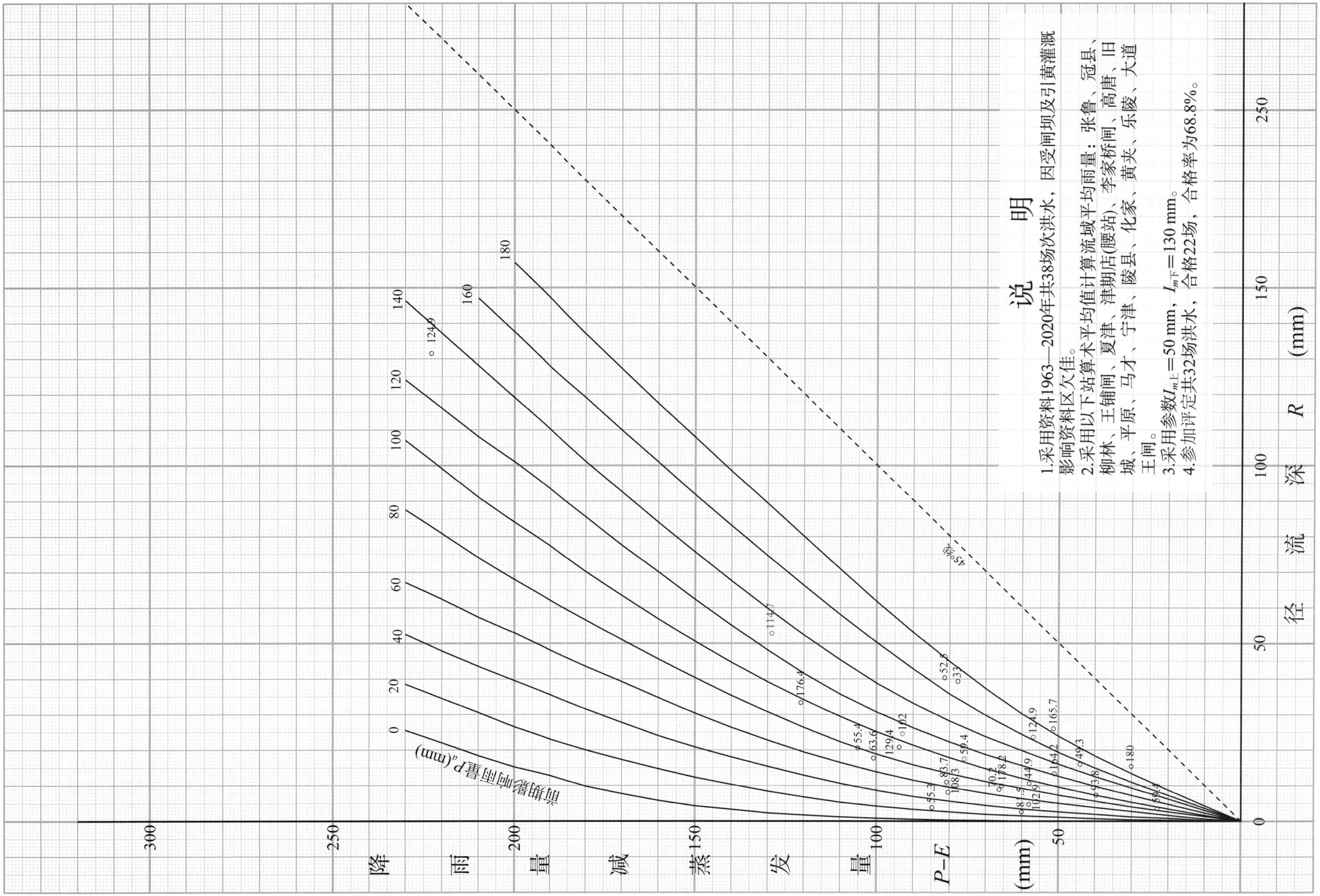

图 7-2　马颊河大道王闸站降雨径流相关图（P-E-P_a-R）

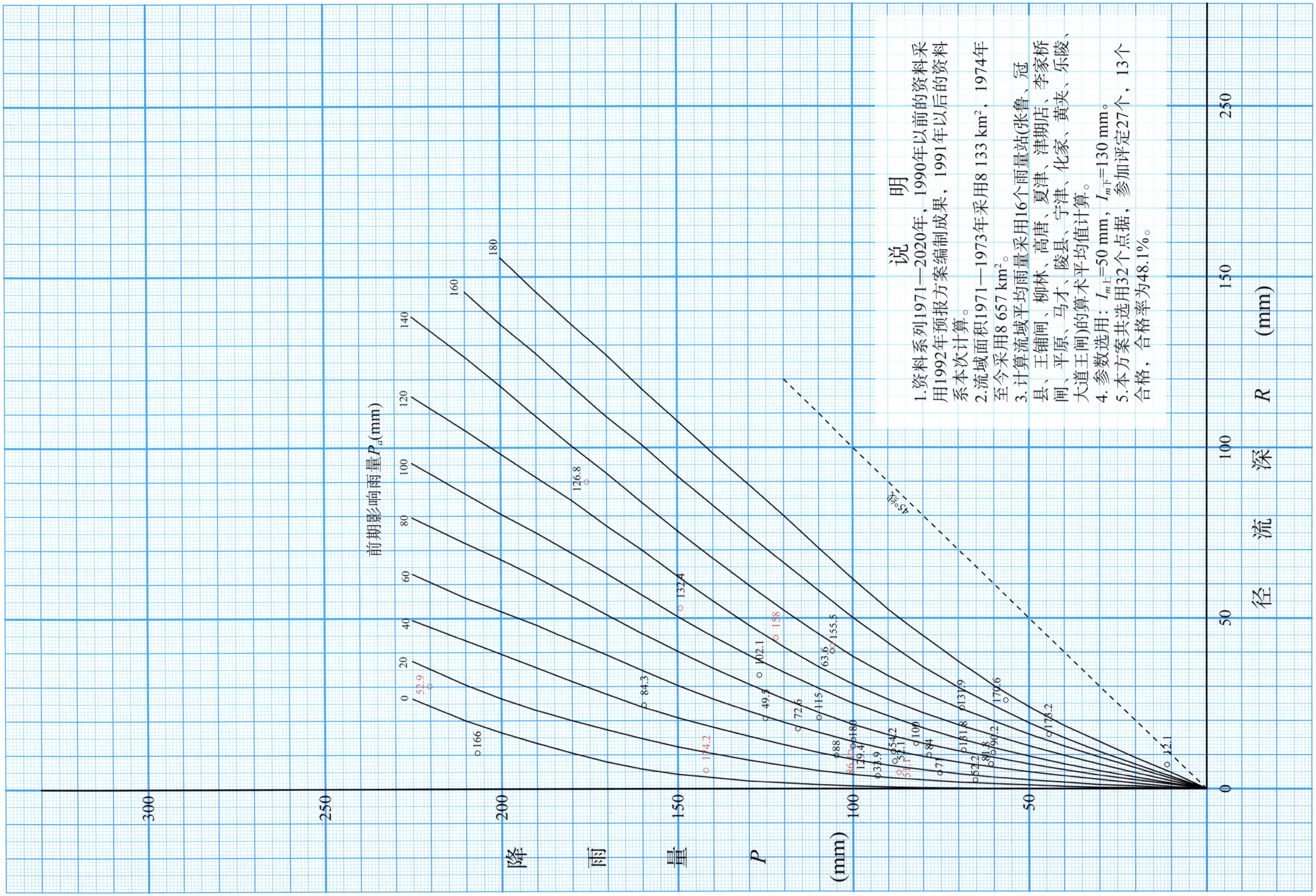

图 7–3　马颊河大道王闸站降雨径流相关图（P-P_a-R）

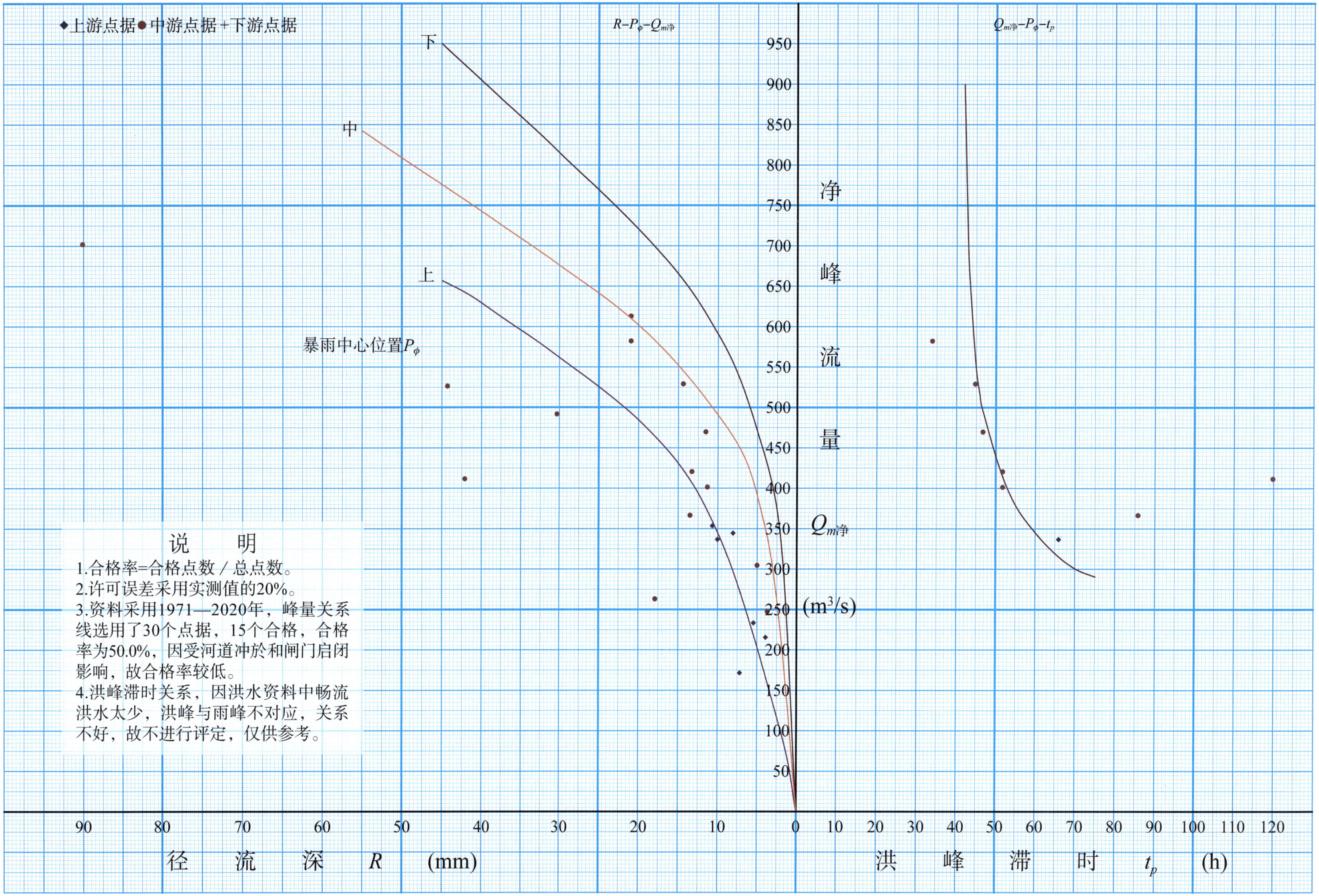

图 7-4　马颊河大道王闸站峰量关系合轴相关图

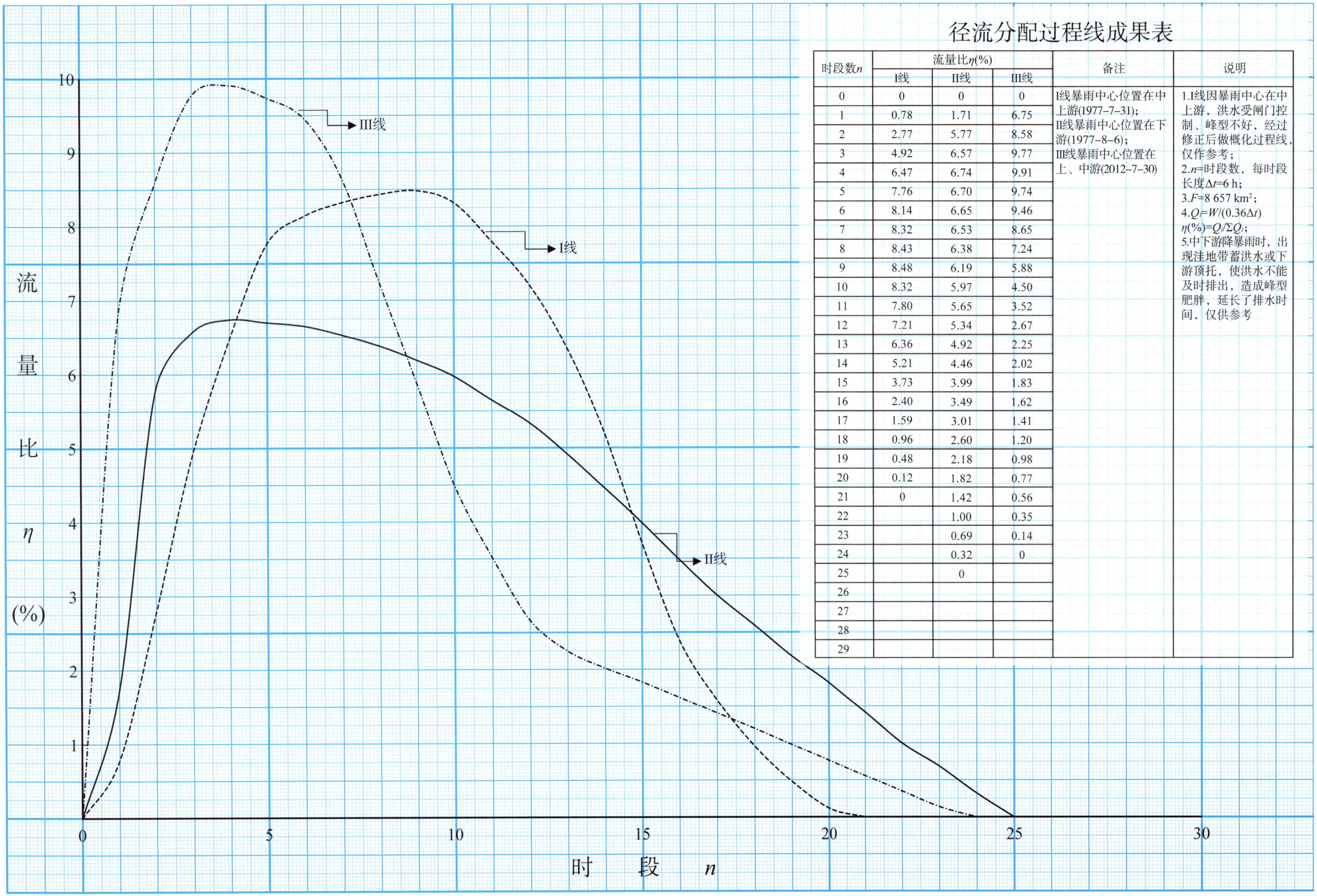

径流分配过程线成果表

时段数n	流量比η(%)			备注	说明
	I线	II线	III线		
0	0	0	0	I线暴雨中心位置在中上游(1977-7-31)； II线暴雨中心位置在下游(1977-8-6)； III线暴雨中心位置在上、中游(2012-7-30)	1.I线因暴雨中心在中上游，洪水受闸门控制、峰型不好，经过修正后做概化过程线，仅作参考； 2.n=时段数，每时段长度Δt=6 h； 3.F=8 657 km^2； 4.$Q_i=W_i/(0.36\Delta t)$ $\eta(\%)=Q_i/\Sigma Q_i$； 5.中下游降暴雨时，出现洼地带蓄洪水或下游顶托，使洪水不能及时排出，造成峰型肥胖，延长了排水时间，仅供参考
1	0.78	1.71	6.75		
2	2.77	5.77	8.58		
3	4.92	6.57	9.77		
4	6.47	6.74	9.91		
5	7.76	6.70	9.74		
6	8.14	6.65	9.46		
7	8.32	6.53	8.65		
8	8.43	6.38	7.24		
9	8.48	6.19	5.88		
10	8.32	5.97	4.50		
11	7.80	5.65	3.52		
12	7.21	5.34	2.67		
13	6.36	4.92	2.25		
14	5.21	4.46	2.02		
15	3.73	3.99	1.83		
16	2.40	3.49	1.62		
17	1.59	3.01	1.41		
18	0.96	2.60	1.20		
19	0.48	2.18	0.98		
20	0.12	1.82	0.77		
21	0	1.42	0.56		
22		1.00	0.35		
23		0.69	0.14		
24		0.32	0		
25		0			
26					
27					
28					
29					

图 7-5　马颊河大道王闸站径流分配过程线图

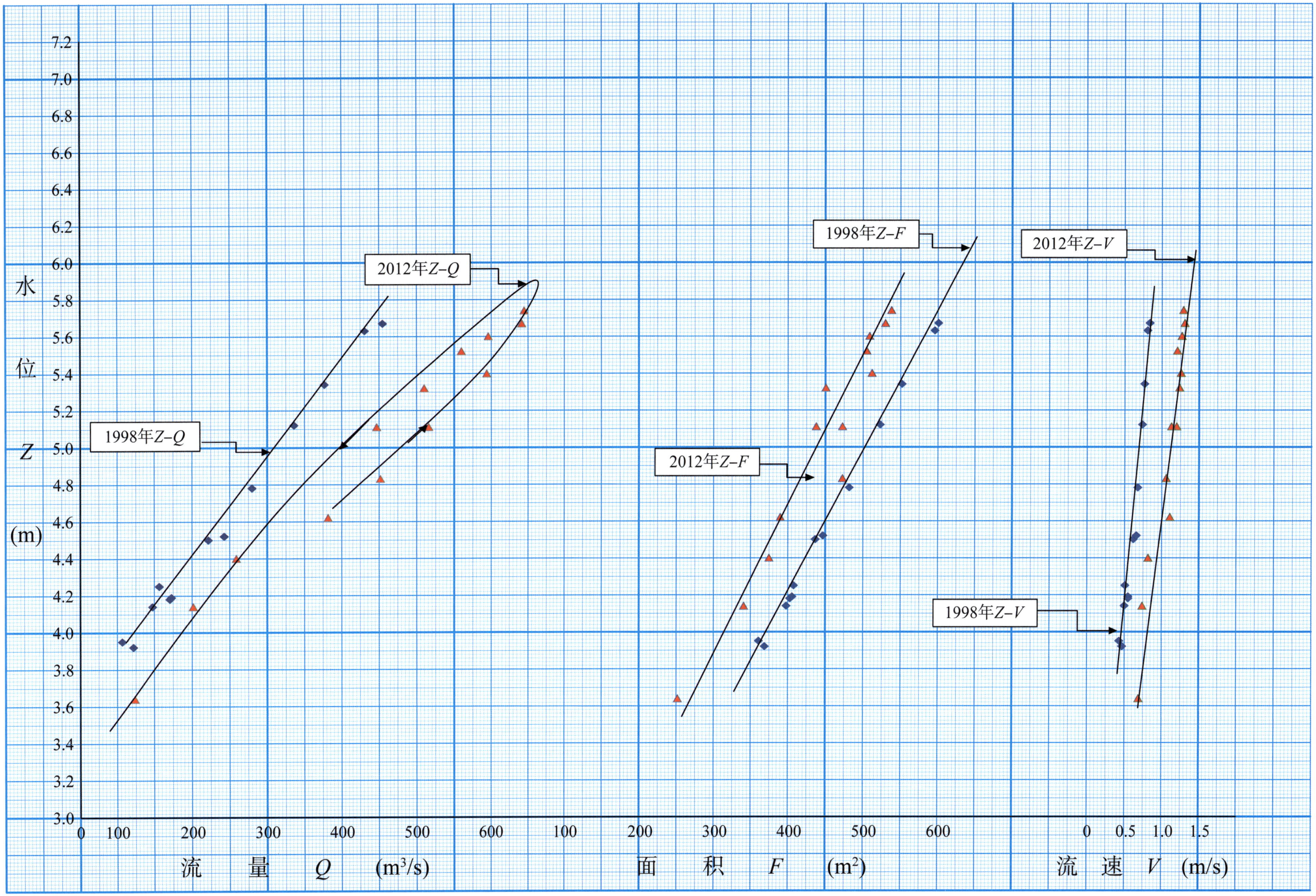

图 7–6　马颊河大道王闸站历年水位 – 流量、水位 – 面积、水位 – 流速关系曲线图

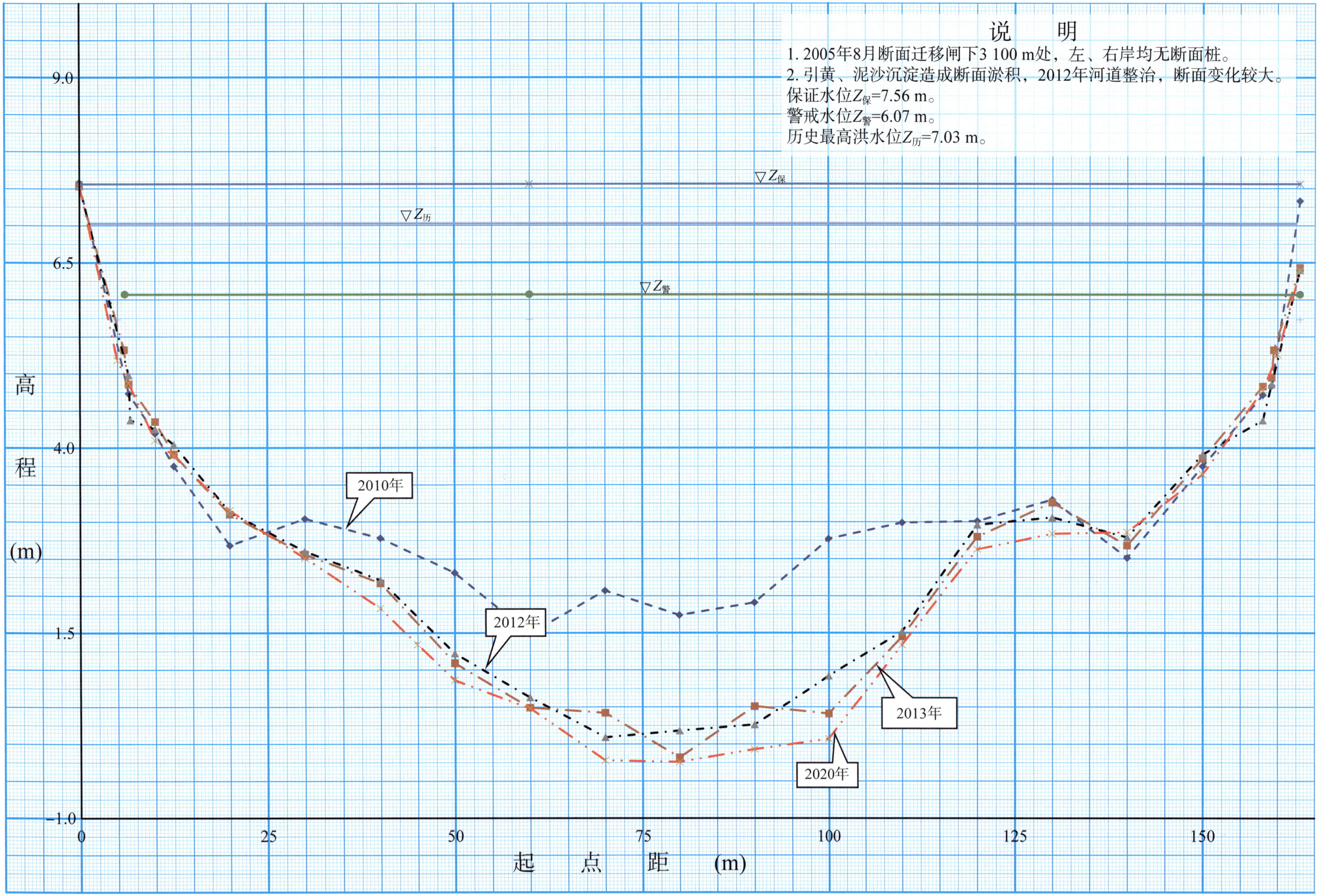

图 7-7　马颊河大道王闸站历年实测大断面图

第八章　德惠新河郑店闸站水文预报方案编制说明

1　流域概况

1.1　流域自然地理特征

德惠新河南临徒骇河，北靠马颊河，原为两河之间的低洼地带，1968 年由人工开挖而成。德惠新河发源于德州市平原县王凤楼镇，在无棣县与马颊河汇合后注入渤海，全长 173 km，流域面积 3 284 km^2，河道比降 1/7 000 ~ 1/15 500，郑店闸站以上流域面积 2 327 km^2，干流长 62.4 km，上游支流长约 40 km。流域内地势低洼，地下水埋深较小，土层深厚，多为壤土，20 世纪 80 年代以来受大量引黄灌溉的影响，土壤含水量增大。

本流域位于暖温带季风气候区，冬季在蒙古高压控制之下，空气寒冷而干燥，雨雪稀少；夏季亚热带太平洋暖气团势力增强，冷暖气团交汇机会较多，降雨集中；春季干燥多风；秋季天高气爽。流域多年平均年降水量为 582.0 mm，汛期降水量占 77%，主要集中在 7、8 两个月。该站洪水过程呈涨快落缓型，中小洪水受闸门影响比较严重。

1.2　历史特大洪水概况

（1）1974 年 8 月 7 日至 10 日，德惠新河全流域普降暴雨，流域平均降雨量为 190.0 mm，降雨历时 66 h 左右，暴雨中心在上游；8 月 9 日 10 时，郑店闸站洪水开始起涨，11 日 0 时涨至洪峰，相应流量 486 m^3/s，最高水位 10.29 m，至 8 月 22 日 20 时落平，径流总量为 2.34 亿 m^3，洪水历时 252 h。

（2）1976 年 7 月 30 日至 8 月 2 日，德惠新河流域普降暴雨，流域平均降雨量为 165.0 mm，降雨历时 60 h，暴雨中心位置在下游；7 月 31 日 16 时，郑店闸站洪水开始起涨，8 月 2 日 4 时涨至洪峰，相应流量 454 m^3/s，最高水位 9.86 m，至 8 月 17 日 0 时落平，径流总量为 1.21 亿 m^3，洪水历时 392 h。

（3）2013 年 7 月份发生两次洪水过程，7 月 9—12 日中上游发生大暴雨，流域平均降雨量为 163.0 mm，前期影响雨量为 95.4 mm，德惠新河郑店闸站 7 月 16 日 15 时涨至峰顶，洪峰流量 256 m^3/s，最高水位 9.74 m，至 7 月 20 日 17 时 42 分落平，径流总量为 1.22 亿 m^3，洪水总历时 166 h。

第二次 7 月 26—29 日上游发生暴雨，流域平均降雨量为 91.9 mm，前期影响雨量为 160.0 mm，德惠新河郑店闸站 7 月 30 日 6 时涨至峰顶，洪峰流量 253 m^3/s，最高水位 9.98 m，至 8 月 4 日 0 时落平，径流总量为 1.27 亿 m^3，洪水总历时 168 h。

1.3　水利工程概况

德惠新河是鲁北地区一条主要排涝河道。1969—1970 年按 1964 年雨型排涝标准开挖，按 1961 年雨型防洪筑堤，设计防洪能力为 380 m^3/s。郑店闸站以上建有拦河闸 4 座，支流涵闸 42 座，有 3 处引黄干渠交叉通过，德惠新河成为沟通马颊河、徒骇河的调水河道，一般年引进出水量为 18 亿 ~ 30 亿 m^3，打乱了洪水的自然流势，给资料分析和洪水预报带来很大困难。各闸工程指标详见表 8-1。德惠新河主要闸坝距离、洪水传播时间示意图见图 8-1。

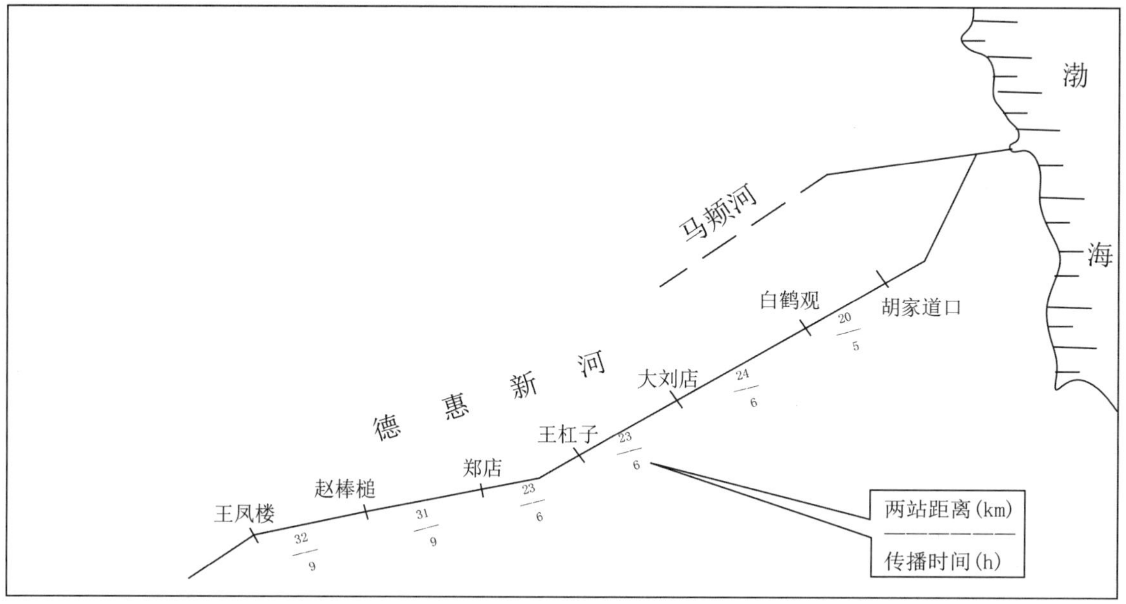

图 8-1　德惠新河主要闸坝距离、洪水传播时间示意图

1.4　测站概况

郑店闸水文站位于山东省德州市乐陵市郑店镇郑店闸，于 1971 年 4 月设立。河道为人工开挖，测验河段顺直长度约 2 500 m，河床为沙壤土质，无明显冲淤现象。主槽内有水草，两岸滩地宽约 40.0 m，集水面积 2 327 km^2，该站采用冻结基面，冻结基面高程 +0.032=1985 年国家高程基准高程。

该站历史最高水位为 10.80 m，最大流量为 486 m^3/s，出现在 1973 年 6 月 4 日。设计防洪能力为 380 m^3/s，治理后达到遇旱能灌、遇涝能排的要求。闸上 31 km 有赵棒槌拦河闸，闸下 23 km 有王杠子拦河闸，回水对本站有影响。左岸闸上 7 km 处有跃丰河流出；右岸闸上 2.0 km 处有跃进河汇入；左岸闸上 80 m 处有常庄沟流出。

2　预报方案编制

2.1　预报区间的确定

确定郑店闸站以上全流域为预报区间，预报区间面积为 2 327 km^2。

表 8–1 德惠新河灌溉节制闸工程基本情况表

序号	闸名	中泓桩号	闸址河道状况				节制闸工程指标								启闭现状		流域面积（km^2）
			滩地高程（m）		堤顶高程（m）		1964 年雨型排涝		1961 年雨型防洪		闸底高程（m）	孔数	孔净跨（m）	闸门（m）	启闭形式	启闭机数	
			左岸	右岸	左岸	右岸	流量（m^3/s）	水位（m）	流量（m^3/s）	水位（m）							
1	王凤楼	172+432	19.50	18.80	21.15	21.03	71.5	17.60	125.1	18.10	13.80	6	4.0	4.0	丝杠	6	341
2	赵棒槌	140+926	15.10	15.00	16.38	17.10	163	14.18	246	15.10	10.68	8	4.0	4.0	丝杠	8	938
3	郑店	110+103	11.70	11.50	12.92	13.12	259	10.04	380	11.24	6.04	10	4.0	4.0	丝杠	10	2 327
4	王杠子	87+078	8.10	8.05	10.75	10.85	296	7.56	450	8.96	3.50	10	6.0	4.0	挂钩	4	3 024
5	大刘店	64+399	6.90	6.90	10.00	9.45	296	6.15	450	7.55	1.70	15	4.0	4.0	丝杠	15	3 024
6	白鹤观	39+064	7.52	7.07	9.70	9.41	320	4.10	472	5.22	1.10	8	2.0	3.8	丝杠挂钩	17、3	3 182
											1.10	9	3.0	3.8			
											–0.10	6	5.8	5.0			
7	胡家道口	18+909	5.25	5.50	6.84	7.06	320	2.79	472	4.39	–1.50	7	10.0	6.0	固定	7	3 260

2.2 资料情况及方案沿革

2.2.1 资料情况

该站为闸坝站，且流域内干支流拦河闸众多，放水大小均由人工控制，对于中、小水年，控制站的洪峰流量并不是真正的天然径流量。但遭遇大洪水时，各拦河闸如果全部打开，其控制站的洪峰流量受人工控制相对较小，能反映出洪水的自然状态，资料代表性也较高。

鲁北地区自河道开挖治理以来，产、汇流规律发生了很大变化，特别是建闸后，径流过程受到人为调节影响。马颊河、德惠新河、徒骇河三条主要河道有引河相互沟通，致使洪水过程中引入引出水量难以算清。1972 年以后大量引黄，既抬高了地下水位，加大了径流系数，又产生了部分尾水回归河道。受各种因素综合影响，实测资料发生了严重的“失真”现象。由于连续降雨及河道泄洪能力较低，河道复式洪峰情况非常复杂。对于洪水过程的处理，首先分析了标准径流过程线样本及退水曲线，对实测洪水进行雨洪对应分析，并对洪水过程线从起涨处水平切割河道基流。

本站资料年限为 50 年（1971—2020 年），历年没有出现过特大洪水。方案从 1971—2020 年的实测水文资料中选取受人为因素影响较小的大中小型洪水 26 场次。本次计算未采用调查资料，修订方案是在 1992 年、2006 年编制预报方案的基础上，补充分析 2015 年以后的暴雨洪水资料。

2.2.2 方案沿革

原方案包括产流方案、汇流方案。产流方案采用降雨径流相关图 $P–E–P_a–R$，其中前期影响雨量 P_a 利用分层计算方法；汇流方案采用以暴雨中心为参数的峰量关系曲线图、径流分配过程线。

本次修订，在原产流方案降雨径流相关图 $P–E–P_a–R$ 中增加了 4 个点据，关系线保持不变，另外利用 27 场洪水资料新建了产流方案降雨径流相关图 $P–P_a–R$，新方案中的前期影响雨量 P_a 采用常规的单层计算方法；在原汇流方案峰量关系图中增加了 4 个点据，关系线保持不变，径流分配过程线继续沿用原方案。

2.3 产流方案

产流方案采用降雨径流相关图 $P–E–P_a–R$（分层计算 P_a）、$P–P_a–R$（单层计算 P_a），详见图 8–2 和图 8–3。P_a 的计算方法详见 2.3.3.5 节详细描述。

2.3.1 降雨径流相关图 $P–E–P_a–R$（分层计算 P_a）

选用郑店闸建站后的资料（1971—2020 年）。首先根据本站历年实测次暴雨洪水点绘降雨量、流量混合过程线，再进行分析计算，求得各种水文要素数值，然后点绘降雨径流相关图（$P–E–P_a–R$），分别通过点群中心定线。分析修正突出点，一般上部曲线略左偏于 45° 线，这是因为平原河道泄水能力低又多复式洪峰，退水时间长，洼地积涝过程中蒸发、下渗损失比较大等。郑店闸站降雨径流（$P–E–P_a–R$）分析成果见表 8–5，相关图见图 8–2。

精度评定：按许可误差 =20% 实测值的标准（并当许可误差大于 20.0 mm 时以 20.0 mm 为上限，小于 3.0 mm 时以 3.0 mm 为下限）进行逐次洪水评定。$P–E–P_a–R$ 相关图共选用 27 场洪水资料，不合格 8 场，合格率为 70.4%，为乙级方案，详见表 8–6。

2.3.2 降雨径流相关图P-P_a-R（单层计算P_a，参考）

选用郑店闸建站后的资料（1971—2020年）。首先根据本站历年实测次暴雨洪水点绘降雨量、流量混合过程线，再进行分析计算，求得各种水文要素数值，然后点绘降雨径流相关图（P–E–P_a–R），分别通过点群中心定线。分析修正突出点，一般上部曲线略左偏于45°线，这是因为平原河道泄水能力低又多复式洪峰，退水时间长，洼地积涝过程中蒸发、下渗损失比较大等。郑店闸站降雨径流（P–E–P_a–R）分析成果见表8–5，相关图见图8–3。

精度评定：按许可误差=20%实测值的标准（并当许可误差大于20.0 mm时以20.0 mm为上限，小于3.0 mm时以3.0 mm为下限）进行逐次洪水评定。P-P_a-R相关图共选用25场洪水资料，合格点14个，合格率为56.0%，详见表8–7。

2.3.3 主要参数的计算

2.3.3.1 流域平均降水量P的计算

流域平均降水量采用算术平均法或面积加权法计算，郑店闸站以上流域雨量站的面积控制权重见表8–2。

表8–2 郑店闸站以上流域雨量站权重统计表

站名	苏集	林庄	平原	王凤楼	张集	郑家寨	理合	营子	临邑	商河	郑店闸
权重	0.09	0.09	0.09	0.09	0.09	0.09	0.09	0.09	0.09	0.09	0.09

2.3.3.2 暴雨中心位置分区

基本按雨量站数量分为上游、中游、下游三个区，当流域普遍降水时，做均匀处理。

2.3.3.3 流域最大损失量I_m的计算

原方案采用的I_m值是1976年编制方案时分析的，本次未重新分析。I_m值采用下式计算：

$$I_m = P+P_a-R-E$$

式中：P为流域平均降雨量（mm）；P_a为前期影响雨量（mm）；R为径流深（mm）；E为雨间蒸发量（mm）。

分析时，考虑不同深浅的土层具有不同的蒸发能力，把流域下垫面土壤分为上、下两层。上层即耕作层，厚度约0.15 m；下层即上层以下至水分强烈活动层的下限，厚度为0.3～0.5 m。上层的最大损失量$I_{m上}$=S+填洼量+截留量，式中，S为上层田间持水量；截留量定为6 mm；由于河道治理以后，洼地排水一般比较畅通，暂不考虑填洼量。但由于河道淤积及田间排水工程的破坏，填洼损失将越来越大。上层深度采用0.15 m，田间持水量为25%，土壤凋萎含水量为5%，土壤干容重为1.3 g/cm³。则S=0.15×1 000×（25%–5%）×1.3=39 mm，再加上截留量6 mm，所以$I_{m上}$=45 mm。$I_{m下}=I_m-I_{m上}$。由于采用计算出来的$I_{m上}$、$I_{m下}$值计算$P_{a上}$、$P_{a下}$所点绘的降雨径流相关图点据有时不佳，在这种情况下，又采用了试算法。通过变动$I_{m上}$、$I_{m下}$值，再次计算$P_{a上}$、$P_{a下}$值，并点绘降雨径流相关图，最后选用相关关系好的$I_{m上}$、$I_{m下}$。鲁北各河$I_{m上}$= 40～70 mm；$I_{m下}$=100～130 mm，经分析，郑店闸站采用$I_{m上}$=50 mm，$I_{m下}$=110 mm。

2.3.3.4 蒸发能力E_m的推求

在土壤充分供水的条件下，蒸发量近似等于蒸发能力。一般情况下，土壤蒸发量小于蒸发能力。由于夜间无光照、温度低，所以蒸发能力极微，大量水分均在白天蒸发掉。因此，将单站蒸发资料按月份分为三种情况进行统计：①无雨日——全日无雨；②全雨日——白天（8—20时）降雨历时达到或超过6 h，或白天降雨量达到或超过20 mm；③晴雨日——白天降雨历时不足6 h或白天降雨量不足20 mm。

将上述三种情况分别求得月平均蒸发量，最后综合对比多站分析成果，发现成果比较接近。因此，流域采用统一的蒸发分析成果参加计算。蒸发成果见表8–3。

表8–3 蒸发能力E_m值

单位：mm

类型	4月	5月	6月	7月	8月	9月	10月
无雨日	6.0	8.0	8.0	5.5	4.4	3.5	2.5
晴雨日（白天降雨历时小于6 h或白天雨量不足20 mm）	5.5	5.5	5.5	5.0	3.8	2.7	2.0
全雨日（白天降雨历时大于等于6 h，或白天雨量达到或超过20 mm）	2.0	2.5	3.0	2.5	2.0	1.5	1.0

2.3.3.5 原方案分层P_a的计算

由于土壤水分在上下两层的蒸发损失过程中有很大差别，所以分层计算P_a值。有降雨时，完全满足上层缺水量（$I_{m上}-P_{a上}$）后才开始渗透补给下层，满足下层缺水量后才开始产流。无降雨时，上层土壤水分按蒸发能力递减，直至上层土壤含水量达到枯竭（土壤含水量为5%，$P_{a上}$=0），此时下层土壤水分才按消退系数K消退；当$P_{a下}$=0时，下层土壤水分停止消退。

1. P_a初值的确定

一般每年的6月16日或6月26日对水系内墒情站监测一次墒情并上报，从这时开始计算P_a初值。设$P_{a上}$=0，$P_{a下}$采用该日实测的流域平均土壤含水量换算。$P_{a下}$=0.35×1 000×（ρ–5%）×γ_0，式中，0.35为下层土壤厚度，以m计；ρ为流域平均含水量；5%为土壤凋萎含水量；γ_0为土壤容重，采用1.3 g/cm³。

2. P_a的连续计算

（1）$P_{a上}$的计算

当$P_{a上,t}+P_t \geq E_t$时，

$$P_{a上,t+1}= P_{a上,t}+ P_t-E_t \qquad (0 \leq P_{a上,t+1} \leq I_{m上})$$

当$P_{a上,t}+P_t \geq I_{m上}$时，

$$P_{a上,t+1}= P_{a上,t}+ P_t- R_{t上}-E_t \qquad (0 \leq P_{a上,t+1} \leq I_{m上})$$

$$R_{t上} =P_{a上,t}+P_t-E_t-I_{m上}$$

式中：E_t为当日8时至次日8时的蒸发量；$R_{t上}$为次降雨所产生的壤中流，上层蓄满后补充下层。

（2）$P_{a下}$的计算

当$P_t+ P_{a上}$= 0时，

$$P_{a下,t+1}=KP_{a下,t}$$

当 $P_{a上,t}+P_t-R_t-E_t>I_{m上}$时，

$$P_{a下,t+1}=P_{a下,t}+(P_{a上,t}+P_t-E_t-I_{m上})=P_{a下,t}+R_{t上} \quad (P_{a下,t+1}\leqslant I_{m下})$$

当 $P_{a下,t}+(P_{a上,t}+P_t-E_t-I_{m上})>I_{m下}$时，

$$R_{t下}=P_{a下,t}+(P_{a上,t}+P_t-E_t-I_{m上})-I_{m下}$$

式中：$R_{t下}$为地表径流。

（3）$P_{a上}$、$P_{a下}$混合计算

$$P_{a上,t+1}=0$$

$$P_{a下,t+1}=P_{a下,t}\left(1-\frac{E_t-P_t-P_{a上,t}}{I_{m下}}\right) \quad (0<P_t+P_{a上,t}<E_t)$$

式中：K 为消退系数，$K=1-E_m/I_{m下}$。

该站不同月份不同天气情况的 K 值见表 8–4。

表 8–4 前期影响雨量递减系数 K 表

类型			4月	5月	6月	7月	8月	9月	10月
无雨日	I_m（mm）	100	0.940	0.920	0.920	0.945	0.956	0.965	0.975
		110	0.946	0.927	0.927	0.950	0.960	0.968	0.977
		120	0.950	0.933	0.933	0.954	0.963	0.971	0.979
		130	0.954	0.938	0.938	0.958	0.965	0.973	0.981
晴雨日	I_m（mm）	100	0.945	0.945	0.945	0.950	0.962	0.973	0.980
		110	0.950	0.950	0.950	0.955	0.965	0.975	0.982
		120	0.954	0.954	0.954	0.958	0.968	0.978	0.983
		130	0.958	0.958	0.958	0.962	0.971	0.979	0.985
全雨日	I_m（mm）	100	0.980	0.975	0.970	0.975	0.980	0.985	0.990
		110	0.982	0.977	0.973	0.977	0.982	0.986	0.991
		120	0.983	0.979	0.975	0.979	0.983	0.988	0.992
		130	0.985	0.981	0.977	0.981	0.985	0.988	0.992

2.3.3.6 新修订方案单层P_a的计算

新修订方案在计算 P_a 时没有考虑雨间蒸发量的损失和土壤分层。一般从汛前一个月开始连续计算，以 $0\leqslant P_a\leqslant 160$ mm 为控制。其计算公式如下：

$$P_{a,t}=K(P_{a,t-1}+P_{t-1})$$

式中：$P_{a,t}$ 为当日流域平均前期影响雨量（mm）；$P_{a,t-1}$ 为前日流域平均前期影响雨量（mm）；P_{t-1} 为前日流域平均降雨量（mm）；K 为递减系数。

晴天（$P<5$ mm）时，K=0.960；阴天（5 mm $\leqslant P<20$ mm）时，K=0.975；雨天（$P\geqslant$ 20 mm）时，K=0.986。I_{max}=160 mm。

2.4 汇流方案

汇流方案主要采用峰量关系、径流分配过程线等方法。

2.4.1 峰量关系曲线R-P_ϕ-$Q_{m净}$、$Q_{m净}$-P_ϕ-t_p

平原地区峰量关系比较复杂，选用建站以后的实测洪水点据，因大部分洪峰流量受闸门影响严重，难以改正，因而选取的合理点据不多，定线困难。峰量关系预报大都采用合轴相关图的型式，以暴雨中心位置 P_ϕ 为参数，建立峰量关系曲线 R-P_ϕ-$Q_{m净}$、$Q_{m净}$-P_ϕ-t_p。其中，R 为一次降雨径流深，由次洪水总量除以相应集水面积而得；P_ϕ 为暴雨中心位置；$Q_{m净}$为一次降雨过程所产生的区间净峰流量；t_p 为洪峰滞时，是指从有降雨开始至洪峰出现的时间。郑店闸站峰量关系合轴相关图见图 8–4。

峰量关系精度评定：按许可误差 =20% 实测值的标准进行逐次洪水评定。受闸门影响，峰量关系分析只采用了 1971—2016 年 19 个点据，11 个合格，合格率为 57.9%。详见表 8–8。平原区河道受引黄河水淤积及河网串通、拦河闸闸门变动影响洪水过程发生了改变，过闸流量偏小，从而导致计算径流深偏小。这也是合格率较低的重要原因。

$Q_{m净}$-P_ϕ-t_p 关系曲线，因洪水资料中畅流洪峰太少，洪峰与雨峰不对应，关系不好，故不进行评定，仅供参考。

2.4.2 径流分配过程线

为了简捷快速地推求各河洪水过程，一律采用径流分配过程线法。首先选择标准暴雨洪水样本（包括暴雨中心位置分别在上、中、下游），然后点绘洪水流量过程线，再分割基流，求得地表径流过程。

$$\sum Q_i=W/(0.36\Delta t)=0.1RF/(0.36\Delta t)$$

$$\eta=Q_i/\sum Q_i$$

式中：η 为时段 Δt 相应净流量分配数（简称流量比）（%）；Q_i 为时段相应净流量（m^3/s）；$\sum Q_i$ 为时段净流量之和（m^3/s）；W 为地表径流总量（万 m^3）；Δt 为时段长（h）；R 为径流深（mm）；F 为集水面积（km^2）。

采用上式分别计算出典型洪水的时段流量比 η(%)，点绘出的过程线即为径流分配过程线。因有特定条件，如暴雨中心位置、雨型分配，在套用时应特别注意。

由于 1990—2016 年期间，历次洪水过程受闸门控制影响，洪水过程线曲曲折折，只选出了 1998 年 7 月 14 日和 2013 年 7 月 16 日两场自然状态洪水过程进行分析，定出一条新的径流分配过程线，见图 8–5。

2.5 洪峰流量相应水位预报

通过上述方案可以预报出洪峰流量，但 1990 年以后郑店闸站的实测值比查线值均偏小较

多，超过允许误差，不合格。其主要原因是田间排水系统受到破坏，滞蓄时间较长，加大蒸发渗漏损失，再加上淤积，泄洪时间较长。为了防汛需要，尚需预报出洪峰水位，为此绘制了郑店闸站历年水位与流量、面积、流速关系曲线图，以便在预报出洪峰流量之后，再根据断面淤积、洪水涨落趋势等情况预报出洪峰水位或水位过程。在今后作业预报中，应结合汛前实测大断面图及上下清淤情况做适当插补修正。郑店闸站水位与流量、面积、流速关系曲线图见图 8–6。

2.6 大断面图

根据历年实测（有代表性的）资料绘制了大断面图，由此可大体看出历年河道断面变化（包括淤积、疏浚等情况）过程，另外在预报出洪峰水位后可在断面图上清楚地看到安全、危险程度，如洪峰水位到堤顶距离是否超过防洪水位等，以便及时向防汛指挥部门报警。郑店闸站历年实测大断面图见图 8–7。

2.7 方案合理性检查及评定

在方案修订过程中，根据规范要求及有关文件规定进行合理性检查，特别对突出点据从原始资料反复查对，对中间处理过程也进行了认真审查，发现不合理的问题基本上做了检查改正。方案修订后，先从线形以及上下游邻站之间进行比较，防止出现矛盾现象。然后对每个方案尽量根据水情规范规定采用表格形式进行了精度评定（用许可误差法），其中 P–E-P_a-R 相关图合格率为 70.4%，P-P_a-R 相关图合格率为 56.0%，R-P_φ-$Q_{m净}$ 相关图合格率 57.9%，$Q_{m净}$-P_φ-t_p 关系线因受人为影响较大，点子散乱，故不进行评定，仅供参考。

3 方案使用说明

3.1 径流深预报

计算出流域平均降雨量和流域平均前期影响雨量，根据降雨径流关系图 P–E-P_a-R 和 P-P_a-R 的查算结果进行综合分析，确定地表径流深 R 的预报值。

3.2 方案适应能力

本站设计防洪流量为 380 m^3/s，实测最大流量 486 m^3/s，占设计防洪流量的 128%，在产流方面，有 20 世纪 70 年代大水点子做上部控制。本方案适用于防洪标准以下的洪水作业预报。如遇超标准洪水，则需根据当时具体情况酌情修正。

4 注意事项

（1）受引黄影响，仅根据降雨量计算的 P_a 值可能偏小。

（2）局部暴雨时要注意超渗产流，可适当加大查算的 R 值。

（3）久旱初雨时产流偏小，部分原因是沟渠及洼地局部蓄水，应适当修正所查 R 值。

（4）为了有效使用本方案，汛期要掌握好上游各闸蓄水变化情况，若大雨时上游闸坝放水，作业预报时应予以考虑。

表 8–5　德惠新河郑店闸站降雨径流分析成果表

序号	洪号	降雨起止时间		流域平均雨量 P（mm）	前期影响雨量 P_a（mm）		雨间蒸发 E（mm）	$P-E$（mm）	降雨历时		暴雨中心位置	洪水起止时间			洪峰流量 Q_m（m^3/s）	净峰流量 $Q_{m净}$（m^3/s）	洪水总历时 $T_{洪}$（h）	涨洪历时 $T_{涨洪}$（h）	洪峰滞时 t_p（h）	次洪径流量 W（万 m^3）	区间面积 F（km^2）	次洪径流深 R（mm）	径流系数 α
		起	止		分层计算 P_a	单层计算 P_a			全部 T（h）	有效 T_c（h）		起涨	峰顶	落平									
1	710802	7 月 30 日 8:00	8 月 2 日 20:00	116.0	145.3		10.8	105.2	84	67.2	上游	7 月 30 日 18:00	8 月 2 日 20:00	8 月 8 日 20:00	214	210	194	74	42	7 570	2 327	32.5	0.28
2	730712	7 月 10 日 8:00	7 月 12 日 8:00	18.5	64.6	31.4	10	8.5	48	38.4	中游	7 月 12 日 13:00	7 月 12 日 22:00	7 月 15 日 6:00	53.7	53.7	65	9	56	441	2 327	1.9	0.10
3	730730	7 月 28 日 8:00	7 月 29 日 14:00	92.5	84.9	52.1	2.5	90.0	30	24	上游	7 月 29 日 12:00	7 月 30 日 12:00	8 月 5 日 0:00	150	150	156	24	39	3 750	2 327	16.1	0.17
4	740723	7 月 20 日 8:00	7 月 25 日 20:00	112.0	77.8	75.2	22.5	89.5	132	105.6	上游	7 月 21 日 18:00	7 月 23 日 21:00	7 月 26 日 3:00	73	73	116	51	43	3 083	2 327	13.2	0.12
5	740801	7 月 31 日 8:00	8 月 5 日 8:00	41.9	128.1	48.8	20.8	21.1	120	96	下游	8 月 1 日 8:00	8 月 1 日 11:00	8 月 7 日 0:00	43.9	43.9	136	3		1 275	2 327	5.5	0.13
6	740811	8 月 7 日 8:00	8 月 10 日 2:00	190.0	134.9	53.6	7.8	182.2	66	52.8	上游	8 月 9 日 10:00	8 月 11 日 0:00	8 月 22 日 20:00	486	470	252	14	50	23 400	2 327	100.6	0.53
7	740815	8 月 13 日 8:00	8 月 15 日 8:00	54.3	148.5	120.6	4.0	50.3	48	38.4	下游	8 月 14 日 8:00	8 月 15 日 8:00	8 月 25 日 0:00	414	269	256	24	24	6 480	2 327	27.8	0.51
8	760802	7 月 30 日 14:00	8 月 2 日 2:00	165.0	71.5	54.6	8.0	157.0	60	48	下游	7 月 31 日 16:00	8 月 2 日 4:00	8 月 17 日 0:00	454	434	392	36	48	12 090	2 327	52.0	0.31
9	760820	8 月 19 日 14:00	8 月 21 日 8:00	78.9	117.6	26.3	5.8	73.1	18	14.4	上游	8 月 20 日 8:00	8 月 20 日 23:00	8 月 26 日 13:00	186	158	149	15	24	5 441	2 327	23.4	0.30
10	770707	7 月 5 日 2:00	7 月 7 日 2:00	105.0	92.5	69.5	11.0	94.0	48	38.4	中上游	7 月 4 日 20:00	7 月 7 日 2:00	7 月 19 日 0:00	204	187	340	42	37	5 353	2 327	23.0	0.22
11	770723	7 月 22 日 2:00	7 月 23 日 8:00	69.0	146.4	41.0	34.0	35.0	30	24	上游	7 月 22 日 8:00	7 月 23 日 16:00	8 月 9 日 0:00	188	160	424	20	32	4 579	2 327	19.7	0.29
12	770801	7 月 29 日 8:00	8 月 2 日 8:00	57.3	150.9	61.7	13.0	44.3	96	76.8	上游	7 月 30 日 14:00	8 月 1 日 8:00	8 月 19 日 0:00	161	134	466	42	30	4 378	2 327	18.8	0.33
13	770807	8 月 5 日 8:00	8 月 7 日 8:00	83.4	146.8	56.5	4.0	79.4	48	38.4	上游	8 月 5 日 8:00	8 月 7 日 21:00	8 月 26 日 12:00	231	201	508	61	50	7 232	2 327	31.1	0.37
14	810706	7 月 3 日 8:00	7 月 5 日 8:00	115.6	43.7	16.3	5.0	110.6	48	38.4	上游	7 月 3 日 18:00	7 月 6 日 19:12	7 月 16 日 10:00	62	62	320	37.2	53	2 304	2 327	9.9	0.09
15	840616	6 月 14 日 8:00	6 月 16 日 8:00	32.7	31.2	21.4	3.0	29.7	48	38.4	下游	6 月 15 日 10:00	6 月 16 日 14:00	6 月 18 日 16:00	40	40	78	28		513	2 327	2.2	0.07
16	840813	8 月 9 日 14:00	8 月 13 日 8:00	169.8	21.2	32.1	11.6	158.2	90	72	上游	8 月 12 日 22:00	8 月 13 日 11:00	8 月 17 日 8:00	70.6	70.6	106	13		5 509	2 327	23.7	0.14
17	880717	7 月 17 日 8:00	7 月 21 日 14:00	129.5	53.2	46.0	15.0	114.5	102	81.6	下游									8 932	2 327	38.4	0.30
18	880730	7 月 30 日 8:00	8 月 1 日 8:00	31.2	117.2		2.5	28.7	48	38.4	中游									1 440	2 327	6.2	0.20
19	900723	7 月 21 日 8:00	7 月 23 日 8:00	72.1	150.0	74.5	5.0	67.1	48	38.4	下游	7 月 21 日 20:00	7 月 23 日 12:00	7 月 28 日 6:00	182	142	154	40	43	4 172	2 327	17.9	0.25
20	930713	7 月 8 日 14:00	12 月 16 日 8:00	118.9	78.4	66.7	24.5	94.4	186	148.8	中游	7 月 11 日 8:00	7 月 13 日 0:00	7 月 19 日 8:54	117	103	192.9	40	54	4 888	2 327	21.0	0.18
21	940707	7 月 3 日 4:00	7 月 13 日 14:00	131.7	96.0	74.0	27.5	104.2	250	200	下游	7 月 4 日 13:36	7 月 7 日 12:00	7 月 22 日 17:30	141	120	399	70.7	41	8 377	2 327	36.0	0.27
22	980716	7 月 13 日 20:00	7 月 15 日 8:00	131.7	153.0	70.4	5.0	126.7	36	28.8	上游	7 月 14 日 6:30	7 月 16 日 0:00	7 月 25 日 7:30	199	194	401	31.5	52	11 336	2 327	48.7	0.37
23	980805	8 月 4 日 2:00	7 月 7 日 20:00	141.0	78.0	14.2	10.8	130.2	90	72	中游	8 月 4 日 9:06	8 月 5 日 16:00	8 月 12 日 12:36	102	95	197	30.9	34	4 344	2 327	18.7	0.13
24	120808	7 月 30 日 9:00	8 月 1 日 7:00	123.0	118.5	54.9	5.0	118.0	46	36.8	中上游	8 月 1 日 10:12	8 月 8 日 6:00	8 月 16 日 14:18	133	133	364	74.4	76	12 452	2 327	53.5	0.44
25	130716	7 月 9 日 6:00	8 月 12 日 2:00	163.0	95.4	16.1	7.5	155.5	68	54.4	中上游	7 月 13 日 20:00	7 月 16 日 15:00	7 月 20 日 17:42	256	256	166	159	163	12 205	2 327	52.4	0.32
26	130730	7 月 26 日 4:00	7 月 30 日 0:00	91.9	160.0	80.7	18.0	73.9	92	73.6	上游	7 月 28 日 0:00	7 月 30 日 6:00	8 月 4 日 0:00	253	253	168	100	54	12 722	2 327	54.7	0.59
27	150805	8 月 2 日 2:00	8 月 4 日 2:00	122.0	111.1	33.8	10.2	111.8	31	25	上游	8 月 4 日 10:00	8 月 5 日 17:00	8 月 13 日 23:00	109	101	229	31	42	3 474	2 327	14.9	0.12

表 8–6　德惠新河郑店闸站分层降雨径流（P–E-P_a-R）精度评定表

序号	洪号	流域平均雨量 P（mm）	雨间蒸发 E（mm）	P–E（mm）	前期影响雨量 P_a（mm）	实测径流深 $R_{实}$（mm）	预报径流深 $R_{预}$（mm）	预报误差（mm）	许可误差（mm）	评定结果		序号	洪号	流域平均雨量 P（mm）	雨间蒸发 E（mm）	P–E（mm）	前期影响雨量 P_a（mm）	实测径流深 $R_{实}$（mm）	预报径流深 $R_{预}$（mm）	预报误差（mm）	许可误差（mm）	评定结果	
										合格	不合格											合格	不合格
1	710802	116.0	10.8	105.2	145.3	32.5	58.0	25.5	6.5		√	15	840616	32.7	3.0	29.7	31.2	2.2	0.5	–1.7	3.0	√	
2	730712	18.5	10.0	8.5	64.6	1.9	1.0	–0.9	3.0	√		16	840813	169.8	11.6	158.2	21.2	23.7	13.1	–10.6	4.7		√
3	730730	92.5	2.5	90.0	84.9	16.1	18.5	2.4	3.2	√		17	880717	129.5	15.0	114.5	53.2	38.4	16.3	–22.1	7.7		√
4	740723	112.0	22.5	89.5	77.8	13.2	15.0	1.8	3.0	√		18	880730	31.2	2.5	28.7	117.2	6.2	5.5	–0.7	3.0	√	
5	740801	41.9	20.8	21.1	128.1	5.5	5.0	–0.5	3.0	√		19	900723	72.1	5.0	67.1	150.0	17.9	34.5	–16.6	3.6		√
6	740811	190.0	7.8	182.2	134.9	100.6	102.0	1.4	20.0	√		20	930713	118.9	24.5	94.4	78.4	21.0	17.1	–3.9	4.2	√	
7	740815	54.3	4.0	50.3	148.5	27.8	24.0	–3.8	5.6	√		21	940707	131.7	27.5	104.2	96.0	36.0	29.2	–6.8	7.2	√	
8	760802	165.0	8.0	157.0	71.5	52.0	43.0	–9.0	10.4	√		22	980716	131.7	5.0	126.7	153.0	48.7	77.5	28.8	9.7		√
9	760820	78.9	5.8	73.1	117.6	23.4	24.0	0.6	4.7	√		23	980805	141.0	10.8	130.2	78.0	18.7	33.1	14.4	3.7		√
10	770707	105.0	11.0	94.0	92.5	23.0	23.0	0	4.6	√		24	120808	123.0	5.0	118.0	118.5	53.5	49.7	–3.8	10.7	√	
11	770723	69.0	34.0	35.0	146.4	19.7	15.8	–3.9	3.9	√		25	130716	163.0	7.5	155.5	95.4	52.4	47.5	–4.9	10.5	√	
12	770801	57.3	13.0	44.3	150.9	18.8	21.0	2.2	3.8	√		26	130730	91.9	18.0	73.9	160.0	54.7	45.5	–9.2	10.9	√	
13	770807	83.4	4.0	79.4	146.8	31.1	39.5	8.4	6.2		√	27	150805	122.0	10.2	111.8	111.1	14.9	30.2	15.3	3.0		√
14	810706	115.6	5.0	110.6	43.7	9.9	11.5	1.6	3.0	√													

备注：1. 预报误差 = 预报值 – 实测值；2. 许可误差 = 实测值的 20%，以 20.0 mm 为上限，以 3.0 mm 为下限；选取 27 场次洪水，8 场次不合格，合格率为 70.4%，为乙级方案，2000 年后点子不足，降级使用。

表 8-7　德惠新河郑店闸站单层降雨径流（P-P_a-R）精度评定表

序号	洪号	流域平均雨量 P（mm）	前期影响雨量 P_a（mm）	实测径流深 $R_{实}$（mm）	预报径流深 $R_{预}$（mm）	预报误差（mm）	许可误差（mm）	评定结果		序号	洪号	流域平均雨量 P（mm）	前期影响雨量 P_a（mm）	实测径流深 $R_{实}$（mm）	预报径流深 $R_{预}$（mm）	预报误差（mm）	许可误差（mm）	评定结果	
								合格	不合格									合格	不合格
1	730712	18.5	31.4	1.9	0.4	−1.5	3.0	√		14	840616	32.7	21.4	2.2	0.3	−1.9	3.0	√	
2	730730	92.5	52.1	16.1	17.7	1.6	3.2	√		15	840813	169.8	32.1	23.7	22.5	−1.2	4.7	√	
3	740723	112.0	75.2	13.2	36.0	22.8	3.0		√	16	880717	129.5	46.0	38.4	31.2	−7.2	7.7	√	
4	740801	41.9	48.8	5.5	3.5	−2.0	3.0	√		17	900723	72.1	74.5	17.9	16.9	−1.0	3.6	√	
5	740811	190.0	53.6	100.4	62.5	−37.9	20.0		√	18	930713	118.9	66.7	21.0	33.5	12.5	4.2		√
6	740815	54.3	120.6	27.8	25.2	−2.6	5.6	√		19	940707	131.7	74.0	36.0	41.2	5.2	7.2	√	
7	760802	165.0	54.6	52.0	47.8	−4.2	10.4	√		20	980716	131.7	70.4	48.7	45.8	−2.9	9.7	√	
8	760820	78.9	26.3	23.4	4.5	−18.9	4.7		√	21	980805	141.0	14.2	18.7	20.5	1.8	3.7	√	
9	770707	105.0	69.5	23.0	31.2	8.2	4.6		√	22	120808	123.0	54.9	53.5	23.6	−29.9	10.7		√
10	770723	69.0	41.0	19.6	7.8	−11.8	3.9			23	130716	163.0	16.1	52.4	18.9	−33.5	10.5		√
11	770801	57.3	61.7	18.8	12.8	−6.0	3.8		√	24	130730	91.9	80.7	54.7	34.6	−20.1	10.9		√
12	770807	83.4	56.5	31.0	17.6	−13.4	6.2		√	25	150805	122.0	33.8	14.9	16.7	1.8	3.0	√	
13	810706	115.6	16.3	9.9	7.0	−2.9	3.0	√											

备注：1. 预报误差 = 预报值 − 实测值；2. 许可误差 = 实测值的 20%，以 20.0 mm 为上限，以 3.0 mm 为下限；3. 选用 1971—2020 年共 25 场次洪水，合格 14 场次，合格率为 56.0%；4. 合格率低的原因，是平原区河道受引黄河水淤积及河网串通、拦河闸闸门变动影响改变了洪水过程。

表 8–8 德惠新河郑店闸站净峰流量精度评定表

序号	洪号	实测径流深 $R_{实}$（mm）	暴雨中心位置	洪峰滞时 t_p（h）	净峰流量		预报误差（m³/s）	许可误差（m³/s）	评定结果	
					实测 $Q_{m净实}$（m³/s）	预报 $Q_{m净预}$（m³/s）			合格	不合格
1	710802	32.5	上游	42	210	190	–20	42	√	
2	730712	1.9	中游	56	54	35	–19	10.8		√
3	730730	16.1	上游	39	150	124	–26	30	√	
4	740723	13.2	上游	43	73	102	29	14.6		√
5	740811	100.6	上游	50	470	470	0	94	√	
6	740815	27.8	上游	24	269	270	1	53.8	√	
7	760802	52.0	下游	48	434	426	–8	86.8	√	
8	760820	23.4	上游	24	158	167	9	31.6	√	
9	770707	23.0	中上游	37	187	180	–7	37.4	√	
10	770723	19.7	上游	32	160	150	–10	32	√	
11	770801	18.8	上游	30	134	142	8	26.8	√	
12	770807	31.1	上游	50	201	204	3	40.2	√	
13	810706	9.9	上游	53	62	80	18	12.4		√
14	980716	48.7	下游	52	194	268	74	38.8		√
15	980805	18.7	下游	34	95	146	51	19		√
16	12080	53.5	上游	76	133	325	192	26.6		√
17	130716	52.4	中上游	163	256	315	59	51.2		√
18	130730	54.7	上游	54	253	326	73	50.6		√
19	150805	14.9	上游	42	101	112.7	12	20.2	√	

备注：1. 预报误差 = 预报值 – 实测值；2. 许可误差 = 实测值的 20%；3. 资料采用 1971—2016 年受闸门影响较小的 19 场次洪水，合格 11 场，合格率为 57.9%；4. $Q_{m净}$-P_{ϕ}-t_p 关系只选择 19 个不受闸门影响的点子，因点子较少，仅供参考，不作评定。

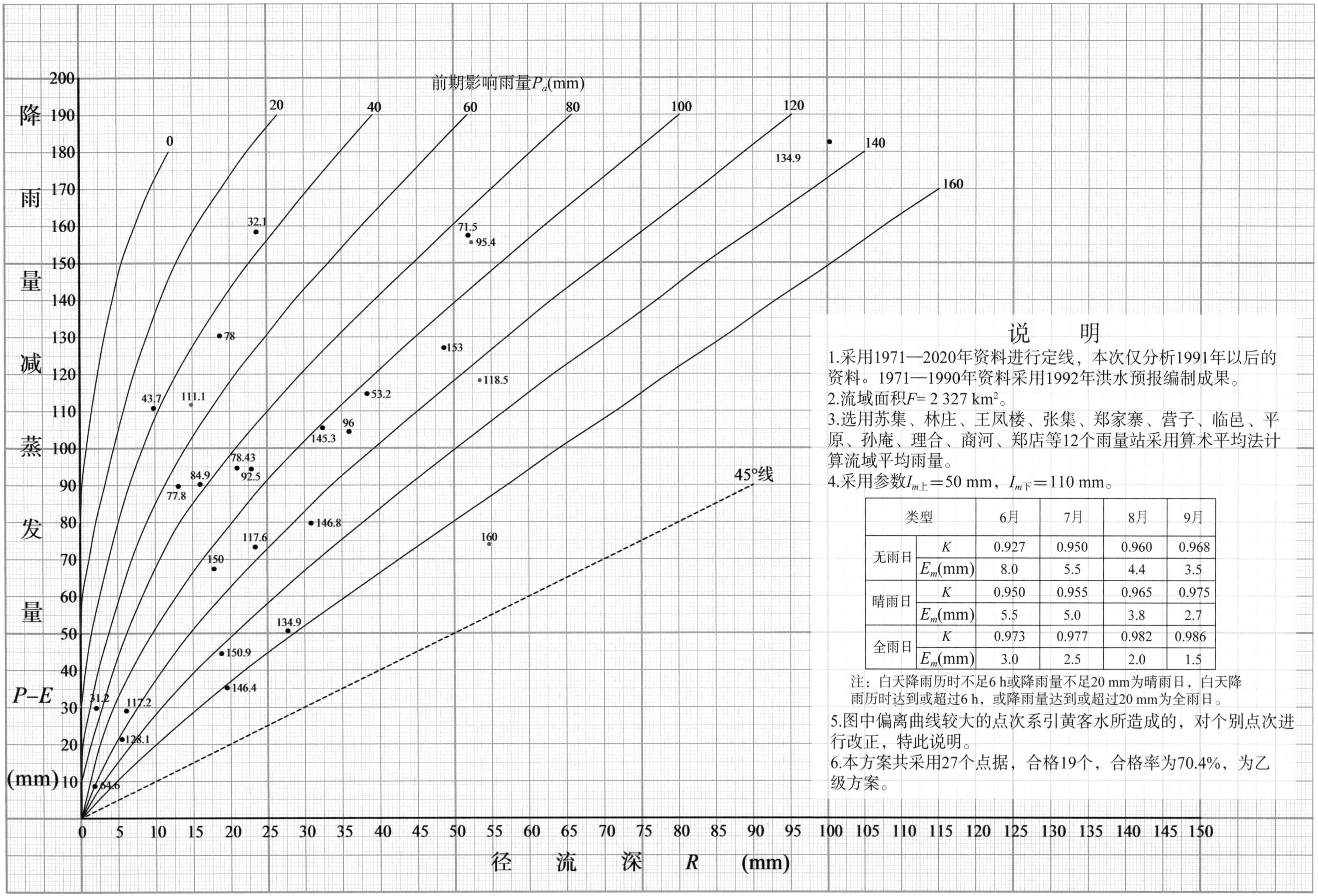

说　明

1.采用1971—2020年资料进行定线，本次仅分析1991年以后的资料。1971—1990年资料采用1992年洪水预报编制成果。

2.流域面积F= 2 327 km²。

3.选用苏集、林庄、王凤楼、张集、郑家寨、营子、临邑、平原、孙庵、理合、商河、郑店等12个雨量站采用算术平均法计算流域平均雨量。

4.采用参数$I_{m上}$=50 mm，$I_{m下}$=110 mm。

类型		6月	7月	8月	9月
无雨日	K	0.927	0.950	0.960	0.968
	E_m(mm)	8.0	5.5	4.4	3.5
晴雨日	K	0.950	0.955	0.965	0.975
	E_m(mm)	5.5	5.0	3.8	2.7
全雨日	K	0.973	0.977	0.982	0.986
	E_m(mm)	3.0	2.5	2.0	1.5

注：白天降雨历时不足6 h或降雨量不足20 mm为晴雨日，白天降雨历时达到或超过6 h，或降雨量达到或超过20 mm为全雨日。

5.图中偏离曲线较大的点次系引黄客水所造成的，对个别点次进行改正，特此说明。

6.本方案共采用27个点据，合格19个，合格率为70.4%，为乙级方案。

图 8–2　德惠新河郑店闸站降雨径流相关图（P–E-P_a-R）

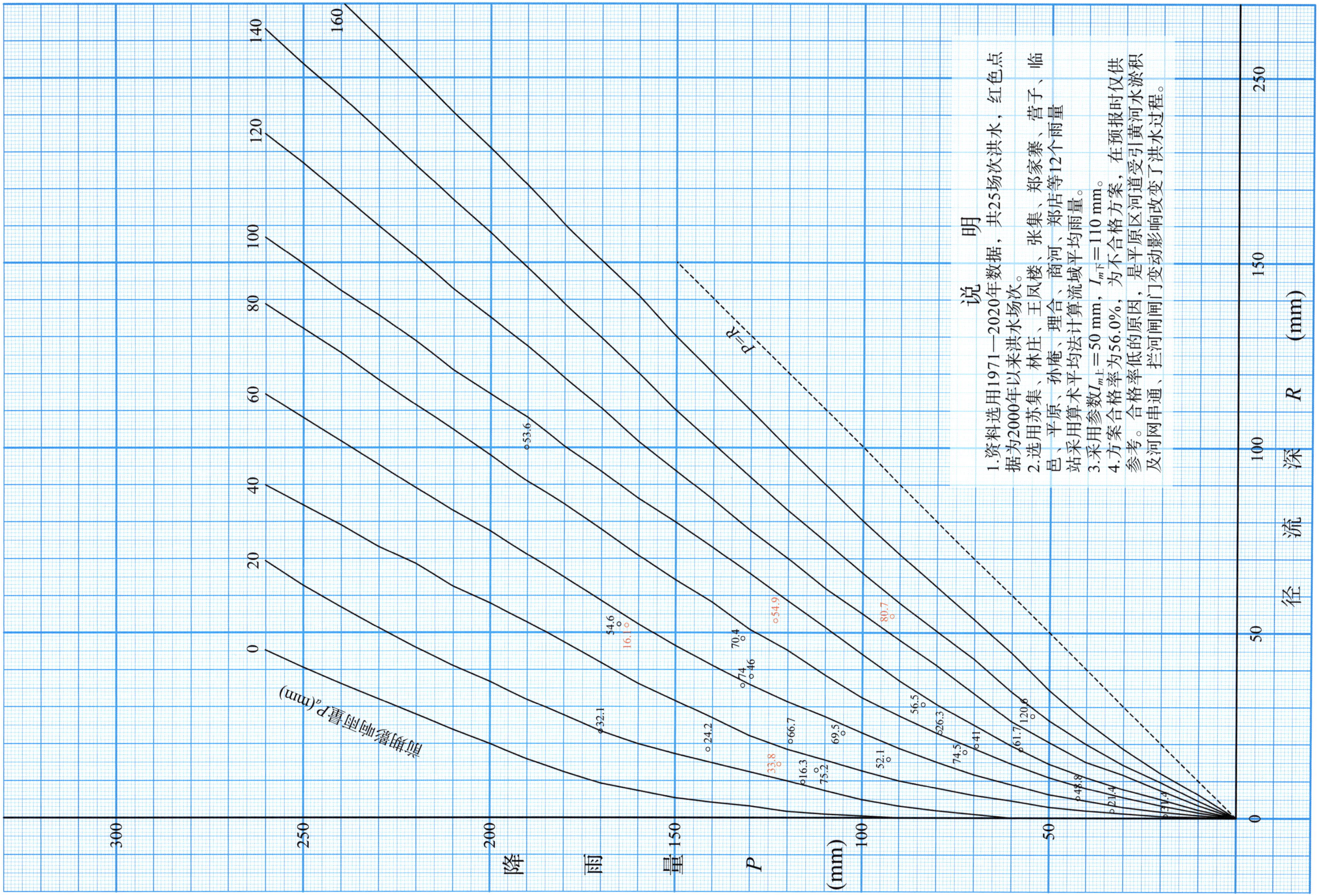

图 8-3　德惠新河郑店闸站降雨量径流相关图（P-P_a-R）

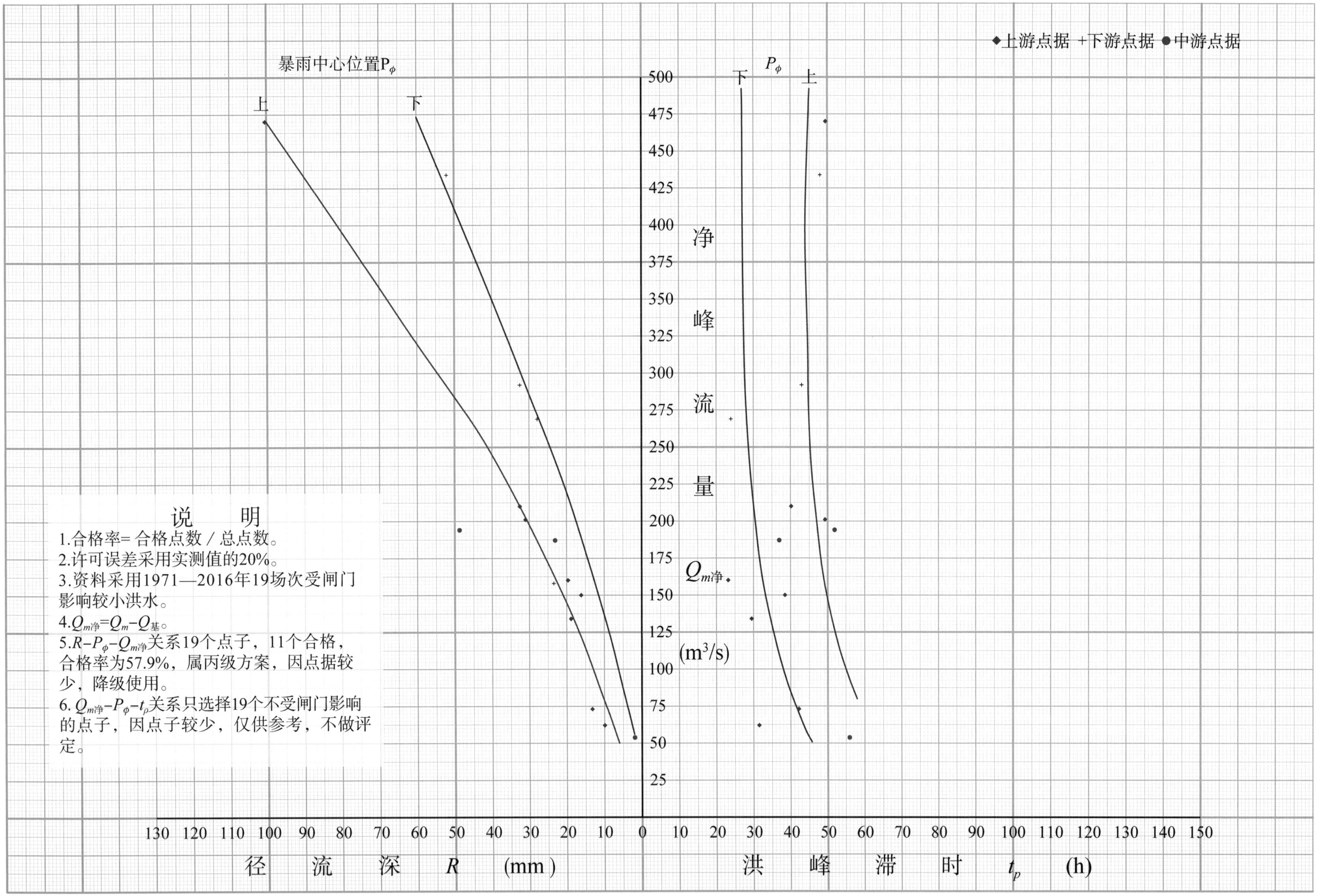

图 8–4　德惠新河郑店闸站峰量关系合轴相关图

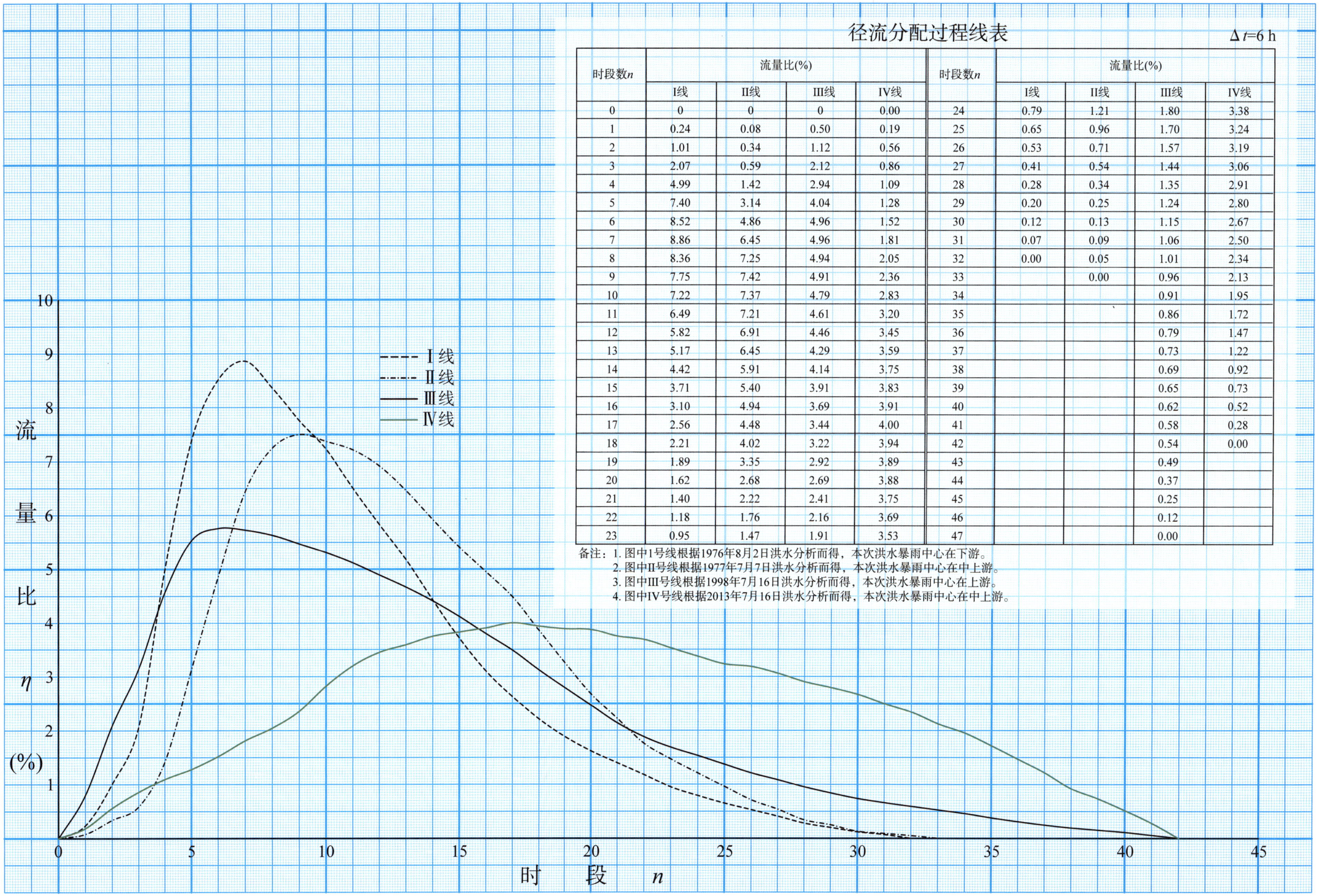

径流分配过程线表

Δt=6 h

时段数n	流量比(%)				时段数n	流量比(%)			
	I线	II线	III线	IV线		I线	II线	III线	IV线
0	0	0	0	0.00	24	0.79	1.21	1.80	3.38
1	0.24	0.08	0.50	0.19	25	0.65	0.96	1.70	3.24
2	1.01	0.34	1.12	0.56	26	0.53	0.71	1.57	3.19
3	2.07	0.59	2.12	0.86	27	0.41	0.54	1.44	3.06
4	4.99	1.42	2.94	1.09	28	0.28	0.34	1.35	2.91
5	7.40	3.14	4.04	1.28	29	0.20	0.25	1.24	2.80
6	8.52	4.86	4.96	1.52	30	0.12	0.13	1.15	2.67
7	8.86	6.45	4.96	1.81	31	0.07	0.09	1.06	2.50
8	8.36	7.25	4.94	2.05	32	0.00	0.05	1.01	2.34
9	7.75	7.42	4.91	2.36	33		0.00	0.96	2.13
10	7.22	7.37	4.79	2.83	34			0.91	1.95
11	6.49	7.21	4.61	3.20	35			0.86	1.72
12	5.82	6.91	4.46	3.45	36			0.79	1.47
13	5.17	6.45	4.29	3.59	37			0.73	1.22
14	4.42	5.91	4.14	3.75	38			0.69	0.92
15	3.71	5.40	3.91	3.83	39			0.65	0.73
16	3.10	4.94	3.69	3.91	40			0.62	0.52
17	2.56	4.48	3.44	4.00	41			0.58	0.28
18	2.21	4.02	3.22	3.94	42			0.54	0.00
19	1.89	3.35	2.92	3.89	43			0.49	
20	1.62	2.68	2.69	3.88	44			0.37	
21	1.40	2.22	2.41	3.75	45			0.25	
22	1.18	1.76	2.16	3.69	46			0.12	
23	0.95	1.47	1.91	3.53	47			0.00	

备注：1. 图中I号线根据1976年8月2日洪水分析而得，本次洪水暴雨中心在下游。
2. 图中II号线根据1977年7月7日洪水分析而得，本次洪水暴雨中心在中上游。
3. 图中III号线根据1998年7月16日洪水分析而得，本次洪水暴雨中心在上游。
4. 图中IV号线根据2013年7月16日洪水分析而得，本次洪水暴雨中心在中上游。

图 8-5　德惠新河郑店闸站径流分配过程线图

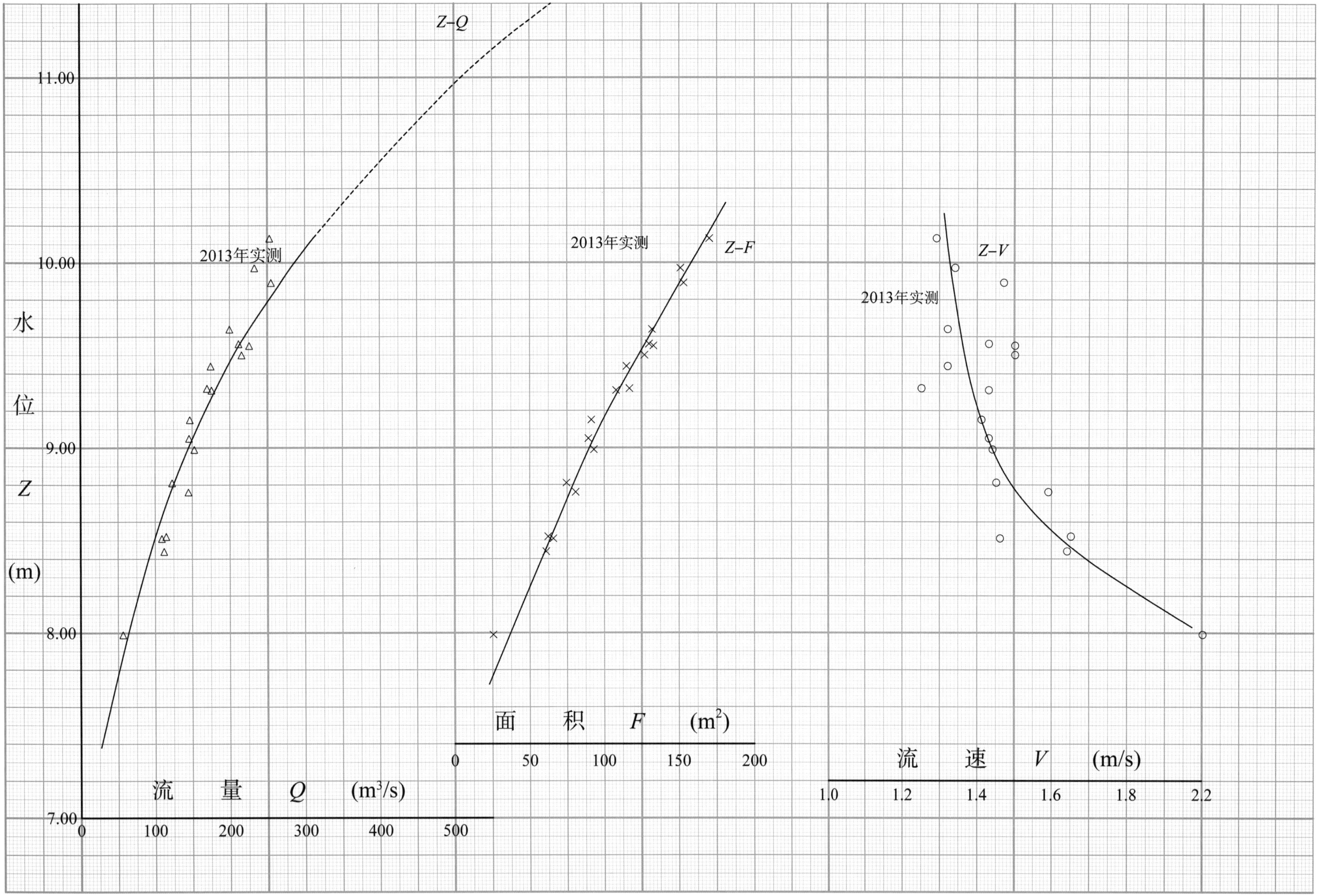

图 8-6 德惠新河郑店闸站水位与流量、面积、流速关系曲线图

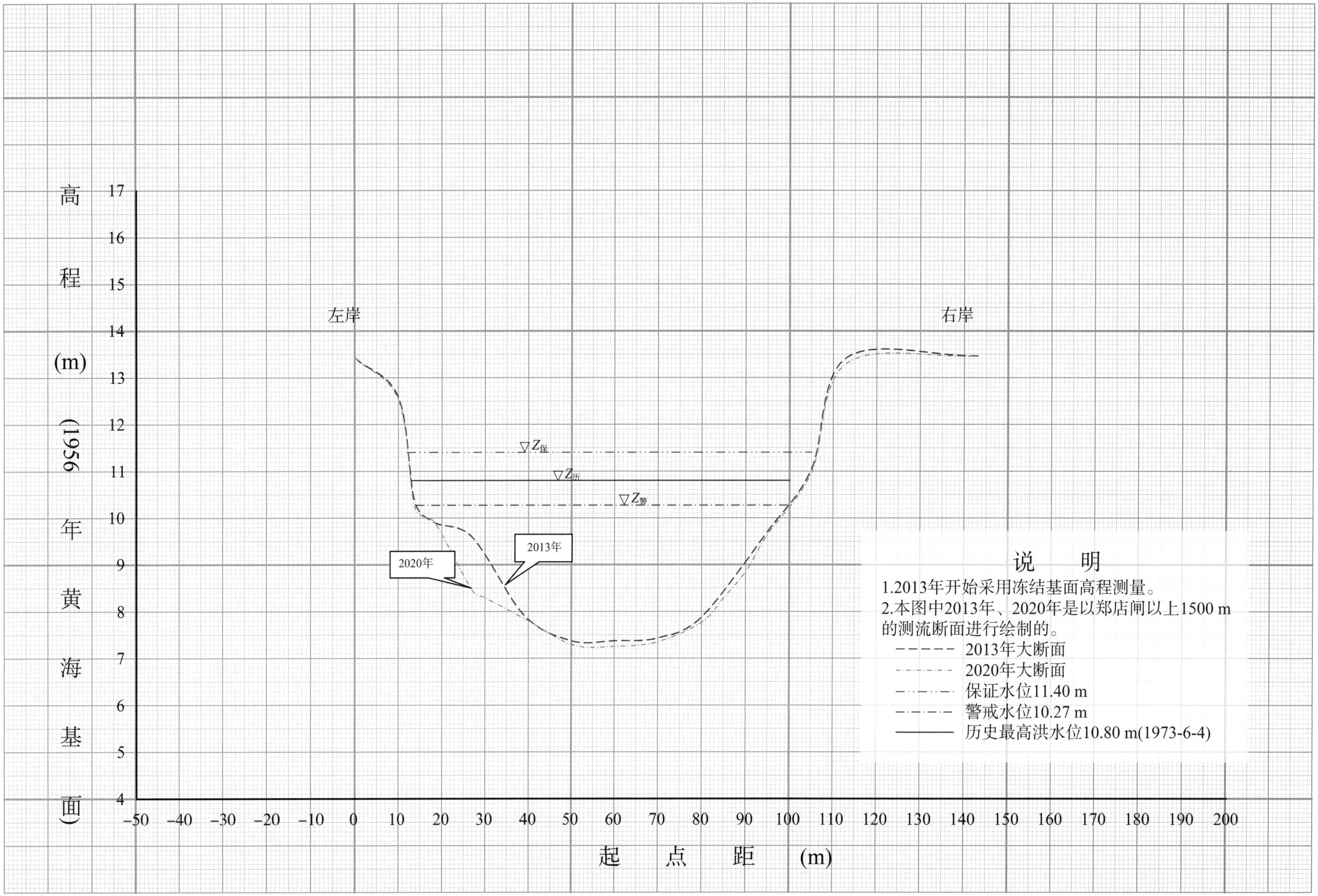

图 8-7　德惠新河郑店闸站历年实测大断面图

第九章　德惠新河白鹤观闸站水文预报方案编制说明

1　流域概况

1.1　流域自然地理特征

德惠新河原为徒骇河、马颊河之间的低洼地带，1968 年为改善两河之间的排水条件，由人工开挖成一条防洪排涝河道。德惠新河发源于德州市平原县王凤楼镇，南临徒骇河，北靠马颊河，在无棣县境内与马颊河汇合后注入渤海。德惠新河流域面积 3 284 km^2，干流全长 173 km，其中上段 105 km 为新开河，下段 68 km 为原马颊河故道；堤防长 346.9 km，河道比降 1/7 000 ~ 1/15 500，流域平均宽度为 18.5km，属长条带状流域。白鹤观闸站以上流域面积为 3 182 km^2，河长 172 km。流域内土层较厚，地势平坦，土壤肥沃，有部分低洼区，多壤土，土壤下渗能力较强，属黄河冲积平原，地下水埋深 1~3 m。白鹤观闸站以上流域图见图 9–1。

本流域位于华北暖温带半湿润季风气候区，多年平均气温 12 ~ 14℃，日照时数 2 500 ~ 2 800 h，无霜期 190 ~ 210 天，四季变化明显。冬季雨雪少，寒冷干燥；春季干旱少雨，蒸发量大；夏季炎热湿润；秋季天高气爽。多年平均年降水量在 580 mm 左右，丰水年在 900 mm 以上，枯水年不足 400 mm。降水量年内时程分布极不均匀，80% 的雨量集中在 7 月和 8 月，降水集中的汛期，时有暴雨和连阴天，是造成洪涝灾害的主要季节。其次，降水空间分布也极不均匀，甚至有时发生局部特大暴雨，如 1988 年 7 月 18—19 日在郑店附近发生特大暴雨。最大点雨量 470 mm，而大于 400 mm 的降雨笼罩面积仅为 50 km^2，大于 300 mm 的降雨笼罩面积为 180 km^2，大于 200 mm 的降雨笼罩面积为 340 km^2，大于 100 mm 的降雨笼罩面积为 1 750 km^2，近一半流域的降雨量小于 100 mm，全流域平均降雨量仅 90.6 mm。

白鹤观闸站洪水过程为缓涨缓落型，自然洪水起涨段多在 36 ~ 60 h，落水段在 5 ~ 8 天。

1.2　水利工程情况

为了发展灌溉，干、支流节节建闸蓄水，仅干流就建了拦河闸 7 座，蓄水能力在 0.8 亿 m^3 左右，支流拦河闸更是星罗棋布；同时发展引黄灌溉，流域内河系、渠系纵横交错。为了蓄水，小洪水时不开闸；中水时开时关；较大洪水峰前小开，直到拦蓄不了闸门才全打开，而洪峰过后，不等多久，就又关闸蓄水，地表水、地下水都未全部流出，便按一定限制水位控制，致使前后洪水混淆，降雨径流不对应，洪峰变形。仅在某些年的 7 月底，为了防大汛，各级闸门才全打开而不蓄水，在这种条件下发生的大洪水才是自然洪水，不过为数不多。由于建闸后上述因素影响了洪水，且大部分闸无资料可查，洪水还原计算比较困难。德惠新河灌溉节制闸工程基本情况见表 9–1。

1.3　测站概况

1.3.1　基本情况

白鹤观闸水文站位于滨州市无棣县车王镇白鹤观村西南，1971 年设站，控制面积 3 182 km^2，为德惠新河下游控制站，担负控制德惠新河总水量、为抗旱防汛服务的任务，建站以来实测最大流量为 530 m^3/s（1974 年 8 月 15 日）。

1.3.2　测站沿革

白鹤观闸站是 1961 年在马颊河上设的站，1969 年德惠新河开挖后，由于水系调整，测站河段调整为德惠新河，1971 年设为德惠新河下游控制站至今。测验断面在白鹤观闸下游 180 m 处，下游 20 km 处有胡道口闸，由于上下游闸门启闭不同步，故有时对该站产生顶托现象。该站断面稳定，基本不冲不淤，但水位流量关系由于部分时段受下游顶托有时不太稳定。

1.3.3　采用基面

白鹤观闸站采用大沽基面（大沽基面高程 –1.399 m=1956 年黄海基面高程）。

2　预报方案编制

2.1　资料情况和方案沿革

2.1.1　资料情况

该站预报方案采用 1971—2020 年实测洪水资料，受闸门控制影响，50 年来比较好的洪水资料有 36 场次，其中 2000 年及以后的洪水资料有 6 场次。在选用的洪水资料中，多受闸门控制影响，洪水过程不完整，特别是涨水段表现明显，所以汇流分析难度较大。本次补充了 2015—2020 年的实测资料，并修订了方案。

2.1.2　方案沿革

原方案中产流方案采用降雨径流相关图 P-P_a-R，汇流方案采用以暴雨中心位置为参数的峰量相关图和径流分配过程线。

本次修订，产流方案新增 3 个点据，原关系线不变；汇流方案中峰量相关图新增 3 个点据，原关系线不变，由于新增年份无较大场次洪水，且洪水过程受水利工程影响较大，洪水过程推求仍采用原本的径流分配过程线。

2.2　产流方案

2.2.1　主要参数的计算

2.2.1.1　流域平均降雨量P的计算

本流域为窄长形（长宽比为 9.3：1），降水空间分布不均现象是难免的，一般情况下流

表 9–1　德惠新河灌溉节制闸工程基本情况表

序号	闸名	中泓桩号	闸址河道状况				节制闸工程指标								启闭现状		流域面积（km^2）
			滩地高程（m）		堤顶高程（m）		1964 年雨型排涝		1961 年雨型防洪		闸底高程（m）	孔数	孔净跨（m）	闸门高（m）	启闭形式	启闭机数	
			左岸	右岸	左岸	右岸	流量（m^3/s）	水位（m）	流量（m^3/s）	水位（m）							
1	王凤楼	172+432	19.50	18.80	21.15	21.03	71.5	17.60	125.1	18.10	13.80	6	4.0	4.0	丝杠	6	341
2	赵棒槌	140+926	15.10	15.00	16.38	17.10	163	14.18	246	15.10	10.68	8	4.0	4.0	丝杠	8	938
3	郑店*	110+103	11.70	11.50	12.92	13.12	259	10.04	380	11.24	6.04	10	4.0	4.0	丝杠	10	2 327
4	王杠子	87+078	8.10	8.050	10.75	10.85	296	7.56	450	8.96	3.50	10	6.0	4.0	挂钩	4	3 024
5	大刘店	64+399	6.90	6.90	10.00	9.45	296	6.15	450	7.55	1.70	15	4.0	4.0	丝杠	15	3 024
6	白鹤观*	39+064	7.52	7.07	9.70	9.41	320	4.10	472	5.22	1.10	8	2.0	3.8	丝杠挂钩	17、3	3 182
											1.10	9	3.0	3.8			
											–0.10	6	5.8	5.0			
7	胡家道口	18+909	5.25	5.50	6.84	7.06	320	2.79	472	4.39	–1.50	7	10.0	6.0	固定	7	3 260

备注：1. 本表高程采用 1956 年黄海基面。2. 本表摘自《山东海河流域干流节制闸工程管理资料汇编》（1986 年 9 月）。3.* 系编制实用水文预报方案水文站。

域平均降水量仍按算术平均法计算，但对于特殊情况则采用面积加权法雨量或等雨量线法计算流域平均雨量。流域平均雨量根据林庄、张集、营子、商河、临邑、郑店闸、温店、大道王闸、无棣、白鹤观闸等 10 个雨量站资料计算。

2.2.1.2　暴雨中心分区

按河长等距离将流域分为上、中、下游三个分区，流域普遍降水时，做均匀处理。

2.2.1.3　流域最大损失量I_m的计算

原方案采用的 I_m 值是 1976 年编制方案时分析的，本次未重新分析。I_m 值采用下式计算：

$$I_m = P + P_a - R - E$$

式中：P 为流域平均降雨量（mm）；P_a 为前期影响雨量（mm）；R 为径流深（mm）；E 为雨间蒸发量（mm）。

分析时，考虑不同深浅的土层具有不同的蒸发能力，把流域下垫面土壤分为上、下两层。上层即耕作层，厚度约 0.15 m；下层即上层以下至水分强烈活动层的下限，厚度为 0.3 ~ 0.5 m。上层的最大损失量 $I_{m上}=S+$ 填洼量 + 截留量，式中，S 为上层田间持水量；截留量定为 6 mm；由于河道治理以后，洼地排水一般比较畅通，暂不考虑填洼量。但由于河道淤积及田间排水工程的破坏，填洼损失将越来越大。上层深度采用 0.15 m，田间持水量为 25%，土壤凋萎含水量为 5%，土壤干容重为 1.3 g/cm^3。则 $S=0.15\times1\,000\times(25\%-5\%)\times1.3=39$ mm，再加上截留量 6 mm，所以 $I_{m上}=45$ mm。$I_{m下}=I_m-I_{m上}$。由于采用计算出来的 $I_{m上}$、$I_{m下}$值计算 $P_{a上}$、$P_{a下}$所点绘的降雨径流相关图点据有时不佳，在这种情况下，又采用了试算法。通过变动 $I_{m上}$、$I_{m下}$值，再次计算 $P_{a上}$、$P_{a下}$值，并点绘降雨径流相关图，最后选用相关关系好的 $I_{m上}$、$I_{m下}$。鲁北各河 $I_{m上}=40\sim70$mm；$I_{m下}=100\sim130$ mm，经分析，白鹤观闸站采用 $I_{m上}=50$ mm，$I_{m下}=110$ mm。

2.2.1.4　P_a初值的计算

一般每年的 6 月 26 日或 6 月 16 日水系内墒情站监测一次墒情并报山东省防汛抗旱指挥部，从这时开始计算 P_a 初值。设 $P_{a上}=0$，$P_{a下}$采用该日实测的流域平均土壤含水量换算。$P_{a下}=0.35\times1\,000\times(\rho-5\%)\times T_0$，式中，0.35 为下层土壤厚度，以 m 计；$\rho$ 为流域平均含水量；5% 为土壤凋萎含水量；T_0 为土壤容重，采用 1.3 g/cm^3。

2.2.1.5　$P_{a上}$、$P_{a下}$的计算

由于土壤水分在上下两层的蒸发损失过程中有很大差别，所以分层计算 P_a 值。

有降雨时，完全满足上层缺水量（$I_{m上}-P_a$）后才开始渗透补给下层，满足下层缺水量后才开始产流。

无降雨时，上层土壤水分按蒸发能力递减，直至上层土壤含水量达到枯竭（土壤含水量为 5%，$P_{a上}=0$），此时下层土壤水分才按消退系数 K 消退；当 $P_{a下}=0$ 时，下层土壤水分停止消退。

（1）$P_{a上}$的计算

当 $P_{a上,t}+P_t \geqslant E_t$ 时，

$$P_{a上,t+1}=P_{a上,t}+P_t-R_t-E_t \qquad (0 \leqslant P_{a上,t+1} \leqslant I_{m上})$$

（2）$P_{a下}$的计算

当 $P_t+P_{a上,t}=0$ 时，

$$P_{a下,t+1}=KP_{a下,t}$$

在下层计算中，K 为消退系数，$K=1-E_m/I_{m下}$。各站不同月份不同天气情况的 K 值见表 9–2。

表 9–2　前期影响雨量递减系数 K 表

类型		月份	4 月	5 月	6 月	7 月	8 月	9 月	10 月
无雨日	I_m（mm）	100	0.940	0.920	0.920	0.945	0.956	0.965	0.975
		110	0.946	0.927	0.927	0.950	0.960	0.968	0.977
		120	0.950	0.933	0.933	0.954	0.963	0.971	0.979
		130	0.954	0.938	0.938	0.958	0.965	0.973	0.981
晴雨日	I_m（mm）	100	0.945	0.945	0.945	0.950	0.962	0.973	0.980
		110	0.950	0.950	0.950	0.955	0.965	0.975	0.982
		120	0.954	0.954	0.954	0.958	0.968	0.978	0.983
		130	0.958	0.958	0.958	0.962	0.971	0.979	0.985
全雨日	I_m（mm）	100	0.980	0.975	0.970	0.975	0.980	0.985	0.990
		110	0.982	0.977	0.973	0.977	0.982	0.986	0.991
		120	0.983	0.979	0.975	0.979	0.983	0.988	0.992
		130	0.985	0.981	0.977	0.981	0.985	0.988	0.992

当 $P_{a上,t}+P_t-R_t-E_t > I_m$ 时，

$$P_{a下,t+1}=P_{a下,t}+(P_{a上,t}+P_t-R_t-E_t-I_{m上}) \qquad (P_{a下,t+1} \leqslant I_{m下})$$

（3）$P_{a上}$、$P_{a下}$混合计算

$$P_{a上,t+1}=0 \qquad (0 < P_t+P_{a上,t} < E_t)$$

$$P_{a下,t+1}=P_{a下,t}\left(1-\frac{E_t-P_t-P_{a上,t}}{I_{m下}}\right)$$

2.2.2　P–E-P_a-R的分析定线

白鹤观闸站流域平均雨量根据林庄、张集、营子、商河、临邑、郑店闸、温店、大道王闸、无棣、白鹤观闸等 10 个雨量站资料采用算术平均法获取，降雨径流分析成果见表 9–3，降雨径流相关采用 P–E-P_a-R 相关图，见图 9–2。图中上部点子分布较好，底部点子较乱，根据点子分布定出 P_a 等于 40 mm、60 mm、80 mm、100 mm、120 mm、140 mm、160 mm 等 7 条关系线。

2.2.3　精度评定

选用 1971—2020 年的 36 场次洪水资料，34 个点据参加定线，合格点 29 个，合格率为 85.3%，为甲等方案，详见表 9–4。

2.3　汇流方案

洪峰流量预报采用以暴雨中心为参数的峰量相关图和径流分配过程线方法。

2.3.1　峰量相关图

以暴雨中心位置 P_ϕ 为参数，建立径流深 R 与净峰流量 $Q_{m净}$关系曲线 R–P_ϕ–$Q_{m净}$和净峰流量与洪峰滞时 t_p 关系曲线 $Q_{m净}$–P_ϕ–t_p，详见图 9–3。

精度评定：R–P_ϕ–$Q_{m净}$关系线 22 个点子中有 13 个合格，合格率为 59.1%；$Q_{m净}$-P_ϕ-t_p 关系线 22 个点子中有 15 个合格，合格率为 68.2%，为丙级方案，详见表 9–5。

2.3.2　径流分配过程线

为了简捷快速地推求各河洪水过程，采用径流分配过程线法。首先选择标准暴雨洪水样本（包括暴雨中心位置分别在上、中、下游），然后点绘洪水流量过程线，再分割基流，求得地表径流过程。

$$\sum Q_i = W/(0.36\Delta t) = 0.1RF/(0.36\Delta t)$$

$$\eta = Q_i/\sum Q_i$$

式中：η 为时段 Δt 相应净流量分配数（简称流量比）（%）；Q_i 为时段相应净流量（m^3/s）；$\sum Q_i$ 为时段净流量之和（m^3/s）；W 为地表径流总量（万 m^3）；Δt 为时段长（h）；R 为径流深（mm）；F 为集水面积（km^2）。

采用上式分别计算出典型洪水的时段流量比 η(%)，点绘出的过程线即为径流分配过程线。因有特定条件，如暴雨中心位置、雨型分配，在套用时应特别注意。白鹤观闸站径流分配过程线图见图 9–4。

2.4　特殊暴雨洪水分析

2003 年 10 月 9—11 日德惠新河流域发生了一场较大暴雨，流域平均降水量达 182.0 mm。本次暴雨洪水，暴雨量大，但产流量小，在出流断面基本没有径流过程，分析其原因，主要表现为：

（1）本流域 8、9 月份降水量较小，平均降雨量分别为 67.5 mm、58.4 mm，经分析计算 P_a=43.0 mm，即本次降雨对土壤补充较大水量。

（2）由于连年干旱，德惠新河流域自 1999 年至本次洪水前没有发生过一场洪水，加之洪水发生在枯季，产流条件发生较大变化。另外，前期主河槽蓄水量较少，而各支流基本处于干涸状态，本次降雨有相当一部分水量被河道拦蓄，其中，河道干流拦蓄水量达 1 000 万 m^3 左右，从而造成雨洪不对应。

（3）雨水大量下渗补给地下水，地下水位明显上升，全流域地下水位平均升高 0.86 m，最大升幅达到 1.53 m。

2.5　大断面图

根据 2022 年实测资料点绘了大断面图，详见图 9–5。

2.6　水位与流量、面积、流速关系曲线

采用 1977 年、2000 年实测资料点绘水位与流量、面积、流速关系曲线，详见图 9–6。

3　方案使用说明

3.1　注意事项

计算 P_a 值时一些假设条件与实际有出入：

（1）雨前引黄及其他灌溉可能使实际 P_a 值大于计算的 P_a 值；

（2）降水面上分布不均，P 无代表性，致使 P_a 值不准确；

（3）降水强度较大且久旱无雨等。

针对以上情况，应随时修正预报值。

雨量计算注意事项：

1988 年 7 月 18—21 日暴雨（降水分布情况已说明），采用等雨量线法求得流域平均降水量。1990 年 7 月 21—23 日暴雨洪水期间，郑店闸上游 20 km 穆桥闸引出水量 0.338 8 亿 m^3 入马颊河，白鹤观闸上游 30 km 处西宗闸引出水量 0.369 6 亿 m^3，白鹤观断面测得的水量 0.935 5 亿 m^3，所以实际产水量 1.643 9 亿 m^3，径流深 R=51.7 mm。

3.2　方案适应能力

该站防洪水位 6.62 m，防洪流量 $Q_{防}$=472 m^3/s（据 1961 年雨型）。共有两次实测洪水超过防洪标准。一次（1974 年）Q_m=530 m^3/s，是 $Q_{防}$的 1.12 倍；另一次（1977 年）Q_m=502 m^3/s，是 $Q_{防}$的 1.06 倍。

本方案适应防洪标准以下的洪水作业预报。由于原始资料复杂，还原计算带有人为性，故使用时应特别慎重。应准确及时地掌握上游蓄水及闸门运行情况，及时修正预报结果。

由于影响因素众多，限于当前条件，方案不能全部反映实际情况，因此不能机械地照搬方案，应对其进行补充和经验修正。

应具体情况具体分析，并采用多种方法，考虑各种因素进行综合分析，确定采用的预报值。

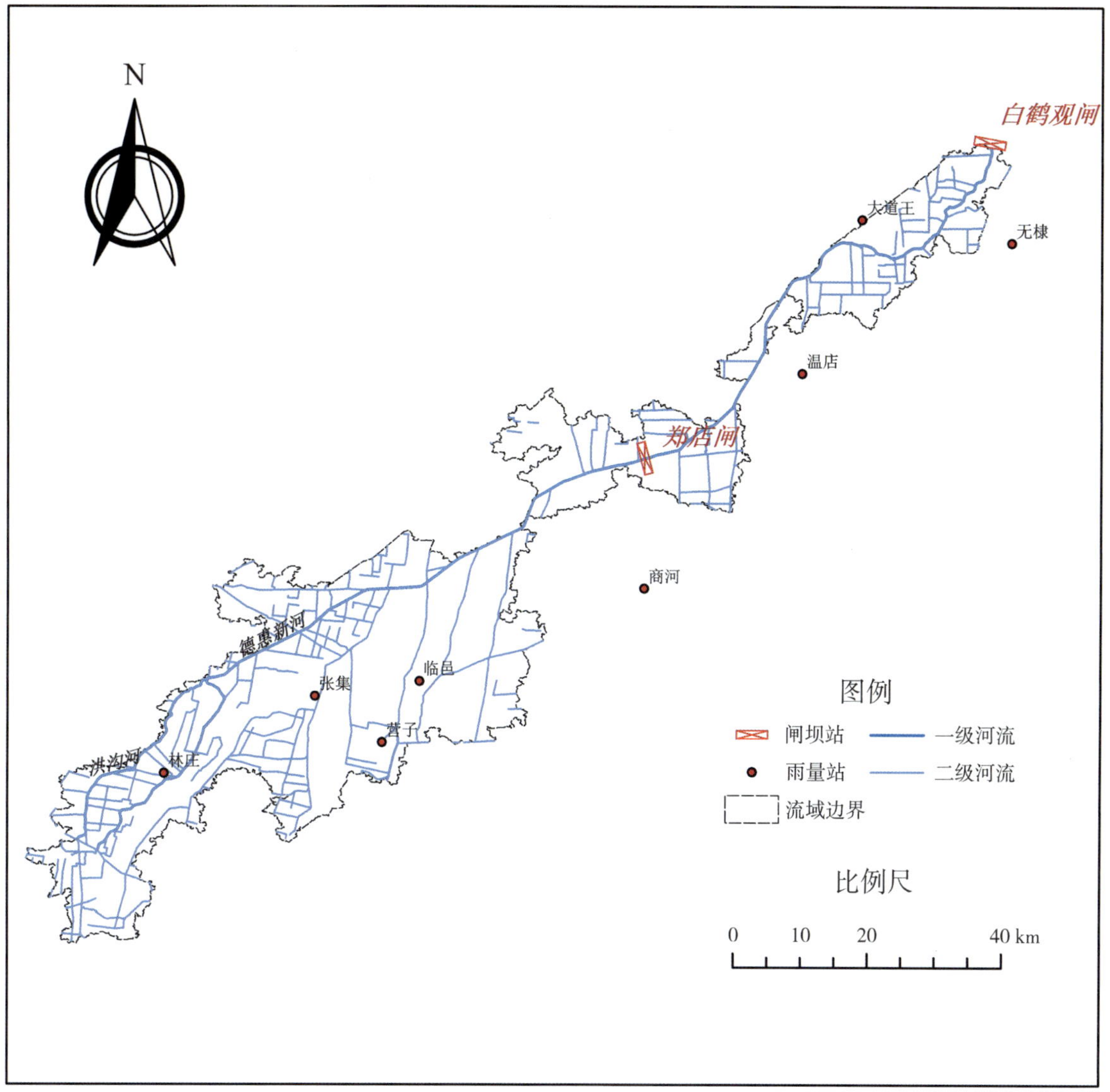

图 9–1　德惠新河白鹤观闸站以上流域图

表 9–3　德惠新河白鹤观闸站降雨径流分析成果表

序号	降雨起讫时间							流域平均雨量 P（mm）	前期影响雨量 P_a（mm）	降雨历时（h）		暴雨中心位置	洪水发生时间									洪水历时（h）	洪峰流量 Q_m（m^3/s）	净峰流量 $Q_{m净}$（m^3/s）	洪峰滞时 t_p（h）	地表径流总量 W（万 m^3）	集水面积 F（km^2）	径流深 R（mm）	最高水位 Z（m）	雨间蒸发 E（mm）	$P-E$（mm）	说明
	起				讫								起涨			峰顶			落平													
	年	月	日	时	月	日	时			全部	有效		月	日	时	月	日	时	月	日	时											
1	1971	7	13	8	7	14	14	105.7	146.2	30	18	下游	7	14	22	7	14	23	7	21	3	149	194	194		147 00	3 182	46.2	5.68	5.0	100.7	
2	1971	7	25	2	7	27	8	110.1	107.3	54	30	中游	7	26	8	7	28	0	8	1	14	150	253	240	40	11 726	3 182	36.9	4.90	10.0	100.1	
3	1971	7	30	8	8	2	8	99.9	147.2	72	30	中游	7	31	14	8	2	18	8	8	8	186	311	290	52	14 285	3 182	44.9	5.36	11.3	88.6	
4	1972	7	6	8	7	8	2	44.4	36.3	42	18	上游	7	9	12	7	9	22	7	12	7	67	59.9	55.0		414	3 182	1.3	2.90	7.5	36.9	闸调节
5	1972	7	20	8	7	21	8	37.1	28.7	24	6	下游	7	21	13	7	21	20	7	24	12	71	46.5	45.0		522	3 182	1.6	5.06	2.5	34.6	闸调节
6	1972	7	26	14	7	27	8	25.8	37.6	18	12	下游	7	28	8	7	28	12	7	29	16	32	62.3	60.0		485	3 182	1.5	5.24	5.0	20.8	闸调节
7	1973	7	28	8	7	29	2	73.0	70.8	18	12	上游	7	28	14	7	31	0	8	6	4	206	233	200	58	4 837	3 182	15.2	5.20	5.0	68.0	闸调节
8	1973	8	30	8	8	31	8	60.1	102.4	24	12		9	1	14	9	4	2	9	10	22	224	173	160	60	5 690	3 182	17.9	5.99	2.0	58.1	闸调节
9	1974	8	7	8	8	10	8	164.2	130.9	72	30		8	9	6	8	11	20	8	21	22	304	457	457		26 580	3 182	83.5	5.97	9.6	154.6	决口峰小
10	1974	8	13	8	8	15	8	83.3	151.0	48	24		8	13	14	8	15	10	8	23	20	246	530	350	44	11 953	3 182	37.6	6.12	4.0	79.3	
11	1974	8	7		8	15		247.5	130.9																	38 533	3 182	121.1		21.1	226.4	
12	1976	7	30	14	8	1	20	125.2	78.6	54	30	上游	7	31	14	8	2	8	8	8	14	192	430	410	60	10 800	3 182	33.9	6.20	2.5	122.7	
13	1976	8	19	20	8	21	8	73.6	122.4	36	18	中上游	8	19	20	8	21	14	8	28	2	198	286	260	42	7 546	3 182	23.7	6.24	2.0	71.6	
14	1977	7	5	8	7	6	20	92.2	109.0	36	12		7	5	8	7	6	22	7	12	8	168	276	270	38	9 504	3 182	29.9	5.03	2.5	89.7	
15	1977	7	19	20	7	23	20	81.9	126.4	96	76		7	22	14	7	24	4	8	3	2	276	279	260	38	9 284	3 182	29.2	4.75	2.5	79.4	
16	1977	8	5	8	8	7	8	114.6	146.0	48	24	下游	8	5	8	8	7	14	8	15	20	252	502	460	36	17 568	3 182	55.2	6.11	2.0	112.6	
17	1978	6	27	20	6	30	2	43.9	42.9	54	12	下游	6	29	23	6	30	5	6	9	0	217	80.4	80.0		1 858	3 182	5.8	3.41	3.0	40.9	闸调节
18	1978	7	24	14	7	26	2	72.5	43.5	36	6		7	26	1	7	27	2	8	1	22	165	71.6	70.0		2 261	3 182	7.1	3.49	2.5	70.0	闸调节
19	1980	6	28	8	6	29	8	42.8	40.2	24	6		6	29	8	7	3	5	7	5	0	136	64.0	60.0		900	3 182	2.8	3.42	3.0	39.8	闸调节
20	1983	7	27	2	7	30	14	113.3	13.0	84	12	中上游	7	29	7	7	31	19	8	5	20	181	215	200	60	4 284	3 182	13.5	5.50	2.5	110.8	闸调节
21	1988	7	18	8	7	21	20	124.5	50.2	84	18	中游	7	18	20	7	21	0	7	28	20	240	175	170	52	7 848	3 182	24.7	5.77	2.5	122.0	闸调节
22	1990	7	21	8	7	23	6	99.9	153.2	46	41	中下游	7	21	14	7	24	13	8	2	12	286	275	230	71	9 355	3 182	29.4	6.47	10.0	89.9	还原处理
23	1991	6	26	2	6	29	0	85.8	35.0	70	66		6	27	22	6	28	14	6	30	19	69	156	144	60	2 084	3 182	6.5		14.0	71.8	
24	1991	7	16	14	7	18	6	61.5	54.6	40	12		7	18	0	7	18	8	7	21	7	79	143	97.0	42	1 059	3 182	3.3		7.0	54.5	
25	1991	7	27	0	7	28	20	80.7	44.1	44	38	中游	7	28	6	7	28	15	8	2	12	126	176	161	39	3 942	3 182	12.4		7.3	73.4	
26	1993	7	8	14	7	16	0	171.5	43.0	178	164		7	10	7	7	12	22	7	25	11	364	122	118	104	5 991	3 182	18.8		39.3	132.2	

续表

序号	降雨起讫时间							流域平均雨量 P（mm）	前期影响雨量 P_a（mm）	降雨历时（h）		暴雨中心位置	洪水发生时间									洪水历时（h）	洪峰流量 Q_m（m^3/s）	净峰流量 $Q_{m净}$（m^3/s）	洪峰滞时 t_p（h）	地表径流总量 W（万 m^3）	集水面积 F（km^2）	径流深 R（mm）	最高水位 Z（m）	雨间蒸发 E（mm）	$P-E$（mm）	说明
	起				讫								起涨			峰顶			落平													
	年	月	日	时	月	日	时			全部	有效		月	日	时	月	日	时	月	日	时											
27	1994	8	3	8	8	7	8	105.0	45.0	96	88	中游	8	7	20	8	8	19	8	13	9	133	263	246	131	4 740	3 182	14.9		11.6	93.4	
28	1996	8	4	20	8	11	6	148.9	56.3	154	132	中下游	8	5	20	8	8	11	8	15	22	242	202	173	87	8 589	3 182	27.0		22.1	126.8	
29	1998	7	7	2	7	14	20	277.4	40.0	186	142		7	23	0	7	24	13	7	25	23	71	179	162	27	9 454	3 182	29.7		25.5	251.9	
30	1998	8	4	2	8	5	6	78.9	49.0	28	14		8	4	12	8	4	18	8	5	20	32	135	128	16	651	3 182	2.0		2.5	76.4	
31	2010	8	8	20	8	11	20	56.1	48.0	72	48	中上游	8	12	21	8	13	6	8	14	10	37	200	182	30	2 518	3 182	7.9	5.89	5.9	50.2	
32	2012	7	30	21	8	5	4	177.5	61.0	127	90	中游	8	3	12	8	5	6	8	11	6	186	242	240	129	14 218	3 182	44.7	6.35	7.0	170.5	
33	2013	7	9	2	7	12	20	128.5	54.0	90	60	中游	7	10	8	7	16	6	7	23	16	320	243	236	135	9 365	3 182	29.4	6.17	10.5	118.0	
34	2015	8	2	20	8	4	14	149.0	88.4	42	24	中上游	8	3	20	8	5	14	8	8	8	104	208	208	54	16 101	3 182	50.6	5.87	20.2	128.8	
35	2016	7	20	2	7	20	20	81.4	56.8	18	18	中上游	7	21	8	7	26	18	8	1	14	270	109	109	66	3 341	3 182	10.5	5.47	6.0	75.4	
36	2016	8	19	2	8	19	20	59.2	74.0	18	6	中下游	8	19	2	8	19	10	8	27	2	192	120	120	8	3 055	3 182	9.6	5.90	6.5	52.7	

表 9–4　德惠新河白鹤观闸站降雨径流预报精度评定表

序号	洪号	$P-E$（mm）	前期影响雨量 P_a（mm）	实测径流深 $R_{实}$（mm）	预报径流深 $R_{预}$（mm）	预报误差（mm）	许可误差（mm）	评定结果		备注
								合格	不合格	
1	710714	100.7	146.2	46.2	54.5	8.3	9.2	√		
2	710728	100.1	107.3	36.9	38.0	1.1	7.4	√		
3	710802	88.6	147.2	44.9	46.5	1.6	9.0	√		
4	720709	36.9	36.3	1.3	2.1	0.8	3.0	√		
5	720721	34.6	28.7	1.6	2.0	0.4	3.0	√		
6	720728	20.8	37.6	1.5	1.0	−0.5	3.0	√		
7	730731	68.0	70.8	15.2	14.5	−0.7	3.0	√		
8	730904	58.1	102.4	17.9	16.5	−1.4	3.6	√		
9	740811	154.6	130.9	83.5	85.0	1.5	16.7	√		
10	740815	79.3	151.0	37.6	40.0	2.4	7.5	√		
11	740811–1	226.4	130.9	121.1	135.0	13.9	20.0	√		
12	760802	122.7	78.6	33.9	39.0	5.1	6.8	√		
13	760821	71.6	122.4	23.7	27.5	3.8	4.7	√		
14	770706	89.7	109.0	29.9	29.5	−0.4	6.0	√		
15	770724	79.4	126.4	29.2	34.0	4.8	5.8	√		
16	770807	112.6	146.0	55.2	63.0	7.8	11.0	√		
17	780630	40.9	42.9	5.8	3.8	−2.0	3.0	√		
18	780727	70.0	43.5	7.1	10.0	2.9	3.0	√		
19	800703	39.8	40.2	2.8	2.8	0.0	3.0	√		
20	830731	110.8	13.0	13.5	11.7	−1.8	3.0	√		
21	880721	122.0	50.2	24.7	27.0	2.3	4.9	√		
22	900724	89.9	153.2	51.7	53.0	1.3	10.3			此次洪水不参加定线
23	910628	71.8	35.0	6.5	8.5	2.0	3.0	√		
24	910718	54.5	54.6	3.3	7.0	3.7	3.0		√	
25	910728	73.4	44.1	12.4	11.0	−1.4	3.0	√		
26	930712	132.2	43.0	18.8	27.7	8.9	3.8		√	
27	940808	93.4	45.0	14.9	17.5	2.6	3.0	√		
28	960808	126.8	56.3	27.0	30.0	3.0	5.4	√		
29	980724	251.9	40.0	29.7	70.0	40.3	5.9			此次洪水不参加定线
30	980804	76.4	49.0	2.0	12.7	10.7	3.0		√	
31	100813	50.2	48.0	7.9	6.0	−1.9	3.0	√		
32	120805	170.5	61.0	44.7	49.6	4.9	8.9	√		
33	130716	118.0	54.0	29.4	39.6	10.2	5.9		√	
34	150805	128.8	88.4	50.6	55.1	4.5	10.1	√		
35	160726	75.4	56.8	10.5	16.0	5.5	3.0		√	
36	160819	52.7	74.0	9.6	12.5	2.9	3.0	√		

备注：合格率为 85.3%，属甲级方案。

表 9-5　德惠新河白鹤观闸站峰量关系精度评定表

序号	洪号	降雨起讫时间							暴雨中心位置 P_ϕ	实测径流深 $R_{实}$（mm）	净峰流量（m^3/s）					洪峰传播时间（h）				
		起				讫					$Q_{m净实}$	$Q_{m净预}$	$\Delta Q_{m允}$	评定结果		$t_{p实}$	$t_{p预}$	$\Delta t_{p允}$	评定结果	
		年	月	日	时	月	日	时						合格	不合格				合格	不合格
1	710728	1971	7	25	2	7	27	8	中游	36.9	240	282	48.0	√		40	41	8	√	
2	710802	1971	7	30	8	8	2	8	中游	44.9	290	325	58.0	√		52	43	10	√	
3	730731	1973	7	28	8	7	29	2	上游	15.2	200	118	40.0		√	58	47	12	√	
4	730904	1973	8	30	8	8	31	8	普雨	17.9	160	175	32.0	√		60	48	12	√	
5	740815	1974	8	13	8	8	15	8	普雨	37.6	350	285	70.0	√		44	41	9	√	
6	760802	1976	7	30	14	8	1	20	中游	33.9	410	266	82.0		√	60	41	12		√
7	760821	1976	8	19	20	8	21	8	中上游	23.7	260	168	52.0		√	42	41	8	√	
8	770706	1977	7	5	8	7	6	20	普雨	29.9	270	245	54.0	√		38	41	8	√	
9	770724	1977	7	19	20	7	23	20	普雨	29.2	260	241	52.0	√		38	41	8	√	
10	770807	1977	8	5	8	8	7	8	下游	55.2	460	430	92.0	√		36	40	7	√	
11	830731	1983	7	27	20	7	30	14	中上游	13.5	200	108	40.0		√	60	49	12	√	
12	880721	1988	7	18	8	7	21	20	中游	24.7	170	213	34.0		√	52	46	10	√	
13	900724	1990	7	21	8	7	23	6	中下游	51.7	230	410	46.0		√	71	41	14		√
14	910728	1991	7	27	0	7	28	20	中游	12.4	161	139	32.2	√		39	45	8	√	
15	940809	1994	8	3	8	8	7	8	中游	14.9	246	155	49.2		√	55	41	11		√
16	960808	1996	8	4	20	8	11	6	中下游	27	173	250	34.6		√	87	75	17	√	
17	100813	2010	8	8	20	8	11	20	中上游	7.9	182	164	36.4	√		130	55	26		√
18	120805	2012	7	30	21	8	5	4	普雨	44.7	240	272	48.0	√		129	46	26		√
19	130716	2013	7	9	2	7	12	20	中游	34.5	236	268	47.2	√		109	44	22		√
20	150805	2015	8	2	20	8	4	14	中上游	50.6	208	310	41.6		√	54	46	11	√	
21	160726	2016	7	20	2	7	20	20	中上游	10.5	109	107	21.8	√		66	57	13	√	
22	160819	2016	8	19	2	8	19	20	中下游	9.6	120	125	24.0	√		8	54	2		√

备注：1. R-P_ϕ-$Q_{m净}$线合格率为 59.1%；2. $Q_{m净}$-P_ϕ-t_p 线合格率为 68.2%，为丙级方案。

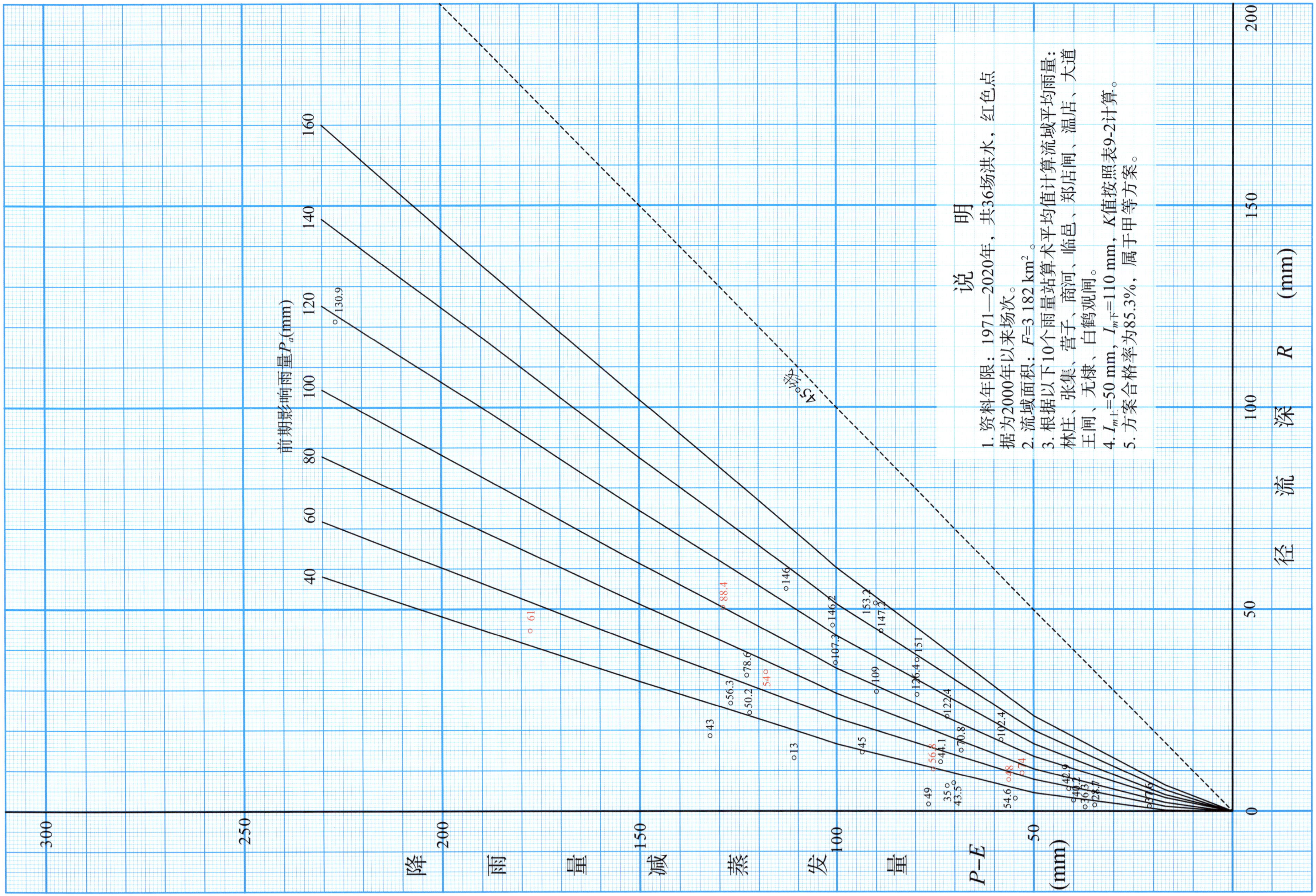

图 9-2　德惠新河白鹤观闸站降雨径流相关图

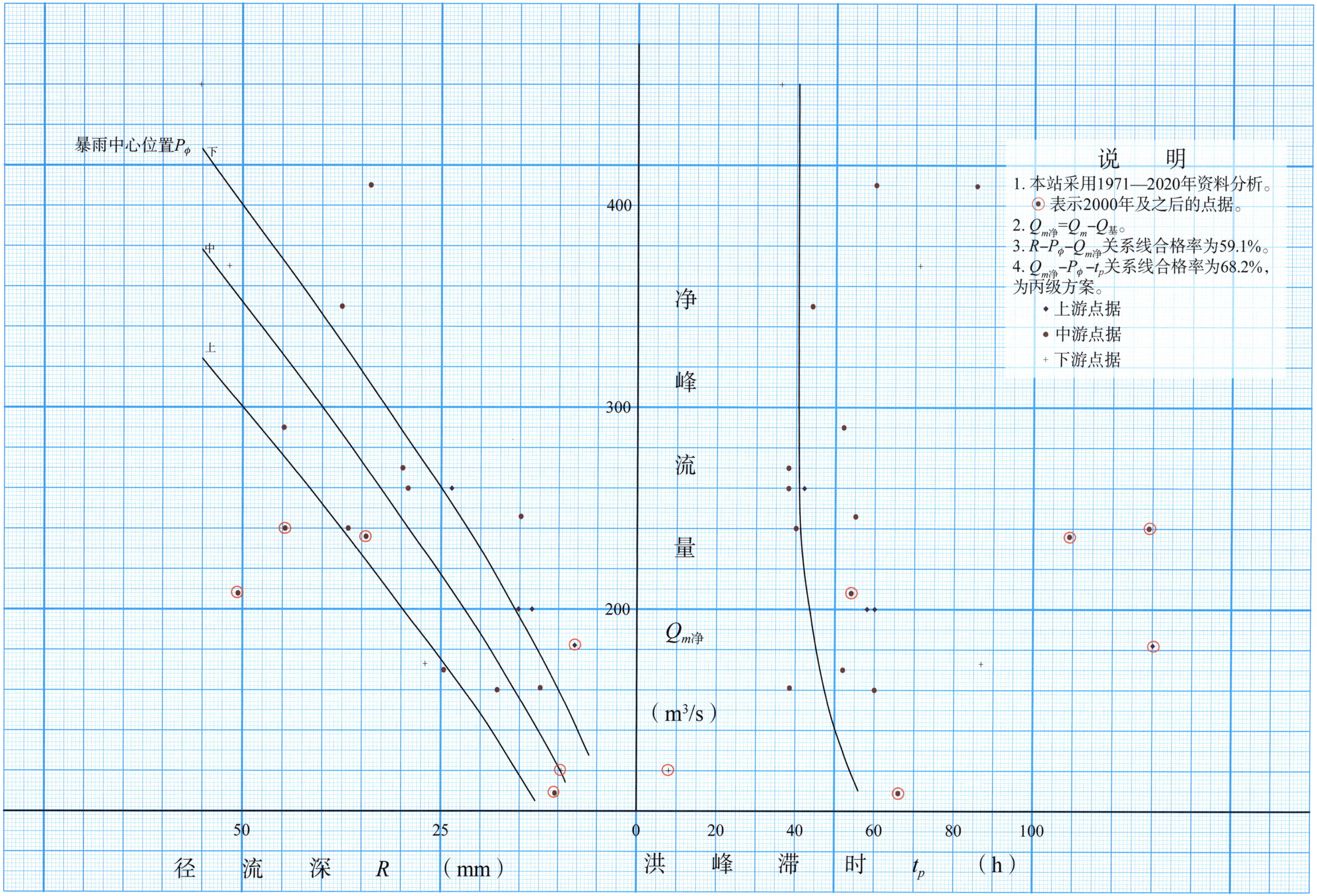

图 9–3　德惠新河白鹤观闸站峰量相关图

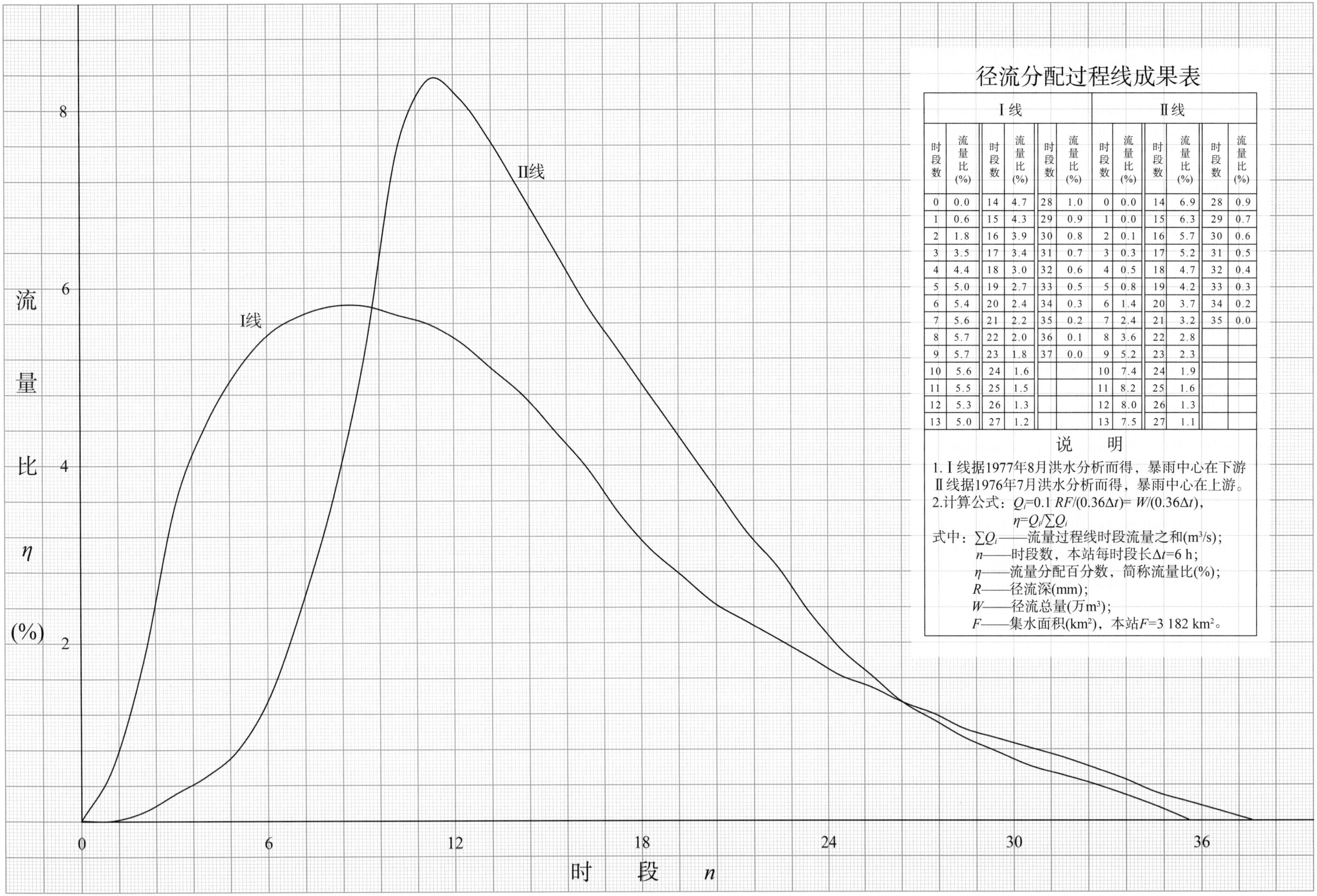

径流分配过程线成果表

Ⅰ线						Ⅱ线					
时段数	流量比(%)	时段数	流量比(%)	时段数	流量比(%)	时段数	流量比(%)	时段数	流量比(%)	时段数	流量比(%)
0	0.0	14	4.7	28	1.0	0	0.0	14	6.9	28	0.9
1	0.6	15	4.3	29	0.9	1	0.0	15	6.3	29	0.7
2	1.8	16	3.9	30	0.8	2	0.1	16	5.7	30	0.6
3	3.5	17	3.4	31	0.7	3	0.3	17	5.2	31	0.5
4	4.4	18	3.0	32	0.6	4	0.5	18	4.7	32	0.4
5	5.0	19	2.7	33	0.5	5	0.8	19	4.2	33	0.3
6	5.4	20	2.4	34	0.3	6	1.4	20	3.7	34	0.2
7	5.6	21	2.2	35	0.2	7	2.4	21	3.2	35	0.0
8	5.7	22	2.0	36	0.1	8	3.6	22	2.8		
9	5.7	23	1.8	37	0.0	9	5.2	23	2.3		
10	5.6	24	1.6			10	7.4	24	1.9		
11	5.5	25	1.5			11	8.2	25	1.6		
12	5.3	26	1.3			12	8.0	26	1.3		
13	5.0	27	1.2			13	7.5	27	1.1		

说　　明

1. Ⅰ线据1977年8月洪水分析而得，暴雨中心在下游Ⅱ线据1976年7月洪水分析而得，暴雨中心在上游。

2.计算公式：$Q_i=0.1\ RF/(0.36\Delta t)=W/(0.36\Delta t)$，

$\eta=Q_i/\sum Q_i$

式中：$\sum Q_i$——流量过程线时段流量之和(m^3/s)；

n——时段数，本站每时段长Δt=6 h；

η——流量分配百分数，简称流量比(%)；

R——径流深(mm)；

W——径流总量(万m^3)；

F——集水面积(km^2)，本站F=3 182 km^2。

图 9–4　德惠新河白鹤观闸站径流分配过程线图

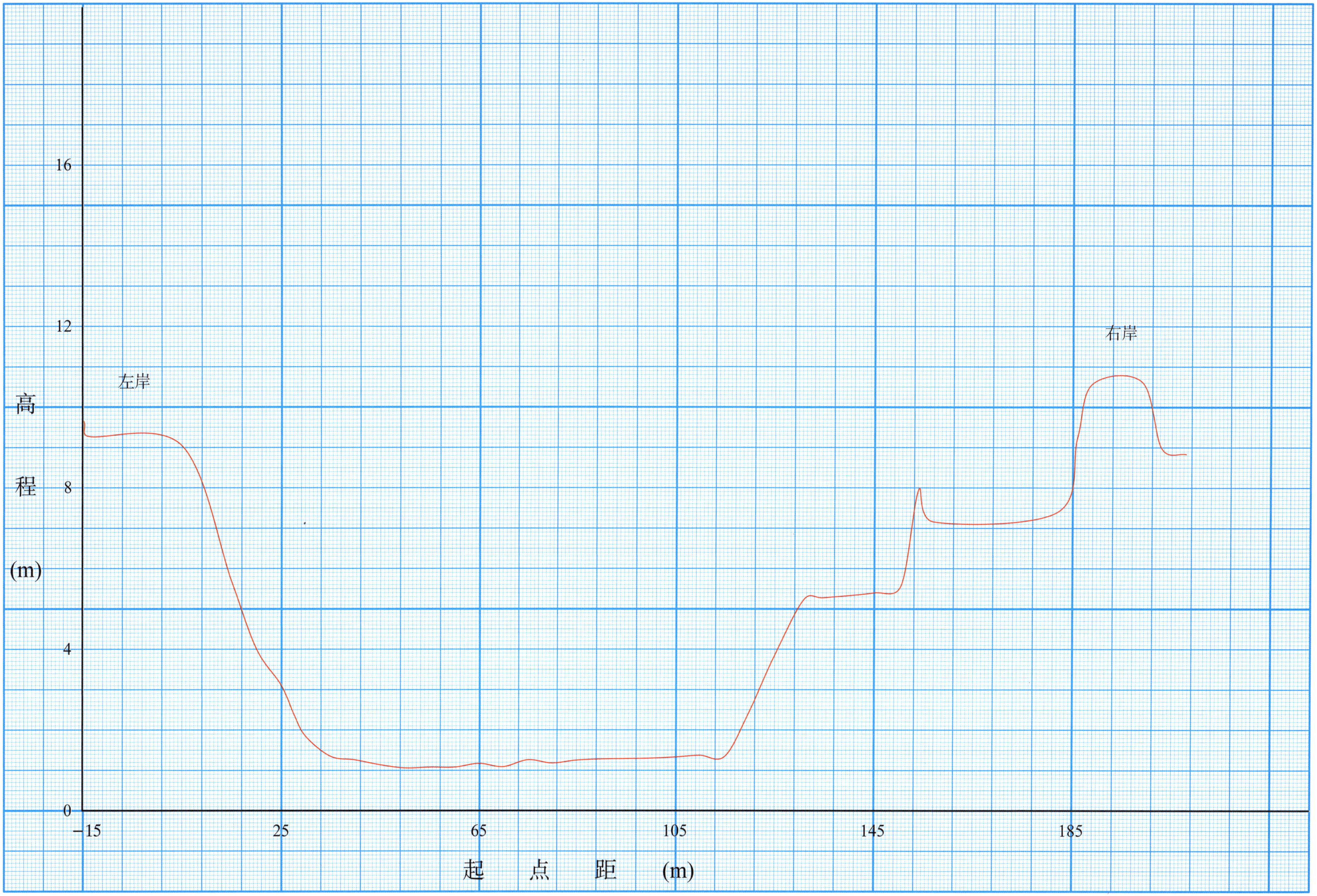

图 9-5　2022 年白鹤观闸站大断面图

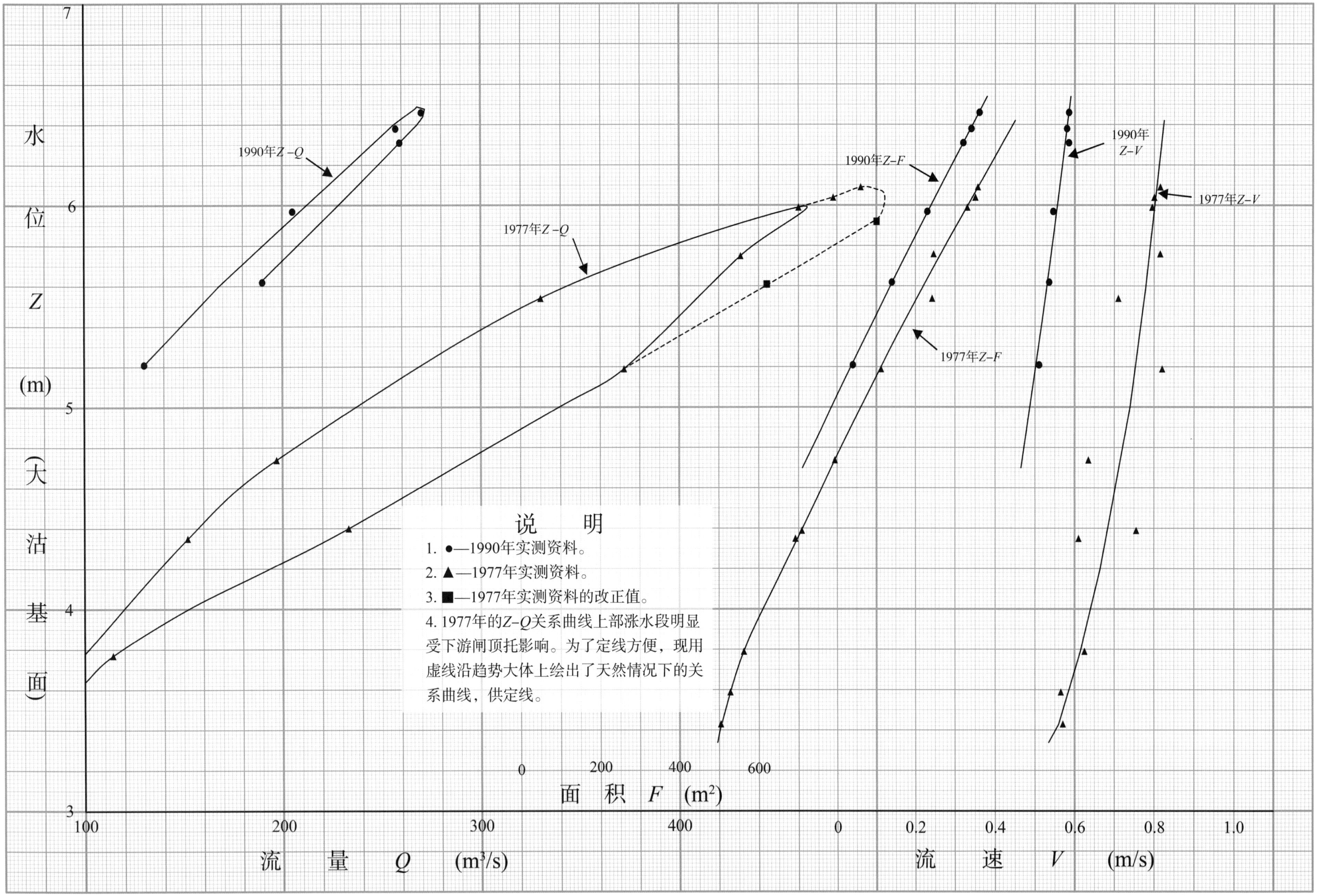

图 9–6　德惠新河白鹤观闸站水位 – 流量、水位 – 面积、水位 – 流速关系曲线图

第十章　徒骇河刘桥闸站水文预报方案编制说明

1　流域概况

1.1　流域自然地理特征

徒骇河属海河流域独立入海的河流，位于山东省境内黄河以北。徒骇河流域面积 13 902 km^2，河流全长 436 km。流域呈狭长形，流域坡度一般为 1/5 000 ~ 1/10 000。该流域沉积了极厚的松散土层，沉积物主要为黄河冲积泥沙，土壤岩性大部分为黏土、亚黏土、亚砂土和粉细砂。包气带与潜水变幅带主要为亚砂土与亚黏土构成的弱透水层。农作物以小麦、玉米、棉花为主。

徒骇河干流在聊城市境内长 169.5 km，流域面积 5 182.65 km^2，占聊城市总面积（8 715 km^2）的 59.47%。现有拦河闸（坝）13 座，直接汇入徒骇河干流的流域面积在 100 km^2 以上的支流有 13 条。1996—2000 年对徒骇河干流进行了综合治理，2019 年再次进行了防洪治理，其行洪、排涝能力基本得到恢复。

本流域位于暖温带季风气候区，冬季在蒙古高压控制之下，空气寒冷而干燥，雨雪稀少；夏季亚热带太平洋暖气团势力增强，冷暖气团交汇机会较多，降雨集中；春季干燥多风；秋季天高气爽。流域多年平均降水量在 600 mm 左右，6—9 月降水量占全年降水量的 70% ~ 80%。在空间分布上自东南向西北递减。从年际变化来看，丰水年的降水量约为枯水年的 3 ~ 4 倍。本河流为排涝河道，径流时空分布与降水量基本一致，多年平均年径流深约为 50 mm。在气候、水文、地质、土壤诸因素综合影响下，徒骇河易旱、易涝、易碱。刘桥闸河道站以上流域图见图 10–1。

1.2　历史洪水

近期徒骇河刘桥闸历史洪水主要发生在 1985 年 7 月、1996 年 8 月、1998 年 8 月、2003 年 10 月、2010 年 9 月、2013 年 7 月。

1985 年 7 月洪水，降雨发生在 7 月 23 日 14 时至 24 日 20 时，暴雨中心雨量 329 mm，位于刘桥闸站以上流域中游的聊城站，雨量大于 200 mm 的雨区面积 767 km^2，最小点雨量 4 mm。降雨特点为历时短，强度大，笼罩面积较小，降雨分布不均匀，流域前期严重受旱。流域次平均雨量 117.9 mm，前期影响雨量 10.3 mm，实测洪峰流量 357 m^3/s，洪水历时 227 h，洪水总量 9 622 万 m^3。

1996 年 8 月洪水，降雨发生在 8 月 4 日 14 时至 8 日 8 时，暴雨中心雨量 124 mm，位于刘桥闸站以上流域中上游的安乐镇站，最小点雨量 34 mm。降雨特点为历时较长，强度不大，降雨分布不均匀，流域前期比较湿润。流域次平均雨量 99.9 mm，前期影响雨量 103.6 mm，降水总历时 90 h，有效降雨历时 80 h，实测洪峰流量 238 m^3/s，洪水历时 167 h，洪水总量 10 649 万 m^3。

1998 年 8 月洪水，降雨发生在 8 月 3 日 22 时至 10 日 6 时，暴雨中心雨量 281 mm，位于刘桥闸站以上流域上游的阳谷站，最小点雨量 101 mm。降雨特点为历时较长，强度不大，降雨分布较均匀，降雨间断时间短，洪水较难分割，流域前期比较干旱。流域次平均雨量 155.6 mm，前期影响雨量 42.2 mm，降水总历时 152 h，有效降雨历时 88 h，洪水受闸门调控影响较大，洪峰流量 578 m^3/s，洪水历时 271 h，洪水总量 7 208 万 m^3。

2003 年 10 月洪水，降雨发生在 10 月 9 日 23 时至 12 日 7 时，暴雨中心雨量 167 mm，位于刘桥闸站以上流域上游的莘县站，最小点雨量 113 mm。降雨特点为历时较长，强度较大，降雨分布较均匀，流域前期比较湿润。流域次平均雨量 134.8 mm，前期影响雨量 69.2 mm，降水总历时 70 h，有效降雨历时 56 h，洪水受闸门调控影响较大，洪峰流量 261 m^3/s，洪水历时 153 h，洪水总量 10 172 万 m^3。

2010 年 9 月洪水，降雨发生在 9 月 6 日 0 时至 8 日 7 时，暴雨中心雨量 182 mm，位于刘桥闸以上流域中上游的安乐镇站，最小点雨量 36 mm。降雨特点为历时较长、强度较大，降雨分布较均匀，流域前期比较湿润。流域次平均雨量 115.7 mm，前期影响雨量 110.0 mm，降水总历时 55 小时，有效降雨历时 48 h，洪水受闸门调控影响较大，洪峰流量 399 m^3/s，洪水历时 216 h，洪水总量 17 554 万 m^3。

2013 年 7 月洪水，降雨发生在 7 月 23 日 0 时至 26 日 22 时，暴雨中心雨量 303.5 mm，位于刘桥闸站以上流域中游的聊城站，最小点雨量 33.5 mm。降雨特点为历时较长，强度较大，降雨分布较均匀，流域前期比较湿润。流域次平均雨量 113.6 mm，前期影响雨量 128.4 mm，降水总历时 94 h，有效降雨历时 42 h，洪水受闸门调控影响较大，洪峰流量 555 m^3/s，洪水历时 264 h，洪水总量 19 914 万 m^3。

1.3　水利工程情况

徒骇河自 1965 年开始按 1964 年雨型（45 天降雨 400 mm）排涝，1961 年雨型（45 天降雨 600 mm）防洪进行扩大治理，于 1971 年基本完成。徒骇河扩大治理后，干流下游防洪保证流量由 636 m^3/s 提高到 1 746 m^3/s。

为拦蓄地表水资源，徒骇河刘桥闸以上先后建成 13 座拦河闸坝及橡胶坝，分别为安楼闸、远庙闸、马集闸、滑营闸、杨庄闸、郑庄橡胶坝、李凤桃闸、王堤口闸、昌东橡胶坝、北城橡胶坝、博平闸、陶桥闸、刘桥闸等拦河工程，对洪水有较大的调控作用，在洪水预报时应充分考虑各拦河闸的蓄水情况。各闸坝的设计指标见表 10–1。

表 10-1　徒骇河拦河闸（橡胶坝）情况统计表

闸（橡胶坝）名称	位置	设计闸底高程（m）	闸门尺寸			除涝设计		防洪设计		汛期控制水位（m）
			孔数	宽（m）	高（m）	水位（m）	流量（m^3/s）	水位（m）	流量（m^3/s）	
安 楼	聊城市莘县	41.72	3	3	3	44.72	55.0			
远 庙	聊城市莘县	39.75	3	4	3.5	43.75	65.6		103.7	42.75
马 集	聊城市莘县	38.93	3	4	5	42.13	74.1			
滑 营	聊城市莘县	34.15	5	4	4	38.15	147	39.35	225	37.15
杨 庄	聊城市莘县	32.60	6	4	4	36.60	157	37.79	238	35.60
郑庄橡胶	聊城市莘县	32.00	1	52.7	4	35.51	180	36.78	273	
李凤桃	聊城市莘县	31.17	5	8	4	35.27	226	36.61	343	
王堤口	聊城市东昌府区	29.14	6	10	5.5	33.64	323	35.35	488	32.64
昌东橡胶	聊城市东昌府区	27.15	1	93.5	4.6	31.10	323	32.60	498	29.50
北城橡胶	聊城市东昌府区	26.65	1	107.3	4.85	30.25	323	31.75	560	
博 平	聊城市东昌府区	24.60	9	9	5.9	29.10	401	30.63	680	
陶 桥	聊城市茌平区	23.20	7	10	5	27.92	410	29.45	623	26.92
刘 桥	聊城市高唐县	20.39	10	5.8	5	24.77	433	26.50	657	23.77

1.4　测站概况

刘桥闸水文站为徒骇河上游基本控制站，集水面积 4 444 km^2，在本区王堤口闸以上区域为井灌与渠灌结合区，地下水受农业开采影响，地下水埋深一般在 4 ~ 6 m，有的已形成漏斗区，中心最大埋深达 15 m 以上。王堤口闸至刘桥闸区间为引黄灌区，地下水埋深一般在 2 ~ 4 m。

刘桥闸上游 22.3 km 处为陶桥闸，下游 30km 处为德州市的南营闸，1963 年设站，1972 年建闸。该节制闸为矩形直升平底闸，闸总宽 65.2 m，共 10 孔，每孔净宽 5.8 m，闸门采用钢质平板，闸底高程 20.39 m，闸后 15 m 和 25 m 设有高于闸底 1.00 m 和 0.60 m 的消力坎。目前，该站测验项目有闸上、闸下水位和过闸流量、泥沙以及闸门开高、开启孔数、流态等。

1.5　河道治理情况

1949 年之前徒骇河河道狭窄，洪涝灾害严重。为了兴利除害，先后进行了多次治理。1954 年治理疏浚；1958 年 11 月高唐县兴建平原水库，蓄水灌溉后引起土地碱化，于 1962 年废除。1958 年 5 月兴建位山引黄枢纽工程，灌溉聊城地区 480 万亩土地。1963 年 8 月卫河决口，洪水侵入徒骇河。此后，该河治理以“搬旧堤筑新堤”为主，聊城四河头以下堤距展宽为 200 m，新堤顶高出 50 年一遇的洪水位 2 m，于 1964 年 12 月全部完成。

1965 年春开始，徒骇河干流按 1964 年雨型（45 天降水量 400 mm）治理，各支流河道同时进行了排涝治理。自 20 世纪 70 年代初期开始，徒骇河改为排灌两用河流，在干流先后建成远庙、滑营、杨庄、李凤桃、王堤口、昌东橡胶坝、陶桥、刘桥 8 座拦河闸（橡胶坝），年最大蓄水能力 0.286 4 亿 m^3。自 1971 年位山引黄灌区复灌以来，由于引黄干渠与河道水量串通，徒骇河淤积严重，1970 年至 1984 年平均淤积达 1.2 m 深，平均淤积断面占设计过水断面的 44%，降低过水能力 42%。莘县金钱河入口至陶桥闸河段长 67 km，河床淤积高 2.0 ~ 2.5 m。王堤口闸因受引黄三干渠过水影响，闸前淤积更为严重，每年须进行清淤才能行洪。

2　预报方案编制

2.1　资料情况及方案沿革

2.1.1　预报区间及资料情况

刘桥闸站预报区间为刘桥闸至河源，总集水面积 4 444 km^2。自 20 世纪 50 年代末河道治理后，降雨产流较为正常，由于 70 年代初建闸蓄水以及引黄用水，地表径流受到人为用水影响，使降雨产流不相适应，水文规律发生了显著变化，实测资料很难反映客观实际。因此，分析计算工作非常困难。

本次修订预报方案以 2016 年预报方案为基础，资料系列延长至 2020 年，选用代表性较强、受人为因素影响较小的资料，增加近期较大洪水实测资料，即资料系列为 1971 年至 2020 年，共 66 场次洪水资料。

2.1.2　方案沿革

刘桥闸站预报方案于 1990 年分析编制完成，原预报方案中产流方案主要采用降雨径流经验相关法，汇流方案采用峰量关系图、径流分配过程线等方法。

历史修订情况：1990 年方案选用 1971 年至 1990 年的受工程影响较小、较大降雨形成的径流过程资料。2006 年修订时新增降雨径流关系点据 7 个，降雨径流相关图不变。在 2016 年修订过程中，对 2006—2015 年实测资料进行了筛选，经分析，新增降雨径流关系点据 20 个，降雨径流相关图不变。

本次修订是在 2016 年修订方案的基础上进行修订的，新增降雨径流关系点据 1 个，新增点据超过误差允许范围，但因本次添加点据较少，且洪水受人为影响较大，关系线保持不变；在原汇流方案峰量关系图中新增 1 个点据，关系线保持不变；沿用原方案中的经流分配过程线；利用 2010 年、2013 年、2020 年洪水资料新增时段为 2 h 的三条单位线。

2.2　产流方案

产流预报依据蓄满产流的基本原理，采用降雨径流经验相关的方法。

2.2.1 主要参数的计算

2.2.1.1 流域平均雨量P的计算

流域平均雨量采用观城、莘县、阳谷、安乐镇、聊城、博平、刘桥闸站雨量的算术平均法计算。

2.2.1.2 流域平均前期影响雨量P_a的计算

一般每年的6月16日或6月26日对水系内的墒情站监测一次墒情并上报，从这时开始计算P_a初值。$P_{a上}$、$P_{a下}$采用该日实测的流域平均土壤含水量换算。$P_{a下}=0.35\times 1\ 000\times(\rho-5\%)\times\gamma_0$，式中，0.35为下层土壤厚度，以m计；$\rho$为流域平均含水量；5%为土壤凋萎含水量；$\gamma_0$为土壤干容重，采用1.3 g/cm^3。

由于土壤水分在上下两层的蒸发损失过程中有很大差别，所以分层计算P_a值。

有降雨时，完全满足上层缺水量（$I_{m上}-P_{a上}$）后才开始渗透补给下层，满足下层缺水量后才开始产流。

无降雨时，上层土壤水分按蒸发能力递减，直至上层土壤含水量达到枯竭（土壤含水量5%，$P_{a上}=0$），此时下层土壤水分才按消退系数K消退，当$P_{a下}=0$时，下层土壤水分停止消退。

（1）$P_{a上}$的计算

当$P_{a上,t}+P_t\geqslant E_t$时，

$$P_{a上,t+1}=P_{a上,t}+P_t-R_t-E\qquad(0\leqslant P_{a上,t+1}\leqslant I_{m上})$$

（2）$P_{a下}$的计算

当$P_t+P_{a上,t}=0$时，

$$P_{a下,t+1}=KP_{a下,t}$$

式中：K为消退系数，采用公式$K=1-E_m/I_{m下}$求得。各站不同月份不同天气情况的K值表10–2。

当$P_{a上,t}+P_t-R_t-E_t>I_{m上}$时，

$$P_{a下,t+1}=P_{a下,t}+(P_{a上,t}+P_t-R_t-E_t-I_{m上})\qquad(P_{a下,t+1}\leqslant I_{m下})$$

（3）$P_{a上}$、$P_{a下}$混合计算

$$P_{a上,t+1}=0$$

$$P_{a下,t+1}=P_{a下,t}\left(1-\frac{E_t-P_t-P_{a上,t}}{I_{m下}}\right)\qquad(0<P_t+P_{a上,t}<E_t)$$

表10–2 前期影响雨量递减系数K表

类型			4月	5月	6月	7月	8月	9月	10月
无雨日	I_m（mm）	100	0.94	0.92	0.92	0.945	0.956	0.965	0.975
		110	0.946	0.927	0.927	0.95	0.95	0.968	0.977
		120	0.95	0.933	0.933	0.954	0.954	0.971	0.979
		130	0.954	0.938	0.938	0.958	0.958	0.973	0.981

续表

类型			4月	5月	6月	7月	8月	9月	10月
晴雨日	I_m（mm）	100	0.945	0.945	0.945	0.95	0.962	0.973	0.98
		110	0.95	0.95	0.95	0.955	0.965	0.975	0.982
		120	0.954	0.954	0.954	0.958	0.968	0.978	0.983
		130	0.958	0.958	0.958	0.962	0.971	0.979	0.985
全雨日	I_m（mm）	100	0.98	0.975	0.97	0.975	0.98	0.985	0.99
		110	0.982	0.977	0.973	0.977	0.982	0.986	0.991
		120	0.983	0.979	0.975	0.979	0.983	0.988	0.992
		130	0.985	0.981	0.977	0.981	0.985	0.988	0.992

2.2.1.3 最大初损值I_m的确定

本方案采用的I_m值是1990年编制方案时分析得出的，本次未重新分析。I_m值采用下式计算：

$$I_m=P+P_a-R-E$$

式中：P为流域平均降雨量（mm）；P_a为前期影响雨量（mm）；R为径流深（mm）；E为雨间蒸发量（mm）。

分析时，考虑不同深浅的土层具有不同的蒸发能力，把流域下垫面土壤分为上、下两层。上层即耕作层，厚度约0.15 m；下层即上层以下至水分强烈活动层的下限处，厚度为0.3～0.5 m。上层的最大损失量$I_{m上}=S+$填洼量+截留量，式中，S为上层田间持水量；截留量定为6 mm；由于河道治理以后，洼地排水一般比较畅通，暂不考虑填洼量，但由于河道淤积及田间排水工程的破坏，填洼损失将越来越大。上层深度采用0.15 m，田间持水量为25%，土壤凋萎含水量为5%，土壤干容重为1.3 g/cm^3。则$S=0.15\times 1\ 000\times(25\%-5\%)\times 1.3=39$ mm，再加上截留量6 mm，所以$I_{m上}=45$ mm。$I_{m下}=I_m-I_{m上}$。由于采用计算出来的$I_{m上}$，$I_{m下}$值计算$P_{a上}$、$P_{a下}$所点绘的降雨径流相关图点据有时不佳，在这种情况下，又采用了试算法。通过变动$I_{m上}$、$I_{m下}$值，再次计算$P_{a上}$、$P_{a下}$值，并点绘降雨径流相关图，最后选用相关关系好的$I_{m上}$、$I_{m下}$。徒骇河$I_{m上}=40～70$ mm；$I_{m下}=110～130$ mm，各站I_m分析成果见表10–3。

表10–3 流域最大损失量I_m表

河名	站名	$I_{m上}$（mm）	$I_{m下}$（mm）
徒骇河	刘桥闸	40	130
	刘桥闸—宫家闸	40	130
	宫家闸	60	120
徒骇河	宫家闸—堡集闸	70	110
	堡集闸	60	110

2.2.1.4 蒸发能力E_m的推求

在土壤充分供水的条件下，蒸发量近似等于蒸发能力。一般情况下，土壤蒸发量小于蒸发能力。本流域内有三处蒸发站，均采用E601型蒸发皿观测资料。由于夜间无光照、温度低，所以蒸发能力极微，大量水分均在白天蒸发掉。因此，将单站蒸发资料按月份分为三种情况进行统计：①无雨日——全日无雨；②全雨日——白天（8—20时）降雨历时达到或超过6 h，或白天降雨量达到或超过20 mm；③晴雨日——白天降雨历时不足6 h或白天降雨量不足20 mm。

将上述三种情况分别求得月平均蒸发量，最后综合对比多站分析成果，发现成果比较接近。因此，流域采用统一的蒸发分析成果参加计算。蒸发能力综合成果见表10–4。

表10–4 蒸发能力E_m表 单位：mm

类型	4月	5月	6月	7月	8月	9月	10月
无雨日	6.0	8.0	8.0	5.5	4.4	3.5	2.5
晴雨日（白天降雨历时小于6 h或白天雨量不足20 mm）	5.5	5.5	5.5	5.0	3.8	2.7	2.0
全雨日（白天降雨历时大于等于6 h，或白天雨量达到或超过20 mm）	2.0	2.5	3.0	2.5	2.0	1.5	1.0

2.2.2 精度评定

本次修订是在2016年基础上进行的，2016年修订时新增2006年以后降雨径流关系点据20个；本次修订，由于近期无较大洪水，仅选取一场洪水，由于本次洪水经过水利调度，受人为影响较大，为不合格点据。方案共选用65个点据，合格点据为45个，总合格率为69%，属丙级方案，详见表10–5、图10–2。

2.3 汇流方案

汇流方案主要采用峰量关系图、径流分配过程线及经验单位线等方法。

2.3.1 峰量关系图R-P_ϕ-$Q_{m净}$

平原地区峰量关系比较复杂，且工程治理前的实测峰量关系资料已无代表性，故只选用1971年以后的实测洪水点据，但大部分洪峰流量受闸门影响，难以改正，因此选取的合理点据不多，定线困难。峰量关系方案大都采用合轴相关图的形式，主要选用以暴雨中心位置P_ϕ为参数的相关图。2016年方案修订，刘桥闸站补充了12场次洪水的峰量关系点据，重新定线，本次修订仅新增1场洪水，但受水利工程调度影响较大，为不合格点据。净峰流量合格点据22个，不合格点据14个，合格率为61%，为丙级方案，主要是因为拦河闸门变动改变了洪水过程，直接影响洪水峰量关系。洪峰滞时合格点据为27个，不合格点据为9个，合格率75%，为乙级方案，因点据不足，降级使用，不合格点据主要原因是田间排水系统受到破坏，滞蓄时间较长，加大了降水损失量。相关分析见表10–6、图10–3。

2.3.2 历年典型洪水的水位流量关系曲线

本次修订保留原方案1990年7月的水位－流量关系曲线，2013年7月的水位－流量关系线，详见图10–4。

通过上述方案，可以预报出各有关预报站河段的洪峰流量，但为了防汛需要，尚需预报其洪峰水位，为此分别绘制了历年水位与流量、面积、流速关系曲线图，以便在预报出洪峰流量之后，再根据断面淤积、洪水涨落趋势等情况预报出洪峰水位或水位过程。

2.3.3 径流分配过程线及经验单位线

为了简捷快速地推求各河洪水过程，采用径流分配过程线。首先选择标准暴雨洪水样本（包括暴雨中心位置分别在上、中、下游），然后点绘洪水流量过程线，再分割基流，求得地表径流过程。

$$\sum Q_i = W/(0.36\Delta t) = 0.1RF/(0.36\Delta t)$$

$$\eta = Q_i / \sum Q_i$$

式中：η为时段Δt相应净流量分配数（简称流量比）（%）；Q_i为时段相应净流量（m^3/s）；$\sum Q_i$为时段净流量之和（m^3/s）；W为地表径流总量（万m^3）；Δt为时段长（h）；R为径流深（mm）；F为集水面积（km^2）。

采用上式分别计算出典型洪水的时段流量比η（%），点绘出的过程线即为径流分配过程线。因有特定条件，如暴雨中心位置、雨型分配，在套用时应特别注意，径流分配过程线图见图10–5。

本次修订新补充3条单位线，采用130814（中游）、100810（中游）、200816（上游）共3场次实测洪水资料，分析出较典型的3条单位线，Δt取2 h，两条中游关系线中，130814场次洪水比较贴近自然状态，100810场次洪水受闸门影响较大，预报时可根据实际情况参考两条线进行预报，近几年由于降雨中心基本位于中上游，故未分析降雨中心在下游的关系线，详见图10–6。

2.3.4 大断面图

在本次修订中，根据资料选用情况，绘制了资料初期1995年、资料中期2005年以及资料末期2020年三年的大断面图，能较好反映断面冲淤情况。从图10–7上可以看出，经过25年的治理，河底高程有所降低。

3 方案使用说明

3.1 产流方案

由于流域内人类活动影响比较大，当出现全流域大暴雨情况进行洪水作业预报时，需要根据具体情况具体分析。

3.2 汇流方案

1972 年以后大量引黄，既抬高了地下水位，又产生了部分尾水回归河道。受各种因素综合影响，实测资料发生了严重的“失真”现象，由于连续降雨及河道行洪能力发生变化，复式洪峰情况非常复杂。对于洪水过程的处理，首先分析标准径流过程线样本及退水曲线，对实测洪水进行雨洪对应分析，并对洪水过程线合理切割河道基流。对于闸前有蓄水的情况，要去掉闸前蓄水。

3.3 方案使用经验

徒骇河设计防洪流量 657 m^3/s，实测最大流量 554 m^3/s, 占设计防洪流量的 84%，历史上未出现超过设计防洪流量的洪水，今后若出现超标准洪水，预报时要全面分析，加强预报会商，尽量使预报符合实际情况。由于影响因素太多，特别是近几年河床淤积变化较大，方案不能全部反映实际情况，因而不能照搬方案，应具体问题具体分析。

（1）由于流域内人类活动影响比较大，当出现全流域大暴雨情况进行洪水作业预报时，需要具体分析。

（2）应随时掌握上游蓄水及闸门启闭情况，对预报值要根据实际情况进行及时修正。

本方案适用于防洪标准以下的洪水作业预报。如遇超标准洪水，则需根据当时具体情况酌情修正。

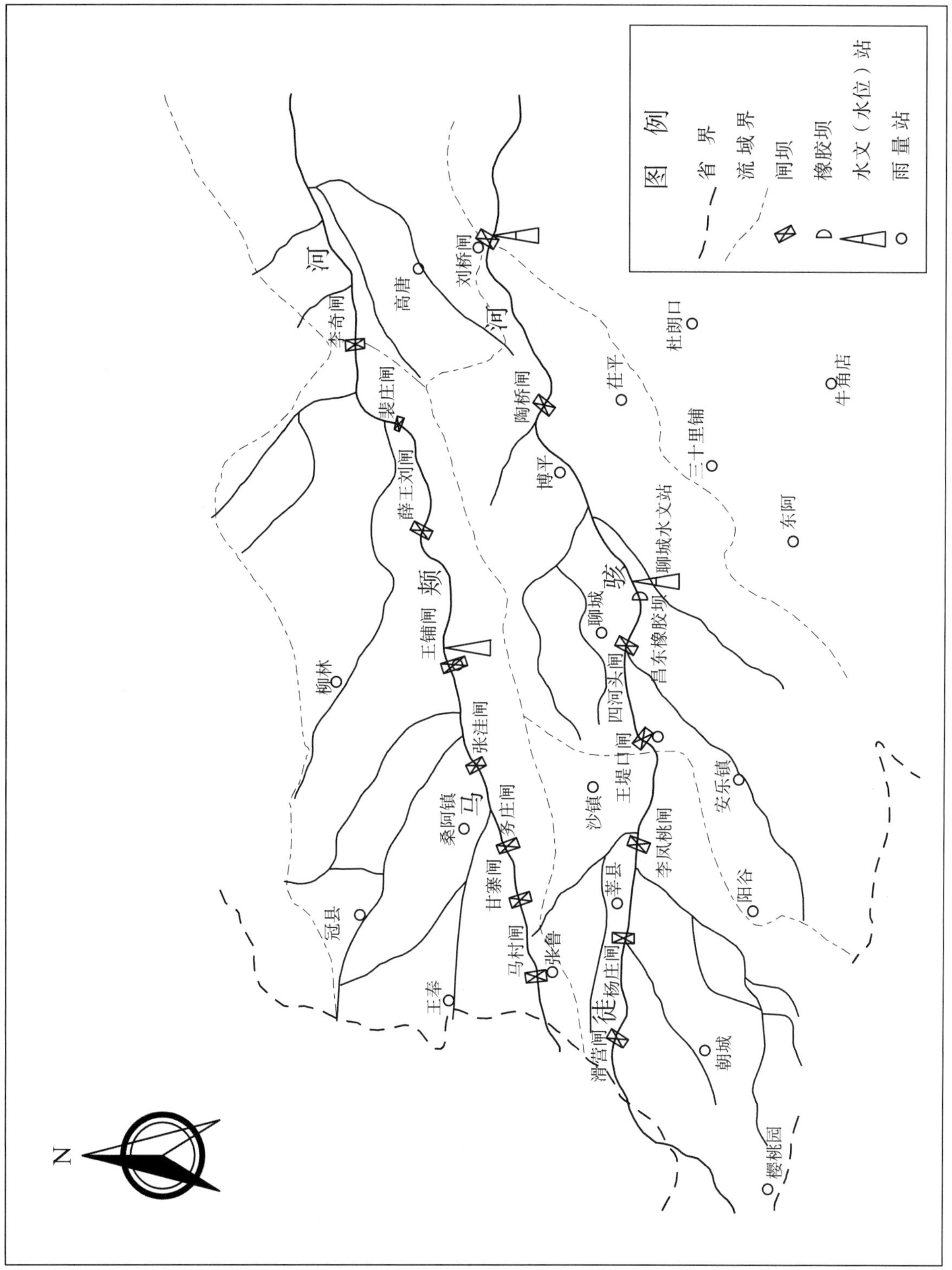

图 10–1　徒骇河刘桥闸站以上流域图

表 10-5　徒骇河刘桥闸站降雨径流分析成果表

洪号	降雨起讫时间							流域平均雨量 P（mm）	前期影响雨量 P_a（mm）	降雨历时（h）		暴雨中心位置	洪水发生时间									洪水历时（h）	洪峰流量 Q_m（m³/s）	净峰流量 $Q_{m净}$（m³/s）	洪峰滞时 t_p（h）	地面径流总量 W（万 m³）	集水面积 F（km²）	径流深 R（mm）	径流系数 α	最高水位（m）	雨间蒸发 E（mm）	$P-E$（mm）	预报径流深 $R_{预}$（mm）	预报误差（mm）	评定结果
	起				讫								起涨			峰顶			落平																
	年	月	日	时	月	日	时			全部	有效		月	日	时	月	日	时	月	日	时														
710627	1971	6	23	8	6	29	8	203.2	50.7	30	30	上游	6	25	8	6	27	2	7	2	18	178	504	504	36	8 282	4 202	19.7	0.1	23.40	20.5	182.7			
710704	1971	7	3	14	7	4	8	54.4	152.1	18	18	下游	7	3	14	7	4	22	7	10	6	162	545	454	32	6 300	4 202	15.0	0.28	23.20	2.5	51.9	15.5	0.5	√
710708	1971	7	6	14	7	7	8	40.4	159.0	18	18	上游	7	7	8	7	8	0	7	16	12	220	277	260	44	4 969	4 202	11.8	0.29	22.50	2.5	37.9	11.0	-0.8	√
	1971	7	23	20	7	27	8	41.3	101.5	84		中游														2 019	4 202	4.8	0.12		15.0	26.3	3.0	-1.8	√
710802	1971	7	30	14	8	2	8	78.0	101.7	66	12	下游	7	30	20	8	2	18	8	8	20	216	344	300	20	6 660	4 202	15.8	0.20	22.80	12.0	66.0	17.0	1.2	√
	1971	8	8	20	8	9	14	15.0	129.7	18		上游														1 242	4 202	3.0	0.20		3.8	11.2	2.1	-0.7	√
710816	1971	8	15	14	8	22	8	130.7	114.3	160	18	下游	8	16	2	8	16	13	8	19	12	82	253	253	23	4 210	4 202	10.0	0.08	22.40	22.8	107.9	27.5	17.5	×
710822	1971											中游	8	21	20	8	22	14	8	26	8	108	365	353	36	5 670	4 202	13.5							
710903	1971	9	2	20	9	3	8	42.0	134.7	12		普雨	9	3	6	9	3	15	9	7	20	110	210			2 160	4 202	5.1	0.12	22.30	1.5	40.5	8.5	3.4	×
730704	1973	6	29	8	7	2	20	89.9	78.1	84		普雨	6	30	22	7	4	14	7	9	8	202	107			5 040	4 202	12.0	0.13	21.50	16.0	73.9	10.0	-2.0	√
730717	1973	7	14	14	7	15	14	41.8	111.9	24		普雨	7	14	14	7	17	8	7	22	0	178	47.7			1 078	4 202	2.6	0.06	20.80	2.5	39.3	5.5	2.9	√
730720	1973	7	18	2	7	19	2	28.9	137.3	24	12	上游	7	19	8	7	20	2	7	24	8	120	180	176	38	3 016	4 202	7.2	0.25	21.90	2.5	26.4	5.0	-2.2	√
730726	1973	7	25	8	7	25	20	21.0	138.8	12	6	下游	7	25	11	7	26	12	8	2	0	181	69	50	28	1 589	4 202	3.8	0.18	21.10	5.0	16.0	3.5	-0.3	√
730729	1973	7	28	14	7	29	8	69.2	70.6	18	18	下游	7	28	20	7	29	12	8	5	16	188	243	211	22	4 822	4 202	11.5	0.17	22.40	2.0	67.2	7.5	-4.0	×
740724	1974	7	22	17	7	26	8	100.8	81.8	105		普雨	7	23	9	7	24	0	7	29	8	143	225			5 153	4 202	12.3	0.12	22.30	12.5	88.3	16.4	4.1	×
	1974																						117	73	30	1 778	4 202	4.2							
740805	1974	8	4	5	8	4	18	47.9	141.6	13		下游	8	4	8	8	5	18	8	7	2		164			3 670	4 202	8.7	0.18	21.90	2.0	45.9	12.0	3.3	×
	1974	8	7	8	8	9	20	71.3	163.8	60	12	上游	8	7	8	8	9	2	8	11	8	96	171			198	4 202	0.5	0.01	21.90	7.8	63.5			
740809	1974											下游	8	9	6	8	9	23	8	14	6	120	462	352	17	8 118	4 202	19.3					24.5	5.2	×
750902	1975	8	29	14	9	1	8	105.5	50.3	66		中游	9	1	17	9	2	12	9	5	10	89	220			3 310	4 303	7.7	0.07	22.27	9.3	96.2	11.0	3.3	×
750919	1975	9	19	8	9	20	2	37.5	87.1	18		中游	9	19	18	9	19	19	9	30	0	246	81.6			1 568	4 303	3.6	0.10	21.47	1.5	36.0	3.8	0.2	√
760721	1976	7	18	14	7	20	8	63.8	34.6	42	12	上游	7	20	15	7	21	12	7	27	8	161	145			3 024	4 303	7.0	0.11	21.73	7.5	56.3	1.5	-5.5	×
760801	1976	7	31	2	8	1	14	67.0	91.1	36	18	中游	7	31	20	8	1	20	8	9	8	216	155	155	32	3 758	4 303	8.7	0.13	21.95	6.3	60.7	9.0	0.3	√
760814	1976	8	12	2	8	13	8	62.7	114.3	30		中游	8	12	20	8	14	8	8	18	20	144	123			3 388	4 303	7.9	0.13	21.63	2.0	60.7	11.9	4	×
760820	1976	8	19	14	8	20	8	48.1	151.2	18	18	中游	8	19	21	8	20	18	8	25	20	143	215	191	30	4 914	4 303	11.4	0.24	22.30	2.0	46.1	13.1	1.7	√

洪号	降雨起讫时间							流域平均雨量 P（mm）	前期影响雨量 P_a（mm）	降雨历时（h）		暴雨中心位置	洪水发生时间									洪水历时（h）	洪峰流量 Q_m（m^3/s）	净峰流量 $Q_{m净}$（m^3/s）	洪峰滞时 t_p（h）	地面径流总量 W（万 m^3）	集水面积 F（km^2）	径流深 R（mm）	径流系数 α	最高水位（m）	雨间蒸发 E（mm）	$P-E$（mm）	预报径流深 $R_{预}$（mm）	预报误差（mm）	评定结果
	起				讫					全部	有效		起涨			峰顶			落平																
	年	月	日	时	月	日	时						月	日	时	月	日	时	月	日	时														
770706	1977	7	5	2	7	6	8	84.7	53.1	30	18	普雨	7	5	14	7	6	14	7	11	18	148	140			3 557	4 303	8.3	0.1	21.7 0	7.5	77.2	7.0	−1.3	√
770801	1977	7	25	14	7	31		98.8	96.2	66		下游	7	25	20	8	1	22	8	6	0	276	185			6 822	4 303	15.9	0.16		20.0	78.8	15.4	−0.5	√
780726	1978	7	24	14	7	27	8	113.4	45.7	78	24	中游	7	25	8	7	26	6	8	3	0	160	244	244	42	4 651	4 303	10.8	0.10	22.30	10.0	103.4	12.0	1.2	√
800628	1980	6	28	20	6	30	2	93.1	31.1	30		普雨	6	28	20	6	28	21	7	9	20	264	92.4			3 195	4 303	7.4	0.08	21.49	6.0	87.1	5.2	−2.2	√
800730	1980	7	27	14	7	29	8	62.6	54.4	42		普雨	7	28	20	7	30	0	8	5	6	178	76			1 908	4 303	4.4	0.07	21.62	5.0	57.6	3.6	−0.8	√
800811	1980	8	10	20	8	11	8	39.6	65.4	12		中游	8	11	0	8	11	18	8	16	20	140	246			2 899	4 303	6.7	0.17	22.47	2.0	37.6	2.2	−4.5	×
810817	1981	8	15	20	8	19	0	145.1	26.8	76	12	中游	8	16	20	8	17	20	8	26	19	239	198	198	42	5 644	4 303	13.1	0.09	22.54	6.0	139.1	17.5	4.4	×
820811	1982	8	9	20	8	12	8	129.7	40.2	84		中游	8	11	8	8	11	19	8	21	18	250	125			6 569	4 303	15.3	0.12	21.69	6.0	123.7	18.0	2.7	√
840702	1984	7	1	20	7	11	2	146.7	36.5	222		中游	7	2	10	7	2	23	7	19	8	406	158			7 071	4 444	15.9	0.11	21.36	12.5	134.2	17.5	1.6	√
840811	1984	8	9	8	8	10	8	110.8	41.4	24		中游	8	9	8	8	11	5	8	27	8	432	105			5 902	4 444	13.3	0.12	21.87	2.0	108.8	13.0	−0.3	√
850724	1985	7	23	14	7	24	20	117.9	10.3	30	6	中游	7	23	20	7	24	18	8	2	7	227	357			9 622	4 444	21.7	0.18	23.91	7.5	110.4	7.0	−14.7	×
850823	1985	8	22	8	8	23	20	73.6	39	36		中游	8	23	8	8	23	8	8	26	16	80	67			1 037	4 444	2.3	0.03	21.31	5.8	67.8	3.0	0.7	√
850926	1985	9	14	8	9	17	8	74.5	69.6	72		中游	9	16	8	9	26	8	10	3	8	407	72.4			2 609	4 444	5.9	0.08	21.64	4.5	70.0	7.5	1.6	√
900730	1990	7	29	8	7	30	14	62.0	92.9	12	12	中游	7	30	2	7	30	22	8	7	0	190	353	343	20	9 965	4 444	22.4	0.36	23.68	7.5	54.5	7.0	−15.4	×
900816	1990	8	15	14	8	16	8	75.5	89.5		18	普雨	8	15	14	8	16	22	8	24	15	217	190	180	24	5 659	4 444	12.7	0.17		2.0	73.5	12.5	−0.2	√
	1990	8	26	8	8	29	8	54.7	106.9			下游	8	26	22											3 362	4 444	7.6	0.14		9.6	45.1	7.0	−0.6	√
	1963	8	3		8	10		172.8	74.6			下游														15 800	3 592	44.0	0.25		26.8	146.0			
	1964	7	25		8	1		197.0	98.5			下游														20 800	3 433	60.6	0.31		26.3	170.7			
910718	1991	7	16	14	7	19	22	135.8	39.7	80	16	上游	7	17	18	7	18	3	7	25	0	174	322	308	37.3	3 204.6	4 444	7.2	0.05	22.22	12.5	123.3	16.0	8.8	×
940713	1994	7	10	20	7	13	8	86.3	86.2	60	50	中游	7	11	11	7	13	23	7	16	16	86.3	251	173	75	4 634	4 444	10.4	0.12	23.13	5.0	81.3	12.6	2.2	√
960806	1996	8	4	14	8	8	8	99.9	103.6	90	80	中游	8	5	6	8	6	12	8	12	5	167	238	164	46.5	10 649	4 444	24.0	0.24	23.02	9.2	90.7	16.2	−7.8	×
980806	1998	8	3	22	8	10	6	155.6	42.2	152	88	上游	8	6	11	8	6	10	8	17	18	271	578	556	84.6	7 208	4 444	16.2	0.10	24.77	28.5	127.1	17.5	1.3	√
031013	2003	10	9	23	10	12	7	134.8	69.2	70	56	普雨	10	10	8	10	13	0	10	16	15	153	261	209	64	10 172	4 444	22.9	0.17	25.12	11.1	123.7	27.3	4.4	√
040718	2004	7	14	14	7	17	22	42.5	132.6	80	80	中游	7	17	8	7	18	14	7	21	10	98	149	117	30	2 474	4 444	5.6	0.13	22.14	12.5	30	5.0	−0.6	√
050803	2005	7	30	3	8	3	4	63.3	87.0	97	24	上游	8	1	5	8	3	14	8	4	19	86	215	153	57	3 140	4 444	7.1	0.11	24.98	12.2	51.1	6.0	−1.1	√

续表

洪号	降雨起讫时间							流域平均雨量 P（mm）	前期影响雨量 P_a（mm）	降雨历时（h）		暴雨中心位置	洪水发生时间									洪水历时（h）	洪峰流量 Q_m（m³/s）	净峰流量 $Q_{m净}$（m³/s）	洪峰滞时 t_p（h）	地面径流总量 W（万 m³）	集水面积 F（km²）	径流深 R（mm）	径流系数 α	最高水位（m）	雨间蒸发 E（mm）	$P-E$（mm）	预报径流深 $R_预$（mm）	预报误差（mm）	评定结果
	起				讫								起涨			峰顶			落平																
	年	月	日	时	月	日	时			全部	有效		月	日	时	月	日	时	月	日	时														
060731	2006	7	29	5	7	31	8	29.4	22.8	51	27	中	7	31	22	7	31	22	8	1	17	19	59.2	55.6	1	157	4 444	0.4	0.01	20.74	7.1	22.3	0.3	−0.1	√
070721	2007	7	18	16	7	19	0	33.9	76.4	8	6	下	7	20	7	7	21	8	7	24	8	97	64.2	61.6	31	1 432	4 444	3.2	0.10	21.49	2.7	31.2	3.0	−0.2	√
070731	2007	7	27	19	7	31	8	59.6	65.7	85	31	上	7	29	8	7	31	8	8	4	8	144	102	96.0	36	1 411	4 444	3.2	0.05	21.42	12.3	47.3	2.8	−0.4	√
070809	2007	8	7	2	8	7	14	27.3	81.8	12	12	上	8	7	8	8	9	2	8	14	8	168	54.9	46.9	36	1 340	4 444	3.0	0.11	21.38	1.9	25.4	2.9	−0.1	√
080726	2008	7	11	21	7	18	17	89.4	60.2	164	44	下	7	12	6	7	26	18	7	27	16	216	108	97.5	27	2 933	4 444	6.6	0.07	21.35	18.7	70.7	5.4	−1.2	√
080731	2008	7	29	17	8	1	20	15.0	78.5	75	42	上	7	30	21	7	31	6	8	5	11	130	62.8	57.8	47	1 180	4 444	2.7	0.18	21.12	9.1	5.9	0.4	−2.3	√
090510	2009	5	9	15	5	11	20	80.8	21.3	53	36	中	5	10	15	5	10	16	5	11	13	22	110	106	12	593	4 444	1.3	0.02	22.04	3.1	77.7	4.5	3.2	×
090709	2009	7	5	18	7	9	1	98.0	59.0	79	42	下	7	8	13	7	9	8	7	22	8	240	61.7	61.7	12	4 356	4 444	9.8	0.10	21.26	10.1	87.9	8.1	−1.7	√
100810	2010	8	8	20	8	14	9	154.0	83.9	133	66	中	8	9	6	8	10	15	8	19	14	248	470	465	33	22 109	4 444	49.8	0.32	24.54	7.3	146.7	21.7	−28.1	×
100822	2010	8	19	0	8	24	18	119.6	133.1	138	96	上	8	19	17	8	22	15	8	31	9	280	221	209	48	14 257	4 444	32.1	0.27	23.10	10.6	109.0	34.2	2.1	√
100908	2010	9	6	0	9	8	7	115.7	110.0	55	48	上	9	7	8	9	8	23	9	22	14	216	399	394	33	17 554	4 444	39.5	0.34	24.24	2.7	113.0	45.8	6.3	√
110806	2011	8	5	19	8	7	20	62.6	62.8	49	42	上	8	6	8	8	6	21	8	15	20	144	54.4	49.4	39	1 723	4 444	3.9	0.06	21.38	6.5	56.1	4.2	0.3	√
110821	2011	8	16	1	8	19	23	115.3	79.5	94	66	中	8	16	8	8	21	14	8	25	20	228	120	114	27	7 496	4 444	16.9	0.15	21.65	7.3	108.0	32.2	15.3	×
120711	2012	7	4	15	7	10	8	100.1	62.4	137	66	上	7	5	8	7	11	20	7	23	8	264	71.4	71.4	42	4 746	4 444	10.7	0.11	21.22	13.9	86.2	8.7	−2.0	√
120802	2012	7	30	13	8	5	9	143.2	65.2	140	78	上	7	30	8	8	2	1	8	16	19	288	298	298	40	13 283	4 444	29.9	0.21	23.06	10.7	132.5	33.6	3.7	√
120819	2012	8	18	13	8	18	19	32.2	95.5	6	6	下	8	18	18	8	19	10	8	21	10	64	133	131	23	2 060	4 444	4.6	0.14	21.78	1.1	31.1	5.0	0.4	√
130713	2013	7	8	21	7	14	9	113.4	78.4	132	78	上	7	9	14	7	13	10	7	21	8	282	97.5	92.5	46	5 804	4 444	13.1	0.12	21.62	11.0	102.4	26.0	12.9	×
130726	2013	7	23	0	7	26	22	113.6	128.4	94	42	中	7	23	8	7	26	21	8	7	11	264	555	550	15	19 914	4 444	44.8	0.39	25.09	8.9	104.7	38.3	−6.5	√
130814	2013	8	11	0	8	13	9	113.7	114.7	57	30	中	8	12	8	8	14	6	8	23	6	262	422	417	46	15 655	4 444	35.2	0.31	24.17	6.8	106.9	35.5	0.3	√
150804	2015	7	29	22	8	4	10	112.3	32.4	132	48	下	7	31	2	8	4	20	8	12	14	252	123	118	18	3 281	4 444	7.4	0.07	21.71	13.0	99.3	9.0	1.6	√
200816	2020	8	15	0	8	15	12	112.9	89.3	12	8	上	8	15	0	8	16	12	8	20	6	126	317	304	24	8 532	4 444	19.2	0.17	24.29	1.0	111.9	30.3	11.1	×

备注：方案合格率为 69%，属丙级方案。

表 10–6　徒骇河刘桥闸站峰量关系精度评定表

洪号	年份	降雨起讫时间				流域平均雨量 P（mm）	有效降雨历时 T_c（h）	暴雨中心位置 P_φ	实测净峰流量 $Q_{m净}$（m^3/s）	实测洪峰滞时 $t_{p实}$（h）	实测径流深 $R_实$（mm）	净峰流量					洪峰滞时				
		起		讫								预报 $Q_{m净预}$（m^3/s）	预报误差（m^3/s）	许可误差（m^3/s）	评定结果		预报 $t_{p预}$（h）	预报误差（h）	许可误差（h）	评定结果	
		月	日	月	日										合格	不合格				合格	不合格
710627	1971	6	23	6	28	203.2	30	上游	504	36	19.7	518	14	101	√		38	2	11	√	
710704	1971	7	3			54.4	18	下游	454	32	15.0	468	14	91	√		20	−12	10		√
710708	1971	7	6			40.4	18	上游	260	44	11.8	252	−8	52	√		42	−2	13	√	
710802	1971	7	30	8	1	78.0	12	下游	300	20	15.8	498	−198	60		√	20	0	6	√	
710816	1971	8	15	8	21	130.7	18	下游	253	23	10.0	290	37	51	√		21	−2	7	√	
710822	1971							中游	353	36	13.5	307	−46	71	√		31	−5	11	√	
730720	1973	7	18			28.9	12	上游	176	38	7.2	122	−54	35		√	45	7	11	√	
730726	1973	7	25			21.0	6	下游	50.0	28	3.8	100	50	10		√	34	6	8	√	
730729	1973	7	28	7	29	69.2	18	下游	211	22	11.5	350	139	42		√	22	0	7	√	
740809	1974	8	7	8	9	71.3	12	下游	352	17	19.3	560	208	70		√	20	3	5	√	
760801	1976	7	31	8	1	67.0	18	中游	155	32	8.7	160	5	31	√		36	4	10	√	
760820	1976	8	19	8	20	48.1	18	中游	191	30	11.4	229	38	38	√		34	4	9	√	
780726	1978	7	24	7	26	113.4	24	中游	244	42	10.8	223	−21	49	√		33	−9	13	√	
810817	1981	8	15	8	19	145.1	12	中游	198	42	13.1	191	−7	40	√		34	−8	13	√	
900730	1990	7	29	7	30	62.0	12	下游	343	20	22.4	600	257	69		√	20	0	6	√	
900816	1990	8	15	8	16	75.5	18	下游	180	24	12.7	388	208	36		√	23	−1	7	√	
910718	1991	7	16	7	19	135.8	16	上游	308	37.3	7.2	118	−190	62		√	40	3	7	√	
940713	1994	7	10	7	13	86.3	50	中游	173	75	10.4	190	17	35	√		40	−36	15		√
960806	1996	8	4	8	8	99.9	80	中游	164	46.5	24.0	216	52	33		√	44	−3	9	√	
980806	1998	8	3	8	10	155.6	88	上游	556	84.6	16.2	500	−56	111	√		50	−35	17		√
031013	2003	10	9	10	12	134.8	56	普雨	209	64	22.9	290	81	42		√	46	−18	13		√
040718	2004	7	14	7	17	42.5	80	中游	117	30	5.6	103	−14	23	√		35	5	6	√	
050803	2005	7	30	8	3	63.3	24	上游	153	57	7.1	121	−32	31		√	50	−8	11	√	
060731	2006	7	29	7	31	29.4	27	中游	55.6	1	0.4	38	−17.6	11		√	55	54	0		√
070721	2007	7	18	7	19	33.9	6	下游	61.6	31	3.2	80	18	12		√	29	−2	6	√	
070731	2007	7	27	7	31	59.6	31	上游	96	36	3.2	77	−19	19	√		48	12	7		√

续表

洪号	年份	降雨起讫时间				流域平均雨量 P (mm)	有效降雨历时 T_c (h)	暴雨中心位置 P_ϕ	实测净峰流量 $Q_{m净}$ (m^3/s)	实测洪峰滞时 $t_{p实}$ (h)	实测径流深 $R_实$ (mm)	净峰流量					洪峰滞时				
		起		讫								预报 $Q_{m净预}$ (m^3/s)	预报误差 (m^3/s)	许可误差 (m^3/s)	评定结果		预报 $t_{p预}$ (h)	预报误差 (h)	许可误差 (h)	评定结果	
		月	日	月	日										合格	不合格				合格	不合格
070809	2007	8	7	8	7	27.3	12	上游	46.9	36	3.0	55	8	9	√		54	18	7		√
080726	2008	7	11	7	18	89.4	44	下游	97.5	27	6.6	116	19	20	√		25	-2	5	√	
080731	2008	7	29	8	1	15.0	42	上游	57.8	47	2.7	60	2	12	√		56	9	9	√	
100810	2010	8	8	8	14	154	66	中游	465	33	49.8	525	60	93	√		36	3	7	√	
100822	2010	8	19	8	24	119.6	96	上游	209	48	32.1	380	171	42		√	40	-8	10	√	
100906	2010	9	6	9	8	115.7	48	上游	394	33	39.5	470	76	79	√		38	5	7	√	
120819	2012	8	18	8	18	32.2	6	下游	131	23	4.6	140	9	26	√		24	1	5	√	
130726	2013	7	23	7	26	113.6	42	中游	550	15	44.8	495	-55	110	√		37	22	3		√
130814	2013	8	11	8	13	113.7	30	中游	417	46	35.2	410	-7	83	√		39	-7	9	√	
200816	2020	8	15	8	15	112.9	8	上游	304	24	19.2	256	-48	61	√		30.5	6	5		√

备注：峰量关系线中，共选用点据 36 个，合格 22 个，合格率为 61%，为丙级方案。洪峰滞时关系线共选用点据 36 个，合格 27 个，合格率为 75%，为乙级方案，因点据不足，降级使用。

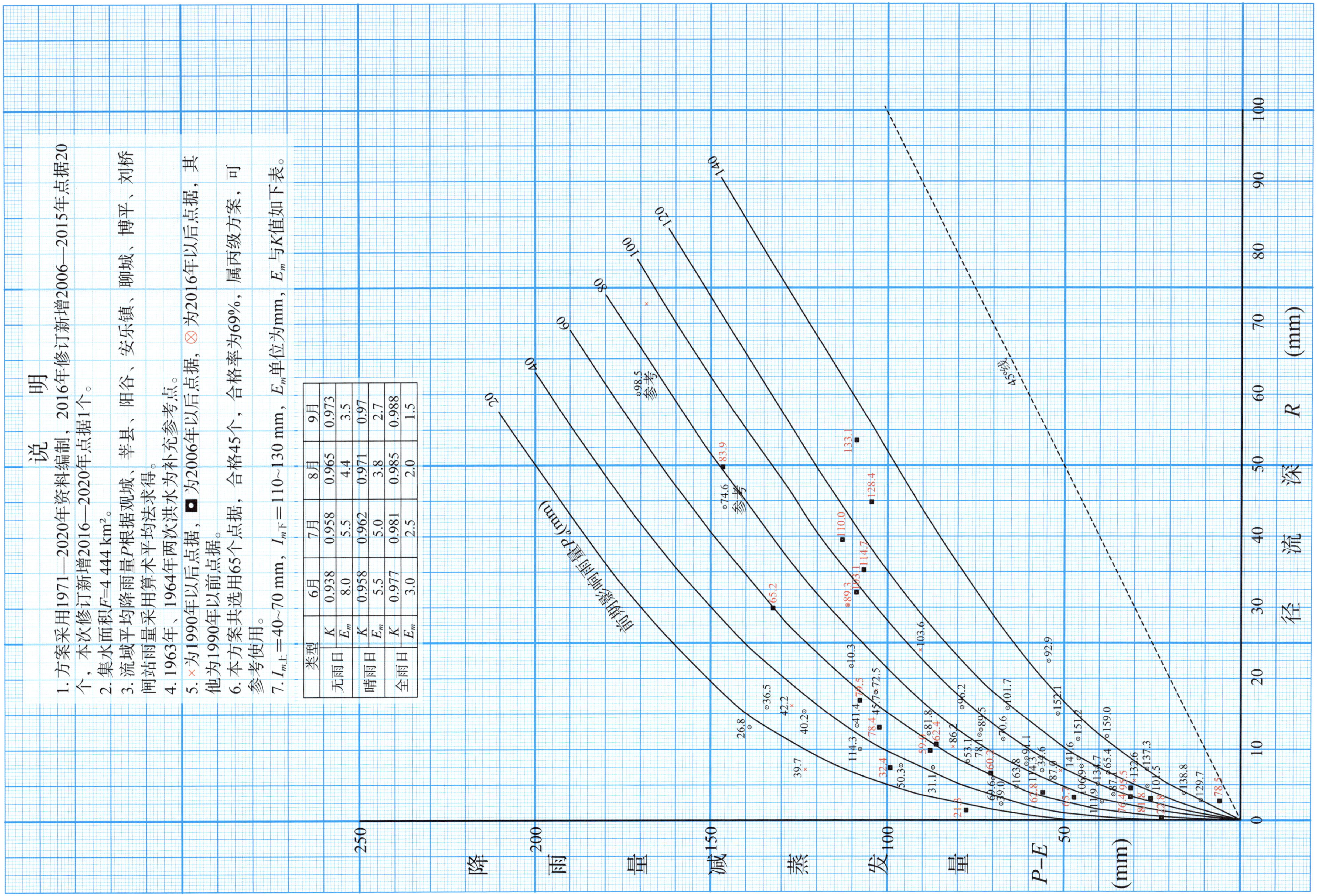

类型		6月	7月	8月	9月
无雨日	K	0.938	0.958	0.965	0.973
	E_m	8.0	5.5	4.4	3.5
晴雨日	K	0.958	0.962	0.971	0.97
	E_m	5.5	5.0	3.8	2.7
全雨日	K	0.977	0.981	0.985	0.988
	E_m	3.0	2.5	2.0	1.5

图 10–2 徒骇河刘桥闸站降雨径流相关图

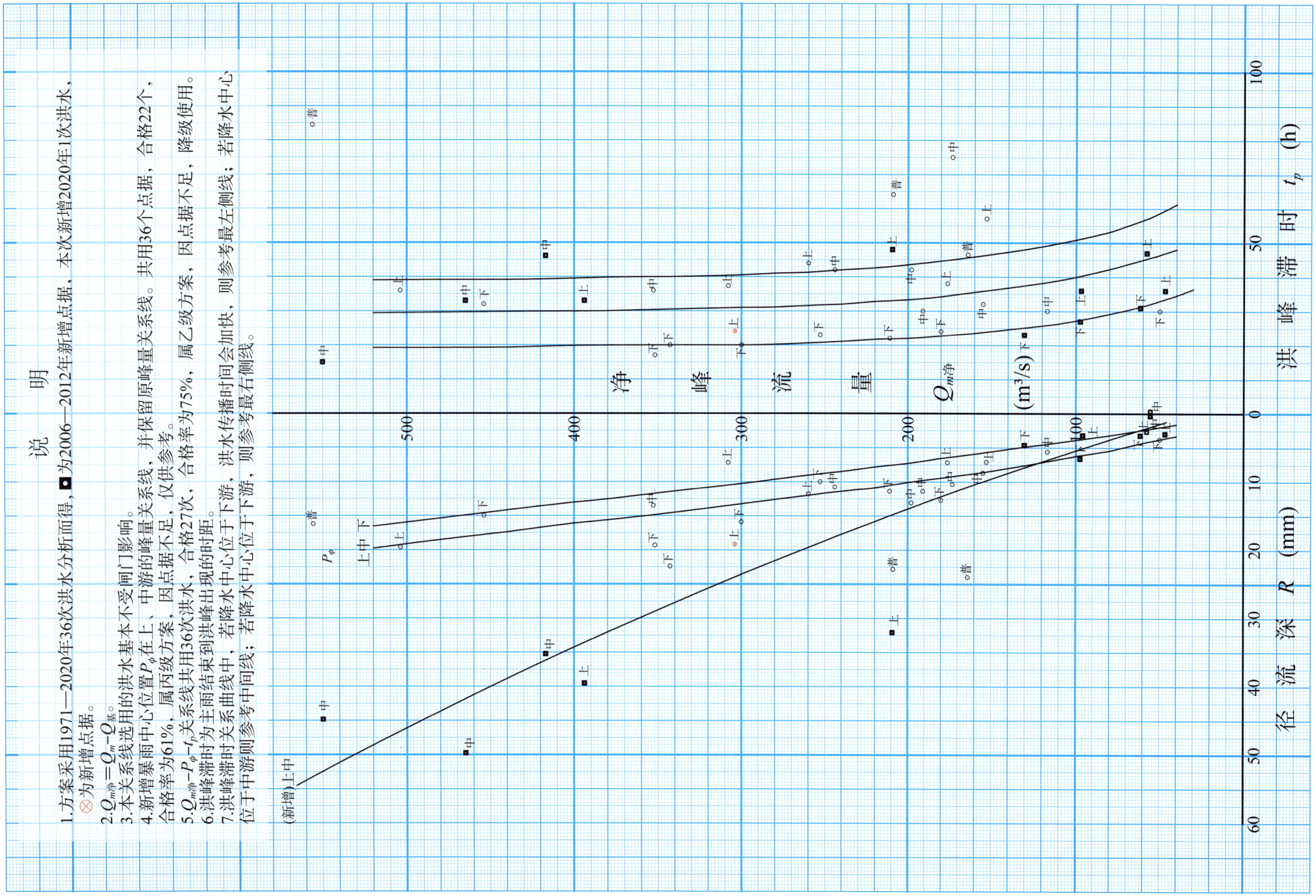

图 10-3　徒骇河刘桥闸站峰量关系合轴相关图

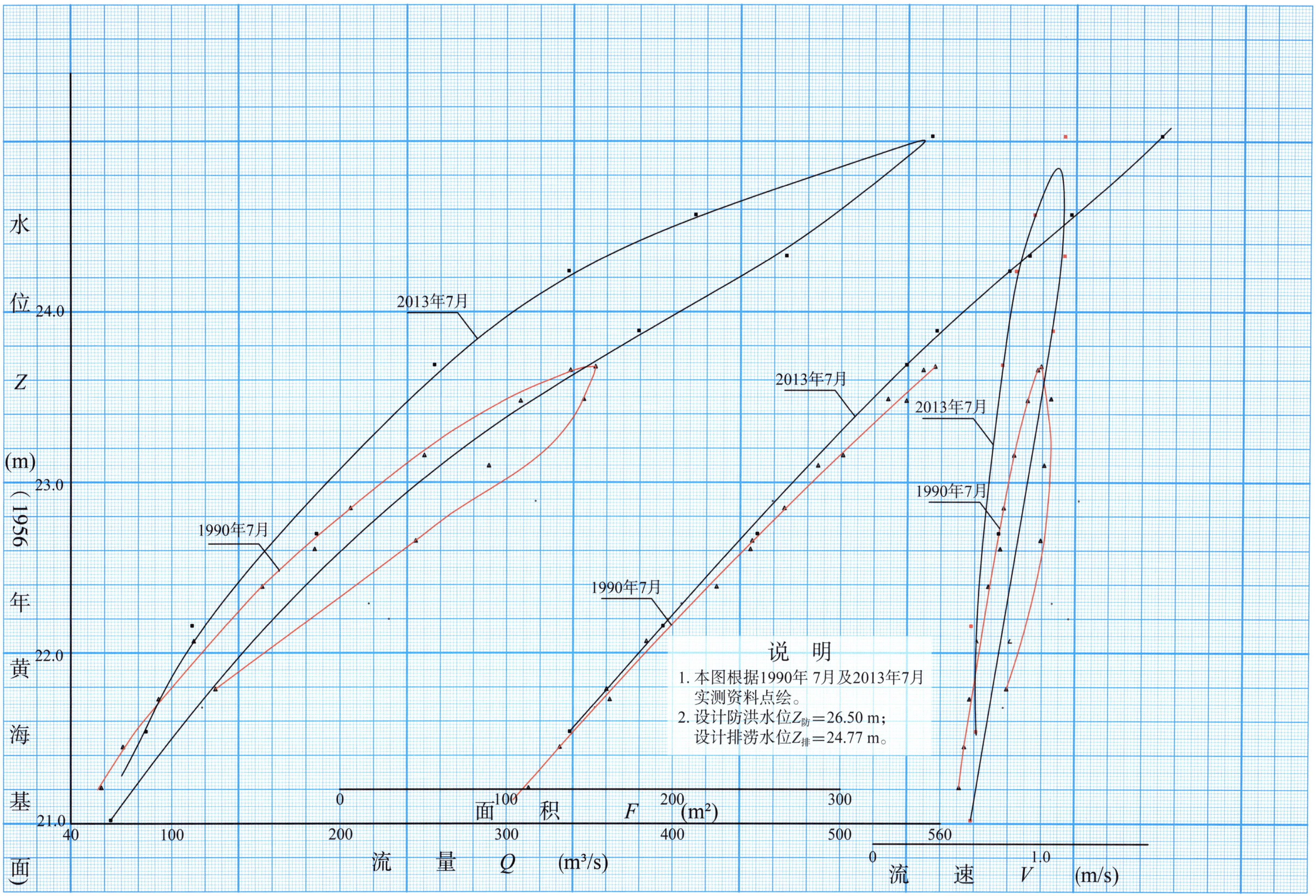

图 10-4　徒骇河刘桥闸站历年水位－流量关系曲线图

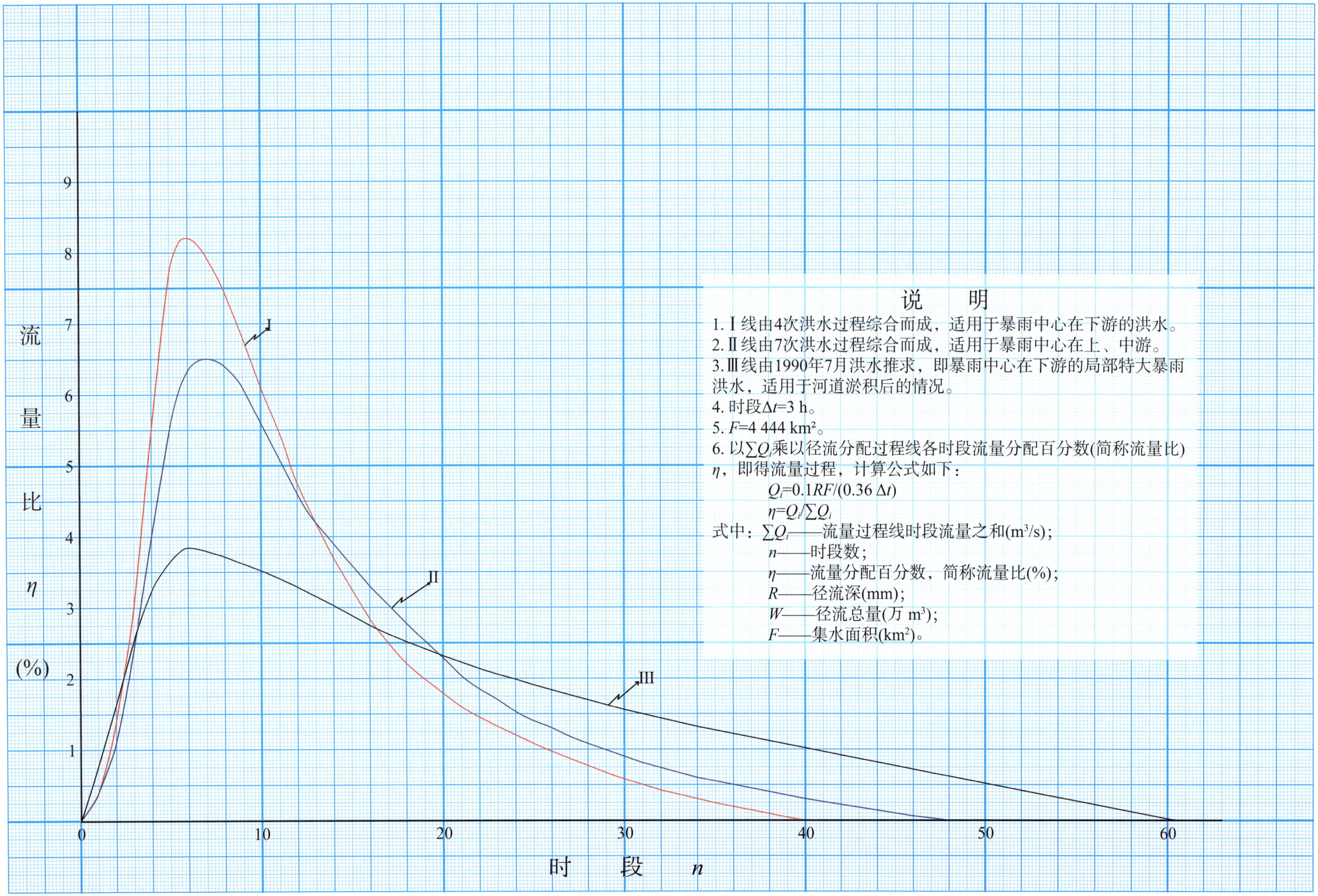

图 10–5 徒骇河刘桥闸站径流分配过程线图

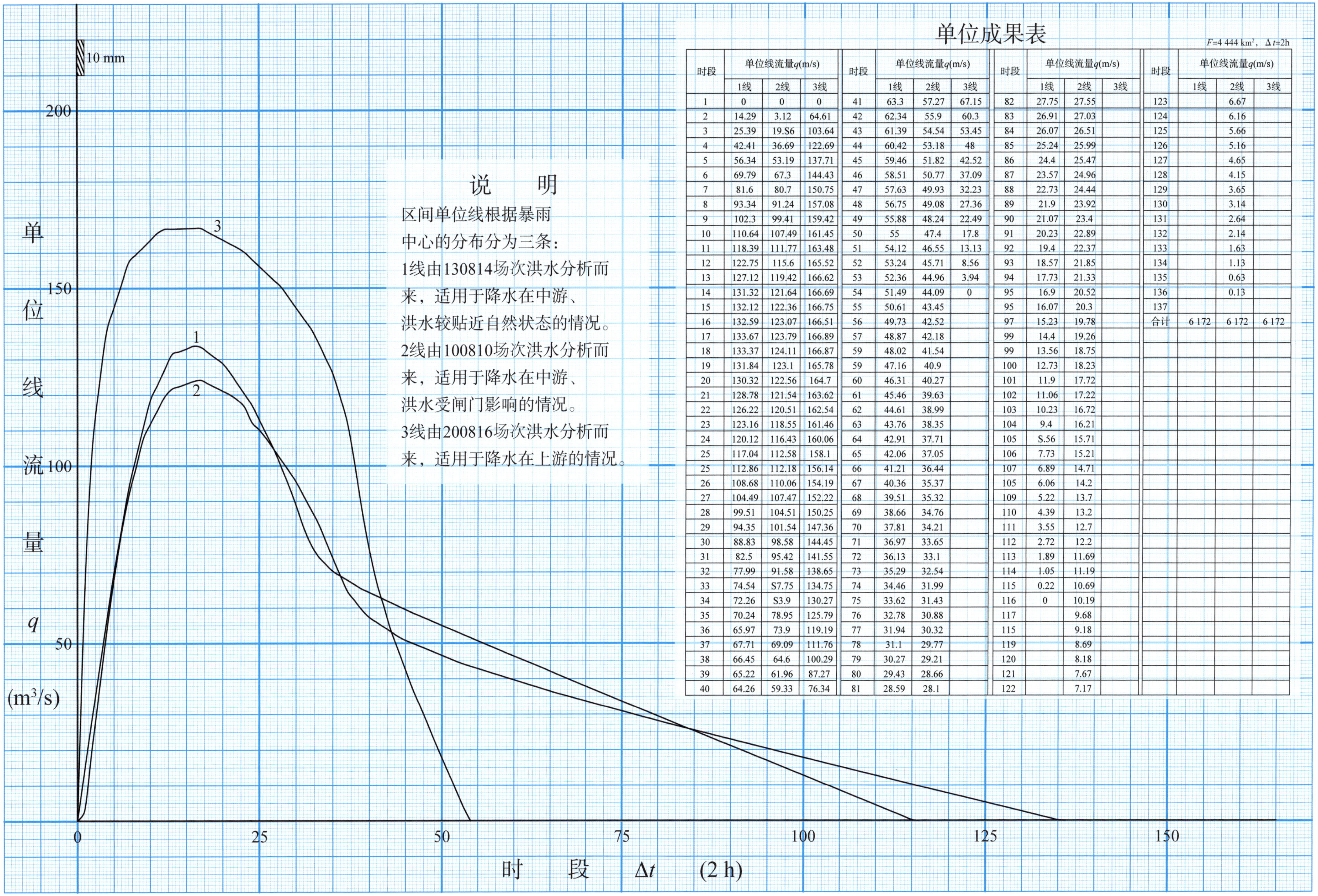

说　明

区间单位线根据暴雨中心的分布分为三条：

1线由130814场次洪水分析而来，适用于降水在中游、洪水较贴近自然状态的情况。

2线由100810场次洪水分析而来，适用于降水在中游、洪水受闸门影响的情况。

3线由200816场次洪水分析而来，适用于降水在上游的情况。

单位成果表

F=4 444 km², Δt=2h

时段	单位线流量q(m/s)			时段	单位线流量q(m/s)			时段	单位线流量q(m/s)			时段	单位线流量q(m/s)		
	1线	2线	3线		1线	2线	3线		1线	2线	3线		1线	2线	3线
1	0	0	0	41	63.3	57.27	67.15	82	27.75	27.55		123		6.67	
2	14.29	3.12	64.61	42	62.34	55.9	60.3	83	26.91	27.03		124		6.16	
3	25.39	19.S6	103.64	43	61.39	54.54	53.45	84	26.07	26.51		125		5.66	
4	42.41	36.69	122.69	44	60.42	53.18	48	85	25.24	25.99		126		5.16	
5	56.34	53.19	137.71	45	59.46	51.82	42.52	86	24.4	25.47		127		4.65	
6	69.79	67.3	144.43	46	58.51	50.77	37.09	87	23.57	24.96		128		4.15	
7	81.6	80.7	150.75	47	57.63	49.93	32.23	88	22.73	24.44		129		3.65	
8	93.34	91.24	157.08	48	56.75	49.08	27.36	89	21.9	23.92		130		3.14	
9	102.3	99.41	159.42	49	55.88	48.24	22.49	90	21.07	23.4		131		2.64	
10	110.64	107.49	161.45	50	55	47.4	17.8	91	20.23	22.89		132		2.14	
11	118.39	111.77	163.48	51	54.12	46.55	13.13	92	19.4	22.37		133		1.63	
12	122.75	115.6	165.52	52	53.24	45.71	8.56	93	18.57	21.85		134		1.13	
13	127.12	119.42	166.62	53	52.36	44.96	3.94	94	17.73	21.33		135		0.63	
14	131.32	121.64	166.69	54	51.49	44.09	0	95	16.9	20.52		136		0.13	
15	132.12	122.36	166.75	55	50.61	43.45		95	16.07	20.3		137			
16	132.59	123.07	166.51	56	49.73	42.52		97	15.23	19.78		合计	6 172	6 172	6 172
17	133.67	123.79	166.89	57	48.87	42.18		99	14.4	19.26					
18	133.37	124.11	166.87	59	48.02	41.54		99	13.56	18.75					
19	131.84	123.1	165.78	59	47.16	40.9		100	12.73	18.23					
20	130.32	122.56	164.7	60	46.31	40.27		101	11.9	17.72					
21	128.78	121.54	163.62	61	45.46	39.63		102	11.06	17.22					
22	126.22	120.51	162.54	62	44.61	38.99		103	10.23	16.72					
23	123.16	118.55	161.46	63	43.76	38.35		104	9.4	16.21					
24	120.12	116.43	160.06	64	42.91	37.71		105	S.56	15.71					
25	117.04	112.58	158.1	65	42.06	37.05		106	7.73	15.21					
25	112.86	112.18	156.14	66	41.21	36.44		107	6.89	14.71					
26	108.68	110.06	154.19	67	40.36	35.37		105	6.06	14.2					
27	104.49	107.47	152.22	68	39.51	35.32		109	5.22	13.7					
28	99.51	104.51	150.25	69	38.66	34.76		110	4.39	13.2					
29	94.35	101.54	147.36	70	37.81	34.21		111	3.55	12.7					
30	88.83	98.58	144.45	71	36.97	33.65		112	2.72	12.2					
31	82.5	95.42	141.55	72	36.13	33.1		113	1.89	11.69					
32	77.99	91.58	138.65	73	35.29	32.54		114	1.05	11.19					
33	74.54	S7.75	134.75	74	34.46	31.99		115	0.22	10.69					
34	72.26	S3.9	130.27	75	33.62	31.43		116	0	10.19					
35	70.24	78.95	125.79	76	32.78	30.88		117		9.68					
36	65.97	73.9	119.19	77	31.94	30.32		115		9.18					
37	67.71	69.09	111.76	78	31.1	29.77		119		8.69					
38	66.45	64.6	100.29	79	30.27	29.21		120		8.18					
39	65.22	61.96	87.27	80	29.43	28.66		121		7.67					
40	64.26	59.33	76.34	81	28.59	28.1		122		7.17					

图 10-6　徒骇河刘桥闸站汇流单位线图

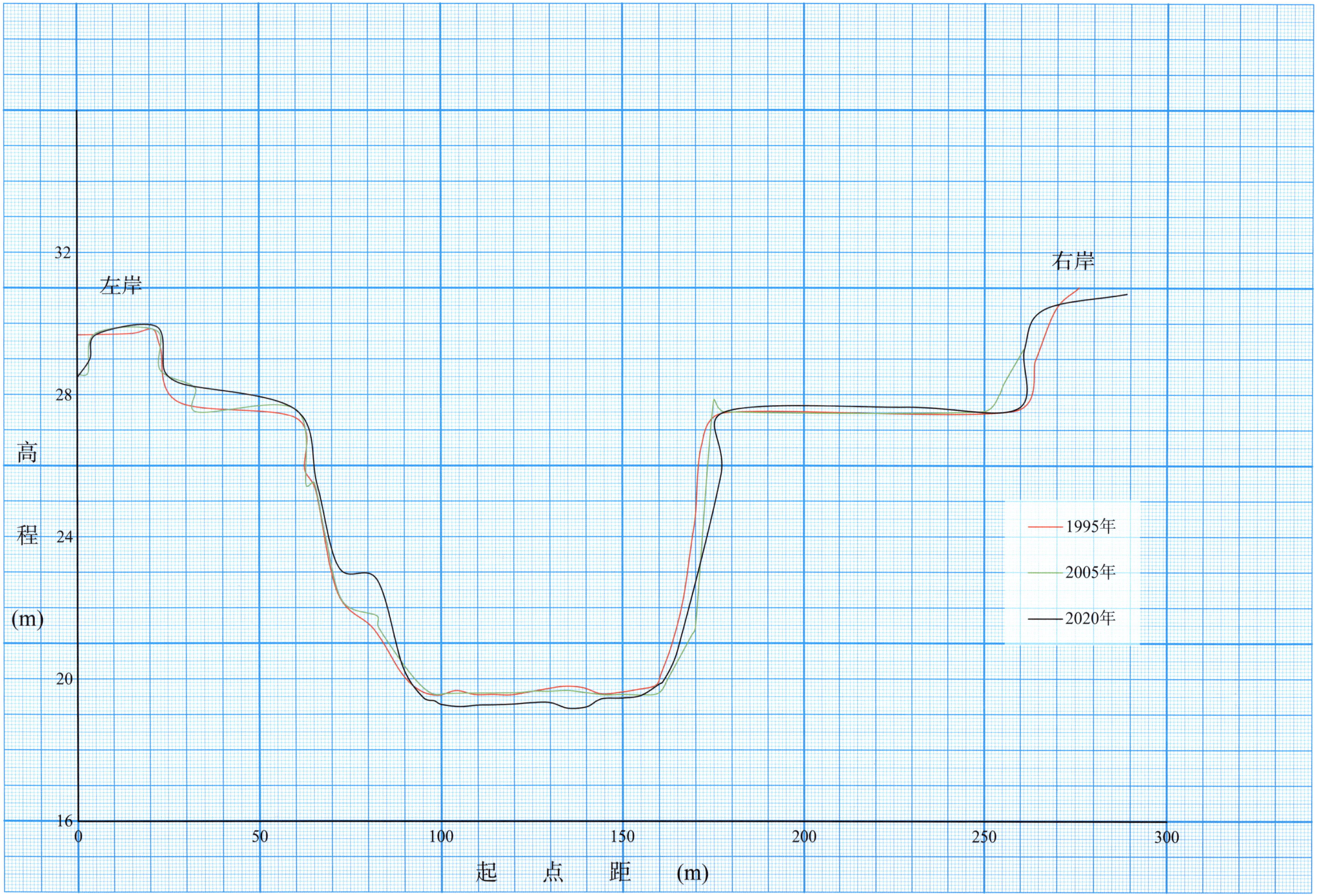

图 10–7　徒骇河刘桥闸站历年实测大断面图

第十一章　徒骇河宫家闸站水文预报方案编制说明

1　流域概况

1.1　流域自然地理特征

徒骇河属海河流域独立入海的河流，为黄河冲积平原，它位于山东省境内黄河以北，属于鲁西北地区。徒骇河全长 436 km，流域面积 13 902 km^2。宫家闸站以上河长 213.8 km，流域面积 6 720 km^2，流域呈带状，河道比降为 1/6 000~1/10 000。该流域沉积了极厚的松散土层，沉积物主要为黄河冲积泥沙。土壤岩性大部分为黏土、亚黏土、亚砂土和粉细砂。包气带与潜水变幅带主要为亚砂土与亚黏土构成的弱透水层。

本流域位于暖温带季风气候区，冬季在蒙古高压控制之下，空气寒冷而干燥，雨雪稀少；夏季亚热带太平洋暖气团势力增强，冷暖气团交汇机会较多，降雨集中；春季干燥多风；秋季天高气爽。全流域多年平均年降水量在 600 mm 左右，丰水年达 1 000 mm 以上，枯水年仅 400 mm 左右，汛期降水量占年降水量的 70% ~ 80%，主要集中于 7、8 两个月。宫家闸站洪水多呈缓涨缓落型，涨水段一般为 10 ~ 12 h，落水段则需 5 ~ 7 天，中小洪水受闸门影响比较严重。

1.2　典型历史洪水概况

（1）1961 年 8 月 10 日典型洪水

1961 年鲁北地区 3—6 月持续干旱，进入 7 月因副热带高压稳定偏北，西北冷空气不断南下，冷暖气流汇合于山东北部，致使 7、8 月份徒骇河流域长期阴雨连绵，连续出现大范围的暴雨达 10 次之多。其中，8 月 10 日 14 时至 18 日 22 时流域平均雨量 242.1 mm， 暴雨中心位置在中下游，夏口站最大洪峰流量 408 m^3/s，超过防洪保证流量 58 m^3/s，径流深 136.8 mm，为历史有实测资料以来的最大值。由于洪水峰高量大，持续时间长，洪水超过了河道防洪标准，徒骇河干流堤防决口 34 处（莘县 15 处，聊城市 8 处，禹城市 7 处，齐河县 3 处，惠民县 1 处）徒骇河的支流金线河、赵王河、四新河、苇河、赵牛河、沙河等河道也普遍漫决，许多地方洪水与当地涝水连成一片，禾苗被淹，村庄进水，房屋倒塌，交通阻断。

受灾的原因，除降雨量太大外，还有：①前几年的治水违背自然规律，片面强调以蓄为主，忽视了防洪除涝，排水系统被打乱、堵死或废弃，排水河道普遍淤积，洪水到来后排水不畅，发生河堤漫溢决口，致使大面积农田被洪水淹没；②对干旱之后可能发生的大洪水缺乏充分准备，一些堤防抗旱扒口未堵，灌溉闸门未关，河中拦水土坝未拆。

（2）1962 年 8 月 11 日典型洪水

1962 年 8 月 11 日至 18 日，徒骇河全流域普降暴雨，流域平均降雨量 139.3 mm，暴雨中心发生在下游；8 月 12 日 18 时，夏口站洪水开始起涨，21 日 18 时涨至洪峰，相应流量 426 m^3/s，最高水位 20.10 m，持续 15 天不降，至 9 月 18 日 6 时落平，径流总量 5.1 亿 m^3，洪水历时 876 h，致使大面积农田被洪水淹没，房屋倒塌，灾情相当严重。

（3）1974 年 8 月 7 日典型洪水

1974 年 8 月 7 日至 10 日，徒骇河流域普降暴雨，流域平均降雨量 85.7 mm，暴雨中心发生在上中游；8 月 7 日 19 时，宫家闸站洪水开始起涨，10 日 12 时涨至洪峰，相应流量 740 m^3/s，至 8 月 18 日 16 时落平，径流总量 2.3 亿 m^3，洪水历时 261 h，农业绝产，村庄被洪水包围，房屋倒塌，许多小型桥涵被冲毁。

（4）2013 年 7 月 23 日典型洪水

2013 年 7 月 23 日至 28 日，徒骇河流域普降暴雨，流域平均降雨量 167.4 mm，暴雨中心发生在上中游；7 月 26 日 8 时，宫家闸站洪水开始起涨，28 日 17 时 25 分涨至洪峰，相应流量 630 m^3/s，至 8 月 6 日 19 时落平，径流总量 3.4 亿 m^3，洪水历时 275 h。

1.3　水利工程概况

徒骇河是鲁北地区一条主要排洪河道，但新中国成立初期河道狭窄，安全行洪能力仅在 50 m^3/s 左右，以后曾多次治理，1968 年干支流开始按 1964 年雨型（45 天降雨 400 mm）排涝标准开挖，按 1961 年雨型（45 天降雨 600 mm）防洪筑堤，设计防洪能力 1 080 m^3/s。1972 年治理工程全部完成后，干流下游防洪保证流量由 636 m^3/s 提高到 1 746 m^3/s，干流建闸 11 座，总蓄水能力 1.06 亿 m^3（各闸工程指标详见表 11–1）。宫家闸站以上干流建拦河闸 7 座，同时开发了 2 处大型引黄工程，干流一次性蓄水达 0.3 亿 m^3，一般年份引黄量为 8 亿 ~10 亿 m^3，成为排灌结合的河网化地区，打乱了洪水的自然流势，给资料分析和洪水预报带来很大困难。

徒骇河主要闸坝河道距离、洪水传播时间示意图见图 11–1。

1.4　测站概况

宫家闸水文站为徒骇河干流中游控制站，位于山东省德州市临邑县临南镇宫家村，于 1970 年 6 月设立。1970 年 6 月由夏口站上迁 10 km，改称宫家闸水文站，集水面积 6 720 km^2。测验河段顺直长度约 1 000 m。河床、河岸由沙壤土组成。主槽左岸滩地有冲刷现象，左岸滩地宽约 120 m，右岸滩地宽约 40.0 m。赵牛河汇入口以上主槽中心淤积成丘。上游约 27.3 km 处有 17 孔南营拦河闸，上游 400 m 左岸有引徒总干渠，3 孔混凝土板闸控制。下游 45 km 处有营子拦河闸。

1953 年 7 月在临邑县夏口镇设立夏口水文站，集水面积 6 961 km^2。夏口站一直使用大沽基面，大沽基面与 1956 年黄海基面相差 1.35 m，即大沽基面高程减 1.35 m 为 1956 年黄海高程。宫家闸水文站基面采用冻结基面，冻结基面以上米数 –0.016 m=1985 年国家高程基准以上米数。该站历史最高水位为 18.44 m，出现在 2013 年 7 月 28 日，最大流量为 740 m^3/s，出现在 1974

表 11–1　徒骇河灌溉节制闸工程基本情况表

序号	闸名	中泓桩号	闸址河道状况				节制闸工程指标								启闭现状		流域面积（km²）
			滩地高程（m）		堤顶高程（m）		1964 年雨型排涝		1961 年雨型防洪		闸底高程（m）	孔数	孔净跨（m）	闸门高（m）	启闭形式	启闭机数	
			左岸	右岸	左岸	右岸	流量（m³/s）	水位（m）	流量（m³/s）	水位（m）							
1	杨庄	58+750	37.10	37.47	39.50	40.14	157	36.60	238	37.79	32.60	6	4	4	丝杠	6	941
2	王堤口	81+800	34.78	34.78	38.50	38.10	323	33.78	488	35.52	29.14	6	10	5.5	固定	6	2 212
3	四河头	98+100	33.40	33.75	37.50	36.60	329	32.00	498	33.50	27.50	8	9.2	3	挂钩	1	2 909
4	陶桥	133+000	29.70	30.15	32.58	33.00	410	27.92	623	29.45	23.20	7	10	5	固定	7	3 814
5	刘桥	155+550	26.80	27.78	30.00	30.64	433	24.77	657	26.50	20.37	10	5.8	5	挂钩	3	4 444
6	南营	186+550	21.85	21.15	26.45	25.55	614	20.52	936	21.88	16.02	17	6	5	挂钩	2	6 500
7	宫家	213+825	18.50	17.40	22.60	21.25	702	17.68	1 080	19.20	12.10	13	10	6	固定	13	6 720
8	营子	259+620	16.45	16.60	20.45	22.00	779	14.99	1 190	16.67	9.49	17	5.8	5	挂钩	6	8 498
9	范桥	309+500	12.20	12.70	15.85	15.00	817	10.80	1 257	12.30	5.60	18	5.8	5	挂钩	6	8 950
10	堡集	338+550	8.60	8.85	10.61	10.25	907	7.04	1 395	8.4	1.60	8	3.5	4.5	挂钩	4	10 250
											1.10	16	3.7	5			
11	坝上	371+550	5.15	5.15	7.96	10.55	918	4.92	1 410	5.76	–2.40	14	10	6.5	固定	14	10 415

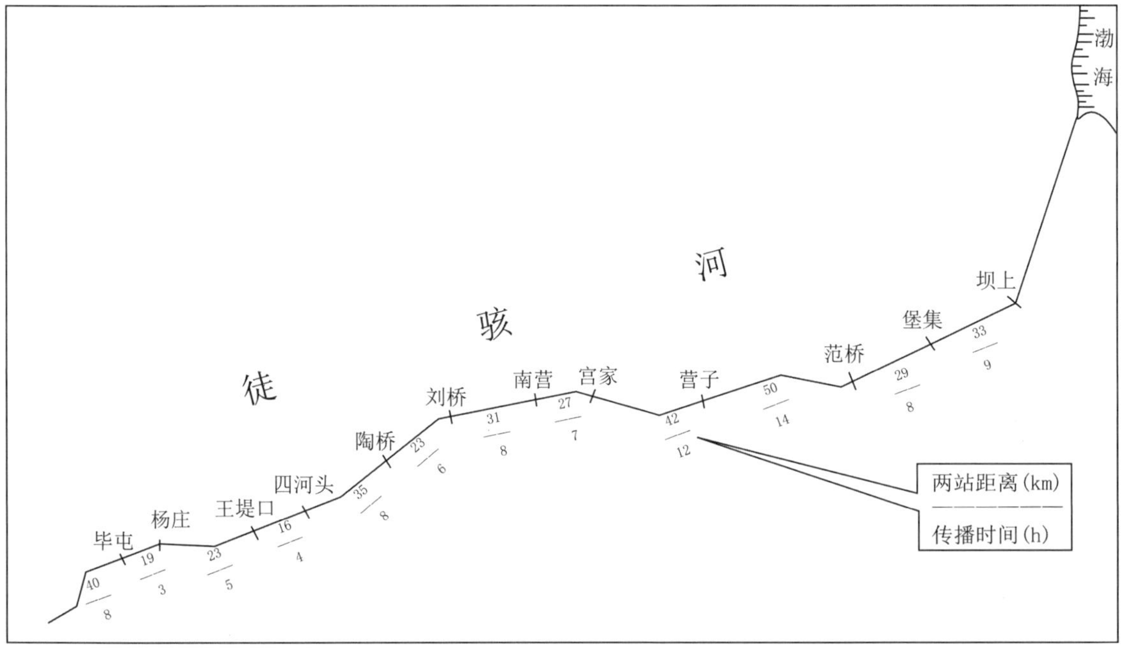

图 11–1　徒骇河主要闸坝河道距离、洪水传播时间示意图

年 8 月 10 日。本站设计防洪能力为 1 067 m³/s，治理后达到遇旱能灌、遇涝能排的要求。

2　预报方案编制

2.1　预报区间的确定

确定宫家闸以上全流域为预报区间，预报区间面积为 6 720 km²。

2.2　资料情况及方案沿革

2.2.1　资料情况

本次预报方案选用了 1971—2020 年宫家闸站的实测水文资料，另外，借用了 1961—1964 年夏口站实测洪水资料用于编制产流方案。

1992 年 6 月编制完成的实用水文预报方案补充了 1975—1990 年的资料，并对 1976 年编制的方案进行了修订。2006 年、2017 年分别补充了 1991—2005 年、2006—2016 年的资料。

鲁北地区自河道开挖治理以来产汇流规律发生了很大变化，特别是建闸后，径流过程受到人为的调节影响。1972 年以后大量引黄，既抬高了地下水位加大了径流系数，又产生了部分尾水回归河道。受各种因素综合影响，实测资料出现了严重的“失真”现象。由于连续降雨及河道泄洪能力较低，复式洪峰情况非常复杂，针对洪水过程的处理，首先分析了标准径流过程线样本及退水曲线，对实测洪水进行雨洪对应分析，并对洪水过程线从起涨处水平切割河道基流。

2.2.2 方案沿革

原方案包括产流方案、汇流方案及上下游相关方案。产流方案采用降雨径流相关图 P–E-P_a-R 和 P+P_a–E–R，其中前期影响雨量 P_a 利用分层计算方法；汇流方案采用以暴雨中心为参数的峰量关系曲线图、径流分配过程线。

本次修订，在原产流方案降雨径流相关图 P–E-P_a-R 和 P+P_a–E-P_a-R 中增加了 5 个点据，关系线保持不变，另外利用 27 场洪水资料新建了产流方案降雨径流相关图 P-P_a-R，新方案中的前期影响雨量 P_a 采用常规的单层计算方法；在原汇流方案峰量关系曲线图中增加了 2 个点据，关系线保持不变，径流分配过程线继续沿用原方案。

2.3 产流方案

2.3.1 主要参数的计算

2.3.1.1 流域平均降水量P的计算

流域平均降水量采用算术平均法或面积加权法计算，宫家闸站以上流域雨量站的面积控制权重见表 11–2。王堤口站以上为上游，王堤口站至刘桥闸站为中游，刘桥闸站至本站为下游，据此进行暴雨分区计算。

表 11–2 采用雨量站及面积权重

时间	观城	莘县	阳谷	聊城	茌平	东阿	刘桥闸	辛寨	李官屯	刘桥	禹城	宫家闸
1971—2020 年	0.08	0.08	0.08	0.08	0.08	0.08	0.08	0.08	0.08	0.08	0.08	0.12

2.3.1.2 流域最大损失量I_m的计算

原方案采用的 I_m 值是 1976 年编制方案时分析的，本次未重新分析。I_m 值采用下式计算：

$$I_m = P+P_a–R–E$$

式中：P 为流域平均降雨量（mm）；P_a 为前期影响雨量（mm）；R 为径流深（mm）；E 为雨间蒸发量（mm）。

分析时，考虑不同深浅的土层具有不同的蒸发能力，把流域下垫面土壤分为上、下两层。上层即耕作层，厚度约 0.15 m；下层即上层以下至水分强烈活动层的下限，厚度为 0.3 ~ 0.5 m。上层的最大损失量 $I_{m上}$=S+ 填洼量 + 截留量，式中，S 为上层田间持水量；截留量定为 6 mm；由于河道治理以后，洼地排水一般比较畅通，暂不考虑填洼量，但由于河道淤积及田间排水工程的破坏，填洼损失将越来越大。上层深度采用 0.15 m，田间持水量为 25%，土壤凋萎含水量为 5%，土壤干容重为 1.3 g/cm^3。则 S=0.15 × 1 000 ×（25%–5%）× 1.3=39 mm，再加上截留量 6 mm，所以 $I_{m上}$=45 mm。$I_{m下}$=I_m–$I_{m上}$。由于采用计算出来的 $I_{m上}$、$I_{m下}$值计算 $P_{a上}$、$P_{a下}$所点绘的降雨径流相关图点据有时不佳，在这种情况下，又采用了试算法。通过变动 $I_{m上}$、$I_{m下}$值，再次计算 $P_{a上}$、$P_{a下}$值，并点绘降雨径流相关图，最后选用相关关系好的 $I_{m上}$、$I_{m下}$。I_m 分析成果见表 11–3。

表 11–3 流域最大损失量 I_m 表 单位：mm

河名	站名	$I_{m上}$	$I_{m下}$
徒骇河	刘桥闸—宫家闸	40	130
	宫家闸	60	120

2.3.1.3 蒸发能力E_m的推求

在土壤充分供水的条件下，蒸发量近似等于蒸发能力。一般情况下，土壤蒸发量小于蒸发能力。本流域内蒸发站采用口径 80 cm 套盆式蒸发皿观测资料。由于夜间无光照、温度低，所以蒸发能力极微，大量水分均在白天蒸发掉，因此，将单站蒸发资料按月份分为三种情况进行统计：①无雨日——全日无雨；② 全雨日——白天（8—20 时）降雨历时达到或超过 6 h，或白天降雨量达到或超过 20 mm；③晴雨日——白天降雨历时不足 6 h 或白天降雨量不足 20 mm。

将上述三种情况分别求得月平均蒸发量，最后综合对比多站分析成果，发现成果比较接近，因此，流域采用统一的蒸发分析成果参加计算。蒸发成果见表 11–4。

表 11–4 蒸发能力 E_m 值 单位：mm

类型	4 月	5 月	6 月	7 月	8 月	9 月	10 月
无雨日	6.0	8.0	8.0	5.5	4.4	3.5	2.5
晴雨日（白天降雨历时小于 6 h 或白天雨量不足 20 mm）	5.5	5.5	5.5	5.0	3.8	2.7	2.0
全雨日（白天降雨历时大于等于 6 h，或白天雨量达到或超过 20 mm）	2.0	2.5	3.0	2.5	2.0	1.5	1.0

2.3.1.4 P_a初值的确定

一般每年的 6 月 16 日或 6 月 26 日对水系内墒情站监测一次墒情并上报，从这时开始计算 P_a 初值。设 $P_{a上}$=0，$P_{a下}$采用该日实测的流域平均土壤含水量换算。$P_{a下}$=0.35 × 1 000 ×（ρ–5%）× γ_0，式中，0.35 为下层土壤厚度，以 m 计；ρ 为流域平均含水量；5% 为土壤凋萎含水量；γ_0 为土壤容重，采用 1.3 g/cm^3。

2.3.1.5 $P_{a上}$、$P_{a下}$的计算

由于土壤水分在上下两层的蒸发损失过程中有很大差别，所以分层计算 P_a 值。

有降雨时，完全满足上层缺水量（$I_{m上}$–$P_{a上}$）后才开始渗透补给下层，满足下层缺水量后才开始产流。

无降雨时，上层土壤水分按蒸发能力递减，直至上层土壤含水量达到枯竭（土壤含水量为5%，$P_{a上}=0$），此时下层土壤水分才按消退系数 K 消退；当 $P_{a下}=0$ 时，下层土壤水分停止消退。

（1）$P_{a上}$的计算

当 $P_{a上, t}+P_t \geqslant E_t$ 时，

$$P_{a上, t+1}=P_{a上 t}+P_t-E_t \quad (0 \leqslant P_{a上, t+1} \leqslant I_{m上})$$

式中：E_t 为当日8时至次日8时的蒸发量；$R_{t上}$为次降雨所产生的壤中流，上层蓄满后补充下层。

（2）$P_{a下}$的计算

当 $P_t+P_{a上}=0$ 时，

$$P_{a下, t+1}=KP_{a下, t}$$

当 $P_{a上, t}+P_t-R_t-E_t>I_{m上}$时，

$$\begin{aligned} P_{a下, t+1} &= P_{a下, t}+(P_{a上, t}+P_t-E_t-I_{m上}) \\ &= P_{a下, t}+R_{t上} \end{aligned} \quad (P_{a下, t+1} \leqslant I_{m下})$$

当 $P_{a下, t}+(P_{a上, t}+P_t-E_t-I_{m上})>I_{m下}$时，

$$R_{t下}=P_{a下, t}+(P_{a上, t}+P_t-E_t-I_{m上})-I_{m下}$$

式中：$R_{t下}$为地表径流。

（3）$P_{a上}$、$P_{a下}$混合计算

$$P_{a上, t+1}=0$$

$$P_{a下, t+1}=P_{a下, t}\left(1-\frac{E_t-P_t-P_{a上, t}}{I_{m下}}\right) \quad (0<P_t+P_{a上, t}<E_t)$$

式中：K 为消退系数，$K=1-E_m/I_{m下}$。该站不同月份不同天气情况的 K 值见表11–5。

表11–5　前期影响雨量递减系数 K 表

类型			4月	5月	6月	7月	8月	9月	10月
无雨日	I_m（mm）	100	0.940	0.920	0.920	0.945	0.956	0.965	0.975
		110	0.946	0.927	0.927	0.950	0.960	0.968	0.977
		120	0.950	0.933	0.933	0.954	0.963	0.971	0.979
		130	0.954	0.938	0.938	0.958	0.965	0.973	0.981
晴雨日	I_m（mm）	100	0.945	0.945	0.945	0.950	0.962	0.973	0.980
		110	0.950	0.950	0.950	0.955	0.965	0.975	0.982
		120	0.954	0.954	0.954	0.958	0.968	0.978	0.983
		130	0.958	0.958	0.958	0.962	0.971	0.979	0.985
全雨日	I_m（mm）	100	0.980	0.975	0.970	0.975	0.980	0.985	0.990
		110	0.982	0.977	0.973	0.977	0.982	0.986	0.991
		120	0.983	0.979	0.975	0.979	0.983	0.988	0.992
		130	0.985	0.981	0.977	0.981	0.985	0.988	0.992

2.3.2　降雨径流关系分析定线

（1）降雨径流关系（P–E–P_a–R、P+P_a–E–R）分析定线（分层计算 P_a）

首先根据本站历年实测次暴雨洪水（包括20世纪60年代的部分高水测点）点绘降雨量、流量混合过程线，通过分析计算求得各种水文要素数值，然后点绘降雨径流相关图（P–E–P_a–R 及 P+P_a–E–R），分别通过点群中心定线，分析修正突出点，一般上部曲线略左偏于45° 线，这是因为平原河道泄水能力低又多复式洪峰，退水时间长，洼地积涝过程中蒸发、下渗损失比较大等。宫家闸站降雨径流分析成果表见表11–6，分层计算 P_a 降雨径流相关图分别见图11–2、图11–3。

（2）降雨径流关系（P–P_a–R）分析定线（单层计算 P_a）

首先根据本站历年实测次暴雨洪水点绘降雨量、流量混合过程线，再进行分析计算，求得各种水文要素数值，然后点绘降雨径流相关图（P–P_a–R），通过点群中心定线。分析修正突出点，一般上部曲线略左偏于45° 线，这是因为平原河道泄水能力低又多复式洪峰，退水时间长，洼地积涝过程中蒸发、下渗损失比较大等。单层计算 P_a 降雨径流相关图见图11–4。

2.3.3　降雨径流关系精度评定

（1）分层 P_a 降雨径流关系（P–E–P_a–R，P+P_a–E–R）精度评定

按许可误差为实测值20%的标准（并当许可误差大于20.0 mm时以20.0 mm为上限，小于3.0 mm时以3.0 mm为下限）进行逐次洪水评定。P–E–P_a–R 相关图共选用1961—2020年37场次洪水资料，28场次合格，合格率为75.7%，属于乙级方案。P+P_a–E–R 相关图共选用33场次洪水，21场次合格，合格率为63.6%，属于丙级方案，详见表11–7、表11–8。

（2）单层 P_a 降雨径流关系（P–P_a–R）精度评定

按许可误差实测值20%的标准（并当许可误差大于20.0 mm时以20.0 mm为上限，小于3.0 mm时以3.0 mm为下限）进行逐次洪水评定。P–P_a–R 相关图是宫家闸建站以后的资料（1971—2020年），P–P_a–R 相关图共选用27个点据，13个合格，合格率为48.1%，详见表11–9。

2.4　汇流方案

汇流方案主要采用峰量关系图、径流分配过程线等方法。

2.4.1　峰量关系曲线R–P_ϕ–$Q_{m净}$、$Q_{m净}$–P_ϕ–t_p

洪峰流量预报采用峰量相关法，以暴雨中心位置为参数，建立峰量关系曲线 R–P_ϕ–$Q_{m净}$、$Q_{m净}$–P_ϕ–t_p。其中，R 为一次降雨径流深，由次洪水总量除以相应集水面积而得；P_ϕ 为暴雨中心位置；$Q_{m净}$为一次降雨过程所产生的区间净峰流量；t_p 为洪峰滞时，是指从有降雨开始至洪峰出现的时间。

平原地区峰量关系比较复杂，工程治理前的实测峰量关系资料已无代表性，故未选用，只选用1971年以后的实测洪水点据，但大部分洪峰流量受闸门影响，难以改正，因而选取的合理点据不多，定线困难。峰量关系方案采用合轴相关图的形式，宫家闸站峰量关系相关图

见图 11-5。

2.4.2 峰量关系精度评定

按许可误差 =20% 实测值的标准进行逐次洪水评定。受闸门影响，峰量关系 $R-P_\phi-Q_{m净}$分析只采用了 1971—2020 年 17 个点据，10 个合格，合格率为 58.8%，属不合格方案。宫家闸站净峰流量精度评定表见表 11-10。

峰量关系中实测值普遍偏小，其主要原因是径流过程受到人为调节的影响，马颊河、德惠新河、徒骇河三条主要河道有引河相互串通，滞蓄时间较长，加大了降水损失量。同时拦河闸闸门变动改变了洪水过程，直接影响了洪水峰量关系，这也是合格率较低的重要原因。

$Q_{m净}-P_\phi-t_p$ 关系曲线，因洪水资料中畅流洪峰太少，洪峰与雨峰不对应，关系不好，故不进行评定，仅供参考。

2.4.3 径流分配过程线

洪水过程的推求采用径流分配过程线法。首先选择标准暴雨洪水样本（包括暴雨中心位置分别在上、中、下游），然后点绘洪水流量过程线，再采用斜线分割法切除基流，求得地表径流过程。

$$\sum Q_i = W/(0.36\Delta t) = 0.1RF/(0.36\Delta t)$$

$$\eta = Q_i / \sum Q_i$$

式中：η 为时段 Δt 相应净流量分配数（简称流量比）（%）；Q_i 为时段相应净流量（m^3/s）；$\sum Q_i$ 为 时段净流量之和（m^3/s）；W 为地表径流总量（万 m^3）；Δt 为时段长（h）；R 为径流深（mm）；F 为集水面积（km^2）。

采用上式分别计算出典型洪水的时段流量比 η（%），点绘出的过程线即为径流分配过程线。因有特定条件，如暴雨中心位置、雨型分配，在套用时应特别注意。由于 1990—2016 年期间，历次洪水过程受闸门控制影响，洪水过程线曲曲折折，故只选出了 2012 年 8 月 8 日一场自然状态洪水过程进行分析，定出一条新的径流分配过程线。宫家闸站径流分配过程线见图 11-6。

2.5 上下游站洪峰流量相关预报

为了解决狭长形河流暴雨不均引起的不均匀产汇流预报问题，建立以刘桥闸—宫家闸 $P_{区}+P_{a区}$为参数的上下游洪峰流量相关预报。原方案修订又补充了 5 个点据，经过定性分析，此种方案可行，也可在作业预报中进行试用比较，但补充点据均属中小洪水，多受闸门启闭影响，复式峰较多，上下游洪峰变形，仅供参考。 刘桥闸站—宫家闸站区间洪峰相关分析成果见表 11-11，刘桥闸站至宫家闸站洪峰流量相关图见图 11-7。

2.6 洪峰流量相应水位预报

通过上述方案，可以预报出洪峰流量，但为了防汛需要，尚需预报出洪峰水位，为此，绘制了该站历年水位与流量、面积、流速关系图（图 11-8），以便在预报出洪峰流量之后，再根据断面淤积、洪水涨落趋势等情况预报出洪峰水位或水位过程。在今后作业预报中，应结合汛前实测大断面图及上下清淤情况做适当插补修正。

2.7 洪水报警

本方案绘制了历年实测（有代表性的）大断面图，由此是可大体看出历年河道断面变化（包括淤积、疏浚等情况）过程，另外在预报出洪峰水位后可在断面图上清楚地看到安全、危险程度，洪峰水位至堤顶的距离是否超过防洪水位等，以便及时向防汛指挥部门报警。宫家闸站历年大断面图见图 11-9、图 11-10。

2.8 方案合理性检查及评定

在方案修订过程中，随时根据“规范”要求及有关文件规定进行合理性检查，特别对突出点据从原始资料反复查对，对中间处理过程也进行了认真审查，发现不合理的问题基本上做了检查改正。方案修订后，先从线形以及上下游邻站之间进行比较，防止出现矛盾现象。然后对每个方案尽量根据水情规范规定采用表格形式进行了精度评定（用许可误差法），其中 $P-E-P_a-R$ 相关图合格率为 75.7%，属乙级方案；$P+P_a-E-R$ 相关图合格率为 63.6%，属丙级方案；$P-P_a-R$ 相关图合格率为 48.1%，$R-P_\phi-Q_{m净}$相关图合格率为 58.8%。

3 方案使用说明

3.1 径流深预报

计算出流域平均降雨量和流域平均前期影响雨量，根据降雨径流关系图的查算结果进行综合分析，确定地表径流深 R 的预报值。

3.2 净峰流量预报

3.2.1 $R-P_\phi-Q_{m净}$图

根据 R，P_ϕ 查询 $R-P_\phi-Q_{m净}$关系曲线得到 $Q_{m净}$，当 P_ϕ 介于两条关系曲线之间时，首先查出两条曲线中对应 $Q_{m净}$的数值，然后进行插补，根据报汛降水资料判断 P_ϕ，查出 $Q_{m净}$预报值。

3.2.2 $Q_{m净}-P_\phi-t_p$图

根据 $Q_{m净}$，P_ϕ 查询 $Q_{m净}-P_\phi-t_p$ 关系曲线得到 t_p，根据报汛降水资料判断 P_ϕ，查出 t_p 预报值。

3.3 方案适应能力

本站设计防洪流量为 1 067 m^3/s，实测最大洪峰流量为 740 m^3/s，占设计防洪流量的 69.4%，历史上没有出现超过防洪流量的洪水，今后当出现超标准洪水时，预报时要全面分析当时上下游情况，加强预报会商，尽量使预报符合实际情况。

4 注意事项

（1）由于流域内大量引黄，仅根据降雨量计算的 P_a 值可能偏小。

（2）本站基本断面下游 300 m 处有赵牛河汇入，当两河同时出现暴雨洪水时，会发生顶托现象，应适当减少预报的宫家闸站洪峰流量。

（3）局部暴雨时要注意超渗产流，可适当加大查算的 R 值。

（4）久旱初雨时产流偏小，部分是由沟渠及洼地局部蓄水所致，应适当修正所查 R 值。

（5）为了有效使用本方案，汛期要掌握好上游各闸蓄水变化情况，若大雨时上游闸坝放水，作业预报时应予以考虑。

表 11-6　徒骇河宫家闸站降雨径流分析成果表

编号	洪号	降雨起讫时间		流域平均雨量 P（mm）	雨间蒸发 E（mm）	前期影响雨量 P_a（mm）		降雨历时（h）		暴雨中心位置	洪水发生时间			洪峰流量 Q_m（m^3/s）	净峰流量 $Q_{m净}$（m^3/s）	洪水总历时 $T_洪$（h）	涨洪历时 $T_{涨洪}$（h）	洪峰滞时 t_p（h）	次洪径流量 W（万 m^3）	集水面积 F（km^2）	次洪径流深 R（mm）	径流系数 α
		起	讫			分层计算	单层计算	全部	有效		起涨	峰顶	落平									
1	610723	7 月 12 日 2:00	7 月 22 日 14:00	284.9	42.5	46.5		252	201.6	下游	7 月 12 日 18:00	7 月 23 日 6:00	8 月 10 日 18:00	338	338	696	252		57 650	7 050	81.8	0.29
2	610822	8 月 10 日 14:00	8 月 18 日 22:00	242.1	26.4	158.0		200	160	中下游	8 月 10 日 18:00	8 月 22 日 20:00	9 月 12 日 6:00	408	403	780	290		96 500	7 050	136.9	0.57
3	611021	10 月 16 日 14:00	10 月 18 日 20:00	89.6	4.0	132.5		56	44.8	中下游	10 月 17 日 8:00	10 月 21 日 20:00	11 月 5 日 8:00	276	236	456	108		24 100	7 050	34.2	0.38
4	620809	8 月 5 日 2:00	8 月 8 日 6:00	99.5	15.4	153.1		76	60.8	上游	8 月 5 日 12:00	8 月 9 日 18:00	8 月 12 日 18:00	269	259	174	102		25 800	7 050	36.6	0.37
5	620821	8 月 11 日 20:00	8 月 18 日 18:00	139.3	26.8	171.2		166	132.8	下游	8 月 12 日 18:00	8 月 21 日 18:00	9 月 18 日 6:00	426	386	876	216		51 000	7 050	72.3	0.52
6	640708	7 月 3 日 8:00	7 月 6 日 8:00	75.2	17.5	42.9		72	57.6		7 月 4 日 8:00	7 月 8 日 14:00	7 月 14 日 8:00	44.1	44.1				2 240	7 050	3.2	0.04
7	640720	7 月 10 日 8:00	7 月 17 日 8:00	78.8	38.0	81.0		168	134.4		7 月 15 日 8:00	7 月 20 日 20:00	7 月 24 日 20:00	58.1	58.1				4 120	7 050	5.8	0.07
8	640804	7 月 24 日 2:00	8 月 1 日 14:00	187.5	41.3	98.5		204	163.2	中游	7 月 26 日 8:00	8 月 4 日 20:00	8 月 27 日 8:00	336	336	768	228		46 400	7 050	65.8	0.35
9	640915	9 月 11 日 20:00	9 月 17 日 20:00	90.6	17.7	170.6		144	115.2	中游	9 月 12 日 8:00	9 月 15 日 22:00	10 月 6 日 20:00	390	340.0	588	83.5		37 300	7 050	52.9	0.58
10	710627	6 月 23 日 2:00	6 月 28 日 8:00	170.2	25.5	57.6	74.4	126	100.8	上中游	6 月 26 日 21:00	6 月 27 日 18:00	7 月 12 日 18:00	537	537	381	21	61	15 700	7 465	21.0	0.12
11	710705	7 月 3 日 14:00	7 月 4 日 8:00	45.9	2.5	166.7	124.4	18	14.4	中游	7 月 3 日 16:00	7 月 5 日 9:00	7 月 10 日 12:00	727	641.0	164	41	40	14 400	7 465	19.3	0.42
12	710727	7 月 23 日 2:00	7 月 27 日 8:00	53.0	17.5	112.0	111.5	102	81.6	中下游	7 月 26 日 11:00	7 月 27 日 13:00	8 月 1 日 0:00	330	330	133	26	38	9 030	7 465	12.1	0.23
13	710809	8 月 8 日 8:00	8 月 10 日 8:00	24.2	7.6	155.3	122.4	48	38.4	下游	8 月 9 日 6:00	8 月 9 日 17:00	8 月 12 日 22:00	222	222	88	11	21	3 950	7 465	5.3	0.22
14	730729	7 月 14 日 14:00	7 月 29 日 0:00	168.5	68.0	123.6		346	276.8	下游	7 月 14 日 20:00	7 月 29 日 21:00	8 月 3 日 13:00	614	614	473			26 170	6 619	39.5	0.23
15	740724	7 月 20 日 2:00	7 月 23 日 8:00	88.9	10.0	43.2	92.7	54	43.2	上游	7 月 23 日 7:00	7 月 24 日 0:00	7 月 26 日 6:00	575	575	71			5 760	6 720	8.6	0.10
16	740726	7 月 25 日 2:00	7 月 26 日 2:00	18.6	5.0	110.1		24	19.2	中下游	7 月 26 日 10:00	7 月 26 日 11:00	7 月 29 日 9:00	365	365	70.7	0.7	30	3 164	6 720	4.7	0.25
17	740805	8 月 4 日 2:00	8 月 4 日 20:00	54.4	5.8	88.3		18	14.4	上中游	8 月 4 日 16:00	8 月 5 日 7:00	8 月 7 日 19:00	312	312	74.7			6 390	6 720	9.5	0.17
18	740810	8 月 7 日 2:00	8 月 10 日 8:00	85.7	7.8	121.6	127.6	18	14.4	上中游	8 月 7 日 19:00	8 月 10 日 12:00	8 月 18 日 16:00	740	680	261	60	67	22 880	6 720	34.0	0.40
19	740815	8 月 13 日 8:00	8 月 14 日 8:00	18.9	7.6	158.7	126.7	24	19.2		8 月 14 日 8:00	8 月 15 日 8:00	8 月 20 日 12:00	174	90	124	24	36	2 770	6 720	4.1	0.22
20	760802	7 月 30 日 8:00	8 月 1 日 8:00	77.9	11.3	78.3		72	57.6	下游	7 月 31 日 11:00	8 月 2 日 4:00	8 月 7 日 10:00	380	340	167			10 606	6 720	15.8	0.20
21	760820	8 月 17 日 8:00	8 月 20 日 8:00	65.8	9.6	140.9	126.1	72	57.6	下游	8 月 20 日 4:00	8 月 20 日 5:00	8 月 29 日 10:00	519	519	222	1	12	15 408	6 720	22.9	0.35
22	770706	7 月 4 日 2:00	7 月 6 日 8:00	110.7	12.5	34.2	74.6	78	62.4	上游	7 月 5 日 12:00	7 月 6 日 20:00	7 月 13 日 0:00	382	354	180	32	52	9 122	6 720	13.6	0.12
23	770806	8 月 5 日 2:00	8 月 6 日 2:00	31.0	5.8	136.3	123.1	24	19.2	下中部	8 月 5 日 20:00	8 月 6 日 20:00	8 月 11 日 12:00	387	338	136	24	27	6 034	6 720	9.0	0.29
24	780703	6 月 30 日 14:00	7 月 4 日 20:00	104.7	20.5	41.4		102	81.6	中游	7 月 2 日 14:00	7 月 3 日 6:00	7 月 12 日 0:00	405	381	225			8 446	6 720	12.6	0.12
25	780726	7 月 24 日 2:00	7 月 27 日 8:00	91.6	10.0	62.4	112.0	78	62.4	中游	7 月 25 日 10:00	7 月 26 日 15:00	8 月 1 日 8:00	477	450	166	29	47	8 316	6 720	12.4	0.14
26	800630	6 月 28 日 8:00	6 月 30 日 8:00	98.1	6.0	65.8	77.1	48	38.4	上游	6 月 29 日 18:00	6 月 30 日 11:00	8 月 1 日 8:00	412	412	166	15.3	41	12 514	6 720	18.6	0.19

续表

编号	洪号	降雨起讫时间		流域平均雨量 P（mm）	雨间蒸发 E（mm）	前期影响雨量 P_a（mm）		降雨历时（h）		暴雨中心位置	洪水发生时间			洪峰流量 Q_m（m^3/s）	净峰流量 $Q_{m净}$（m^3/s）	洪水总历时 $T_洪$（h）	涨洪历时 $T_{涨洪}$（h）	洪峰滞时 t_p（h）	次洪径流量 W（万 m^3）	集水面积 F（km^2）	次洪径流深 R（mm）	径流系数 α
		起	讫			分层计算	单层计算	全部	有效		起涨	峰顶	落平									
27	810818	8 月 15 日 17:00	8 月 16 日 16:00	103.9	4.0	24.9		25	20	中上游	8 月 17 日 16:00	8 月 18 日 6:00	8 月 20 日 10:00	283	283	66			4 896	6 720	7.3	0.07
28	820710	7 月 8 日 20:00	7 月 10 日 8:00	23.9	2.5	66.2	97.3	36	28.8	上游	7 月 9 日 0:00	7 月 10 日 0:00	7 月 17 日 0:00	178	178	192	24	30	2 549	6 720	3.8	0.16
29	820813	8 月 9 日 8:00	8 月 12 日 8:00	113.7	6.0	38.0	93.9	72	57.6	上中游	8 月 10 日 12:00	8 月 13 日 8:00	8 月 14 日 23:00	226	224	107	68	86	3 355	6 720	5.0	0.04
30	830908	9 月 7 日 20:00	9 月 9 日 2:00	81.9	3.0	20.5	75.7	30	24	下游	9 月 8 日 8:00	9 月 8 日 17:00	9 月 15 日 12:00	39	39	172	9.4		1 374	6 720	2.0	0.02
31	840703	7 月 1 日 22:00	7 月 2 日 18:00	84.9	7.5	56.7	77.5	20	16	中游	7 月 2 日 9:00	7 月 3 日 11:00	7 月 5 日 20:00	334	334	90	26	36	4 284	6 720	6.4	0.08
32	840812	8 月 9 日 2:00	8 月 12 日 20:00	102.8	13.4	45.8	56.5	90	72	上游	8 月 11 日 15:00	8 月 12 日 20:00	8 月 14 日 11:00	235	235	68	29		3 334	6 720	5.0	0.05
33	900731	7 月 29 日 8:00	7 月 30 日 14:00	54.6	10.0	164.4	130.0	30	24	中下游	7 月 29 日 23:00	7 月 31 日 12:00	8 月 6 日 12:00	414	344	181	36		15 660	6 720	23.3	0.43
34	910720	7 月 16 日 12:00	7 月 18 日 8:00	103.9	5.3	39.8	57.8	44	6	上中游	7 月 19 日 18:00	7 月 20 日 8:00	7 月 24 日 23:00	213	203	124.3	13.5	54	7 123	6 720	10.6	0.10
35	910731	7 月 28 日 8:00	7 月 28 日 16:00	76.6	2.0	138.7	124.5	8	6	上中游	7 月 26 日 19:00	7 月 31 日 6:00	8 月 5 日 9:00	353	337	230	107	66	15 120	6 720	22.5	0.29
36	940708	7 月 5 日 16:00	7 月 13 日 14:00	154.8	39.5	164.3	130.0	190	164	中游	7 月 6 日 11:00	7 月 8 日 16:00	7 月 21 日 22:00	412	401	371.4	53.3		35 146	6 720	52.3	0.34
37	940809	8 月 6 日 14:00	8 月 7 日 14:00	66.8	3.0	94.3	108.5	24	12	中游	8 月 7 日 8:00	8 月 9 日 8:00	8 月 13 日 6:00	289	273	141.9	48		10 147	6 720	15.1	0.23
38	960807	7 月 29 日 14:00	8 月 11 日 8:00	170.7	41.1	174.5	130.0	306	184	中游	7 月 30 日 16:00	8 月 7 日 6:00	8 月 15 日 10:00	429	419	378.4	182		39 110	6 720	58.2	0.34
39	100811	8 月 8 日 8:00	8 月 13 日 8:00	188.6	16.2	74.5	125.1	120	96	中游	8 月 9 日 16:00	8 月 11 日 20:00	8 月 19 日 0:00	557	500	224			39 272	6 720	58.4	0.31
40	100823	8 月 18 日 8:00	8 月 26 日 8:00	136.0	27.6	162.4		192	153.6	中下游	8 月 19 日 0:00	8 月 23 日 2:00	9 月 1 日 9:00	436	365	321			27 253	6 720	40.6	0.30
41	120802	7 月 30 日 20:00	8 月 5 日 6:00	155.3	17.2	80.9	106.3	130	104	中游	8 月 1 日 11:00	8 月 2 日 20:00	8 月 13 日 14:00	419	344	291		39	21 975	6 720	32.7	0.21
42	130728	7 月 23 日 2:00	7 月 28 日 3:00	167.4	20.5	166.7	130.0	121	96.8	上中游	7 月 26 日 8:00	7 月 28 日 17:00	8 月 6 日 19:00	630	630	275		15	33 953	6 720	50.5	0.30
43	130814	8 月 11 日 23:00	8 月 13 日 5:00	98.6	8.4	143.0	114.8	30	24	上游	8 月 13 日 2:00	8 月 14 日 17:00	8 月 20 日 11:00	467		177		58	17 171	6 720	25.6	0.26

表 11–7　徒骇河宫家闸站降雨径流预报（P–E-P_a-R，分层计算 P_a）精度评定表

序号	洪号	流域平均雨量 P（mm）	雨间蒸发 E（mm）	P–E（mm）	前期影响雨量 P_a（mm）	实测径流深 $R_{实}$（mm）	预报径流深 $R_{预}$（mm）	预报误差（mm）	许可误差（mm）	评定结果		序号	洪号	流域平均雨量 P（mm）	雨间蒸发 E（mm）	P–E（mm）	前期影响雨量 P_a（mm）	实测径流深 $R_{实}$（mm）	预报径流深 $R_{预}$（mm）	预报误差（mm）	许可误差（mm）	评定结果	
										合格	不合格											合格	不合格
1	610723	284.9	42.5	242.4	46.5	81.8	83.5	1.7	16.4	√		20	780726	91.6	10.0	81.6	62.4	12.4	10.5	–1.9	3.0	√	
2	610822	242.1	26.4	215.7	158.0	136.8	163.0	26.2	20.0		√	21	800630	98.1	6.0	92.1	65.8	18.6	13.5	–5.1	3.7		√
3	611021	89.6	4.0	85.6	132.5	34.1	37.0	2.9	6.8	√		22	820710	23.9	2.5	21.4	66.2	3.8	2.2	–1.6	3.0	√	
4	620809	99.5	15.4	84.1	153.1	36.6	46.5	9.9	7.3		√	23	820813	113.7	6.0	107.7	38.0	5.0	5.5	0.5	3.0	√	
5	620821	139.3	26.8	112.5	171.2	72.4	82.0	9.6	14.5	√		24	830908	81.9	3.0	78.9	20.5	2.0	1.0	–1.0	3.0	√	
6	640708	75.2	17.5	57.7	42.9	3.2	2.5	–0.7	3.0	√		25	840703	84.9	7.5	77.4	56.7	6.4	7.5	1.1	3.0	√	
7	640720	78.8	38.0	40.8	81.0	5.9	6.5	0.6	3.0	√		26	840812	102.8	13.4	89.4	45.8	5.0	6.5	1.5	3.0	√	
8	640804	187.5	41.3	146.2	98.5	65.8	52.7	–13.1	13.2	√		27	900731	54.6	10.0	44.6	164.4	24.0	25.6	1.6	4.8	√	
9	640915	90.6	17.7	72.9	170.6	53.0	50.0	–3.0	10.6	√		28	910720	103.9	5.3	98.6	39.8	10.6	12.2	1.6	3.0	√	
10	710627	170.2	25.5	144.7	57.6	20.4	25.0	4.6	4.1		√	29	910731	76.6	2.0	74.6	138.7	22.5	32.5	10.0	4.5		√
11	710705	45.9	2.5	43.4	166.7	19.3	26.5	7.2	3.9		√	30	940708	154.8	39.5	115.3	164.3	52.3	78.0	25.7	10.5		√
12	710727	53.0	17.5	35.5	112.0	12.1	9.5	–2.6	3.0	√		31	940809	66.8	3.0	63.8	94.3	15.1	14.0	–1.1	3.0	√	
13	710809	24.2	7.6	16.6	155.3	5.3	7.5	2.2	3.0	√		32	960807	170.7	41.1	129.6	174.5	58.2	100.0	41.8	11.6		√
14	740726	18.6	5.0	13.6	110.1	4.8	3.0	–1.8	3.0	√		33	100811	188.6	16.2	172.4	74.5	58.4	54.1	–4.3	11.7	√	
15	740810	85.7	7.8	77.9	121.6	34.6	30.0	–4.6	6.9	√		34	100823	136.0	27.6	108.4	162.4	40.6	43.0	2.4	8.1	√	
16	740815	18.9	7.6	11.3	158.7	4.2	4.5	0.3	3.0	√		35	120802	155.3	17.2	138.1	80.9	32.7	36.3	3.6	6.5	√	
17	760820	65.8	9.6	56.2	140.9	22.9	25.5	2.6	4.6	√		36	130728	167.4	20.5	146.9	166.7	50.5	53.7	3.2	10.1	√	
18	770706	110.7	12.5	98.2	34.2	13.6	4.0	–9.6	3.0		√	37	130814	98.6	8.4	90.2	143.0	25.6	25.0	–0.6	5.1	√	
19	770806	31.0	5.8	25.2	136.3	9.0	8.5	–0.5	3.0	√													

备注：1. 预报误差 = 预报值 – 实测值；2. 许可误差 = 实测值的 20%，以 20.0 mm 为上限，以 3.0 mm 为下限；3. 合格率 =75.7%，为乙级方案。

表 11-8　徒骇河宫家闸站降雨径流预报（$P+P_a-E-R$，分层计算 P_a）精度评定表

序号	洪号	流域平均雨量 P（mm）	雨间蒸发 E（mm）	前期影响雨量 P_a（mm）	$P+P_a-E$（mm）	实测径流深 $R_{实}$（mm）	预报径流深 $R_{预}$（mm）	预报误差（mm）	许可误差（mm）	评定结果		序号	洪号	流域平均雨量 P（mm）	雨间蒸发 E（mm）	前期影响雨量 P_a（mm）	$P+P_a-E$（mm）	实测径流深 $R_{实}$（mm）	预报径流深 $R_{预}$（mm）	预报误差（mm）	许可误差（mm）	评定结果	
										合格	不合格											合格	不合格
1	610723	284.9	42.5	288.9	46.5	81.8	81.8	0.0	16.4	√		18	800630	98.1	6.0	157.9	65.8	18.6	15.3	−3.3	3.7	√	
2	610822	242.1	26.4	373.7	158.0	136.8	143.5	6.7	20.0	√		19	810818	103.9	4.0	124.8	24.9	7.3	8.5	1.2	3.0	√	
3	611021	89.6	4.0	218.1	132.5	34.1	38.1	4.0	6.8	√		20	820710	23.9	2.5	87.6	66.2	3.8	1.5	−2.3	3.0	√	
4	620809	99.5	15.4	237.2	153.1	36.6	48.5	11.9	7.3		√	21	830908	81.9	3.0	99.4	20.5	2.0	4.2	2.2	3.0	√	
5	620821	139.3	26.8	283.7	171.2	72.4	79.0	6.6	14.5	√		22	840703	84.9	7.5	134.1	56.7	6.4	9.7	3.3	3.0		√
6	640804	187.5	41.3	244.7	98.5	65.8	52.7	−13.1	13.2	√		23	900731	54.6	10.0	209.0	164.4	24.0	34.0	10.0	4.8		√
7	640915	90.6	17.7	243.5	170.6	53.0	52.0	−1.0	10.6	√		24	910720	103.9	5.3	136.5	37.9	10.6	9.5	−1.1	3.0	√	
8	730729	168.5	68.0	224.1	123.6	39.6	41.3	1.7	7.9	√		25	910731	76.6	2.0	213.3	138.7	22.5	38.0	15.5	4.5		√
9	740724	88.9	10.0	122.1	43.2	8.6	7.5	−1.1	3.0	√		26	940708	154.8	39.5	279.6	164.3	52.3	74.2	21.9	10.5		√
10	740726	18.6	5.0	123.7	110.1	4.8	7.6	2.8	3.0	√		27	940809	66.8	3.0	158.1	94.3	15.1	14.9	−0.2	3.0	√	
11	740805	54.4	5.8	136.9	88.3	9.5	10.2	0.7	3.0	√		28	960807	170.7	41.1	304.1	174.5	58.2	91.0	32.8	11.6		√
12	740810	85.7	7.8	199.5	121.6	34.6	29.6	−5.0	6.9	√		29	100811	188.6	16.2	246.9	74.5	58.4	55.0	−3.4	11.7	√	
13	760802	77.9	11.3	144.9	78.3	15.8	13.3	−2.5	3.2	√		30	100823	136.0	27.6	270.8	162.4	40.6	67.5	26.9	8.1		√
14	760820	65.8	9.6	197.1	140.9	22.9	28.7	5.8	4.6		√	31	120802	155.3	17.2	219.0	80.9	32.7	37.5	4.8	6.5	√	
15	770706	110.7	12.5	132.4	34.2	13.6	9.5	−4.1	3.0		√	32	130728	167.4	20.5	313.6	166.7	50.5	102.5	52.0	10.1		√
16	780703	104.7	20.5	125.6	41.4	12.4	8.0	−4.4	3.0		√	33	130814	98.6	8.4	233.2	143.0	25.6	50.0	24.5	5.1		√
17	780726	91.6	10.0	144.0	62.4	12.4	12.0	−0.4	3.0	√													

备注：1. 预报误差 = 预报值 − 实测值；2. 许可误差 = 实测值的 20%，以 20.0 mm 为上限，以 3.0 mm 为下限；3. 合格率 =63.6%，为丙级方案。

表 11-9　徒骇河宫家闸站降雨径流预报（P-P_a-R，P_a 不分层）精度评定表

序号	洪号	流域平均雨量 P（mm）	前期影响雨量 P_a（mm）	实测径流深 $R_实$（mm）	预报径流深 $R_预$（mm）	预报误差（mm）	许可误差（mm）	评定结果		序号	洪号	流域平均雨量 P（mm）	前期影响雨量 P_a（mm）	实测径流深 $R_实$（mm）	预报径流深 $R_预$（mm）	预报误差（mm）	许可误差（mm）	评定结果	
								合格	不合格									合格	不合格
1	710627	170.2	74.4	20.4	49.0	28.6	4.1		√	15	830908	81.9	75.7	2.0	13.0	11.0	3.0		√
2	710705	45.9	124.4	19.3	14.9	−4.4	3.9		√	16	840703	84.9	77.5	6.4	14.0	7.6	3.0		√
3	710727	53	111.5	12.1	11.5	−0.6	3.0	√		17	840812	102.8	56.5	5.0	12.0	7.0	3.0		√
4	710809	24.2	122.4	5.3	6.0	0.7	3.0	√		18	900731	54.6	130.0	24.0	19.6	−4.4	4.8	√	
5	740724	88.9	92.7	8.6	21.2	12.6	3.0		√	19	910720	103.9	57.8	10.6	12.0	1.4	3.0	√	
6	740810	85.7	127.6	34.6	34.5	−0.1	6.9	√		20	910731	76.6	124.5	22.5	26.5	4.0	4.5	√	
7	740815	18.9	126.7	4.2	4.0	−0.2	3.0	√		21	940708	154.8	130.0	52.3	82.0	29.7	10.5		√
8	760820	65.8	126.1	22.9	24.0	1.1	4.6	√		22	940809	66.8	108.5	15.1	17.5	2.4	3.0	√	
9	770706	110.7	74.6	13.6	13.0	−0.6	3.0	√		23	960807	170.7	130.0	58.2	94.0	35.8	11.6		√
10	770806	31.0	123.1	9.0	8.2	−0.8	3.0	√		24	100811	188.6	125.1	58.4	104.0	45.6	11.7		√
11	780726	91.6	112.0	12.4	29.0	16.6	3.0		√	25	120802	155.3	106.3	32.7	63.0	30.3	6.5		√
12	800630	98.1	77.1	18.6	18.5	−0.1	3.7	√		26	130728	167.4	130.0	50.5	93.2	42.7	10.1		√
13	820710	23.9	97.3	3.8	5.9	2.1	3.0	√		27	130814	98.6	114.8	25.6	34.0	8.5	5.1		√
14	820813	113.7	93.9	5.0	31.0	26.0	3.0		√										

备注：1. 预报误差 = 预报值 − 实测值；2. 许可误差 = 实测值的 20%，以 20.0 mm 为上限，以 3.0 mm 为下限；3. 合格率 =48.1%，为不合格方案。

表 11-10　徒骇河宫家闸站净峰流量精度评定表

序号	洪号	实测径流深 $R_{实}$（mm）	暴雨中心位置	洪峰滞时 t_p（h）	净峰流量（m^3/s）		预报误差（m^3/s）	许可误差（m^3/s）	评定结果	
					实测 $Q_{m净实}$	预报 $Q_{m净预}$			合格	不合格
1	710627	20.4	上中游	61	537	465	−72	107	√	
2	710705	19.3	中游	40	641	595	−46	128	√	
3	740726	4.8	中下游	30	365	365	0	73	√	
4	740810	34.6	上游	67	680	670	−10	136	√	
5	760820	22.9	上游	12	519	505	−14	104	√	
6	770706	13.6	上游	52	354	360	6	71	√	
7	770806	9.0	中游	27	338	385	47	68	√	
8	780726	12.4	中游	47	450	460	10	90	√	
9	800630	18.6	上游	41	412	435	23	82	√	
10	820710	3.8	中游	30	178	230	52	36		√
11	820813	5.0	上中游	86	224	270	46	45		√
12	840703	6.4	中游	36	334	325	−9	67	√	
13	900731	24.0	中游		344	670	326	69		√
14	910720	10.6	上中游	54	203	302	99	32		√
15	910731	22.5	上中游	66	337	500	163	50		√
16	120802	32.7	中游	39	344	780	436	69		√
17	130728	50.5	上中游	15	630	860	230	126		√

备注：1. 预报误差 = 预报值 − 实测值；2. 许可误差 = 实测值的 20%；3. 合格率 =58.8%，为不合格方案。

表 11-11　以区间降雨量为参数的刘桥闸站至宫家闸站洪峰流量相关分析成果表

序号	峰号	区间降雨时间		区间平均雨量 $P_{区}$（mm）	区间前期影响雨量 $P_{a区}$（mm）	$P_{区}+P_{a区}$（mm）	区间流域面积（km^2）	区间蒸发 $E_{区}$（mm）	上游站洪峰			下游站洪峰			宫家闸预报流量 $Q_{m预,宫}$（m^3/s）	预报误差（m^3/s）	许可误差（m^3/s）	评定结果		洪峰传播时间（h）
		起	止						峰现时间	净峰流量 $Q_{m净,刘}$（m^3/s）	洪峰流量 $Q_{m,刘}$（m^3/s）	峰现时间	净峰流量 $Q_{m净,宫}$（m^3/s）	洪峰流量 $Q_{m,宫}$（m^3/s）				合格	不合格	
1	710627	6月23日8:00	6月28日8:00	175.9	58.0	233.9	3 263	25.2	6月27日2:00	504	504	6月27日12:00	537	537	720	183	107.4		√	10
2	710708	7月6日8:00	7月9日8:00	53.8	159.7	213.5	3 263	18	7月8日0:00	260	277	7月8日5:00	393	518	565	47	103.6	√		5
3	710802	7月30日8:00	8月2日8:00	96.6	122.7	219.3	3 263	13.3	8月2日18:00	328	344	8月2日22:00	570	571	575	4	114.2	√		4
4	740810	8月7日8:00	8月9日8:00	95.1	149.6	244.7	2 518	7.8	8月9日22:00	436	462	8月10日12:00	680	740	700	–40	148	√		14
5	760802	7月30日8:00	8月1日8:00	83	53.5	136.5	2 417	11.3	8月1日20:00	155	167	8月2日4:00	340	380	385	5	76	√		8
6	760820	8月17日8:00	8月19日8:00	71.1	91.0	162.1	2 417	9.6	8月20日18:00	191	215	8月20日20:00	444	444	445	1	88.8	√		2
7	770706	7月4日8:00	7月6日8:00	124.1	33.2	157.3	2 417	10.0	7月6日14:00	140	140	7月6日20:00	354	382	380	–2	76.4	√		6
8	770806	8月5日8:00	8月5日8:00	48.2	152.1	200.3	2 417	2.0	8月6日5:00	216	216	8月6日20:00	338	387	500	113	77.4		√	15
9	780703	6月30日8:00	7月4日8:00	126.5	41.0	167.5	2 417	18	7月2日14:00	68	68	7月3日6:00	332	332	325	–7	66.4	√		16
10	780726	7月24日8:00	7月26日8:00	84	71.9	155.9	2 417	10	7月26日6:00	244	244	7月26日15:00	450	477	450	–27	95.4	√		9
11	910720	7月16日8:00	7月19日8:00	96	47.7	143.7	2 417	18	7月20日0:00	102	114	7月20日8:00	203	213	330	117	42.6		√	8
12	910731	7月28日8:00	7月28日8:00	67.1	99.3	166.4	2 417	2.5	7月30日2:00	170	186	7月31日6:00	337	353	440	87	70.6		√	28
13	940714	7月10日8:00	7月13日8:00	56.4	177	233.4	2 417	17.5	7月13日23:00	240	251	7月14日13:00	376	390	560	170	78		√	14
14	940809	8月6日8:00	8月7日8:00	72.8	81.8	154.6	2 417	5.8	8月8日8:00	190	201	8月9日8:00	273	289	424	135	57.8		√	24
15	960807	8月4日8:00	8月8日8:00	92.7	171.2	263.9	2 417	16	8月6日12:00	220	238	8月7日6:00	419	429	600	171	85.8		√	18
16	120802	7月30日8:00	8月5日8:00	165	98.5	263.5	2 417	21	8月2日1:00	298	298	8月2日8:00	344	419	780	361	83.8		√	7
17	130728	7月22日8:00	7月27日8:00	165.5	158.8	324.3	2 417	20.5	7月26日21:00	555	555	7月28日17:00	630	630	860	230	126		√	44
18	130814	8月11日8:00	8月13日8:00	93.7	146.3	240	2 417	8.4	8月14日6:00	422	422	8月14日17:00	445	467	535	68	93.4	√		11

备注：1. 许可误差以宫家闸站实测洪峰流量的 20% 为控制；2. 合格率为 44.4%。

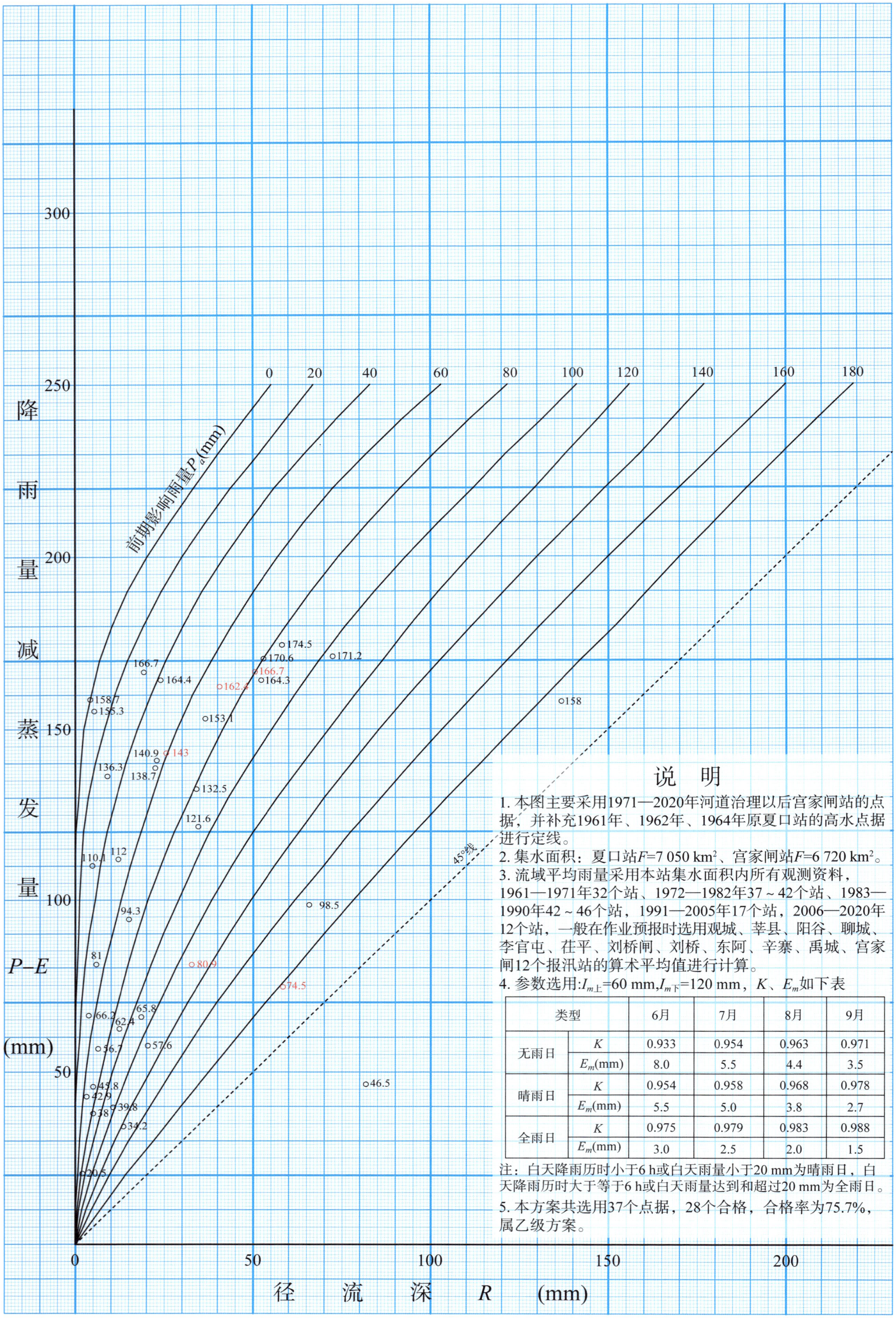

说　明

1. 本图主要采用1971—2020年河道治理以后宫家闸站的点据，并补充1961年、1962年、1964年原夏口站的高水点据进行定线。

2. 集水面积：夏口站F=7 050 km²、宫家闸站F=6 720 km²。

3. 流域平均雨量采用本站集水面积内所有观测资料，1961—1971年32个站、1972—1982年37～42个站、1983—1990年42～46个站，1991—2005年17个站，2006—2020年12个站，一般在作业预报时选用观城、莘县、阳谷、聊城、李官屯、茌平、刘桥闸、刘桥、东阿、辛寨、禹城、宫家闸12个报汛站的算术平均值进行计算。

4. 参数选用:$I_{m上}$=60 mm,$I_{m下}$=120 mm，K、E_m如下表

类型		6月	7月	8月	9月
无雨日	K	0.933	0.954	0.963	0.971
	E_m(mm)	8.0	5.5	4.4	3.5
晴雨日	K	0.954	0.958	0.968	0.978
	E_m(mm)	5.5	5.0	3.8	2.7
全雨日	K	0.975	0.979	0.983	0.988
	E_m(mm)	3.0	2.5	2.0	1.5

注：白天降雨历时小于6 h或白天雨量小于20 mm为晴雨日，白天降雨历时大于等于6 h或白天雨量达到和超过20 mm为全雨日。

5. 本方案共选用37个点据，28个合格，合格率为75.7%，属乙级方案。

图 11–2　徒骇河宫家闸站降雨径流相关图（P–E–P_a–R）

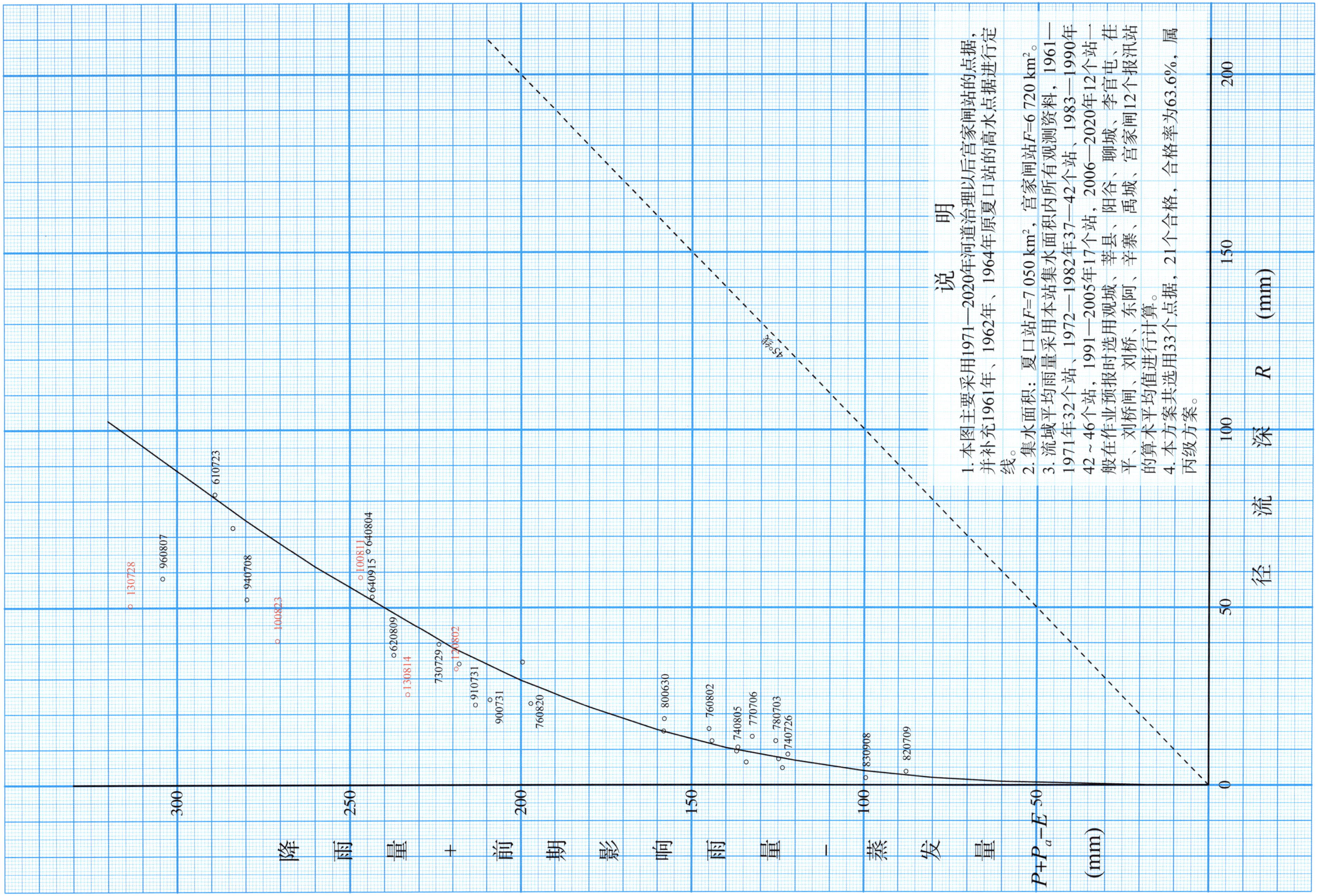

图 11-3　徒骇河宫家闸站降雨径流相关图（$P+P_a-E-R$）

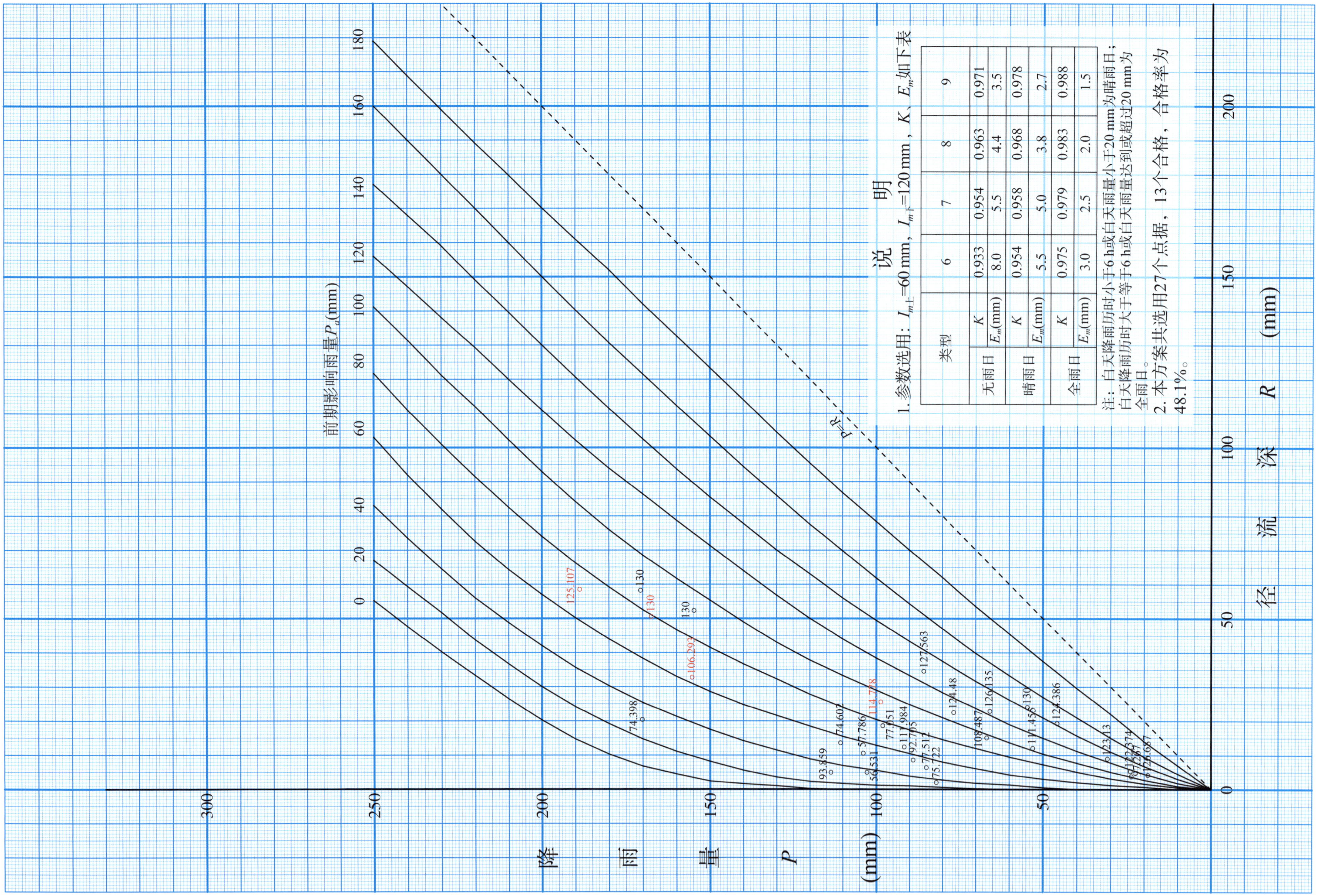

说明

1. 参数选用：$I_{m上}$=60 mm，$I_{m下}$=120 mm，K、E_m如下表

类型		6	7	8	9
无雨日	K	0.933	0.954	0.963	0.971
	E_m(mm)	8.0	5.5	4.4	3.5
晴雨日	K	0.954	0.958	0.968	0.978
	E_m(mm)	5.5	5.0	3.8	2.7
全雨日	K	0.975	0.979	0.983	0.988
	E_m(mm)	3.0	2.5	2.0	1.5

注：白天降雨历时小于6 h或白天雨量小于20 mm为晴雨日；白天降雨历时大于等于6 h或白天雨量达到或超过20 mm为全雨日。

2. 本方案共选用27个点据，13个合格，合格率为48.1%。

图 11-4　徒骇河宫家闸站降雨径流分析成果表（P-P_a-R）

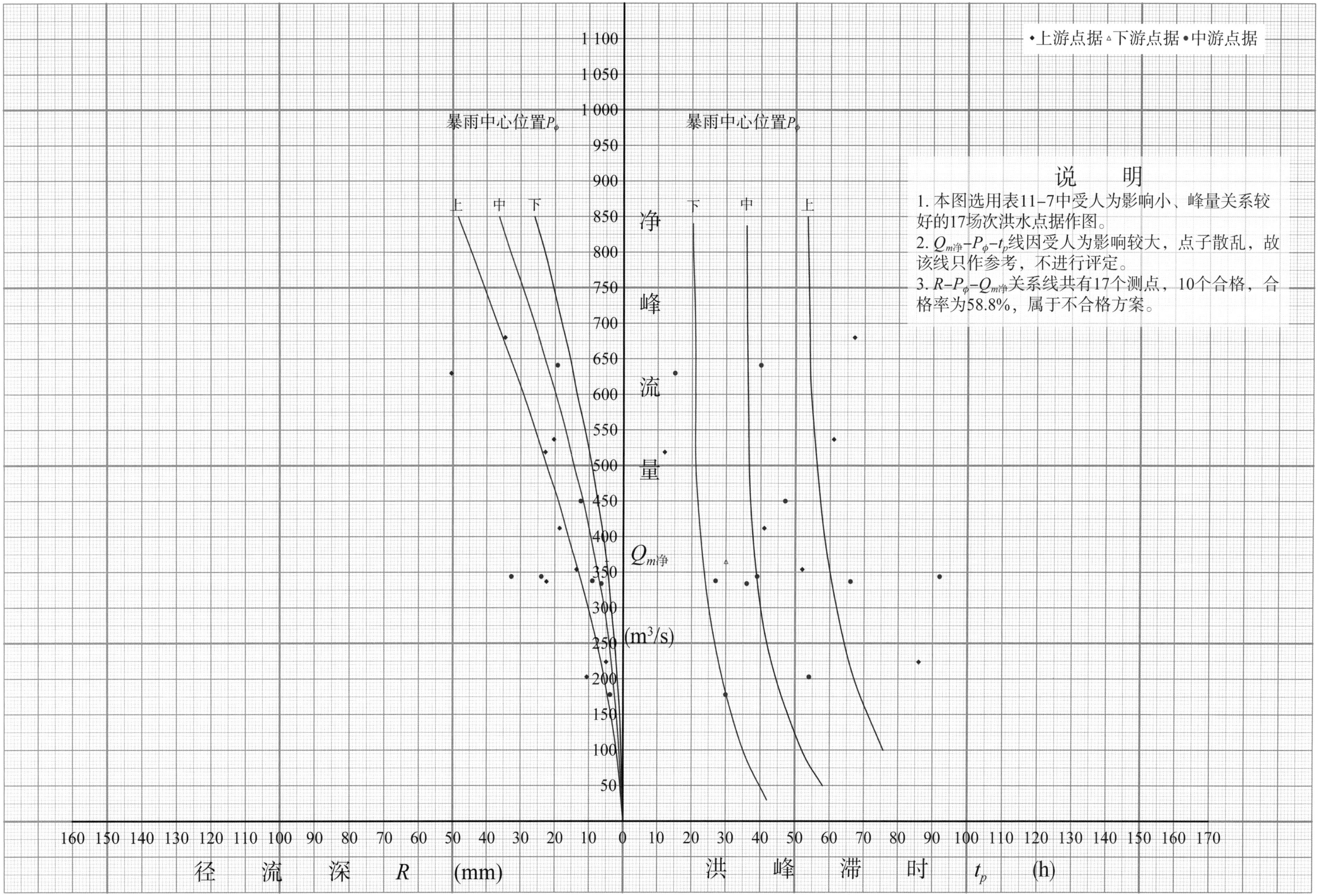

图 11-5 徒骇河宫家闸站峰量关系合轴相关图

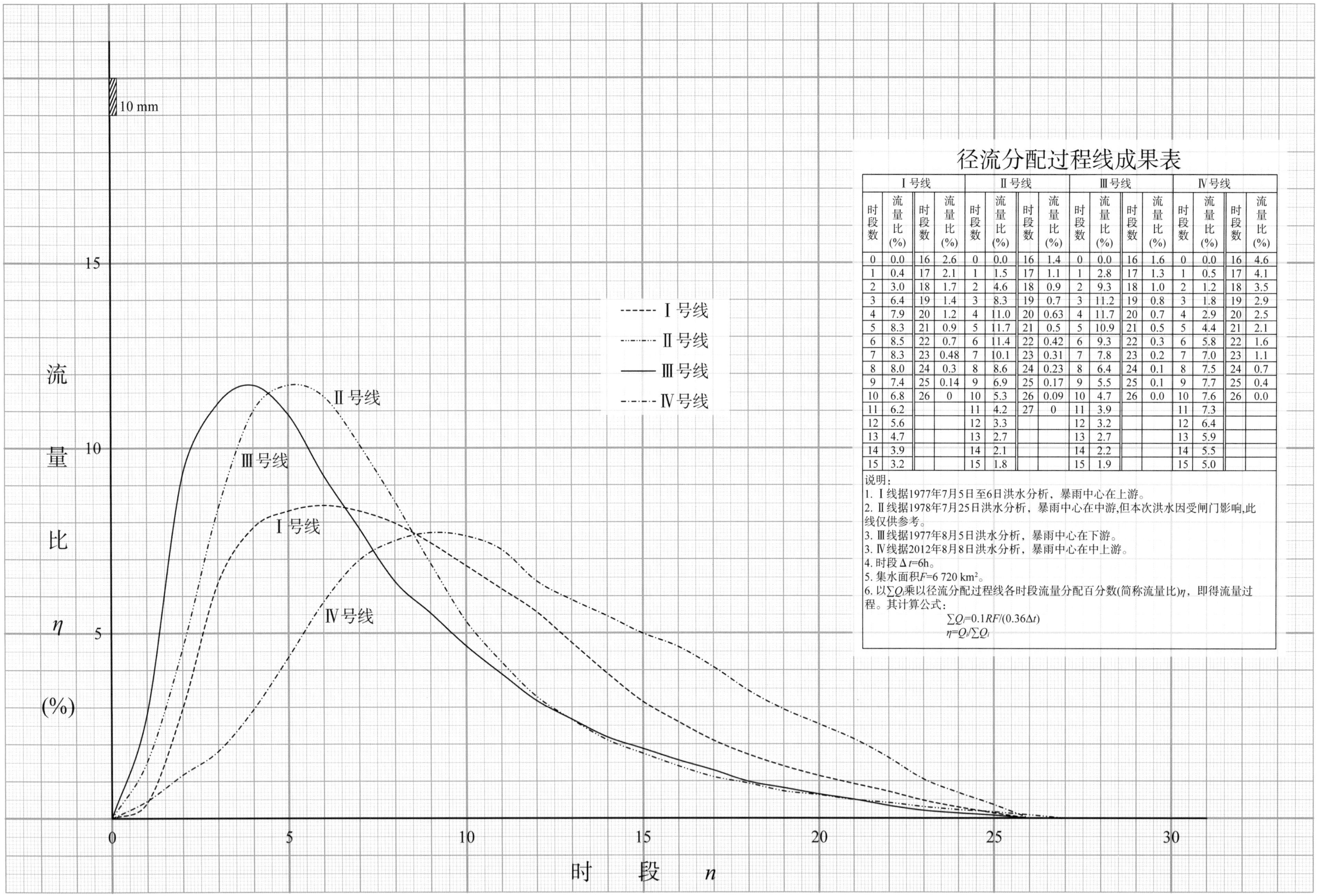

径流分配过程线成果表

Ⅰ号线				Ⅱ号线				Ⅲ号线				Ⅳ号线			
时段数	流量比(%)	时段数	流量比(%)	时段数	流量比(%)	时段数	流量比(%)	时段数	流量比(%)	时段数	流量比(%)	时段数	流量比(%)	时段数	流量比(%)
0	0.0	16	2.6	0	0.0	16	1.4	0	0.0	16	1.6	0	0.0	16	4.6
1	0.4	17	2.1	1	1.5	17	1.1	1	2.8	17	1.3	1	0.5	17	4.1
2	3.0	18	1.7	2	4.6	18	0.9	2	9.3	18	1.0	2	1.2	18	3.5
3	6.4	19	1.4	3	8.3	19	0.7	3	11.2	19	0.8	3	1.8	19	2.9
4	7.9	20	1.2	4	11.0	20	0.63	4	11.7	20	0.7	4	2.9	20	2.5
5	8.3	21	0.9	5	11.7	21	0.5	5	10.9	21	0.5	5	4.4	21	2.1
6	8.5	22	0.7	6	11.4	22	0.42	6	9.3	22	0.3	6	5.8	22	1.6
7	8.3	23	0.48	7	10.1	23	0.31	7	7.8	23	0.2	7	7.0	23	1.1
8	8.0	24	0.3	8	8.6	24	0.23	8	6.4	24	0.1	8	7.5	24	0.7
9	7.4	25	0.14	9	6.9	25	0.17	9	5.5	25	0.1	9	7.7	25	0.4
10	6.8	26	0	10	5.3	26	0.09	10	4.7	26	0.0	10	7.6	26	0.0
11	6.2			11	4.2	27	0	11	3.9			11	7.3		
12	5.6			12	3.3			12	3.2			12	6.4		
13	4.7			13	2.7			13	2.7			13	5.9		
14	3.9			14	2.1			14	2.2			14	5.5		
15	3.2			15	1.8			15	1.9			15	5.0		

说明：

1. Ⅰ线据1977年7月5日至6日洪水分析，暴雨中心在上游。
2. Ⅱ线据1978年7月25日洪水分析，暴雨中心在中游,但本次洪水因受闸门影响,此线仅供参考。
3. Ⅲ线据1977年8月5日洪水分析，暴雨中心在下游。
3. Ⅳ线据2012年8月8日洪水分析，暴雨中心在中上游。
4. 时段Δt=6h。
5. 集水面积F=6 720 km^2。
6. 以$\sum Q_i$乘以径流分配过程线各时段流量分配百分数(简称流量比)η，即得流量过程。其计算公式：

$$\sum Q_i=0.1RF/(0.36\Delta t)$$

$$\eta=Q_i/\sum Q_i$$

图 11-6　徒骇河宫家闸站径流分配过程线图

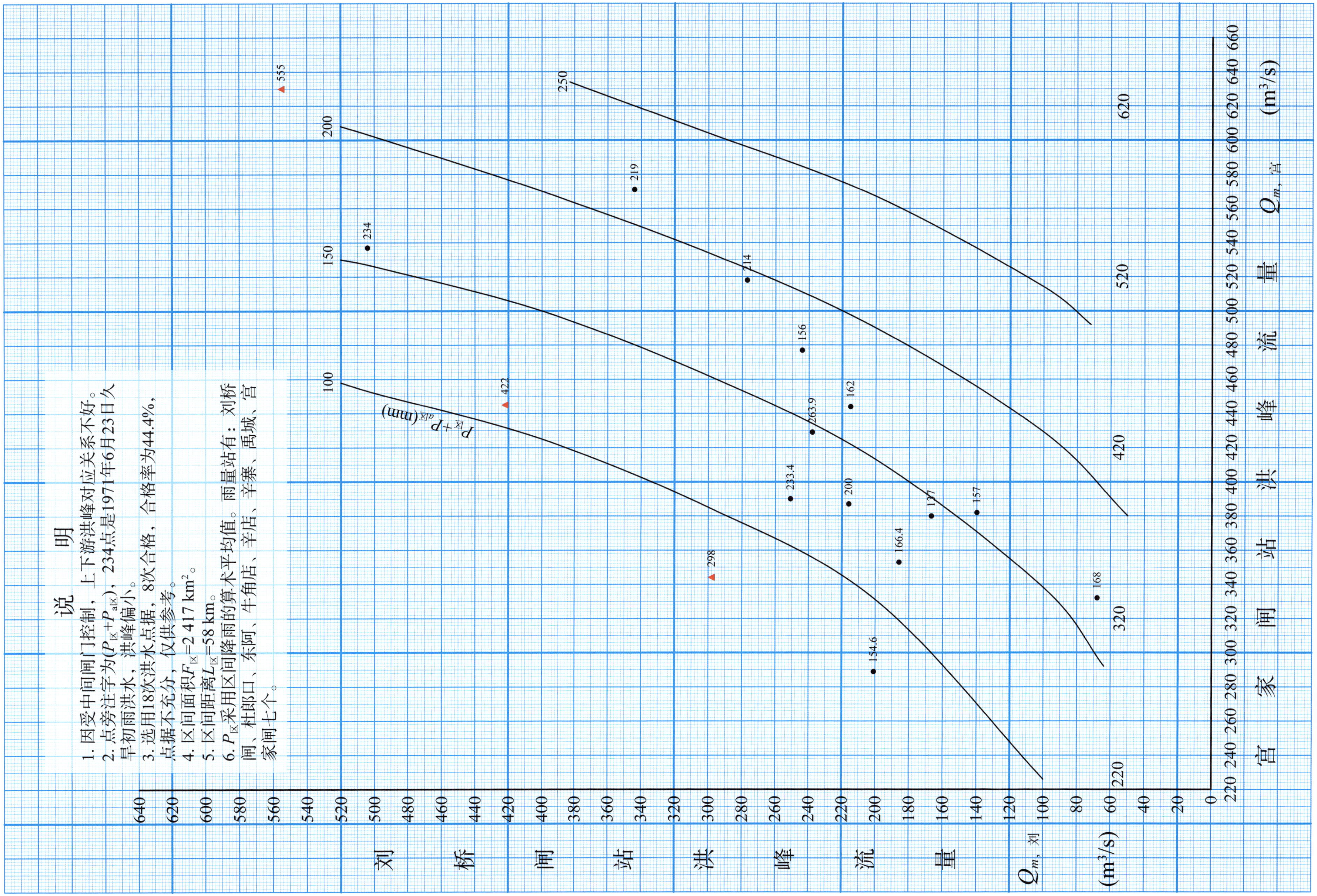

图 11-7　徒骇河刘桥闸站至宫家闸站洪峰流量相关图

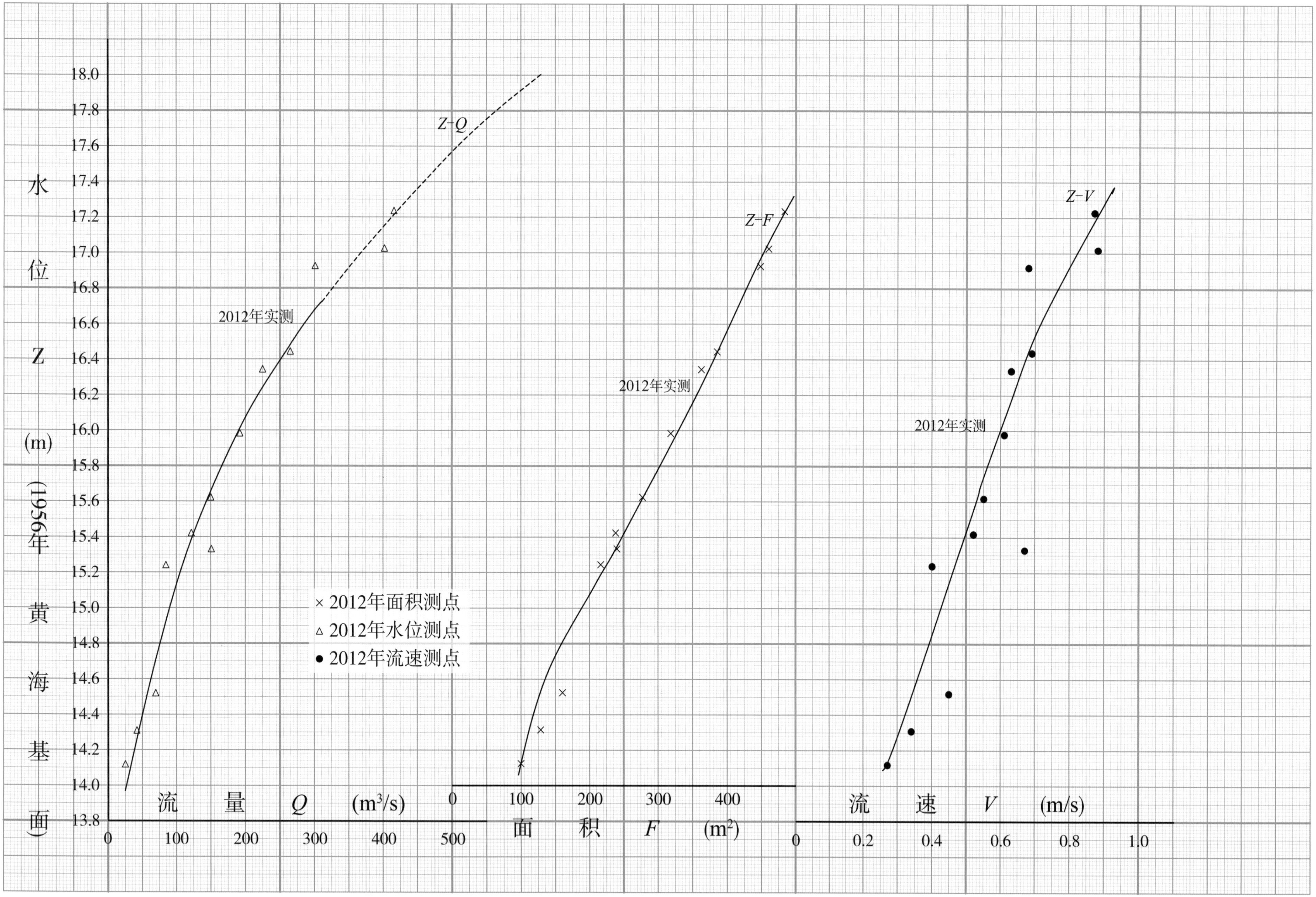

图 11-8 徒骇河宫家闸站历年水位－流量、水位－面积、水位－流速关系曲线图

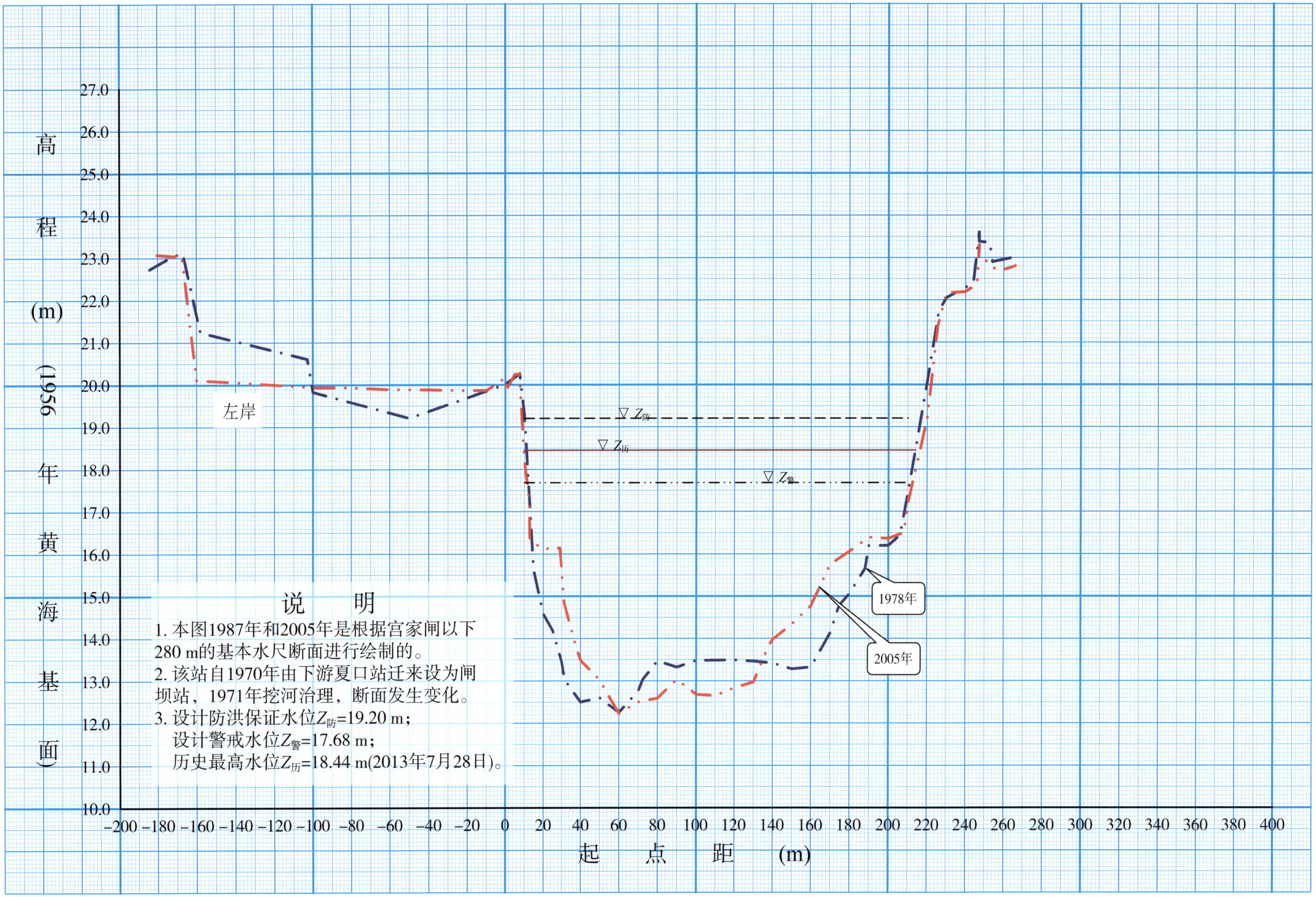

图 11-9　徒骇河宫家闸站历年实测大断面图（2005 年及之前）

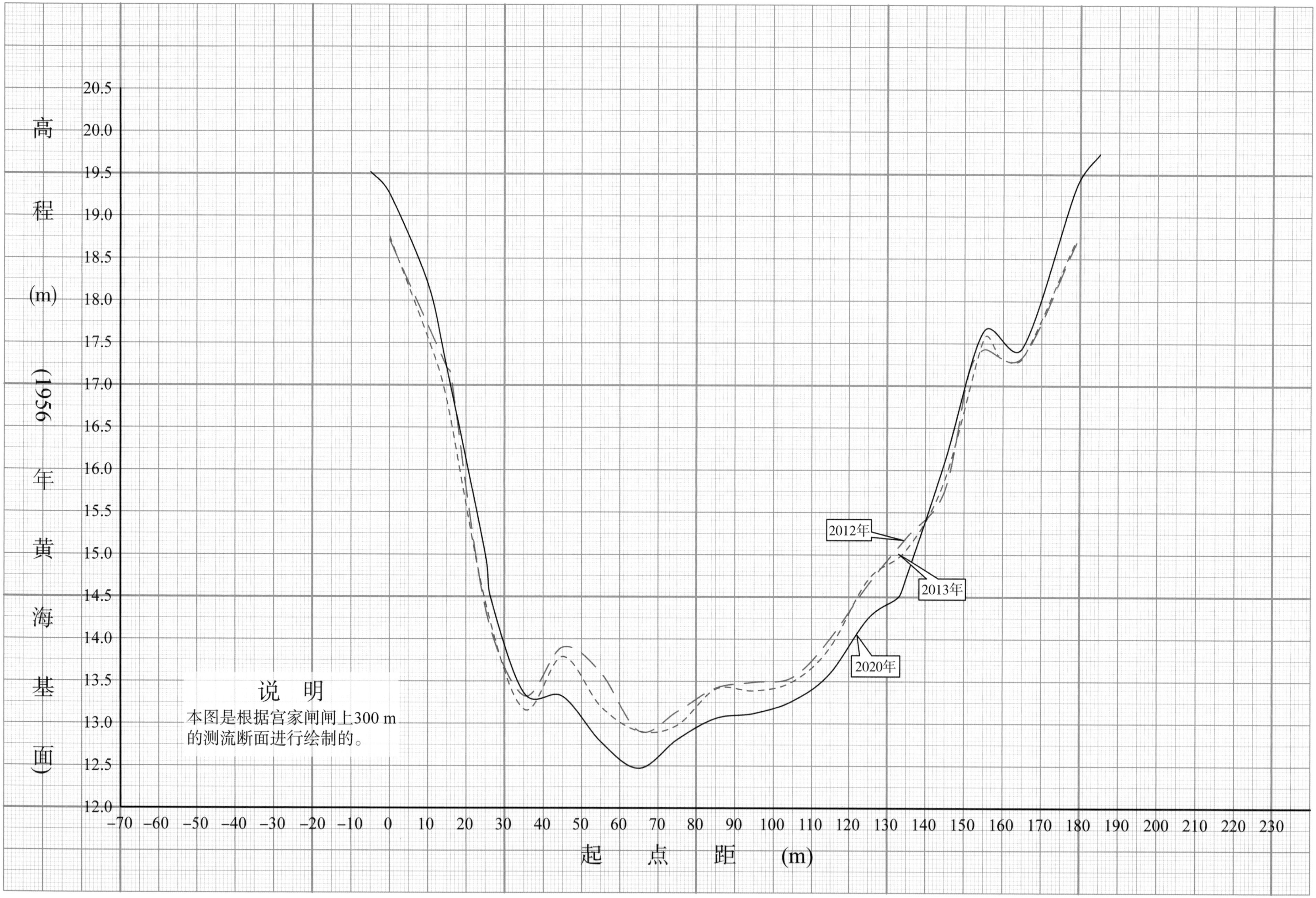

图 11–10 徒骇河宫家闸站历年实测大断面图（2012 年、2013 年、2020 年）

第十二章　徒骇河堡集闸站水文预报方案编制说明

1　流域概况

1.1　流域自然地理特征

徒骇河属海河流域独立入海的河流，位于山东省境内黄河以北，全长 436 km。总流域面积 13 902 km^2。流域面积在 300 km^2 以上的支流有新金线河、赵王河、小运河、西新河、四新河、管氏河、苇河、赵牛新河、老赵牛河、邓金河、土马沙河等。堡集闸站以上流域面积为 10 250 km^2，流域长 348 km，平均宽度仅 29.5 km，流域呈长条带状。河道纵坡坡度为 1/6 000 ~1/14 000。流域内地势平坦，土层较厚，多壤土，下渗能力较大，一般强度的降水不会出现超渗现象。堡集闸站以上流域图见图 12–1。

本流域位于华北暖温带半湿润季风气候区，多年平均气温 12 ~ 14℃，日照时数 2 500 ~ 2 800 h，无霜期 190 ~ 210 天，四季变化明显。冬季雨雪少，寒冷干燥；春季干旱少雨，蒸发量大；夏季炎热湿润；秋季天高气爽。多年平均年降水量为 577.4 mm，降水量的年际变化较大，丰水年（1964 年）年降水量达 986.4 mm，枯水年（1968 年）年降水量仅为 340.8 mm，丰水年是枯水年的 2.9 倍。受季风气候影响，降水量有显著的季节性，汛期（6—9 月）降水量占全年的 70% ~ 80%，汛期暴雨和连阴天是造成洪涝灾害的主要原因。堡集闸站洪水过程多为缓涨缓落型，涨水段多在 36 ~ 72 h，落水段在 5 ~ 10 天，甚至更长。

1.2　水利工程情况

徒骇河是鲁北地区一条主要排洪河道，但新中国成立初期河道狭窄，安全行洪能力仅在 50 m^3/s 左右，以后曾多次治理，1968 年开始干支流按 1964 年雨型（45 天降雨 400 mm）排涝标准开挖，按 1961 年雨型（45 天降雨 600 mm）防洪筑堤，设计防洪能力 1 080 m^3/s。1972 年治理工程全部完成后，干流下游防洪保证流量由 636 m^3/s 提高到 1 746 m^3/s，干流建闸 11 座，总蓄水能力 1.06 亿 m^3（各闸工程指标详见表 12–1）。支流拦河闸更是星罗棋布，同时开发引黄灌区，流域内河网化，河系、渠系纵横交错，自然流势发生了根本变化，给资料分析及洪水预报带来了很大困难。

徒骇河主要闸坝河道距离、洪水传播时间示意图见图 12–2。

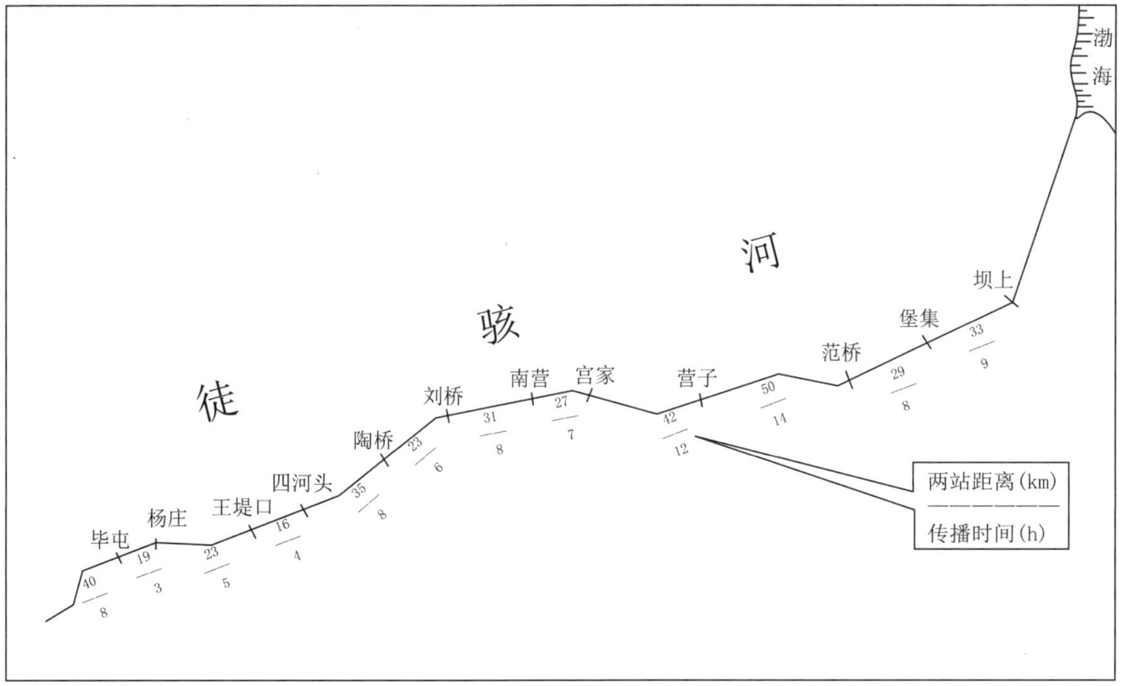

图 12–2　徒骇河主要闸坝河道距离、洪水传播时间示意图

1.3　测站概况

1.3.1　基本情况

堡集闸站为徒骇河下游控制站，距河口 87 km，1972 年 1 月 1 日至 1973 年流域面积为 10 149 km^2，1974 年至今为 10 250 km^2。

该站历史最大流量为 1 130 m^3/s，出现在 1996 年；历史最高水位 7.96 m，出现在 2010 年。

1.3.2　测站沿革

堡集闸站曾经多次迁移。1951 年至 1971 年 6 月 1 日在现站址下游 3 km 处石家附近，称滨县站；1958 年改为石家站；1971 年 6 月 1 日由石家迁至堡集闸下 500 m 处，1972 年 6 月 1 日迁到闸下 360 m 现站址处。堡集闸站采用 1956 年黄海基面。

2　预报方案编制

2.1　资料情况及方案沿革

2.1.1　资料情况

堡集闸站预报方案于 2005 年分析编制，并于 2018 年进行了方案的修订。本次修订除选用之前分析的 1953—2015 年共 43 次暴雨洪水外，另外补充了 2018—2020 年 3 场次暴雨洪水进行分析，即资料系列为 1953—2020 年，共 46 场次洪水。

表 12-1　徒骇河灌溉节制闸工程基本情况表

序号	闸名	中泓桩号	闸址河道状况				节制闸工程指标								启闭现状		流域面积（km^2）
			滩地高程（m）		堤顶高程（m）		1964 年雨型排涝		1961 年雨型防洪		闸底高程（m）	孔数	孔净跨（m）	闸门高（m）	启闭形式	启闭机数	
			左岸	右岸	左岸	右岸	流量（m^3/s）	水位（m）	流量（m^3/s）	水位（m）							
1	杨庄	58+750	37.10	37.47	39.50	40.14	157	36.60	238	37.79	32.60	6	4	4	丝杠	6	941
2	王堤口	81+800	34.78	34.78	38.50	38.10	323	33.78	488	35.52	29.14	6	10	5.5	固定	6	2 212
3	四河头	98+100	33.40	33.75	37.50	36.60	329	32.00	498	33.50	27.50	8	9.2	3	挂钩	1	2 909
4	陶桥	133+000	29.70	30.15	32.58	33.00	410	27.92	623	29.45	23.20	7	10	5	固定	7	3 814
5	刘桥	155+550	26.80	27.78	30.00	30.64	433	24.77	657	26.50	20.37	10	5.8	5	挂钩	3	4 444
6	南营	186+550	21.85	21.15	26.45	25.55	614	20.52	936	21.88	16.02	17	6	5	挂钩	2	6 500
7	宫家	213+825	18.50	17.40	22.60	21.25	702	17.68	1 080	19.20	12.10	13	10	6	固定	13	6 720
8	营子	259+620	16.45	16.60	20.45	22.00	779	14.99	1 190	16.67	9.49	17	5.8	5	挂钩	6	8 498
9	范桥	309+500	12.20	12.70	15.85	15.00	817	10.80	1 257	12.30	5.60	18	5.8	5	挂钩	6	8 950
10	堡集	338+550	8.60	8.85	10.61	10.25	907	7.04	1 395	8.40	1.60	8	3.5	4.5	挂钩	4	10 250
											1.10	16	3.7	5			
11	坝上	371+550	5.15	5.15	7.96	10.55	918	4.92	1 410	5.76	−2.40	14	10	6.5	固定	14	10 415

2.1.2　方案沿革

原方案中产流方案采用降雨径流相关图 $P\text{-}P_a\text{-}R$，汇流方案采用峰量关系图、径流分配过程线图。

本次修订，在原产流方案降雨径流相关图 $P\text{-}P_a\text{-}R$ 中增加了 3 个点据，关系线保持不变；在原汇流方案峰量关系图中增加了 6 个点据，关系线保持不变；径流分配过程线保持不变。

2.2　产流方案

产流预报依据蓄满产流的基本原理，采用降雨径流经验相关的方法。

2.2.1　主要参数的计算

2.2.1.1　流域平均降水量P的计算

堡集闸站以上流域平均降水量采用算术平均法或加权平均法计算，采用的雨量站及面积权重见表 12–2。

表 12–2　堡集闸站以上流域平均降水量计算采用的雨量站及面积权重

时间	观城	莘县	阳谷	三十里铺	刘桥闸	聊城	宫家闸	李官屯	齐河	商河	营子闸	申家桥	小杨家	济阳
1971—2020 年	0.07	0.07	0.07	0.07	0.07	0.07	0.09	0.07	0.07	0.07	0.07	0.07	0.07	0.07

2.2.1.2　暴雨中心分区

基本按河长等距离分为上、中、下游三个区，流域普遍降水时，做中游处理。

2.2.1.3　流域最大损失量I_m的计算

原方案采用的 I_m 值是 1976 年编制方案时分析的，本次未重新分析。I_m 值采用下式计算：

$$I_m = P+P_a-R-E$$

式中：P 为流域平均降雨量（mm）；P_a 为前期影响雨量（mm）；R 为径流深（mm）；E 为雨间蒸发量（mm）。

分析时，考虑不同深浅的土层具有不同的蒸发能力，把流域下垫面土壤分为上、下两层。上层即耕作层，厚度约 0.15 m；下层即上层以下至水分强烈活动层的下限，厚度为 0.3～0.5 m。上层的最大损失量 $I_{m上}=S+$ 填洼量＋截留量，式中，S 为上层田间持水量；截留量定为 6 mm；由于河道治理以后，洼地排水一般比较畅通，暂不考虑填洼量，但由于河道淤积及田间排水工程的破坏，填洼损失将越来越大。上层深度采用 0.15 m，田间持水量 25%，土壤凋萎含水量为 5%，土壤干容重为 1.3 g/cm^3。则 $S=0.15\times1\,000\times(25\%-5\%)\times1.3=39$ mm，再加上截留量 6 mm，所以 $I_{m上}=45$ mm。$I_{m下}=I_m-I_{m上}$。由于采用计算出来的 $I_{m上}$、$I_{m下}$值计算 $P_{a上}$、$P_{a下}$所点绘的降雨径流相关图点据有时不佳，在这种情况下，又采用了试算法。通过变动 $I_{m上}$、$I_{m下}$值，再次计算 $P_{a上}$、$P_{a下}$值，并点绘降雨径流相关图，最后选用相关关系好的 $I_{m上}$、$I_{m下}$。I_m 分析成果见表 12-3。

表 12-3 流域最大损失量 I_m 表 单位：mm

河名	站名	$I_{m上}$	$I_{m下}$
徒骇河	刘桥闸—宫家闸	40	130
	宫家闸	60	120
	堡集闸	60	120

2.2.1.4 蒸发能力E_m的推求

在土壤充分供水的条件下，蒸发量近似等于蒸发能力。一般情况下，土壤蒸发量小于蒸发能力。本流域内蒸发站采用口径 80 cm 套盆式蒸发皿观测资料。由于夜间无光照、温度低，所以蒸发能力极微，大量水分均在白天蒸发掉，因此，将单站蒸发资料按月份分为三种情况进行统计：①无雨日——全日无雨；②全雨日——白天（8—20 时）降雨历时达到或超过 6 h，或白天降雨量达到或超过 20 mm；③晴雨日——白天降雨历时不足 6 h 或白天降雨量不足 20 mm。

将上述三种情况分别求得月平均蒸发量，最后综合对比多站分析成果，发现成果比较接近，因此，流域采用统一的蒸发分析成果参加计算。蒸发成果见表 12-4。

表 12-4 蒸发能力 E_m 值 单位：mm

类型	4 月	5 月	6 月	7 月	8 月	9 月	10 月
无雨日	6.0	8.0	8.0	5.5	4.4	3.5	2.5
晴雨日（白天降雨历时小于 6 h 或白天雨量不足 20 mm）	5.5	5.5	5.5	5.0	3.8	2.7	2.0
全雨日（白天降雨历时大于等于 6 h，或白天雨量达到或超过 20 mm）	2.0	2.5	3.0	2.5	2.0	1.5	1.0

2.2.1.5 P_a初值的确定

一般每年的 6 月 16 日或 6 月 26 日对水系内墒情站监测一次墒情并上报，从这时开始计算 P_a 初值。设 $P_{a上}$=0，$P_{a下}$采用该日实测的流域平均土壤含水量换算。$P_{a下}=0.35\times1\ 000\times(\rho-5\%)\times\gamma_0$，式中，0.35 为下层土壤厚度，以 m 计；$\rho$ 为流域平均含水量；5% 为土壤凋萎含水量；γ_0 为土壤容重，采用 1.3 g/cm^3。

2.2.1.6 $P_{a上}$、$P_{a下}$的计算

由于土壤水分在上下两层的蒸发损失过程中有很大差别，所以分层计算 P_a 值。

有降雨时，完全满足上层缺水量（$I_{m上}-P_{a上}$）后才开始渗透补给下层，满足下层缺水量后才开始产流。

无降雨时，上层土壤水分按蒸发能力递减，直至上层土壤含水量达到枯竭（土壤含水量为 5%，$P_{a上}$=0），此时下层土壤水分才按消退系数 K 消退；当 $P_{a下}$=0 时，下层土壤水分停止消退。

（1）$P_{a上}$的计算

当 $P_{a上,t}+P_t\geqslant E_t$ 时，

$$P_{a上,t+1}=P_{a上t}+P_t-E_t \qquad (0\leqslant P_{a上,t+1}\leqslant I_{m上})$$

当 $P_{a上,t}+P_t\geqslant I_{m上}$时，

$$\left.\begin{aligned}P_{a上,t+1}&=P_{a上,t}+P_t-R_{t上}-E_t\\R_{t上}&=P_{a上,t}+P_t-E_t-I_{m上}\end{aligned}\right. \qquad (0\leqslant P_{a上,t+1}\leqslant I_{m上})$$

式中：E_t 为当日 8 时至次日 8 时的蒸发量；$R_{t上}$为次降雨所产生的壤中流，上层蓄满后补充下层。

（2）$P_{a下}$的计算

当 $P_t+P_{a上}=0$ 时，

$$P_{a下,t+1}=KP_{a下,t}$$

当 $P_{a上,t}+P_t-R_t-E_t>I_{m上}$时，

$$\begin{aligned}P_{a下,t+1}&=P_{a下,t}+(P_{a上,t}+P_t-E_t-I_{m上})\\&=P_{a下,t}+R_{t上}\end{aligned} \qquad (P_{a下,t+1}\leqslant I_{m下})$$

式中：K为消退系数，$K=1-E_m/I_{m下}$。

（3）$P_{a上}$、$P_{a下}$混合计算

$$P_{a上,t+1}=0$$

$$P_{a下,t+1}=P_{a下,t}\left(1-\frac{E_t-P_t-P_{a上,t}}{I_{m下}}\right) \qquad (0<P_t+P_{a上,t}<E_t)$$

2.2.2 降雨径流关系分析定线

堡集闸站降雨径流关系分析采用 $P-E-P_a-R$ 相关图，详见图 12-3。从图中可看出，上部点子分布较好，底部点子较乱，根据点子分布定出 P_a 等于 60 mm、80 mm、100 mm、120 mm、140 mm、160 mm 等 6 条关系线。

2.2.3 精度评定

按许可误差 =20% 实测值的标准（并当许可误差大于 20.0 mm 时以 20.0 mm 为上限，小于 3.0 mm 时以 3.0 mm 为下限）进行逐次洪水评定。选用 1953—2020 年的 46 场次洪水资料，46 个点据参加定线，合格点为 40 个，合格率为 87%，属甲级方案，详见表 12-6 和表 12-7。

2.3 汇流方案

洪峰流量预报采用以暴雨中心为参数的峰量相关法，洪水过程预报采用径流分配过程线法。

2.3.1 峰量相关图

以暴雨中心位置 P_φ 为参数，建立径流深 R 与净峰流量 $Q_{m净}$关系曲线 $R-P_\varphi-Q_{m净}$线和净峰

流量与洪峰滞时 t_p 关系曲线 $Q_{m净}$-P_φ-t_p，详见图 12–4。

精度评定：R-P_φ-$Q_{m净}$线，27 个点据中有 22 个点据预报误差在许可误差范围之内，合格率为 81%，为乙级方案。$Q_{m净}$-P_φ-t_p 线，27 个点据中有 21 个点据合格，合格率为 78%，为乙级方案，详见表 12–8。

2.3.2 径流分配过程线

洪水过程的推求采用径流分配过程线法。首先选择标准暴雨洪水样本（包括暴雨中心位置分别在上、中、下游），然后点绘洪水流量过程线，分割基流，求得地表径流过程。

$$\sum Q_i = W/(0.36\Delta t) = 0.1RF/(0.36\Delta t)$$

$$\eta = Q_i/\sum Q_i$$

式中：η 为时段 Δt 相应净流量分配数（简称流量比）（%）；Q_i 为时段相应净流量（m^3/s）；$\sum Q_i$ 为时段净流量之和（m^3/s）；W 为地表径流总量（万 m^3）；Δt 为时段长（h）；R 为径流深（mm）；F 为集水面积（km^2）。

采用上式分别计算出典型洪水的时段流量比 η（%），点绘出的过程线即为径流分配过程线。因有特定条件，如暴雨中心位置、雨型分配，在套用时应特别注意。1990 年以后的洪水由于受闸门启闭影响，复式峰也较多，不能代表天然状态下的洪水过程，故没有添加新的径流分配过程线。堡集闸站径流分配过程线见图 12–5。

2.4 特殊暴雨洪水分析

由于 1996 年降雨 – 径流点子明显偏大，进行了专门调查分析。1996 年 7 月 29—30 日徒骇河下游普降特大暴雨，宫家闸 – 堡集闸区间平均降水量为 181.1 mm，其中堡集闸站最大 3 h 降水量达 203.6 mm，最大 6 h 降水量达 278.3 mm，最大 12 h 降水量达 322.2 mm；里则雨量站最大 3 h 降水量达 124.8 mm，最大 6 h 降水量达 210.7 mm，最大 12 h 降水量达 294.6 mm；其他各雨量站均降了短历时大暴雨，从而造成径流量明显偏大。8 月 4 日该流域又下了大雨，因而形成了复式洪峰，测得了历史最大流量 1 130 m^3/s，出现了历史最高水位 7.43 m。同时从水量调查方面也进行了分析，具体情况见表 12–5。

表 12–5 堡集闸站以上流域水量情况表

上游实测径流量（亿 m^3）	堡集闸实测径流量（亿 m^3）	蓄水变量（亿 m^3）	小王家（亿 m^3）	营子涵（亿 m^3）	牛王涵（亿 m^3）	南河头闸（亿 m^3）	引河灌溉还原（亿 m^3）	其他水量（亿 m^3）	天然径流量（亿 m^3）	径流深（mm）	查线径流深（mm）
7.950	15.3	–0.021	0.349	0.3308	-1.188	0	0.7969	1.78	5.84	217.6	110

2010 年 8 月洪水，降雨发生在 8 月 18 日 18 时至 24 日 14 时，降雨特点为历时较长、强度较大，降雨分布均匀。流域平均雨量 120.1 mm，前期影响雨量 150.3 mm，降水总历时 162 h，有效降雨历时 143 h，洪水洪峰流量为 1 180 m^3/s，洪水历时 238 h。

3 方案使用说明

3.1 注意事项

（1）P_a 值太小即久旱大雨时，可能发生超渗产流，引黄灌溉可能使实际 P_a 值比计算值大，预报时可适当考虑。

（2）注意方案适应范围，对特大暴雨洪水要慎重使用。

（3）应随时掌握上游蓄水及闸门启闭情况，对预报值要根据情况进行及时修正。

本方案来自标准样本，属一般情况，在特定的条件下，必须对一般情况加以修正，才能比较接近实际。

由于影响因素太多，本方案不能全部反映客观情况，所以不能照搬，还可结合上下游站情况，参考确定预报值。

3.2 方案适应能力

本站防洪流量 1 395 m^3/s，实测最大流量 1 180 m^3/s（2010 年 8 月 24 日），多年平均流量 500 m^3/s 左右。防洪水位 8.40 m，实测最高水位 7.96 m（2010 年 8 月 18 日 ），较防洪水位低 0.44 m。

本方案虽然控制范围较大，但近期资料较少，在进行洪水作业预报时，要全面分析当时上下游情况，尽量使预报值符合实际情况。

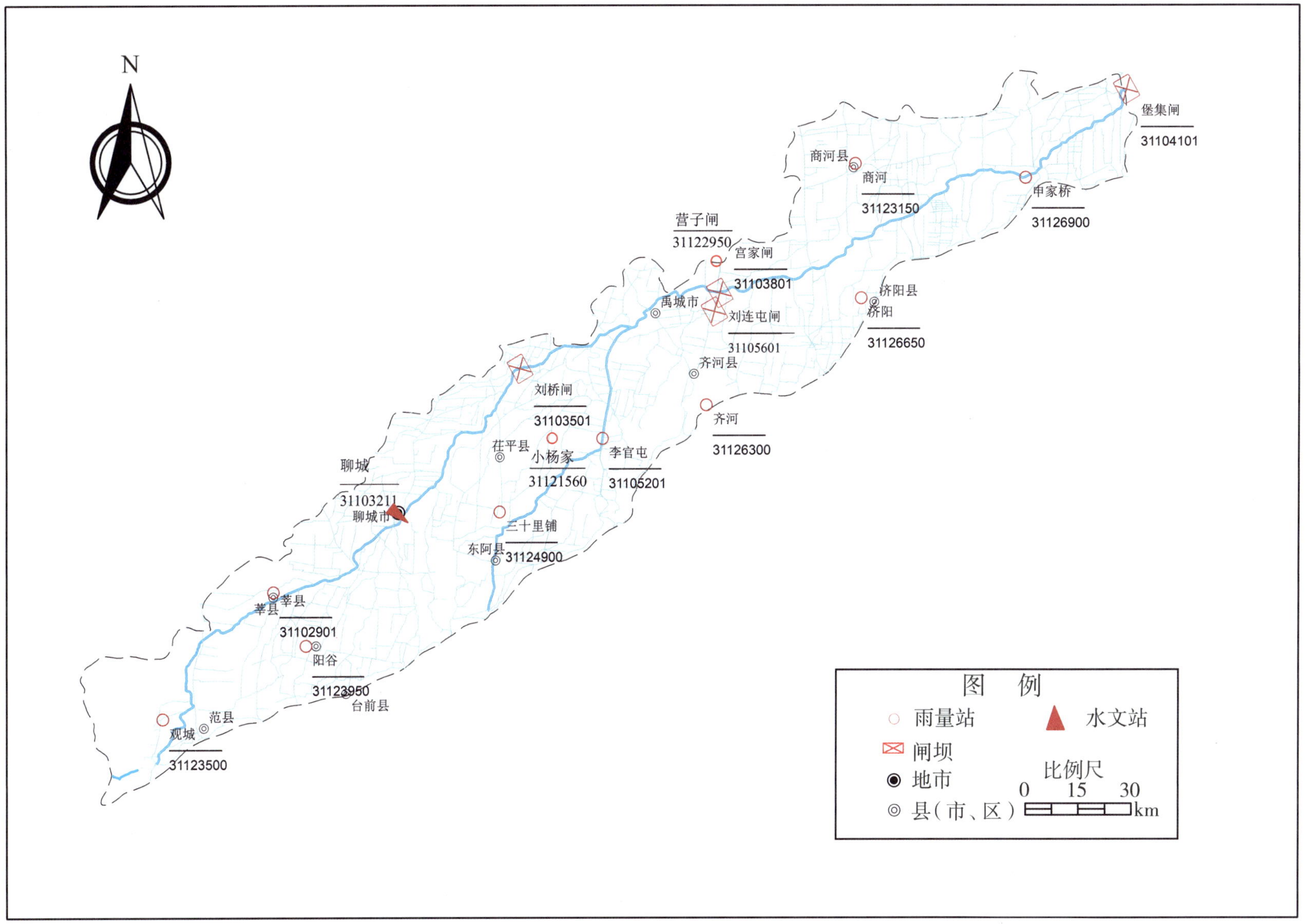

图 12-1　徒骇河堡集闸站以上流域图

表 12-6　徒骇河堡集闸站降雨径流分析成果表

序号	洪号	降雨起讫时间							流域平均雨量 P（mm）	前期影响雨量 P_a（mm）	降雨历时（h）		暴雨中心位置	洪水发生时间									洪水历时 $T_{洪}$（h）	洪峰流量 Q_m（m^3/s）	净峰流量 $Q_{m净}$（m^3/s）	洪峰滞时 t_p（h）	地表径流总量 W（万 m^3）	集水面积 F（km^2）	径流深 R（mm）	最高水位 Z（m）	雨间蒸发 E（mm）	$P-E$（mm）
		起				讫								起涨			峰顶			落平												
		年	月	日	时	月	日	时			全部	有效		月	日	时	月	日	时	月	日	时										
1	530830	1953	8	18	8	8	22	8	137.8	137.9	96	54	普雨	8	20	9	8	30	9	10	5	0	1 084	319	310		62 600	12 000	52.2	6.85	15.4	122.4
2	620823	1962	8	12	8	8	18	8	143.7	149.3	144	90	普雨	8	13	0	8	23	12	10	1	0	1 176	600	560		89 140	12 000	74.3	7.02	17.6	126.1
3	630726	1963	7	21	8	7	22	8	135.2	116.6	24	18	中游	7	22	12	7	26	8	8	20	8	692	475	470		51 840	12 000	43.2	6.37	7.5	127.7
4	630901	1963	8	28	8	8	29	8	52.8	129.6	24	18	普雨	8	29	20	9	1	20	9	29	20	744	375	370		21 082	12 000	17.6	5.84	5.8	47.0
5	640807	1964	7	25	8	8	2	8	182.5	150.5	192	132	普雨	7	27	2	8	7	14	9	9	0	1 054	653	645		96 910	12 000	80.8	7.41	32.0	150.5
6	640902	1964	8	30	8	9	3	8	67.0	136.7	96	54	普雨	8	31	12	9	2	16	9	29	8	692	386	380		27 010	12 000	22.5	6.00	9.7	57.3
7	640915	1964	9	11	8	9	12	8	65.0	150.6	24	18	中游	9	12	8	9	15	10	10	20	20	924	612	600		42 170	12 000	35.1	7.02	4.2	60.8
8	710706	1971	7	3	2	7	3	20	35.6	147.2	18	18	上中游	7	4	19	7	6	2	7	11	0	149	600	600	55	15 223	10 149	15.0	5.19	2.5	33.1
9	710708	1971	7	6	8	7	7	8	38.4	150.0	24	18	普雨	7	6	8	7	8	20	7	17	18	274	444	440	51	14 310	10 149	14.1	4.86	2.5	35.9
10	710803	1971	7	30	8	8	2	8	76.7	135.8	72	36	上游	8	1	14	8	3	20	8	9	8	186	564	525	54	20 088	10 149	19.8	5.20	7.0	69.7
11	710818	1971	8	15	14	8	16	8	34.5	132.6	18	6	上游	8	15	20	8	18	4	8	22	8	156	332	325	60	10 758	10 149	10.6	4.40	2.0	32.5
12	720817	1972	8	15	8	8	17	8	48.0	32.4	48	36	普雨	8	15	7	8	17	13	8	25	22	255	390	350	47	5 508	10 149	5.4	4.82	7.8	40.2
13	730717	1973	7	14	14	7	15	20	57.3	94.6	30	12	下游	7	15	14	7	17	4	7	21	2	132	419	406	38	8 827	10 149	8.7	4.51	5.0	52.3
14	730730	1973	7	28	8	7	29	8	53.1	139.3	24	12	中下游	7	29	8	7	30	23	8	5	20	180	665	610	39	16 560	10 149	16.3	5.36	2.5	50.6
15	740725	1974	7	22	14	7	25	20	87.3	65.5	78	54	普雨	7	23	2	7	25	2	7	31	8	198	440	430	48	12 708	10 250	12.4	4.74	12.5	74.8
16	740806	1974	8	3	8	8	5	8	50.9	112.5	48	36	普雨	8	4	14	8	6	9	8	12	12	190	343	340	49	11 066	10 250	10.8	4.56	5.8	45.1
17	740811	1974	8	7	8	8	10	8	91.7	141.0	72	30	上中游	8	9	2	8	11	7	8	20	8	270	923	880	53	31 554	10 250	30.8	6.23	6.0	85.7
18	740813	1974	8	13	8	8	15	8	32.0	155.3	48	36	下游	8	13	20	8	15	9	8	23	12	232	615	470	43	15 372	10 250	15.0	5.57	4.0	28.0
19	740815	1974	8	3	8	8	15	8	180.7	112.5	288	210	普雨	8	4	14	8	11	7	8	23	12	454	923	880		57 992	10 250	56.6	6.23	34.8	145.9
20	750903	1975	8	29	8	9	1	8	93.4	53.9	72	60	普雨	8	31	20	9	3	7	9	7	12	160	560	560	68	9 734	10 250	9.5	5.37	9.8	83.6
21	760802	1976	7	30	8	8	1	8	91.5	103.0	48	36	中下游	7	30	0	8	2	2	8	10	22	286	850	850	62	26 035	10 250	25.4	6.01	8.8	82.7
22	760821	1976	8	19	20	8	20	8	60.2	139.8	12	12	中下游	8	20	8	8	21	20	8	25	20	132	603	570	36	18 749	10 250	18.3	5.53	2.0	58.2
23	770707	1977	7	5	2	7	7	8	105.5	109.9	54	30	普雨	7	6	8	7	7	20	7	12	20	156	847	790	36	26 734	10 250	26.1	5.73	10.0	95.5
24	770805	1977	8	5	8	8	6	14	79.1	135.1	30	12	下游	8	5	20	8	7	8	8	12	20	168	991	940	36	29 304	10 250	28.6	6.49	4.0	75.1
25	780727	1978	7	24	8	7	26	8	68.0	115.9	48	36	上中游	7	26	0	7	27	12	8	15	20	500	635	630	58	24 364	10 250	23.8	5.30	10.0	58.0
26	840704	1984	7	1	20	7	7	8	101.9	85.9	132	18	普雨	7	2	18	7	4	14	7	10	20	194	480	400	42	15 273	10 250	14.9	5.24	28.5	73.4

续表

序号	洪号	降雨起讫时间							流域平均雨量 P (mm)	前期影响雨量 P_a (mm)	降雨历时 (h)		暴雨中心位置	洪水发生时间									洪水历时 $T_{洪}$ (h)	洪峰流量 Q_m (m^3/s)	净峰流量 $Q_{m净}$ (m^3/s)	洪峰滞时 t_p (h)	地表径流总量 W (万 m^3)	集水面积 F (km^2)	径流深 R (mm)	最高水位 Z (m)	雨间蒸发 E (mm)	$P-E$ (mm)
		起				讫								起涨			峰顶			落平												
		年	月	日	时	月	日	时			全部	有效		月	日	时	月	日	时	月	日	时										
27	880724	1988	7	18	2	7	23	8	100.4	92.9	126	90	下游	7	18	8	7	24	2	8	7	8	480	250	250	108	15 883	10 250	15.5	5.41	28.0	72.4
28	900723	1990	7	21	8	7	23	2	56.4	156.6	42	42	下游	7	21	8	7	23	19	7	31	20	252	726	630	59	22 932	10 250	22.4	7.11	5.0	51.4
29	910731	1991	7	27	2	7	29	12	100.5	99.6	58	10	上游	7	27	1	7	30	20	8	6	13	252	686	560	56	24 734	10 250	24.1	5.73	7.5	93.0
30	930712	1993	7	11	0	7	16	0	115.1	99.6	120	110	上中游	7	12	8	7	12	18	7	22	22	254	585	563	42	25 093	10 250	24.5	5.61	18.0	97.1
31	940715	1994	7	5	20	7	13	20	201.3	98.0	192	170	上中游	7	6	15	7	9	6	7	14	6	183	1 020	729	82	63 504	10 250	62.0	5.63	31.0	170.3
32	940808	1994	8	6	14	8	8	2	96.2	101.0	36	12	上游	8	7	13	8	8	12	8	16	6	209	642	595	52.3	26 433	10 250	25.8	6.56	4.0	92.2
33	960806	1996	7	29	14	8	11	6	261.4	120.0	304	184	中下游	7	29	22	8	7	13	8	19	8	490	1 130	1 032	215	93 773	10 250	91.5	6.28	35.5	225.9
34	980716	1998	7	8	20	7	14	14	134.3	60.0	138	128	普雨	7	16	2	7	15	8	7	22	20	162	817	776	156	17 507	10 250	17.1	5.98	22.5	111.8
35	031010	2003	10	10	2	10	12	12	140.2	32.0	58	50	普雨	10	11	8	10	16	0	10	18	9	169	459	444	112	17 115	10 250	16.7	6.71	6.0	134.2
36	040725	2004	7	26	6	8	4	6	133.4	145.0	216	96	普雨	8	1	0	8	4	16	8	18	10	418	626	546	88	53 540	10 250	52.2	6.07	29.0	104.4
37	050701	2005	7	2	6	7	3	6	47.6	130.0	24	24	中游	7	2	20	7	4	18	7	8	12	136	516	466	46	14 720	10 250	14.4		2.5	45.1
38	050801	2005	7	30	6	8	4	6	97.1	105.0	120	100	上中游	8	2	8	8	5	16	8	12	7	239	579	554	60	23 090	10 250	22.5		10.3	86.8
39	090513	2009	5	9	8	5	10	18	88.1	28.5	34	25	中游	5	12	10	5	13	6	5	15	16	78	680	561	88	13 694	10 250	13.4	6.88	4.1	84.0
40	100823	2010	8	18	18	8	24	14	120.1	150.3	140	112	普雨	8	19	20	8	23	6	8	29	18	238	1 180	1 050	108	70 370	10 250	68.7	7.96	11.0	109.1
41	120730	2012	7	30	18	8	5	4	162.2	48.5	130	98	普雨	8	2	11	8	4	0	8	8	6	139	740	638	76	25 015	10 250	24.4	6.97	13.8	148.4
42	130729	2013	7	22	22	7	29	22	106.5	165.2	168	120	上中游	7	26	21	7	29	7	8	3	6	177	1 097	996	77	57 605	10 250	56.2	7.91	14.8	91.7
43	150805	2015	8	2	20	8	4	4	132.4	48.6	32	31	上游	8	3	22	8	5	6	8	6	9	59	550	542	58	10 128	10 250	9.9	5.93	3.1	129.3
44	180625	2018	6	25	8	6	26	8	81.6	34.3	24	18	上游	6	25	14	6	29	12	7	5	14	240	320	320	72	9 123	10 250	8.9	5.09	3.9	77.7
45	190813	2019	8	11	4	8	13	2	73.9	99.4	22	18	普雨	8	11	2	8	13	8	8	15	18	108	266	240	60	6 560	10 250	6.4	4.35	4.5	69.4
46	200817	2020	8	15	8	8	16	14	77.7	100.0	30	30	普雨	8	15	20	8	17	13	8	23	20	192	585	560	65	17 322	10 250	16.9	5.92	13.5	64.2

表 12-7　徒骇河堡集闸站降雨径流（P–E-P_a-R）精度评定表

序号	洪号	P–E（mm）	前期影响雨量 P_a（mm）	实测径流深 $R_实$（mm）	预报径流深 $R_预$（mm）	预报误差（mm）	许可误差（mm）	评定结果	
								合格	不合格
1	530830	122.4	137.9	52.2	53.0	0.8	10.4	√	
2	620823	126.1	149.3	74.3	70.0	–4.3	14.9	√	
3	630726	127.7	116.6	43.2	47.0	3.8	8.6	√	
4	630901	47.0	129.6	17.6	14.5	–3.1	3.5	√	
5	640807	150.5	150.5	80.8	88.5	7.7	16.2	√	
6	640902	57.3	136.7	22.5	19.0	–3.5	4.5	√	
7	640915	60.8	150.6	35.1	26.0	–9.1	7.0		√
8	710706	33.1	147.2	15.0	14.0	–1.0	3.0	√	
9	710708	35.9	150.0	14.1	15.0	0.9	3.0	√	
10	710803	69.7	135.8	19.8	24.0	4.2	4.0		√
11	710818	32.5	132.6	10.6	10.5	–0.1	3.0	√	
12	720817	40.2	32.4	5.4	4.5	–0.9	3.0	√	
13	730717	52.3	94.6	8.7	9.5	0.8	3.0	√	
14	730730	50.6	139.3	16.3	17.5	1.2	3.3	√	
15	740725	74.8	65.5	12.4	10.0	–2.4	3.0	√	
16	740806	45.1	112.5	10.8	10.5	–0.3	3.0	√	
17	740811	85.7	141.0	30.8	34.2	3.4	6.2	√	
18	7408112	28.0	155.3	15.0	12.5	–2.5	3.0	√	
19	740815	145.9	112.5	56.6	53.0	–3.6	11.3	√	
20	750903	83.6	53.9	9.5	10.0	0.5	3.0	√	
21	760802	82.7	103.0	25.4	17.0	–8.4	5.1		√
22	760821	58.2	139.8	18.3	19.6	1.3	3.7	√	
23	770707	95.5	109.9	26.1	24.0	–2.1	5.2	√	
24	770807	75.1	135.1	28.6	26.0	–2.6	5.7	√	
25	780727	58.0	115.9	23.8	14.0	–9.8	4.8		√
26	840704	73.4	85.9	14.9	12.5	–2.4	3.0	√	
27	880724	72.4	92.9	15.5	13.5	–2.0	3.1	√	
28	900723	51.4	156.6	22.4	24.5	2.1	4.5	√	
29	910731	93.0	99.6	24.1	24.2	0.1	4.8	√	
30	930712	97.1	99.6	24.5	24.5	0.0	4.9	√	
31	940715	170.3	98.0	62.0	65.5	3.5	12.4	√	
32	940808	92.2	101.0	25.8	23.0	–2.8	5.2	√	
33	960806	225.9	120.0	91.5	125.0	33.5	18.3		√
34	980716	111.8	60.0	17.1	19.0	1.9	3.4	√	
35	031010	134.2	32.0	16.7	15.0	–1.7	3.3	√	
36	040725	104.4	145.0	52.2	52.0	–0.2	10.4	√	
37	050701	45.1	130.0	14.4	13.8	–0.6	3.0	√	
38	050801	86.8	105.0	22.5	23.0	0.5	4.5	√	
39	090513	84.0	28.5	13.4	11.0	–2.4	3.0	√	
40	100823	109.1	150.3	68.7	55.2	–13.5	13.7	√	
41	001208	148.4	48.5	24.4	19.5	–4.9	4.9	√	
42	130729	91.7	165.2	56.2	55.0	–1.2	11.2	√	
43	150805	129.3	48.6	9.9	10.5	0.6	3.0	√	
44	180625	77.7	34.3	8.9	6.5	–2.4	3.0	√	
45	190813	69.3	99.4	6.4	15.9	9.5	3.0		√
46	200817	64.2	100.0	16.9	17.0	0.1	3.4	√	

备注：1. 预报误差 = 预报值 – 实测值；2. 许可误差 = 实测值的 20%，以 20.0 mm 为上限，以 3.0 mm 为下限；3. 合格率 =87.0%，为甲等方案。

表 12–8　徒骇河堡集闸站峰量关系精度评定表

序号	序号	降雨起讫时间							暴雨中心位置 P_ϕ	实测径流深 $R_{实}$（mm）	净峰流量（m^3/s）					洪峰滞时（h）				
		起				讫					$Q_{m净实}$	$Q_{m净预}$	$\Delta Q_{m净允}$	评定结果		$t_{p实}$	$t_{p预}$	$\Delta t_{p允}$	评定结果	
		年	月	日	时	月	日	时						合格	不合格				合格	不合格
1	710706	1971	7	3	2	7	3	20	上中游	15.0	600	445	120		√	55	50	12	√	
2	710708	1971	7	6	8	7	7	8	普雨	14.1	440	460	88	√		51	48	12	√	
3	710803	1971	7	30	8	8	2	8	上游	19.8	525	505	105	√		54	56	12	√	
4	710818	1971	8	15	14	8	16	8	上游	10.6	325	285	65	√		60	61	12	√	
5	730717	1973	7	14	14	7	15	20	下游	8.7	406	400	81.2	√		38	41	12	√	
6	730730	1973	7	28	8	7	29	8	中下游	16.3	610	570	122	√		39	37	12		√
7	740725	1974	7	22	14	7	25	20	普雨	12.4	430	420	86	√		48	48	12	√	
8	740806	1974	8	3	8	8	5	8	普雨	10.8	340	376	68	√		49	51	12	√	
9	740811	1974	8	7	8	8	10	8	上中游	30.8	880	790	176	√		53	52	12	√	
10	760802	1976	7	30	8	8	1	8	中下游	25.4	850	795	170	√		62	38	12	√	
11	760821	1976	8	19	20	8	20	8	中下游	18.3	570	620	114	√		36	41	12	√	
12	770707	1977	7	5	2	7	7	8	普雨	26.1	790	756	158	√		36	42	12	√	
13	770805	1977	8	5	8	8	6	14	下游	28.6	940	935	188	√		36	34	12	√	
14	780727	1978	7	24	8	7	26	8	上中游	23.8	630	635	126	√		58	49	12	√	
15	840704	1984	7	1	20	7	7	8	普雨	14.9	400	485	80		√	42	49	12	√	
16	900723	1990	7	21	21	7	23	2	下游	22.4	630	783	126		√	59	37	12		√
17	910731	1991	7	27	2	7	29	12	上游	24.1	560	592	112	√		56	56	12	√	
18	930712	1993	7	11	0	7	16	0	上游	24.5	563	600	113	√		42	55	12		√
19	940808	1994	8	6	14	8	8	2	上游	25.8	595	625	119	√		52.3	55	12	√	
20	050701	2005	7	2	6	7	3	6	中游	14.4	466	473	93.2	√		46	47	12	√	
21	050801	2005	7	30	6	8	4	6	上游	22.5	554	561	111	√		60	56	12	√	
22	090513	2009	5	9	8	5	10	18	中游	13.4	561	460	112	√		88	48	18		√
23	120730	2012	7	30	18	8	5	4	普雨	24.4	638	720	128	√		76	65	15	√	
24	150805	2015	8	2	20	8	4	4	上游	9.9	542	435	108	√		58	48	12	√	
25	180625	2018	6	25	8	6	26	8	上游	8.9	320	406	64		√	72	46	13		√
26	190813	2019	8	11	4	8	13	2	普雨	6.4	240	320	48		√	60	58	12		√
27	200817	2020	8	15	8	8	16	14	普雨	16.9	560	650	112	√		65	53	17	√	

备注：1. R-P_ϕ-$Q_{m净}$线合格率 81%，为乙级方案；2. $Q_{m净}$-P_ϕ-t_p 线合格率 78%，为乙级方案。

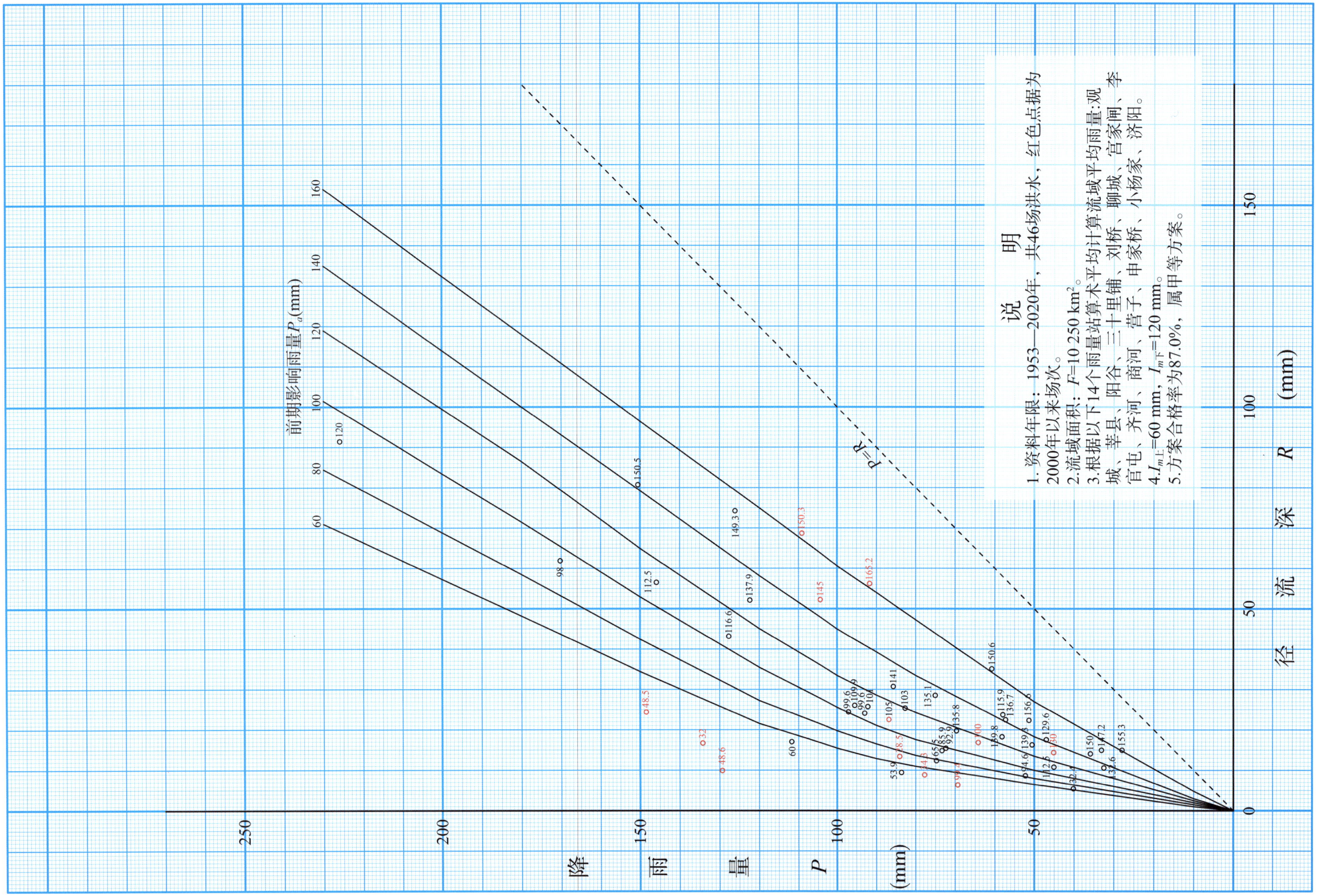

图 12-3　徒骇河堡集闸站降雨径流相关图

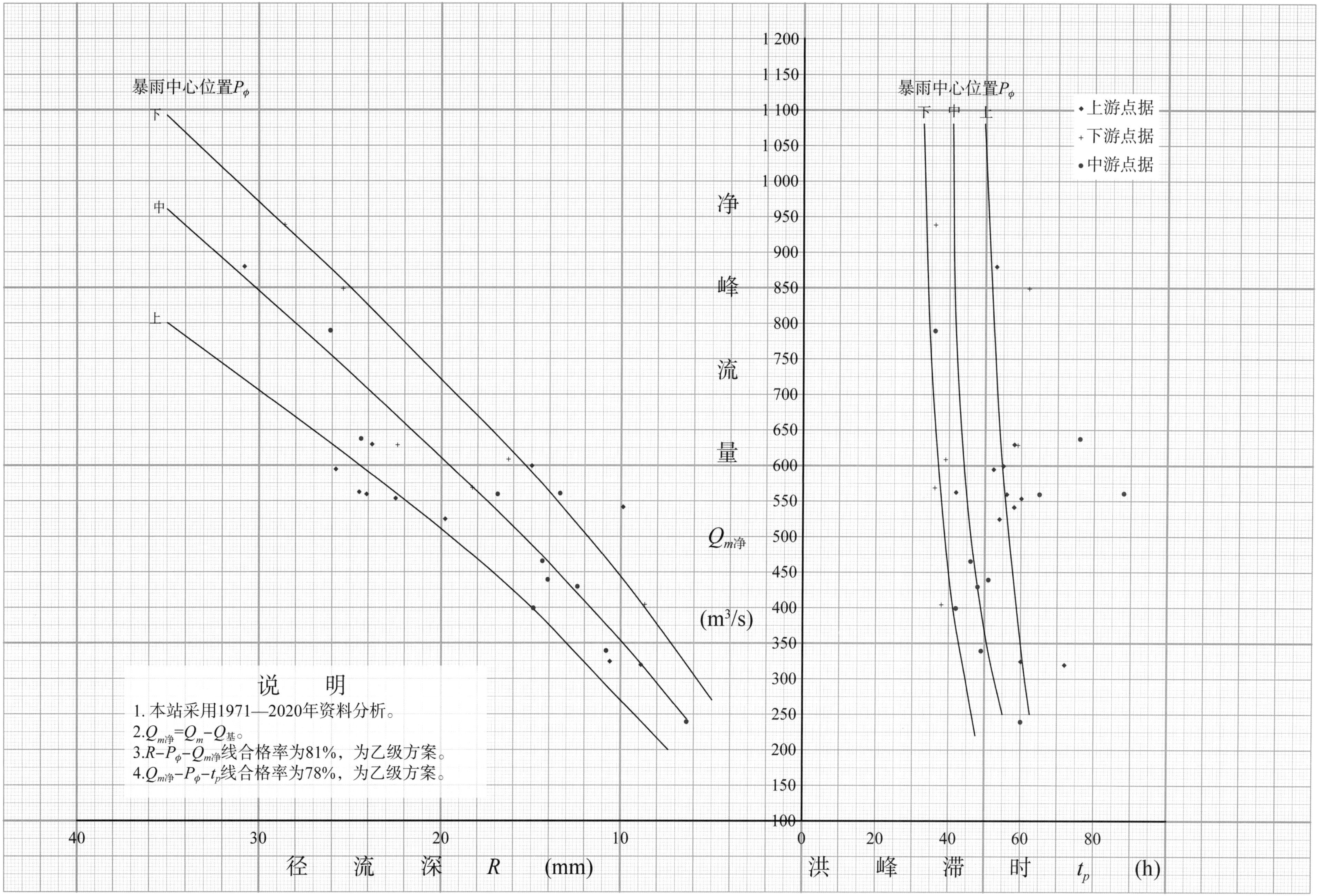

图 12-4　徒骇河堡集闸站峰量关系相关图

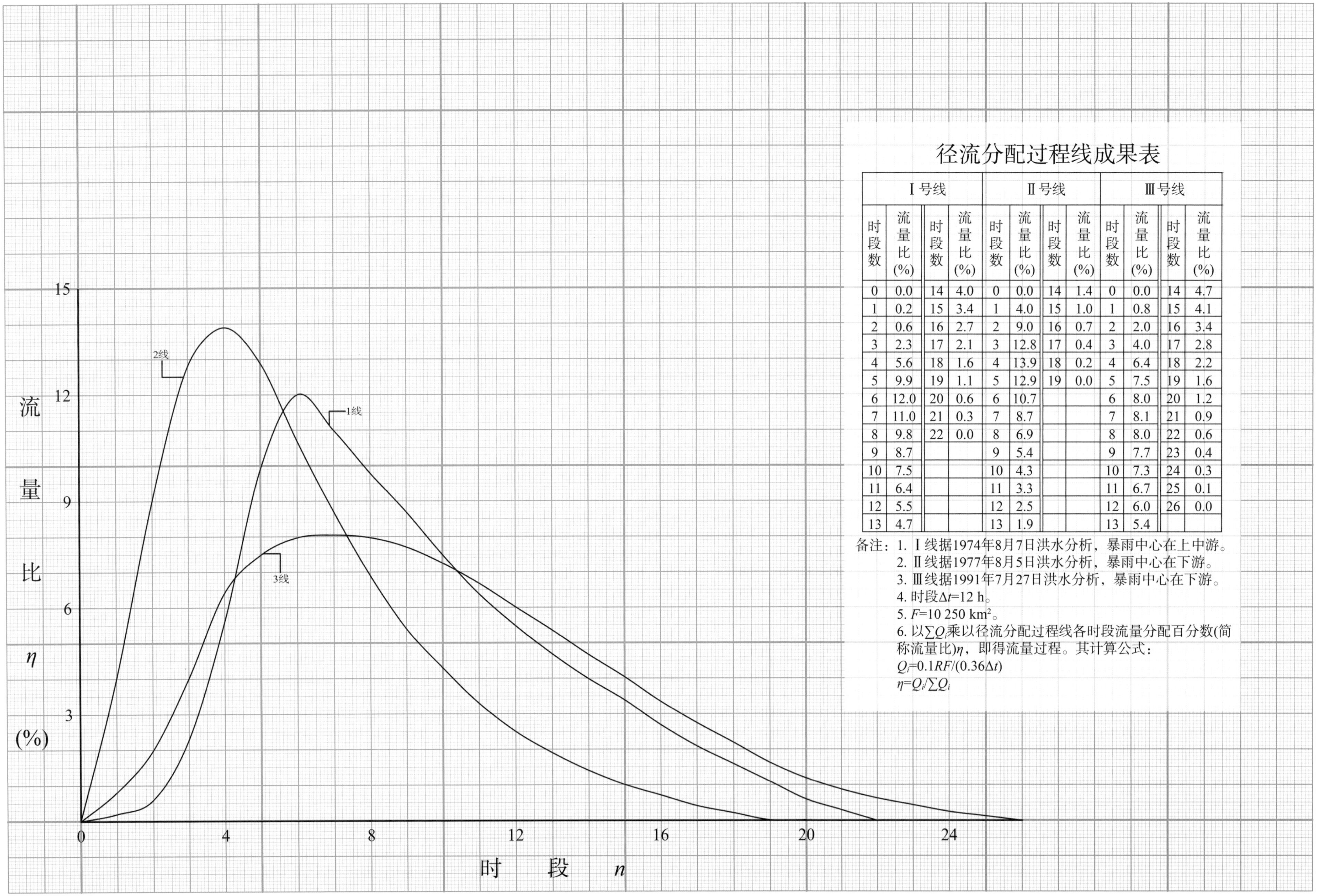

径流分配过程线成果表

Ⅰ号线				Ⅱ号线				Ⅲ号线			
时段数	流量比(%)	时段数	流量比(%)	时段数	流量比(%)	时段数	流量比(%)	时段数	流量比(%)	时段数	流量比(%)
0	0.0	14	4.0	0	0.0	14	1.4	0	0.0	14	4.7
1	0.2	15	3.4	1	4.0	15	1.0	1	0.8	15	4.1
2	0.6	16	2.7	2	9.0	16	0.7	2	2.0	16	3.4
3	2.3	17	2.1	3	12.8	17	0.4	3	4.0	17	2.8
4	5.6	18	1.6	4	13.9	18	0.2	4	6.4	18	2.2
5	9.9	19	1.1	5	12.9	19	0.0	5	7.5	19	1.6
6	12.0	20	0.6	6	10.7			6	8.0	20	1.2
7	11.0	21	0.3	7	8.7			7	8.1	21	0.9
8	9.8	22	0.0	8	6.9			8	8.0	22	0.6
9	8.7			9	5.4			9	7.7	23	0.4
10	7.5			10	4.3			10	7.3	24	0.3
11	6.4			11	3.3			11	6.7	25	0.1
12	5.5			12	2.5			12	6.0	26	0.0
13	4.7			13	1.9			13	5.4		

备注：1. Ⅰ线据1974年8月7日洪水分析，暴雨中心在上中游。
2. Ⅱ线据1977年8月5日洪水分析，暴雨中心在下游。
3. Ⅲ线据1991年7月27日洪水分析，暴雨中心在下游。
4. 时段Δt=12 h。
5. F=10 250 km^2。
6. 以$\sum Q_i$乘以径流分配过程线各时段流量分配百分数(简称流量比)η，即得流量过程。其计算公式：
Q_i=0.1RF/(0.36Δt)
η=Q_i/$\sum Q_i$

图 12-5　徒骇河堡集闸站径流分配过程线图

第十三章 大汶河大汶口站水文预报方案编制说明

1 流域基本情况

1.1 流域自然地理特征

大汶口站位于临汶站上游 10 km 处，控制大汶河中部以上流域，断面以上约 2 km 处有南、北两大支流（北支为大汶河主流）。大汶口站以上流域面积 5 696 km^2，流域内大中型水库控制面积 2 010 km^2，占流域集水面积的 35.3%，主河道长 130 km，干流长 121.5 km，干流平均坡度为 1.24‰，流域形状为扇形。大汶口站与临汶站之间的区间面积 180 km^2，占临汶站以上流域面积（5 876 km^2）的 3.06%，两站之间有一条支流海子河汇入大汶河，海子河河长 21 km，流域面积 127 km^2。大汶河大汶口站以上流域图见图 13–1。

本流域分布于济南市莱芜区、钢城区和泰安市岱岳区、泰山区、新泰市及宁阳县东北部。中上游多为山区，部分为丘陵；中下游多为平原，部分为丘陵。山区约占总控制面积的 32%，丘陵约占 37%，平原约占 31%。上游山区主要岩石为花岗岩、花岗片麻岩和灰岩、石灰岩等。丘陵平原为第四纪沉积岩和部分变质岩。土壤性质多为沙土、亚砂土、细砂土、砂壤土和壤土，土层厚薄不均，山区、丘陵较薄，一般为 0.3 ~ 0.5 m，平原较厚，一般为 6 ~ 10 m。一般来说，青石山区土质较好，植被条件也较好，水土流失不严重；而砂石山区土质瘠薄，植被条件较差，水土流失较重。山区农作物以花生、地瓜为主，平原、丘陵以小麦、玉米为主。

该流域位于温带季风区，属大陆性气候。四季分明，降水量有显著的季节性。总的旱涝特点是春旱夏涝，晚秋又旱，旱多涝少。降水量的年内和年际变化都较大，降水量在年内分配上多集中在汛期 6—9 月份，占全年降水量的 70% ~ 80%，其中 7—8 月份降水量约占汛期降水量的 70%。

1.2 水利工程情况

大汶口站以上流域有大中型水库 20 座，其中大型 2 座，其余为中型，控制面积 2 010.53 km^2，兴利水位相应库容 55 132 万 m^3。大汶河大汶口站以上流域大中型水利工程统计情况见表 13–1；大中型水库控制面积变化见表 13–2。

表 13–1 大汶河大汶口站以上流域大中型水利工程统计表

水库名称	建成日期	蓄水年份	集水面积 F（km^2）	死库容 $V_{死}$（万 m^3）	兴利库容 $V_{兴}$（万 m^3）	汛限库容 $V_{汛}$（万 m^3）	$V_{兴}$折合 R 值（mm）	$V_{汛}$折合 $R_{值}$（万 m^3）	备注
光明	1958 年	1958 年	132	190	5 485	4 346	401.1	314.8	大型
雪野	1959 年	1960 年	438	741	15 538	15 538	337.8	337.8	大型
大冶	1958 年	1958 年	163	86.8	2 954	2 570	175.9	152.3	中型
黄前	1960 年	1960 年	292	440	6 353	5 287	202.5	166.0	中型
小安门	1959 年	1960 年	36.3	15	1 395	1 395	380.2	380.2	中型
角峪	1959 年	1960 年	44	166	1 090	1 090	211.0	211.0	中型
山阳	1960 年	1960 年	28.0	87	1 238	1 162	411.1	383.9	中型
大河	1960 年	1960 年	84.53	204.7	2 234	1 934	238.7	203.4	中型
杨家横	1960 年	1960 年	39.0	13.6	724	669	182.2	168.1	中型
金斗	1960 年	1960 年	88.6	201	2 429	2 075	251.5	211.5	中型
沟里	1965 年	1965 年	44.6	25	723	626	156.5	134.8	中型
乔店	1965 年	1965 年	85.0	90	2 090	1 911	235.3	214.2	中型
葫芦山	1965 年	1966 年	187	31	583	315	29.5	15.2	中型
直界	1967 年	1967 年	26.0	32	695	630	255.0	230.0	中型
东周	1977 年	1977 年	189	630	7 256	5 677	350.6	267.0	中型
彩山	1978 年	1978 年	37.5	129	1 185	1 137.3	281.6	268.9	中型
鹁鸽楼	1978 年	1978 年	24.9	52.5	747	595	289.4	226.0	中型
苇池	1978 年	1978 年	25.0	70	915	825	338.0	302.0	中型
公庄	1978 年	1979 年	31.1	135	798	690	213.2	178.5	中型
田 村	2015 年		15.0	60	700	700	426.7	426.7	中型（小升中）
合计			2 010.53	3 399.6	55 132	49 172			

表 13-2　大汶河大汶口站以上大中型水库控制面积变化表

年份	建成后开始蓄水水库名称	水库控制面积 $F_{控}$（km^2）	累计控制面积 $F_{控}$（km^2）	大汶口站以上区间面积 $F_{区}$（km^2）	说 明
1957 年	无			5 696	第二栏内水库名称后括号内的数值为本水库控制面积（km^2）；田村水库兴建于 1979 年，2014 年经山东省水利厅批复由小（1）型升级为中型
1958 年	光明（132）大冶（163）	295	295	5 401	
1960 年	雪野（438）黄前（292）山阳（28）大河（84.53）金斗（88.6）杨家横（39）角峪（44）小安门（36.3）	1 050.43	1 345.43	4 350.57	
1965 年	沟里（44.6）乔店（85）	129.6	1 475.03	4 220.97	
1966 年	葫芦山（187）	187	1 662.03	4 033.97	
1967 年	直界（26）	26	1 688.03	4 007.97	
1977 年	东周（189）	189	1 877.03	3 818.97	
1978 年	彩山（37.5）鹁鸽楼（24.9）苇池（25）	87.4	1 964.43	3 731.57	
1979 年	公庄（31.1）	31.1	1 995.53	3 700.47	
2014 年	田村（15）	15	2 010.53	3 685.47	

大汶河干流拦河坝（闸）有 47 处，其中，济南市（莱芜区、钢城区）境内有拦河坝（闸）36 处；下游段有拦河坝 11 处（大汶口站以上 5 处）。大汶河干流主要拦河闸坝参数统计情况见表 13-3、表 13-4。

表 13-3　大汶河干流上游段济南市境内（莱芜区、钢城区）主要拦河闸坝参数统计表

坝 名	所处位置	坝长（m）	坝高（m）	孔数	闸门		回水长度（m）	水面（亩）	蓄水量（万 m^3）	建成时间
					孔数	规格（m×m）				
东丈橡胶坝	钢城区黄庄镇	100	4.5	1			900	135	23	2008 年 7 月 1 日
北丈橡胶坝	钢城区黄庄镇	160	3.5	2			1 000	225	30	2005 年 7 月 1 日
西丈橡胶坝	钢城区黄庄镇	100	4	1			1 000	200	30	2007 年 7 月 1 日
李椤橡胶坝	钢城区黄庄镇	64	6	1			1 500	300	120	2003 年 7 月 1 日
李椤村东溢流坝	钢城区黄庄镇	80	2	1			667	40	3.6	
李椤村南溢流坝	钢城区黄庄镇	76	2	1			667	50	3.6	
李椤村西溢流坝	钢城区黄庄镇	80	2	1			667	70	5	
莱钢工处溢流坝	钢城区黄庄镇	80	2	1			667	50	5	
付家桥溢流坝	钢城区经济开发区	78	2	1			667	40	3.6	2003 年 7 月 1 日

续表

坝 名	所处位置	坝长（m）	坝高（m）	孔数	闸门		回水长度（m）	水面（亩）	蓄水量（万 m^3）	建成时间
					孔数	规格（m×m）				
付家桥村溢流坝	钢城区经济开发区	76	2	1			667	50	5	2002 年 7 月 1 日
宋家庄东橡胶坝	钢城区经济开发区	80	4	1			1 200	224	30	2003 年 7 月 1 日
石河子口溢流坝	钢城区经济开发区	40	1	1			333	15	0.8	2002 年 7 月 1 日
宋家庄村南橡胶坝	钢城区经济开发区	100	3.2	1			1 000	253	30	2001 年 7 月 1 日
寨子大桥下溢流坝	钢城区艾山街道	100	1.5	1			500	60	4	2006 年 7 月 1 日
九寨橡胶坝	钢城区艾山街道	100	5	1			1 300	200	35	2007 年 7 月 1 日
三岔沟橡胶坝	钢城区颜庄街道	140	4.5	2			1 300	300	40	2006 年 7 月 1 日
颜庄橡胶坝	钢城区颜庄街道	200	4.5	3			1 500	500	60	2005 年 7 月 1 日
颜庄溢流坝	钢城区颜庄街道	238	2	1			667	180	16	2006 年 7 月 1 日
黄花店橡胶坝	钢城区颜庄街道	166	4.5	2			1 500	450	60	2007 年 7 月 1 日
下北港橡胶坝	钢城区下北港村北	171.5	4				1 700	510	85	
前盘龙溢流坝	莱芜区前盘龙村	200	2.5		1		1 400	300	60	
马盘龙溢流坝	莱芜区马盘龙村南	240	3	1	1	3×2	400	144	19.2	2006 年 4 月
泰丰橡胶坝	莱芜区站里村东	200	4.0				3 000	900	180	2005 年
官厂橡胶坝	莱芜区官厂村南	240	3.5				2 200	1 000	100	2000 年
鄂庄桥橡胶坝	莱芜区鄂庄桥东	317	3.5				2 150	1 050	213.5	2005 年
东风溢流坝	莱芜区东风村南	282	1.5				550	250	16.5	2005 年
西海橡胶坝	莱芜区西海公园西	330	3.5				3 100	1 536	280	2003 年
曹西溢流坝	莱芜区小曹村西	380	2.5				700	400	32	2005 年
泰钢橡胶坝	莱芜区叶家庄村	360	3.5				2 500	1 125	300	2006 年

续表

坝 名	所处位置	坝长（m）	坝高（m）	孔数	闸门		回水长度（m）	水面（亩）	蓄水量（万 m^3）	建成时间
					孔数	规格（m×m）				
东泉河溢流坝	莱芜区东泉河村	320	1.7				1 700	816	163.2	2006 年
西泉河溢流坝	莱芜区方下镇	300	3	2	2	7×6	1 300	580	50	2006 年 10 月
方下镇橡胶坝	莱芜区泰山造纸厂南	300	3.5	3			1 000	450	200	2006 年 11 月
东牛泉溢流坝	莱芜区牛泉镇	350	2.2	4	4	5.9×6.8	1 200	630	45	2006 年 10 月
西牛泉溢流坝	莱芜区牛泉镇	350	2.2	4	4	5.9×6.8	1 200	630	45	2006 年 10 月
杨小庄溢流坝	莱芜区牛泉镇	350	2.2	4	4	5.9×6.8	1 200	630	45	2006 年 10 月
马小庄溢流坝	莱芜区牛泉镇	350	2.2	4	4	5.9×6.8	1 200	630	45	2006 年 10 月
合计	36 座								2 384	

表 13-4 大汶河干流泰安段大汶口站以上主要拦河坝（闸）参数统计表

坝 名	所处位置	设计标准				回水长度（m）	水面（亩）	蓄水量（万 m^3）	距大汶口站距离（km）
		长度（m）	高度（m）	流量（m^3/s）	水深（m）				
唐庄坝	岱岳区范镇—角峪镇	452	5	5 757	6.3	4 300	3 150	670	49
颜张坝	泰山区邱家店镇—岱岳区徂徕镇	530	5.5	6 646	8	6 400	5 650	1 820	29
泉林坝	岱岳区北集坡街道泉林庄村	421.5	4.5	6 640	5.5	8 000	7 400	1 300	21.4
颜谢坝	岱岳区大汶口镇颜谢村	433	4.5	6 760	5.5	7 000	5 150	1 220	14.4
大汶口坝	岱岳区大汶口镇和平街村	868.5	拦河闸、引水闸、水电站、溢流坝、挡水墙组成			3 870	1 800	1 000	1.5
合计	5 座							6 010	

1.3 测站概况

大汶口水文站于 2000 年 1 月 1 日由临汶水文站上迁 10 km 至此，改名为大汶口水文站，使用冻结基面（冻结基面高程 -0.374 m=1985 年国家高程基准高程），流域面积 5 696 km^2。测验河段顺直，高水分为南北两股水流（北股为主流），且有漫滩现象，河段内无水生植物，两岸多种植小麦和玉米等作物，对行洪无影响。本流域由于自上而下流经山区、丘陵、平原至本站测验断面，所以涨落较缓。断面以上 300 m 处有津浦铁路大桥，下游 500 m 处为 104 国道大桥，地理位置十分重要，该站属国家重点报汛站，测验断面平面图见图 13-2。

大汶口站以上流域内共有报汛雨量站 160 余处、国家基本水文站 7 处。流域河道特征情况见表 13-5，大汶口站以上参加流域平均雨量计算的雨量站情况见表 13-6。

莱芜水文站位于大汶河上游，1960 年 6 月设站，流域面积 737 km^2，为大汶河流域水文区域代表站，莱芜站以上流域兴建杨家横、沟里、葫芦山、乔店等中型水库 4 座、小（1）型水库 10 座。测验项目有水位、流量、单样含沙量（以下简称“单沙”）、水质、降水量、土壤含水率、蒸发、冰情、水准及断面测量、水文调查。报汛任务有雨情、水情、墒情。

表 13-5 大汶河大汶口站以上流域河道特征综合表

项目 站名	集水面积（km^2）	流域河道特征						
		流域形状	主河道长度（km）	流域形状系数	干流长度（km）	干流平均坡度	河网密度（km/km^2）	河道断面形状
临汶	5 876	扇形	140	0.30	131.5	0.001 24	0.10	矩形
大汶口	5 696	扇形	130		121.5	0.001 24		矩形

说明：大汶口水文站的前身为临汶水文站，设立于 1954 年 6 月，2000 年 1 月上迁 10 km 改名为大汶口水文站。

表 13-6 大汶河大汶口站以上流域参加面雨量计算的雨量站情况表

河 名	站名	站址	设站年月	备注
大汶河	蒙阴寨	济南市钢城区艾山街道寨子村	1952 年 7 月	
大汶河	郑王庄	济南市钢城区里辛街道郑王庄村	1964 年 6 月	
大汶河	莱芜	济南市莱芜区凤凰街道	1960 年 6 月	
大汶河	大冶	济南市莱芜区大冶水库	1965 年 6 月	
大汶河	纸房	泰安市角峪镇角峪水库管理所	1963 年 3 月	报汛站名为角峪水库
大汶河	范家镇	泰安市范镇范西村	1952 年 7 月	
瀛汶河	雪野水库	济南市莱芜区雪野镇雪野水库	1952 年 7 月	1961 年、1962 年无资料
瀛汶河	王大下	济南市莱芜区寨里镇王大下村	1951 年 4 月	1961 年无资料
石汶河	黄前水库	泰安市黄前镇黄前水库	1962 年 6 月	
泮汶河	泰安	泰安市泰山区岱宗大街 264 号	1912 年 1 月	1987 年由泰安气象局迁来，相距 4.0 km
大汶河	北望	泰安市北集坡街道	1952 年 7 月	
大汶河	东周水库	泰安市新泰市东周水库	1977 年 6 月	
平阳河	金斗水库	泰安市新泰市金斗水库	1962 年 6 月	1966—1968 年无资料
光明河	光明水库	泰安市新泰市小协镇光明水库	1962 年 6 月	1963 年开始刊印资料

续表

河名	站名	站址	设站年月	备注
大汶河	翟镇	泰安市新泰市翟镇	1966 年 6 月	1968 年前为古子山站，相距 4.5 km
大汶河	谷里	泰安市新泰市谷里镇谷里村	1958 年 6 月	1987 年由小窑沟迁来，相距 1.5 km
洋流河	羊流	泰安市新泰市羊流镇新泰三中	1952 年 7 月	
大汶河	楼德	泰安市新泰市楼德镇苗庄村	1952 年 7 月	又名徂阳站，1987 年由楼德迁到苗庄，相距 2.5 km
大汶河	大汶口	泰安市大汶口镇卫驾庄村	2000 年 1 月	由临汶站迁来，相距 10 km
大汶河	临汶	泰安市岱岳区马庄镇南李村	1954 年 5 月	2000 年 1 月上迁 10 km 至大汶口站

大汶口站断面以上国家基本水文站情况如下：

雪野水库位于大汶河北支牟汶河支流瀛汶河的上游，1962 年 6 月设水文站，流域面积 438 km^2，总库容 1.997 7 亿 m^3，距入牟汶河河口 71 km。雪野水库水文站测验项目有水位、流量、水质、降水量、土壤含水率、冰情、水准测量、断面测量、水文调查；报汛任务有雨情、水情、墒情。

黄前水库坐落在瀛汶河支流石汶河上游，1962 年 6 月设水文站，流域面积 292 km^2，总库容 8 248 万 m^3。黄前水库水文站为大汶河北支区域代表站，测验项目有水位、流量、水质、降水量、土壤含水率、蒸发、冰情、水准及断面测量、水文调查等；报汛任务有雨情、水情、墒情。

北望水文站于 1952 年 7 月设立，属国家二类水文站，为大汶河北支控制站，先后两次迁移断面，流域面积 3 551 km^2，测验项目有水位、流量、水质、降水量、土壤含水率、冰情、水准测量、断面测量、水文调查等；报汛任务有雨情、水情、墒情。

东周水库位于大汶河支流柴汶河上游，1977 年 6 月设水文站，流域面积 189 km^2，总库容 8 612.5 万 m^3，距河口 82.6 km，测验项目有水位、流量、水质、降水量、水面蒸发量、土壤含水率、冰情、水准测量、断面测量、水文调查；报汛任务有雨情、水情、墒情。

光明水库位于大汶河支流柴汶河上游光明河上，1962 年设水文站，流域面积 132 km^2，总库容 10 001 万 m^3，距河口 4 km。光明水库水文站测验项目有水位、流量、水质、降水量、土壤含水率、冰情、水准测量、断面测量、水文调查；报汛任务有雨情、水情、墒情。

楼德水文站于 1987 年 1 月设立，为大汶河南支的区域代表站，国家二类水文站，流域面积 1 668 km^2。楼德站以上流域有大型水库 1 座、中型水库 3 座、小（1）型水库 23 座，测验项目有水位、流量、单沙、悬移质输沙率、水质、降水量、土壤含水率、冰情、水准测量、断面测量、水文调查；报汛任务有雨情、水情、墒情。

2 预报方案编制

2.1 预报区间的确定

大汶口站以上建有大中型水库 20 座，因此将各大中型水库作为上游入流站，预报区间确定为大中型水库至大汶口站以上区间面积为 3 686 km^2，即大汶口站以上总控制面积 5 696 km^2 减去上游 20 座大中型水库控制面积 2 010 km^2 得到。

2.2 资料情况及方案沿革

2.2.1 资料情况

1985 年编制完成临汶站水文预报方案，以后逐年补充；2004 年组织编制了大汶口站水文预报方案，并通过审查，之后资料补充至 2007 年。本次修订除选用了之前分析的暴雨洪水外，另外补充分析了 2008—2020 年 11 场次暴雨洪水，即资料系列为 1956—2020 年，共 70 场次洪水。

2.2.2 方案沿革

原方案为临汶水文站洪水预报方案，所采用产流方案为降雨径流相关图，包括 $P+P_a-R$ 和 $P-P_a-R$ 两种方法，其中 $P+P_a-R$ 相关线有 3 条；汇流方案采用峰量关系曲线图、单位线推求，共选用 46 个点据。因断面上迁 10 km 至大汶口站断面，原方案已不适用。

本次修订在原产汇流方案基础上，对临汶站的资料进行分析处理并还原至大汶口站。产流方案仍采用为降雨径流相关图，包括 $P+P_a-R$ 和 $P-P_a-R$ 两种方法，汇流方案采用峰量关系曲线图、单位线推求，共选用 70 个点据。在选取资料时保留了原方案的大洪水，并重点对 1985 年来的资料做了补充筛选。经综合分析，新方案确定了两条相关线，1956—1999 年采用Ⅱ线，2000—2020 年采用Ⅰ线，并重新进行精度评定。同时，方案还绘制了 $P-P_a-R$ 相关线图并进行了精度评定。汇流方案采用峰量关系曲线图、单位线推求，单位线时段为 2 h。

2.3 产流方案

随着大中型水库除险加固、河道拦梯级河闸坝工程修建以及水土流失治理等工程建设，下垫面条件发生了显著变化。本次修订重新建立了降雨径流相关图 $P+P_a-R$，点绘定了 2 条线，分别适用于 2000 年前后；以 P_a 为参数也建立了两种情况的 $P-P_a-R$ 关系线，分别适用于 2000 年前后，新建立的 $P+P_a-R$ 和 $P-P_a-R$ 方案均适用于 2000 年以后的作业预报。点绘的降雨径流经验相关图 $P+P_a-R$ 和 $P-P_a-R$ 分别见图 13–3、图 13–4 和图 13–5。其中：P 为次降雨流域平均雨量（mm）；P_a 为流域平均前期影响雨量（mm）；R 为次降雨所产生的径流深（mm）。

2.3.1 主要参数的计算

2.3.1.1 流域平均雨量P的计算

对大汶口站 1956—2020 年的资料进行了分析，共选用了 70 次大、中、小洪水资料。参加流域平均雨量计算的站逐年略有变化。1964—1977年为：蒙阴寨、莱芜、雪野、王大下、郑王庄、范家镇、纸房、黄前、北望、金斗、东周、光明、谷里（翟镇）、羊流、楼德、大汶口（临汶），共16处雨量站；1980年后又增加了大冶、泰安，共18站。

流域平均雨量P采用算术平均法求得。

2.3.1.2 流域平均前期影响雨量P_a的计算

选取汛前长时间连续无降雨（约一个多月）的日期开始连续计算，先计算流域平均雨量，然后计算前期影响雨量P_a。其计算公式如下：

$$P_{a,\ t+1}=K(P_{a,\ t}+P_t)$$

式中：$P_{a,\ t+1}$为第t+1日的前期影响雨量（mm）；$P_{a,\ t}$为第t日的前期影响雨量（mm）；P_t为第t日的流域平均雨量（mm）；K为前期影响雨量递减系数。

2.3.1.3 最大损失量I_m和K值的确定

本次选择久旱少雨和突降大雨产生径流较小的洪水。选取了1985年以来6场暴雨资料对流域最大损失量I_m重新进行分析计算，I_m值在85～110 mm，经统计分析发现，近20年I_m值有明显偏大的趋势，考虑到2000年后大中型水库陆续除险加固、干流河道也兴建了拦河闸坝以及植被覆盖度等情况，下垫面条件发生了变化，1999年以前I_m未进行调整，仍沿用90 mm，2000年以后I_m值取100 mm，I_m值采用下式计算：

$$I_m=P+P_a-R-E$$

式中：P为流域平均降雨量（mm）；P_a为前期影响雨量（mm）；R为径流深（mm）；E为雨间蒸发量（mm）。

前期影响雨量递减系数K值未重新分析，采用原编制方案分析值，K=0.90。

2.3.1.4 径流深R的推求

本次编制的产流预报方案，未考虑上游小水库工程的拦蓄影响。

绘制各次洪水的流量过程，用斜线分割（或平割）法切除基流，扣除相应大中型水库放水量，求出次洪水总量，次洪水总量除以相应集水面积即可求得径流深R。大汶口水文站降雨径流成果见表13–7。

2.3.1.5 有效降雨历时T_c和洪峰滞时t_p的确定

有效降雨历时T_c采用占总降水量80%的降雨量所占的历时数，即形成地表径流的净雨小时数。

洪峰滞时t_p为最大时段平均降雨量到断面洪峰出现的时距。

2.3.1.6 暴雨中心位置的确定

根据流域特性和代表站分布情况一般划分为：上游、中游、下游、中上游、中下游等区域。

上游区：莱芜—翟镇、光明以上；

中游区：范家镇、纸房、羊流、谷里；

下游区：泰安、北望、楼德以下；

中上游区：莱芜—范家镇，新泰—羊流、谷里；

中下游区：范家镇、纸房—北望，羊流—楼德。

2.3.2 精度评定

大汶口站$P+P_a$-R相关图共选用实测点据共70个，绘制2条曲线。按许可误差=20%实测值的标准，并当许可误差大于20.0 mm时以20.0 mm为上限，小于3.0 mm时以3.0 mm为下限，进行逐次洪水评定。经综合评定，有57个合格，合格率81.4%，属于乙级方案。其中，2000年以后实测点据21个，合格18个，合格率为85.7%，符合甲级方案；2000年以前合格率为79.6%，符合乙级方案。详见表13–8。

P-P_a-R相关图共选用70个点据，绘制了两组相关线。按许可误差=20%实测值的标准，并当许可误差大于20.0 mm时以20.0 mm为上限，小于3.0 mm时以3.0 mm为下限，进行逐次洪水评定。经综合评定，54个合格，合格率为77.1%，属于乙级方案。其中，采用2000—2020年实测点据绘制的相关线合格率为81.0%；采用1956—1999年实测点据绘制的相关线合格率为75.5%。详见表13–9。

2.3.3 突出点分析

900618场次洪水偏小原因：降水分布极不均匀，主要分布在中上游，最大降雨量为杨家横站的204.0 mm，最小降雨量在东周水库，仅为51.3 mm。

010804场次洪水偏大原因：降水分布极不均匀，主要分布在南支柴汶河下游，最大降雨量为楼德站的269.0 mm，最小降雨量在泰安站，仅为1.5 mm。

2.4 汇流方案

汇流方案主要采用峰量关系图和经验单位线等方法。

2.4.1 峰量关系图法

2.4.1.1 峰量关系曲线R-T_c-$Q_{m净}$

以有效降雨历时T_c作为参数，建立峰量关系曲线R-T_c-$Q_{m净}$。T_c为有效降雨历时，是指实际能产生径流、对造峰有明显影响的降雨历时，一般采取占总降雨量80%的降雨时段数或采用时段降雨平均降雨量大于5 mm的时段数；R为一次降雨径流深，采用积分法由现状条件下的实测径流量（扣除水库放水的次洪水总量）除以相应集水面积而得；$Q_{m净}$为一次降雨过程所产生的区间净峰流量，采用洪峰流量减去基流所得。改正后的净峰流量$Q_{m净}$计算公式为：

$$Q_{m净}=Q'_{m净}\left(\frac{F_{现}}{F_{原}}\right)^{2/3}$$

式中：$Q_{m净}$为改正后的净峰流量（m^3/s）；$Q'_{m净}$为实测净峰流量（m^3/s）；$F_{现}$为经大中型水库拦截后的集水面积（km^2），临汶站以上区间面积3 881 km^2，大汶口站以上区间面积3 685 km^2；$F_{原}$为实测净峰流量相应集水面积（km^2）；2/3为经验指数。

根据70次洪水点据分析，并通过点群中心并照顾同一R值的$Q_{m净}$逐渐减少的趋势定线，

R-T_c-$Q_{m净}$关系图见图 13-6。

精度评定：按许可误差 =20% 实测值的标准进行逐次洪水评定。本方案共选用大汶口站 1956—2020 年 70 个点据，61 个合格，合格率为 87.1%，符合甲级方案。精度评定见表 13-10。

突出点分析：040731 场次洪水实测流量偏大，其主要原因是降雨集中在北支中游偏下，南北支洪水流量差别较大；130730 场次洪水实测流量偏小，其主要原因是降雨集中在南支上游且分布不均匀，南北支洪水流量差别较大。

2.4.1.2 净峰流量与洪峰滞时相关曲线$Q_{m净}$-T_c-t_p

以有效降雨历时 T_c 作为参数，建立净峰流量与洪峰滞时相关曲线 $Q_{m净}$-T_c-t_p。根据 1956—2020 年 70 次洪峰滞时的点据分析定线。

通过点群中心并照顾同一 R 值的 t_p 逐渐增大的趋势定线，绘制了 T_c=8 h、T_c=24 h 2 条曲线，其余时间插补，详见图 13-6。

精度评定：按许可误差 =30% 实测值的标准，当许可误差小于 3 h 时以 3 h 为下限，进行逐次洪水评定。本方案共选用 1956—2020 年 70 个点据，54 个合格，合格率为 77.1%，属于乙级方案，详见表 13-11。

2.4.1.3 径流深与洪水总历时相关曲线R-T_c-$T_洪$

以有效降雨历时 T_c 作为参数，建立径流深与洪水总历时相关曲线 R-T_c-$T_洪$。根据 1956—2020 年 70 次洪水总历时的点据分析定线。

通过点群中心并照顾同一 R 值的 $T_洪$逐渐增大的趋势定线，绘制了 T_c=6 h，T_c=12 h 及 T_c=20 h 三条曲线，其余时间插补，详见图 13-7。

精度评定：按许可误差 =30% 实测值的标准，并当许可误差小于 3 h 时以 3 h 为下限，进行逐次洪水评定。本方案共选用 1956—2020 年 70 个点据，58 个合格，合格率为 82.9%，属于乙级方案，详见表 13-12。

2.4.2 单位线

从 1956—2020 年暴雨洪水资料中选取了 640912、750730、840712、900618、960731、030904、190810 七场次实测洪水资料，分析出大汶口站 3 条单位线，Δt 取 2 h。大汶河大汶口站单位线图见图 13-8。

2.5 河道流量演算

本方案中，上游入流站为各大中型水库，采用传播时间法进行河道流量演算，在实时预报中，将上游水库实测下泄流量与本方案计算得到的径流过程错时段叠加，从而得到预报流量过程。

2.6 上下游相关图

2.6.1 北望+楼德合成流量-大汶口站洪峰流量关系曲线

选用的楼德站于 1987 年设站，选取 1987—2020 年 35 次的洪水资料，2000 年以前为临汶站的洪峰流量（换算至大汶口站），以后为大汶口站的洪峰流量。合成流量是指将北望站、楼德站的流量错时相加，当来水以干流（牟汶河）为主时，北望站洪峰与其峰现前 1 h 的楼德站流量相加；当来水以柴汶河为主时，楼德站洪峰与其峰现后 1 h 的北望站流量相加。相关曲线见图 13-9。

精度评定：本次仅选用自 1987 年以来的实测洪水流量点据 35 个，29 个合格，合格率为 82.9%，符合乙级方案，详见表 13-13。

2.6.2 北望+楼德合成流量-传播时间关系曲线

选用 1987—2020 年 35 次的洪水资料，2000 年以前为北望站到临汶站的传播时间（按照相应流速，换算到大汶口站断面），2000 年以后为北望站到大汶口的传播时间，相关曲线见图 13-10。

精度评定：本次选用自 1987 年以来的实测洪水点据 35 个，32 个合格，合格率为 91.4%，符合甲级方案，详见表 13-13。

2.7 水位-流量、水位-面积、水位-流速关系曲线

依据 2000 年、2005 年、2020 年和 2022 年实测洪水资料，点绘大汶口站水位 - 流量、水位 - 面积、水位 - 流速关系曲线图，详见图 13-11、图 13-12。

2.8 大断面图

依据 2000 年、2005 年、2020 年、2022 年实测大断面资料点绘大汶口站大断面图，详见图 13-13。

3 方案使用说明

3.1 径流深预报

计算出流域平均降雨量和流域平均前期影响雨量，根据降雨径流关系图 $P+P_a$-R 和 P-P_a-R 的查算结果进行综合分析，确定地表径流深 R 的预报值。

3.2 洪峰流量及洪水历时

3.2.1 查R-T_c-$Q_{m净}$图

根据 R，T_c 查询 R-T_c-$Q_{m净}$关系曲线得到 $Q_{m净}$，当 T_c 介于两条关系曲线之间时，首先查出两条曲线中对应 $Q_{m净}$的数值，然后进行插补；当 T_c 大于 20 h 或者小于 4 h 时，根据最近两条关系线插补外延。

由大汶口站洪峰流量预报值查大汶口站的水位－流量关系线，得出大汶口站洪峰水位。

3.2.2 查大汶口站峰现时间相关曲线图

根据 $Q_{m净}$、有效降雨历时 T_c，查询 $Q_{m净}$-T_c-t_p 相关曲线，得到 t_p。当 T_c 介于两条关系曲线之间时，首先查出两条曲线中对应 t_p 的数值，然后进行插补。另外，当北望站或楼德站出现洪峰时，还可查北望＋楼德合成流量－传播时间关系线推算大汶口站峰现时间。

3.2.3 单位线法

由次雨径流深 R、时段降雨量采用扣损法割除基流后得各时段净雨，然后根据暴雨中心位置选择相应单位线，各时段净雨错时段与 0.1 倍的单位线各时段流量相乘，然后同时段流量相加，再加上基流量即为洪水过程。

3.3 洪水总量预报

预报径流深 R 值乘以相应集水面积即可得到大汶口站洪水总量 W。

3.4 方案合理性检查及评定

在方案建立过程中，随时根据“规范”要求及有关文件规定进行合理性检查，特别对突出点据从原始资料反复查对，对中间处理过程也进行了认真审查，发现不合理的问题基本上做了检查改正。方案建立后，先从线形进行比较，防止出现矛盾现象，然后对每个方案尽量根据规范规定采用表格形式进行了精度评定（用许可误差法）。其中 P+P_a-R 相关图合格率为 81.4%，属乙级方案；R-T_c-$Q_{m净}$相关图合格率为 87.1%，属甲级方案。综合来说，本方案属于乙级方案。

3.5 方案适应能力

本方案适用于防洪标准以下的洪水作业预报。如遇超标准洪水，需根据当时具体情况酌情修正。

3.6 注意事项

（1）方案的制作未考虑上游小水库、塘坝的影响，作业预报时也要根据前期降雨情况适当修正。

（2）应随时掌握上游工程蓄水及泄洪情况，尤其是拦河闸坝变动调蓄等因素，对预报值要根据实际情况及时修正。

（3）局部暴雨时要注意超渗产流，可适当加大查算的 R 值；久旱初雨时产流偏小，应适当修正所查 R 值。

（4）若当年汛期第三场、第四场洪水时上游水库蓄满，流域面积仍按扣除水库流域面积进行分析，径流深可能偏大，应适当修正所查 R 值。大汶口站 R 值经验取值前期影响雨量递减系数建议采用如下数值：

当 P_a=0 mm、10 mm、20 mm、30 mm 时，分别乘以系数 0.50、0.53、 0.57、0.60。

当 P_a=35 mm、40 mm、45 mm、50 mm 时，分别乘以系数 0.625、0.65、0.675、0.70。

当 P_a=55 mm、60 mm、65 mm、70 mm 时，分别乘以系数 0.725、0.75、0.775、0.80。

当 P_a=75 mm、80 mm、85 mm、90 mm 时，分别乘以系数 0.825、0.85、0.875、0.90。

当 P_a=95 mm 时，乘以系数 0.95。

当 P_a 在 60 mm 以上，且 2 h 流域平均降雨量达到 70 mm 以上或局部大暴雨超渗产流时，应适当加大 R 值，乘以系数 1.0 ~ 1.15。

总之，由于影响因素太多，本方案不能全部反映实际情况，因而不能照搬，应具体问题具体分析，并采用多种方法，考虑各种因素进行综合分析，确定采用的预报值。

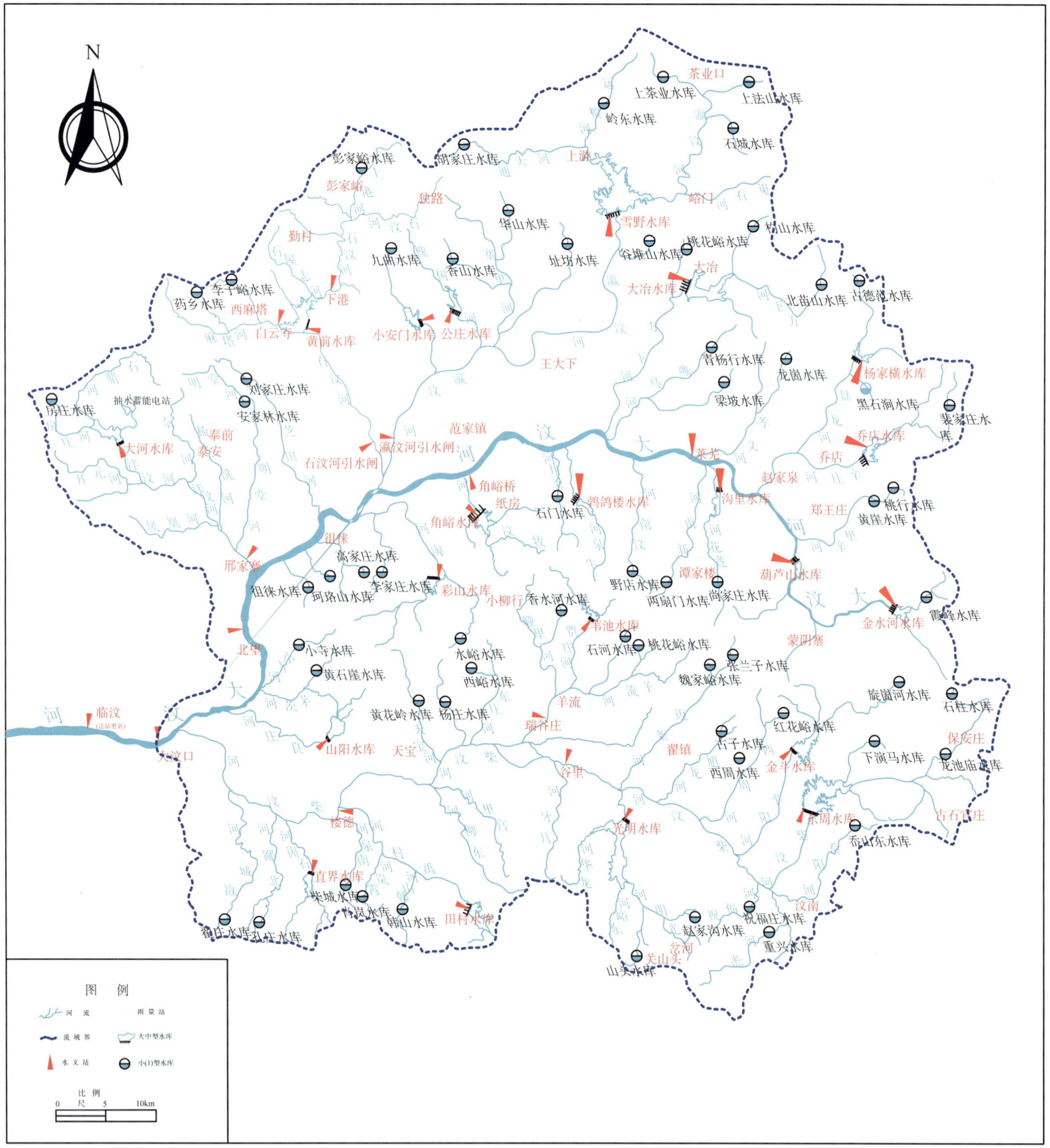

图 13-1　大汶河大汶口站以上流域图

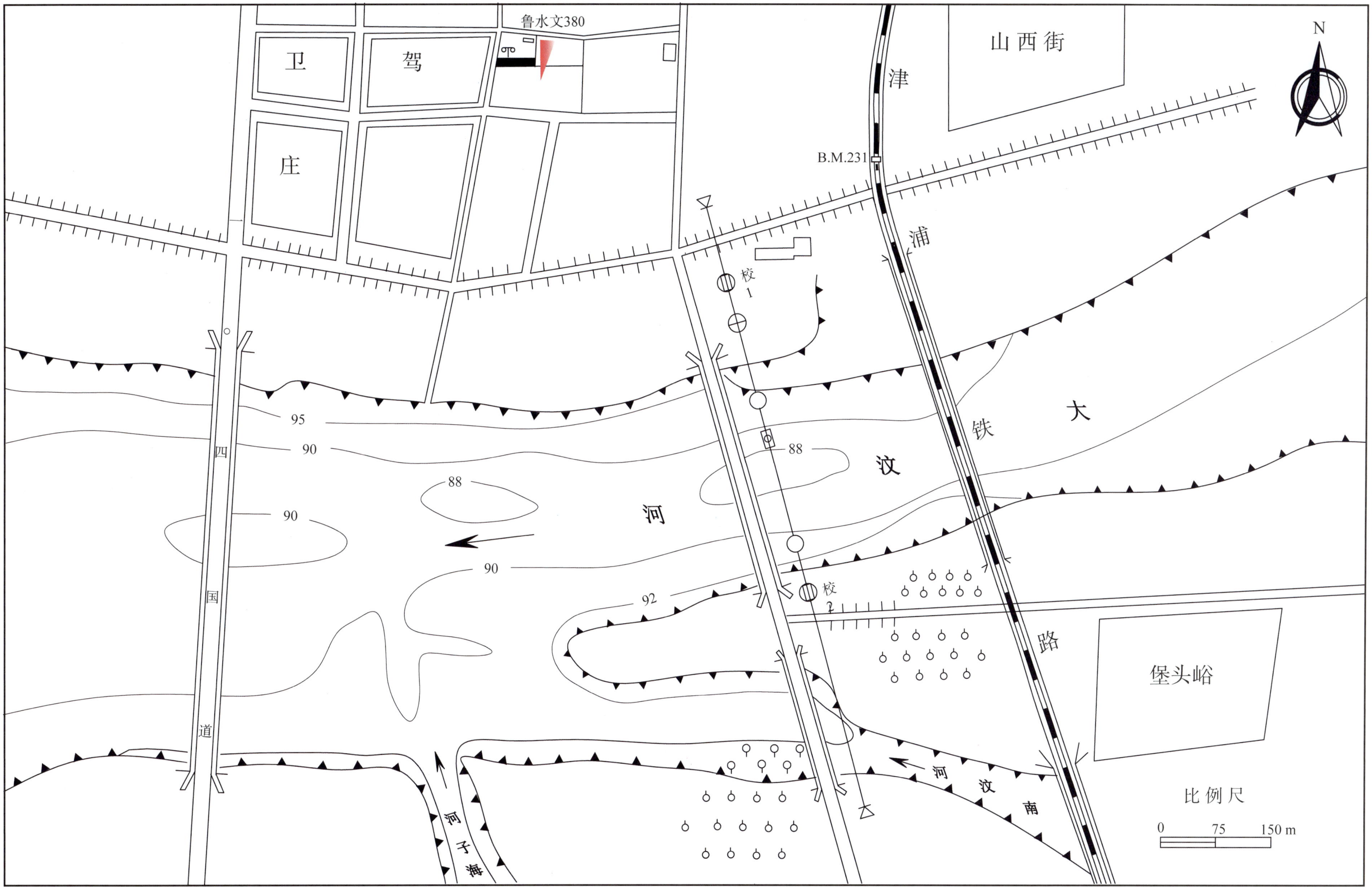

图 13-2 大汉河大汶口站测验断面平面图（单位：m）

表 13–7　大汶河大汶口站降雨径流分析成果表

序号	洪号	降雨起止时间		主雨时间	流域平均雨量 P（mm）	前期影响雨量 P_a（mm）	$P+P_a$（mm）	降雨历时（h）		暴雨中心位置或特点	洪水起止时间			洪水总历时 $T_{洪}$（h）	涨洪历时 $T_{涨洪}$（h）	起涨流量（m^3/s）	净峰流量 $Q_{m净}$（m^3/s）	径流深 R（mm）	径流系数 α	洪水总量 $W_{总}$（万 m^3）	地面径流总量 W（万 m^3）	洪峰滞时 t_p（h）
		起	止					全部 T	有效 T_c		起涨	峰顶	落平									
1	560705	7月4日 2:00	7月4日 14:00	7月4日 14:00	73.3	46.3	119.6	12	6	上游	7月4日 2:00	7月5日 1:00	7月10日 0:00	142	23	76.8	2 180	30.0	0.41	22 189	17 090	19
2	570707	7月6日 8:00	7月7日 8:00	7月7日 4:00	108.7	23.1	131.8	24	6	中游	7月6日 16:00	7月7日 14:36	7月10日 18:00	98	22.6	26.7	3 410	32.7	0.30	21 408	18 643	11
3	570711	7月10日 12:00	7月11日 8:00	7月11日 0:00	83.6	78.8	162.4	20	8	上游	7月10日 15:00	7月11日 10:53	7月14日 9:00	90	19.9	240	2 980	44.1	0.53	32 552	25098	14
4	570713	7月12日 12:00	7月13日 8:00	7月12日 20:00	76.3	79.6	155.9	20	4	中下游	7月12日 16:00	7月13日 0:48	7月18日 10:00	138	8.8	240	4 070	48.3	0.63	39 072	27 513	7
5	570719	7月18日 4:00	7月19日 16:00	7月18日 12:00	133.6	82.5	216.1	36	12	普雨	7月18日 10:00	7月19日 11:36	7月23日 12:00	122	25.6	300	6 230	96.9	0.73	67 975	55 202	5.5
6	570724	7月23日 8:00	7月24日 8:00	7月24日 0:00	87.4	68.7	156.1	24	6	下游	7月23日 12:00	7月24日 4:30	7月27日 0:00	84	16.5	355	5 790	48.8	0.56	38 230	27 824	6.5
7	580707	7月6日 8:00	7月7日 4:00	7月6日 20:00	57.1	55.2	112.3	20	6	上游	7月6日 18:00	7月7日 18:00	7月11日 9:00	111	24	42	631	12.7	0.22	8 549	6 871	22
8	580805	8月4日 20:00	8月5日 8:00	8月5日 4:00	48.2	49.8	98.0	12	4	中上游	8月4日 8:00	8月5日 18:00	8月9日 15:00	127	34	63.3	1 090	17.4	0.36	13 058	9 411	17
9	610715	7月14日 0:00	7月14日 14:00	7月14日 10:00	37.2	39.4	76.6	14	6	上游	7月15日 0:00	7月15日 7:00	7月17日 18:00	66	7	38.9	467	8.5	0.23	4 943	4 034	22
10	610811	8月10日 6:00	8月11日 12:00	8月11日 4:00	96.4	37.4	133.8	30	10	中游	8月10日 12:00	8月11日 18:00	8月16日 0:00	132	30	63	1 410	30.5	0.32	17 299	14 397	14
11	610815	8月14日 4:00	8月14日 18:00	8月14日 14:00	42.6	74.3	116.9	14	8	中下游	8月14日 13:00	8月15日 2:00	8月19日 23:00	130	13	166	889	21.9	0.51	17 858	10 327	11
12	620714	7月13日 6:00	7月14日 0:00	7月13日 20:00	72.4	20.3	92.7	18	6	中下游	7月13日 6:00	7月14日 10:00	7月17日 18:00	108	28	36.2	1 030	14.8	0.20	9 456	7 002	15
13	620719	7月18日 18:00	7月19日 12:00	7月19日 0:00	61.2	56.1	117.3	18	8	南支下游	7月18日 18:00	7月19日 16:00	7月23日 10:00	112	22	92.7	892	18.7	0.31	13 514	8 830	16
14	630728	7月27日 20:00	7月28日 14:00	7月28日 0:00	69.4	76.0	145.4	18	8	下游	7月27日 21:00	7月28日 11:30	8月2日 7:00	130	14.5	312	2 040	39.4	0.57	29 756	18 596	12
15	630830	8月28日 14:00	8月30日 10:00	8月29日 10:00	80.8	15.3	96.1	44	6	上游	8月29日 0:00	8月30日 6:00	9月3日 10:00	130	30	40.5	1 220	19.4	0.24	11 118	9 156	20
16	640718	7月16日 12:00	7月18日 6:00	7月17日 18:00	136.3	62.1	198.4	42	16	中游	7月17日 0:00	7月18日 0:30	7月22日 8:00	128	24.5	179	3 460	73.7	0.54	44 041	34 817	11
17	640728	7月27日 10:00	7月29日 8:00	7月28日 6:00	121.9	72.8	194.7	46	14	上游	7月27日 12:00	7月28日 20:36	7月31日 20:00	104	32.6	174	3 960	74.4	0.61	46 087	35 158	15
18	640801	7月31日 14:00	8月1日 8:00	8月1日 6:00	40.6	72.2	112.8	18	6	中游	7月31日 20:00	8月1日 23:30	8月5日 8:00	108	27.5	174	1 180	19.3	0.48	21 271	9 121	18.5
19	640828	8月27日 8:00	8月28日 8:00	8月28日 0:00	47.8	31.0	78.8	24	6	中游	8月27日 20:00	8月28日 14:30	8月30日 8:00	60	18.5	137	718	9.2	0.19	7 540	4 362	13.5
20	640831	8月30日 2:00	8月31日 18:00	8月31日 0:00	125.3	62.1	187.4	40	12	中游	8月30日 8:00	8月31日 11:30	9月4日 12:00	124	27.5	137	5 600	87.5	0.70	55 335	41 304	7
21	640912	9月12日 2:00	9月13日 22:00	9月12日 8:00	122.2	62.3	184.5	44	6	中上游	9月12日 8:00	9月12日 16:00	9月17日 6:00	118	8	295	6 490	65.7	0.54	53 009	31 010	8
22	650710	7月9日 6:00	7月10日 0:00	7月9日 16:00	90.9	17.3	108.2	18	8	上中游	7月9日 12:00	7月10日 13:00	7月14日 8:00	116	25	1.97	920	19.9	0.22	10 262	8 939	21
23	660715	7月14日 0:00	7月15日 6:00	7月15日 0:00	143.6	35.6	179.2	30	6	上中游	7月14日 16:00	7月15日 8:48	7月19日 18:00	122	16.8	11.2	4 940	48.8	0.34	24 325	21 719	9
24	690903	9月2日 4:00	9月2日 18:00	9月2日 14:00	69.6	26.3	95.9	14	8	普雨	9月2日 20:00	9月3日 7:00	9月8日 2:00	126	11	38.4	700	17.8	0.26	9 714	7 153	17
25	700723	7月22日 20:00	7月23日 6:00	7月23日 0:00	53.3	54.3	107.6	10	6	南支中游	7月22日 20:00	7月23日 12:00	7月26日 2:00	78	16	56.3	1 720	24.2	0.45	11 389	9 699	10
26	700730	7月29日 0:00	7月29日 20:00	7月29日 18:00	86.9	82.4	169.3	20	10	上中游	7月29日 6:00	7月30日 4:30	8月3日 8:00	122	22.5	62.1	3 780	56.9	0.65	27 113	22 810	11.5

续表

序号	洪号	降雨起止时间		主雨时间	流域平均雨量 P（mm）	前期影响雨量 P_a（mm）	$P+P_a$（mm）	降雨历时（h）		暴雨中心位置或特点	洪水起止时间			洪水总历时 $T_{洪}$（h）	涨洪历时 $T_{涨洪}$（h）	起涨流量（m^3/s）	净峰流量 $Q_{m净}$（m^3/s）	径流深 R（mm）	径流系数 α	洪水总量 $W_{总}$（万 m^3）	地面径流总量 W（万 m^3）	洪峰滞时 t_p（h）
		起	止					全部 T	有效 T_c		起涨	峰顶	落平									
27	700807	8月5日12:00	8月6日20:00	8月5日18:00	46.2	51.7	97.9	32	10	上中游	8月5日17:00	8月7日6:00	8月9日18:00	97	37	140	651	19.2	0.41	13 401	7 680	20
28	710707	7月6日16:00	7月7日12:00	7月6日20:00	61.8	70.0	131.8	20	8	上游	7月6日20:00	7月7日19:00	7月11日12:00	112	23	125	915	26.3	0.43	15 424	10 538	23
29	710822	8月21日0:00	8月22日4:00	8月21日14:00	73.4	55.0	128.4	28	10	中游	8月21日12:00	8月22日10:15	8月25日10:00	94	22.2	95	1 150	29.4	0.40	16 212	11 784	18
30	720902	9月1日10:00	9月2日8:00	9月2日0:00	115.7	65.0	180.7	22	12	中上游	9月1日20:00	9月2日17:00	9月6日20:00	120	21	68	2 600	50.7	0.44	23 344	20 328	16
31	740802	7月31日22:00	8月1日12:00	8月1日10:00	52.6	79.9	132.5	14	12	南支中游	8月1日0:00	8月2日4:00	8月4日20:00	92	28	70	768	23.5	0.45	11 648	9 401	19
32	740814	8月13日0:00	8月14日8:00	8月13日12:00	50.6	84.1	134.7	32	14	上游	8月13日10:00	8月14日12:00	8月18日8:00	118	26	221	1 230	36.2	0.72	23 610	14 509	24
33	750723	7月23日0:00	7月23日14:00	7月23日4:00	52.2	66.0	118.2	14	8	中下游	7月23日5:00	7月23日14:30	7月27日16:00	107	9.5	82	746	19.8	0.38	11 059	7 920	11
34	750730	7月29日22:00	7月30日12:00	7月30日6:00	57.2	84.8	142.0	14	10	上中游	7月30日0:00	7月30日19:00	8月4日0:00	120	19	130	1 380	36.1	0.63	20 881	14 453	14
35	760814	8月11日16:00	8月13日16:00	8月13日0:00	127.1	34.0	161.1	48	14	中游	8月12日20:00	8月14日0:00	8月18日8:00	132	28	13.1	1 170	37.6	0.30	17 166	15 084	24
36	770706	7月5日4:00	7月6日2:00	7月5日20:00	57.6	34.7	92.3	22	10	下游	7月5日14:00	7月6日5:00	7月9日1:00	83	15	0	551	11.7	0.20	5 198	4 691	18
37	800630	6月29日0:00	6月30日6:00	6月29日22:00	107.9	23.3	131.2	30	8	中游	6月30日0:00	6月30日22:00	7月4日8:00	104	22	16.5	1 130	25.9	0.24	11 580	95 53	26
38	840712	7月11日20:00	7月12日6:00	7月12日0:00	85.1	65.8	150.9	10	8	上游	7月11日22:00	7月12日15:30	7月17日0:00	122	17.5	55	2 410	39.6	0.47	18 363	14 595	15
39	840813	8月12日4:00	8月12日14:00	8月12日6:00	54.7	63.2	117.9	10	8	中游	8月12日16:00	8月13日2:30	8月16日20:00	100	10.5	90	815	17.2	0.31	12 179	6 324	19.5
40	850712	7月8日22:00	7月9日22:00	7月9日10:00	79.1	17.3	96.4	24	8	上游	7月11日12:00	7月12日19:36	7月15日6:00	90	31.6	135	626	14.7	0.19	9 644	5 404	26
41	900618	6月17日16:00	6月18日14:00	6月18日2:00	116.0	51.9	167.9	22	8	中上游	6月18日5:00	6月18日17:30	6月23日20:00	135	12.5	18.4	2 140	38.4	0.33	15 010	14 143	16
42	900717	7月16日22:00	7月17日8:00	7月17日2:00	62.5	68.0	130.5	10	4	上游	7月17日2:00	7月17日18:06	7月21日8:00	102	16.1	93.1	2 140	32.8	0.52	18 418	13 023	17
43	900722	7月21日4:00	7月22日6:00	7月22日2:00	129.0	83.8	212.8	26	16	中上游	7月21日8:00	7月22日14:30	7月25日20:00	108	30.5	223	3 610	74.7	0.58	40 430	30 762	13
44	900803	8月2日14:00	8月3日2:00	8月2日16:00	69.4	52.4	121.8	12	8	中下游	8月2日14:00	8月3日8:53	8月6日20:00	102	18.9	163	1 290	23.8	0.34	18 668	9 778	15
45	900816	8月15日14:00	8月16日12:00	8月16日4:00	93.8	56.3	150.1	22	10	中下游	8月16日2:00	8月16日18:40	8月21日8:00	126	16.7	225	2 530	51.2	0.55	37 683	21 987	15
46	950731	7月30日16:00	7月31日2:00	7月30日22:00	58.1	39.9	98.0	10	4	上中游	7月31日8:00	7月31日17:42	8月4日8:00	96	9.7	24	750	12.8	0.22	6 482	4 703	20
47	960726	7月24日20:00	7月25日18:00	7月25日12:00	171.8	20.3	192.1	22	14	上游	7月25日8:00	7月26日0:00	7月29日20:00	108	16	16.3	3 690	68.2	0.40	29 344	25 136	12.5
48	960731	7月29日22:00	7月31日14:00	7月30日18:00	109.4	61.1	170.5	40	12	中上游	7月31日8:00	7月31日17:42	8月4日8:00	120	23.5	201	2 690	56.1	0.51	43 466	23 451	13
49	990910	9月9日0:00	9月9日10:00	9月9日4:00	113.2	9.5	122.7	10	8	中游	9月9日20:00	9月10日2:00	9月13日20:00	96	6	12.5	844	15.9	0.14	7 164	5 869	23
50	000811	8月9日2:00	8月10日14:00	8月9日18:00	106.4	18.4	124.8	36	10	上中游	8月10日20:00	8月11日1:30	8月13日22:00	74	5.5	74	938	20.0	0.19	8 091	7 359	32
51	010804	8月4日4:00	8月4日16:00	8月4日8:00	89.2	71.5	160.7	12	8	中下游	8月4日8:00	8月4日23:30	8月8日10:00	98	15.5	98	2 560	45.9	0.51	27 700	18 880	15.5
52	030904	9月3日20:00	9月5日6:00	9月4日6:00	110.0	75.8	185.8	34	10	中上游	9月3日20:00	9月4日17:09	9月9日4:00	128	21.2	128	1 840	39.7	0.36	30 216	15 777	11

续表

序号	洪号	降雨起止时间		主雨时间	流域平均雨量 P（mm）	前期影响雨量 P_a（mm）	$P+P_a$（mm）	降雨历时（h）		暴雨中心位置或特点	洪水起止时间			洪水总历时 $T_{洪}$（h）	涨洪历时 $T_{涨洪}$（h）	起涨流量（m^3/s）	净峰流量 $Q_{m净}$（m^3/s）	径流深 R（mm）	径流系数 α	洪水总量 $W_{总}$（万 m^3）	地面径流总量 W（万 m^3）	洪峰滞时 t_p（h）
		起	止					全部 T	有效 T_c		起涨	峰顶	落平									
53	040718	7月16日12:00	7月17日22:00	7月17日8:00	85.9	44.6	130.5	34	14	中上游	7月16日12:00	7月18日7:00	7月24日14:00	194	43	194	650	22.8	0.27	18 436	8 411	21
54	040731	7月29日20:00	7月31日10:00	7月30日20:00	73.3	61.5	134.8	38	10	中游	7月30日8:00	7月31日10:00	8月3日10:00	98	26	98	1 450	16.8	0.23	20 618	6 677	14
55	040828	8月26日16:00	8月28日4:00	8月28日0:00	117.4	36.0	153.4	36	12	中上游	8月26日22:00	8月28日17:00	9月1日20:00	142	43	142	1 480	37.8	0.32	30 671	15 562	17
56	040915	9月14日2:00	9月14日20:00	9月14日10:00	85.5	18.0	103.5	18	10	中上游	9月14日9:00	9月15日12:00	9月19日20:00	131	27	131	504	14.8	0.17	12 867	6 076	8
57	050702	7月1日20:00	7月3日12:00	7月2日6:00	126.8	93.8	220.6	40	14	中游	7月2日4:00	7月2日17:00	7月7日8:00	124	13	124	2 070	53.2	0.42	22 498	19 604	11
58	050921	9月18日20:00	9月21日10:00	9月20日4:00	140.7	48.8	189.5	62	18	上游	9月19日16:00	9月21日18:10	9月25日8:00	136	50.2	136	1 420	47.5	0.34	36 424	18 850	38
59	070818	8月16日0:00	8月18日6:00	8月18日2:00	151.3	63.4	214.7	54	18	上游	8月16日14:00	8月18日15:00	8月23日0:00	154	49	154	2320	64.8	0.43	49 728	25 801	13
60	110703	7月2日12:00	7月3日16:00	7月3日4:00	96.0	27.2	123.2	28	10	上游	7月2日20:00	7月3日18:50	7月6日20:00	96	22.8	96	647	15.2	0.16	7 247	5 599	15
61	110915	9月11日20:00	9月15日14:00	9月14日10:00	159.7	17.2	176.9	90	14	中下游	9月13日20:00	9月15日7:00	9月19日0:00	124	35	124	1 560	40.6	0.25	32 769	14 968	21
62	120709	7月7日16:00	7月8日12:00	7月8日4:00	114.4	41.9	156.3	20	12	中上游	7月8日14:00	7月9日6:10	7月12日20:00	102	16.2	102	996	27.0	0.24	11 983	9 941	26
63	120710	7月9日14:00	7月10日8:00	7月10日0:00	74.1	97.9	172.0	18	14	中上游	7月10日6:00	7月10日20:00	7月14日20:00	110	14	110	878	29.3	0.40	20 895	10 806	26
64	130730	7月29日12:00	7月30日6:00	7月29日16:00	52.1	86.3	138.4	18	8	中上游	7月29日14:00	7月30日9:30	8月2日8:00	90	19.5	90	684	24.2	0.46	17 671	8 923	15
65	160722	7月19日20:00	7月21日2:00	7月20日4:00	108.9	35.1	144.0	30	10	中游	7月20日14:00	7月22日16:00	7月25日20:00	126	50	126	1 230	26.9	0.25	13 951	9 918	60
66	180820	8月18日6:00	8月19日22:00	8月19日12:00	200.7	51.1	251.8	40	24	中上游	8月18日8:00	8月20日4:00	8月25日6:00	166	44	166	2 100	79.8	0.40	33 542	29 421	14
67	190812	8月10日10:00	8月11日20:00	8月11日6:00	174.1	72.7	246.8	34	20	上游	8月10日12:00	8月12日1:00	8月17日10:00	166	37	166	2 060	66.9	0.38	35 927	24 652	21
68	200807	8月6日14:00	8月7日18:00	8月6日20:00	81.5	75.7	157.2	28	16	中下游	8月6日08:00	8月7日12:00	8月12日08:00	144	28	144	772	31.0	0.38	17 438	11 420	16
69	200814	8月12日22:00	8月15日6:00	8月13日18:00	113.9	58.0	171.9	56	12	南支，先上游/后下游	8月13日16:00	8月14日09:00	8月19日02:00	130	17	130	1 450	36.9	0.32	29 420	13 594	15
70	200820	8月19日20:00	8月20日18:00	8月20日2:00	54.9	66.7	121.6	22	10	上游	8月20日08:00	8月20日18:00	8月25日08:00	120	10	120	641	18.0	0.33	11 128	6 644	16

表 13-8　大汶河大汶口站 $P+P_a-R$ 精度评定表

序号	洪号	流域平均雨量 P（mm）	前期影响雨量 P_a（mm）	$P+P_a$（mm）	实测径流深 $R_{实}$（mm）	预报径流深 $R_{预}$（mm）	预报误差（mm）	许可误差（mm）	评定结果		序号	洪号	流域平均雨量 P（mm）	前期影响雨量 P_a（mm）	$P+P_a$（mm）	实测径流深 $R_{实}$（mm）	预报径流深 $R_{预}$（mm）	预报误差（mm）	许可误差（mm）	评定结果	
										不合格											不合格
1	560705	73.3	46.3	119.6	30	24.2	−5.8	6.0	√		36	770706	57.6	34.7	92.3	11.7	14.2	2.5	3.0	√	
2	570707	108.7	23.1	131.8	32.7	30.2	−2.5	6.5	√		37	800630	107.9	23.3	131.2	25.9	29.8	3.9	5.2	√	
3	570711	83.6	78.8	162.4	44.1	47.5	3.4	8.8	√		38	840712	85.1	65.8	150.9	39.6	40.5	0.9	7.9	√	
4	570713	76.3	79.6	155.9	48.3	43.5	−4.8	9.7	√		39	840813	54.7	63.2	117.9	17.2	23.6	6.4	3.4		√
5	570719	133.6	82.5	216.1	96.9	87.5	−9.4	19.4	√		40	850712	79.1	17.3	96.4	14.7	15.6	0.9	3.0	√	
6	570724	87.4	68.7	156.1	48.8	43.7	−5.1	9.8	√		41	900618	116	51.9	167.9	38.4	51	12.6	7.7		√
7	580707	57.1	55.2	112.3	12.7	21.4	8.7	3.0		√	42	900717	62.5	68	130.5	32.8	29.5	−3.3	6.6	√	
8	580805	48.2	49.8	98	17.4	16.2	−1.2	3.5	√		43	900722	129	83.8	212.8	74.7	84.6	9.9	14.9	√	
9	610715	37.2	39.4	76.6	8.5	8.7	0.2	3.0	√		44	900803	69.4	52.4	121.8	23.8	25.3	1.5	4.8	√	
10	610811	96.4	37.4	133.8	30.5	31.2	0.7	6.1	√		45	900816	93.8	56.3	150.1	51.2	40.1	−11.1	10.2		√
11	610815	42.6	74.3	116.9	21.9	23.2	1.3	4.4	√		46	950731	58.1	39.9	98	12.8	16.2	3.4	3.0		√
12	620714	72.4	20.3	92.7	14.8	14.3	−0.5	3.0	√		47	960726	171.8	20.3	192.1	68.2	67.9	−0.3	13.6	√	
13	620719	61.2	56.1	117.3	18.7	23.3	4.6	3.7		√	48	960731	109.4	61.1	170.5	56.1	52.6	−3.5	11.2	√	
14	630728	69.4	76	145.4	39.4	37.5	−1.9	7.9	√		49	990910	113.2	9.5	122.7	15.9	25.7	9.8	3.2		√
15	630830	80.8	15.3	96.1	19.4	15.5	−3.9	3.9			50	000811	106.4	18.4	124.8	20	17.4	−2.6	4.0	√	
16	640718	136.3	62.1	198.4	73.7	72.8	−0.9	14.7	√		51	010804	89.2	71.5	160.7	45.9	29.5	−16.4	9.2		√
17	640728	121.9	72.8	194.7	74.4	69.9	−4.5	14.9	√		52	030904	110	75.8	185.8	39.7	39.6	−0.1	7.9	√	
18	640801	40.6	72.2	112.8	19.3	21.6	2.3	3.9	√		53	040718	85.9	44.6	130.5	22.8	19.2	−3.6	4.6	√	
19	640828	47.8	31	78.8	9.2	9.5	0.3	3.0	√		54	040731	73.3	61.5	134.8	16.8	20.5	3.7	3.4		√
20	640831	125.3	62.1	187.4	87.5	64.4	−23.1	17.5		√	55	040828	117.4	36	153.4	37.8	26.9	−10.9	7.6		√
21	640912	122.2	62.3	184.5	65.7	62.3	−3.4	13.1	√		56	040915	85.5	18	103.5	14.8	11.8	−3.0	3.0		
22	650710	90.9	17.3	108.2	19.9	19.9	0.0	4.0	√		57	050702	126.8	93.8	220.6	53.2	59	5.8	10.6	√	
23	660715	143.6	35.6	179.2	48.8	58.5	9.7	9.8	√		58	050921	140.7	48.8	189.5	47.5	41.3	−6.2	9.5	√	
24	690903	69.6	26.3	95.9	17.8	15.5	−2.3	3.6	√		59	070818	151.3	63.4	214.7	64.8	55.5	−9.3	13.0	√	
25	700723	53.3	54.3	107.6	24.2	19.6	−4.6	4.8	√		60	110703	96	27.2	123.2	15.2	17	1.8	3.0	√	
26	700730	86.9	82.4	169.3	56.9	51.9	−5.0	11.4	√		61	110915	159.7	17.2	176.9	40.6	35.7	−4.9	8.1	√	
27	700807	46.2	51.7	97.9	19.2	16.2	−3.0	3.8	√		62	120709	114.4	41.9	156.3	27	27.9	0.9	5.4	√	
28	710707	61.8	70	131.8	26.3	30.2	3.9	5.3	√		63	120710	74.1	97.9	172	29.3	33.8	4.5	5.9	√	
29	710822	73.4	55	128.4	29.4	28.4	−1.0	5.9	√		64	130730	52.1	86.3	138.4	24.2	21.7	−2.5	4.8	√	
30	720902	115.7	65	180.7	50.7	59.5	8.8	10.1	√		65	160722	108.9	35.1	144	26.9	23.6	−3.3	5.4	√	
31	740802	52.6	79.9	132.5	23.5	30.5	7.0	4.7		√	66	180820	200.7	51.1	251.8	79.8	78.3	−1.5	16.0	√	
32	740814	50.6	84.1	134.7	36.2	31.7	−4.5	7.2	√		67	190812	174.1	72.7	246.8	66.9	74.9	8.0	13.4	√	
33	750723	52.2	66	118.2	19.8	23.7	3.9	4.0	√		68	200807	81.5	75.7	157.2	31	28.2	−2.8	6.2	√	
34	750730	57.2	84.8	142	36.1	35.6	−0.5	7.2	√		69	200814	113.9	58	171.9	36.9	33.7	−3.2	7.4	√	
35	760814	127.1	34	161.1	37.6	46.7	9.1	7.5		√	70	200820	54.9	66.7	121.6	18	16.5	−1.5	3.6	√	

备注：大汶口站实测点据共 70 个，绘制 2 条曲线，有 57 个合格，合格率为 81.4%。其中，2000 年以后实测点据 21 个，合格 18 个，合格率为 85.7%。综合评定为乙级方案。2000 年 1 月 1 日，大汶口站由其下游临汶站上迁而来。自 2000 年以来，随着大中型水库陆续除险加固（中型水库全部建有闸门）、大汶河干支流修建拦河闸坝，流域内下垫面条件发生明显改变。通过系统分析流域最大损失量发现，近 20 年也 I_m 有所增大，本次 P_a 采用：1999 年前仍沿用 90 mm，2000 年以后采用 100 mm。

表 13-9　大汶河大汶口站 P-P_a-R 精度评定表

序号	洪号	流域平均雨量 P（mm）	前期影响雨量 P_a（mm）	径流深 R（mm）		预报误差（mm）	许可误差（mm）	评定结果	
				实测	预报			合格	不合格
1	560705	73.3	46.3	30.0	24.0	−6.0	6.0	√	
2	570707	108.7	23.1	32.7	30.6	−2.1	6.5	√	
3	570711	83.6	78.8	44.1	50.3	6.2	8.8	√	
4	570713	76.3	79.6	48.3	45.7	−2.6	9.7	√	
5	570719	133.6	82.5	96.9	99.1	2.1	19.4	√	
6	570724	87.4	68.7	48.8	45.1	−3.7	9.8	√	
7	580707	57.1	55.2	12.7	20.9	8.2	3.0		√
8	580805	48.2	49.8	17.4	15.2	−2.2	3.5	√	
9	610715	37.2	39.4	8.5	9.7	1.2	3.0	√	
10	610811	96.4	37.4	30.5	31.3	0.8	6.1	√	
11	610815	42.6	74.3	21.9	21.7	−0.2	4.4	√	
12	620714	72.4	20.3	14.8	16.6	2.2	3.0	√	
13	620719	61.2	56.1	18.7	23.2	4.5	3.7		√
14	630728	69.4	76.0	39.4	38.6	−0.8	7.9	√	
15	630830	80.8	15.3	19.4	17.3	−2.1	3.9	√	
16	640718	136.3	62.1	73.7	81.3	7.6	14.7	√	
17	640728	121.9	72.8	74.7	77.6	2.9	14.9	√	
18	640801	40.6	72.2	19.3	19.8	0.5	3.9	√	
19	640828	47.8	31.0	9.2	11.3	2.1	3.0	√	
20	640831	125.3	62.1	87.5	71.1	−16.4	17.5	√	
21	640912	122.2	62.3	65.7	68.3	2.6	13.1	√	
22	650710	90.9	17.3	19.9	21.2	1.3	4.0	√	
23	660715	143.6	35.6	48.8	63.4	14.6	9.8		√
24	690903	69.6	26.3	17.8	17.5	−0.3	3.6	√	
25	700723	53.3	54.3	24.2	18.9	−5.3	4.8		√
26	700730	86.9	82.4	56.9	55.5	−1.4	11.4	√	
27	700807	46.2	51.7	19.2	15.1	−4.1	3.8	√	
28	710707	61.8	70.0	26.3	29.8	3.5	5.3	√	
29	710822	73.4	55.0	29.4	28.5	−0.9	5.9	√	
30	720902	115.7	65.0	50.7	64.7	14.0	10.1		√
31	740802	52.6	79.9	23.5	30.5	7.0	4.7		√
32	740814	50.6	84.1	36.2	31.3	−4.9	7.2	√	
33	750723	52.2	66.0	19.8	22.8	3.0	4.0	√	
34	750730	57.2	84.8	36.1	35.9	−0.1	7.2	√	
35	760814	127.1	34.0	37.6	48.6	10.9	7.5		√
36	770706	57.6	34.7	11.7	14.9	3.2	3.0		√
37	800630	107.9	23.3	25.9	30.4	4.4	5.2	√	
38	840712	85.1	65.8	39.6	42.6	3.0	7.9	√	
39	840813	54.7	63.2	17.2	22.9	5.8	3.4		√
40	850712	79.1	17.3	14.7	17.6	2.9	3.0	√	
41	900618	116.0	51.9	38.4	53.6	15.2	7.7		√
42	900717	62.5	68.0	32.8	29.3	−3.5	6.6	√	
43	900722	129.0	83.8	74.7	95.5	20.8	14.9		√
44	900803	69.4	52.4	23.8	25.1	1.4	4.8	√	
45	900816	93.8	56.3	51.2	41.0	−10.2	10.2	√	
46	950731	58.1	39.9	12.8	15.2	2.5	3.0	√	
47	960726	171.8	20.3	68.2	74.9	6.7	13.6	√	
48	960731	109.4	61.1	56.1	56.3	0.3	11.2	√	
49	990910	113.2	9.5	15.9	26.0	10.1	3.2		√
50	000811	106.4	18.4	20.0	20.0	0.0	4.0	√	
51	010804	89.2	71.5	45.9	30.8	−15.1	9.2		√
52	030904	110.0	75.8	39.7	41.7	2.0	7.9	√	
53	040718	85.9	44.6	22.8	20.6	−2.2	4.6	√	
54	040731	73.3	61.5	16.8	21.3	4.5	3.4		√
55	040828	117.4	36.0	37.8	28.8	−9.0	7.6		√
56	040915	85.5	18.0	14.8	13.5	−1.3	3.0	√	
57	050702	126.8	93.8	53.2	56.1	2.9	10.7	√	
58	050921	140.7	48.8	47.5	44.6	−2.8	9.5	√	
59	070818	151.3	63.4	64.8	56.9	−7.9	13.0	√	
60	110703	96.0	27.2	15.2	18.3	3.1	3.0		√
61	110915	159.7	17.2	40.6	40.1	−0.5	8.1	√	
62	120709	114.4	41.9	27.0	30.0	3.0	5.4	√	
63	120710	74.1	97.9	29.3	30.8	1.5	5.9	√	
64	130730	52.1	86.3	24.2	20.8	−3.4	4.9	√	
65	160722	108.9	35.1	26.9	25.2	−1.7	5.4	√	
66	180820	200.7	51.1	79.8	79.4	−0.4	16.0	√	
67	190812	174.1	72.7	66.9	74.4	7.5	13.4	√	
68	200807	81.5	75.7	31.0	29.1	−1.9	6.2	√	
69	200814	113.9	58.0	36.9	36.3	−0.6	7.4	√	
70	200820	54.9	66.7	18.0	16.3	−1.7	3.6	√	

备注：大汶口站 1956—2020 年实测点据共 70 个，合格 54 个，综合合格率为 77.1%。其中，1956—1999 年实测点据共 49 个，合格 37 个，合格率 75.5%；2000—2020 年实测点据 21 个，合格 17 个，合格率 81.0%。

表 13-10　大汶河大汶口站 $R\text{-}T_c\text{-}Q_{m净}$ 精度评定表

序号	洪号	$R_{实}$（mm）	T_c（h）	净峰流量（m³/s）		预报误差（m³/s）	许可误差（m³/s）	评定结果	
				实测	预报			合格	不合格
1	560705	30.0	6	2 180	1 925	−255	436	√	
2	570707	32.7	6	3 410	2 161	−1 249	682		√
3	570711	44.1	8	2 980	2 640	−340	596	√	
4	570713	48.3	4	4 070	4 139	69	814	√	
5	570719	96.9	12	6 230	6 775	545	1 246	√	
6	570724	48.8	6	5 790	3 636	−2 154	1 158		√
7	580707	12.7	6	631	731	100	126	√	
8	580805	17.4	4	1 090	1 259	169	218	√	
9	610715	8.5	6	467	483	16	93.4	√	
10	610811	30.5	10	1 410	1 324	−86	282	√	
11	610815	21.9	8	889	988	99	178	√	
12	620714	14.8	6	1 030	860	−170	206	√	
13	620719	18.7	8	892	831	−61	178	√	
14	630728	39.4	8	2 040	2 202	162	408	√	
15	630830	19.4	6	1 220	1 143	−77	244	√	
16	640718	73.7	16	3 460	3 315	−145	692	√	
17	640728	74.4	14	3 960	3 932	−28	792	√	
18	640801	19.3	6	1 180	1137	−43	236	√	
19	640828	9.2	6	718	520	−198	144		√
20	640831	87.5	12	5 600	5 800	200	1 120	√	
21	640912	65.7	6	6 490	5 281	−1209	1 298	√	
22	650710	19.9	8	920	876	−44	184	√	
23	660715	48.8	6	4 940	3 636	−1 304	988		√
24	690903	17.8	8	700	796	96	140	√	
25	700723	24.2	6	1 720	1 493	−227	344	√	
26	700730	56.9	10	3 780	3 371	−409	756	√	
27	700807	19.2	10	651	738	87	130	√	
28	710707	26.3	8	915	1 239	324	183		√
29	710822	29.4	10	1 150	1 259	109	230	√	
30	720902	50.7	12	2 600	2 363	−237	520	√	
31	740802	23.5	12	768	818	50	154	√	
32	740814	36.2	14	1 230	1 246	16	246	√	
33	750723	19.8	8	746	872	126	149	√	
34	750730	36.1	10	1 380	1 708	328	276		√
35	760814	37.6	14	1 170	1 312	142	234	√	
36	770706	11.7	10	551	483	−68	110	√	
37	800630	25.9	8	1 130	1 216	108	226	√	
38	840712	39.6	8	2 410	2 218	−141	482	√	
39	840813	17.2	8	815	774	−36	163	√	
40	850712	14.7	8	626	679	64	125	√	
41	900618	38.4	8	2 140	2 122	20	428	√	
42	900717	32.8	4	2 140	2 666	566	428		√
43	900722	74.7	16	3 610	3 400	−129	722	√	
44	900803	23.8	8	1 290	1 097	−166	258	√	
45	900816	51.2	10	2 530	2 858	381	506	√	
46	950731	12.8	4	750	868	130	150	√	
47	960726	68.2	14	3 690	3 372	−277	738	√	
48	960731	56.1	12	2 690	2 849	208	538	√	
49	990910	15.9	8	844	724	−102	169	√	
50	000811	20.0	10	938	765	−174	188	√	
51	010804	45.9	8	2 560	2 811	247	512	√	
52	030904	39.7	10	1 840	1 954	117	368	√	
53	040718	22.8	14	650	663	14	130	√	
54	040731	16.8	10	1 450	656	−793	290		√
55	040828	37.8	12	1 480	1 575	95	296	√	
56	040915	14.8	10	504	588	83	101	√	
57	050702	53.2	14	2 070	2 165	95	414	√	
58	050921	47.5	18	1 420	1 306	−114	284	√	
59	070818	64.8	18	2 320	2 292	−27	464	√	
60	110703	15.2	10	647	602	−45	129	√	
61	110915	40.6	14	1 560	1 455	−104	312	√	
62	120709	27.0	12	996	986	−11	199	√	
63	120710	29.3	14	878	927	50	176	√	
64	130730	24.2	8	684	1 119	436	137		√
65	160722	26.9	10	1 230	1 127	−102	246	√	
66	180820	79.8	24	2 100	2 239	141	420	√	
67	190812	66.9	20	2 060	2 156	96	412	√	
68	200807	31.0	16	772	817	45	154	√	
69	200814	36.9	12	1 450	1 523	73	290	√	
70	200820	18.0	10	641	697	57	128	√	

备注：大汶口站 1956—2020 年实测点据共 70 个，合格 61 个，合格率为 87.1%，为甲级方案。

表 13-11　大汶河大汶口站 $Q_{m净}$–T_c–t_p 精度评定表

序号	洪号	净峰流量 $Q_{m净}$（m^3/s）	有效降雨历时 T_c（h）	实测洪峰滞时 $t_{p实}$（h）	预报洪峰滞时 $t_{p预}$（h）	预报误差（h）	许可误差（h）	评定结果		序号	洪号	净峰流量 $Q_{m净}$（m^3/s）	有效降雨历时 T_c（h）	实测洪峰滞时 $t_{p实}$（h）	预报洪峰滞时 $t_{p预}$（h）	预报误差（h）	许可误差（h）	评定结果	
								合格	不合格									合格	不合格
1	560705	2 180	6	19	11.1	−7.9	5.7		√	36	770706	551	10	18	19.4	1.4	5.4	√	
2	570707	3 410	6	11	9.1	−1.9	3.3	√		37	800630	1 130	8	26	14.8	−11.2	7.8		√
3	570711	2 980	8	14	10.2	−3.8	4.2	√		38	840712	2 410	8	15	11.2	−3.8	4.5	√	
4	570713	4 070	4	7	7.7	0.7	3.0	√		39	840813	815	8	19.5	16.6	−2.9	5.9	√	
5	570719	6 230	12	5.5	8.4	2.9	3.0	√		40	850712	626	8	26	18	−8.0	7.8		√
6	570724	5 790	6	6.5	7	0.5	3.0	√		41	900618	2 140	8	16	11.7	−4.3	4.8	√	
7	580707	631	6	22	17.2	−4.8	6.6	√		42	900717	2 140	4	17	10.6	−6.4	5.1		√
8	580805	1 090	4	17	13.7	−3.3	5.1	√		43	900722	3 610	16	13	11.6	−1.4	3.9	√	
9	610715	467	6	22	18.8	−3.2	6.6	√		44	900803	1 290	8	15	14.1	−0.9	4.5	√	
10	610811	1 410	10	14	14.2	0.2	4.2	√		45	900816	2 530	10	15	11.5	−3.5	4.5	√	
11	610815	889	8	11	16.1	5.1	3.3		√	46	950731	750	4	20	15.8	−4.2	6.0	√	
12	620714	1 030	6	15	14.6	−0.4	4.5	√		47	960726	3 690	14	12.5	11	−1.5	3.8	√	
13	620719	892	8	16	16	0.0	4.8	√		48	960731	2 690	12	13	11.8	−1.2	3.9	√	
14	630728	2 040	8	12	11.9	−0.1	3.6	√		49	990910	844	8	23	16.4	−6.6	6.9	√	
15	630830	1 220	6	20	13.8	−6.2	6.0		√	50	000811	938	10	32	16.3	−15.7	9.6		√
16	640718	3 460	16	11	11.8	0.8	3.3	√		51	010804	2 560	8	15.5	10.9	−4.6	4.7	√	
17	640728	3 960	14	15	10.6	−4.4	4.5	√		52	030904	1 840	10	11	13	2.0	3.3	√	
18	640801	1 180	6	18.5	14	−4.5	5.6	√		53	040718	650	14	21	19.9	−1.1	6.3	√	
19	640828	718	6	13.5	16.6	3.1	4.1	√		54	040731	1 450	10	14	14	0.0	4.2	√	
20	640831	5 600	12	7	8.8	1.8	3.0	√		55	040828	1 480	12	17	14.5	−2.5	5.1	√	
21	640912	6 490	6	8	6.5	−1.5	3.0	√		56	040915	504	10	8	19.8	11.8	3.0		√
22	650710	920	8	21	15.8	−5.2	6.3	√		57	050702	2 070	14	11	13.5	2.5	3.3	√	
23	660715	4 940	6	9	7.5	−1.5	3.0	√		58	050921	1 420	18	38	16.5	−21.5	11.4		√
24	690903	700	8	17	17.4	0.4	5.1	√		59	070818	2 320	18	13	14.2	1.2	3.9	√	
25	700723	1 720	6	10	12.1	2.1	3.0	√		60	110703	647	10	15	18.5	3.5	4.5	√	
26	700730	3 780	10	11.5	9.7	−1.8	3.5	√		61	110915	1 560	14	21	14.8	−6.2	6.3	√	
27	700807	651	10	20	18.5	−1.5	6.0	√		62	120709	996	12	26	16.5	−9.5	7.8		√
28	710707	915	8	23	15.9	−7.1	6.9		√	63	120710	878	14	26	17.9	−8.1	7.8		√
29	710822	1 150	10	18	15.3	−2.7	5.4	√		64	130730	684	8	15	17.5	2.5	4.5	√	
30	720902	2 600	12	16	12	−4.0	4.8	√		65	160722	1 230	10	60	14.9	−45.1	18.0		√
31	740802	768	12	19	18.1	−0.9	5.7	√		66	180820	2 100	24	14	16.3	2.3	4.2	√	
32	740814	1 230	14	24	16.1	−7.9	7.2		√	67	190812	2 060	20	21	15.3	−5.7	6.3	√	
33	750723	731	8	11	17.2	6.2	3.3		√	68	200807	772	16	16	19.3	3.3	4.8	√	
34	750730	1 380	10	14	14.3	0.3	4.2	√		69	200814	1 450	12	15	14.6	−0.4	4.5	√	
35	760814	1 170	14	24	16.4	−7.6	7.2		√	70	200820	641	10	16	18.6	2.6	4.8	√	

备注：大汶口站 1956—2020 年实测点据共 70 个，合格 54 个，合格率为 77.1%，为乙级方案。

表 13-12　大汶河大汶口站 R-T_c-$T_{洪}$精度评定表

序号	洪号	实测径流深 $R_{实}$（mm）	有效降雨历时 T_c（h）	$T_{洪}$（h）		预报误差（h）	许可误差（h）	评定结果	
				实测	预报			合格	不合格
1	560705	30	6	142	98	−44	42.6		√
2	570707	32.7	6	98	100	2	29.4	√	
3	570711	44.1	8	90	114	24	27.0	√	
4	570713	48.3	4	138	103	−35	41.4	√	
5	570719	96.9	12	122	137	15	36.6	√	
6	570724	48.8	6	84	110	26	25.2		√
7	580707	12.7	6	111	66	−45	33.3		√
8	580805	17.4	4	127	71	−56	38.1		√
9	610715	8.54	6	66	53	−13	19.8	√	
10	610811	30.5	10	132	110	−22	39.6	√	
11	610815	21.9	8	130	93	−37	39.0	√	
12	620714	14.8	6	108	71	−37	32.4		√
13	620719	18.7	8	112	87	−25	33.6	√	
14	630728	39.4	8	130	111	−19	39.0	√	
15	630830	19.4	6	130	82	−48	39.0		√
16	640718	73.7	16	128	146	18	38.4	√	
17	640728	74.4	14	104	139	35	31.2		√
18	640801	19.3	6	108	81	−27	32.4	√	
19	640828	9.2	6	60	55	−5	18.0	√	
20	640831	87.5	12	124	136	12	37.2	√	
21	640912	65.7	6	118	113	−5	35.4	√	
22	650710	19.9	8	116	89	−27	34.8	√	
23	660715	48.8	6	122	110	−12	36.6	√	
24	690903	17.8	8	126	85	−41	37.8		√
25	700723	24.2	6	78	91	13	23.4	√	
26	700730	56.9	10	122	123	1	36.6	√	
27	700807	19.2	10	97	94	−3	29.1	√	
28	710707	26.3	8	112	100	−12	33.6	√	
29	710822	29.4	10	94	109	15	28.2	√	
30	720902	50.7	12	120	128	8	36.0	√	
31	740802	23.5	12	92	108	16	27.6	√	
32	740814	36.2	14	118	127	9	35.4	√	
33	750723	19.8	8	107	89	−18	32.1	√	
34	750730	36.1	10	120	115	−5	36.0	√	
35	760814	37.6	14	132	128	−4	39.6	√	
36	770706	11.7	10	83	76	−7	24.9	√	
37	800630	25.9	8	104	99	−5	31.2	√	
38	840712	39.6	8	122	111	−11	36.6	√	
39	840813	17.2	8	100	83	−17	30.0	√	
40	850712	14.7	8	90	78	−12	27.0	√	
41	900618	38.4	8	135	110	−25	40.5	√	
42	900717	32.8	4	102	94	−8	30.6	√	
43	900722	74.7	16	108	146	38	32.4		√
44	900803	23.8	8	102	96	−6	30.6	√	
45	900816	51.2	10	126	122	−4	37.8	√	
46	950731	12.8	4	96	59	−37	28.8		√
47	960726	68.2	14	108	138	30	32.4	√	
48	960731	56.1	12	120	129	9	36.0	√	
49	990910	15.9	8	96	81	−15	28.8	√	
50	000811	20	10	74	96	22	22.2	√	
51	010804	45.9	8	98	114	16	29.4	√	
52	030904	39.7	10	128	117	−11	38.4	√	
53	040718	22.8	14	194	113	−81	58.2		√
54	040731	16.8	10	98	89	−9	29.4	√	
55	040828	37.8	12	142	122	−20	42.6	√	
56	040915	14.8	10	131	85	−46	39.3		√
57	050702	53.2	14	124	135	11	37.2	√	
58	050921	47.5	18	136	146	10	40.8	√	
59	070818	64.8	18	154	150	−4	46.2	√	
60	110703	15.2	10	96	86	−10	28.8	√	
61	110915	40.6	14	124	130	6	37.2	√	
62	120709	27	12	102	112	10	30.6	√	
63	120710	29.3	14	110	121	11	33.0	√	
64	130730	24.2	8	90	97	7	27.0	√	
65	160722	26.9	10	126	106	−20	37.8	√	
66	180820	79.8	24	166	173	7	49.8	√	
67	190812	66.9	20	166	157	−9	49.8	√	
68	200807	31	16	144	129	−15	43.2	√	
69	200814	36.9	12	130	121	−9	39.0	√	
70	200820	18	10	120	92	−28	36.0	√	

备注：大汶口站 1956—2020 年实测点据共 70 个，合格 58 个，合格率为 82.9%，为乙级方案。

表 13–13　大汶河北望 + 楼德合成流量 – 大汶口站洪峰和传播时间预报精度评定表

序号	洪号	北望洪峰		楼德洪峰		北望 + 楼德合成流量	大汶口洪峰			洪峰流量评定结果				传播时间评定结果					
		洪峰出现时间	实测洪峰流量 $Q_{m北,实}$（m^3/s）	洪峰出现时间	实测洪峰流量 $Q_{m楼,实}$（m^3/s）		洪峰出现时间	实测洪峰流量 $Q_{m大,实}$（m^3/s）	预报洪峰流量 $Q_{m大,预}$（m^3/s）	预报误差（m^3/s）	许可误差（m^3/s）	合格	不合格	实测传播时间 $\tau_{实}$（h）	预报传播时间 $\tau_{预}$（h）	预报误差（h）	许可误差（h）	合格	不合格
1	880716	7 月 16 日 8:00	26	7 月 16 日 6:00	753	779	7 月 16 日 14:30	545	721	176	109		√	8.5	8.8	0.3	3	√	
2	900618	6 月 18 日 11:30	1 710	6 月 18 日 8:42	820	2 464	6 月 18 日 16:00	2 120	2 344	224	424	√		4.5	4.8	0.3	3	√	
3	900717	7 月 17 日 11:42	1 940	7 月 17 日 11:00	907	2 820	7 月 17 日 16:45	2 200	2 635	435	440	√		5.1	4.5	−0.6	3	√	
4	900722	7 月 22 日 10:30	2 420	7 月 22 日 7:00	1 930	4 157	7 月 22 日 13:30	3 770	4 025	255	754	√		3	3.3	0.3	3	√	
5	900803	8 月 3 日 7:00	809	8 月 3 日 1:00	665	1 408	8 月 3 日 11:00	1 430	1 367	−63	286	√		4	6.5	2.5	3	√	
6	900816	8 月 16 日 14:00	1 330	8 月 16 日 16:00	1 360	2 624	8 月 16 日 17:00	2 700	2 491	−209	540	√		3	4.7	1.7	3	√	
7	910724	7 月 24 日 8:00	19	7 月 24 日 13:21	1 800	1 819	7 月 24 日 20:30	1 800	1 687	−113	360	√		7.2	5.8	−1.4	3	√	
8	930716	7 月 16 日 10:53	661	7 月 16 日 9:00	901	1 562	7 月 16 日 16:30	1 550	1 446	−104	310	√		7.5	6.3	−1.2	3	√	
9	940809	8 月 8 日 21:00	1 050	8 月 8 日 18:10	193	1 243	8 月 9 日 5:00	1 190	1 151	−39	238	√		8	7	−1	3	√	
10	950731	7 月 31 日 8:00	1 120	7 月 31 日 14:00	4	1 124	7 月 31 日 15:42	780	1 040	260	156		√	7.7	7.3	−0.4	3	√	
11	950904	9 月 3 日 19:00	1 040	9 月 3 日 23:00	129	1 156	9 月 4 日 2:00	1 120	1 081	−39	224	√		7	7.2	0.2	3	√	
12	960725	7 月 25 日 16:30	3 480	7 月 25 日 18:30	1 330	3 820	7 月 25 日 22:00	3 650	4 449	799	730		√	3.5	3.1	−0.4	3	√	
13	960731	7 月 31 日 2:30	2 140	7 月 31 日 0:00	390	2 530	7 月 31 日 6:30	2 850	2 344	−507	570	√		4	4.8	0.8	3	√	
14	990910	9 月 9 日 12:30	620	9 月 9 日 14:00	459	987	9 月 10 日 0:00	842	999	157	168	√		6.7	7.5	0.8	3	√	
15	000811	8 月 10 日 18:48	1 580	8 月 10 日 22:00	214	1 708	8 月 11 日 1:30	948	1 664	716	190		√	6.7	5.8	−0.9	3	√	
16	010804	8 月 4 日 17:06	307	8 月 4 日 15:30	2 660	2 967	8 月 4 日 23:30	2 720	2 749	29	544	√		8	4.4	−3.6	3		√
17	030904	9 月 4 日 13:30	1 900	9 月 4 日 12:00	662	2 562	9 月 4 日 17:09	2 010	2 374	364	402	√		3.6	4.8	1.1	3	√	
18	040718	7 月 18 日 0:00	839	7 月 18 日 1:00	114	953	7 月 18 日 7:00	713	882	169	143		√	7	8	1	3	√	
19	040731	7 月 31 日 6:00	1 720	7 月 31 日 0:00	38	1 758	7 月 31 日 10:00	1 630	1 630	0	326	√		4	5.9	1.9	3	√	
20	040828	8 月 28 日 13:00	1 070	8 月 28 日 10:30	600	1 670	8 月 28 日 17:00	1 660	1 547	−114	332	√		4	6.1	2.1	3	√	
21	040915	9 月 15 日 10:00	474	9 月 15 日 0:00	247	659	9 月 15 日 12:00	608	668	60	122	√		12	9.2	−2.8	3.6	√	
22	050702	7 月 2 日 13:18	1 180	7 月 2 日 13:00	1 120	2 300	7 月 2 日 17:00	2 220	2 130	−90	444	√		3.7	5.1	1.4	3	√	
23	050921	9 月 21 日 12:00	894	9 月 21 日 15:00	617	1 449	9 月 21 日 18:10	1 580	1 400	−180	316	√		6.2	6.4	0.2	3	√	
24	070818	8 月 17 日 19:30	767	8 月 17 日 20:30	1 950	2 640	8 月 18 日 15:00	2 490	2 515	25	498	√		18.5	4.6	−13.9	5.5		√
25	110703	7 月 3 日 8:50	42	7 月 3 日 10:00	668	700	7 月 3 日 18:50	659	658	−1	132	√		8.8	9.2	0.4	3	√	
26	110915	9 月 15 日 0:00	595	9 月 14 日 20:00	879	1 474	9 月 15 日 7:00	1 680	1 366	−314	336	√		7	6.5	−0.5	3	√	
27	120709	7 月 8 日 20:00	509	7 月 8 日 21:50	410	919	7 月 9 日 6:10	1 020	851	−169	204	√		10.2	8.1	−2.1	3	√	
28	120710	7 月 10 日 14:00	373	7 月 10 日 11:00	825	1 198	7 月 10 日 20:00	1 330	1 108	−222	266	√		9	7.1	−1.9	3	√	
29	130730	7 月 30 日 5:00	1 080	7 月 30 日 3:00	173	1 253	7 月 30 日 9:30	1 120	1 160	40	224	√		4.5	7	2.5	3	√	
30	160722	7 月 22 日 11:30	1 470	7 月 22 日 8:00	28	1 470	7 月 22 日 16:00	1 370	1 388	18	274	√		4.5	6.4	1.9	3	√	
31	180820	8 月 20 日 1:00	1 290	8 月 19 日 21:00	909	2 154	8 月 20 日 4:00	2 130	2 039	−91	426	√		3	5.2	2.2	3	√	
32	190812	8 月 11 日 20:00	1 200	8 月 11 日 15:30	1 130	2 161	8 月 12 日 1:00	2 100	2 157	57	420	√		5	5	0	3	√	
33	200807	8 月 7 日 1:30	348	8 月 7 日 6:00	485	833	8 月 7 日 12:00	928	771	−157	186	√		6	8.5	2.5	3	√	
34	200814	8 月 13 日 22:30	855	8 月 14 日 6:00	1 010	1 737	8 月 14 日 9:00	1 600	1 729	129	320	√		3	5.7	2.7	3	√	
35	200820	8 月 20 日 15:20	117	8 月 20 日 12:30	534	651	8 月 20 日 18:00	763	603	−160	153		√	5.5	9.6	4.1	3		√

备注：1. 迁站前（1956—1999 年）临汶站峰现时间统一处理到上游大汶口站断面。根据临汶站洪峰流量大小，将洪峰传播历时提前 1.5~2 h，得到大汶口站的洪峰时间。2. 北望 + 楼德合成流量的计算方法：当来水以北望为主时，合成流量为北望洪峰流量叠加峰前 1 h 楼德流量；当来水以楼德为主时，合成流量为楼德洪峰流量叠加峰后 1 h 北望流量。3. 洪峰流量评定：合格率为 82.9%，为乙级方案；洪峰传播时间评定：合格率为 91.4%，为甲级方案。

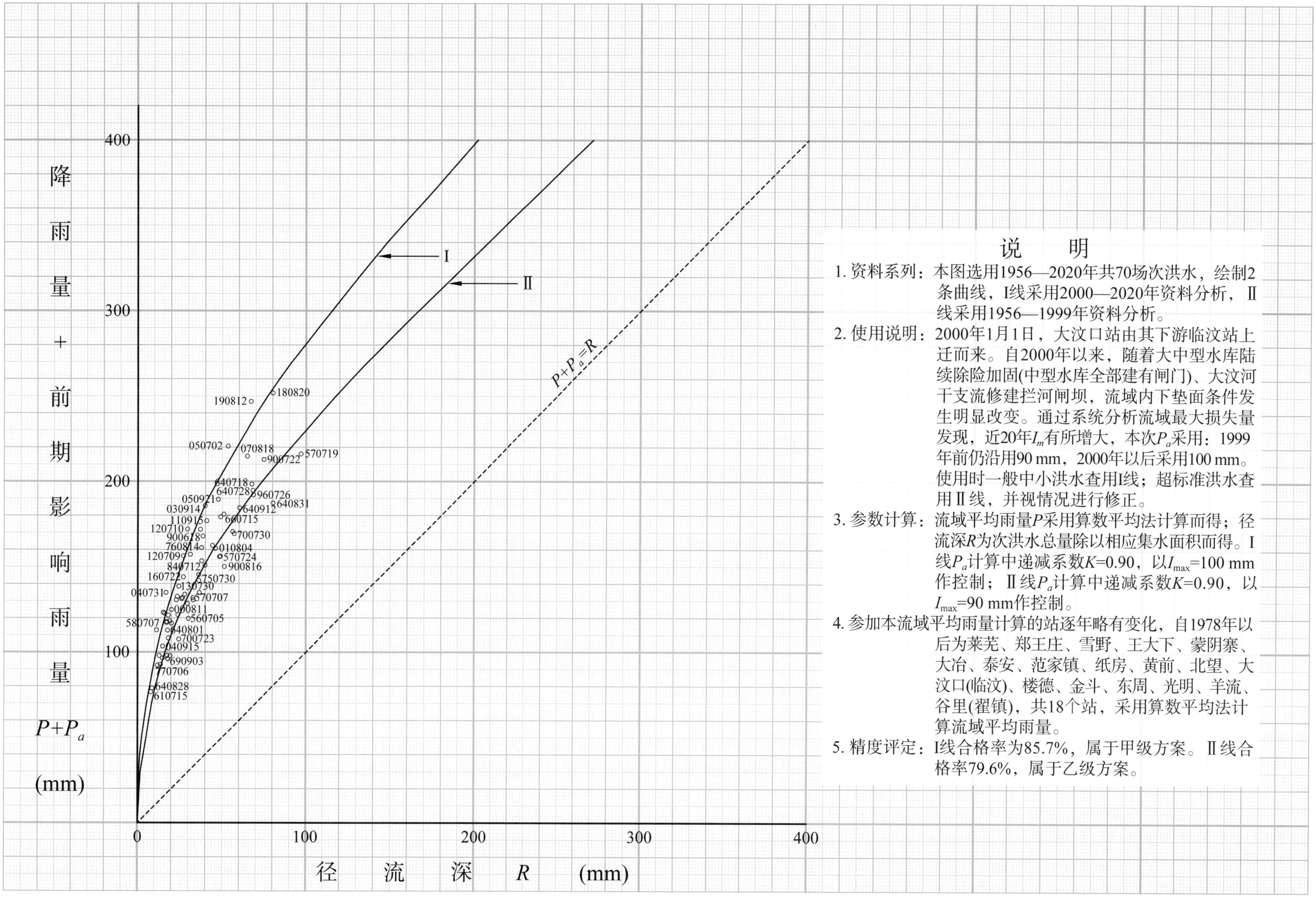

说　　明

1. 资料系列：本图选用1956—2020年共70场次洪水，绘制2条曲线，I线采用2000—2020年资料分析，Ⅱ线采用1956—1999年资料分析。
2. 使用说明：2000年1月1日，大汶口站由其下游临汶站上迁而来。自2000年以来，随着大中型水库陆续除险加固(中型水库全部建有闸门)、大汶河干支流修建拦河闸坝，流域内下垫面条件发生明显改变。通过系统分析流域最大损失量发现，近20年I_m有所增大，本次P_a采用：1999年前仍沿用90 mm，2000年以后采用100 mm。使用时一般中小洪水查用I线；超标准洪水查用Ⅱ线，并视情况进行修正。
3. 参数计算：流域平均雨量P采用算数平均法计算而得；径流深R为次洪水总量除以相应集水面积而得。I线P_a计算中递减系数K=0.90，以I_{max}=100 mm作控制；Ⅱ线P_a计算中递减系数K=0.90，以I_{max}=90 mm作控制。
4. 参加本流域平均雨量计算的站逐年略有变化，自1978年以后为莱芜、郑王庄、雪野、王大下、蒙阴寨、大冶、泰安、范家镇、纸房、黄前、北望、大汶口(临汶)、楼德、金斗、东周、光明、羊流、谷里(翟镇)，共18个站，采用算数平均法计算流域平均雨量。
5. 精度评定：I线合格率为85.7%，属于甲级方案。Ⅱ线合格率79.6%，属于乙级方案。

图 13-3　大汶河大汶口站 $P+P_a$–R 相关图

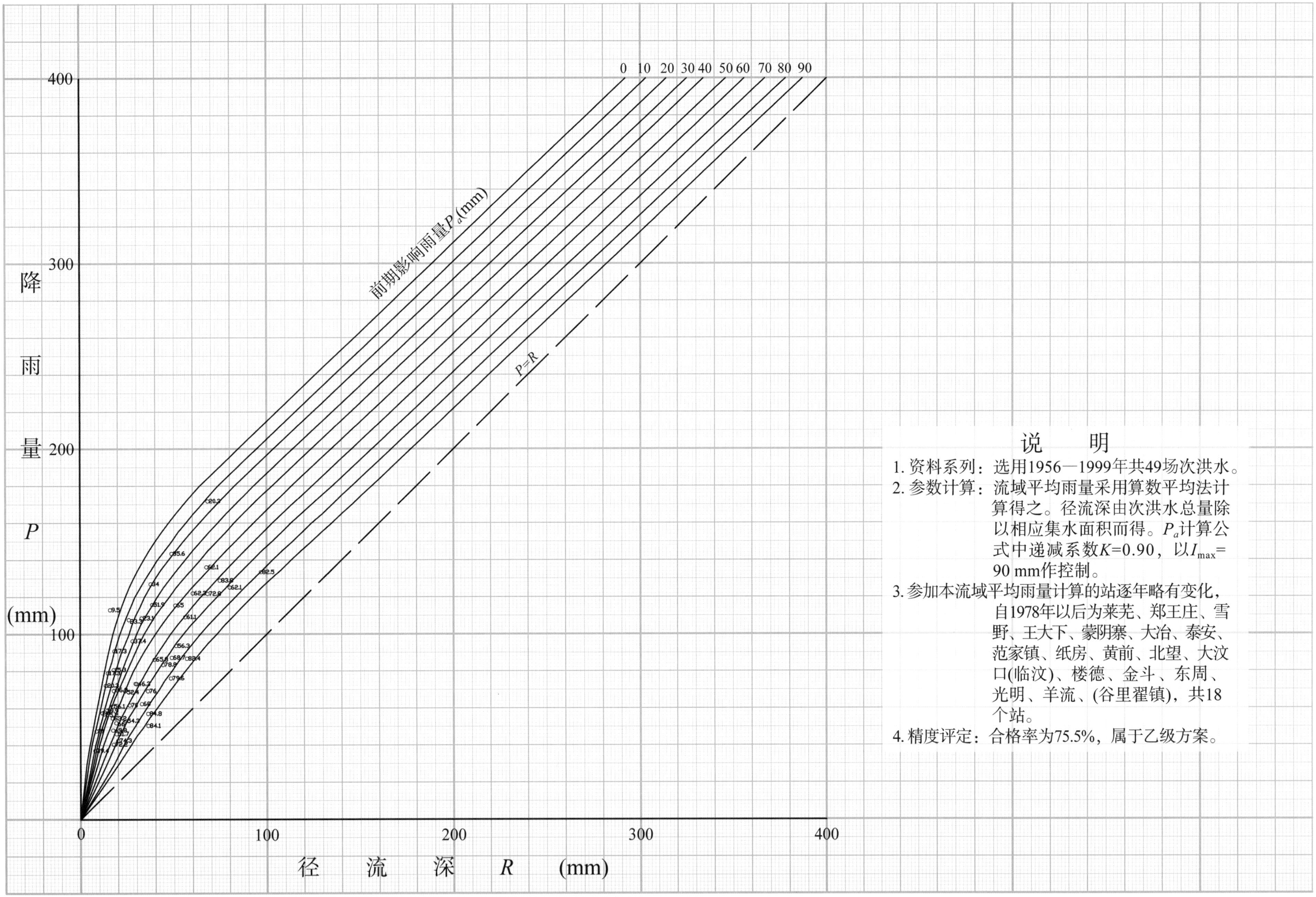

图 13-4　大汶河大汶口站 P–P_a–R 相关图（1956—1999 年）

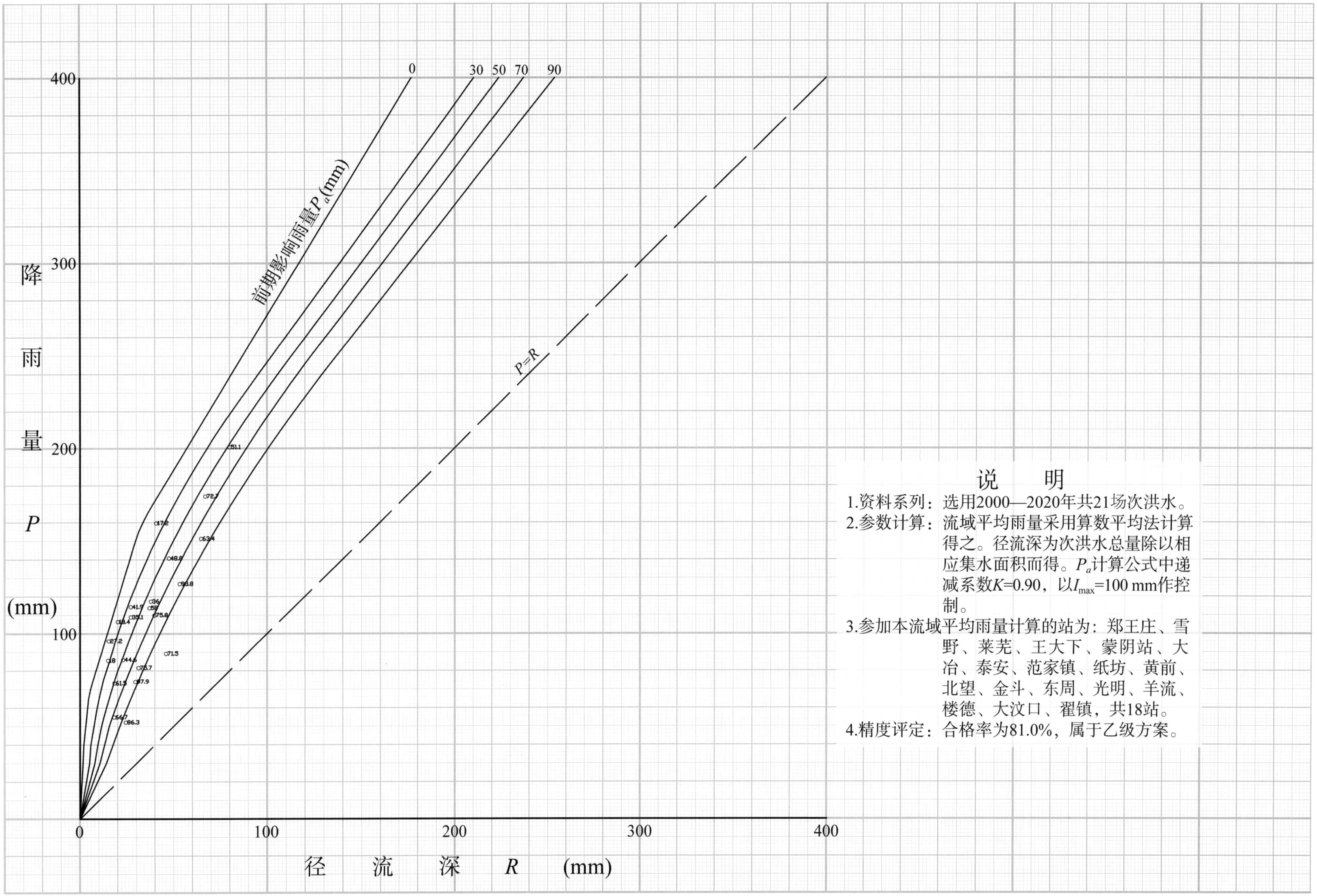

图 13–5　大汶河大汶口站 P–P_a–R 相关图（2000—2020 年）

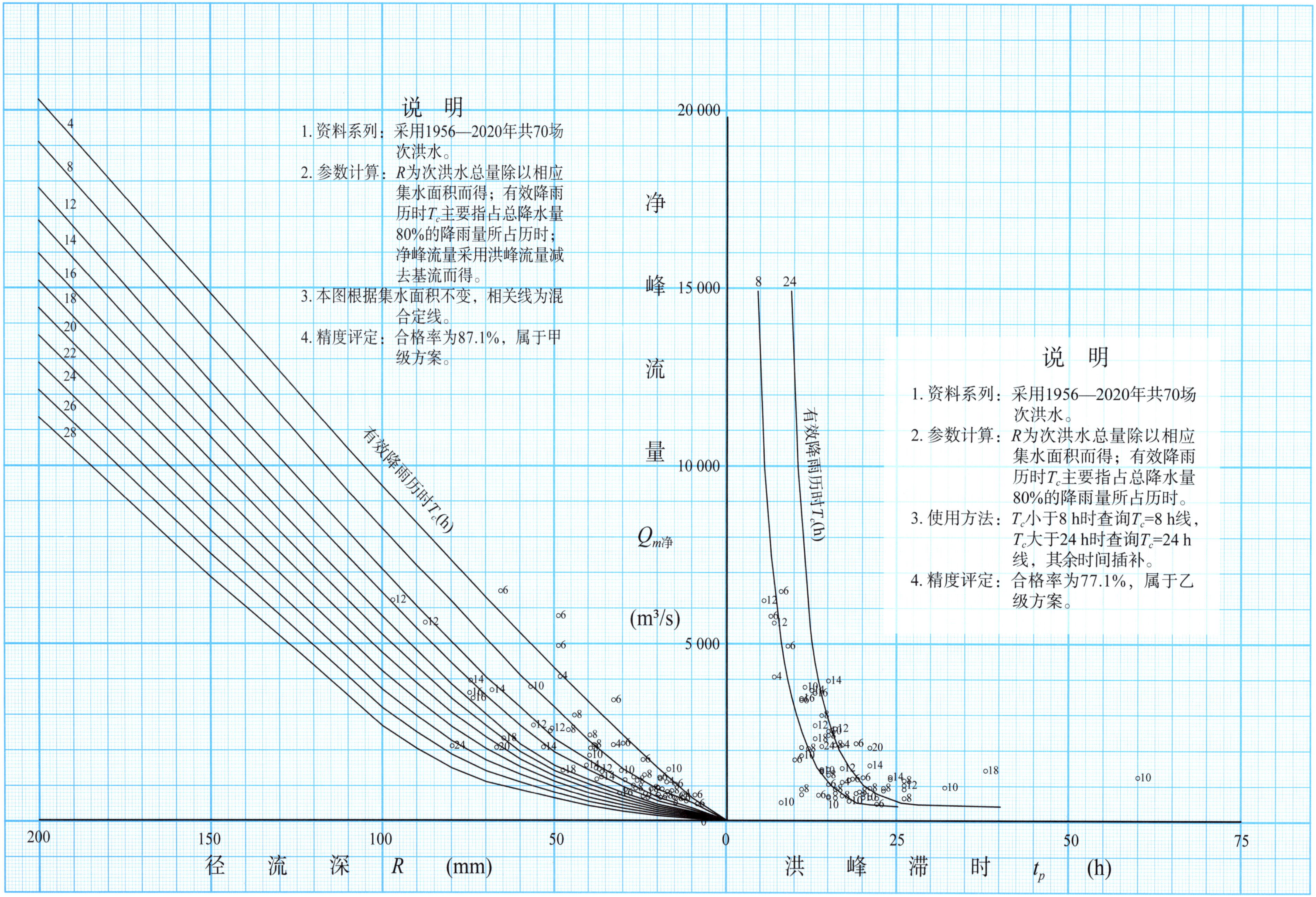

图 13-6　大汶河大汶口站净峰关系合轴相关图

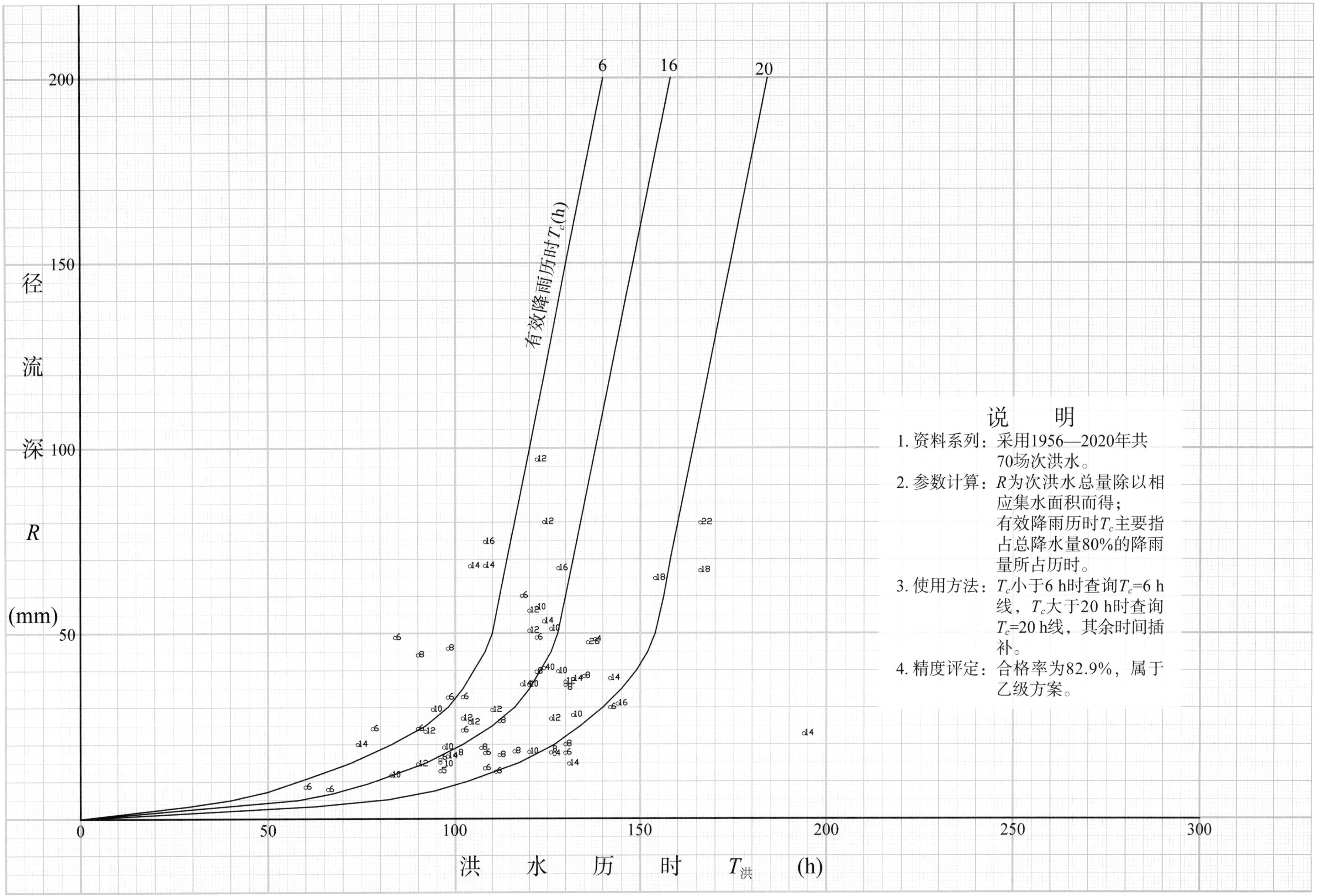

图 13-7　大汶河大汶口站 R-T_c-$T_洪$相关图

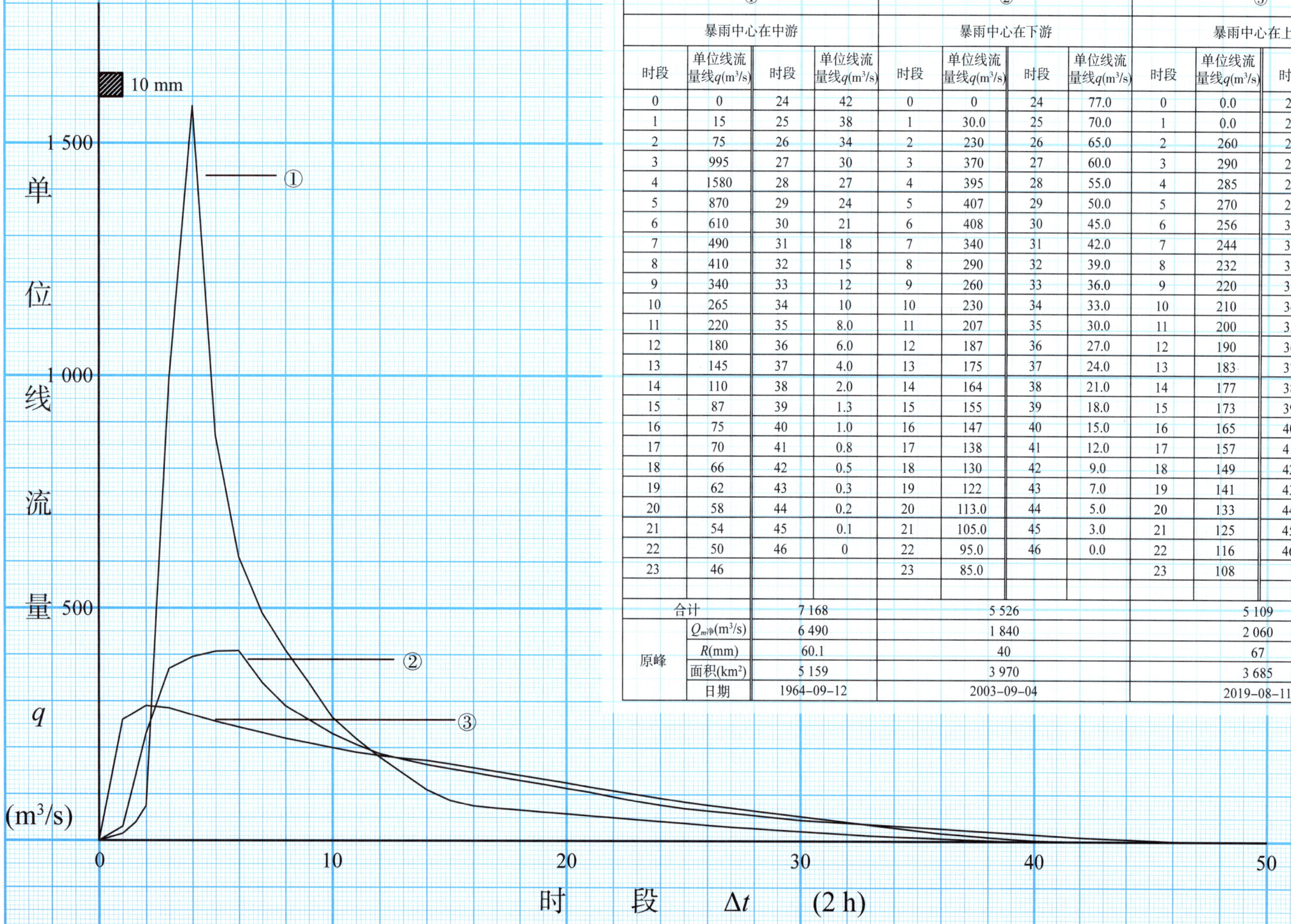

单位线成果表

Δt=2 h

①				②				③				备注
暴雨中心在中游				暴雨中心在下游				暴雨中心在上游				
时段	单位线流量线 q(m³/s)	时段	单位线流量线 q(m³/s)	时段	单位线流量线 q(m³/s)	时段	单位线流量线 q(m³/s)	时段	单位线流量线 q(m³/s)	时段	单位线流量线 q(m³/s)	
0	0	24	42	0	0	24	77.0	0	0.0	24	100	降雨特点： ①线(640912)暴雨中心位置在中游纸房站，前期较湿润，P_a=62.3 mm，最大点雨量189 mm，平均降水量122.2mm，强度较大，有效降雨历时6 h； ②线(030904)暴雨中心位置在下游，前期较湿润，P_a=75.8 mm，平均降水量110 mm，有效降雨历时10 h； ③(190811)暴雨中心位置在上游蒙阴寨、金斗一带，前期影响雨量较大，P_a为72.7 mm，最大点雨量277 mm（蒙阴寨），平均降水量174.1 mm，有效降雨历时18 h
1	15	25	38	1	30.0	25	70.0	1	0.0	25	92.0	
2	75	26	34	2	230	26	65.0	2	260	26	84.0	
3	995	27	30	3	370	27	60.0	3	290	27	77.0	
4	1580	28	27	4	395	28	55.0	4	285	28	71.0	
5	870	29	24	5	407	29	50.0	5	270	29	65.0	
6	610	30	21	6	408	30	45.0	6	256	30	59.0	
7	490	31	18	7	340	31	42.0	7	244	31	53.0	
8	410	32	15	8	290	32	39.0	8	232	32	47.0	
9	340	33	12	9	260	33	36.0	9	220	33	41.0	
10	265	34	10	10	230	34	33.0	10	210	34	35.0	
11	220	35	8.0	11	207	35	30.0	11	200	35	29.0	
12	180	36	6.0	12	187	36	27.0	12	190	36	23.0	
13	145	37	4.0	13	175	37	24.0	13	183	37	17.0	
14	110	38	2.0	14	164	38	21.0	14	177	38	13.0	
15	87	39	1.3	15	155	39	18.0	15	173	39	9.0	
16	75	40	1.0	16	147	40	15.0	16	165	40	5.0	
17	70	41	0.8	17	138	41	12.0	17	157	41	2.0	
18	66	42	0.5	18	130	42	9.0	18	149	42	1.10	
19	62	43	0.3	19	122	43	7.0	19	141	43	0.80	
20	58	44	0.2	20	113.0	44	5.0	20	133	44	0.5	
21	54	45	0.1	21	105.0	45	3.0	21	125	45	0.3	
22	50	46	0	22	95.0	46	0.0	22	116	46	0	
23	46			23	85.0			23	108			
合计		7 168		5 526				5 109				
原峰	$Q_{m净}$(m³/s)	6 490		1 840				2 060				
	R(mm)	60.1		40				67				
	面积(km²)	5 159		3 970				3 685				
	日期	1964-09-12		2003-09-04				2019-08-11				

图 13-8　大汶河大汶口站单位线图

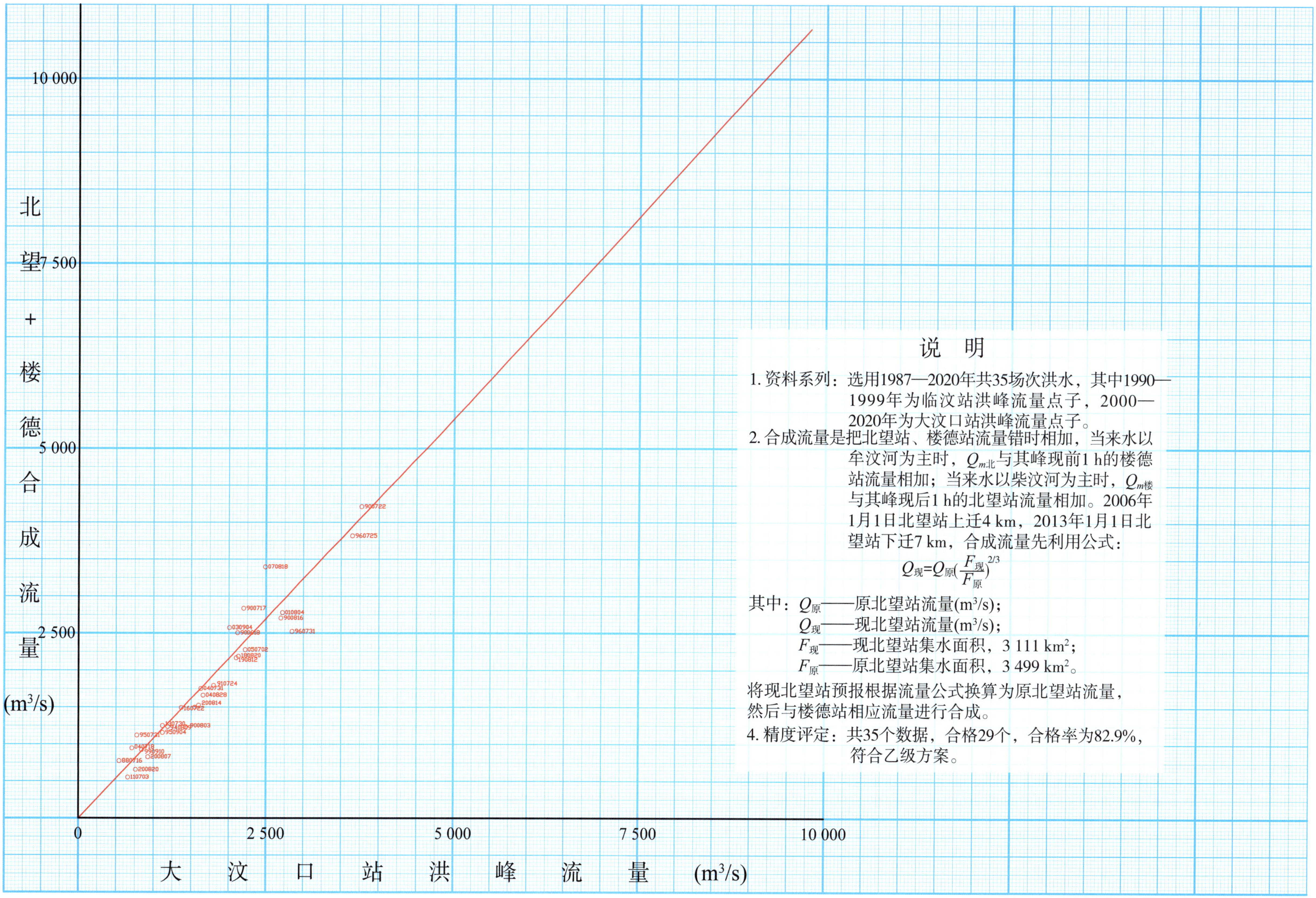

说　明

1. 资料系列：选用1987—2020年共35场次洪水，其中1990—1999年为临汶站洪峰流量点子，2000—2020年为大汶口站洪峰流量点子。
2. 合成流量是把北望站、楼德站流量错时相加，当来水以牟汶河为主时，$Q_{m北}$与其峰现前1 h的楼德站流量相加；当来水以柴汶河为主时，$Q_{m楼}$与其峰现后1 h的北望站流量相加。2006年1月1日北望站上迁4 km，2013年1月1日北望站下迁7 km，合成流量先利用公式：

$$Q_{现}=Q_{原}(\frac{F_{现}}{F_{原}})^{2/3}$$

其中：$Q_{原}$——原北望站流量(m³/s)；
$Q_{现}$——现北望站流量(m³/s)；
$F_{现}$——现北望站集水面积，3 111 km²；
$F_{原}$——原北望站集水面积，3 499 km²。

将现北望站预报根据流量公式换算为原北望站流量，然后与楼德站相应流量进行合成。

4. 精度评定：共35个数据，合格29个，合格率为82.9%，符合乙级方案。

图 13-9　大汶河北望＋楼德合成流量－大汶口洪峰流量相关曲线图

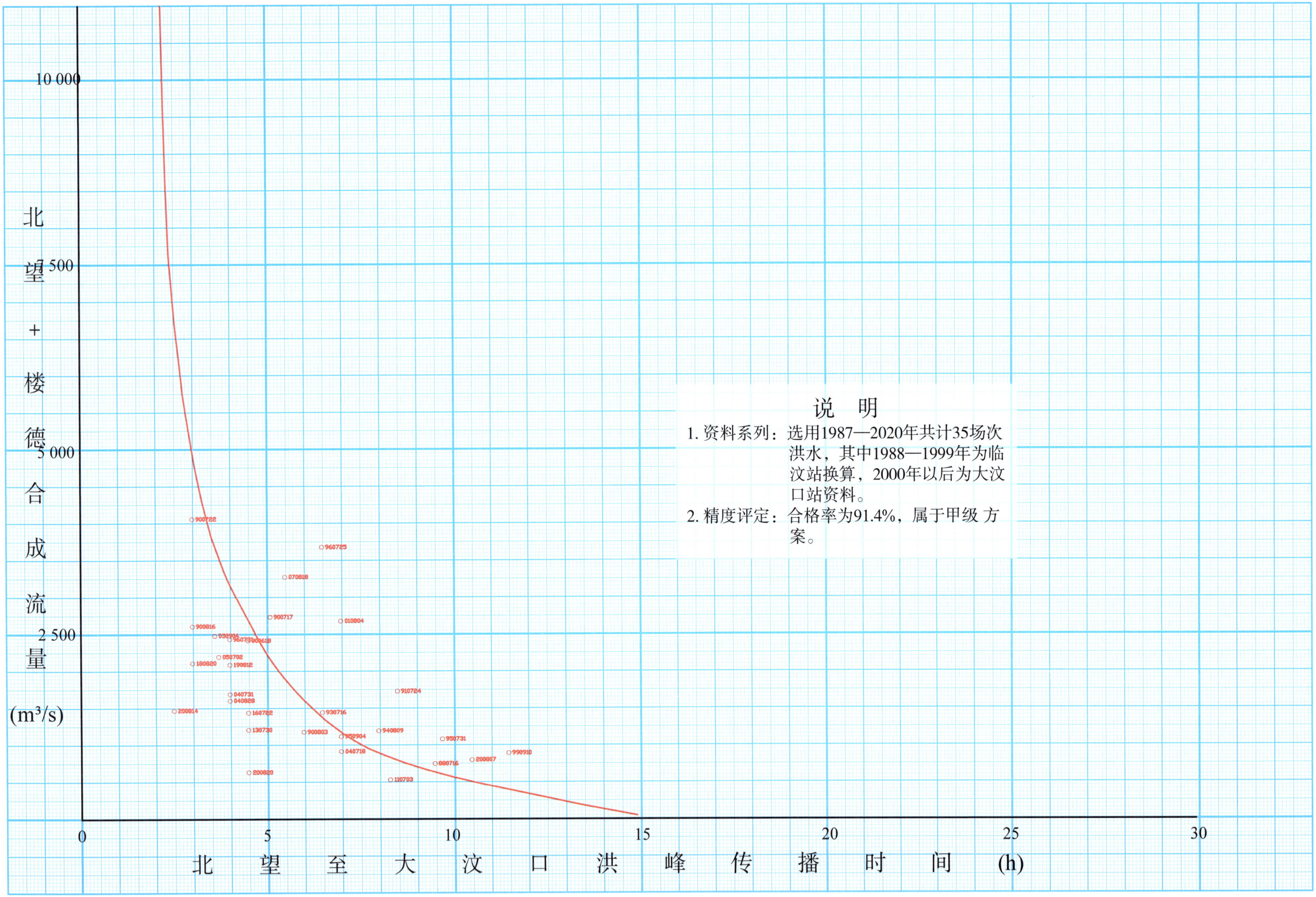

图 13-10　大汶河北望 + 楼德合成流量 – 传播时间相关曲线图

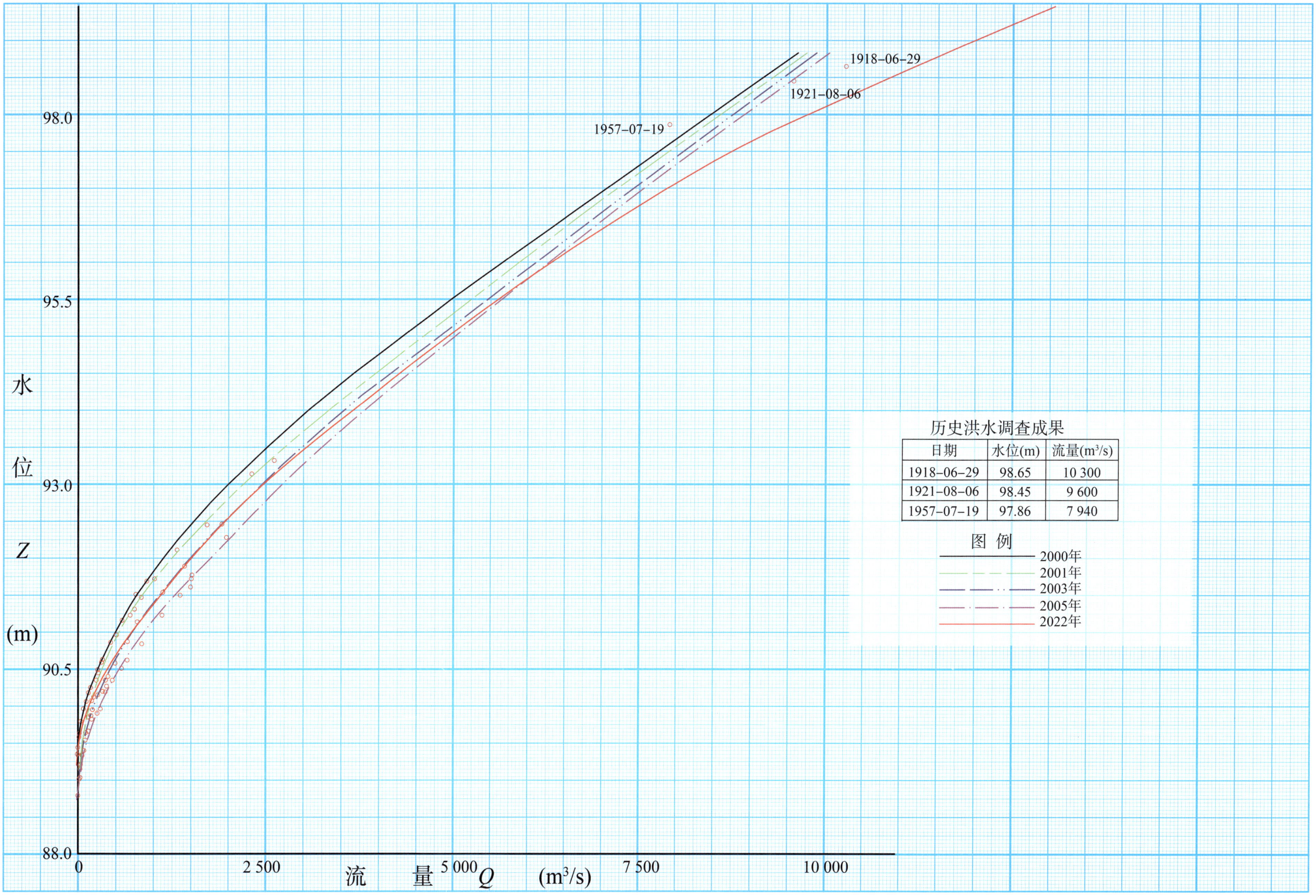

图 13-11　大汶河大汶口站历年水位－流量关系曲线图

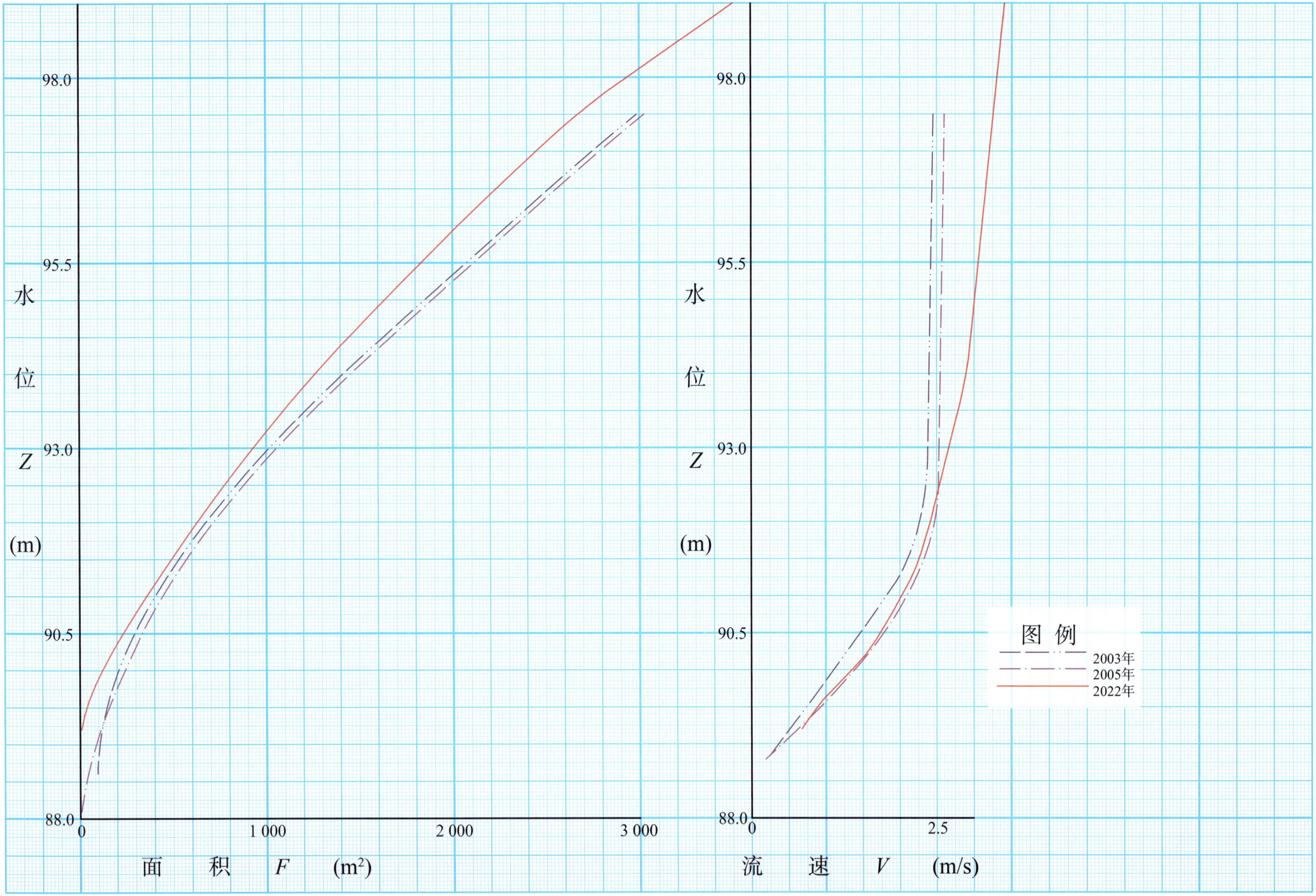

图 13-12 大汶河大汶口站历年水位 Z 与面积 F、流速 V 关系曲线图

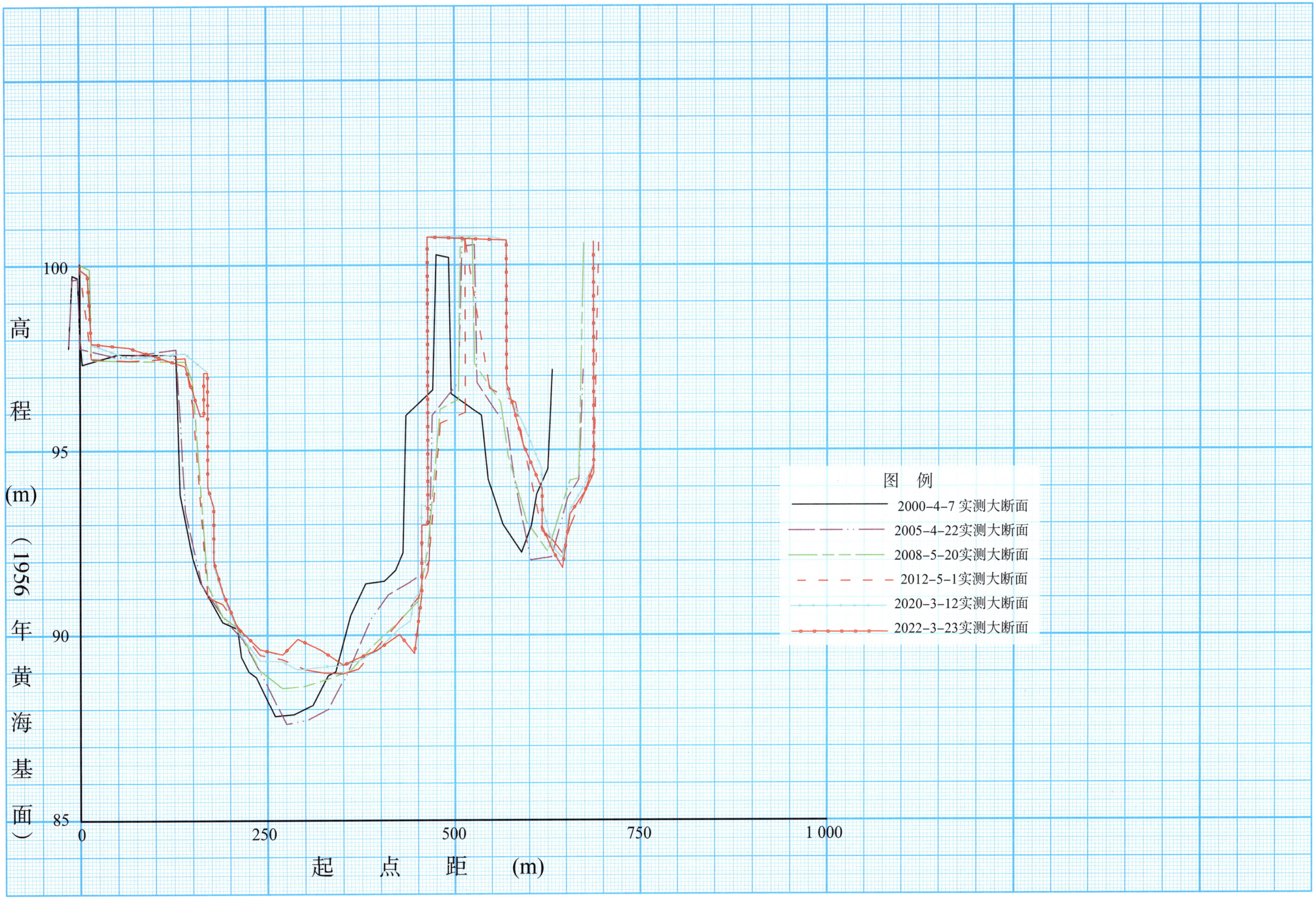

图 13-13 大汶河大汶口站实测大断面图

第十四章　大汶河戴村坝站水文预报方案编制说明

1　流域基本情况

1.1　流域自然地理特征

戴村坝水文站为大汶河流入东平湖的控制站，流域控制面积 8 264 km^2，流域形状为扇形，干流长 189.4 km，干流平均坡度为 0.000 932。大汶河从戴村坝至东平湖段称为大清河，全长 30 km，主河槽宽为 400 ~ 500 m，两岸堤距为 500 ~ 1 260 m，河道纵比降为 1∶13 000，防洪标准为 7 000 m^3/s。总的来说，中游以下防洪标准一般 20 年一遇。

戴村坝站断面以上至大汶口站区间面积 2 568 km^2（2000 年以前为 2 388 km^2），占戴村坝站控制面积的 31.1%，其中区间大中型水库控制面积 187 km^2，占区间面积的 6.74%。大汶河戴村坝站以上流域图见图 14–1。

该流域位于温带季风区，属大陆性气候。四季分明，降水有显著的季节性。总的旱涝特点是春旱夏涝，晚秋又旱，旱多涝少。降水量的年内和年际变化都较大，降水量多集中在汛期 6—9 月份，占全年降水量的 70% ~ 80%，其中 7—8 月份降水量约占汛期降水量的 70%。本流域自上而下属山区、丘陵、平原分布，至本站测验断面处，水流比较平稳，涨落较缓。大汶口站至戴村坝站洪峰传播历时一般需 8 ~ 12 h。

1.2　水利工程情况

戴村坝站以上流域内大中型水库 23 座，其中大型 2 座，其余为中型，控制面积 2 197 km^2，兴利库容 61 872 万 m^3。大汶河戴村坝站以上流域大中型水利工程统计情况见表 14–1。

大汶河干流戴村坝站以上拦河坝（闸）有 47 处。其中，上游段济南市（莱芜区、钢城区）境内有拦河坝（闸）36 处；下游段有拦河坝 11 处，其中泰安市境内 10 处、济宁市境内 1 处。大汶河干流主要拦河闸坝参数统计情况见表 14–2、表 14–3。

表 14–1　大汶河戴村坝站以上流域大中型水利工程统计表

序号	水库名称	建成日期	蓄水年份	集水面积 F（km^2）	死库容 $V_{死}$（万 m^3）	兴利库容 $V_{兴}$（万 m^3）	汛限库容 $V_{汛}$（万 m^3）	$V_{兴}$折合 R 值（mm）	$V_{汛}$折合 R 值（mm）	备注
1	光明	1958 年	1958 年	132	190	5 485	4 346	401.1	314.8	大型
2	雪野	1959 年	1960 年	438	741	15 538	15 538	337.8	337.8	大型
3	大冶	1958 年	1958 年	163	86.8	2 954	2 570	175.9	152.3	中型
4	小安门	1959 年	1960 年	36.3	15	1 395	1 395	380.2	380.2	中型
5	角峪	1959 年	1960 年	44	166	1 090	1 090	211.0	211.0	中型
6	黄前	1960 年	1960 年	292	440	6 353	5 287	202.5	166.0	中型
7	山阳	1960 年	1960 年	28	87	1 238	1 162	411.1	383.9	中型
8	大河	1960 年	1960 年	84.53	204.7	2 234	1 934	238.7	203.4	中型
9	杨家横	1960 年	1960 年	39	13.6	724	669	182.2	168.1	中型
10	金斗	1960 年	1960 年	88.6	201	2 429	2 075	251.5	211.5	中型
11	沟里	1965 年	1965 年	44.6	25	723	626	156.5	134.8	中型
12	乔店	1965 年	1965 年	85	90	2 090	1 911	235.3	214.2	中型
13	葫芦山	1965 年	1966 年	187	31	583	315	29.5	15.2	中型
14	直界	1967 年	1967 年	26	32	695	630	255.0	230.0	中型
15	东周	1977 年	1977 年	189	630	7 256	5 677	350.6	267.0	中型
16	彩山	1978 年	1978 年	37.5	129	1 185	1 137.3	281.6	268.9	中型
17	鹁鸽楼	1978 年	1978 年	24.9	52.5	747	595	289.4	226.0	中型
18	苇池	1978 年	1978 年	25	70	915	825	338.0	302.0	中型
19	贤村	1978 年	1978 年	32	27	700	658	210.3	197.2	中型
20	公庄	1978 年	1979 年	31.1	135	798	690	213.2	178.5	中型
21	胜利	1978 年		13.8	350	5 020	4 408	3 384.1	2 940.6	中型
22	田村	2015 年		15	60	700	700	426.7	426.7	中型
23	尚庄炉	1960 年	1960 年	141	6	1 020	758	71.9	53.3	中型
合计				2 197	3 783	61 872	54 996			

表 14–2　大汶河干流济南段（莱芜区、钢城区）主要拦河闸坝参数统计表

坝 名	所处位置	坝长（m）	坝高（m）	孔数	闸门		回水长度（m）	水面（亩）	蓄水量（万 m^3）	建成时间
					孔数	规格（m×m）				
东丈橡胶坝	钢城区黄庄镇	100	4.5	1			900	135	23	2008 年 7 月 1 日
北丈橡胶坝	钢城区黄庄镇	160	3.5	2			1 000	225	30	2005 年 7 月 1 日
西丈橡胶坝	钢城区黄庄镇	100	4	1			1 000	200	30	2007 年 7 月 1 日
李椤橡胶坝	钢城区黄庄镇	64	6	1			1 500	300	120	2003 年 7 月 1 日
李椤村东溢流坝	钢城区黄庄镇	80	2	1			667	40	3.6	
李椤村南溢流坝	钢城区黄庄镇	76	2	1			667	50	3.6	
李椤村西溢流坝	钢城区黄庄镇	80	2	1			667	70	5	
莱钢工处溢流坝	钢城区黄庄镇	80	2	1			667	50	5	
付家桥溢流坝	钢城区经济开发区	78	2	1			667	40	3.6	2003 年 7 月 1 日
付家桥村溢流坝	钢城区经济开发区	76	2	1			667	50	5	2002 年 7 月 1 日
宋家庄东橡胶坝	钢城区经济开发区	80	4	1			1 200	224	30	2003 年 7 月 1 日
石河子口溢流坝	钢城区经济开发区	40	1	1			333	15	0.8	2002 年 7 月 1 日
宋家庄村南橡胶坝	钢城区经济开发区	100	3.2	1			1 000	253	30	2001 年 7 月 1 日
寨子大桥下溢流坝	钢城区艾山街道	100	1.5	1			500	60	4	2006 年 7 月 1 日
九寨橡胶坝	钢城区艾山街道	100	5	1			1 300	200	35	2007 年 7 月 1 日
三岔沟橡胶坝	钢城区颜庄街道	140	4.5	2			1 300	300	40	2006 年 7 月 1 日
颜庄橡胶坝	钢城区颜庄街道	200	4.5	3			1 500	500	60	2005 年 7 月 1 日
颜庄溢流坝	钢城区颜庄街道	238	2	1			667	180	16	2006 年 7 月 1 日
黄花店橡胶坝	钢城区颜庄街道	166	4.5	2			1 500	450	60	2007 年 7 月 1 日
下北港橡胶坝	钢城区下北港村北	171.5	4				1 700	510	85	
前盘龙溢流坝	莱芜区前盘龙村	200	2.5		1		1 400	300	60	
马盘龙溢流坝	莱芜区马盘龙村南	240	3	1	1	3×2	400	144	19.2	2006 年 4 月

续表

坝 名	所处位置	坝长（m）	坝高（m）	孔数	闸门		回水长度（m）	水面（亩）	蓄水量（万 m^3）	建成时间
					孔数	规格（m×m）				
泰丰橡胶坝	莱芜区站里村东	200	4.0				3 000	900	180	2005 年
官厂橡胶坝	莱芜区官厂村南	240	3.5				2 200	1 000	100	2000 年
鄂庄桥橡胶坝	莱芜区鄂庄桥东	317	3.5				2 150	1 050	213.5	2005 年
东风溢流坝	莱芜区东风村南	282	1.5				550	250	16.5	2005 年
西海橡胶坝	莱芜区西海公园西	330	3.5				3 100	1 536	280	2003 年
曹西溢流坝	莱芜区小曹村西	380	2.5				700	400	32	2005 年
泰钢橡胶坝	莱芜区叶家庄村	360	3.5				2 500	1 125	300	2006 年
东泉河溢流坝	莱芜区东泉河村	320	1.7				1 700	816	163.2	2006 年
西泉河溢流坝	莱芜区方下镇	300	3	2	2	7×6	1 300	580	50	2006 年 10 月
方下镇橡胶坝	莱芜区泰山造纸厂南	300	3.5	3			1 000	450	200	2006 年 11 月
东牛泉溢流坝	莱芜区牛泉镇	350	2.2	4	4	5.9×6.8	1 200	630	45	2006 年 10 月
西牛泉溢流坝	莱芜区牛泉镇	350	2.2	4	4	5.9×6.8	1 200	630	45	2006 年 10 月
杨小庄溢流坝	莱芜区牛泉镇	350	2.2	4	4	5.9×6.8	1 200	630	45	2006 年 10 月
马小庄溢流坝	莱芜区牛泉镇	350	2.2	4	4	5.9×6.8	1 200	630	45	2006 年 10 月
合计	36 座								2 384	

表 14–3　大汶河干流泰安段（含济宁）拦河闸坝参数统计表

坝名	所处位置	设计标准				回水长度（m）	水面（亩）	蓄水量（万 m^3）	距戴村坝站距离（km）
		长度（m）	高度（m）	流量（m^3/s）	水深（m）				
唐庄坝	岱岳区范镇—角峪镇	452	5	5 757	6.3	4 300	3 150	670	
颜张坝	泰山区邱家店镇—岱岳区徂徕镇	530	5.5	6 646	8	6 400	5 650	1 820	
泉林坝	岱岳区北集坡街道泉林庄村	421.5	4.5	6 640	5.5	8 000	7 400	1 300	83.2
颜谢坝	岱岳区大汶口镇颜谢村	433	4.5	6 760	5.5	7 000	5 150	1 220	75.5

续表

坝名	所处位置	设计标准				回水长度（m）	水面（亩）	蓄水量（万 m^3）	距戴村坝站距离（km）
		长度（m）	高度（m）	流量（m^3/s）	水深（m）				
汶口坝拦河闸	岱岳区—宁阳县	869	5/3.5	9 680	5	8 000	1 800	1 000	67.0
汶口2号坝	岱岳区—宁阳县	535	5	8 108	7	3 500		1 240	64.0
砖舍拦河坝	肥城市汶阳镇砖舍村	1 250		9 810				冲毁	57.0
堽城拦河坝	宁阳县伏山镇堽城坝村	382	4/2.5	9 849	4	3 000		2 231	45.0
桑安口橡胶坝	宁阳县			7 910		5 600		991	
琵琶山坝	泰安市—济宁市	803	2	7 000		3 000		121.5	
戴村坝	东平县彭集镇南城子村	200	3	7 000		3 000		121.5	8.0
合计	11座							10 715	

1.3 测站概况

戴村坝站位于大汶口站下游 65.5 km 处，距河口 14.0 km。戴村坝站测验断面以上约 8 km 有拦河坝（戴村坝）1 处。1935 年 8 月由黄河水利委员会设站，1937 年 10 月停测，1950 年 6 月，由淮河水利工程总局重建一处基本断面，位于南城子村北大清河上，站名为戴村坝（一）站，断面先后 3 次变迁，1977 年 6 月至今为戴村坝（三）站，使用冻结基面（冻结基面高程 -0.077=1985 年国家高程基准高程），测验河段顺直，无水生植物，两岸多种植小麦和玉米等作物，对行洪无影响。

本站区间面积为戴村坝站断面以上、大中型水库以下的面积，2000 年前为临汶—戴村坝，2000 年以后为大汶口—戴村坝。本流域由于自上而下为山区、丘陵、平原，故测验断面处洪水涨落较缓，大汶河戴村坝站测验河段平面图见图 14-2。

本站历史调查最大洪水发生在 1918 年 6 月 29 日，洪峰流量为 9 670 m^3/s；实测最大洪水发生在 1964 年 9 月 13 日，洪峰流量为 6 930 m^3/s。

戴村坝站以上流域内共有报汛雨量站 200 余处、国家基本水文站 8 处，其中区间报汛雨量站 8 处：大汶口、夏张、安临站、白楼、安驾庄、肥城、大羊集、戴村坝。戴村坝站以上流域河道特征情况见表 14-4，戴村坝站以上参加流域平均雨量计算的雨量站情况见表 14-5。

表 14-4　大汶河戴村坝站以上流域河道特征综合表

站名	集水面积（km^2）	流域河道特征				
		流域形状	主河道长度（km）	干流长度（km）	干流平均坡度	河道断面形状
戴村坝	8 264	扇形	196	189.4	0.000 932	矩形

表 14-5　大汶河戴村坝站以上流域参加面雨量计算的雨量站情况表

河名	站名	站址	设站年月	备注
大汶河	蒙阴寨	济南市钢城区艾山街道寨子村	1952 年 7 月	
大汶河	郑王庄	济南市钢城区里辛街道郑王庄村	1964 年 6 月	
大汶河	莱芜	济南市莱芜区凤凰街道	1960 年 6 月	
大汶河	大冶	济南市莱芜区大冶水库	1965 年 6 月	
大汶河	纸房	泰安市角峪镇角峪水库管理所	1963 年 3 月	报汛站名为角峪水库
大汶河	范家镇	泰安市范镇范西村	1952 年 7 月	
瀛汶河	雪野水库	济南市莱芜区雪野镇雪野水库	1952 年 7 月	1961 年、1962 年无资料
瀛汶河	王大下	济南市莱芜区寨里镇王大下村	1951 年 4 月	1961 年无资料
石汶河	黄前水库	泰安市黄前镇黄前水库	1962 年 6 月	
泮汶河	泰安	泰安市泰山区岱宗大街 264 号	1912 年 1 月	1987 年由泰安气象局迁来，相距 4.0 km
大汶河	北望	泰安市北集坡街道	1952 年 7 月	
大汶河	东周水库	泰安市新泰市东周水库	1977 年 6 月	
平阳河	金斗水库	泰安市新泰市金斗水库	1962 年 6 月	1966—1968 年无资料
光明河	光明水库	泰安市新泰市小协镇光明水库	1962 年 6 月	1963 年开始刊印资料
大汶河	翟镇	泰安市新泰市翟镇	1966 年 6 月	1968 年前为古子山站，相距 4.5 km
大汶河	谷里	泰安市新泰市谷里镇谷里村	1958 年 6 月	1987 年由小窑沟迁来，相距 1.5 km
洋流河	羊流	泰安市新泰市羊流镇新泰三中	1952 年 7 月	
大汶河	楼德	泰安市新泰市楼德镇苗庄村	1952 年 7 月	又名徂阳站，1987 年由楼德迁到苗庄，相距 2.5 km
大汶河	大汶口	泰安市大汶口镇卫驾庄村	2000 年 1 月	由临汶站迁来，相距 10 km
大汶河	临汶	泰安市岱岳区马庄镇南李村	1954 年 5 月	2000 年 1 月上迁 10 km 至大汶口站
大汶河	夏张	泰安市夏张镇夏张村	1955 年 5 月	1960 年、1961 年无雨量资料
大汶河	安临站	肥城市安临站镇安临站村	1963 年 4 月	
汇河	白楼	肥城市桃园镇白楼村	1977 年 6 月	
汇河	肥城	肥城市老城街道办事处水利站内	1931 年 6 月	
汇河	大羊集	泰安市东平县大羊镇	1953 年 6 月	
大汶河	安驾庄	肥城市安驾庄镇安驾庄村	1965 年 6 月	1966 年、1968 年无资料
大汶河	戴村坝	泰安市东平县彭集镇陈流泽村	1950 年 8 月	1977 年 6 月由大牛村迁来，相距 4.5 km

戴村坝站断面以上国家基本水文站情况如下：

莱芜水文站位于大汶河上游，1960 年 6 月设站，流域面积 737 km^2，属大汶河流域水文区域代表站，莱芜站以上兴建杨家横、沟里、葫芦山、乔店等中型水库 4 座，小（1）型水库 10 座。该站测验项目有水位、流量、单沙、水质、降水量、土壤含水率、蒸发、冰情、水准及断面测量、水文调查；报汛任务有雨情、水情、墒情。

雪野水库位于大汶河北支牟汶河支流瀛汶河的上游，1962 年 6 月设水文站，流域面积 438 km^2，总库容 1.997 7 亿 m^3，距入牟汶河河口 71 km。雪野水库水文站测验项目有水位、流量、水质、降水量、土壤含水率、冰情、水准测量、断面测量、水文调查；报汛任务有雨情、水情、墒情。

黄前水库坐落在瀛汶河支流石汶河上游，1962 年 6 月设水文站，流域面积 292 km^2，总库容 8 248 万 m^3。黄前水库水文站是黄河流域大汶河水系大汶河北支的区域代表站，测验项目有水位、流量、水质、降水量、土壤含水率、蒸发、冰情、水准及断面测量、水文调查等；报汛任务有雨情、水情、墒情。

北望水文站于 1952 年 7 月设立，属国家二类水文站，为大汶河北支控制站，先后两次迁移断面，流域面积 3 551 km^2，测验项目有水位、流量、水质、降水量、土壤含水率、冰情、水准测量、断面测量、水文调查等；报汛任务有雨情、水情、墒情。

东周水库位于大汶河支流柴汶河上游，1977 年 6 月设水文站，流域面积 189 km^2，总库容 8 612.5 万 m^3，距河口 82.6 km，测验项目有水位、流量、水质、降水量、水面蒸发量、土壤含水率、冰情、水准测量、断面测量、水文调查；报汛任务有雨情、水情、墒情。

光明水库位于大汶河支流柴汶河上游光明河上，1962 年设水文站，流域面积 132 km^2，总库容 10 001 万 m^3，距河口 4 km，测验项目有水位、流量、水质、降水量、土壤含水率、冰情、水准测量、断面测量、水文调查；报汛任务有雨情、水情、墒情。

楼德水文站于 1987 年 1 月设立，为大汶河南支的区域代表站，国家二类水文站，流域面积 1 668 km^2。楼德站以上流域有大型水库 1 座、中型水库 3 座、小（1）型水库 23 座，测验项目有水位、流量、单沙、悬移质输沙率、水质、降水量、土壤含水率、冰情、水准测量、断面测量、水文调查；报汛任务有雨情、水情、墒情。

大汶口水文站是大汶河干流控制站，属国家一类水文站，原为临汶水文站，设立于 1954 年 6 月，2000 年 1 月 1 日上迁 10 km 并更名为大汶口水文站。流域面积 5 696 km^2，距入东平湖口 88.0 km，干流长度 121.5 km，流域内有大型水库 2 座、中型水库 18 座、小型水库 500 余座、较大规模的拦河坝 10 余座。该站测验项目有水位、流量、单沙、悬移质输沙率、水质、降水量、水面蒸发量、土壤含水率、冰情、水准测量、断面测量、水文调查、水土保持监测等，报汛任务有雨情、水情、墒情。

白楼水文站设立于 1977 年 5 月，为大汶河下游一级支流汇河（流域面积 1 248 km^2）区域代表站，白楼站断面以上流域面积为 426 km^2，白楼站预报断面以上流域内有小（1）型水库 9 座。所在流域两岸均为第四纪沉积覆盖物，岩石出露明显，山区多为青石山，由灰岩和石灰岩组成。1997 年 6 月该站停测水位、流量、含沙量项目，仅保留降水量的观测，2017 年 6 月 1 日恢复水位、流量测验，报汛任务有雨情、水情、墒情。

2 预报方案编制

2.1 预报区间的确定

戴村坝站以上建有大中型水库 23 座，因此将各大中型水库作为上游入流站，预报区间确定为大中型水库—戴村坝站区间面积为 6 067 km^2，即戴村坝站以上总控制面积 8 264 km^2 减去上游 23 座大中型水库控制面积 2 197 km^2 得到。

2.2 资料情况及方案沿革

2.2.1 资料情况

1987 年编制完成戴村坝站洪水预报方案，以后逐年补充；2004 年组织编制了戴村坝站洪水预报方案并通过审查，之后资料补充至 2007 年。本次方案分析选用实测资料年限为 65 年（1956—2020 年），共计 46 场次降雨洪水资料，涵盖了大、中、小洪水。

2.2.2 方案沿革

原方案仅有相关方案，分为洪峰流量相关方案和洪水总量相关方案。其中，洪峰流量相关方案采用以区间降雨量为参数的大汶口站 - 戴村坝站净峰流量相关法；洪水总量相关方案采用大汶口站与戴村坝站洪水总量相关、戴村坝站洪峰流量与洪水总量相关等 2 种方法。洪水过程采用典型洪水推求标准径流分配过程线。

本次修订，新增了降雨径流参数总分析成果表，包含了戴村坝大区间和小区间的降雨径流分析成果（见表 14–6），其中大区间是指各大中型水库至戴村坝站区间，小区间是指大汶口站和 3 座中型水库至戴村坝站区间。在此基础上进行了降雨径流关系定线，但发现降雨径流关系相关性较差，因此以戴村坝站以上流域为对象，产流方案借用大汶口站以上降雨径流关系，汇流方案本次新增了时段为 2 h 的经验单位线（原方案用的典型洪水推求标准径流分配过程线舍弃）。

本次修订，在原洪峰流量相关方案中，以区间降雨量为参数的大汶口站 - 戴村坝站洪峰流量相关法新增了 18 个点据，关系线不变；利用 46 场次洪水资料新建了大汶口 - 戴村坝净峰流量相关关系；原洪水总量相关方案中，大汶口站 - 戴村坝站洪水总量相关法增加了 31 个点据，关系线不变。另外，利用 46 场次洪水资料新建了以区间降雨量为参数的大汶口站 - 戴村坝站洪水总量相关、戴村坝站净峰流量 - 净洪水总量相关关系和大汶口站 - 戴村坝站净峰流量相关关系。

2.3 产流方案

大汶口站和戴村坝站属大汶河干流控制站，为上下游关系，两站相距 65.5 km，由于两站区间产流较小、径流系数也较小，尤其是汇河区域地质多由灰岩和石灰岩组成，产流甚微。通过对 46 场次降雨洪水资料分析，戴村坝站降雨径流关系相关性较差，故其产流方案借用大汶口站降雨径流相关图。

2.3.1 区间流域平均雨量P的计算

（1）根据大汶口站至戴村坝站区间资料分析。共选用了 1956—2020 年 46 场次暴雨洪水资料，参加区间平均雨量计算的站逐年略有变化，自 1977 年后为 8 处雨量站，即大汶口、夏张、安临站、白楼、安驾庄、肥城、大羊集、戴村坝。流域平均雨量采用算术平均法求得。

（2）根据戴村坝站以上、大中型水库以下区域资料分析。暴雨洪水场次与上相同，雨量站为莱芜、郑王庄、雪野、王大下、范家镇、纸房、黄前、北望、金斗、东周、光明、羊流、楼德、临汶（大汶口）、夏张、安临站、白楼、安驾庄、肥城、大羊集、戴村坝共 21 处。流域平均雨量采用算术平均法求得。

2.3.2 区间平均前期影响雨量P_a的计算

选取每年自汛前长时间连续无降雨（约一个多月）的日期开始连续计算，先计算区间平均雨量，然后计算前期影响雨量 P_a，其计算公式如下：

$$P_{a,\ t+1}=K(P_{a,\ t}+P_t)$$

式中：$P_{a,\ t+1}$ 为第 t+1 日的前期影响雨量（mm）；$P_{a,\ t}$ 为第 t 日的前期影响雨量（mm）；P_t 为第 t 日的流域平均雨量（mm）；K 为前期影响雨量递减系数，采用 0.9。

2.3.3 最大损失量I_m和K值的确定

本次选择久旱少雨和突降大雨产生径流较小的洪水。选取了 1985 年以来 6 场暴雨资料对流域最大损失量 I_m 重新进行了分析计算，I_m 值在 90 ~ 110 mm，经统计分析，I_m 取 100 mm，I_m 值采用下式计算：

$$I_m=P+P_a-R-E$$

式中：P 为流域平均降雨量（mm）；P_a 为前期影响雨量（mm）；R 为径流深（mm）；E 为雨间蒸发量（mm）。

前期影响雨量递减系数 K 值未重新分析，借用大汶口站水文预报方案分析值，K=0.90。

2.3.4 径流深R的推求

本次区间产流预报方案，未考虑上游小型水库工程的拦蓄影响。

根据戴村坝与大汶口两站水量差求出区间洪水总量，再除以相应集水面积即可求得区间径流深 $R_{区}$；用戴村坝站以上洪水总量，再除以相应集水面积即可求得径流深 R。

绘制各次洪水的流量过程，采用斜线分割（或平割）法切除基流，扣除相应大中型水库放水量，求出次洪水总量，次洪水总量除以相应集水面积即可求得径流深 R。大汶河戴村坝站（含区间）降雨径流关系分析成果见表 14-6。

由于下游区间径流较小，尤其是肥城盆地为石灰岩地质，当降雨强度、降雨量相对较小时，该区域基本不产流，降雨径流相关性不高，故本次未建立区间降雨径流关系，不做评定。

2.3.5 有效降雨历时T_c和洪峰滞时t_p的确定

有效降雨历时 T_c 采用占总降水量 80% 的降雨量所占的历时数，即形成地表径流的净雨小时数。

洪峰滞时 t_p 为最大时段平均降雨量到断面洪峰出现的时距。

2.3.6 暴雨中心位置的确定

（1）大汶口站—戴村坝站较小区间。根据流域特性和代表站分布情况一般划分为上、中、下三个区。上游区：夏张—大汶口；中游区：白楼—安临站；下游区：大羊集—安驾庄以下。

（2）戴村坝站以上、大中型水库以下较大区域。根据流域特性和代表站分布情况一般划分为上、中、下三个区。上游区：莱芜—翟镇、光明水库以上；中游区：泰安、北望、楼德；下游区：白楼、安临站以下。

2.4 汇流方案

汇流方案主要采用经验单位线方法。从 1956—2020 年暴雨洪水资料中选取 640912、700729、720901、750723、750730、900816、960726、96730、010804、030904、180819、190812 场次洪水进行分析，按照雨型和暴雨中心位置确定了 4 条单位线，Δt 取 2 h。戴村坝站单位线见图 14-3。

2.5 河道流量演算

本方案中，上游入流站为大汶口站和 3 处中型水库实测下泄流量，采用上游大汶口站流量传播至戴村坝站时间相关法进行河道流量演算，在实时预报中，将上游水库实测下泄流量和大汶口站径流过程错时叠加，从而得到戴村坝站预报流量过程。

2.6 洪峰流量相关

2.6.1 大汶口站-戴村坝站洪峰流量相关

选用 1956—2020 年 46 场次的洪水资料，资料成果中包含大、中、小洪水，摘录大汶口和戴村坝相应的洪峰流量值及其出现时间（洪峰流量包含基流），并建立大汶口站与戴村坝站相应洪峰流量关系曲线 $Q_{m,\ 大汶口}-Q_{m,\ 戴村坝}$及传播时间曲线 $Q_{m,\ 大汶口}-\tau$，详见图 14-4。

洪峰流量精度评定：按许可误差 =20% 实测值的标准进行逐次评定。本方案共选用 46 个点据，合格 37 个，合格率为 80.4%，符合乙级方案，详见表 14-7。

传播时间精度评定：按许可误差 =30% 实测值的标准，当许可误差小于 3 h 时，以 3 h 为下限，进行逐次洪水评定。本方案共选用 46 个点据，43 个合格，合格率为 93.5%，符合甲级方案，详见表 14-7。

2.6.2 以区间降雨量为参数的大汶口站-戴村坝站净峰流量相关

选用 1956—2020 年 46 场次洪水资料，资料成果中包含大、中、小洪水，采用两站区间降雨 $P_{区}$为参数，建立了大汶口站净峰流量与戴村坝站净峰流量相关图（割基流），即 $Q_{m净,\ 大汶口}-P_{区}-Q_{m净,\ 戴村坝}$相关图，详见图 14-5。

精度评定：按许可误差 =20% 实测值的标准进行逐次评定。本方案共选用 46 个点据，合格 35 个，合格率为 76.1%，符合乙等方案，详见表 14–8。

2.7 洪量相关

2.7.1 戴村坝站净峰流量与净洪水总量相关

选用 1956—2020 年 46 场次洪水，建立戴村坝站净峰流量与净洪水总量相关关系，即 $Q_{m净,\ 戴村坝}$-$W_{净,\ 戴村坝}$相关图，详见图 14–6。

参照降雨径流关系曲线评价标准，按许可误差 =20% 实测值的标准，对 46 个点据进行逐次评定，其中 35 个合格，合格率为 76.1%，符合乙等方案，详见表 14–9。

2.7.2 大汶口站–戴村坝站洪水总量相关

选取大汶口站、戴村坝站 46 场次洪水资料，建立上、下游洪水总量相关关系，即 $W_{总,\ 大汶口}$-$W_{总,\ 戴村坝}$，详见图 14–7。

精度评定：按许可误差 =20% 实测值的标准，对 46 点据进行逐次评定，合格 34 个，合格率为 73.9%，符合乙级方案，详见表 14–10。

2.7.3 以区间降雨量为参数的大汶口站–戴村坝站洪水总量相关

选取大汶口站、戴村坝站 1956—2020 年 46 场次洪水资料，资料成果中包含大、中、小洪水，采用两站区间降雨为参数，建立上、下游净洪水总量（扣除基流和水库放水）相关关系，即 $W_{净,\ 大汶口}$-$P_{区}$-$W_{净,\ 戴村坝}$相关图，详见图 14–7。

精度评定：参照降雨径流关系曲线评价标准，按许可误差 =20% 实测值的标准，对 46 个点据进行逐次评定，合格 33 个，合格率为 71.7%，符合乙等方案，详见表 14–11。

2.8 水位–流量、水位–面积、水位–流速关系

依据 1956—2022 年实测洪水资料，点绘戴村坝站水位 – 流量、水位 – 面积、水位 – 流速关系曲线图，详见图 14–8。

2.9 大断面图

根据 1985 年、1996 年、2003 年、2007 年和 2020 年戴村坝站实测大断面资料绘制戴村坝站大断面图，详见图 14–9。

2.10 东平湖水位与容积关系

东平湖水位 Z– 容积 V 关系线见图 14–10，东平湖稻屯洼水位 Z– 容积 V 关系线见图 14–11。

3 方案使用说明

3.1 戴村坝站洪峰流量预报

根据大汶口站洪峰流量，查图 14–4，即可求得戴村坝站洪峰流量。

另外，根据大汶口站净峰流量 $Q_{m净,\ 大汶口}$及区间降雨 $P_{区}$，查图 14–5，再加上戴村坝站基流，即可求得戴村坝站洪峰流量。根据戴村坝站洪峰流量查图 14–8，可求得戴村坝站洪峰流量。

3.2 戴村坝站洪水总量预报

3.2.1 根据戴村坝站洪峰流量预报

由戴村坝站净峰流量，查图 14–6，即可求得戴村坝站场次洪水总量。

3.2.2 根据大汶口站洪水总量预报

根据大汶口站净洪水总量 $W_{净,\ 大汶口}$、区间降雨 $P_{区}$，查图 14–7，可求得戴村坝站场次洪水总量。

3.3 戴村坝站峰现时间预报

根据大汶口站洪峰流量，查图 14–4，取得大汶口站至戴村坝站洪峰流量传播时间，再加上大汶口站峰现日期，即为戴村坝站峰现时间。

3.4 戴村坝站流量过程预报

由次雨径流深 R 采用扣损法计算得到各时段净雨，然后根据暴雨中心位置选择相应单位线，各时段净雨错时段与 0.1 倍的单位线各时段流量相乘，同时段流量相加，再加上基流量即为戴村坝站洪水过程，最大洪峰流量及其出现时间即可查出。

3.5 方案合理性检查及评定

在方案建立过程中，随时根据“规范”要求及有关文件规定进行合理性检查，特别对突出点据从原始资料反复查对，对中间处理过程也进行了认真审查，发现不合理的问题基本上做了检查改正。方案建立后，先从线形进行比较，防止出现矛盾现象，然后对每个方案尽量根据规范规定采用表格形式进行了精度评定（用许可误差法）。其中，$Q_{m,\ 大汶口}$-$Q_{m,\ 戴村坝}$相关图合格率为 80.4%，属乙级方案；$Q_{m净,\ 大汶口}$-$P_{区}$-$Q_{m净,\ 戴村坝}$相关图合格率为 76.1%，属乙级方案；$Q_{m,\ 大汶口}$-τ 相关图合格率为 93.5%，符合甲级方案。综合来说，本方案属于乙级方案。

3.6 方案适应能力

本方案适用于防洪标准以下的洪水作业预报。如遇超标准洪水，则需根据当时具体情况酌情修正。

3.7 注意事项

（1）方案的制作未考虑上游小水库、塘坝的影响，作业预报时也要根据前期降雨情况适当修正。

（2）应随时掌握上游工程蓄水及泄洪情况，尤其是拦河闸坝变动调蓄等，要根据实际情况及时修正预报值。

（3）局部暴雨时要注意超渗产流，尤其是区间量大、强度大的暴雨，可适当将查算的洪峰流量 Q_m、洪水总量 $W_{总}$值加大；久旱初雨时产流偏小，应适当修正所查 Q_m、$W_{总}$值。

总之，由于影响因素太多，本方案不能全部反映实际情况，因而不能照搬，应具体问题具体分析，并采用多种方法，考虑各种因素进行综合分析，确定采用的预报值。

4 东平湖水库简介

东平湖水库位于黄河下游右岸山东省东平县境内，上距黄河中下游分界点桃花峪 357 km，下距入海口 429 km，是防御黄河下游大洪水的重要分滞洪工程。库区总面积 626 km^2，老湖区面积 208 km^2。

老湖区设计防洪运用水位 44.72 m，相应库容 12.28 亿 m^3；新湖区设计防洪运用水位 43.72 m（1985 年国家高程基准，下同），相应库容 23.67 亿 m^3。由于防洪工程不够完善，2020 年新、老湖防洪运用水位皆为 43.22 m，相应库容分别为 21.6 亿 m^3 和 9.18 亿 m^3，总库容 30.78 亿 m^3，但需要做好特殊情况下老湖 44.72 m 水位时运用的准备。老湖区汛限水位 7—8 月为 40.72 m，9—10 月为 41.72 m，警戒水位为 41.72 m。

东平湖滞湖区涉及东平、梁山、汶上三县共 19 个乡镇，271 个行政村，28.24 万人，其中 44.72 m 高程以下有 24.21 万人(新湖区 21.44 万人、老湖区 2.77 万人)，分滞洪运用时需转移，区内有耕地 46.9 万亩。

4.1 主要工程

4.1.1 各类堤防

东平湖防洪工程包括围坝、二级湖堤和分泄洪闸等。围坝长 100.5 km（含河湖两用堤 14.13 km），堤防级别Ⅰ级，设防水位 43.72 m，设计顶宽 10 m，顶高程 47.22 m，临湖边坡 1∶3.0，背湖边坡 1∶2.5，临湖侧修有干砌石和混凝土护坡。

二级湖堤长 26.73 km，Ⅳ 级堤防，设防水位 44.72 m，设计顶宽 6 m，顶高程 46.72 m，临湖、背湖边坡均为 1∶2.5，临老湖侧修有混凝土栅栏板或干砌石护坡。

4.1.2 各类涵闸

东平湖有分洪闸 3 座。石洼闸向新湖区分洪，设计流量为 5 000 m^3/s；林辛、十里堡闸向老湖区分洪，设计流量分别为 1 500 m^3/s 和 2 000 m^3/s。

东平湖有泄水闸 3 座。陈山口、清河门闸向黄河泄水，设计流量分别为 1 200 m^3/s 和 1 300 m^3/s；围坝南部建有司垓泄水闸，分洪运用后可通过梁济运河相机向南四湖紧急泄水，设计流量为 1 000 m^3/s。

东平湖有防洪灌闸 1 座。为防止黄河倒灌淤积出湖河道，河道入黄口建有庞口防倒灌闸，设计流量为 900 m^3/s。为协调新、老湖联合运用，二级湖堤建有八里湾泄洪闸，设计流量为 450 m^3/s。

大型非防洪工程主要有南水北调东线邓楼泵站、船闸，八里湾泵站、船闸，邓楼至八里湾输水、航运河道，魏河调水闸，陈山口调水闸，晋豫鲁运煤专用铁路等。

4.2 主要功能

4.2.1 防洪任务

东平湖滞洪区位于山东省黄河过渡性河段与弯曲性河段相接处的右岸，承担分滞黄河洪水和调蓄大汶河洪水的双重任务，是黄河下游重要的分滞洪工程。

4.2.2 分洪运用原则

东平湖防洪运用原则：大汶河发生洪水时，应充分发挥老湖的调蓄能力；当老湖不能满足分带洪要求需新老湖并用时，应先用新湖分滞黄河洪水，以减少老湖淤积。

黄河、大汶河防洪运用原则：防御洪水遵循统筹兼顾、工程措施与非工程措施结合、局部服从全局的原则。当发生设计标准内洪水时，合理利用河道排泄，加强工程防守，确保防洪安全；当发生设计标准以上洪水时，利用河道强迫行洪，充分发挥防洪工程体系的作用，采取必要措施，确保防洪安全。在确保防洪安全的前提下，兼顾水库、河道减淤和洪水资源利用。

4.2.3 防洪运用指标（2020年）

老湖运用指标：防洪运用水位为 43.22 m，特殊情况下提高到 44.72 m；警戒水位 41.72 m；汛限水位 7—8 月 40.72 m，9—10 月 41.72 m，8 月下旬老湖区水位视汛情过渡至 41.72 m。

新湖运用指标：防洪运用水位为 43.22 m。

5 大汶河下游防洪工程概况

戴村坝以下为大汶河下游（原大清河），全长 30 km。主河槽宽 400~500 m，两岸堤距 500 ~1 260 m。大汶河下游两岸堤防长 37.8 km，其中：南岸堤防长 20 km（戴村坝至武家漫），为Ⅱ级堤防，堤顶高程 48.69 ~ 57.61 m，堤顶宽 6 m，边坡 1∶2.5；北岸堤防长 17.8 km（韩山头至北大桥），为Ⅳ级堤防，堤顶高程 48.00 ~ 51.82 m，堤顶宽 5 ~ 6 m，边坡 1∶2.0 ~ 1∶2.5。

大汶河下游有险工 4 处，29 道坝、岸，工程长度为 2 860 m，护砌长度为 2 265 m，备防石 4 584 m^3；控导工程 4 处，6 道坝、岸，工程长度为 2 178 m，护砌长度为 2 162 m，备防石 5 907 m^3；排灌涵闸 6 座，设计流量 84 m^3/s；公路桥 5 座。

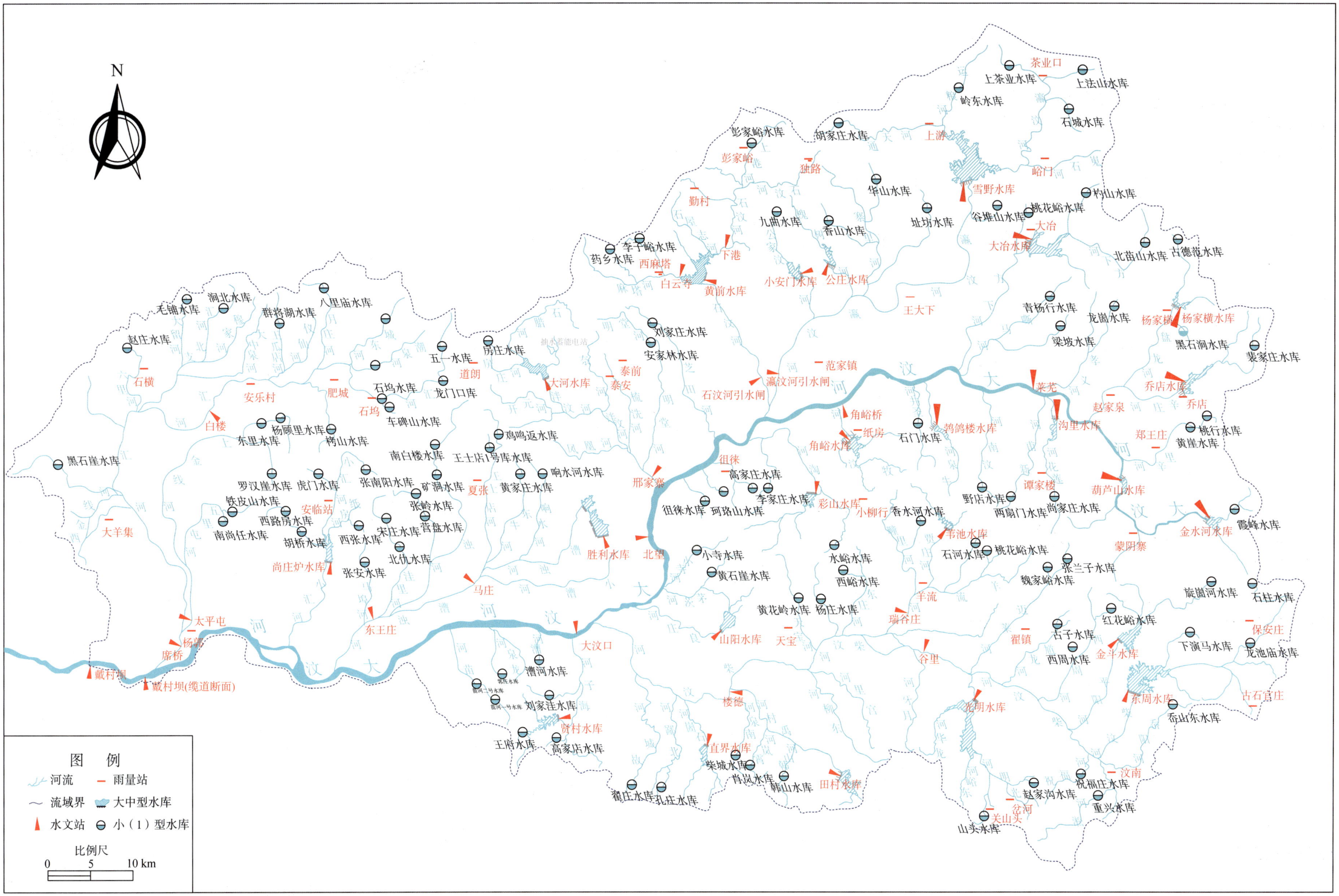

图 14-1 大汶河戴村坝站以上流域图

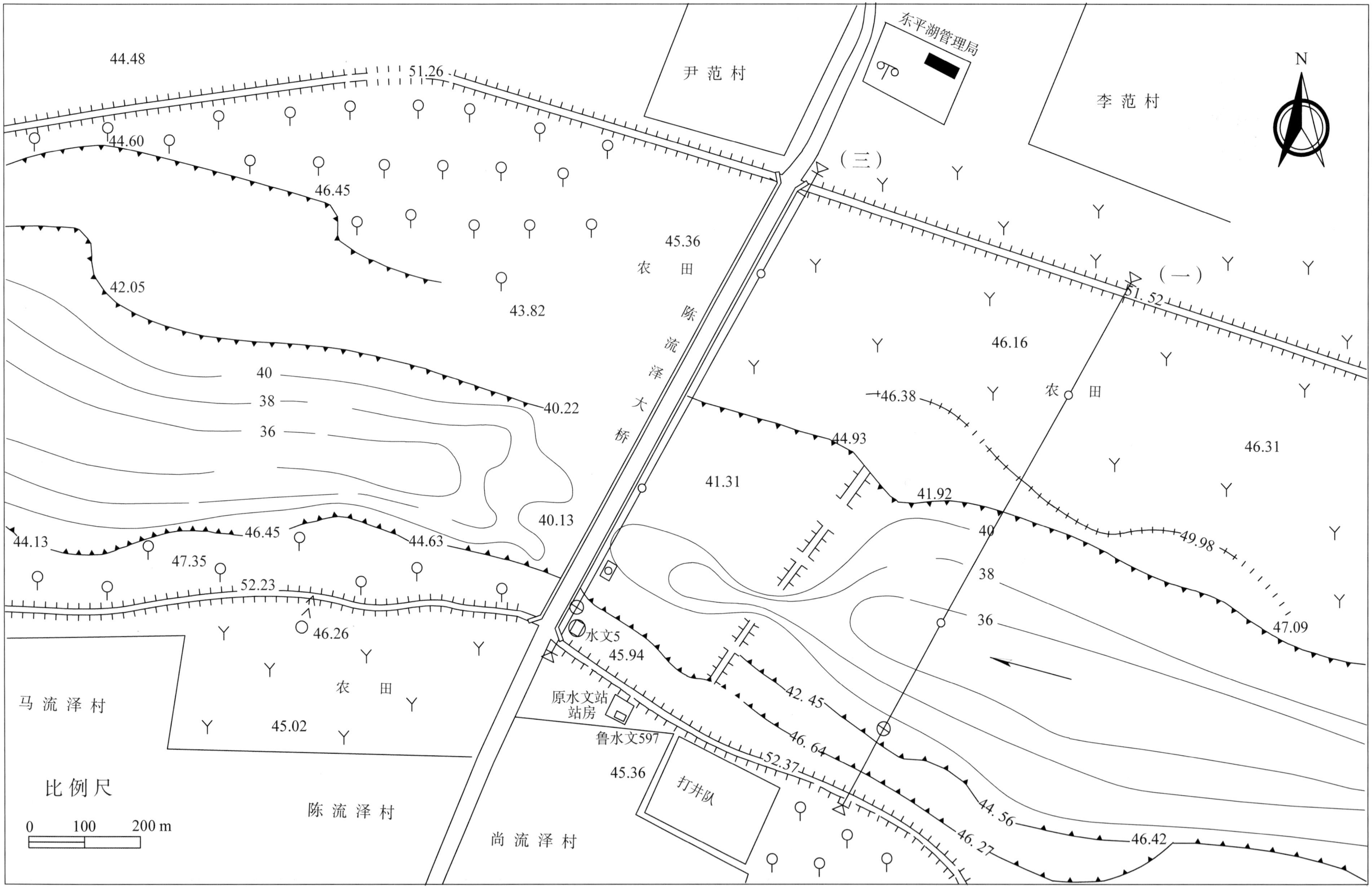

图 14-2 大汶河戴村坝站测验河段平面图（单位：m）

表 14-6　大汶河戴村坝站（含区间）降雨径流关系分析成果表

序号	洪号	降雨起讫时间							大汶口—戴村坝区间平均雨量 $P_{区}$（mm）	大汶口—戴村坝区间前期影响雨量 $P_{a区}$（mm）	流域（不含大中型水库）平均雨量 P（mm）	流域（不含大中型水库）前期影响雨量 P_a（mm）	降雨历时（h）		洪水发生时间							洪峰流量 $Q_{m，戴村坝}$（m^3/s）	净峰流量 $Q_{m净，戴村坝}$（m^3/s）	洪水总量 $W_{总，戴村坝}$（万 m^3）	径流量 $W_{净，戴村坝}$（万 m^3）	两站区间径流量 $W_{净区}$（万 m^3）	两站区间集水面积 $F_{区}$（km^2）	戴村坝站以上面积 F（km^2）	径流深（mm）	
		起				讫									起			讫			峰现时间								两站区间 $R_{区}$	R
		年	月	日	时	月	日	时					全部	有效	月	日	时	月	日	时										
1	570713	1957	7	12	12	7	13	8	89.5	81.0	89.5	79.6	20	6	7	12	20	7	19	8	1957/7/13 7:12	4 200	3 580	40 307	31 883	4 370	2 568	8 264	17.0	38.6
2	570719	1957	7	18	6	7	19	16	103.9	82.5	103.9	82.5	34	16	7	18	12	7	24	12	1957/7/19 18:48	5 030	4 170	84 802	76 248	21 046	2 568	8 264	82.0	92.3
3	580806	1958	8	4	20	8	5	4	6.3	31.6	48.2	49.8	24	6	8	5	2	8	11	6	1958/8/6 8:30	957	916	14 050	13 574	4 163	2 568	7 967	16.2	17.0
4	610812	1961	8	10	6	8	11	10	85.9	46.2	83.6	59.2	28	8	8	10	18	8	16	14	1961/8/12 4:00	1 890	1 800	26 879	20 673	6 276	2 427	7 586	25.9	27.3
5	610815	1961	8	14	4	8	14	18	46.9	74.5	35.6	82.1	14	8	8	14	6	8	20	20	1961/8/15 18:00	1 320	969	26 936	17 835	7 508	2 427	7 586	30.9	23.5
6	620715	1962	7	13	6	7	14	0	12.3	18.5	45.9	16.8	18	4	7	14	12	7	18	18	1962/7/15 0:00	796	763	10 028	7 665	663	2 427	7 586	2.7	10.1
7	620720	1962	7	18	18	7	19	12	34.8	19.0	38.1	39.1	18	6	7	18	18	7	24	12	1962/7/20 5:10	869	764	15 275	10 058	1 228	2 427	7 586	5.1	13.3
8	630728	1963	7	27	20	7	28	14	81.3	41.0	71.8	72.5	18	6	7	27	20	8	2	20	1963/7/28 22:00	2 540	2 180	40 300	31 487	12 891	2 427	7 586	53.1	41.5
9	630830	1963	8	29	2	8	30	8	75.0	22.4	72.6	13.7	30	12	8	29	2	9	3	20	1963/8/30 18:00	1 150	1 060	20 114	14 127	4 971	2 427	7 586	20.5	18.6
10	640718	1964	7	16	18	7	17	20	74.0	68.2	111.2	59.3	26	16	7	17	0	7	23	12	1964/7/18 10:09	3 480	3 310	50 988	41 441	6 624	2 427	7 586	27.3	54.6
11	640729	1964	7	27	12	7	28	14	96.1	54.1	120.4	64.2	26	12	7	27	14	8	1	8	1964/7/29 5:00	4 660	4 420	55 414	44 744	9 586	2 427	7 586	39.5	59.0
12	640802	1964	7	31	12	8	1	16	64.5	71.7	40.8	79.3	28	10	8	1	2	8	6	8	1964/8/2 8:30	1 650	1 350	35 272	21 664	12 543	2 427	7 586	51.7	28.6
13	640829	1964	8	27	8	8	28	8	28.8	53.7	51.6	39.8	24	10	8	27	16	8	30	20	1964/8/29 4:30	697	536	10 138	5 733	1 371	2 427	7 586	5.6	7.6
14	640831	1964	8	30	2	8	31	18	133.8	65.8	121.1	65.4	40	16	8	30	8	9	4	8	1964/8/31 18:00	6 600	6 230	77 310	60 203	18 899	2 427	7 586	77.9	79.4
15	640913	1964	9	12	2	9	13	14	92.7	51.2	110.1	66.9	36	8	9	12	4	9	17	12	1964/9/13 0:06	6 930	6 500	73 734	52 767	21 757	2 427	7 586	89.6	69.6
16	700724	1970	7	22	0	7	23	6	15.5	18.1	49.4	54.3	30	6	7	23	18	7	27	16	1970/7/24 2:00	1 290	1 250	13 341	11 070	1 371	2 427	64 33	5.6	17.2
17	700730	1970	7	29	0	7	29	20	100.6	70.1	95.2	81.1	20	14	7	29	0	8	3	20	1970/7/30 15:00	3 490	3 110	40 830	32 514	9 704	2 427	6 433	40.0	50.5
18	700807	1970	8	5	12	8	6	18	39.8	49.7	43.6	51.7	30	14	8	5	14	8	10	8	1970/8/7 18:00	818	638	19 594	11 207	3 527	2 427	64 33	14.5	17.4
19	710708	1971	7	6	16	7	7	12	42.3	66.3	57.1	77.7	20	8	7	6	20	7	12	8	1971/7/8 0:00	987	764	20 128	9 531	–1 007	2 427	6 433	–4.1	14.8
20	710823	1971	8	21	2	8	22	2	76.5	68.2	73.7	54.6	24	10	8	21	20	8	26	8	1971/8/23 0:00	1 290	1 160	18 898	12 990	1 206	2 427	6 433	5.0	20.2
21	720903	1972	9	1	8	9	2	8	85.4	54.7	104.4	62.4	24	14	9	1	17	9	7	4	1972/9/3 5:15	2 290	2 210	25 755	21 813	1 485	2 427	6 433	6.1	33.9
22	740815	1974	8	13	0	8	14	8	13.4	77.7	50.2	84.1	32	12	8	14	0	8	18	20	1974/8/15 1:00	1 370	1 020	25 834	15 895	1 386	2 427	6 433	5.7	24.7
23	750724	1975	7	23	0	7	24	10	36.3	54.7	65.6	47.2	34	6	7	23	0	7	28	6	1975/7/24 5:00	860	797	12 576	9 058	1 410	2 427	6 433	5.8	14.1
24	750731	1975	7	29	20	7	30	8	31.2	75.5	51.1	88.6	12	6	7	30	4	8	4	20	1975/7/31 7:00	1 390	1 240	22 944	15 062	609	2 427	6 433	2.5	23.4

续表

序号	洪号	降雨起讫时间							大汶口—戴村坝区间平均雨量 $P_{区}$（mm）	大汶口—戴村坝区间前期影响雨量 $P_{a区}$（mm）	流域（不含大中型水库）平均雨量 P（mm）	流域（不含大中型水库）前期影响雨量 P_a（mm）	降雨历时（h）		洪水发生时间							洪峰流量 $Q_{m,戴村坝}$（m^3/s）	净峰流量 $Q_{m净,戴村坝}$（m^3/s）	洪水总量 $W_{总,戴村坝}$	径流量 $W_{净,戴村坝}$	两站区间径流量 $W_{净区}$	两站区间集水面积 $F_{区}$（km^2）	戴村坝站以上面积 F（km^2）	径流深（mm）	
		起				讫									起			讫			峰现时间			（万 m^3）					两站区间 $R_{区}$	R
		年	月	日	时	月	日	时					全部	有效	月	日	时	月	日	时										
25	840813	1984	8	12	2	8	13	10	54.7	65.8	57.8	63.9	32	12	8	12	8	8	17	20	1984/8/13 18:00	835	649	15 186	9 816	3 492	2 381	6 064	14.7	16.2
26	900722	1990	7	21	6	7	22	8	72.8	63.3	111.9	75.9	26	10	7	21	6	7	28	2	1990/7/22 22:30	3 250	3 130	41 931	32 780	2 018	2 381	6 496	8.5	50.5
27	900803	1990	8	2	14	8	2	20	40.3	59.2	67.9	61.7	6	6	8	2	14	8	7	20	1990/8/3 23:00	1 190	1 060	19 333	10 510	732	2 381	6 496	3.1	16.2
28	900817	1990	8	15	14	8	16	10	59.3	52.4	84.0	56.0	20	8	8	16	0	8	22	20	1990/8/17 5:00	2 280	2 053	43 469	24 794	2 623	2 381	6 679	11.0	37.1
29	960731	1996	7	30	14	7	31	14	79.8	53.4	87.0	88.4	24	4	7	30	16	8	6	14	1996/7/31 19:30	2 340	2 140	48 297	26 700	3 249	2 381	6 560	13.6	40.7
30	980808	1998	8	7	4	8	7	14	59.8	70.2	61.8	82.2	10	6	8	7	20	8	12	20	1998/8/8 23:00	804	704	14 203	9 883	994	2 381	6 064	4.2	16.3
31	010805	2001	8	4	7	8	4	15	24.7	62.5	68.6	67.6	8	4	8	4	18	8	9	20	2001/8/5 9:00	2 610	2 440	33 588	25 902	7 022	2 381	6 064	29.5	42.7
32	030905	2003	9	3	21	9	4	8	116.2	71.8	110.4	73.6	11	8	9	3	12	9	10	20	2003/9/5 6:00	2 060	1 973	43 134	29 280	12 919	2 381	6 064	54.3	48.3
33	040718	2004	7	17	0	7	17	17	111.4	35.8	99.5	43.0	17	10	7	16	12	7	24	8	2004/7/18 20:09	1 040	1 015	24 366	12 745	4 334	2 381	6 064	18.2	21.0
34	040731	2004	7	29	20	7	31	6	129	82.5	93.7	75.9	34	13	7	29	20	8	4	0	2004/7/31 21:00	2 380	2 092	35 605	14 673	7 996	2 381	6 064	33.6	24.2
35	040829	2004	8	26	17	8	27	23	89.7	31.8	106.2	35.3	30	14	8	27	6	9	3	8	2004/8/29 2:00	1 680	1 480	38 050	21 560	5 998	2 381	6 064	25.2	35.6
36	040916	2004	9	14	4	9	14	15	34.3	16.7	67.2	18.2	11	7	9	14	8	9	20	20	2004/9/16 4:00	600	511	15 109	8 370	2 294	2 381	6 504	9.6	12.9
37	050703	2005	7	2	0	7	2	8	47.0	55.5	106.1	81.5	8	4	7	2	0	7	8	20	2005/7/3 5:00	1 450	1 428	20 570	19 271	137	2 381	6 064	0.6	31.8
38	050922	2005	9	19	22	9	21	8	73.3	73.2	114.7	51.5	34	14	9	20	8	9	26	20	2005/9/22 5:48	1 370	1 270	32 066	19 266	−1 212	2 381	6 064	−5.1	31.8
39	070819	2007	8	16	0	8	16	20	23.6	47.0	104.1	63.4	20	10	8	17	8	8	26	8	2007/8/19 0:00	2 260	2 147	50 107	29 909	4 108	2 381	6 064	17.3	49.3
40	110915	2011	9	13	10	9	14	14	60.2	37.0	140.7	17.2	28	16	9	14	8	9	21	20	2011/9/15 22:00	1 190	1 107	33 524	18 820	3 852	2 381	6 064	16.2	31.0
41	120711	2012	7	7	14	7	10	7	111.9	24.6	114.4	41.9	65	13	7	9	12	7	16	8	2012/7/11 7:30	1 170	1 140	31 608	23 178	12 454	2 381	6 064	52.3	38.2
42	130731	2013	7	29	15	7	29	18	16.3	57.5	35.2	74.9	3	2	7	29	8	8	3	8	2013/7/31 2:00	945	715	22 365	7 800	−1 123	2 381	6 064	−4.7	12.9
43	160723	2016	7	19	19	7	20	10	96.8	40.2	102.5	37.0	15	9	7	21	8	7	27	8	2016/7/23 12:00	805	783	19 266	13 611	3 693	2 381	6 064	15.5	22.4
44	180820	2018	8	18	6	8	19	22	180.5	68.5	192.8	54.5	40	18	8	19	8	8	28	20	2018/8/20 13:00	2 000	1 980	34 158	29 717	296	2 381	6 064	1.2	49.0
45	190812	2019	8	10	13	8	11	22	72.3	57.7	147.0	65.9	33	19	8	12	5	8	20	8	2019/8/12 10:09	1 710	1 709	29 425	19 336	−5 316	2 381	6 064	−22.3	31.9
46	200807	2020	8	6	15	8	7	10	81.3	78.7	89.3	76.5	19	8	8	6	6	8	12	20	2020/8/7 23:28	905	795	20 505	13 097	1 677	2 381	6 064	7.0	21.6

表 14-7　大汶河大汶口站 – 戴村坝站洪峰流量相关成果及精度评定表

序号	洪号	大汶口站		戴村坝站		洪峰流量评定结果					传播时间评定结果					
		洪峰出现时间	实测洪峰流量 $Q_{m,大汶口}$（m³/s）	洪峰出现时间	实测洪峰流量 $Q_{m实,戴村坝}$（m³/s）	戴村坝预报洪峰流量 $Q_{m预,戴村坝}$（m³/s）	预报误差（m³/s）	许可误差（m³/s）	合格	不合格	实测传播时间 $\tau_{实}$（h）	预报传播时间 $\tau_{预}$（h）	预报误差（h）	许可误差（h）	合格	不合格
1	570713	7 月 13 日 0:48	4 574	7 月 13 日 7:12	4 200	4 117	–83	840	√		7.9	9.0	1.1	3.0	√	
2	570719	7 月 19 日 11:36	6 670	7 月 19 日 18:48	5 030	6 003	973	1 006	√		8.7	8.2	–0.5	3.0	√	
3	580805	8 月 5 日 18:00	1 136	8 月 6 日 8:30	957	1 014	57	191	√		16.5	13.9	–2.6	5.0	√	
4	610812	8 月 11 日 18:00	1 440	8 月 12 日 4:00	1 890	1 269	–621	378		√	12.0	12.5	0.5	3.6	√	
5	610815	8 月 15 日 2:00	1 097	8 月 15 日 18:00	1 320	982	–338	264		√	18.0	15.1	–2.9	5.4	√	
6	620714	7 月 14 日 10:00	1 058	7 月 15 日 0:00	796	949	153	159	√		16.0	14.2	–1.8	4.8	√	
7	620719	7 月 19 日 16:00	975	7 月 20 日 5:10	869	877	8	174	√		15.2	15.1	–0.1	4.5	√	
8	630728	7 月 28 日 11:30	2 292	7 月 28 日 22:00	2 540	2 055	–485	508	√		12.0	11.0	–1.0	3.6	√	
9	630830	8 月 30 日 6:00	1 234	8 月 30 日 18:00	1 150	1 097	–53	230	√		14.0	13.4	–0.6	4.2	√	
10	640718	7 月 18 日 0:30	3 575	7 月 18 日 10:09	3 480	3 218	–262	696	√		11.2	9.4	–1.7	3.3	√	
11	640728	7 月 28 日 20:36	4 045	7 月 29 日 5:00	4 660	3 641	–1 019	932		√	9.9	9.1	–0.8	3.0	√	
12	640801	8 月 1 日 23:30	1 528	8 月 2 日 8:30	1 650	1 346	–304	330	√		11.0	13.5	2.5	3.3	√	
13	640828	8 月 28 日 14:30	837	8 月 29 日 4:30	697	754	57	139	√		16.0	16.5	0.5	4.8	√	
14	640831	8 月 31 日 11:30	5 632	8 月 31 日 18:00	6 600	5 069	–1 531	1 320		√	8.0	8.4	0.4	3.0	√	
15	640912	9 月 12 日 16:00	6 641	9 月 13 日 0:06	6 930	5 977	–953	1 386	√		9.6	8.2	–1.4	3.0	√	
16	700723	7 月 23 日 12:00	1 744	7 月 24 日 2:00	1 290	1 544	254	258	√		16.0	11.6	–4.4	4.8	√	
17	700730	7 月 30 日 4:30	3 996	7 月 30 日 15:00	3 490	3 597	107	698	√		12.0	9.2	–2.8	3.6	√	
18	700807	8 月 7 日 6:00	796	8 月 7 日 18:00	818	717	–101	164	√		14.0	17.1	3.1	4.2	√	
19	710707	7 月 7 日 19:00	1 019	7 月 8 日 0:00	987	916	–71	197	√		13.0	14.9	1.9	3.9	√	
20	710822	8 月 22 日 10:15	1 234	8 月 23 日 0:00	1 290	1 097	–193	258	√		15.7	13.7	–2.1	4.7	√	
21	720902	9 月 2 日 17:00	2 615	9 月 3 日 5:15	2 290	2 354	64	458	√		13.8	10.2	–3.5	4.1	√	
22	740814	8 月 14 日 12:00	1 567	8 月 15 日 1:00	1 370	1 382	12	274	√		15.0	13.3	–1.7	4.5	√	
23	750723	7 月 23 日 14:30	999	7 月 24 日 5:00	860	899	39	172	√		16.5	16.2	–0.3	4.9	√	
24	750730	7 月 30 日 19:00	1 606	7 月 31 日 7:00	1 390	1 418	28	278	√		14.0	12.7	–1.3	4.2	√	
25	840813	8 月 13 日 2:30	896	8 月 13 日 18:00	835	807	–28	167	√		17.5	15.5	–2.0	5.2	√	
26	900722	7 月 22 日 14:30	3 771	7 月 22 日 22:30	3 250	3 394	144	650	√		9.5	9.3	–0.2	3.0	√	
27	900803	8 月 3 日 8:53	1 430	8 月 3 日 23:00	1 190	1 261	71	238	√		16.1	13.1	–3.1	4.8	√	
28	900816	8 月 16 日 18:40	2 703	8 月 17 日 5:00	2 280	2 433	153	456	√		11.8	10.3	–1.5	3.5	√	
29	960731	7 月 31 日 7:30	2 850	7 月 31 日 19:30	2 340	2 565	225	468	√		13.5	10.1	–3.4	4.1	√	
30	980808	8 月 8 日 11:00	861	8 月 8 日 23:00	804	775	–29	161	√		14.0	16.5	2.5	4.2	√	

续表

序号	洪号	大汶口站		戴村坝站		洪峰流量评定结果					传播时间评定结果					
		洪峰出现时间	实测洪峰流量 $Q_{m,\text{大汶口}}$（m^3/s）	洪峰出现时间	实测洪峰流量 $Q_{m\text{实},\text{戴村坝}}$（m^3/s）	戴村坝预报洪峰流量 $Q_{m\text{预},\text{戴村坝}}$（m^3/s）	预报误差（m^3/s）	许可误差（m^3/s）	合格	不合格	实测传播时间 $\tau_{\text{实}}$（h）	预报传播时间 $\tau_{\text{预}}$（h）	预报误差（h）	许可误差（h）	合格	不合格
31	010804	8月4日23:30	2 720	8月5日9:00	2 610	2 448	−162	522	√		9.5	10.2	0.7	3.0	√	
32	030904	9月4日17:09	2 010	9月5日6:00	2 060	1 789	−271	412	√		12.9	11.3	−1.5	3.9	√	
33	040718	7月18日7:00	713	7月18日20:09	1 040	642	−398	208		√	13.1	17.0	3.9	3.9	√	
34	040731	7月31日10:00	1 630	7月31日21:00	2 380	1 440	−940	476		√	11.0	12.2	1.2	3.3	√	
35	040828	8月28日17:00	1 660	8月29日2:00	1 680	1 467	−213	336	√		9.0	12.1	3.1	3.0		√
36	040915	9月15日12:00	608	9月16日4:00	600	547	−53	120	√		16.0	18.7	2.7	4.8	√	
37	050702	7月2日17:00	2 220	7月3日5:00	1 450	1 987	537	290		√	12.0	10.9	−1.1	3.6	√	
38	050921	9月21日18:10	1 580	9月22日5:48	1 370	1 394	24	274	√		11.6	12.2	0.6	3.5	√	
39	070818	8月18日15:00	2 490	8月19日0:00	2 260	2 241	−19	452	√		9.0	10.5	1.5	3.0	√	
40	110915	9月15日7:00	1 680	9月15日22:00	1 190	1 486	296	238		√	15.0	11.9	−3.1	4.5	√	
41	120710	7月10日20:00	1 330	7月11日7:30	1 170	1 177	7	234	√		11.5	15.1	3.6	3.5		√
42	130730	7月30日9:30	1 120	7月31日2:00	945	1 001	56	189	√		16.5	16.7	0.2	5.0	√	
43	160722	7月22日16:00	1 370	7月23日12:00	805	1 211	406	161		√	18.5	13.2	−5.3	5.6	√	
44	180820	8月20日4:00	2 130	8月20日13:00	2 000	1 902	−98	400	√		9.0	10.9	1.9	3.0	√	
45	190812	8月12日1:00	2 100	8月12日10:09	1 710	1 874	164	342	√		9.1	10.9	1.8	3.0	√	
46	200807	8月7日12:00	928	8月7日23:28	905	835	−70	181	√		11.5	15.9	4.4	3.4		√

备注：1. 迁站前（1956—1999年）临汶站峰现时间统一处理到上游大汶口站断面。根据临汶站洪峰流量大小，将洪峰传播历时提前1.5～2 h，得到大汶口站的洪峰时间；2. 洪峰流量评定：合格率80.4%，为乙级方案；3. 洪峰传播时间评定：合格率93.5%，为甲级方案。

表 14-8　以区间降雨量为参数的大汶口－戴村坝净峰流量相关（$Q_{m净,大汶口}$-$P_{区}$-$Q_{m净,戴村坝}$）精度评定表

序号	洪号	大汶口实测洪峰流量 $Q_{m净,大汶口}$（m^3/s）	大汶口－戴村坝区间降雨量 $P_{区}$（mm）	戴村坝站		预报误差（m^3/s）	许可误差（m^3/s）	评定结果	
				实测 $Q_{m净实,戴村坝}$（m^3/s）	预报 $Q_{m净预,戴村坝}$（m^3/s）			合格	不合格
1	570713	3 980	89.5	3 580	3 576	–4	716	√	
2	570719	6 100	103.9	4 170	5 673	1 503	834		√
3	580806	1 060	6.3	916	735	–181	183	√	
4	610812	1 380	85.9	1 800	1 225	–575	360		√
5	610815	871	46.9	969	706	–263	194		√
6	620715	1 010	12.3	763	721	–42	153	√	
7	620720	873	34.8	764	695	–69	153	√	
8	630728	2 000	81.3	2 180	1 748	–432	436	√	
9	630830	1 190	75	1 060	1 017	–43	212	√	
10	640718	3 390	74	3 310	2 888	–422	662	√	
11	640729	3 880	96.1	4 420	3 563	–857	884	√	
12	640802	1 160	64.5	1 350	966	–384	270		√
13	640829	703	28.8	536	551	15	107	√	
14	640831	5 480	133.8	6 230	5 096	–1 134	1 250	√	
15	640913	6 350	92.7	6 500	5 766	–734	1 300	√	
16	700724	1 680	15.5	1 250	1 235	–15	250	√	
17	700730	3 700	100.6	3 110	3 441	331	622	√	
18	700807	638	39.8	638	512	–126	128	√	
19	710708	896	42.3	764	722	–42	153	√	
20	710823	1 120	76.5	1 160	963	–197	232	√	
21	720903	2 550	85.4	2 210	2 260	50	442	√	
22	740815	1 210	13.4	1 020	885	–135	204	√	
23	750724	730	36.3	797	582	–215	159		√
24	750731	1 350	31.2	1 240	1 069	–171	248	√	
25	840813	808	54.7	649	663	14	130	√	
26	900722	3 530	72.8	3 130	2 995	–135	626	√	
27	900803	1 260	40.3	1 060	1 012	–48	212	√	
28	900817	2 480	59.3	2 053	2 050	–3	411	√	
29	960731	2 640	79.8	2 140	2 295	155	428	√	
30	980808	705	59.8	704	583	–121	141	√	
31	010805	2 560	24.7	2 440	1 958	–482	488	√	
32	030905	1 840	116.2	1 970	1 711	–259	394	√	
33	040718	650	111.4	1 015	605	–410	203		√
34	040731	1 450	129	2 092	1 349	–743	418		√
35	040829	1 480	89.7	1 480	1 331	–149	296	√	
36	040916	504	34.3	511	401	–110	102		√
37	050703	2 070	47	1 428	1 679	251	286	√	
38	050922	1 450	73.3	1 270	1 232	–38	254	√	
39	070819	2 320	23.6	2 150	1 766	–384	430	√	
40	110915	1 560	60.2	1 107	1 291	184	221	√	
41	120711	878	111.9	1 140	817	–323	228		√
42	130731	684	16.3	715	489	–226	143		√
43	160723	1 230	96.8	783	1 132	349	157		√
44	180820	2 100	180.5	1 980	1 953	–27	396	√	
45	190812	2 060	72.3	1 710	1 745	35	342	√	
46	200807	772	81.3	786	675	–111	157	√	

备注：选用大汶口站和戴村坝站 1956—2020 年实测洪水资料，共 46 个点据，其中 35 个合格，合格率为 76.1%，为乙级方案。

表 14-9　戴村坝站净峰流量与净洪水总量相关（$Q_{m净,戴村坝}-W_{净,戴村坝}$）预报精度评定表

序号	洪号	洪峰时间	戴村坝站净峰流量 $Q_{m净,戴村坝}$（m^3/s）	戴村坝站净洪水总量（万 m^3）		预报误差（万 m^3）	许可误差（万 m^3）	评定结果	
				$W_{净实,戴村坝}$	$W_{净预,戴村坝}$			合格	不合格
1	570713	1957/7/13 7:12	3 580	31 883	36 560	4 677	6 377	√	
2	570719	1957/7/19 18:48	4 170	76 248	40 690	−35 558	15 250		√
3	580806	1958/8/6 8:30	916	13 574	12 875	−699	2 715	√	
4	610812	1961/8/12 4:00	1 800	20 673	22 380	1 707	4 135	√	
5	610815	1961/8/15 18:00	969	17 835	13 522	−4 314	3 567		√
6	620715	1962/7/15 0:00	763	7 665	11 009	3 344	1 533		√
7	620720	1962/7/20 5:10	764	10 058	11 021	962	2 012	√	
8	630728	1963/7/28 22:00	2 180	31 487	25 812	−5 675	6 297	√	
9	630830	1963/8/30 18:00	1 060	14 127	14 572	445	2 825	√	
10	640718	1964/7/18 10:09	3 310	41 441	34 632	−6 809	8 288	√	
11	640729	1964/7/29 5:00	4 420	44 744	42 440	−2 304	8 949	√	
12	640802	1964/8/2 8:30	1 350	21 664	17 820	−3 844	4 333	√	
13	640829	1964/8/29 4:30	536	5733	8 239	2 506	1 147		√
14	640831	1964/8/31 18:00	6 230	60 203	55 110	−5 093	12 041	√	
15	640913	1964/9/13 0:06	6 500	52 767	57 000	4 233	10 553	√	
16	700724	1970/7/24 2:00	1 250	11 070	16 700	5 630	2 214		√
17	700730	1970/7/30 15:00	3 110	32 514	33 192	678	6 503	√	
18	700807	1970/8/7 18:00	638	11 207	9 484	−1 723	2 241	√	
19	710708	1971/7/8 0:00	764	9 531	11 021	1 490	1 906	√	
20	710823	1971/8/23 0:00	1 160	12 990	15 692	2 702	2 598		√
21	720903	1972/9/3 5:15	2 210	21 813	26 064	4 251	4 363	√	
22	740815	1974/8/15 1:00	1 020	15 895	14 124	−1 771	3 179	√	
23	750724	1975/7/24 5:00	797	9 058	11 423	2 365	1 812		√
24	750731	1975/7/31 7:00	1 240	15 062	16 588	1 526	3 012	√	
25	840813	1984/8/13 18:00	649	9 816	9 618	−198	1 963	√	
26	900722	1990/7/22 22:30	3 130	33 380	33 336	−44	6 576	√	
27	900803	1990/8/3 23:00	1 060	10 510	14 572	4 062	2 102		√
28	900817	1990/8/17 5:00	2 053	24 794	24 745	−49	4 959	√	
29	960731	1996/7/31 19:30	2 140	26 700	25 476	−1 224	5 340	√	
30	980808	1998/8/8 23:00	704	9 883	10 289	406	1 977	√	
31	010805	2001/8/5 9:00	2 440	25 902	27 996	2 094	5 180	√	
32	030905	2003/9/5 6:00	1 973	29 280	24 041	−5 239	5 856	√	
33	040718	2004/7/18 20:09	1 015	12 745	14 068	1 323	2 549	√	
34	040731	2004/7/31 21:00	2 092	14 673	25 070	10 397	2 935		√
35	040829	2004/8/29 2:00	1 480	21 560	19 276	−2 284	4 312	√	
36	040916	2004/9/16 4:00	511	8 370	7 934	−436	1 674	√	
37	050703	2005/7/3 5:00	1 428	19 271	18 694	−577	3 854	√	
38	050922	2005/9/22 5:48	1 270	19 266	16 922	−2 344	3 853	√	
39	070819	2007/8/19 0:00	2 147	29 909	25 535	−4 374	5 982	√	
40	110915	2011/9/15 22:00	1 107	18 820	15 098	−3 722	3 764	√	
41	120711	2012/7/11 7:30	1 140	23 178	15 468	−7 710	4 636		√
42	130731	2013/7/31 2:00	715	7800	10423	2 623	1 560		√
43	160723	2016/7/23 12:00	783	13 611	11 253	−2 358	2 722	√	
44	180820	2018/8/20 13:00	1 980	29 717	24 108	−5 609	5 943	√	
45	190812	2019/8/12 10:09	1 709	19 336	21 506	2 170	3 867	√	
46	200807	2020/8/7 23:28	795	13 097	11 399	−1 698	2 619	√	

备注：选用戴村坝站 1956—2020 年实测洪水资料，共 46 个点据，其中 35 个合格，合格率为 76.1%，属乙级方案。

表 14–10　大汶口–戴村坝洪水总量相关（$W_{总,大汶口}$-$W_{总,戴村坝}$）预报精度评定表

序号	洪号	大汶口站净洪水总量 $W_{总,大汶口}$（万 m^3）	戴村坝站洪水总量		预报误差（万 m^3）	许可误差（万 m^3）	评定结果	
			实测 $W_{总实,戴村坝}$（万 m^3）	预报 $W_{总预,戴村坝}$（万 m^3）			合格	不合格
1	570713	39 072	40 307	49 406	9 099	8 061		√
2	570719	67 975	84 802	85 968	1 166	16 960	√	
3	580806	13 058	14 050	16 498	2 448	2 810	√	
4	610812	17 299	26 879	21 863	–5 016	5 376	√	
5	610815	17 858	26 936	22 570	–4 366	5 387	√	
6	620715	9 456	10 028	11 942	1 914	2 006	√	
7	620720	13 514	15 275	17 075	1 800	3 055	√	
8	630728	29 756	40 300	37 621	–2 679	8 060	√	
9	630830	11 118	20 114	14 044	–6 070	4 023		√
10	640718	44 041	50 988	55 692	4 704	10 198	√	
11	640729	46 087	55 414	58 280	2 866	11 083	√	
12	640802	21 271	35 272	26 888	–8 385	7 054		√
13	640829	7 540	10 138	9 518	–620	2 028	√	
14	640831	55 335	77 310	69 979	–7 331	15 462	√	
15	640913	53 009	73 734	67 036	–6 698	14 747	√	
16	700724	11 389	13 341	14 387	1 046	2 668	√	
17	700730	27 113	40 830	34 278	–6 552	8 166	√	
18	700807	13 401	19 594	16 932	–2 662	3 919	√	
19	710708	15 424	20 128	19 491	–636	4 026	√	
20	710823	16 212	18 898	20 488	1 590	3 780	√	
21	720903	23 344	25 755	29 510	3 755	5 151	√	
22	740815	23 610	25 834	29 847	4 013	5 167	√	
23	750724	11 048	12 576	13 956	1 380	2 515	√	
24	750731	20 881	22 944	26 394	3 450	4 589	√	
25	840813	12 179	15 186	15 386	200	3 037	√	
26	900722	40 430	41 931	51 124	9 193	8 386		√
27	900803	18 668	19 333	23 595	4 262	3 867		√
28	900817	38 212	43 469	48 318	4 849	8 694	√	
29	960731	43 466	48 297	54 964	6 667	9 659	√	
30	980808	11 441	14 203	14 453	250	2 841	√	
31	010805	27 700	33 588	35 021	1 433	6 718	√	
32	030905	30 216	43 134	38 203	–4 931	8 627	√	
33	040718	18 436	24 366	23 302	–1 064	4 873	√	
34	040731	20 618	35 605	26 062	–9 543	7 121		√
35	040829	30 671	38 050	38 779	729	7 610	√	
36	040916	12 867	15 109	16 257	1 148	3 022	√	
37	050703	22 498	20 570	28 440	7 870	4 114		√
38	050922	36 424	32 066	46 056	13 990	6 413		√
39	070819	49 728	50 107	62 886	12 779	10 021		√
40	110915	32 769	33 524	41 433	7 909	6 705		√
41	120711	20 895	31 608	26 412	–5 196	6 322	√	
42	130731	17 671	22 365	22 334	–32	4 473	√	
43	160723	13 951	19 266	17 628	–1 638	3 853	√	
44	180820	33 542	34 158	42 411	8 253	6 832		√
45	190812	35 927	29 425	45 428	16 003	5 885		√
46	200807	17 438	20 505	22 039	1 534	4 101	√	

备注：选取大汶口站和戴村坝站 1956—2020 年实测配套洪水资料，共 46 个点据，合格 34 个，合格率为 73.9%，为乙级方案。

表 14–11　以区间降雨量为参数的大汶口–戴村坝洪水总量相关（$W_{净,大汶口}$-$P_{区}$-$W_{净,戴村坝}$）预报精度评定表

序号	洪号	大汶口站实测净洪水总量 $W_{净,大汶口}$（万 m^3）	大汶口–戴村坝区间降雨量 $P_{区}$（mm）	戴村坝站净洪水总量		预报误差（万 m^3）	许可误差（万 m^3）	评定结果	
				实测 $W_{净实,戴村坝}$（万 m^3）	预报 $W_{净预,戴村坝}$（万 m^3）			合格	不合格
1	570713	27 513	89.5	31 883	37 611	5 728	6 377	√	
2	570719	55 202	103.9	76 248	78 939	2 691	15 250	√	
3	580806	9 411	6.3	13 574	7 908	–5 666	2 715		√
4	610812	14 397	85.9	20 673	19 370	–1 303	4 135	√	
5	610815	10 327	46.9	17 835	12 709	–5 126	3 567		√
6	620715	7 002	12.3	7 665	6 486	–1 179	1 533	√	
7	620720	8 830	34.8	10 058	10 547	488	2 012	√	
8	630728	18 596	81.3	31 487	24 506	–6 982	6 297		√
9	630830	9 156	75	14 127	11 943	–2 185	2 825	√	
10	640718	34 817	74	41 441	45 123	3 682	8 288	√	
11	640729	35 158	96.1	44 744	49 453	4 709	8 949	√	
12	640802	9 121	64.5	21 664	11 650	–10 015	4 333		√
13	640829	4 362	28.8	5 733	5 072	–661	1 147	√	
14	640831	41 304	133.8	60 203	59065	–1 138	12 041	√	
15	640913	31 010	92.7	52 767	42 986	–9 781	10 553	√	
16	700724	9 699	15.5	11 070	9 429	–1641	2 214	√	
17	700730	22 810	100.6	32 514	32 618	104	6 503	√	
18	700807	7 680	39.8	11 207	9 288	–1 919	2 241	√	
19	710708	10 538	42.3	9 531	12 824	3 293	1 906		√
20	710823	11 784	76.5	12 990	15 515	2 524	2 598	√	
21	720903	20 328	85.4	21 813	27 288	5 475	4 363		√
22	740815	14 509	13.4	15 895	13 668	–2 227	3 179	√	
23	750724	7 648	36.3	9 058	9 169	111	1 812	√	
24	750731	14 453	31.2	15 062	17 107	2 045	3 012	√	
25	840813	6 324	54.7	9 816	7 912	–1 904	1 963	√	
26	900722	30 762	72.8	33 380	39 781	6 401	6 676	√	
27	900803	9 778	40.3	10 510	11 840	1 330	2 102	√	
28	900817	22 171	59.3	24 794	27 973	3 179	4 959	√	
29	960731	23 451	79.8	26 700	30 710	4 010	5 340	√	
30	980808	8 889	59.8	9 883	11 244	1 361	1 977	√	
31	010805	18 880	24.7	25 902	20 844	–5 058	5 180	√	
32	030905	16 361	116.2	29 280	23 396	–5 884	5 856		√
33	040718	8 411	111.4	12 745	12 028	–717	2 549	√	
34	040731	6 677	129	14 673	9 548	–5 125	2 935		√
35	040829	15 562	89.7	21 560	21 292	–268	4 312	√	
36	040916	6 076	34.3	8 370	7 248	–1 122	1 674	√	
37	050703	19 134	47	19 271	23 554	4 283	3 854		√
38	050922	20 478	73.3	19 266	26 506	7 240	3 853		√
39	070819	25 801	23.6	29 909	28 078	–1 831	5 982	√	
40	110915	14 968	60.2	18 820	18 917	97	3 764	√	
41	120711	10 724	111.9	23 178	15 335	–7 843	4 636		√
42	130731	8 923	16.3	7 800	8 777	977	1 560	√	
43	160723	9 918	96.8	13 611	14 008	397	2 722	√	
44	180820	29 421	180.5	29 717	42 072	12 355	5 943		√
45	190812	24 652	72.3	19 336	31 851	12 515	3 867		√
46	200807	11 420	81.3	13 097	15 213	2 116	2 619	√	

备注：选取大汶口站和戴村坝站 1956—2020 年实测配套洪水资料，共 46 个点据，合格 33 个，合格率为 71.7%，为乙级方案。

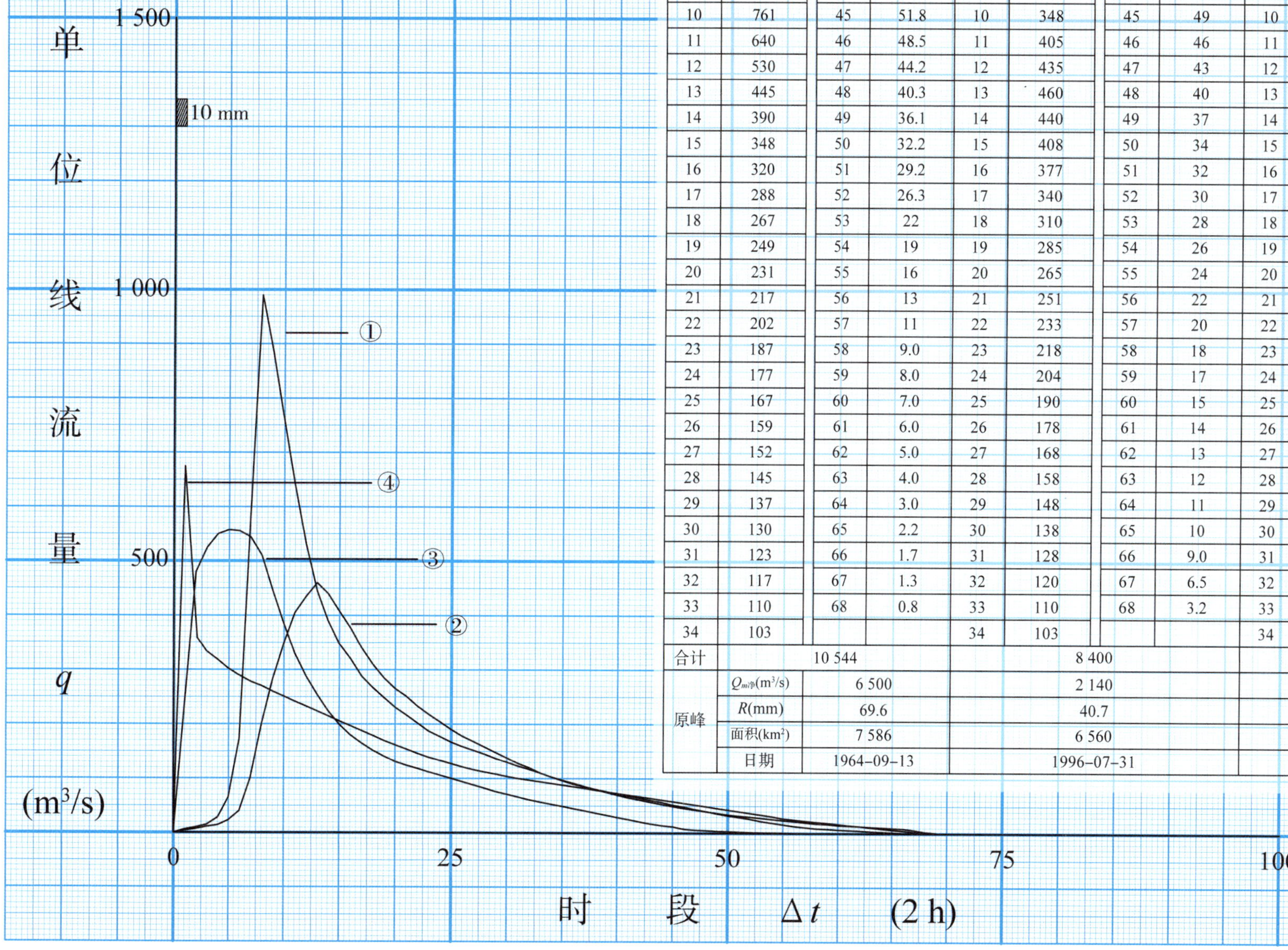

单位线成果表

Δt=2 h

① 上游，普雨，强度较大				② 中游，普雨，强度较大				③ 中上游南支，局部暴雨				④ 上游，强度较小			
时段	单位线流量 q(m³/s)	时段	单位线流量 q(m³/s)	时段	单位线流量 q(m³/s)	时段	单位线流量 q(m³/s)	时段	单位线流量 q(m³/s)	时段	单位线流量 q(m³/s)	时段	单位线流量 q(m³/s)	时段	单位线流量 q(m³/s)
0	0	35	97	0	0	35	96	0	0	35	49	0	0	35	88
1	6	36	91.5	1	4	36	90	1	240	36	45	1	675	36	85
2	10	37	85.7	2	7	37	85	2	480	37	41	2	355	37	82
3	15	38	80.6	3	11	38	80	3	525	38	37	3	340	38	79
4	28	39	76.3	4	14	39	75	4	550	39	33	4	325	39	76
5	65	40	71.5	5	23	40	70	5	557	40	29	5	310	40	73
6	173	41	68.1	6	40	41	65	6	555	41	25	6	295	41	70
7	587	42	64.3	7	100	42	61	7	544	42	21	7	280	42	67
8	990	43	60.2	8	200	43	57	8	510	43	17	8	270	43	64
9	885	44	56.7	9	283	44	53	9	445	44	14.2	9	260	44	61
10	761	45	51.8	10	348	45	49	10	385	45	11.8	10	251	45	58
11	640	46	48.5	11	405	46	46	11	330	46	7.6	11	242	46	55
12	530	47	44.2	12	435	47	43	12	288	47	6.2	12	233	47	52
13	445	48	40.3	13	460	48	40	13	225	48	5.1	13	224	48	49
14	390	49	36.1	14	440	49	37	14	255	49	4.0	14	215	49	46
15	348	50	32.2	15	408	50	34	15	200	50	3.3	15	206	50	43
16	320	51	29.2	16	377	51	32	16	180	51	2.6	16	197	51	40
17	288	52	26.3	17	340	52	30	17	165	52	1.8	17	188	52	37
18	267	53	22	18	310	53	28	18	152	53	1.5	18	179	53	34
19	249	54	19	19	285	54	26	19	141	54	1.2	19	170	54	31
20	231	55	16	20	265	55	24	20	131	55	0.9	20	162	55	27
21	217	56	13	21	251	56	22	21	124	56	0.6	21	154	56	25
22	202	57	11	22	233	57	20	22	118	57	0.4	22	146	57	23
23	187	58	9.0	23	218	58	18	23	112	58	0.2	23	139	58	21
24	177	59	8.0	24	204	59	17	24	106	59	0	24	133	59	19
25	167	60	7.0	25	190	60	15	25	100			25	127	60	17
26	159	61	6.0	26	178	61	14	26	94			26	121	61	15
27	152	62	5.0	27	168	62	13	27	88			27	116	62	13
28	145	63	4.0	28	158	63	12	28	82			28	112	63	11
29	137	64	3.0	29	148	64	11	29	76			29	108	64	9.0
30	130	65	2.2	30	138	65	10	30	71			30	104	65	7.0
31	123	66	1.7	31	128	66	9.0	31	66			31	100	66	5.0
32	117	67	1.3	32	120	67	6.5	32	61			32	97	67	3.0
33	110	68	0.8	33	110	68	3.2	33	57			33	94	68	2.0
34	103			34	103			34	53			34	91		

项目		①	②	③	④
合计		10 544	8 400	8 400	8 400
原峰	$Q_{m净}$(m³/s)	6 500	2 140	1 973	1 709
	R(mm)	69.6	40.7	54.3	31.9
	面积(km²)	7 586	6 560	6 064	6 064
	日期	1964-09-13	1996-07-31	2003-09-05	2019-08-12

说明

降雨特点：

①线(640913)暴雨中心位置在上游，前期较湿润，P_a=67 mm，普雨，强度较大，有效降雨历时8 h；

②(960731)暴雨中心位置在中游，前期较湿润P_a=88.4 mm，普雨，强度较大，有效降雨历时10 h；

③(030905)暴雨中心位置在中上游南支，前期较湿润，P_a=88.4 mm，有效降雨历时8 h；

④(190812)暴雨中心位置在上游，前期较湿润，P_a=66 mm，局部暴雨，强度较小，有效降雨历时22 h

图 14-3　大汶河戴村坝站单位线图

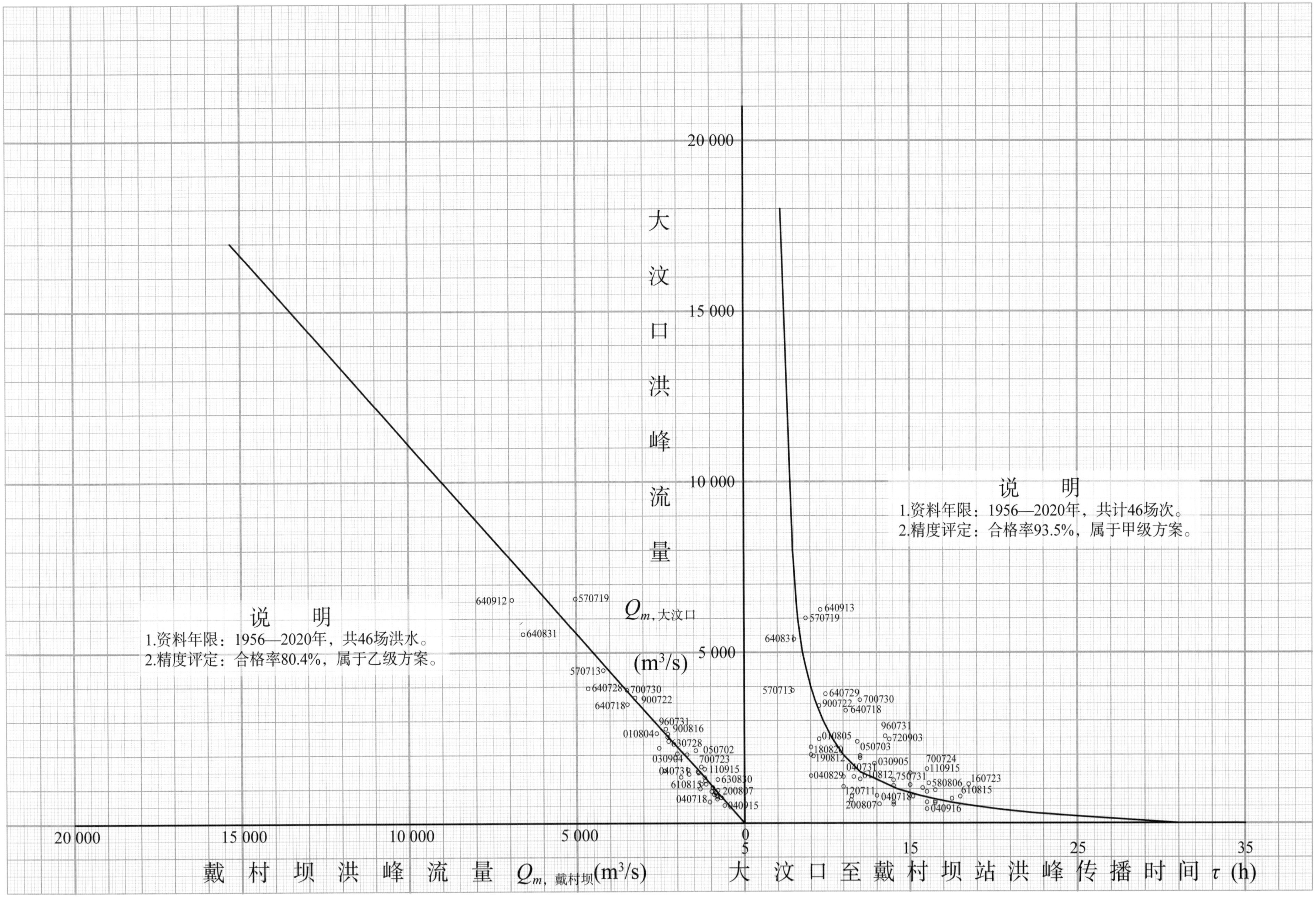

图 14-4　大汶河 $Q_{m,大汶口}$-$Q_{m,戴村坝}$相关图

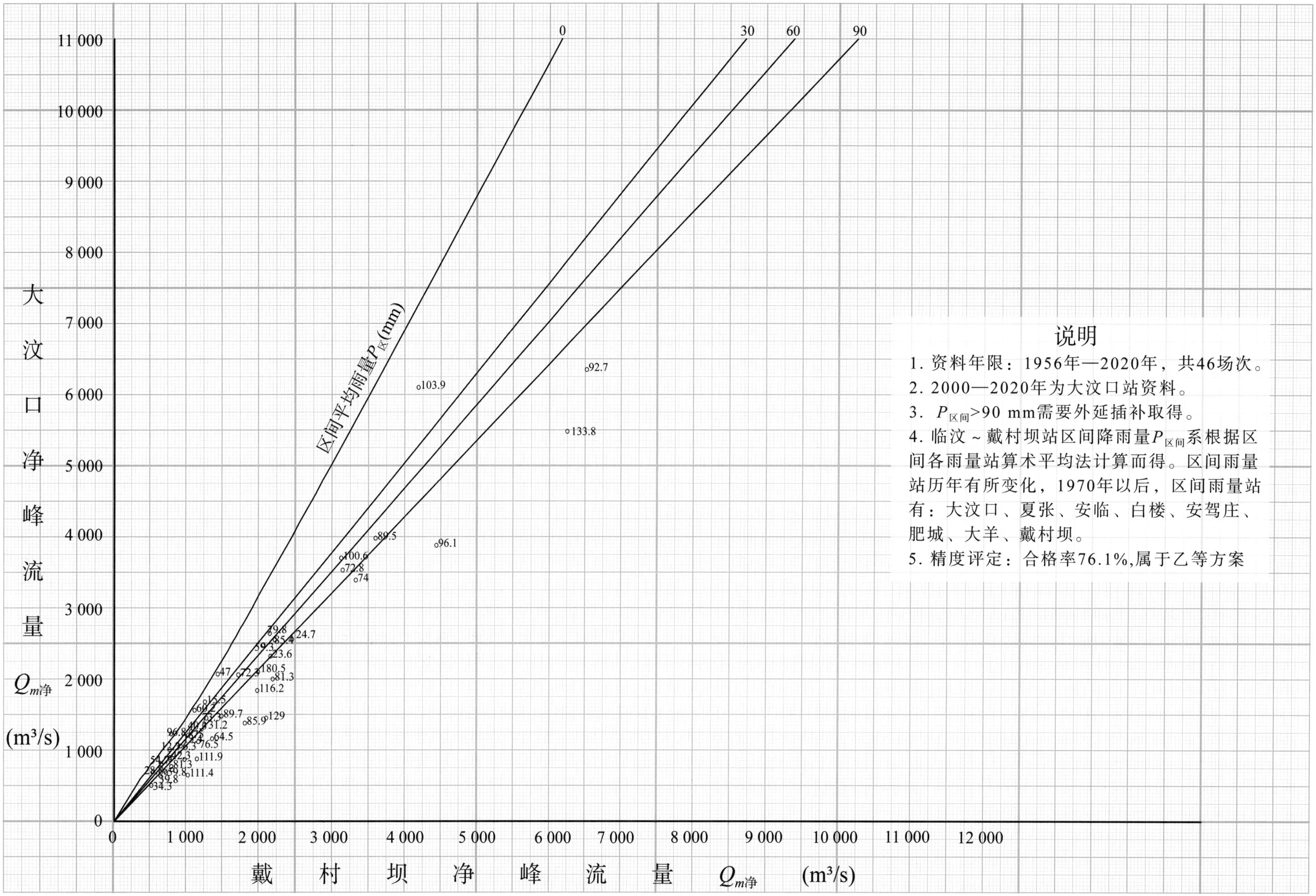

图 14-5　大汶河 $Q_{m净，大汶口}$–$P_区$–$Q_{m净，戴村坝}$关系曲线图

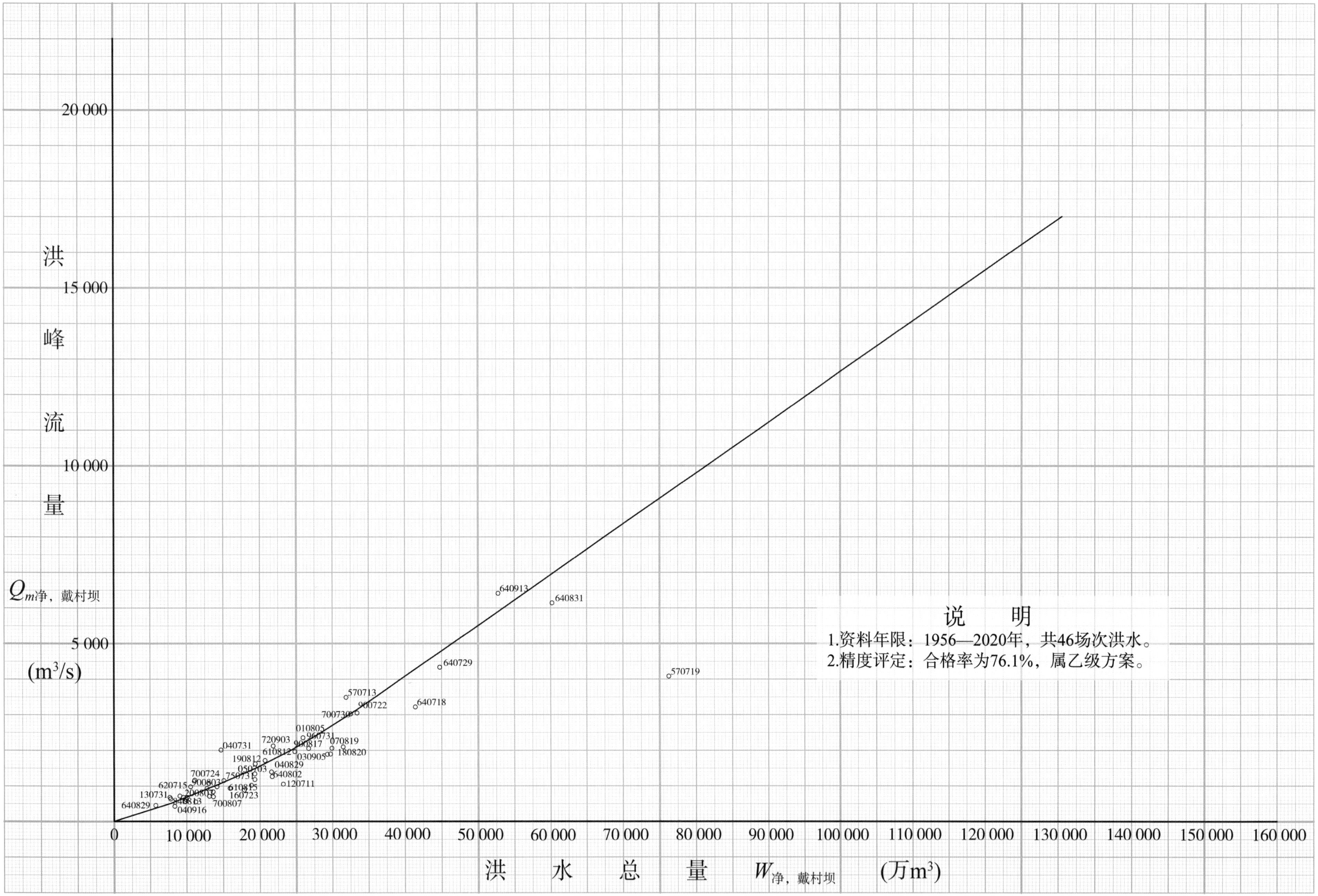

图 14-6 大汶河戴村坝站 $Q_{m净，戴村坝}-W_{净，戴村坝}$相关图

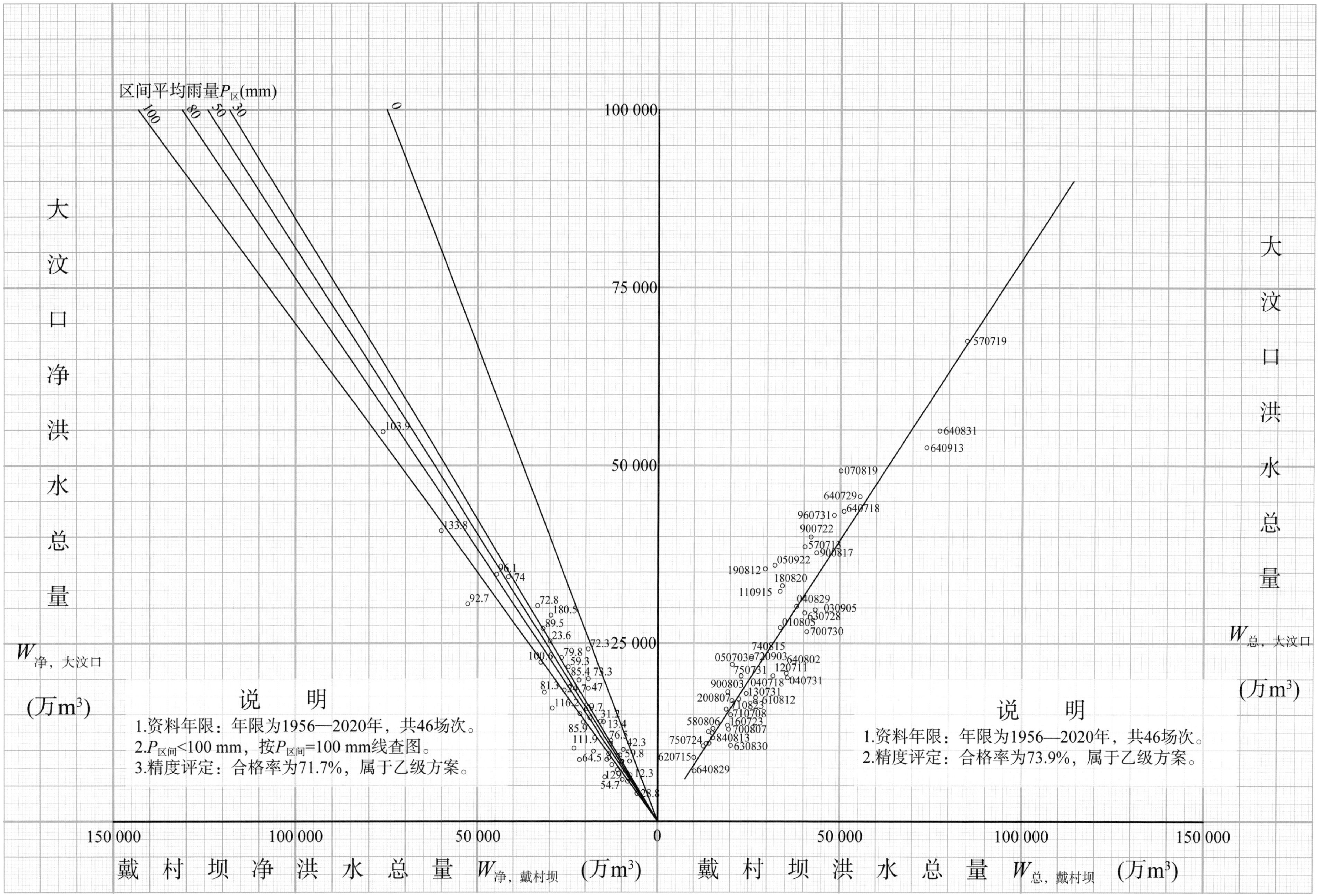

图 14-7 大汶河 $W_{总，大汶口}-W_{总，戴村坝}$和 $W_{净，大汶口}-P_{区}-W_{净，戴村坝}$相关图

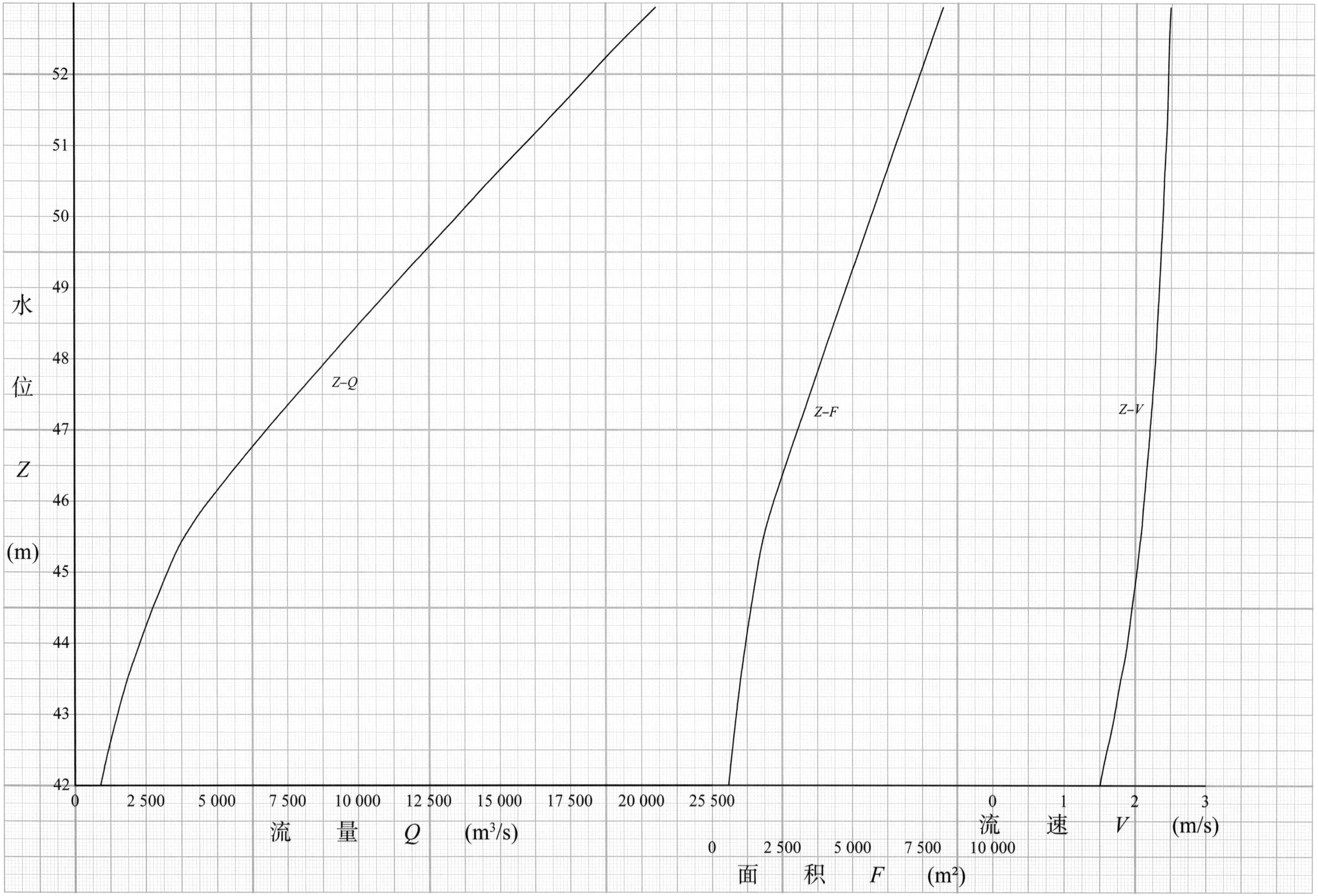

图 14–8 大汶河戴村坝站 *Z–Q*、*Z–F*、*Z–V* 关系曲线图

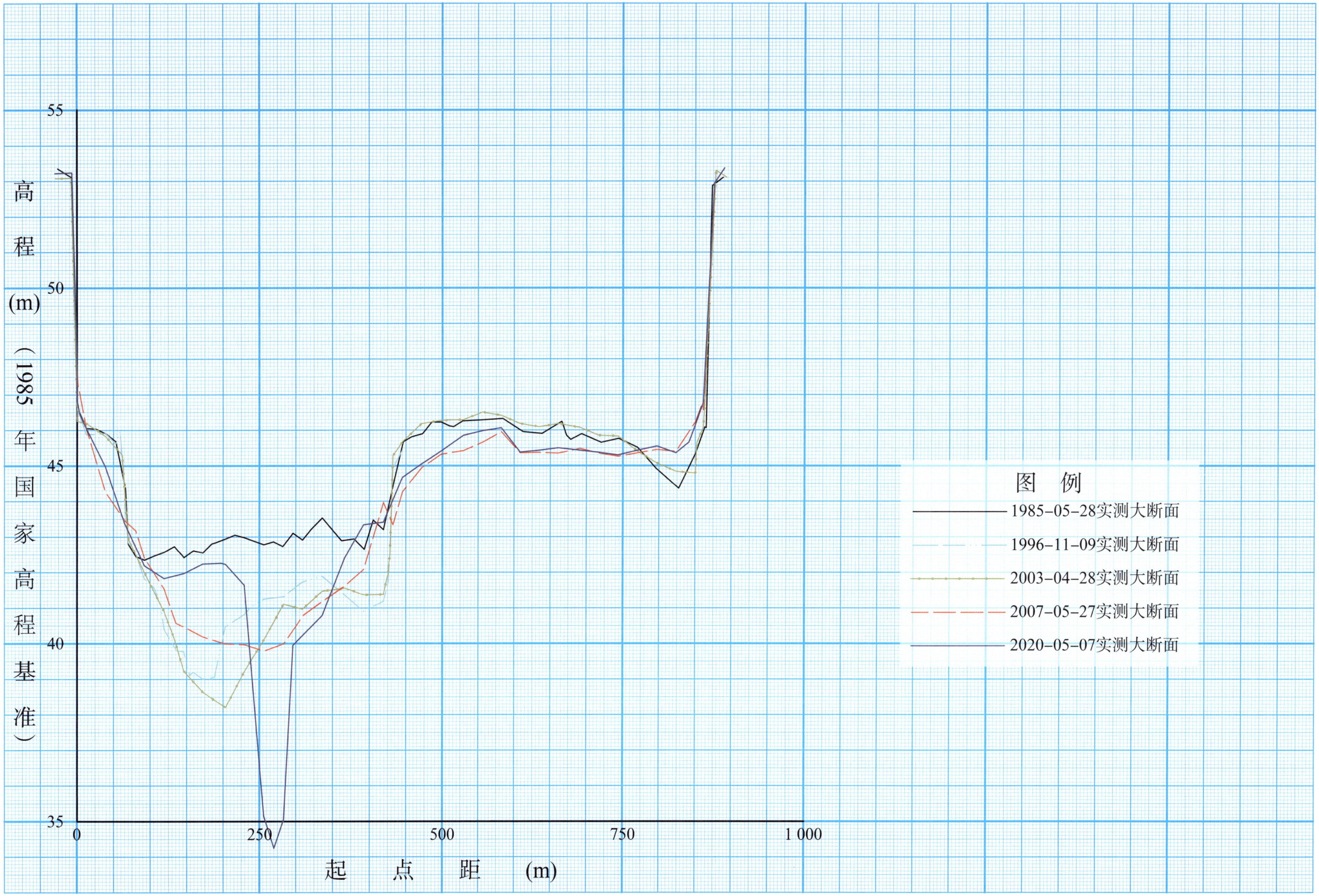

图 14-9 大汶河戴村坝站实测大断面图

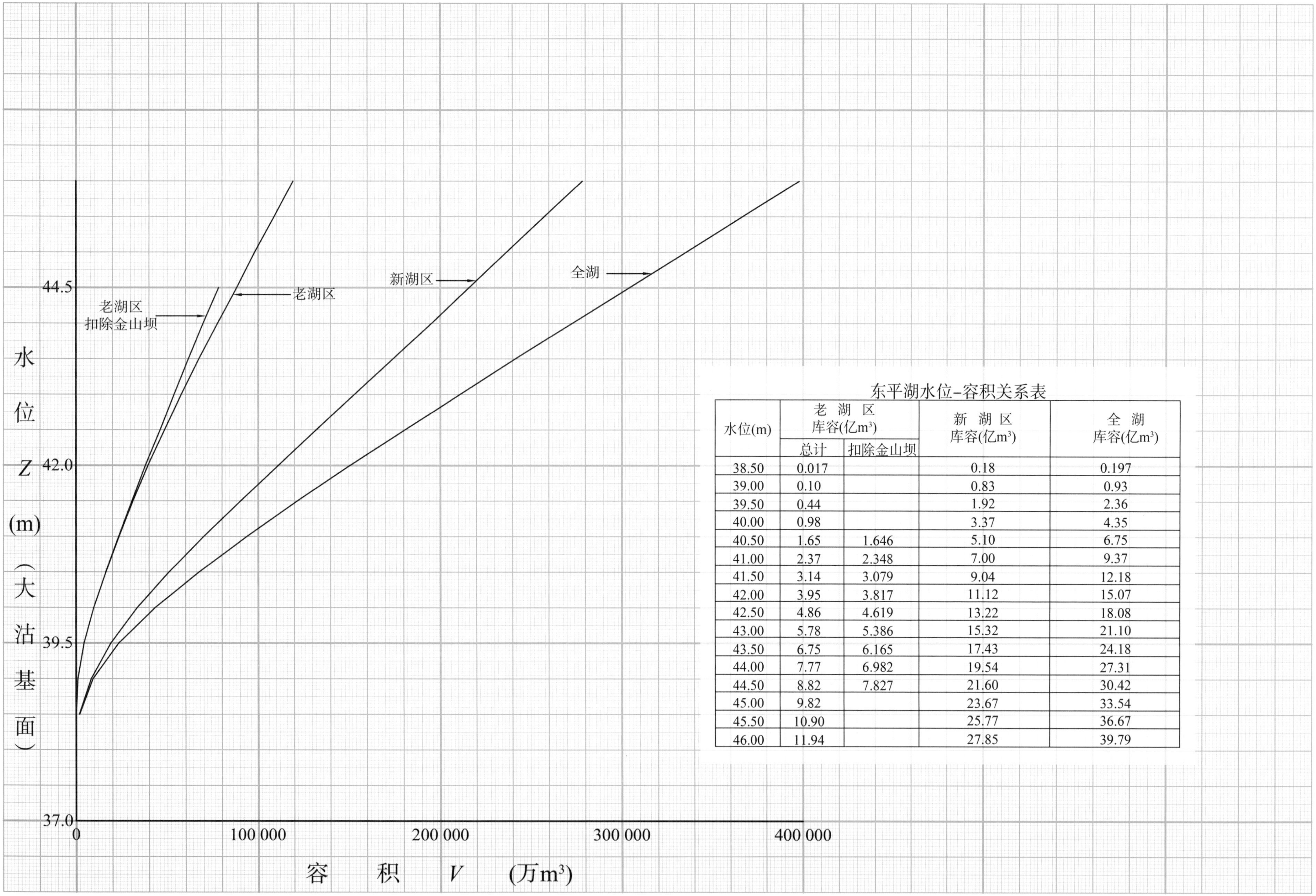

东平湖水位-容积关系表

水位(m)	老湖区库容(亿m³)		新湖区库容(亿m³)	全湖库容(亿m³)
	总计	扣除金山坝		
38.50	0.017		0.18	0.197
39.00	0.10		0.83	0.93
39.50	0.44		1.92	2.36
40.00	0.98		3.37	4.35
40.50	1.65	1.646	5.10	6.75
41.00	2.37	2.348	7.00	9.37
41.50	3.14	3.079	9.04	12.18
42.00	3.95	3.817	11.12	15.07
42.50	4.86	4.619	13.22	18.08
43.00	5.78	5.386	15.32	21.10
43.50	6.75	6.165	17.43	24.18
44.00	7.77	6.982	19.54	27.31
44.50	8.82	7.827	21.60	30.42
45.00	9.82		23.67	33.54
45.50	10.90		25.77	36.67
46.00	11.94		27.85	39.79

图 14–10 东平湖 Z–V 关系曲线图

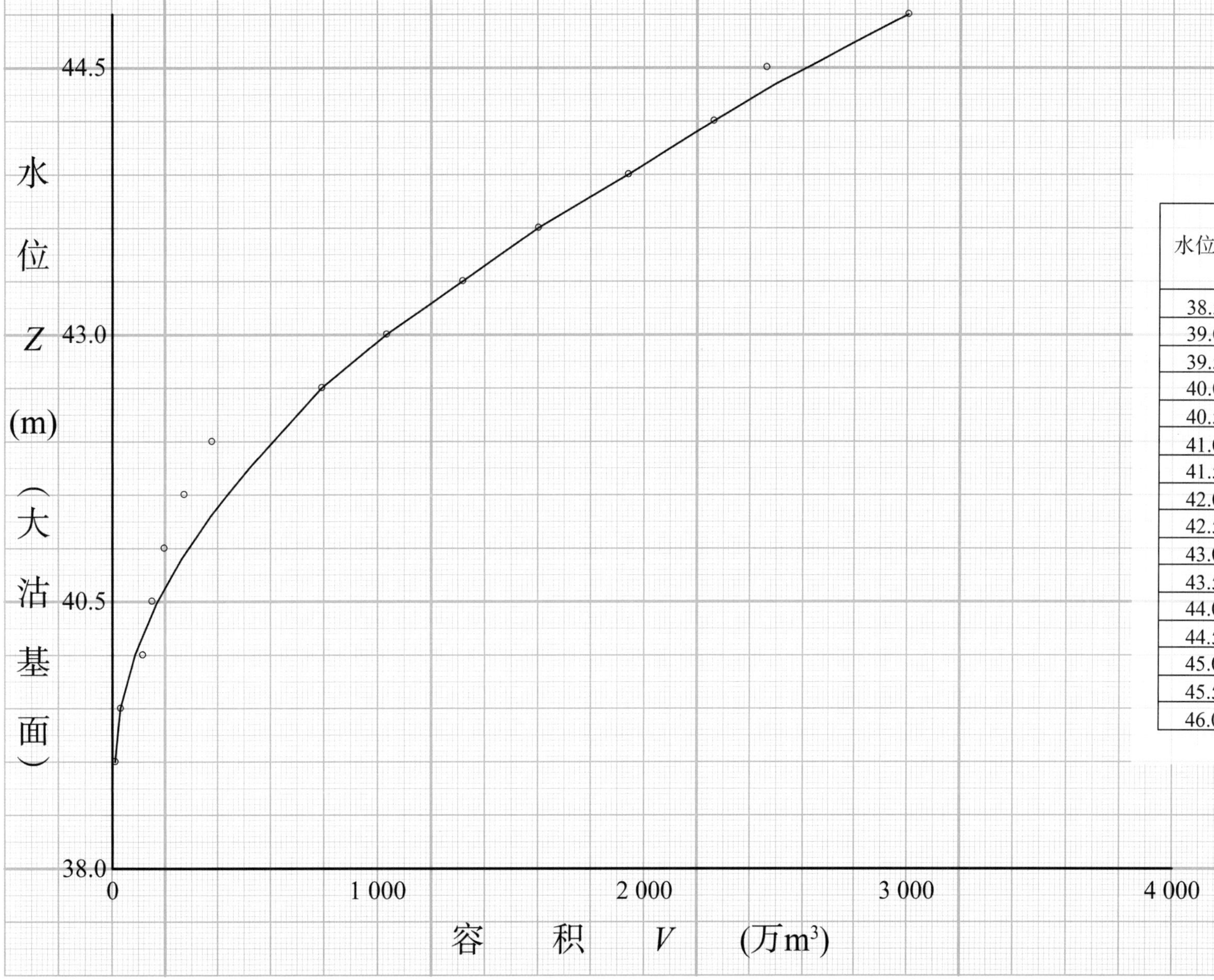

东平湖稻屯洼水位与面积、容积关系表

水位(m)	面积(km^2)	容积(亿m^3)	备注
38.50			
39.00	1.0	0.010	
39.50	8.0	0.030	
40.00	16.7	0.115	偏大
40.50	22.8	0.149	
41.00	28.5	0.195	偏小
41.50	36.2	0.270	偏小
42.00	44.4	0.375	偏小
42.50	48.45	0.791	
43.00	52.4	1.032	
43.50	57.2	1.316	
44.00	61.6	1.600	
44.50	66.2	1.940	
45.00	70.6	2.261	
45.50	73.6	2.462	
46.00	76.5	3.002	

图 14–11　东平湖稻屯洼 Z–V 关系曲线图

第十五章　沂河葛沟站水文预报方案编制说明

1　流域概况

1.1　流域自然地理特征

沂河发源于山东省沂源县西部，是鲁南地区跨省的最大山洪河道。沂河流域上游以鲁山背斜与潍河、猕河为分水岭，东以沂山背斜余脉与沭河为分水岭，地势西北高、东南低，沂河上游地势复杂，支流众多。葛沟水文站处于沂河中段，上游 8 km 处右岸有东汶河汇入，下游 3.5 km 处有蒙河自西北方向汇入。葛沟站以上控制流域面积 5 565 km^2，流域内山区面积约占 65%，丘陵平原区约占 35%。岩石多灰岩；土壤多壤土，部分地带有黏土、沙土，山岭地带多沙壤土。农作物以小麦、大豆、玉米、地瓜为主，山区水土流失较重。葛沟站以上流域属温带大陆性季风气候区，流域多年平均年降水量为 772.1 mm（1956—2016 年系列），其中 6—9 月降水量 572.7 mm，约占降水量的 74.2%。葛沟站以上流域图见图 15-1。

1.2　水利工程情况

1957 年沂河出现特大洪水，自 1958 年开始，先后在该站上游修建了 3 座大型水库（田庄、跋山、岸堤）和 7 座中型水库，总控制面积 3 599 km^2，占葛沟站以上流域面积的 65%。大中型水库以下区间面积为 1 966 km^2；小（1）型水库 12 座，控制流域面积 106 km^2，总库容 2 041 万 m^3；小（2）型水库 54 座，控制流域面积 102 km^2，总库容 1 433 万 m^3。在流域中下游河道上还兴建了拦河闸坝等水利工程，对防洪抗旱起到了重要的作用。2010 年 10 月，在葛沟水文站基下 180 m 处建成葛沟橡胶坝，同时拆除葛沟拦河坝。葛沟橡胶坝总长 315.6 m，4 节坝袋，每节长 78.0 m，无闸门控制，设计库容 301 万 m^3。葛沟站以上流域大中型水库工程情况详见表 15-1。

表 15-1　沂河葛沟站以上流域大中型水库工程情况表

类型	库名	流域面积（km^2）	校核洪水位时		建成日期	
			总库容（万 m^3）	溢洪流量（m^3/s）	年	月
大型	田庄	417	12 000	3 837	1960	5
	跋山	1 779	51 836	12 110	1960	5
	岸堤	1 694	77 993①	12 161	1960	6
中型	红旗	27.4	1 151	567②	1967	5
	寨子山	26.0	1 121	524	1972	12
	寨子	25.45	1 084	470	1975	10
	朱家坡	35.7	1 208	816	1967	6
	黄土山	17.8	1 099	394	1967	6
	张庄	17.0	1 068	230	1959	12
	高湖	74.2	3 170	1 085	1967	5

注：① 该数据为岸堤水库除险加固后的数据；② 来自全国第一次水利普查数据 。下同。

1.3　测站概况

1.3.1　基本情况

葛沟水文站系沂河干流控制站，1950 年 5 月 1 日由华东军政委员会水利部新安一等水文站在河阳设立三等南河阳水文站，1951 年 5 月 1 日基本断面下迁至葛沟村北，改称葛沟水文站；1961 年 1 月，因葛沟拦河坝修建，基本断面又下迁 1 500 m。2003 年 5 月完成重点站建设，同年 6 月 1 日水文测验断面上迁 650 m，流量改为桥测，观测至今。

1.3.2　采用基面

葛沟站采用的冻结基面为废黄河口基面，换算关系为：冻结基面高程 -0.700 m=1956 年黄海基面高程，冻结基面高程 - 0.801 m=1985 年国家高程基准高程。

1.3.3　报汛站情况

葛沟站以上流域共设有报汛站 6 处，分别为跋山、寨子山、斜午、岸堤、傅旺庄、葛沟。

1.3.4　集水面积变化情况

由于葛沟站上游大中型水库的建设，本站集水面积发生了很大变化，变化情况见表 15-2。

表 15-2　沂河葛沟站区间集水面积变化情况

年份	1960—1966 年	1967—1970 年	1971 年至今
大中型水库以下区间面积（km^2）	2 092	2 018	1 966

2　预报方案编制

2.1　预报区间的确定

葛沟站以上建有田庄水库、跋山水库、岸堤水库 3 座大型水库及红旗水库、寨子山水库、寨子水库、朱家坡水库、黄土山水库、张庄水库、高湖水库 7 座中型水库，其中田庄水库、红旗水库为跋山水库入流站，朱家坡水库、黄土山水库、张庄水库为岸堤水库入流站，因此将跋山、岸堤、高湖、寨子山、寨子5座大中型水库作为葛沟上游入流站，预报区间确定为大中型水库以下—葛沟站，区间面积为1 966 km^2，即葛沟站以上总控制面积5 565 km^{2}减去上游大中型水库控制面积3 599 km^2。

2.2 资料情况及方案沿革

2.2.1 资料情况

葛沟站预报方案于1981年分析编制完成，又分别于1991年、1999年、2011年进行了方案的修订。本次修订除选用之前分析的1960—2010年共51场次暴雨洪水外，另外补充了2011—2020年10场次暴雨洪水进行分析，即资料系列为1960—2020年，共61场次洪水。

2.2.2 方案沿革

原方案中产流方案采用降雨径流相关图$P\text{-}P_a\text{-}R$和$P+P_a\text{-}R$，汇流方案采用峰量关系图、经验单位线。本次修订在原产流方案$P\text{-}P_a\text{-}R$相关图中增加了18个点据，关系线保持不变，在$P+P_a\text{-}R$相关图中增加了15个点据，关系线保持不变；在原汇流方案峰量关系图中增加了17个点据，关系线保持不变，在原径流深－峰现时距相关图中增加了10个点据，关系线保持不变；经验单位线新增了2条，其中：1 h单位线1条，2 h单位线1条。

2.3 产流方案

产流方案分别采用降雨径流经验相关图$P\text{-}P_a\text{-}R$和$P+P_a\text{-}R$，分别见图15–2和图15–3。其中：P为次降雨流域平均雨量（mm）；P_a为流域平均前期影响雨量（mm）；R为次降雨所产生的径流深（mm）。

2.3.1 流域平均雨量P的计算

流域平均雨量采用加权平均法即泰森多边形法计算，各站面积权重分别为：跋山0.187、寨子山0.159、斜午0.204、岸堤0.113、傅旺庄0.234、葛沟0.103。

2.3.2 流域平均前期影响雨量P_a的计算

每年自汛初开始连续计算，先以加权平均法计算流域平均雨量，然后计算前期影响雨量P_a。K、I_m取值本次未做分析，继续沿用原有成果。P_a计算公式如下：

$$P_{a,\ t}=K(P_{a,\ t-1}+P_{t-1})$$

式中：$P_{a,\ t}$为当日的流域平均前期影响雨量（mm）；$P_{a,\ t-1}$为前一日的流域平均前期影响雨量（mm）；P_{t-1}为前一日流域平均降雨量（mm）；K为前期影响雨量递减系数，K=1－E_m/I_m，K=0.85；E_m为流域蒸发能力（mm）；I_m为流域最大损失量（mm），本方案采用60 mm。

2.3.3 径流深R的计算

在一次洪水过程线上采用斜线分割法割除基流，水库放水时要将水库放水形成的地表径流的那部分水量扣除。本次洪水径流深R等于洪水总量W（已扣除水库放水量和基流量）除以集水面积F。沂河葛沟站降雨径流分析成果见表15–3。

2.3.4 精度评定

以实测点据为依据点绘$P\text{-}P_a\text{-}R$及$P+P_a\text{-}R$相关图。$P\text{-}P_a\text{-}R$相关图采用1960—2020年61年的资料系列，共53个点据，合格率为77.4%，属乙级方案；$P+P_a\text{-}R$相关图采用1960—2020年61年的资料系列，共48个点据，合格率为85.4%，属甲级方案。

精度评定采用合格点次占总点次的百分比为合格率，许可误差采用实测值的20%，并以20.0 mm为上限，以3.0 mm为下限作为控制。沂河葛沟站降雨径流预报精度评定见表15–4、表15–5。

2.4 汇流方案

汇流方案主要采用峰量关系图、经验单位线等方法。

2.4.1 峰量关系图

本方案采用的$R\text{-}T_c\text{-}Q_{m净}$关系图见图15–4。图中$R$为一次降雨径流深；$T_c$为有效降雨历时，是指实际能产生径流、对造峰有明显影响的降雨历时，如果两段较大降雨之间有一小段不产生径流，此段历时也统计在主要有效降雨历时之内，当降雨时段较长时，一般采取占总降雨量80%以上的主要降雨时段数；$Q_{m净}$为一次降雨过程所产生的区间净峰流量。受上游水利工程的影响，历年实测的净峰流量相应集水面积不相同，本次方案制作时统一改正为当前集水面积上的净峰流量，其计算公式为

$$Q_{m净}=Q'_{m净}\left(\frac{F_{现}}{F_{原}}\right)^{\frac{2}{3}}$$

式中：$Q_{m净}$为改正后的净峰流量（m^3/s）；$Q'_{m净}$为原集水面积上实测的净峰流量（m^3/s）；$F_{现}$为当前采用的集水面积，即扣除大中型水库拦截面积后的集水面积（km^2）；$F_{原}$为实测$Q'_{m净}$时相应集水面积（km^2）。

葛沟站洪峰流量用下式预报：

$$Q_m=Q_{m净}+Q_{基}+\sum\Delta Q_{出库}$$

式中：$Q_{m净}$为净峰流量（m^3/s）；$Q_{基}$为基流量（m^3/s）；$\sum\Delta Q_{出库}$为本站出现$Q_{m净}$时，相应于$Q_{m净}$的各大中型水库出库流量之和（m^3/s）。各库相应于$Q_{m净}$的出库流量，可由各库出库流量资料错开洪水传播时间求得。

精度评定：本方案采用1960—2020年共47场洪水点据，许可误差采用实测值的20%作控制，合格率为72.3%，属乙级方案。沂河葛沟站峰量关系精度评定见表15–6。

2.4.2 峰现时间关系图

本方案采用1960—2020年实测56场洪水资料，建立次降雨径流深R–暴雨中心位置P_φ–主要两段降雨中间时间到洪峰出现时距τ相关图，详见图15–5。

精度评定：许可误差取实测值的30%，并以3 h为下限作为控制，方案合格率为71.4%，属乙级方案。沂河葛沟站主要两段降雨中间时间到洪峰出现时距预报精度评定见表15–7。

2.4.3 综合瞬时单位线

综合瞬时单位线参数方程如下：

$$M_1 = 17.38R^{-0.26}\,T_c^{\,0.27}$$

$$M_2 = 0.265R^{-0.19}\,T_c^{\,0.26}$$

式中：M_1 为瞬时单位线参数，是单位线的流域滞时，$M_1 = nk$；M_2 为瞬时单位线参数，与汇流速度有关，$M_2 = 1/n$；n 为反映汇流调节次数的参数；k 为反映汇流时间的参数；R 为径流深（mm）；T_c 为有效降雨历时（h）。

2.4.4 经验单位线

参考 910611、970820、980725、120710 场次洪水资料，根据流域暴雨洪水特性及下垫面变化情况，综合确定出本站 1 h 单位线 4 条、2 h 单位线 4 条，新增 1 h 单位线 1 条、2 h 单位线 1 条，沂河葛沟站单位线图见图 15–6、图 15–7。

2.5 水位与流量、面积、流速关系图

根据沂河葛沟站 1963 年 7 月 20 日、1974 年 8 月 14 日、1991 年 7 月 25 日、2020 年 8 月 14 日 4 场实测的典型洪水分析定线，供较大洪水时由已知水位（流量）查算相应流量（水位）应用，详见图 15–8。由于各次洪水的雨水情特点不同，同一级水位（流量）查得的流量（水位）差别很大。应用时，要根据本次暴雨洪水的特征查用比较接近的水位流量关系线。

2.6 大断面图

根据沂河葛沟站 1974 年、1991 年、2003 年、2015 年、2021 年实测大断面资料点绘大断面，其中 1974 年和 1991 年为老断面，2003 年至今为上迁 650 m 后的新断面，详见图 15–9。

3 预报方案使用

3.1 产流方案

根据流域平均雨量 P 及前期影响雨量 P_a 在 P-P_a-R 和 P+P_a-R 关系图上查取径流深 R，再进行综合分析，确定地表径流深 R 的预报值。汛期第一场洪水或连续干旱后的洪水，在 P+P_a-R 关系图上查Ⅱ号线；连续丰水年或上游水利工程蓄水较多时，查 P+P_a-R 关系图中Ⅰ号线。

3.2 汇流方案

3.2.1 峰量关系曲线图

依据查得的径流深 R 及求出的有效降雨历时 T_c，查图 15–4，可得流域中型水库以下集水面积上所产生的净峰流量 $Q_{m净}$，加上基流 $Q_基$及上游水库放水即为该站所预报的洪峰流量。

3.2.2 峰现时间的预报

根据预报的 R 及暴雨中心位置，查图 15–5，可得主要两段降雨中间时间到洪峰出现时距 τ 值，则葛沟站洪峰出现时间 = 主要两段降雨中间时间 +τ，若上游水库泄洪流量较大，要考虑水库泄洪对葛沟站洪峰出现时间的影响，对其做适当修正。

3.2.3 综合瞬时单位线

依据综合瞬时单位线参数方程计算出 M_1 和 M_2，进而求出 n、k，代入 t/k 的 n 阶非完全伽马函数式，求得瞬时单位线的 S（t）曲线，由 S（t）曲线通过时段转化计算出时段单位线，再结合相应的时段净雨过程，用卷积公式求得预报洪水过程线。

3.2.4 经验单位线

在进行洪水作业预报时，视本次降雨情况选定与其降雨特点相近的经验单位线。

3.3 方案合理性检查及评定

在方案建立过程中，随时根据规范要求及有关文件规定进行合理性检查，特别对突出点据从原始资料反复查对，对中间处理过程也进行了认真审查，发现不合理的问题基本上做了检查改正。方案建立后，先从线形进行比较，防止出现矛盾现象，然后对每个方案尽量根据规范规定采用表格形式进行了精度评定（许可误差法），其中降雨径流相关图 P-P_a-R 合格率为 77.4%，属乙级方案；降雨径流相关图 P+P_a-R 合格率为 85.4%，属甲级方案；峰量关系相关图合格率为 72.3%，属乙级方案；径流深与峰现时距相关图合格率为 71.4%，属乙级方案。综上，本方案属于乙级方案。

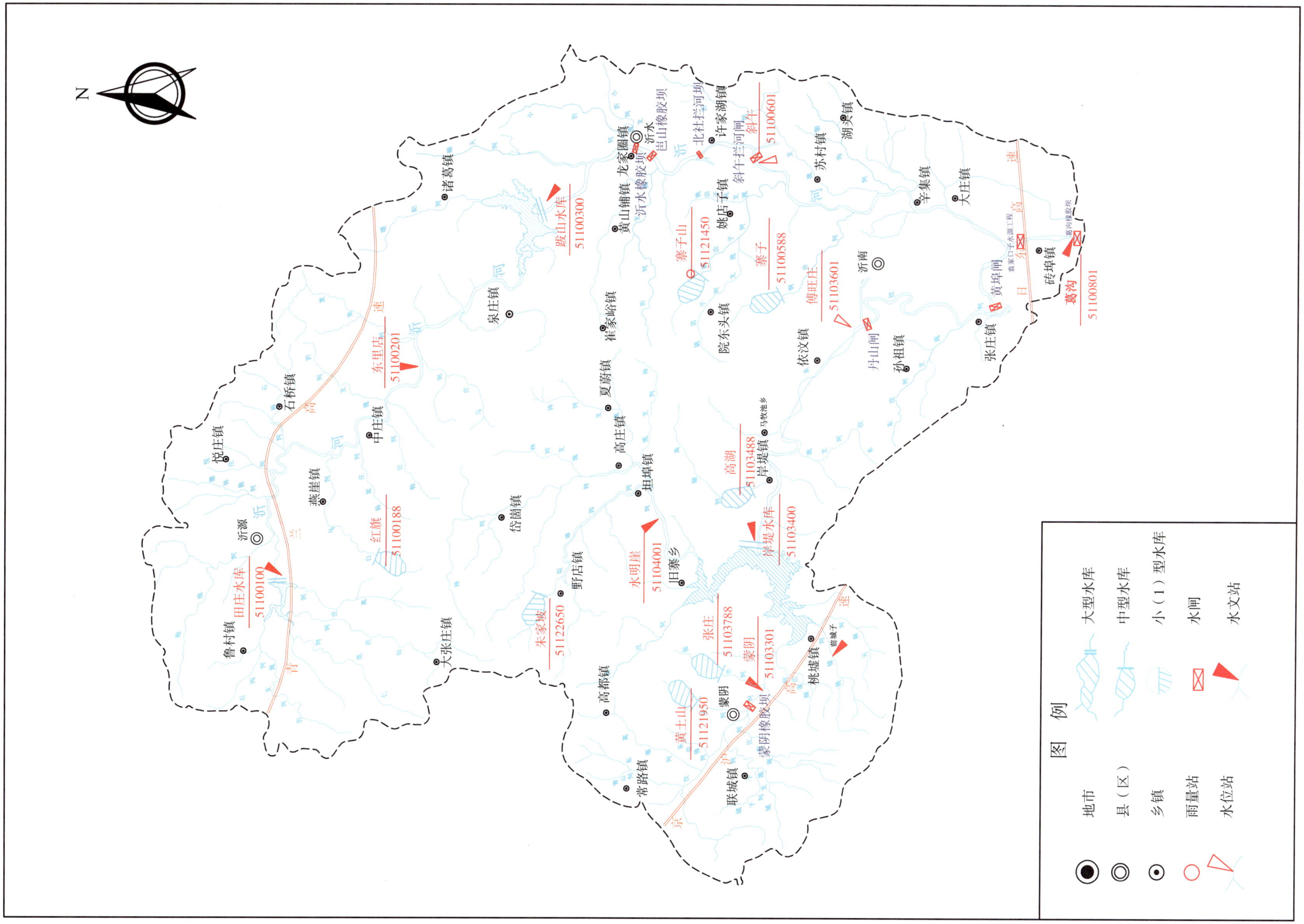

图 15-1　沂河葛沟水文站以上流域图

表 15-3 沂河葛沟站降雨径流分析成果表

序号	降雨起讫时间							流域平均雨量 P（mm）	前期影响雨量 P_a（mm）	降雨历时（h）		暴雨中心位置	洪水发生时间									洪水历时 $T_洪$（h）	洪峰流量 Q_m（m^3/s）	净峰流量 $Q'_{m净}$（m^3/s）	改正后的净峰流量 $Q_{m净}$（m^3/s）	地表径流总量 W（万 m^3）	集水面积 F（km^2）	径流深 R（mm）	径流系数 α	主要两段降雨中间时刻到洪峰出现时距 τ（h）
	起				讫					全部 T	有效 T_c		起涨			峰顶			落平											
	年	月	日	时	月	日	时						月	日	时	月	日	时	月	日	时									
1	1960	6	26	16	6	28	0	138.4	8.0	32	10	傅旺庄	6	27	2	6	27	22	7	2	0	118	1 540	1 530	1 468	9 936	2 092	47.5	0.34	8.0
2	1960	6	30	2	7	1	18	101.8	51.0	40	14	傅旺庄	6	30	5	7	1	1	7	4	18	109	1 430	1 420	1 362	12 528	2 092	59.9	0.59	8.0
3	1960	7	2	4	7	3	10	98.5	60.0	30	16	岸堤	7	2	7	7	2	21	7	6	11	100	2 600	1 580	1 516	15 300	2 092	73.1	0.74	11.0
4	1960	7	27	0	7	28	0	126.4	26.0	24	15.2	葛沟	7	27	0	7	27	20	8	1	20	140	2 560	2 380	2 283	16 340	2 092	78.1	0.62	10.0
5	1960	8	15	20	8	17	12	235.1	29.0	40	5.8	傅旺庄	8	16	3	8	17	9	8	20	0	93	8 620	8 550	8 203	32 310	2 092	154.4	0.66	7.0
6	1960	8	27	2	8	28	8	54.5	17.0	30	8	傅旺庄	8	27	7	8	27	21	9	1	2	115	329	162	155	1 951	2 092	9.3	0.17	11.0
7	1960	9	5	12	9	6	8	34.2	24.0	20	7	葛沟	9	5	12	9	6	14	9	9	10	94	357	201	193	1 843	2 092	8.8	0.26	12.0
8	1961	6	29	2	6	29	16	47.7	14.0	14	8	傅旺庄	6	29	6	6	29	0	7	4	14	128	100	81	77.7	1 094	2 092	5.2	0.11	16.0
9	1961	7	5	12	7	6	4	77.8	22.0	16	5.6	傅旺庄	7	4	20	7	6	1	7	10	8	132	1 720	1 690	1 621	7 920	2 092	37.9	0.49	6.5
10	1961	7	13	14	7	14	18	70.4	37.0	28	11.2	跋山	7	14	6	7	14	18	7	18	12	102	1 180	1 100	1 055	7 452	2 092	35.6	0.51	12.5
11	1961	9	6	20	9	7	12	41.3	32.0	16	6.4	葛沟	9	7	2	9	7	14	9	12	6	124	371	296	284	2 938	2 092	14.0	0.34	11.0
12	1962	7	18	18	7	19	16	58.1	30.0	22	7	沂水	7	19	14	7	19	22	7	22	4	62	805	685	657	3 852	2 092	18.4	0.32	9.0
13	1962	7	24	6	7	26	16	75.7	36.0	58	6	沂水	7	25	15	7	26	4	7	29	6	87	1 200	1 230	1 180	7 344	2 092	35.1	0.46	11.0
14	1962	8	7	0	8	7	22	66.4	34.0	22	10.2	葛沟	8	7	6	8	7	20	8	11	6	96	1 160	920	883	7 920	2 092	37.9	0.57	8.5
15	1962	9	22	4	9	23	8	34.7	14.0	28	2.8	跋山	9	22	6	9	23	12	9	25	13	79	323	243	233	1 332	2 092	6.4	0.18	18.0
16	1963	7	3	4	7	3	20	37.1	12.0	16	6	跋山	7	3	14	7	4	12	7	6	20	78	258	206	198	1 555	2 092	7.4	0.20	22.0
17	1963	7	6	10	7	7	10	47.7	25.0	24	8.4	葛沟	7	6	20	7	7	22	7	11	0	100	344	272	261	2 556	2 092	12.2	0.26	20.0
18	1963	7	9	8	7	10	8	29.4	43.0	24	4	葛沟	7	9	12	7	10	10	7	13	14	98	312	188	180	2 333	2 092	11.2	0.38	12.0
19	1963	7	11	12	7	12	8	20.7	48.0	20	3.6	葛沟	7	11	20	7	12	10	7	18	12	160	282	140	134	2 218	2 092	10.6	0.51	13.0
20	1963	7	19	0	7	20	6	173.0	34.0	30	14.6	跋山	7	19	2	7	20	2	7	25	2	144	5 010	4 590	4 404	27 000	2 092	129.1	0.75	6.0
21	1971	6	30	21	7	1	8	90.3	54.0	11	5.7	傅旺庄	7	1	0	7	1	11	7	3	0	48	2 280	2 120	2 083	12 312	2 018	61.0	0.68	9.0
22	1974	8	12	23	8	14	0	187.4	50.0	25	12.6	葛沟	8	13	4	8	14	0	8	18	0	116	5 250	4 825	4 825	27 720	1 966	141.0	0.75	7.0
23	1980	6	15	18	6	16	19	107.7	12.0	25	11	寨子山	8	16	0	8	16	19	8	19	8	80	1 170	1 075	1 075	7 722	1 966	39.3	0.36	12.0
24	1980	6	29	4	6	30	8	60.0	23.5	28	8.4	岸堤	6	30	0	6	30	13	7	2	4	52	560	524	524	3 618	1 966	18.4	0.31	11.0
25	1980	9	4	4	9	4	16	70.0	13.1	12	4.7	斜午	9	4	13	9	4	22	9	6	1	36	709	659	659	4 104	1 966	20.9	0.30	11.0
26	1982	8	9	5	8	9	17	31.3	42.7	12	4	傅旺庄	8	9	14	8	9	15	8	11	23	57	391	326	326	2 592	1 966	13.2	0.42	6.5
27	1985	7	15	5	7	16	0	58.8	37.4	19	11.2	葛沟	7	15	10	7	16	1	7	18	8	70	595	556	556	4 824	1 966	24.5	0.42	11.3
28	1988	7	15	13	7	16	7	86.8	46.3	18	10.3	斜午	7	15	23	7	16	14	7	19	6	79	825	785	785	7 524	1 966	38.3	0.44	10.0

续表

序号	降雨起讫时间							流域平均雨量 P（mm）	前期影响雨量 P_a（mm）	降雨历时（h）		暴雨中心位置	洪水发生时间									洪水历时 $T_洪$（h）	洪峰流量 Q_m（m^3/s）	净峰流量 $Q'_{m净}$（m^3/s）	改正后的净峰流量 $Q_{m净}$（m^3/s）	地表径流总量 W（万 m^3）	集水面积 F（km^2）	径流深 R（mm）	径流系数 α	主要两段降雨中间时刻到洪峰出现时距 τ（h）
	起				讫					全部 T	有效 T_c		起涨			峰顶			落平											
	年	月	日	时	月	日	时						月	日	时	月	日	时	月	日	时									
29	1990	8	16	2	8	16	14	118.8	34.7	12	7.3	葛沟	8	16	0	8	16	18	8	18	0	48	2 720	2 370	2 370	11 628	1 966	59.1	0.50	10.0
30	1991	6	10	12	6	11	6	79.5	15.0	18	6	葛沟	6	11	2	6	11	9	6	12	19	41	1 000	988	988	5 292	1 966	26.9	0.34	8.5
31	1991	7	23	16	7	24	10	120.1	24.3	18	7	斜午	7	24	0	7	24	12	7	26	6	54	2 030	1 840	1 840	12 816	1 966	65.2	0.54	10.0
32	1991	7	24	20	7	25	8	66.6	58.5	12	5	葛沟	7	24	22	7	25	7	7	27	8	58	3 130	1 790	1 790	8 568	1 966	43.6	0.65	6.4
33	1993	7	15	20	7	16	3	51.9	49.7	7	3	普雨	7	16	2	7	16	19	7	18	19	65	446	434	434	3 816	1 966	19.4	0.37	18.0
34	1993	8	4	12	8	5	23	111.1	27.5	35	8.4	葛沟	8	4	14	8	5	14	8	8	10	92	1 800	1 598	1 598	11 808	1 966	60.1	0.54	14.0
35	1996	8	6	13	8	7	16	67.3	20.7	27	9.7	葛沟	8	7	1	8	7	12	8	10	5	76	737	667	667	6 156	1 966	31.3	0.47	10.0
36	1997	8	19	3	8	20	16	256.4.	15.8	37	20	斜午	8	19	22	8	20	12	8	23	10	84	3 150	3 114	3 114	23 914	1 966	121.6	0.47	12.0
37	1998	7	1	15	7	2	8	43.8	1.7	17	10	葛沟	7	2	6	7	2	10.8	7	3	8	26	230	188	188	750	1 966	3.8	0.09	13.0
38	1998	7	24	8	7	25	6	53.7	46.4	22	3	寨子山	7	24	15.5	7	25	0	7	27	2	58.5	382	349	349	1 961	1 966	10.0	0.19	13.0
39	1998	8	3	21	8	4	20	146.6	13.1	23	17	寨子山	8	4	6	8	5	1.5	8	6	11.5	53.5	1 310	1 179	1 179	9 640	1 966	49.0	0.33	21.5
40	2000	6	26	1	6	26	16	117.4	24.4	15	11	傅旺庄	6	26	14	6	26	23.4	6	27	20.7	30.7	719	714	714	3 898	1 966	19.8	0.17	11.4
41	2000	8	30	21	8	31	14	65.4	11.6	17	10	葛沟	8	31	8	8	31	16.5	9	1	18	34	433	424	424	2 239	1 966	11.4	0.17	12.5
42	2001	7	29	18	8	1	21	78.6	56.0	75	27	岸堤	7	30	8	7	31	7.5	8	1	20	60	619	593	593	10 019	1 966	51.0	0.65	28.5
43	2003	5	6	20	5	7	8	104.7	11.7	12	8	斜午	5	7	8	5	7	12.7	5	11	8	96	198	191	191	2 300	1 966	11.7	0.11	11.7
44	2003	6	22	10	6	22	23	127.4	6.8	13	8	葛沟	6	22	14	6	23	1.5	6	25	6	64	807	770	770	5 891	1 966	30.0	0.24	6.5
45	2004	9	14	1	9	14	20	103.4	3.8	19	10	寨子山	9	14	14	9	15	13	9	17	6	64	819	680	680	5 462	1 966	27.8	0.27	25.0
46	2005	6	25	21	6	26	14	87.0	16.8	17	10	傅旺庄	6	26	0	6	26	18	6	28	6	54	656	648	580	4 629	1 966	23.5	0.27	7.0
47	2005	9	19	23	9	21	10	179.6	27.7	35	28	岸堤	9	20	8	9	20	17	9	23	13.5	77.5	1 333	1 301	1 301	18 114	1 966	92.1	0.51	14.0
48	2006	7	3	3	7	3	18	89.6	20.2	15	9	寨子山	7	4	2	7	4	10	7	7	20	90	207	204	204	811	1 966	4.1	0.05	22.0
49	2007	8	9	22	8	11	6	63.5	48.3	32	16	葛沟	8	10	6	8	11	8	8	15	8	122	636	598	598	6 709	1 966	34.1	0.54	22.0
50	2008	7	22	17	7	24	4	111.7	37.6	35	23	跋山	7	23	6	7	24	6.5	7	26	20	86	1 151	1 098	1 098	11 279	1 966	57.4	0.51	24.5
51	2009	7	13	9	7	14	1	44.3	51.0	16	11	傅旺庄	7	14	0	7	14	8.5	7	16	2	50	585	528	528	5 497	1 966	28.0	0.63	13.5
52	2011	8	18	15	8	20	9	88.8	26.4	42	25	跋山	8	19	21	8	20	15	8	23	4	79	652	588	588	7 922	1 966	40.3	0.45	21.0
53	2012	7	9	16	7	10	6	110.5	58.6	14	9	傅旺庄	7	9	22	7	10	10	7	13	12	86	2 190	2 121	2 121	13 132	1 966	66.8	0.60	7.0
54	2012	7	22	18	7	23	4	76.2	9.8	10	9	葛沟	7	22	23	7	23	7	7	24	20	45	1 180	1 079	1 079	3 832	1 966	19.5	0.26	11.0
55	2016	8	7	3	8	8	10	63.2	31.1	31	28	斜午	8	7	20	8	8	9	8	13	0	124	480	469	469	5 060	1 966	25.7	0.41	26.0
56	2018	8	17	23	8	20	0	168.1	37.0	49	32	寨子山	8	18	21	8	20	6	8	20	23	50	1 890	1 739	1 739	11 294	1 966	57.4	0.34	10.0

续表

序号	降雨起讫时间							流域平均雨量 P（mm）	前期影响雨量 P_a（mm）	降雨历时（h）		暴雨中心位置	洪水发生时间									洪水历时 $T_{洪}$（h）	洪峰流量 Q_m（m^3/s）	净峰流量 $Q'_{m净}$（m^3/s）	改正后的净峰流量 $Q_{m净}$（m^3/s）	地表径流总量 W（万 m^3）	集水面积 F（km^2）	径流深 R（mm）	径流系数 α	主要两段降雨中间时刻到洪峰出现时距 τ（h）
	起				讫					全部 T	有效 T_c		起涨			峰顶			落平											
	年	月	日	时	月	日	时						月	日	时	月	日	时	月	日	时									
57	2019	8	10	8	8	11	16	235.0	35.5	32	19	跋山	8	10	21	8	11	10	8	13	10	61	4 070	3 728	3 728	34 605	1 966	176	0.75	8.0
58	2020	7	22	4	7	23	4	111.7	18.8	24	13	葛沟	7	22	8	7	23	3	7	29	20	180	777	753	753	6 643	1 966	33.8	0.30	9.0
59	2020	8	6	7	8	7	18	113.4	49.1	35	32	岸堤	8	6	8	8	7	12	8	11	6	118	1 630	1 469	1 469	16 425	1 966	83.5	0.74	12.0
60	2020	8	13	19	8	15	2	233.5	32.7	31	24	葛沟	8	14	3	8	14	12	8	15	17	38	6 320	5 918	5 918	41 503	1 966	211.1	0.90	14.0
61	2020	8	26	3	8	26	14	60.0	22.5	11	5	斜午	8	26	8	8	26	17	8	26	23	15	1 470	898	898	3 926	1 966	20.0	0.33	7.0

表 15-4　沂河葛沟站降雨径流预报精度评定表（P-P_a-R）

序号	洪号	流域平均雨量 P（mm）	前期影响雨量 P_a（mm）	实测径流深 $R_{实}$（mm）	预报径流深 $R_{预}$（mm）	预报误差（mm）	许可误差（mm）	评定结果		序号	洪号	流域平均雨量 P（mm）	前期影响雨量 P_a（mm）	实测径流深 $R_{实}$（mm）	预报径流深 $R_{预}$（mm）	预报误差（mm）	许可误差（mm）	评定结果	
								合格	不合格									合格	不合格
1	600627	138.4	8.0	47.5	46.7	−0.8	9.5	√		28	910725	66.6	58.5	43.6	44.0	0.4	8.7	√	
2	600701	101.8	51.0	59.9	64.2	4.3	12.0	√		29	930805	111.1	27.5	60.1	48.0	−12.1	12.0		√
3	600702	98.5	60.0	73.1	71.0	−2.1	14.6	√		30	970820	256.4	15.8	121.6	148.0	26.4	20.0		√
4	600727	126.4	26.0	78.1	57.0	−21.1	15.6		√	31	980702	43.8	1.7	3.8	2.4	−1.4	3.0	√	
5	600817	235.1	29.0	154.4	149.0	−5.4	20.0	√		32	980725	53.7	46.4	10.0	26.3	16.3	3.0		√
6	600827	54.5	17.0	9.3	11.3	2.0	3.0	√		33	980805	146.6	13.1	49.0	57.7	8.7	9.8	√	
7	600906	34.2	24.0	8.8	7.2	−1.6	3.0	√		34	000626	117.4	24.4	19.8	49.2	29.4	4.0		√
8	610629	47.7	14.0	5.2	7.8	2.6	3.0	√		35	000831	65.4	11.6	11.4	12.5	1.1	3.0	√	
9	610714	70.4	37.0	35.6	29.4	−6.2	7.1	√		36	010731	78.6	56.0	51.0	50.9	−0.1	10.2	√	
10	610907	41.3	32.0	14.0	12.4	−1.6	3.0	√		37	030623	127.4	6.8	30.0	38.6	8.6	6.0		√
11	620719	58.1	30.0	18.4	19.6	1.2	3.7	√		38	040915	103.4	3.8	27.8	23.2	−4.6	5.6	√	
12	620726	75.7	36.0	35.1	31.8	−3.3	7.0	√		39	050626	87.0	16.8	23.5	25.1	1.6	4.7	√	
13	620923	34.7	14.0	6.4	4.4	−2.0	3.0	√		40	050920	179.6	27.7	92.1	100.1	8.0	18.4	√	
14	630707	47.7	25.0	12.2	12.4	0.2	3.0	√		41	070811	63.5	48.3	34.1	32.8	−1.3	6.8	√	
15	630710	29.4	43.0	11.2	10.9	−0.3	3.0	√		42	080724	111.7	37.6	57.4	57.2	−0.2	11.5	√	
16	630712	20.7	48.0	10.6	8.5	−2.1	3.0	√		43	090714	44.3	51.0	28.0	22.4	−5.6	5.6	√	
17	630720	173.0	34.0	129.1	102.3	−26.8	20.0		√	44	110820	88.8	26.4	40.3	33.1	−7.2	8.1	√	
18	710701	90.3	54.0	61.0	58.2	−2.8	12.2	√		45	120710	110.5	58.6	66.8	79.7	12.9	13.4	√	
19	740814	187.4	50.0	141.0	135.9	−5.1	20.0	√		46	120723	76.2	9.8	19.5	15.9	−3.6	3.9	√	
20	800616	107.7	12.0	39.3	32.4	−6.9	7.9	√		47	160808	63.2	31.1	25.7	22.6	−3.1	5.1	√	
21	800630	60.0	23.5	18.4	16.9	−1.5	3.7	√		48	180820	168.1	37.0	57.4	101.7	44.3	11.5		√
22	800904	70.0	13.1	20.9	15.2	−5.7	4.2		√	49	190811	235.0	35.5	176.0	158.2	−17.8	20.0	√	
23	820809	31.3	42.7	13.2	11.6	−1.6	3.0	√		50	200723	111.7	18.8	33.8	40.5	6.7	6.8	√	
24	850716	58.8	37.4	24.5	23.4	−1.1	4.9	√		51	200807	113.4	49.1	83.5	71.1	−12.4	16.7	√	
25	880716	86.8	46.3	38.3	47.6	9.3	7.7		√	52	200814	233.5	32.7	211.1	152.9	−58.2	20.0		√
26	900816	118.8	34.7	59.1	59.8	0.7	11.8	√		53	200826	60.0	22.5	20.0	16.4	−3.6	4.0	√	
27	910724	120.1	24.3	65.2	50.8	−14.4	13.0		√										

备注：1. 许可误差 = 实测值的 20%，以 20.0 mm 为上限，以 3.0 mm 为下限；2. 合格率 =77.4%；3. 本方案等级为乙级。

表 15-5　沂河葛沟站降雨径流预报精度评定表（$P+P_a$-R）

序号	洪号	流域平均前雨 P（mm）	前期影响雨量 P_a（mm）	实测径流深 $R_{实}$（mm）	预报径流深 $R_{预}$（mm）	预报误差（mm）	许可误差（mm）	评定结果	
								合格	不合格
1	600702	98.5	60.0	73.1	80.1	7.0	14.6	√	
2	600727	126.4	26.0	78.1	74.6	−3.5	15.6	√	
3	600817	235.1	29.0	154.4	173.1	18.7	20.0	√	
4	600906	34.2	24.0	8.8	8.3	−0.5	3.0	√	
5	610629	47.7	14.0	5.2	2.5	−2.7	3.0	√	
6	610706	77.8	22.0	37.9	31.2	−6.7	7.6	√	
7	610714	70.4	37.0	35.6	36.8	1.2	7.1	√	
8	610907	41.3	32.0	14.0	14.6	0.6	3.0	√	
9	620719	58.1	30.0	18.4	22.9	4.5	3.7		√
10	620726	75.7	36.0	35.1	40.1	5.0	7.0	√	
11	620807	66.4	34.0	37.9	31.6	−6.3	7.6	√	
12	620923	34.7	14.0	6.4	5.7	−0.7	3.0	√	
13	630704	37.1	12.0	7.4	5.7	−1.7	3.0	√	
14	630707	47.7	25.0	12.2	14.3	2.1	3.0	√	
15	630710	29.4	43.0	11.2	14.1	2.9	3.0	√	
16	630712	20.7	48.0	10.6	12.3	1.7	3.0	√	
17	630720	173.0	34.0	129.1	122.6	−6.5	20.0	√	
18	710701	90.3	54.0	61.0	67.4	6.4	12.2	√	
19	740814	187.4	50.0	141.0	149.4	8.4	20.0	√	
20	800616	107.7	12.0	39.3	46.2	6.9	7.9	√	
21	800630	60.0	23.5	18.4	20.2	1.8	3.7	√	
22	800904	70.0	13.1	20.9	20.0	−0.9	4.2	√	
23	820809	31.3	42.7	13.2	14.9	1.7	3.0	√	
24	850716	58.8	37.4	24.5	28.6	4.1	4.9	√	
25	910611	79.5	15.0	26.9	27.4	0.5	5.4	√	
26	910724	120.1	24.3	65.2	67.5	2.3	13.0	√	
27	910725	66.6	58.5	43.6	50.4	6.8	8.7	√	
28	930805	111.1	27.5	60.1	62.3	2.2	12.0	√	
29	960807	67.3	20.7	31.3	22.8	−8.5	6.3		√
30	970820	256.4	15.8	121.6	112.3	−9.3	20.0	√	
31	980702	43.8	1.7	3.8	1.4	−2.4	3.0	√	
32	980725	53.7	46.4	10.0	8.3	−1.7	3.0	√	
33	000626	117.4	24.4	19.8	22.2	2.4	4.0	√	
34	010731	78.6	56.0	51.0	58.7	7.7	10.2	√	
35	030507	104.7	11.7	11.7	12.0	0.3	3.0	√	
36	060704	89.6	20.2	4.1	10.2	6.1	3.0		√
37	070811	63.5	48.3	34.1	40.2	6.1	6.8	√	
38	090714	44.3	51.0	28.0	28.0	0.0	5.6	√	
39	110820	88.8	26.4	40.3	42.8	2.5	8.1	√	
40	120710	110.5	58.6	66.8	89.4	22.6	13.4		√
41	120723	76.2	9.8	19.5	21.7	2.2	3.9	√	
42	160808	63.2	31.1	25.7	27.2	1.5	5.1	√	
43	180820	168.1	37.0	57.4	120.9	63.5	11.5		√
44	190811	235.0	35.5	176.0	178.8	2.8	20.0	√	
45	200723	111.7	18.8	33.8	55.0	21.2	6.8		√
46	200807	113.4	49.1	83.5	83.6	0.1	16.7	√	
47	200814	233.5	32.7	211.1	175.0	−36.1	20.0		√
48	200826	60.0	22.5	20.0	19.6	−0.4	4.0	√	

备注：1. 许可误差 = 实测值的 20%，以 20.0 mm 为上限，以 3.0 mm 为下限；2. 合格率 =85.4%；3. 方案等级属甲级。

表 15-6　沂河葛沟站峰量关系精度评定表

序号	洪号	实测径流深 $R_{实}$（mm）	有效降雨历时 T_c（h）	净峰流量		预报误差（m^3/s）	许可误差（m^3/s）	评定结果	
				实测 $Q_{m净实}$（m^3/s）	预报 $Q_{m净预}$（m^3/s）			合格	不合格
1	600627	47.5	10.0	1 468	1 330	−138	294	√	
2	600701	59.9	14.8	1 362	1 290	−72	272	√	
3	600702	73.1	16.0	1 516	1 570	54	303	√	
4	600727	78.1	15.2	2 283	1 840	−443	457	√	
5	600817	154.4	5.8	8 203	7 950	−253	1 641	√	
6	610706	37.9	5.6	1 621	1 470	−151	324	√	
7	620719	18.4	7.0	657	514	−143	131		√
8	620726	35.1	6.0	1 180	1 270	90	236	√	
9	620807	37.9	10.2	883	972	89	177	√	
10	630704	7.4	6.0	198	205	7	39.6	√	
11	630707	12.2	8.4	261	272	11	52.2	√	
12	630720	129.1	14.6	4 404	3 950	−454	881	√	
13	710701	61.0	5.7	2 083	2 600	517	417		√
14	740814	141.0	12.6	4 825	4 880	55	965	√	
15	800616	39.3	11.0	1 075	955	−120	215	√	
16	800630	18.4	8.4	524	438	−86	105	√	
17	800904	20.9	4.7	659	776	117	132	√	
18	850716	24.5	11.2	556	506	−50	111	√	
19	880716	38.3	10.3	785	978	193	157		√
20	900816	59.1	7.3	2 370	2 190	−180	474	√	
21	910611	26.9	6.0	988	921	−67	198	√	
22	910724	65.2	7.0	1 840	2 540	700	368		√
23	910725	43.6	5.0	1 790	1 850	60	358	√	
24	930716	19.4	3.0	434	874	440	86.8		√
25	930805	60.1	8.4	1 598	2 060	462	320		√
26	960807	31.3	9.7	667	788	121	133	√	
27	970820	121.6	20.0	3 114	2 850	−264	626	√	
28	980725	10.0	3.0	349	362	13	69.7	√	
29	980805	49.0	17.0	1 179	768	−411	261		√
30	000626	19.8	11.0	714	386	−328	143		√
31	010731	51.0	27.0	593	586	−7	119	√	
32	030507	11.7	8.0	191	223	32	38.3	√	
33	030623	30.0	8.0	770	834	64	154	√	
34	040915	27.8	10.0	680	679	−1	136	√	
35	050626	23.5	10.0	580	525	−55	116	√	
36	050920	92.1	28.0	1 301	1 780	479	260		√
37	070811	34.1	16.0	598	499	−99	120	√	
38	080724	57.4	23.0	1 098	756	−342	220		√
39	090714	28.0	11.0	528	612	84	106	√	
40	110820	40.3	25.0	588	395	−193	118		√
41	120710	66.8	9.0	2 121	2 260	139	424	√	
42	180820	57.4	32.0	1 739	756	−983	348		√
43	190811	176.0	19.0	3 728	5 130	1 402	746		√
44	200723	33.8	13.0	753	666	−87	151	√	
45	200807	83.5	32.0	1 469	1 500	31	294	√	
46	200814	211.1	24.0	5 918	6 390	472	1 180	√	
47	200826	20.0	5.0	898	718	−180	180	√	

备注：1. 预报误差 = 预报值 − 实测值；2. 许可误差 = 实测值的 20%；3. 合格率 =72.3%；4. 本方案等级为乙级。

表 15-7　沂河葛沟站主要两段降雨中间时间到洪峰出现时距预报精度评定表

序号	洪号	实测径流深 $R_{实}$（mm）	暴雨中心位置	主要两段降雨中间时间到洪峰出现时距（h）		预报误差（h）	许可误差（h）	评定结果		序号	洪号	实测径流深 $R_{实}$（mm）	暴雨中心位置	主要两段降雨中间时间到洪峰出现时距（h）		预报误差（h）	许可误差（h）	评定结果	
				实测 $\tau_{实}$	预报 $\tau_{预}$			合格	不合格					实测 $\tau_{实}$	预报 $\tau_{预}$			合格	不合格
1	600627	47.5	中游	8.0	8.7	0.7	3.0	√		29	910611	26.9	下游	8.5	9.0	0.5	3.0	√	
2	600701	59.9	中游	8.0	8.0	0.0	3.0	√		30	910724	65.2	中游	10.0	7.8	−2.2	3.0	√	
3	600702	73.1	上游	11.0	8.6	−2.4	3.3	√		31	910725	43.6	下游	6.4	7.6	1.2	3.0	√	
4	600727	78.1	下游	10.0	6.5	−3.5	3.0		√	32	930805	60.1	下游	14.0	6.9	−7.1	4.2		√
5	600817	154.4	中游	7.0	6.8	−0.2	3.0	√		33	960807	31.3	下游	10.0	8.5	−1.5	3.0	√	
6	600827	9.3	中游	11.0	15.5	4.5	3.3		√	34	970820	121.6	中游	12.0	6.9	−5.1	3.6		√
7	600906	8.8	下游	12.0	11.5	−0.5	3.6	√		35	980702	3.8	下游	13.0	15.1	2.1	3.9	√	
8	610629	5.2	中游	16.0	19.0	3.0	4.8	√		36	980725	10.0	中游	13.0	15.2	2.2	3.9	√	
9	610706	37.9	中游	6.5	9.4	2.9	3.0	√		37	980805	49.0	中游	21.5	8.6	−12.9	6.5		√
10	610714	35.6	上游	12.5	11.3	−1.2	3.8	√		38	000626	19.8	中游	11.4	12.0	0.6	3.4	√	
11	610907	14.0	下游	11.0	10.5	−0.5	3.3	√		39	000831	11.4	下游	12.5	10.9	−1.6	3.8	√	
12	620719	18.4	上游	9.0	15.1	6.1	3.0		√	40	010731	51.0	上游	28.5	9.7	−18.8	8.6		√
13	620726	35.1	上游	11.0	11.4	0.4	3.3	√		41	030507	11.7	中游	11.7	14.6	2.9	3.5	√	
14	620807	37.9	下游	8.5	8.0	−0.5	3.0	√		42	030623	30.0	下游	6.5	8.7	2.2	3.0	√	
15	620923	6.4	上游	18.0	22.6	4.6	5.4	√		43	050920	92.1	上游	14.0	8.2	−5.8	4.2		√
16	630704	7.4	上游	22.0	21.6	−0.4	6.6	√		44	060704	4.1	中游	22.0	24.5	2.5	6.6	√	
17	630707	12.2	下游	20.0	10.7	−9.3	6.0		√	45	080724	57.4	上游	24.5	9.3	−15.2	7.4		√
18	630710	11.2	下游	12.0	11.0	−1.0	3.6	√		46	090714	28.0	中游	13.5	10.6	−2.9	4.1	√	
19	630712	10.6	下游	13.0	11.1	−1.9	3.9	√		47	110820	40.3	上游	21.0	11.0	−10	6.3		√
20	630720	129.1	上游	6.0	7.7	1.7	3.0	√		48	120710	66.8	中游	7.0	8.0	1.0	3.0	√	
21	710701	61.0	中游	9.0	8.0	−1.0	3.0	√		49	120723	19.5	下游	11.0	10.0	−1	3.3	√	
22	740814	141.0	下游	7.0	5.9	−1.1	3.0	√		50	160808	25.7	中游	26.0	11.2	−14.8	7.8		√
23	800816	39.3	中游	12.0	9.3	−2.7	3.6	√		51	180820	57.4	中游	10.0	8.3	−1.7	3.0	√	
24	800904	20.9	中游	11.0	11.8	0.8	3.3	√		52	190811	176.0	上游	8.0	7.7	−0.3	3.0	√	
25	820809	13.2	中游	6.5	14.1	7.6	3.0		√	53	200723	33.8	下游	9.0	10.0	1	3.0	√	
26	850716	24.5	下游	11.3	9.2	−2.1	3.4	√		54	200807	83.5	上游	12.0	8.5	−3.5	3.6	√	
27	880716	38.3	中游	10.0	9.4	−0.6	3.0	√		55	200814	211.1	下游	14.0	5.7	−8.3	4.2		√
28	900816	59.1	下游	10.0	6.9	−3.1	3.0		√	56	200826	20.0	中游	7.0	12.3	5.3	3.0		√

备注：1. 预报误差 = 预报值 − 实测值；许可误差 = 实测值的 30%，以 3 h 为下限；2. 合格率 =71.4%；3. 方案等级属乙级。

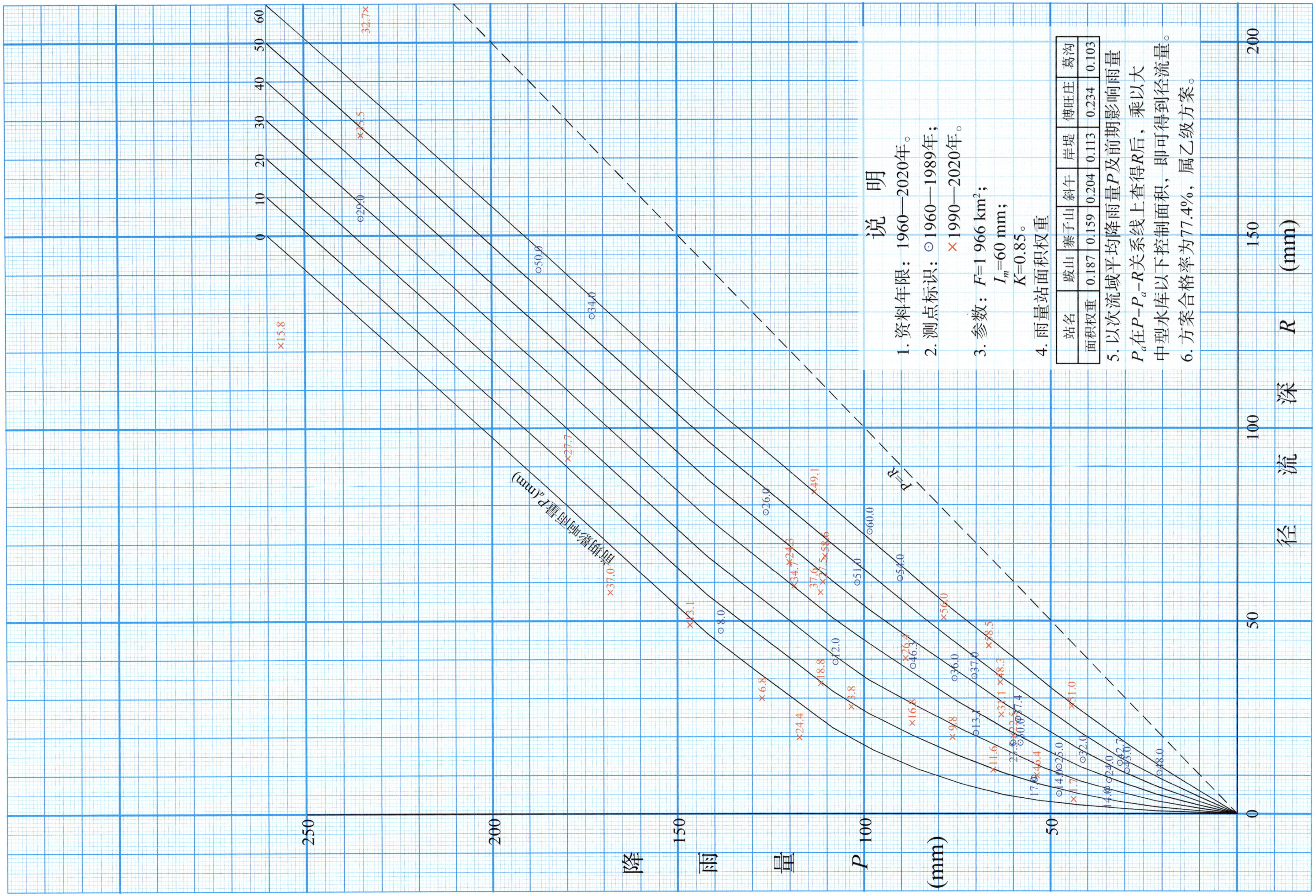

图 15-2　沂河葛沟站降雨径流相关图（P-P_a-R）

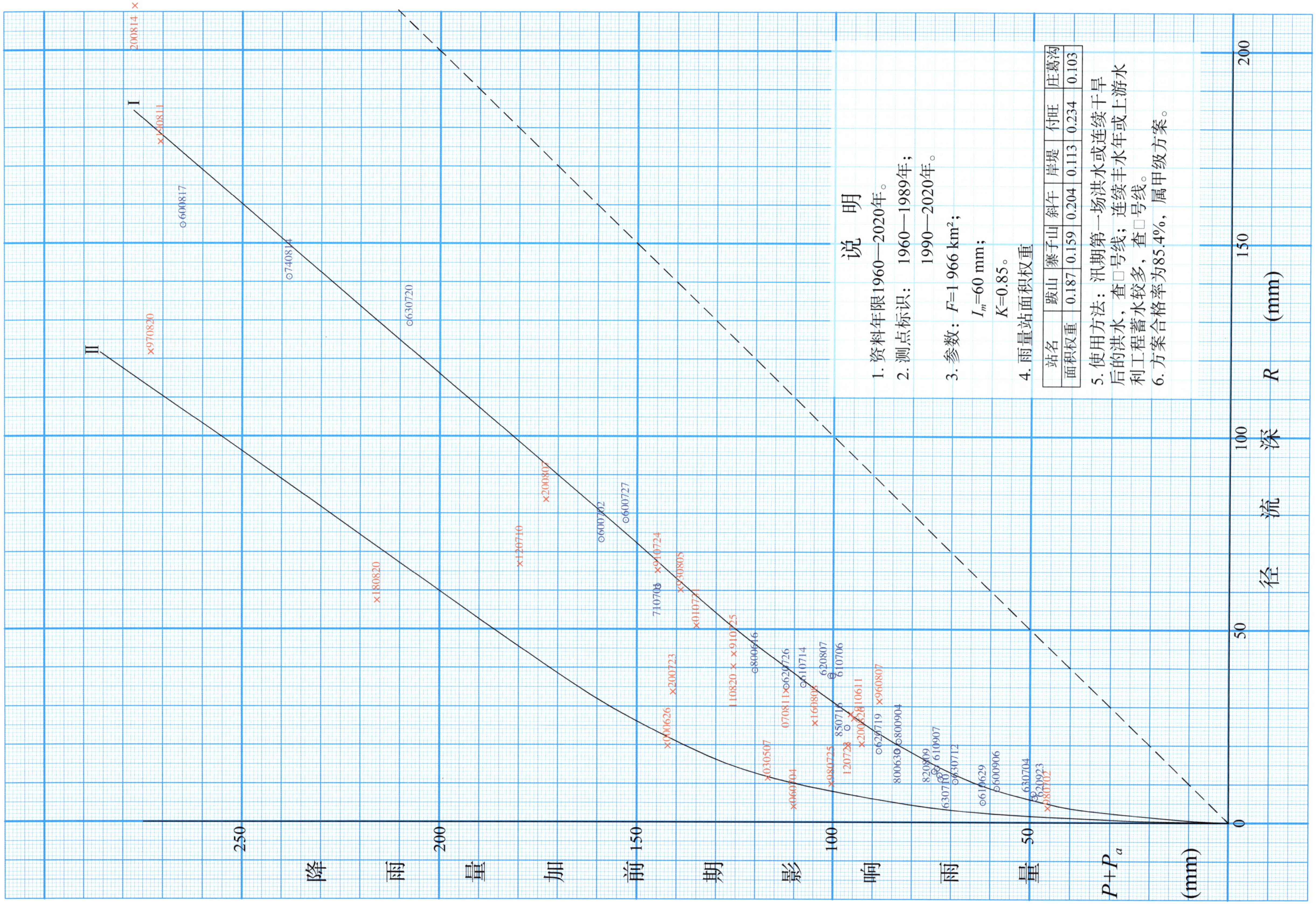

图 15-3 沂河葛沟站降雨径流相关图（$P+P_a$-R）

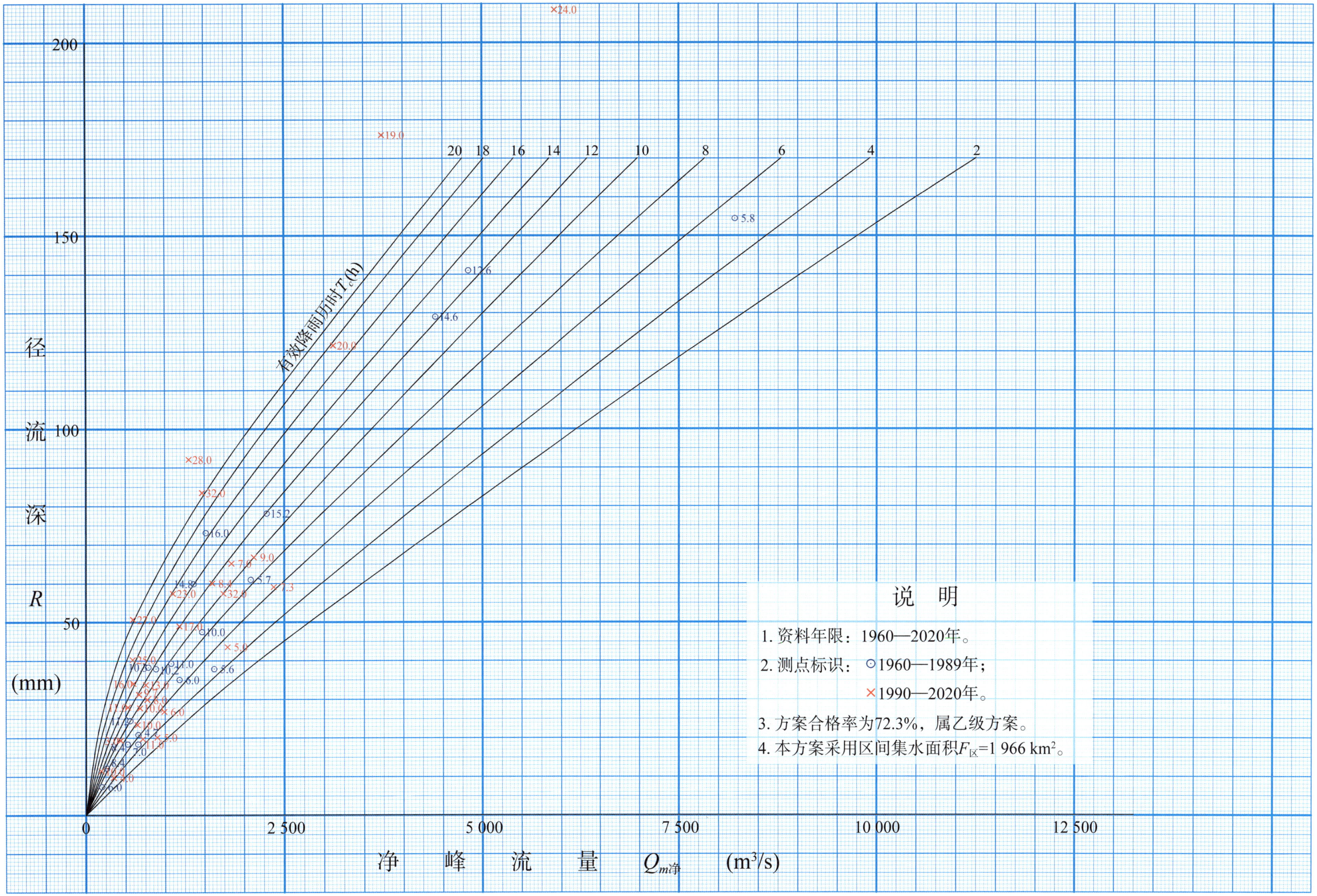

图 15-4　沂湾沟站峰量关系曲线图（R-T_c-$Q_{m净}$）

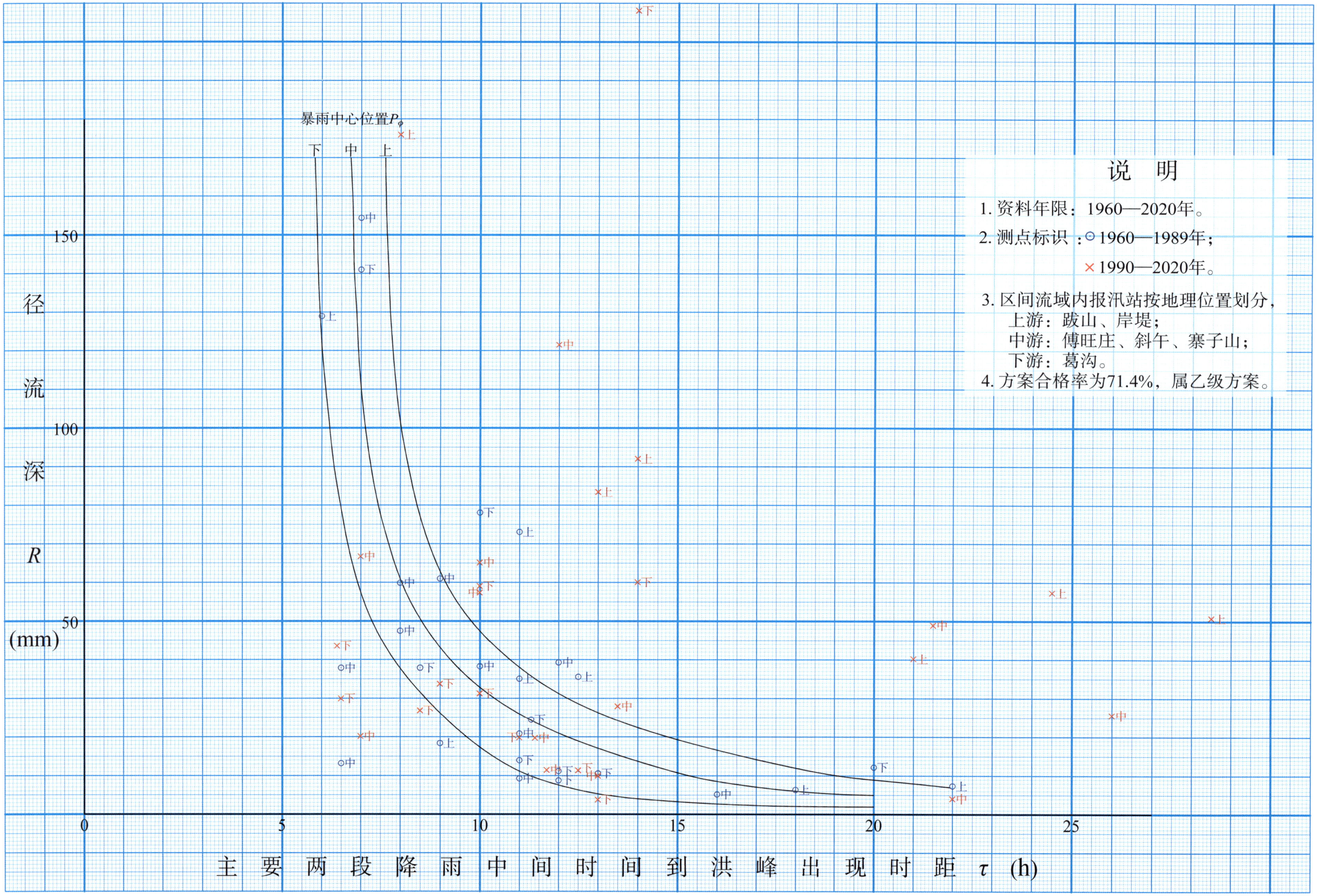

图 15-5 沂河葛沟站径流深与峰现时距相关图（R-P_{φ}-τ）

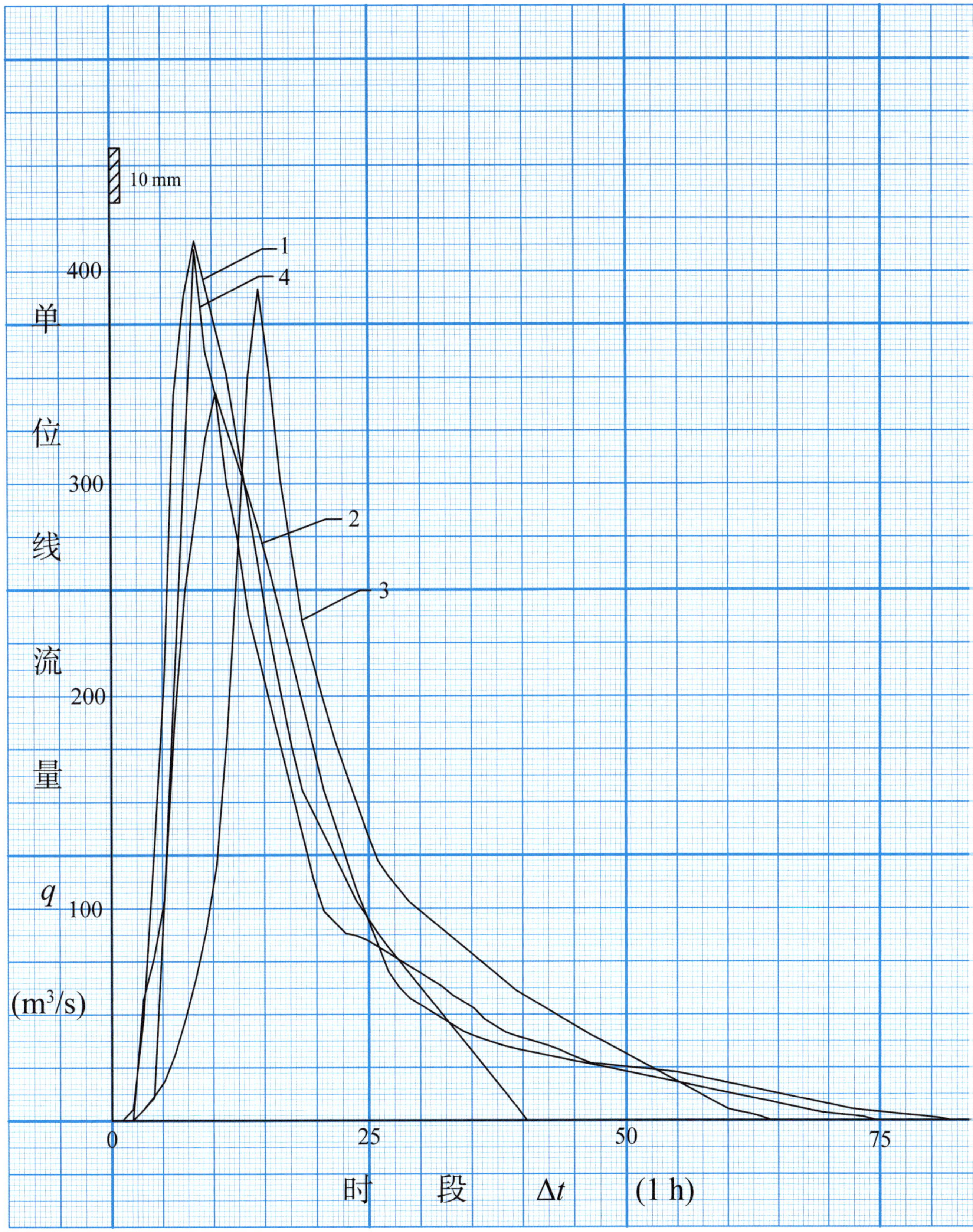

单位线成果表

F=1 966 km², Δt=1 h

时段	单位线流量q(m³/s)				时段	单位线流量q(m³/s)			
	1线	2线	3线	4线		1线	2线	3线	4线
0	0.0	0.0	0.0	0.0	45		25.5	38.8	26.0
1	0.0	0.0	0.0	0.0	46		24.5	36.2	25.5
2	5.2	0.0	0.0	0.0	47		23.5	33.6	25.0
3	46.0	5.0	5.0	55.0	48		22.5	31.0	24.5
4	120	10.5	11.0	74.0	49		21.5	28.4	24.0
5	200	100	18.0	100	50		20.5	25.8	23.5
6	330	180	30.0	200	51		19.5	23.2	23.0
7	375	240	46.0	300	52		18.5	20.6	22.5
8	400	275	65.0	396	53		17.5	18.0	22.0
9	380	310	87.0	350	54		16.5	15.4	21.0
10	360	331	116	330	55		15.5	12.8	20.0
11	340	315	175	290	56		14.5	10.2	19.0
12	310	300	255	265	57		13.5	7.6	18.0
13	280	285	338	230	58		12.5	5.0	17.0
14	250	268	378	210	59		11.5	4.0	16.0
15	220	250	340	190	60		10.5	3.0	15.0
16	195	230	292	170	61		9.5	1.8	14.0
17	170	210	259	150	62		8.5	0.0	13.0
18	150	190	227	130	63		7.5		12.0
19	140	170	208	110	64		6.5		11.0
20	130	150	190	95.0	65		5.5		10.0
21	120	135	173	90.0	66		4.5		9.0
22	110	120	159	85.0	67		3.5		8.0
23	100	105	145	84.0	68		3.0		7.0
24	92.5	92.5	131	82.0	69		2.5		6.0
25	85.0	80.0	118	79.0	70		2.0		5.0
26	78.5	67.5	111	76.0	71		1.5		4.5
27	72.5	60.5	105	73.0	72		0.0		4.0
28	66.5	55.5	99.1	70.0	73				3.5
29	60.5	52.5	95.1	67.0	74				3.0
30	54.5	49.5	91.1	64.0	75				2.5
31	48.5	46.5	87.1	61.0	76				2.0
32	42.5	43.5	83.1	57.0	77				1.5
33	36.5	40.5	79.1	54.0	78				1.0
34	30.5	38.5	75.1	51.0	79				0.0
35	24.5	36.8	71.1	46.0					
36	18.5	35.2	67.1	43.0	∑	5 461.1	5 461.1	5 461.1	5 461.1
37	12.5	33.7	63.1	40.0	洪水发生时间	1991-6-11	1997-8-20	1998-7-25	2012-7-10
38	6.5	32.5	59.1	38.4	暴雨中心位置	下游	中游	中游	中游
39	0.0	31.5	56.2	37.0		葛沟	斜午	寨子山	傅旺庄
40		30.5	53.3	35.5	降雨量(mm)	79.5	256.4	53.7	110.5
41		29.5	50.4	34.0	降雨历时(h)	18	37	22	14
42		28.5	47.5	32.2	径流深(mm)	26.9	121.6	10.0	66.8
43		27.5	44.6	30.0	有效降雨历时(h)	6	20	3	9
44		26.5	41.7	28.0	净峰流量(m³/s)	988	3 114	349	2 121

图 15-6　沂河葛沟站单位线图（Δt=1 h）

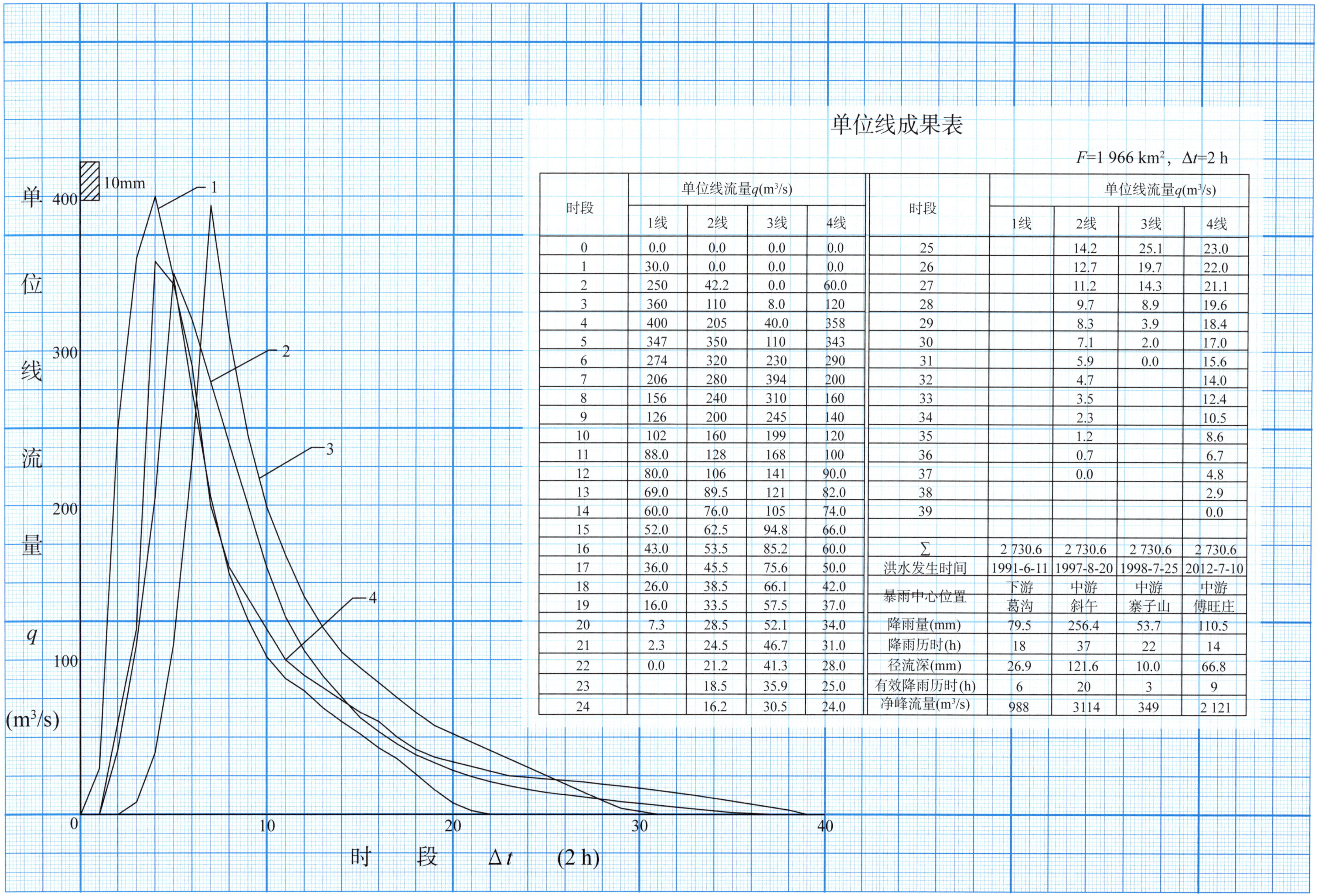

单位线成果表

F=1 966 km², Δt=2 h

时段	单位线流量q(m³/s)				时段	单位线流量q(m³/s)			
	1线	2线	3线	4线		1线	2线	3线	4线
0	0.0	0.0	0.0	0.0	25		14.2	25.1	23.0
1	30.0	0.0	0.0	0.0	26		12.7	19.7	22.0
2	250	42.2	0.0	60.0	27		11.2	14.3	21.1
3	360	110	8.0	120	28		9.7	8.9	19.6
4	400	205	40.0	358	29		8.3	3.9	18.4
5	347	350	110	343	30		7.1	2.0	17.0
6	274	320	230	290	31		5.9	0.0	15.6
7	206	280	394	200	32		4.7		14.0
8	156	240	310	160	33		3.5		12.4
9	126	200	245	140	34		2.3		10.5
10	102	160	199	120	35		1.2		8.6
11	88.0	128	168	100	36		0.7		6.7
12	80.0	106	141	90.0	37		0.0		4.8
13	69.0	89.5	121	82.0	38				2.9
14	60.0	76.0	105	74.0	39				0.0
15	52.0	62.5	94.8	66.0					
16	43.0	53.5	85.2	60.0	Σ	2 730.6	2 730.6	2 730.6	2 730.6
17	36.0	45.5	75.6	50.0	洪水发生时间	1991-6-11	1997-8-20	1998-7-25	2012-7-10
18	26.0	38.5	66.1	42.0	暴雨中心位置	下游	中游	中游	中游
19	16.0	33.5	57.5	37.0		葛沟	斜午	寨子山	傅旺庄
20	7.3	28.5	52.1	34.0	降雨量(mm)	79.5	256.4	53.7	110.5
21	2.3	24.5	46.7	31.0	降雨历时(h)	18	37	22	14
22	0.0	21.2	41.3	28.0	径流深(mm)	26.9	121.6	10.0	66.8
23		18.5	35.9	25.0	有效降雨历时(h)	6	20	3	9
24		16.2	30.5	24.0	净峰流量(m³/s)	988	3114	349	2 121

图 15–7 沂河葛沟站单位线图（Δt=2 h）

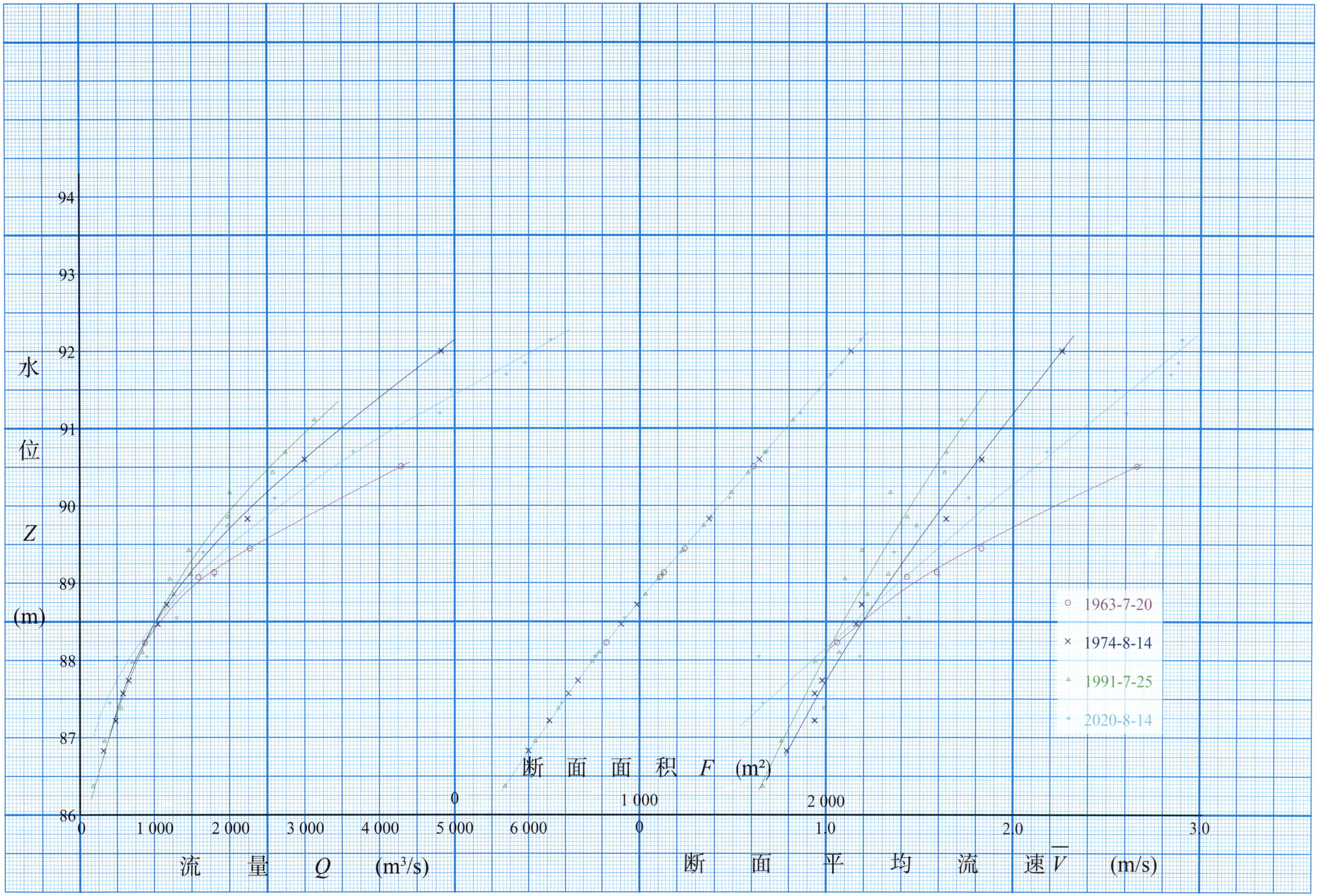

图 15–8 沂河葛沟站水位与流量、面积、流速关系曲线图

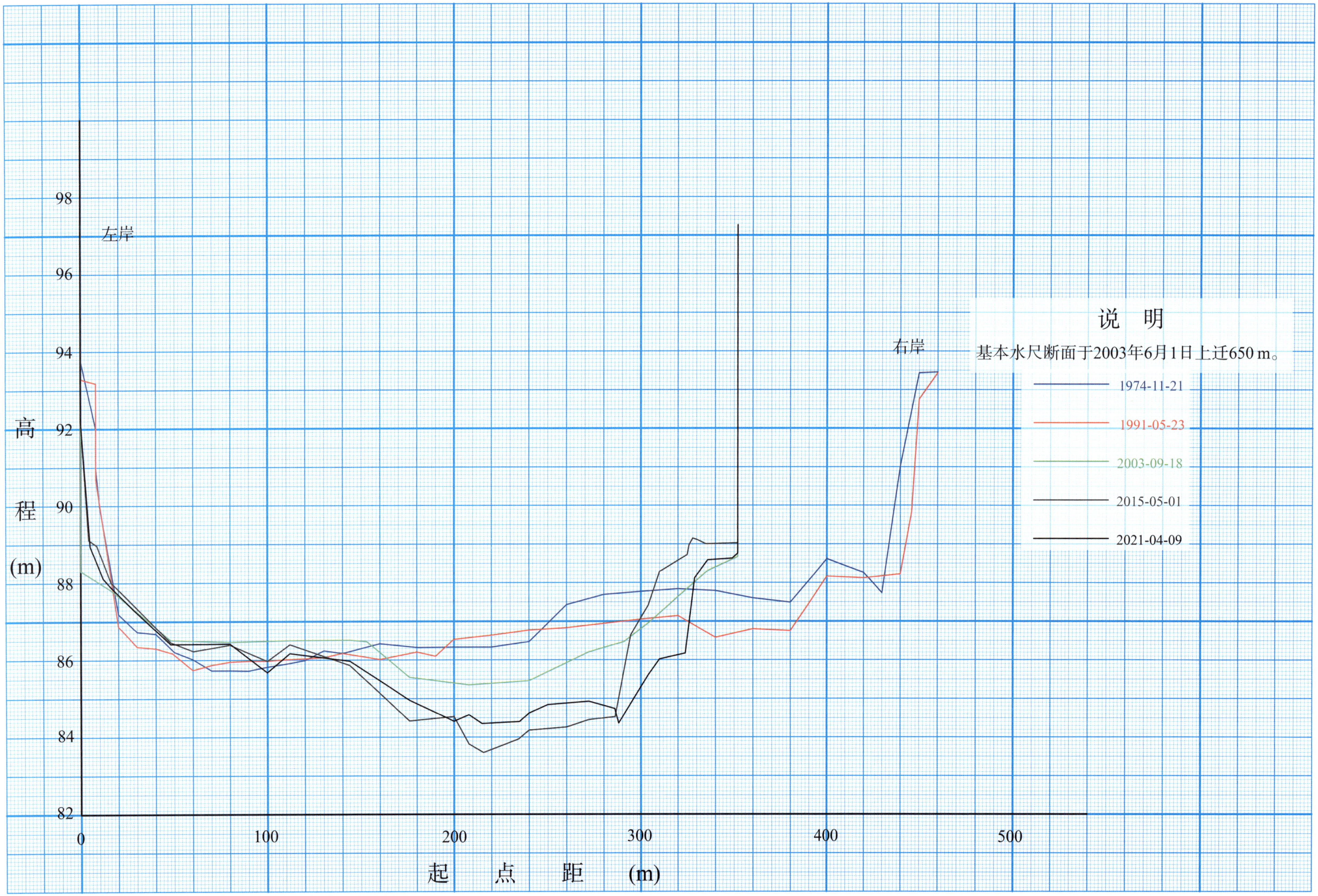

图 15–9　沂河葛沟站大断面图

第十六章　祊河姜庄湖站水文预报方案编制说明

1　流域概况

1.1　流域自然地理特征

祊河，《水经注》为洛水，是沂河最大的一级支流，因流经古祊邑（今费县东南）而得名。上游分南、北两支，北支名浚河，上游称唐村河；南支叫温凉河，在费县城南东洲处相汇，汇河口以下称祊河。姜庄湖水文站位于汇河口下 14 km 处，距入沂河口 29 km，控制流域面积 3 197 km^2，较大支流还有西河、西皋、资邱、下关、上冶、薛庄、由吾等。左岸支流多源于蒙山山脉，河短流急，坡度大；右岸支流多源于尼山支脉，河流相对平稳。姜庄湖站以上流域形状为方形，深山区与浅山区占一半以上。地质构造为蒙山以南、龙山以北的平费斜谷，属断裂构造，地块破碎，以变质岩、花岗片麻岩和灰岩为主，土壤多为沙壤土、壤土；植被覆盖率约为 70%，农作物多小麦、玉米、地瓜，树木多马尾松、洋槐等，近几年经济果木有较大发展。流域多年平均年降水量为 797.6 mm（1956—2016 年系列），其中汛期 590.0 mm，约占全年降水量的 74.0%。姜庄湖站以上流域图见图 16–1。

1.2　水利工程情况

自 1958 年开始，先后在祊河礼上游建成唐村、许家崖 2 座大型水库，11 座中型水库 [岳庄水库后改为小（1）型]，总控制面积 1 326.9 km^2，占姜庄湖站以上流域面积的 41.5%；大中型水库以下区间面积为 1 870.1 km^2。小型水库及塘坝星罗棋布，共有小（1）型水库 19 座，控制流域面积 132.8 km^2，总库容 3 715 万 m^3；小（2）型水库 42 座，控制流域面积 99 km^2，总库容 1 079 万 m^3。姜庄湖测站断面以上 4.2 km、12 km 处分别建有橡胶坝各 1 座，对洪水作业预报影响较大。流域内中型水库工程概况见表 16–1，主要橡胶坝情况见表 16–2。

表 16–1　祊河姜庄湖站以上流域大中型水库工程概况统计表

类型	库名	流域面积（km^2）	总库容（万 m^3）	校核洪水位时溢洪流量（m^3/s）	建成日期	
					年	月
大型	唐村	259	14 399	1 700	1959	10
	许家崖	584	27 910	4 507	1959	10
中型	吴家庄	21	1 661	4 507	1960	5
	公家庄	33	1 130	60.2	1960	8
	大夫宁	16.8	1 024	637	1975	10

续表

类型	库名	流域面积（km^2）	总库容（万 m^3）	校核洪水位时溢洪流量（m^3/s）	建成日期	
					年	月
中型	安靖	35.1	1 191	275.9	1968	12
	杨庄	36	1 000	406.5	1960	6
	昌里	160.7	7 183	724	1971	9
	书房	18.5	1 228	1 843.8	1967	6
	龙王口	25.3	1 460	249.3	1971	11
	上冶	77	3 485	493.3	1960	11
	石岚	79	3 589	779	1960	4
	岳庄	36	748	829	1960	5

表 16–2　祊河姜庄湖站以上流域橡胶坝统计表

名称	坝节数	单孔长度（m）	正常蓄水位（m）	蓄水量（万 m^3）	建成日期
姜庄湖	3	80	93.5	421	2016 年
三南尹	4	75	88.5	1 400	2015 年

1.3　测站概况

1.3.1　基本情况

姜庄湖水文站位于费县探沂镇许由城村，距入沂河口 29 km。该站设立于 1951 年 4 月 13 日，1951 年为水位站，1952—1953 年为流量站，1954 年改为水位站观测至今，其中 1963 年、1969 年两年停测，1966—1968 年为汛期站，主要监测任务有降水量、水位、水质、墒情及雨水情拍报等。2018 年 1 月，将姜庄湖水位站下迁至探沂镇许由城村，并更名为姜庄湖（二）水文站，其主要功能、性质、测验任务、资料整编要求不变。将姜庄湖站降水观测项目迁至费县，名称、性质、测验任务等不变。上游有六处长系列雨量站，详见表 16–3。

表 16–3　祊河姜庄湖站以上流域雨量站情况表

站名	设站年份	详细地址
唐村	1959 年	平邑县流峪镇唐村水库
公家庄	1960 年	平邑县保太镇公家庄水库
昌里	1971 年	平邑县铜石镇昌里水库
许家崖	1959 年	费县费城街道许家崖水库
杨庄	1960 年	平邑县资邱镇杨庄水库
姜庄湖	1951 年	费县费城街道

1.3.2 采用基面换算关系

姜庄湖站现采用冻结基面，冻结基面高程 -0.903 m=1985 年国家高程基准高程，冻结基面高程 -0.846 m=1956 年黄海基面高程。

1.3.3 集水面积变化情况

姜庄湖站集水面积 1973 年冬以前采用总流域面积 2 997 km^2，1973 年河流改造从泗水县增加 10 km^2 后，总流域面积为 3 007 km^2。2018 年 1 月，将姜庄湖水位站下迁，总流域面积变为 3 197 km^2。受大中型水库建设和测站下迁影响，该站大中型水库以下集水面积发生了变化，详见表 16-4。

表 16-4 大中型水库以下区间流域集水面积变化情况统计表

年份	1960—1968 年	1969—1971 年	1972—1973 年	1974—1975 年	1976—2017 年	2018 年至今
大中型水库以下区间流域面积（km^2）	1 872	1 836.9	1 650.9	1 660.9	1 644.1	1 870.1

2 预报方案编制

2.1 预报区间的确定

姜庄湖上游建成唐村、许家崖 2 座大型水库及安靖、龙王口、公家庄、吴家庄、大夫宁、昌里、书房、石岚、杨庄、上冶 10 座中型水库，其中书房水库为许家崖水库入流站，因此将唐村、许家崖、安靖、龙王口、公家庄、吴家庄、大夫宁、昌里、石岚、杨庄、上冶 11 座大中型水库作为姜庄湖入流站，预报区间确定为大中型水库以下—姜庄湖站，区间面积为 1 870.1 km^2，即姜庄湖以上总控制面积 3 197 km^2 减去上游大中型水库控制面积 1 326.9 km^2。

2.2 资料情况及方案沿革

2.2.1 资料情况

姜庄湖站预报方案于 1981 年分析编制完成，又分别于 1991 年、1999 年、2011 年进行了方案的修订。本次修订除选用之前分析的 1960—2010 年共 42 场次暴雨洪水外，另外补充了 2011—2020 年 11 场次暴雨洪水进行分析，即资料系列为 1960—2020 年，共 53 场次洪水。

2.2.2 方案沿革

原方案中产流方案采用降雨径流相关图 P-P_a-R，汇流方案采用峰量关系图、峰现时间关系图、经验单位线。本次修订在原产流方案降雨径流相关图 P-P_a-R 中增加了 11 个点据，关系线保持不变；在原汇流方案峰量关系图中增加了 11 个点据，关系线重新定线，在原径流深－峰现时距相关图中增加了 11 个点据，关系线重新定线，原经验单位线删除，新增 2 条经验单位线，其中 1 h 单位线 1 条，2 h 单位线 1 条。

2.3 产流方案

产流预报采用降雨径流相关法，祊河姜庄湖站 P-P_a-R 相关图见图 16-2。其中：P 为次降雨流域平均雨量（mm）；P_a 为前期影响雨量（mm）；R 为次降雨所产生的径流深（mm）。

2.3.1 主要参数的计算

2.3.1.1 流域平均雨量P的计算

本次选用的 6 个预报根据站分布较为均匀，故采用算术平均法计算流域平均雨量。采用的雨量站为唐村、公家庄、昌里、杨庄、许家崖、姜庄湖。

2.3.1.2 流域平均前期影响雨量P_a的计算

每年自汛初开始连续计算，先以面积加权法计算流域平均雨量，然后计算前期影响雨量 P_a，K、I_m 值本次未做分析，继续沿用原有成果。P_a 计算公式如下：

$$P_{a,\ t}=K\left(P_{a,\ t-1}+P_{t-1}\right)$$

式中：$P_{a,\ t}$ 为当日的流域平均前期影响雨量（mm）；$P_{a,\ t-1}$ 为前一日的流域平均前期影响雨量（mm）；P_{t-1} 为前一日的流域平均雨量（mm）；K 为前期影响雨量递减系数，$K=1-\dfrac{E_m}{I_m}$，取 0.85；E_m 为流域蒸发能力（mm）；I_m 为流域最大损失量，本方案采用 60 mm。

2.3.1.3 径流深R的推求

在一次洪水过程线上采用斜线分割法切除基流，水库放水时要将水库放水形成的地表径流的那部分水量扣除。本次洪水径流深 R 等于地表径流量总量 W（已扣除水库放水量和基流量）除以区间集水面积 $F_{区}$。祊河姜庄湖站降雨径流分析成果见表 16-5。

2.3.1.4 暴雨中心位置的确定

根据流域特性和代表站分布情况，暴雨中心位置划分为：上游有唐村站、公家庄站；中游有昌里站、杨庄站；下游有许家崖站、姜庄湖站。

2.3.2 精度评定

本方案依据实测点据绘制 P-P_a-R 相关曲线，采用 1960 年到 2020 年 61 年的资料系列，共 53 个点据。精度评定采用合格点次占总点次的百分比为合格率，许可误差采用实测值的 20%，并以 20.0 mm 为上限，以 3.0 mm 为下限作为控制。方案合格率为 73.6%，属乙级方案，详见表 16-6。

2.3.3 突出点分析

本次修订补充的点据中 120708、190811、200722、200807 场次洪水误差较大，且 4 场洪水实测径流深均远小于预报径流深。120708、200722 场次洪水为汛期第一场洪水，且 200722 场次洪水 P_a 只有 16.8 mm；190811、200807 场次洪水受上游水利工程调蓄影响较大。

2.4 汇流方案

汇流预报主要采用峰量关系图、峰现时间关系图、经验单位线等方法。

2.4.1 峰量关系图

受上游水利工程和站点下迁的影响，区间集水面积历年并不相同，为保证分析资料的一致性，依据洪峰模数、流域内降水分布等因素将原姜庄湖断面洪水资料演算至现姜庄湖断面处。本次方案制作时将历年实测净峰流量改算至目前集水面积的净峰流量，部分年份未修改。计算公式为

$$Q_{m净}=Q'_{m净}\times\left(\frac{F_{区现}}{F_{区原}}\right)^{\frac{2}{3}}$$

式中：$Q_{m净}$为改正后的净峰流量（m^3/s）；$Q'_{m净}$为原集水面积上实测的净峰流量（m^3/s）；$F_{区现}$为当前采用的集水面积，即扣除大中型水库拦截面积后的集水面积（km^2）；$F_{区原}$为实测 $Q'_{m净}$时相应集水面积（km^2）。

根据资料分析，姜庄湖站洪峰流量大小主要受径流量及暴雨中心位置的影响，故绘制了峰量关系中的径流深 R– 暴雨中心位置 P_ϕ– 净峰流量 $Q_{m净}$关系曲线图，关系图见图 16–3。

精度评定：本方案采用 1960—2020 年资料系列，共 53 次洪水点据。许可误差采用实测值的 20% 作控制，方案合格率为 71.7%，属乙级方案。精度评定见表 16–7。

2.4.2 峰现时间关系图

本方案采用径流深 R– 暴雨中心位置 P_ϕ– 主要两段降雨中间时间到洪峰出现时距 τ 相关图，详见图 16–4。

由于站点下迁，主要两段降雨中间时间到洪峰出现时距 τ 发生了变化，本次方案制作时根据洪水传播历时将历年主要两段降雨中间时间到洪峰出现时距 τ 统一演算至现姜庄湖断面处。

精度评定：本方案共采用 1960—2020 年 53 场次洪水资料。许可误差取实测值的 30% 并以 3h 为下限作为控制，方案合格率为 81.1%，属乙级方案，详见表 16–8。

2.4.3 经验单位线

根据流域暴雨洪水特性及下垫面变化情况，将原姜庄湖站 120710 场次洪水资料转换成现姜庄湖站断面分析单位线，综合确定出本站 1 h 单位线 1 条、2 h 单位线 1 条。单位线图见图 16–5、图 16–6。

2.4.4 综合瞬时单位线

本方案采用如下地区综合单位线方程：

$$M_1=CF_{区}^{0.33}J^{-0.27}R^{-0.2}T_c^{0.17}$$

$$M_2=0.34M_1^{-0.12}$$

式中：$F_{区}$为区间集水面积（km^2）；J 为河道干流坡度，本站为 0.001 01；M_1 为瞬时单位线参数，$M_1=nk$；M_2 为瞬时单位线参数，$M_2=1/n$；n 为瞬时单位线反映流域汇流调节次数的参数；k 为瞬时单位线反映流域汇流时间的参数；C 为经验系数，当 $R\geqslant 50$ mm 时，C=0.196，当 $R<50$ mm 时，C=0.255。

2.5 水位与流量、面积、流速关系

根据祊河姜庄湖站 2018—2021 年实测资料绘制水位与流量、面积、流速关系曲线，详见图 16–7。

2.6 大断面图

根据 2021 年实测大断面资料点绘姜庄湖站大断面，详见图 16–8。

3 方案使用说明

3.1 径流深预报

以次流域平均雨量 P 及前期影响雨量 P_a 在降雨径流相关图 P–P_a–R 关系线上查取径流深 R。如遇汛期第一场洪水或连续干旱后的洪水，其查算的径流深应适当减小。平水年如遇降雨量较小且前期无大水，应适当减小预报值。连续丰水年如遇次雨量较大且降雨分布不均，应适当增大预报值。

3.2 洪峰流量及洪水历时预报

3.2.1 峰量关系曲线图

依据查得的 R 及暴雨中心位置，查图 16–3 得到流域大中型水库以下集水面积上所产生的净峰流量 $Q_{m净}$，加上基流 $Q_{基}$及错开传播时间的上游水库放水即为所预报的洪峰流量。

3.2.2 峰现时间关系图

根据预报的径流深 R 及暴雨中心位置查图 16–4，得到主要两段降雨中间时间到洪峰出现时距 τ 值，则姜庄湖站洪峰出现时间 = 主要两段降雨中间时间 +τ。若上游水库泄洪流量较大，要考虑水库泄洪对姜庄湖站洪峰出现时间的影响，对其做适当修正。

3.2.3 经验单位线法

在进行洪水作业预报时，视本次降雨情况选定与其降雨特点相近的洪水分析的经验单位线。

3.2.4 综合瞬时单位线法

根据场次降雨量求出径流深 R 及有效降雨历时 T_c，代入上述地区综合单位线方程，求得 M_1、M_2 后，进而计算 n、k 值，代入 t/k 的 n 阶非完全伽马函数式，计算瞬时单位线的 $S(t)$ 曲线。

3.3 方案合理性检查及评定

在方案建立的过程中，随时根据规范要求及有关文件规定进行合理性检查，特别对突出点据从原始资料进行反复查对，对中间处理过程也进行了认真审查，发现不合理的问题基本上做了检查改正。方案建立后，先从线形进行比较，防止出现矛盾现象，然后对每个方案尽

量根据规范规定采用表格形式进行了精度评定（用许可误差法）。其中，降雨径流相关图合格率为 73.6%，属乙级方案；峰量关系曲线图合格率为 71.7%，属乙级方案；峰现时间关系图合格率为 81.1%，属乙级方案。综上，本方案属于乙级方案。

3.4　方案适应能力

本方案适用于防洪标准以下的洪水作业预报。如遇超标准洪水，则需根据当时具体情况酌情修正。

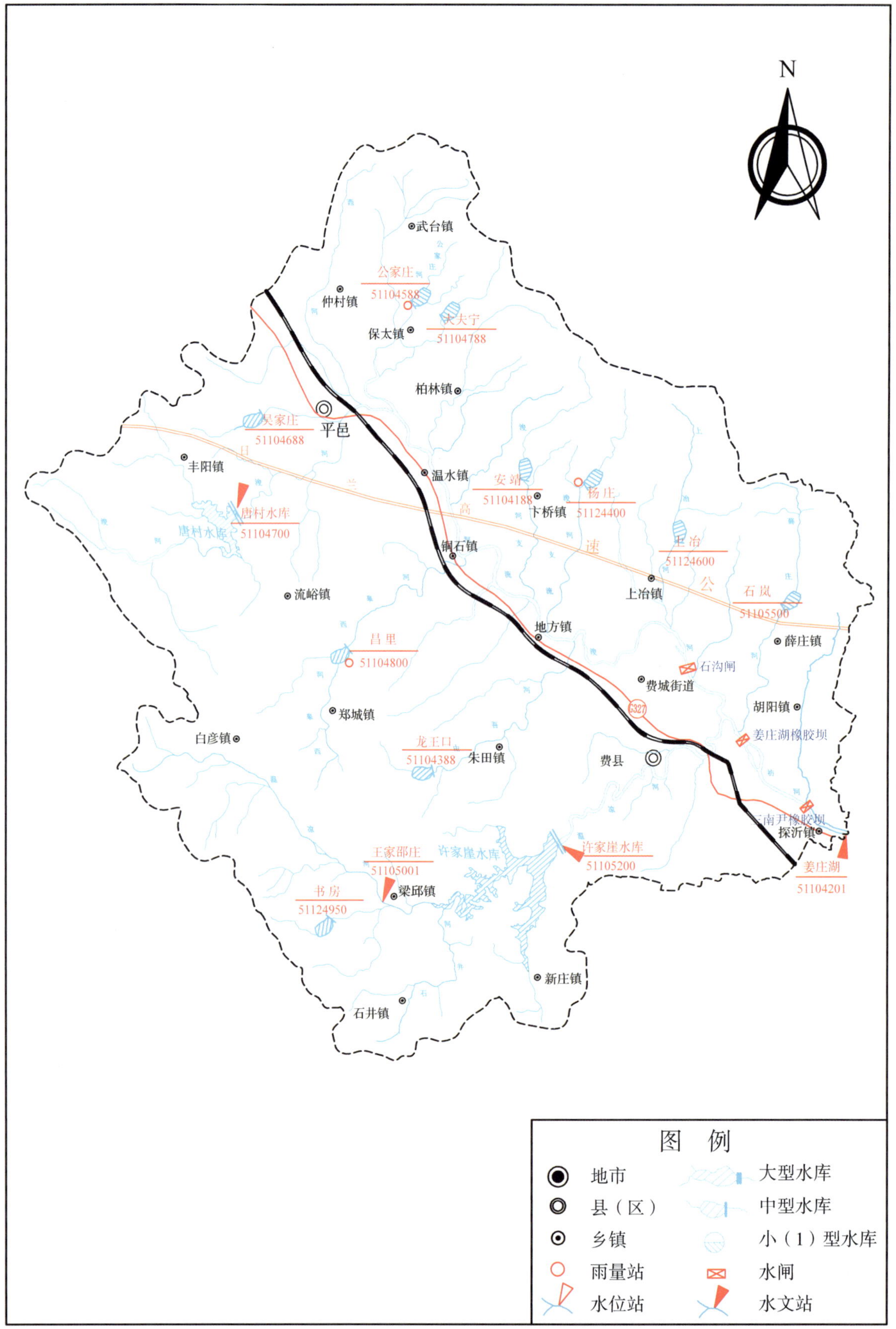

图 16–1　祊河姜庄湖站以上流域图

表 16-5　汸河姜庄湖站降雨径流分析成果表

序号	降雨起讫时间							流域平均雨量 P（mm）	前期影响雨量 P_a（mm）	降雨历时（h）		暴雨中心位置	洪水发生时间									洪水总历时 $T_{洪}$（h）	洪峰流量 Q'_m（m^3/s）	修正后的洪峰流量 Q_m（m^3/s）	净峰流量 $Q'_{m净}$（m^3/s）	修正后的净峰流量 $Q_{m净}$（m^3/s）	地表径流量总量 W（万 m^3）	区间集水面积 $F_{区}$（km^2）	径流深 R（mm）	径流系数 α	主要两段降雨中间时刻到洪峰出现时距 τ'（h）	修正后主要两段降雨中间时刻到洪峰出现时距 τ（h）
	起				讫					全部 T	有效 T_c		起涨			峰顶			落平													
	年	月	日	时	月	日	时						月	日	时	月	日	时	月	日	时											
1	1960	7	2	2	7	3	14	131.9	60.0	36	22	中游	7	2	6	7	2	21	7	4	23	65	2 600	2 598	2 648	2 646	17 640	1 872.0	94.2	0.71	10.0	11.0
2	1960	8	16	8	8	17	8	99.8	13.7	24	8	下游	8	17	2	8	17	7	8	20	4	74	2 540	2 538	2 190	2 189	5 036	1 872.0	26.9	0.27	3.0	4.0
3	1962	7	25	4	7	25	22	73.6	25.9	18	6	中下游	7	25	6	7	25	20.5	7	27	18	60	880	879	843	842	4 320	1 872.0	23.1	0.31	4.7	6.2
4	1962	8	7	0	8	8	0	99.0	33.0	24	18	中游	8	7	6	8	7	19	8	10	8	74	1 064	1 063	1 010	1 009	9 200	1 872.0	49.1	0.50	7.5	8.5
5	1964	7	27	8	7	28	14	61.0	20.0	30	15	普雨	7	27	14	7	29	1	7	30	16	74	1 147	1 147	611	611	3 798	1 872.0	20.3	0.33	13.0	14.0
6	1964	7	31	8	8	1	8	77.2	40.0	24	15	中游	7	31	10	8	1	11	8	3	12	74	1 147	1 146	1 062	1 061	7 272	1 872.0	38.8	0.50	6.0	7.0
7	1965	7	9	0	7	10	2	103.3	4.7	26	12	上游	7	9	20	7	10	13.5	7	13	23	99	382	382	372	372	2 653	1 872.0	14.2	0.14	15.0	17.5
8	1965	7	21	8	7	22	2	61.0	49.0	18	5	下游	7	21	20	7	22	2	7	23	20	48	1 553	1 552	1 439	1 438	6 516	1 872.0	34.8	0.57	4.0	5.0
9	1965	7	27	8	7	28	0	67.0	51.0	16	6	上游	7	27	16	7	28	1	7	30	8	64	1 130	1 129	1 055	1 054	6 912	1 872.0	36.9	0.55	7.0	8.0
10	1965	8	18	0	8	18	20	63.5	60.0	20	12	普雨	8	18	4	8	19	0	8	20	6	50	1 100	1 100	1 030	1 030	6 750	1 872.0	36.1	0.57	10.0	11.0
11	1966	7	23	22	7	24	10	36.1	59.1	12	6	下游	7	24	7	7	24	15.5	7	26	21	62	680	680	632	632	2 862	1 872.0	15.3	0.42	6.0	7.5
12	1970	7	22	15	7	23	7	77.5	43.2	16	6	中上游	7	23	2	7	23	16.5	7	25	15	61	825	835	778	787	5 830	1 836.9	31.7	0.41	9.0	10.5
13	1970	7	25	2	7	25	20	163.5	60.0	18	14	上游	7	25	6	7	25	23	7	29	7	97	1 867	1 889	1 577	1 596	20 160	1 836.9	109.8	0.67	8.0	9.0
14	1971	6	30	20	7	1	6	111.0	60.0	10	6	普雨	7	1	0	7	1	9	7	3	20	68	2 033	2 033	1 897	1 897	12 348	1 836.9	67.2	0.61	4.0	5.0
15	1971	8	8	12	8	9	12	129.0	25.0	24	10	中下游	8	9	0	8	9	14	8	11	4	52	1 706	1 726	1 650	1 670	9 504	1 836.9	51.7	0.40	4.8	5.8
16	1971	8	21	4	8	22	4	87.7	34.0	24	20	中上游	8	21	4	8	22	5	8	24	2	70	1 200	1 214	1 100	1 113	7 794	1 836.9	42.4	0.48	8.0	9.0
17	1973	7	28	16	7	29	8	143.7	27.0	16	14	中游	7	28	20	7	29	2	7	31	14	66	2 128	2 312	2 088	2 269	12 564	1 650.9	76.1	0.53	4.0	5.0
18	1974	8	12	20	8	13	22	103.0	52.0	26	12	下游	8	13	6	8	13	20	8	15	16	58	2 241	2 320	2 111	2 185	13 086	1 775.8	73.7	0.72	6.0	7.0
19	1976	8	12	6	8	12	22	51.1	26.0	16	14	下游	8	12	8	8	12	16.5	8	14	16	56	197	215	185	202	1 055	1 644.1	6.4	0.13	4.0	7.5
20	1978	7	13	22	7	14	7	88.1	33.0	9	5	下游	7	13	22	7	14	9.5	7	16	14	64	888	968	868	946	5 256	1 644.1	32.0	0.36	8.0	9.5
21	1980	6	15	20	6	16	20	139.1	8.3	24	16.7	中上游	6	15	20	6	16	20.5	6	20	8	108	730	795	723	788	5 171	1 644.1	31.5	0.23	14.0	15.5
22	1985	9	4	22	9	6	2	41.6	31.0	28	9	下游游	9	5	0	9	5	8.5	9	8	8	80	558	608	537	585	2 399	1 644.1	14.6	0.35	5.0	6.5
23	1990	8	16	0	8	16	14	67.9	46.0	14	10	普雨	8	16	6	8	16	15	8	18	20	62	1 024	1 116	980	1 068	6 480	1 644.1	39.4	0.58	7.0	8.0
24	1991	6	10	11	6	11	4	95.0	12.0	17	11	中下游	6	10	21	6	11	7.5	6	14	8	83	865	943	845	921	4 374	1 644.1	26.6	0.28	6.0	7.5
25	1991	7	23	22	7	25	6	206.0	32.0	32	24	上游	7	24	7	7	25	6	7	27	12	77	2 469	2 469	2 340	2 340	24 550	1 644.1	149.3	0.72	6.0	7.0
26	1993	8	4	15	8	5	12	158.5	22.5	21	14	下游	8	4	16	8	5	13	8	8	8	88	3 159	3 442	3 119	3 399	13 358	1 644.1	81.2	0.51	6.0	7.0
27	1995	8	22	1	8	22	12	84.7	33.0	11	8.3	普雨	8	22	1	8	22	17.5	8	25	17	88	984	1 072	947	1 032	6 406	1 644.1	39.0	0.46	8.0	9.5

续表

序号	降雨起讫时间 起 年	起 月	起 日	起 时	讫 月	讫 日	讫 时	流域平均雨量 P（mm）	前期影响雨量 P_a（mm）	降雨历时（h）全部 T	降雨历时（h）有效 T_c	暴雨中心位置	洪水发生时间 起涨 月	起涨 日	起涨 时	峰顶 月	峰顶 日	峰顶 时	落平 月	落平 日	落平 时	洪水总历时 $T_洪$（h）	洪峰流量 Q'_m（m^3/s）	修正后的洪峰流量 Q_m（m^3/s）	净峰流量 $Q'_{m净}$（m^3/s）	修正后的净峰流量 $Q_{m净}$（m^3/s）	地表径流量总量 W（万 m^3）	区间集水面积 $F_区$（km^2）	径流深 R（mm）	径流系数 α	主要两段降雨中间时刻到洪峰出现时距 τ'（h）	修正后主要两段降雨中间时刻到洪峰出现时距 τ（h）
28	1998	8	15	0	8	15	10	83.7	60.0	10	10	中游	8	15	5	8	15	14	8	17	8	51	1 748	1 715	1 649	1 618	10 752	1 923.8	55.9	0.67	7.0	8.0
29	2000	7	18	12	7	19	17	47.2	26.2	29	19	中游	7	19	14	7	20	7.5	7	22	20	78	241	263	170	185	1 321	1 644.1	8.0	0.17	32.0	35.5
30	2001	7	22	21	7	25	21	88.1	22.2	72	48	下游	7	23	2	7	25	21.5	7	28	0	118	400	436	309	337	5 369	1 644.1	32.7	0.37	20.0	22.5
31	2001	7	27	16	7	28	11	40.0	54.8	19	16	中上游	7	27	22	7	28	16	7	29	12	38	595	648	361	393	2 871	1 644.1	17.5	0.44	11.0	12.5
32	2001	7	29	22	7	31	3	71.0	55.8	29	24	上游	7	30	4	7	30	20	8	1	4	48	935	935	768	768	7 178	1 644.1	43.7	0.62	14.5	16.0
33	2003	6	22	9	6	22	22	118.6	4.5	14	8	下游	6	22	19	6	23	0.5	6	25	0	53	563	563	542	542	2 525	1 644.1	15.4	0.13	5.0	6.5
34	2004	7	24	12	7	25	0	67.9	27.3	12	4	下游	7	24	17	7	24	23.5	7	26	20	51	479	522	458	499	3 146	1 644.1	19.1	0.28	5.0	7.5
35	2004	9	14	1	9	14	18	98.0	4.2	17	13	中上游	9	14	14	9	15	4.5	9	16	8	42	191	191	157	157	1 308	1 644.1	8.0	0.08	16.0	19.5
36	2005	6	30	21	7	2	0	115.9	46.0	27	20	上游	7	1	2	7	1	11.5	7	5	4	98	789	789	766	766	11 250	1 644.1	68.4	0.59	9.0	10.5
37	2005	9	19	22	9	21	10	175.4	32.4	36	28	上游	9	20	8	9	20	20	9	23	4	68	1 676	1 676	1 634	1 634	17 305	1 644.1	105.3	0.60	11.0	12.0
38	2007	8	17	1	8	18	8	89.3	60.0	31	28	中游	8	17	22	8	18	15.5	8	19	6	32	714	778	659	718	3 396	1 644.1	20.7	0.23	10.0	11.5
39	2008	7	22	8	7	24	8	94.6	35.5	48	26	普雨	7	22	20	7	24	1.5	7	27	8	108	740	740	614	614	7 608	1 644.1	46.3	0.49	19.0	20.5
40	2008	8	21	3	8	21	19	48.3	35.3	16	12.7	普雨	8	21	8	8	22	2.5	8	24	8	72	350	381	230	251	2 260	1 644.1	13.7	0.28	13.0	15.5
41	2009	7	13	10	7	13	23	46.6	52.5	13	11	上游	7	13	8	7	14	6	7	16	20	84	408	445	388	423	3 220	1 644.1	19.6	0.42	13.0	15.5
42	2009	8	17	17	8	18	6	164.2	10.2	13	11	下游	8	18	3	8	18	8.5	8	20	6	51	2 350	2 561	2 322	2 530	8 666	1 644.1	52.7	0.32	6.0	7.0
43	2011	8	26	12	8	27	9	71.0	23.8	21	18	下游	8	26	20	8	28	0.5	8	30	0	76	358	385	242	260	2 984	1 680.1	17.8	0.25	27.0	29.5
44	2012	7	7	15	7	8	14	105.0	39.4	23	22	中下游	7	8	10	7	8	16.5	7	10	4	42	811	871	715	768	4 916	1 680.1	29.3	0.28	4.0	5.5
45	2012	7	9	13	7	10	5	144.5	60.0	16	15	下游	7	9	20	7	10	8	7	13	2	78	2 961	3 180	2 880	3 093	14 949	1 680.1	89.0	0.62	6.0	7.0
46	2012	8	26	3	8	27	4	58.3	26.6	25	19	下游	8	26	8	8	27	4.5	8	29	20	84	330	354	255	274	2 209	1 680.1	13.1	0.23	12.0	14.5
47	2013	7	29	11	7	30	8	75.5	17.8	21	21	中游	7	29	20	7	31	4.5	8	2	20	96	298	320	195	209	2 787	1 680.1	16.6	0.22	19.0	22.5
48	2013	8	9	19	8	10	5	57.1	18.8	10	9	下游	8	9	20	8	10	13	8	11	13	41	398	427	296	318	1 607	1 680.1	9.6	0.17	8.7	11.2
49	2019	8	7	6	8	8	9	55.7	48.2	27	27	下游	8	7	14	8	8	10.32	8	11	5	87	830	830	776	776	3 296	1 870.1	17.6	0.32	7.3	7.3
50	2019	8	10	9	8	11	16	175.8	41.2	31	30	普雨	8	10	9	8	11	10.67	8	13	17	80	1 900	1 900	1 850	1 850	15 309	1 870.1	81.9	0.47	3.7	3.7
51	2020	7	22	4	7	23	1	134.3	16.8	21	21	下游	7	22	9	7	22	22.6	7	24	19	58	1 230	1 230	1 200	1 200	3 647	1 870.1	19.5	0.15	5.6	5.6
52	2020	8	6	18	8	7	15	100.3	60.0	21	21	中上游	8	6	6	8	7	6	8	9	13	79	757	757	697	697	6 144	1 870.1	32.9	0.33	8.0	8.0
53	2020	8	13	17	8	15	0	115.8	35.5	31	28	普雨	8	14	3	8	14	15.6	8	16	8	53	2 337	2 337	2 279	2 279	13 533	1 870.1	72.4	0.63	14.6	14.6

表 16-6　祊河姜庄湖站降雨径流预报精度评定表

序号	洪号	流域平均雨量 P（mm）	前期影响雨量 P_a（mm）	实测径流深 $R_{实}$（mm）	预报径流深 $R_{预}$（mm）	预报误差（mm）	许可误差（mm）	评定结果		序号	洪号	流域平均雨量 P（mm）	前期影响雨量 P_a（mm）	实测径流深 $R_{实}$（mm）	预报径流深 $R_{预}$（mm）	预报误差（mm）	许可误差（mm）	评定结果	
								合格	不合格									合格	不合格
1	600702	131.9	60.0	94.2	95.2	1.0	18.8	√		28	980815	83.7	60.0	55.9	55.1	–0.8	11.2	√	
2	600817	99.8	13.7	26.9	27.2	0.3	5.4	√		29	000720	47.2	26.2	8.0	8.3	0.3	3.0	√	
3	620725	73.6	25.9	23.1	20.6	–2.5	4.6	√		30	010725	88.1	22.2	32.7	26.7	–6.0	6.5	√	
4	620807	99.0	33.0	49.1	43.1	–6.0	9.8	√		31	010728	40.0	54.8	17.5	20.4	2.9	3.5	√	
5	640729	61.0	20.0	20.3	10.0	–10.3	4.1		√	32	010730	71.0	55.8	43.7	42.0	–1.7	8.7	√	
6	640801	77.2	40.0	38.8	34.0	–4.8	7.8	√		33	030623	118.6	4.5	15.4	31.1	15.7	3.1		√
7	650710	103.3	4.7	14.2	21.3	7.1	3.0		√	34	040724	67.9	27.3	19.1	18.4	–0.7	3.8	√	
8	650722	61.0	49.0	34.8	30.0	–4.8	7.0	√		35	040915	98.0	4.2	8.0	17.9	9.9	3.0		√
9	650728	67.0	51.0	36.9	35.6	–1.3	7.4	√		36	050701	115.9	46.0	68.4	68.0	–0.4	13.7	√	
10	650819	63.5	60.0	36.1	39.6	3.5	7.2	√		37	050920	175.4	32.4	105.3	106.1	0.8	20.0	√	
11	660724	36.1	59.1	15.3	20.1	4.8	3.1		√	38	070818	89.3	60.0	20.7	59.5	38.8	4.1		√
12	700723	77.5	43.2	31.7	36.8	5.1	6.3	√		39	080724	94.6	35.5	46.3	42.3	–4.0	9.3	√	
13	700725	163.5	60.0	109.8	123.2	13.4	20.0	√		40	080822	48.3	35.3	13.7	14.1	0.4	3.0	√	
14	710701	111.0	60.0	67.2	77.4	10.2	13.4	√		41	090714	46.6	52.5	19.6	23.2	3.6	3.9	√	
15	710809	129.0	25.0	51.7	58.5	6.8	10.3	√		42	090818	164.2	10.2	52.7	73.5	20.8	10.5		√
16	710822	87.7	34.0	42.4	36.3	–6.1	8.5	√		43	110828	71.0	23.8	17.8	17.4	–0.4	3.6	√	
17	730729	143.7	27.0	76.1	72.3	–3.8	15.2	√		44	120708	105.0	39.4	29.3	53.2	23.9	5.9		√
18	740813	103.0	52.0	73.7	63.3	–10.4	14.7	√		45	120710	144.5	60.0	89.0	106.4	17.4	17.8	√	
19	760812	51.1	26.0	6.4	9.4	3.0	3.0	√		46	120827	58.3	26.6	13.1	13.1	0.0	3.0	√	
20	780714	88.1	33.0	32.0	35.8	3.8	6.4	√		47	130731	75.5	17.8	16.6	15.6	–1.0	3.3	√	
21	800616	139.1	8.3	31.5	50.5	19.0	6.3		√	48	130810	57.1	18.8	9.6	8.0	–1.6	3.0	√	
22	850905	41.6	31.0	14.6	8.5	–6.1	3.0		√	49	190808	55.7	48.2	17.6	26.2	8.6	3.5		√
23	900816	67.9	46.0	39.4	32.5	–6.9	7.9	√		50	190811	175.8	41.2	81.9	115.7	33.8	16.4		√
24	910611	95.0	12.0	26.6	22.9	–3.7	5.3	√		51	200722	134.3	16.8	19.5	55.0	35.5	3.9		√
25	910725	206.0	32.0	149.3	134.2	–15.1	20.0	√		52	200807	100.3	60.0	32.9	68.4	35.5	6.6		√
26	930805	158.5	22.5	81.2	80.8	–0.4	16.2	√		53	200814	115.8	35.5	72.4	58.0	–14.4	14.5	√	
27	950822	84.7	33.0	39.0	33.6	–5.4	7.8	√											

备注：1. 许可误差＝实测值的 20%，以 20.0 mm 为上限，以 3.0 mm 为下限；2. 合格率 =73.6%；3. 本方案等级为乙级。

表 16-7　访河姜庄湖站峰量关系精度评定表

序号	洪号	实测径流深 $R_{实}$（mm）	暴雨中心位置	净峰流量（m^3/s）		预报误差（m^3/s）	许可误差（m^3/s）	评定结果	
				实测 $Q_{m净实}$	预报 $Q_{m净预}$			合格	不合格
1	600702	94.2	中游	2 646	2 550	−96.0	529	√	
2	600817	26.9	下游	2 189	942	−1 247	438		√
3	620725	23.1	中下游	842	718	−124	168	√	
4	620807	49.1	中游	1 009	1 330	321	202		√
5	640729	20.3	普雨	611	551	−60.0	122	√	
6	640801	38.8	中游	1 061	1 050	−11.0	212	√	
7	650710	14.2	上游	372	247	−125	74.4		√
8	650722	34.8	下游	1 438	1 220	−218	288	√	
9	650728	36.9	上游	1 054	642	−412	211		√
10	650819	36.1	普雨	1 030	979	−51.0	206	√	
11	660724	15.3	下游	632	536	−96.0	126	√	
12	700723	31.7	中上游	787	706	−81.0	157	√	
13	700725	109.8	上游	1 596	1 910	314	319	√	
14	710701	67.2	普雨	1 897	1 820	−77.0	379	√	
15	710809	51.7	中下游	1 670	1 600	−70.0	334	√	
16	710822	42.4	中上游	1 113	944	−169	223	√	
17	730729	76.1	中游	2 269	2 060	−209	454	√	
18	740813	73.7	下游	2 185	2 580	395	437	√	
19	760812	6.4	下游	202	199	−3.00	40.4	√	
20	780714	32.0	下游	946	1 120	174	189	√	
21	800616	31.5	中上游	788	701	−87.0	158	√	
22	850905	14.6	下游	585	511	−74.0	117	√	
23	900816	39.4	普雨	1 068	1 070	2.00	214	√	
24	910611	26.6	中下游	921	826	−95.0	184	√	
25	910725	149.3	上游	2 340	2 600	260	468	√	
26	930805	81.2	下游	3 399	2 840	−559	680	√	
27	950822	39.0	普雨	1 032	1 060	28.0	206	√	
28	980815	55.9	中游	1 618	1 520	−98.0	324	√	
29	000720	8.0	中游	185	217	32.0	37.0	√	
30	010725	32.7	下游	337	1 150	813	67.4		√
31	010728	17.5	中上游	393	390	−3.00	78.6	√	
32	010730	43.7	上游	768	760	−8.00	154	√	
33	030623	15.4	下游	542	539	−3.00	108	√	
34	040724	19.1	下游	499	669	170	99.8		√
35	040915	8.0	中上游	157	178	21.0	31.4	√	
36	050701	68.4	上游	766	1 180	414	153		√
37	050920	105.3	上游	1 634	1 830	196	327	√	
38	070818	20.7	中游	718	561	−157	144		√
39	080724	46.3	普雨	614	1 260	646	123		√
40	080822	13.7	普雨	251	372	121	50.2		√
41	090714	19.6	上游	423	341	−82.0	84.6	√	
42	090818	52.7	下游	2 530	1 860	−670	506		√
43	110828	17.8	下游	260	623	363	52.0		√
44	120708	29.3	中下游	768	912	144	154	√	
45	120710	89.0	下游	3 093	3 120	27.0	619	√	
46	120827	13.1	下游	274	462	188	54.8		√
47	130731	16.6	中游	209	450	241	41.8		√
48	130810	9.6	下游	318	336	18.0	63.6	√	
49	190808	17.6	下游	776	623	−153	155	√	
50	190811	81.9	普雨	1 850	2 220	370	370	√	
51	200722	19.5	下游	1200	683	−517	240		√
52	200807	32.9	中上游	697	732	35.0	139	√	
53	200814	72.4	普雨	2 279	1 960	−319	456	√	

备注：1. 预报误差 = 预报值 − 实测值；2. 许可误差 = 实测值的 20%；3. 合格率 =71.7%；4. 本方案等级为乙级。

表 16–8　祊河姜庄湖站主要两段降雨中间时间到洪峰出现时距预报精度评定表

序号	洪号	实测径流深 $R_{实}$（mm）	暴雨中心位置	有效降雨历时 T_c（h）	主要两段降雨中间时刻到洪峰出现时距（h）		预报误差（h）	许可误差（h）	评定结果	
					实测 $\tau_{实}$	预报 $\tau_{预}$			合格	不合格
1	600702	94.2	中游	22.0	11.0	6.4	–4.6	3.3		√
2	600817	26.9	下游	8.0	4.0	6.3	2.3	3.0	√	
3	620725	23.1	中下游	6.0	6.2	8.0	1.8	3.0	√	
4	620807	49.1	中游	18.0	8.5	7.6	–0.9	3.0	√	
5	640729	20.3	普雨	15.0	14.0	9.9	–4.1	4.2	√	
6	640801	38.8	中游	15.0	7.0	8.2	1.2	3.0	√	
7	650710	14.2	上游	12.0	17.5	17.0	–0.5	5.3	√	
8	650722	34.8	下游	5.0	5.0	5.8	0.8	3.0	√	
9	650728	36.9	上游	6.0	8.0	12.4	4.4	3.0		√
10	650819	36.1	普雨	12.0	11.0	8.4	–2.6	3.3	√	
11	660724	15.3	下游	6.0	7.5	7.3	–0.2	3.0	√	
12	700723	31.7	中上游	6.0	10.5	10.9	0.4	3.2	√	
13	700725	109.8	上游	14.0	9.0	8.7	–0.3	3.0	√	
14	710701	67.2	普雨	6.0	5.0	7.0	2.0	3.0	√	
15	710809	51.7	中下游	10.0	5.8	6.3	0.5	3.0	√	
16	710822	42.4	中上游	20.0	9.0	9.8	0.8	3.0	√	
17	730729	76.1	中游	14.0	5.0	6.7	1.7	3.0	√	
18	740813	73.7	下游	12.0	7.0	4.6	–2.4	3.0	√	
19	760812	6.4	下游	14.0	7.5	10.2	2.7	3.0	√	
20	780714	32.0	下游	5.0	9.5	6.0	–3.5	3.0		√
21	800616	31.5	中上游	16.7	15.5	10.9	–4.6	4.7	√	
22	850905	14.6	下游	9.0	6.5	7.4	0.9	3.0	√	
23	900816	39.4	普雨	10.0	8.0	8.2	0.2	3.0	√	
24	910611	26.6	中下游	11.0	7.5	7.7	0.2	3.0	√	
25	910725	149.3	上游	24.0	7.0	8.3	1.3	3.0	√	
26	930805	81.2	下游	14.0	7.0	4.5	–2.5	3.0	√	
27	950822	39.0	普雨	8.3	9.5	8.2	–1.3	3.0	√	
28	980815	55.9	中游	10.0	8.0	7.4	–0.6	3.0	√	
29	000720	8.0	中游	19.0	35.5	11.8	–23.7	10.7		√
30	010725	32.7	下游	48.0	22.5	5.9	–16.6	6.8		√
31	010728	17.5	中上游	16.0	12.5	13.2	0.7	3.8	√	
32	010730	43.7	上游	24.0	16.0	11.6	–4.4	4.8	√	
33	030623	15.4	下游	8.0	6.5	7.3	0.8	3.0	√	
34	040724	19.1	下游	4.0	7.5	6.9	–0.6	3.0	√	
35	040915	8.0	中上游	13.0	19.5	16.0	–3.5	5.9	√	
36	050701	68.4	上游	20.0	10.5	10.0	–0.5	3.2	√	
37	050920	105.3	上游	28.0	12.0	8.8	–3.2	3.6	√	
38	070818	20.7	中游	28.0	11.5	9.9	–1.6	3.5	√	
39	080724	46.3	普雨	26.0	20.5	7.8	–12.7	6.2		√
40	080822	13.7	普雨	12.7	15.5	10.9	–4.6	4.7	√	
41	090714	19.6	上游	11.0	15.5	15.7	0.2	4.7	√	
42	090818	52.7	下游	11.0	7.0	5.1	–1.9	3.0	√	
43	110828	17.8	下游	18.0	29.5	7.0	–22.5	8.9		√
44	120708	29.3	中下游	22.0	5.5	7.5	2.0	3.0	√	
45	120710	89.0	下游	15.0	7.0	4.4	–2.6	3.0	√	
46	120827	13.1	下游	19.0	14.5	7.5	–7.0	4.4		√
47	130731	16.6	中游	21.0	22.5	10.4	–12.1	6.8		√
48	130810	9.6	下游	9.0	11.2	7.9	–3.3	3.4	√	
49	190808	17.6	下游	27.0	7.3	7.0	–0.3	3.0	√	
50	190811	81.9	普雨	30.0	3.7	6.6	2.9	3.0	√	
51	200722	19.5	下游	21.0	5.6	6.8	1.2	3.0	√	
52	200807	32.9	中上游	21.0	8.0	10.8	2.8	3.0	√	
53	200814	72.4	普雨	28.0	14.6	6.8	–7.8	4.4		√

备注：1. 预报误差 = 预报值 – 实测值；2. 许可误差＝实测值的 30%，以 3 h 为下限；3. 合格率 =81.1%；4. 本方案等级为乙级。

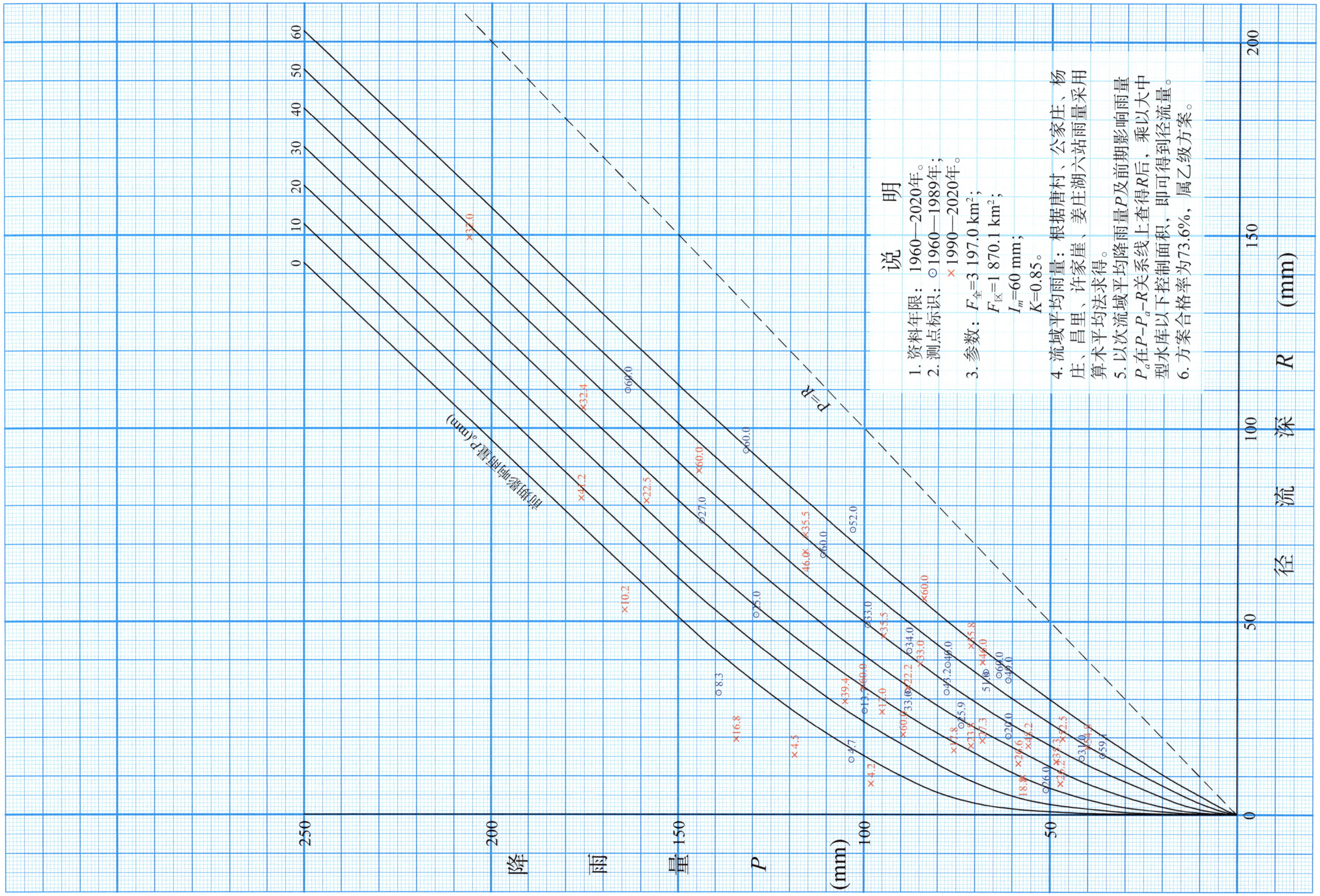

图 16–2 祊河姜庄湖站降雨径流相关图

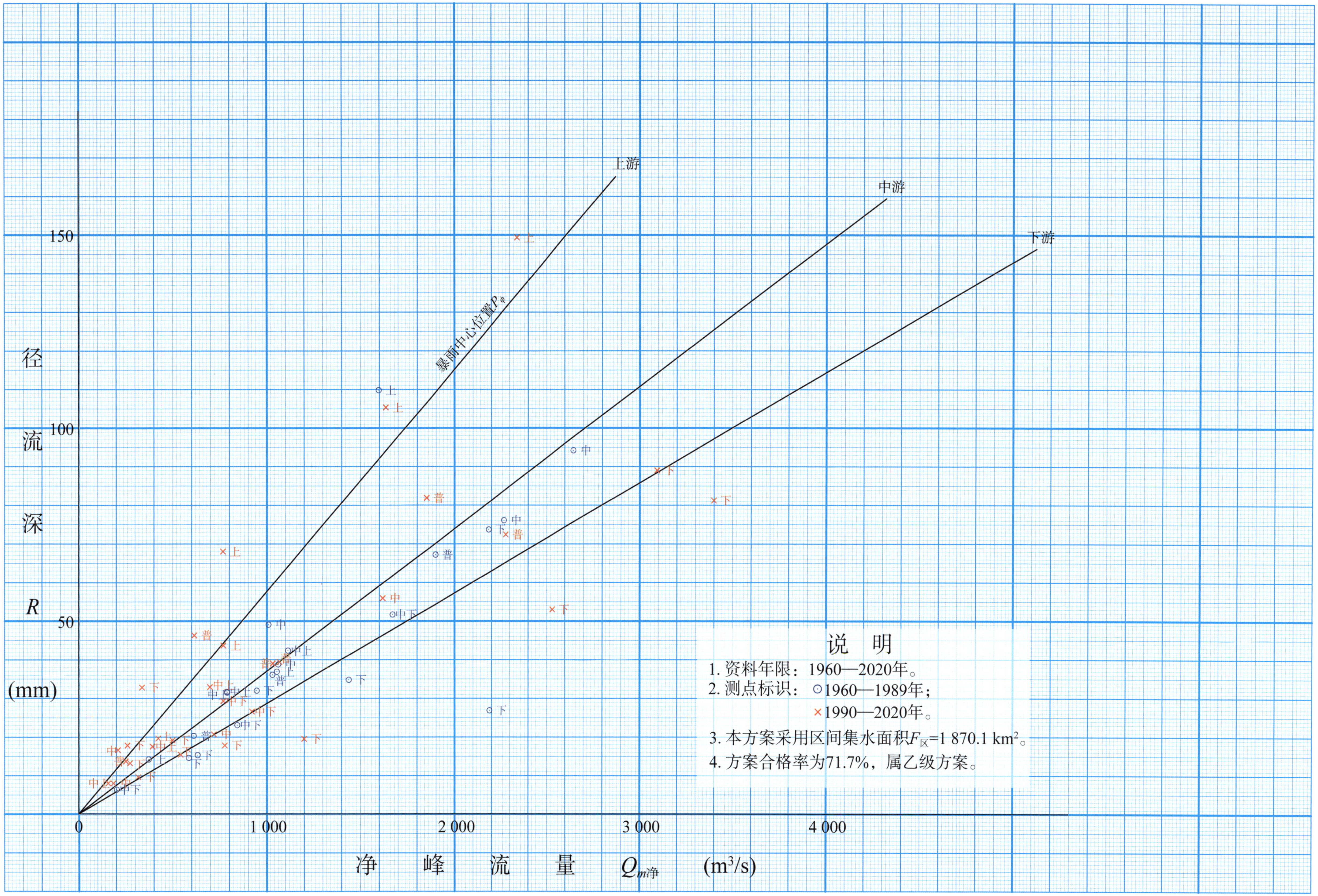

图 16-3　祊防河姜庄湖站峰量关系曲线图

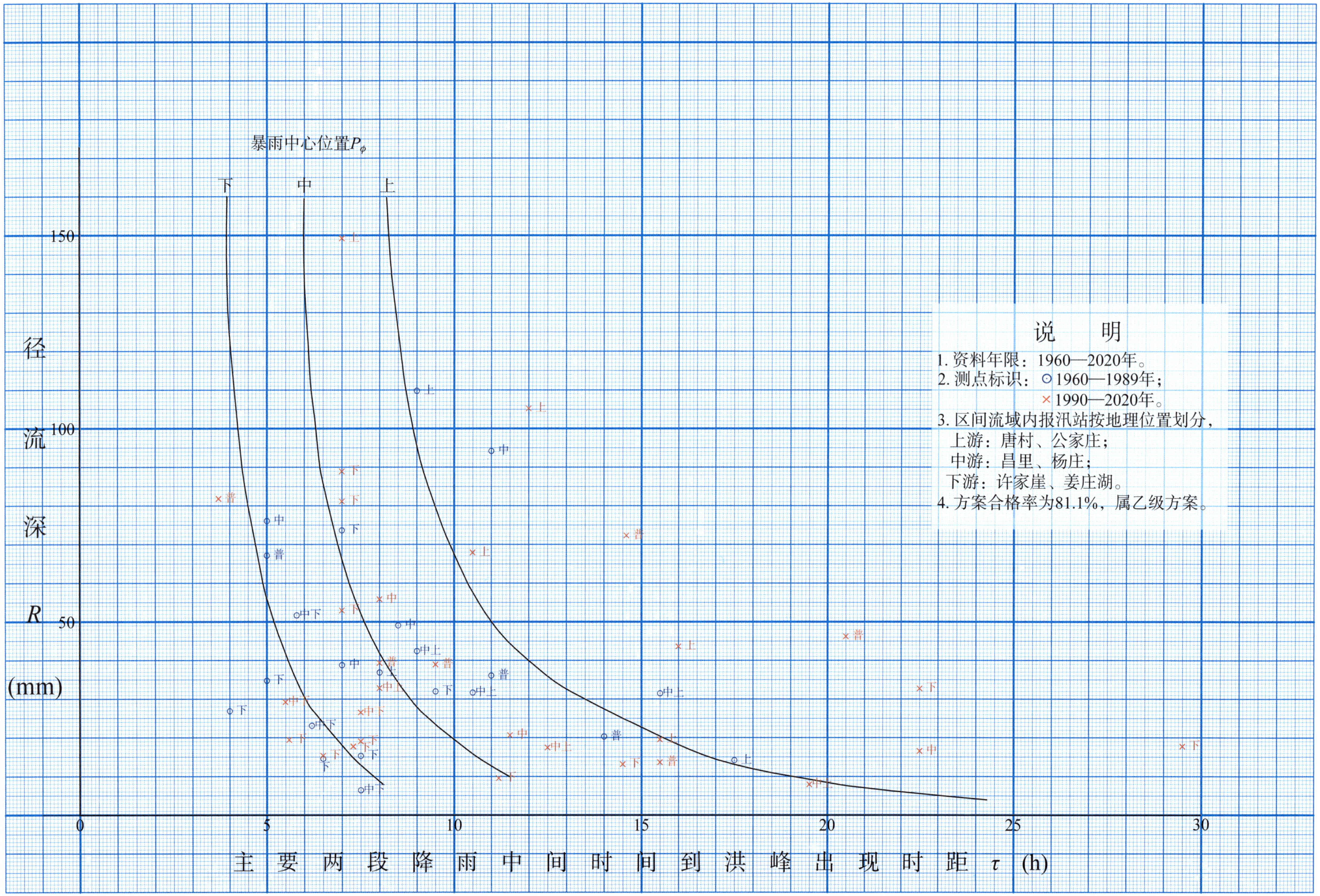

图 16-4　汸河姜庄湖站峰现时间关系图

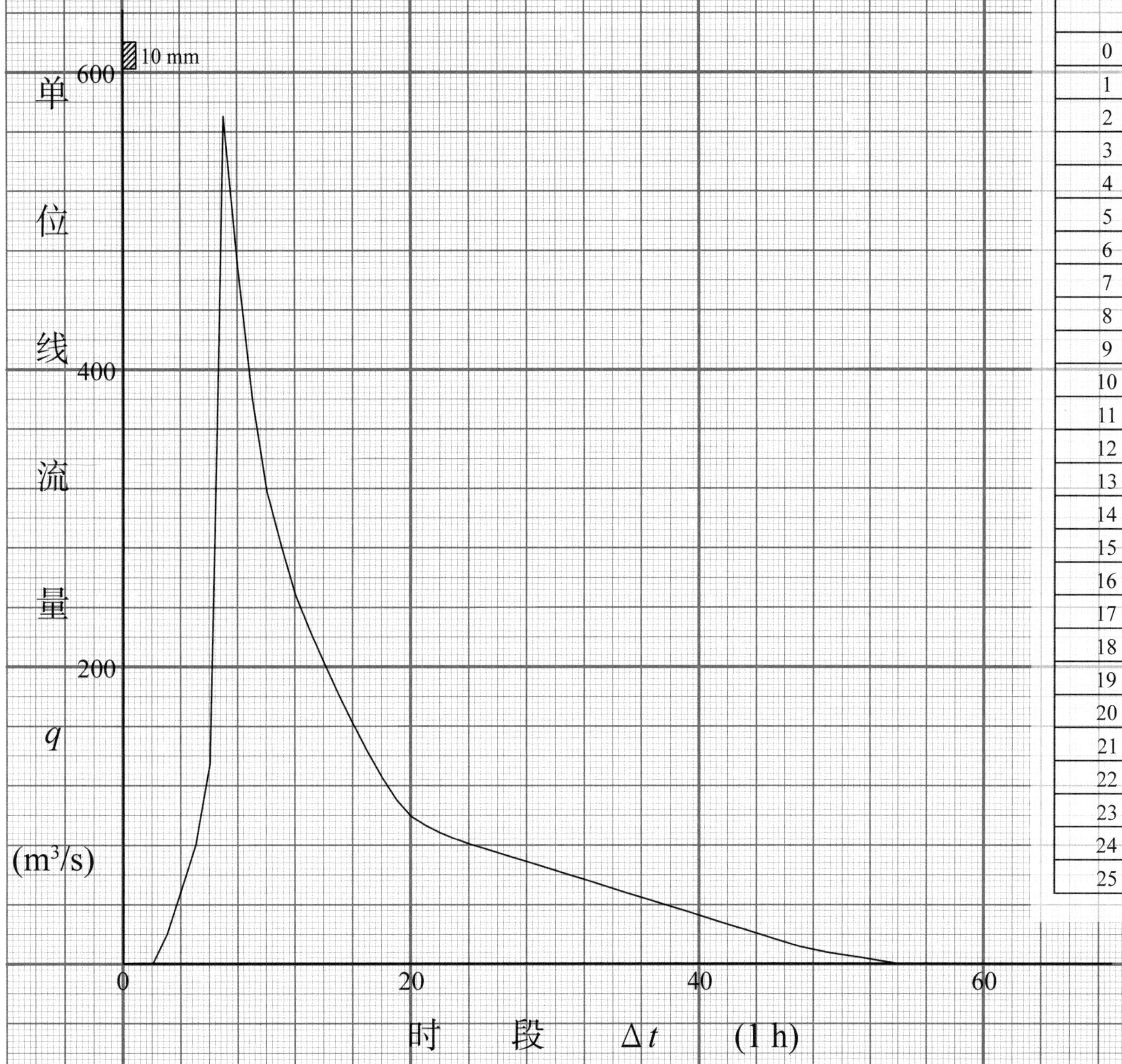

单位线成果表

$F_{区}$=1 870.1 km²，Δ*t*=1 h

时段	单位线流量 q(m³/s)	时段	单位线流量 q(m³/s)	时段	单位线流量 q(m³/s)
0	0.0	26	74.5	52	3.0
1	0.0	27	71.5	53	1.5
2	0.0	28	68.5	54	0.0
3	20.0	29	65.5	55	
4	50.0	30	62.5	56	
5	80.0	31	59.5	57	
6	134	32	56.5	58	
7	570	33	53.5	59	
8	468	34	50.5	60	
9	380	35	47.5	61	
10	318	36	44.5	62	
11	281	37	41.5	63	
12	248	38	38.5	64	
13	224	39	35.5	65	
14	202	40	32.5	66	
15	181	41	29.5	67	
16	161	42	26.5	68	
17	142	43	23.5	∑	5 194
18	125	44	20.5	洪水发生时间	2012-7-10
19	110	45	17.5	暴雨中心位置	下游
20	99.0	46	14.5		姜庄湖
21	93.0	47	11.5	降雨量(mm)	144.5
22	88.0	48	9.5	前期影响雨量(mm)	60.0
23	84.0	49	7.5	径流深(mm)	89.0
24	80.5	50	6.0	有效降雨历时(h)	15.0
25	77.5	51	4.5	净峰流量(m³/s)	3 093

图 16-5　访河姜庄湖站单位线图（1 h）

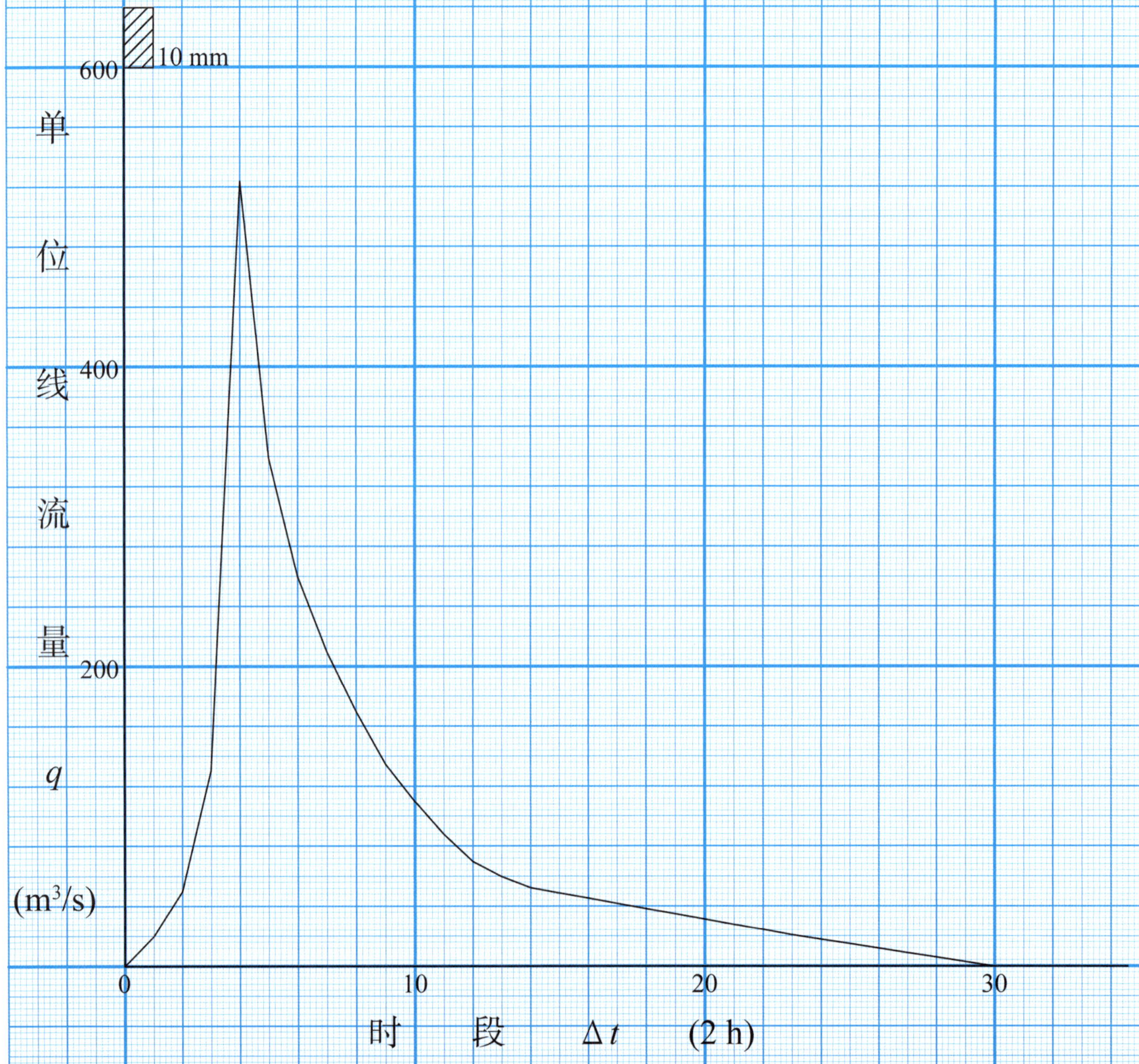

单位线成果表

$F_{区}$=1 870.1 km^2，Δt=2 h

时段	单位线流量 q(m^3/s)	时段	单位线流量 q(m^3/s)
0	0.0	28	6.0
1	20.0	29	3.0
2	50.0	30	0.0
3	130	31	
4	524	32	
5	339	33	
6	260	34	
7	210	35	
8	170	36	
9	135	37	
10	110	38	
11	88.0	39	
12	70.0	40	
13	60.0	41	
14	52.5	42	
15	49.0	43	
16	45.5	44	
17	42.0	45	
18	38.5	46	
19	35.0	∑	2 596.5
20	31.5	洪水发生时间	2012-7-10
21	28.0	暴雨中心位置	下游
22	24.5		姜庄湖
23	21.0	降雨量(mm)	144.5
24	18.0	前雨(mm)	60.0
25	15.0	径流深(mm)	89.0
26	12.0	有效降雨历时(h)	15.0
27	9.0	净峰流量(m^3/s)	3 093

图 16-6 祊河姜庄湖站单位线图（2 h）

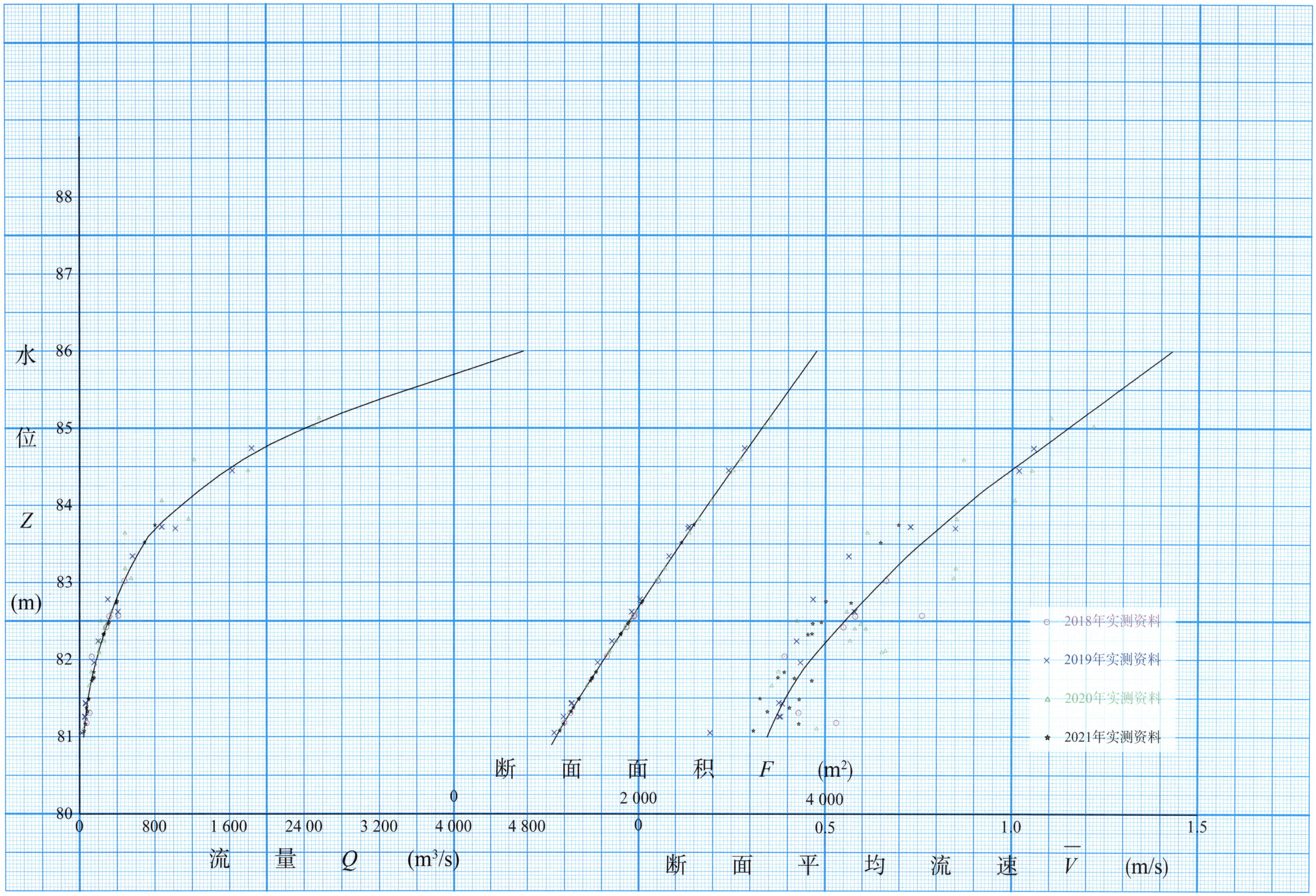

图 16-7 祊河姜庄湖站水位与流量、面积、流速关系曲线图

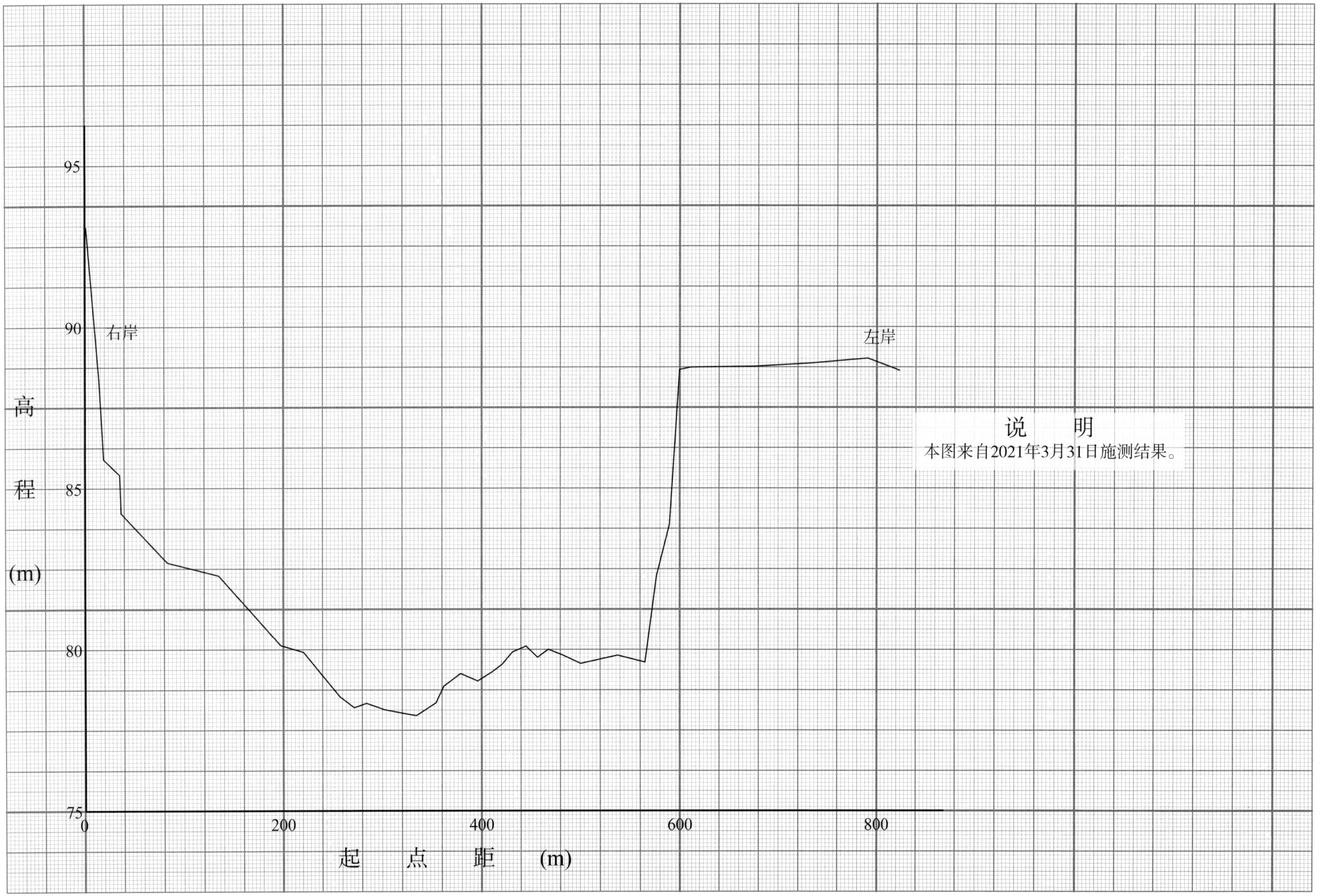

图 16-8 祈河姜庄湖站大断面图

第十七章　沂河临沂站水文预报方案编制说明

1　流域概况

1.1　流域自然地理特征

沂河发源于鲁山，是鲁南地区跨省的最大山洪河道。临沂站集水面积为 10 315 km^2，河道长 287.5 km。地势西北高，向东南部平原倾斜。沂河上游地势复杂，从而形成了众多的支流，流域面积在 50 km^2 以上的一级支流共 18 条，其中临沂站以上较大的一级支流是东汶河、蒙河、祊河、涑河、柳青河，集水面积均在 200 km^2 以上。流域内山丘区约占 68%，平原区约占 32%。

1.2　水文气象特征

沂河流域属北温带大陆性季风气候，四季分明，冬季天气干燥寒冷，秋季凉爽。流域多年平均气温为 11.8 ~ 13.3℃，极端最高气温为 40.5℃，极端最低气温为 -25.6℃，七月份多年平均气温 26.0℃。降水分布不均匀，冬季降水少，夏季降水多，且年际变化很大。多年平均年降水量为 792.8 mm（1956—2016 年系列），其中 6—9 月降雨量为 585.9 mm，占年降水量的 73.9%。

1.3　水利工程情况

1957 年沂河出现大洪水，自 1958 年开始，先后在沂河干支流上游建成 5 座大型水库（田庄、跋山、岸堤、许家崖、唐村）及 22 座中型水库，总控制面积 5 121 km^2，占总流域面积的 49.2%；大中型水库以下区间面积为 5 194 km^2。流域内还建成大量的小型水库及塘坝，其中小（1）型水库 50 座，控制流域面积 321.8km^2，总库容 9 162.7 万 m^2；小（2）型水库 143 座，控制流域面积 290.6 km^2，总库容 3 527.8 万 m^2。

近年来，在临沂站以上沂河干支流上新建了斜午、袁家口子、河湾、茶山等多处拦河闸、橡胶坝，上下串通、水面连接，形成梯级闸坝群。这些拦河闸坝的兴建，改变了河流的原来状态，对洪水的传播产生了一定影响。临沂站以上流域内工程概况见表 17-1 至表 17-4，沂河临沂站以上流域图见图 17-1。

表 17-1　临沂站以上流域内大中型水库工程概况统计表

类型	库名	至临沂站距离（km）	流域面积（km^2）	总库容（万 m^3）	死库容（万 m^3）	建成时间
大型	田庄	198	417	12 000	89	1960 年 5 月
	跋山	122	1 779	51 836	1 804	1960 年 5 月
	岸堤	116	1 694	77 993	1 683	1960 年 4 月
	唐村	124	259	14399	79	1959 年 10 月
	许家崖	83	584	27910	661	1959 年 10 月
中型	昌里	114	160.7	7 183	144	1971 年 9 月
	寨子山	92	26	1 121	70	1972 年 12 月
	寨子	96	25.45	1 084	61.6	1975 年 10 月
	高湖	103	74.2	3 170	153	1967 年 5 月
	刘庄	33	11.45	1 003	29.7	1967 年 5 月
	吴家庄	111	21.0	1 660.8	30	1960 年 5 月
	公家庄	103	33.0	1 130	26.1	1960 年 8 月
	大夫宁	101	16.8	1 024	17	1975 年 10 月
	安靖	80	35.12	1 191	53	1968 年 12 月
	杨庄	89	36.0	1 000.3	18	1960 年 6 月
	龙王口	80	25.3	1 460	41	1971 年 11 月
	上冶	64	77.0	3 485	267	1960 年 11 月
	石岚	58	79.0	3 589	151	1960 年 4 月
	古城	43	16.7	1 396	55	1971 年 8 月
	马庄	56	66.0	2 586	46	1958 年 8 月
	黄仁	75	30.4	1 332	50	1971 年 6 月
	施庄	45	17.4	1 228	26	1968 年 8 月
	红旗		27.4	1 151	40	1967 年 5 月
	书房		18.5	1 228	74.2	1967 年 6 月
	黄土山		17.8	1 099	30	1967 年 6 月
	朱家坡		35.7	1 208	23	1967 年 6 月
	张庄		17.0	1 068	32	1959 年 12 月

表 17-2　临沂站以上流域内主要橡胶坝主要指标统计表

名称	行政区	所在河流	建成年份	结构型式	坝节数	单孔长度（m）	正常蓄水位（m）	蓄水量（万 m^3）
沂河	沂水县	沂河	2000 年	橡胶坝	8			515
邑山	沂水县	沂河	2008 年	橡胶坝	5	62	128.50	235
北社	沂水县	沂河	2014 年	橡胶坝	5	90	125.00	675
辛集	沂南县	沂河	2012 年	橡胶坝	4	80	101.50	302
大庄	沂南县	沂河	2013 年	橡胶坝	5	80	97.50	1 196
葛沟	临沂市河东区	沂河	2010 年	橡胶坝	4	78	89.90	301
茶山	临沂市兰山区	沂河	2017 年	橡胶坝	7	75	81.00	3 948
				调节闸	10	12		
柳杭	临沂市兰山区	沂河	2009 年	橡胶坝	5	90	74.00	2 200

续表

名称	行政区	所在河流	建成年份	结构型式	坝节数	单孔长度（m）	正常蓄水位（m）	蓄水量（万 m^3）
桃园	临沂市兰山区	沂河	2005 年	橡胶坝	10	77	69.00	1 250
小埠东	临沂市兰山区	沂河	1997 年	橡胶坝	16	70	65.50	2 830
				调节闸	10	10		
姜庄湖	费县	祊河	2016 年	橡胶坝	3	80	93.50	421
三南尹	费县	祊河	2015 年	橡胶坝	4	75	88.50	1 400
葛庄	临沂市兰山区	祊河	2008 年	橡胶坝	5	83	81.00	1 560
花园	临沂市兰山区	祊河	2005 年	橡胶坝	3	75	77.50	320
角沂	临沂市兰山区	祊河	2007 年	橡胶坝	4	74	70.50	530

表 17–3　临沂站以上流域内主要拦河闸主要指标统计表

工程名称	行政区	所在河流	建设年份	水闸类型	闸孔数量	闸孔总净宽（m）	闸底板高程（m）	闸门高度（m）	闸门型式
斜午	沂水县	沂河	2021 年	节制闸	42	336	116.50	4.0	平面钢闸门
袁家口子	临沂市兰山区	沂河	2019 年	节制闸	12	240	87.50	9.5	弧形钢闸门
河湾	临沂市兰山区	沂河	2019 年	节制闸	43	516	76.50	9.5	弧形钢闸门
黄埠	沂南县	东汶河	1997 年	节制闸	35	210	100.00	2.0 ~ 3.5	平板门
青驼	沂南县	蒙河	2021 年	节制闸	12	120	102.10	7.0	定轮式平面钢闸门

表 17–4　临沂站以上流域内主要橡胶坝水位 – 蓄水量关系表

水位：m；蓄水量：万 m^3

小埠东		角沂		桃园		葛庄		柳杭	
水位	蓄水量	水位	蓄水量	水位	蓄水量	水位	蓄水量	水位	蓄水量
61.00	162.2	64.00	0	62.50	0	77.00	300	70.00	186
61.50	295.2	65.00	2.3	63.50	1.7	78.00	515	71.00	473
62.00	499.0	66.00	15.7	64.50	53.5	79.00	775	72.00	867
62.50	789.8	67.00	47.4	65.50	139.1	80.00	1 105	73.00	1 497
63.00	1 168	68.00	94.5	66.50	343.5	81.00	1 560	74.00	2 208
63.50	1 609	69.00	169.1	67.50	593.0				
64.00	2 098	70.00	370	68.50	1 062.8				
64.50	2 622	71.00	675	69.00	1 250				
65.00	3 167			69.50	1 441				
65.50	3 728								

1.4　测站概况

1.4.1　基本情况

临沂水文站系沂河干流控制站，于 1950 年 3 月 10 日设立，位于临沂市河东区芝麻墩街道。该站自设站以来，监测到的最高水位为 65.65 m，最大流量为 15 400 m^3/s，均出现在 1957 年 7 月 19 日。

1.4.2　测站沿革

临沂站所在河段因受采砂影响，河床普遍下切 2 m 以上，基本断面于 2005 年 6 月 1 日上迁 800 m，流量采用桥测。畅流期，新断面水位 – 0.50 m= 老断面水位。临沂站典型年基本断面图见图 17–13。

1.4.3　采用基面

临沂站基面采用冻结基面。冻结基面高程 – 0.700 m=1956 年黄海基面高程，冻结基面高程 – 0.757 m=1985 年国家高程基准高程。

1.4.4　集水面积变化

1973 年冬以前，采用集水面积 10 305 km^2，1973 年冬进行了农田改造，从泗水县截入 10 km^2 后，总集水面积改为 10 315 km^2。1960 年以后在沂河上游修建多座大中型水库，使本站集水面积发生了很大变化，大中型水库以下至临沂站区间面积变动情况见表 17–5。

表 17–5　临沂站区间集水面积变化情况

年　份	1960—1966 年	1967—1970 年	1971—1972 年	1973—1974 年	1974 年至今
大中型水库以下区间面积（km^2）	5 641	5 484	5 202	5 211	5 194

1.4.5　报汛站情况

本方案采用的雨量资料共有 19 站，分别为跋山、寨子山、斜午、岸堤、傅旺庄、垛庄、双后、高里、葛沟、唐村、公家庄、岳庄、杨庄、许家崖、石岚、姜庄湖（二）、刘庄、马庄、角沂。

2　预报方案编制

2.1　预报区间的确定

沂河临沂站以上建有田庄水库、跋山水库、岸堤水库、唐村水库、许家崖水库 5 座大型水库及寨子山水库、寨子水库等 22 座中型水库。其中，田庄水库、红旗水库为跋山水库入流站，朱家坡水库、黄土山水库、张庄水库为岸堤水库入流站，书房水库为许家崖水库入流站，因此将跋山、岸堤、唐村等 21 座大中型水库作为临沂上游入流站，另外，岳庄、石马庄水库原为中型水库，后降为小（1）型水库，为保持资料连续性，本次修订两座水库仍按中型水库处理，预报区间确定为大中型水库以下—临沂站，区间面积为 5 194 km^2，即临沂以上总控制面积 10 315 km^3 减去上游大中型水库控制面积 5 121 km^2 得到。

2.2 资料情况及方案沿革

2.2.1 资料情况

临沂站预报方案于1981年分析编制，又分别于1991年、1999年、2011年进行了方案的修订。本次修订除选用之前分析的1960—2010年共46场次暴雨洪水外，另外补充了2011—2020年9场次暴雨洪水进行分析，即资料系列为1960—2020年，共55场次洪水。

2.2.2 方案沿革

原方案包括产流方案、汇流方案及上下游相关方案，产流方案采用降雨径流相关图 P-P_a-R；汇流方案采用峰量关系图、峰现时间关系图、经验单位线、分级单位线等方案；上下游相关方案分为两种预报方案，分别为以葛沟站来水为主和以姜庄湖（二）站来水为主。本次修订，在原产流方案降雨径流相关图 P-P_a-R 中增加了9个点据，关系线保持不变；在原汇流方案峰量关系图中增加了9个点据，关系线保持不变，在原峰现时间关系图中增加了9个点据，关系线保持不变，经验单位线新增4条，其中1 h单位线2条，2 h单位线2条，分级单位线保持不变；在以葛沟站来水为主的上下游相关方案中增加了6个点据，在以姜庄湖（二）站来水为主的上下游相关方案中增加了9个点据，洪峰流量相关图关系线、洪峰传播时间查算图关系线重新修订。

2.3 产流方案

产流方案采用降雨径流相关法（P-P_a-R）。其中：P 为次降雨流域平均雨量（mm）；P_a 为流域平均前期影响雨量（mm）；R 为次降雨所产生的径流深（mm）。

以实测点据为依据点绘以 P_a=0、10 mm、20 mm、30 mm、40 mm、50 mm、60 mm 为参数的相关曲线。勾绘 P_a 等值线时应遵循以下规律：① P 相同，P_a 愈大，R 愈大，P_a 等值线自左向右增大；② P_a 相同，P 愈大，dR/dP 也愈大，但 P_a 等值线的坡度只能以 dR=dP 为限；③ P_a 等值线均在45° 线左侧，并通过原点。沂河临沂站降雨径流相关图见图17–2。

2.3.1 流域平均雨量P的计算

采用加权平均法即泰森多边形法计算流域平均雨量，临沂站以上流域内雨量站的面积控制权重见表17–6。

表17–6 临沂站以上流域内雨量站的面积控制权重表

站名	权重	站名	权重	站名	权重	站名	权重	站名	权重
跋山	0.065	傅旺庄	0.083	葛沟	0.046	杨庄	0.046	刘庄	0.054
寨子山	0.061	垛庄	0.038	唐村	0.046	许家崖	0.027	马庄	0.026
斜午	0.083	双后	0.054	公家庄	0.065	石岚	0.040	角沂	0.075
岸堤	0.039	高里	0.046	岳庄	0.059	姜庄湖（二）	0.047		

2.3.2 流域平均前期影响雨量P_a的计算

每年自汛初开始连续计算，先以面积加权法计算流域平均雨量，然后计算期影响雨量 P_a。K、I_m 取值本次未做分析，继续沿用原有成果。P_a 计算公式如下：

$$P_{a,t}=K(P_{a,t-1}+P_{t-1})$$

式中：$P_{a,t}$ 为当日的流域平均前期影响雨量，mm；$P_{a,t-1}$ 为前一日的流域平均前期影响雨量（mm）；P_{t-1} 为前一日流域平均降雨量（mm）；K 为前期影响雨量递减系数，$K=1-\frac{E_m}{I_m}$，K=0.85；E_m 为流域蒸发能力；I_m 为流域最大损失量。

本方案采用 K=0.85、I_m=60 mm，当计算出的 $P_{a,t}$ 大于 I_m 时，采用 $P_{a,t}$=60 mm。

2.3.3 径流深R的推求

在一次洪水过程线上采用斜线分割法切除基流，地表径流终止点采用在退水过程线找出转折点的办法求得。水库放水时，要将水库放水形成的地表径流的那部分水量扣除。径流深 R 等于洪水总量 W（已扣除水库放水量和基流量）除以集水面积 F 而得。临沂站降雨径流分析成果见表17–12。

2.3.4 精度评定

本方案依据实测点绘制 P-P_a-R 相关曲线，采用1960年到2020年61年的资料系列，共55个点据。精度评定采用合格点次占总点次的百分比为合格率，许可误差采用实测值的20%，并以20.0 mm为上限，以3.0 mm为下限作为控制。方案合格率为78.2%，属乙级方案，详见表17–13。

2.4 汇流方案

汇流方案主要采用峰量关系图、峰现时间关系图、经验单位线、分级单位线及河道汇流演算等方法。

2.4.1 峰量关系图

2.4.1.1 方案编制

R-T_c-$Q_{m净}$关系图见图17–3。图中 R 为一次降雨径流深；T_c 为有效降雨历时，是指实际能产生径流、对造峰有明显影响的降雨历时；$Q_{m净}$为一次降雨过程所产生的区间净峰流量。勾绘 T_c 等值线时应遵循下列原则：① T_c 值较小的线在右，T_c 值较大的线在左，各线均过原点；②各 T_c 等值线呈直线或微呈抛物线状；③各 T_c 等值线差值若相等，同一 R 的各线间横差左小右大。

受上游水利工程的影响，历年实测的净峰流量相应的集水面积不同，本次方案在制作时统一将其改正为当前集水面积上的净峰流量，其计算公式为

$$Q_{m净}=Q_{m原}(F_{现}/F_{原})^{2/3}$$

式中：$Q_{m净}$为改正后的净峰流量（m^3/s）；$Q_{m原}$为原集水面积上实测的净峰流量（m^3/s）；$F_{现}$为当前采用的集水面积，即扣除大中型水库拦截面积后的集水面积（km^2）；$F_{原}$为实测 $Q_{m原}$ 时相应的集水面积（km^2）。

临沂站洪峰流量用下式预报：

$$Q_{洪}=Q_{m净}+Q_{基}+\sum\Delta Q_{出库}$$

式中：$Q_{m净}$为净峰流量（m^3/s）；$Q_{基}$为基流量（m^3/s）；$\sum\Delta Q_{出库}$为本站出现$Q_{m净}$时，相应于$Q_{m净}$的各大中型水库出库流量之和（m^3/s），各库相应于$Q_{m净}$的出库流量，可由各库出库流量通过马斯京根法汇流演算至流域出口断面求得。

2.4.1.2 精度评定

本方案采用1960—2020年共55场洪水点据，许可误差采用实测值的20%作控制，方案合格率为72.7%，属乙级方案，详见表17-14。

2.4.2 峰现时间关系图

采用降雨径流预报方案时，峰现时间预报采用次降雨径流深R-有效降雨历时T_c、暴雨中心位置P_φ-主要两段降雨中间时刻到洪峰出现时距τ的相关图，详见图17-4。

本方案采用1960—2020年实测55场洪水资料分析而得，许可误差取实测值的30%，并以3 h为下限作为控制，本方案合格率为74.5%，属乙级方案，详见表17-15。

区间流域内报汛雨量站按地理位置划分：上游有跋山站、岸堤站、唐村站、公家庄站；中上游有杨庄站、岳庄站、垛庄站、傅旺庄站、寨子山站、斜午站；中游有许家崖站、石岚站、双后站；中下游有葛沟站、高里站、姜庄湖（二）站；下游有角沂站、马庄站、刘庄站。

2.4.3 经验单位线法

根据流域暴雨洪水特性及下垫面变化情况，采用600817、900816、190811及200814等4场实测暴雨洪水资料，采用分析法、试错法相结合的办法分别绘制了3条1 h经验单位线、4条2 h经验单位线，沂河临沂站单位线图见图17-5、图17-6。

2.4.4 分级单位线法

由于单位线分析的三个基本假定要求流域上净雨分布均匀并且不分洪水大小，其汇流速度不变，所以可以使用倍比叠加的原则分析单位线和推流。但是，实测资料分析结果表明，洪水大小与汇流速度有密切的正相关关系；流域上绝对均匀的净雨是没有的，暴雨中心位置不同，对单位线的峰值及洪峰滞时均有明显的影响。为了提高单位线汇流计算的精度，经过分析发现，暴雨特征与单位线参数有良好的对应性。通过对9场实测资料单位线参数的分析，拟合了大中型水库以下至临沂站区间流域单位线要素综合方程：

$$u_p=77.29R^{0.466}{R_m}^{0.113}B_1^{1.522}$$

$$t_p=99.24R^{-0.577}T_c^{0.171}{B_2}^{0.766}Y^{7.096}$$

式中：u_p为单位线洪峰流量（m^3/s）；t_p为单位线洪峰滞时（h）；R为次降雨产生的总径流深（mm）；R_m为时段最大净雨量（mm）；T_c为有效降雨历时（h）；B_1、B_2为暴雨中心位置影响参数，其中：$B_1=V_1^{(\frac{p_m}{p}-1)}$，$B_2=V_2^{(\frac{p_m}{p}-1)}$，$V_1$、$V_2$为暴雨中心位置参数（无因次），见表17-7，$P_m$为暴雨中心降雨量（mm）；$P$为流域平均降雨量（mm）；$Y$为雨团移动影响参数，$Y=1+C\times\cos(A_1-A_0)$，其中：$A_1$为雨团移动方位角，$A_0$为流域内主要干支流河长加权的流向方位角，本站$A_0$=154°，$C$为雨团影响轻重系数，流域内雨强分布较均匀，无明显雨团中心或雨团稳定不动时，C=0，有明显雨团中心且在次暴雨中雨团进出本流域时，$C=C_m$，本站C_m=0.008。

表17-7 临沂站以上大中型水库以下区间流域暴雨中心位置参数表

等流时线区间序号	等流时线区间面积权数（%）	等流时线区间面积平均雨量计算式	暴雨中心位置参数	
			V_1	V_2
1	0.54		1.00	0.78
2	3.06	$P_{区}=P_{角沂}$	1.11	0.79
3	5.16		1.22	0.80
4	6.86	$P_{区}=P_{刘庄}$	1.33	0.81
5	6.99	$P_{区}=0.5(P_{高里}+P_{姜庄湖（二）})$	1.44	0.82
6	9.30	$P_{区}=P_{石岚}$	1.55	0.83
7	12.15	$P_{区}=0.5(P_{双后}+P_{许家崖})$	1.67	0.84
8	10.45	$P_{区}=0.5(P_{傅旺庄}+P_{垛庄})$	1.63	0.90
9	14.60	$P_{区}=0.25(P_{斜午}+P_{寨子山}+P_{杨庄}+P_{岳庄})$	1.59	0.97
10	11.00		1.53	1.03
11	12.15	$P_{区}=0.25(P_{跋山}+P_{岸堤})+0.5P_{公家庄}$	1.51	1.09
12	6.38	$P_{区}=0.5(P_{唐村}+P_{公家庄})$	1.47	1.16
13	1.36		1.42	1.22

备注：$P_{区}$为等流时线区间面积平均雨量（mm）；各$P_{区}$中的最大值即为本次暴雨的P_m；$P_{角沂}$为角沂站次雨量，其余类推。

分级单位线过程的确定：计算场次洪水单位线要素后，需根据要素值选择合适的单位线，由于原分析单位线较少，不能满足需要，所以依据峰值相邻的两实测单位线资料进行插补，得出52条峰值相差50 m^3/s的单位线，称之为分级单位线。沂河临沂站区间流域分级单位线成果见表17-16。

2.4.5 河道流量演算

按照马斯京根分段连续流量演算法原理，根据上下游两站间的特征河长、稳定流传播时间，并结合已知的上下游两站间的河段长及时段长，可计算出上下游两站间单元河段数及单元河段流量比重因数，推导出河槽汇流系数，进而进行河道流量演算。演算河段（指上游大中型水库至下游控制站之间的河段）的稳定流传播时间与上下游两站间河段代表流量大小有关。

（1）各演算河段特征河长

根据各演算河段内河道控制站的分布情况，将整个演算河段划分为1～3个子河段，通过选取无旁侧入流的子河段上下游站场次洪水稳定流水位流量关系资料，按公式$l=\frac{Q_0}{i_0}\left(\frac{\partial Z}{\partial Q}\right)_0$列表计算出各子河段中高水的特征河长（取多次洪水的均值），然后采用分段河长加权的办法求得整个演算河段的特征河长，临沂站以上各演算河段特征河长见表17-8。

表17-8 临沂站以上各演算河段特征河长

演算河段	河段长L（km）	特征河长l（km）
跋山水库—临沂站	122.0	1.9
岸堤水库—临沂站	124.0	1.7
唐村水库—临沂站	134.3	1.7
许家崖水库—临沂站	82.4	1.9

（2）各演算河段稳定流传播时间关系

根据各演算河段内河道控制站的分布情况，将整个演算河段划分出子河段（与计算特征河长时划分的子河段基本一致），通过选取无旁侧入流的上下游站场次洪水资料分析各子河段的稳定流传播时间关系，最后采用分段合成的办法求得整个演算河段的稳定流传播时间关系，临沂站以上各演算河段稳定流传播时间关系见表 17–9、图 17–7。

表 17–9 临沂站以上各演算河段稳定流传播时间关系表

稳定流量 Q（m^3/s）	传播时间 K（h）				稳定流量 Q（m^3/s）	传播时间 K（h）			
	跋山水库—临沂站	岸堤水库—临沂站	唐村水库—临沂站	许家崖水库—临沂站		跋山水库—临沂站	岸堤水库—临沂站	唐村水库—临沂站	许家崖水库—临沂站
8 000	8.3	9.6			1 000	22.9	25.0	25.4	14.9
7 000	8.9	10.3			800	26.0	28.0	28.4	16.3
6 000	9.7	11.0	11.6	7.3	600	30.0	32.0	32.2	18.3
5 000	10.6	12.1	12.5	7.9	500	32.8	33.8	34.0	20.0
4 000	11.9	13.5	13.9	8.7	400	38.4	39.4	40.0	22.5
3 000	13.6	15.3	15.8	9.8	300	44.0	45.1	46.0	25.2
2 000	16.3	18.2	18.9	11.4	200	49.6	50.7	52.0	28.0
1 500	18.8	20.7	21.3	12.7					

（3）各演算河段代表流量计算公式

在水库正常运用情况下，各演算河段的代表流量 Q_d 可由水库泄洪最大流量 $Q_{m\text{溢}}$ 及上下游两站间中游河道站的同次洪水洪峰流量计算得到，详见表 17–10。

表 17–10 临沂站以上各演算河段代表流量计算式

演算河段	演算河段代表流量 Q_d 计算方程	
	计算式	适用条件
跋山水库—临沂站	$Q_d=0.7Q_{m\text{溢}}+0.24Q_{m\text{葛}}$	$Q_{m\text{溢}}\geqslant 1.25Q_{m\text{溢}}$
	$Q_d=Q_{m\text{溢}}$	$Q_{m\text{葛}}< 1.25Q_{m\text{溢}}$
岸堤水库—临沂站	$Q_d=0.7Q_{m\text{溢}}+0.24Q_{m\text{葛}}$	$Q_{m\text{葛}}\geqslant 1.25Q_{m\text{溢}}$
	$Q_d=Q_{m\text{溢}}$	$Q_{m\text{葛}}< 1.25Q_{m\text{溢}}$
唐村水库—临沂站	$Q_d=0.164Q_{m\text{溢}}+0.2Q_{m\text{姜}}$	$Q_{m\text{姜}}\geqslant 3.8Q_{m\text{溢}}$
	$Q_d=Q_{m\text{溢}}$	$Q_{m\text{姜}}< 3.8Q_{m\text{溢}}$
许家崖水库—临沂站	$Q_d=0.3Q_{m\text{溢}}+0.44Q_{m\text{姜}}$	$Q_{m\text{姜}}\geqslant 1.59Q_{m\text{溢}}$
	$Q_d=Q_{m\text{溢}}$	$Q_{m\text{姜}}< 1.59Q_{m\text{溢}}$

备注：$Q_{m\text{葛}}$、$Q_{m\text{姜}}$分别为葛沟站及姜庄湖（二）站洪峰流量（m^3/s）。

（4）中型水库至临沂站稳定流传播时间

昌里、寨子山等中型水库至临沂站稳定流传播时间查算见表 17–11。

2.5 上下游相关法

上下游流量相关法预报精度较高，但预见期较短，预报临沂站的洪峰流量有两种预报方案。2018 年 1 月姜庄湖站断面下迁 12.3 km，更名为姜庄湖（二）站，为保证分析资料的一致性，依据洪峰模数、流域内降水分布等因素将姜庄湖断面洪水资料演算至姜庄湖（二）断面处。沂河临沂站上下游洪峰相关因素成果见表 17–17。

表 17–11 稳定流传播时间查算表

河段	T（h）			
	300 ~ 500 m^3/s	500 ~ 1 000 m^3/s	1 000 ~ 3 000 m^3/s	3 000 ~ 5 000 m^3/s
昌里水库—临沂站	19.9	15.3	10.2	7.3
寨子山水库—临沂站	28.7	22.2	14.3	12.3
寨子水库—临沂站	23.7	18.4	11.8	8.3
高湖水库—临沂站	32.6	25.7	16.8	
刘庄水库—临沂站	8.6	6.6	4.4	3.2
吴家庄水库—临沂站	29.1	22.4	14.8	10.7
公家庄水库—临沂站	27	20.8	13.8	9.9
大夫宁水库—临沂站	26.4	20.4	13.5	9.7
安靖水库—临沂站	20.9	16.1	10.7	7.7
杨庄水库—临沂站	20.9	16.1	10.7	7.7
龙王口水库—临沂站	20.9	16.1	10.7	7.7
上冶水库—临沂站	16.7	12.9	8.6	6.1
石岚水库—临沂站	15.2	11.7	7.8	5.6
古城水库—临沂站	11.3	8.7	5.7	4.1
马庄水库—临沂站	18.8	14.9	10.5	
黄仁水库—临沂站	25.9	20.5	15.2	
施庄水库—临沂站	19.5	12.3	9.1	

2.5.1 以葛沟站来水为主时的临沂站洪峰流量预报

选取 1960—2020 年以葛沟站来水为主的 56 场洪水，分析编制 $Q_{m\text{葛}}-R_{\text{区}}$ / $Q_{\text{姜（二）}}-Q_{m\text{临}}$ 预报方案，见图 17–8。其中：$Q_{m\text{葛}}$为葛沟站洪峰流量（m^3/s）；$R_{\text{区}}$为区间径流深，即葛沟站、姜庄湖（二）站以下临沂站以上集水面积上产生的径流深，利用本次洪水区间流域平均雨量和前期影响雨量查临沂站暴雨径流相关图求得；$Q_{\text{姜（二）}}$为能与葛沟站洪峰同时到达临沂站的姜庄湖（二）站流量。

方案精度评定：预见期内最大变幅的许可误差采用变幅均方差 σ_Δ，变幅为零的许可误差采用 $0.3\sigma_\Delta$，其余变幅的许可误差按上述两值采用直线内差法求出。方案合格率为 87.5%，属甲级方案，精度评定见表 17–18。

2.5.2 以葛沟站来水为主时的临沂站洪峰出现时间预报

选取 1960—2020 年以葛沟站来水为主的 56 场洪水，分析编制 $Q_{m\text{葛}}$ - 姜庄湖（二）站峰现时间早于葛沟站峰现时间小时数 $-\tau$ 相关图，见图 17–9。其中：$Q_{m\text{葛}}$为葛沟站洪峰流量（m^3/s）；τ 为葛沟站洪峰出现时间到临沂站洪峰出现时间的时距（h）。

方案评定：许可误差取实测值的 30% 并以 3 h 为下限作为控制，方案合格率为 85.7%，属甲级方案，精度评定见表 17–19。

2.5.3 以姜庄湖（二）站来水为主时的临沂站洪峰流量预报

选取 1960—2020 年以姜庄湖（二）站来水为主的 43 场洪水，分析编制 $Q_{m姜(二)}$–$R_{区}$ / $Q_{葛}$–$Q_{m临}$预报方案，见图 17–10。其中：$Q_{m姜(二)}$为姜庄湖（二）站洪峰流量（m^3/s）；$Q_{葛}$为能与姜庄湖（二）站洪峰同时到达临沂站的葛沟流量（m^3/s）。

方案精度评定：预见期内最大变幅的许可误差采用变幅均方差 σ_{Δ}，变幅为零的许可误差采用 $0.3\sigma_{\Delta}$，其余变幅的许可误差按上述两值采用直线内插法求出。方案合格率为 86.0%，属甲级方案，精度评定见表 17–20。

2.5.4 以姜庄湖（二）站来水为主时的临沂站洪峰出现时间预报

选取 1960—2020 年以姜庄湖（二）站来水为主的 43 场洪水，分析编制 $Q_{m姜(二)}$– 葛沟站峰现时间晚于姜庄湖（二）站峰现时间小时数 –τ 关系图，见图 17–11。其中：$Q_{m姜(二)}$为姜庄湖（二）站洪峰流量（m^3/s）；τ 为姜庄湖（二）站洪峰出现时间到临沂站洪峰出现时间的时距（h）。

方案精度评定：许可误差取实测值的 30% 并以 3 h 为下限作为控制，方案合格率为 90.7%，属甲级方案，精度评定见表 17–21。

2.6 水位与流量、面积、流速关系

根据沂河临沂站 1957 年、1974 年、1991 年、1993 年、2005 年、2012 年、2019 年、2020 年实测资料绘制水位与流量、面积、流速关系曲线，详见图 17–12。

2.7 大断面图

根据沂河临沂站 1974 年、1991 年、1997 年、2005 年、2010 年、2015 年、2020 年实测大断面资料绘制大断面图，详见图 17–13。

3 预报方案使用

3.1 产流方案

以流域平均雨量 P 及前期影响雨量 P_a 在 P–P_a–R 关系线上查取径流深 R。如遇汛期第一场洪水或连续干旱后的洪水，应适当修小其查算的径流深。平水年如遇降雨量较小且前期无大水，应适当修小预报值。丰水年如遇降雨量较大且降雨分布不均，应适当修大预报值。

3.2 汇流方案

3.2.1 R–T_c–$Q_{m净}$关系曲线图

依据查得的径流深 R 及求出的有效降雨历时 T_c，可查得临沂站以上大中型水库以下区间集水面积上所产生的净峰流量 $Q_{m净}$，加上基流 $Q_{基}$及上游水库放水即可预报临沂站的洪峰流量。查图时，当 $T_c \geqslant 18$ h 时，查 T_c=18 h 线；当 $T_c \leqslant 2$ h 时，查 T_c=2 h 线。

3.2.2 峰现时间的预报

根据预报的径流深 R、有效降雨历时 T_c 及暴雨中心位置，查 R–T_c–τ 相关图可得到一个洪峰出现时距 τ_1，再以 R 及暴雨中心位置查图，得到第二个值 τ_2，然后取两个值的平均作为主要两段降雨中间时间到洪峰出现时距 τ 值，则临沂站洪峰出现时间 = 主要两段降雨中间时刻 +τ。若上游水库泄洪流量较大，应考虑水库泄洪对临沂站洪峰出现时间的影响，对其做适当修正。

3.2.3 经验单位线

在进行洪水作业预报时，视场次降雨情况选定与其降雨特点相近的经验单位线进行推流。此法选线任意性大，一般应以分级单位线法为主。

3.2.4 分级单位线

使用时，首先计算次暴雨所产生的径流深 R，时段最大净雨量 R_m，暴雨中心位置影响参数 B_1、B_2 及雨团移动影响参数 Y，然后代入前文的单位线要素综合方程，由此可求得单位线峰值及洪峰滞时，据此选取峰值与洪峰滞时相近的分级单位线，并视 $t_p/\Delta t$ 与分级单位线峰前流量时段数的差别情况（Δt=2 h）采用下述办法修改分级单位线的起涨部分：

（1）若 $t_p/\Delta t$（取整后）等于分级单位线峰前流量时段数，分级单位线不必修改。

（2）若 $t_p/\Delta t$（取整后）大于分级单位线峰前流量时段数，则在分级单位线起涨前补上相应差值段数时段流量为零的流量过程。

（3）若 $t_p/\Delta t$（取整后）小于分级单位线峰前流量时段数，则将分级单位线开始部分减去与差值相应的流量段数。因临沂站单位线开始部分时段流量很小，减去差值时段对洪水总量基本没有影响。

有了分级单位线，利用预报的各时段净雨量即可预报出临沂站以上大中型水库以下区间所产生的径流过程。

3.2.5 河道流量演算

已知上游大型水库出流，按下述步骤即可将其汇流演算至临沂站：

（1）根据水库出流峰值及同次洪水中游河道站洪峰流量，计算出演算河段代表流量；

（2）由演算河段代表流量，求得演算河段稳定流传播时间 K；

（3）由稳定流传播时间 K，结合时段长 Δt（Δt=1 h 或 2 h）、特征河长 l、河段长 L，按下式：

$$n=\frac{K}{K_l}=\frac{K}{\Delta t};\quad L_l=\frac{L}{n};\quad X_l=\frac{1}{2}-\frac{l}{2L_l}=\frac{1}{2}-\frac{nl}{2L}$$

计算出演算河段的单元河段数 n 及单元河段流量比重因数 X_l；

（4）根据单元河段流量比重因数 X_l，按下式：

$$C_0=\frac{0.5-X_l}{1.5-X_l}=C_2;\quad C_1=\frac{0.5+X_l}{1.5-X_l};\quad C_0+C_1+C_2=1$$

计算出单元河段演算系数 C_0、C_1、C_2；

（5）根据单元河段数 n 及单元河段演算系数 C_0、C_1、C_2，按下式：

$$\begin{cases} P_{0n}=C_0^n \quad (m=0)\text{；} P_{mn}=\sum_{i=1}^{n} B_i C_0^{n-i} C_2^{m-i} A^i \quad (m>0,\ m-i\geqslant 0) \\ A=C_1+C_0C_2\text{；}\quad B_i=\dfrac{n!\,(m-1)!}{i!\,(i-1)!\,(n-i)!\,(m-i)!} \end{cases}$$

计算出演算河段马斯京根法河槽汇流系数 P_{mn}；

（6）根据河槽汇流系数 P_{mn}，按下式：

$$Q_t=\sum_{i=1}^{k} q_i P_{mn,\ t-i+1} \quad (1\leqslant t-i+1\leqslant k)$$

即可将上游水库出流过程汇流演算到临沂站。

3.3 上下游相关预报方案

3.3.1 以葛沟站来水为主的临沂站洪峰流量预报

葛沟站洪峰流量 $Q_{m葛}$由实测资料查取，区间径流深 $R_{区}$由临沂站以上、姜庄湖（二）站及葛沟站控制断面以下区间内平均雨量查临沂站以上大中型水库以下区间的降雨径流关系图求得。$Q_{姜（二）}$采用试错法求得，即在姜庄湖（二）站流量传播曲线中求得该流量到临沂站的传播时间 τ，若所取 $Q_{姜（二）}$出现时刻加 τ 值等于预报的临沂站峰现时间，则所选取的 $Q_{姜（二）}$即为所求。以 $R_{区}$、$Q_{姜（二）}$为参数，分别查 $Q_{m葛}-R_{区}/Q_{姜（二）}-Q_{m临}$相关图，求出各自临沂站洪峰流量预报值，取其平均值作为正式预报成果。

3.3.2 以姜庄湖（二）站来水为主的临沂站洪峰流量预报

姜庄湖（二）站洪峰流量 $Q_{m姜（二）}$由报汛资料查取，区间径流深 $R_{区}$由区间降雨量查临沂站降雨径流关系线求得，$Q_{葛}$采用试错法求得，与上述求 $Q_{姜（二）}$方法一致。以 $R_{区}$、$Q_{葛}$为参数，分别预报临沂站洪峰流量，并取其平均值作为正式预报成果。

3.3.3 临沂站峰现时间预报

当以葛沟站来水为主时，以姜庄湖（二）站峰现时间早于葛沟站峰现时间小时数为参数，查取葛沟站洪峰至临沂站峰现时距，葛沟站峰现时间 $+\tau$ 即为临沂站峰现时间；当以姜庄湖（二）站来水为主时，以葛沟站峰现时间晚于姜庄湖（二）站峰现时间小时数为参数，查取姜庄湖（二）站洪峰至临沂站峰现时距，姜庄湖（二）站峰现时距 $+\tau$ 即为临沂站峰现时间。

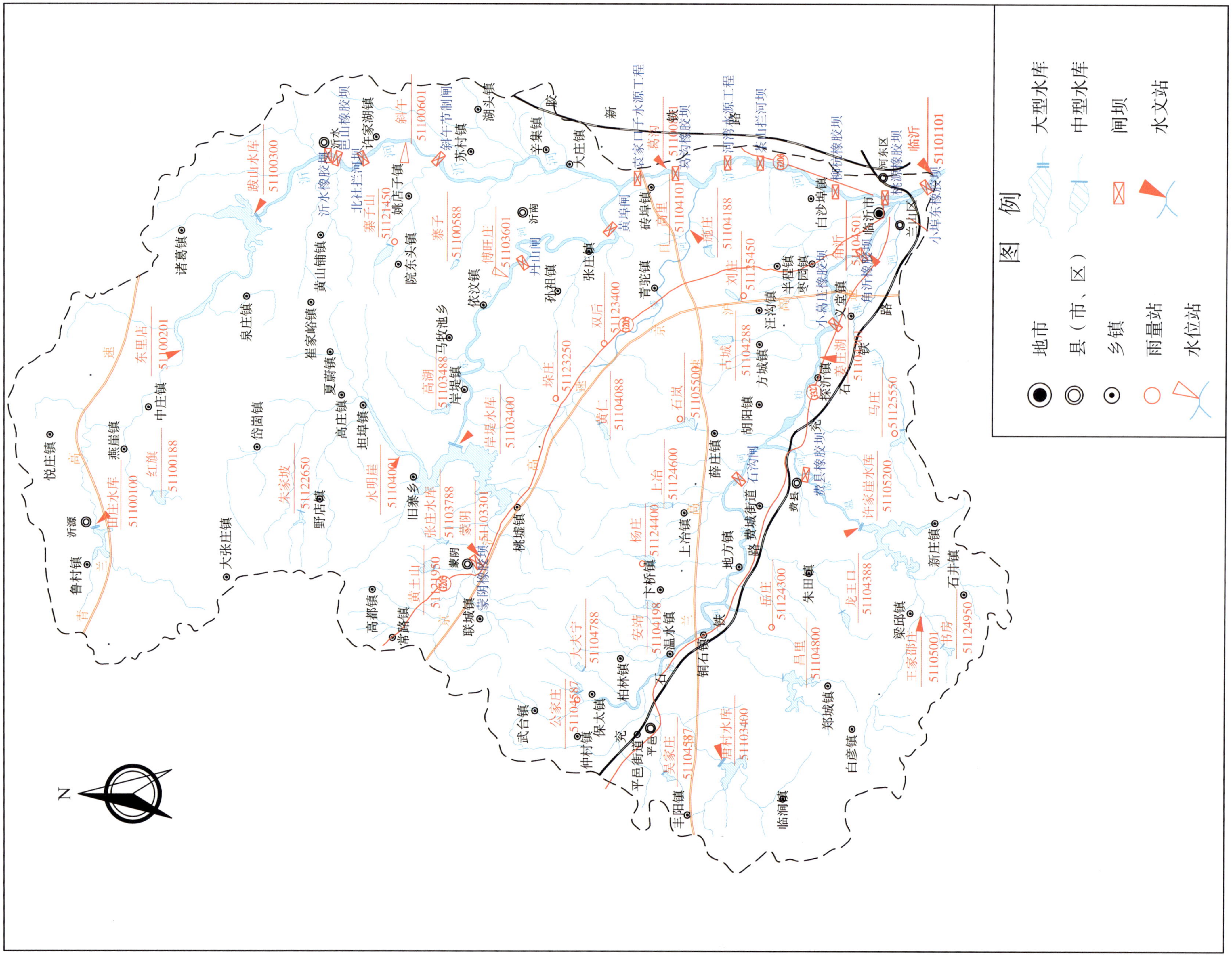

图 17–1　沂河临沂站以上流域图

表 17–12　沂河临沂站降雨径流分析成果表

洪号	降雨起讫时间		流域平均雨量 P（mm）	前期影响雨量 P_a（mm）	降雨历时（h）		暴雨中心	洪水发生时间			洪水历时 $T_洪$（h）	洪峰流量 Q_m（m³/s）	原集水面积实测的净峰流量 $Q_{m原}$（m³/s）	改正后的净峰流量 $Q_{m净}$（m³/s）	地表径流总量 W（万 m³）	集水面积 F（km²）	径流深 R（mm）	径流系数 α	主要两段降雨中间时刻到洪峰出现时距 τ（h）
	开始时间	终止时间			全部 T	有效 T_c		起涨	峰顶	落平									
600703	1960/7/2 2:00	1960/7/3 14:00	116.7	60.0	36.0	18.6	中游	1960/7/2 12:00	1960/7/3 2:30	1960/7/7 0:00	108.0	5 360	4 818	4 560	4 2336	5 641	75.1	0.64	14.5
600817	1960/8/16 2:00	1960/8/17 10:00	166.5	22.2	32.0	5.0	中游	1960/8/17 6:00	1960/8/17 13:00	1960/8/21 6:00	96.0	12 100	11 622	11 000	49 320	5 641	87.4	0.53	10.0
630720	1963/7/18 22:00	1963/7/20 8:00	144.9	33.7	34.0	16.0	上游	1963/7/19 12:00	1963/7/20 5:42	1963/7/22 12:00	72.0	7 400	7 396	7 000	54 500	5 641	96.6	0.67	17.0
700726	1970/7/24 18:00	1970/7/27 20:00	132.0	60.0	74.0	27.0	中上游	1970/7/25 19:00	1970/7/26 4:30	1970/7/28 16:00	69.0	5 950	4 020	3 877	43 272	5 484	78.9	0.60	20.5
710701	1971/6/30 19:00	1971/7/1 16:00	104.6	60.0	21.0	6.7	中游	1971/7/1 6:00	1971/7/1 15:30	1971/7/4 6:00	72.0	4 910	4 395	4 390	33 696	5 202	64.8	0.62	12.0
730729	1973/7/28 13:00	1973/7/29 12:00	101.9	23.0	23.0	10.0	中游	1973/7/29 0:00	1973/7/29 8:00	1973/8/1 20:00	92.0	3 170	3 027	3 020	26 496	5 211	50.8	0.50	11.0
740814	1974/8/12 20:00	1974/8/14 0:00	156.2	54.0	28.0	13.0	下游	1974/8/13 6:00	1974/8/14 2:48	1974/8/17 21:00	111.0	10 600	9 180	9 160	61 920	5 211	118.8	0.76	13.0
760819	1976/8/17 18:00	1976/8/19 7:00	55.0	33.9	37.0	15.9	下游	1976/8/18 2:00	1976/8/19 13:30	1976/8/24 0:00	142.0	1 050	997	997	9 810	5 194	18.9	0.34	16.5
800617	1980/6/15 18:00	1980/6/16 20:00	123.7	10.7	26.0	13.4	上游	1980/6/15 20:00	1980/6/17 2:36	1980/6/21 2:00	126.0	2 510	2 470	2 470	19 080	5 194	36.7	0.30	28.6
820713	1982/7/12 14:00	1982/7/13 19:00	62.3	37.1	29.0	5.0	中游	1982/7/13 4:30	1982/7/13 21:00	1982/7/17 4:00	95.5	1 100	1 060	1 060	9 252	5 194	17.8	0.29	15.0
820725	1982/7/23 19:00	1982/7/25 4:00	55.0	16.9	33.0	8.9	中下游	1982/7/24 8:00	1982/7/25 0:18	1982/7/28 13:00	101.0	685	660	660	5 850	5 194	11.3	0.21	22.3
850716	1985/7/15 4:00	1985/7/16 2:00	68.8	35.1	22.0	11.5	中上游	1985/7/15 15:00	1985/7/16 11:00	1985/7/20 21:00	126.0	1 260	1 180	1 180	12 888	5 194	24.8	0.36	17.0
880716	1988/7/15 14:00	1988/7/16 8:00	77.6	43.9	18.0	7.7	上游	1988/7/15 22:00	1988/7/16 21:12	1988/7/21 6:00	128.0	1 410	1 360	1 360	14 580	5 194	28.1	0.36	20.2
900620	1990/6/18 8:00	1990/6/19 7:00	41.4	37.8	23.0	15.0	上游	1990/6/20 0:00	1990/6/20 20:00	1990/6/25 4:00	124.0	188	161	161	3 625	5 194	7.0	0.17	58.0
900714	1990/7/13 8:00	1990/7/14 4:00	67.5	13.2	20.0	6.6	下游	1990/7/13 20:00	1990/7/14 23:00	1990/7/18 13:00	113.0	670	662	662	6 588	5 194	12.7	0.19	25.0
900722	1990/7/21 6:00	1990/7/22 8:00	63.6	33.2	26.0	11.1	上游	1990/7/22 6:00	1990/7/22 19:30	1990/7/26 7:00	97.0	783	720	720	9 900	5 194	19.1	0.30	34.5
900803	1990/8/2 15:00	1990/8/3 12:00	123.8	20.5	21.0	10.0	中上游	1990/8/2 22:00	1990/8/3 22:00	1990/8/9 10:00	156.0	3 910	2 340	2 340	25 956	5 194	50.0	0.40	23.0
900816	1990/8/15 17:00	1990/8/16 20:00	111.9	41.5	27.0	6.0	中下游	1990/8/16 1:00	1990/8/16 22:12	1990/8/20 0:00	95.0	5 402	5 184	5 184	36 505	5 194	70.3	0.63	14.0
910602	1991/5/31 17:00	1991/6/2 5:00	53.5	13.0	36.0	14.0	中上游	1991/6/1 15:18	1991/6/2 13:00	1991/6/10 17:42	218.4	244	225	225	5 041	5 194	9.7	0.18	38.0
910725	1991/7/23 14:00	1991/7/25 8:00	166.8	29.0	42.0	22.0	中上游	1991/7/24 8:00	1991/7/25 12:30	1991/7/29 0:00	112.0	7 590	6 149	6 149	52 319	5 194	100.7	0.60	14.5
930716	1993/7/15 20:00	1993/7/16 4:00	59.5	50.0	8.0	3.0	中下游	1993/7/16 1:00	1993/7/16 21:30	1993/7/19 2:00	73.0	1 010	843	843	7 658	5 194	14.7	0.25	17.0
930805	1993/8/4 12:00	1993/8/6 0:00	179.8	24.0	36.0	16.0	中下游	1993/8/5 0:00	1993/8/5 18:00	1993/8/8 4:00	76.0	8 100	7 631	7 631	53 204	5 194	102.4	0.57	16.0
940706	1994/7/5 12:00	1994/7/6 17:00	38.3	21.2	29.0	5.0	中上游	1994/7/6 16:00	1994/7/6 20:30	1994/7/10 20:00	100.0	313	298	298	2 418	5 194	4.7	0.12	24.5
940809	1994/8/7 10:00	1994/8/9 11:00	122.9	19.4	49.0	26.0	中上游	1994/8/8 14:00	1994/8/9 15:30	1994/8/13 0:00	106.0	2 060	1 980	1 980	25 704	5 194	49.5	0.40	47.5
940825	1994/8/23 10:00	1994/8/24 18:00	85.9	6.4	32.0	14.0	中下游	1994/8/23 16:00	1994/8/25 20:00	1994/8/27 11:00	91.0	659	560	560	9 801	5 194	18.9	0.22	48.0
940830	1994/8/29 6:00	1994/8/31 9:00	63.8	45.0	51.0	6.0	中游	1994/8/30 2:00	1994/8/30 20:12	1994/9/2 23:00	93.0	1 520	1 295	1 295	12 600	5 194	24.3	0.38	18.5
950818	1995/8/15 11:00	1995/8/18 8:00	141.0	32.0	69.0	52.0	中下游	1995/8/16 12:00	1995/8/18 20:30	1995/8/22 4:00	136.0	1 790	1 653	1 653	34 201	5 194	65.8	0.47	22.5
950823	1995/8/22 1:00	1995/8/22 14:00	80.9	41.2	13.0	9.0	中游	1995/8/22 10:00	1995/8/23 2:42	1995/8/27 0:00	110.0	2 880	2 734	2 734	24 768	5 194	47.7	0.59	17.0
960731	1996/7/30 8:00	1996/7/31 2:00	42.0	30.1	18.0	7.0	中游	1996/7/30 18:00	1996/7/31 18:48	1996/8/5 8:00	134.0	542	509	509	5 526	5 194	10.6	0.26	21.8
960807	1996/8/6 12:00	1996/8/7 17:00	86.0	24.3	29.0	13.0	中上游	1996/8/6 20:00	1996/8/7 19:30	1996/8/11 14:30	114.5	1 790	1 740	1 740	15 480	5 194	29.8	0.35	18.5
970820	1997/8/19 3:00	1997/8/20 16:00	229.5	10.0	37.0	22.0	中游	1997/8/19 14:00	1997/8/20 16:18	1997/8/25 1:00	131.0	6 510	6 491	6 491	58 617	5 194	112.9	0.49	17.0
980717	1998/7/16 7:00	1998/7/17 14:00	26.3	26.3	31.0	14.0	上游	1998/7/17 6:00	1998/7/17 15:00	1998/7/19 8:00	50.0	550	466	466	1 269	5 194	2.4	0.08	28.0
980825	1998/8/24 18:00	1998/8/25 11:00	46.0	34.4	17.0	13.0	中下游	1998/8/25 5:00	1998/8/25 23:00	1998/8/27 14:00	57.0	1 425	1 246	1 246	7 661	5 194	14.7	0.33	19.0
010731	2001/7/29 23:00	2001/7/31 5:00	84.4	55.1	30.0	27.0	中上游	2001/7/30 8:00	2001/7/31 11:00	2001/8/3 8:00	96.0	2 250	1 951	1 951	29 106	5 194	56.0	0.66	14.0
030824	2003/8/23 10:00	2003/8/23 21:00	54.6	27.8	11.0	9.0	下游	2003/8/23 15:00	2003/8/24 13:24	2003/8/26 11:42	68.7	792	709	709	7 894	5 194	15.2	0.28	20.4
030827	2003/8/26 0:00	2003/8/27 6:00	65.4	49.3	30.0	20.0	中上游	2003/8/26 9:18	2003/8/27 17:00	2003/8/30 14:00	100.7	1 710	1 457	1 457	17 481	5 194	33.7	0.52	27.0

洪号	降雨起讫时间		流域平均雨量 P（mm）	前期影响雨量 P_a（mm）	降雨历时（h）		暴雨中心	洪水发生时间			洪水历时 $T_洪$（h）	洪峰流量 Q_m（m^3/s）	原集水面积实测的净峰流量 $Q_{m原}$（m^3/s）	改正后的净峰流量 $Q_{m净}$（m^3/s）	地表径流总量 W（万 m^3）	集水面积 F（km^2）	径流深 R（mm）	径流系数 α	主要两段降雨中间时刻到洪峰出现时距 τ（h）
	开始时间	终止时间			全部 T	有效 T_c		起涨	峰顶	落平									
040718	2004/7/16 18:00	2004/7/18 8:00	78.8	44.2	38.0	26.0	中下游	2004/7/17 11:24	2004/7/18 19:00	2004/7/24 19:12	175.8	1 350	1 209	1 209	21 011	5 194	40.5	0.51	24.0
040915	2004/9/14 1:00	2004/9/14 20:00	91.6	3.4	19.0	11.0	上游	2004/9/14 9:48	2004/9/15 9:18	2004/9/19 14:00	124.2	1 135	1 085	1 085	9 589	5 194	18.5	0.20	23.3
050701	2005/6/30 11:00	2005/7/2 0:00	71.3	44.5	37.0	8.0	中上游	2005/7/1 8:00	2005/7/1 19:18	2005/7/4 20:00	84.0	1 180	1 033	1 033	11 587	5 194	22.3	0.31	17.3
050811	2005/8/10 9:00	2005/8/11 6:00	38.0	36.5	21.0	4.0	中游	2005/8/11 9:00	2005/8/11 18:12	2005/8/13 12:00	51.0	1 070	970	970	7 585	5 194	14.6	0.38	17.2
050920	2005/9/19 22:00	2005/9/21 14:00	172.7	24.2	40.0	28.0	中上游	2005/9/20 8:00	2005/9/20 23:30	2005/9/26 14:00	150.0	5 013	4 909	4 909	62 414	5 194	120.2	0.70	5.5
060829	2006/8/28 16:00	2006/8/29 23:00	73.8	35.9	31.0	14.0	中下游	2006/8/29 6:00	2006/8/29 13:12	2006/9/3 20:00	134.0	1 456	1 368	1 368	15 694	5 194	30.2	0.41	16.2
070628	2007/6/27 2:00	2007/6/27 17:00	57.6	31.0	15.0	11.0	下游	2007/6/27 10:42	2007/6/28 15:42	2007/6/30 8:00	69.3	542	533	533	6 503	5 194	12.5	0.22	32.7
080724	2008/7/22 8:00	2008/7/24 9:00	110.6	36.3	49.0	14.0	下游	2008/7/23 6:42	2008/7/24 0:30	2008/7/27 20:00	109.3	2 260	1 996	1 996	29 126	5 194	56.1	0.51	16.5
080822	2008/8/21 3:00	2008/8/21 22:00	60.4	35.8	19.0	12.0	下游	2008/8/21 10:00	2008/8/22 9:24	2008/8/24 2:00	64.0	1 320	1 253	1 253	12 466	5 194	24.0	0.40	24.4
090721	2009/7/20 16:00	2009/7/21 6:00	96.4	42.8	14.0	13.0	中下游	2009/7/20 20:00	2009/7/21 13:00	2009/7/24 12:00	88.0	4 610	4 338	4 338	35 831	5 194	69.0	0.72	16.0
120710	2012/7/9 13:00	2012/7/10 6:00	142.6	59.5	17.0	9.0	下游	2012/7/10 0:00	2012/7/10 13:00	2012/7/13 8:30	80.5	8 050	7 700	7 700	49 560	5 194	95.4	0.67	11.0
160808	2016/8/6 13:00	2016/8/8 11:00	60.6	24.5	46.0	33.0	中游	2016/8/8 8:00	2016/8/8 17:40	2016/8/11 0:00	64.0	809	781	781	5 679	5 194	10.9	0.18	26.7
170716	2017/7/14 8:00	2017/7/16 6:00	99.1	20.5	46.0	28.0	下游	2017/7/14 18:30	2017/7/16 13:08	2017/7/20 12:00	137.5	994	886	886	13 380	5 194	25.8	0.26	12.1
180820	2018/8/17 12:00	2018/8/20 0:00	167.2	32.2	60.0	43.0	中游	2018/8/17 20:00	2018/8/20 9:18	2018/8/22 22:00	122.0	3 220	2 920	2 920	30 660	5 194	59.0	0.35	14.3
190811	2019/8/10 8:00	2019/8/11 16:00	206.3	40.1	32.0	20.0	上游	2019/8/10 8:00	2019/8/11 13:00	2019/8/15 4:00	116.0	7 300	6 870	6 870	63 710	5 194	122.7	0.59	11.0
200723	2020/7/22 2:00	2020/7/23 4:00	134.5	20.6	26.0	15.0	中游	2020/7/22 8:00	2020/7/23 5:03	2020/7/26 8:00	96.0	3 580	3 540	3 540	26 990	5 194	52.0	0.39	11.1
200807	2020/8/6 7:00	2020/8/8 8:00	114.7	51.9	49.0	16.0	上游	2020/8/6 16:07	2020/8/7 15:21	2020/8/10 14:36	94.5	3 700	3 380	3 380	37 720	5 194	72.6	0.63	16.4
200814	2020/8/13 17:00	2020/8/15 2:00	201.6	34.8	33.0	20.0	中下游	2020/8/13 19:36	2020/8/14 19:07	2020/8/17 16:34	93.0	10 900	10 100	10 100	70 150	5 194	135.1	0.67	18.1
200826	2020/8/26 3:00	2020/8/27 6:00	44.5	24.8	27.0	7.0	中上游	2020/8/26 9:25	2020/8/26 23:57	2020/8/28 20:08	58.7	1 620	1 210	1 210	8 620	5 194	16.6	0.37	14.0

表 17–13　沂河临沂站降雨径流预报精度评定表

序号	洪号	流域平均雨量 P（mm）	前期影响雨量 P_a（mm）	实测径流深 $R_{实}$（mm）	预报径流深 $R_{预}$（mm）	预报误差（mm）	许可误差（mm）	评定结果	
								合格	不合格
1	600703	116.7	60.0	75.1	80.8	5.7	15.0	√	
2	600817	166.5	22.2	87.4	87.9	0.5	17.5	√	
3	630720	144.9	33.7	96.6	81.3	−15.3	19.3	√	
4	700726	132.0	60.0	78.9	93.6	14.7	15.8	√	
5	710701	104.6	60.0	64.8	70.8	6.0	13.0	√	
6	730729	101.9	23.0	50.8	36.3	−14.5	10.2		√
7	740814	156.2	54.0	118.8	108.5	−10.3	20.0	√	
8	760819	55.0	33.9	18.9	15.8	−3.1	3.8	√	
9	800617	123.7	10.7	36.7	42.5	5.8	7.3	√	
10	820713	62.3	37.1	17.8	21.3	3.5	3.6	√	
11	820725	55.0	16.9	11.3	9.2	−2.1	3.0	√	
12	850716	68.8	35.1	24.8	23.7	−1.1	5.0	√	
13	880716	77.6	43.9	28.1	36.4	8.3	5.6		√
14	900620	41.4	37.8	7.0	12.1	5.1	3.0		√
15	900714	67.5	13.2	12.7	11.7	−1.0	3.0	√	
16	900722	63.6	33.2	19.1	19.7	0.6	3.8	√	
17	900803	123.8	20.5	50.0	51.4	1.4	10.0	√	
18	900816	111.9	41.5	70.3	62.3	−8.0	14.1	√	
19	910602	53.5	13.0	9.7	7.7	−2.0	3.0	√	
20	910725	166.8	29.0	100.7	94.9	−5.8	20.0	√	
21	930716	59.5	50.0	14.7	28.3	13.6	3.0		√
22	930805	179.8	24.0	102.4	100.4	−2.0	20.0	√	
23	940706	38.3	21.2	4.7	6.2	1.5	3.0	√	
24	940809	122.9	19.4	49.5	49.7	0.2	9.9	√	
25	940825	85.9	6.4	18.9	16.0	−2.9	3.8	√	
26	940830	63.8	45.0	24.3	27.7	3.4	4.9	√	
27	950818	141.0	32.0	65.8	76.6	10.8	13.2	√	
28	950823	80.9	41.2	47.7	36.6	−11.1	9.5		√
29	960731	42.0	30.1	10.6	9.6	−1.0	3.0	√	
30	960807	86.0	24.3	29.8	26.4	−3.4	6.0	√	
31	970820	229.5	10.0	112.9	126.6	13.7	20.0	√	
32	980717	26.3	26.3	2.4	4.7	2.3	3.0	√	
33	980825	46.0	34.4	14.7	12.5	−2.2	3.0	√	
34	010731	84.4	55.1	56.0	50.6	−5.4	11.3	√	
35	030824	54.6	27.8	15.2	12.7	−2.5	3.0	√	
36	030827	65.4	49.3	33.7	32.0	−1.3	6.7	√	
37	040718	78.8	44.2	40.5	37.5	−3.0	8.1	√	
38	040915	91.6	3.4	18.5	16.9	−1.6	3.7	√	
39	050701	71.3	44.5	22.3	32.3	10.0	4.5		√
40	050811	38.0	36.5	14.6	10.4	−4.2	3.0		√
41	050920	172.7	24.2	120.2	94.9	−25.3	20.0		√
42	060829	73.8	35.9	30.2	27.4	−2.8	6.0	√	
43	070628	57.6	31.0	12.5	15.4	2.9	3.0	√	
44	080724	110.6	36.3	56.1	55.5	−0.6	11.2	√	
45	080822	60.4	35.8	24.0	19.5	−4.5	4.8	√	
46	090721	96.4	42.8	69.0	49.7	−19.3	13.8		√
47	120710	142.6	59.5	95.4	101.9	6.5	19.1	√	
48	160808	60.6	24.5	10.9	13.8	2.9	3.0	√	
49	170716	99.1	20.5	25.8	31.9	6.1	5.2		√
50	180820	167.2	32.2	59.0	98.7	39.7	11.8		√
51	190811	206.3	40.1	122.7	137.4	14.7	20.0	√	
52	200723	134.5	20.6	52.0	60.5	8.5	10.4	√	
53	200807	114.7	51.9	72.6	72.3	−0.3	14.5	√	
54	200814	201.6	34.8	135.1	128.6	−6.5	20.0	√	
55	200826	44.5	24.8	16.6	9.1	−7.5	3.3		√

备注：1. 许可误差 = 实测值的 20%，以 20.0 mm 为上限，以 3.0 mm 为下限；2. 合格率 =78.2%；3. 方案等级属乙等。

表 17-14　沂河临沂站峰量关系预报精度评定表

序号	洪号	实测径流深 $R_实$（mm）	有效降雨历时 T_c（h）	净峰流量		预报误差（m^3/s）	许可误差（m^3/s）	评定结果		序号	洪号	实测径流深 $R_实$（mm）	有效降雨历时 T_c（h）	净峰流量		预报误差（m^3/s）	许可误差（m^3/s）	评定结果	
				实测 $Q_{m净实}$（m^3/s）	预报 $Q_{m净预}$（m^3/s）			合格	不合格					实测 $Q_{m净实}$（m^3/s）	预报 $Q_{m净预}$（m^3/s）			合格	不合格
1	600703	75.1	18.6	4 560	3 660	-900	912	√		29	960731	10.6	7.0	509	522	13	102	√	
2	600817	87.4	5.0	11 000	9 070	-1 930	2 200	√		30	960807	29.8	13.0	1 740	1 270	-470	348		√
3	630720	96.6	16.0	7 000	6 900	-100	1 400	√		31	970820	112.9	22.0	6 491	7 130	639	1 298	√	
4	700726	78.9	27.0	3 877	3 970	93	775	√		32	980717	2.4	14.0	466	70.2	-396	93.2		√
5	710701	64.8	6.7	4 390	5 190	800	878	√		33	980825	14.7	13.0	1 246	532	-714	249		√
6	730729	50.8	10.0	3 020	3 220	200	604	√		34	010731	56.0	27.0	1 951	2 330	379	390	√	
7	740814	118.8	13.0	9 160	9 770	610	1 832	√		35	030824	15.2	9.0	709	701	-8	142	√	
8	760819	18.9	15.9	997	562	-435	199		√	36	030827	33.7	20.0	1 457	1 100	-357	291		√
9	800617	36.7	13.4	2 470	1 670	-800	494		√	37	040718	40.5	26.0	1 209	1 430	221	242	√	
10	820713	17.8	5.0	1 060	1 030	-30	212	√		38	040915	18.5	11.0	1 085	784	-301	217		√
11	820725	11.3	8.9	660	494	-166	132		√	39	050701	22.3	8.0	1 033	1 160	127	207	√	
12	850716	24.8	11.5	1 180	1 100	-80	236	√		40	050811	14.6	4.0	970	879	-91	194	√	
13	880716	28.1	7.7	1 360	1 580	220	272	√		41	050920	120.2	28.0	4 909	7 900	2 991	982		√
14	900620	7.0	15.0	161	168	7	32.2	√		42	060829	30.2	14.0	1 368	1 250	-118	274	√	
15	900714	12.7	6.6	662	638	-24	132	√		43	070628	12.5	11.0	533	481	-52	107	√	
16	900722	19.1	11.1	720	809	89	144	√		44	080724	56.1	14.0	1 996	2 950	954	399		√
17	900803	50.0	10.0	2 340	3 150	810	468		√	45	080822	24.0	12.0	1 253	1 020	-233	251	√	
18	900816	70.3	6.0	5 184	6 050	866	1 037	√		46	090721	69.0	13.0	4 338	4 220	-118	868	√	
19	910602	9.7	14.0	225	262	37	45	√		47	120710	95.4	9.0	7 700	8 351	651	1 540	√	
20	910725	100.7	22.0	6 149	5 870	-279	1 230	√		48	160808	10.9	33.0	781	200	-581	156		√
21	930716	14.7	3.0	843	904	61	169	√		49	170716	25.8	28.0	886	710	-176	177	√	
22	930805	102.4	16.0	7 631	6 640	-991	1 526	√		50	180820	59.0	43.0	2 920	2 500	-420	584	√	
23	940706	4.7	5.0	298	244	-54	59.6	√		51	190811	122.7	20.0	6 870	8 100	1 230	1 374	√	
24	940809	49.5	26.0	1 980	1 920	-60	396	√		52	200723	52.0	15.0	3 540	2 497	-1 043	708		√
25	940825	18.9	14.0	560	653	93	112	√		53	200807	72.6	16.0	3 380	3 866	486	676	√	
26	940830	24.3	6.0	1 295	1 400	105	259	√		54	200814	135.1	20.0	10 100	9 550	-550	2 020	√	
27	950818	65.8	52.0	1 653	2 960	1 307	331		√	55	200826	16.6	7.0	1 210	853	-357	242		√
28	950823	47.7	9.0	2 734	3 060	326	547	√											

备注：1. 误差 = 预报值 - 实测值；2. 许可误差 = 实测值的 20%；3. 合格率 =72.7%；4. 方案等级属乙等。

表 17-15　沂河临沂站主要两段降雨中间时刻到洪峰出现时距预报精度评定表

序号	洪号	径流深 R(mm)	暴雨中心位置	有效降雨历时 T_c(h)	主要两段降雨中间时刻到洪峰出现时距(h)				预报误差(h)	许可误差(h)	评定结果	
					实测 τ	预报 τ_1	预报 τ_2	$(\tau_1+\tau_2)/2$			合格	不合格
1	600703	75.1	中游	18.6	14.5	18.9	12.3	15.6	1.1	4.4	√	
2	600817	87.4	中游	5.0	10.0	8.3	11.7	10.0	0.0	3.0	√	
3	630720	96.6	上游	16.0	17.0	15.4	14.7	15.1	−1.9	5.1	√	
4	700726	78.9	中上游	27.0	20.5	19.7	14.0	16.9	−3.6	6.2	√	
5	710701	64.8	中游	6.7	12.0	10.4	13.0	11.7	−0.3	3.6	√	
6	730729	50.8	中游	10.0	11.0	14.1	14.1	14.1	3.1	3.3	√	
7	740814	118.8	下游	13.0	13.0	12.8	7.7	10.3	−2.7	3.9	√	
8	760819	18.9	下游	15.9	16.5	29.2	14.9	22.1	5.6	5.0		√
9	800617	36.7	上游	13.4	28.6	20.0	21.8	20.9	−7.7	8.6	√	
10	820713	17.8	中游	5.0	15.0	15.2	22.1	18.6	3.6	4.5	√	
11	820725	11.3	中下游	8.9	22.3	23.8	21.6	22.7	0.3	6.7	√	
12	850716	24.8	中上游	11.5	17.0	21.0	22.1	21.5	4.5	5.1	√	
13	880716	28.1	上游	7.7	20.2	15.7	24.0	19.9	−0.3	6.1	√	
14	900620	7.0	上游	15.0	58.0	37.6	37.6	37.6	−20.4	17.4		√
15	900714	12.7	下游	6.6	25.0	19.5	17.0	18.3	−6.7	7.5	√	
16	900722	19.1	上游	11.1	34.5	22.8	27.6	25.2	−9.3	10.4	√	
17	900803	50.0	中上游	10.0	23.0	14.2	16.7	15.4	−7.6	6.9		√
18	900816	70.3	中下游	6.0	14.0	9.6	10.7	10.1	−6.1	4.2		√
19	910602	9.7	中上游	14.0	38.0	33.5	31.0	32.2	−5.8	11.4	√	
20	910725	100.7	中上游	22.0	14.5	18.3	13.0	15.7	1.2	4.4	√	
21	930716	14.7	中下游	3.0	17.0	16.2	19.9	18.0	1.0	5.1	√	
22	930805	102.4	中下游	16.0	16.0	15.4	9.6	12.5	−3.5	4.8	√	
23	940706	4.7	中上游	5.0	24.5	22.2	36.6	29.4	4.9	7.4	√	
24	940809	49.5	中上游	26.0	47.5	23.2	16.8	20.0	−27.5	14.3		√
25	940825	18.9	中下游	14.0	48.0	26.5	18.2	22.4	−25.6	14.4		√
26	940830	24.3	中游	6.0	18.5	14.7	19.4	17.0	−1.5	5.6	√	
27	950818	65.8	中下游	52.0	22.5	21.0	11.0	16.0	−6.5	6.8	√	
28	950823	47.7	中游	9.0	17.0	13.7	14.5	14.1	−2.9	5.1	√	
29	960731	10.9	中游	7.0	21.8	21.0	25.9	23.5	1.7	6.5	√	
30	960807	29.8	中上游	13.0	18.5	21.2	20.6	20.9	2.4	5.6	√	
31	970820	112.9	中游	22.0	17.0	17.8	10.9	14.4	−2.6	5.1	√	
32	980717	2.6	上游	14.0	28.0	42.0	43.5	42.8	14.8	8.4		√
33	980825	15.2	中下游	13.0	19.0	27.5	19.8	23.6	4.6	5.7	√	
34	010731	56.4	中上游	27.0	14.0	22.2	15.9	19.1	5.1	4.2		√
35	030824	15.2	下游	9.0	20.4	21.9	16.1	19.0	−1.4	6.1	√	
36	030827	33.9	中上游	20.0	27.0	27.5	19.6	23.5	−3.5	8.1	√	
37	040718	40.5	中下游	26.0	24.0	25.5	13.2	19.4	−4.6	7.2	√	
38	040915	18.5	上游	11.0	23.3	23.0	28.0	25.5	2.2	7.0	√	
39	050701	22.3	中上游	8.0	17.3	17.7	23.2	20.5	3.2	5.2	√	
40	050811	14.7	中游	4.0	17.2	16.2	23.6	19.9	2.7	5.2	√	
41	050920	120.2	中上游	28.0	5.5	17.6	12.5	15.1	9.6	3.0		√
42	060829	30.6	中下游	14.0	16.2	22.2	15.0	18.6	2.4	4.9	√	
43	070628	12.5	下游	11.0	32.7	26.4	17.1	21.7	−11.0	9.8		√
44	080724	56.2	下游	14.0	16.5	17.3	9.6	13.4	−3.1	5.0	√	
45	080822	24.0	下游	12.0	24.4	21.8	13.6	17.7	−6.7	7.3	√	
46	090721	69.0	中下游	13.0	16.0	15.1	10.8	12.9	−3.1	4.8	√	
47	120710	95.4	下游	9.0	11.0	8.2	10.8	9.5	−1.5	3.3	√	
48	160808	10.9	中游	33.0	26.7	26.0	43.0	34.5	7.8	8.0	√	
49	170716	25.8	下游	28.0	12.1	13.1	31.0	22.0	9.9	3.6		√
50	180820	59.0	中游	43.0	14.3	13.2	21.5	17.4	3.1	4.3	√	
51	190811	122.7	上游	20.0	11.0	14.1	17.4	15.7	4.7	3.3		√
52	200723	52.0	中游	15.0	11.1	14.0	18.8	16.4	5.3	3.3		√
53	200807	72.6	上游	16.0	16.4	16.4	17.2	16.8	0.4	4.9	√	
54	200814	135.1	中下游	20.0	18.1	12.0	17.0	14.5	−3.6	5.4	√	
55	200826	16.6	中上游	7.0	14.0	25.8	18.0	21.9	7.9	4.2		√

备注：1. 许可误差 σ=0.3τ，以 3 h 为下限；2. 合格率 =74.5%；3. 方案等级属乙等。

表 17–16　沂河临沂站区间流域分级单位线成果表

单位：m^3/s

时段	分级单位线流量																	
	1 号	2 号	3 号	4 号	5 号	6 号	7 号	8 号	9 号	10 号	11 号	12 号	13 号	14 号	15 号	16 号	17 号	18 号
（峰值）	515	550	600	650	700	750	800	850	900	950	1 000	1 050	1 100	1 150	1 200	1 250	1 300	1 350
0	0	0	0	0	0	0	0	0	0	0	0	0	0	0	0	0	0	0
1	1	0.6	0	0	0	0	0	0	0	0	0	0	0	0	0	0	0	0
2	3	1.89	16.1	15.2	12.2	7.6	2.3	7.4	2.6	0	0	0	0	0	0	0	0	0
3	5	3.18	37.1	39.2	24.4	20.8	6.4	33.1	21.2	13.4	10.5	7.3	3.86	0	8.9	8.3	7.8	7.2
4	7	4.38	66.2	82.4	33.3	46.4	14.1	89.1	63.7	49.8	49.7	49.8	49.4	50	80.7	75.7	70.7	65.6
5	8	5.07	161.7	160.5	133.4	84.2	28.1	241.6	253.2	294.3	368.4	450	540.2	640	723	735.1	747.1	759.2
6	10	12.1	405.9	358	281.1	178.7	61.6	620.1	697.3	765.9	822.4	885	954.8	1 033	1 200	1 250	1 300	1 350
7	16	24	554.9	534.1	440.8	285.9	108.7	850	900	950	1 000	1 050	1 100	1 150	913.6	917.6	921.6	925.5
8	30	43.6	589.3	610	568.4	476.3	371.2	750.7	733.7	742.1	779.4	821.3	867.8	920	714.3	710.5	706.6	702.8
9	70	105	600	650	700	750	800	626.7	609.3	607.8	624.8	644	665.6	690	599.5	591.2	583	574.7
10	177	264	585.4	560.6	585	650.6	726.6	520	503.4	499.3	509.6	521.4	534.7	550	507	497.5	488	478.4
11	360	434	552.9	488.6	500.3	575.4	662	426.9	412.6	406.9	411.5	416.8	423	430	429.2	420.3	411.5	402.6
12	465	512	501.7	420.9	426.2	502.6	590.8	364	342	329.3	328.2	327.1	326.2	325	355.8	348.4	340.9	333.5
13	515	550	418.6	346.6	354.3	427.6	512	305	288.7	277.1	270.9	264.3	257.2	250	292.3	286	279.6	273.3
14	500	533	354.2	299.1	308.2	370.8	442.9	257.3	242.7	231.5	224.5	217	208.9	200	250.6	244.8	239.1	233.4
15	485	511	305.3	259.9	268.3	321.6	382.9	215.4	202.2	191.7	184.7	177.1	168.9	160	205	200.5	196	191.1
16	465	479	263.5	229.9	239.3	284.6	336.9	188.7	179.6	169.1	157.3	144.5	130.5	115	164.6	161.5	158.3	155.1
17	430	426	226.6	204.6	215	252.5	295.7	164.1	158.3	149.2	136.3	122.2	106.8	90	141.6	138.5	135.3	132.1
18	390	377	192.1	183.7	194.9	222.3	254.2	148.4	148.1	140.7	125.4	108.7	90.4	70	104.3	102.6	100.9	99.3
19	350	333	170	166.3	175.2	195.1	217.8	133.9	134.5	128	113.2	97.1	79.4	60	86.9	85.4	84	82.6
20	310	293	149.3	156.6	165.4	175.6	187.5	123.6	127.9	122.4	105.7	87.3	67.2	45	66	65.3	64.6	63.9
21	274	256	131.4	144.2	151.2	153.8	156.9	112.9	117.5	112.9	97.8	81.1	62.8	42	59.4	58.5	57.7	56.8
22	243	224	115.3	132.3	138.6	136.3	133.9	102.4	110.3	107.8	93.1	77.1	59.6	40	50.2	49.3	48.5	47.6
23	218	200	101.6	121.1	126.9	121.7	115.7	93.9	101.3	98.8	84.9	69.7	53	35	41	40.3	39.6	38.9
24	195	178	89.6	110.5	116.1	109.3	101.7	86.6	92.1	89.2	76.3	62.4	47	30	30.3	30.2	30.1	29.9
25	180	161	79.4	100.4	105.6	97.9	89.2	78.1	85.5	83.9	71.7	58.4	43.8	28	27.6	27.6	27.6	27.6
26	161	144	69.3	95.9	102.6	93.2	82.6	73.2	80.9	79.5	67.8	55	40.9	25	24.9	25	25.1	25.2
27	142	126	60.2	80.2	86.2	81.2	75.4	70.1	76.2	74.5	63.5	51.6	38.5	24	23	23.2	23.4	23.5
28	130	114	54.2	74.6	80.3	74	67.1	66.7	71.9	70	59.6	48.1	35.7	22	17.6	18	18.4	18.8
29	120	104	48.2	68.1	73	65.8	57.7	58	65.5	65.5	55.6	44.7	32.8	20	16.7	17	17.4	17.7
30	115	97.3	44	61.7	66	59.3	51.7	51.7	57.1	56.2	48	39.1	29.2	18	15.8	16.1	16.3	16.6
31	105	87.8	38	56.6	60.9	53.7	45.5	45.9	51.4	51.1	43.8	35.7	26.9	17	14.7	14.9	15.1	15.2
32	97	80.4	32	49.1	53.2	46.4	38.6	41.7	47	46.7	40.1	32.9	24.9	16	13.8	14	14.2	14.3
33	90	74	30.2	46.8	50.1	42.6	34	38.4	39.3	37.4	32.6	27.2	21.4	15	12.9	13.1	13.3	13.4
34	83	67.9	26	42.7	45.8	37.8	28.7	34.2	34.8	33.1	28.9	24.4	19.3	14	8.1	8.5	8.8	9.2
35	75	60.9	22.4	37.9	40.5	32.6	23.6	30.4	29.8	27.9	24.7	21	17	13	5.2	5.6	6.1	6.6
36	73	57.4	20	33.9	36.5	29.9	22.2	25.5	25.1	23.7	21	18.2	15	12	2.2	2.7	3.3	3.9
37	65	51.5	17	31.6	34.7	28.4	21.2	23.3	21.3	19.5	17.8	15.9	13.8	11	1.8	2.3	2.8	3.4
38	55	43.9	14	28.3	31.1	24.3	16.5	20.7	18	16	14.8	13.4	12	10	0.2	0.8	1.3	1.9
39	50	39.4	13.3	24.9	26.6	20.3	13	19	16.3	14.2	13.1	11.9	10.6	9	0.2	0.7	1.2	1.7
40	40	32.3	10.9	21.8	23.6	17.8	11.1	15.9	14	12.4	11.5	10.5	9.3	8	0.1	0.6	1.1	1.5
41	35	28	10.3	20.2	21.5	15.5	8.8	14	11.5	9.8	9.2	8.5	7.7	7	0.1	0.5	0.9	1.3
42	28	22.4	9.1	16.6	17.4	12.4	6.6	12.3	9.7	8.1	7.5	7	6.3	6	0.1	0.4	0.8	1.1
43	20	17.4	7.9	15.4	15.8	10.4	4.3	9.6	6.4	4.6	4.5	4.5	4.6	5	0.1	0.4	0.6	0.9
44	15	13.3	6.1	12.1	12.2	7.6	2.3	8.6	4.8	2.8	3	3.1	3.3	4	0	0.3	0.5	0.7
45	8	8.95	4.2	9.6	9.9	6.2	1.9	8.1	2.8	0.3	1	1.7	2.5	3		0.2	0.4	0.5
46	0	3.38	3	7.9	8.3	5.1	1.6	4.7	1.6	0.2	0.6	1.1	1.7	2		0.1	0.3	0.4
47		2.88	1.8	3.8	3.9	2.4	0.7	2.7	0.9	0.1	0.3	0.5	0.8	1		0.1	0.1	0.2
48		2.19	1.1	0.3	0	0	0	0	0	0	0	0	0	0		0	0	0
49		1.59	0	0														
50		1.09																
51		0.6																
52		0.4																
53		0																

续表

时段	分级单位线流量																
	19 号	20 号	21 号	22 号	23 号	24 号	25 号	26 号	27 号	28 号	29 号	30 号	31 号	32 号	33 号	34 号	35 号
（峰值）	1 400	1 450	1 500	1 550	1 600	1 650	1 700	1 750	1 800	1 850	1 900	1 950	2 000	2 050	2 100	2 150	2 200
0	0	0	0	0	0	0	0	0	0	0	0	0	0	0	0	0	0
1	0	0	0	0	0	0	0	0	0	0	0	0	0.5	2.2	3.9	5.6	7.3
2	0	0	0	0	0	0	0	0	0	0	0	0	1.2	5.1	8.9	12.8	16.6
3	6.6	6.1	5.5	4.9	4.3	3.8	3.2	2.6	2.1	1.5	0.9	0.3	2.0	8.3	14.5	20.8	27.0
4	60.6	55.5	50.5	45.5	40.4	35.4	30.4	25.3	20.3	15.2	10.2	5.2	3.5	14.6	25.7	36.7	47.8
5	771.2	783.3	795.3	807.4	819.4	831.5	843.5	855.6	867.6	879.7	891.7	903.8	8.2	28.3	48.4	68.6	88.7
6	1 400	1 450	1 500	1 550	1 600	1 650	1 700	1 750	1 800	1 850	1 900	1 950	913.0	916.0	919.0	922.1	925.1
7	929.5	933.5	937.5	941.4	945.4	949.4	953.4	957.3	961.3	965.3	969.3	973.2	2 000	2 050	2 100	2150	2 200
8	698.9	695.1	691.2	687.4	683.5	679.7	675.8	672	668.1	664.3	660.4	656.6	971.4	957.2	943.0	928.8	914.5
9	566.4	558.2	549.9	541.7	533.4	525.1	516.9	508.6	500.4	492.1	483.8	475.6	648.2	629.9	611.7	593.5	575.3
10	468.9	459.4	449.9	440.4	430.9	421.4	411.9	402.4	392.9	383.4	373.9	364.4	465.5	451.6	437.7	423.7	409.8
11	393.7	384.8	375.9	367	358.2	349.3	340.4	331.5	322.6	313.8	304.9	296	354.6	344.0	333.5	322.9	312.3
12	326	318.6	311.1	303.6	296.2	288.7	281.3	273.8	266.4	258.9	251.5	244	287.2	278.3	269.5	260.6	251.8
13	266.9	260.6	254.3	247.9	241.6	235.3	228.9	222.6	216.3	209.9	203.6	197.3	236.8	229.8	222.8	215.9	208.9
14	227.7	222	216.3	210.6	204.8	199.1	193.4	187.7	182	176.3	170.6	164.8	191.4	186.4	181.4	176.4	171.4
15	186.9	182.4	177.8	173.3	168.8	164.2	159.7	155.2	150.6	146.1	141.6	137	159.8	156.1	152.4	148.7	145.0
16	151.9	148.8	145.6	142.4	139.3	136.1	132.9	129.8	126.6	123.4	120.3	117.1	133.1	130.4	127.8	125.1	122.4
17	129	125.8	122.7	119.5	116.3	113.2	110	106.8	103.7	100.5	97.4	94.2	114.4	112.4	110.4	108.5	106.5
18	97.6	96	94.3	92.6	91	89.3	87.7	86	84.4	82.7	81	79.4	91.7	90.6	89.5	88.4	87.3
19	81.1	79.7	78.3	76.9	75.4	74	72.6	71.1	69.7	68.3	66.9	65.4	78.1	77.4	76.7	76.0	75.3
20	63.2	62.5	61.8	61.1	60.4	59.8	59.1	58.4	57.7	57	56.3	55.6	64.4	64.2	63.9	63.6	63.4
21	56	55.1	54.2	53.4	52.5	51.7	50.8	50	49.1	48.2	47.4	46.5	55.2	55.1	55.1	55.0	55.0
22	46.8	45.9	45	44.2	43.3	42.5	41.6	40.8	39.9	39	38.2	37.3	46.0	46.2	46.3	46.5	46.6
23	38.1	37.4	36.7	36	35.2	34.5	33.8	33.1	32.3	31.6	30.9	30.1	36.9	37.3	37.6	37.9	38.3
24	29.8	29.7	29.6	29.5	29.4	29.2	29.1	29	28.9	28.8	28.6	28.5	29.8	30.2	30.6	31.0	31.4
25	27.6	27.6	27.6	27.6	27.6	27.6	27.6	27.6	27.6	27.6	27.6	27.6	28.6	28.9	29.2	29.5	29.9
26	25.3	25.5	25.6	25.7	25.8	25.9	26	26.1	26.2	26.4	26.5	26.6	27.6	27.8	27.9	28.0	28.1
27	23.7	23.9	24.1	24.2	24.4	24.6	24.8	24.9	25.1	25.3	25.5	25.6	26.7	26.6	26.5	26.4	26.3
28	19.2	19.6	20	20.4	20.8	21.2	21.6	22	22.4	22.8	23.2	23.6	25.7	25.4	25.2	24.9	24.6
29	18.1	18.4	18.7	19.1	19.4	19.8	20.1	20.5	20.8	21.1	21.5	21.8	23.8	23.3	22.9	22.5	22.1
30	16.9	17.2	17.5	17.8	18.1	18.3	18.6	18.9	19.2	19.5	19.8	20.1	21.9	21.3	20.8	20.2	19.6
31	15.4	15.6	15.8	15.9	16.1	16.3	16.5	16.6	16.8	17	17.2	17.3	20.1	19.4	18.7	18.0	17.3
32	14.5	14.7	14.9	15	15.2	15.4	15.6	15.7	15.9	16.1	16.3	16.4	17.3	16.6	15.9	15.2	14.5
33	13.6	13.8	14	14.1	14.3	14.5	14.7	14.8	15	15.2	15.4	15.5	16.4	15.6	14.9	14.1	13.4
34	9.5	9.9	10.3	10.6	11	11.3	11.7	12.1	12.4	12.8	13.1	13.5	15.5	14.7	13.9	13.2	12.4
35	7.1	7.6	8.1	8.6	9.1	9.6	10.1	10.6	11	11.5	12	12.5	13.6	12.9	12.3	11.6	10.9
36	4.4	5	5.5	6.1	6.7	7.2	7.8	8.3	8.9	9.5	10	10.6	12.7	12.1	11.5	10.8	10.2
37	3.9	4.4	4.9	5.5	6	6.5	7.1	7.6	8.1	8.6	9.2	9.7	10.8	10.3	9.8	9.2	8.7
38	2.5	3	3.6	4.2	4.8	5.3	5.9	6.5	7	7.6	8.2	8.8	9.9	9.5	9.0	8.5	8.0
39	2.2	2.7	3.3	3.8	4.3	4.8	5.3	5.8	6.4	6.9	7.4	7.9	9.1	8.6	8.2	7.7	7.3
40	2	2.4	2.9	3.4	3.8	4.3	4.7	5.2	5.7	6.1	6.6	7	8.2	7.8	7.4	7.0	6.6
41	1.7	2.1	2.5	2.9	3.3	3.7	4.1	4.5	4.9	5.3	5.7	6.1	7.3	6.9	6.6	6.2	5.9
42	1.5	1.8	2.1	2.5	2.8	3.2	3.5	3.9	4.2	4.5	4.9	5.2	6.3	6.0	5.7	5.4	5.1
43	1.2	1.5	1.8	2.1	2.4	2.6	2.9	3.2	3.5	3.8	4.1	4.4	5.4	5.2	4.9	4.6	4.4
44	1	1.2	1.4	1.7	1.9	2.1	2.3	2.6	2.8	3	3.3	3.5	4.5	4.3	4.1	3.9	3.6
45	0.7	0.9	1.1	1.2	1.4	1.6	1.8	1.9	2.1	2.3	2.5	2.6	3.6	3.5	3.3	3.1	2.9
46	0.5	0.6	0.7	0.9	1	1.1	1.2	1.4	1.5	1.6	1.7	1.9	2.8	2.6	2.5	2.4	2.2
47	0.3	0.4	0.4	0.5	0.6	0.7	0.7	0.8	0.9	1	1	1.1	2.0	1.9	1.8	1.7	1.6
48	0	0.1	0.1	0.1	0.1	0.1	0.1	0.2	0.2	0.2	0.2	0.2	1.2	1.1	1.1	1.0	1.0
49		0	0	0	0	0	0	0	0	0	0	0	0	0	0	0	0
50																	
51																	
52																	
53																	

续表

时段	分级单位线流量																
	36 号	37 号	38 号	39 号	40 号	41 号	42 号	43 号	44 号	45 号	46 号	47 号	48 号	49 号	50 号	51 号	52 号
（峰值）	2 250	2 300	2 350	2 400	2 450	2 500	2 550	2 600	2 650	2 700	2 750	2 800	2 850	2 900	2 950	3 000	3 024
0	0	0	0	0	0	0	0	0	0	0	0	0	0	0	0	0	0
1	9.0	10.6	12.3	14.0	15.7	17.4	19.0	20.7	22.4	24.1	25.8	27.5	29.1	30.8	32.5	34.2	35
2	20.5	24.3	28.2	32.0	35.8	39.7	43.5	47.4	51.2	55.1	58.9	62.8	66.6	70.5	74.3	78.2	80
3	33.3	39.5	45.8	52.0	58.3	64.5	70.8	77.0	83.3	89.5	95.8	102.0	108.3	114.5	120.8	127.0	130
4	58.8	69.9	80.9	92.0	103.1	114.1	125.2	136.2	147.3	158.3	169.4	180.5	191.5	202.6	213.6	224.7	230
5	108.8	128.9	149.0	169.1	189.2	209.3	229.4	249.5	269.6	289.7	309.8	329.9	350.0	370.1	390.2	410.3	420
6	928.1	931.1	934.2	937.2	940.2	943.3	946.3	949.3	952.3	955.4	958.4	961.4	964.5	967.5	970.5	973.5	975
7	2 250	2 300	2 350	2 400	2 450	2 500	2 550	2 600	2 650	2 700	2 750	2 800	2 850	2 900	2 950	3 000	3 024
8	900.3	886.1	871.8	857.6	843.4	829.1	814.9	800.7	786.4	772.2	758.0	743.8	729.5	715.3	701.1	686.8	680
9	557.1	538.8	520.6	502.4	484.2	466.0	447.7	429.5	411.3	393.1	374.9	356.6	338.4	320.2	302.0	283.7	275
10	395.8	381.9	367.9	354.0	340.1	326.1	312.2	298.2	284.3	270.3	256.4	242.5	228.5	214.6	200.6	186.7	180
11	301.7	291.2	280.6	270.0	259.4	248.8	238.3	227.7	217.1	206.5	196.0	185.4	174.8	164.2	153.7	143.1	138
12	242.9	234.1	225.2	216.4	207.6	198.7	189.9	181.0	172.2	163.3	154.5	145.6	136.8	127.9	119.1	110.2	106
13	201.9	194.9	188.0	181.0	174.0	167.1	160.1	153.1	146.1	139.2	132.2	125.2	118.3	111.3	104.3	97.3	94
14	166.4	161.4	156.4	151.4	146.4	141.4	136.4	131.4	126.4	121.4	116.4	111.4	106.4	101.4	96.4	91.4	89
15	141.3	137.6	133.9	130.2	126.5	122.8	119.1	115.4	111.7	108.0	104.3	100.6	96.9	93.2	89.5	85.8	84
16	119.7	117.0	114.3	111.6	108.9	106.2	103.5	100.8	98.1	95.4	92.8	90.1	87.4	84.7	82.0	79.3	78
17	104.5	102.5	100.6	98.6	96.6	94.7	92.7	90.7	88.7	86.8	84.8	82.8	80.9	78.9	76.9	74.9	74
18	86.2	85.1	84.0	82.9	81.7	80.6	79.5	78.4	77.3	76.2	75.1	74.0	72.9	71.8	70.6	69.5	69
19	74.6	74.0	73.3	72.6	71.9	71.2	70.5	69.8	69.1	68.5	67.8	67.1	66.4	65.7	65.0	64.3	64
20	63.1	62.8	62.6	62.3	62.0	61.8	61.5	61.2	61.0	60.7	60.4	60.2	59.9	59.7	59.4	59.1	59
21	54.9	54.8	54.8	54.7	54.7	54.6	54.5	54.5	54.4	54.4	54.3	54.3	54.2	54.1	54.1	54.0	54
22	46.8	46.9	47.1	47.2	47.3	47.5	47.6	47.8	47.9	48.1	48.2	48.4	48.5	48.6	48.8	48.9	49
23	38.6	39.0	39.3	39.7	40.0	40.4	40.7	41.1	41.4	41.8	42.1	42.4	42.8	43.1	43.5	43.8	44
24	31.8	32.2	32.6	33.0	33.4	33.8	34.2	34.6	35.0	35.4	35.8	36.2	36.6	37.0	37.4	37.8	38
25	30.2	30.5	30.8	31.1	31.4	31.7	32.0	32.4	32.7	33.0	33.3	33.6	33.9	34.2	34.5	34.9	35
26	28.2	28.3	28.4	28.6	28.7	28.8	28.9	29.0	29.1	29.3	29.4	29.5	29.6	29.7	29.8	29.9	30
27	26.3	26.2	26.1	26.0	25.9	25.9	25.8	25.7	25.6	25.5	25.4	25.4	25.3	25.2	25.1	25.0	25
28	24.3	24.0	23.8	23.5	23.2	22.9	22.6	22.4	22.1	21.8	21.5	21.2	21.0	20.7	20.4	20.1	20
29	21.6	21.2	20.8	20.3	19.9	19.5	19.1	18.6	18.2	17.8	17.3	16.9	16.5	16.1	15.6	15.2	15
30	19.0	18.4	17.8	17.3	16.7	16.1	15.5	14.9	14.4	13.8	13.2	12.6	12.0	11.4	10.9	10.3	10
31	16.6	16.0	15.3	14.6	13.9	13.2	12.5	11.8	11.1	10.5	9.8	9.1	8.4	7.7	7.0	6.3	6
32	13.8	13.1	12.4	11.7	11.0	10.3	9.6	8.9	8.2	7.5	6.8	6.1	5.4	4.7	4.0	3.3	3
33	12.6	11.9	11.1	10.4	9.6	8.9	8.1	7.4	6.6	5.9	5.1	4.4	3.6	2.9	2.1	1.4	1
34	11.7	10.9	10.2	9.4	8.7	7.9	7.2	6.4	5.6	4.9	4.1	3.4	2.6	1.9	1.1	0.4	0
35	10.3	9.6	8.9	8.3	7.6	7.0	6.3	5.6	5.0	4.3	3.6	3.0	2.3	1.6	1.0	0.3	
36	9.6	9.0	8.4	7.7	7.1	6.5	5.9	5.3	4.6	4.0	3.4	2.8	2.2	1.5	0.9	0.3	
37	8.2	7.7	7.1	6.6	6.1	5.5	5.0	4.5	4.0	3.4	2.9	2.4	1.8	1.3	0.8	0.3	
38	7.5	7.0	6.5	6.1	5.6	5.1	4.6	4.1	3.6	3.1	2.7	2.2	1.7	1.2	0.7	0.2	
39	6.8	6.4	6.0	5.5	5.1	4.6	4.2	3.8	3.3	2.9	2.4	2.0	1.5	1.1	0.7	0.2	
40	6.2	5.8	5.4	5.0	4.6	4.2	3.8	3.4	3.0	2.6	2.2	1.8	1.4	1.0	0.6	0.2	
41	5.5	5.2	4.8	4.4	4.1	3.7	3.4	3.0	2.7	2.3	1.9	1.6	1.2	0.9	0.5	0.2	
42	4.8	4.5	4.1	3.8	3.5	3.2	2.9	2.6	2.3	2.0	1.7	1.4	1.1	0.8	0.5	0.1	
43	4.1	3.8	3.6	3.3	3.0	2.8	2.5	2.2	2.0	1.7	1.4	1.2	0.9	0.7	0.4	0.1	
44	3.4	3.2	3.0	2.8	2.5	2.3	2.1	1.9	1.7	1.4	1.2	1.0	0.8	0.5	0.3	0.1	
45	2.8	2.6	2.4	2.2	2.0	1.9	1.7	1.5	1.3	1.2	1.0	0.8	0.6	0.4	0.3	0.1	
46	2.1	1.9	1.8	1.7	1.5	1.4	1.3	1.1	1.0	0.9	0.7	0.6	0.5	0.3	0.2	0.1	
47	1.5	1.4	1.3	1.2	1.1	1.0	0.9	0.8	0.7	0.6	0.5	0.4	0.3	0.2	0.1	0	
48	0.9	0.8	0.8	0.7	0.7	0.6	0.5	0.5	0.4	0.4	0.3	0.3	0.2	0.1	0.1		
49	0	0	0	0	0	0	0	0	0	0	0	0	0	0	0		
50																	
51																	
52																	
53																	

表 17-17　沂河临沂站上下游洪峰相关因素成果表

洪号	临沂站洪峰			葛沟站洪峰			姜庄湖站洪峰			姜庄湖（二）站洪峰		葛沟站峰现时间比姜庄湖（二）站早晚		葛沟、姜庄湖(二)以下区间径流深 $R_区$（mm）	以何处来水为主	与临沂站洪峰相应的姜庄湖（二）站流量 $Q_{姜(二)}$（m^3/s）	与临沂站洪峰相应的葛沟站流量 $Q_葛$（m^3/s）	以何处来水为主站至临沂站峰现时距 τ（h）	姜庄湖（二）站或葛沟站出现洪峰时临沂站流量 $Q_临$（m^3/s）	预见期内流量变幅 ΔQ（m^3/s）
	时间	水位 $Z_{m临}$（m）	流量 $Q_{m临}$（m^3/s）	时间	水位 $Z_{m葛}$（m）	流量 $Q_{m葛}$（m^3/s）	时间	水位 $Z_{m姜}$（m）	流量 $Q_{m姜}$（m^3/s）	时间	流量 $Q_{m姜(二)}$（m^3/s）	早（h）	晚（h）							
600628	1960/6/28 6:00	62.37	1 950	1960/6/27 22:45	90.60	1 540	1960/6/28 0:00	93.17	190	1960/6/28 2:20	204	3.6		68.0	葛沟	9.11		7.2	723	1 227
600630	1960/6/30 21:45	62.55	2 220	1960/6/30 14:15	90.03	930	1960/6/30 12:00	93.99	594	1960/6/30 13:20	638		0.9	51.3	姜庄湖(二)		930	8.4	570	1 650
600701	1960/7/1 8:40	62.67	2 420	1960/7/1 1:00	90.24	1 430	1960/7/1 1:15	94.08	656	1960/7/1 3:20	705	2.3		14.4	葛沟	248		7.7	2 130	290
600703	1960/7/3 2:30	63.88	5 360	1960/7/2 21:00	91.25	2 600	1960/7/2 20:00	94.50	2 600	1960/7/2 20:50	2 790		0.2	60.7	姜庄湖(二)		2 580	5.7	3 300	2 060
600728	1960/7/28 2:30	63.56	4 320	1960/7/27 20:00	91.36	2 560	1960/7/27 20:00	94.15	705	1960/7/27 20:40	757	0.7		82.2	葛沟	621		6.5	2 300	2 020
600817	1960/8/17 13:00	64.46	12 100	1960/8/17 9:00	93.97	8 620	1960/8/17 6:00	95.22	2 540	1960/8/17 7:20	2 730		1.7	97.0	葛沟	1 380		4.0	6 880	5 220
600828	1960/8/28 3:00	61.80	1 150	1960/8/27 21:00	88.54	327	1960/8/27 16:30	93.64	392	1960/8/27 18:30	421		2.5	11.2	姜庄湖(二)		290	8.5	398	752
610630	1961/6/30 11:30	61.32	516	1961/6/30 0:00	86.75	100	1961/6/29 22:00	93.32	248	1961/6/30 1:30	266	1.5		13.5	姜庄湖(二)		97.0	10.0	266	250
610706	1961/7/6 9:00	62.25	1 960	1961/7/6 0:20	89.96	1 720	1961/7/6 8:00	93.30	240	1961/7/6 11:00	258	10.7		15.7	葛沟	27.8		8.7	152	1 808
610715	1961/7/15 4:00	61.88	1 250	1961/7/14 18:20	89.26	1 180	1961/7/15 6:00	92.89	110	1961/7/15 10:50	118	16.5		3.1	葛沟	64.7		9.7	220	1 030
610819	1961/8/19 18:00	61.55	830	1961/8/19 5:35	87.85	368	1961/8/19 6:00	92.81	91.8	1961/8/19 8:40	99	3.1		8.0	葛沟	39.8		12.4	222	608
610913	1961/9/13 21:00	61.62	915	1961/9/13 13:30	87.84	383	1961/9/13 12:00	92.59	52.2	1961/9/13 13:00	56		0.5	9.0	葛沟	29.7		7.5	241	674
610921	1961/9/21 10:00	61.48	687	1961/9/21 0:00	87.43	261	1961/9/21 18:00	92.51	41.5	1961/9/21 18:00	45	18.0		7.9	葛沟	29.2		10.0	319	368
620714	1962/7/14 10:30	62.54	2 790	1962/7/14 3:15	90.62	2 770	1962/7/14 18:00	93.08	162	1962/7/14 20:20	174	17.1		5.1	葛沟	23.7		7.2	66	2 724
620726	1962/7/26 9:10	62.42	2 030	1962/7/26 4:00	89.28	1 200	1962/7/25 19:00	94.40	880	1962/7/25 20:20	945		7.7	14.0	葛沟	614		5.2	1 610	420
620808	1962/8/8 0:00	62.94	3 530	1962/8/7 19:30	89.17	1 160	1962/8/7 17:30	94.63	1 060	1962/8/7 18:40	1 140		0.8	53.2	姜庄湖(二)		848	5.3	1 860	1 670
630710	1963/7/10 15:30	61.64	816	1963/7/10 10:00	87.45	312	1963/7/10 6:30	93.32	248	1963/7/10 9:20	266		0.7	20.4	葛沟	63.1		5.5	513	303
630712	1963/7/12 18:00	61.49	615	1963/7/12 10:45	87.41	282	1963/7/12 8:00	92.94	123	1963/7/12 9:00	132		1.8	7.6	葛沟	112		7.2	466	149
630720	1963/7/20 5:42	64.27	7 400	1963/7/20 2:00	91.12	4 500	1963/7/19 20:24	95.35	1 870	1963/7/19 21:00	2 000		5.0	74.5	葛沟	1 720		3.7	6 100	1 300
630723	1963/7/23 10:00	63.07	3 330	1963/7/23 6:00	89.15	1 270	1963/7/23 2:00	94.85	1 260	1963/7/23 3:20	1 350		2.7	22.2	姜庄湖(二)		1 250	6.7	1 860	1 470
630728	1963/7/28 23:30	62.63	2 970	1963/7/28 12:30	89.86	2 570	1963/7/28 22:00	94.43	904	1963/7/29 1:00	904	12.5		16.1	葛沟	240		11.0	1 220	1 750
630801	1963/8/1 16:00	62.61	2 630	1963/8/1 8:00	88.47	719	1963/8/1 8:48	94.92	1 330	1963/8/1 10:10	1 430	2.2		6.5	姜庄湖(二)		710	5.8	1 330	1 300
630830	1963/8/30 17:00	62.72	2 910	1963/8/30 12:42	88.44	774	1963/8/30 10:30	94.98	1 390	1963/8/30 11:40	1 490		1.0	20.3	姜庄湖(二)		670	5.3	1 920	990
640701	1964/7/1 21:52	62.22	1 870	1964/7/1 16:00	88.17	636	1964/7/1 15:30	93.71	431	1964/7/1 16:10	463	0.2		67.9	葛沟	123		5.9	1 210	660
640718	1964/7/18 14:54	62.50	2 460	1964/7/18 5:08	89.91	2 390	1964/7/18 7:00	93.12	174	1964/7/18 10:40	187	5.5		7.2	葛沟	37.0		9.8	1 110	1 350
640729	1964/7/29 10:30	61.83	1 160	1964/7/29 5:30	87.97	640	1964/7/29 0:00	94.11	677	1964/7/29 2:20	677		3.2	4.2	葛沟	677		5.0	727	433
640801	1964/8/1 19:12	62.93	3 250	1964/8/1 12:35	89.24	1 470	1964/8/1 10:00	94.73	1 150	1964/8/1 11:40	1 230		0.9	35.9	葛沟	1 060		6.6	1 720	1 530
640914	1964/9/14 18:00	62.16	1 740	1964/9/14 6:00	88.69	1 050	1964/9/14 13:30	93.80	480	1964/9/14 16:00	480	10.0		8.4	葛沟	403		12.0	1 270	470
650722	1965/7/22 8:45	62.91	3 230	1965/7/22 4:00	88.79	1 110	1965/7/22 0:40	95.14	1 580	1965/7/22 2:00	1 700		2.0	14.7	姜庄湖(二)		1 010	6.8	674	2 556
650728	1965/7/28 11:30	62.45	2 270	1965/7/28 7:49	88.80	1 140	1965/7/28 0:00	94.74	1 160	1965/7/28 1:40	1 240		6.1	2.1	姜庄湖(二)		1 080	9.8	438	1 832
650819	1965/8/19 6:30	62.47	2 360	1965/8/19 4:00	88.36	819	1965/8/18 23:00	94.62	1 060	1965/8/19 0:30	1 060		3.5	32.0	姜庄湖(二)		798	6.0	1 180	1 180
660722	1966/7/22 5:30	62.39	2 180	1966/7/21 22:30	89.86	1 950	1966/7/22 5:00	93.30	240	1966/7/22 8:00	240	9.5		13.7	葛沟	23.2		7.0	1 510	670
660724	1966/7/24 21:55	62.24	1 920	1966/7/24 8:00	88.09	739	1966/7/24 14:00	94.19	733	1966/7/24 15:40	733	7.7		24.8	姜庄湖(二)		611	6.3	1 530	390

续表

洪号	临沂站洪峰			葛沟站洪峰			姜庄湖站洪峰			姜庄湖（二）站洪峰		葛沟站峰现时间比姜庄湖（二）站早晚		葛沟、姜庄湖(二)以下区间径流深 $R_{区}$（mm）	以何处来水为主	与临沂站洪峰相应的姜庄湖（二）站流量 $Q_{姜(二)}$（m^3/s）	与临沂站洪峰相应的葛沟站流量 $Q_{葛}$（m^3/s）	以何处来水为主站至临沂站峰现时距 τ（h）	姜庄湖（二）站或葛沟站出现洪峰时临沂站流量 $Q_{临}$（m^3/s）	预见期内流量变幅 ΔQ（m^3/s）
	时间	水位 $Z_{m临}$（m）	流量 $Q_{m临}$（m^3/s）	时间	水位 $Z_{m葛}$（m）	流量 $Q_{m葛}$（m^3/s）	时间	水位 $Z_{m姜}$（m）	流量 $Q_{m姜}$（m^3/s）	时间	流量 $Q_{m姜(二)}$（m^3/s）	早（h）	晚（h）							
670903	1967/9/3 5:00	61.97	1 330	1967/9/2 22:00	88.29	840	1967/9/2 16:30	94.38	866	1967/9/2 18:50	866		3.2	11.7	姜庄湖（二）		830	10.2	66	1 264
700703	1970/7/3 10:00	61.70	845	1970/7/3 5:30	86.53	109	1970/7/3 4:00	93.55	345	1970/7/3 5:00	371		0.5	39.3	姜庄湖（二）		21.9	5.0	808	37
700723	1970/7/23 15:00	62.81	2 790	1970/7/23 8:00	88.56	956	1970/7/23 7:30	94.35	845	1970/7/23 12:20	908	4.3		81.2	葛沟	30.7		7.0	613	2 177
700726	1970/7/26 4:30	64.07	5 950	1970/7/25 23:00	90.53	3 330	1970/7/25 22:00	95.56	2 220	1970/7/25 22:20	2 380		0.7	50.9	葛沟	2 220		5.5	4 760	1 190
700730	1970/7/30 10:00	63.42	4 360	1970/7/30 7:00	89.91	2 310	1970/7/30 3:00	95.43	1 990	1970/7/30 4:20	1 990		2.7	28.8	葛沟	1 990		3.0	3 940	420
700807	1970/8/7 1:00	62.37	1 920	1970/8/6 16:30	87.61	344	1970/8/6 18:00	94.89	1 300	1970/8/6 20:00	1 300	3.5		42.3	姜庄湖（二）		90.0	5.0	1 390	530
710630	1971/6/30 10:00	61.94	1 240	1971/6/30 3:00	87.93	429	1971/6/30 0:00	93.73	442	1971/6/30 1:40	475		1.3	44.8	姜庄湖（二）		300	8.3	1 070	170
710701	1971/7/1 15:30	63.60	4 910	1971/7/1 10:30	90.09	2 270	1971/7/1 7:00	95.51	2 130	1971/7/1 8:00	2 130		2.5	59.1	葛沟	2 130		5.0	2 740	2 170
710809	1971/8/9 23:00	63.26	4 420	1971/8/9 19:00	89.46	1 620	1971/8/9 13:50	95.24	1 710	1971/8/9 15:20	1 830		3.7	15.8	姜庄湖（二）		1 510	7.7	1 000	3 420
710810	1971/8/10 8:30	63.27	4 450	1971/8/10 0:00	89.52	1 620	1971/8/10 1:30	95.07	1 490	1971/8/10 3:10	1 610	3.2		68.2	葛沟	1 490		8.5	4 420	30.0
710822	1971/8/22 14:30	63.20	4 020	1971/8/22 12:00	89.63	1 770	1971/8/22 4:00	95.08	1 510	1971/8/22 5:30	1 620		6.5	50.4	姜庄湖（二）		1 470	9.0	1 830	2 190
720826	1972/8/26 7:00	61.51	693	1972/8/25 23:00	88.03	479	1972/8/26 0:00	92.27	27.8	1972/8/26 1:20	30	2.3		17.4	葛沟	15.7		8.0	324	369
730729	1973/7/29 8:00	62.77	3 170	1973/7/29 11:00	87.41	263	1973/7/29 1:00	95.51	2 130	1973/7/29 2:00	2 290		9.0	29.0	姜庄湖（二）		24.0	6.0	147	3 023
740725	1974/7/25 7:30	62.11	1 640	1974/7/25 0:00	88.70	887	1974/7/24 20:00	93.31	244	1974/7/24 22:40	262		1.3	33.1	葛沟	129		7.5	855	785
740726	1974/7/26 17:48	62.15	1 710	1974/7/26 9:00	88.00	506	1974/7/26 6:00	94.47	936	1974/7/26 7:40	1 010		1.3	19.9	姜庄湖（二）		500	10.1	820	890
740814	1974/8/14 2:45	65.17	10 600	1974/8/14 0:00	91.98	5 250	1974/8/13 19:00	95.58	2 250	1974/8/13 21:00	2 420		3.0	145.8	葛沟	2 250		2.7	10 000	600
750710	1975/7/10 13:30	61.85	1 190	1975/7/10 5:00	88.01	407	1975/7/10 3:30	93.51	325	1975/7/10 6:00	349	1.0		25.9	姜庄湖（二）		407	7.5	377	813
750920	1975/9/20 16:00	61.71	940	1975/9/20 7:00	87.75	320	1975/9/20 10:00	93.15	184	1975/9/20 10:10	198	3.2		18.7	姜庄湖（二）		273	5.8	308	632
760813	1976/8/13 4:45	61.50	680	1976/8/12 16:00	87.53	266	1976/8/12 13:00	93.19	197	1976/8/12 15:40	212		0.3	9.8	姜庄湖（二）		193	13.1	44	636
760819	1976/8/19 13:30	61.84	1 050	1976/8/19 4:00	88.07	475	1976/8/19 12:00	92.58	50.8	1976/8/19 12:00	55	8.0		29.2	葛沟	36.5		9.5	202	848
780714	1978/7/14 17:00	62.13	1 690	1978/7/14 10:30	87.83	348	1978/7/14 8:00	94.41	888	1978/7/14 9:20	954		1.2	29.8	姜庄湖（二）		333	7.7	73	1 617
780816	1978/8/16 15:00	61.58	775	1978/8/16 3:41	87.84	371	1978/8/16 5:00	93.26	224	1978/8/16 7:20	241	3.7		10.3	葛沟	154		11.3	168	607
800617	1980/6/17 2:36	62.57	2 510	1980/6/16 19:00	89.14	1 170	1980/6/16 18:30	94.19	733	1980/6/16 20:20	787	1.3		39.1	葛沟	677		7.6	194	2 316
800701	1980/7/1 3:00	61.95	1 230	1980/6/30 13:00	88.16	560	1980/6/30 20:00	94.05	635	1980/6/30 22:20	635	9.3		11.0	姜庄湖（二）		392	4.7	1 200	30
800905	1980/9/5 12:00	61.66	872	1980/9/4 22:30	88.39	709	1980/9/5 0:00	92.87	105	1980/9/5 3:20	113	4.8		5.8	葛沟	83.5		13.5	67.3	805
820713	1982/7/13 21:00	61.78	1 100	1982/7/13 13:40	86.80	126	1982/7/13 12:30	93.70	425	1982/7/13 14:00	456	0.3		40.9	姜庄湖（二）		126	7.0	203	897
820810	1982/8/10 0:30	62.00	1 500	1982/8/9 15:30	87.75	391	1982/8/9 12:48	93.49	316	1982/8/9 14:40	339		0.8	27.8	姜庄湖（二）		364	9.8	461	1 040
820818	1982/8/18 16:00	61.46	717	1982/8/18 9:00	87.25	217	1982/8/18 2:00	92.76	82	1982/8/18 3:20	88		5.7	18.2	葛沟	17.0		7.0	503	214
840807	1984/8/7 22:00	61.20	496	1984/8/7 8:00	87.57	344	1984/8/7 4:30	92.31	30	1984/8/7 6:30	32		1.5	9.8	葛沟	17.0		14.0	138	358
850716	1985/7/16 11:00	61.90	1 260	1985/7/16 1:20	88.22	595	1985/7/16 6:00	93.64	392	1985/7/16 6:00	421	4.7		25.2	葛沟	256		9.7	133	1 127
850905	1985/9/5 21:00	61.93	1 230	1985/9/5 15:35	87.65	391	1985/9/5 7:00	93.95	570	1985/9/5 9:00	612		6.6	27.5	姜庄湖（二）		300	12.0	122	1 108
880716	1988/7/16 21:12	61.96	1 410	1988/7/16 14:00	88.59	825	1988/7/16 6:30	93.35	260	1988/7/16 10:10	279		3.8	39.3	葛沟	29.2		7.2	482	928
900714	1990/7/14 23:00	61.41	670	1990/7/14 7:30	86.81	141	1990/7/14 9:00	93.14	181	1990/7/14 12:00	194	4.5		20.2	姜庄湖（二）		114	11.0	163	507
900803	1990/8/3 21:00	62.96	3 910	1990/8/3 17:12	90.37	2 400	1990/8/3 8:54	93.82	492	1990/8/3 11:10	528		6.0	42.4	葛沟	492		3.8	3 490	420

续表

洪号	临沂站洪峰			葛沟站洪峰			姜庄湖站洪峰			姜庄湖（二）站洪峰		葛沟站峰现时间比姜庄湖（二）站早晚		葛沟、姜庄湖(二)以下区间径流深 $R_{区}$（mm）	以何处来水为主	与临沂站洪峰相应的姜庄湖（二）站流量 $Q_{姜(二)}$（m^3/s）	与临沂站洪峰相应的葛沟站流量 $Q_{葛}$（m^3/s）	以何处来水为主站至临沂站峰现时距 τ（h）	姜庄湖（二）站或葛沟站出现洪峰时临沂站流量 $Q_{临}$（m^3/s）	预见期内流量变幅 ΔQ（m^3/s）
	时间	水位 $Z_{m临}$（m）	流量 $Q_{m临}$（m^3/s）	时间	水位 $Z_{m葛}$（m）	流量 $Q_{m葛}$（m^3/s）	时间	水位 $Z_{m姜}$（m）	流量 $Q_{m姜}$（m^3/s）	时间	流量 $Q_{m姜(二)}$（m^3/s）	早（h）	晚（h）							
900816	1990/8/16 22:06	63.53	5 520	1990/8/16 19:00	90.32	2 720	1990/8/16 14:30	94.59	1 030	1990/8/16 16:00	1 110		3.0	78.0	葛沟	1 000		3.1	4 850	670
910725	1991/7/25 12:30	64.07	7 590	1991/7/25 7:30	90.70	3 130	1991/7/25 5:35	95.98	3 140	1991/7/25 7:00	3 140		0.5	66.3	姜庄湖（二）		3 130	5.5	4 500	3 090
930805	1993/8/5 17:10	64.34	8 140	1993/8/5 13:00	89.78	1 800	1993/8/5 12:00	96.04	3 300	1993/8/5 13:10	3 550	0.2		196.4	姜庄湖（二）		1 680	4.0	6 110	2 030
950823	1995/8/23 2:40	62.44	2 880	1995/8/22 23:00	89.11	1 300	1995/8/22 15:50	94.53	984	1995/8/22 17:40	1 060		5.3	39.2	葛沟	228		3.7	2 060	820
960807	1996/8/7 19:30	61.70	1 790	1996/8/7 12:00	88.27	737	1996/8/7 11:00	93.24	216	1996/8/7 11:10	232		0.8	29.7	葛沟	216		7.5	104	1 686
970820	1997/8/20 17:00	63.46	6 510	1997/8/20 12:00	90.75	3 150	1997/8/20 12:00	94.39	873	1997/8/20 12:20	938	0.3		149.1	葛沟	782		5.0	4 500	2 010
000831	2000/8/31 21:40	60.95	1 800	2000/8/31 16:30	87.49	433	2000/8/31 15:00	92.03	133	2000/8/31 15:40	143		0.8	57.0	葛沟	41.0		5.2	1 355	445
010731	2001/7/31 11:00	60.91	2 250	2001/7/31 7:30	87.86	608	2001/7/30 22:00	93.61	1 100	2001/7/30 23:20	1 100		8.2	35.6	姜庄湖（二）		608	11.7	1 530	720
030623	2003/6/23 10:42	60.29	2 220	2003/6/23 2:00	88.36	802	2003/6/22 23:20	92.91	563	2003/6/23 2:00	563	0.0	0.0	67.5	葛沟	260		8.7	80	2 140
030824	2003/8/24 13:24	59.23	792	2003/8/24 4:30	86.86	150	2003/8/24 7:00	92.53	339	2003/8/24 10:40	339	6.2		22.5	姜庄湖（二）		150	2.7	745	47
030827	2003/8/27 17:00	59.91	1 710	2003/8/27 9:30	88.21	700	2003/8/27 7:00	93.16	737	2003/8/27 10:00	737	0.5		30.2	姜庄湖（二）		700	7.0	772	938
040718	2004/7/18 20:45	59.72	1 380	2004/7/18 11:00	88.52	1 050	2004/7/18 2:00	91.77	85.5	2004/7/18 4:40	92		6.3	29.6	葛沟	85.5		9.8	488	892
040915	2004/9/15 9:20	59.57	1 230	2004/9/15 0:00	87.85	644	2004/9/15 1:00	92.18	188	2004/9/15 3:20	188	3.3		10.3	葛沟	25.1		9.3	253	977
050627	2005/6/27 3:00	59.93	1 960	2005/6/26 18:00	87.98	656	2005/6/26 18:00	92.46	306	2005/6/26 19:20	329	1.3		39.9	葛沟	102		9.0	205	1 755
050701	2005/7/1 19:15	59.7	1 180	2005/7/1 12:00	85.68	12.8	2005/7/1 10:00	93.25	810	2005/7/1 12:00	810	0.0		26.9	姜庄湖（二）		12.8	7.3	642	538
050811	2005/8/11 18:10	59.79	1 070	2005/8/11 10:30	86.95	257	2005/8/11 10:00	92.86	531	2005/8/11 12:40	531	2.2		24.1	姜庄湖（二）		83.4	5.5	490	580
050920	2005/9/20 23:30	61.03	5 030	2005/9/20 17:00	89.12	1 340	2005/9/20 18:00	94.29	1 730	2005/9/20 20:00	1 730	3.0		74.2	姜庄湖（二）		943	3.5	1 220	3 810
060829	2006/8/29 12:00	59.98	1 460	2006/8/29 0:00	85.46	8.42	2006/8/29 2:40	92.75	461	2006/8/29 5:10	495	5.2		54.3	姜庄湖（二）		8.42	6.8	94	1 366
070628	2007/6/28 15:42	58.91	542	2007/6/28 6:00	86.28	103	2007/6/28 0:00	91.26	27.2	2007/6/28 4:50	29		1.2	25.7	葛沟	17.2		9.7	203	339
070719	2007/7/19 21:24	59.00	576	2007/7/19 14:00	86.28	103	2007/7/19 14:00	91.13	20.2	2007/7/19 14:50	22	0.8		14.7	葛沟	11.3		7.4	524	52
080724	2008/7/24 12:00	60.35	2 540	2008/7/24 6:30	88.58	1 220	2008/7/24 0:00	91.98	783	2008/7/24 2:00	783		4.5	69.2	葛沟	736		5.5	2050	490
090721	2009/7/21 13:00	61.08	4 640	2009/7/21 11:30	87.94	935	2009/7/21 9:30	93.73	2 000	2009/7/21 10:20	2 150		1.2	54.6	姜庄湖（二）		254	2.7	3 170	1 470
090818	2009/8/18 12:00	60.59	3 530	2009/8/18 8:45	84.36	112	2009/8/18 7:30	94.08	2 410	2009/8/18 8:40	2 590		0.1	17.1	姜庄湖（二）		54.1	3.3	1 550	1 980
120710	2012/7/10 13:00	61.73	8 050	2012/7/10 10:00	89.45	2 190	2012/7/10 7:00	93.32	3 005	2012/7/10 8:00	3 227		2.0	138.0	姜庄湖（二）		926	5.0	3 440	4 610
160808	2016/8/8 17:40	58.96	809	2016/8/8 8:30	89.97	480	2016/8/8 8:00	88.47	88.2	2016/8/8 10:00	95	1.5		20.0	葛沟	50.0		9.2	100	709
170716	2017/7/16 14:24	58.98	994	2017/7/16 9:57	89.28	305	2017/7/16 8:00	89.19	202	2017/7/16 8:40	217		1.3	59.5	姜庄湖（二）		126	5.7	473	521
180820	2018/8/20 9:18	60.12	3 220	2018/8/20 6:00	89.85	1 890				2018/8/20 5:18	503		0.7	86.6	葛沟	71.0		3.3	2 390	830
190811	2019/8/11 13:00	61.86	7 300	2019/8/11 10:12	91.21	4 080				2019/8/11 10:42	2 120	0.5		136.3	葛沟	1 050		2.8	5 450	1 850
200723	2020/7/23 5:03	60.71	3 580	2020/7/23 2:38	89.36	779				2020/7/22 22:36	975		4.0	93.6	姜庄湖（二）		252	6.5	1 580	2 000
200807	2020/8/7 15:21	60.72	3 700	2020/8/7 11:35	89.64	1 630				2020/8/7 7:06	873		5.6	58.4	葛沟	467		3.8	3 050	650
200814	2020/8/14 19:07	64.12	10 900	2020/8/14 12:08	92.30	6 320				2020/8/14 16:00	2 600	3.5		152.5	葛沟	1 890		7.0	7 020	3 880
200826	2020/8/26 23:57	59.48	1 620	2020/8/26 17:12	89.08	1 490				2020/8/27 6:00	122	12.8		10.3	葛沟	38.0		6.8	743	877

表 17–18　沂河临沂站洪峰流量预报精度评定表（以葛沟水文站来水为主）

序号	洪号	葛沟站洪峰流量 $Q_{m葛}$（m^3/s）	与 $Q_{m葛}$ 同时到达临沂的姜庄湖（二）站流量（m^3/s）	葛沟姜庄湖以下区间径流深 $R_{区}$（mm）	预见期内流量变幅 ΔQ_i（m^3/s）	$(\Delta Q_i-\Delta Q_0)^2$	许可误差 $\sigma_{许}$（m^3/s）	临沂实测 $Q_{实}$（m^3/s）	预报临沂 $Q_{预(Q)}$（m^3/s）	预报临沂 $Q_{预(R)}$（m^3/s）	两预报值平均（m^3/s）	$\sigma=Q_{预}-Q_{实}$（m^3/s）	评定结果	
													合格	不合格
1	600628	1 540	9.11	68.0	1 227	18 769	436	1 950	1 700	3 830	2 765	815		√
2	600701	1 430	248	14.4	290	64 4809	317	2 420	2 510	1 770	2 140	–280	√	
3	600728	2 560	621	82.2	2 020	85 9329	535	4 320	4 310	5 390	4 850	530	√	
4	600817	8 620	1 380	97.0	5 220	1 703 2129	937	12 100	11 900	12 500	12 200	100	√	
5	610706	1 720	27.8	15.7	1 808	514 089	508	1 960	1 910	2 050	1 980	20	√	
6	610715	1 180	64.7	3.1	1 030	3 969	410	1 250	1 660	1 400	1 530	280	√	
7	610819	368	39.8	8.0	608	235 225	357	830	869	747	808	–22	√	
8	610913	383	29.7	9.0	674	175 561	366	915	831	759	795	–120	√	
9	610921	261	29.2	7.9	368	525 625	327	687	729	661	695	8	√	
10	620714	2 770	23.7	5.1	2 724	2 647 129	623	2790	2 740	2 690	2 715	–75	√	
11	620726	1 200	614	14.0	420	452 929	334	2 030	2 950	1 560	2 255	225	√	
12	630710	312	63.1	20.4	303	624 100	319	816	936	1 040	988	172	√	
13	630712	282	112	7.6	149	891 136	300	615	1 150	678	914	299	√	
14	630720	4 500	1 720	74.5	1 300	4 2849	444	7 400	7 720	7 280	7 500	100	√	
15	630728	2 570	240	16.1	1 750	431 649	501	2 970	3 510	2 770	3 140	170	√	
16	640701	636	123	67.9	660	187 489	364	1 870	1 500	2 860	2 180	310	√	
17	640718	2 390	37	7.2	1 350	66 049	451	2 460	2 510	2 380	2 445	–15	√	
18	640729	640	677	4.2	433	435 600	335	1 160	2 450	967	1 709	549		√
19	640801	1 470	1 060	35.9	1 530	190 969	473	3 250	3 680	2 610	3 145	–105	√	
20	640914	1 050	403	8.4	470	388129	340	1 740	2 440	1 300	1 870	130	√	
21	660722	1 950	23.2	13.7	670	178 929	365	2 180	2 080	2 170	2 125	–55	√	
22	700723	956	30.7	81.2	2 177	1 181 569	555	2 790	1 300	3 570	2 435	–355	√	
23	700726	3 330	2 220	50.9	1 190	9 409	431	5 950	6 830	5 090	5 960	10	√	
24	700730	2 310	1 990	28.8	420	452 929	334	4 360	5 480	3 040	4 260	–100	√	
25	710701	2 270	2 130	59.1	2 170	1 159 929	554	4 910	5 540	4 310	4 925	15	√	
26	710810	1 620	1 490	68.2	30.0	1 129 969	285	4 450	4 280	3 920	4 100	–350		√
27	720826	479	15.7	17.4	369	524 176	327	693	840	1 080	960	267	√	
28	740725	887	129	33.1	785	94 864	380	1 640	1 750	1 980	1 865	225	√	
29	740814	5 250	2 250	145.8	600	284 089	351	10 600	9 050	9 660	9 355	–1 245		√
30	760819	475	36.5	29.2	848	60 025	388	1 050	940	1 470	1 205	155	√	
31	780816	371	154	10.3	607	236 196	357	775	1 420	760	1 090	315	√	
32	800617	1 170	677	39.1	2 316	1 505 529	573	2 510	2 990	2 470	2 730	220	√	
33	800905	709	83.5	5.8	805	82 944	382	872	1 370	1 020	1 195	323	√	
34	820818	217	17.0	18.2	214	772 641	308	717	635	894	765	48	√	
35	840807	344	17.0	9.8	358	540 225	326	496	738	728	733	237	√	
36	850716	595	256	25.2	1 127	1 369	423	1 260	1 770	1 440	1 605	345	√	
37	880716	825	29.2	39.3	928	27 225	398	1 410	1 190	2 150	1 670	260	√	

续表

序号	洪号	葛沟站洪峰流量 $Q_{m葛}$（m^3/s）	与 $Q_{m葛}$同时到达临沂的姜庄湖（二）站流量（m^3/s）	葛沟姜庄湖以下区间径流深 $R_{区}$（mm）	预见期内流量变幅 ΔQ_i（m^3/s）	$(\Delta Q_i-\Delta Q_0)^2$	许可误差 $\sigma_{许}$（m^3/s）	临沂实测 $Q_{实}$（m^3/s）	预报临沂 $Q_{预(Q)}$（m^3/s）	预报临沂 $Q_{预(R)}$（m^3/s）	两预报值平均（m^3/s）	$\sigma=Q_{预}-Q_{实}$（m^3/s）	评定结果	
													合格	不合格
38	900803	2 400	492	42.4	420	452 929	334	3 910	3 900	3 770	3 835	−75	√	
39	900816	2 720	1 000	78.0	670	178 929	365	5 520	4 930	5 450	5 190	−330	√	
40	950823	1 300	228	39.2	820	74 529	384	2 880	2 350	2 590	2 470	−410		√
41	960807	737	216	29.7	1 686	356 409	493	1 790	1 840	1 720	1 780	−10	√	
42	970820	3 150	782	149.1	2 010	840 889	534	6 510	5 110	7 270	6 190	−320	√	
43	000831	433	41.0	57.0	445	419 904	337	1 800	927	2 350	1 639	−161	√	
44	030623	802	260	67.5	2 140	1 096 209	550	2 220	1 970	3 030	2 500	280	√	
45	040718	1 050	85.5	29.6	892	40 401	393	1 380	1 670	1 990	1 830	450		√
46	040915	644	25.1	10.3	977	13456	404	1 230	1 020	980	1 000	−230	√	
47	050627	656	102	39.9	1 755	444 889	502	1 960	1 420	2 020	1 720	−240	√	
48	070628	103	17.2	25.7	339	568 516	324	542	544	1 040	792	250	√	
49	070719	103	11.3	14.7	52	1 083 681	288	576	533	685	609	33	√	
50	080724	1 220	736	69.2	490	363 609	343	2 540	3 090	3 520	3 305	765		√
51	160808	480	50.0	20.0	709	147 456	370	809	1 010	1 170	1 090	281	√	
52	180820	1 890	71.0	86.6	830	69 169	385	3 220	2 290	4 710	3 500	280	√	
53	190811	4 080	1 050	136.3	1 850	573 049	513	7 300	6 430	8 120	7 275	−25	√	
54	200807	1 630	467	58.4	650	196 249	363	3700	3 110	3 630	3 370	−330	√	
55	200814	6 320	1 890	152.5	3 880	6 692 569	743	10 900	9 930	11 000	10 465	−435	√	
56	200826	1 490	38.0	10.3	877	46 656	391	1 620	1 770	1 660	1 715	95	√	

备注：1. $\Delta Q_i=0$ 时，$\sigma_{许}=281\ m^3/s$；2. $\Delta Q_i=\Delta Q_{max}$ 时，$\sigma_{许}=937\ m^3/s$；3. $\sigma_{许}=0.126\Delta Q_i+281$；4. 合格率 =87.5%，本方案等级为甲等。

表 17–19　葛沟站洪峰至临沂站峰现时距预报精度评定表（以葛沟站来水为主）

序号	洪号	葛沟站洪峰流量 $Q_{m葛}$（m^3/s）	实测 τ_0（h）	查线 τ_1（h）	$\Delta\tau=\tau_0-\tau_1$（h）	许可误差 σ（h）	评定结果		序号	洪号	葛沟站洪峰流量 $Q_{m葛}$（m^3/s）	实测 τ_0（h）	查线 τ_1（h）	$\Delta\tau=\tau_0-\tau_1$（h）	许可误差 σ（h）	评定结果	
							合格	不合格								合格	不合格
1	600628	1 540	7.2	8.0	−0.8	3.0	√		29	740 814	5 250	2.7	3.9	−1.2	3.0	√	
2	600701	1 430	7.7	8.2	−0.5	3.0	√		30	760 819	475	9.5	10.4	−0.9	3.0	√	
3	600728	2 560	6.5	6.8	−0.3	3.0	√		31	780 816	371	11.3	10.9	0.4	3.4	√	
4	600817	8 620	4.0	3.3	0.7	3.0	√		32	800 617	1 170	7.6	8.6	−1.0	3.0	√	
5	610706	1 720	8.7	7.8	0.9	3.0	√		33	800 905	709	13.5	9.6	3.9	4.1	√	
6	610715	1 180	9.7	8.5	1.2	3.0	√		34	820 818	217	7.0	7.3	−0.3	3.0	√	
7	610819	368	12.4	11.0	1.4	3.7	√		35	840 807	344	14.0	9.1	4.9	4.2		√
8	610913	383	7.5	10.1	−2.6	3.0	√		36	850 716	595	9.7	10.0	−0.3	3.0	√	
9	610921	261	10.0	11.5	−1.5	3.0	√		37	880 716	825	7.2	6.7	0.5	3.0	√	
10	620714	2 770	7.2	6.6	0.6	3.0	√		38	900 803	2 400	3.8	4.6	−0.8	3.0	√	
11	620726	1 200	5.2	5.6	−0.4	3.0	√		39	900 816	2 720	3.1	5.2	−2.1	3.0	√	
12	630710	312	5.5	10.1	−4.6	3.0		√	40	950 823	1 300	3.7	5.5	−1.8	3.0	√	
13	630712	282	7.2	9.1	−1.9	3.0	√		41	960807	737	7.5	8.6	−1.1	3.0	√	
14	630720	4 500	3.7	3.6	0.1	3.0	√		42	970820	3 150	5.0	6.3	−1.3	3.0	√	
15	630728	2 570	11.0	6.8	4.2	3.3		√	43	000 831	433	5.2	9.4	−4.2	3.0		√
16	640701	636	5.9	9.8	−3.9	3.0		√	44	030 623	802	8.7	9.3	−0.6	3.0	√	
17	640718	2 390	9.8	7.0	2.8	3.0	√		45	040 718	1 050	9.8	5.8	4.0	3.0		√
18	640729	640	5.0	7.3	−2.3	3.0	√		46	040 915	644	9.3	9.8	−0.5	3.0	√	
19	640801	1 470	6.6	7.3	−0.7	3.0	√		47	050 627	656	9.0	9.8	−0.8	3.0	√	
20	640914	1 050	12.0	8.7	3.3	3.6	√		48	070 628	103	9.7	10.8	−1.1	3.0	√	
21	660722	1 950	7.0	7.5	−0.5	3.0	√		49	070 719	103	7.4	13.2	−5.8	3.0		√
22	700723	956	7.0	8.9	−1.9	3.0	√		50	080 724	1 220	5.5	5.8	−0.3	3.0	√	
23	700726	3 330	5.5	5.7	−0.2	3.0	√		51	160 808	480	9.2	10.4	−1.2	3.0	√	
24	700730	2 310	3.0	5.6	−2.6	3.0	√		52	180 820	1 890	3.3	7.0	−3.7	3.0		√
25	710701	2 270	5.0	5.7	−0.7	3.0	√		53	190 811	4 080	2.8	5.5	−2.7	3.0	√	
26	710810	1 620	8.5	7.9	0.6	3.0	√		54	200 807	1 630	3.8	5.2	−1.4	3.0	√	
27	720826	479	8.0	10.4	−2.4	3.0	√		55	200 814	6 320	7.0	4.5	2.5	3.0	√	
28	740725	887	7.5	7.9	−0.4	3.0	√		56	200 826	1 490	6.8	8.1	−1.3	3.0	√	

备注：1. 允许误差 σ=0.3 τ_0，以 3 h 为下限；2. 合格率 =85.7%；3. 本方案等级为甲等。

表 17-20　沂河临沂水文站洪峰流量预报精度评定表［以姜庄湖（二）站来水为主］

序号	洪号	姜庄湖（二）站洪峰流量 $Q_{m姜(二)}$（m^3/s）	与 $Q_{m姜(二)}$ 同时到达临沂的葛沟流量（m^3/s）	葛沟、姜庄湖（二）站以下区间径流深 $R_{区}$（mm）	预见期内流量变幅 ΔQ_i（m^3/s）	$(\Delta Q_i-\Delta Q_0)^2$	许可误差 $\sigma_{许}$（m^3/s）	临沂实测 $Q_{实}$（m^3/s）	预报临沂 $Q_{预(Q)}$（m^3/s）	预报临沂 $Q_{预(R)}$（m^3/s）	两预报值平均（m^3/s）	$\sigma=Q_{预}-Q_{实}$（m^3/s）	评定结果 合格	评定结果 不合格
1	600630	638	930	51.3	1 650	82 369	578	2 220	2 040	1 660	1 850	−370	√	
2	600703	2 790	2 580	60.7	2 060	485 809	643	5 360	6 880	5 440	6 160	800		√
3	600828	421	290	11.2	752	373 321	435	1 150	1 180	743	962	−192	√	
4	610630	266	97	13.5	250	1 238 769	355	516	622	576	599	83	√	
5	620808	1 140	848	53.2	1 670	94 249	581	3 530	2 900	2 520	2 710	−820		√
6	630723	1 350	1 250	22.2	1 470	11 449	549	3 330	3 530	2 270	2 900	−430	√	
7	630801	1 430	710	6.5	1 300	3 969	522	2 630	3 290	2 040	2 665	35	√	
8	630830	1 490	670	20.3	990	139 129	473	2 910	3 370	2 410	2 890	−20	√	
9	650722	1 700	1 010	14.7	2 556	1 432 809	723	3 230	4 070	2 540	3 305	75	√	
10	650728	1 240	1 080	2.1	1 832	218 089	606	2 270	3 240	1 790	2 515	245	√	
11	650819	1 060	798	32.0	1 180	33 489	503	2 360	2 710	2 070	2 390	30	√	
12	660724	733	611	24.8	390	946 729	377	1 920	2 000	1 440	1 720	−200	√	
13	670903	866	830	11.7	1 264	8 649	517	1 330	2 390	1 340	1 865	535		√
14	700703	371	21.9	39.3	37	1 758 276	321	845	655	1 100	878	33	√	
15	700807	1 300	90	42.3	530	693 889	399	1 920	2 010	2 600	2 305	385	√	
16	710630	475	300	44.8	170	1 423 249	342	1 240	1 270	1 320	1 295	55	√	
17	710809	1 830	1 510	15.8	3 420	4 231 249	860	4 420	4 570	2 750	3 660	−760	√	
18	710822	1 620	1 470	50.4	2 190	683 929	664	4 020	4 140	3 250	3 695	−325	√	
19	730729	2 290	24	29.0	3 023	2 745 649	796	3 170	3 170	3 840	3 505	335	√	
20	740726	1 010	500	19.9	890	223 729	457	1 710	2 400	1 720	2 060	350	√	
21	750710	349	407	25.9	813	302 500	444	1 190	1 180	903	1 042	−152	√	
22	750920	198	273	18.7	632	534 361	416	940	813	567	690	−250	√	
23	760813	212	193	9.8	636	528 529	416	680	753	447	600	−80	√	
24	780714	954	333	29.8	1 617	66 049	573	1 690	2 070	1 880	1 975	285	√	
25	800701	635	392	11.0	30	1 776 889	320	1 230	1 630	1 020	1 325	95	√	
26	820713	456	126	40.9	897	217 156	458	1 100	950	1 250	1 100	0	√	
27	820810	339	364	27.8	1 040	104 329	481	1 500	1 120	920	1 020	−480	√	
28	850905	612	300	27.5	1 108	64 009	492	1 230	1 490	1 320	1 405	175	√	
29	900714	194	114	20.2	507	732 736	396	670	559	585	572	−102	√	
30	910725	3 140	3 130	66.3	3 090	2 982 529	807	7 590	7 730	6 170	6 950	−640	√	
31	930805	3 550	1 680	196.4	2 030	444 889	638	8 140	7 980	8 810	8 395	255	√	
32	010731	1 100	608	35.6	720	413 449	430	2 250	2 630	2180	2 405	155	√	
33	030824	339	150	22.5	47	1 731 856	322	792	843	829	836	44	√	
34	030827	737	700	30.2	938	180 625	464	1 710	2 070	1 560	1 815	105	√	
35	050701	810	12.8	26.9	538	680 625	401	1 180	1 230	1 590	1 410	230	√	
36	050811	531	83.4	24.1	580	613 089	407	1 070	951	1 140	1 045	−25	√	
37	050920	1 730	943	74.2	3 810	5 987 809	922	5 030	4 050	3 850	3 950	−1 080		√
38	060829	495	8.42	54.3	1 366	49	533	1 460	818	1 460	1 139	−321	√	
39	090721	2 150	254	54.6	1 470	11 449	549	4 640	3 800	4 210	4 005	−635		√
40	090818	2 590	54.1	17.1	1 980	380 689	630	3 530	3 580	3 840	3 710	180	√	
41	120710	3 230	926	138.0	4 610	10 543 009	1 050	8 050	6 780	7 930	7 355	−695	√	
42	170716	217	126	59.5	521	708 964	398	994	617	1 050	834	−168	√	
43	200723	975	252	93.6	2 000	405 769	633	3 580	1 980	2 760	2 370	−1 210		√

备注：1. $\Delta Q_i=0$ 时，$\sigma_{许}=315\ m^3/s$；2. $\Delta Q_i=\Delta Q_{max}$ 时，$\sigma_{许}=1\ 049\ m^3/s$；3. $\sigma_{许}=0.159\Delta Q_i+315$；4. 合格率 =86.0%，本方案等级为甲等。

表 17–21　姜庄湖（二）站洪峰至临沂站峰现时距预报精度评定表［以姜庄湖（二）站来水为主］

序号	洪号	姜庄湖（二）站洪峰流量 $Q_{m姜(二)}$（m^3/s）	实测 τ_0（h）	查线 τ_1（h）	$\Delta\tau=\tau_0-\tau_1$（h）	许可误差 σ（h）	评定结果		序号	洪号	姜庄湖（二）站洪峰流量 $Q_{m姜(二)}$（m^3/s）	实测 τ_0（h）	查线 τ_1（h）	$\Delta\tau=\tau_0-\tau_1$（h）	许可误差 σ（h）	评定结果	
							合格	不合格								合格	不合格
1	600630	638	8.4	6.0	2.4	3.0	√		23	760813	212	13.1	10.8	2.3	3.9	√	
2	600703	2 790	5.7	3.0	2.7	3.0	√		24	780714	954	7.7	5.0	2.7	3.0	√	
3	600828	421	8.5	9.1	−0.6	3.0	√		25	800701	635	4.7	6.0	−1.3	3.0	√	
4	610630	266	10.0	9.5	0.5	3.0	√		26	820713	456	7.0	7.2	−0.2	3.0	√	
5	620808	1 140	5.3	4.3	1.0	3.0	√		27	820810	339	9.8	8.3	1.5	3.0	√	
6	630723	1 350	6.7	5.5	1.2	3.0	√		28	850905	612	12.0	11.1	0.9	3.6	√	
7	630801	1 430	5.8	3.9	1.9	3.0	√		29	900714	194	11.0	11.4	−0.4	3.3	√	
8	630830	1 490	5.3	3.8	1.5	3.0	√		30	910725	3 140	5.5	2.9	2.6	3.0	√	
9	650722	1 700	6.8	4.4	2.4	3.0	√		31	930805	3 550	4.0	2.8	1.2	3.0	√	
10	650728	1 240	9.8	8.2	1.6	3.0	√		32	010731	1 100	11.7	9.2	2.5	3.5	√	
11	650819	1 060	6.0	6.7	−0.7	3.0	√		33	030824	339	2.7	8.3	−5.6	3.0		√
12	660724	733	6.3	5.5	0.8	3.0	√		34	030827	737	7.0	5.5	1.5	3.0	√	
13	670903	866	10.2	7.1	3.1	3.1	√		35	050701	810	7.3	5.3	2.0	3.0	√	
14	700703	371	5.0	8.0	−3.0	3.0	√		36	050811	531	5.5	6.6	−1.1	3.0	√	
15	700807	1 300	5.0	4.1	0.9	3.0	√		37	050920	1 730	3.5	3.5	0.0	3.0	√	
16	710630	475	8.3	7.4	0.9	3.0	√		38	060829	495	6.8	6.9	−0.1	3.0	√	
17	710809	1 830	7.7	5.7	2.0	3.0	√		39	090721	2 150	2.7	3.5	−0.8	3.0	√	
18	710822	1 620	9.0	8.0	1.0	3.0	√		40	090818	2 590	3.3	3.1	0.2	3.0	√	
19	730729	2 290	6.0	7.8	−1.8	3.0	√		41	120710	3 230	5.0	3.6	1.4	3.0	√	
20	740726	1 010	10.1	4.9	5.2	3.0		√	42	170716	217	5.7	11.0	−5.3	3.0		√
21	750710	349	7.5	8.2	−0.7	3.0	√		43	200723	975	6.5	7.3	−0.8	3.0	√	
22	750920	198	5.8	11.3	−5.5	3.0		√									

备注：1. 允许误差 $\sigma=0.3\tau_0$，以 3 h 为下限；2. 合格率= 90.7%；3. 本方案等级为甲等。

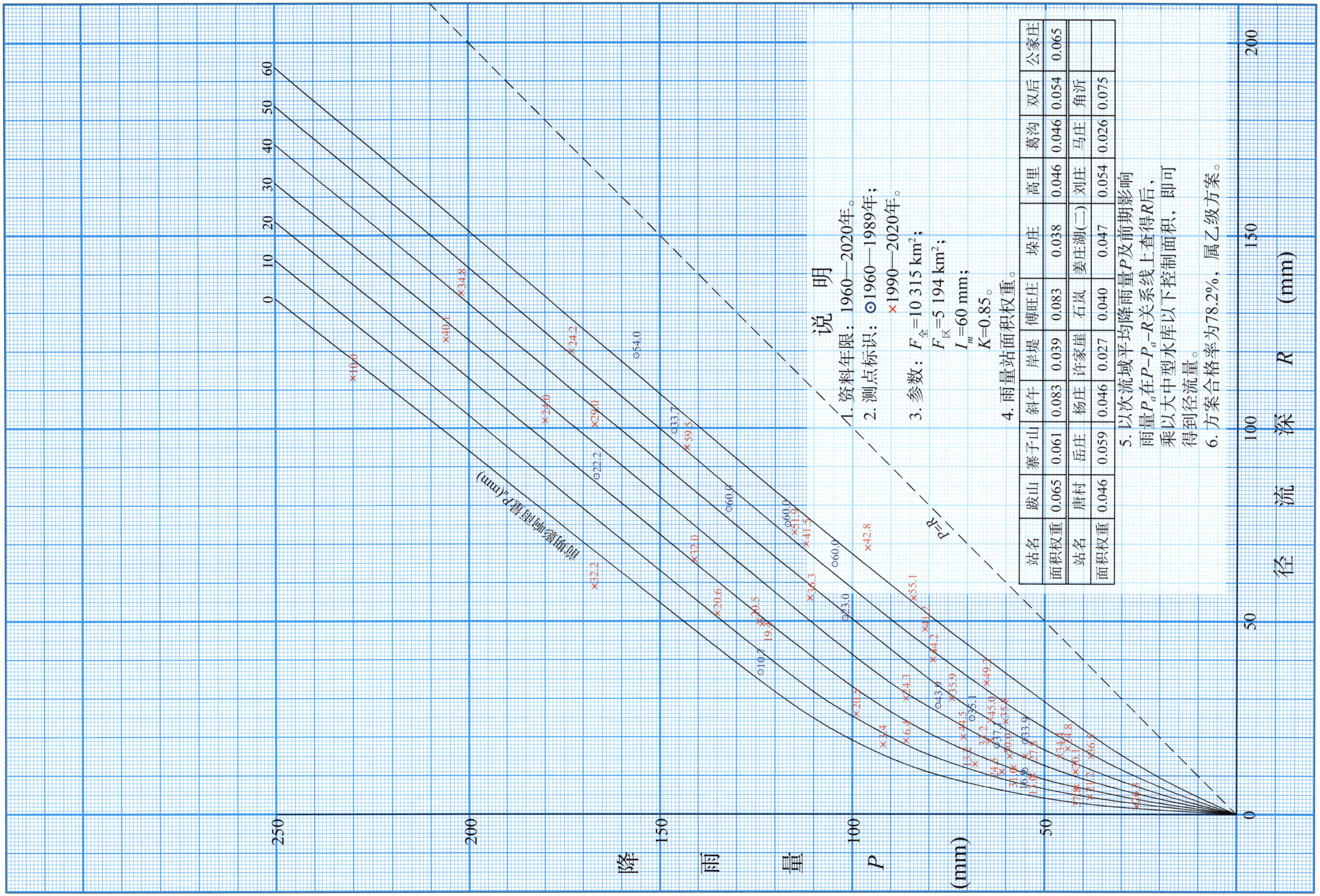

站名	跛山	寨子山	斜午	岸堤	傅旺庄	垛庄	高里	葛沟	双后	公家庄
面积权重	0.065	0.061	0.083	0.039	0.083	0.038	0.046	0.046	0.054	0.065
站名	唐村	岳庄	杨庄	许家崖	石岚	姜庄湖(二)	刘庄	马庄	角沂	
面积权重	0.046	0.059	0.046	0.027	0.040	0.047	0.054	0.026	0.075	

图 17-2　沂河临沂站降雨径流相关图

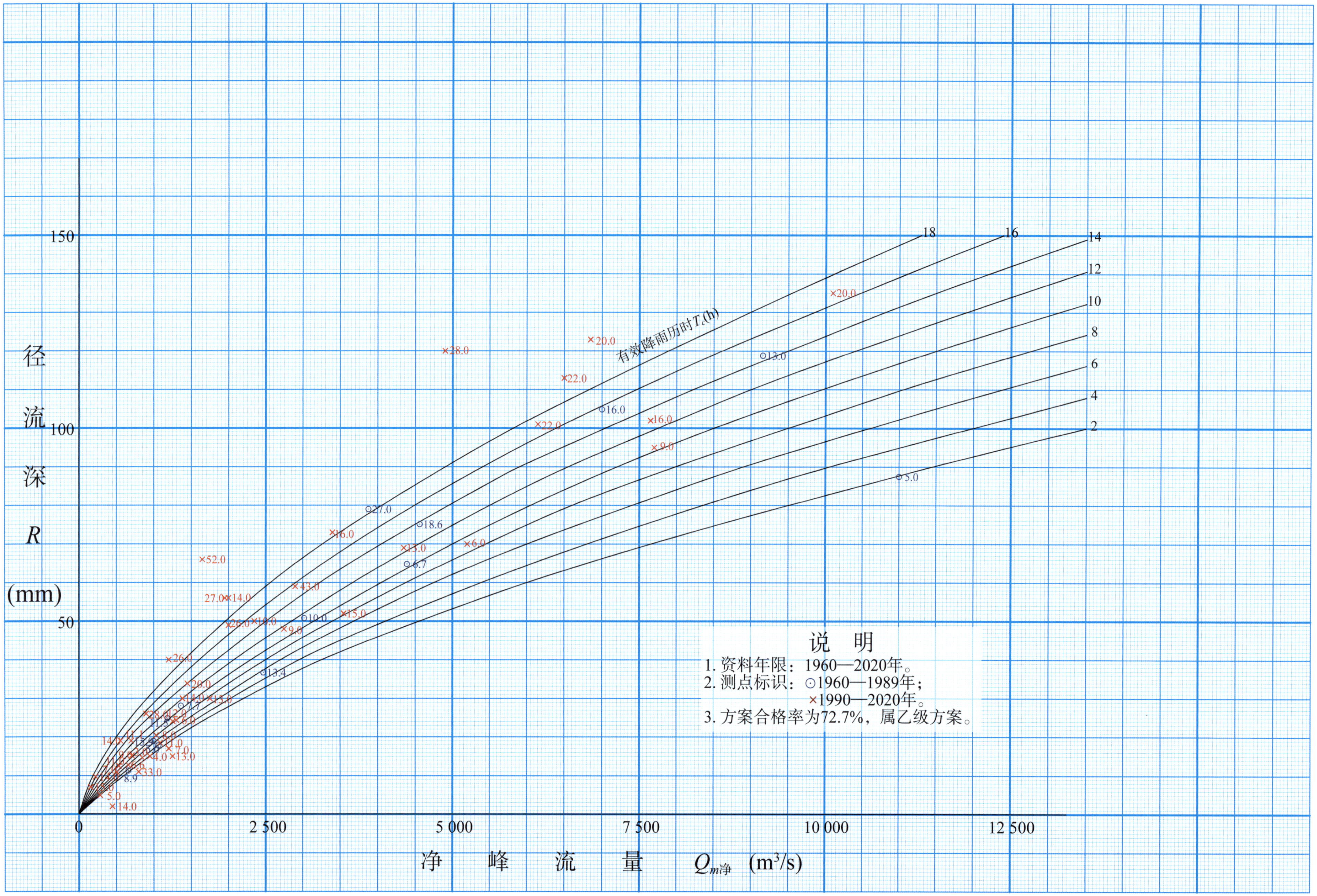

图 17-3　沂河临沂站峰量关系曲线图

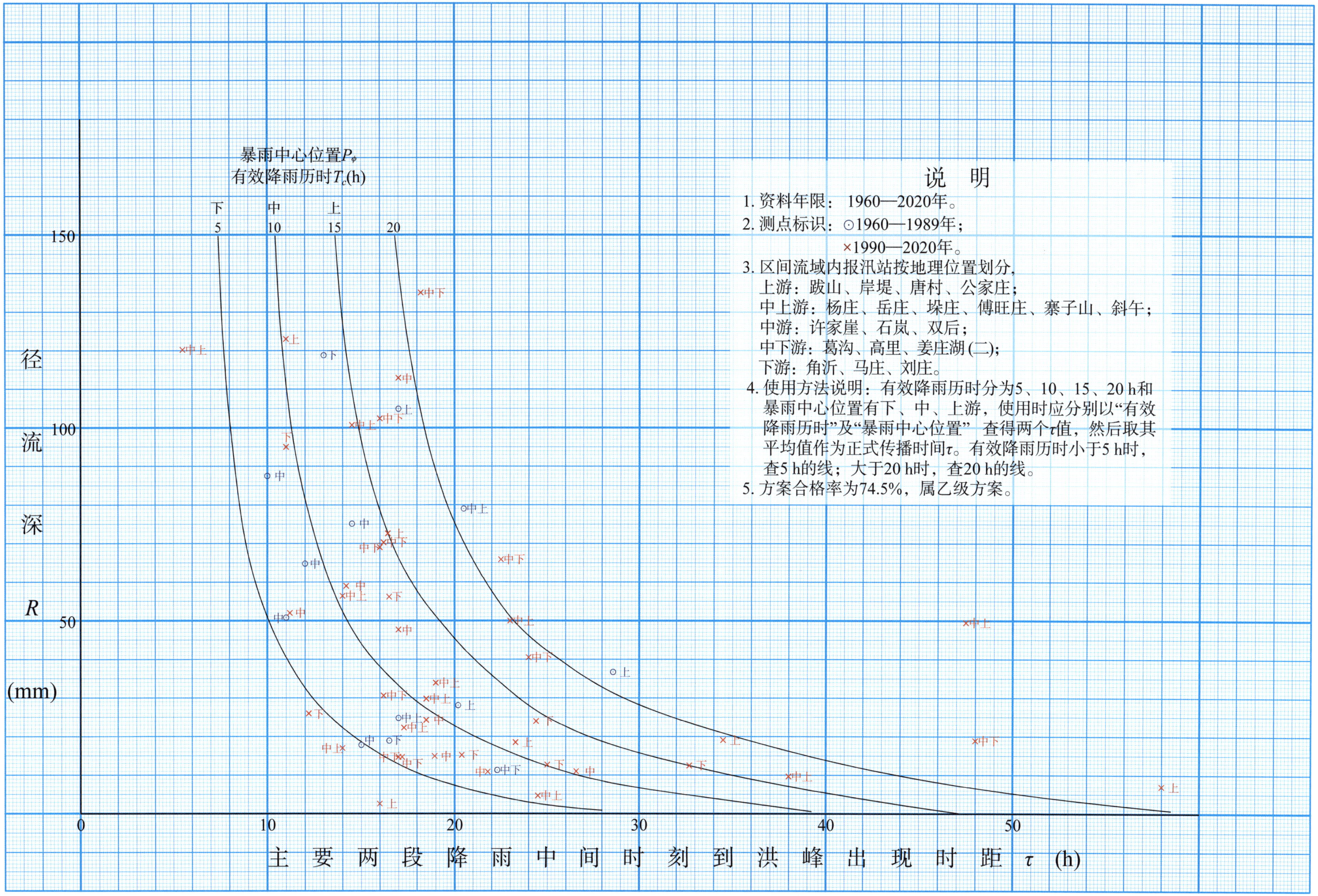

图 17-4 沂河临沂站径流深与峰现时距相关图

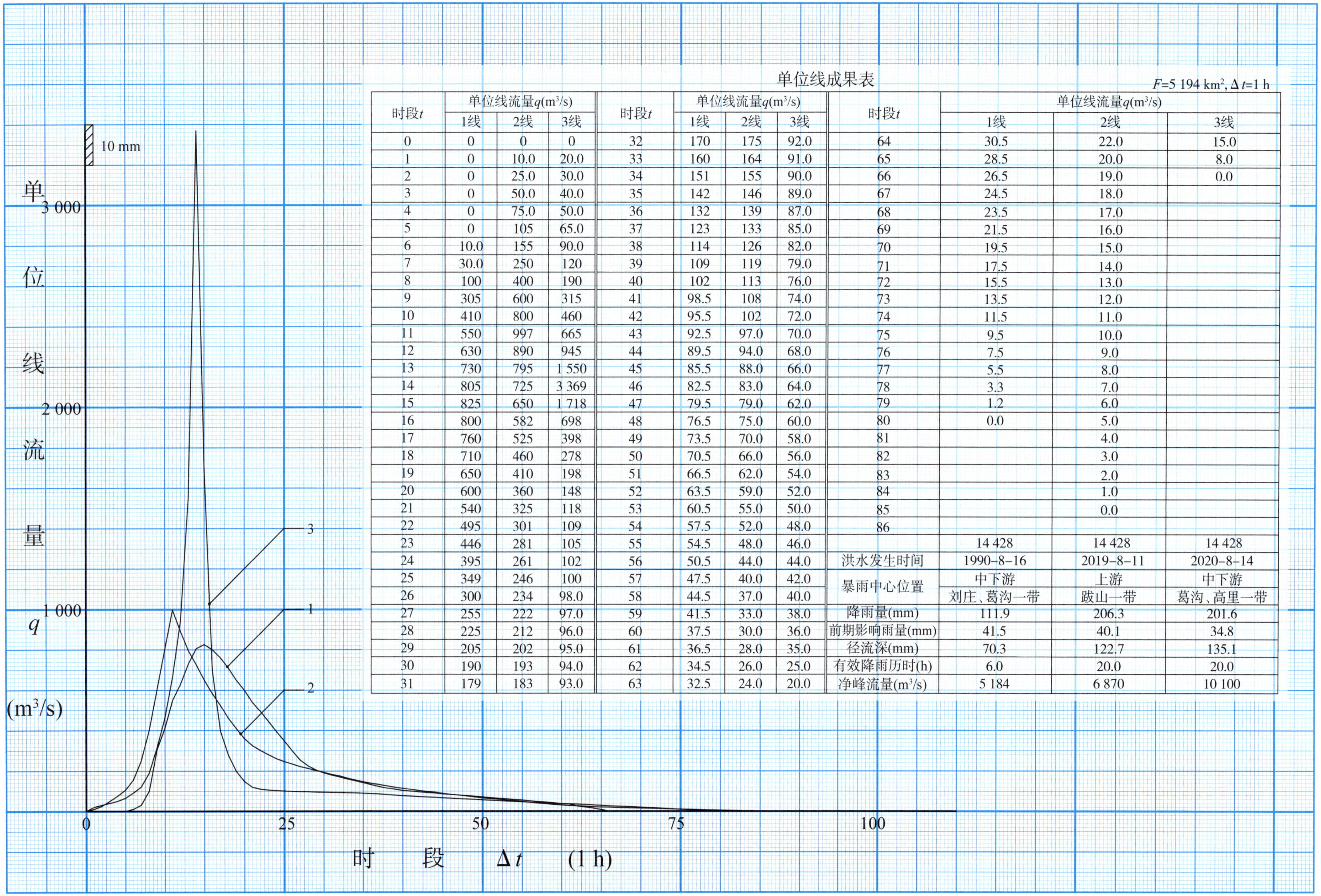

单位线成果表

F=5 194 km², Δt=1 h

时段t	单位线流量q(m³/s)			时段t	单位线流量q(m³/s)			时段t	单位线流量q(m³/s)		
	1线	2线	3线		1线	2线	3线		1线	2线	3线
0	0	0	0	32	170	175	92.0	64	30.5	22.0	15.0
1	0	10.0	20.0	33	160	164	91.0	65	28.5	20.0	8.0
2	0	25.0	30.0	34	151	155	90.0	66	26.5	19.0	0.0
3	0	50.0	40.0	35	142	146	89.0	67	24.5	18.0	
4	0	75.0	50.0	36	132	139	87.0	68	23.5	17.0	
5	0	105	65.0	37	123	133	85.0	69	21.5	16.0	
6	10.0	155	90.0	38	114	126	82.0	70	19.5	15.0	
7	30.0	250	120	39	109	119	79.0	71	17.5	14.0	
8	100	400	190	40	102	113	76.0	72	15.5	13.0	
9	305	600	315	41	98.5	108	74.0	73	13.5	12.0	
10	410	800	460	42	95.5	102	72.0	74	11.5	11.0	
11	550	997	665	43	92.5	97.0	70.0	75	9.5	10.0	
12	630	890	945	44	89.5	94.0	68.0	76	7.5	9.0	
13	730	795	1 550	45	85.5	88.0	66.0	77	5.5	8.0	
14	805	725	3 369	46	82.5	83.0	64.0	78	3.3	7.0	
15	825	650	1 718	47	79.5	79.0	62.0	79	1.2	6.0	
16	800	582	698	48	76.5	75.0	60.0	80	0.0	5.0	
17	760	525	398	49	73.5	70.0	58.0	81		4.0	
18	710	460	278	50	70.5	66.0	56.0	82		3.0	
19	650	410	198	51	66.5	62.0	54.0	83		2.0	
20	600	360	148	52	63.5	59.0	52.0	84		1.0	
21	540	325	118	53	60.5	55.0	50.0	85		0.0	
22	495	301	109	54	57.5	52.0	48.0	86			
23	446	281	105	55	54.5	48.0	46.0		14 428	14 428	14 428
24	395	261	102	56	50.5	44.0	44.0	洪水发生时间	1990-8-16	2019-8-11	2020-8-14
25	349	246	100	57	47.5	40.0	42.0	暴雨中心位置	中下游	上游	中下游
26	300	234	98.0	58	44.5	37.0	40.0		刘庄、葛沟一带	跋山一带	葛沟、高里一带
27	255	222	97.0	59	41.5	33.0	38.0	降雨量(mm)	111.9	206.3	201.6
28	225	212	96.0	60	37.5	30.0	36.0	前期影响雨量(mm)	41.5	40.1	34.8
29	205	202	95.0	61	36.5	28.0	35.0	径流深(mm)	70.3	122.7	135.1
30	190	193	94.0	62	34.5	26.0	25.0	有效降雨历时(h)	6.0	20.0	20.0
31	179	183	93.0	63	32.5	24.0	20.0	净峰流量(m³/s)	5 184	6 870	10 100

图 17-5 沂河临沂站单位线图（Δt=1 h）

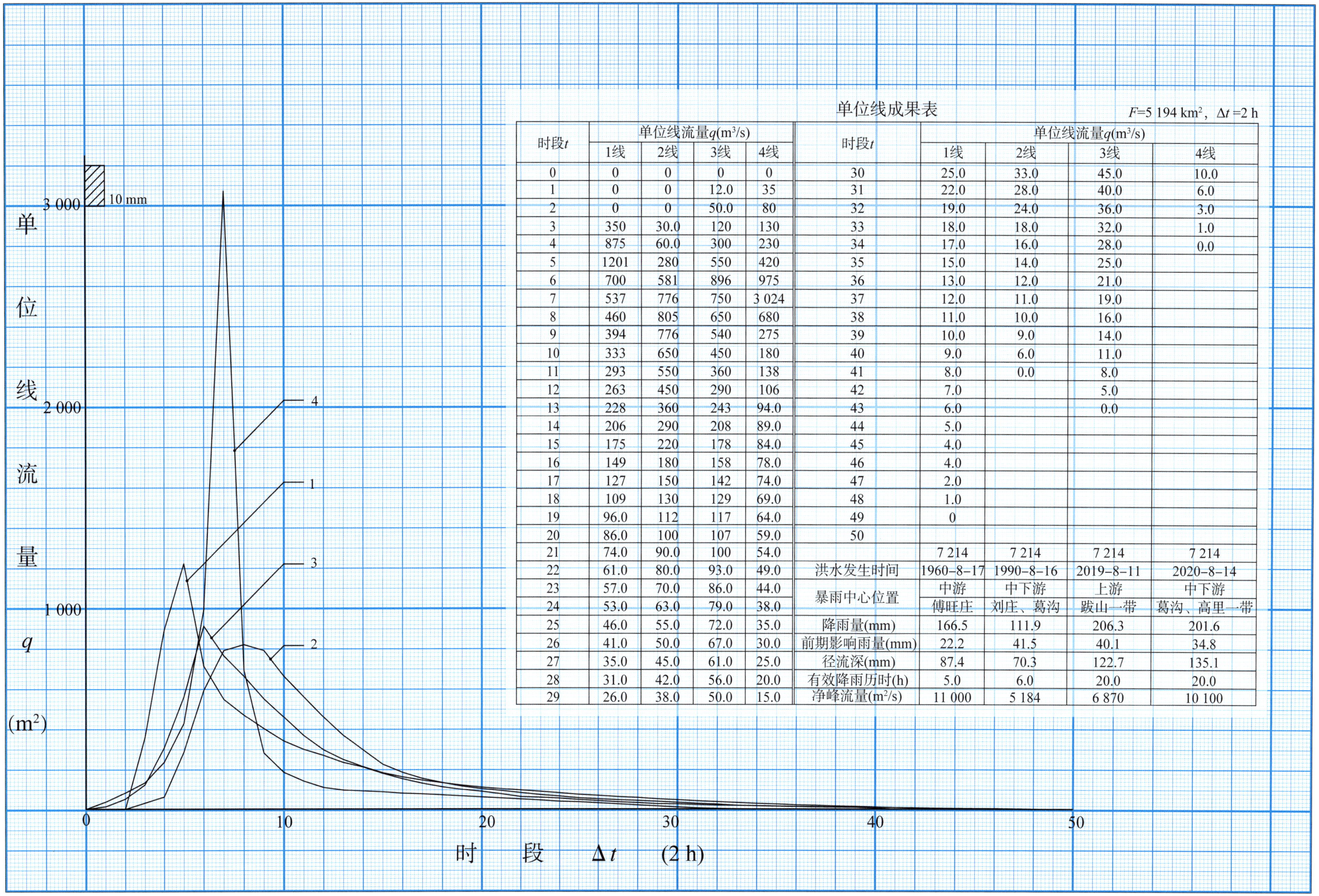

单位线成果表

F=5 194 km²，Δt=2 h

时段t	单位线流量q(m³/s)				时段t	单位线流量q(m³/s)			
	1线	2线	3线	4线		1线	2线	3线	4线
0	0	0	0	0	30	25.0	33.0	45.0	10.0
1	0	0	12.0	35	31	22.0	28.0	40.0	6.0
2	0	0	50.0	80	32	19.0	24.0	36.0	3.0
3	350	30.0	120	130	33	18.0	18.0	32.0	1.0
4	875	60.0	300	230	34	17.0	16.0	28.0	0.0
5	1201	280	550	420	35	15.0	14.0	25.0	
6	700	581	896	975	36	13.0	12.0	21.0	
7	537	776	750	3 024	37	12.0	11.0	19.0	
8	460	805	650	680	38	11.0	10.0	16.0	
9	394	776	540	275	39	10.0	9.0	14.0	
10	333	650	450	180	40	9.0	6.0	11.0	
11	293	550	360	138	41	8.0	0.0	8.0	
12	263	450	290	106	42	7.0		5.0	
13	228	360	243	94.0	43	6.0		0.0	
14	206	290	208	89.0	44	5.0			
15	175	220	178	84.0	45	4.0			
16	149	180	158	78.0	46	4.0			
17	127	150	142	74.0	47	2.0			
18	109	130	129	69.0	48	1.0			
19	96.0	112	117	64.0	49	0			
20	86.0	100	107	59.0	50				
21	74.0	90.0	100	54.0		7 214	7 214	7 214	7 214
22	61.0	80.0	93.0	49.0	洪水发生时间	1960–8–17	1990–8–16	2019–8–11	2020–8–14
23	57.0	70.0	86.0	44.0	暴雨中心位置	中游	中下游	上游	中下游
24	53.0	63.0	79.0	38.0		傅旺庄	刘庄、葛沟	跋山一带	葛沟、高里一带
25	46.0	55.0	72.0	35.0	降雨量(mm)	166.5	111.9	206.3	201.6
26	41.0	50.0	67.0	30.0	前期影响雨量(mm)	22.2	41.5	40.1	34.8
27	35.0	45.0	61.0	25.0	径流深(mm)	87.4	70.3	122.7	135.1
28	31.0	42.0	56.0	20.0	有效降雨历时(h)	5.0	6.0	20.0	20.0
29	26.0	38.0	50.0	15.0	净峰流量(m²/s)	11 000	5 184	6 870	10 100

图 17–6　沂河临沂站单位线图（Δt=2 h）

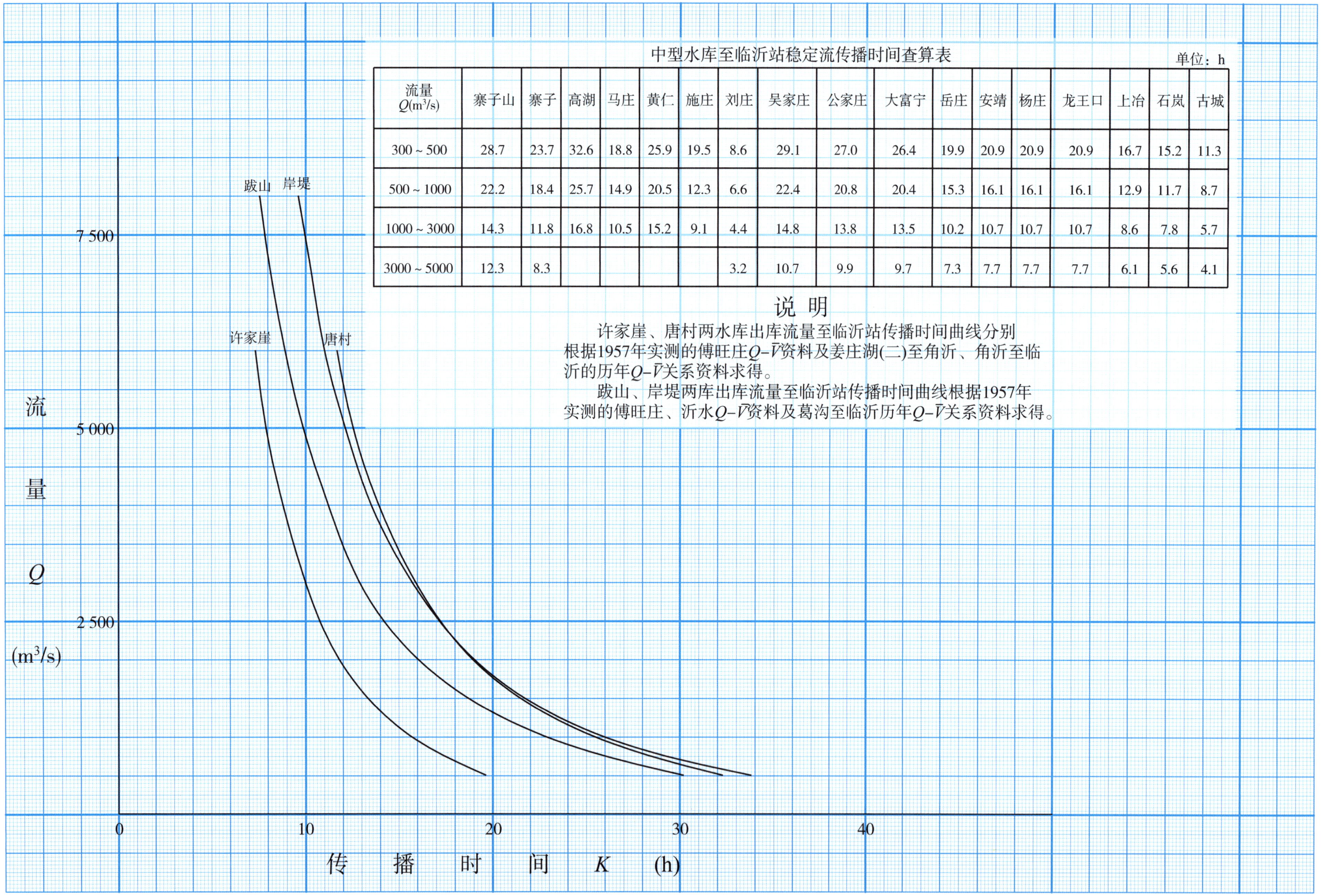

中型水库至临沂站稳定流传播时间查算表

单位：h

流量 $Q(m^3/s)$	寨子山	寨子	高湖	马庄	黄仁	施庄	刘庄	吴家庄	公家庄	大富宁	岳庄	安靖	杨庄	龙王口	上冶	石岚	古城
300 ~ 500	28.7	23.7	32.6	18.8	25.9	19.5	8.6	29.1	27.0	26.4	19.9	20.9	20.9	20.9	16.7	15.2	11.3
500 ~ 1000	22.2	18.4	25.7	14.9	20.5	12.3	6.6	22.4	20.8	20.4	15.3	16.1	16.1	16.1	12.9	11.7	8.7
1000 ~ 3000	14.3	11.8	16.8	10.5	15.2	9.1	4.4	14.8	13.8	13.5	10.2	10.7	10.7	10.7	8.6	7.8	5.7
3000 ~ 5000	12.3	8.3					3.2	10.7	9.9	9.7	7.3	7.7	7.7	7.7	6.1	5.6	4.1

说 明

许家崖、唐村两水库出库流量至临沂站传播时间曲线分别根据1957年实测的傅旺庄Q–$\bar{V}$资料及姜庄湖(二)至角沂、角沂至临沂的历年Q–$\bar{V}$关系资料求得。

跛山、岸堤两库出库流量至临沂站传播时间曲线根据1957年实测的傅旺庄、沂水Q–$\bar{V}$资料及葛沟至临沂历年Q–$\bar{V}$关系资料求得。

图 17–7　跛山、岸堤、唐村、许家崖等大中型水库至临沂站稳定流传播时间查算图

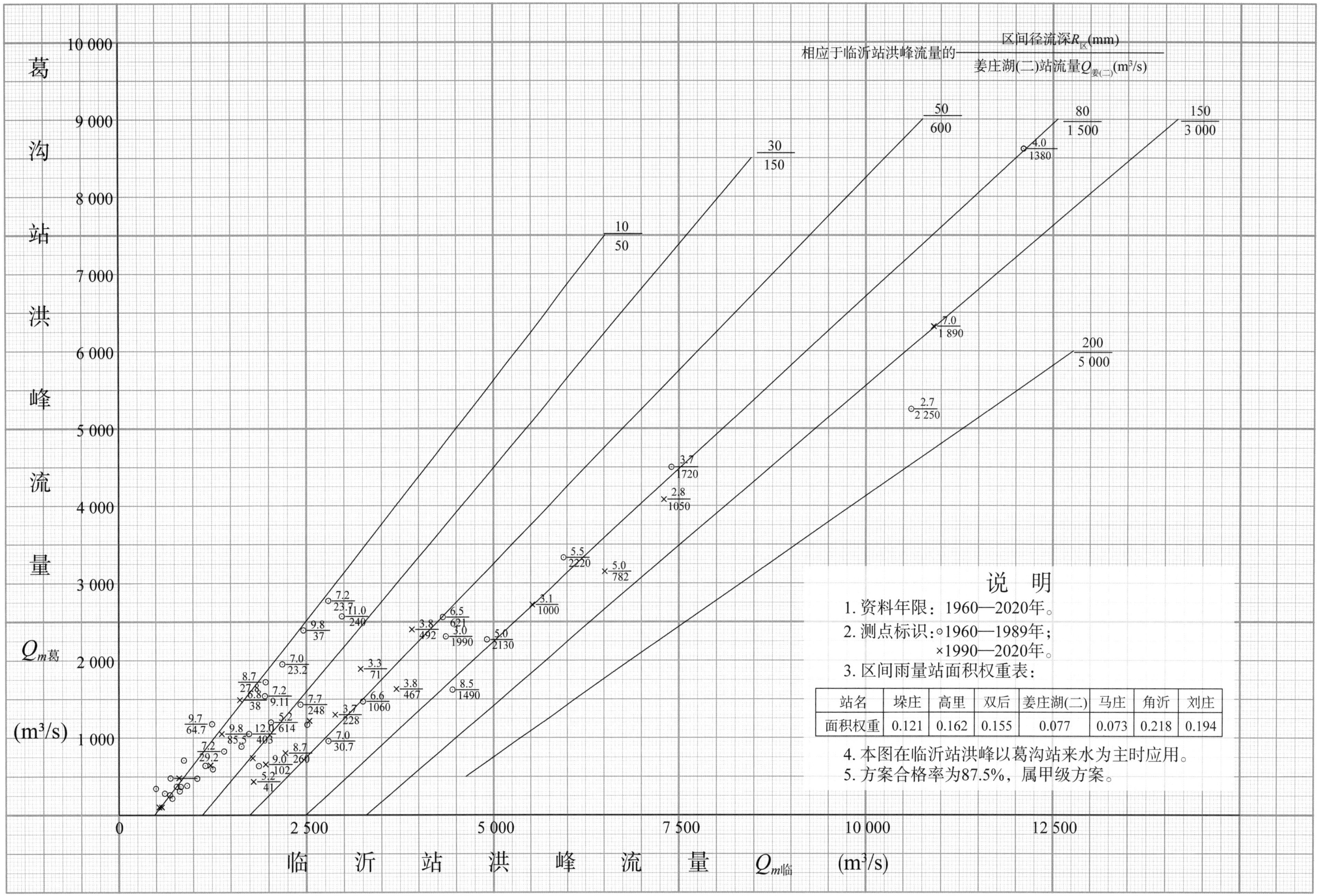

说　明

1. 资料年限：1960—2020年。
2. 测点标识：○1960—1989年；×1990—2020年。
3. 区间雨量站面积权重表：

站名	垛庄	高里	双后	姜庄湖(二)	马庄	角沂	刘庄
面积权重	0.121	0.162	0.155	0.077	0.073	0.218	0.194

4. 本图在临沂站洪峰以葛沟站来水为主时应用。
5. 方案合格率为87.5%，属甲级方案。

图 17-8　葛沟站洪峰流量与临沂站洪峰流量相关图

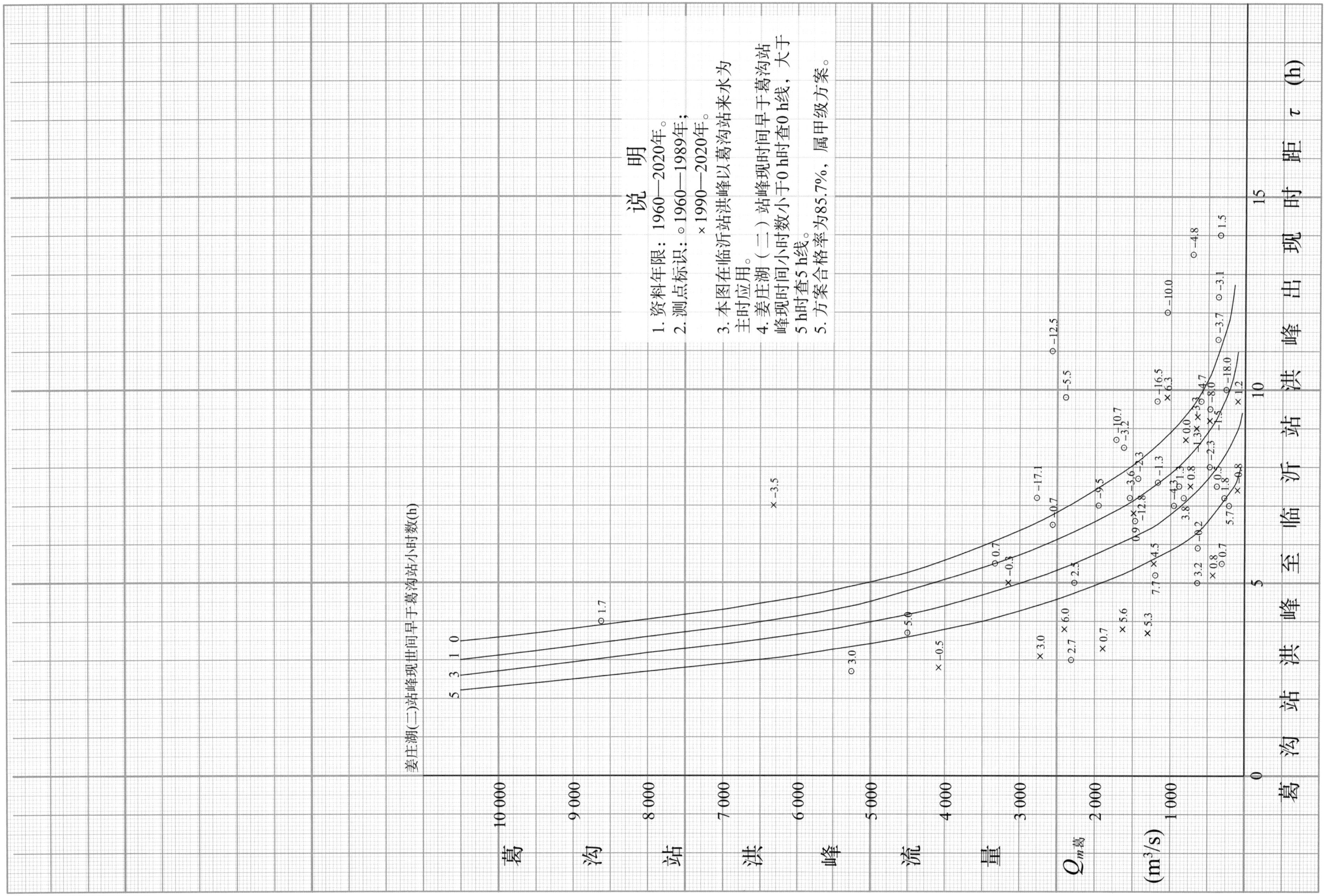

图 17–9　葛沟站洪峰流量与临沂站峰现时距相关图

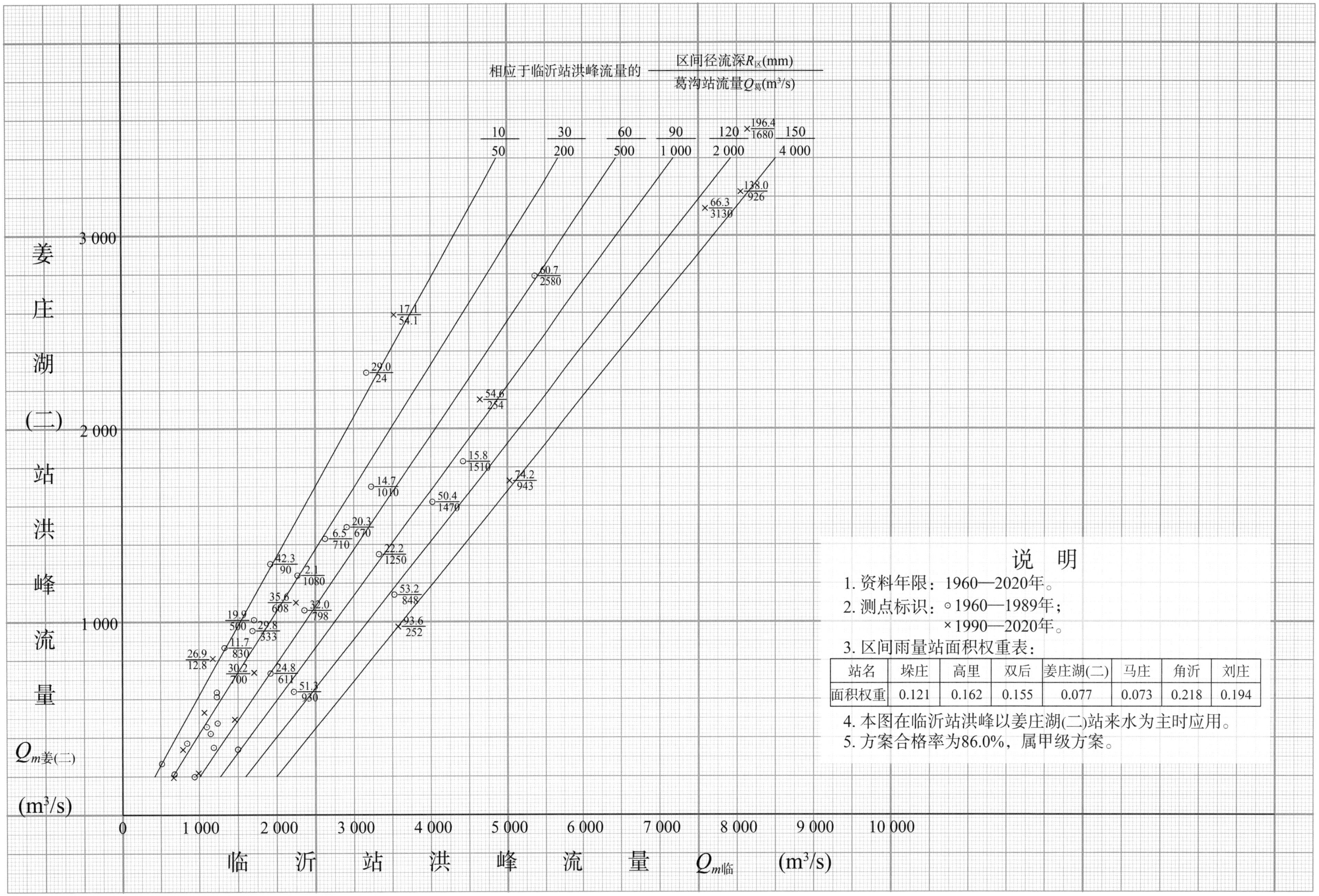

说　明

1. 资料年限：1960—2020年。
2. 测点标识：○ 1960—1989年；
× 1990—2020年。
3. 区间雨量站面积权重表：

站名	垛庄	高里	双后	姜庄湖(二)	马庄	角沂	刘庄
面积权重	0.121	0.162	0.155	0.077	0.073	0.218	0.194

4. 本图在临沂站洪峰以姜庄湖(二)站来水为主时应用。
5. 方案合格率为86.0%，属甲级方案。

图 17–10　姜庄湖（二）站洪峰流量与临沂站洪峰流量相关图

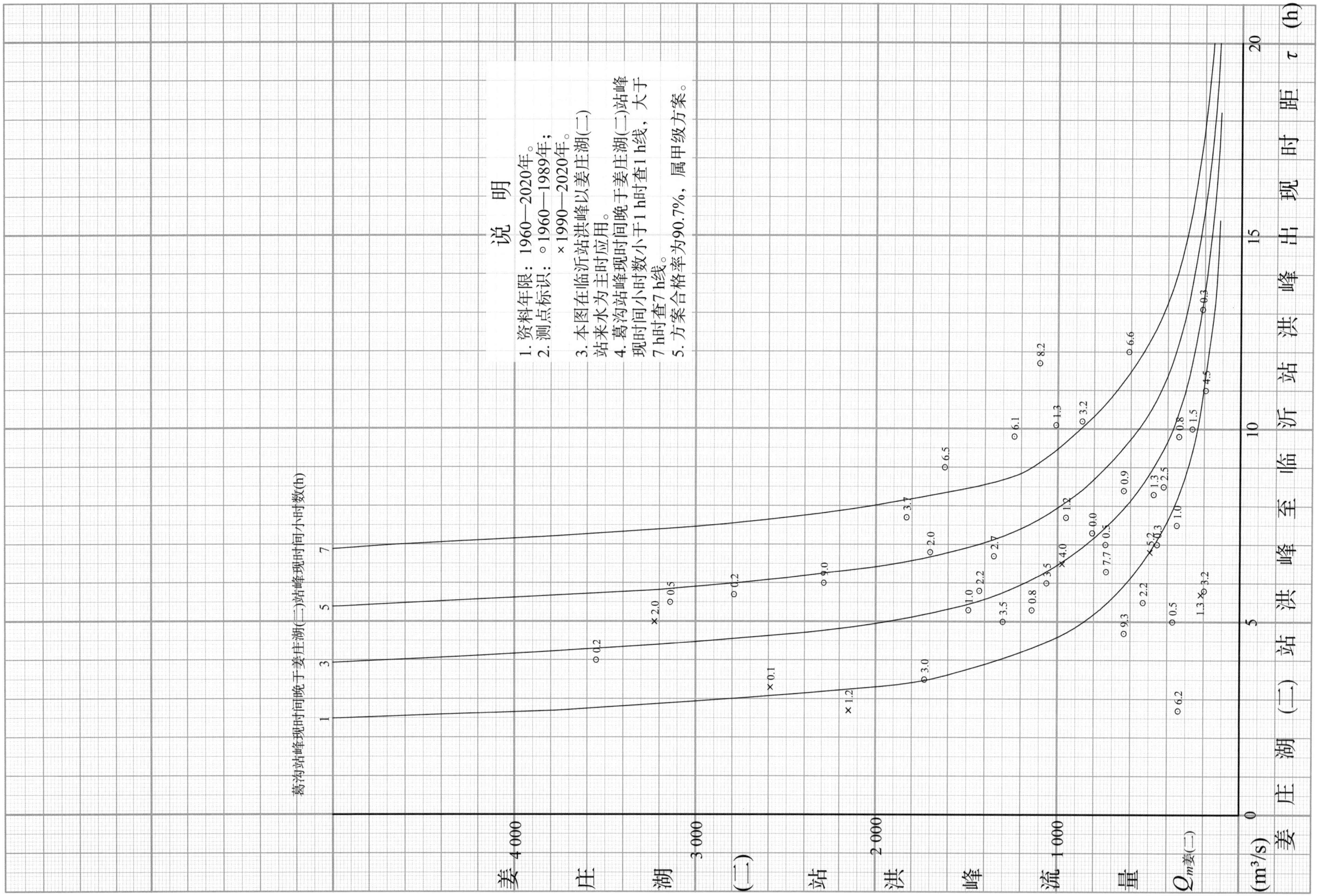

图 17-11　姜庄湖（二）站洪峰流量与临沂站峰现时距相关图

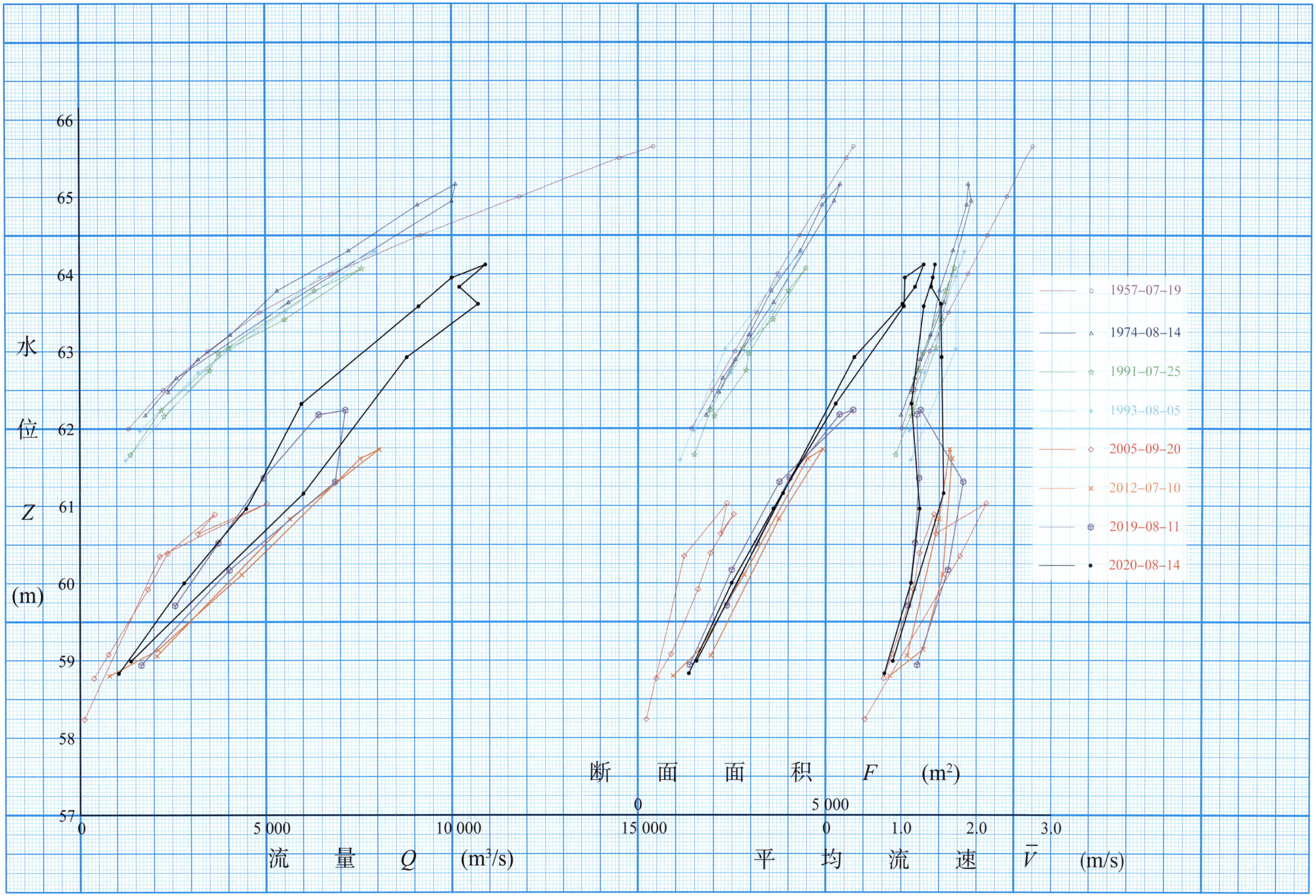

图 17-12　沂河临沂站水位与流量、面积、流速关系曲线图

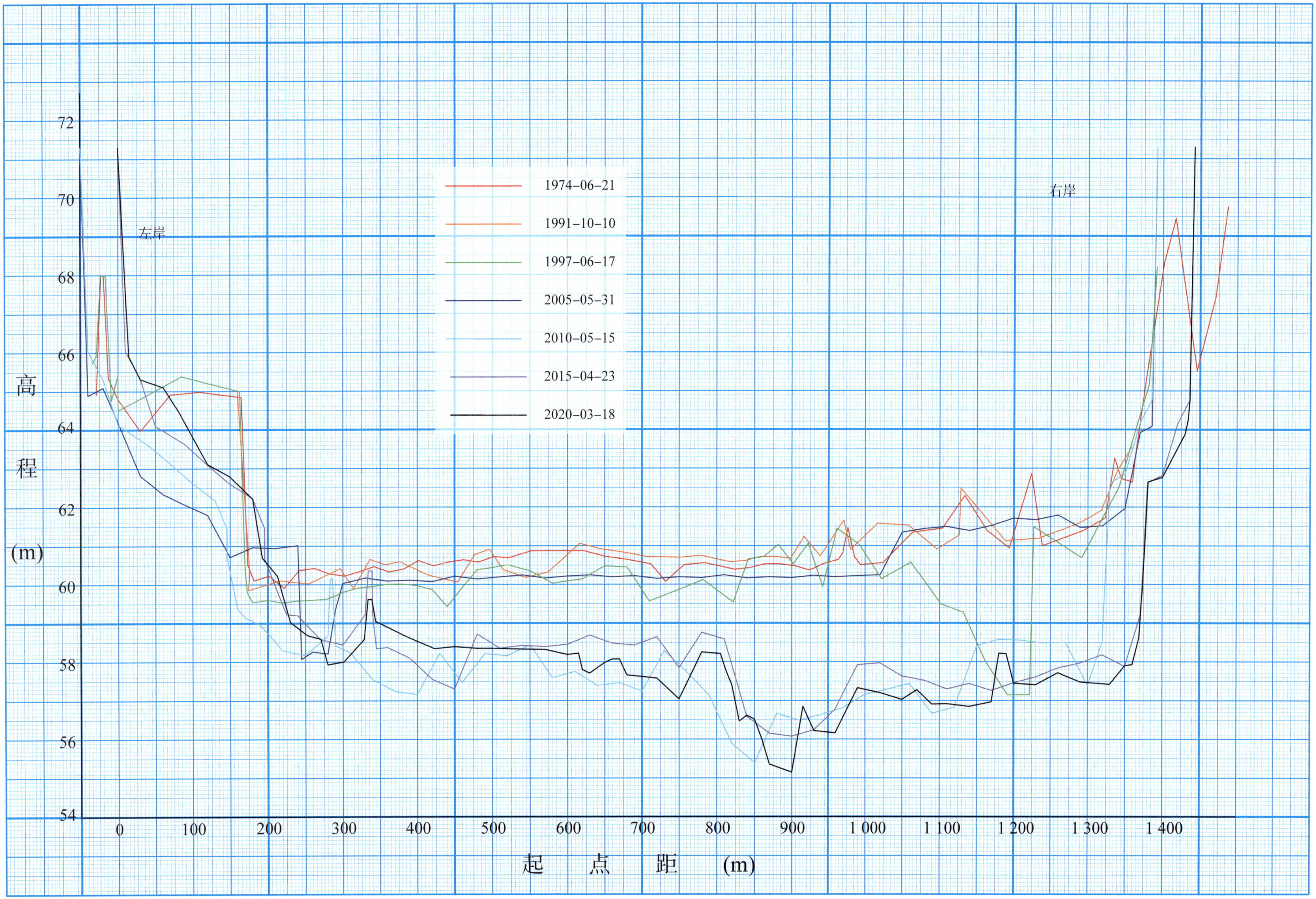

图 17-13　沂河临沂站大断面图

第十八章　沂河刘家道口站（含江风口站、李庄闸）水文预报方案编制说明

1　流域概况

1.1　流域自然地理特征

沂河发源于鲁山南麓，是鲁南地区跨省的最大山洪河道，大的支流东汶河、蒙河、祊河从右侧注入。刘家道口水文站以上流域面积 10 438 km^2，河道长 238.3 km，干流平均坡度 0.77‰。流域内山丘区约占 68%，平原区约占 32%。流域多年平均年降水量为 794.5 mm，汛期降雨量 586.3 mm，约占全年的 73.8%。刘家道口站以上流域图见图 18–2。

1.2　水利工程情况

刘家道口站上游建有 5 座大型水库和 22 座中型水库，总控制面积 5 121 km^2；建有小（1）型水库 50 座，控制面积 321.8 km^2，总库容 9 162.7 万 m^3；小（2）型水库 143 座，控制面积 290.6 km^2，总库容 3 527.8 万 m^3。

刘家道口站下游 6 km 处、沂河右岸邳苍分洪道口建有江风口分洪闸，沂河干流刘家道口站下游 6.7 km 处建有李庄拦河闸。流域内主要水利工程情况见表 18–1。

表 18–1　沂河刘家道口站以上流域内主要橡胶坝主要指标统计表

名称	行政区	所在河流	建成年份	结构型式	坝节数	单孔长度（m）	正常蓄水位（m）	蓄水量（万 m^3）
沂河	沂水县	沂河	2000 年	橡胶坝	8			515
邑山	沂水县	沂河	2008 年	橡胶坝	5	62	128.50	235
北社	沂水县	沂河	2014 年	橡胶坝	5	90	125.00	675
辛集	沂南县	沂河	2012 年	橡胶坝	4	80	101.50	302
大庄	沂南县	沂河	2013 年	橡胶坝	5	80	97.50	1 196
葛沟	河东区	沂河	2010 年	橡胶坝	4	78	89.90	301
茶山	临沂市兰山区	沂河	2017 年	橡胶坝	7	75	81.00	3 948
				调节闸	10	12		
柳杭	临沂市兰山区	沂河	2009 年	橡胶坝	5	90	74.00	2 200

续表

名称	行政区	所在河流	建成年份	结构型式	坝节数	单孔长度（m）	正常蓄水位（m）	蓄水量（万 m^3）
桃园	临沂市兰山区	沂河	2005 年	橡胶坝	10	77	69.00	1 250
小埠东	临沂市兰山区	沂河	1997 年	橡胶坝	16	70	65.50	2 830
				调节闸	10	10		
姜庄湖	费县	祊河	2016 年	橡胶坝	3	80	93.50	421
三南尹	费县	祊河	2015 年	橡胶坝	4	75	88.50	1 400
葛庄	临沂市兰山区	祊河	2008 年	橡胶坝	5	83	81.00	1 560
花园	临沂市兰山区	祊河	2005 年	橡胶坝	3	75	77.50	320
角沂	临沂市兰山区	祊河	2007 年	橡胶坝	4	74	70.50	530

表 18–2　沂河刘家道口站以上流域内主要拦河闸主要指标统计表（与临沂站统一）

工程名称	行政区	所在河流	水闸类型	闸孔数量	闸孔总净宽（m）	闸底板高程（m）	闸门高度（m）	闸门型式
斜午	沂水县	沂河	节制闸	42	336	116.50	7.0	平面钢闸门
袁家口子	临沂市兰山区	沂河	节制闸	12	240	87.50	9.5	弧形钢闸门
河湾	临沂市兰山区	沂河	节制闸	43	516	76.50	9.5	弧形钢闸门

1.3　枢纽工程概况

刘家道口枢纽工程是沂沭泗河洪水东调南下的关键性控制工程，其主要任务是调控沂河上游来水，使部分洪水尽量经新沭河东调入海，腾出骆马湖部分防洪库容接纳南四湖洪水，兼顾蓄水灌溉。

刘家道口枢纽工程主要由刘家道口节制闸、分沂入沭彭道口分洪闸（建成于 1974 年）、刘家道口放水洞、盛口放水洞、姜墩放水洞、李公河防倒漾闸等组成，工程示意图见图 18–3。

刘家道口节制闸位于分沂入沭河口右岸裹头以下 200 m 处，2006 年 2 月开工建设，2009 年 5 月完工。闸底板高程 52.36 m，闸门下设高 0.5 m 的驼峰堰（顶弧半径 1.3 m），堰顶高程 52.86 m，闸室总净宽 576 m，单孔净宽 16.0 m，共 36 孔，中墩厚 2.0 m，弧形钢质闸门，宽 × 高 =16 m × 8.5 m。闸墩头部形状为半圆形（R=1.0 m）。闸前设计蓄水位近期 59.50 m、远期 60.00 m。右岸 4 孔为排沙闸。2020 年 8 月 14 日最大过闸流量 7 930 m^3/s。沂河刘家道口枢纽工程水位与库容、面积关系曲线及刘家道口节制闸（闸下）大断面分别见图 18–4、图 18–5。

彭道口分洪闸位于分沂入沭河口下游 258 m 处，1972 年 3 月开工建设，1974 年 6 月主体工程完工。闸底板高程 53.86 m（平底闸），共 19 孔，单孔净宽 10 m，中墩厚 1.3 m，总宽 213.4 m，平面钢闸门，宽 × 高 =10 m × 7.5 m。闸墩头部形状为半圆形（R=0.65 m）。2020 年 8 月 14 日最大分洪流量 3 290 m^3/s。分沂入沭水道彭道口分洪闸（闸下）大断面图见图 18–6。

刘家道口枢纽工程洪水标准为 50 年一遇设计、100 年一遇校核。当沂河出现 50 年一遇洪水，临沂水文站来水流量 16 000 m^3/s 时，刘家道口节制闸设计流量 12 000 m^3/s，相应闸上水位 61.14 m，闸下水位 60.96 m，彭道口分洪闸分洪流量 4 000 m^3/s；当沂河出现 100 年一遇洪水，临沂水文站来水流量 19 000 m^3/s 时，刘家道口节制闸校核流量 14 000 m^3/s，相应闸上水位 61.76 m，闸下水位 61.55 m，彭道口分洪闸分洪流量 5 000 m^3/s。

1.4 测站概况

刘家道口水文站位于郯城县李庄镇刘道口村北，系沂河干流控制站。刘家道口（沂）站设立于 1950 年 8 月，刘家道口（分）站设立于 1952 年 6 月。

本站冻结基面高程 -0.000 m=1956 年黄海基面高程，冻结基面高程 -0.064 m=1985 年国家高程基准高程。

2 预报方案

刘家道口水文站上游 10.54 km 处为临沂水文站，两站之间只有一条李公河汇入。李公河源自临沂市河东区九曲镇柳杭头村东，南流经芝麻墩街道，于李家石河村西南自左岸汇入沂河，河口距刘家道口枢纽工程 5 km。李公河总长 23 km，流域面积为 111.1 km^2，河道干流平均坡度为 0.67‰，20 年一遇设计洪水洪峰流量为 171.7 m^3/s。

刘家道口水文站流域面积为 10 438 km^2，较临沂水文站流域面积仅偏多 1.2%，相差不大，因此，没有单独制作该站的产汇流预报方案。该站洪峰流量预报可直接参考临沂水文站的预报结果，视区间降雨情况适当增减预报结果。该站峰现时间 = 临沂水文站的峰现时间 +τ，其中，τ 为两站间的洪水传播时间，详见表 18-3。

表 18-3 临沂水文站至刘家道口水文站洪水传播时间表

流量（m^3/s）	500	1 000	2 000	3 000	4 000	5 000	6 000	7 000	8 000
传播时间 τ（h）	2.67	2.13	1.66	1.41	1.22	1.08	0.98	0.89	0.80

3 刘家道口节制闸泄流曲线

根据水力学公式计算并绘制刘家道口站泄流曲线。

3.1 堰流

堰流泄量计算公式如下：

$$Q=\sigma K\varepsilon' Cnb\sqrt{2g}H^{1.5}$$

式中：σ 为堰流淹没系数，$\sigma=f(h_L/H)$，由 $h_L/H-K\varepsilon'C-\sigma$ 关系表（表 18-4）查得；h_L 为闸下实测水头（m）；H 为闸上实测水头（m）；h_L/H 为闸上下游水头比，即淹没度；K 为进口流态系数，K=1；ε' 为侧收缩系数，ε'=0.92；C 为流量系数，根据驼峰堰顶弧半径 R=1.3 m，上、下游堰高 $P=P_L$=0.5 m，确定 C=0.40；g 为重力加速度，取 9.81 m/s^2；Q 为过闸流量（m^3/s）。

表 18-4 堰流淹没系数（σ）值表

h_L/H	$K\varepsilon'C$									
	0.36	0.368	0.38	0.4	0.42	0.44	0.46	0.48	0.5	0.52
1.00	0.00	0.000	0.00	0.00	0.00	0.00	0.00	0.00	0.00	0.00
0.98	0.40	0.388	0.37	0.35	0.33	0.30	0.27	0.25	0.23	0.20
0.96	0.59	0.574	0.55	0.52	0.49	0.46	0.43	0.40	0.36	0.32
0.94	0.70	0.684	0.66	0.62	0.58	0.56	0.52	0.49	0.44	0.40
0.92	0.78	0.760	0.73	0.70	0.66	0.63	0.59	0.56	0.52	0.47
0.90	0.84	0.824	0.80	0.76	0.73	0.70	0.66	0.62	0.57	0.53
0.85	0.96	0.944	0.92	0.88	0.84	0.81	0.77	0.73	0.69	0.63
0.80	1.00	0.988	0.97	0.95	0.91	0.89	0.84	0.80	0.76	0.71
0.70	1.00	1.000	1.00	0.99	0.98	0.96	0.93	0.90	0.86	0.82
0.60	1.00	1.000	1.00	1.00	0.99	0.98	0.97	0.95	0.92	0.88
0.50	1.00	1.000	1.00	1.00	1.00	0.99	0.98	0.97	0.95	0.92
0.40	1.00	1.000	1.00	1.00	1.00	1.00	0.99	0.98	0.97	0.95
0.30	1.00	1.000	1.00	1.00	1.00	1.00	1.00	0.99	0.98	0.97
0.20	1.00	1.000	1.00	1.00	1.00	1.00	1.00	1.00	0.99	0.98
0.10	1.00	1.000	1.00	1.00	1.00	1.00	1.00	1.00	1.00	0.99
0	1.00	1.000	1.00	1.00	1.00	1.00	1.00	1.00	1.00	1.00

刘家道口节制闸堰流公式可概化为

$$Q=\sigma K\varepsilon' Cnb\sqrt{2g}H^{1.5}=\sigma C_0 nb\sqrt{2g}H^{1.5}=938.901\sigma H^{15}$$

当现状闸上水尺（闸前 204 m）水位≥ 56.00 m 时，通过公式计算自由堰流流量，由表 18-4 查出淹没系数，二者相乘得实际过闸流量。

当现状闸上水尺水位＜ 56.00 m 时，可直接查读依据 ADCP 实测流量率定的淹没堰流关系线进行报汛，见表 18-5。沂河刘家道口节制闸堰流泄流曲线见图 18-7。

表 18-5 刘家道口节制闸淹没堰流关系表

闸上水位（m）	53.00	53.20	53.40	53.60	53.80	54.00	54.20	54.40	54.60	54.80
36 孔过闸流量（m^3/s）	20	80	150	240	360	510	700	920	1 180	1 470
闸上水位（m）	55.00	55.20	55.40	55.60	55.80	56.00	56.20	56.40	56.60	
36 孔过闸流量（m^3/s）	1 800	2 150	2 530	2 910	3 320	3 750	4 190	4 630	5 120	

3.2 孔流

孔流泄量计算公式如下：

$$Q=\sigma\mu nbe\sqrt{2gH}$$

式中：σ 为孔流淹没系数，$\sigma=f(\Delta Z/H)$，由 $\Delta Z/H-e/H-\sigma$ 关系图（图 18-1）查得；μ 为自由孔流流量系数，$\mu=0.531\left(\frac{e}{H}\right)^{-0.139}$；$e$ 为闸门开高（m）；H 为闸上实测水头（m）；Q 为过闸流量（m^3/s）。

当 $\frac{e}{H}\leqslant 0.75$ 时，上述公式可概化为

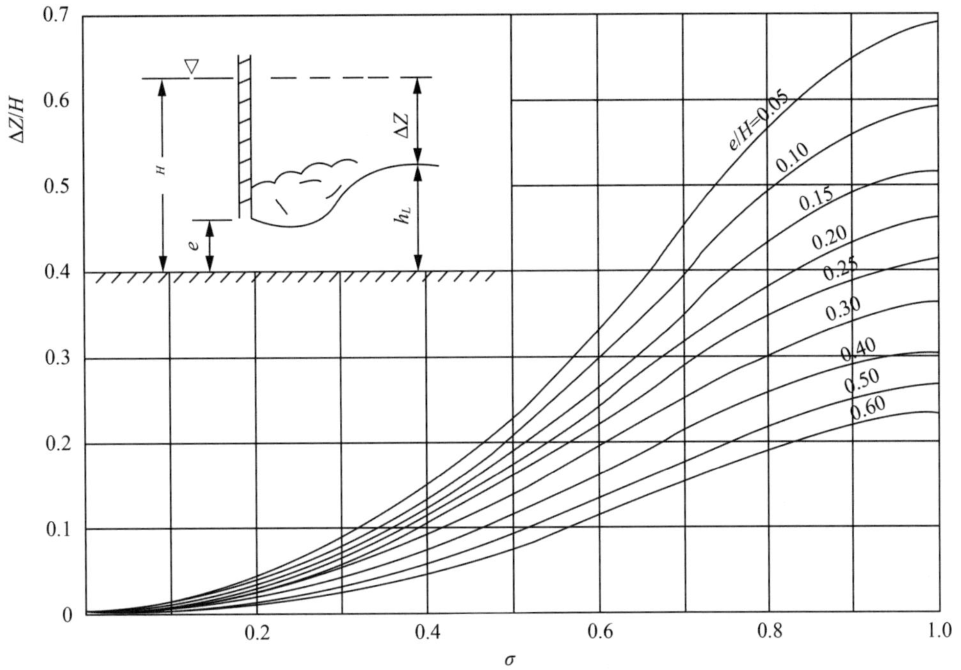

图 18–1　孔流淹没系数曲线图

$$Q=1\,354.773\sigma H^{0.639}e^{0.861}$$

报汛时，通过公式计算出自由孔流流量，由图 18–1 查读出孔流淹没系数，二者相乘得到实际过闸流量。沂河刘家道口节制闸自由孔流泄流曲线见图 18–8。

分沂入沭水道彭道口分洪闸泄流曲线根据实测流量率定，详见图 18–9。

3.3　报汛原则

实测流量随测、随算、随报送。根据实测流量资料，动态修订报汛线。

4　沂河洪水调度方案

根据《沂沭泗河洪水调度方案》（国汛〔2012〕8 号），沂河洪水调度方案如下：

（1）预报沂河临沂站洪峰流量小于 3 000 m^3/s，沂河上游来水原则上通过刘家道口闸向南下泄；如骆马湖以上南四湖及邳苍地区来水较大，或骆马湖及新沂河汛情紧张，彭道口闸分洪。

（2）预报沂河临沂站洪峰流量为 3 000 ～ 9 500 m^3/s，彭道口闸尽量分洪，控制沂河江风口以下流量不超过 7 000 m^3/s。

（3）预报沂河临沂站洪峰流量为 9 500 ～ 12 000 m^3/s，彭道口闸分洪流量不超过 4 000m^3/s，当刘家道口闸下泄流量超过 8 000 m^3/s 或江风口闸闸前水位达 58.50 m 时，开启江风口闸分洪，控制沂河江风口以下流量不超过 8 000 m^3/s。

（4）预报沂河临沂站洪峰流量为 12 000 ～ 16 000 m^3/s，彭道口闸分洪流量不超过 4 000 m^3/s，控制刘家道口闸下泄流量不超过 12 000 m^3/s，江风口闸分洪流量不超过 4 000 m^3/s，沂河江风口以下流量不超过 8 000 m^3/s。

（5）预报沂河临沂站洪峰流量超过 16 000 m^3/s，彭道口闸分洪流量 4 000 ～ 4 500m^3/s，控制刘家道口闸下泄流量 12 000 m^3/s，江风口闸分洪流量 4 000 m^3/s，沂河江风口以下流量 8 000 m^3/s。

当采取上述措施仍不能满足要求时，超额洪水在分沂入沭以北地区采取应急措施处理。

沂河江风口站、李庄闸水文预报方案编制说明见附件 1、附件 2。

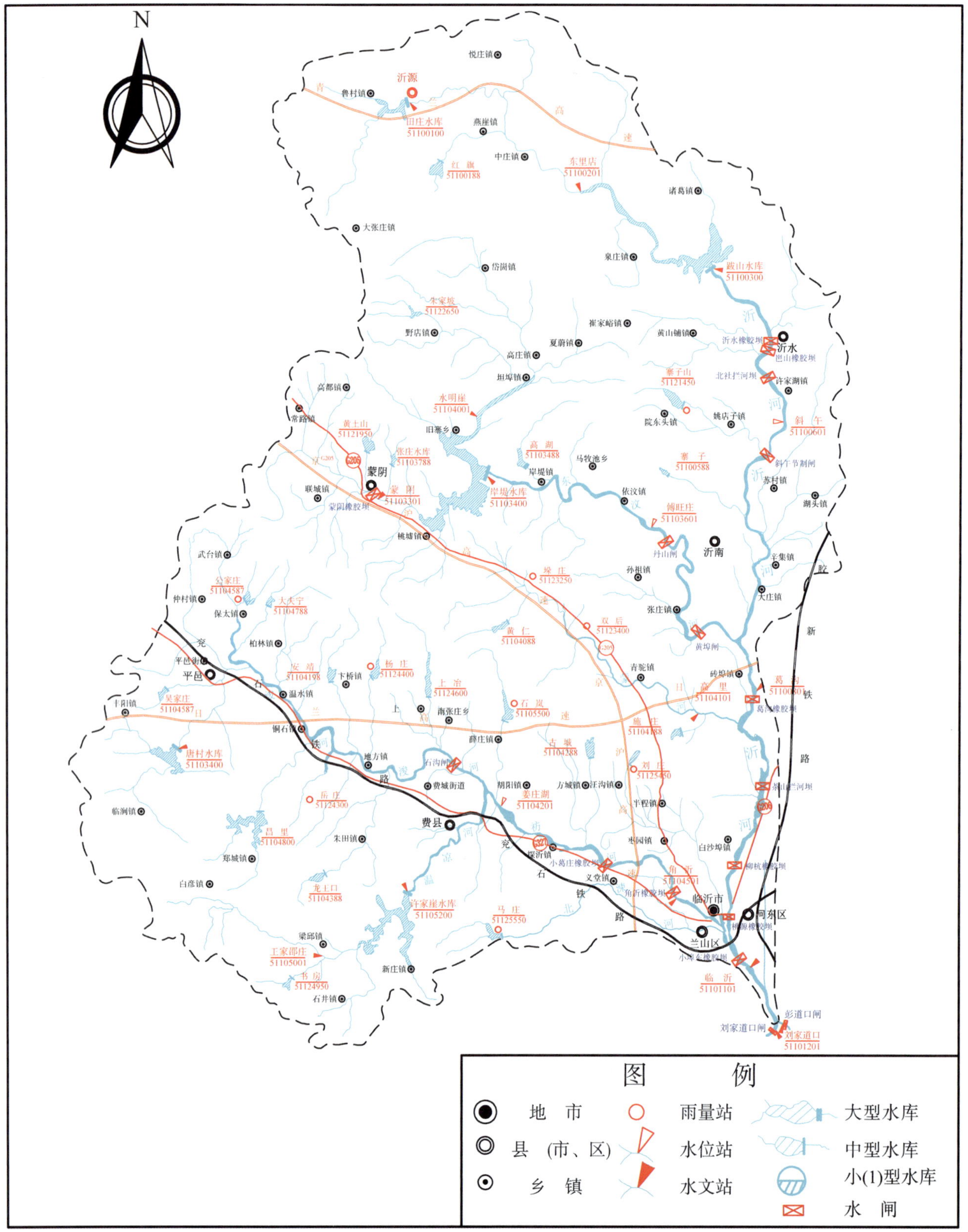

图 18-2 沂河刘家道口水文站以上游流域图

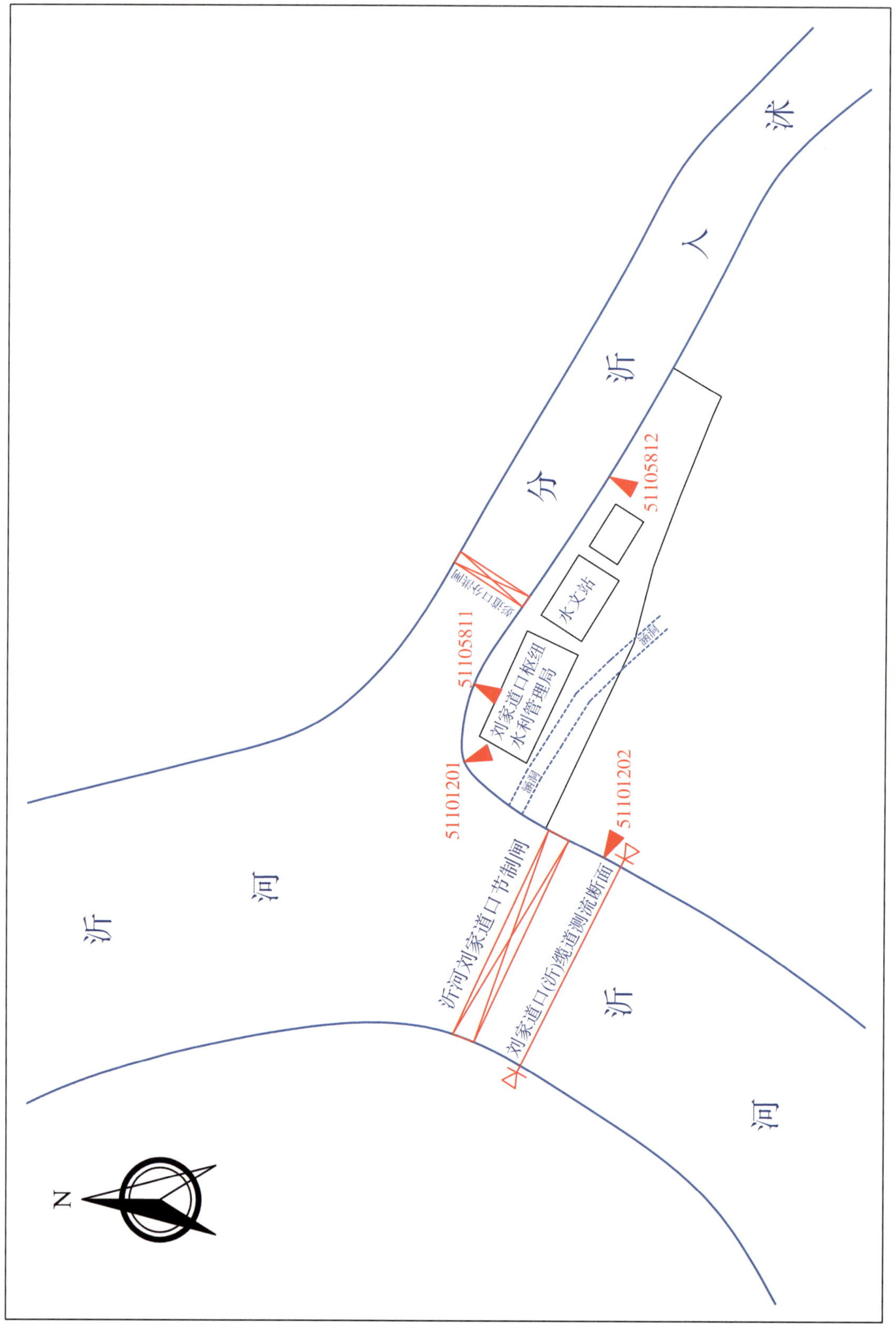

图 18-3 沂河刘家道口枢纽工程示意图

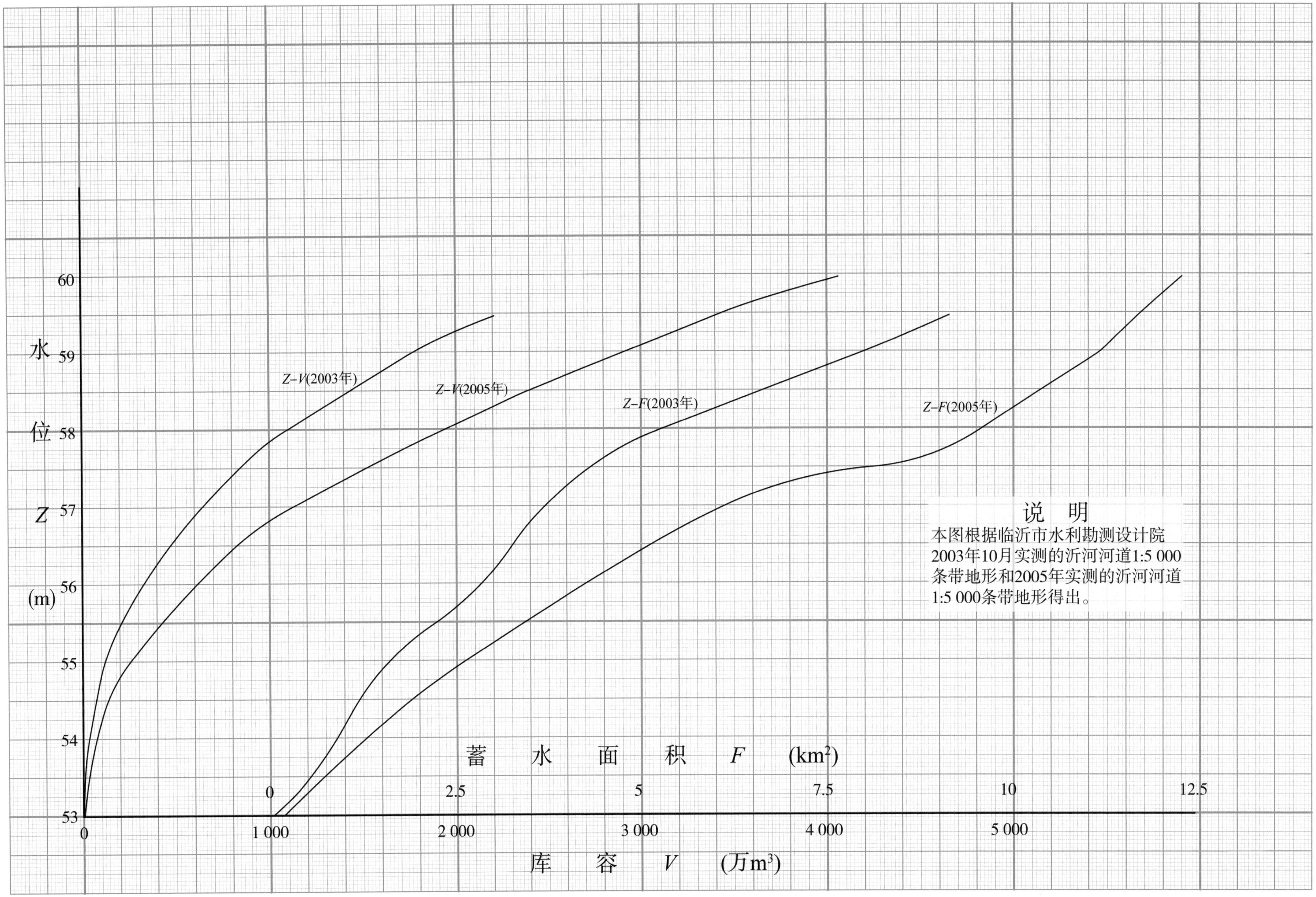

图 18-4 沂河刘家道口枢纽工程水位与库容、面积关系曲线图

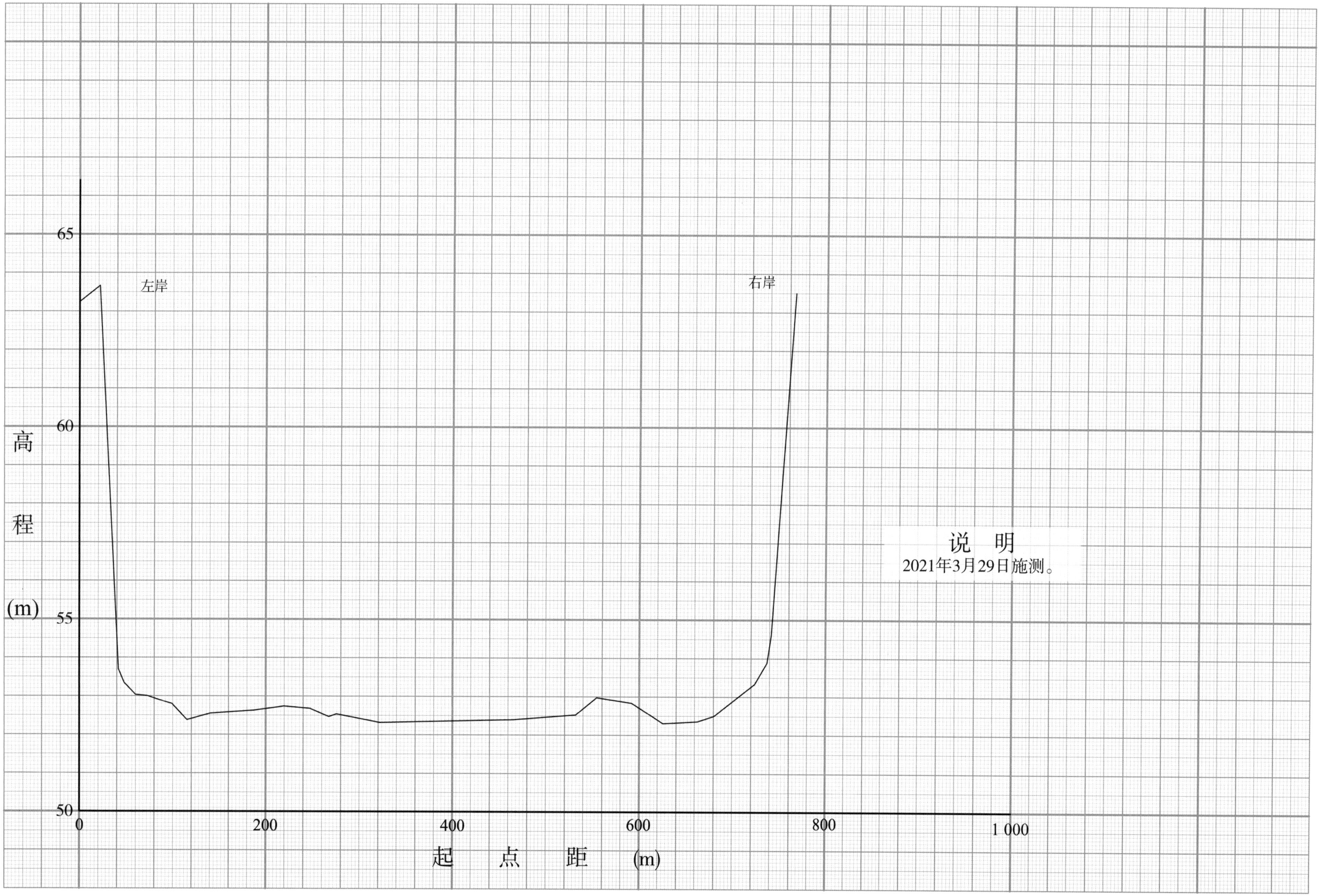

图 18-5 沂河刘家道口节制闸（闸下）大断面图

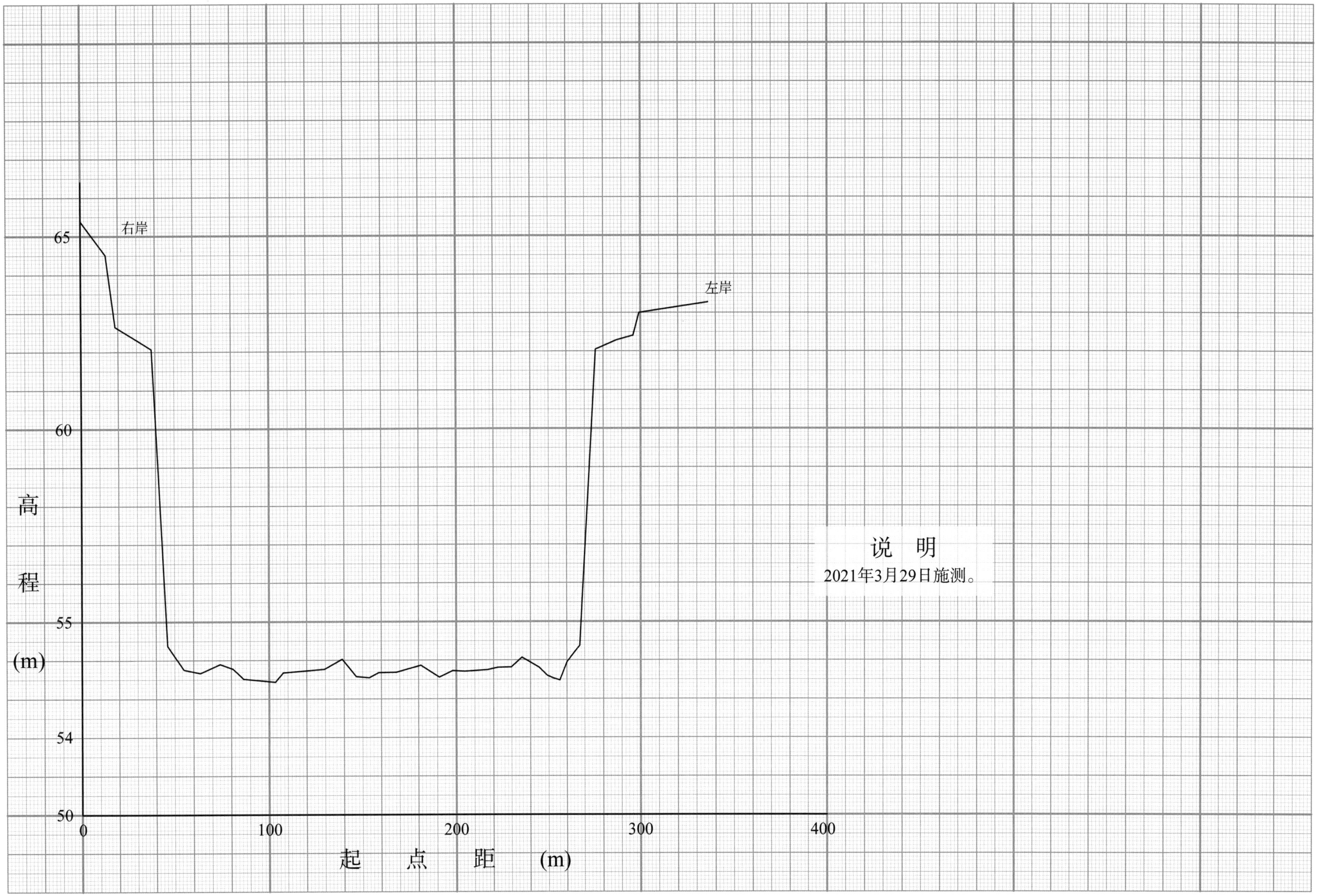

图 18-6　分沂入沭水道彭道口分洪闸（闸下）大断面图

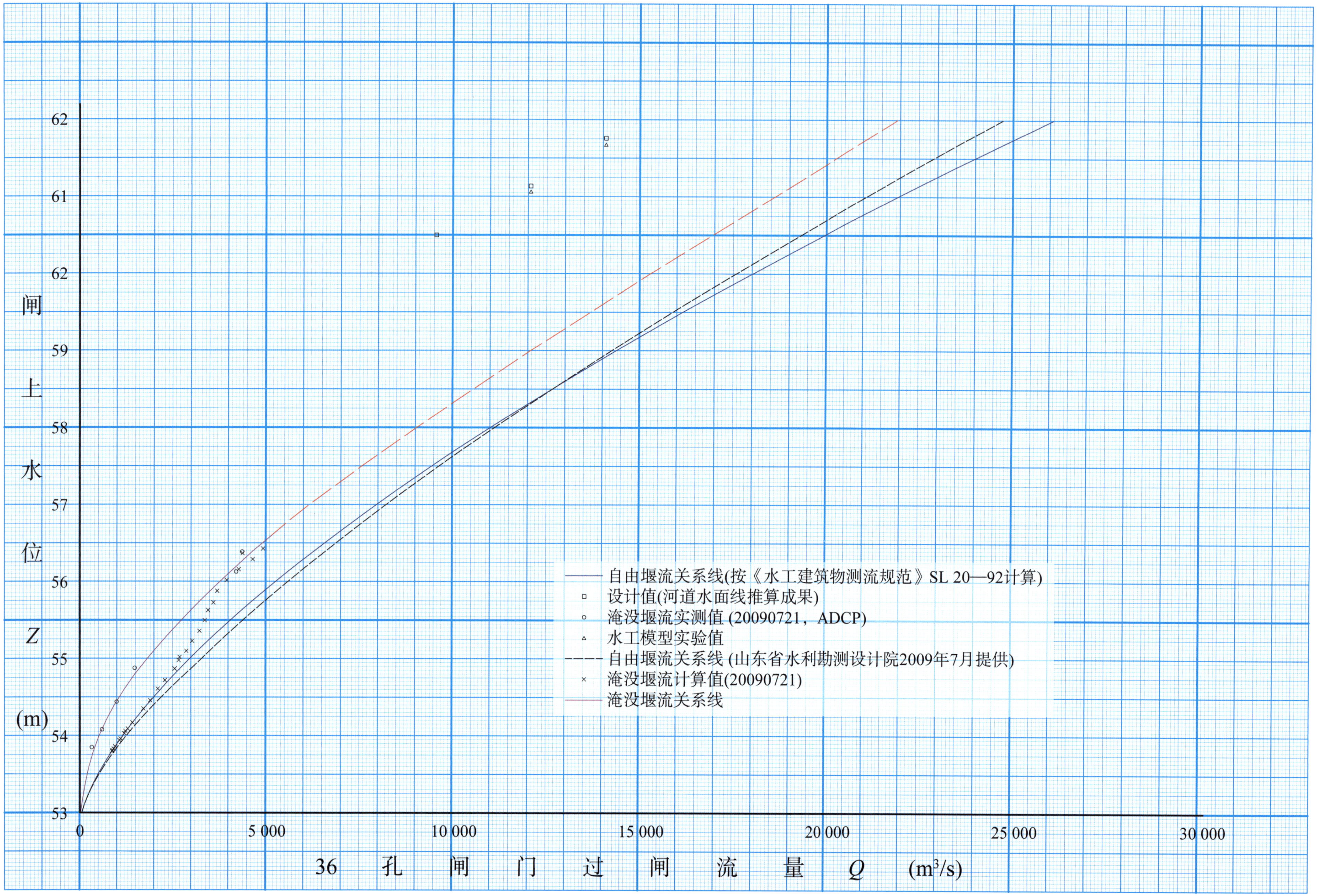

图 18-7 沂河刘家道口节制闸堰流泄流曲线图

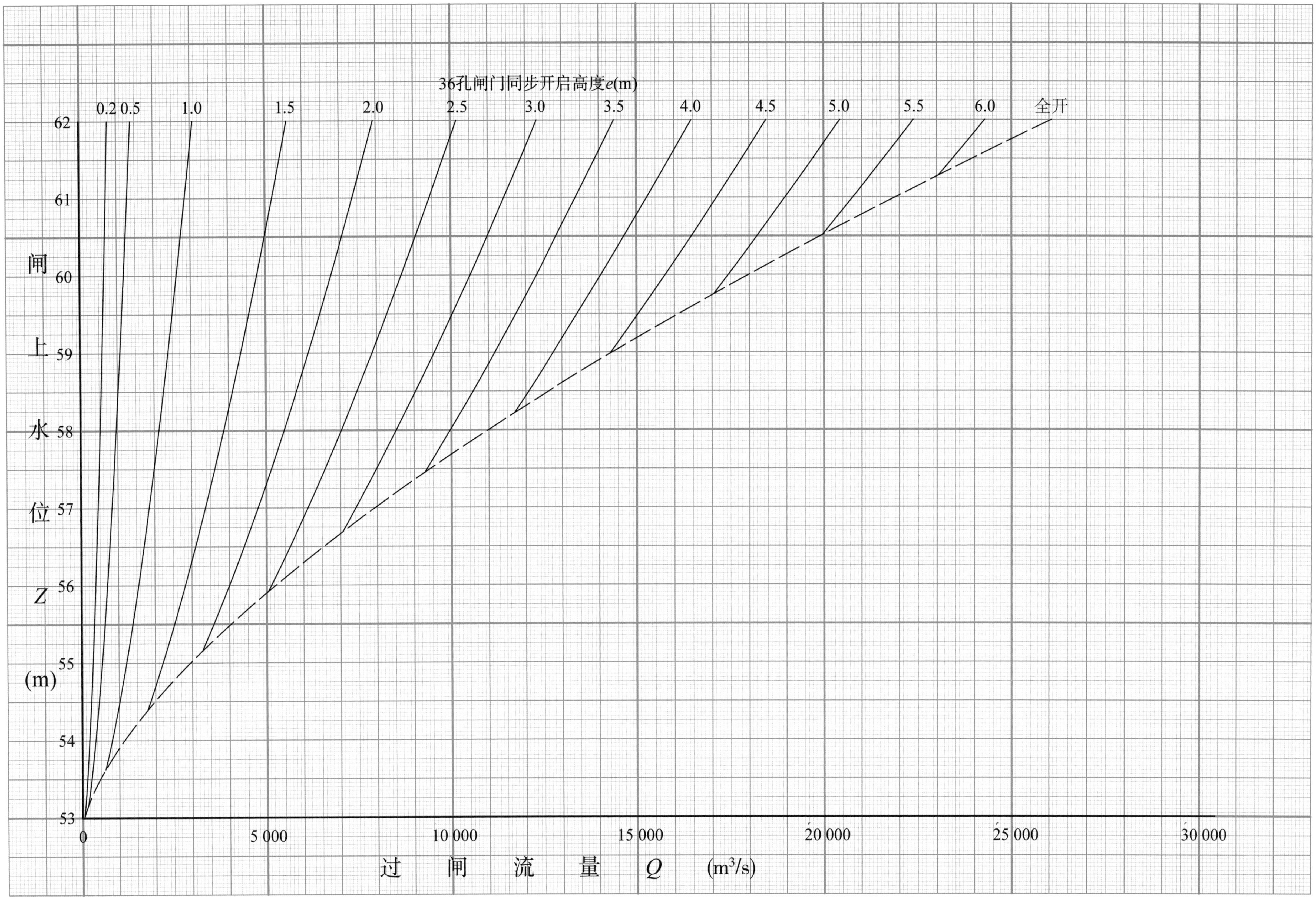

图 18-8　沂河刘家道口节制闸自由孔流泄流曲线图

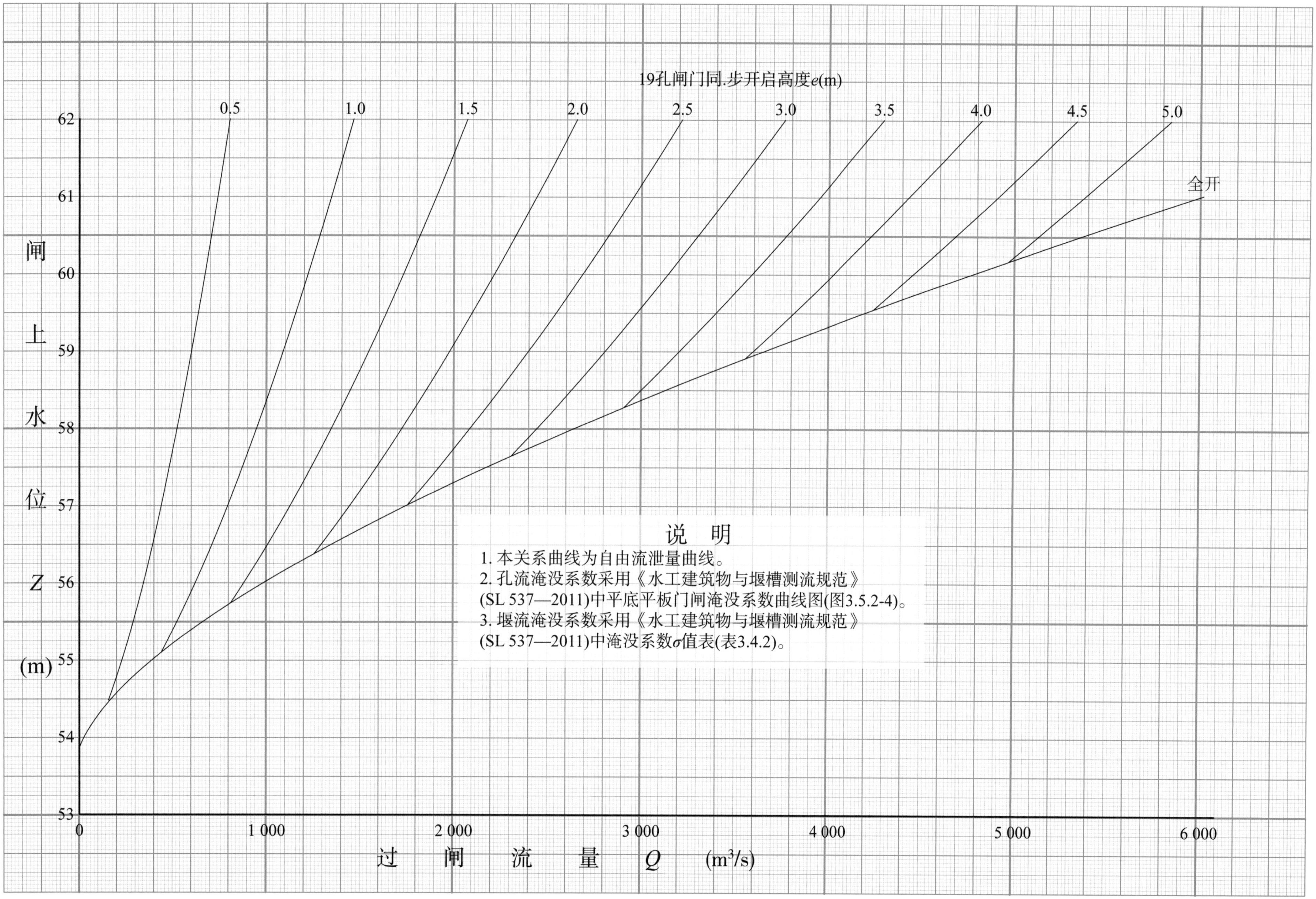

图 18–9 分沂入沭水道彭道口分洪闸泄流曲线图

附件 1

沂河江风口站水文预报方案编制说明

1 流域概况

1.1 测站概况

江风口站设立于 1952 年 7 月，位于山东省郯城县李庄镇王沙沟村，为汛期水位站，控制流域面积 10 447 km^2。本站冻结基面（废黄河口）高程 −0.108 m=1956 年黄海基面高程。

1.2 分洪闸工程概况

江风口分洪闸位于山东省郯城县李庄镇沂河右岸堤防上（桩号 43+030），是分泄沂河洪水入邳苍分洪道的控制性建筑物，属大型水闸。

邳苍分洪道是 1958 年开辟的人工河道，上起山东省郯城县江风口分洪闸，南流至江苏省邳州市大谢湖入中运河，全长 74 km。邳苍分洪道主要支流有陷泥河、南涑河、燕子河、吴坦河、东泇河、汶河、西泇河等，均由右岸汇入。

江风口分洪闸由新、老闸组成。老闸建于 1955 年 6 月，共 7 孔，每孔净宽 12 m，中墩宽 2.0 m。新闸建于 2010 年 10 月，闸室紧邻老闸布置，顺水流方向右边孔与老闸共用闸墩（墩厚 3 m），共 4 孔，每孔净宽 12 m，中墩宽 1.8 m。新、老闸闸门均为弧形钢闸门，闸室采用低实用堰型，上游闸底板顶高程 49.80 m，中部驼峰堰堰顶高程 50.80 m，下游闸底板顶高程 48.30m。闸室总宽 152.4 m，其中老闸宽 96.0 m，新闸宽 56.4 m。江风口分洪闸 50 年一遇设计分洪流量 4 000 m^3/s，闸上设计水位 58.39 m，闸下设计水位 57.93 m。工程采用 1956 年黄海基面。

江风口分洪闸闸上水尺位于李庄镇王沙沟村北、分洪闸东南约 400 m 处沂河右岸上，闸下水尺位于闸下约 150 m 左岸上。1957 年 7 月 19 日，江风口分洪闸老闸 7 孔闸门全部开启，自由分洪，分洪最大流量达到 3 380 m^3/s。

2 江风口分洪闸泄流曲线

2.1 堰流

堰流泄量计算公式采用《水工建筑物与堰槽测流规范》（SL 537—2011）中式（3.4.2–1）：

$$Q=\sigma K\varepsilon' Cnb\sqrt{2g}H^{1.5}$$

式中：σ 为堰流淹没系数，$\sigma=f(h_L/H)$，由 h_L/H–$K\varepsilon'C$–σ 关系表（表 18–4）查得；C_0 为含侧收缩系数和进口流态系数的自由堰流流量系数，$C_0=K\varepsilon'C=0.368$；h_L 为下游实测水头（m）；H 为闸上实测水头（m）；h_L/H 为闸上下游水头比，即淹没度；g 为重力加速度，取 9.81 m/s^2；Q 为过闸流量（m^3/s）。

江风口分洪闸堰流公式可概化为

$$Q=215.2\sigma H^{1.5}$$

报汛时，先通过公式计算出自由堰流流量，再由表 18–4 查读出堰流淹没系数，二者相乘得实际过闸流量。

2.2 孔流

孔流泄量计算公式如下：

$$Q=\sigma\mu nbe\sqrt{2gH}$$

式中：σ 为孔流淹没系数，$\sigma=f(\Delta Z/H)$，由 $\Delta Z/H$–e/H–σ 关系图（图 18–1）查得；μ 为自由孔流流量系数，$\mu=0.531\left(\frac{e}{H}\right)^{-0.139}$；$e$ 为闸门开高（m）；H 为闸上实测水头（m）；Q 为过闸流量（m^3/s）。

当 $\frac{e}{H}\leqslant 0.75$ 时，上述公式可概化为

$$Q=310.5\sigma H^{0.639}e^{0.861}$$

报汛时，通过公式计算出自由孔流流量，由图 18–1 查读出孔流淹没系数，二者相乘得实际过闸流量。江风口分洪闸自由式泄流曲线见图 18–10，大断面图（闸下）见图 18–11。

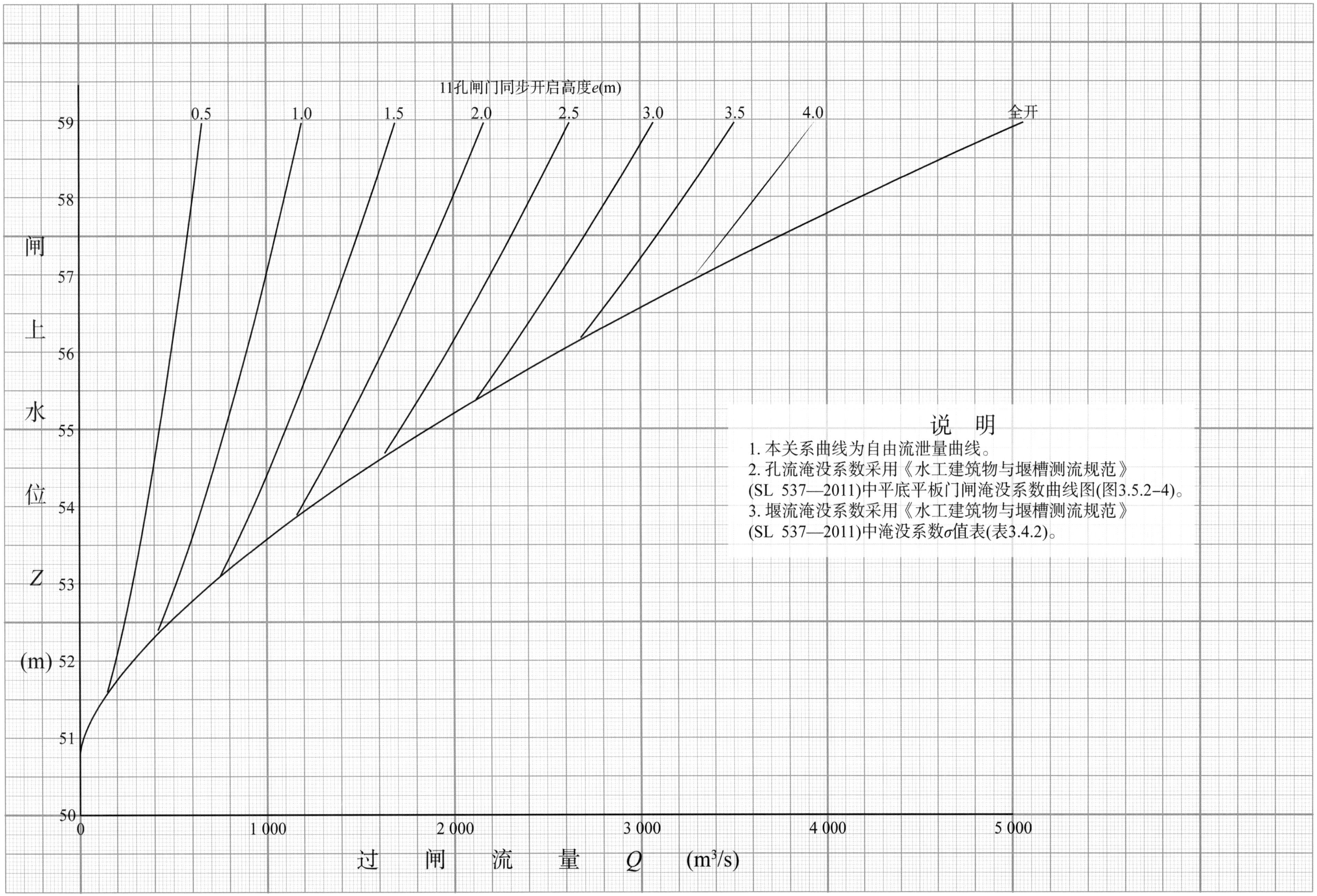

图 18–10　邳苍分洪道江风口分洪闸泄流曲线图

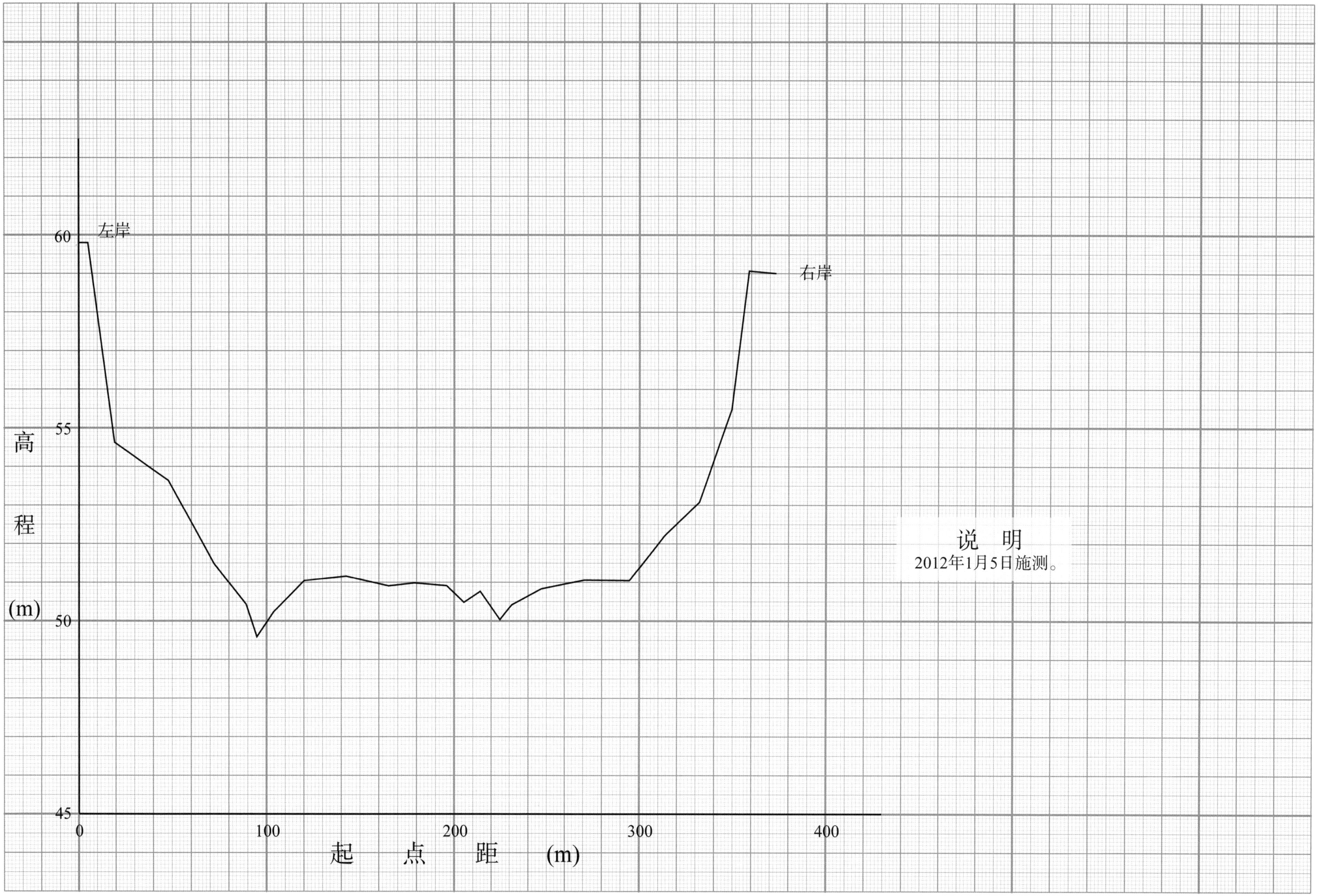

图 18–11 邳苍分洪道江风口分洪闸（闸下）大断面图

附件 2

沂河李庄闸水文预报方案编制说明

1 水利工程概况

李庄闸是刘家道口枢纽工程主要组成部分，位于临沂市郯城县李庄镇沂河干流上，刘家道口节制闸下游约 7 km 处，原李庄拦河坝以下 15 m 处。

原李庄拦河坝始建于 1958 年，设计蓄水位 53.34 m，由冲砂闸、泄水闸和溢流堰组成。工程已运行四十多年，因年久失修，工程老化、毁坏严重，冲砂闸闸门及启闭设备运行不灵，翻板门堵塞，坝前淤积严重，严重阻碍沂河行洪，必须对原李庄坝进行改建。李庄坝改建后，当沂河行洪 8 000 m^3/s 时，可降低刘家道口节制闸闸下水位 0.08 m，当沂河行洪 10 000 m^3/s 时，可降低闸下水位 0.14 m；同时，利用沂河河道拦蓄上游来水，可增加农田灌溉面积，极大地促进郯城地区的农业发展和国民经济的建设。

李庄闸于 2006 年 12 月 12 日开工建设，2009 年 6 月 20 日完工。工程等别为 I 等；主要建筑物级别为 1 级，次要建筑物级别为 3 级，临时建筑物 4 级。李庄闸共 27 孔，单孔净宽 12 m，闸室总净宽 324 m，闸室为开敞式钢筋混凝土结构，闸底板高程 50.00 m。闸底板设为大小底板，大底板底宽 6.0 m，厚 1.5 m，中墩厚 1.5 m；小底板厚 0.6 m，闸室两端设齿坎深 1.5 m，置入基岩内。闸室总宽 366 m，闸墩顶高程 59.00 m，闸室顺水流向长 17.0 m，设工作闸门和检修闸门各一道，工作闸门为平板钢闸门，闸门尺寸（宽 × 高）12 m × 4.0 m，卷扬式启闭机。闸后设漫水交通桥，桥面高程 55.50 m，桥长同闸室总宽 366 m，桥面净宽（7+2 × 0.75）m。李庄闸设在主河槽内，两端与滩地衔接，右岸滩地高程 55.50 m，宽 210 m；左岸与桥头堡连接，桥头堡为钢筋混凝土框架结构，并由引桥与左岸大堤衔接，左岸滩地高程 55.50 ~ 56.00 m，宽约 70 m。因此，当沂河行洪水位超过 55.50 m 时，李庄闸与两岸滩地共同行洪。闸前设计蓄水位 53.34 m。

李庄闸与滩地共同行洪时，可达到 50 年一遇设计、100 年一遇校核洪水。50 年一遇洪水设计流量 8 000 m^3/s，相应闸上水位 57.64 m，闸下水位 57.24 m；100 年一遇洪水校核流量 10 000 m^3/s，相应闸上水位 58.41 m，闸下水位 57.86 m。

李庄闸的调度运用服从刘家道口枢纽工程控制运用。沂河临沂站至李庄闸河段水文测站位置见图 18–12。

2 李庄节制闸泄流曲线

2.1 堰流

堰流泄量计算公式如下：

$$Q=\sigma K\varepsilon' Cnb\sqrt{2g}H^{1.5}$$

式中：σ 为堰流淹没系数，$\sigma=f(h_L/H)$，由 $h_L/H-K\varepsilon' C-\sigma$ 关系表（表 18–4）查得；C_0 为含侧收缩系数和进口流态系数的自由堰流流量系数，$C_0=K\varepsilon' C=0.371$；$h_L$ 为下游实测水头（m）；H 为闸上实测水头（m）；h_L/H 为闸上下游水头比，即淹没度；g 为重力加速度，取 9.81 m/s^2；Q 为过闸流量（m^3/s）。

李庄闸堰流公式可概化为

$$Q=532.4\sigma H^{1.5}$$

报汛时，先通过公式计算出自由堰流流量，再由表 18–4 查读出堰流淹没系数，二者相乘得实际过闸流量。

2.2 孔流

孔流泄量计算公式如下：

$$Q=\sigma\mu nbe\sqrt{2gH}$$

式中：σ 为孔流淹没系数，$\sigma=f(\Delta Z/H)$，由 $\Delta Z/H-e/H-\sigma$ 关系图（图 18–1）查得；μ 为自由孔流流量系数，$\mu=0.531\left(\frac{e}{H}\right)^{-0.139}$；$e$ 为闸门开高（m）；H 为闸上实测水头（m）；Q 为过闸流量（m^3/s）。

当 $\frac{e}{H}\leqslant 0.65$ 时，上式可概化为

$$Q=651.6\sigma H^{0.639}e^{0.861}$$

报汛时，通过公式计算出自由孔流流量，由图 18–1 查读出孔流淹没系数，二者相乘得实际过闸流量。李庄闸自由式泄流曲线见图 18–13，大断面图（闸下）见图 18–14。

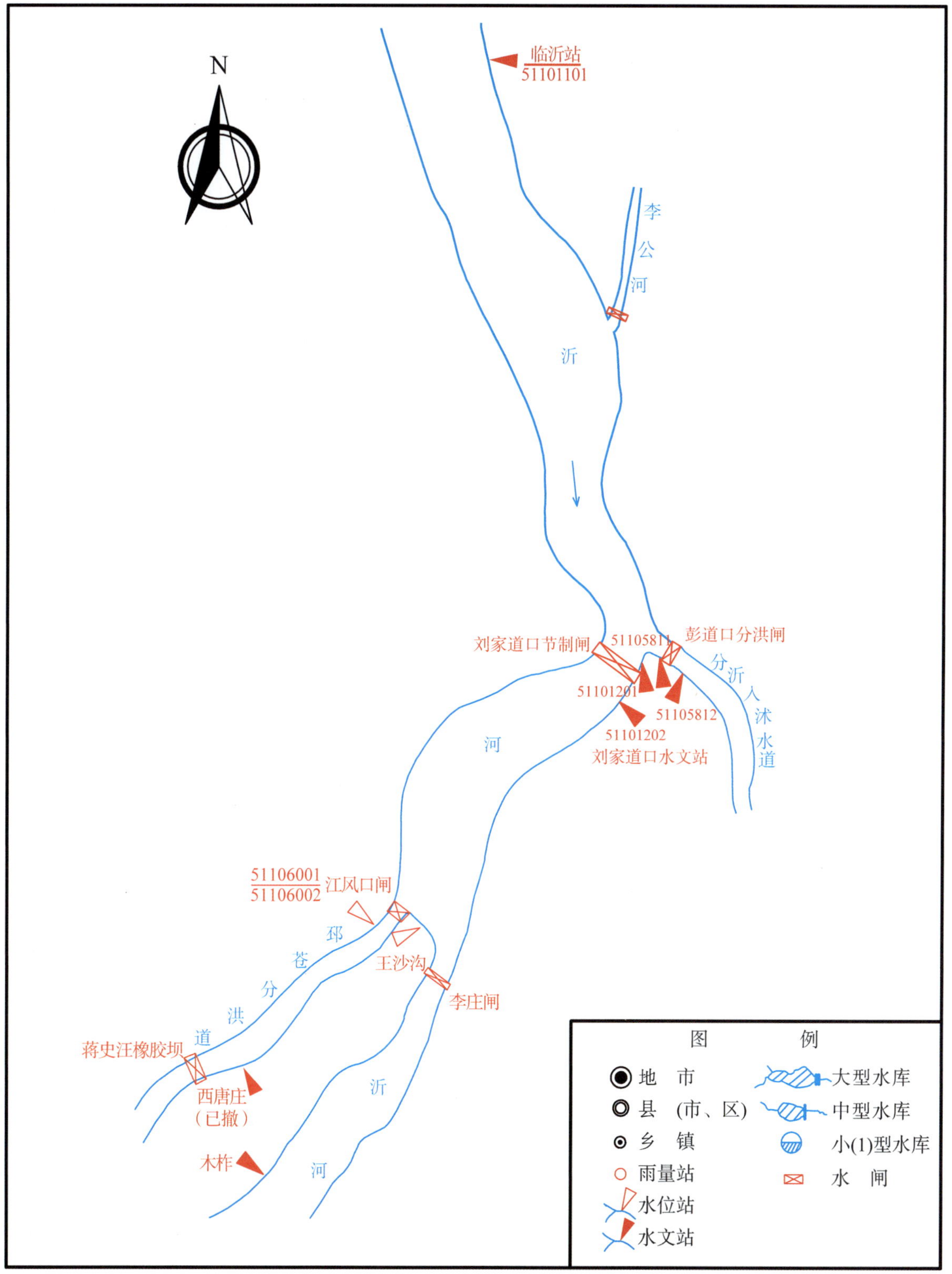

图 18-12　沂河临沂站至李庄闸河段水文测站位置示意图

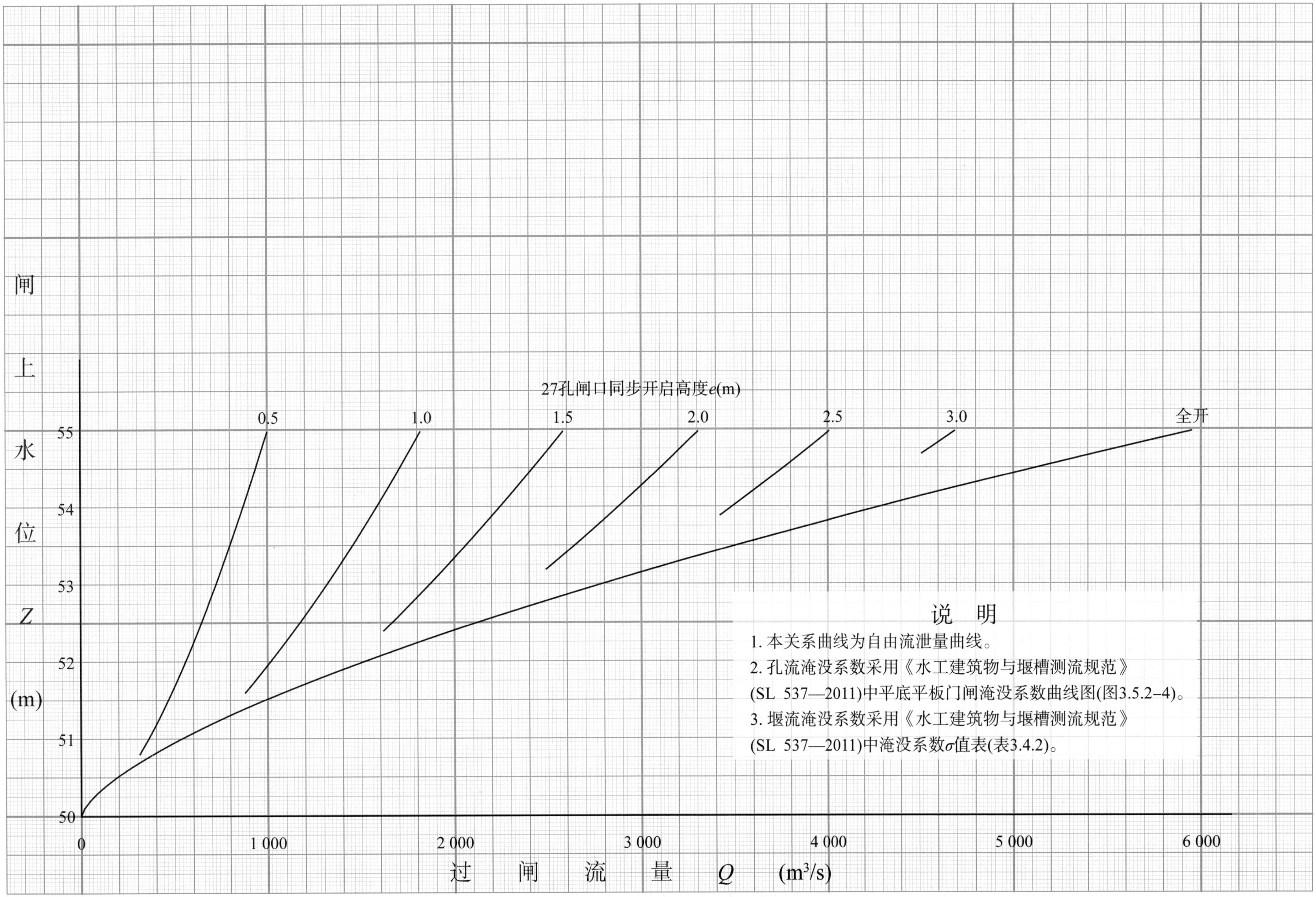

图 18-13　沂河李庄闸泄流曲线图

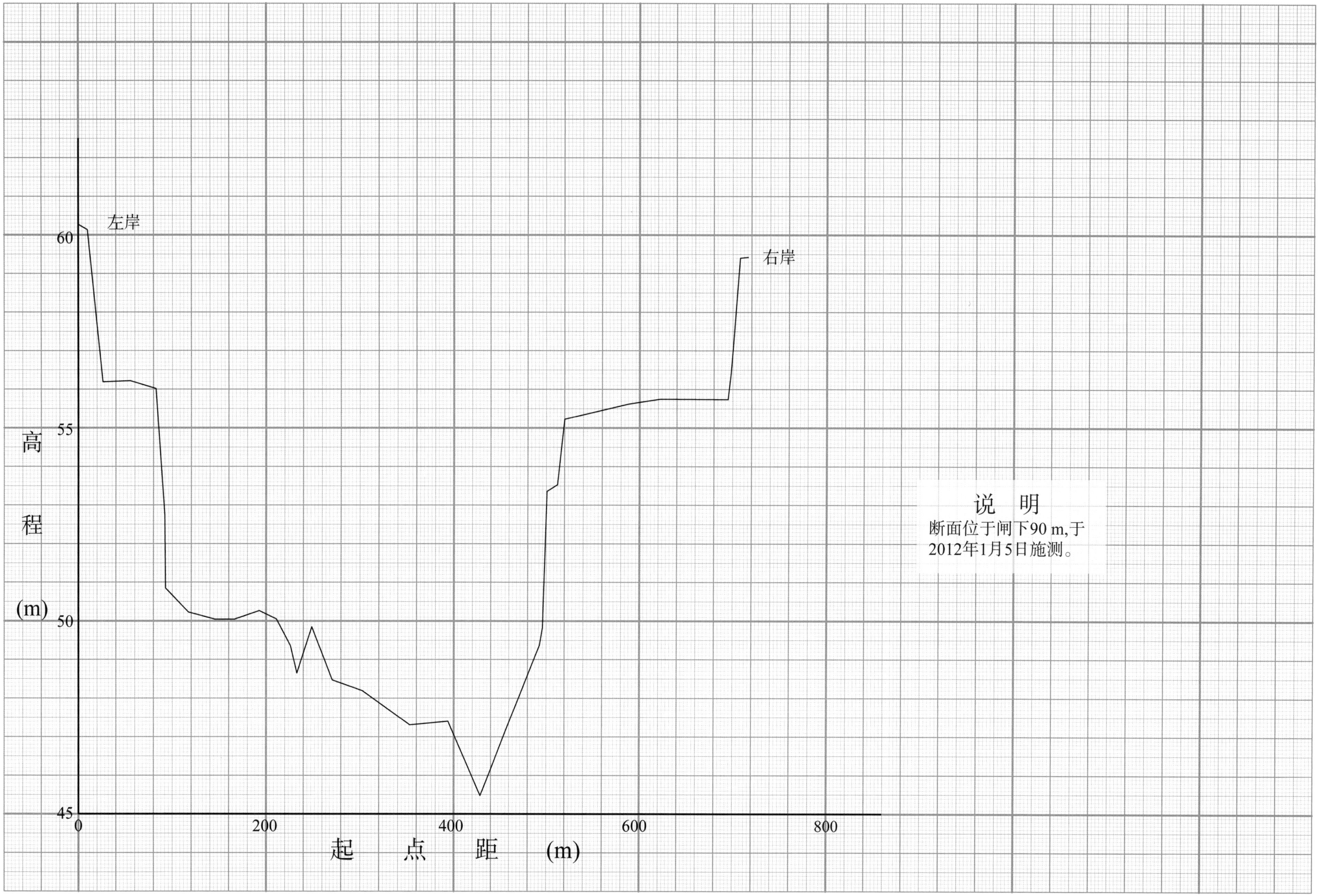

图 18–14 沂河李庄闸（闸下）大断面图

第十九章　沭河石拉渊站水文预报方案编制说明

1　流域概况

1.1　流域自然地理特征

沭河发源于山东省沂水县北部沂山南坡的石槽峪，是一条呈南北走向、横跨鲁、苏两省的山洪性河道。石拉渊水文站以上流域集水面积 3 377 km^2。流域形状南北狭长，东西较窄，地形北高南低。沭河支流众多，在石拉渊站以上流域面积超 20 km^2 的就有 18 条，其中以袁公河、浔河、秀珍河为大。流域内山丘区约占 40%。岩石多为结晶片麻岩、花岗岩、正长岩等，风化严重，风化厚度为 5 ~ 10 m，基岩裂隙水分布广泛。流域多年平均年降水量为 788.7 mm（1956—2016 年系列），6—9 月降雨量为 580.3 mm，约占全年的 73.6%。石拉渊站以上流域图见图 19-1。

1.2　上游水利工程情况

沭河石拉渊水文站以上建有大型水库 4 座、中型水库 2 座，总控制面积 1 563 km^2，占流域总面积的 46.3%。流域内还建成大量的小型水库，其中小（1）型水库 17 座，控制流域面积 79 km^2，总库容 3 132 万 m^3，兴利库容 1 996 万 m^3；小（2）型水库 103 座，控制流域面积 175 km^2，总库容 2 611 万 m^3，兴利库容 1 357 万 m^3。另外，流域内还建有拦河闸坝多处。流域内大中型水库工程情况见表 19-1，部分拦河坝情况见表 19-2。

表 19-1　沭河石拉渊站以上流域大中型水库工程概况统计表

类型	库名	到本站距离（km）	流域面积（km^2）	校核水位时		建成日期
				总库容（万 m^3）	溢洪流量（m^3/s）	
大型	沙沟	123.7	164	10 437	1 704	1959 年 11 月
	青峰岭	78.6	769	41 178	5 208	1960 年 7 月
	小仕阳	77.6	282	13 640	2 710	1959 年 6 月
	陡山	33.6	431	29 665	3 140	1959 年 7 月
中型	石亩子		16.3	1 342	822	1960 年 8 月
	峤山	67.6	81	4 738	933	1958 年 7 月

表 19-2　石拉渊站以上流域内部分拦河闸坝情况统计表

名称	到本站距离（km）	拦河坝顶或桥面高程（m）	平坝顶时拦蓄水量（万 m^3）	建成日期
张宋拦河坝	69.9	126.23	1.5	1966 年 2 月
杨店子拦河坝	62.2	114.38	0.8	1964 年 7 月

续表

名称	到本站距离（km）	拦河坝顶或桥面高程（m）	平坝顶时拦蓄水量（万 m^3）	建成日期
庄科橡胶坝	45.8	107.30	362	2008 年 2 月
陵阳橡胶坝	38.2	102.10	708	2009 年 6 月
朱家庄橡胶坝	13.0	83.05	760	
石拉渊拦河闸		77.20	372	1962 年 5 月（2017 年改建）

1.3　测站概况

1950 年 7 月于临沂市洪瑞乡洪瑞村设立洪瑞水位站，1972 年 1 月撤销，1970—1971 年在上游刘店子乡东石拉渊拦河坝下 80 m 处设立石拉渊汛期水位站并开始观测，但未刊布资料。1972 年 6 月份正式设立水位站。本站以上共有报汛雨量站 6 处，分别为青峰岭水库、小仕阳水库、莒县、夏庄、陡山水库、石拉渊，详见表 19-3。

本站冻结基面高程 -0.191 m=1985 年国家高程基准高程，冻结基面高程 -0.143 m=1956 年黄海基面高程。

表 19-3　沭河石拉渊站以上流域内雨量站情况表

站名	设站年份	详细地址
青峰岭水库	1960 年	莒县洛河镇青峰岭水库
小仕阳水库	1959 年	莒县招贤镇小仕阳水库
莒县	1951 年	莒县陵阳镇刘家河口村
夏庄	1961 年	莒县夏庄镇夏庄村
陡山水库	1959 年	莒南县大店镇陡山水库
石拉渊	1972 年	临沂市河东区八湖镇石拉渊村

2　预报方案编制

2.1　预报区间的确定

石拉渊站以上建有沙沟、青峰岭、小仕阳、陡山 4 座大型水库及石亩子、峤山 2 座中型水库，其中沙沟水库为青峰岭水库入流站，石亩子水库为小仕阳水库入流站，因此将青峰岭、小仕阳、陡山、峤山 4 座大中型水库作为石拉渊站上游入流站，预报区间确定为大中型水库以下—石拉渊站，区间面积为 1 814 km^2，即石拉渊以上总控制面积 3 377 km^2 减去上游大中型水库控制面积 1 563 km^2。

2.2　水位流量关系线的确定

采用水力学公式确定水位流量关系，由水位推算流量。根据该站低水实测流量和断面情况，应用导向现断面法和曼宁公式对水位流量关系进行修改和延长，绘制该站水位流量关系曲线。

2.3 资料情况

石拉渊站预报方案于1981年分析编制，又分别于1991年、1999年、2011年进行了方案的修订。本次修订除选用之前分析的1950—2010年共52场次暴雨洪水外，另外补充了2011—2020年11场次暴雨洪水进行分析，即资料系列为1950—2010年，共63场次洪水。

2.4 方案沿革

原方案包括产流方案、汇流方案，产流方案采用降雨径流相关图 $P+P_a-R$，汇流方案采用峰量关系图、峰现时间关系图、经验单位线等方案。本次修订，在原产流方案降雨径流相关图 $P+P_a-R$ 中增加了11个点据，关系线保持不变；在原汇流方案峰量关系图中增加了11个点据，关系线保持不变；在原峰现时间关系图中增加了11个点据，关系线保持不变；经验单位线新增2条，其中1 h单位线1条，2 h单位线1条。

2.5 产流方案

产流方案采用降雨径流相关法（$P+P_a-R$），沭河石拉渊站降雨径流关系曲线（$P+P_a-R$）见图19–2。其中：P 为次降雨流域平均雨量（mm）；P_a 为流域平均前期影响雨量（mm）；R 为次降雨所产生的径流深（mm）。

2.5.1 主要参数的计算

2.5.1.1 流域平均雨量P的计算

流域平均雨量采用加权平均法，即泰森多边形法计算。石拉渊站以上流域内雨量站的面积控制权重见表19–4。

表19–4 石拉渊站以上流域内雨量站的面积控制权重表

站数	青峰岭水库	小仕阳水库	莒县	夏庄	陡山水库	石拉渊
权重	0.145	0.042	0.427	0.183	0.122	0.081

2.5.1.2 流域平均前期影响雨量P_a的计算

每年自汛初开始连续计算，先以面积加权法计算流域平均雨量，然后计算前期影响雨量 P_a，K、I_m 取值本次未做分析，继续沿用原有成果。P_a 计算公式如下：

$$P_{a,\ t}=K\left(P_{a,\ t-1}+P_{t-1}\right)$$

式中：$P_{a,\ t}$ 为当日的流域平均前期影响雨量，（mm）；$P_{a,\ t-1}$ 为前一日的流域平均前期影响雨量（mm）；P_{t-1} 为前一日流域平均降雨量（mm）；K 为前期影响雨量递减系数，$K=1-\dfrac{E_m}{I_m}$，$K=0.85$；E_m 为流域蒸发能力；I_m 为流域最大损失量，本方案采用60 mm。

2.5.1.3 径流深R的计算

在一次洪水过程线上采用斜线分割法切割基流，水库放水时，要将水库放水形成的地表径流的那部分水量扣除，洪水径流深 R 等于洪水总量 W（扣除水库放水量和基流量）除以集水面积 $F_{区}$。其中，集水面积 $F_{区}$=1 814 km^2。沭河石拉渊站降雨径流成果见表19–5。

2.5.1.4 暴雨中心位置的确定

根据流域特性和代表站分布情况一般是：青峰岭水库、小仕阳水库为上游站；莒县、夏庄为中游站；陡山水库、石拉渊为下游站。

2.5.2 精度评定

许可误差采用实测值的20%，并以20.0 mm为上限，3.0 mm为下限作为控制，进行洪水精度评定。$P+P_a-R$ 相关图共选用51个点据，40个合格，合格率为78.4%，属于乙级方案，详见表19–6。

2.5.3 突出点分析

本次修订补充的点据中180815和200814场次洪水误差较大。经分析，2018年“温比亚”台风临境前的前期降雨较少，土壤含水率较低，且受上游水利工程调蓄影响较大，导致预报径流深远大于实测径流深；2020年8月13—14日场次降雨不均，暴雨中心位于中下游，导致实测径流深偏小。

2.6 汇流方案

2.6.1 峰量关系图

根据资料分析，石拉渊站洪峰流量主要受径流量及暴雨中心位置影响，故采用径流深 R–暴雨中心位置 P_φ– 净峰流量 $Q_{m净}$相关图，见图19–3。

精度评定：采用实测值的20%作为控制，本方案共选用1960—2020年44个点据，31个合格，合格率为70.5%，属于乙级方案，精度评定见表19–7。

2.6.2 峰现时间关系图

峰现时间预报采用 $Q_{m净}$– 暴雨中心位置 P_φ– 主要两段降雨中间时刻到洪峰出现时距 τ 相关图，见图19–4。

精度评定：采用实测值的30%，并以3 h为下限作为控制，进行洪水精度评定。本方案共选用1960—2020年45个点据，40个合格，合格率为88.9%，属于甲级方案，精度评定见表19–8。

2.6.3 综合瞬时单位线

本方案采用如下综合瞬时单位线参数方程：

$$M_1=CF_{区}^{\ 0.33}J^{-0.27}R^{-0.2}T_c^{0.17}$$

$$M_2=0.34M_1^{\ -0.12}$$

式中：$F_{区}$为区间集水面积（km^2）；J 为河道干流坡度，本站为0.889‰；M_1 为瞬时单位线参数，$M_1=nk$；M_2 为瞬时单位线参数，$M_2=1/n$；n 为瞬时单位线反映流域汇流调节次数的参数；k 为瞬时单位线反映流域汇流时间的参数；C 为经验系数，当 $R\geqslant 50$ mm时，C=0.196，当 $R<50$ mm时，C=0.255。

2.6.4 经验单位线

根据流域暴雨洪水特性及下垫面变化情况，利用 070719、070920、080710、190811 场次洪水资料综合确定出本站 1 h 单位线 3 条、2 h 单位线 4 条，单位线图见图 19–5、图 19–6。

2.7 水位与流量、面积关系

根据沭河石拉渊站实测资料点绘水位与流量、面积关系曲线，详见图 19–7。

2.8 大断面图

根据沭河石拉渊站 1974 年、2004 年、2010 年、2021 年实测资料绘制大断面图，详见图 19–8。

3 方案使用说明

3.1 径流深

计算出流域平均降雨量和流域平均前期影响雨量，根据降雨径流关系图 $P+P_a$-R 查取径流深 R。如遇汛期第一场洪水或连续干旱后的洪水，应适当修小其查算的径流深。平水年，如遇降雨量较小，且前期无大水，应适当修小预报值。连续丰水年，如遇雨量较大且降雨分布不均，应适当修大预报值。

3.2 洪峰流量及峰现时间

3.2.1 峰量关系

根据径流深 R 和暴雨中心位置 P_φ 查询图 19–3，得到流域大中型水库以下集水面积上所产生的净峰流量 $Q_{m净}$，与基流 $Q_基$及上游水库放水错时段叠加即为所预报的洪峰流量。

3.2.2 峰现时间

根据预报的净峰流量 $Q_{m净}$和暴雨中心位置 P_φ 查图 19–4，得到主要两段降雨中间时刻到洪峰出现时距 τ 值，则石拉渊站洪峰出现时间 = 主要两段降雨中间时刻 +τ。若上游水库泄洪流量较大，要考虑水库泄洪对石拉渊站洪峰出现时间的影响，对其做适当修正。

3.2.3 经验单位线法

进行洪水作业预报时，视本次降雨情况选定与其降雨特点相近的洪水分析的经验单位线。

3.3 方案合理性检查及评定

在方案建立过程中，随时根据规范要求及有关文件规定进行合理性检查，特别对突出点据从原始资料反复查对，对中间处理过程也进行了认真审查，发现不合理的问题基本上做了检查改正。方案建立后，先从线形进行比较，防止出现矛盾现象，然后对每个方案尽量根据规范规定采用表格形式进行了精度评定（用许可误差法）。其中：$P+P_a$-R 相关图合格率为 78.4%，属乙级方案；R-P_ϕ-$Q_{m净}$相关图合格率为 70.5%，属乙级方案；$Q_{m净}$-P_φ-τ 相关图合格率为 88.9%，属甲级方案。

综上，本方案属于乙级方案。

3.4 方案适应能力

本方案适用于防洪标准以下的洪水作业预报。如遇超标准洪水，则需根据具体情况酌情修正。

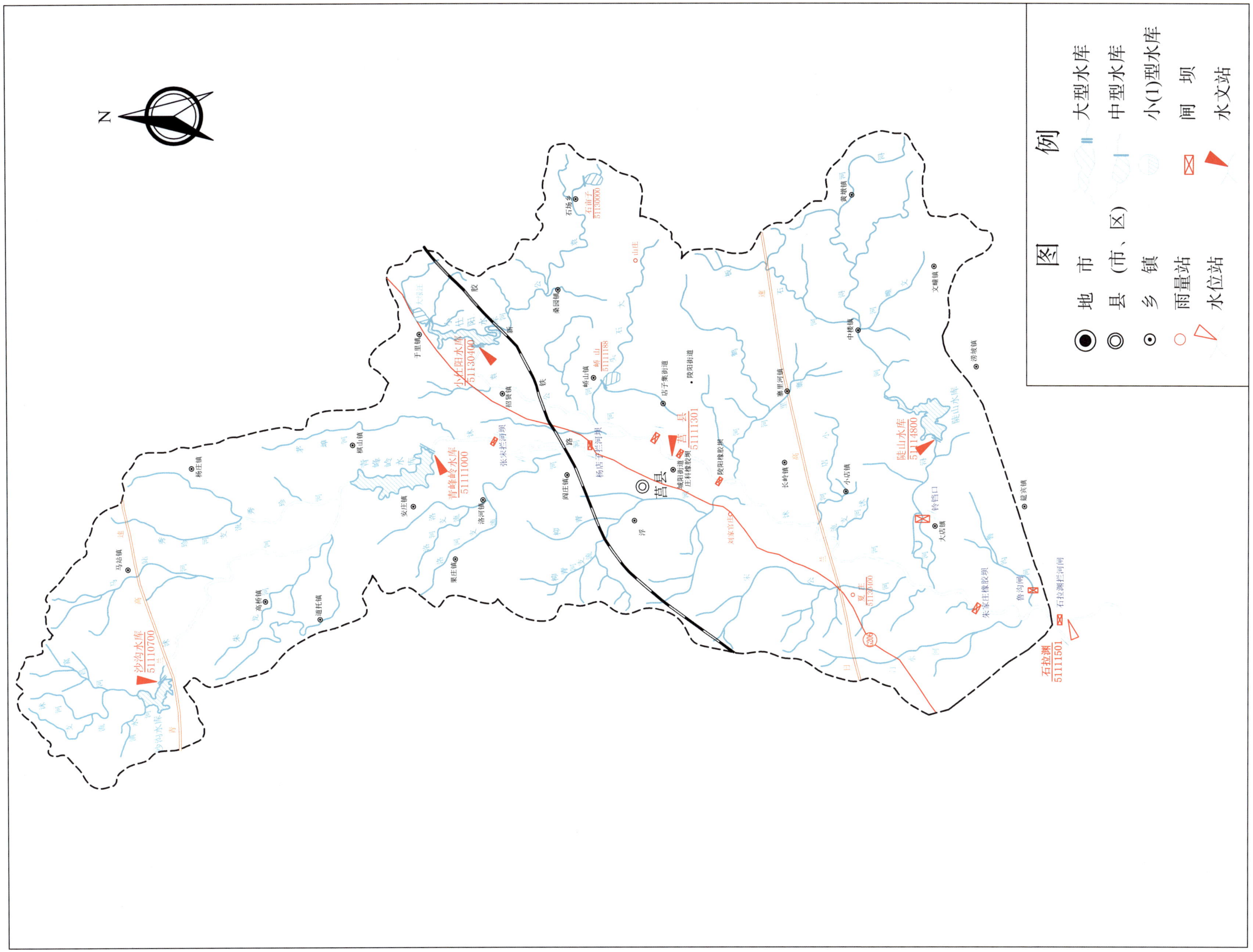

图 19-1　沭河石拉渊站以上流域图

表 19–5 沭河石拉渊站降雨径流分析成果表

序号	降雨起讫时间							流域平均雨量 P（mm）	前期影响雨量 P_a（mm）	降雨历时（h）		暴雨中心位置	洪水发生时间									洪水历时 $T_{洪}$（h）	洪峰流量 Q_m（m^3/s）	净峰流量 $Q_{m净}$（m^3/s）	地表径流总量 W（万 m^3）	集水面积 $F_{区}$（km^2）	径流深 R（mm）	径流系数 α	主要两段降雨中间时刻到洪峰出现时距 τ（h）
	起				讫					全部 T	有效 T_c		起涨			峰顶			落平										
	年	月	日	时	月	日	时						月	日	时	月	日	时	月	日	时								
1	1960	7	2	4	7	3	10	64.6	60.0	30	14	普雨	7	2	9	7	3	2	7	4	7	46	1 550	1 320	7 938	1 814	43.8	0.68	10.0
2	1960	7	26	22	7	28	2	96.9	16.0	28	16	普雨	7	27	7	7	27	17	7	29	17	58	1 620	1 560	9 036	1 814	49.8	0.51	9.0
3	1960	8	16	6	8	17	10	131.0	10.0	28	6	普雨	8	17	5	8	17	15	8	18	15	34	2 220	2 040	10 224	1 814	56.4	0.43	9.0
4	1962	7	13	12	7	14	2	206.6	26.0	14	7	中游	7	13	22	7	14	6	7	15	17	43	4 524	4 490	27 144	1 814	149.6	0.72	7.0
5	1963	7	19	8	7	20	8	116.0	34.0	24	14	中游	7	19	14	7	20	7.5	7	22	20	78	2 035	1 955	12 283	1 814	67.7	0.58	11.5
6	1963	7	29	18	7	30	8	66.3	60.0	14	8	上游	7	29	18	7	30	11.5	7	31	5	35	1 561	1 490	7 722	1 814	42.6	0.64	12.5
7	1965	7	9	8	7	10	4	147.3	0.0	20	12	中游	7	9	18	7	10	8	7	12	23	77	1 460	1 405	7 027	1 814	38.7	0.26	9.0
8	1965	7	27	6	7	28	8	60.1	28.0	26	10	普雨	7	27	18	7	28	11	7	30	11	65	791	710	4 903	1 814	27.0	0.45	13.3
9	1970	7	29	0	7	30	8	92.5	58.0	32	12	中上游	7	29	12	7	30	11	8	1	3	63	1 924	1 814	10 843	1 814	59.8	0.65	12.0
10	1971	6	30	20	7	1	16	79.2	51.0	20	9	上游	6	30	23	7	1	19	7	2	18	43	1 638	1 510	7 747	1 814	42.7	0.54	15.0
11	1972	8	25	0	8	25	20	64.6	25.0	20	18	中游	8	25	0	8	25	18	8	27	5.5	53.5	629	604	4 230	1 814	23.3	0.36	9.0
12	1974	8	13	0	8	13	22	273.0	60.0	22	21	普雨	8	13	6	8	14	0	8	15	14	56	4 162	3 782	41 477	1 814	228.6	0.84	9.0
13	1975	7	17	0	7	18	8	74.5	20.0	32	17	下游	7	17	8	7	18	6.5	7	20	6	70	647	635	4 860	1 814	26.8	0.36	8.5
14	1975	8	14	0	8	15	10	173.0	13.0	34	17	上游	8	14	14	8	15	4	8	17	14	72	1 810	1 795	19 224	1 814	106.0	0.61	13.0
15	1978	8	11	17	8	12	8	86.2	42.8	15	8	中下游	8	11	20	8	12	15	8	13	20	48	988	941	5 645	1 814	31.1	0.36	10.5
16	1978	8	15	16	8	16	6	45.8	46.0	14	6	下游	8	16	0	8	16	8	8	17	14	38	878	860	3 366	1 814	18.6	0.41	9.0
17	1979	7	12	7	7	13	0	39.4	43.0	17	6	中游	7	12	20	7	13	7	7	14	20	48	561	535	3 010	1 814	16.6	0.42	14.0
18	1980	6	15	18	6	16	20	123.0	14.0	26	14	普雨	6	16	12	6	16	24	6	18	12	48	1 256	1 250	7 580	1 814	41.8	0.34	16.0
19	1990	8	16	0	8	16	22	135.0	43.0	22	12	中上游	8	16	8	8	16	23	8	18	20	46	2 341	2 250	17 946	1 814	98.9	0.73	13.0
20	1991	6	10	13	6	11	7	129.2	15.0	18	8	中游	6	10	15	6	11	13.5	6	14	8	89	1 774	1 739	13 697	1 814	75.5	0.58	10.5
21	1991	7	23	18	7	25	8	100.2	21.7	38	9	普雨	7	23	18	7	25	11	7	27	8	86	1 430	1 360	9 932	1 814	54.8	0.55	9.0
22	1996	8	6	16	8	7	9	103.7	17.2	17	9	中上游	8	6	20	8	7	10.5	8	11	8	108	952	934	9 108	1 814	50.2	0.48	12.0
23	1997	8	19	2	8	20	17	207.6	3.8	39	20	上游	8	19	19	8	20	19	8	23	8	85	1 774	1 761	13 790	1 814	76.0	0.37	19.0
24	2000	8	30	7	8	31	20	106.4	45.6	37	17	普雨	8	30	8	8	31	14.5	9	2	14	78	875	719	6 552	1 814	36.1	0.34	12.5
25	2001	7	9	15	7	11	17	63.7	16.2	50	38	普雨	7	10	8	7	10	18	7	13	20	84	240	223	2 783	1 814	15.3	0.24	21.0
26	2001	7	27	17	7	28	12	52.8	49.9	19	14	中游	7	27	20	7	28	18.5	7	29	20	48	433	207	4 368	1 814	24.1	0.46	13.5
27	2001	7	29	12	7	31	8	56.5	57.6	44	20	下游	7	30	8	7	31	10.5	8	1	6	46	540	227	6 239	1 814	34.4	0.61	11.5
28	2003	6	21	8	6	23	0	133.0	10.0	40	9	中游	6	22	22	6	23	7.5	6	26	6	80	522	494	5 137	1 814	28.3	0.21	11.5
29	2003	7	12	2	7	12	21	72.7	10.7	19	7	下游	7	12	8	7	14	17.5	7	16	8	96	288	178	3 344	1 814	18.4	0.25	51.5
30	2003	8	26	1	8	27	8	60.5	25.6	31	13	中游	8	26	6	8	27	13.5	8	29	8	74	451	344	3 633	1 814	20.0	0.33	13.5
31	2004	7	15	23	7	17	8	55.3	20.1	33	24	上游	7	16	8	7	17	18.5	7	19	2	66	254	115	945	1 814	5.2	0.09	17.5
32	2004	8	16	2	8	17	11	61.7	27.2	33	12	上游	8	16	8	8	17	17	8	21	8	120	473	363	4 540	1 814	25.0	0.41	15.0

续表

序号	降雨起讫时间							流域平均雨量 P（mm）	前期影响雨量 P_a（mm）	降雨历时（h）		暴雨中心位置	洪水发生时间									洪水历时 $T_洪$（h）	洪峰流量 Q_m（m^3/s）	净峰流量 $Q_{m净}$（m^3/s）	地表径流总量 W（万 m^3）	集水面积 $F_区$（km^2）	径流深 R（mm）	径流系数 α	主要两段降雨中间时刻到洪峰出现时距 τ（h）
	起				讫					全部 T	有效 T_c		起涨			峰顶			落平										
	年	月	日	时	月	日	时						月	日	时	月	日	时	月	日	时								
33	2004	9	14	0	9	14	23	66.0	2.4	23	5	中下游	9	14	8	9	14	22.5	9	17	8	72	404	234	1 646	1 814	9.1	0.14	7.5
34	2005	6	26	0	6	26	20	71.1	19.2	20	7	上游	6	26	12	6	27	9.5	6	29	8	68	308	295	2 764	1 814	15.2	0.21	22.5
35	2005	9	19	23	9	21	14	139	17.6	39	24	上游	9	20	8	9	21	4	9	23	20	84	941	896	15 395	1 814	84.9	0.61	8.0
36	2006	8	26	1	8	26	13	61.3	14.4	12	6	中游	8	26	8	8	27	11	8	28	20	60	235	177	1 287	1 814	7.1	0.12	27.0
37	2006	8	28	20	8	30	1	54.8	44.5	29	6	中游	8	28	20	8	30	9.5	8	31	8	60	449	225	900	1 814	5.00	0.09	16.5
38	2007	6	27	2	6	28	0	92.3	30.6	22	10	下游	6	27	12	6	28	6	6	30	8	68	371	350	3 832	1 814	21.1	0.23	15.0
39	2007	7	18	18	7	19	11	61.3	23.0	17	8	中下游	7	18	20	7	19	15	7	22	8	84	358	315	3 815	1 814	21.0	0.34	16.0
40	2007	8	7	4	8	7	22	53.6	26.4	18	11	下游	8	7	8	8	8	4.5	8	9	20	60	379	298	2 514	1 814	13.9	0.26	22.5
41	2007	8	10	10	8	12	11	80.1	43.1	49	15	中游	8	10	20	8	11	15.5	8	14	8	84	540	397	3 989	1 814	22.0	0.27	12.5
42	2007	8	18	5	8	18	20	50.4	52.7	15	2	上游	8	18	8	8	18	21.5	8	20	20	60	512	312	3 034	1 814	16.7	0.33	15.5
43	2007	9	19	9	9	20	10	78.7	3.7	25	5	上游	9	19	20	9	20	15.5	9	22	20	72	326	237	2 723	1 814	15.0	0.19	15.5
44	2008	7	9	13	7	10	16	60.6	27.5	27	11	上游	7	9	20	7	10	16	7	12	8	60	501	340	3 383	1 814	18.6	0.31	25.0
45	2008	7	22	10	7	24	9	71.6	32.4	47	10	下游	7	23	2	7	24	10	7	27	8	102	462	303	6 359	1 814	35.1	0.49	21.0
46	2008	7	30	2	8	1	4	62.2	32.6	50	9	中下游	7	31	6	7	31	19	8	2	2	44	811	555	4 281	1 814	23.6	0.38	12.0
47	2008	8	17	4	8	17	18	70.8	18.3	14	6	下游	8	17	8	8	18	2.5	8	20	20	84	480	354	3 976	1 814	21.9	0.31	14.5
48	2008	8	21	6	8	22	6	68.7	44.1	24	10	中下游	8	21	6	8	22	5	8	24	8	74	570	448	4 456	1 814	24.6	0.36	16.0
49	2009	7	11	1	7	12	2	56.6	34.3	25	12	中游	7	11	8	7	14	20	7	16	20.1	132.1	326	197	4 659	1 814	25.7	0.45	71.0
50	2009	7	20	17	7	21	8	60.4	40.8	15	8	下游	7	20	20.2	7	21	12.4	7	25	8.6	108.4	395	267	4 908	1 814	27.1	0.45	10.4
51	2009	8	18	0	8	18	13	56.7	11.4	13	3	中下游	8	18	3.8	8	18	11	8	19	14	34.2	491	349	1 819	1 814	10.0	0.18	8.0
52	2010	8	24	3	8	26	9	74.5	17.8	54	14	上游	8	24	20	8	26	9.5	8	29	8	108	347	276	3 679	1 814	20.3	0.27	31.5
53	2011	8	18	22	8	20	11	78.5	23.1	37	35	上游	8	20	8	8	20	21.75	8	23	20	84	611	525	4 754	1 814	26.2	0.33	18.8
54	2012	7	9	17	7	10	6	81.1	39.6	13	13	中游	7	9	20	7	10	12.5	7	14	20	120	842	680	7 931	1 814	43.7	0.54	8.5
55	2012	7	22	20	7	23	5	138.3	10.2	9	9	中游	7	22	20	7	23	9.5	7	25	8	60	1 778	1 556	8 453	1 814	46.6	0.34	9.5
56	2013	7	4	3	7	5	0	58.8	12.8	21	21	中上游	7	4	14	7	5	9	7	6	6	40	576	340	2 200	1 814	12.1	0.21	21.0
57	2017	7	15	20	7	16	4	49.3	58.2	8	8	普雨	7	15	20	7	16	15.5	7	18	20	72	533	385	3 346	1 814	18.4	0.37	15.5
58	2018	8	14	19	8	15	4	128.0	33.0	9	9	中上游	8	14	22	8	15	12	8	17	11	61	532	507	4 218	1 814	23.3	0.18	14.0
59	2019	8	10	11	8	11	3	141.5	39.4	16	16	中上游	8	10	8	8	11	14	8	14	10	98	2 078	2 068	14 722	1 814	81.2	0.57	14.0
60	2020	7	22	5	7	22	23	110.4	13.2	18	18	普雨	7	22	5	7	23	8	7	29	8	171	885	865	9 290	1 814	51.2	0.46	12.0
61	2020	8	4	0	8	4	8	47.0	55.3	8	8	中下游	8	2	5	8	4	11	8	6	8	99	1 186	1 115	6 406	1 814	35.3	0.75	9.0
62	2020	8	6	8	8	7	19	98.1	43.3	35	35	中游	8	6	8	8	7	10	8	11	8	120	1 005	935	10 797	1 814	59.5	0.61	10.0
63	2020	8	13	21	8	14	19	258.6	28.8	22	22	中下游	8	13	21	8	14	14	8	16	17	68	3 507	3 455	22 625	1 814	124.7	0.48	7.0

表 19-6　沭河石拉渊站降雨径流预报精度评定表

序号	洪号	流域平均雨量 P（mm）	前期影响雨量 P_a（mm）	实测径流深 $R_{实}$（mm）	预报径流深 $R_{预}$（mm）	预报误差（mm）	许可误差（mm）	评定结果	
								合格	不合格
1	600703	64.6	60.0	43.8	46.0	2.2	8.8	√	
2	600727	96.9	16.0	49.8	36.8	−13.0	10.0		√
3	600817	131.0	10.0	56.4	60.9	4.5	11.3	√	
4	620714	206.6	26.0	149.6	146.0	−3.6	20.0	√	
5	630720	116.0	34.0	67.7	68.5	0.8	13.5	√	
6	630730	66.3	60.0	42.6	47.5	4.8	8.5	√	
7	700730	92.5	58.0	59.8	69.0	9.2	12.0	√	
8	710701	79.2	51.0	42.7	51.1	8.4	8.5	√	
9	720825	64.6	25.0	23.3	20.2	−3.1	4.7	√	
10	740814	273.0	60.0	228.6	243.0	14.4	20.0	√	
11	750718	74.5	20.0	26.8	23.4	−3.4	5.4	√	
12	750815	173.0	13.0	106.0	101.7	−4.3	20.0	√	
13	780816	45.8	46.0	18.6	21.7	3.1	3.7	√	
14	790713	39.4	43.0	16.6	15.6	−1.0	3.3	√	
15	900816	135.0	43.0	98.9	94.1	−4.8	19.8	√	
16	910611	129.2	15.0	75.5	63.6	−11.9	15.1	√	
17	960807	103.7	17.2	50.2	42.8	−7.4	10.0	√	
18	000831	106.4	45.6	36.1	70.2	34.1	7.2		√
19	010710	63.7	16.2	15.3	14.0	−1.3	3.1	√	
20	010731	56.5	57.6	34.4	37.7	3.3	6.9	√	
21	030623	133.0	10.0	28.3	62.6	34.3	5.7		√
22	030827	60.5	25.6	20.3	18.0	−2.3	4.1	√	
23	030714	72.7	10.7	18.4	16.2	−2.2	3.7	√	
24	040914	66.0	2.4	9.1	8.8	−0.3	3.0	√	
25	050627	71.1	19.2	15.2	20.7	5.5	3.0		√
26	050921	139.0	17.6	84.9	74.1	−10.8	17.0	√	
27	070628	92.3	30.6	21.1	44.5	23.4	4.2		√
28	070719	61.3	23.0	21.0	16.8	−4.2	4.2	√	
29	070808	53.6	26.4	13.9	14.0	0.1	3.0	√	
30	070811	80.1	43.1	22.0	44.8	22.8	4.4		√
31	070920	78.7	3.7	15.0	15.6	0.6	3.0	√	
32	080710	60.6	27.5	18.6	19.3	0.7	3.7	√	
33	080724	71.6	32.4	35.1	30.0	−5.1	7.0	√	
34	080731	62.2	32.6	23.6	23.6	0.0	4.7	√	
35	080818	70.8	18.3	21.9	19.9	−2.0	4.4	√	
36	080822	68.7	44.1	24.6	36.7	12.1	4.9		√
37	090714	56.6	34.3	25.7	21.1	−4.6	5.1	√	
38	090721	60.4	40.8	27.1	27.9	0.8	5.4	√	
39	090818	56.7	11.4	10.0	8.6	−1.4	3.0	√	
40	100826	74.5	17.8	20.3	22.0	1.7	4.1	√	
41	110820	78.5	23.1	26.2	28.2	2.0	5.2	√	
42	120710	81.1	39.6	43.7	42.6	−1.1	8.7	√	
43	120723	138.3	10.2	46.6	67.3	20.7	9.3		√
44	130705	58.8	12.8	12.1	10.2	−1.9	3.0	√	
45	170716	49.3	58.2	18.4	32.7	14.3	3.7		√
46	180815	128.0	33.0	23.3	78.0	54.7	4.7		√
47	190811	141.5	39.4	81.2	96.9	15.8	16.2	√	
48	200723	110.4	13.2	51.2	45.1	−6.1	10.2	√	
49	200804	47.0	55.3	35.3	28.7	−6.6	7.1	√	
50	200807	98.1	43.3	59.5	61.3	1.8	11.9	√	
51	200814	258.6	28.8	124.7	198.4	73.7	20.0		√

备注：1. 许可误差 = 实测值的 20%，以 20.0 mm 为上限，以 3.0 mm 为下限；2. 方案合格率为 78.4%，属乙级方案。

表 19-7　沭河石拉渊站峰量关系预报精度评定表

序号	洪号	实测径流深 $R_{实}$（mm）	暴雨中心位置	净峰流量（m^3/s）		预报误差（m^3/s）	许可误差（m^3/s）	评定结果		序号	洪号	实测径流深 $R_{实}$（mm）	暴雨中心位置	净峰流量（m^3/s）		预报误差（m^3/s）	许可误差（m^3/s）	评定结果	
				实测 $Q_{m净实}$	预报 $Q_{m净预}$			合格	不合格					实测 $Q_{m净实}$	预报 $Q_{m净预}$			合格	不合格
1	600703	43.8	普雨	1 320	1 280	−40	264	√		23	040817	25.0	上游	363	416	53	72.6	√	
2	600727	49.8	普雨	1 560	1 450	−110	312	√		24	050627	15.2	上游	295	237	−58	58.9	√	
3	600817	56.4	普雨	2 040	1 650	−390	408	√		25	050921	84.9	上游	896	1 200	304	179		√
4	620714	149.6	中游	4 490	4 460	−30	898	√		26	060827	7.1	中游	177	208	31	35.4	√	
5	630720	67.7	中游	1 955	1 980	25	391	√		27	070719	21.0	中下游	315	349	34	63.0	√	
6	630730	42.6	上游	1 490	770	−720	298		√	28	070811	22.0	中游	397	728	331	79.4		√
7	650710	38.7	中游	1 405	1 130	−275	281	√		29	070920	15.0	上游	237	262	25	47.4	√	
8	650728	27.0	普雨	710	783	73	142	√		30	080710	18.6	上游	340	369	29	68.0	√	
9	700730	59.8	中上游	1 814	1 430	−384	363		√	31	080731	23.6	中下游	555	976	421	111		√
10	720825	23.3	中游	604	676	72	121	√		32	090818	10.0	中下游	349	376	28	69.8	√	
11	750815	106.0	上游	1 795	2 050	255	359	√		33	100826	20.3	上游	276	328	52	55.2	√	
12	780812	31.1	中下游	941	1 050	109	188	√		34	110820	26.2	上游	525	428	−97	105	√	
13	780816	18.6	下游	860	715	−145	172	√		35	120710	43.7	中游	680	1 253	573	136		√
14	790713	16.6	中游	535	481	−54	107	√		36	120723	46.6	中游	1 556	1 336	−220	311	√	
15	800616	41.8	普雨	1 250	1 220	−30	250	√		37	130705	12.1	中上游	340	272	−68	68.0	√	
16	900816	98.9	中上游	2 250	2 410	160	450	√		38	170716	18.4	普雨	385	527	142	77.0		√
17	910611	75.5	中游	1 739	2 210	471	348		√	39	180815	23.3	中上游	507	524	17	101	√	
18	910725	54.8	普雨	1 360	1 600	240	272	√		40	190811	81.1	中上游	2 068	1 825	−243	414	√	
19	960807	50.2	中上游	934	1 190	256	187		√	41	200723	51.2	普雨	865	1 468	603	173		√
20	970820	76.0	上游	1 761	1 450	−311	352	√		42	200804	35.3	中下游	1 115	1 328	213	223	√	
21	000831	36.1	普雨	719	1 050	331	144		√	43	200807	59.5	中游	935	1 706	771	187		√
22	040717	5.2	上游	115	92.1	−22.9	23.0	√		44	200814	124.7	中下游	3 455	4 693	1 238	691		√

备注：1. 预报误差 = 预报值 − 实测值；2. 许可误差 = 实测值的 20%；3. 合格率 =70.5%；4. 方案等级属乙等。

表 19-8　沭河石拉渊站主要两段降雨中间时刻到洪峰出现时距预报精度评定表

序号	洪号	净峰流量 $Q_{m净}$(m^3/s)	暴雨中心位置	主要两段降雨中间时刻到洪峰出现时距（h）		预报误差（h）	许可误差（h）	评定结果	
				实测 τ	预报 τ_1			合格	不合格
1	600703	1 320	普雨	10.0	10.5	0.5	3.0	√	
2	600727	1 560	普雨	9.0	10.1	1.1	3.0	√	
3	600817	2 040	普雨	9.0	9.6	0.6	3.0	√	
4	620714	4 490	中游	7.0	8.6	1.6	3.0	√	
5	630720	1 955	中游	11.5	9.6	–1.9	3.5	√	
6	650710	1 405	中游	9.0	10.3	1.3	3.0	√	
7	700730	1 814	中上游	12.0	11.4	–0.6	3.6	√	
8	710701	1 510	上游	15.0	13.6	–1.4	4.5	√	
9	720825	604	中游	9.0	13.0	4.0	3.0		√
10	750718	635	下游	8.5	8.9	0.4	3.0	√	
11	750815	1 795	上游	13.0	13.1	0.1	3.9	√	
12	780812	941	中下游	10.5	9.6	–0.9	3.2	√	
13	780816	860	下游	9.0	8.1	–0.9	3.0	√	
14	790713	535	中游	14.0	13.5	–0.5	4.2	√	
15	800616	1 250	普雨	16.0	10.7	–5.3	4.8		√
16	900816	2 250	中上游	13.0	11.0	–2.0	3.9	√	
17	910611	1 739	中游	10.5	9.9	–0.6	3.2	√	
18	960807	934	中上游	12.0	13.3	1.3	3.6	√	
19	970820	1 761	上游	19.0	13.1	–5.9	5.7		√
20	000831	719	普雨	12.5	12.4	–0.1	3.8	√	
21	010728	207	中游	13.5	16.2	2.7	4.1	√	
22	030623	494	中游	11.5	13.8	2.3	3.5	√	
23	040717	115	上游	17.5	21.9	4.4	5.3	√	
24	040817	363	上游	15.0	18.8	3.8	4.5	√	
25	050627	295	上游	22.5	19.7	–2.8	6.8	√	
26	050921	896	上游	8.0	15.4	7.4	3.0		√
27	060830	225	中游	16.5	16.0	–0.5	5.0	√	
28	070719	315	中下游	16.0	13.0	–3.0	4.8	√	
29	070811	397	中游	12.5	14.5	2.0	3.8	√	
30	070818	312	上游	15.5	19.5	4.0	4.7	√	
31	080731	555	中下游	12.0	11.2	–0.8	3.6	√	
32	080818	354	下游	14.5	10.4	–4.1	4.4	√	
33	080822	448	中下游	16.0	12.0	–4.0	4.8	√	
34	090721	267	下游	10.4	11.1	0.7	3.1	√	
35	110820	525	上游	18.8	17.4	–1.4	5.6	√	
36	120710	680	中游	8.5	12.7	4.2	3.0		√
37	120723	1 556	中游	9.5	10.1	0.6	3.0	√	
38	130705	340	中上游	21.0	17.0	–4.0	6.3	√	
39	170716	385	普雨	15.5	14.6	–0.9	4.7	√	
40	180815	507	中上游	14.0	15.6	1.6	4.2	√	
41	190811	2 068	中上游	14.0	11.0	–3.0	4.2	√	
42	200723	865	普雨	12.0	11.7	–0.3	3.6	√	
43	200804	1 115	中下游	9.0	9.3	0.3	3.0	√	
44	200807	935	中游	10.0	11.5	1.5	3.0	√	
45	200814	3 455	中下游	7.0	7.5	0.5	3.0	√	

备注：1. 预报误差 = 预报 τ_1– 实测 τ；许可误差＝实测 τ 的 30%，以 3 h 为下限；2. 合格率 =88.9%；3. 方案等级属甲等。

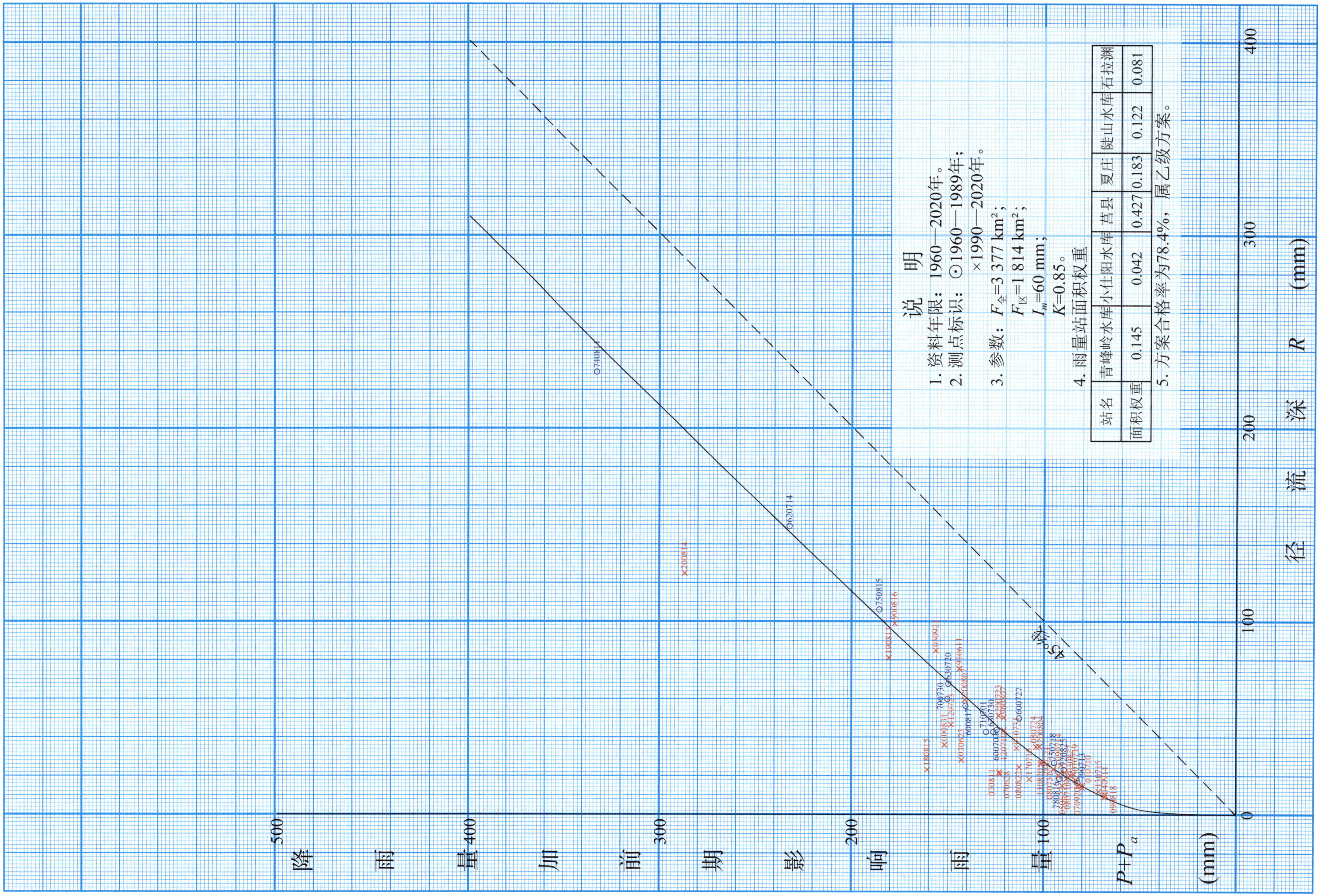

图 19-2　沭河石拉渊站降雨径流相关图

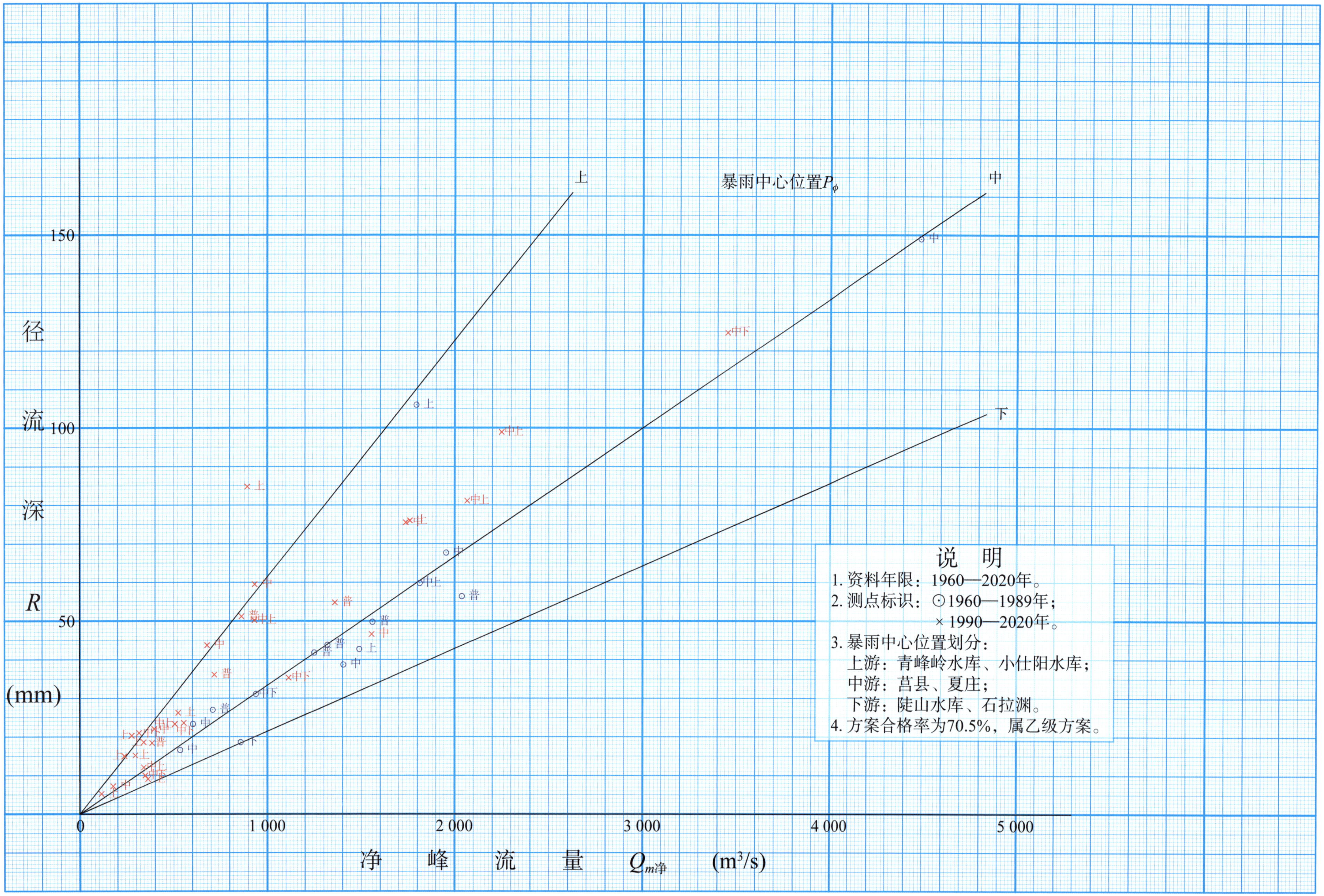

图 19-3　沭河石拉渊站峰量关系曲线图

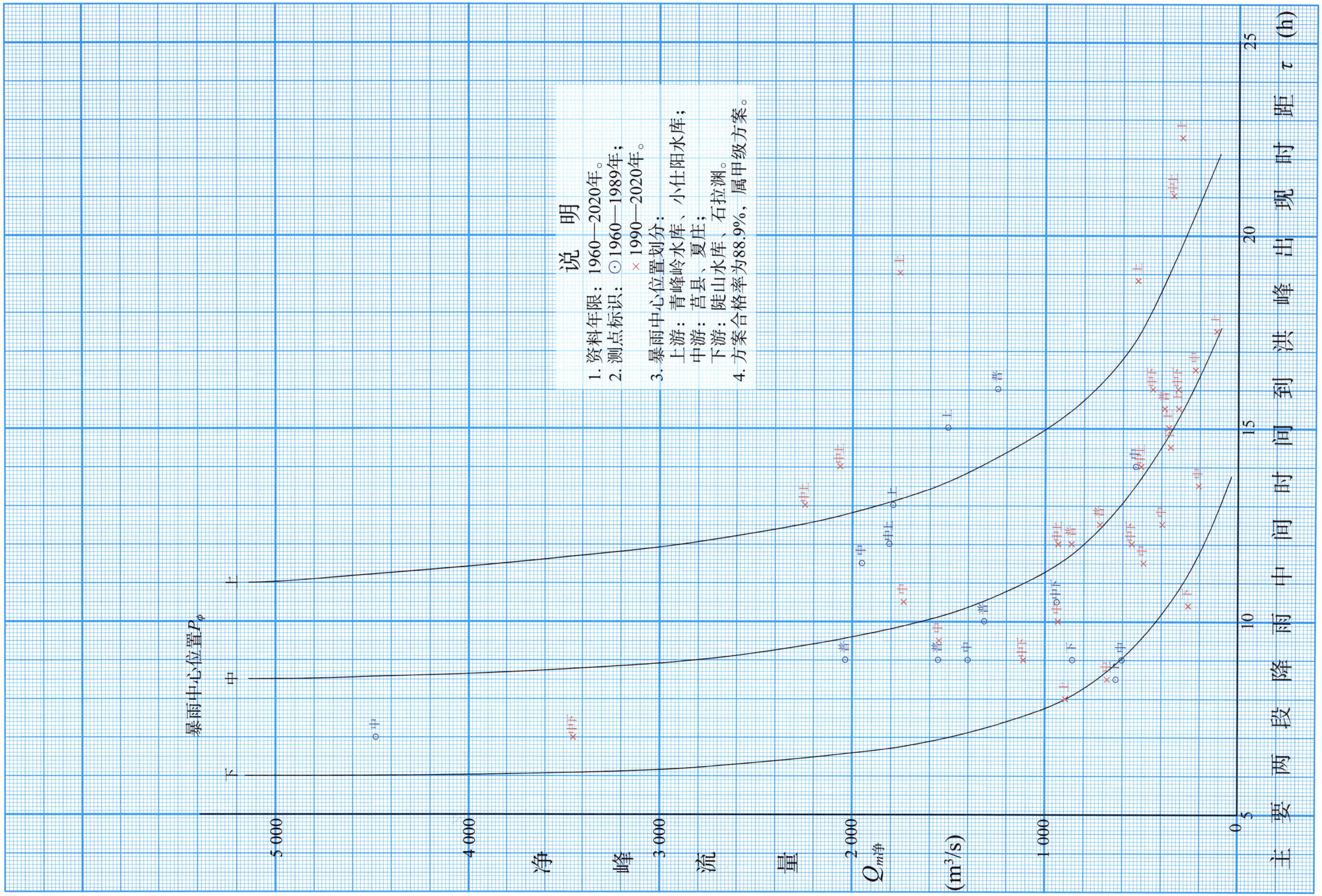

图 19-4 沭河石拉渊站峰现时间关系曲线图

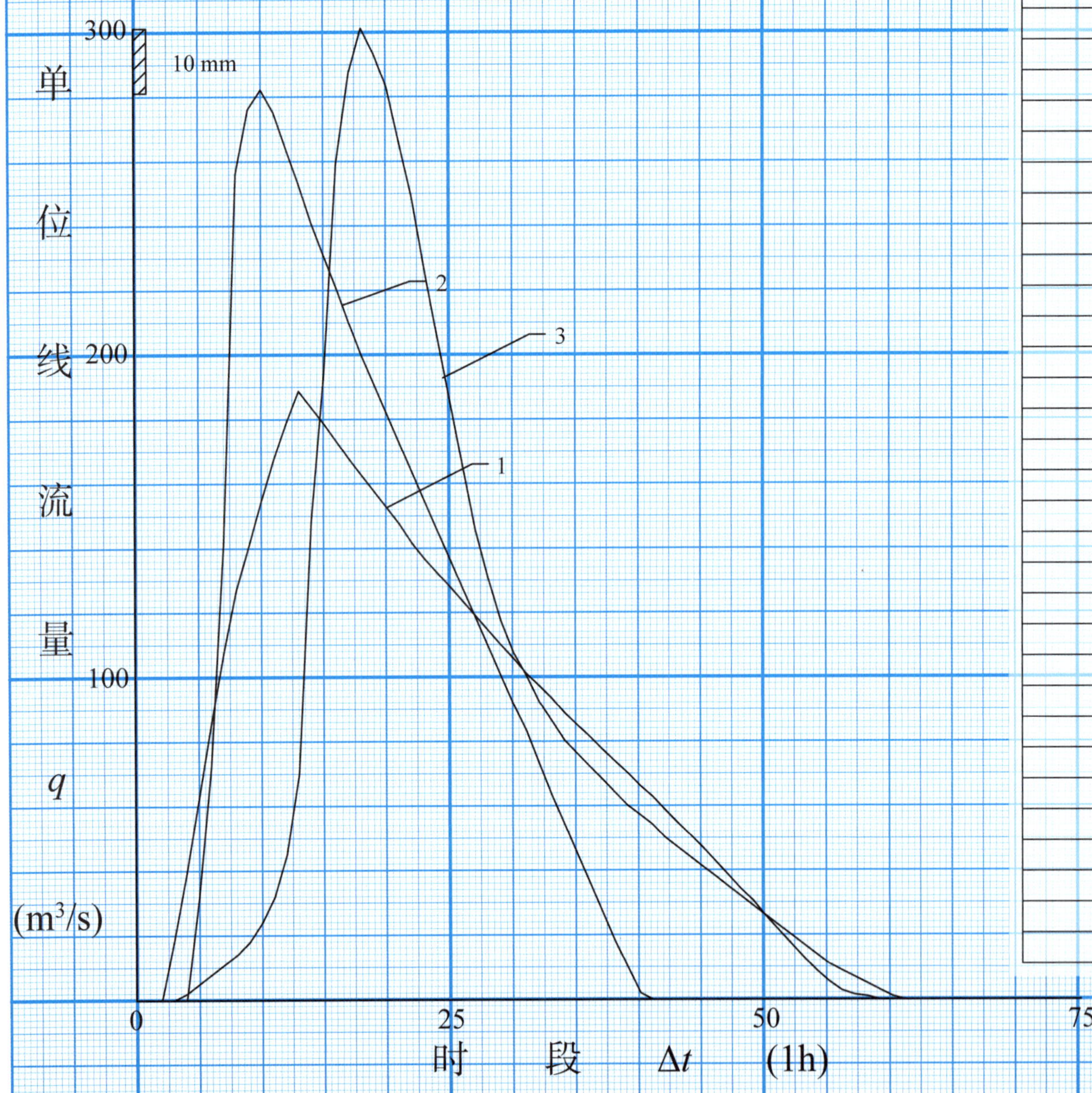

单位线成果表

$F_{区}$=1 814 km^2，Δt=1h

时段	单位线流量(m^3/s)			时段	单位线流量(m$_3$/s)		
	1线	2线	3线		1线	2线	3线
0	0.0	0.0	0.0	37	77.2	27.0	68.0
1	0.0	0.0	0.0	38	73.6	18.0	64.0
2	0.0	0.0	0.0	39	70.0	10.0	60.0
3	18.5	0.0	0.0	40	66.0	2.0	57.0
4	39.0	0.0	2.0	41	62.7	0.0	54.0
5	62.0	32.0	5.0	42	58.6		50.0
6	85.0	72.0	8.0	43	54.5		47.0
7	107	140	11.0	44	50.8		44.0
8	126	255	14.0	45	46.9		41.0
9	140	275	18.0	46	42.6		38.0
10	154	281	24.0	47	38.5		35.0
11	167	274	32.0	48	34.2		32.0
12	178	263	45.0	49	30.5		29.0
13	188	252	70.0	50	25.9		26.0
14	183	240	148	51	21.5		23.0
15	178	230	192	52	17.2		20.0
16	172	220	258	53	13.0		17.0
17	167	209	286	54	9.0		14.0
18	162	199	300	55	5.5		11.0
19	157	190	292	56	2.8		9.0
20	152	181	282	57	1.5		7.0
21	147	172	265	58	1.0		5.0
22	141	163	248	59	0.0		3.0
23	136	154	226	60			1.0
24	132	145	205	61			0.0
25	128	136	185				
26	123	127	165				
27	118	118	145	Σ	5 039.0	5 039.0	5 039.0
28	114	109	130	洪水发生时间	2007-9-20	2008-07-10	2019-8-11
29	110	100	117	暴雨中心位置	上游	上游	中上游
30	105	91.0	107		青峰岭、小仕阳	青峰岭、小仕阳	青峰岭、小仕阳、莒县
31	101	83.0	100				
32	97.0	73.0	92.0	降雨量(mm)	78.7	60.6	141.5
33	93.0	63.0	86.0	前期影响雨量(mm)	3.7	27.5	39.4
34	88.5	54.0	80.0	径流深(mm)	15.0	18.6	81.2
35	84.8	45.0	76.0	有效降雨历时(h)	5.0	11.0	16.0
36	81.2	36.0	72.0	净峰流量(m^3/s)	237	340	2 068

图 19-5　沭河石拉渊站单位线图（Δt=1 h）

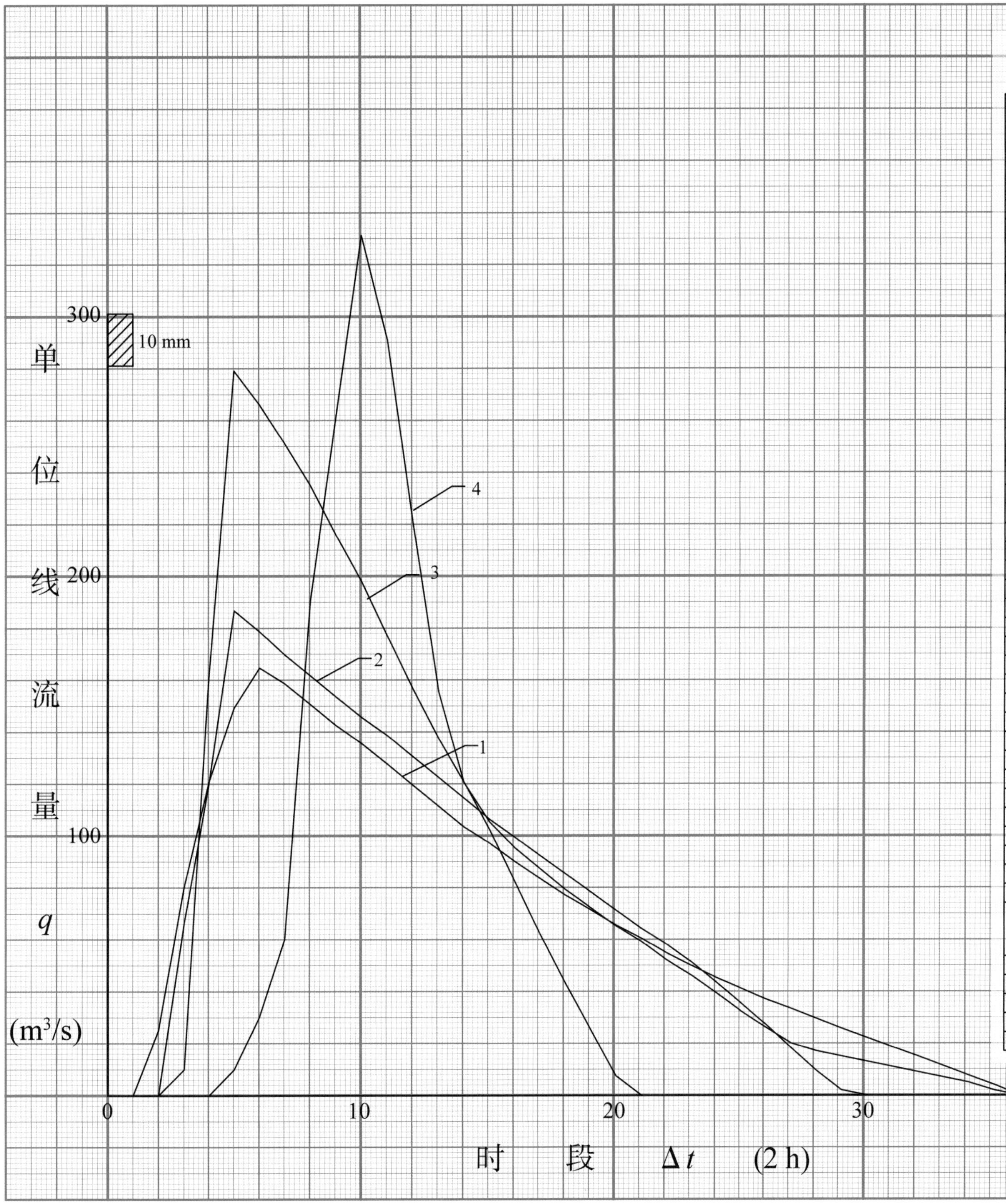

单位线成果表　$F_{区}$=1 814 km²，Δt=2h

时段	单位线流量(m³/s)			
	1线	2线	3线	4线
0	0.0	0.0	0.0	0.0
1	0.0	0.0	0.0	0.0
2	25.0	0.0	0.0	0.0
3	80.0	66.0	10.0	0.0
4	120	119	160	0.0
5	149	186	278	10.0
6	164	178	265	30.0
7	158	169	250	60.0
8	150	161	234	190
9	142	153	215	260
10	135	145	197	330
11	127	138	176	290
12	119	130	156	220
13	111	122	137	155
14	103	114	120	120
15	96.8	106	102	105
16	89.7	99.0	82.0	95.0
17	83.2	92.0	62.0	87.0
18	76.8	85.0	43.0	79.0
19	71.1	78.0	25.0	72.0
20	65.3	71.0	7.5	65.0
21	60.2	64.0	0.0	59.0
22	54.6	58.0		52.0
23	49.7	51.0		46.0
24	44.9	43.0		39.0
25	40.8	35.0		32.0
26	36.8	27.0		26.0
27	33.2	18.0		20.0
28	29.5	9.5		17.0
29	25.7	2.0		15.0
30	22.1	0.0		13.0
31	18.5			11.0
32	15.0			9.0
33	11.3			7.0
34	7.6			5.0
35	4.0			2.0
36	0.0			0.0
∑	2 519.5	2 519.5	2 519.5	2 519.5
洪水发生时间	2007-7-19	2007-9-20	2008-7-10	2019-8-11
暴雨中心位置	中下游	上游	上游	中上游
	夏庄、莒县	青峰岭、小仕阳	青峰岭、小仕阳	青峰岭、小仕阳、莒县
降雨量(mm)	61.3	78.7	60.6	141.5
前期影响雨量(mm)	23.0	3.7	27.5	39.4
径流深(mm)	21.0	15.0	18.6	81.2
有效降雨历时(h)	8.0	5.0	11.0	16.0
净峰流量(m³/s)	315	237	340	2 068

图 19-6　沭河石拉渊站单位线图（Δt=2 h）

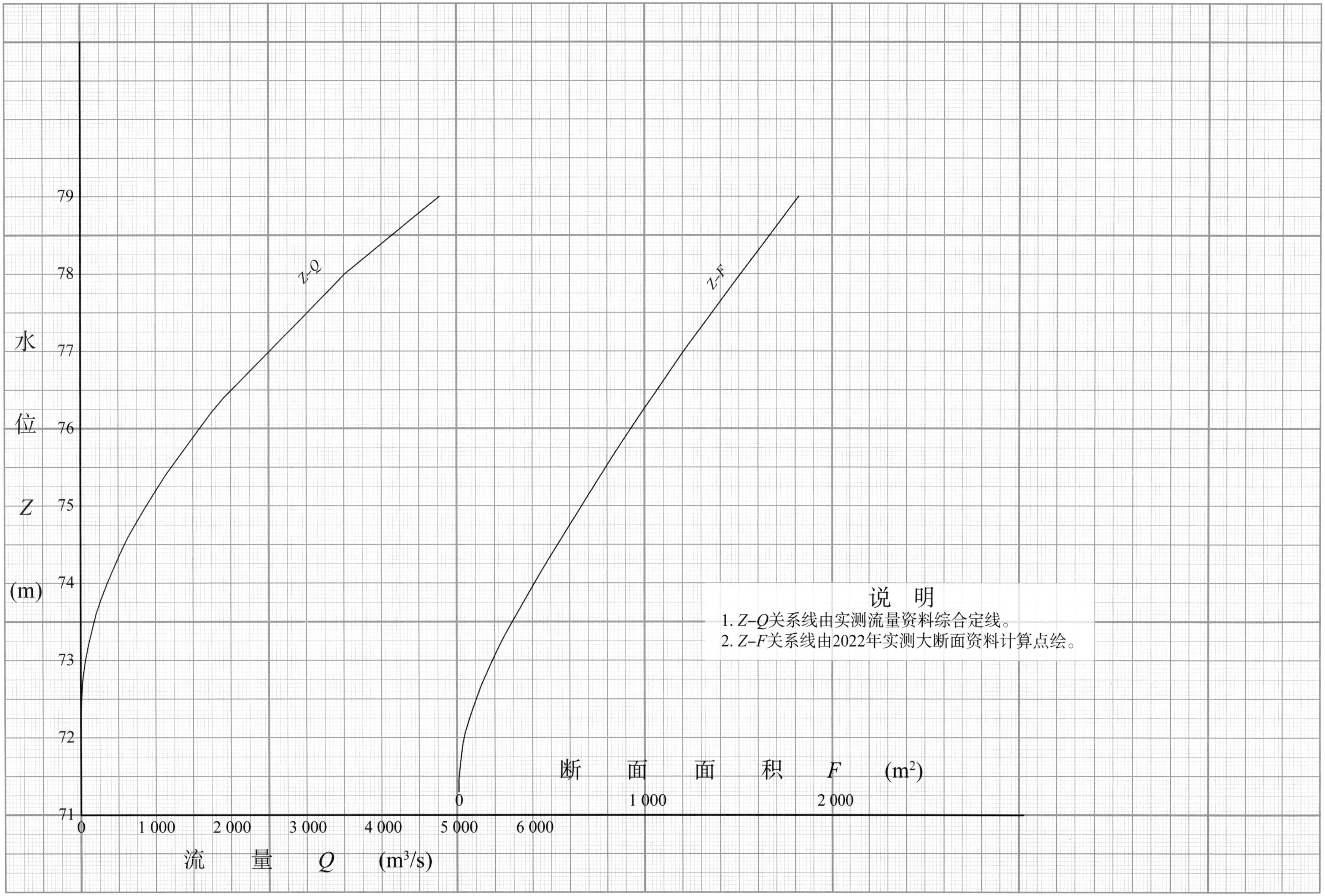

图 19–7　沭河石拉渊站水位与流量、面积关系曲线图

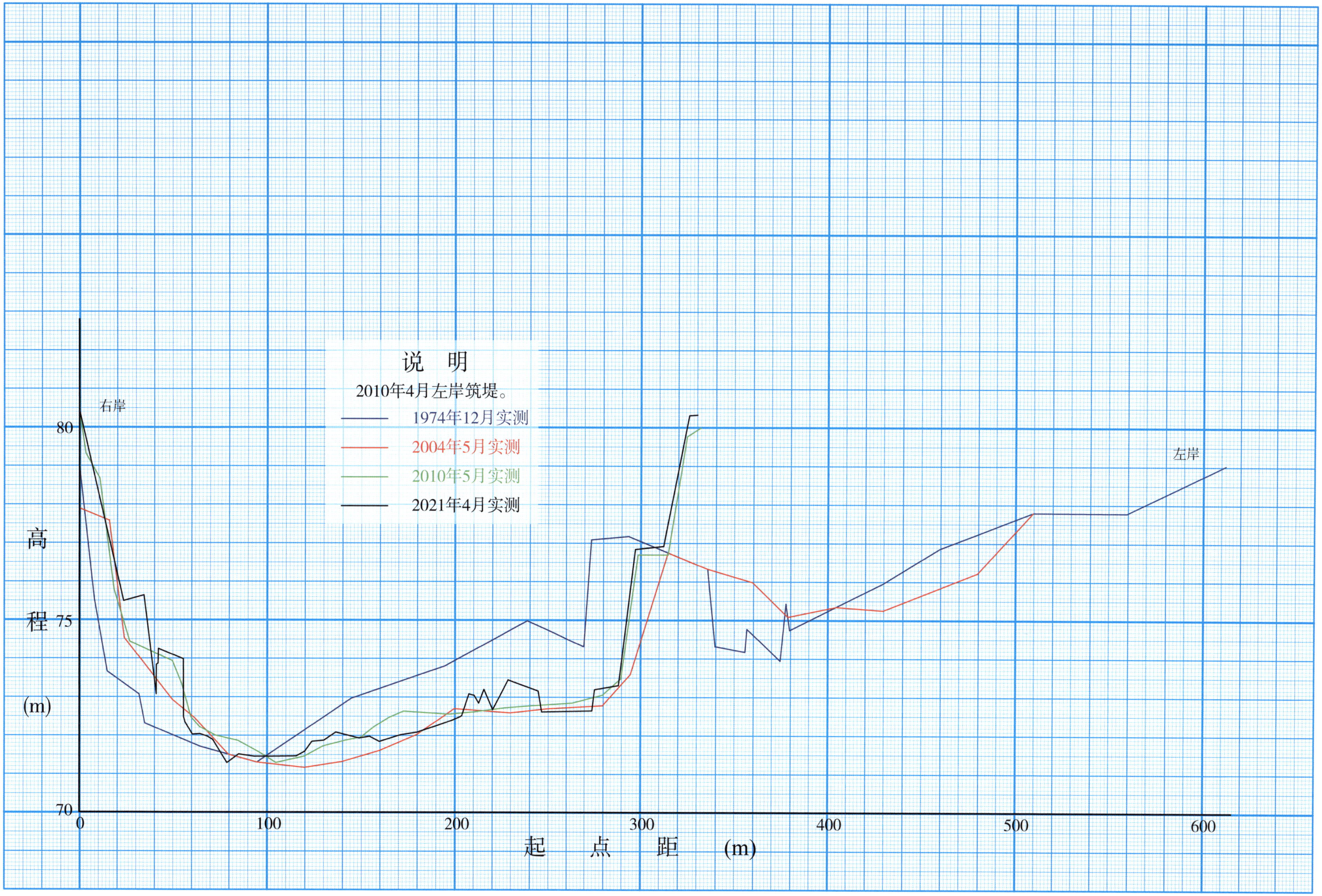

图 19-8　沭河石拉渊站大断面图

第二十章　沭河大官庄站水文预报方案编制说明

1　流域概况

1.1　流域自然地理特征

沭河发源于山东省沂水县北部沂山南坡，大致呈南北走向，是横跨鲁、苏两省的一条山洪性河道。北部以鲁山山脉为分水岭，南流江苏，东与滨海水系分界，西邻沂河流域。大官庄站以上集水面积 4 529 km²，河道长 253.08 km，流域形状南北狭长，东西较窄，地形西北高东南低，向黄海倾斜。沭河支流众多，仅一级支流就有 24 条，多分布在上中游，流域面积在 20 km² 以上，从左岸入沭河的有马站河、秀珍河、茅埠河、袁公河、鹤河、小店河、浔河、鲁沟河、鸡龙河、武阳河、韩村河等；从右岸入沭河的有朱龙河、洛河、柳青河、宋公河、汀水河、汤河等。分沂入沭水道调尾后，其分洪水量亦流入沭河。流域内山丘区占 71%，平原区占 29%。流域气候属温带季风气候，多年平均年降水量为 801.6 mm（1956—2016 年系列），其中 6—9 月降雨量 588.3 mm，占年降水量的 73.4%。沭河大官庄站以上流域图见图 20–1。

1.2　水利工程情况

沭河经大官庄站后分成两股，一股经新沭河向东入江苏省石梁河水库；另一股为老沭河，南下经江苏新沂入新沂河。1974—1975 年在新沭河上建设了 18 孔 12 m × 9.5 m 的弧形钢闸门，即新沭河泄洪闸。1951—1952 年在老沭河上建设了人民胜利堰，1995 年改建为人民胜利堰闸（8 孔）。沭河大官庄站上游现有大型水库 4 座、中型水库 3 座，总控制面积 1 635 km²，占流域总面积的 36.1%。流域内还建成大量的小型水库及塘坝，其中小（1）型水库 25 座，控制面积 108 km²，总库容 4 647 万 m³；小（2）型水库 118 座，控制面积 219.8 km²，总库容 3 211 万 m³。另外，还建有拦河坝、橡胶坝多处。这些工程的建设对防洪抗旱起到了重要作用。流域内主要拦河坝、橡胶坝情况见表 20–1，大中型水库工程概况见表 20–2，沭河大官庄枢纽工程示意图见图 20–2。

表 20–1　沭河大官庄站上游部分拦河坝、橡胶坝统计表

名称	到本站距离（km）	拦河坝顶或桥面高程（m）	平坝顶时拦蓄水量（万 m³）	建成日期
张宋拦河坝	129.3	126.23	1.5	1966 年 2 月
杨店子拦河坝	121.6	114.38	0.8	1964 年 7 月
庄科橡胶坝	105.8	107.30	362	2008 年 2 月
陵阳橡胶坝	98.2	102.10	708	2009 年 6 月
朱家庄橡胶坝	67.2	83.05	760	
石拉渊拦河闸	59.4	77.20	372	1962 年 5 月（2017 年改建）
汤河拦河坝		68.40	500	1989 年
张庄橡胶坝		62.50	95.7	2015 年
华山橡胶坝	19.5	57.90	1 516	2008 年
新村橡胶坝	9.67	58.00	1 380	

表 20–2　沭河大官庄站以上流域大中型水库工程概况统计表

类型	库名	到本站距离（km）	流域面积（km²）	校核水位时		建成日期
				总库容（万 m³）	溢洪流量（m³/s）	
大型	沙沟		164	10 437	1 704	1959 年 11 月
	青峰岭	138	769	41 178	5 208	1960 年 7 月
	小仕阳	137	282	13 640	2 710	1959 年 6 月
	陡山	93	431	29 665	3 140	1959 年 7 月
中型	石亩子		16.3	1 342	822	1960 年 8 月
	峤山	127	81	4 738	933	1958 年 7 月
	石泉湖（东）	69	28	4 414	442	1958 年 7 月
	石泉湖（西）	68	44	1 054	761	1958 年 7 月

1.3　测站概况

1951 年 6 月在临沂市彭古庄村设立二等水文站，1953 年底撤销。1952—1953 年在新沭河设汛期站，1954 年改为三等水文站，基本断面和大闸轴线重合，1973 年下迁 77 m，1978 年又下迁 150 m。1973—1976 年河床下挖 3.0 m，1991 年又将闸下水尺下移 37 m。1952 年 7 月在老沭河断面设汛期站，1955 年 6 月改为常年站，1972 年 1 月撤销，改为用水力学公式推流。

流域内大中型水库均在 1960 年以前建成。大中型水库以下集水面积为 2 882 km²，1974 年冬季，因莒南县农田水利建设将滨海水系 12 km² 的面积截入，使区间集水面积变更为 2 894 km²。

本站以上共有报汛雨量站 10 处，分别为青峰岭水库、小仕阳水库、峤山水库、莒县、夏庄、石泉湖水库、陡山水库、汤头、石拉渊、大官庄，详见表 20–3。

本站冻结基面高程 –0.302 m=1956 年黄海基面高程；冻结基面高程 –0.403 m=1985 年国家高程基准高程。

表 20–3　沭河大官庄站以上流域内雨量站情况表

站名	设站年份	详细地址
青峰岭水库	1960 年	莒县洛河镇青峰岭水库
小仕阳水库	1959 年	莒县招贤镇小仕阳水库

续表

站名	设站年份	详细地址
峤山水库	1951 年	莒县峤山镇峤山水库
莒县	1951 年	莒县陵阳镇刘家河口村
夏庄	1961 年	莒县夏庄镇夏庄村
陡山水库	1959 年	莒南县大店镇陡山水库
石拉渊	1972 年	临沂市河东区八湖镇石拉渊村
石泉湖水库	1960 年	莒南县十字路街道石泉湖水库
汤头	1961 年	临沂市河东区汤头街道办事处
大官庄	1951 年	临沭县石门镇大官庄村

2 预报方案编制

2.1 资料情况及方案沿革

2.1.1 预报区间的确定

沭河大官庄站上游建有沙沟、青峰岭、小仕阳、陡山 4 座大型水库及石亩子、峤山、石泉湖 3 座中型水库，其中沙沟水库为青峰岭水库入流站，石亩子水库为小仕阳水库入流站，因此将青峰岭、小仕阳、陡山、峤山、石泉湖 5 座大中型水库作为大官庄站上游入流站，预报区间确定为大中型水库以下—大官庄站，区间面积为 2 894 km^2，即大官庄站以上总控制面积 4 529 km^2 减去上游大中型水库控制面积 1 635 km^2。

2.1.2 资料情况

大官庄站预报方案于 1981 年分析编制，又分别于 1991 年、1999 年、2011 年进行了方案的修订。本次修订除选用之前分析的 1960—2010 年共 49 场次暴雨洪水外，另外补充了 2011—2020 年 9 场次暴雨洪水进行分析，即资料系列为 1960—2020 年，共 58 场次洪水。

2.1.3 方案沿革

原方案包括产流方案、汇流方案及上下游相关方案。产流方案采用降雨径流相关图 P-P_a-R，汇流方案采用峰量关系图、峰现时间关系图、经验单位线、分级单位线等方案。本次修订，在原产流方案降雨径流相关图 P-P_a-R 中增加了 9 个点据，关系线保持不变；在原汇流方案峰量关系图中增加了 8 个点据，关系线保持不变，在原峰现时间关系图中增加了 9 个点据，关系线保持不变，经验单位线新增 2 条，其中 1h 单位线 1 条，2 h 单位线 1 条，分级单位线保持不变；在原上下游相关方案中增加了 5 个点据，洪峰流量相关图关系线保持不变，洪峰传播时间查算图关系线重新定线。

2.2 产流方案

产流预报采用降雨径流相关法（P-P_a-R）。其中：P 为次降雨流域平均雨量（mm）；P_a 为流域平均前期影响雨量（mm）；R 为次降雨所产生的径流深（mm）。

2.2.1 主要参数的计算

2.2.1.1 流域平均雨量P的计算

流域平均雨量采用加权平均法即泰森多边形法计算。大官庄站上以流域内雨量站面积控制权重见表 20–4。

表 20–4 大官庄站以上流域内雨量站的控制权重表

站名	青峰岭水库	小仕阳水库	峤山水库	莒县	夏庄	陡山水库	石拉渊	石泉湖水库	汤头	大官庄
权重	0.140	0.025	0.075	0.141	0.149	0.081	0.210	0.054	0.090	0.035

2.2.1.2 流域平均前期影响雨量P_a的计算

每年自汛初开始连续计算，先以面积加权法计算流域平均雨量，然后计算前期影响雨量 P_a。K、I_m 取值本次未做分析，继续沿用原有成果。P_a 计算公式如下：

$$P_{a,\ t}=K\left(P_{a,\ t-1}+P_{t-1}\right)$$

式中：$P_{a,\ t}$ 为当日的流域平均前期影响雨量（mm）；$P_{a,\ t-1}$ 为前一日的流域平均前期影响雨量（mm）；P_{t-1} 为前一日流域平均降雨量（mm）；K 为前期影响雨量递减系数，$K=1-\frac{E_m}{I_m}$，K=0.85；E_m 为流域蒸发能力；I_m 为流域最大损失量，本方案采用 60 mm。

2.2.1.3 径流深R的推求

在一次洪水过程线上采用斜线分割法切割基流，水库放水时，要将水库放水形成的地表径流的那部分水量扣除。本次洪水径流深 R 等于洪水总量 W（已扣除水库放水量和基流量）除以集水面积 F。沭河大官庄站降雨径流分析成果见表 20–11。

2.2.1.4 暴雨中心位置的确定

区间流域内报汛雨量站按地理位置划分：上游有青峰岭水库站、小仕阳水库站、峤山水库站；中游有莒县站、夏庄站、陡山水库站；下游有石拉渊站、石泉湖水库站、汤头站、大官庄站。

2.2.2 精度评定

本方案依据实测点绘制 P-P_a-R 相关曲线，采用 1960—2020 年 61 年的资料系列，共 58 个点据。精度评定采用合格点次占总点次的百分比为合格率，许可误差采用实测值的 20%，并以 20.0 mm 为上限，以 3.0 mm 为下限作为控制。方案合格率为 82.8%，属乙级方案，沭河大官庄站降雨径流预报精度评定见表 20–12，降雨径流相关图及放大图分别见图 20–3、图 20–4。

2.3 汇流方案

汇流方案主要采用峰量关系图、峰现时间关系图、经验单位线、分级单位线法等方法。

2.3.1 峰量关系图

峰量关系采用 R-T_c-$Q_{m净}$关系图，详见图 20–5。图中 R 为一次降雨径流深。T_c 为有效降雨历时，是指实际能产生径流、对造峰有明显影响的降雨历时，如果两段较大降雨之间有一小段不产生径流，此段历时也统计在主要有效降雨历时之内；当降雨时段较长时，一般采取占总降雨量 80% 以上的主要降雨时段数。$Q_{m净}$为一次降雨过程所产生的区间净峰流量。受上游水利工程的影响，历年实测的净峰流量相应的集水面积不同，本次方案在制作时，统一将其改正为当前集水面积上的净峰流量，其计算公式为

$$Q_{m净}=Q'_{m净}\left(\frac{F_{现}}{F_{原}}\right)^{\frac{2}{3}}$$

式中：$Q_{m净}$为改正后的净峰流量（m^3/s）；$Q'_{m净}$为原集水面积上实测的净峰流量（m^3/s）；$F_{现}$为当前采用的集水面积，即扣除大中型水库拦截面积后的集水面积（km^2）；$F_{原}$为实测 $Q'_{m净}$时相应的集水面积（km^2）。

精度评定：本方案采用 1960—2020 年资料系列，共 46 个洪水点据。许可误差采用实测值的 20% 作为控制，方案合格率为 71.7%，为乙级方案，详见表 20–13。

2.3.2 峰现时间关系图

当采用降雨径流相关法时，峰现时间预报采用一次降雨径流深 R– 暴雨中心位置 P_φ– 主要两段降雨中间时刻到洪峰出现时距 τ 的相关图，详见图 20–6。本方案采用 1960—2020 年实测 51 场洪水资料分析而得。

精度评定：许可误差取实测值的 30%，并以 3 h 为下限作为控制，本方案合格率为 92.2%，属甲级方案，详见表 20–14。

2.3.3 经验单位线法

根据 040915、080801、090819、120723 场次洪水，综合确定出 8 条单位线，其中，1 h 单位线 4 条，2 h 单位线 4 条，详见图 20–7、图 20–8。

2.3.4 分级单位线法

通过 8 场实测资料分析单位线参数，拟合出大官庄站以上大中型水库以下区间流域单位线要素综合方程：

$$u_p=184.3R^{0.144}B_1^{\ 0.515}$$

$$t_p=56.05R^{-0.227}B_2^{\ 0.236}$$

式中：u_p为单位线洪峰流量（m^3/s）；t_p为单位线洪峰滞时（h）；R 为次降雨产生的总径流深（mm）；B_1、B_2 为暴雨中心影响参数，$B_1=V_1^{(\frac{P_m}{P}-1)}$；$B_2=V_2^{(\frac{P_m}{P}-1)}$；$V_1$、$V_2$ 为暴雨中心位置参数（无因次），详见表 20–5；P_m 为暴雨中心降雨量（mm）；P 为流域平均降雨量（mm）。

表 20–5 大官庄站以上大中型水库以下区间流域暴雨中心位置参数表

等流时线区间序号	等流时线区间面积权数（%）	等流时线区间面积平均雨量计算式	暴雨中心位置参数	
			V_1	V_2
1	0.51		1.16	0.45
2	0.76	$P_{区}=P_{大官庄}$	1.25	0.48
3	3.30		1.34	0.51
4	5.97		1.43	0.54
5	10.02	$P_{区}=P_{洪瑞}$（已撤销）	1.52	0.57
6	10.28	$P_{区}=0.5(P_{石拉渊}+P_{汤头})$	1.61	0.60
7	11.68	$P_{区}=P_{石泉湖}$	1.69	0.64
8	10.15	$P_{区}=0.25(P_{夏庄}+P_{陡山})$	1.65	0.69
9	8.12		1.60	0.74
10	7.49	$P_{区}=P_{莒县}$	1.54	0.85
11	13.83	$P_{区}=P_{峤山}$	1.48	0.85
12	8.63		1.42	0.90
13	5.96	$P_{区}=0.5(P_{青峰岭}+P_{小仕阳})$	1.36	0.95
14	3.30		1.30	1.00

备注：$P_{区}$为等流时线区间面积平均雨量（mm）；各 $P_{区}$中的最大值即为本次暴雨的 P_m；$P_{大官庄}$为大官庄站次雨量，其余类推。

分级单位线过程的确定：计算场次洪水单位线要素后，根据要素值选择合适的单位线，由于原分析单位线较少，不能满足需要，所以依据峰值相邻的两实测单位线资料进行插补，得出 10 条峰值相差 25 m^3/s 的单位线，称之为分级单位线，沭河大官庄站区间流域分级单位线成果见表 20–15。

2.3.5 河道流量演算

按照马斯京根分段连续流量演算法原理，根据上下游两站间的特征河长、稳定流传播时间，并结合已知的上下游两站间的河段长及时段长，可计算出上下游两站间单元河段数及单元河段流量比重因数，推导出河槽汇流系数，进行河道流量演算。演算河段（指上游大中型水库至下游控制站之间的河段）的稳定流传播时间与上下游两站间河段代表流量大小有关。

（1）各演算河段特征河长

根据各演算河段内河道控制站的分布情况，将整个演算河段划分为 1 ~ 3 个子河段，通过选取无旁侧入流的子河段上下游站场次洪水稳定流水位流量关系资料，按公式$l=\frac{Q_0}{i_0}\left(\frac{\partial Z}{\partial Q}\right)_0$列表计算出各子河段中高水的特征河长（取多次洪水的均值），采用分段河长加权的办法求得整个演算河段的特征河长，大官庄站以上各演算河段特征河长见表 20–6。

表 20–6 大官庄站以上各演算河段特征河长

演算河段	河段长 L（km）	特征河长 l（km）
青峰岭水库 — 大官庄站	138.3	3.00
小仕阳水库 — 大官庄站	137.4	3.00
陡山水库 — 大官庄站	93.4	3.70

（2）各演算河段稳定流传播时间关系

根据各演算河段内河道控制站的分布情况，将整个演算河段划分出子河段（与计算特征河长时划分的子河段基本一致），通过选取无旁侧入流的上下游站场次洪水资料分析各子河

段的稳定流传播时间关系，最后采用分段合成的办法求得整个演算河段的稳定流传播时间关系，大官庄站以上各演算河段稳定流传播时间关系见表 20–7。

表 20–7　大官庄站以上各演算河段稳定流传播时间关系表

稳定流量 Q（m^3/s）	传播时间 K（h）		
	青峰岭水库站—大官庄站	小仕阳水库站—大官庄站	陡山水库站—大官庄站
5 000	17.9	17.9	12.0
4 000	19.0	19.0	12.6
3 000	20.7	20.7	13.7
2 000	23.5	23.5	15.5
1 500	25.7	25.7	17.1
1 000	29.4	29.4	19.6
800	31.8	31.8	21.2
600	34.6	34.6	23.2
500	37.0	37.0	25.0
400	39.7	39.7	26.8
300	45.0	45.0	31.1
200	55.3	55.3	40.1

（3）各演算河段代表流量计算公式

在水库正常运用情况下，各演算河段的代表流量 Q_d 可由水库泄洪最大流量 $Q_{m溢}$ 及上下游两站间中游河道站的同次洪水洪峰流量计算得到，大官庄站以上各演算河段代表流量计算式见表 20–8。

表 20–8　大官庄站以上各演算河段代表流量计算式

演算河段	演算河段代表流量 Q_d 计算方程	
	计算式	适用条件
青峰岭水库—大官庄站	$Q_d=0.14Q_{m溢}+0.3Q_{m石}$	$Q_{m石}\geqslant 2.87Q_{m溢}$
	$Q_d=Q_{m溢}$	$Q_{m石}< 2.87Q_{m溢}$
小仕阳水库—大官庄站	$Q_d=0.14Q_{m溢}+0.3Q_{m石}$	$Q_{m石}\geqslant 2.87Q_{m溢}$
	$Q_d=Q_{m溢}$	$Q_{m石}< 2.87Q_{m溢}$
陡山水库—大官庄站	$Q_d=0.15Q_{m溢}+0.8Q_{m石}$	$Q_{m石}\geqslant 1.05Q_{m溢}$
	$Q_d=Q_{m溢}$	$Q_{m石}< 1.05Q_{m溢}$

备注：$Q_{m石}$为石拉渊站洪峰流量（m^3/s）。

（4）中型水库及彭道口至大官庄站稳定流传播时间

峤山、石泉湖等中型水库及彭道口至大官庄站稳定流传播时间查算见表 20–9。

表 20–9　稳定流传播时间查算表

站名	L（km）	T（h）				
		100~300	300~500	500~1 000	1 000~3 000	3 000~5 000
峤山水库—大官庄站	121.4	48.3	38.45	31.9	22.85	19.7
石泉湖水库—大官庄站	75	26.4	21.2	17.7	12.2	8.3
彭道口—大官庄站	20	3.3	2.8	2.3	2	

2.4　上下游相关法

上下游流量（水位）相关法预报精度较高，但预见期较短，沭河石拉渊站洪峰水位 – 大官庄站洪峰流量相关因素成果见表 20–16。

2.4.1　沭河大官庄站洪峰流量预报

以区间上、下游分区雨量站总雨量的比值 K 为参数，建立 $Z_{m石}$-K-$Q_{m大}$相关图，见图 20–9。

$$K=P_{下}/P_{上}$$

其中：$Z_{m石}$为石拉渊站洪峰水位（m）；$Q_{m大}$为沭河大官庄站洪峰流量（m^3/s）；$P_{下}$为下游区（石泉湖水库、汤头、大官庄）降雨量之和（mm）；$P_{上}$为上游区（青峰岭水库、莒县、夏庄）降雨量之和（mm）。

精度评定：方案选用 1956—2020 年中 67 个实测洪峰流量点据。预见期内最大变幅的许可误差采用变幅均方差 σ_{Δ}，变幅为零的许可误差采用 $0.3\sigma_{\Delta}$，其余变幅的许可误差按上述两值采用直线内差法求出。合格率为 86.6%，属甲级方案，沭河大官庄站河道流量预报（上下游相关）精度评定见表 20–17。

2.4.2　沭河石拉渊来水时大官庄站洪峰出现时间预报

选用 1956—2020 年的 67 场洪水资料，分析绘制了 $Z_{m石}$-K-石拉渊站峰现至大官庄站峰现时距 $\tau_{石—大}$查算图，详见图 20–10。

精度评定：许可误差取实测值的 30%，并以 3 h 为下限作为控制，方案合格率为 91.0%，属甲级方案，石拉渊站洪峰至大官庄站传播时间预报精度评定见表 20–18。

2.5　分沂入沭流量的处理

关于彭道口闸分沂河洪水至大官庄站的处理，由于没有实测资料，计算时将分沂入沭流量过程错开传播时间叠加到沭河流量过程上，根据 1956 年、1957 年、1960 年、1964 年大官庄（老）站实测资料分析并绘制了彭道口闸至大官庄站洪水传播时间查算图，详见图 20–11。

2.6　水位–泄量关系

根据水力学公式计算并绘制了大官庄站新沭河泄洪闸、老沭河人民胜利堰闸泄流曲线。

2.6.1　新沭河泄洪闸泄量计算公式

（1）孔流公式

$$Q=\sigma\mu neb\sqrt{2gH_0}$$

式中：σ 为孔流淹没系数，$\sigma=f(\Delta Z/H)$，由 $\Delta Z/H$–e/H–σ 关系图查得，见图 20–12；μ 为自由孔流流量系数，$\mu=0.531(e/H)^{-0.139}$；n 为闸门孔数，$n=18$；b 为单孔净宽，$b=12$ m；e 为闸门开高（m）；ΔZ 为上下游水位差（m）；H 为实测水头（m），$H=Z_{上}-46.80$；$Z_{上}$为闸上水位（m）；H_0 为总水头（m），$H_0=H+\alpha V_0^2/2g$；α 为动能校正系数，取 1.0；g 为重力加速度，取 9.81 m/s^2；V_0 为闸上水尺断面的平均流速（m/s）；Q 为过闸流量（m^3/s）。

（2）堰流公式

$$Q=\sigma C_0 nb\sqrt{2g}H_0^{1.5}$$

式中：σ 为堰流淹没系数，$\sigma=f(h_L/H)$，由 $h_L/H-K\varepsilon'C-\sigma$ 关系表查得，见表 20–10；H_0= 上游水位 $-46.80+V_0^2/2g$；h_L= 下游水位 -46.80；n 为闸门孔数，n=18；b 为单孔净宽，b=12 m；C_0 为流量系数，$C_0=K\varepsilon'C=0.35$。

2.6.2 老沭河人民胜利堰闸泄量公式

（1）孔流公式

$$Q=\sigma\mu neb\sqrt{2gH_0}$$

式中：σ 为孔流淹没系数，由 $\Delta Z/H-e/H-\sigma$ 关系图查得，见图 20–13；μ 为自由孔流流量系数，$\mu=0.454(e/H)^{-0.138}$；n 为闸门孔数，n=8；b 为单孔净宽，b=10 m；e 为闸门开高（m）；ΔZ 为上下游水位差（m）；H 为实测水头（m），$H=Z_上-47.30$；$Z_上$为闸上水位（m）；H_0 为总水头（m），$H_0=H+\alpha V_0^2/2g$；α 为动能校正系数，取 1.0。

（2）堰流公式

$$Q=\sigma K\varepsilon' Cnb\sqrt{2g}H_0^{1.5}$$

式中：σ 为堰流淹没系数，$\sigma=f(h_L/H)$，由 $h_L/H-K\varepsilon'C-\sigma$ 关系表查得，见表 20–10；H、h_L 分别为上、下游实测水头（m）；K 为进口流态系数，K=0.94；ε' 为侧收缩系数，ε'=1.0；C 为堰流流量系数，C=0.366；n 为闸门孔数，n=8；b 为单孔净宽，b=10m；H_0 为总水头，意义同孔流公式。

根据工程实际情况，依据通用公式导出了下面的公式：

表 20–10 堰流淹没系数 σ 值表

h_L/H	$K\varepsilon'C$									
	0.36	0.368	0.38	0.4	0.42	0.44	0.46	0.48	0.5	0.52
1.00	0.00	0.000	0.00	0.00	0.00	0.00	0.00	0.00	0.00	0.00
0.98	0.40	0.388	0.37	0.35	0.33	0.30	0.27	0.25	0.23	0.20
0.96	0.59	0.574	0.55	0.52	0.49	0.46	0.43	0.40	0.36	0.32
0.94	0.70	0.684	0.66	0.62	0.58	0.56	0.52	0.49	0.44	0.40
0.92	0.78	0.760	0.73	0.70	0.66	0.63	0.59	0.56	0.52	0.47
0.90	0.84	0.824	0.80	0.76	0.73	0.70	0.66	0.62	0.57	0.53
0.85	0.96	0.944	0.92	0.88	0.84	0.81	0.77	0.73	0.69	0.63
0.80	1.00	0.988	0.97	0.95	0.91	0.89	0.84	0.80	0.76	0.71
0.70	1.00	1.000	1.00	0.99	0.98	0.96	0.93	0.90	0.86	0.82
0.60	1.00	1.000	1.00	1.00	0.99	0.98	0.97	0.95	0.92	0.88
0.50	1.00	1.000	1.00	1.00	1.00	0.99	0.98	0.97	0.95	0.92
0.40	1.00	1.000	1.00	1.00	1.00	1.00	0.99	0.98	0.97	0.95
0.30	1.00	1.000	1.00	1.00	1.00	1.00	1.00	0.99	0.98	0.97
0.20	1.00	1.000	1.00	1.00	1.00	1.00	1.00	1.00	0.99	0.98
0.10	1.00	1.000	1.00	1.00	1.00	1.00	1.00	1.00	1.00	0.99
0	1.00	1.000	1.00	1.00	1.00	1.00	1.00	1.00	1.00	1.00

（1）当 $Z_上\geq 50.70$ 时，$Q=121.91\sigma H_0^{1.5}$

其中：$H_0=Z_上-47.30+$ 行进流速水头。

（2）当 $Z_上< 50.70$ 时，$Q=142.94\sigma H_0^{1.5}$

其中：$H_0=Z_上-47.80+$ 行进流速水头。

当 $h_L/H<0.8$ 时，$\sigma=1$；

当 $h_L/H\geq 0.8$ 时，$\sigma=0.511\ 79+8.333\ 59(h_L/H)^5-8.609\ 99(h_L/H)^6$。

其中：当 $Z_上\geq 50.70$ 时，$h_L=Z_下-47.30$，$H=Z_上-47.30$；当 $Z_上<50.70$ 时，$h_L=Z_下-47.80$，$h_L=Z_上-47.80$。

新沭河泄洪闸泄流曲线见图 20–12，老沭河人民胜利堰闸孔流泄流曲线见图 20–13，新沭河泄洪闸大断面图（闸下）见图 20–14，老沭河人民胜利堰大断面图（闸下）见图 20–15。

3 方案使用说明

3.1 产流方案

流域平均雨量 P 及前期影响雨量 P_a 在降雨径流相关图上查取径流深 R。如遇汛期第一场洪水或连续干旱后的洪水，应适当修小其查算的径流深。平水年，如遇降雨量较小，且前期无大水时，应适当修小预报值。连续丰水年，如遇次雨量较大且降雨分布不均，应适当修大预报值。

3.2 汇流方案

3.2.1 峰量关系

依据查得的径流深 R 及求出的有效降雨历时 T_c，通过峰量关系曲线图（R-T_c-$Q_{m净}$），可查得流域大中型水库以下大官庄站以上区间集水面积上所产生的净峰流量 $Q_{m净}$，加上基流 $Q_{m基}$、上游水库放水及彭道口闸泄量即为所预报的洪峰流量。

3.2.2 峰现时间

根据预报的径流深 R 及暴雨中心位置 P_ϕ 查大官庄站 R-P_ϕ-τ 相关图得到 τ 值，则大官庄站洪峰出现时间 = 主要两段降雨时刻 $+\tau$。若上游水库泄洪流量较大，要考虑水库泄洪对大官庄站洪峰出现时间的影响，对其做适当修正。

3.2.3 经验单位线

在进行洪水作业预报时，视本次降雨情况选定与其降雨特点相近的经验单位线。此法选线任意性大，一般应以分级单位线法为主。

3.2.4 分级单位线

使用分级单位线法时，首先统计次暴雨所产生的径流深 R，时段最大净雨量，暴雨中心影响参数 B_1、B_2。$B_1=V_1^{\left(\frac{P_m}{P}-1\right)}$，$B_2=V_2^{\left(\frac{P_m}{P}-1\right)}$，$P_m$、$P$ 由降雨资料计算得到，V_1、V_2 可通过查表

20–5 求得，根据统计的资料代入公式：

$$u_p=184.3R^{0.144}B_1^{0.515}$$

$$t_p=56.05R^{-0.227}B_2^{0.236}$$

可求得单位线峰值及洪峰滞时，据此选取峰值与洪峰滞时相近的分级单位线，利用预报的各时段净雨量即可预报出大官庄站以上大中型水库以下区间所产生的径流过程。

3.2.5 河道流量演算

已知上游大型水库出流，按下述步骤即可将其汇流演算至大官庄站：

（1）根据水库出流峰值及同次洪水中游河道站洪峰流量，计算出演算河段代表流量。

（2）由演算河段代表流量，求得演算河段稳定流传播时间 K。

（3）由稳定流传播时间 K，结合时段长 Δt（Δt=1 h 或 2 h）、特征河长 l、河段长 L，按下面公式：

$$n=\frac{K}{K_l}=\frac{K}{\Delta t};\quad L_l=\frac{L}{n};\quad X_l=\frac{1}{2}-\frac{l}{2L_l}=\frac{1}{2}-\frac{nl}{2L}$$

计算出演算河段的单元河段数 n 及单元河段流量比重因数 X_l。

（4）根据单元河段流量比重因数 X_l，按下式：

$$C_0=\frac{0.5-X_l}{1.5-X_l}=C_2;\quad C_1=\frac{0.5+X_l}{1.5-X_l};\quad C_0+C_1+C_2=1$$

计算出单元河段演算系数 C_0、C_1、C_2。

（5）根据单元河段数 n 及单元河段演算系数 C_0、C_1、C_2，按下式：

$$\begin{cases} P_{0n}=C_0^n\ (m=0);\quad P_{mn}=\sum_{i=1}^{n} B_i C_0^{n-i} C_2^{m-i} A^i\ (m>0,\ m-i\geqslant 0) \\ A=C_1+C_0C_2;\quad B_i=\dfrac{n!\,(m-1)!}{i!\,(i-1)!\,(n-i)!\,(m-i)!} \end{cases}$$

计算出演算河段马斯京根法河槽汇流系数 P_{mn}。

（6）根据河槽汇流系数 P_{mn}，按下式

$$Q_t=\sum_{i=1}^{k} q_i P_{mn,\ t-i+1}\quad (1\leqslant t-i+1\leqslant k)$$

即可将上游水库出流过程汇流演算到大官庄站。

3.3 上下游相关方案

3.3.1 洪峰流量预报

依据实测的石拉渊站洪峰水位 $Z_{m石}$及上下游分区雨量比值 K，查 $Z_{m石}$-K-$Q_{m大}$相关图，预报大官庄站洪峰流量，也可利用公式计算出预报值。

3.3.2 峰现时间预报

依据实测的石拉渊站洪峰水位 $Z_{m石}$及上下游分区雨量比值 K，通过 $Z_{m石}$-K-$\tau_{石—大}$相关图，查得石拉渊站洪峰出现时间至大官庄站洪峰出现时距 $\tau_{石—大}$。大官庄站洪峰出现时间 = 石拉渊站洪峰水位出现时间 +$\tau_{石—大}$。

3.3.3 分沂入沭分洪时的大官庄站洪峰流量预报

在进行作业预报时，通过 $Q_{彭}$-$\tau_{彭—大}$关系线查得分沂入沭流量的洪水传播时间 $\tau_{彭—大}$，错开 $\tau_{彭—大}$，将 $Q_{彭}$叠加到大官庄站的流量过程上，预报出大官庄站的洪峰流量。

3.4 方案合理性检查及评定

在方案建立过程中，随时根据规范要求及有关文件规定进行合理性检查，特别对突出点据从原始资料反复查对，对中间处理过程也进行了认真审查，发现不合理的问题基本上做了检查改正。方案建立后，先从线形进行比较，防止出现矛盾现象，然后对每个方案尽量根据规范规定采用表格形式进行了精度评定（用许可误差法）。其中：降雨径流相关图（P-P_a-R）相关图合格率为 82.8%，属乙级方案；峰量关系（R-T_c-$Q_{m净}$）相关图合格率为 71.7%，属乙级方案；峰现时间关系图合格率为 92.2%，为甲级方案；$Z_{m石}$-K-$Q_{m大}$相关图合格率为 86.6%，属甲级方案，$Z_{m石}$-K-$\tau_{石—大}$相关图合格率为 91.0%，属甲级方案。

综上，本方案属于乙级方案。

3.5 方案适应能力

本方案适用于防洪标准以下的洪水作业预报。如遇超标准洪水，则需根据当时具体情况酌情修正。

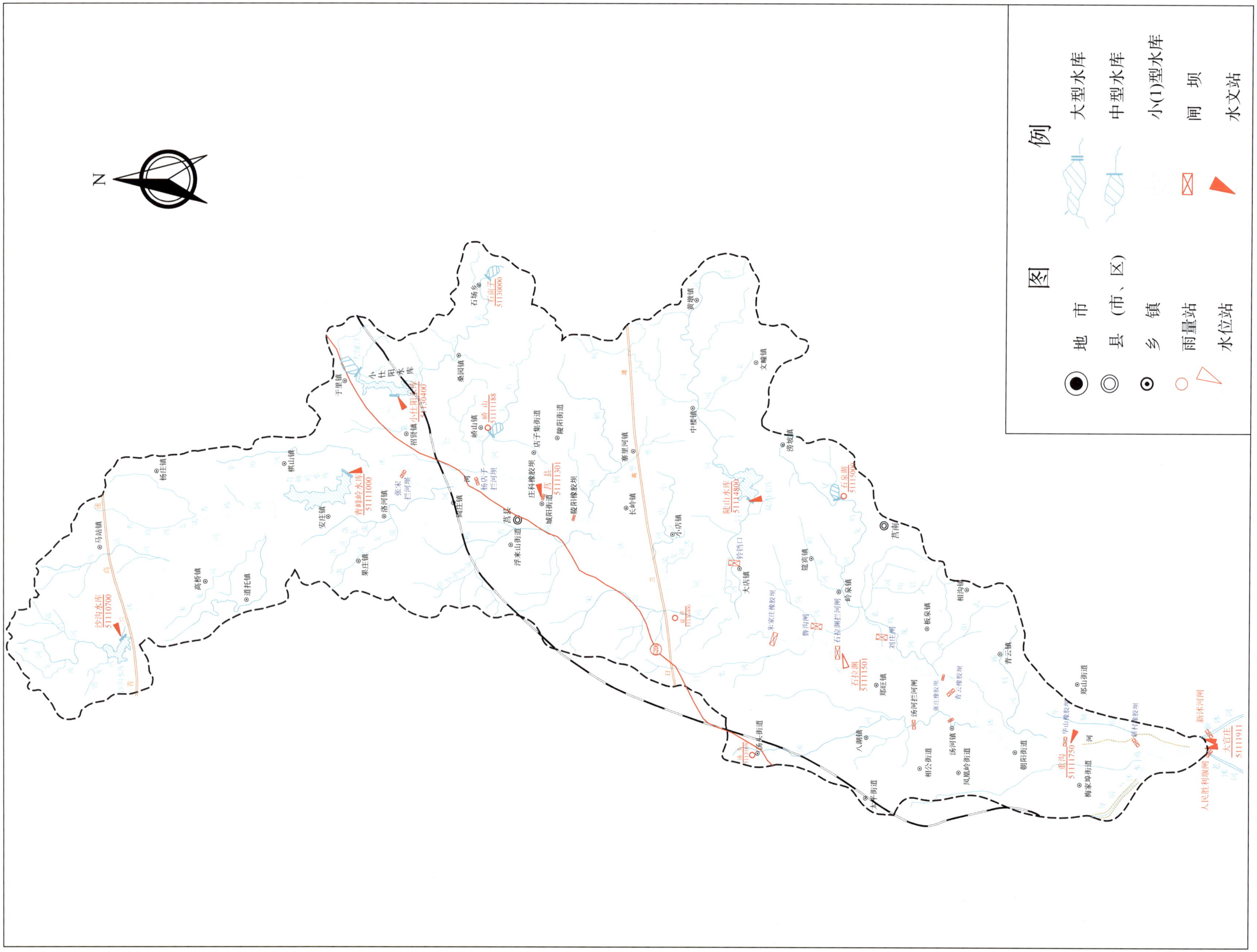

图 20-1 沭河大官庄站以上流域图

表 20-11　沭河大官庄站降雨径流分析成果表

序号	降雨起讫时间							流域平均雨量 P（mm）	前期影响雨量 P_a（mm）	降雨历时（h）		暴雨中心	洪水发生时间									洪水历时 $T_{洪}$（h）	洪峰流量 Q_m（m^3/s）	净峰流量 $Q'_{m净}$（m^3/s）	地表径流总量 W（万 m^3）	集水面积 F（km^2）	径流深 R（mm）	径流系数 α	改正后的净峰流量 $Q_{m净}$（m^3/s）	主要两段降雨中间时刻到洪峰出现时距 τ（h）
		起			讫					全部 T	有效 T_c		起涨			峰顶			落平											
	年	月	日	时	月	日	时						月	日	时	月	日	时	月	日	时									
1	1960	6	26	20	6	28	0	81.7	52.0	28	14	中上游	6	26	20	6	28	4.3	6	30	2	78	1 190	1 140	14 040	2 882	48.7	0.60	1 143	22
2	1960	6	30	2	6	30	22	73.5	51.0	20	8	中下游	6	29	20	7	1	2.7	7	3	10	86	1 450	1 320	14 470	2 882	50.2	0.68	1 324	20
3	1960	7	2	4	7	3	8	69.4	60.0	28	14	中上游	7	2	19	7	3	10	7	5	14	67	2 200	1 940	18 290	2 882	63.5	0.91	1 945	19
4	1960	7	26	22	7	28	4	95.7	17.0	30	12	中下游	7	27	12	7	28	4.5	7	31	12	96	2 080	2 010	18 400	2 882	63.8	0.67	2 016	17
5	1960	8	16	6	8	17	14	139.6	9.0	32		上游	8	16	14	8	18	1	8	21	5	111	2 440	2 370	24 118	2 882	83.7	0.60	2 377	
6	1960	8	27	2	8	28	8	58.5	19.0	30	10.8	中下游	8	27	12	8	28	10.5	9	2	12	144	438	372	5 465	2 882	19.0	0.32	373	24
7	1960	9	5	8	9	6	10	55.6	36.0	26	13	中下游	9	6	2	9	6	19.5	9	9	23	93	1 200	1 080	9 000	2 882	31.2	0.56	1 083	17
8	1960	9	25	8	9	26	8	57.0	16.0	24	20	中游	9	26	2	9	26	19.5	9	29	20	90	500	460	5 418	2 882	18.8	0.33	461	17
9	1961	7	5	8	7	6	6	85.5	15.0	22	9	中下游	7	6	6	7	6	14	7	9	10	76	1 760	1 698	11 520	2 882	40.0	0.47	1 703	16
10	1961	7	14	0	7	14	16	37.6	50.0	16	10	上游	7	15	2	7	15	10	7	17	18	64	1 020	850	6 336	2 882	22.0	0.59	852	26
11	1961	8	8	0	8	9	4	36.2	21.0	28	10	中下游	8	8	20	8	9	5	8	11	2	54	632	577	3 780	2 882	13.1	0.36	579	13
12	1961	8	19	0	8	19	16	24.8	19.0	16	6	中游	8	20	0	8	20	12	8	22	18	66	29.5	258	1 814	2 882	6.3	0.25	259	27
13	1961	9	7	0	9	7	18	30.0	21.0	18	6	中游	9	8	0	9	8	7.5	9	11	6	78	229	209	2 059	2 882	7.1	0.24	210	24
14	1961	9	20	2	9	20	18	48.9	22.0	16	11	中上游	9	20	18	9	21	11	9	25	2	104	491	450	4 788	2 882	16.6	0.34	451	27
15	1962	7	12	18	7	14	6	174.4	24.0	36	5	中上游	7	14	6	7	14	15.3	7	17	12	78	5 180	5 060	31 709	2 882	110.0	0.63	5 074	16
16	1962	7	18	18	7	19	18	29.1	31.0	24	8	上游	7	20	0	7	20	15.5	7	22	12	60	466	338	2 592	2 882	9.0	0.31	339	29
17	1962	7	25	4	7	26	12	59.4	36.0	32	12	上游	7	26	0	7	26	15.5	7	29	6	78	1 480	1 340	10 260	2 882	35.6	0.60	1 344	22
18	1962	9	1	0	9	1	22	33.4	8.0	22	8	中下游	9	1	6	9	2	6	9	5	16	106	233	163	1 714	2 882	5.9	0.18	163	20
19	1963	7	15	8	7	16	12	33.2	37.0	28	11	中下游	7	16	0	7	16	18.5	7	18	12	60	870	710	5 040	2 882	17.5	0.53	712	20
20	1963	7	18	20	7	20	8	111.1	39.0	36	12	上游	7	19	12	7	20	15	7	22	18	78	2 570	2 345	20 740	2 882	72.0	0.65	2 352	18
21	1963	7	22	8	7	23	4	19.1	44.0	20	10	上游	7	23	12	7	24	5	7	25	6	42	535	277	2 232	2 882	7.7	0.40	278	32
22	1963	7	27	20	7	28	24	69.5	39.0	28	11.3	中游	7	28	0	7	29	1.3	7	30	14	62	1 700	1 454	13 500	2 882	46.8	0.67	1 458	21
23	1963	7	29	10	7	30	18	70.4	59.0	32	5	上游	7	30	0	7	30	17.5	8	2	0	72	2 100	1 820	16 020	2 882	55.6	0.79	1 825	20
24	1963	8	29	8	8	30	18	46.4	20.0	34	8	上游	8	30	12	8	31	3.7	9	3	12	96	571	472	3 960	2 882	13.7	0.30	473	27
25	1970	7	22	16	7	23	24	117.2	49.0	32	11	中下游	7	23	0	7	23	20.5	7	26	14	86	2 685	2 511	23 616	2 882	81.9	0.70	2 518	18.5
26	1971	8	27	8	8	29	8	86.4	44.0	48	26	中下游	8	28	6	8	29	23	9	1	14	104	1 825	1 566	18 000	2 882	62.5	0.72	1 570	22
27	1972	8	25	0	8	26	2	70.7	31.0	26	15	中游	8	25	0	8	26	9	8	29	6	102	989	968	9 936	2 882	34.5	0.49	971	27
28	1974	7	23	13	7	25	6	123.3	21.8	41		中游	7	24	6	7	25	17.2	7	28	18	108	1 330	1 270	17 404	2 882	60.4	0.49	1 274	25.2
29	1974	8	13	0	8	13	22	251.3	58.5	22	17	中上游	8	13	0	8	14	13	8	17	4	100	5 400	4 550	67 671	3 035	223.0	0.89	—	22
30	1975	8	14	0	8	15	20	159.8	15.4	44	20	中上游	8	14	17	8	15	14	8	20	0	127	2 248	2 188	22 482	2 894	77.7	0.49	2 188	22
31	1980	6	15	18	6	16	20	117.5	14.0	26	11	上游	6	16	21	6	17	11.5	6	20	2	77	1 120	1 086	8 352	2 894	28.9	0.25	1 086	25
32	1990	8	2	22	8	5	4	126.5	21.1	54	12.9	中下游	8	3	0	8	5	3	8	10	18	186	1 065	1 035	18 522	2 894	64.0	0.51	1 035	49
33	1990	8	15	18	8	16	18	126.9	40.3	24	12.3	上游	8	16	5	8	17	7	8	19	14	81	2 770	2 612	24 480	2 894	84.6	0.67	2 612	21

续表

序号	降雨起讫时间							流域平均雨量 P（mm）	前期影响雨量 P_a（mm）	降雨历时（h）		暴雨中心	洪水发生时间									洪水历时 $T_{洪}$（h）	洪峰流量 Q_m（m^3/s）	净峰流量 $Q'_{m净}$（m^3/s）	地表径流总量 W（万 m^3）	集水面积 F（km^2）	径流深 R（mm）	径流系数 α	改正后的净峰流量 $Q_{m净}$（m^3/s）	主要两段降雨中间时刻到洪峰出现时距 τ（h）
	起				讫					全部 T	有效 T_c		起涨			峰顶			落平											
	年	月	日	时	月	日	时						月	日	时	月	日	时	月	日	时									
34	1991	7	24	10	7	25	8	99.4	24.0	22	10	中下游	7	25	10	7	25	23	7	29	6	92	1 518	1 438	12 780	2 894	44.2	0.44	1 438	23
35	1993	8	4	17	8	5	14	101.8	22.0	21	18	下游	8	4	22	8	5	20	8	8	20	94	1 500	1 440	15 084	2 894	52.1	0.51	1 440	24
36	1994	8	23	9	8	24	13	102.4	6.5	28	20	中上游	8	24	16	8	25	13	8	27	14	70	727	633	7 032	2 894	24.3	0.24	633	29
37	1994	8	29	22	8	30	6	42.4	47.6	8	8	中下游	8	30	8	8	31	6	9	2	14	78	633	523	5 713	2 894	19.7	0.46	523	26
38	1997	8	19	1	8	20	18	216.6	7.9	41	18.3	上游	8	19	12	8	21	5	8	23	24	108	1 942	1 922	19 008	2 894	65.7	0.30	1 922	29
39	2000	8	30	5	8	31	18	130.1	43.4	37	29	下游	8	30	9.5	8	31	18	9	3	16	102.5	1 816	1 719	20 352	2 894	70.3	0.54	1 719	19
40	2003	8	29	6	8	30	14	56.3	43	32	30	中下游	8	30	0	8	31	12	9	4	6	126	796	672	9 817	2 894	33.9	0.60	672	28
41	2004	8	16	2	8	17	9	62.6	24	31	24	中游	8	16	20	8	18	8	8	22	12	136	554	446	6 811	2 894	23.5	0.38	446	30
42	2004	9	14	8	9	14	20	74.9	5.7	12	12	中下游	9	15	2	9	15	16	9	19	6	100	545	458	6 023	2 894	20.8	0.28	458	26
43	2005	7	16	17	7	17	13	31.6	24.9	20	8	下游	7	17	6	7	18	12	7	20	20	86	252	207	2 856	2 894	9.9	0.31	207	27
44	2005	8	10	12	8	11	5	32.8	38.4	17	5	下游	8	11	8	8	12	3	8	14	6	70	405	280	2 845	2 894	9.8	0.30	280	24
45	2005	9	20	0	9	21	8	130.5	17.5	32	29	中上游	9	20	8	9	21	21	9	25	20	132	1 386	1 264	20 743	2 894	71.7	0.55	1 264	36
46	2008	7	22	18	7	24	1	71.7	36.1	31	24	中下游	7	23	6	7	24	12	7	27	20	110	743	575	9 904	2 894	34.2	0.48	575	27
47	2008	7	30	21	7	31	16	49.3	32.2	19	10	中下游	7	31	8	8	1	6	8	3	20	84	852	661	6 410	2 894	22.1	0.45	661	23
48	2008	8	21	5	8	21	21	77.4	43.4	16	15	中下游	8	21	6	8	22	10	8	25	20	110	1 419	1 242	15 285	2 894	52.8	0.68	1 242	22
49	2009	8	17	20	8	18	8	78.5	6.8	12	9	中下游	8	18	8	8	19	0	8	21	20	84	871	763	6 926	2 894	23.9	0.30	763	21
50	2012	7	7	22	7	8	23	83.3	32.9	25	17	中游	7	8	14	7	8	17	7	11	14	72	1 010	1 010	10 320	2 894	35.7	0.43	1 010	10
51	2012	7	9	14	7	10	12	86.8	56.2	22	11	中游	7	10	0	7	10	17	7	15	13	133	2 478	2 478	20 310	2 894	70.2	0.81	2 478	13
52	2012	7	22	16	7	23	19	111.0	11.7	27	9	中游	7	23	12	7	23	17	7	26	18	78	1 950	1 950	16 120	2 894	55.7	0.50	1 950	17
53	2017	7	15	20	7	16	4	52.0	51.4	8	8	下游	7	15	9	7	16	22	7	18	14	77	681	676	10 220	2 894	35.3	0.68	676	23
54	2018	8	18	8	8	20	8	129.5	49.1	48	34	下游	8	18	16	8	20	18	8	22	2	82	5 290	3 920	30 720	2 894	106.2	0.82	3 920	20
55	2019	8	10	8	8	11	19	172.9	34.0	35	17	上游	8	10	9	8	11	22	8	14	17	104	5 180	4 090	33 610	2 894	116.1	0.67	4 090	22
56	2020	7	22	2	7	23	0	120.3	28.3	22	11	下游	7	22	13	7	23	14	7	25	0	59	3 180	2 420	16 010	2 894	55.3	0.46	2 420	18
57	2020	8	13	20	8	14	23	252.8	27.9	27	18	中游	8	14	11	8	14	21	8	17	13	74	9 230	5 460	48 520	2 894	167.7	0.66	5 460	16
58	2020	8	26	1	8	27	7	58.5	25.6	30	15	下游	8	25	8	8	27	6	8	28	8	72	1 640	800	8 180	2 894	28.3	0.48	800	26

表 20-12　沭河大官庄站降雨径流预报精度评定表

序号	洪号	流域平均雨量 P（mm）	前期影响雨量 P_a（mm）	实测径流深 $R_{实}$（mm）	预报径流深 $R_{预}$（mm）	预报误差（mm）	许可误差（mm）	评定结果	
								合格	不合格
1	600628	81.7	52.0	48.7	57.3	8.6	9.7	√	
2	600701	73.5	51.0	50.2	49.4	−0.8	10.0	√	
3	600703	69.4	60.0	63.5	53.5	−10.0	12.7	√	
4	600728	95.7	17.0	63.8	41.0	−22.8	12.8		√
5	600818	139.6	9.0	83.7	68.0	−15.7	16.7	√	
6	600828	58.5	19.0	19.0	19.8	0.8	3.8	√	
7	600906	55.6	36.0	31.2	26.2	−5.0	6.2	√	
8	600926	57.0	16.0	18.8	17.8	−1.0	3.8	√	
9	610706	85.5	15.0	40.0	32.9	−7.1	8.0	√	
10	610715	37.6	50.0	22.0	21.6	−0.4	4.4	√	
11	610809	36.2	21.0	13.1	10.4	−2.7	3.0	√	
12	610820	24.8	19.0	6.3	5.9	−0.4	3.0	√	
13	610908	30.0	21.0	7.1	8.0	0.9	3.0	√	
14	610921	48.9	22.0	16.6	16.3	−0.3	3.3	√	
15	620714	174.4	24.0	110.0	114.3	4.3	20.0	√	
16	620720	29.1	31.0	9.0	10.1	1.1	3.0	√	
17	620726	59.4	36.0	35.6	28.6	−7.0	7.1	√	
18	620902	33.4	8.0	5.9	6.4	0.5	3.0	√	
19	630716	33.2	37.0	17.5	13.8	−3.7	3.5		√
20	630720	111.1	39.0	72.0	70.4	−1.6	14.4	√	
21	630724	19.1	44.0	7.7	8.4	0.7	3.0	√	
22	630729	69.5	39.0	46.8	37.0	−9.8	9.4		√
23	630730	70.4	59.0	55.6	53.6	−2.0	11.1	√	
24	630831	46.4	20.0	13.7	14.4	0.7	3.0	√	
25	700723	117.2	49.0	81.9	85.8	3.9	16.4	√	
26	710829	86.4	44.0	62.5	54.3	−8.2	12.5	√	
27	720826	70.7	31.0	34.5	33.0	−1.5	6.9	√	
28	740725	123.3	21.8	60.4	66.3	5.9	12.1	√	
29	740814	251.3	58.5	223.0	224.1	1.1	20.0	√	
30	750815	159.8	15.4	77.7	92.3	14.6	15.5	√	
31	800617	117.5	14.0	28.9	54.7	25.8	5.8		√
32	900805	126.5	21.1	64.0	68.3	4.3	12.8	√	
33	900817	126.9	40.3	84.6	85.5	0.9	16.9	√	
34	910725	99.4	24.0	44.2	48.8	4.6	8.8	√	
35	930805	101.8	22.0	52.1	49.3	−2.8	10.4	√	
36	940825	102.4	6.5	24.3	37.8	13.5	4.9		√
37	940831	42.4	47.6	19.7	23.6	3.9	3.9	√	
38	970821	216.6	7.9	65.7	139.1	73.4	13.1		√
39	000831	130.1	43.4	70.3	91.5	21.2	14.1		√
40	030831	56.3	43.0	33.9	30.5	−3.4	6.8	√	
41	040818	62.6	24.0	23.5	24.5	1.0	4.7	√	
42	040915	74.9	5.7	20.8	21.6	0.8	4.2	√	
43	050718	31.6	24.9	9.9	9.6	−0.3	3.0	√	
44	050812	32.8	38.4	9.8	14.0	4.2	3.0		√
45	050921	130.5	17.5	71.7	68.3	−3.4	14.3	√	
46	080724	71.7	36.1	34.2	36.9	2.7	6.8	√	
47	080801	49.3	32.2	22.1	20.6	−1.5	4.4	√	
48	080822	77.4	43.4	52.8	46.4	−6.4	10.6	√	
49	090819	78.5	6.8	23.9	24.0	0.1	4.8	√	
50	120708	83.3	32.9	35.7	42.8	7.1	7.1	√	
51	120710	86.8	56.2	70.2	65.6	−4.6	14.0	√	
52	120723	111.0	11.7	55.7	47.7	−8.0	11.1	√	
53	170716	52.0	51.4	35.3	32.7	−2.6	7.1	√	
54	180820	129.5	49.1	106.2	96.7	−9.5	20.0	√	
55	190811	172.9	34.0	116.1	123.0	6.9	20.0	√	
56	200723	120.3	28.3	55.3	69.3	14.0	11.1		√
57	200814	252.8	27.9	167.7	195.0	27.3	20.0		√
58	200827	58.5	25.6	28.3	22.9	−5.4	5.7	√	

备注：1. 许可误差 = 实测值的 20%，以 20.0 mm 为上限，以 3.0 mm 为下限；2. 合格率 =82.8%；3. 本方案等级为乙等。

表 20-13　沭河大官庄站峰量关系预报精度评定表

序号	洪号	实测径流深 $R_{实}$（mm）	有效降雨历时 T_c（h）	净峰流量（m^3/s）		预报误差（m^3/s）	许可误差（m^3/s）	评定结果	
				实测 $Q_{m净实}$	预报 $Q_{m净预}$			合格	不合格
1	600703	63.5	14	1 945	1 870	−75	389	√	
2	600728	63.8	12	2 016	2 030	14	403	√	
3	600906	31.2	13	1 083	873	−210	217	√	
4	610706	40.0	9	1 703	1 380	−323	341	√	
5	610715	22.0	10	852	657	−195	170		√
6	610809	13.1	10	579	369	−210	116		√
7	610820	6.3	6	259	227	−32	51.8	√	
8	610908	7.1	6	210	256	46	42.0		√
9	610921	16.6	11	451	458	7	90.2	√	
10	620714	110.0	5	5 074	4 820	−254	1 015	√	
11	620720	9.0	8	339	284	−55	67.8	√	
12	620726	35.6	12	1 344	1 060	−284	269		√
13	630716	17.5	11	712	485	−227	142		√
14	630720	72.0	12	2 352	2300	−52	470	√	
15	630729	46.8	11.3	1 458	1 480	22	292	√	
16	630831	13.7	8	473	450	−23	94.7	√	
17	700723	81.9	11	2 518	2 720	202	504	√	
18	710829	62.5	26	1 570	1 360	−210	314	√	
19	720826	34.5	15	971	907	−64	194	√	
20	750815	77.7	20	2 188	1 960	−228	438	√	
21	800617	28.9	11	1 086	867	−219	217		√
22	900817	84.6	12.3	2 612	2 700	88	522	√	
23	910725	44.2	10	1 438	1 450	12	288	√	
24	930805	52.1	18	1 440	1 340	−100	288	√	
25	940825	24.3	20	633	487	−146	127		√
26	940831	19.7	8	523	684	161	105		√
27	970821	65.7	18.3	1 922	1 720	−202	384	√	
28	000831	70.3	29	1 719	1 570	−149	344	√	
29	030831	33.9	30	672	629	−43	134	√	
30	040818	23.5	24	446	402	−44	89.2	√	
31	040915	20.8	12	458	561	103	91.6		√
32	050718	9.9	8	207	218	11	41.4	√	
33	050812	9.8	5	280	436	156	56.0		√
34	050921	71.7	29	1 264	1 600	336	253		√
35	080724	34.2	24	575	660	85	115	√	
36	080801	22.1	10	661	660	−1	132	√	
37	080822	52.8	15	1 242	1 480	238	248	√	
38	090819	23.9	9	763	777	14	153	√	
39	120708	35.7	17	1 010	887	−123	202	√	
40	120710	70.2	11	2 478	2 320	−158	496	√	
41	120723	55.7	9	1 950	1 960	10	390	√	
42	180820	106.2	34	3 920	2 410	−1 510	784		√
43	190811	116.1	17	4 090	3 290	−800	818	√	
44	200723	55.3	11	2 420	1 860	−560	484		√
45	200814	167.7	18	5 460	4 700	−760	1 092	√	
46	200827	28.3	15	800	708	−92	160	√	

备注：1. 预报误差 = 预报值 − 实测值；2. 许可误差 = 实测值的 20%；3. 合格率 =71.7%；4. 本方案等级为乙等。

表 20–14　沭河大官庄站主要两段降雨中间时刻到洪峰出现时距预报精度评定表

序号	洪号	实测径流深 $R_{实}$（mm）	暴雨中心位置	主要两段降雨中间时刻到洪峰出现时距（h）		预报误差（h）	许可误差（h）	评定结果	
				实测 τ	预报 τ_1			合格	不合格
1	600701	50.2	中下游	20	17.8	−2.2	6.0	√	
2	600703	63.5	中上游	19	21.6	2.6	5.7	√	
3	600728	63.8	中下游	17	17.0	0.0	5.1	√	
4	600828	19.0	中下游	24	22.1	−1.9	7.2	√	
5	600906	31.2	中下游	17	19.9	2.9	5.1	√	
6	610706	40.0	中下游	16	18.8	2.8	4.8	√	
7	610715	22.0	上游	26	28.0	2.0	7.8	√	
8	610820	6.3	中游	27	30.5	3.5	8.1	√	
9	610908	7.1	中游	24	29.8	5.8	7.2	√	
10	610921	16.6	中上游	27	29.6	2.6	8.1	√	
11	620714	110.0	中上游	16	18.9	2.9	4.8	√	
12	620720	9.0	上游	29	32.0	3.0	8.7	√	
13	620726	35.6	上游	22	24.7	2.7	6.6	√	
14	620902	5.9	中下游	20	26.9	6.9	6.0		√
15	630716	17.5	中下游	20	22.4	2.4	6.0	√	
16	630720	72.0	上游	18	21.0	3.0	5.4	√	
17	630724	7.7	上游	32	32.8	0.8	9.6	√	
18	630729	46.8	中游	21	20.6	−0.4	6.3	√	
19	630730	55.6	上游	20	22.2	2.2	6.0	√	
20	630831	13.7	上游	27	30.3	3.3	8.1	√	
21	700723	81.9	中下游	18.5	16.3	−2.2	5.6	√	
22	720826	34.5	中游	27	22.2	−4.8	8.1	√	
23	750815	77.5	中上游	22	20.5	−1.5	6.6	√	
24	800617	28.9	上游	25	25.9	0.9	7.5	√	
25	900805	64.0	中下游	49	17.0	−32.0	14.7		√
26	900817	84.6	上游	21	20.1	−0.9	6.3	√	
27	910725	44.1	中下游	23	18.4	−4.6	6.9	√	
28	930805	52.1	下游	24	17.7	−6.3	7.2	√	
29	940825	24.3	中上游	29	27.3	−1.7	8.7	√	
30	940831	20.2	中下游	26	21.8	−4.2	7.8	√	
31	970821	65.7	上游	29	21.4	−7.6	8.7	√	
32	000831	70.3	下游	19	16.7	−2.3	5.7	√	
33	030831	33.9	中下游	28	19.6	−8.4	8.4	√	
34	040818	23.5	中游	30	24.3	−5.7	9.0	√	
35	040915	20.8	中下游	26	21.7	−4.3	7.8	√	
36	050718	9.9	下游	27	26.3	−0.7	8.1	√	
37	050812	9.8	下游	24	24.5	0.5	7.2	√	
38	050921	71.7	中上游	36	21.0	−15.0	10.8		√
39	080724	34.2	中下游	27	19.6	−7.4	8.1	√	
40	080801	22.1	中下游	23	21.4	−1.6	6.9	√	
41	080822	52.8	中下游	22	17.7	−4.3	6.6	√	
42	090819	23.9	中下游	21	21.0	0.0	6.3	√	
43	120708	35.7	中下游	10	19.4	9.4	3.0		√
44	120710	70.2	中下游	13	16.7	3.7	3.9	√	
45	120723	55.7	中游	17	19.8	2.8	5.1	√	
46	170716	35.3	下游	23	19.4	−3.6	6.9	√	
47	180820	106.2	中下游	20	15.9	−4.1	6.0	√	
48	190811	116.1	上游	22	19.0	−3.0	6.6	√	
49	200723	55.3	下游	18	17.6	−0.4	5.4	√	
50	200814	167.7	中下游	16	15.2	−0.8	4.8	√	
51	200827	28.3	中下游	26	20.3	−5.7	7.8	√	

备注：1. 预报误差 = 预报值 τ_1– 实测值 τ；许可误差 = 实测 τ 的 30%，以 3 h 为下限；2. 合格率 =92.2%；3. 本方案等级为甲等。

表 20–15　沭河大官庄站流域分级单位线成果表

单位：m^3/s

时段	分级单位线流量										时段	分级单位线流量									
	1 号	2 号	3 号	4 号	5 号	6 号	7 号	8 号	9 号	10 号		1 号	2 号	3 号	4 号	5 号	6 号	7 号	8 号	9 号	10 号
（峰值）	252	275	300	325	350	375	400	425	450	472	（峰值）	252	275	300	325	350	375	400	425	450	472
0	0	0	0	0	0	0	0	0	0	0	31	103	109.5	116	32.1	31.9	39.2	27	17.7	11.7	5.92
1	0	0	0	0	0	0	0	0	0	0	32	90	95.30	100.7	27.6	28.2	33.4	23	14.7	10	5.82
2	0	0	0	0	0	0	0	0	0	0	33	79	83.90	89.1	23.7	24.8	30.3	19	11.5	13.8	7.3
3	0	0	0	3.7	0	0	5	0	0	0	34	68	73.30	78.8	19.3	22.3	27.4	17	8.4	11.7	5.92
4	0	0	0	6.7	0	0	10	0	0	0	35	58	63.20	69	15.6	19.7	25	13	5.3	10	5.82
5	0.4	0.30	0	11.8	3.3	0.8	18	115	129.7	143	36	49	54.30	60.5	11.7	17.3	21.5	11	2.8	8	4.65
6	0.9	0.6	0.1	21.6	10.7	7.6	143	282.8	300.3	316	37	42	47.4	53.5	9.3	15.3	18.7	9	0.5	6.8	4.02
7	2.0	1.2	0.2	54.6	34.6	19.5	386	378.5	400.6	420	38	36	40.9	46.6	5.3	13.2	16.2	7	0.4	4.2	3.17
8	3.4	2.0	0.4	135.1	121	48.4	400	407.5	437.4	464	39	30	35.2	41.5	4.5	11.6	14.9	6	0.2	2.8	2.85
9	7.0	4.4	0.9	206.3	194	79.3	355	425	450	472	40	25.6	31	37.4	3.9	10.5	13.8	5	0.1	1.2	1.69
10	16.0	9.9	2.1	268.6	280.5	228.5	325	389.6	422.6	452	41	20.0	25.9	33.2	3.5	9.2	11.7	3	0	0.9	1.48
11	30.0	18.8	4.1	302.5	326.1	287.2	295	344.7	370.3	393	42	15.2	21.3	29.1	3.1	7.8	8.8	1		0.6	0.95
12	50.0	31.3	6.8	321.9	350	375	249	277.4	299.3	319	43	11	17.2	24.8	2.8	6.6	7.1	0		0.3	0.42
13	71.0	45.8	12.4	325	331.5	331	208	223.7	224.3	224	44	8	14.7	22.1	2.4	5.1	4.1			0	0.11
14	93.0	61.1	18.9	300.7	294.9	279.1	176	167.8	160.5	169	45	6	11.8	19.1	2	4.1	3				0
15	117	78.4	27.2	274.9	266.8	244.3	155	134.2	134.1	131	46	4	9.4	16.2	1.6	3	1.9				
16	144	100.7	43.2	250.2	234	229.4	142	117.4	107.5	96.9	47	2	6.9	13.2	1.2	1.6	0.4				
17	176	136.1	82.3	211.3	199.7	208	128	101	87.8	75.2	48	0	4.5	10.3	0.7	1.1	0.2				
18	225	206	177.9	179.8	178.9	191	116	84.2	69.6	55.6	49		3.8	8.7	0.5	0	0				
19	245	261.2	277.8	151.9	153.4	174.2	106	72.5	58.6	45.2	50		3	6.8	0						
20	250	270.7	292.8	135.4	131.1	153.9	96	64.8	51.4	38.6	51		2.3	5.3							
21	252	275	300	116.4	107.2	135.7	88	56.8	43.7	31.3	52		1.5	3.4							
22	248	268.6	290.6	100.1	94.1	124.4	81	51.2	38.8	26.7	53		0.8	1.8							
23	240	250.3	266	87.2	84.8	112.6	72	45.8	34.6	24.1	54		0	0							
24	228	233.9	244.9	76.3	77.1	102.9	64	41.4	29.8	19.1											
25	215	218.8	228.5	69.3	68.7	91.7	57	37.8	26.9	16.5											
26	195	198.2	208.4	60.9	61.4	81.5	51	34.5	24.5	15											
27	169	174.8	188.6	52.4	54	71.1	45	32.2	22.5	13											
28	148	154	170.7	45.8	48.2	63	40	27.9	19.4	11.2											
29	131	136.2	152	40.4	41.8	53.7	35	24.5	16.7	9.52											
30	116	123.3	133.4	36.7	37.2	47.4	33	20.9	13.8	7.3											

表 20-16　沭河石拉渊站洪峰水位 – 大官庄站洪峰流量相关因素成果表

序号	洪号	石拉渊站洪峰						大官庄站洪峰					石拉渊站至大官庄站洪峰传播时间 $\tau_{石—大}$（h）	下游雨量与上游雨量比值 K（$P_{下}$ / $P_{上}$）	大官庄沭河流量在预见期内的变幅 ΔQ（m^3/s）	备注
		年	月	日	时	水位 $Z_{m石}$（m）	流量（m^3/s）	年	月	日	时	沭河总流量 $Q_{m大}$（m^3/s）				
1	560905	1956	9	5	12.5	78.40	4 530	1956	9	5	23.9	4 818	11.4	1.03	3 230	
2	570711	1957	7	11	8.9	78.31	4 404	1957	7	11	19.4	5 401	10.5	0.47	2 030	
3	570713	1957	7	13	9.3	76.70	2 210	1957	7	13	18.8	3 476	9.4	1.67	602	
4	570716	1957	7	15	18.5	78.05	4 040	1957	7	16	3.8	5 016	9.3	1.43	1 820	
5	600628	1960	6	27	20	75.33	919	1960	6	28	4.3	1 200	8.3	0.75	240	
6	600701	1960	6	30	14.2	75.33	919	1960	7	1	2.7	1 450	12.6	1.45	960	
7	600703	1960	7	3	2.3	76.11	1 531	1960	7	3	10	2 150	7.7	0.87	790	
8	600728	1960	7	27	16.7	76.25	1 675	1960	7	28	4.5	2 040	11.8	1.82	1 970	
9	600817	1960	8	16	14.5	74.84	621	1960	8	17	2.2	920	11.7	4.32	870	
10	600818	1960	8	17	14.7	76.70	2 210	1960	8	18	0.5	2 360	9.7	0.42	1 720	
11	600906	1960	9	6	9.7	75.00	701	1960	9	6	19.5	1 200	9.7	2.47	860	
12	610706	1961	7	6	4.5	75.97	1 416	1961	7	6	14	1 740	9.5	1.09	1 680	
13	610715	1961	7	14	23.5	75.61	1 133	1961	7	15	10	1 060	10.5	0.00	980	
14	620714	1962	7	14	6	78.42	4 588	1962	7	14	15.3	5 180	9.3	0.45	5 150	
15	620726	1962	7	26	5	75.88	1 344	1962	7	26	15.5	1 477	10.5	0.36	1 300	
16	630716	1963	7	16	7.3	74.50	480	1963	7	16	18.5	820	11.2	4.27	663	
17	630720	1963	7	20	6.5	76.58	2 056	1963	7	20	15	2 572	8.5	0.80	979	
18	630728	1963	7	28	14	75.70	1 203	1963	7	28	23.9	1 690	10.9	1.43	860	
19	630730	1963	7	30	9.3	76.31	1 741	1963	7	30	17.5	2 097	8.2	0.44	1 058	
20	640718	1964	7	18	8.5	75.36	941	1964	7	18	19	1 090	10.5	0.43	660	
21	640807	1964	8	7	3.2	74.91	655	1964	8	7	13	800	9.7	0.60	655	
22	650710	1965	7	10	7	76.05	1 481	1965	7	10	17	1 740	10.0	0.78	1 620	
23	650721	1965	7	20	19.2	75.18	813	1965	7	21	7	926	11.8	0.67	526	
24	650728	1965	7	28	10.3	75.21	833	1965	7	28	19.3	1 240	9.0	1.58	715	
25	650805	1965	8	5	2	75.70	1 203	1965	8	5	8.5	1 770	6.5	1.22	300	
26	660722	1966	7	21	18	75.31	904	1966	7	22	5.5	1 080	11.5	0.43	1 072	
27	660725	1966	7	24	20.5	74.55	498	1966	7	25	6	762	9.5	0.75	322	
28	670903	1967	9	3	3.5	74.42	454	1967	9	3	15	628	11.5	1.05	168	
29	700723	1970	7	23	8	75.60	1 125	1970	7	23	19.5	2 750	11.5	3.81	2 452	
30	700726	1970	7	26	12	75.43	994	1970	7	26	22	1 538	10.0	1.01	665	
31	700730	1970	7	30	11	76.47	1 924	1970	7	30	23	2 002	12.0	0.26	1 699	
32	700807	1970	8	6	17	74.26	408	1970	8	7	7	668	14.0	1.45	520	
33	700917	1970	9	17	10.5	74.66	540	1970	9	17	23	745	12.5	1.16	341	
34	710702	1971	7	1	17	76.30	1 730	1971	7	2	4.4	1 750	11.4	0.43	1 060	
35	710703	1971	7	3	2.5	74.78	593	1971	7	3	16	604	13.5	0.59	134	
36	710711	1971	7	10	18.5	75.43	994	1971	7	11	6	999	11.5	0.56	489	
37	710803	1971	8	2	22.5	74.77	589	1971	8	3	12.5	838	14.0	0.76	583	
38	710810	1971	8	9	19.3	75.55	1 087	1971	8	10	9	1 550	13.7	0.63	825	

续表

序号	洪号	石拉渊站洪峰						大官庄站洪峰					石拉渊站至大官庄站洪峰传播时间 $\tau_{石—大}$（h）	下游雨量与上游雨量比值 K（$P_{下}$ / $P_{上}$）	大官庄沭河流量在预见期内的变幅 ΔQ（m^3/s）	备注
		年	月	日	时	水位 $Z_{m石}$（m）	流量（m^3/s）	年	月	日	时	沭河总流量 $Q_{m大}$（m^3/s）				
39	710819	1971	8	18	22	74.55	498	1971	8	19	14	534	16.0	0.90	449	
40	710823	1971	8	22	16	75.89	1 352	1971	8	23	0	1 680	8.0	0.87	440	
41	710829	1971	8	29	15	75.85	1 321	1971	8	29	23	1 880	8.0	1.92	370	
42	720703	1972	7	2	20.3	74.47	470	1972	7	3	8.9	615	12.6	1.23	427	
43	720826	1972	8	25	18	74.94	670	1972	8	26	9	989	15.0	1.00	857	
44	750815	1975	8	15	3.5	76.44	1 888	1975	8	15	12.5	2 248	9.0	1.00	1 613	
45	900804	1990	8	4	15	74.72	566	1990	8	5	3	1 065	12.0	1.63	915	
46	900805	1990	8	5	9.5	75.43	994	1990	8	5	20	1 065	10.5	1.67	150	
47	900817	1990	8	16	23.5	76.96	2 548	1990	8	17	7.5	2 770	8.5	0.56	770	
48	910725	1991	7	25	11	76.02	1 456	1991	7	25	23	1 518	12.0	1.01	1 261	
49	930805	1993	8	5	11.5	74.69	553	1993	8	5	20.5	1 500	9.0	4.10	1 252	
50	940825	1994	8	24	22	75.11	768	1994	8	25	13	727	15.0	0.83	604	
51	940831	1994	8	30	14.5	74.73	570	1994	8	31	6	633	15.5	0.97	427	
52	970821	1997	8	20	18.5	76.34	1 744	1997	8	21	5	1 942	10.5	1.10	612	
53	000831	2000	8	31	14.5	75.27	875	2000	8	31	18	1 816	3.5	2.05	630	
54	030831	2003	8	30	18.5	74.37	439	2003	8	31	9	796	14.5	1.64	360	
55	040818	2004	8	17	15.5	74.53	490	2004	8	18	8	554	16.5	0.90	373	
56	040915	2004	9	14	22.5	74.35	433	2004	9	15	16	545	17.5	0.73	496	
57	050921	2005	9	21	4	75.37	948	2005	9	21	21	1 386	17.0	0.85	598	
58	070812	2007	8	11	15.5	74.66	540	2007	8	12	4	705	12.5	1.67	432	
59	080724	2008	7	24	8.5	74.55	498	2008	7	24	12	743	3.5	1.25	16	
60	080801	2008	7	31	19	75.27	875	2008	8	1	6	903	11.0	0.92	527	
61	080822	2008	8	22	2.5	74.91	655	2008	8	22	10	1 477	7.5	1.52	210	
62	090819	2009	8	18	11	74.53	491	2009	8	19	0	871	11.0	1.40	767	
63	120710	2012	7	10	12	75.24	866	2012	7	10	22	2 114	10.0	1.04	1 220	
64	120723	2012	7	23	9.5	76.41	1 799	2012	7	23	17	1 953	7.5	0.59	1 953	
65	180820	2018	8	20	9.5	76.9	1 140	2018	8	20	20	4 194	10.5	0.84	3 289	
66	190811	2019	8	11	14.5	76.82	2 218	2019	8	12	0	4 088	9.5	0.73	3 383	
67	200814	2020	8	14	14	78.47	3 801	2020	8	14	21	6 190	7.0	0.70	5 409	

表 20-17　沭河大官庄站洪峰流量（上下游相关）预报精度评定表

序号	洪号	实测洪峰流量 $Q_{实}$（m^3/s）	预报洪峰流量 $Q_{预}$（m^3/s）	$\sigma=Q_{预}-Q_{实}$（m^3/s）	实测变幅 ΔQ_i（m^3/s）	$\Delta Q_i-\Delta Q_0$（m^3/s）	$(\Delta Q_i-\Delta Q_0)^2$	许可误差 $\sigma_{许}$（m^3/s）	评定结果	
									合格	不合格
1	560905	4 818	5 320	502	3 230	2 150	4 622 500	749	√	
2	570711	5 401	5 060	−341	2 030	950	902500	587	√	
3	570713	3 476	3 620	144	602	−478	228 484	394	√	
4	570716	5 016	5 290	274	1 820	740	547 600	559	√	
5	600628	1 200	1 000	−200	240	−840	705 600	345	√	
6	600701	1 450	1 380	−70	960	−120	14 400	443	√	
7	600703	2 150	2 030	−120	790	−290	84 100	420	√	
8	600728	2 040	2 660	620	1 970	890	792 100	579		√
9	600817	920	1 440	520	870	−210	44 100	430		√
10	600818	2 360	2 500	140	1 720	640	409 600	545	√	
11	600906	1 200	1 270	70	860	−220	48 400	429	√	
12	610706	1 740	1 980	240	1 680	600	360 000	540	√	
13	610715	1 060	1 070	10	980	−100	10 000	445	√	
14	620714	5 180	5 030	−150	5 150	4 070	16 564 900	1 008	√	
15	620726	1 477	1 490	13	1 300	220	48 400	488	√	
16	630716	820	1 020	200	663	−417	173 889	402	√	
17	630720	2 572	2 590	18	979	−101	10 201	445	√	
18	630728	1 690	1 790	100	860	−220	48 400	429	√	
19	630730	2 097	2 000	−97	1 058	−22	484	456	√	
20	640718	1 090	1 070	−20	660	−420	176 400	402	√	
21	640807	800	780	−20	655	−425	180 625	401	√	
22	650710	1 740	1 910	170	1 620	540	291 600	532	√	
23	650721	926	1 000	74	526	−554	306 916	384	√	
24	650728	1 240	1 300	60	715	−365	133 225	409	√	
25	650805	1 770	1 720	−50	300	−780	608 400	353	√	
26	660722	1 080	1 040	−40	1 072	−8	64	458	√	
27	660725	762	550	−212	322	−758	574 564	356	√	
28	670903	628	530	−98	168	−912	831 744	336	√	
29	700723	2 750	2 600	−150	2 452	1 372	1 882 384	644	√	
30	700726	1 538	1 380	−158	665	−415	172 225	403	√	
31	700730	2 002	2 090	88	1 699	619	383 161	542	√	
32	700807	668	480	−188	520	−560	313 600	383	√	
33	700917	745	720	−25	341	−739	546 121	359	√	
34	710702	1 750	1 980	230	1 060	−20	400	456	√	
35	710703	604	810	206	134	−946	894 916	331	√	
36	710711	999	1 180	181	489	−591	349 281	379	√	
37	710803	838	710	−128	583	−497	247 009	392	√	
38	710810	1 550	1 320	−230	825	−255	65 025	424	√	

续表

序号	洪号	实测洪峰流量 $Q_{实}$（m^3/s）	预报洪峰流量 $Q_{预}$（m^3/s）	$\sigma=Q_{预}-Q_{实}$（m^3/s）	实测变幅 ΔQ_i（m^3/s）	$\Delta Q_i-\Delta Q_0$（m^3/s）	$(\Delta Q_i-\Delta Q_0)^2$	许可误差 $\sigma_{许}$（m^3/s）	评定结果	
									合格	不合格
39	710819	534	580	46	449	−631	3981 61	374	√	
40	710823	1 680	1 770	90	440	−640	409 600	372	√	
41	710829	1 880	2 150	270	370	−710	504 100	363	√	
42	720703	615	580	−35	427	−653	426 409	371	√	
43	720826	989	910	−79	857	−223	49 729	429	√	
44	750815	2 248	2 520	272	1 613	533	284 089	531	√	
45	900804	1 065	830	−235	915	−165	27 225	436	√	
46	900805	1 065	1 520	455	150	−930	864 900	333		√
47	900817	2 770	2 940	170	770	−310	96 100	417	√	
48	910725	1 518	2 040	522	1 261	181	32 761	483		√
49	930805	1 500	1 210	−290	1 252	172	29 584	482	√	
50	940825	727	1 000	273	604	−476	226 576	395	√	
51	940831	633	730	97	427	−653	426 409	371	√	
52	970821	1 942	2 449	507	612	−468	219 024	396		√
53	000831	1 816	1 500	−316	630	−450	202 500	398	√	
54	030831	796	580	−216	360	−720	518 400	362	√	
55	040818	554	560	6	373	−707	499 849	363	√	
56	040915	545	425	−120	496	−584	341 056	380	√	
57	050921	1 386	1 240	−146	598	−482	232 324	394	√	
58	070812	705	780	75	432	−648	419 904	371	√	
59	080724	743	640	−103	16	−1 064	1 132 096	315	√	
60	080801	903	1 180	277	527	−553	305 809	384	√	
61	080822	1 477	970	−507	210	−870	756 900	341		√
62	090819	871	650	−221	767	−313	97 969	417	√	
63	120710	2 114	1 200	−914	1 220	140	19 600	478		√
64	120723	1 953	2 240	287	1 953	873	762 129	577	√	
65	180820	4 194	3 030	−1 164	3 289	2 209	4 879 681	757		√
66	190811	4 088	2 870	−1 218	3 383	2 303	5 303 809	770		√
67	200814	6 190	5 350	−840	5 409	4 329	18 740 241	1 043	√	

备注：1. 当 $\Delta Q_i=0$ 时，$\sigma_{许}=313\ m^3/s$；2. 当 $\Delta Q_i=\Delta Q_{max}$ 时，$\sigma_{许}=1\ 043\ m^3/s$；3.$\sigma_{许}=0.135\Delta Q_i+313$；4. 合格率 =86.6%，本方案等级为甲等。

表 20-18　石拉渊站洪峰至大官庄站传播时间预报精度评定表

序号	洪号	实测 $\tau_{\text{石—大}}$（h）	查线 $\tau'_{\text{石—大}}$（h）	$\Delta\tau_{\text{石—大}}=\tau'_{\text{石—大}}-\tau_{\text{石—大}}$（h）	许可误差 σ（h）	评定结果	
						合格	不合格
1	560905	11.4	9.1	−2.3	3.4	√	
2	570711	10.5	9.4	−1.1	3.2	√	
3	570713	9.4	8.2	−1.2	3.0	√	
4	570716	9.3	8.7	−0.6	3.0	√	
5	600628	8.3	11.6	3.3	3.0		√
6	600701	12.6	9.8	−2.8	3.8	√	
7	600703	7.7	9.8	2.1	3.0	√	
8	600728	11.8	8.8	−3.0	3.5	√	
9	600817	11.7	8.4	−3.3	3.5	√	
10	600818	9.7	10.2	0.5	3.0	√	
11	600906	9.7	9.2	−0.5	3.0	√	
12	610706	9.5	9.4	−0.1	3.0	√	
13	610715	10.5	12.8	2.3	3.2	√	
14	620714	9.3	9.2	−0.1	3.0	√	
15	620726	10.5	12.0	1.5	3.2	√	
16	630716	11.2	8.6	−2.6	3.4	√	
17	630720	8.5	9.6	1.1	3.0	√	
18	630728	10.9	9.5	−1.4	3.3	√	
19	630730	8.2	10.6	2.4	3.0	√	
20	640718	10.5	12.2	1.7	3.2	√	
21	640807	9.7	12.8	3.1	3.0		√
22	650710	10.0	10.1	0.1	3.0	√	
23	650721	11.8	11.8	0.0	3.5	√	
24	650728	9.0	9.9	0.9	3.0	√	
25	650805	6.5	9.5	3.0	3.0	√	
26	660722	11.5	12.4	0.9	3.5	√	
27	660725	9.5	13.4	3.9	3.0		√
28	670903	11.5	12.5	1.0	3.5	√	
29	700723	11.5	8.3	−3.2	3.5	√	
30	700726	10.0	10.2	0.2	3.0	√	
31	700730	12.0	10.8	−1.2	3.6	√	
32	700807	14.0	12.2	−1.8	4.2	√	
33	700917	12.5	11.5	−1.0	3.8	√	
34	710702	11.4	10.8	−0.6	3.4	√	
35	710703	13.5	12.6	−0.9	4.1	√	
36	710711	11.5	11.7	0.2	3.5	√	
37	710803	14.0	12.6	−1.4	4.2	√	
38	710810	13.7	11.3	−2.4	4.1	√	
39	710819	16.0	12.6	−3.4	4.8	√	
40	710823	8.0	10.0	2.0	3.0	√	
41	710829	8.0	8.9	0.9	3.0	√	
42	720703	12.6	12.0	−0.6	3.8	√	
43	720826	15.0	11.1	−3.9	4.5	√	
44	750815	9.0	9.3	0.3	3.0	√	
45	900804	12.0	10.4	−1.6	3.6	√	
46	900805	10.5	9.4	−1.1	3.2	√	
47	900817	8.5	9.8	1.3	3.0	√	
48	910725	12.0	9.5	−2.5	3.6	√	
49	930805	9.0	8.6	−0.4	3.0	√	
50	940825	15.0	11.2	−3.8	4.5	√	
51	940831	15.5	11.7	−3.8	4.7	√	
52	970821	10.5	9.3	−1.2	3.2	√	
53	000831	3.5	9.1	5.6	3.0		√
54	030831	14.5	11.4	−3.1	4.4	√	
55	040818	16.5	12.5	−4.0	5.0	√	
56	040915	17.5	14.4	−3.1	5.3	√	
57	050921	17.0	10.8	−6.2	5.1		√
58	070812	12.5	10.5	−2.0	3.8	√	
59	080724	3.5	11.6	8.1	3.0		√
60	080801	11.0	10.6	−0.4	3.3	√	
61	080822	7.5	10.2	2.7	3.0	√	
62	090819	11.0	11.4	0.4	3.3	√	
63	120710	10.0	10.3	0.3	3.0	√	
64	120723	7.5	10.2	2.7	3.0	√	
65	180820	10.5	9.4	−1.1	3.2	√	
66	190811	9.5	9.6	0.1	3.0	√	
67	200814	7.0	9.2	2.2	3.0	√	

备注：1. $\sigma=0.3\tau$，以 3 h 为下限；2. 合格率 =91.0%；3. 本方案等级为甲等。

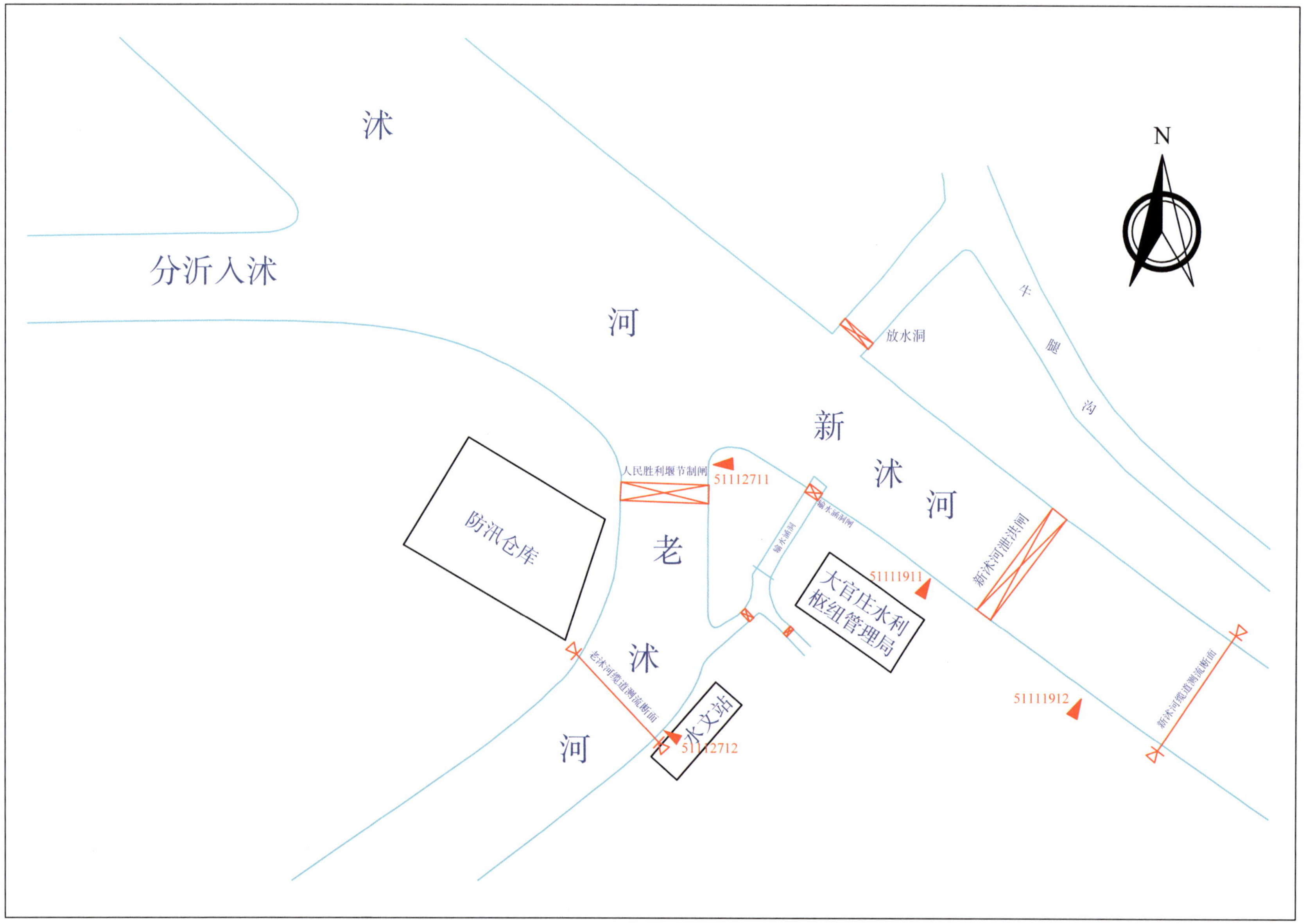

图 20-2　沭河大官庄枢纽工程示意图

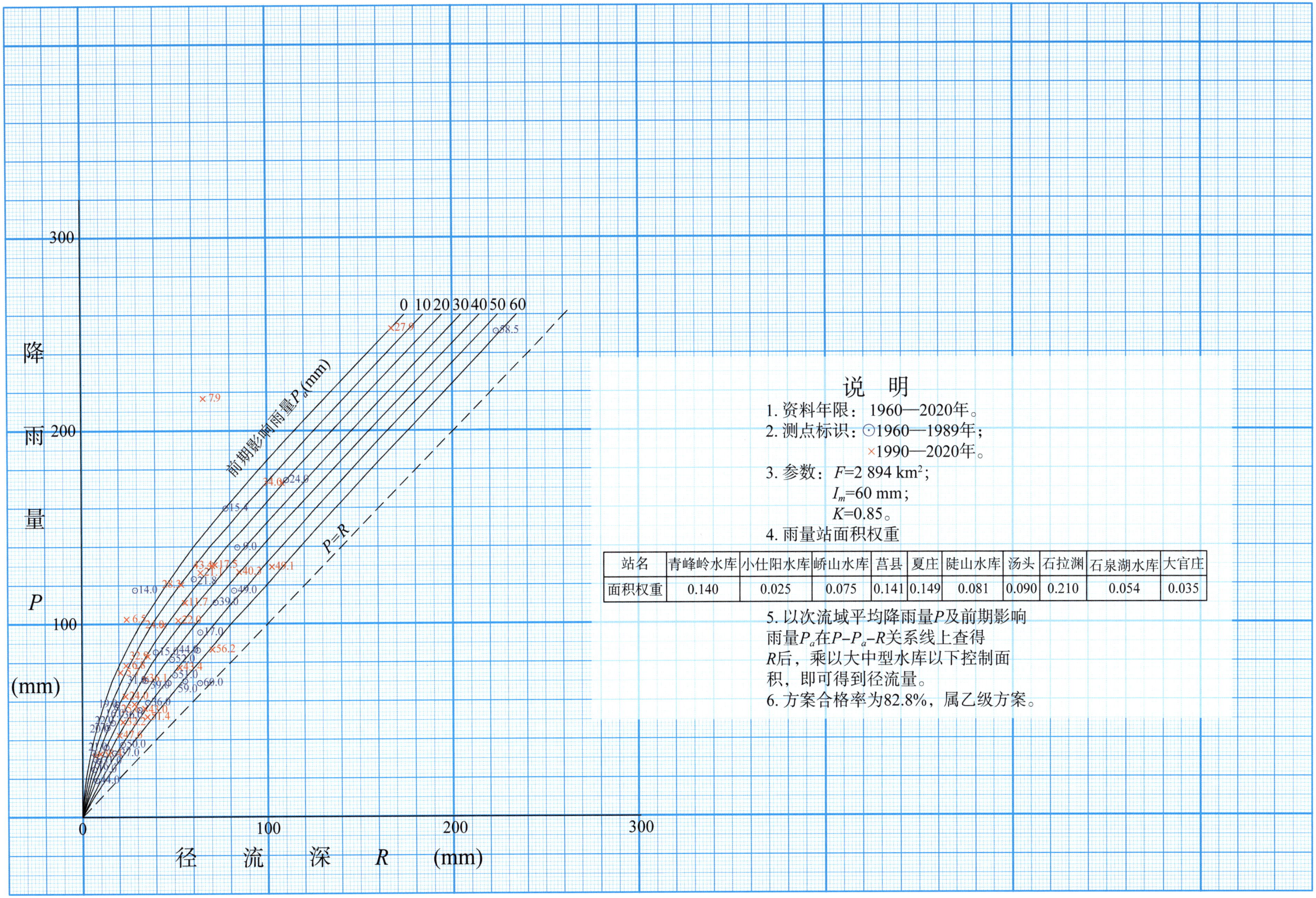

说　明

1. 资料年限：1960—2020年。
2. 测点标识：⊙1960—1989年；
   ×1990—2020年。
3. 参数：F=2 894 km²；
   I_m=60 mm；
   K=0.85。
4. 雨量站面积权重

站名	青峰岭水库	小仕阳水库	峤山水库	莒县	夏庄	陡山水库	汤头	石拉渊	石泉湖水库	大官庄
面积权重	0.140	0.025	0.075	0.141	0.149	0.081	0.090	0.210	0.054	0.035

5. 以次流域平均降雨量P及前期影响雨量P_a在P–P_a–R关系线上查得R后，乘以大中型水库以下控制面积，即可得到径流量。
6. 方案合格率为82.8%，属乙级方案。

图 20–3　沭河大官庄站降雨径流相关图

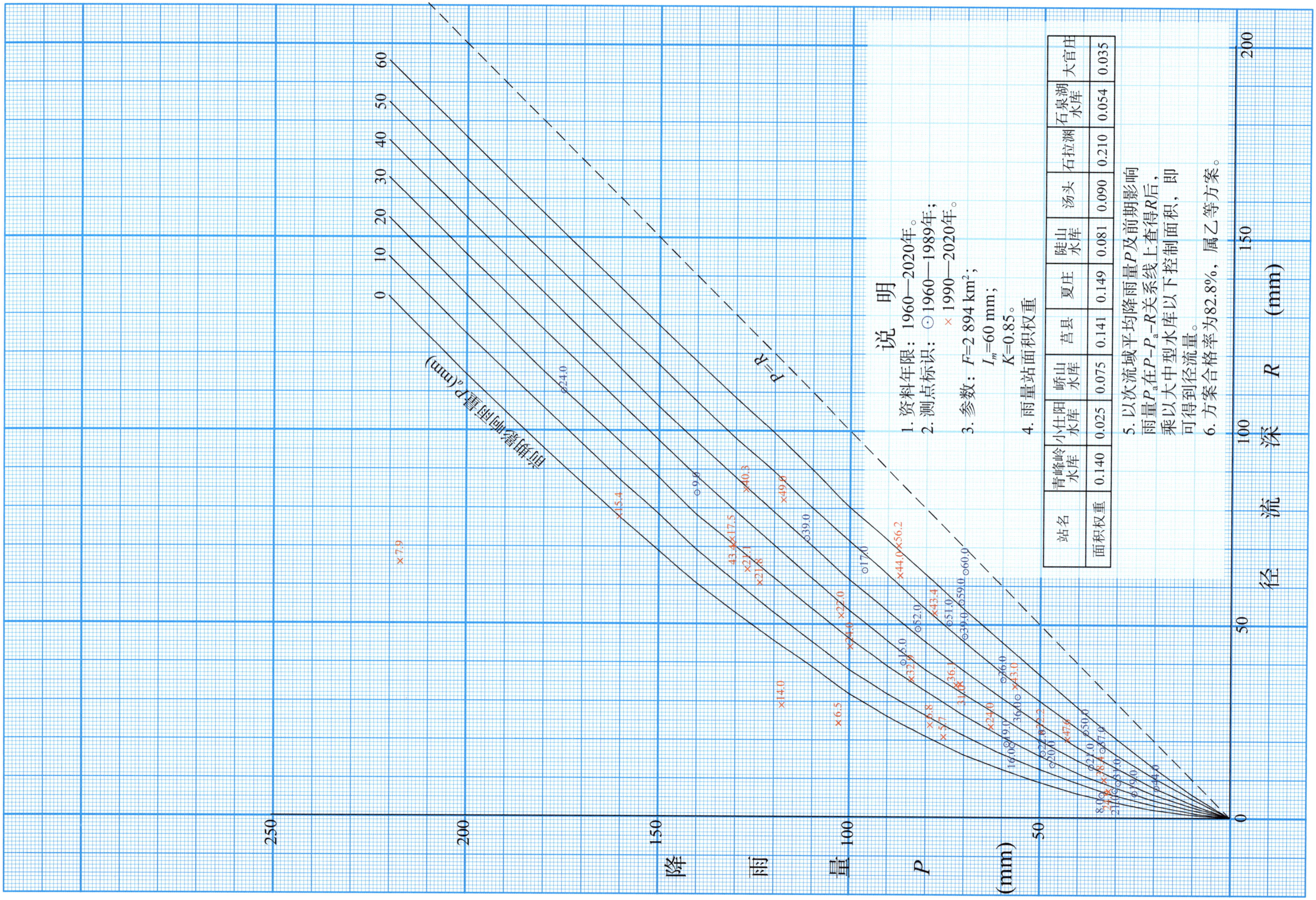

图 20-4　沭河大官庄站降雨径流相关图（放大图）

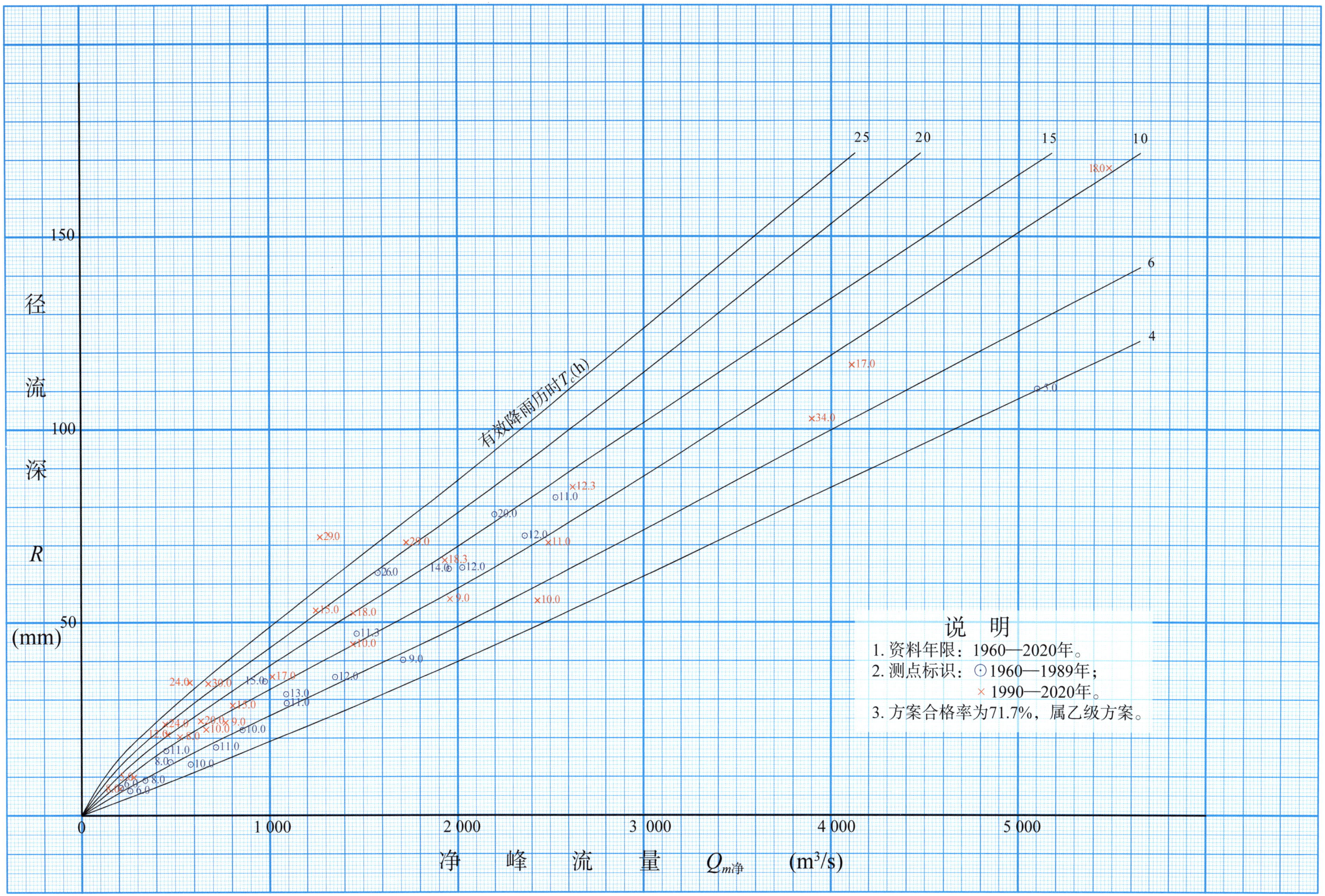

图 20–5　沭河大官庄站峰量关系曲线图

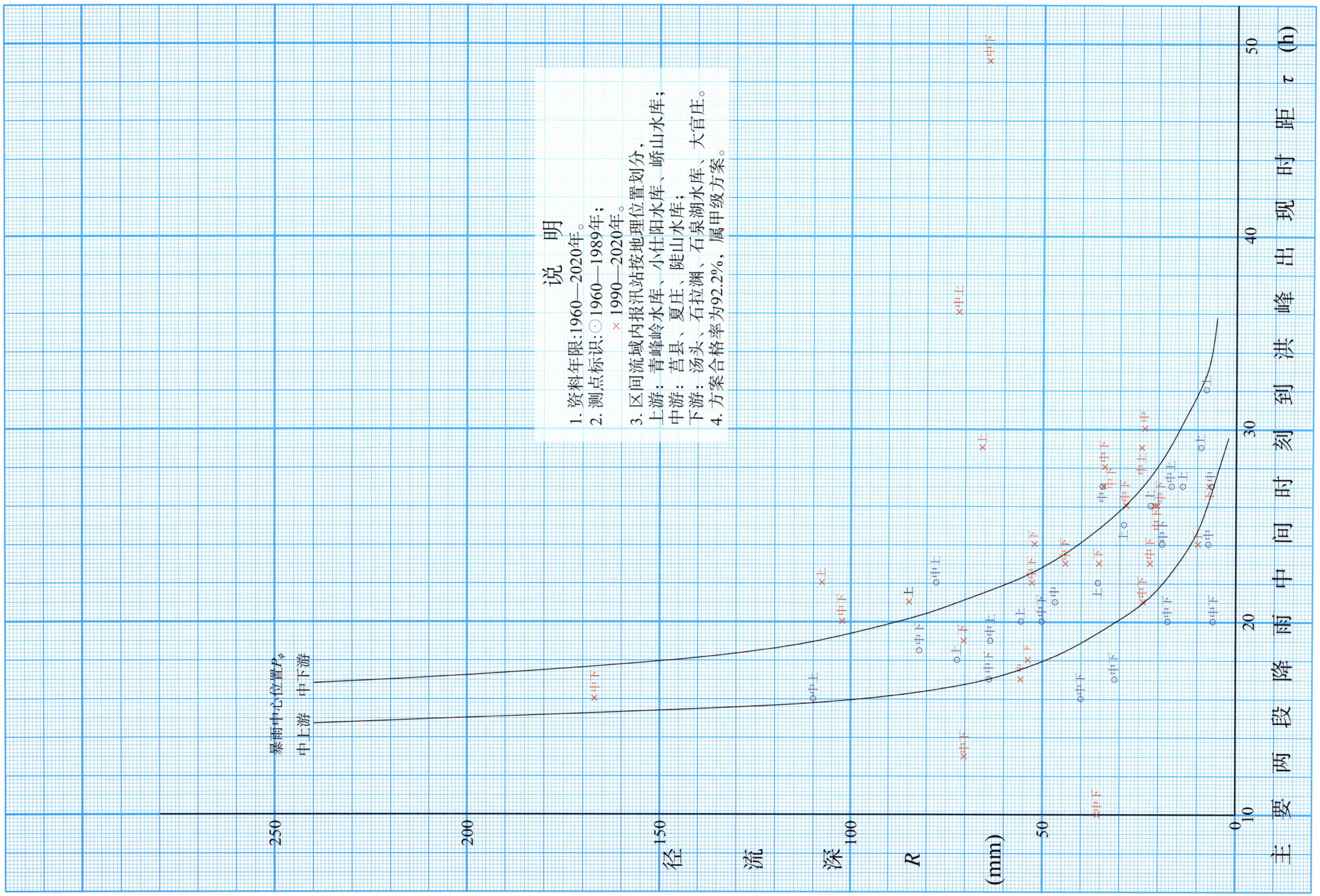

图 20-6　沭河大官庄站峰现时间关系曲线图

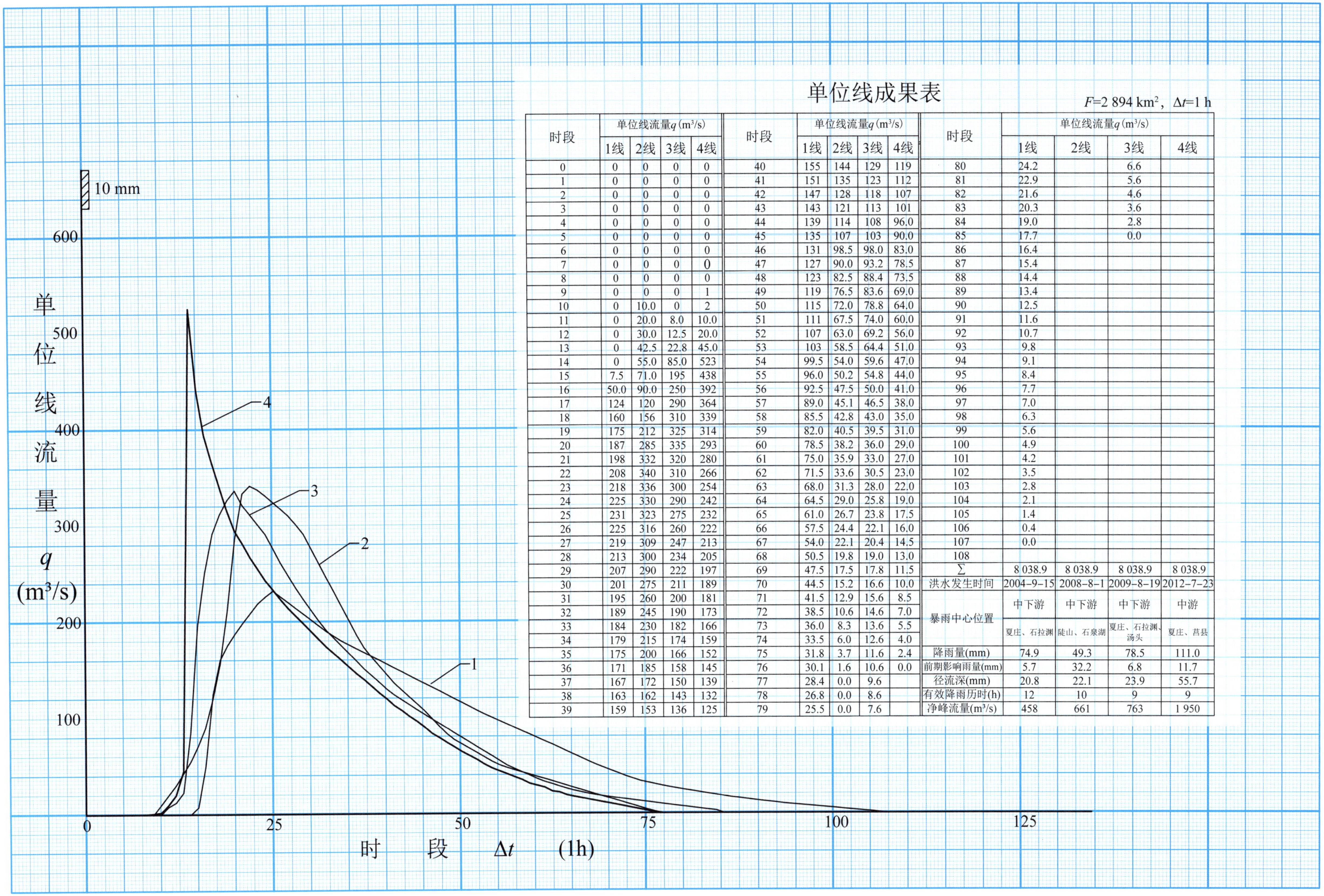

单位线成果表

F=2 894 km^2，Δt=1 h

时段	单位线流量q(m³/s)				时段	单位线流量q(m³/s)				时段	单位线流量q(m³/s)			
	1线	2线	3线	4线		1线	2线	3线	4线		1线	2线	3线	4线
0	0	0	0	0	40	155	144	129	119	80	24.2		6.6	
1	0	0	0	0	41	151	135	123	112	81	22.9		5.6	
2	0	0	0	0	42	147	128	118	107	82	21.6		4.6	
3	0	0	0	0	43	143	121	113	101	83	20.3		3.6	
4	0	0	0	0	44	139	114	108	96.0	84	19.0		2.8	
5	0	0	0	0	45	135	107	103	90.0	85	17.7		0.0	
6	0	0	0	0	46	131	98.5	98.0	83.0	86	16.4			
7	0	0	0	0	47	127	90.0	93.2	78.5	87	15.4			
8	0	0	0	0	48	123	82.5	88.4	73.5	88	14.4			
9	0	0	0	1	49	119	76.5	83.6	69.0	89	13.4			
10	0	10.0	0	2	50	115	72.0	78.8	64.0	90	12.5			
11	0	20.0	8.0	10.0	51	111	67.5	74.0	60.0	91	11.6			
12	0	30.0	12.5	20.0	52	107	63.0	69.2	56.0	92	10.7			
13	0	42.5	22.8	45.0	53	103	58.5	64.4	51.0	93	9.8			
14	0	55.0	85.0	523	54	99.5	54.0	59.6	47.0	94	9.1			
15	7.5	71.0	195	438	55	96.0	50.2	54.8	44.0	95	8.4			
16	50.0	90.0	250	392	56	92.5	47.5	50.0	41.0	96	7.7			
17	124	120	290	364	57	89.0	45.1	46.5	38.0	97	7.0			
18	160	156	310	339	58	85.5	42.8	43.0	35.0	98	6.3			
19	175	212	325	314	59	82.0	40.5	39.5	31.0	99	5.6			
20	187	285	335	293	60	78.5	38.2	36.0	29.0	100	4.9			
21	198	332	320	280	61	75.0	35.9	33.0	27.0	101	4.2			
22	208	340	310	266	62	71.5	33.6	30.5	23.0	102	3.5			
23	218	336	300	254	63	68.0	31.3	28.0	22.0	103	2.8			
24	225	330	290	242	64	64.5	29.0	25.8	19.0	104	2.1			
25	231	323	275	232	65	61.0	26.7	23.8	17.5	105	1.4			
26	225	316	260	222	66	57.5	24.4	22.1	16.0	106	0.4			
27	219	309	247	213	67	54.0	22.1	20.4	14.5	107	0.0			
28	213	300	234	205	68	50.5	19.8	19.0	13.0	108				
29	207	290	222	197	69	47.5	17.5	17.8	11.5	Σ	8 038.9	8 038.9	8 038.9	8 038.9
30	201	275	211	189	70	44.5	15.2	16.6	10.0	洪水发生时间	2004-9-15	2008-8-1	2009-8-19	2012-7-23
31	195	260	200	181	71	41.5	12.9	15.6	8.5	暴雨中心位置	中下游	中下游	中下游	中游
32	189	245	190	173	72	38.5	10.6	14.6	7.0					
33	184	230	182	166	73	36.0	8.3	13.6	5.5		夏庄、石拉渊	陡山、石泉湖	夏庄、石拉渊、汤头	夏庄、莒县
34	179	215	174	159	74	33.5	6.0	12.6	4.0					
35	175	200	166	152	75	31.8	3.7	11.6	2.4	降雨量(mm)	74.9	49.3	78.5	111.0
36	171	185	158	145	76	30.1	1.6	10.6	0.0	前期影响雨量(mm)	5.7	32.2	6.8	11.7
37	167	172	150	139	77	28.4	0.0	9.6		径流深(mm)	20.8	22.1	23.9	55.7
38	163	162	143	132	78	26.8	0.0	8.6		有效降雨历时(h)	12	10	9	9
39	159	153	136	125	79	25.5	0.0	7.6		净峰流量(m³/s)	458	661	763	1 950

图 20-7　沭河大官庄站单位线图（Δt=1 h）

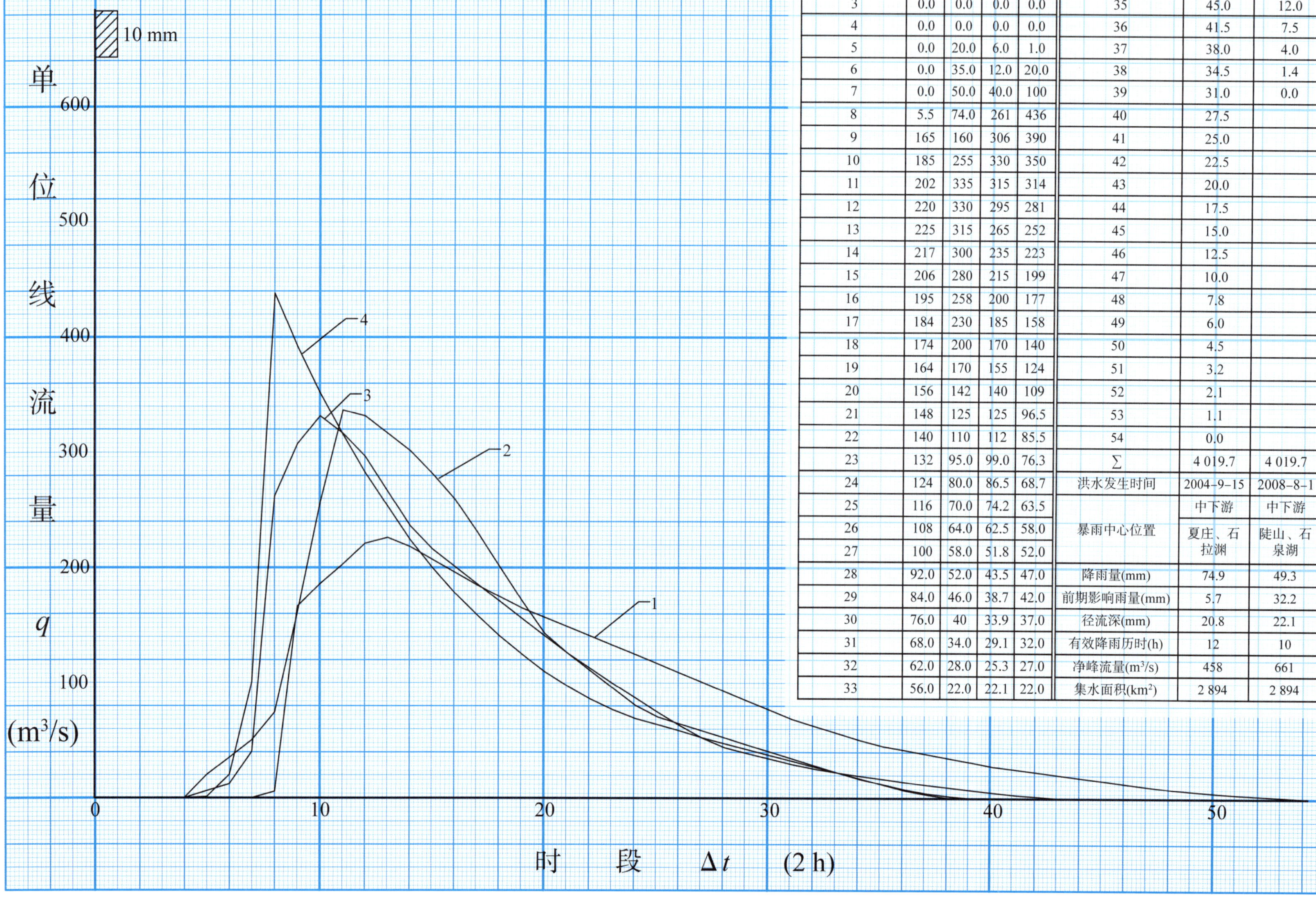

单位线成果表

F=2 894 km², Δt=2 h

时段	单位线流量q(m³/s) 1线	2线	3线	4线	时段	单位线流量q(m³/s) 1线	2线	3线	4线
2	0.0	0.0	0.0	0.0	34	50.0	16.5	19.1	17.0
3	0.0	0.0	0.0	0.0	35	45.0	12.0	16.6	11.7
4	0.0	0.0	0.0	0.0	36	41.5	7.5	13.9	6.5
5	0.0	20.0	6.0	1.0	37	38.0	4.0	11.4	3.0
6	0.0	35.0	12.0	20.0	38	34.5	1.4	9.1	0.0
7	0.0	50.0	40.0	100	39	31.0	0.0	6.9	
8	5.5	74.0	261	436	40	27.5		4.8	
9	165	160	306	390	41	25.0		2.8	
10	185	255	330	350	42	22.5		1.2	
11	202	335	315	314	43	20.0		0.0	
12	220	330	295	281	44	17.5		0	
13	225	315	265	252	45	15.0			
14	217	300	235	223	46	12.5			
15	206	280	215	199	47	10.0			
16	195	258	200	177	48	7.8			
17	184	230	185	158	49	6.0			
18	174	200	170	140	50	4.5			
19	164	170	155	124	51	3.2			
20	156	142	140	109	52	2.1			
21	148	125	125	96.5	53	1.1			
22	140	110	112	85.5	54	0.0			
23	132	95.0	99.0	76.3	∑	4 019.7	4 019.7	4 019.7	4 019.7
24	124	80.0	86.5	68.7	洪水发生时间	2004-9-15	2008-8-1	2009-8-19	2012-7-23
25	116	70.0	74.2	63.5	暴雨中心位置	中下游	中下游	中下游	中游
26	108	64.0	62.5	58.0		夏庄、石拉渊	陡山、石泉湖	夏庄、石拉渊、汤头	夏庄、莒县
27	100	58.0	51.8	52.0					
28	92.0	52.0	43.5	47.0	降雨量(mm)	74.9	49.3	78.5	111.0
29	84.0	46.0	38.7	42.0	前期影响雨量(mm)	5.7	32.2	6.8	11.7
30	76.0	40	33.9	37.0	径流深(mm)	20.8	22.1	23.9	55.7
31	68.0	34.0	29.1	32.0	有效降雨历时(h)	12	10	9	9
32	62.0	28.0	25.3	27.0	净峰流量(m³/s)	458	661	763	1950
33	56.0	22.0	22.1	22.0	集水面积(km²)	2 894	2 894	2 894	2 894

图 20-8　沭河大官庄站单位线图（Δt=2 h）

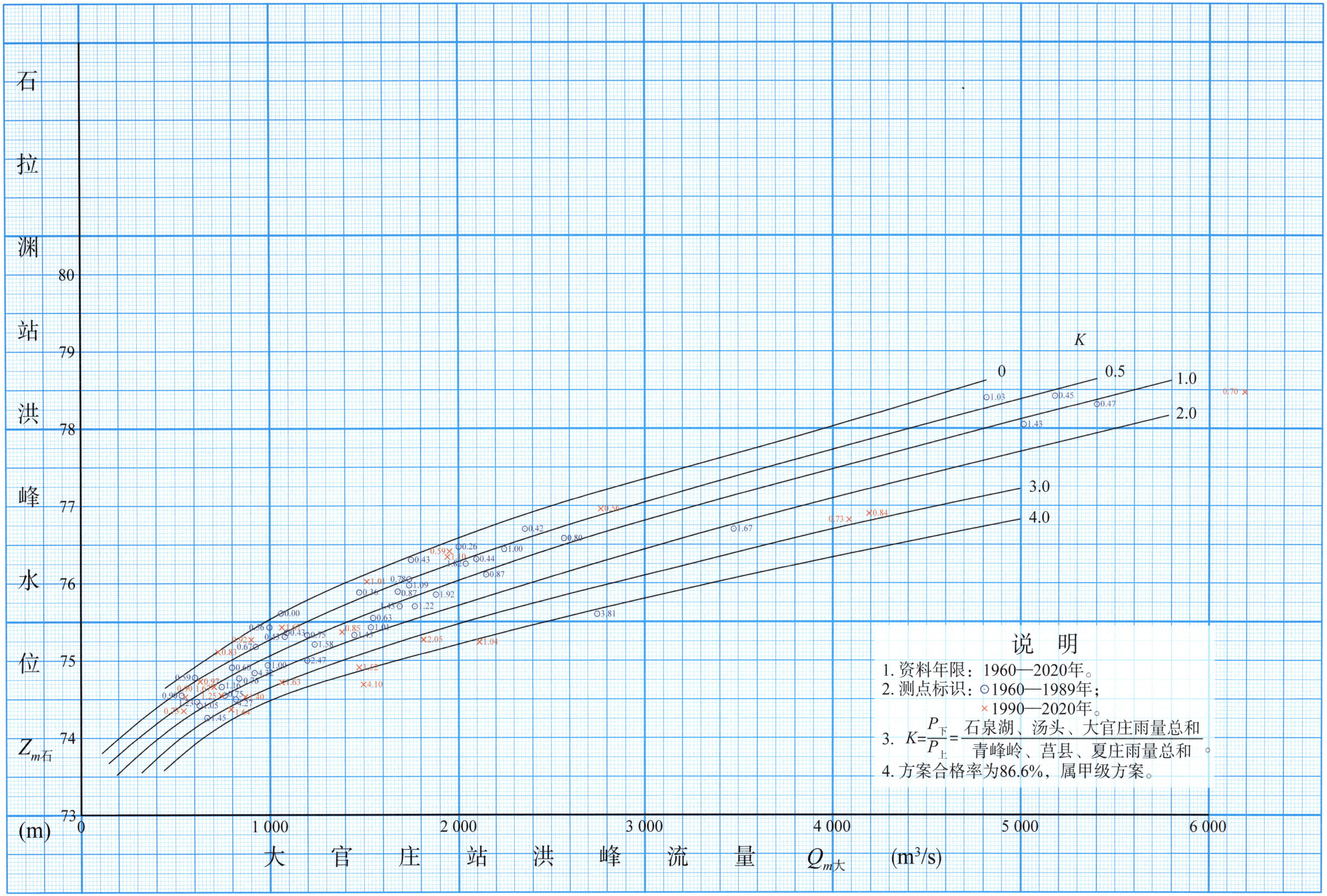

图 20-9 沭河石拉渊站洪峰水位－大官庄站洪峰流量相关图

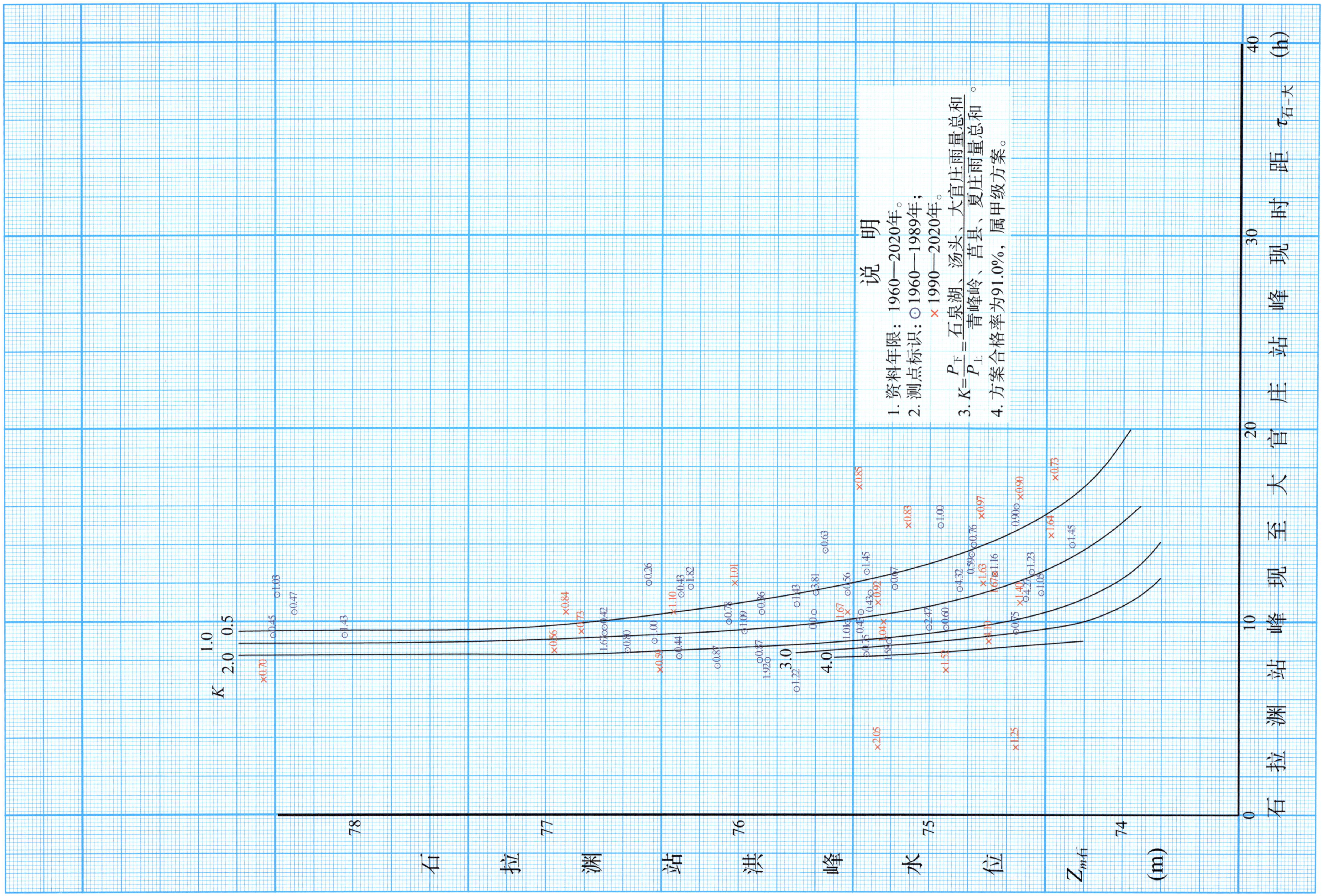

图 20-10 沭河石拉渊站洪峰至大官庄站传播时间查算图

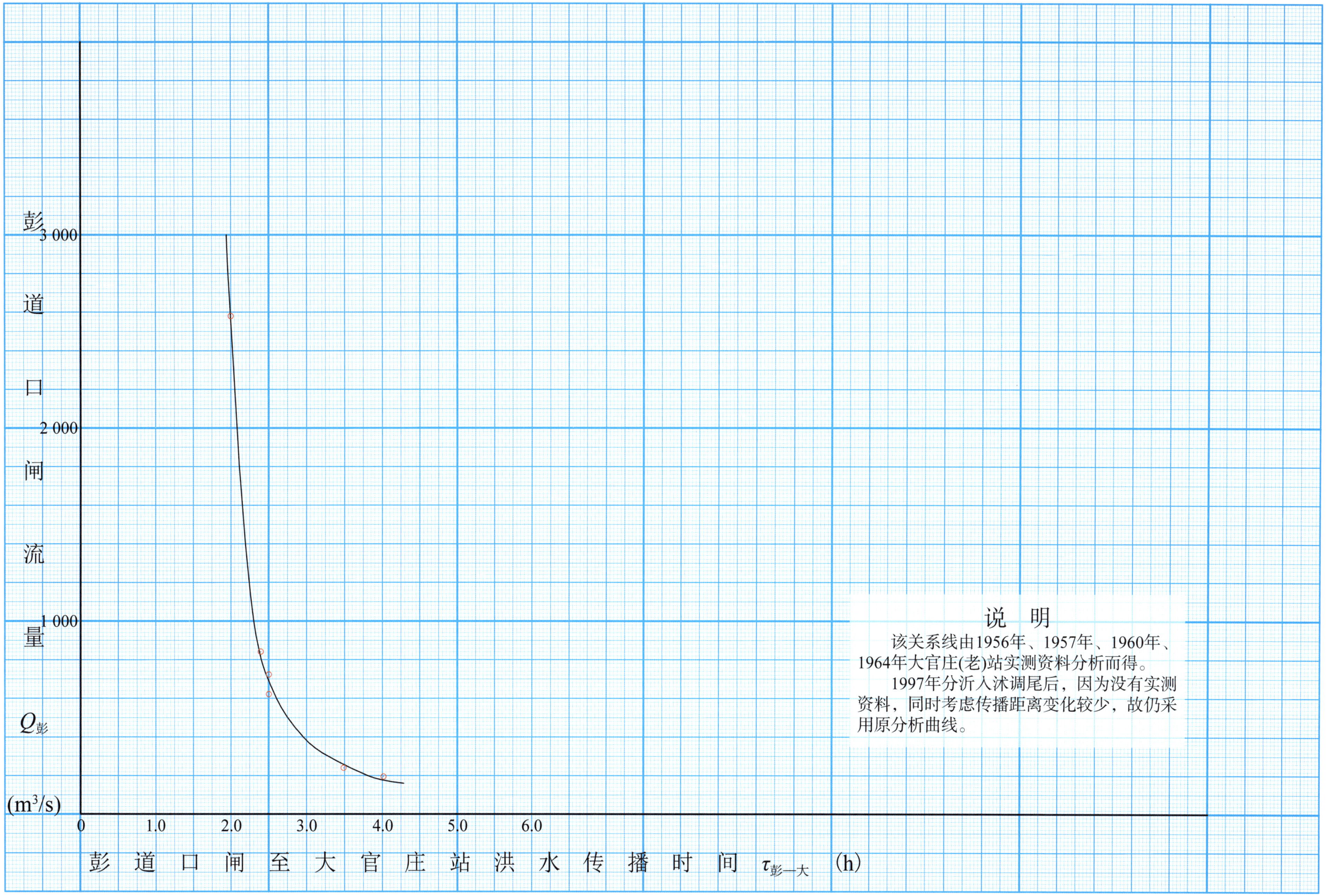

图 20-11 彭道口闸至大官庄站洪水传播时间查算图

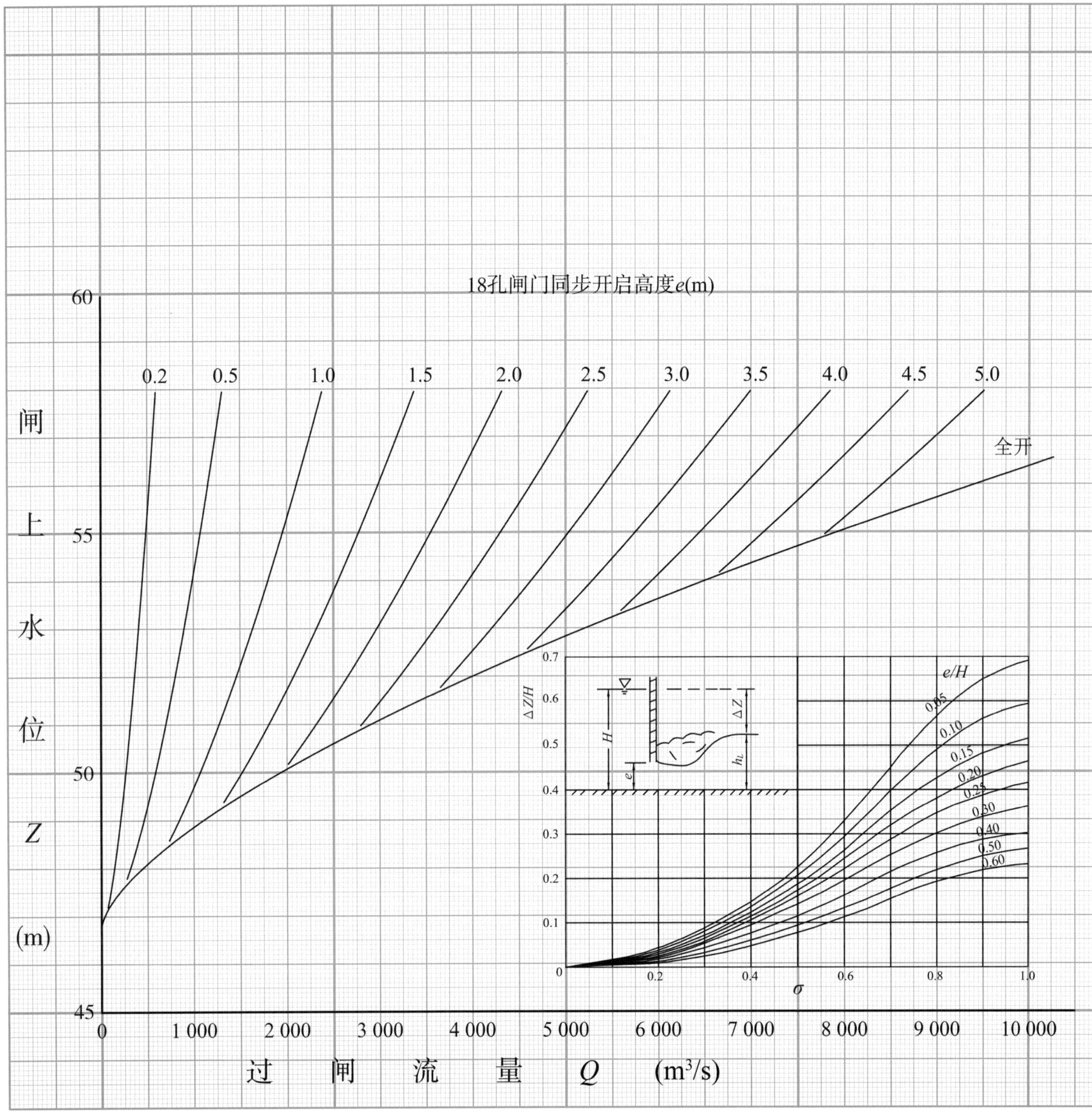

说明

1. 孔流公式采用《水工建筑物与堰槽测流规范》(SL 537—2011)中的式(3.5.2–2)：

$$Q=\sigma\mu nbe\sqrt{2gH_0}=956.76\sigma\mu eH_0^{0.5}$$

式中:σ——孔流淹没系数，$\sigma=f(\Delta Z/H)$，由$\Delta Z/H$–e/H–σ关系图查得；

μ——自由孔流流量系数，$\mu=0.531(e/H)^{-0.139}$；

e——闸门开高 (m);

ΔZ——上下游水位差 (m);

H——实测水头(m)，$H=Z_{上}-46.80$；

H_0——总水头(m)，$H_0=H+\alpha V_0^2/2g$。

2. 堰流公式采用《水工建筑物与堰槽测流规范》(SL 537—2011)中的式(3.4.2–2);

$$Q=\sigma C_0nb\sqrt{2g}H_0^{1.5}=344.8\sigma H_0^{1.5}$$

式中:σ——堰流淹没系数，由h_L/H–$K\varepsilon'C$–σ关系表查得;

H_0=上游水位–46.80+$V_0^2/2g$ (m);

h_L=下游水位–46.80 (m);

C_0——流量系数，$C_0=K\varepsilon'C=0.35$;

n——闸门孔数，$n=18$;

b——单孔净宽，$b=12$ m。

3. 流态为孔流时，先由闸上水位Z、闸门同步开高e查得自由式孔流过闸流量Q_0，再由$\Delta Z/H$、e/H求得淹没系数σ，实际过闸流量$Q=\sigma Q_0$。流态为堰流时，依据实测闸上水位Z查得自由式堰流过闸流量Q_0，再由h_L/H求得淹没系数σ，实际过闸流量$Q=\sigma Q_0$。

图 20–12　新沭河泄洪闸泄流曲线图

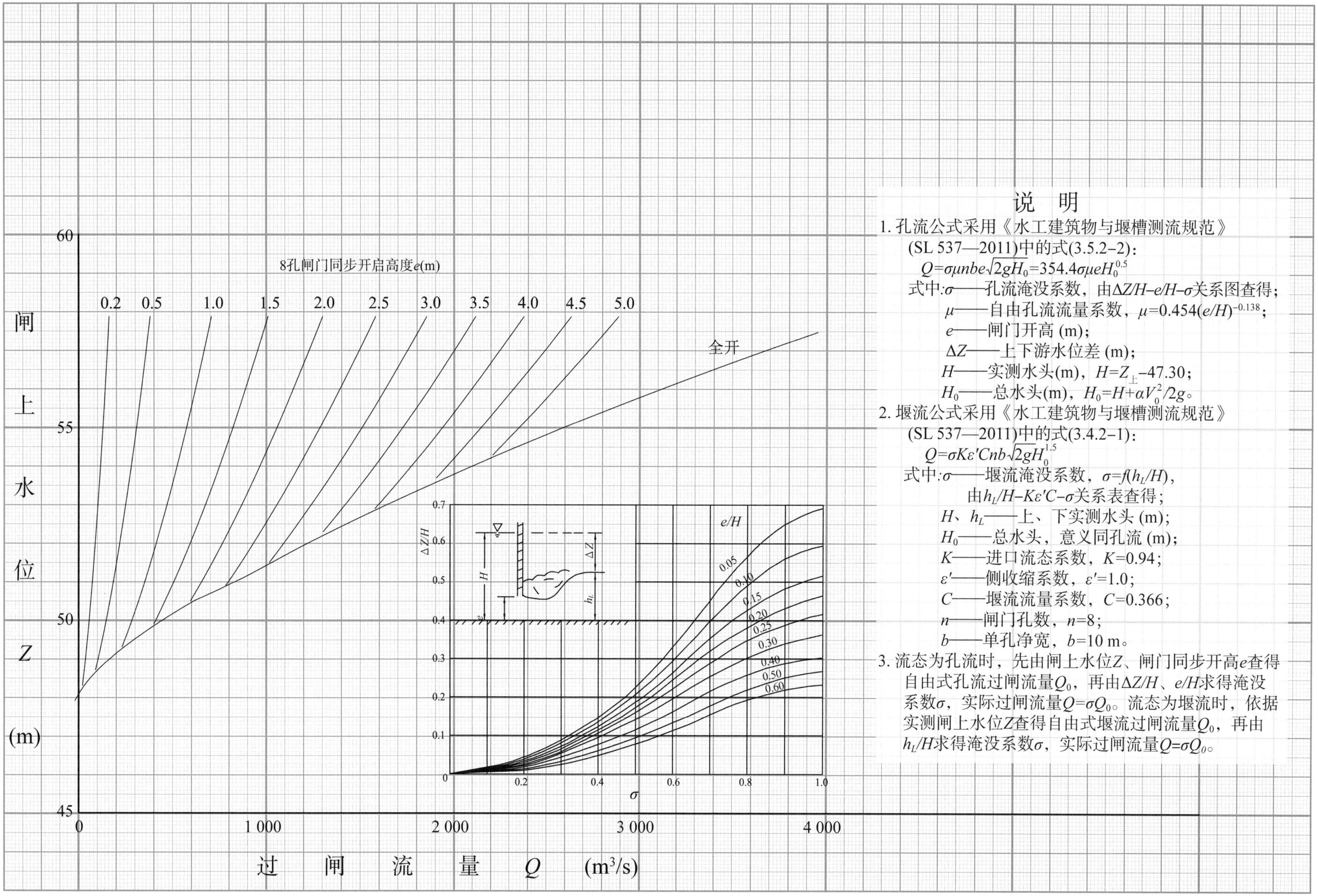

说 明

1. 孔流公式采用《水工建筑物与堰槽测流规范》(SL 537—2011)中的式(3.5.2-2)：

$$Q=\sigma\mu nbe\sqrt{2gH_0}=354.4\sigma\mu eH_0^{0.5}$$

式中：σ——孔流淹没系数，由$\Delta Z/H$–e/H–σ关系图查得；

μ——自由孔流流量系数，$\mu=0.454(e/H)^{-0.138}$；

e——闸门开高 (m)；

ΔZ——上下游水位差 (m)；

H——实测水头(m)，$H=Z_{上}-47.30$；

H_0——总水头(m)，$H_0=H+\alpha V_0^2/2g$。

2. 堰流公式采用《水工建筑物与堰槽测流规范》(SL 537—2011)中的式(3.4.2-1)：

$$Q=\sigma K\varepsilon' Cnb\sqrt{2g}H_0^{1.5}$$

式中：σ——堰流淹没系数，$\sigma=f(h_L/H)$，由h_L/H–$K\varepsilon'C$–σ关系表查得；

H、h_L——上、下实测水头 (m)；

H_0——总水头，意义同孔流 (m)；

K——进口流态系数，$K=0.94$；

ε'——侧收缩系数，$\varepsilon'=1.0$；

C——堰流流量系数，$C=0.366$；

n——闸门孔数，$n=8$；

b——单孔净宽，$b=10$ m。

3. 流态为孔流时，先由闸上水位Z、闸门同步开高e查得自由式孔流过闸流量Q_0，再由$\Delta Z/H$、e/H求得淹没系数σ，实际过闸流量$Q=\sigma Q_0$。流态为堰流时，依据实测闸上水位Z查得自由式堰流过闸流量Q_0，再由h_L/H求得淹没系数σ，实际过闸流量$Q=\sigma Q_0$。

图 20-13　老沭河人民胜利堰节制闸泄流曲线图

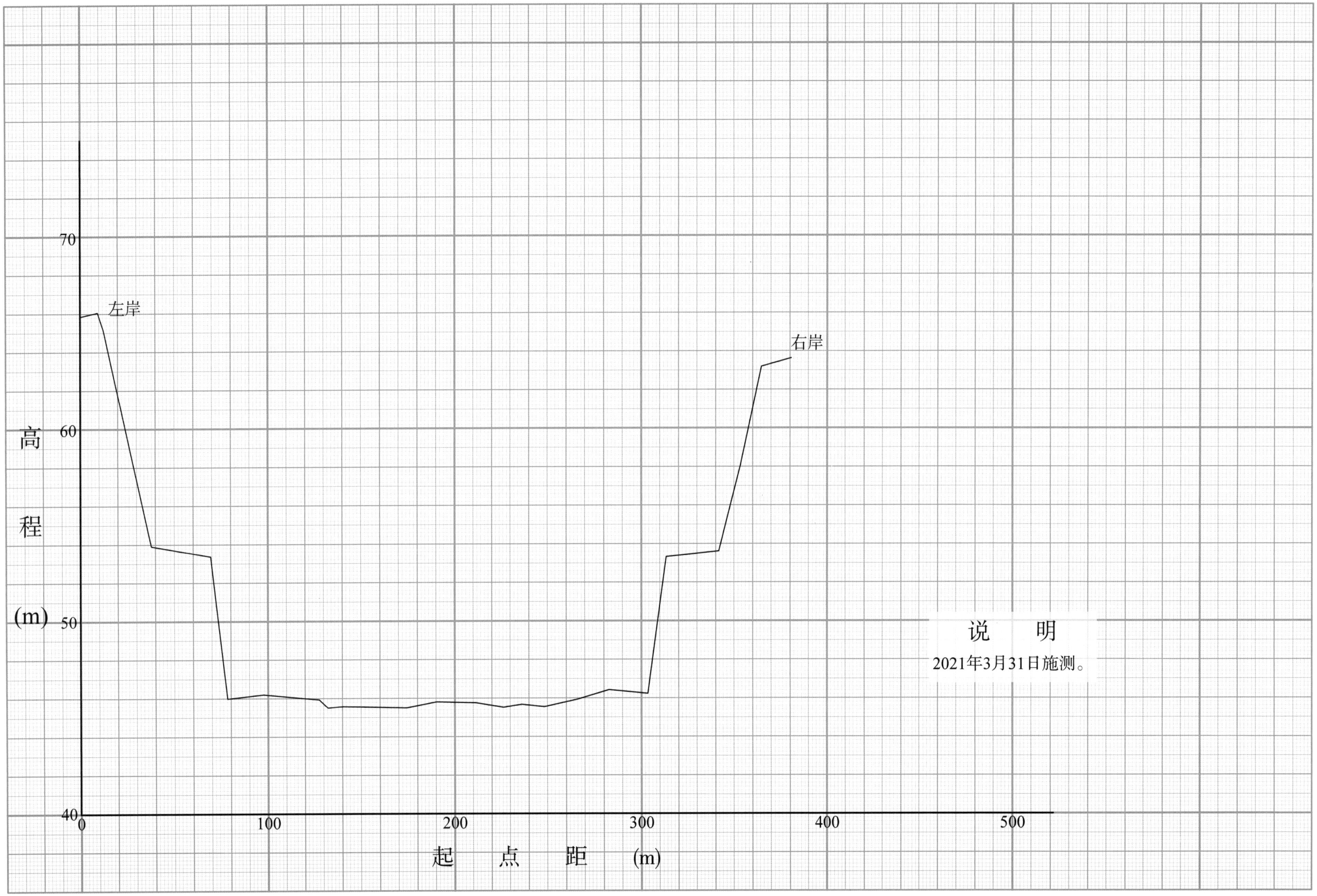

图 20-14 新沭河泄洪闸大断面图（闸下）

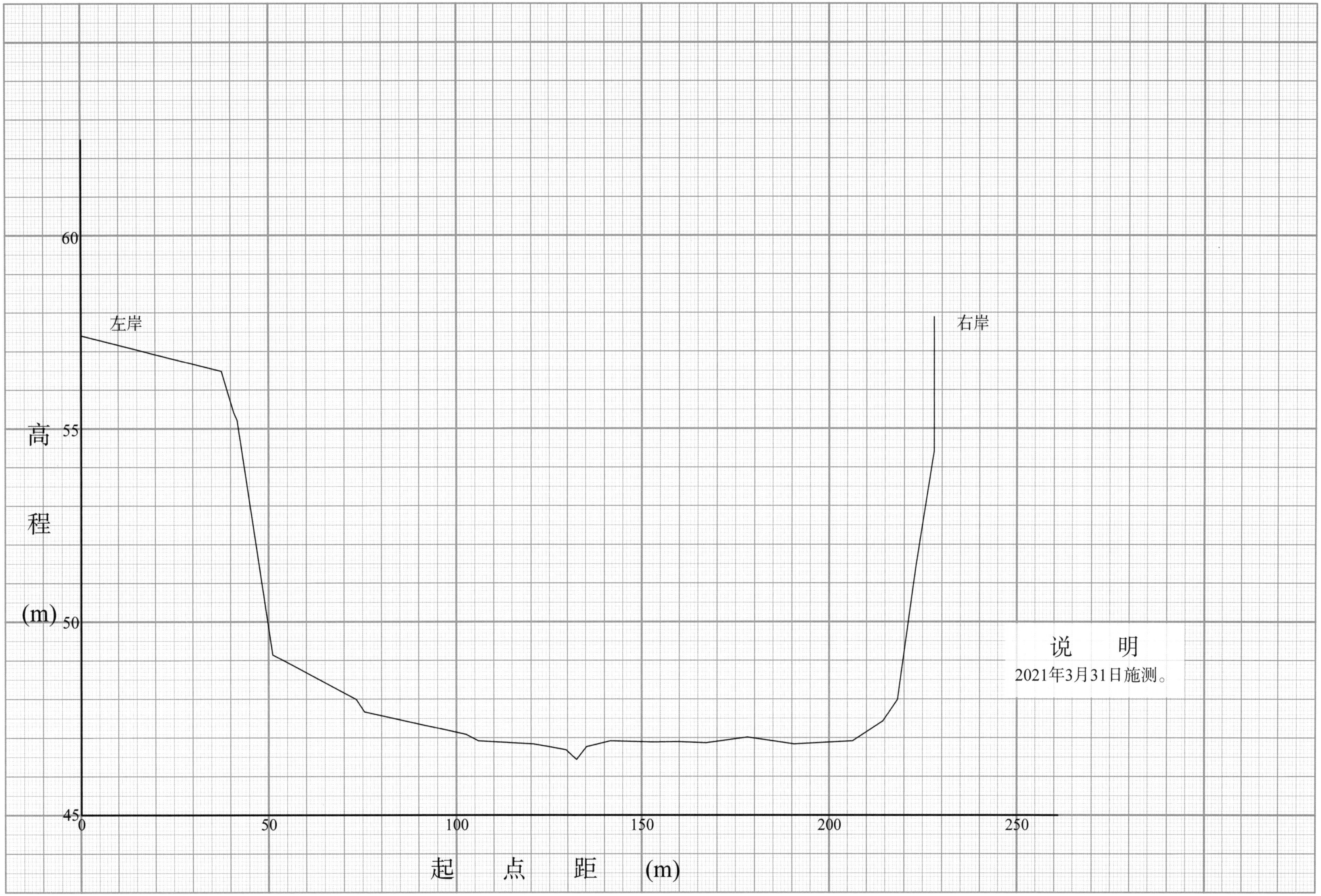

图 20–15 老沭河人民胜利堰大断面图（闸下）

第二十一章　洸府河黄庄站水文预报方案编制说明

1　流域概况

1.1　流域自然地理特征

洸府河流域位于济北地区，干流发源于泰安市宁阳县北部山区，全长 76.4 km，其中济宁市境内长 47.7 km，平均坡度为 0.51‰，于济宁市任城区辛店村入南阳湖。黄庄站以上流域面积为 1 027 km^2。

黄庄站以上流域上游为山丘区，占总流域面积的 40%，地面坡度较陡；中下游为平原区，占总流域面积的 60%，地势平缓。本流域上游有砂岩和石灰岩裸露，并有少量裂隙，未发现断层和溶洞等。上游土壤为黄壤土，下游为黏土。

洸府河黄庄站以上流域图详见图 21–1。

1.2　流域雨水情特点

1.2.1　雨情特征值

洸府河黄庄站以上流域雨情特征值见表 21–1。

表 21–1　洸府河黄庄站以上流域雨情特征值表

多年平均（mm）				汛期占全年的比重	设站至 2020 年流域时段最大降水量		
1—5 月	6—9 月	10—12 月	全年		1 h（mm）/ 年份	6 h（mm）/ 年份	24 h（mm）/ 年份
122.9	493.3	63.3	679.6	72.6%	45.1/2020 年	149.5/1955 年	195.5/1998 年

1.2.2　历史最大洪水

历史最大洪水发生在 1964 年 9 月 1 日，P=169.3 mm，P_a=108.6 mm，Q_m=400 m^3/s，Z_m=39.37 m（冻结基面）。

20 世纪 90 年代后最大洪水发生在 1990 年 8 月 16 日，P=122.5 mm，P_a=58.6 mm，Q_m=139 m^3/s，Z_m=36.41 m（冻结基面）。

2000 年以来最大洪水发生在 2020 年 8 月 15 日，P=60.3 mm，P_a=73.1 mm，Q_m=106 m^3/s，Z_m=37.09 m（冻结基面）。

1.3　工程情况

新中国成立前，本流域水系紊乱，水旱灾害十分严重，为抵御特大洪水袭击，中游设有高吴桥滞洪区和江庄滞洪区。1953 年在洸府河下游 20 km 内开挖了干流，修复了堤防，1965 年对流域水系进行了全面治理和调整。1970 年对干流按沂沭泗水系 3 年一遇除涝、20 年一遇防洪的标准进行了扩大治理，在干流 20 km 以下结合引湖灌溉整治开挖了子河槽，杨家河和蓼沟河下游也进行了开挖复堤。2010—2017 年，对 6+800 ~ 14+200 段按 3 年一遇除涝标准清淤，按照 50 年一遇防洪标准筑堤。目前，下游段治理基本达到设计要求，上游段未经治理。受河道淤积、冲刷和人为因素的影响，工程现状防洪除涝能力有所下降，洸府河干流及主要支流已达不到原有的设计标准。

洸府河上游有小（1）型水库 2 座；自 1975 年后，在洸府河济宁段建拦河闸 3 座，分别为甄桥闸、屯头闸、高吴桥闸，年蓄水量达 1 132 万 m^3；2002 年 4—12 月修建 2 座橡胶坝（其中一座位于黄庄站上游约 1 km 处）。洸府河黄庄站以上流域水利工程情况见表 21–2。

表 21–2　洸府河黄庄站以上流域水利工程情况表

工程名称	位置	距黄庄站测验断面（km）	过水能力（m^3/s）	最大蓄水量（万 m^3）
小厂闸	济宁市兖州区谷村镇小厂村	31.0		
侯店闸	济宁市兖州区小孟镇家店村	31.0	222	
甄桥闸	济宁市兖州区漕河镇甄桥村	29.5	349	
高吴桥闸	济宁市兖州区新驿镇高吴桥村	24.8	508	
屯头闸	济宁市兖州区颜店镇屯头村	11.5	508	100

自 20 世纪 70 年代以来，济宁市兖州区为了回灌地下水，大搞林渠路配套建设，渠系的完整大大增加了流域蓄水量。

1.4　测站概况

洸府河干流只有 1 处河道水文站，即黄庄水文站；另有 4 处专用站（中小河流项目），其中，堰闸站 2 处：侯店闸站、屯头闸站，河道站 1 处：许庄站，水位站 1 处：北王家屯站。流域内雨量站点共 8 处，有长系列观测资料的基本雨量站有 4 处（其中宁阳站位于泰安市境内），大部分都有 50 年左右的观测资料，其他 4 处为中小河流站点，均在 2011 年以后建设。流域内雨量资料相对丰富，历史洪水资料较少。

黄庄水文站为洸府河干流控制站，距入南阳湖湖口 15 km，该站测流断面河道顺直，为复式河槽，主槽宽 64.5 m，左岸滩地宽 76 m，右岸滩地宽 46 m。上游 800 m 处左岸有杨家河汇入，下游 230 m 处有兖济公路桥一座，洪水期有时受南阳湖水位顶托。

本站冻结基面采用废黄河口基面，1956 年黄海基面高程 = 冻结基面（废黄河口）高程 –0.240 m。1985 年国家高程基准高程 = 冻结基面高程 –0.263 m。

本站报汛基面高程 = 冻结基面高程 +0.074 m。

预报方案选用了 1963—2020 年洪水资料。由于连续干旱和上游闸坝节节拦蓄，洸府河黄庄站自 1979 年后经常全年断流，有的年份仅出现小洪水，对编制预报方案无使用意义。1990 后进入丰水期，至 2004 年共发生 5 次较大洪水，本次方案修订均已被采用。黄庄站 2005—2019 年年最大流量均小于 10 m^3/s，无选用洪水。2020 年发生一次较大洪水，最大流量 106 m^3/s，已被选用。

2 预报方案编制

2.1 资料情况及方案沿革

2.1.1 资料情况

黄庄站预报方案于 1991 年、1999 年、2010 年分别进行过修订。本次修订除选用之前分析的 1963—2010 年共 31 场次暴雨洪水外，另外补充了 2011—2020 年 1 场次暴雨洪水进行分析，即资料系列为 1963—2020 年，共 32 场次洪水。洑府河黄庄站降雨径流分析成果见表 21–3。

2.1.2 方案沿革

原方案中产流方案采用降雨径流相关图 $P+P_a$-R，汇流方案采用峰量关系图、经验单位线。本次修订，在原产流方案降雨径流相关图 $P+P_a$-R 中增加了 1 个点据，关系线保持不变；在原汇流方案峰量关系图中增加了 1 个点据，关系线保持不变，新增了 1 条单位线。

2.2 产流方案

产流方案采用降雨径流相关图（$P+P_a$-R），方案合格率为 72%，属乙级方案，详见表 21–4、图 21–2。

突出点据分析：20 世纪 90 年代 4 场次洪水实测径流深明显偏小，其原因是受人为因素影响，流域地形地貌发生了较大变化，植被截留和沿河闸坝沟渠的拦蓄使雨量损失很大，从而导致径流偏小。

2.3 汇流方案

2.3.1 峰量关系图

峰量关系图采用 R-T_c-$Q_{m净}$ 关系图，方案合格率为 81%，属乙级方案，详见表 21–5、图 21–3。

有效降雨历时 T_c 的确定：由各雨量站实测资料分析，采用对形成洪峰有明显影响的降雨历时，本方案选取一场降雨 80% 的雨量所占的时间为 T_c。

突出点据分析：640901 场次洪水径流深为 119.3 mm，数值太大，为照顾全图比例，该场次洪水未在图上点绘。

2.3.2 经验单位线

本次选用 740801、900816 和 200815 三场次洪水分析了三条单位线，详见图 21–4。

2.4 大断面

选用黄庄站 1991 年、1998 年、2003 年和 2020 年实测资料点绘大断面图，详见图 21–5。

3 方案使用

3.1 产流方案

以各代表站雨量算术平均计算流域平均降水量 P，加上流域平均前期影响雨量 P_a，查降雨径流相关图（$P+P_a$-R），得到该次降水形成的地表径流深 R。一般情况下建议查图 21–2 中 2 号线，如流域前期蓄满且雨强较大，则酌情参考 1 号线。

3.2 汇流方案

3.2.1 洪峰流量预报

以有效降雨历时 T_c 为参数，由查得的径流深 R 查峰量关系图（R-T_c-$Q_{m净}$），得到该次降雨在流域出口断面处净峰流量 $Q_{m净}$，再加上基流，即为断面的洪峰流量。

3.2.2 出口断面流量过程预报

根据该次降雨的雨型，选择适当的单位线，以各时段净雨分别乘以单位线，得出各时段净雨在流域出口断面的流量过程，然后错时段叠加，再加上基流，即为该次降雨在出口断面的流量过程。

3.3 使用方案注意事项

20 世纪 80 年代，因连续干旱，本站处于连续断流状态，农业抗旱拦蓄地表径流，使流域内工程情况发生了很大变化。选用的 32 场次洪水有 18 次是 1963—1970 年资料，占总点据数的 56%，那时流域情况基本属于自然状态，并正处丰水期，因此，使用一般步骤编制的预报方案用在现在状态下，其预报成果可能偏大，90 年代及 2003 年 5 场次洪水点子显著偏小，及 2004—2019 年间未发生明显洪水过程就是证明。故今后在作业预报时应考虑流域蓄水能力增大，损失增多，对产流量加以适当修正。

1990 年以后的洪水单独定线，以后进行降雨径流预报主要参考 2 号线，但因点据太少，还应参考 1 号线。今后对本流域内工程情况应搜集更多的资料，并对产流规律进一步分析研究，以便提高预报精度。

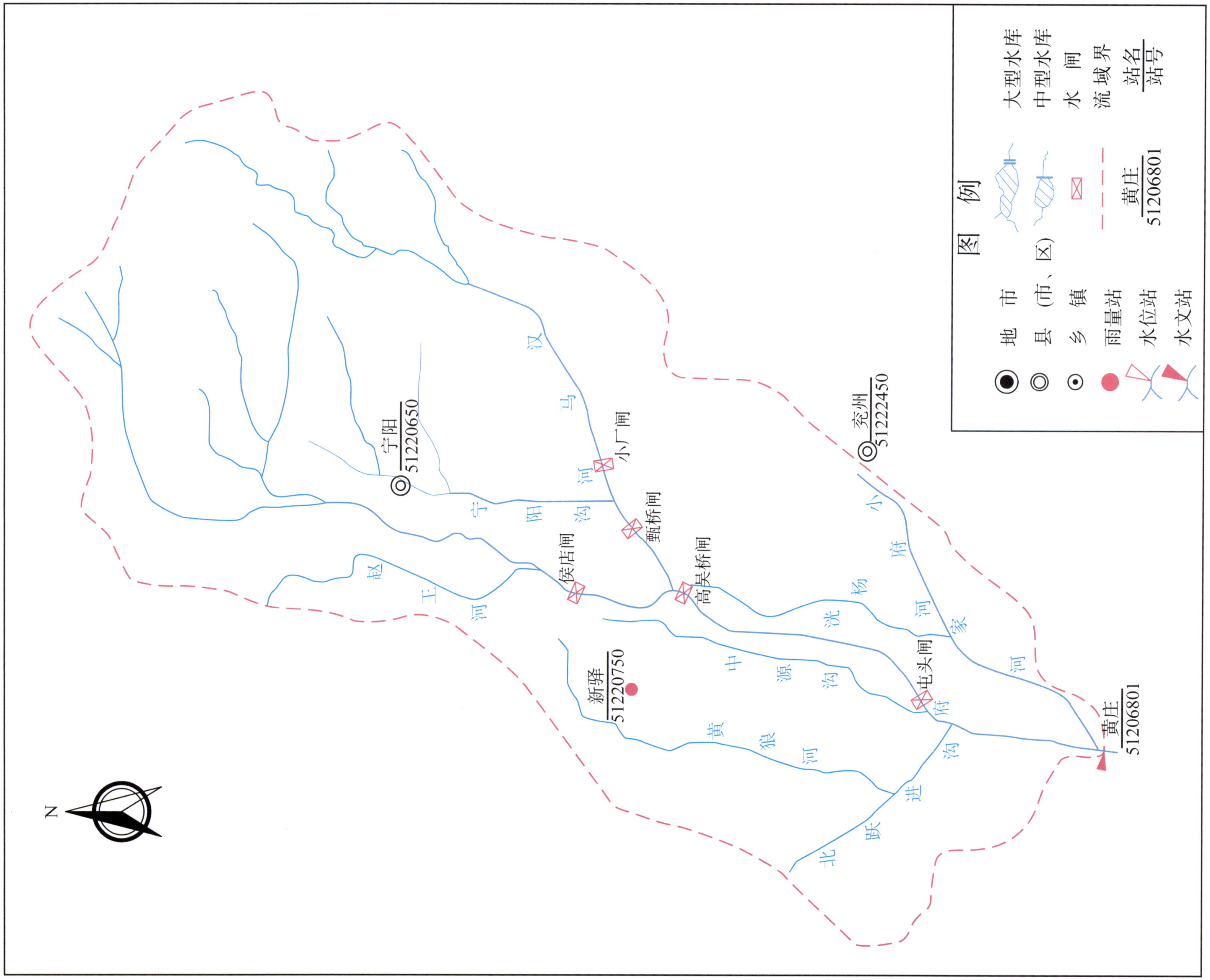

图 21–1　洸府河黄庄站以上流域图

表 21-3　洸府河黄庄站降雨径流分析成果表

洪号	降雨起讫时间							流域平均雨量 P（mm）	前期影响雨量 P_a（mm）	降雨历时（h）		暴雨中心位置	洪水发生时间									洪水历时 $T_洪$（h）	洪峰流量 Q_m（m^3/s）	净峰流量 $Q_{m净}$（m^3/s）	洪水总量 $W_总$（万 m^3）	地表径流总量 W（万 m^3）	集水面积 F（km^2）	径流深 R（mm）	径流系数 α	最高水位 Z（m）	起涨至峰现时距 τ（h）
	起				讫					全部 T	有效 T_c		起涨			峰顶			落平												
	年	月	日	时	月	日	时						月	日	时	月	日	时	月	日	时										
630707	1963	7	6	8	7	7	8	89.6	86.5	24	24	普雨	7	6	8	7	7	17	7	11	20	132	119	110	2 389	1 625	1 027	15.8	0.18	38.48	33
630802	1963	8	1	8	8	2	2	50.0	83.2	18	18	中游	8	1	20	8	2	24	8	5	18	94	149	126	2 536	1 724	1 027	16.8	0.34	38.63	24
630806	1963	8	4	20	8	6	2	54.8	104.7	30	30	普雨	8	4	20	8	6	12	8	9	20	120	114	87.0	2 750	1 596	1 027	15.5	0.28	38.39	40
630830	1963	8	29	2	8	30	8	66.3	17.6	30	30	普雨	8	29	8	8	30	12	9	3	0	112	57.5	49.5	1 352	900.4	1 027	8.8	0.13	37.73	28
640718	1964	7	16	20	7	17	20	72.1	52.7	24	18	普雨	7	17	8	7	18	8	7	21	12	100	140	132	2 250	1 801	1 027	17.5	0.24	38.48	24
640722	1964	7	21	20	7	22	14	29.8	80.7	18	8	上游	7	22	14	7	23	0	7	25	12	70	110	90.0	1 498	998	1 027	9.7	0.33	38.17	13
640728	1964	7	27	14	7	28	14	80.2	92.3	24	24	中游	7	27	20	7	28	23	7	31	12	88	214	187	4 769	3 604	1 027	35.1	0.44	38.84	27
640802	1964	7	31	8	8	1	8	81.1	89.1	24	24	普雨	7	31	12	8	2	4	8	6	2	134	228	194	5 768	3 963	1 027	38.6	0.48	38.92	40
640818	1964	8	16	20	8	18	8	82.9	56.3	42	36	中下游	8	17	8	8	18	17	8	23	20	156	98.7	86.7	2 319	1 654	1 027	16.1	0.19	38.06	33
640829	1964	8	27	8	8	28	14	129.5	61.4	30	20	中上游	8	27	16	8	29	2	9	2	8	136	278	253	5 558	4 431	1 027	43.1	0.33	38.98	34
640901	1964	8	29	20	9	4	8	169.3	108.6	132	36	中游	8	30	12	9	1	13	9	6	15	171	400	350	15 256	12 257	1 027	119.3	0.70	39.37	49
650710	1965	7	9	2	7	10	2	153.2	21.2	24	10	中下游	7	9	14	7	10	2	7	13	0	82	264	260	2 373	2 196	1 027	21.4	0.14	38.28	12
690822	1969	8	21	0	8	21	16	74.6	62.1	16	6	上游	8	21	20	8	22	4	8	26	8	108	171	162	1 756	1 324	1 027	12.9	0.17	37.05	8
690903	1969	9	2	0	9	2	18	70.7	47.8	18	8	中上游	9	2	8	9	3	8	9	9	8	168	130	126	1 807	1 253	1 027	12.2	0.17	36.91	24
700726	1970	7	24	8	7	26	2	92.6	65.4	42	26	中上游	7	25	20	7	26	22	7	30	20	120	172	162	2 378	1 888	1 027	18.4	0.20	37.02	26
700730	1970	7	28	20	7	29	20	78.4	89.4	24	20	中游	7	28	20	7	30	7	8	4	0	148	163	150	2 716	2 065	1 027	20.1	0.26	37.04	36
700807	1970	8	5	2	8	6	14	88.0	85.7	36	18	中上游	8	5	12	8	7	6	8	10	8	116	265	251	3 567	2 828	1 027	27.5	0.31	37.98	42
700817	1970	8	16	14	8	17	14	40.4	51.9	24	6	下游	8	17	12	8	17	16	8	21	0	84	74.2	67.7	811.8	585.0	1 027	5.7	0.14	35.87	4
710707	1971	7	6	20	7	7	14	78.1	82.1	18	6	下游	7	6	20	7	7	10	7	8	20	48	270	242	2 078	1 836	1 027	17.9	0.23	36.98	14
730717	1973	7	16	20	7	17	14	51.9	110	18	12	普雨	7	17	2	7	17	16	7	21	0	94	158	146	1 989	1 557	1 027	15.2	0.29	36.63	14
730729	1973	7	28	8	7	29	8	74.1	51.0	24	18	中下游	7	28	8	7	29	7	8	3	14	150	109	105	1 742	1 528	1 027	14.9	0.20	36.35	23
740717	1974	7	16	2	7	17	8	91.0	17.5	30	12	中下游	7	17	8	7	17	18	7	20	14	78	149	149	770.9	770.9	1 027	7.5	0.08	36.07	10
740801	1974	7	31	20	8	1	8	105.3	78.5	12	8	普雨	8	1	0	8	1	14	8	5	14	110	348	336	3 252	2 658	1 027	25.9	0.25	37.52	14
750730	1975	7	29	20	7	30	8	48.9	89.1	12	8	中游	7	30	0	7	30	18	8	2	12	84	127	116	1 322	1 181	1 027	11.5	0.24	36.15	18
750830	1975	8	29	20	8	30	14	49.4	30.0	18	6	中游	8	30	23	8	31	16	9	4	0	97	132	132	1 038	1 038	1 027	10.1	0.20	36.04	17
780713	1978	7	13	14	7	14	8	51.3	90.5	18	8	下游	7	13	20	7	14	12	7	19	4	128	96.5	84.0	1 120	758.2	1 027	7.4	0.14	36.04	24
900816	1990	8	15	20	8	16	8	122.5	58.6	12	6	中游	8	16	2	8	16	19	8	20	0	94	139	138	1 219	1 130	1 027	11.0	0.09	36.41	17
910728	1991	7	28	12	7	29	0	62.7	80.3	12	12	中游	7	28	14	7	29	19	8	6	20	222	23.8	22.1	674.5	426.5	1 027	4.2	0.07	35.26	29
950815	1995	8	14	12	8	17	12	191.0	78.5	72	24	中游	8	15	7	8	16	20	8	21	8	145	127	125	1 905	1 670	1 027	16.3	0.09	36.14	38
980803	1998	8	3	18	8	4	18	195.6	9.60	24	12	中游	8	3	18	8	4	20	8	7	20	98	10.6	7.27	193	68.0	1 027	0.7	0.00	33.38	20
030904	2003	9	3	2	9	5	8	177.6	103.9	54	12	中游	9	4	17.5	9	4	20.1	9	7	20	74.5	165	165	1 668.8	1 577.5	1 027	15.4	0.09	37.34	2.6
200815	2020	8	13	6	8	15	0	60.3	73.1	42	6	上游	8	15	16	8	16	0	8	19	18	98	106	106	1 404	1 404	1 027	13.7	0.23	37.09	4

表 21-4　洸府河黄庄站降雨径流预报精度评定表

序号	洪号	流域平均雨量 P（mm）	前期影响雨量 P_a（mm）	实测径流深 $R_{实}$（mm）	$P+P_a$（mm）	预报径流深 $R_{预}$（mm）	预报误差（mm）	许可误差（mm）	评定结果		说明	序号	洪号	流域平均雨量 P（mm）	前期影响雨量 P_a（mm）	实测径流深 $R_{实}$（mm）	$P+P_a$（mm）	预报径流深 $R_{预}$（mm）	预报误差（mm）	许可误差（mm）	评定结果		说明
									合格	不合格											合格	不合格	
1	630707	89.6	86.5	15.8	176.1	25.5	9.7	3.2		√		17	700807	88.0	85.7	27.5	173.7	24.0	−3.5	5.5	√		
2	630802	50.0	83.2	16.8	133.2	13.1	−3.7	3.4		√		18	700817	40.4	51.9	5.7	92.3	8.6	2.9	3.0	√		
3	630806	54.8	104.7	15.5	159.5	17.5	2.0	3.1	√			19	710707	78.1	82.1	17.9	160.2	17.8	−0.1	3.6	√		
4	630830	66.3	17.6	8.8	83.9	7.9	−0.9	3.0	√			20	730717	51.9	110.0	15.2	161.9	18.2	3.0	3.0	√		
5	640718	72.1	52.7	17.5	124.8	12.1	−5.4	3.5		√		21	730729	74.1	51.0	14.9	125.1	12.2	−2.7	3.0	√		
6	640722	29.8	80.7	9.7	110.5	10.6	0.9	3.0	√			22	740717	91.0	17.5	7.5	108.5	10.4	2.9	3.0	√		
7	640728	80.2	92.3	35.1	172.5	23.2	−11.9	7.0		√		23	740801	105.3	78.5	25.9	183.8	30.4	4.5	5.2	√		
8	640802	81.1	89.1	38.6	170.2	22.0	−16.6	7.7		√		24	750730	48.9	89.1	11.5	138.0	13.5	2.0	3.0	√		
9	640818	82.9	56.3	16.1	139.2	13.6	−2.5	3.2	√			25	750830	49.4	30.0	10.1	79.4	7.5	−2.6	3.0	√		
10	640829	129.5	61.4	43.1	190.9	36.0	−7.1	8.6	√			26	780713	51.3	90.5	7.4	141.8	4.1	−3.3	3.0		√	适 2 线
11	640901	169.3	108.6	119.3	277.9	116.3	−3.0	20.0	√			27	900816	122.5	58.6	11.0	181.1	6.1	−4.9	3.0		√	适 2 线
12	650710	153.2	21.2	21.4	174.4	24.3	2.9	4.3	√			28	910728	62.7	80.3	4.2	143.0	4.2	0.0	3.0	√		适 2 线
13	690822	74.6	62.1	12.9	136.7	13.3	0.4	3.0	√			29	950815	191.0	78.5	16.3	269.5	16.3	0.0	3.3	√		适 2 线
14	690903	70.7	47.8	12.2	118.5	11.5	−0.7	3.0	√			30	980803	195.6	9.6	0.7	205.2	7.5	6.8	3.0		√	适 2 线
15	700726	92.6	65.4	18.4	158	17.1	−1.3	3.7	√			31	030904	177.6	103.9	15.4	281.5	20.0	4.6	3.1		√	适 2 线
16	700730	78.4	89.4	20.1	167.8	20.1	0.0	4.0	√			32	200815	60.3	73.1	13.7	133.4	13.2	−0.5	3.0	√		

备注：1. 预报误差 = 预报值 − 实测值；2. 许可误差 = 实测值的 20%，以 20.0 mm 为上限，以 3.0 mm 为下限；3. 方案合格率为 72%，属乙级方案。

表 21-5　洸府河黄庄站峰量关系预报精度评定表

序号	洪号	实测径流深 R（mm）	有效降雨历时 T_c（h）	实测净峰流量 $Q_{m净实}$（m³/s）	预报净峰流量 $Q_{m净预}$（m³/s）	预报误差（m³/s）	许可误差（m³/s）	评定结果		说明	序号	洪号	实测径流深 R（mm）	有效降雨历时 T_c（h）	实测净峰流量 $Q_{m净实}$（m³/s）	预报净峰流量 $Q_{m净预}$（m³/s）	预报误差（m³/s）	许可误差（m³/s）	评定结果		说明
								合格	不合格										合格	不合格	
1	630707	15.8	24	110	114	4	22.0	√			17	700807	27.5	18	251	208	−43	50.2	√		
2	630802	16.8	18	126	138	12	25.2	√			18	700817	5.7	6	67.7	59.0	−8.7	13.5	√		
3	630806	15.5	30	87.0	87.0	0	17.4	√			19	710707	17.9	6	242	230	−12	48.4	√		
4	630830	8.8	30	49.5	49.5	0	9.9	√			20	730717	15.2	12	146	152	6	29.2	√		
5	640718	17.5	18	132	143	11	26.4	√			21	730729	14.9	18	105	124	19	21.0	√		
6	640722	9.7	8	90.0	122	32	18.0		√		22	740717	7.5	12	149	76.1	−72.9	29.8		√	
7	640728	35.1	24	187	187	0	37.4	√			23	740801	25.9	8	336	287	−49	67.2	√		
8	640802	38.6	24	194	194	0	38.8	√			24	750730	11.5	8	116	141	25	23.2		√	
9	640818	16.1	36	86.7	90	3.3	17.3	√			25	750830	10.1	6	132	138	6	26.4	√		
10	640829	43.1	20	253	244	−9	50.6	√			26	780713	7.4	8	84.0	92.0	8	16.8	√		
11	640901	119.3	36	350						不参与定线	27	900816	11.0	6	138	150	12	27.6	√		
12	650710	21.4	10	260	224	−36	52.0	√			28	910728	4.2	12	22.1	44.0	21.9	4.42		√	
13	690822	12.9	6	162	174	12	32.4	√			29	950815	16.3	24	125	117	−8	25.0	√		
14	690903	12.2	8	126	150	24	25.2	√			30	980803	0.7	12	7.27	8.00	0.73	1.45	√		
15	700726	18.4	26	162	120	−42	32.4		√		31	030904	15.4	12	165	154	−11	33.0	√		
16	700730	20.1	20	150	152	2	30.0	√			32	200815	13.7	6	106	185	79	21.2		√	

备注：1. 预报误差 = 预报值 − 实测值；2. 许可误差 = 实测值的 20%；3. 方案合格率为 81%，属乙级方案。

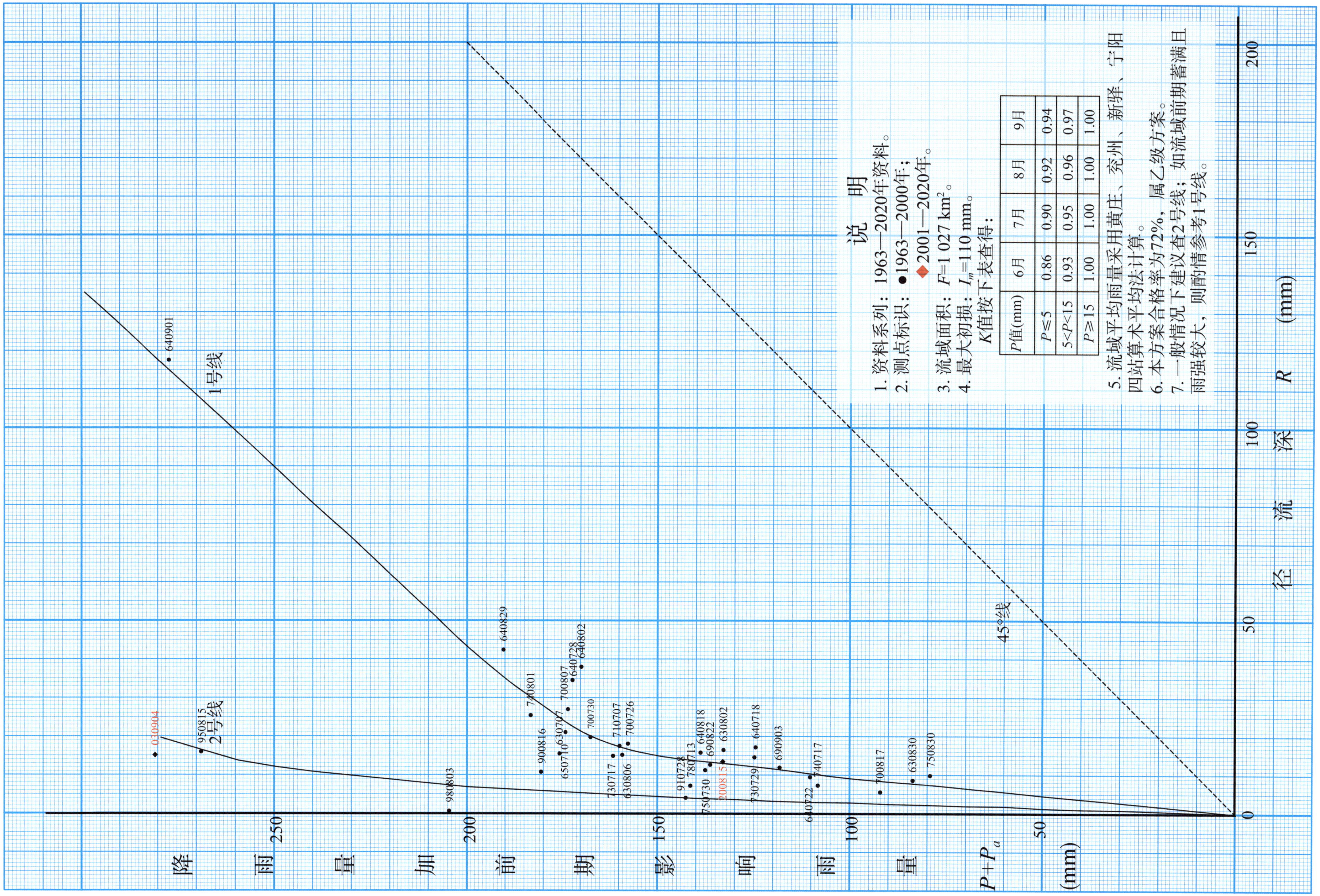

图 21–2　洸府河黄庄站降雨径流相关图

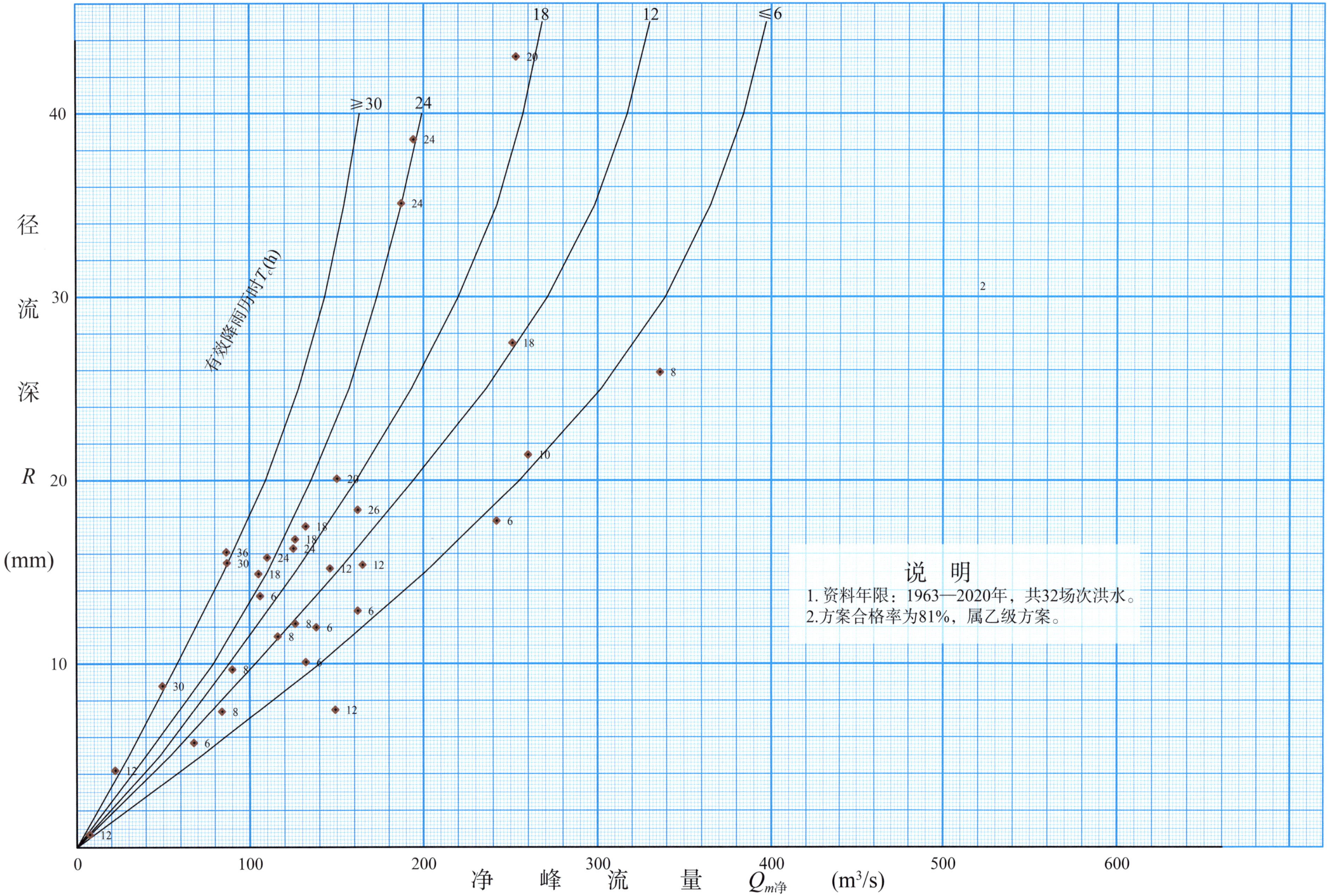

图 21-3 洸府河黄庄站峰量关系图

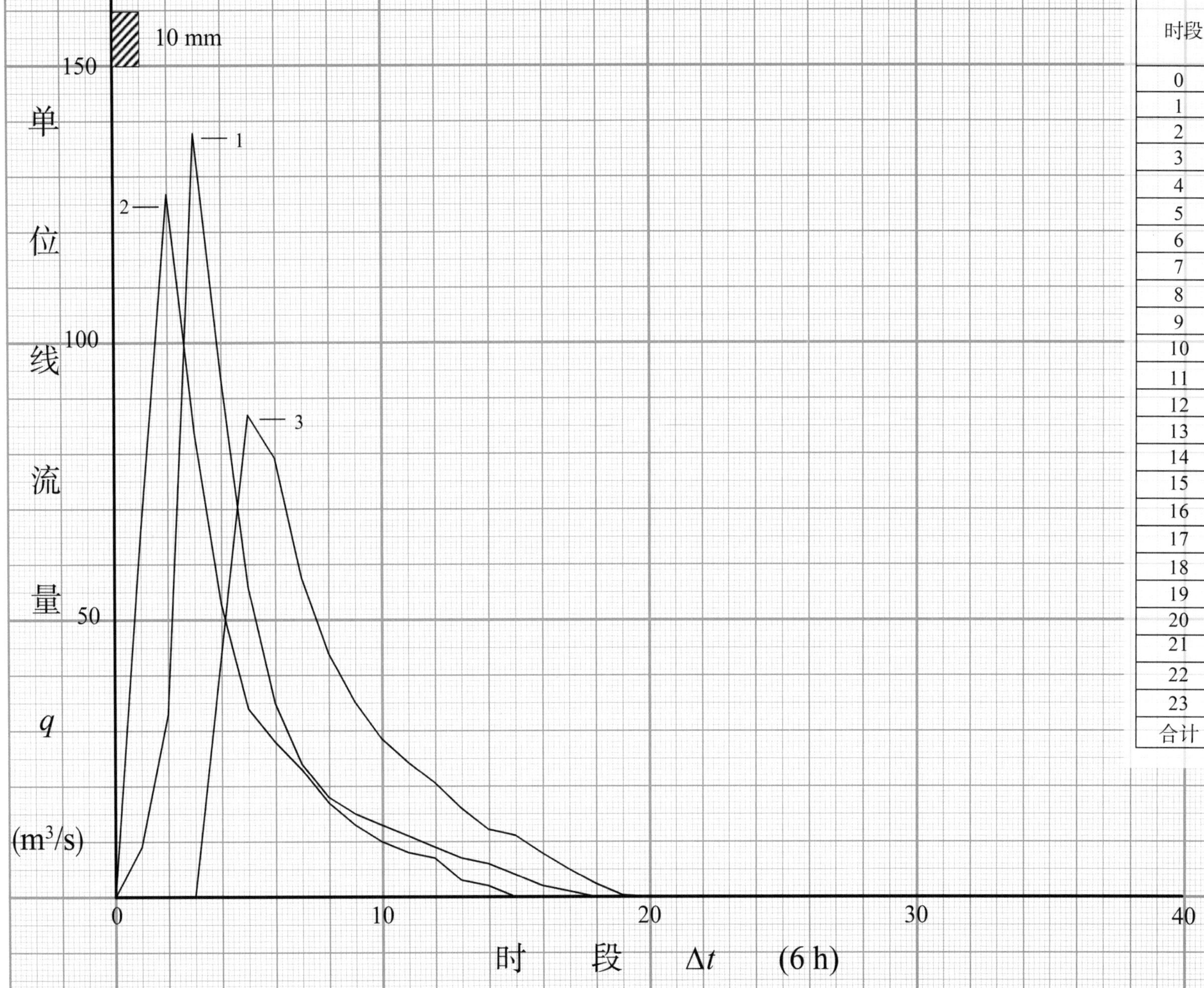

单位线成果表

$F_{区}$=1 027 km², Δt=6 h

时段	单位线流量 q (m³/s)			备 注
	1	2	3	
0	0	0	0	1号线洪水原型为740801，普雨或降雨中心在上游，P=105.3 mm，P_a=78.5 mm，Q_m=349 m³/s，T_c=8 h
1	9	66	0	
2	33	127	0	
3	138	84	0	
4	94	53	43.5	
5	56	34	87.1	
6	35	28	79.3	2号线洪水原型为900816，降雨中心在中游，P=122.5 mm，P_a=58.6 mm，Q_m=139 m³/s，T_c=6 h
7	24	23	57.7	
8	18	17	44.1	
9	15	13	35.2	
10	13	10	28.6	
11	11	8	24.3	
12	9	7	20.6	3号线洪水原型为200815，降雨中心在上游，P=60.3 mm，P_a=73.1 mm，Q_m=106 m³/s，T_c=6 h
13	7	3	16	
14	6	2	12.2	
15	4	0	11.1	
16	2		7.9	
17	1		5	
18	0		2.4	
19			0.3	
20			0	
21			0	
22				
23				
合计	475	475	475	

图 21–4 洸府河黄庄站单位线图

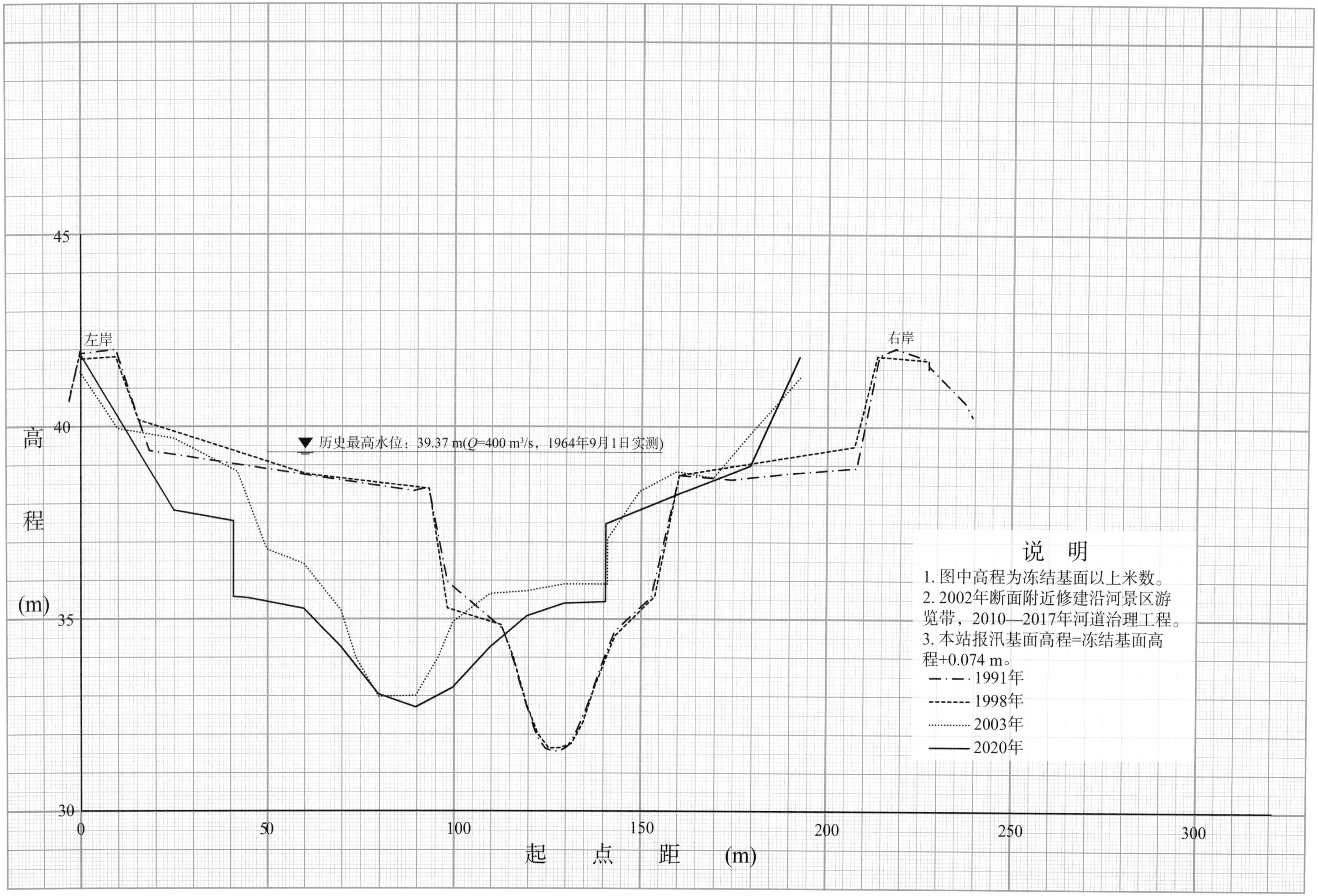

图 21-5 洸府河黄庄站大断面图

第二十二章　泗河书院站水文预报方案编制说明

1　流域概况

1.1　流域自然地理特征

泗河发源于山东省新泰市太平顶山西侧，自东向西流经泗水、曲阜、兖州、邹城、任城区、微山等县（市、区），于济宁市任城区辛闸村南入南阳湖，河道全长 159 km，干流长 89.5 km，干流平均坡度为 1.86‰，总流域面积为 2 357 km^2。本流域水系发达，有大小支流 32 条，其中集水面积在 100 km^2 以上的河道有 5 条。

流域内山区面积约占总流域面积的 50%，丘陵占 30%，平原区占 20%。中上游及河谷两侧主要为山地，中游及河道两侧主要为丘陵，下游大部为平原。农作物覆盖率约为 65%，天然草皮覆盖率约为 15%。书院站以上流域图见图 22–1。

1.2　流域雨、水情特点

1.2.1　降水量特征值

泗河流域降水量特征值见表 22–1。

表 22–1　泗河流域降水量特征值表

多年平均（mm）				汛期占全年比重	设站至 2020 年流域时段最大降水量		
1—5 月	6—9 月	10—12 月	全年		1 h（mm）/ 年份	6 h（mm）/ 年份	24 h（mm）/ 年份
121.2	536.5	63.8	721.5	74%	44.8/2015 年	137.0/1954 年	196.1/1998 年

1.2.2　水情特征

泗河是山溪性河流，坡降大，汇流快，洪峰传播历时短，自贺庄水库坝下至书院站仅需 4 ~ 6 h。

1.2.3　历史最大洪水

历史最大洪水发生在 1957 年 7 月 24 日，P=129.1 mm，P_a=110.0 mm，Q_m=4 020 m^3/s，Z_m=69.92 m（废黄河口）。

20 世纪 90 年代后最大洪水发生在 1991 年 7 月 24 日，P=199.3 mm，P_a=75.0 mm，Q_m=1 710 m^3/s，Z_m=68.58 m（废黄河口）。

2000 年以后最大洪水发生在 2020 年 8 月 15 日，P=159.6 mm，P_a=78.0 mm，Q_m=1 230 m^3/s，Z_m=68.13 m（废黄河口）。

1.3　河道防洪情况

泗河干流为古老的天然河道，河道弯曲，河槽上大下小。1958 年之后，多次对干流中下游堤防进行了治理，上游陆续修建了尼山、贺庄 2 座大型水库，华村、龙湾套、尹城 3 座中型水库及小（1）型水库 23 座、小（2）型水库 178 座。泗河干流济宁段现有节制闸 3 座，石坝、橡胶坝共 12 座。其中，书院站以上拦河闸坝 7 处，书院站至波罗树站区间拦河闸坝 7 处，波罗树站以下拦河闸坝 1 处。3 处节制闸（黄阴集闸、泗水大闸、红旗闸）均按照 50 年设计流量、100 年校核流量标准改建完成。济宁市泗河综合开发防洪堤防及水资源控制工程于 2018 年实施完成，其治理范围为泗水县贺庄水库坝址至泗河入湖口向湖内延伸 3.1 km 处，全长 133.8 km，该段河道除涝标准达到 5 年一遇，防洪标准基本达到 50 年一遇。贺庄水库以上至泗河源头约 13km 河段未纳入此次治理范围，该段河道防洪标准为 10 年一遇。

1.4　水利工程情况

书院水文站是泗河上唯一干流控制站，该站以上流域面积为 1 542 km^2，流域内有大型水库 1 座、中型水库 3 座、小（1）型水库 16 座、水工闸坝 7 处，水库控制流域面积 1 439 km^2，总库容 4.13 亿 m^3，兴利库容 1.96 亿 m^3。书院站上游大中型水库各自总库容和控制流域面积见表 22–2。

表 22–2　泗河书院站上游大中型水库基本情况表

水库名称	建成日期	总库容（亿 m^3）	控制流域面积（km^2）	到书院站距离（km）
贺庄水库	1972 年	1.06	172	72
华村水库	1960 年	0.58	129	71
龙湾套水库	1960 年	0.52	143	45
尹城水库	1980 年	0.11	34.6	24
合计		2.27	478.6	

书院水文站以上干流主要闸坝情况见表 22–3。

表 22–3　泗河书院站上游闸坝基本情况表

闸坝名称	建成日期	蓄水量（万 m^3）	闸坝结构型式	过水能力（m^3/s）	到书院站距离（km）
黄阴集闸	1996 年	64	自动翻板闸门、直升门	2 250	60
故县坝	1958 年	10	砌石滚水坝		37
泗水大闸	1965 年	15	自动翻板闸门、直升门	3 363	35
	1984 年	94			
红旗闸	1972 年	208	混凝土墩自动翻板闸门、直升门	4 197	12
合计		376			

1.5　测站概况

泗河干流只有 1 处河道水文站，即书院水文站，有水库站 1 处，即贺庄水库站，书院站下游有河道水位站 1 处波罗树站（2020 年由水位站改为水文站）；书院站以上流域另有 6 处专用站（中小河流项目），其中水库站 3 处，河道站 3 处。流域内雨量站点共 10 处，有长系列观测资料的基本雨量站有 6 处，大部分有 50 年左右的观测资料，其他 4 处为中小河流站点，均在 2011 年以后建设。流域内雨量资料相对丰富，洪水资料较少。

1955 年 7 月 1 日设立书院站，同年 9 月 21 日撤销。1956 年 6 月 1 日恢复，同年 10 月 1 日撤销，此前为汛期站。1957 年 6 月 1 日改为常年站。

本站冻结基面为废黄河口基面，它与 1956 年黄海基面换算关系为：1956 年黄海基面高程 = 冻结基面高程 -0.171 m。1985 年国家高程基准高程 = 冻结基面高程 -0.168 m。本站报汛基面 = 冻结基面。

本站控制面积变化情况见表 22-4。

表 22-4　书院站控制面积变动情况表

年份	大中型水库以下至书院站区间面积（km^2）	面积变动原因
1957 年	1 470	
1960—1972 年	1 252	华村水库、龙湾套水库拦蓄
1973—2020 年	1 080	贺庄水库拦蓄

2　方案编制

2.1　预报区间的确定

书院站上游建有大型水库贺庄水库，中型水库华村水库、龙湾套水库，将贺庄、华村、龙湾套三座水库作为上游入流站，预报区间确定为贺庄、华村、龙湾套水库至书院站，区间面积为 1 080 km^2，即书院站以上总控制面积减去上游贺庄、华村、龙湾套水库控制面积 444 km^2。泗河书院站降雨径流分析成果见表 22-6。

2.2　资料情况及方案沿革

2.2.1　资料情况

书院站预报方案于 1991 年、1999 年、2010 年分别进行过修订。本次修订除选用之前分析的 1957—2010 年共 44 场次暴雨洪水外，另外补充了 2011—2020 年 6 场次暴雨洪水进行分析，即资料系列为 1957—2020 年，共 50 场次洪水。

2.2.2　方案沿革

原方案中产流方案采用降雨径流相关图 $P+P_a$-R，汇流方案采用峰量关系图、经验单位线，河道汇流演算采用汇流系数法。

本次修订，在原产流方案降雨径流相关图 $P+P_a$-R 中增加了 6 个点据，关系线保持不变；在原汇流方案峰量关系图中增加了 6 个点据，关系线保持不变，新增了 1 条单位线。

2.3　产流方案

产流方案采用 $P+P_a$-R 相关图，方案合格率为 70%，属乙级方案，详见表 22-7、图 22-2。

突出点据分析：740724 场次洪水径流深偏小，主要是由红旗闸拦蓄了部分径流造成的。800729 场次洪水径流深显著偏大，其原因是红旗闸在降雨前已经有蓄水，该次降水使蓄水位逐渐增高，闸门自动翻板，致使降水前拦蓄的部分水量也随之泄下，从而造成 R 值偏大。900816 场次洪水因流量测验问题，实测洪峰流量小于实际值，致使径流深偏小，经修正，改正后的径流深为 95.4 mm，点据符合许可误差。930716、060804、080718、120710、130705、170606 场次洪水径流深偏小的主要原因，是沿河各闸坝拦蓄了部分径流。

2.4　汇流方案

2.4.1　峰量关系图

有效降雨历时 T_c 采用占总降水量 80% 的降雨量的集中历时，本方案不包括降雨中间的间歇时段。$Q_{m净}$为洪峰流量扣除基流所得，1957 年的两次洪水采用流域面积 1 470 km^2，1960—1972 年采用流域面积 1 252 km^2，1973—2020 年采用流域面积 1 080 km^2。

1957 年两次洪水洪峰流量在 4 000 m^3/s 左右，而其他年份最大约为 1 500 m^3/s，为照顾全图比例，该两次洪水未在图上点绘。

又因径流深在 25 mm 以下、流量小于 500 m^3/s 的洪水点据个数较多，占总点据数的 70%，这些点据密集在关系线的下方，不利于查线，故对 R<25 mm 的点据进行单独定线（2 线）。

泗河书院站峰量关系图预报方案合格率为 60%，属丙级方案，详见表 22-8、图 22-3。

2.4.2　径流深与洪峰滞时相关图

本方案洪峰滞时为降雨重心（雨量最为集中的中间时段）到洪峰出现时间的时距，建立以有效降雨历时为参数的径流深与洪峰滞时相关图（R-T_c-t_p）。方案合格率为 67%，属乙级方案，详见表 22-9。泗河书院站径流深与洪峰滞时相关图详见图 22-4。

2.4.3　经验单位线

本次采用 690903、750723、930716、980815、010804、200815 六次洪水分析出 6 条单位线，Δt 取 2 h。泗河书院站单位线图详见图 22-5。

2.5　上游水库放水河槽汇流演算

当贺庄、华村、龙湾套水库放水时，采用马斯京根单位入流河槽汇流演算的方法，由上游各水库的放水过程演算到书院水文站断面。河槽演算汇流系数（Δt=1 h）见表 22-5。

表 22-5　河槽演算汇流系数表

时段	0	1	2	3	4	5	6	7	8	9	10
贺庄水库、华村水库至书院站	0	0	0.001	0.009	0.061	0.231	0.419	0.201	0.062	0.014	0.002
龙湾套至书院站	0	0	0	0.002	0.023	0.180	0.597	0.166	0.028	0.004	—

2.6　水位-流量关系曲线图

依据 2007 年实测洪水资料点绘书院站水位与流量、面积、流速关系曲线，详见图 22-6。

2.7 实测大断面图

点绘了设站初期 1970 年及 1991 年、1998 年、2005 年、2010 年、2020 年共 6 年的实测大断面图，详见图 22–7。

3 方案使用

3.1 产流方案

采用各代表站雨量加权平均法计算流域平均降水量 P，再加上流域平均前期影响雨量 P_a，查降雨径流相关图（$P+P_a$-R），得到该次降水形成的地表径流深 R。

3.2 汇流方案

3.2.1 洪峰流量预报

以有效降雨历时为参数，由次雨径流深 R 查峰量关系图（R-T_c-$Q_{m净}$），得到该次降雨在流域出口断面处的净峰流量 $Q_{m净}$，再加上基流，即为断面的洪峰流量。

3.2.2 峰现时间预报

由次雨径流深 R 以及有效降雨历时 T_c，查泗河书院站径流深与洪峰滞时相关图（R-T_c-t_p），得到净雨中心至洪峰出现的时距，再加上净雨中心所在时刻，即为洪峰出现时间。

3.2.3 出口断面流量过程预报

根据该次降雨的特性，选择适当的单位线，以各时段净雨分别乘以单位线，得出各时段净雨在流域出口断面的流量过程，然后错时段叠加，再加上基流，即为该次降雨在出口断面的预报流量过程。

3.2.4 洪峰水位预报

选用合适年份的水位 – 流量关系，由断面的洪峰流量查水位 – 流量关系线，即可求出相应于洪峰流量的水位。

3.3 使用方案注意事项

由于本方案制作时没有考虑上游拦河闸（主要指红旗闸）的拦蓄作用，所以降雨过程形成的 R 及 $Q_{m净}$值均受到一定影响，因无上游红旗闸水位及放水资料，无法排除拦蓄径流造成的 R 值偏小及降雨时放水造成的 R 值偏大等情况的存在，同时，峰现时间的确定也受很大影响。在今后预报工作中，如能加入红旗闸的拦蓄泄洪调节作用，将会提高预报成果的精度。

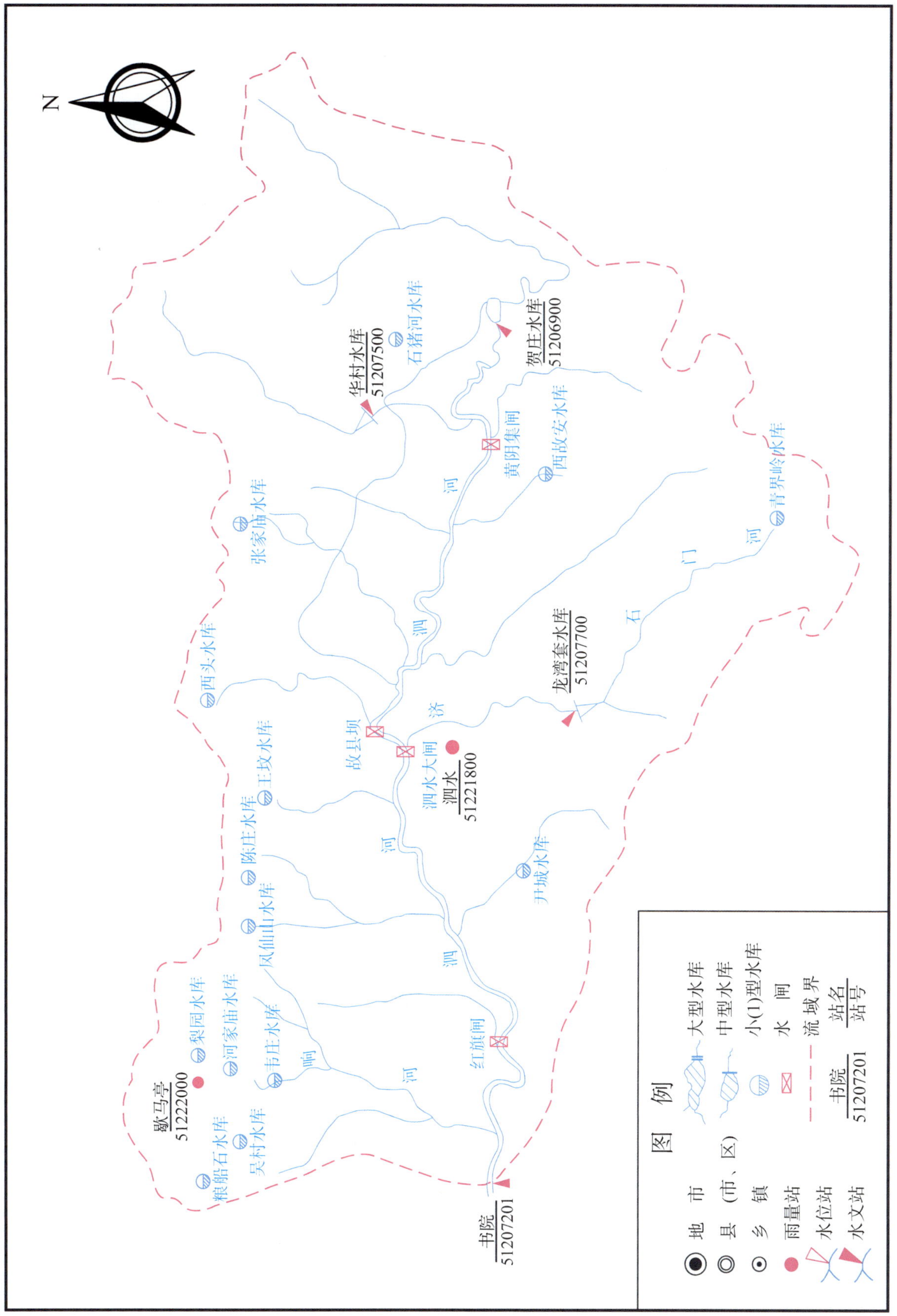

图 22–1　泗河书院站以上流域图

表 22-6　泗河书院站降雨径流分析成果表

洪号	降雨起讫时间							流域平均雨量 P（mm）	前期影响雨量 P_a（mm）	降雨历时（h）		暴雨中心位置	洪水发生时间									洪水历时 $T_{洪}$（h）	洪峰流量 Q_m（m^3/s）	净峰流量 $Q_{m净}$（m^3/s）	洪水总量 $W_{总}$（万 m^3）	地表径流总量 W（万 m^3）	集水面积 F（km^2）	径流深 R（mm）	径流系数 α	最高水位 Z（m）	起涨至峰现时距 τ（h）	洪峰滞时 t_p（h）
	起				讫					全部 T	有效 T_c		起涨			洪峰			落平													
	年	月	日	时	月	日	时						月	日	时	月	日	时	月	日	时											
570719	1957	7	18	4	7	19	18	200.7	110.0	38	15	上游	7	18	9	7	19	15	7	23	0	111	3 950	3 890	26 208	23 098	1 470	157.1	0.78	69.71	30	9
570724	1957	7	23	6	7	24	4	129.1	110.0	22	8	普雨	7	23	8	7	24	6	7	25	12	52	4 020	3 950	18 202	16 128	1 470	109.7	0.85	69.92	22	7
690630	1969	6	30	8	6	30	20	12.3	27.8	12	8	下游	6	30	8	6	30	22	7	2	20	60	30.6	26.4	291	156.2	1 252	1.2	0.10	64.64	14	10
690822	1969	8	21	4	8	21	18	65.8	28.0	14	6	中游	8	21	12	8	22	4	8	24	10	70	246	234	2 074	1 652	1 252	13.2	0.20	65.61	16	13
690903	1969	9	2	2	9	2	16	74.1	23.5	14	6	中游	9	2	9	9	3	0	9	5	8	71	315	304	1 792	1 360	1 252	10.9	0.15	65.73	15	11
700726	1970	7	24	4	7	26	10	142.2	79.5	54	18	上游	7	24	7	7	26	14	7	28	15	104	989	972	18 580	10 440	1 252	83.4	0.59	67.44	55	24
700806	1970	8	5	12	8	6	23	86.1	110.0	35	14	上游	8	5	5	8	6	17	8	11	16	155	1 190	1 162	11 010	6 825	1 252	54.5	0.63	67.57	36	9
700817	1970	8	17	1	8	17	8	51.6	42.0	7	7	普雨	8	17	3	8	17	14	8	19	20	65	238	231	2 243	1 348	1 252	10.8	0.21	65.60	11	7
710624	1971	6	23	14	6	23	20	29.1	28.0	6	6	中游	6	23	19	6	24	0	6	25	13	42	146	135	760.4	624	1 252	5.0	0.17	65.19	5	10
710629	1971	6	28	22	6	29	8	52.7	77.4	10	8	普雨	6	28	22	6	29	10	7	1	6	56	186	162	1 719	1 287	1 252	10.3	0.20	65.42	12	10
710703	1971	7	2	16	7	2	22	19.0	102.0	6	2	普雨	7	2	16	7	3	0	7	4	9	41	393	334	2 298	1 488	1 252	11.9	0.63	66.15	8	7
710707	1971	7	6	20	7	7	6	56.9	85.0	10	6	下游	7	6	20	7	7	8	7	9	12	64	587	567	4 292	3 504	1 252	28.0	0.49	66.62	12	10
710710	1971	7	9	14	7	10	8	57.6	86.1	18	8	普雨	7	9	16	7	10	10	7	13	8	88	444	424	4 252	2 817	1 252	22.5	0.39	66.30	18	10
710802	1971	8	1	22	8	2	14	50.1	16.9	16	10	普雨	8	2	0	8	2	21	8	5	20	92	120	109	1 306	892	1 252	7.1	0.14	65.16	21	10
710822	1971	8	21	5	8	21	18	42.2	61.0	13	12	上游	8	21	8	8	22	16	8	25	6	94	151	134	1 968	1 243	1 252	9.9	0.23	65.27	32	21
710825	1971	8	24	14	8	25	12	47.7	68.5	22	8	上游	8	25	0	8	25	22	8	28	0	72	275	257	3 283	1 987	1 252	15.9	0.33	65.76	22	16
730718	1973	7	17	2	7	17	14	35.4	52.2	12	9	普雨	7	17	8	7	18	5	7	19	2	42	105	88.0	1 069	572.4	1 080	5.3	0.15	65.05	21	7
730729	1973	7	28	12	7	29	10	69.8	63.7	22	16	普雨	7	28	13	7	29	7	8	1	21	104	257	239	3 417	2 360	1 080	21.9	0.31	65.74	28	22
740712	1974	7	12	1	7	12	8	7.4	17.9	7	7	上游	7	12	7	7	12	10	7	13	20	37	88.6	88.0	206.1	180.6	1 080	1.7	0.23	64.97	3	6
740716	1974	7	16	4	7	17	10	85.5	14.6	30	8	普雨	7	16	4	7	16	13	7	19	0	68	170	168	1 316	1 123	1 080	10.4	0.12	65.34	9	5
740724	1974	7	23	6	7	24	20	86.1	76.0	38	18	普雨	7	23	13	7	24	17	7	25	18	53	258	248	2 477	2 316	1 080	21.4	0.25	65.65	28	16
740801	1974	8	1	0	8	1	12	73.6	103.0	12	8	普雨	8	1	7	8	1	12	8	3	15	56	976	951	4 632	4 083	1 080	37.8	0.51	67.02	5	7
750709	1975	7	9	12	7	10	10	57.6	23.6	22	10	上游	7	9	21	7	9	22	7	12	18	69	77.7	73.2	792.2	642.6	1 080	6.0	0.10	64.88	1	3
750723	1975	7	22	18	7	23	10	29.2	63.1	16	7	普雨	7	23	2	7	23	16	7	25	12	58	130	111	1 139	561.6	1 080	5.2	0.18	65.18	14	12
750902	1975	9	1	0	9	2	14	68.3	28.4	38	18	上游	9	1	8	9	2	20	9	3	21	61	143	124	1 759	961.2	1 080	8.9	0.13	65.28	36	20
760729	1976	7	28	12	7	28	22	87.0	31.0	10	8	上游	7	28	14	7	29	7	7	31	18	76	218	213	1 707	1 426	1 080	13.2	0.15	65.53	17	15
770706	1977	7	5	4	7	6	2	67.3	35.7	22	4	下游	7	5	20	7	6	5	7	7	20	48	322	318	1 879	1 642	1 080	15.2	0.23	65.89	9	8
800729	1980	7	27	12	7	29	12	122.7	20.1	48	16	普雨	7	27	12	7	29	18	7	31	16	100	635	618	4 307	3 996	1 080	37.0	0.30	66.74	54	10（红旗闸翻板）
840605	1984	6	4	22	6	5	8	78.0	11.0	10	5	下游	6	4	20	6	5	8	6	7	10	62	216	211	993.6	644.8	1 080	6.0	0.08	65.40	12	7
900816	1990	8	15	14	8	16	10	145.8	94.4	20	16	普雨	8	16	0	8	16	18	8	24	0	192	812	796	9 750	7 679	1 080	71.1	0.49	67.48	18	13
910725	1991	7	23	20	7	25	2	199.3	75.0	30	14	普雨	7	24	6	7	25	6	7	28	16	106	1 710	1 624	16 961	12 748	1 080	118.0	0.59	68.58	24	8
930716	1993	7	15	16	7	15	24	66.2	88.7	8	4	上游	7	15	18	7	16	10.8	7	18	5.5	59.5	352	315	2 930	1 941	1 080	18.0	0.27	65.63	17	14
950816	1995	8	15	0	8	16	10	194.5	68.9	34	18	下游	8	15	8	8	16	11	8	21	8	144	1 100	1 080	11 193	10 009	1 080	92.7	0.48	67.56	23	10
980815	1998	8	14	14	8	15	18	79.0	107.0	28	6	普雨	8	15	7	8	15	17.3	8	19	8	97	724	570	9 846	5 547	1 080	51.4	0.65	66.37	10.3	12.3
010804	2001	8	4	6	8	4	16	79.1	89.5	10	6	下游	8	4	9	8	4	17	8	6	5	44	916	865	5 096	3 947.7	1 080	36.6	0.46	66.77	8	6
030904	2003	9	3	14	9	5	0	76.1	106.6	34	8	下游	9	3	22	9	4	14.6	9	10	8	154	546	509	6 864	4 882	1 080	45.2	0.59	66.14	16.6	9.6

续表

洪号	降雨起讫时间							流域平均雨量 P（mm）	前期影响雨量 P_a（mm）	降雨历时（h）		暴雨中心位置	洪水发生时间									洪水历时 $T_{洪}$（h）	洪峰流量 Q_m（m^3/s）	净峰流量 $Q_{m净}$（m^3/s）	洪水总量 $W_{总}$（万 m^3）	地表径流总量 W（万 m^3）	集水面积 F（km^2）	径流深 R（mm）	径流系数 α	最高水位 Z（m）	起涨至峰现时距 τ（h）	洪峰滞时 t_p（h）
	起				讫					全部 T	有效 T_c		起涨			洪峰			落平													
	年	月	日	时	月	日	时						月	日	时	月	日	时	月	日	时											
040828	2004	8	26	16	8	28	2	117.4	58.5	36	22	上游	8	27	8	8	28	11.3	9	1	20	132	414	403	4 812.3	4 270.6	1 080	39.5	0.34	65.80	27.3	21.3
050920	2005	9	19	22	9	20	12	148.4	79.0	14	8	普雨	9	20	6	9	20	13.6	9	27	12	174	302	578	9 647	7 830	1 080	72.5	0.49	66.16	7.6	11.6
060804	2006	8	3	10	8	5	18	57.4	96.7	56	20	下游	8	3	20	8	4	17.5	8	9	0	124	94	78.2	1 851	816.6	1 080	7.6	0.13	64.50	21.5	9.5
070817	2007	8	15	12	8	18	10	189.8	82.3	70	24	上游	8	16	18	8	17	18.0	8	23	8	158	1 070	1 044	15 813	12 144	1 080	112.4	0.59	66.93	24	22
070901	2007	8	30	0	9	1	6	80.3	49.8	54	16	普雨	8	30	8	9	1	8.0	9	4	8	120	113	98.8	2 875	2 363	1 080	21.9	0.27	64.73	48	32
080718	2008	7	18	2	7	19	18	67.0	104.0	40	10	下游	7	18	10	7	18	19.6	7	21	0	62	242	212	3 135	1 984	1 080	18.4	0.27	65.25	9.6	13.6
090721	2009	7	20	14	7	21	6	88.7	65.6	16	8	下游	7	20	20	7	21	17.1	7	27	18	166	331	296	8 287	3 754	1 080	34.8	0.39	65.50	21.1	21.1
100718	2010	7	17	14	7	18	2	111.2	31.3	12	10	上游	7	18	8	7	18	18.0	7	25	8	168	175	168	3 707	2 716	1 080	25.1	0.23	65.08	10	22
110915	2011	9	13	0	9	19	10	147.2	54.0	154	38	中游	9	13	12	9	15	17.7	9	28	12	360	200	191	—	7 506	1 080	69.5	0.47	65.12	33.7	21.7
120710	2012	7	4	8	7	13	6	202.4	11.6	214	26	中游	7	6	2	7	10	20.0	7	21	22	380	132	132	—	5 432	1 080	50.3	0.25	64.82	12	24
130705	2013	7	4	2	7	5	4	152.5	39.9	26	10	中游	7	4	14	7	5	2.0	7	11	0	154	198	198	—	3 359	1 080	31.1	0.20	65.65	11.5	18
160623	2016	6	22	0	6	24	6	106.8	33.1	54	4	中游	6	22	4	6	23	21.6	6	27	18	134	312	312	—	2 776	1 080	25.7	0.24	67.76	7.6	8
170706	2017	7	6	10	7	7	8	80.4	28.8	22	8	中游	7	6	12	7	6	20.3	7	8	16	52	226	226	—	486	1 080	4.5	0.06	67.67	2.3	2
200815	2020	8	13	18	8	15	6	159.6	78.0	36	12	上游	8	14	20	8	15	7.9	8	18	12	88	1 230	1 220	—	9 040	1 080	83.7	0.52	68.13	10.9	10

表 22-7　泗河书院站降雨径流预报精度评定表

序号	洪号	流域平均雨量 P（mm）	前期影响雨量 P_a（mm）	$P+P_a$（mm）	径流深 $R_{实}$（mm）	预报径流深 $R_{预}$（mm）	预报误差（mm）	许可误差（mm）	评定结果		说明	序号	洪号	流域平均雨量 P（mm）	前期影响雨量 P_a（mm）	$P+P_a$（mm）	径流深 $R_{实}$（mm）	预报径流深 $R_{预}$（mm）	预报误差（mm）	许可误差（mm）	评定结果		说明
									合格	不合格											合格	不合格	
1	570719	200.7	110.0	310.7	157.1	152.6	−4.5	20.0	√			26	760729	87.0	31.0	118.0	13.2	15.6	2.4	3.0	√		
2	570724	129.1	110.0	239.1	109.7	90.5	−19.2	20.0	√			27	770706	67.3	35.7	103.0	15.2	11.6	−3.6	3.0		√	
3	690630	12.3	27.8	40.1	1.2	2.7	1.5	3.0	√			28	800729	122.7	20.1	142.8	37.0	25.5	−11.5	7.4		√	
4	690822	65.8	28.0	93.8	13.2	9.6	−3.6	3.0		√		29	840605	78.0	11.0	89.0	6.0	8.6	2.6	3.0	√		
5	690903	74.1	23.5	97.6	10.9	10.4	−0.5	3.0	√			30	900816	145.8	94.4	240.2	71.1	91.4	20.3	14.2		√	
6	700726	142.2	79.5	221.7	83.4	76.5	−6.9	16.7	√			31	910725	199.3	75.0	274.3	118.0	120.4	2.4	20.0	√		
7	700806	86.1	110.0	196.1	54.5	57.1	2.6	10.9	√			32	930716	66.2	88.7	154.9	18.0	31.3	13.3	3.6		√	
8	700817	51.6	42.0	93.6	10.8	9.6	−1.2	3.0	√			33	950816	194.5	68.9	263.4	92.7	111.0	18.3	18.5	√		
9	710624	29.1	28.0	57.1	5.0	3.8	−1.2	3.0	√			34	980815	79.0	107.0	186.0	51.4	50.1	−1.3	10.3	√		
10	710629	52.7	77.4	130.1	10.3	20.1	9.8	3.0		√		35	010804	79.1	89.5	168.6	36.6	39.0	2.4	7.3	√		
11	710703	19.0	102.0	121	11.9	16.6	4.7	3.0		√		36	030904	76.1	106.6	182.7	45.2	47.9	2.7	9.0	√		
12	710707	56.9	85.0	141.9	28.0	25.1	−2.9	5.6	√			37	040828	117.4	58.5	175.9	39.5	43.5	4.0	7.9	√		
13	710710	57.6	86.1	143.7	22.5	25.9	3.4	4.5	√			38	050920	148.4	79.0	227.4	72.5	81.0	8.5	14.5	√		
14	710802	50.1	16.9	67	7.1	4.9	−2.2	3.0	√			39	060804	57.4	96.7	154.1	7.6	30.9	23.3	3.0		√	
15	710822	42.2	61.0	103.2	9.9	11.6	1.7	3.0	√			40	070817	189.8	82.3	272.1	112.4	118.6	6.2	20.0	√		
16	710825	47.7	68.5	116.2	15.9	15.1	−0.8	3.2	√			41	070901	80.3	49.8	130.1	21.9	20.1	−1.8	4.4	√		
17	730718	35.4	52.2	87.6	5.3	8.4	3.1	3.0		√		42	080718	67.0	104.0	171.0	18.4	40.4	22.0	3.7		√	
18	730729	69.8	63.7	133.5	21.9	21.5	−0.4	4.4	√			43	090721	88.7	65.6	154.3	34.8	31.0	−3.8	7.0	√		
19	740712	7.4	17.9	25.3	1.7	1.7	0.0	3.0	√			44	100718	111.2	31.3	142.5	25.1	25.4	0.3	5.0	√		
20	740716	85.5	14.6	100.1	10.4	10.9	0.5	3.0	√			45	110915	147.2	54.0	201.2	69.5	60.7	−8.8	13.9	√		
21	740724	86.1	76.0	162.1	21.4	35.2	13.8	4.3		√		46	120710	202.4	11.6	214.0	50.3	70.4	20.1	10.1		√	
22	740801	73.6	103.0	176.6	37.8	43.9	6.1	7.6	√			47	130705	152.5	39.9	192.4	31.1	54.6	23.5	6.2		√	
23	750709	57.6	23.6	81.2	6.0	7.2	1.2	3.0	√			48	160623	106.8	33.1	139.9	25.7	24.2	−1.5	5.1	√		
24	750723	29.2	63.1	92.3	5.2	9.3	4.1	3.0		√		49	170706	80.4	28.8	109.2	4.5	13.0	8.5	3.0		√	
25	750902	68.3	28.4	96.7	8.9	10.2	1.3	3.0	√			50	200815	159.6	78.0	237.6	83.7	89.3	5.6	16.7	√		

备注：1. 预报误差 = 预报值 − 实测值；2. 许可误差 = 实测值的 20%，以 20.0 mm 为上限，以 3.0 mm 为下限；3. 方案合格率为 70%，属乙级方案。

表 22-8　泗河书院站峰量关系预报精度评定表

序号	洪号	径流深 R（mm）	实测净峰流量 $Q_{m净实}$（m^3/s）	有效降雨历时 T_c（h）	预报净峰流量 $Q_{m净预}$（m^3/s）	预报误差（m^3/s）	许可误差（m^3/s）	评定结果		说明
								合格	不合格	
1	570719	157.1	3 890	15						不参与定线
2	570724	109.7	3 950	8						不参与定线
3	690630	1.2	26.4	8	26.0	−0.4	5.28	√		
4	690822	13.2	234	6	390	156	46.8		√	
5	690903	10.9	304	6	326	22	60.8	√		
6	700726	83.4	972	18	972	0	194.4	√		
7	700806	54.5	1 162	14	750	−412	232.4		√	
8	700817	10.8	231	7	257	26	46.2	√		
9	710624	5.0	135	6	152	17	27.0	√		
10	710629	10.3	162	8	192	30	32.4	√		
11	710703	11.9	334	2	356	22	66.8	√		
12	710707	28.0	567	6	565	−2	113.4	√		
13	710710	22.5	424	8	440	16	84.8	√		
14	710802	7.1	109	10	113	4	21.8	√		
15	710822	9.9	134	12	134	0	26.8	√		
16	710825	15.9	257	8	305	48	51.4	√		
17	730718	5.3	88.0	9	88.0	0	17.6	√		
18	730729	21.9	239	16	247	8	47.8	√		
19	740712	1.7	88.0	7	47.0	−41	17.6		√	
20	740716	10.4	168	8	194	26	33.6	√		
21	740724	21.4	248	18	240	−8	49.6	√		
22	740801	37.8	951	8	880	−71	190.2	√		
23	750709	6.0	73.2	10	95.0	21.8	14.6		√	
24	750723	5.2	111	7	124	13	22.2	√		
25	750902	8.9	124	18	90.0	−34	24.8		√	

序号	洪号	径流深 R（mm）	实测净峰流量 $Q_{m净实}$（m^3/s）	有效降雨历时 T_c（h）	预报净峰流量 $Q_{m净预}$（m^3/s）	预报误差（m^3/s）	许可误差（m^3/s）	评定结果		说明
								合格	不合格	
26	760729	13.2	213	8	230	17	42.6	√		
27	770706	15.2	318	4	450	132	63.6		√	
28	800729	37.0	618	16	363	−255	123.6		√	
29	840605	6.0	211	5	183	−28	42.2	√		
30	900816	71.1	796	16	800	4	159.2	√		
31	910725	118.0	1 624	14	1 800	176	324.8	√		
32	930716	18.0	315	4	535	220	63.0		√	
33	950816	92.7	1 080	18	1 100	20	216	√		
34	980815	51.4	570	6	1 370	800	114			不参与定线
35	20010804	36.6	865	6	840	−25	173	√		
36	20030904	45.2	509	8	1 137	628	101.8		√	
37	20040828	39.5	403	22	934	531	80.6			不参与定线
38	20050920	72.5	578	8	2 200	1 622	115.6			不参与定线
39	20060804	7.6	78.2	20	124	45.8	15.6		√	
40	20070817	112.4	1 044	24	3 796	2 752	208.8		√	
41	20070901	21.9	98.8	16	432	333.2	19.8			不参与定线
42	20080718	18.4	212	10	351	139	42.4		√	
43	20090721	34.8	296	8	781	485	59.2			不参与定线
44	20100718	25.1	168	10	508	340	33.6			不参与定线
45	20110915	69.5	191	38.0	793.1	602.1	38.2			不参与定线
46	20120710	50.3	132	26.0	557.5	425.5	26.4			不参与定线
47	20130705	31.1	198	10.0	560.3	362.3	39.6		√	
48	20160623	25.7	312	4.0	522.7	210.7	62.4		√	
49	20170706	4.5	226	8.0	82.8	−143.2	45.2		√	
50	20200815	83.7	1 220	12.0	1 515.9	295.9	244.0		√	

备注：1. 预报误差 = 预报值 − 实测值；2. 许可误差 = 实测值的 20%；3. 方案合格率为 60%，为丙等方案。

表 22-9　泗河书院站洪峰滞时（降雨重心至峰现时距）预报精度评定表

序号	洪号	径流深 R（mm）	实测洪峰滞时 $t_{p实}$（h）	有效降雨历时 T_c（h）	预报洪峰滞时 $t_{p预}$（h）	预报误差（h）	许可误差（h）	评定结果		说明
								合格	不合格	
1	570719	157.1	9	15	8.4	−0.6	2.7	√		
2	570724	109.7	7	8	7	0.0	2.1	√		
3	690630	1.2	10	8	12	2.0	3.0	√		
4	690822	13.2	13	6	9.1	−3.9	3.9	√		
5	690903	10.9	11	6	9.2	−1.8	3.3	√		
6	700726	83.4	24	18	10	−14.0	7.2		√	
7	700806	54.5	9	14	10.5	1.5	2.7	√		
8	700817	10.8	7	7	9.9	2.9	2.1		√	
9	710624	5.0	10	6	9.6	−0.4	3.0	√		
10	710629	10.3	10	8	11	1.0	3.0	√		
11	710703	11.9	7	2	7.5	0.5	2.1	√		
12	710707	28.0	10	6	8.3	−1.7	3.0	√		
13	710710	22.5	10	8	9.9	−0.1	3.0	√		
14	710802	7.1	10	10	13	3.0	3.0	√		
15	710822	9.9	21	12	14.7	−6.3	6.3	√		
16	710825	15.9	16	8	10.4	−5.6	4.8		√	
17	730718	5.3	7	9	12.6	5.6	2.1		√	
18	730729	21.9	22	16	15.8	−6.2	6.6	√		
19	740712	1.7	6	7	10.8	4.8	2.0		√	
20	740716	10.4	5	8	11	6.0	2.0		√	
21	740724	21.4	16	18	15.8	−0.2	4.8	√		
22	740801	37.8	7	8	9	2.0	2.1	√		
23	750709	6.0	3	10	13.4	10.4	2.0		√	
24	750723	5.2	12	7	10.5	−1.5	3.6	√		
25	750902	8.9	20	18	20.2	0.2	6.0	√		
26	760729	13.2	15	8	10.7	−4.3	4.5	√		
27	770706	15.2	8	4	7.4	−0.6	2.4	√		
28	800729	37.0	10	16	12.8	2.8	3.0	√		
29	840605	6.0	7	5	8.8	1.8	2.1	√		
30	900816	71.1	13	16	10.4	−2.6	3.9	√		
31	910725	118.0	8	14	8.6	0.6	2.4	√		
32	930716	18.0	14	4	7.3	−6.7	4.2		√	
33	950816	92.7	10	18	9.7	−0.3	3.0	√		
34	980815	51.4	12.3	6	7.4	−4.9	3.7			不参与定线
35	010804	36.6	6	6	7.9	1.9	2.0	√		
36	030904	45.2	9.6	8	8.5	−1.1	2.9	√		
37	040828	39.5	21.3	22	12.6	−8.7	6.4		√	
38	050920	72.5	11.6	8	7.6	−4.0	3.5			不参与定线
39	060804	7.6	9.5	20	21.0	11.5	2.9		√	
40	070817	112.4	22.0	24	9.3	−12.7	6.6		√	
41	070901	21.9	32.0	16	15.8	−16.2	9.6			不参与定线
42	080718	18.4	13.6	10	11.8	−1.8	4.1	√		
43	090721	34.8	21.1	8	9.1	−12.0	6.3			不参与定线
44	100718	25.1	22.0	10	11.0	−11.0	6.6			不参与定线
45	110915	69.5	21.7	38.0	10.5	−11.2	6.5		√	
46	120710	50.3	24.0	26.0	11.6	−12.4	7.2		√	
47	130705	31.1	18.0	10.0	10.4	−7.6	5.4		√	
48	160623	25.7	8.0	4.0	7.1	−0.9	2.4	√		
49	170706	4.5	2.0	8.0	11.6	9.6	2.0		√	
50	200815	83.7	10.0	12.0	8.7	−1.3	3.0	√		

备注：1. 预报误差 = 预报值 − 实测值；2. 许可误差 = 实测值的 30%；3. 方案合格率为 67%，属丙级方案。

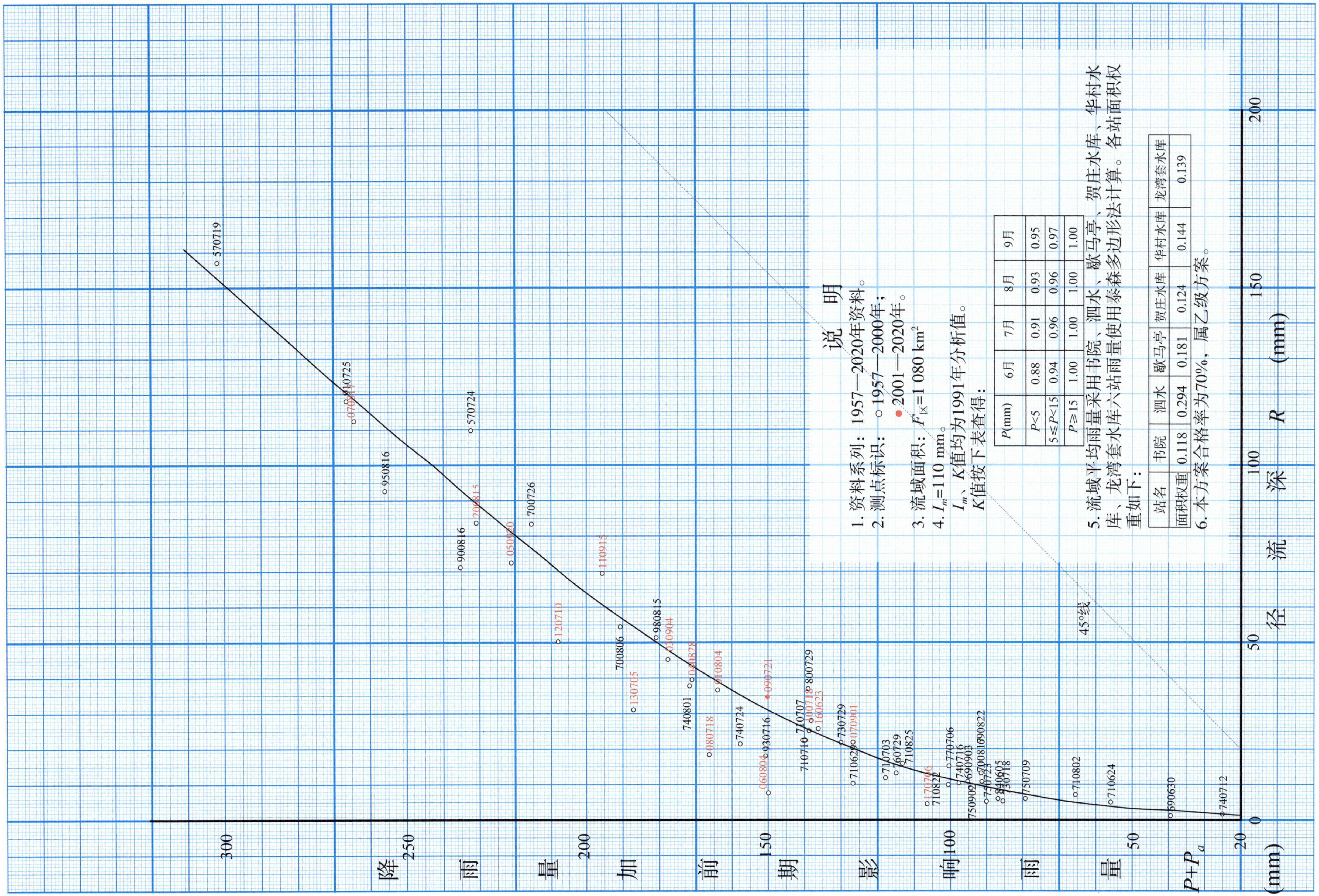

图 22-2　泗河书院站降雨径流相关图

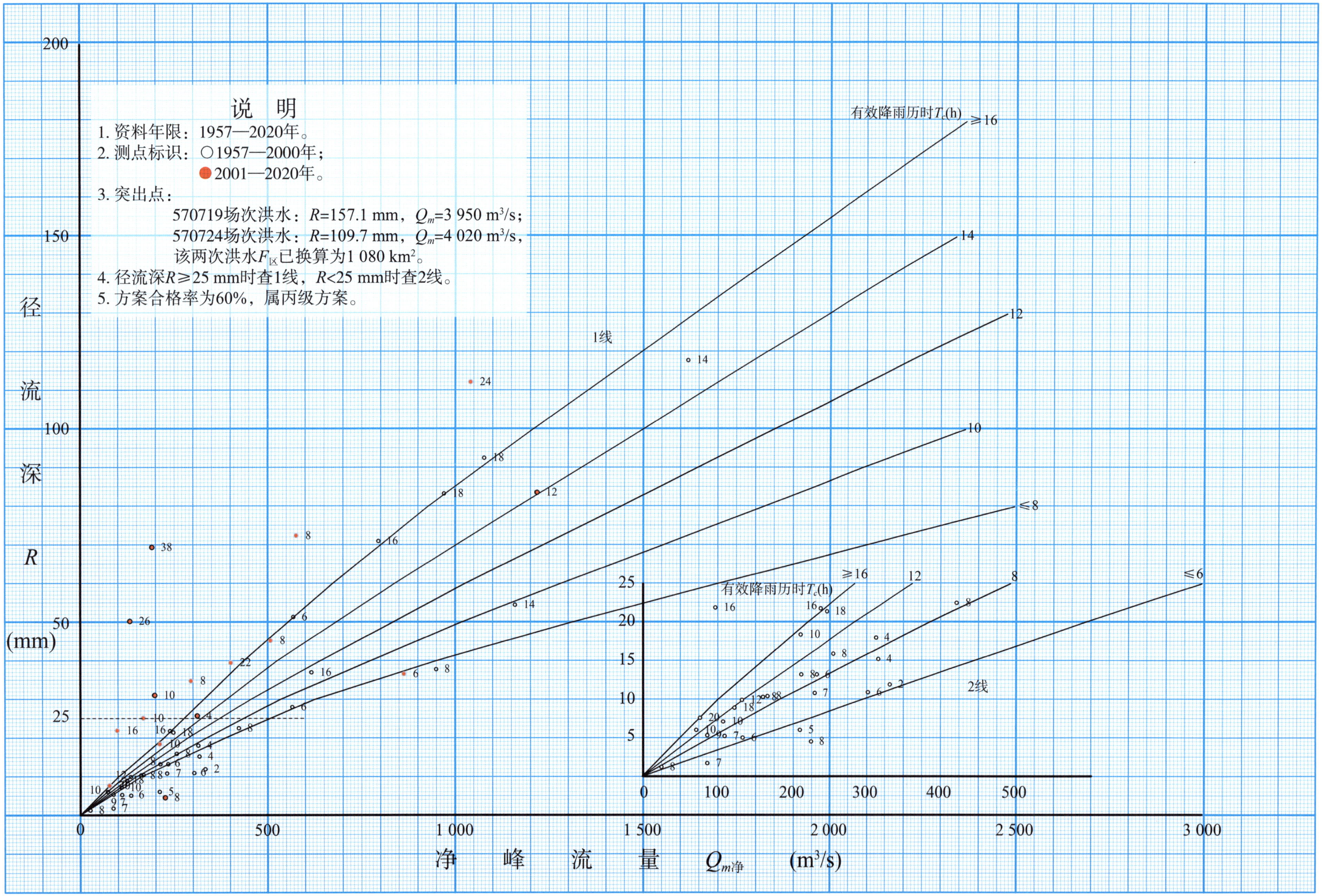

图 22-3 泗河书院站峰量关系图

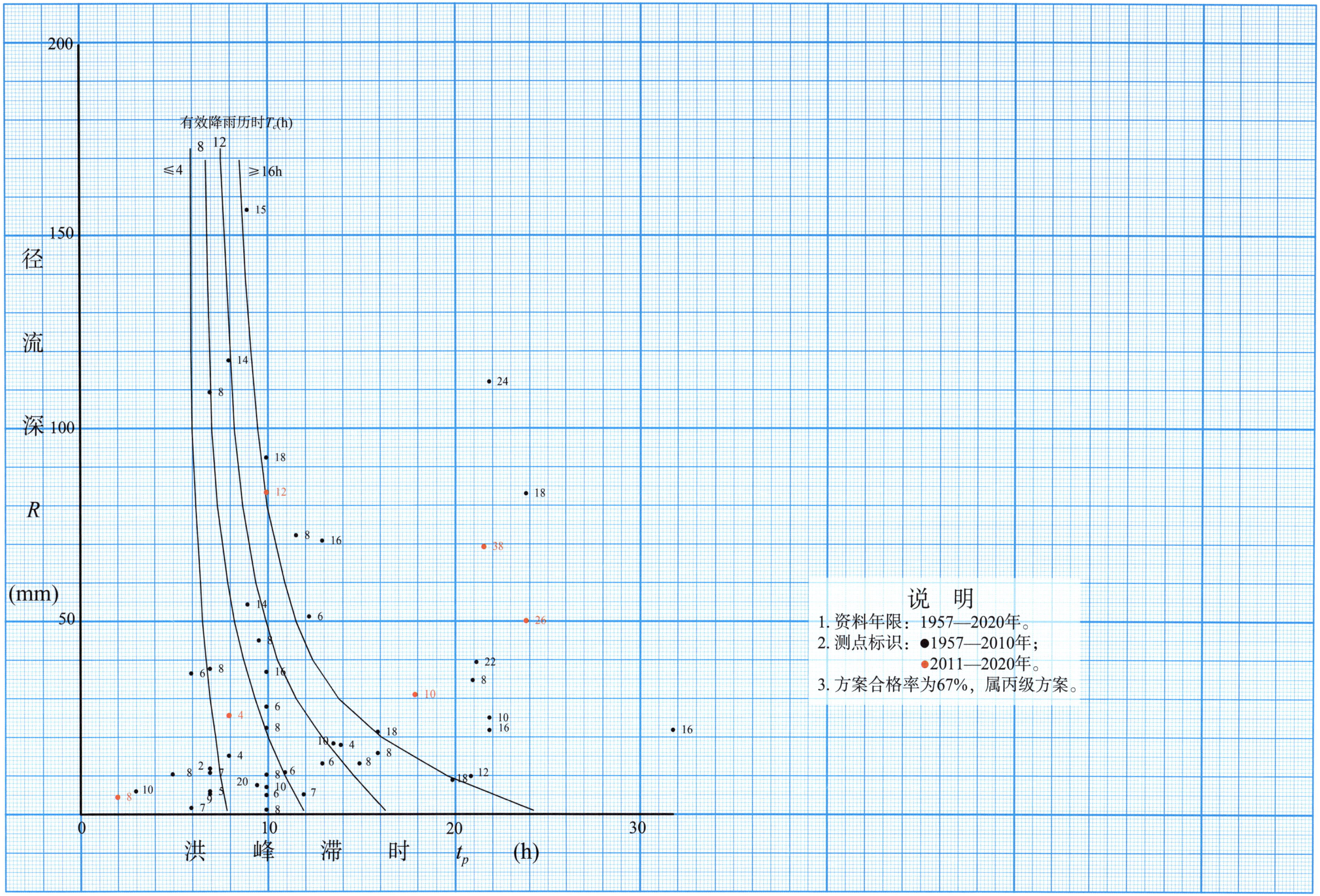

图 22-4　泗河书院站径流深洪峰滞时相关图

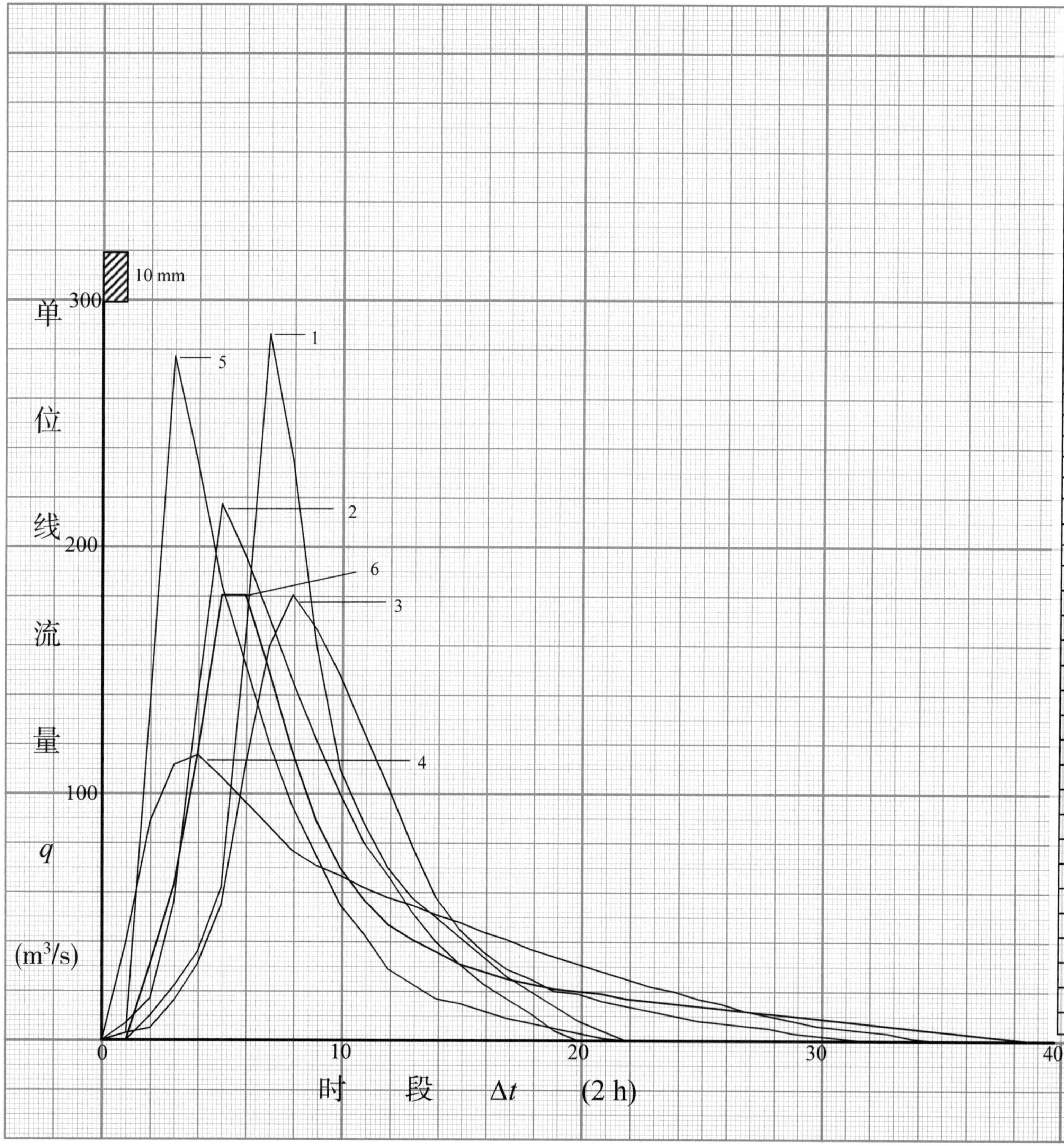

单位线成果表

$F_{区}$=1 080 km², Δt=2h

时段	单位线流量q(m³/s)						备 注
	1线	2线	3线	4线	5线	6线	
0	0	0	0	0	0	0	1线根据1969年9月3日洪水分得到，暴雨中心在中游，P=74.1 mm，P_a=23.5 mm，Q_m=315 m³/s，T_c=6 h；
1	10	7	3	40	3	31	
2	22	17	5	89	137	63	
3	36	56	16	112	278	117	
4	62	140	31	116	234	181	
5	163	218	55	107	185	181	2线根据1975年7月23日洪水分析得到，普雨，P=29.2 mm，P_a=63.1 mm，Q_m=130 m³/s，T_c=7 h；
6	287	197	111	97	153	150	
7	236	172	160	87	121	117	
8	160	146	181	77	95	89	
9	110	122	167	71	75	70	
10	88	100	148	67	55	57	3线根据1993年7月16日洪水分析得到，暴雨中心在上游，P=66.2 mm，P_a=88.7 mm，Q_m=352 m³/s，T_c=4 h；
11	70	80	125	62	43	47	
12	58	67	103	58	29	41	
13	50	52	79	55	23	36	
14	42	40	58	51	17	31	4线根据1998年8月15日洪水分析得到，普雨，歇马亭站雨量较小，P=79.0 mm，P_a=107.0 mm，Q_m=724 m³/s，T_c=6 h；
15	34	31	45	48	15	28	
16	26	23	36	44	12	25	
17	20	17	29	41	9	23	
18	14	11	25	37	7	21	
19	8	4	20	34	5	20	
20	4	0	19	31	3	19	5线根据2001年8月4日洪水分析得到，暴雨中心在下游，P=79.1 mm，P_a=89.5 mm，Q_m=916 m³/s，T_c=6 h；
21	0		16	28	1	17	
22			14	25	0	16	
23			12	22		15	
24			10	20		14	6线根据2020年8月15日洪水分析得到，暴雨中心在上游，P=159.6 mm，P_a=78.0 mm，Q_m=1 230 m³/s，T_c=12 h
25			8	17		13	
26			7	15		12	
27			6	12		11	
28			5	10		10	
29			3	8		9	
30			2	6		8	
31			1	5		7	
32			0	4		6	
33				3		5	
34				1		4	
35				0		3	
36						2	
37						1	
38						0	
Σ	1 500	1 500	1 500	1 500	1 500	1 500	

图 22-5 泗河书院站单位线图

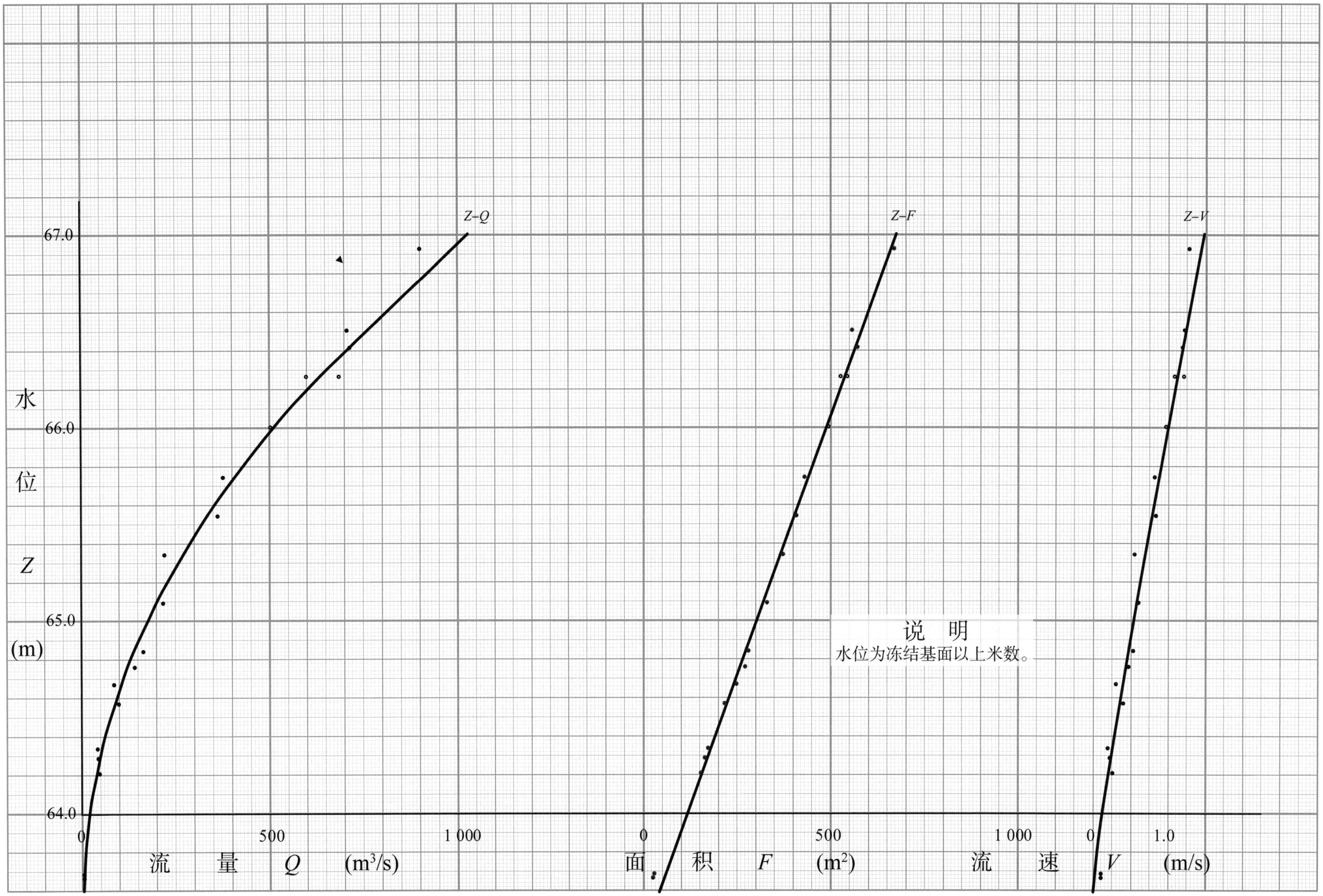

图 22-6 泗河书院站水位与流量、面积、流速关系曲线图（2007 年）

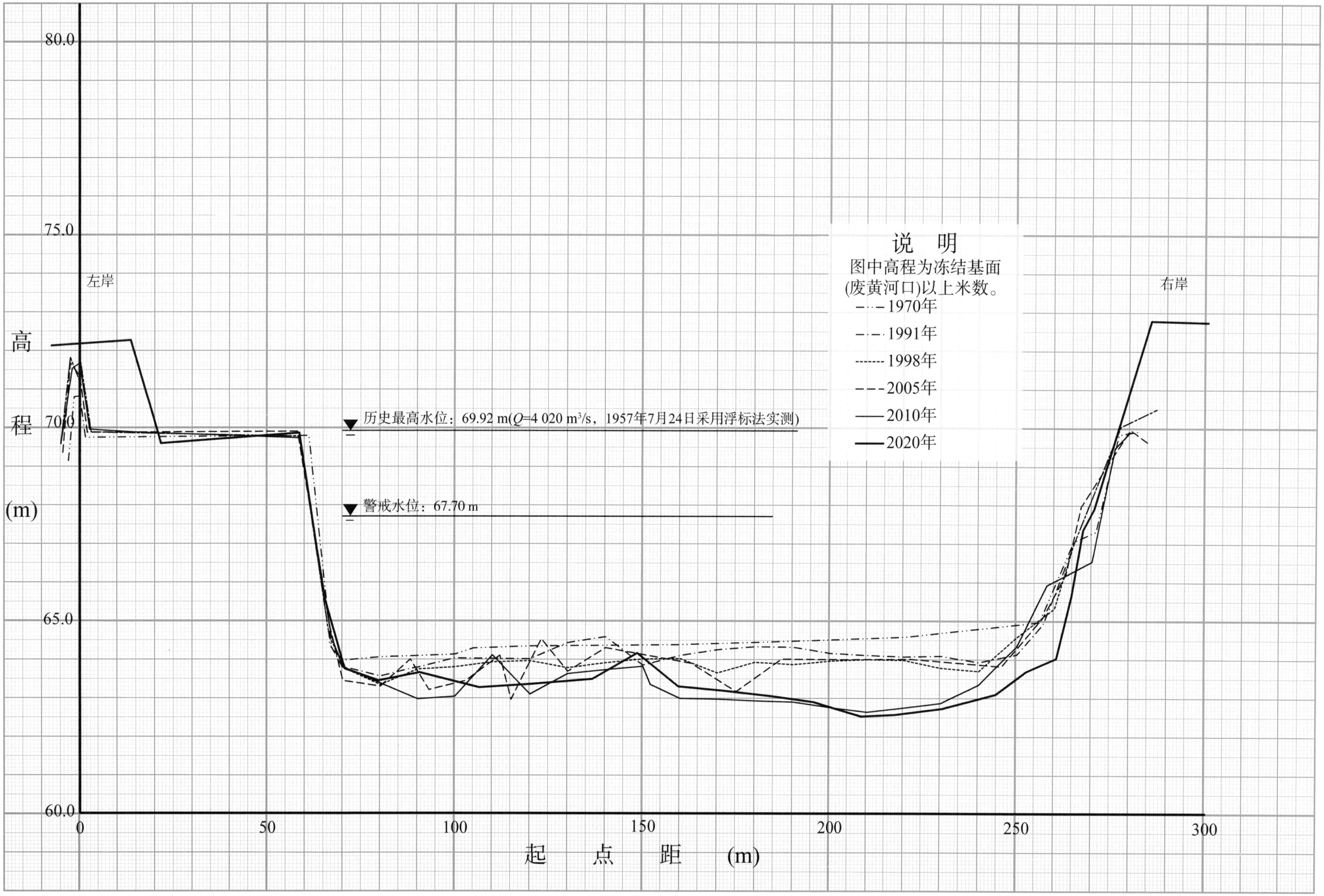

图 22-7　泗河书院站实测大断面图

第二十三章　白马河马楼站水文预报方案编制说明

1　流域概况

1.1　流域自然地理特征

白马河发源于邹城市中心店镇老营村北的白马泉，是一条以防洪除涝为主，兼具灌溉、航运功能的中型河道，属淮河流域南四湖水系，流经邹城、曲阜、兖州、微山县（市、区），于微山县的九孔桥入独山湖。该流域位于独山湖以北，泗河下游以东，小沂河以南地区，河长 60 km，流域面积 1 052 km^2。流域东部为山丘区，西部和中下游沿岸为平原区和洼地。在土壤方面，中上游一般为壤土，下游为黏土。流域多年平均气温在 13.6℃左右，气候温和，土地肥沃，是济宁市粮食和经济作物重点产区之一；地下煤藏丰富，自 20 世纪 70 年代以来，随着兖州煤田的开发，现代化矿井林立，工农业生产都较发达。

白马河主要支流有大沙河、望云河、石墙河、石里沟、七里沟等。流域内建有大型水库（西苇水库）1 座，控制流域面积 113.6 km^2；小（1）型水库（九里涧水库、三合村水库、崮尚水库、沃里水库、独山水库）5 座，控制流域面积 24.17 km^2；小（2）型水库 20 座，控制流域面积 57.23 km^2；沿河有拦河闸 1 座（纪沟翻板闸）。

白马河马楼站以上流域图详见图 23–1。

1.2　水利工程情况

白马河原为天然河道，洪涝灾害威胁很大，1949 年之后经过多次治理。1959 年在上游支流大沙河上修建了大型水库西苇水库，现在控制流域面积 113.6 km^2，库容 1.07 亿 m^3。1979 年完成了白马河全河段的治理工程，1985 年在马楼站上游 4 km 处兴建了纪沟翻板闸，闸全长 44 m，共 8 孔，其中 6 孔为翻板闸。白马河现状河道主要河段基本满足 20 年一遇的防洪标准和 5 年一遇的除涝标准，但仍存在部分煤矿塌陷区、阻水桥、险涵等安全隐患。

1.3　测站概况

马楼站于 1960 年设立，基本断面原位于济宁市马楼村西南，由于河道开挖，自 1977 年 1 月 1 日起上迁 430 m，位于济邹公路太平桥下游 90 m 处，对流域面积无影响，流量资料衔接。

本站于 2001 年 7 月停测，于 2010 年 6 月恢复观测。

本站基面采用冻结基面，其与 1956 年黄海基面换算关系为：1956 年黄海基面高程 = 冻结基面（假定基面）高程 +29.684 m。1985 年国家高程基准高程 = 冻结基面高程 +29.607 m。

本次方案编制选用资料年限为 1967 年至 2020 年，大中小洪水 40 场次。暴雨中心位置分区，一般以波罗树站为上游、西苇水库站为中游、马楼站为下游。

1.4　流域雨水情特点

本流域多年平均年降水量为 695.8 mm，且大多集中在汛期，6—9 月降雨量为 510.5 mm，占全年的 73%。该流域最大 1 h 雨量为 61.9 mm，最大 6 h 雨量为 209.0 mm，最大 24 h 雨量为 237.7 mm。警戒水位、保证水位分别为 37.80 m 和 39.80 m（1956 年黄海基面）。保证水位时的参考流量为 890 m^3/s。

历史最大洪水发生在 1972 年 7 月 6 日，Q_{max}=568 m^3/s，Z_{max}=40.14 m（1956 年黄海基面）。

2　预报方案编制

2.1　预报区间的确定

马楼站上游建有大型水库西苇水库，因此将西苇水库作为上游入流站，预报区间确定为西苇水库至马楼站，区间面积为 392.4 km^2，即马楼站以上总控制面积 506 km^2 减去上游西苇水库控制面积 113.6 km^2。

2.2　资料情况及方案沿革

2.2.1　资料情况

马楼站预报方案于 1991 年、1999 年、2010 年分别进行过修订。本次修订除选用之前分析的 1967—2010 年共 35 场次暴雨洪水外，另外补充了 2011—2020 年 5 场次暴雨洪水进行分析，即资料系列为 1967—2020 年，共 40 场次洪水。白马河马楼站降雨径流分析成果见表 23–1。

2.2.2　方案沿革

原方案中产流方案采用降雨径流相关图 $P+P_a-R$，汇流方案采用峰量关系图、经验单位线，河道汇流演算采用传播时间法。

本次修订，在原产流方案降雨径流相关图 $P+P_a-R$ 中增加了 5 个点据，关系线保持不变；在原汇流方案峰量关系图中增加了 5 个点据，关系线保持不变。

2.3　产流方案

产流方案采用了降雨径流相关图 $P+P_a-R$。方案合格率为 85%，属甲级方案，详见表 23–2、图 23–2。

根据点群分布，1967—1975 年点群密集，位置偏右，降雨径流关系较好；1975 年以后点据位置显著偏左，相应径流深 R 值偏小，尤其是 1990 年以后，更为明显，因此根据点据分布情况和实际考察，点绘了 1976 年前后两条曲线，由于 20 世纪 90 年代出现了丰水周期，因而，曲线上部由 1990 年以后点据控制。

1975 年以前，流域和河道基本处于天然状态，受人类活动影响很小，选用系列也恰值丰水年份，因此同样降雨情况下，径流值偏大。

1975 年以后，济宁市在本流域内大搞农田基本建设大会战（简称邹西会战），掀起农田水利高潮，山区大造大寨田，平原区大搞渠系建设，平整土地，植林造林，增加了流域蓄水量。另外，20 世纪 70 年代中期后兖煤田开发，流域内矿井林立，大量抽取地下水，使地下水位大大降低，增加了径流损失量，再者 1975 年以后逐渐转入枯水期，长期干旱，也增加了径流损失；80、90 年代工农业迅速发展，增大地下水的开采；同时各小型水利工程的建设，增大了拦蓄水量，因而，径流量明显偏小。

2010 年以后，白马河流域内尤其河道沿线附近煤矿众多，导致地面沉降较为严重，加之白马河上游河堤修路加高，使其流域内实际径流量大为减少，马楼站断面的洪峰流量基本较低。

突出点据的分析：720720 场次洪水降雨分布不均，暴雨中心位于下游马楼站，致使径流深偏大。710701 场次洪水 P_a 较大，暴雨中心位于下游马楼一带，根据一般规律，R 值应偏大或适中，但计算的 R 值偏小于正常值的 40%，属于反常现象。经分析，其原因如下：①分割基流平均值为 7.5 m^3/s，可能偏大；②流量测验有误。

1975 年以后及整个 80 年代流域偏于干旱，1990 年以后出现了丰水期，因此曲线上部由 1990 年以后点据控制。上部定线存在点据不足，这是因为 1990 年以前偏于干旱，地下水位下降明显，I_m 增大，因此高水部分 R 值较小，有待今后资料积累来弥补。

2.4 汇流方案

2.4.1 峰量关系和峰现时间预报图

R-T_c-$Q_{m净}$、R-T_c-t_p 两相关图均以有效降雨历时 T_c 为参数，建立了 R 与 $Q_{m净}$ 以及 R 与 t_p（净雨中心至峰现的时距）关系，凡复式峰删除，关系尚可，其中峰量关系图合格率为 62.5%，属丙级方案，详见表 23-3、图 23-3。峰现时间关系图合格率为 65%，属丙级方案，详见表 23-4、图 23-4。

由于峰量关系和峰现时间预报中问题比较复杂，仅考虑以 T_c 作为参数，对暴雨中心位置没有考虑，而后者决定了径流在河道和坡面上的调蓄作用，对 $Q_{m净}$ 和 t_p 影响也很大，今后需进一步探讨改进。

2.4.2 经验单位线

考虑到流域和河道的变化，尽量使用具有实用价值的近期资料，但 2000 年以后，最大洪峰流量仅 13 m^3/s，无法分析出新单位线，故利用 1975 年 8 月、1980 年 7 月和 1998 年 8 月洪水分析了三条单位线，详见图 23-5。

2.5 河道流量演算

本方案中，上游入流站为西苇水库，采用传播时间法进行河道流量演算，西苇水库至马楼站的传播时间为 6 h。在实时预报中，将上游西苇水库的实测下泄流量与本方案计算得到的径流过程错 6 h 叠加，从而得到马楼站的预报流量过程。

2.6 水位与流量、面积、流速关系曲线

选用 1972 年 7 月 6 日、1995 年 8 月 16 日、1998 年 8 月 15 日三场洪水实测资料点绘，1972 年 7 月 6 日是本系列最大一场洪水，其余两场是 1990 年以来最大两场洪水。详见图 23-6。

2.7 大断面图

点绘了迁站前 1972 年施测的大断面图和 1998 年、2010 年、2020 年施测的大断面图，作为对照参考，其中 2020 年断面为缆道测流断面，详见图 23-7。

3 方案使用

3.1 产流方案

由各代表站雨量算术平均计算流域平均降水量 P，加上流域平均前期影响雨量 P_a，查降雨径流相关图 $P+P_a$-R，得到该次降水形成的地表径流深 R。

3.2 汇流方案

3.2.1 洪峰流量预报

有效降雨历时 T_c 为占总降水量 80% 的降雨量的集中历时，以 T_c 为参数，由次雨径流深 R 查峰量关系图（R-T_c-$Q_{m净}$），得到该次降雨在流域出口断面处的净峰流量 $Q_{m净}$，加上基流及错开传播时间的上游水库放水，即为出口断面的洪峰流量。

3.2.2 洪峰出现时间预报

以 T_c 为参数，由 R 查峰现时间关系图（R-T_c-t_p），得出净雨中心至洪峰出现的时距 t_p，加上净雨中心所在时刻，即为洪峰出现时间。

3.2.3 出口断面流量过程预报

根据该次降雨的雨型选择适当的单位线，以各时段净雨分别乘以单位线，得出各时段净雨在流域出口断面的流量过程，然后错时段叠加，再加上基流及错开传播时间的上游水库放水，即为该次降雨在出口断面的流量过程。

3.2.4 洪峰水位预报

选用合适年份的水位－流量关系，由预报的断面洪峰流量查水位－流量关系线，即可求出相应于洪峰流量的水位。

3.3 使用方案注意事项

马楼站自建站至今，产流规律有明显变化，产流量显著偏少，故使用降雨径流方案时应以左线为准。在连续暴雨洪水的情况下，应慎重分析，同时考虑右线。

使用峰量关系和峰现时间关系曲线时，应注意准确选取有效降雨历时 T_c，并考虑暴雨中心的分布，慎重分析研究，才能取得较准确的预报值。

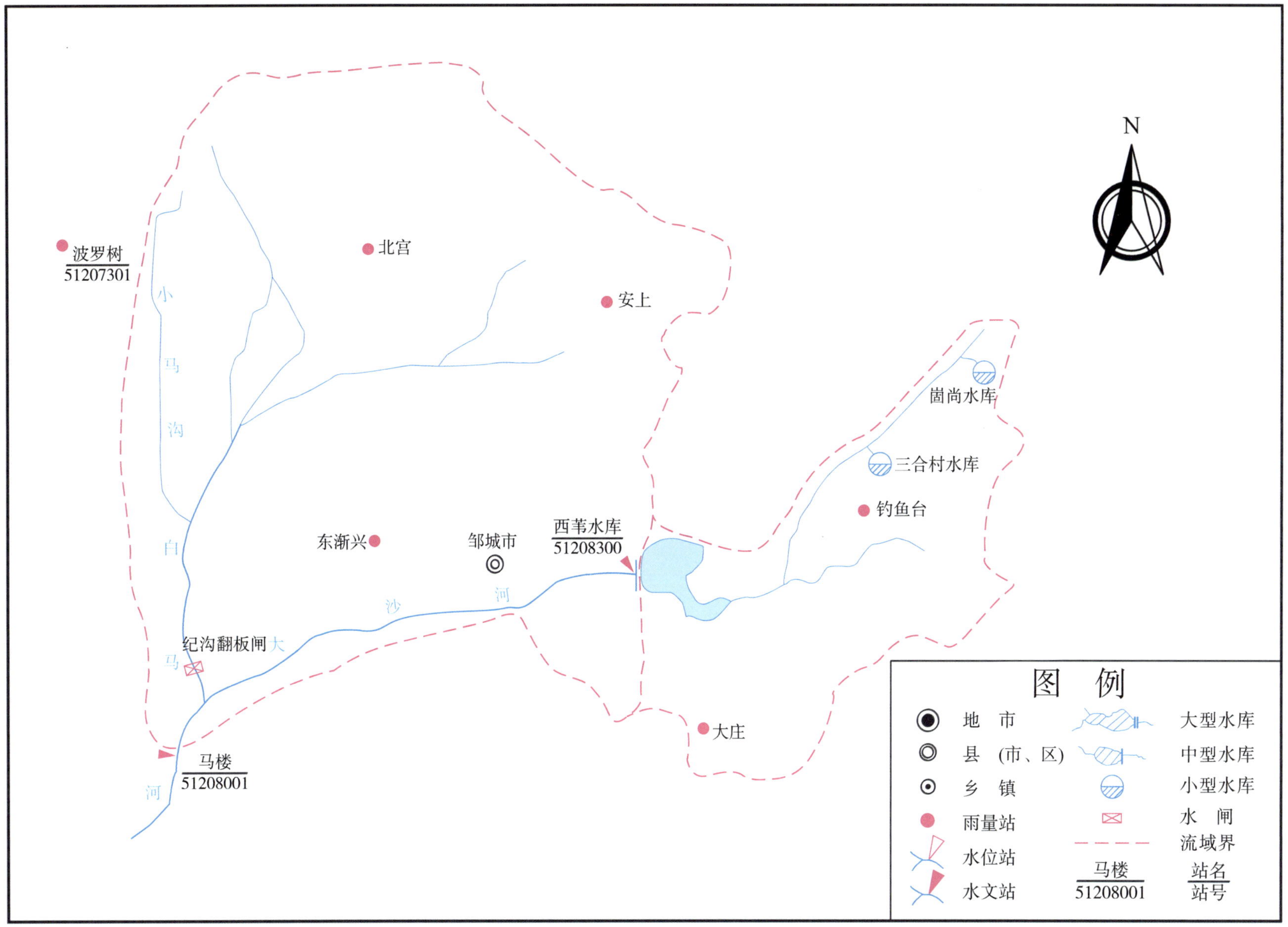

图 23–1 白马河马楼站以上流域图

表 23-1　白马河马楼站降雨径流分析成果表

洪号	降雨起讫时间							前期影响雨量 P（mm）	前期影响雨量 P_a（mm）	降雨历时（h）		暴雨中心位置	洪水发生时间									洪水历时 $T_{洪}$（h）	洪峰流量 Q_m（m^3/s）	净峰流量 $Q_{m净}$（m^3/s）	洪水总量 $W_{总}$（万 m^3）	地表径流总量 W（万 m^3）	集水面积 F（km^2）	径流深 R（mm）	径流系数 α	最高水位 Z（m）	净雨中心至峰现时距 t_p（h）
	起				讫					全部 T	有效 T_c		起涨			峰顶			落平												
	年	月	日	时	月	日	时						月	日	时	月	日	时	月	日	时										
670712	1967	7	11	20	7	12	18	91.5	62.3	22	10	普雨	7	12	4	7	12	18	7	14	18	62	123	120	1 007	897	392.4	22.9	0.25	9.31	14
670817	1967	8	17	2	8	18	20	148.2	13.3	42	10	普雨	8	17	6	8	17	21	8	22	0	114	116	115	987	901	392.4	23.0	0.16	9.17	15
700731	1970	7	31	6	7	31	10	53.3	96.8	4	4	中游	7	31	8	7	31	11	8	2	0	40	154	146	870	788	392.4	20.1	0.38	7.51	3
700806	1970	8	5	12	8	7	14	68.2	71.8	50	12	普雨	8	5	12	8	6	19	8	8	20	80	60.0	53.5	723	490	392.4	12.5	0.18	6.81	31
710629	1971	6	28	18	6	29	4	52.3	58.0	10	4	下游	6	28	22	6	29	7	6	30	8	34	77.8	70.8	355	206	392.4	5.3	0.10	6.29	9
710701	1971	6	30	22	7	1	4	53.8	97.0	6	4	下游	7	1	0	7	1	7	7	2	6	30	124	114	633	418	392.4	10.7	0.20	7.78	7
710704	1971	7	3	20	7	3	24	26.0	87.1	4	4	中游	7	4	0	7	4	3	7	5	9	33	74.0	68.0	298	210	392.4	5.4	0.21	6.69	3
710707	1971	7	6	20	7	6	24	81.1	88.9	12	8	普雨	7	6	20	7	7	5	7	9	6	58	178	475	1 421	1 310	392.4	33.4	0.41	8.30	9
710710	1971	7	9	14	7	10	10	96.0	85.5	20	10	中游	7	9	16	7	10	6	7	12	6	62	211	202	1 950	1 510	392.4	38.5	0.40	8.85	14
710821	1971	8	21	4	8	22	4	85.4	78.6	24	10	下游	8	21	6	8	21	22	8	25	0	90	146	135	1 658	1 119	392.4	28.5	0.33	8.50	16
710825	1971	8	24	11	8	25	13	40.0	87.1	26	8	普雨	8	25	0	8	25	16	8	27	6	54	75.7	48.2	902	338	392.4	8.6	0.22	7.40	16
720706	1972	7	5	23	7	6	8	237.5	19.2	9	8	普雨	7	6	2	7	6	10	7	9	0	70	568	568	4 146	3 988	392.4	101.7	0.43	10.46	8
720720	1972	7	20	13	7	20	20	88.7	32.8	7	6	中下游	7	20	14	7	20	23	7	22	6	40	212	208	1 009	904	392.4	23.1	0.26	8.51	9
720902	1972	9	1	8	9	3	0	115.4	48.4	40	8	中下游	9	1	8	9	2	6	9	4	0	64	162	154	1 270	1 076	392.4	27.4	0.24	8.29	22
720906	1972	9	5	14	9	6	8	38	83.6	18	8	普雨	9	5	16	9	6	12	9	8	20	76	54.6	46.6	544	310	392.4	7.9	0.21	6.52	20
730717	1973	7	17	2	7	17	15	37.6	75.3	13	8	普雨	7	17	2	7	17	18	7	19	22	68	34.5	32.6	379	205	392.4	5.2	0.14	5.37	16
730729	1973	7	28	12	7	29	6	142.0	62.4	18	10	普雨	7	28	13	7	29	9	8	1	0	83	236	230	2 432	2 190	392.4	55.9	0.39	9.05	20
740723	1974	7	23	12	7	23	20	18.1	77.2	8	6	普雨	7	23	12	7	23	22	7	25	6	42	17.2	16.0	94.3	69	392.4	1.8	0.10	4.58	10
740730	1974	7	29	22	7	30	6	37.7	68.9	8	6	上游	7	30	3	7	30	12	7	31	18	39	84.2	82.2	358	308	392.4	7.9	0.21	6.38	9
740801	1974	7	31	22	8	1	10	102.7	83.4	12	8	普雨	8	1	0	8	1	9	8	3	14	62	218	212	1 847	1 617	392.4	41.3	0.40	8.58	9
740812	1974	8	11	16	8	11	20	27.5	98.0	4	4	普雨	8	11	16	8	12	0	8	13	8	40	97.5	83.5	606	388	392.4	9.9	0.36	7.26	8
750730	1975	7	29	22	7	30	10	59.0	79.8	12	6	上中游	7	30	2	7	30	13	8	1	0	46	168	159	1 028	670	392.4	17.1	0.29	7.87	11
750920	1975	9	19	9	9	19	22	61.5	55.0	13	4	普雨	9	19	17	9	20	0	9	21	22	53	121	116	535	384	392.4	9.8	0.16	7.30	7
760812	1976	8	12	4	8	13	16	152.3	9.8	36	8	普雨	8	12	7	8	12	23	8	14	6	47	149	149	1 020	1 020	392.4	26	0.17	5.90	16
770706	1977	7	5	20	7	7	22	40.1	34.7	50	8	上游	7	6	2	7	6	8	7	8	0	46	16.5	16.5	55.2	51.1	392.4	1.3	0.032	3.95	6
770720	1977	7	19	14	7	19	24	35.4	67.6	10	6	普雨	7	19	14	7	20	6	7	21	6	40	36.5	36.5	240	240	392.4	6.1	0.17	4.51	16
780714	1978	7	13	21	7	14	2	67.8	71.3	5	4	普雨	7	14	3	7	14	6	7	16	0	45	99.1	99.1	414	377	392.4	9.6	0.14	5.71	3
790921	1979	9	20	3	9	20	24	93.9	44.8	21	12	普雨	9	21	1	9	21	5	9	22	20	43	46.3	46.3	199	199	392.4	5.1	0.054	5.48	4
800729	1980	7	27	17	7	29	10	149.5	22.0	41	8	中游	7	28	1	7	29	12	7	31	8	79	155	151	617	480	392.4	12.2	0.082	6.02	10
840605	1984	6	5	1	6	6	6	54.2	17.2	29	4	上游	6	5	10	6	5	11	6	7	0	38	39.8	39.8	67	53.0	392.4	1.4	0.026	4.34	1
850909	1985	9	9	2	9	9	8	79.3	39.1	6	6	普雨	9	9	7	9	9	15	9	12	8	73	41.1	38.9	270	203	392.4	5.2	0.066	4.84	8
910725	1991	7	24	8	7	25	6	53.7	66.6	22	8	上游	7	24	21	7	25	5	7	26	0	27	92.0	90.0	189	169	392.4	4.3	0.080	4.83	8
930805	1993	8	4	14	8	5	6	109.8	85.3	16	8	普雨	8	5	0	8	5	8	8	6	8	32	122	117	489	371	392.4	9.5	0.087	6.48	8
950816	1995	8	15	14	8	16	8	160.3	110.0	18	10	中游	8	15	19	8	16	8.5	8	19	8	85	180	176	1 596	1 283	392.4	32.7	0.20	6.89	13.5
980815	1998	8	15	0	8	15	8	104.8	106.0	8	4	中下游	8	15	3	8	15	11.7	8	16	6	27	159	150	618	389	392.4	9.9	0.094	6.74	8.7
170623	2017	6	23	8	6	24	2	47.9	8.6	18	2	中下游	6	23	8	6	23	22	6	24	2	18	17.33	8.43	152	152	392.4	3.9	0.081	4.45	4
170707	2017	7	6	8	7	7	4	96.7	18.5	20	12	上游	7	6	8	7	7	2	7	9	8	72	11.2	7.51	132	132	392.4	3.4	0.035	4.03	6
180820	2018	8	18	18	8	20	0	93.1	82.7	30	22	中下游	8	18	18	8	20	0	8	26	0	174	17.5	6.34	288	288	392.4	7.3	0.079	5.11	8
190812	2019	8	6	10	8	12	6	207.9	51.3	140	38	中下游	8	6	10	8	11	16	8	16	8	238	14.2	12.1	477	477	392.4	12.2	0.058	4.51	100
200807	2020	8	4	0	8	9	4	133.5	79.0	124	16	上游	8	4	0	8	7	10	8	11	6	174	15.1	13.0	332	332	392.4	8.5	0.063	4.99	14

表 23-2　白马河马楼站降雨径流预报精度评定表

序号	洪号	降雨量 P（mm）	前期影响雨量 P_a（mm）	$P+P_a$（mm）	实测径流深 $R_{实}$（mm）	预报径流深 $R_{预}$（mm）	预报误差（mm）	许可误差（mm）	评定结果		说明	序号	洪号	降雨量 P（mm）	前期影响雨量 P_a（mm）	$P+P_a$（mm）	实测径流深 $R_{实}$（mm）	预报径流深 $R_{预}$（mm）	预报误差（mm）	许可误差（mm）	评定结果		说明
									合格	不合格											合格	不合格	
1	670712	91.5	62.3	153.8	22.9	21.8	−1.1	4.6	√			21	740812	27.5	98.0	125.5	9.9	9.0	−0.9	3.0	√		
2	670817	148.2	13.3	161.5	23.0	24.5	1.5	4.6	√			22	750730	59.0	79.8	138.8	17.1	13.8	−3.3	3.4	√		
3	700731	53.3	96.8	150.1	20.1	19.0	−1.1	4.0	√			23	750920	61.5	55.0	116.5	9.8	7.0	−2.8	3.0	√		
4	700805	68.2	71.8	140.0	12.5	13.4	0.9	3.0	√			24	760812	152.3	9.8	162.1	26.0	9.8	−16.2	5.2		√	
5	710629	52.3	58.0	110.3	5.3	6.0	0.7	3.0	√			25	770706	40.1	34.7	74.8	1.3	2.0	0.7	3.0	√		
6	710701	53.8	97.0	150.8	10.7	7.0	−3.7	3.0		√		26	770720	35.4	67.6	103.0	6.1	4.1	−2.0	3.0	√		
7	710704	26.0	87.1	113.1	5.4	6.2	0.8	3.0	√			27	780714	67.8	71.3	139.1	9.6	5.0	−4.6	3.0		√	
8	710707	81.1	88.9	170.0	33.4	30.0	−3.4	6.7	√			28	790921	93.9	44.8	138.7	5.1	5.1	0.0	3.0	√		
9	710710	96.0	85.5	181.5	38.5	38.6	0.1	7.7	√			29	800729	149.5	22.0	171.5	12.2	7.0	−5.2	3.0		√	
10	710821	85.4	78.6	164.0	28.5	26.0	−2.5	5.7	√			30	840605	54.2	17.2	71.4	1.4	1.4	0.0	3.0	√		
11	710825	40.0	87.1	127.1	8.6	9.4	0.8	3.0	√			31	850909	79.3	39.1	118.4	5.2	5.0	−0.2	3.0	√		
12	720706	237.5	19.2	256.7	101.7	98.9	−2.8	20.0	√			32	910725	53.7	66.6	120.3	4.3	4.0	−0.3	3.0	√		
13	720720	88.7	32.8	121.5	23.1	8.0	−15.1	4.6		√		33	930805	109.8	85.3	195.1	9.5	9.5	0.0	3.0	√		
14	720902	115.4	48.4	163.8	27.4	25.8	−1.6	5.5	√			34	950816	160.3	110.0	270.3	32.7	32.7	0.0	6.5	√		
15	720906	38.0	83.6	121.6	7.9	8.0	0.1	3.0	√			35	980815	104.8	106.0	210.8	9.9	11.0	1.1	3.0	√		
16	730717	37.6	75.3	112.9	5.2	6.0	0.8	3.0	√			36	170623	47.9	8.6	56.5	3.9	1.3	−2.6	3.0	√		
17	730729	142.0	62.4	204.4	55.9	55.7	−0.2	11.2	√			37	170707	96.7	18.5	115.2	3.4	4.3	0.9	3.0	√		
18	740723	18.1	77.2	95.3	1.8	3.8	2.0	3.0	√			38	180820	93.1	82.7	175.8	7.3	6.4	−0.9	3.0	√		
19	740730	37.7	68.9	106.6	7.9	5.2	−2.7	3.0	√			39	190812	207.9	51.3	259.2	12.2	20.5	8.3	3.0		√	
20	740801	102.7	83.4	186.1	41.3	41.3	0.0	8.3	√			40	2008071	133.5	79.0	212.5	8.5	9.3	0.8	3.0	√		

备注：1. 预报误差 = 预报值 − 实测值；2. 许可误差 = 实测值的 20%，以 20.0 mm 为上限，以 3.0 mm 为下限；3. 方案合格率为 85%，属甲级方案。

表 23-3　白马河马楼站峰量关系预报精度评定表

序号	洪号	径流深 R（mm）	实测净峰流量 $Q_{m净实}$（m^3/s）	有效净雨历时 T_c（h）	预报净峰流量 $Q_{m净预}$（m^3/s）	预报误差（m^3/s）	许可误差（m^3/s）	评定结果		说明
								合格	不合格	
1	670712	22.9	120	10	106	−14	24.0	√		
2	670817	23.0	115	10	106	−9	23.0	√		
3	700731	20.1	146	4	210	64	29.2		√	
4	700806	12.5	53.5	12	61.0	7.5	10.7	√		
5	710629	5.3	70.8	4	58.0	−12.8	14.2	√		
6	710701	10.7	114	4	120	6	22.8	√		
7	710704	5.4	68.0	4	58.0	−10	13.6	√		
8	710707	33.4	475	8	188	−287	95.0		√	
9	710710	38.5	202	10	176	−26	40.4	√		
10	710821	28.5	135	10	130	−5	27.0	√		
11	710825	8.6	48.2	8	48.0	−0.2	9.64	√		
12	720706	101.7	568	8	556	−12	114	√		
13	720720	23.1	208	6	176	−32	41.6	√		
14	720902	27.4	154	8	154	0	30.8	√		
15	720906	7.9	46.6	8	46.0	−0.6	9.32	√		
16	730717	5.2	32.6	8	30.0	−2.6	6.52	√		
17	730729	55.9	230	10	254	24	46.0	√		
18	740723	1.8	16.0	6	15.0	−1	3.20	√		
19	740730	7.9	82.2	6	60.0	−22.2	16.4		√	
20	740801	41.3	212	8	234	22	42.4	√		
21	740812	9.9	83.5	4	100	16.5	16.7	√		
22	750730	17.1	159	6	130	−29	31.8	√		
23	750920	9.8	116	4	102	−14	23.2	√		
24	760812	26.0	149	8	146	−3	29.8	√		
25	770706	1.3	16.5	8	8.00	−8.5	3.3		√	
26	770720	6.1	36.5	6	42.0	5.5	7.3	√		
27	780714	9.6	99.1	4	100	0.9	19.8	√		
28	790921	5.1	46.3	12	22.0	−24.3	9.3		√	
29	800729	12.2	151	8	68.0	−83	30.2		√	
30	840605	1.4	39.8	4	18.0	−21.8	8.0		√	
31	850909	5.2	38.9	6	39.0	0.1	7.8	√		
32	910725	4.3	90.0	8	26.0	−64	18.0		√	
33	930805	9.5	117	8	54.0	−63	23.4		√	
34	950816	32.7	176	10	152	−24	35.2	√		
35	980815	9.9	150	4	104	−46	30.0		√	
36	170623	3.9	8.43	2	56.0	47.6	1.69		√	
37	170707	3.4	7.51	12	15.0	7.49	1.50		√	
38	180820	7.3	6.34	22	34.0	27.7	1.27		√	
39	190812	12.2	12.1	38	56.0	43.9	2.42		√	
40	200807	8.5	13.0	16	39.0	26	2.6		√	

备注：1. 预报误差 = 预报值 − 实测值；2. 许可误差 = 实测值的 20%；3. 方案合格率 62.5%，属丙级方案。

表 23-4　白马河马楼站净雨中心至峰现时距预报精度评定表

序号	洪号	径流深 R（mm）	实测净雨中心至峰现时距 $t_{p实}$（h）	有效降雨历时 T_c（h）	预报净雨中心至峰现时距 $t_{p预}$（h）	预报误差（h）	许可误差（h）	评定结果		说明	序号	洪号	径流深 R（mm）	实测净雨中心至峰现时距 $t_{p实}$（h）	有效降雨历时 T_c（h）	预报净雨中心至峰现时距 $t_{p预}$（h）	预报误差（h）	许可误差（h）	评定结果		说明
								合格	不合格										合格	不合格	
1	670712	22.9	14	10	14	0.0	4.2	√			21	740812	9.9	8	4	8	0.0	2.4	√		
2	670817	23.0	15	10	15	0.0	4.5	√			22	750730	17.1	11	6	11	0.0	3.3	√		
3	700731	20.1	3	4	5.9	2.9	2.0		√		23	750920	9.8	7	4	7	0.0	2.1	√		
4	700806	12.5	31	12	18.3	−12.7	9.3		√		24	760812	26.0	16	8	16	0.0	4.8	√		
5	710629	5.3	9	4	9	0.0	2.7	√			25	770720	6.1	16	6	16.0	0	4.8	√		
6	710701	10.7	7	4	7	0.0	2.1	√			26	770706	1.3	6	8	17.1	11.1	2.0		√	
7	710704	5.4	3	4	8.3	5.3	2.0		√		27	780714	9.6	3	4	3	0.0	2.0	√		
8	710707	33.4	9	8	9	0.0	2.7	√			28	790921	5.1	4	12	23.4	19.4	2.0		√	
9	710710	38.5	14	10	14	0.0	4.2	√			29	800729	12.2	10	8	35	25.0	3.0		√	
10	710821	28.5	16	10	16	0.0	4.8	√			30	840605	1.4	1	4	8.7	7.7	2.0		√	
11	710825	8.6	16	8	12	−4.0	4.8	√			31	850909	5.2	8	6	8	0.0	2.4	√		
12	720706	101.7	8	8	8	0.0	2.4	√			32	910725	4.3	8	8	8	0.0	2.4	√		
13	720720	23.1	9	6	9	0.0	2.7	√			33	930805	9.5	8	8	8	0.0	2.4	√		
14	720902	27.4	22	8	13	−9.0	6.6		√		34	950816	32.7	13.5	10	13.5	0.0	4.1	√		
15	720906	7.9	20	8	20	0.0	6.0	√			35	980815	9.9	8.7	4	8.7	0.0	2.6	√		
16	730717	5.2	16	8	16	0.0	4.8	√			36	170623	3.9	4.0	2	8.7	4.7	2.0		√	
17	730729	55.9	20	10	10.9	−9.1	6.0		√		37	170707	3.4	6.0	12	24.8	18.8	2.0		√	
18	740723	1.8	10	6	10	0.0	3.0	√			38	180820	7.3	8.0	22	21.7	13.7	2.4		√	
19	740730	7.9	9	6	9	0.0	2.7	√			39	190812	12.2	100.0	38	18.8	−81.2	30.0		√	
20	740801	41.3	9	8	9	0.0	2.7	√			40	200807	8.5	14.0	16	20.8	6.8	4.2		√	

备注：预报误差 = 预报值 − 实测值；2. 许可误差 = 实测值的 30%，以 2 h 为下限；3. 方案合格率为 65%，属丙级方案。

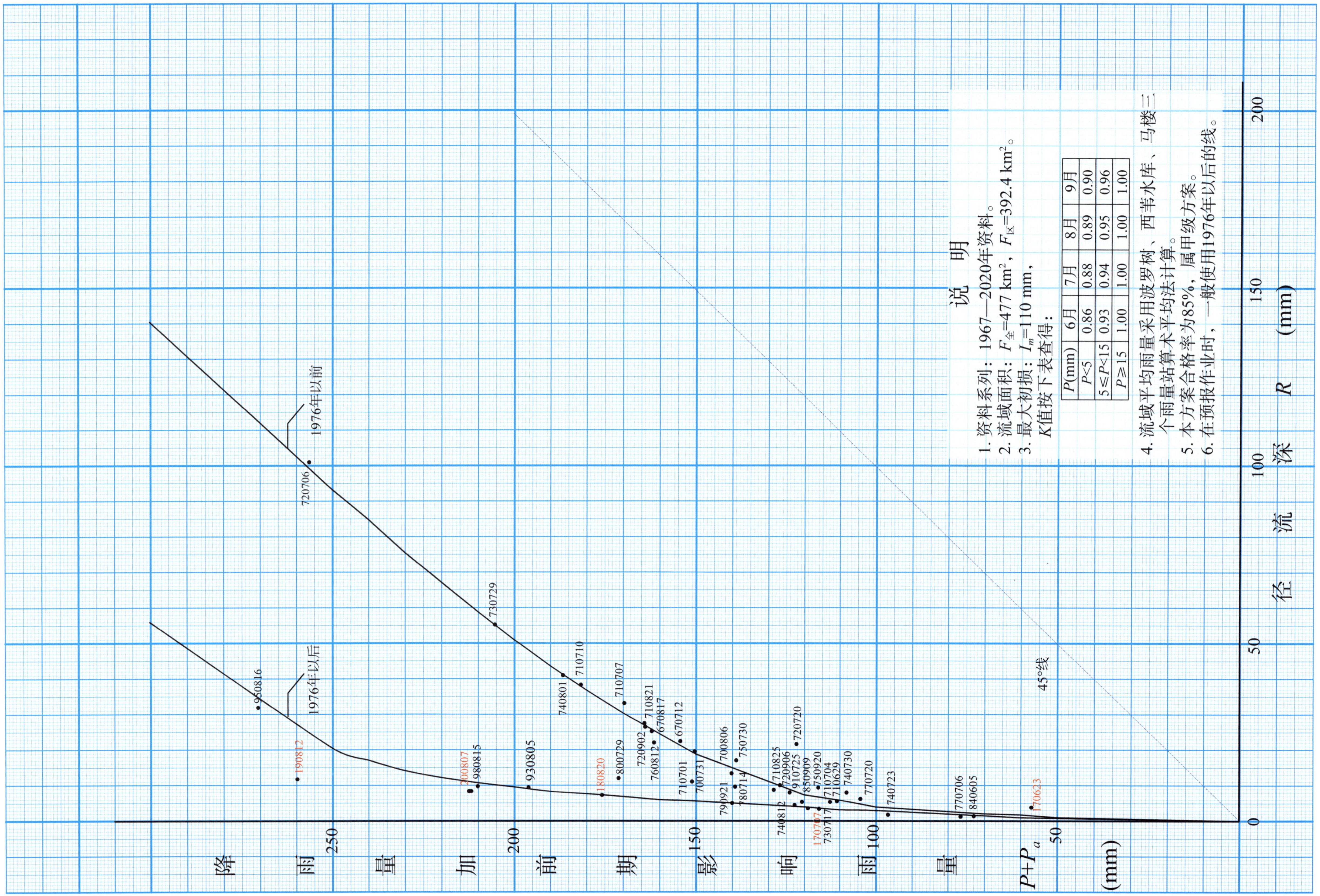

图 23-2 白马河马楼站降雨径流相关图

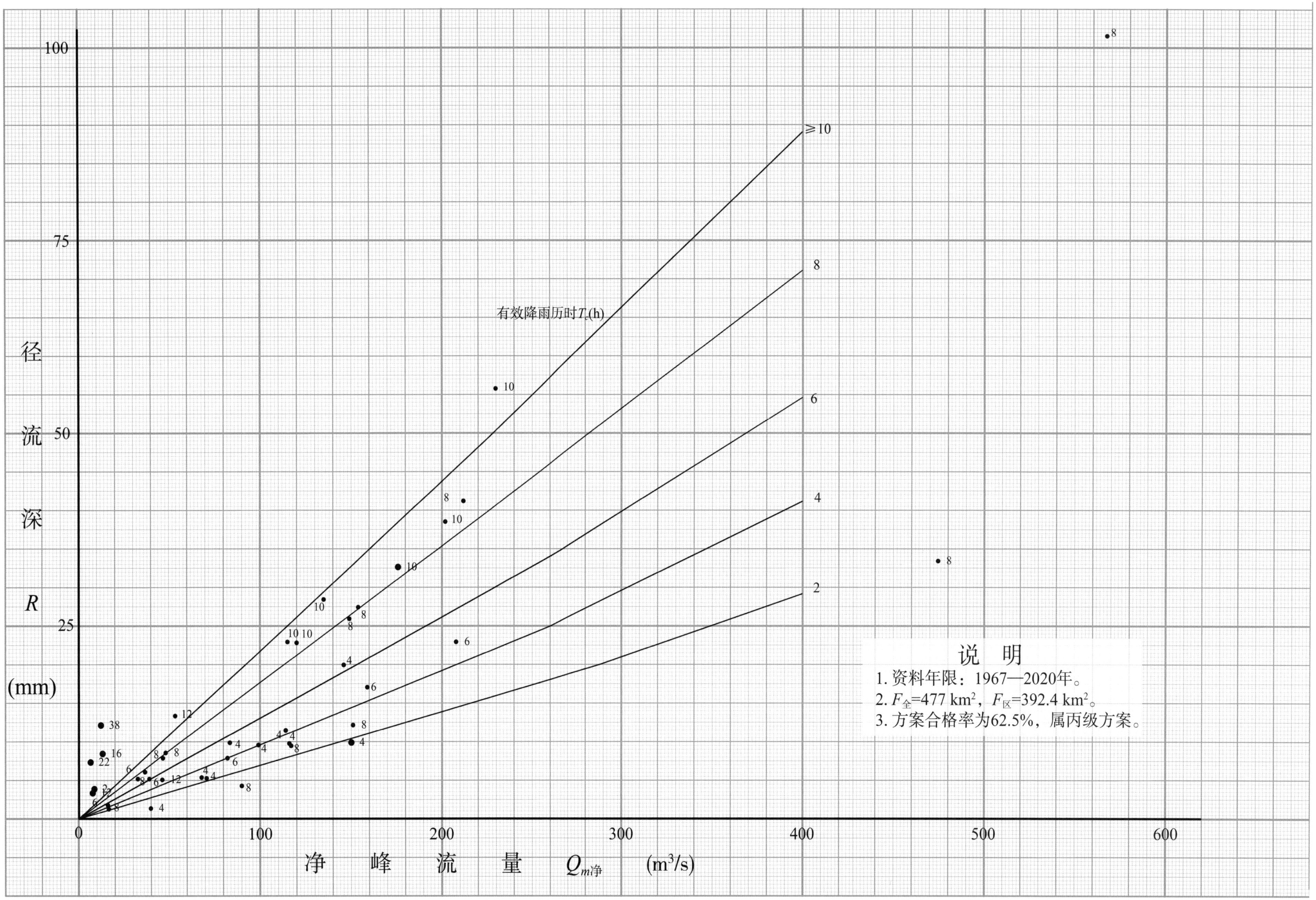

图 23-3　白马河马楼站峰量关系图

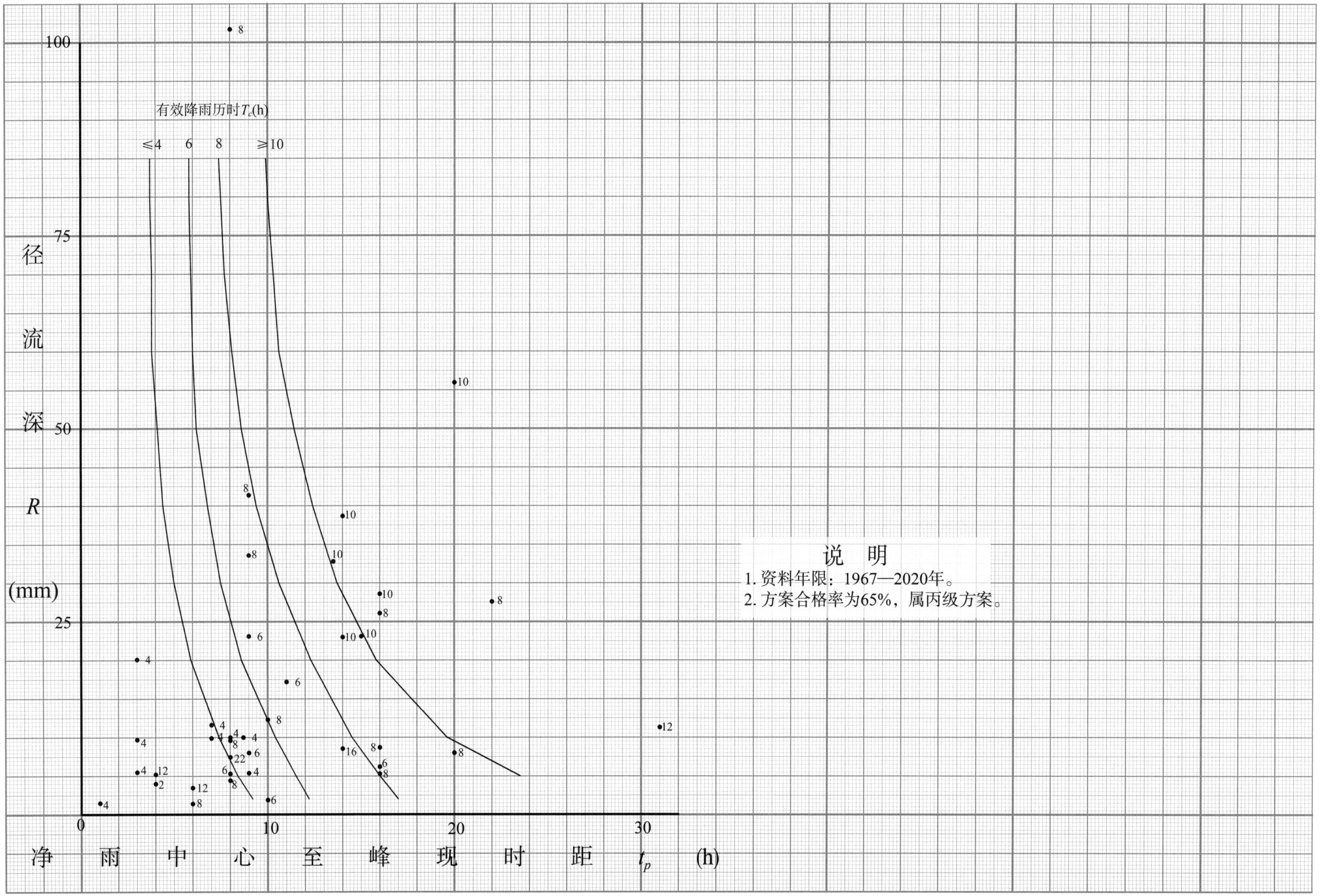

图 23–4　白马河马楼站峰现时间关系图

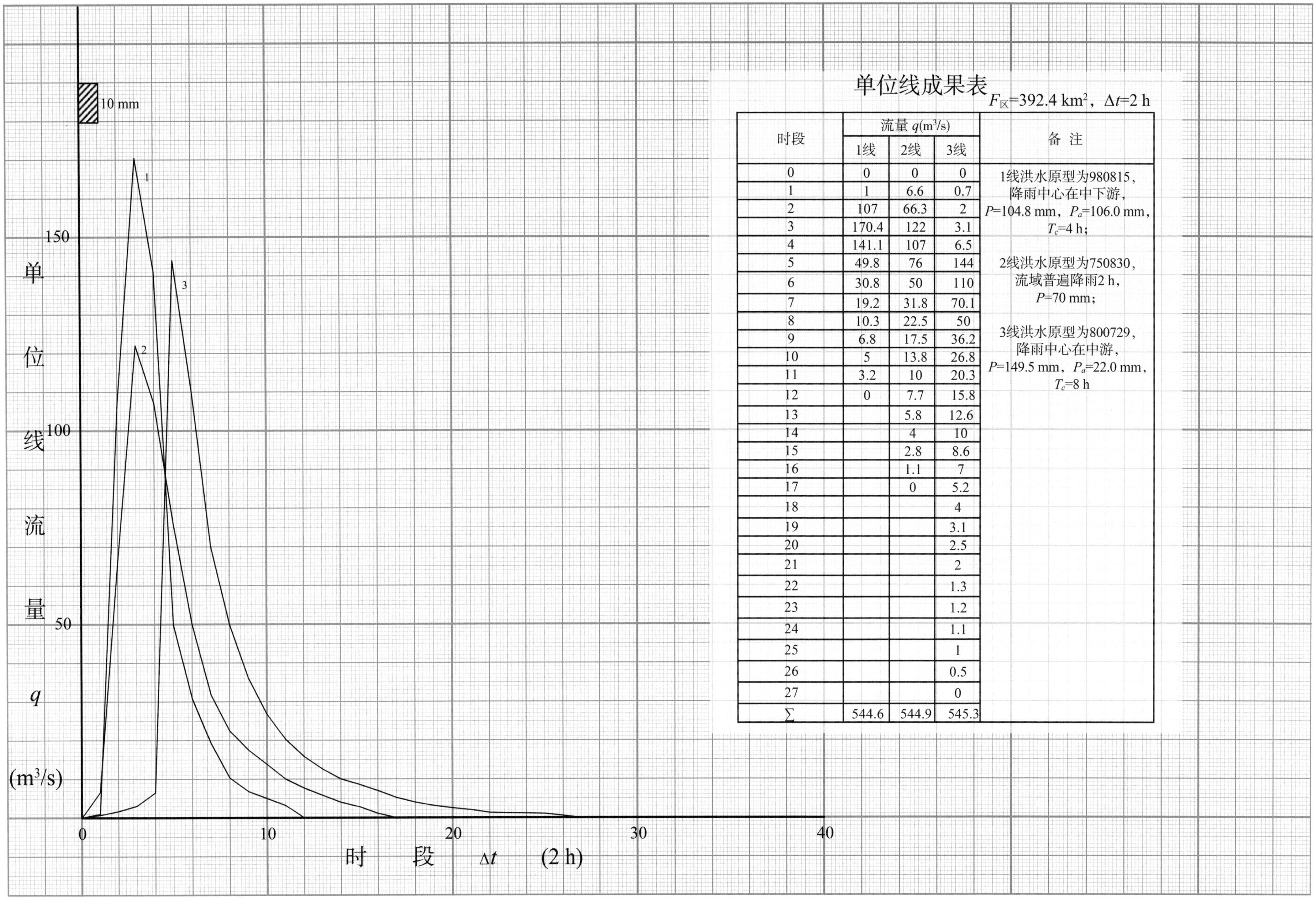

单位线成果表

$F_{区}$=392.4 km²，Δt=2 h

时段	流量 q(m³/s)			备 注
	1线	2线	3线	
0	0	0	0	1线洪水原型为980815，降雨中心在中下游，P=104.8 mm，P_a=106.0 mm，T_c=4 h；
1	1	6.6	0.7	
2	107	66.3	2	
3	170.4	122	3.1	
4	141.1	107	6.5	
5	49.8	76	144	2线洪水原型为750830，流域普遍降雨2 h，P=70 mm；
6	30.8	50	110	
7	19.2	31.8	70.1	
8	10.3	22.5	50	3线洪水原型为800729，降雨中心在中游，P=149.5 mm，P_a=22.0 mm，T_c=8 h
9	6.8	17.5	36.2	
10	5	13.8	26.8	
11	3.2	10	20.3	
12	0	7.7	15.8	
13		5.8	12.6	
14		4	10	
15		2.8	8.6	
16		1.1	7	
17		0	5.2	
18			4	
19			3.1	
20			2.5	
21			2	
22			1.3	
23			1.2	
24			1.1	
25			1	
26			0.5	
27			0	
∑	544.6	544.9	545.3	

图 23-5　白马河马楼站单位线图

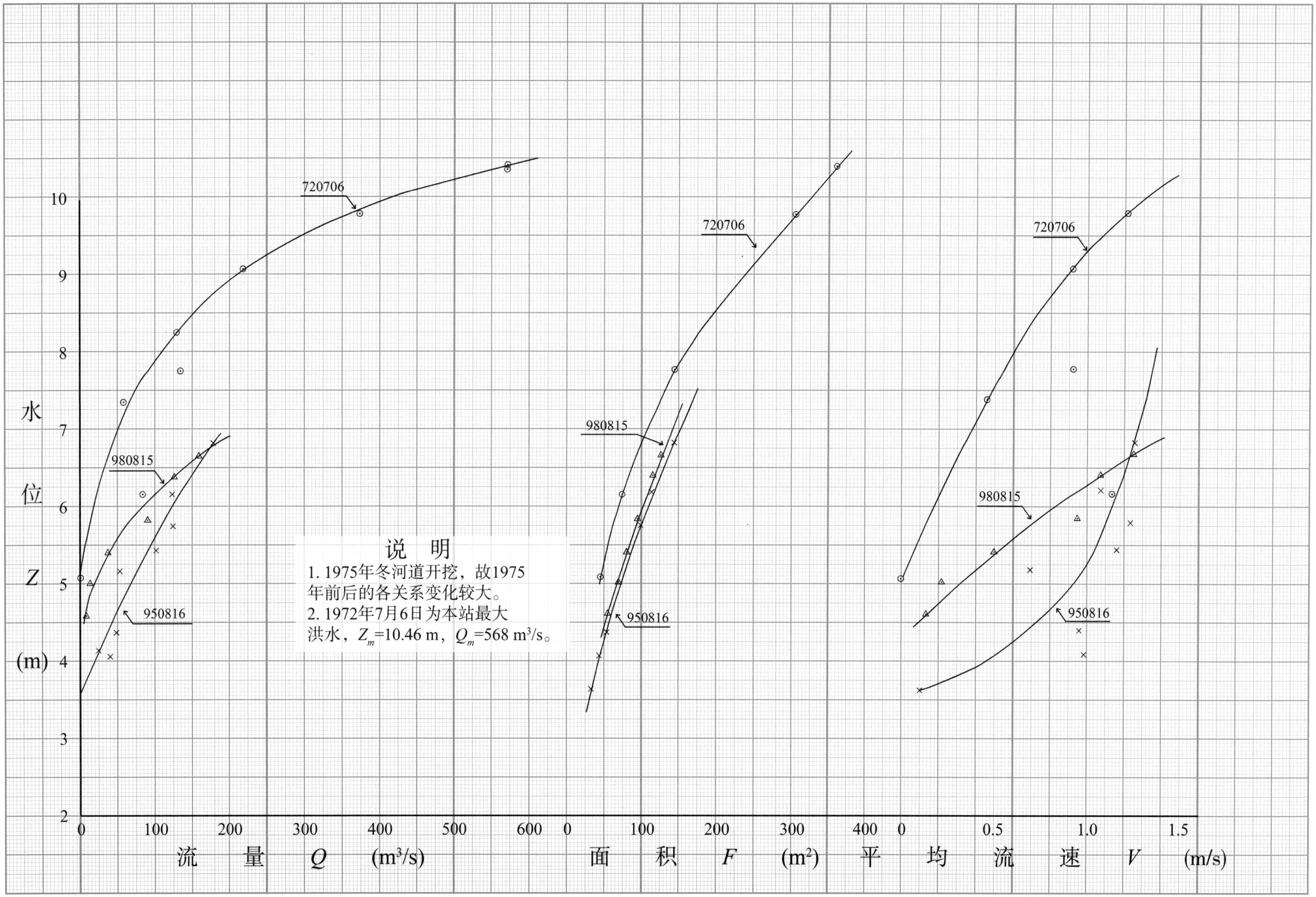

图 23–6　白马河马楼站水位流量关系图

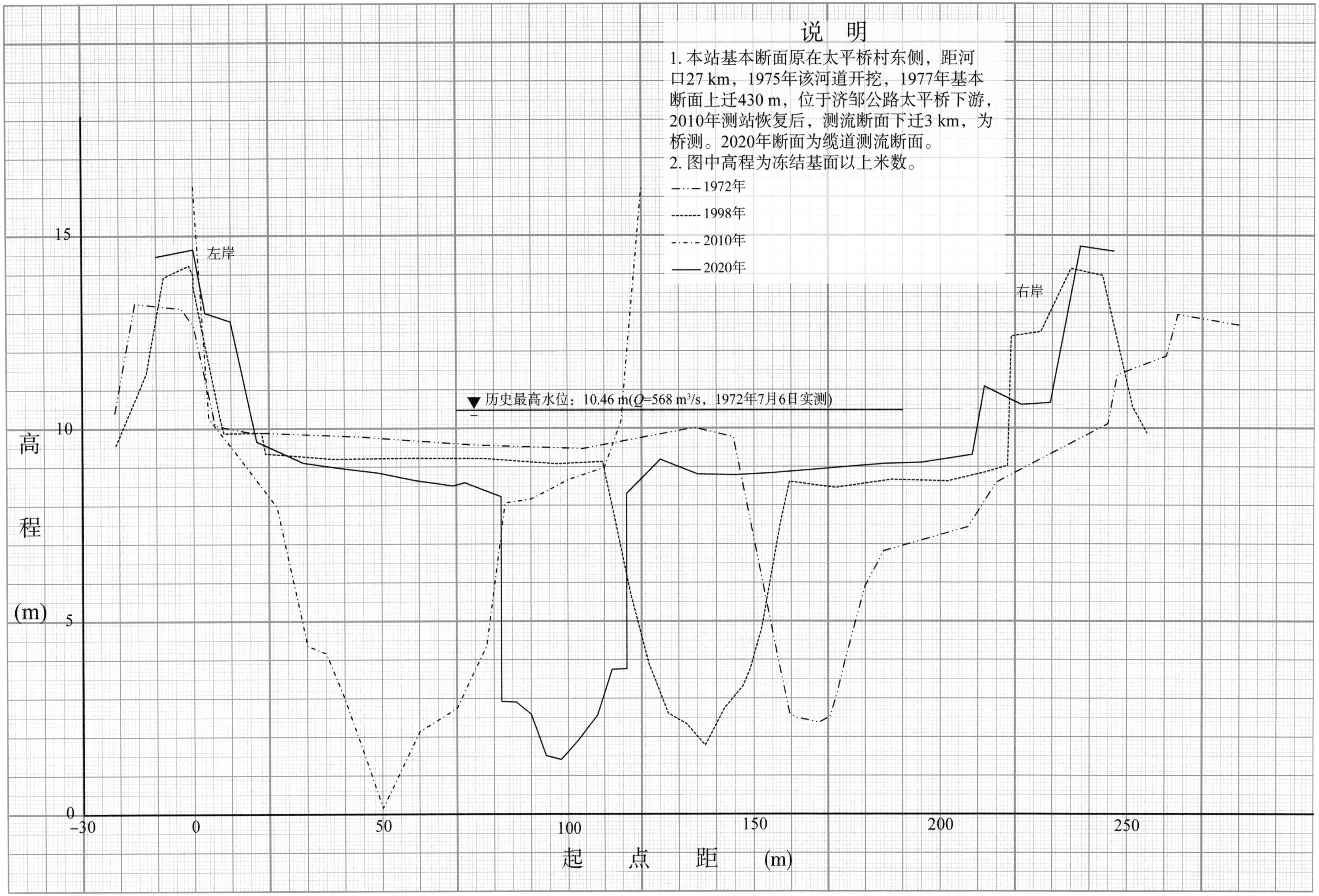

图 23-7　白马河马楼站大断面图

第二十四章　城河滕州（区间）站水文预报方案编制说明

1　流域概况

1.1　流域自然地理特征

城河是滕州市的一条主要河流，上游分东、西两支，分别源于山东省平邑、邹城境内白彦山东麓浅山区，两支在邹城市大岔河村南汇合，向南穿过岩马水库库区后折向西南，经滕州市区向西南，穿过滕西平原，在西岗镇北满庄村西纳郭河西南流，以下称之为城郭河，在西岗镇甘桥村以下入微山县境，注入昭阳湖。

滕州水文站位于该河中游，现站址在滕州市城东荆河桥下，老站址在滕州市西南园。整个流域的地势是自东北向西南倾斜，东北部山区高程大都在 200 m 以上，最高凤凰山为 648.8 m，中部丘陵地高程为 100 ~ 200m，测站附近地面高程在 70 m 左右。滕州站以上流域形状呈芭蕉叶形，流域长度为 45 km，平均宽度为 13.6 km，流域形状系数为 0.30，河网密度为 0.270 km/km^2。河流长度约为 65 km，干流平均坡度为 1.81‰，流域内丘陵地占 70%，浅山和平原各占约 15%。山区多系石灰岩，仅有小片青石山。土壤以沙土为主，占 53.8%，其次为黄土，占 23.0%，红土占 18.3%，另有 4.9% 的石渣土。种植作物以小麦、玉米为主，还有花生、黄芋等经济作物。滕州站以上流域图见图 24–1。

1.2　水利工程及流域面积变动情况

1.2.1　水库工程

自 1960 年以来，城河上游山区先后建成岩马、户主、辛庄、户主东四座大、中、小（1）型末级水库，拦截总面积 422.9 km^2，详见表 24–1。

表 24–1　城河滕州站以上水库工程统计表

水库名称	类别	流域面积 F（km^2）	建成日期	库容 V（万 m^3）				兴利库容相当于径流深 R（mm）
				总库容	调洪	兴利	死库容	
岩马水库	大型	353	1960 年 5 月	23 506	12 073	11 326	2 057	320.8
户主水库	中型	44.0	1960 年 7 月	2 019	957	998	64	226.8
辛庄水库	小（1）	17.5	1960 年 8 月	580	191	305	84	174.3
户主东水库	小（1）	8.4	1961 年 11 月	437.6	279.6	159.2	6.0	189.5
合计		422.9		26 543	13 501	12 788	2 211	302.4

1.2.2　河道拦蓄工程

自 1960 年以来，城河中游（测站断面上游）相继建成了青石拦河闸、荆河橡胶坝、洪村橡胶坝等河道拦蓄工程。2011 年，城河城头段新建月亮湾湿地，建设长度为 12 km，水面面积 1.4 km^2。

2020 年，荆河橡胶坝改建为荆河钢坝闸，新建刁庄钢坝闸和坞沟橡胶坝。

河道拦蓄工程合计最大拦蓄量 253.6 万 m^3，详见表 24–2。

表 24–2　城河滕州站以上河道拦蓄工程统计表

工程名称	位置	建成日期	最大拦蓄 W（万 m^3）	最大拦蓄量相当于径流深 R（mm）
荆河钢坝闸	断面上游 410 m	1987 年	51.2	2.81
洪村橡胶坝	断面上游 2 380 m	1988 年	18.0	0.99
刁庄钢坝闸	断面上游 3 900 m	2020 年	40.6	2.23
坞沟橡胶坝	断面上游 9 900 m	2020 年	9.73	0.53
青石拦河闸	断面上游 18 500 m	1960 年	134.1	7.36
合计			253.6	13.9

1.2.3　流域面积变动情况

1960 年以后，流域上游先后兴建大、中、小（1）型末级水库，1982 年 1 月测站站址由滕州市西南园上迁 3 km 至城东荆河桥下，使原流域面积变动较大，由原来的 613 km^2 减少到 182.1 km^2。城河滕州（区间）站集水面积变动情况见表 24–3。

表 24–3　城河滕州（区间）站集水面积变动统计表

时期	集水面积 F（km^2）	变动原因
1951 年 4 月至 1960 年 5 月	613.0	
1960 年 5 月至 1960 年 7 月	260.0	岩马水库建成（大型），拦截 353 km^2
1960 年 7 月至 1960 年 8 月	216.0	户主水库建成（中型），拦截 44 km^2
1960 年 8 月至 1961 年 11 月	198.5	辛庄水库建成［小（1）型］，拦截 17.5 km^2
1961 年 11 月至 1981 年 12 月	190.1	户主东水库建成［小（1）型］，拦截 8.4 km^2
1982 年 1 月至今	182.1	测站断面上迁 3 km 至荆河桥下，减少 8.0 km^2

1.2.4　基本水尺断面迁移

1999 年，在滕州站原测流断面上游 34.8 m 处新建实用堰型浆砌石拦河坝一座，原基本水尺断面已无法使用，改用堰上水尺观测水位。

1.3　测站概况

滕州站属淮河流域南四湖区水系，于 1951 年 4 月设立，为一般水文站、湖东水文区区域代表站。现站址位于山东省滕州市荆河桥下游 180 m 处，测站编码为 51208700。上游还设有岩马水库基本水文站、户主水库辅助站、辛庄水库中小河流站。

该站主要测验项目有降水、水位、流量、冰情、墒情、水文调查。本站水位采用冻结基面（废黄河口），1985 年国家高程基准高程与冻结基面高程换算关系为 $Z_{85}=Z_{冻结}-0.852$ m。

本次编制的水文预报方案是统一到大、中、小（1）型末级水库以下，现站址以上的区间面积 182.1 km² 上的预报方案，故谓之滕州（区间）站水文预报方案。

2 预报方案编制

2.1 资料情况及方案沿革

2.1.1 资料情况

自 1960 年起，一般年份滕州站仅控制水库以下区间面积的来水，受上游四座水库的放水、泄洪，橡胶坝的蓄泄调节，下垫面的不同等因素综合影响，原来的径流、洪水特征发生了很大变化，使水文预报方案的分析制作和今后的作业预报变得复杂。

本次编制的预报方案是在 2010 年方案的基础上补充了 2011—2021 年的资料，主要参数流域最大损失量 I_m 及前期影响雨量递减系数 K 值未进行重新分析。资料系列为 1960—2021 年，共 32 场次洪水。

2.1.2 方案沿革

原方案中产流方案采用降雨径流相关图 $P+P_a$-R，汇流方案采用经验单位线法。本次修订，在原产流方案降雨径流相关图 $P+P_a$-R 中增加了 4 个点据，关系线上部根据新增点据进行了微调，中下部保持不变。原单位线不变，新增 1 条单位线。

2.2 产流方案

产流方案采用降雨径流经验相关图 $P+P_a$-R 定线，选用 1960 年以来的 32 场次洪水，做到了高、中洪水测点不漏，小洪水适当精减。降雨径流相关图见图 24–2。

2.2.1 主要参数的计算

2.2.1.1 流域平均雨量P的计算

流域平均雨量 P 采用面积加权法计算求得，由于雨量站设立年月不同，故分期采用不同的权重。

表 24–4 城河滕州（区间）站以上雨量站控制权重表

时期	滕州	蒋自崖	岩马	户主	辛庄	备注
1951—1959 年	0.117 0.376	0.883 0.624				上排数据为计算全流域平均雨量权重，下排数据为区间权重
1960—1961 年	0.195		0.805			
1962—1965 年	0.158		0.533	0.309		

续表

时期	滕州	蒋自崖	岩马	户主	辛庄	备注
1966—1991 年	0.158		0.323	0.309	0.210	辛庄无报汛条件
1993 年至今	0.158		0.533	0.309		今后应用此栏权重

2.2.1.2 流域平均前期影响雨量P_a的计算

统计流域内各站逐日降水量，计算日平均降水量，利用下式计算 P_a 值：

$$P_{a,\ t+1}=K\left(P_{a,\ t}+P_t\right)$$

式中：$P_{a,\ t+1}$ 为第 t+1 日的前期影响雨量（mm）；$P_{a,\ t}$ 为第 t 日的前期影响雨量（mm）；P_t 为第 t 日的流域平均雨量（mm）；K 为前期影响雨量递减系数。

K 值计算公式如下：

$$K=1-Z_m/I_m$$

式中：Z_m 为最大蒸发能力（借用岩马水库历年平均各月最大日蒸发量）；I_m 为最大损失量，采用 80 mm，并作为 P_a 值的上限控制数。

6 月份 K 值取 0.88，7 月份 K 值取 0.90，8 月份 K 值取 0.91，9 月份 K 值取 0.92。

2.2.1.3 径流深R的推求

本次编制的是区间站的预报方案，因此对上游未建水库工程前及老站址所测径流量，受中、小型水库蓄满影响情况下的径流量，都需换算为新站址控制面积下的径流量。针对大型水库岩马水库泄洪影响，若有实测资料，则将其泄水过程错后 8 h，在滕州站实测过程线上减去。

径流资料经处理换算后，即可求得区间径流深，详见表 24–6。

2.2.2 精度评定

按许可误差 =20% 实测值的标准（并当许可误差大于 20.0 mm 时以 20.0 mm 为上限，小于 3.0 mm 时以 3.0 mm 为下限）进行逐次洪水评定。共选用 32 个洪水点据，合格点据 23 个，合格率为 71.9%，属乙级方案，详见表 24–7。

2.2.3 突出点分析

部分场次洪水明显偏小，主要是受到降水分布不均、前期干旱、上游水利工程等因素影响。

2.3 汇流方案

2.3.1 经验单位线

选择四场有代表性的洪水过程，并转换为经验单位线，详见图 24–3。

2.3.2 岩马水库泄洪至滕州站流量演算

通过对 1974 年、1975 年 8 次较大泄洪过程进行统计分析，岩马水库泄洪经河槽调蓄，演算到滕州站，其基本情况是：岩马水库泄洪到滕州站开始起涨，其传播时间平均为 7.6 h，水量损失平均为 11.5%，最大流量削减 16.6%，滞后 13.1 h，泄洪停止到滕州站落平，平均为 25 h。

其河槽汇流系数（时段为 2 h）见表 24–5。

表 24–5　滕州（区间）站以上河段汇流系数表

时段	1	2	3	4	5	6	7	8	9
系数	0.738	0.142	0.054	0.029	0.016	0.010	0.007	0.003	0.001

如遇岩马水库泄洪和滕州区间同时来水情况，则可根据瞬时单位线河段汇流曲线演算出滕州洪水过程，并延后 8 h，与滕州区间洪水过程叠加。

2.4　水位流量关系曲线及大断面图

滕州站基本水尺断面的大断面成果为 2022 年 4 月施测成果。水位流量关系成果取自 2021 年 5 月山东省水文中心批复的《滕州水文站水力因素法的历年综合线分析报告》，详见图 24–4。

3　方案使用说明

由于流域内水利工程、拦河闸坝较多，对产汇流影响较大，应对查算的径流深做经验修正。应随时掌握上游工程蓄水及泄洪情况，要根据实际情况对预报值及时进行修正。

计算出流域平均降雨量和流域平均前期影响雨量，根据降雨径流关系图 $P+P_a$-R 的查算结果进行综合分析，确定地表径流深 R 的预报值。根据暴雨中心位置及主雨强度选择相应单位线，推求出口断面洪水过程。

总之，由于影响因素太多，本方案不能全部反映实际情况，因而不能照搬，应具体问题具体分析。

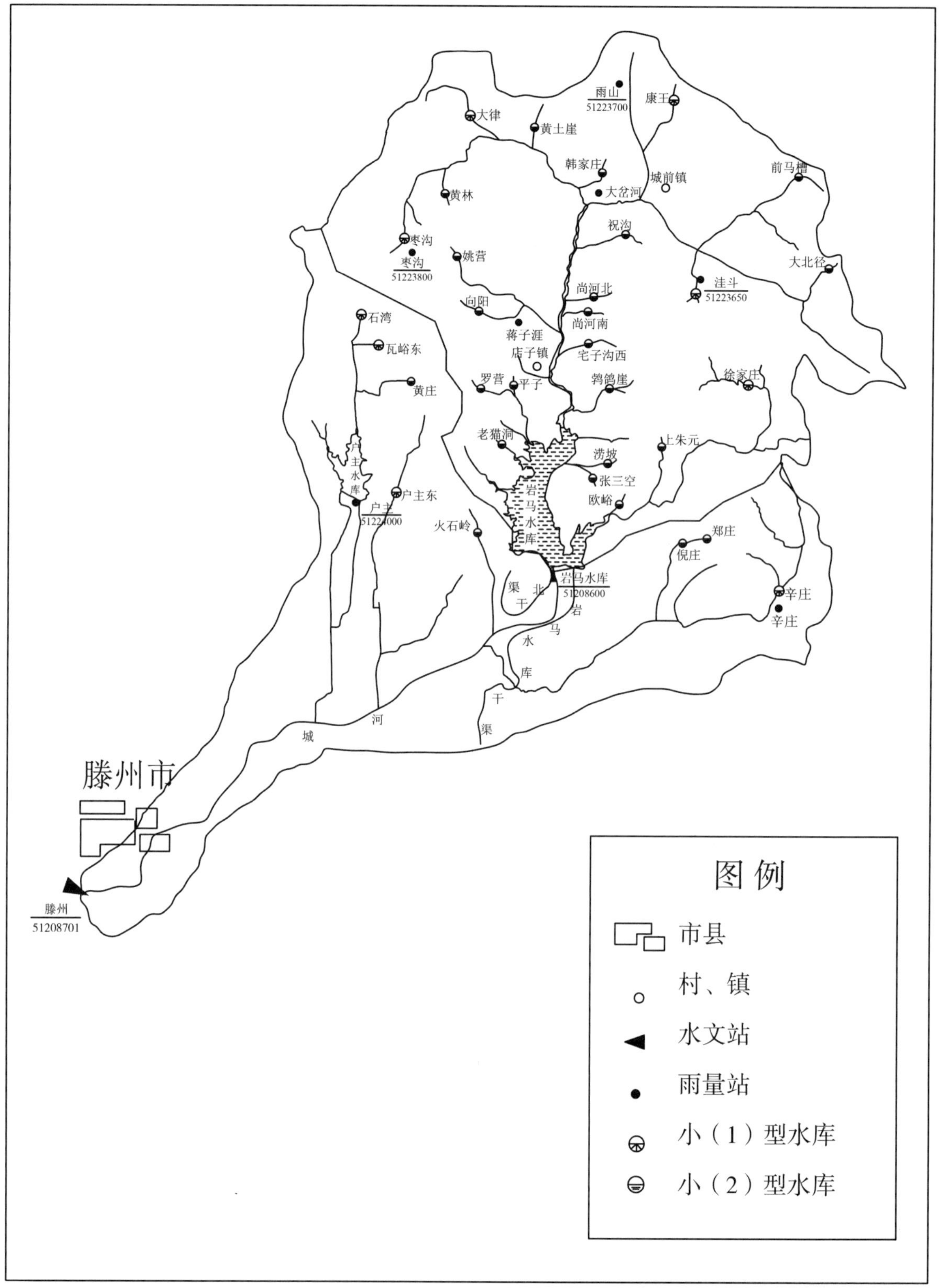

图 24–1　城河滕州站以上流域图

表 24-6　城河滕州（区间）站降雨径流分析成果表

序号	洪号	降雨起讫时间							流域平均雨量 P（mm）	前期影响雨量 P_a（mm）	降雨历时（h）		暴雨中心位置	洪水发生时间									洪水历时 $T_洪$（h）	洪峰流量 Q_m（m^3/s）	净峰流量 $Q_{m净}$（m^3/s）	地表径流总量 W（万 m^3）	集水面积 F（km^2）	径流深 R（mm）	径流系数 α	$P+P_a$（mm）	主雨结束到洪峰出现时距 τ_p（h）	备注
		起				讫					全部 T	有效 T_c		起涨			峰顶			落平												
		年	月	日	时	月	日	时						月	日	时	月	日	时	月	日	时										
1	600630	1960	6	30	0	6	30	8	73.9	64.8	8	4	下游	6	30	0	6	30	10	7	2	6	54	97.2	90.2	287	182.1	15.8	0.21	138.7	4	
2	600703	1960	7	2	18	7	3	10	110.4	80.0	16	10	均匀	7	3	0	7	3	10.2	7	5	12	60	484	407	1 199	182.1	65.8	0.60	190.4	2.2	
3	600706	1960	7	6	8	7	6	18	74.3	61.2	10	6	上游	7	6	0	7	6	19.5	7	8	20	68	265	193	555	182.1	30.5	0.41	135.5	3.5	
4	610706	1961	7	5	18	7	6	2	95.3	59.9	8	4	均匀	7	5	18	7	6	1	7	8	12	66	350	326	958	182.1	52.6	0.55	155.2	3	
5	640728	1964	7	27	22	7	28	10	96.1	80.0	12	10	上游	7	28	0	7	28	13.5	7	30	20	68			966	182.1	53.0	0.55	176.1		复峰
6	640801	1964	7	31	14	8	1	6	67.4	69.0	16	14	中游	7	31	16	8	1	4	8	3	12	68			610	182.1	33.5	0.50	136.4		多雨峰
7	660721	1966	7	21	12	7	21	18	51.1	29.2	6	4	下游	7	21	12	7	21	16	7	24	0	60	75	70.5	248	182.1	13.6	0.27	80.3	0	
8	670902	1967	9	2	2	9	2	14	87.9	42.8	12	8	上游	9	2	6	9	2	15	9	5	18	84	109	104	448	182.1	24.6	0.28	130.7	5	
9	670909	1967	9	9	10	9	9	18	88.1	48.4	8	6	上游	9	9	12	9	9	19.7	9	12	0	60	227	216	636	182.1	34.9	0.40	136.5	3.7	
10	700702	1970	7	2	10	7	2	20	69.1	16.8	10	4	下游	7	2	12	7	2	20.2	7	4	8	44	96.8	93.3	262	182.1	14.4	0.21	85.9	4.2	
11	700725	1970	7	25	6	7	26	8	106.5	80.0	26		均匀	7	25	6				7	29	16	106			1 017	182.1	55.8	0.52	186.5		复峰
12	700729	1970	7	29	14	7	29	22	52.6	80.0	8	4	上游	7	29	15	7	29	23.2	8	1	12	69	198	168	650	182.1	35.7	0.68	132.6	5.2	
13	710629	1971	6	28	20	6	29	20	93.7	52.1	24	14	下游	6	28	20	6	29	9.5	7	2	0	76			683	182.1	37.5	0.40	145.8		复峰
14	710701	1971	6	30	18	7	1	14	107.7	76.0	20		下游	6	30	20	7	1	7.5	7	3	20	72			1 200	182.1	65.9	0.61	183.7		复峰
15	720706	1972	7	5	22	7	6	8	147.4	13.3	10	4	上游	7	6	0	7	6	6.2	7	8	12	60	630	610	1 517	182.1	83.3	0.57	160.7	2.8	
16	740801	1974	7	31	22	8	1	12	151.8	70.7	14	6	下游	8	1	0	8	1	7	8	3	20	68	470	384	1 622	182.1	89.1	0.59	222.5		多雨峰
17	750726	1975	7	26	4	7	26	22	57.4	77.2	18		下游	7	26	9	7	26	21.8	7	28	12	51	220	194	600	182.1	32.9	0.57	134.6	5.8	
18	800729	1980	7	28	20	7	29	14	70.3	76.0	18		上游	7	28	20				8	1	8	84			659	182.1	36.2	0.51	146.3		复峰
19	910611	1991	6	10	16	6	11	4	151.7	18.3	12	4	上游	6	10	19	6	11	3.8	6	14	8	85	240	240	598	182.1	32.8	0.22	170.0	3.6	
20	910725	1991	7	24	18	7	25	6	152.3	54.1	12	8	上游	7	24	18	7	25	5.6	7	29	8	110	379	290	1 265	182.1	69.5	0.46	206.4		复峰
21	930715	1993	7	15	18	7	16	0	89.5	70.5	6	4	上游	7	15	20	7	16	3.6	7	20	0	100	93	73.5	601	182.1	32.9	0.37	160.0	5.6	
22	930805	1993	8	4	18	8	5	8	158.3	29.5	14	8	下游	8	4	20	8	5	8.7	8	9	8	108	290	230	1 006	182.1	55.2	0.35	187.8	4.7	
23	980815	1998	8	15	0	8	15	8	78.3	75.2	8	4	上游	8	15	3	8	15	11	8	18	20	89	185	130	723	182.1	39.7	0.51	153.5	5	
24	050701	2005	6	30	22	7	1	22	100.5	52.0	24	8	上游	6	30	20	7	2	16	7	3	22	74	121	105	690	182.1	37.9	0.38	152.5		多雨峰
25	050717	2005	7	16	16	7	17	8	102.6	25.7	16	8	下游	7	17	1	7	17	18	7	20	8	79	114	88	506	182.1	27.8	0.27	128.3		复峰
26	050920	2005	9	19	22	9	21	6	142.3	46.3	32	6	均匀	9	20	4	9	22	8	9	23	12	80	158	152	1 307	182.1	71.8	0.50	188.6		复峰
27	070802	2007	8	2	8	8	2	18	76.0	40.5	10	4	上游	8	1	21	8	2	19	8	4	7	58	79	65	281	182.1	15.4	0.20	116.5	5.2	
28	090818	2009	8	17	16	8	18	2	160.0	7.9	10	6	上游	8	17	22	8	18	8	8	20	21	71	155	154	709	182.1	38.9	0.24	167.9	5.7	
29	120708	2012	7	7	14	7	10	4	144.8	51.4	33		下游	7	7	14.5	7	10	10.5	7	12	20	125.5	78.8	75.8	1 009	182.1	55.4	0.38	196.2		多雨复峰
30	130704	2013	7	4	13	7	4	23	73.8	64.9	10	5	上游	7	4	15	7	4	17.8	7	7	1	58	22	22	243	182.1	13.4	0.18	138.7		复峰
31	200807	2020	8	6	19	8	7	8	175.8	80.0	13	8	上游	8	6	20	8	7	10	8	9	20	72	274	271	1 515	182.1	83.2	0.47	255.8	2.5	
32	210728	2021	7	27	17	7	29	6	140.4	23.7	37	14.0	下游	7	28	0	7	29	1	7	30	10	58	34.7	33.5	340	182.1	18.7	0.13	164.1		
28	090818	2009	8	17	16	8	18	2	160.0	7.9	10	6	上游	8	17	22	8	18	8	8	20	21	71	155	154	709	182.1	38.9	0.24	167.9	5.7	
29	120708	2012	7	7	14	7	10	4	144.8	51.4	62		下游	7	7	14.5	7	10	10.5	7	12	20	125.5	78.8	75.8	1 009	182.1	55.4	0.38	196.2		多雨复峰
30	130704	2013	7	4	13	7	4	23	73.8	64.9	10	5	上游	7	4	15	7	4	17.8	7	7	1	58	22	22	243	182.1	13.4	0.18	138.7		复峰
31	200807	2020	8	6	19	8	7	8	175.8	80.0	13	8	上游	8	6	20	8	7	10	8	9	20	72	274	271	1 515	182.1	83.2	0.47	255.8	2.5	
32	210728	2021	7	27	17	7	29	6	140.4	23.7	37	14	下游	7	28	0	7	29	1	7	30	10	58	34.7	33.5	340	182.1	18.7	0.13	164.1		

表 24-7　城河滕州（区间）站降雨径流预报精度评定表

序号	洪号	流域平均雨量 P（mm）	前雨影响雨量 P_a（mm）	$P+P_a$（mm）	径流深（mm）		预报误差（mm）	许可误差（mm）	评定结果		序号	洪号	流域平均雨量 P（mm）	前雨影响雨量 P_a（mm）	$P+P_a$（mm）	径流深（mm）		预报误差（mm）	许可误差（mm）	评定结果	
					$R_{实}$	$R_{预}$			合格	不合格						$R_{实}$	$R_{预}$			合格	不合格
1	600630	73.9	64.8	138.7	15.8	31.0	15.2	3.2		√	17	750726	57.4	77.2	134.6	32.9	29.4	−3.5	6.6	√	
2	600703	110.4	80.0	190.4	65.8	56.7	−9.1	13.2	√		18	800729	70.3	76.0	146.3	36.2	34.5	−1.7	7.2	√	
3	600706	74.3	61.2	135.5	30.5	29.7	−0.8	6.1	√		19	910611	151.7	18.3	170.0	32.8	46.0	13.2	6.6		√
4	610706	95.3	59.9	155.2	52.6	38.7	−13.9	10.5		√	20	910725	152.3	54.1	206.4	69.5	66.0	−3.5	13.9	√	
5	640728	96.1	80.0	176.1	53.0	49.1	−3.9	10.6	√		21	930715	89.5	70.5	160.0	33.0	41.0	8.0	6.6		√
6	640801	67.4	69.0	136.4	33.5	30.1	−3.4	6.7	√		22	930805	158.3	29.5	187.8	55.2	55.3	0.1	11.0	√	
7	660721	51.1	29.2	80.3	13.6	11.2	−2.4	3.0	√		23	980815	78.3	75.2	153.5	39.7	37.9	−1.8	7.9	√	
8	670902	87.9	42.8	130.7	24.6	27.8	3.2	4.9	√		24	050701	100.5	52.0	152.5	37.9	37.4	−0.5	7.6	√	
9	670909	88.1	48.4	136.5	34.9	30.1	−4.8	7.0	√		25	050717	102.6	25.7	128.3	27.8	26.9	−0.9	5.6	√	
10	700702	69.1	16.8	85.9	14.4	12.8	−1.6	3.0	√		26	050920	142.3	46.3	188.6	71.8	55.7	−16.1	14.4		√
11	700725	106.5	80.0	186.5	55.8	54.6	−1.2	11.2	√		27	070802	76.0	40.5	116.5	15.4	22.4	7.0	3.1		√
12	700729	52.6	80.0	132.6	35.7	28.6	−7.1	7.1	√		28	090818	160.0	7.9	167.9	38.9	45.0	6.1	7.8	√	
13	710629	93.7	52.1	145.8	37.5	34.3	−3.2	7.5	√		29	120707	144.8	51.4	196.2	55.4	59.9	4.5	11.1	√	
14	710701	107.7	76.0	183.7	65.9	53.0	−12.9	13.2	√		30	130704	73.8	64.9	138.7	13.4	31.0	17.6	3.0		√
15	720706	147.4	13.3	160.7	83.3	41.4	−41.9	16.7		√	31	200807	175.8	80.0	255.8	83.2	99.4	16.2	16.6	√	
16	740801	151.8	70.7	222.5	89.1	76.2	−12.9	17.8	√		32	210728	140.4	23.7	164.1	18.7	43.1	24.4	3.7		√

备注：1. 许可误差 = 实测值的 20%，以 20.0 mm 为上限，以 3.0 mm 为下限；2. 合格率 =71.9%；3. 本方案等级为乙等。

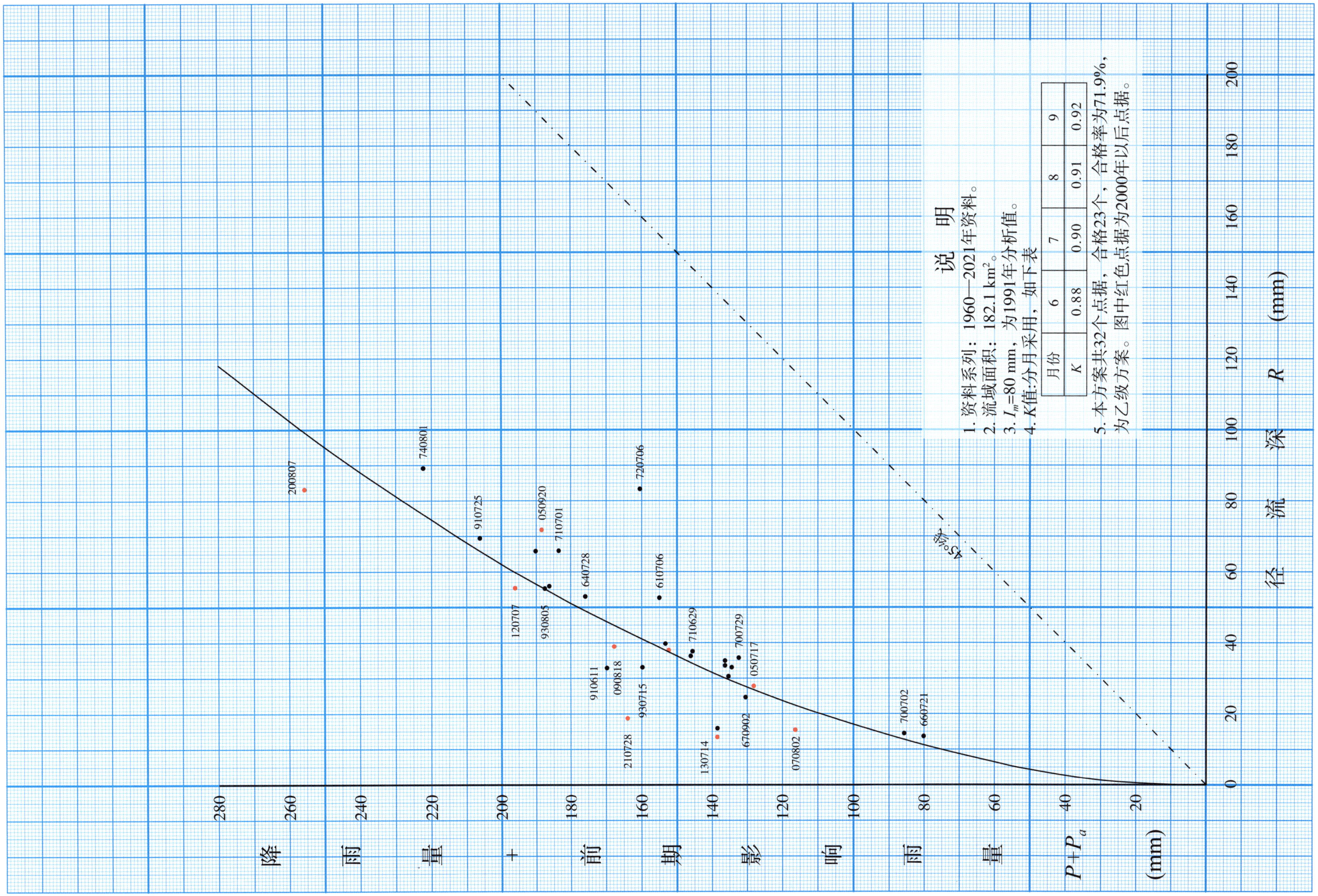

图 24-2　城河滕州（区间）站降雨径流相关图

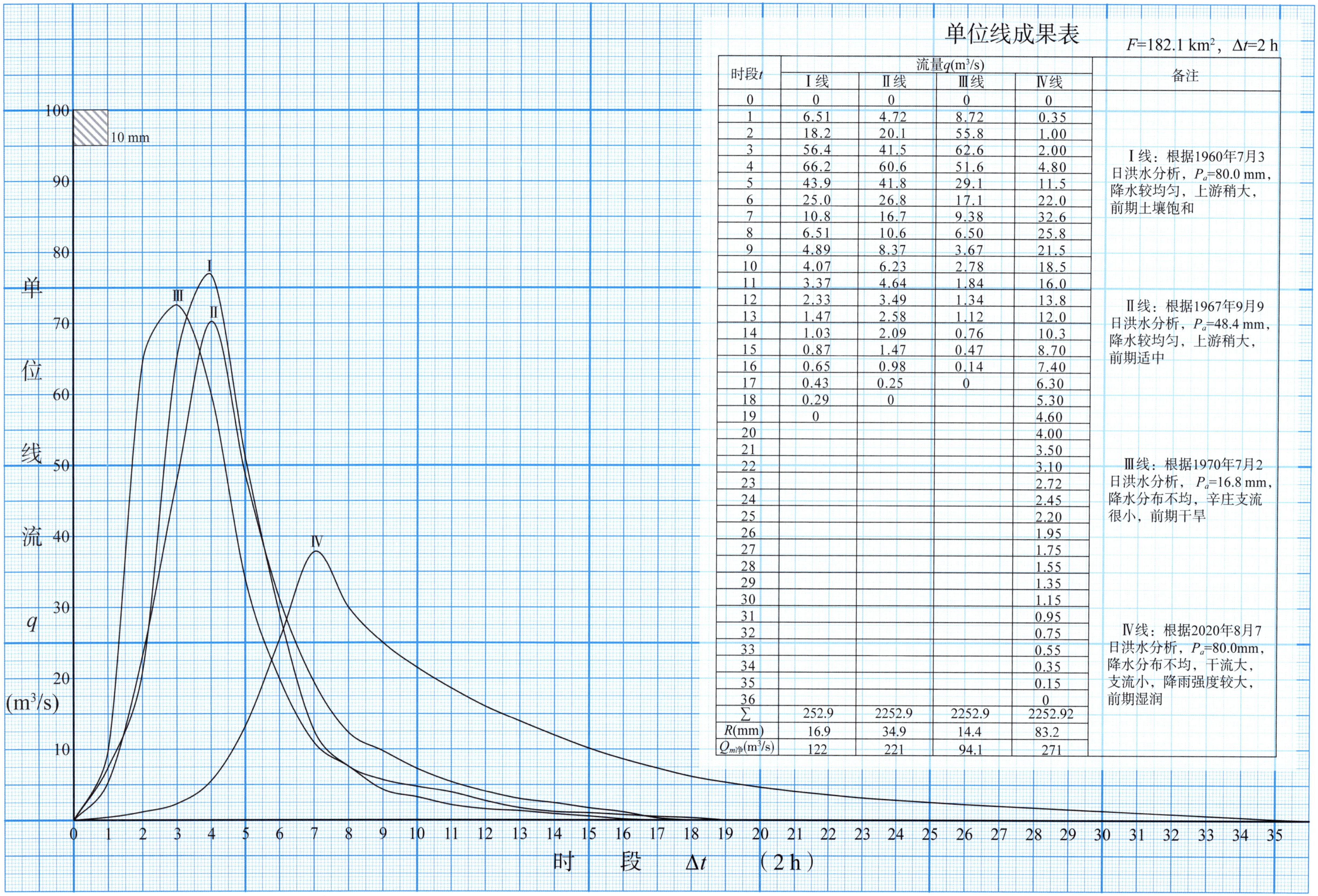

单位线成果表

F=182.1 km², Δt=2 h

时段t	流量q(m³/s)				备注
	Ⅰ线	Ⅱ线	Ⅲ线	Ⅳ线	
0	0	0	0	0	
1	6.51	4.72	8.72	0.35	
2	18.2	20.1	55.8	1.00	
3	56.4	41.5	62.6	2.00	Ⅰ线：根据1960年7月3日洪水分析，P_a=80.0 mm，降水较均匀，上游稍大，前期土壤饱和
4	66.2	60.6	51.6	4.80	
5	43.9	41.8	29.1	11.5	
6	25.0	26.8	17.1	22.0	
7	10.8	16.7	9.38	32.6	
8	6.51	10.6	6.50	25.8	
9	4.89	8.37	3.67	21.5	
10	4.07	6.23	2.78	18.5	
11	3.37	4.64	1.84	16.0	
12	2.33	3.49	1.34	13.8	Ⅱ线：根据1967年9月9日洪水分析，P_a=48.4 mm，降水较均匀，上游稍大，前期适中
13	1.47	2.58	1.12	12.0	
14	1.03	2.09	0.76	10.3	
15	0.87	1.47	0.47	8.70	
16	0.65	0.98	0.14	7.40	
17	0.43	0.25	0	6.30	
18	0.29	0		5.30	
19	0			4.60	
20				4.00	
21				3.50	
22				3.10	Ⅲ线：根据1970年7月2日洪水分析，P_a=16.8 mm，降水分布不均，辛庄支流很小，前期干旱
23				2.72	
24				2.45	
25				2.20	
26				1.95	
27				1.75	
28				1.55	
29				1.35	
30				1.15	
31				0.95	
32				0.75	Ⅳ线：根据2020年8月7日洪水分析，P_a=80.0mm，降水分布不均，干流大，支流小，降雨强度较大，前期湿润
33				0.55	
34				0.35	
35				0.15	
36				0	
Σ	252.9	2252.9	2252.9	2252.92	
R(mm)	16.9	34.9	14.4	83.2	
$Q_{m净}$(m³/s)	122	221	94.1	271	

图 24-3 城河滕州（区间）站汇流单位线图

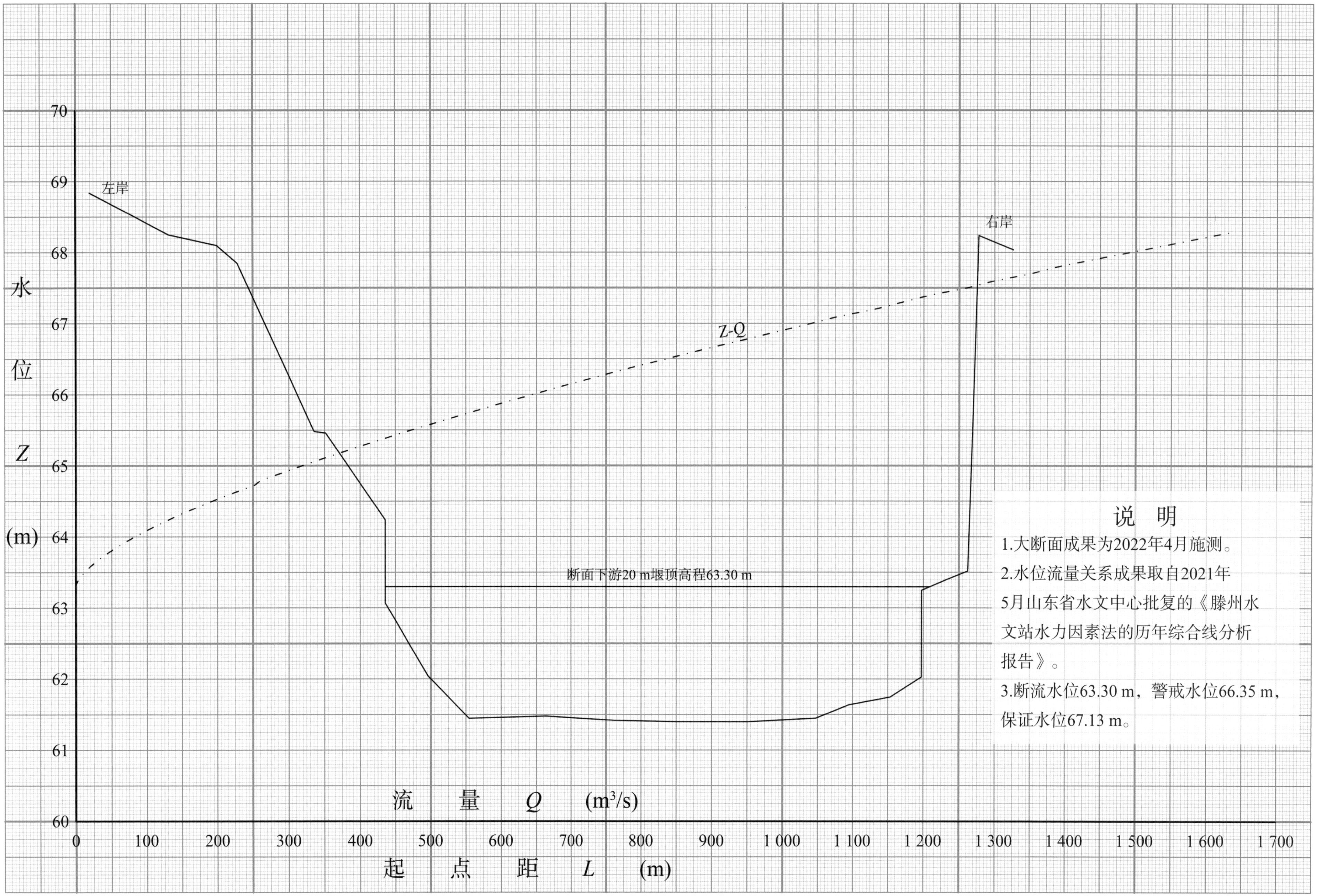

图 24-4 城河滕州（区间）站实测大断面及水位－流量关系曲线图

第二十五章　十字河柴胡店站水文预报方案编制说明

1　流域概况

1.1　流域自然地理特征

十字河是枣庄市的主要河流之一，发源于山亭区，上游分两支，一支名为十字河北支（西江），源自水泉镇柴山前村；另一支名为十字河中支（东江），源自徐庄镇湖沟村，两支流自东北流向西南，在枣庄市山城街道办事处东江村西汇合，至羊庄镇西江村入滕州市境。中游一支，名为十字河南支，源自山亭区凫城镇龙门观林场，西行至羊庄镇前南宿村入滕州市境，在羊庄镇东店村东汇入干流。支流汇合后的干流又名新薛河，于羊庄镇东北入滕州后，继续西南行，至土城转为由东向西流，经官桥镇又折向西南，经柴胡店、张汪等乡镇入微山县境，在昭阳街道爱湖村注入微山湖。

柴胡店水文站于1991年由原官庄站下迁5 km而设立，1991—1997年流量停测，仅观测降水量，1998年恢复，柴湖店站以上流域总控制面积为681 km^2，为湖东水文区的区域代表站。整个流域地势自东北向西南倾斜，流域形状大体呈扇形，流域长度为46.7 km，平均宽度为15 km，河网密度为0.27 km/km^2，河道干流长度为67 km，平均坡度为2.38‰。流域内山区大部分为沙石山，部分青石山，水土保持较好。土壤大部分为沙土地，小部分为壤土或黏土。主要农作物为小麦、玉米、地瓜、花生等。柴胡店站以上流域图见图25–1。

1.2　水利工程及流域面积变动情况

1.2.1　水库工程

1965—1979年，流域内相继修建了石嘴子（中型）及小（1）型水库10余座，合计控制面积125.8 km^2，占柴胡店水文站以上流域控制面积的18.5%。其中，中型水库石嘴子水库控制面积49.5 km^2，占柴胡店站以上流域控制面积的7.3%。详见表25–1。

表25–1　十字河柴胡店站以上水库工程统计表

水库名称	位置	类别	集水面积F（km^2）	总库容V（万m^3）	兴利库容$V_{兴}$（万m^3）
石嘴子	枣庄市山亭区辛召镇	中型	49.5	2617	1604
柴胡	枣庄市山亭区水泉镇	小（1）	10.7	311	137
胡沟	枣庄市山亭区徐庄镇	小（1）	4.3	143	97.0
九子峪	枣庄市山亭区徐庄镇	小（1）	4.9	123	78.0
石门	枣庄市山亭区徐庄镇	小（1）	4.3	104	74.0
红石嘴	枣庄市山亭区辛召镇	小（1）	22.5	148	49.0
东北峪	枣庄市山亭区东伏山乡	小（1）	3.2	105	61.6
黄山前	枣庄市山亭区付庄村	小（1）	6.9	140	52.1
前伏	枣庄市山亭区西集镇	小（1）	5.9	260	159
羊山	滕州市羊庄镇	小（1）	9.8	277	142
沈井	滕州市羊庄镇	小（1）	3.8	133	78.0

1.2.2　河道拦蓄工程

1989年在柴胡店站上游约5 km处修建了渐开式自控翻板闸，共9孔，单宽10 m，闸门高3.5 m，可拦蓄水量150万m^3。2009年该闸被鉴定为四类闸，建议拆除重建，2010—2015年，在原址上改建为1孔橡胶坝和1孔调节闸。上述水利工程对径流、洪水的形成均有一定的影响。

1.3　测站概况

柴胡店水文站位于滕州市柴胡店镇，为省级重要水文站、湖东水文区区域代表站。其主要测验项目有降水、水位、流量、泥沙、水质、水文调查等。

本站水位采用冻结基面，1985年国家高程基准高程与冻结基面高程换算关系为$Z_{85基准}=Z_{冻结}-0.036$ m。

本站上游设有庄里水库基本水文站，于2020年6月设站；薛河中小河流水文站，于2018年1月设站。

2　预报方案编制

2.1　资料情况及方案沿革

2.1.1　资料情况

由于柴胡店站设于1991年，其间虽发生了几次大的暴雨洪水，如930805场次洪水洪峰流量为3 150 m^3/s（官庄站洪痕调查），但自1998年才恢复流量测验，实测洪水较少，而该站流域面积（较官庄站）仅增加2.7%，且无支流汇入，所以产汇流方案均借用原官庄站洪水资料。

本次编制的预报方案是在2010年原编制方案的基础上又补充了2010—2017年的资料。主要参数流域最大损失量I_m及前期影响雨量递减系数K值未进行重新分析。资料系列为1964—2017年，共47场次洪水。

2.1.2　方案沿革

原方案中产流方案采用降雨径流相关图$P+P_a$-R，汇流方案采用经验单位线法。本次修订，在原产流方案降雨径流相关图$P+P_a$-R中增加了4个点据，关系线保持不变。原单位线不变。

2.2 产流方案

产流方案采用降雨径流经验相关图 $P+P_a$-R 定线，选用 1964 年以来的 47 场次洪水，做到了高、中洪水测点不漏，小洪水适当精减，柴胡店站降雨径流相关图详见图 25–2。

2.2.1 主要参数的计算

2.2.1.1 流域平均雨量P的计算

流域平均雨量 P 采用面积加权计算求得，由于雨量站设立年月不同，故分期采用不同的权重，详见表 25–2。

表 25–2 十字河柴胡店站以上流域内雨量站控制权重表

时期	山亭	徐庄	西集	柴胡店	官庄	西良子口	付庄	$\frac{山亭+东江}{2}$
1964—1965 年	0.340	0.261	0.284		0.115			
1966—1988 年		0.146	0.210		0.115	0.150	0.164	0.215
1993 年至今	0.321	0.245	0.352	0.082				

2.2.1.2 流域平均前期影响雨量P_a的计算

统计流域内各站逐日降水量，计算日平均降水量，利用下式计算 P_a 值：

$$P_{a,\ t+1}=K\left(P_{a,\ t}+P_t\right)$$

式中：$P_{a,\ t+1}$ 为第 t+1 日的前期影响雨量（mm）；$P_{a,\ t}$ 为第 t 日的前期影响雨量（mm）；P_t 为第 t 日的流域平均雨量（mm）；K 为前期影响雨量递减系数。

K 值计算公式如下：

$$K=1-Z_m/I_m$$

式中：Z_m 为最大蒸发能力（借用岩马水库历年平均各月最大日蒸发量）；I_m 为最大损失量，采用 80 mm，并作为 P_a 值的上限控制数。

6 月份 K 值取 0.88，7 月份 K 值取 0.90，8 月份 K 值取 0.91，9 月份 K 值取 0.92。

2.2.1.3 径流深R的推求

本次编制的产流预报方案未考虑上游小型水库工程拦蓄的影响。1978 年中型水库石嘴子水库建成蓄水，在该库未蓄满、不溢洪情况下，将其拦截面积扣除。因柴胡店站下迁 5 km，测站面积 1991 年以前为 613.5 km²，1991 年以后为 631.5 km²。

绘制各次洪水的流量过程，斜线分割基流，量算次洪水总量，即可求得径流深 R，详见表 25–3。

2.2.2 精度评定

按许可误差 =20% 实测值的标准（当许可误差大于 20.0 mm 时，以 20.0 mm 为上限；小于 3.0 mm 时，以 3.0 mm 为下限）进行逐次洪水评定。共选取 47 个洪水点据，合格点据 33 个，合格率为 70.2%，属乙级方案，详见表 25–4。

2.2.3 突出点分析

990615 场次洪水偏小原因：降水分布极不均匀，上游徐庄站降水量为 360.7 mm，山亭站 203.1 mm，下游柴胡店站仅 65.7 mm，前期干旱严重，前期影响雨量为 0 mm。

2.3 汇流方案

选择了三场不同降雨特点的洪水，并直接转换为经验单位线。由于上游拦蓄工程对汇流影响较大，在应用时应注意。柴胡店站经验单位线图见图 25–3。

2.4 水位流量关系曲线及大断面图

根据柴胡店站 1998—2021 年实测资料及 1993 年洪水调查资料点绘水位流量关系线及大断面图，详见图 25–4。

3 方案使用说明

由于近几年上游山区的小流域综合治理，土壤的调蓄能力增强，对产汇流影响较大，特别是汛初及前期较干旱洪水，预报时需做经验修正。

计算出流域平均降雨量和流域平均前期影响雨量，根据降雨径流关系图 $P+P_a$-R 的查算结果进行综合分析，确定地表径流深 R 的预报值。根据暴雨中心位置及主雨强度选择相应单位线，推求出口断面洪水过程。

方案的制作未考虑上游众多小水库的影响，作业预报时也要根据前期降雨情况进行适当修正。

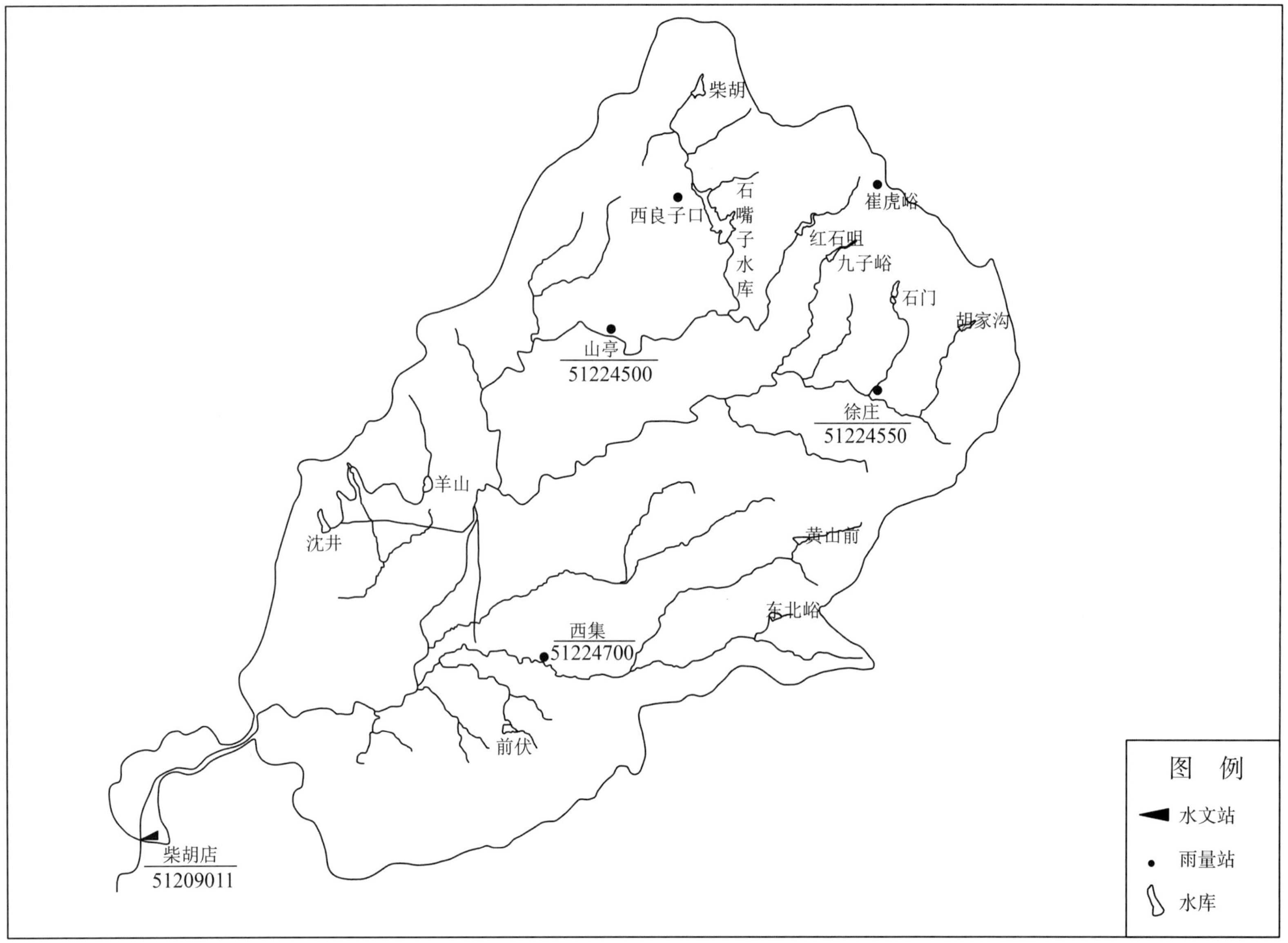

图 25–1　十字河柴胡店站以上流域图

表 25-3　十字河柴胡店站降雨径流分析成果表

序号	洪号	降雨起讫时间							流域平均雨量 P（mm）	前期影响雨量 P_a（mm）	降雨历时（h）		暴雨中心位置	洪水发生时间									洪水历时 $T_洪$（h）	洪峰流量 Q_m（m³/s）	净峰流量 $Q_{m净}$（m³/s）	地表径流总量 W（万 m³）	集水面积 F（km²）	径流深 R（mm）	径流系数 α	$P+P_a$（mm）	主雨结束到洪峰出现时距 τ_p（h）	备注
		起				讫								起涨			峰顶			落平												
		年	月	日	时	月	日	时			全部 T	有效 T_c		月	日	时	月	日	时	月	日	时										
1	640801	1964	7	31	14	8	1	4	98.4	61.3	14	14	下游	7	31	14	8	1	7	8	5	12	118	574	554	3 024	663	45.6	0.46	159.7		复峰
2	650716	1965	7	16	4	7	16	18	101.0	67.0	14	8	中游	7	16	5	7	16	10.2	7	19	20	87	999	984	3 600	663	54.3	0.54	168.0		复峰
3	650818	1965	8	18	0	8	18	18	54.6	80.0	18	12	上北	8	18	8	8	18	14.5	8	24	8	144	327	270	2 253	663	34.0	0.62	134.6		复峰
4	690722	1969	7	22	14	7	22	24	41.2	67.6	10	2	中	7	22	17	7	22	21.3	7	26	12	91	267	250	1 051	663	15.9	0.39	108.8	3.3	
5	690809	1969	8	8	14	8	8	24	34.1	29.2	10	2	上北	8	8	20	8	9	0.5	8	11	0	52	180	171	425	663	6.4	0.19	63.3	4.5	
6	690929	1969	9	29	8	9	29	20	56.7	80.0	12	8	上北	9	29	8	9	29	15	10	2	8	72	360	340	2 070	663	31.2	0.55	136.7	3	
7	700726	1970	7	25	12	7	26	14	118.2	80.0	26	18	上南	7	25	14	7	26	8.4	7	28	20	78	1 420	1 390	5 472	663	82.5	0.70	198.2		多雨峰
8	700805	1970	8	5	14	8	6	2	63.1	78.4	12	6	上南	8	5	15	8	5	21.3	8	7	18	51	1 050	1 023	2 304	663	34.8	0.55	141.5	1.3	
9	700806	1970	8	6	2	8	6	16	106.2	80.0	14	6	中游	8	6	6	8	6	11	8	8	12	54	2 770	2 620	5 184	663	78.2	0.74	186.2	1	
10	710629	1971	6	28	20	6	29	20	139.6	58.3	24		下游	6	28	22				7	5	0	146	658	644	4 176	663	63.0	0.45	197.9		多雨峰
11	710701	1971	6	30	20	7	1	20	60.1	74.4	24	8	上南	6	30	23	7	1	5	7	5	0	97	484	429	2 196	663	33.1	0.55	134.5	3	
12	710809	1971	8	9	0	8	9	14	178.2	52.3	14	6	中游	8	9	6	8	9	11.8	8	12	12	78	2 620	2 610	7 272	663	109.7	0.62	230.5	1.8	
13	710822	1971	8	21	14	8	22	8	59.4	80.0	18	12	上北	8	21	19	8	22	4.3	8	25	0	77	973	883	2 700	663	40.7	0.69	139.4		复峰
14	720706	1972	7	5	20	7	6	6	123.1	39.9	10	6	中游	7	5	22	7	6	5.8	7	8	18	68	768	766	2 880	663	43.4	0.35	163.0	1.8	
15	740801	1974	7	31	22	8	1	24	76.8	71.7	26	10	中游	8	1	0	8	1	10.6	8	5	18	114	513	490	2 808	663	42.4	0.55	148.5	2.6	
16	740813	1974	8	13	0	8	13	22	52.6	79.0	22	12	上南	8	13	2	8	13	15.4	8	16	8	78	468	425	2 160	663	32.6	0.62	131.6	3.4	
17	750726	1975	7	26	14	7	26	24	52.9	78.2	10	4	上北	7	26	14	7	26	19.4	7	30	2	84	637	617	1 566	663	23.6	0.45	131.1	1.4	
18	750920	1975	9	19	10	9	20	6	124.3	57.4	20	8	中游	9	19	14	9	20	1.7	9	23	12	94	1 380	1 368	3 384	663	51.0	0.41	181.7	1.7	
19	790624	1979	6	23	12	6	24	8	118.0	29.1	20	10	上南	6	23	18	6	24	8.5	6	29	20	146	310	307	1 778	613.5	29.0	0.25	147.1	4.5	
20	860801	1986	7	31	20	8	1	2	65.0	76.0	6	4	上北	8	1	0	8	1	3.5	8	4	12	84	140	127	680	613.5	11.1	0.17	141.0	3.5	
21	870904	1987	9	3	14	9	4	10	111.7	21.6	20	10	中游	9	3	22	9	4	6.9	9	8	12	110	222	217	958	613.5	15.6	0.14	133.3	4.9	
22	930805	1993	8	4	12	8	5	8	245.7	40.3	20	12	下游	8	5	3	8	5	7	8	6	3	24	3 240		9 350	613.5	152.4	0.62	286.0	1	洪水调查
23	980702	1998	7	2	0	7	2	6	116.9	17.9	6	6	下游	7	2	2	7	2	11	7	8	8	150	187	185	1 778	631.5	28.2	0.24	134.8	5	新站址
24	980813	1998	8	12	18	8	12	24	78.5	72.9	6	6	中游	8	12	20	8	13	3.6	8	17	0	100	560	520	2 340	631.5	37.1	0.47	151.4	5.6	新站址
25	980815	1998	8	15	2	8	15	8	42.3	76.4	6	4	上北	8	15	4	8	15	12.7	8	18	11	79	309	234	1 566	681	23.0	0.54	118.7	6.7	新站址
26	980825	1998	8	24	20	8	25	4	65.2	67.1	8	6	上北	8	24	22	8	25	10.4	8	29	8	106	221	181	979	681	14.4	0.22	132.3	6.4	新站址
27	990615	1999	6	14	22	6	15	12	215.9	0.0	14	6	上南	6	15	7	6	15	9.3	6	19	8	97	1 680	1 680	3 240	631.5	51.3	0.24	215.9	3.3	新站址
28	990801	1999	8	1	0	8	1	6	94.7	20.2	6	4	上北	8	1	6	8	1	8.1	8	4	14	80	212	212	864	631.5	13.7	0.14	114.9	4.1	新站址
29	010730	2001	7	30	0	7	31	0	99.4	67.1	24	8	下游	7	29	20	7	31	2.3	8	3	8	108	208	194	1 918	631.5	30.4	0.31	166.5		复峰
30	030712	2003	7	12	0	7	12	14	111.4	28.6	14	8	均匀	7	12	19	7	12	20.5	7	16	20	97	172	170	1 592	631.5	25.2	0.23	140.0	8.5	
31	030830	2003	8	30	0	8	30	14	63.6	69.4	14	4	均匀	8	29	20	8	30	16	9	1	20	72	531	456	2 233	681	32.8	0.52	133.0	4	
32	040725	2004	7	24	16	7	25	0	71.4	48.1	8	4	上北	7	24	8	7	25	3	7	28	8	96	210	194	1 445	631.5	22.9	0.32	119.5	5	
33	040914	2004	9	14	2	9	14	16	119.0	17.9	14	8	均匀	9	14	6	9	14	21	9	19	8	122	233	223	1 849	631.5	29.3	0.25	136.9	9	

续表

序号	洪号	降雨起讫时间							流域平均雨量 P（mm）	前期影响雨量 P_a（mm）	降雨历时（h）		暴雨中心位置	洪水发生时间									洪水历时 $T_{洪}$（h）	洪峰流量 Q_m（m^3/s）	净峰流量 $Q_{m净}$（m^3/s）	地表径流总量 W（万 m^3）	集水面积 F（km^2）	径流深 R（mm）	径流系数 α	$P+P_a$（mm）	主雨结束到洪峰出现时距 τ_p（h）	备注
		起				讫								起涨			峰顶			落平												
		年	月	日	时	月	日	时			全部 T	有效 T_c		月	日	时	月	日	时	月	日	时										
34	050626	2005	6	25	22	6	26	12	94.9	24.3	14	6	上北	6	26	17	6	26	18.3	6	30	14	93	168	168	1 414	631.5	22.4	0.24	119.2	8.3	
35	050701	2005	6	30	18	7	1	4	120.5	53.4	10	6	上北	6	30	20	7	1	7.7	7	5	20	120	628	624	3 436	631.5	54.4	0.45	173.9	3.7	
36	050717	2005	7	16	16	7	17	14	111.5	40.4	22	10	下游	7	16	8	7	17	12.5	7	21	6	118	279	255	2 412	631.5	38.2	0.34	151.9		复峰
37	050920	2005	9	20	0	9	21	8	131.1	38.8	32	12	均匀	9	19	20	9	21	11.3	9	25	8	132	305	298	3 270	631.5	51.8	0.40	169.9		复峰
38	060703	2006	7	3	0	7	3	20	96.8	52.5	20	8	下游	7	3	20.7	7	3	22	7	7	20	95.3	159	159	1 825	631.5	28.9	0.30	149.3		复峰
39	060829	2006	8	28	20	8	29	8	79.6	63.7	12	34	下游	8	28	22	8	29	7.5	9	2	20	118	399	346	2 343	631.5	37.1	0.47	143.3	7.5	
40	070719	2007	7	18	22	7	19	6	62.4	50.0	8	6	上北	7	18	20	7	19	10.3	7	22	20	96	200	175	1 320	631.5	20.9	0.33	112.4	6.3	
41	070817	2007	8	15	20	8	17	6	109.1	62.1	34	6	上南	8	16	6	8	17	9.2	8	20	6	96	612	562	4 206	681	66.6	0.61	171.2		复峰
42	080723	2008	7	22	10	7	23	14	89.9	56.4	28	10	上北	7	22	20	7	23	18	7	26	20	96	230	211	2 499	631.5	39.6	0.44	146.3	4	
43	080822	2008	8	21	2	8	21	18	76.0	55.8	16	4	中游	8	21	20	8	22	1.2	8	25	8	84	306	253	1 756	631.5	27.8	0.37	131.8	7.2	
44	110827	2011	8	26	11	8	27	5	116.0	40.3	18	10	中南	8	27	9	8	27	11.5	8	31	8	95	239	238	2 086	631.5	33.0	0.28	156.3	7.5	
45	120710	2012	7	9	19	7	10	8	106.1	80.0	13	6	上游	7	10	5.7	7	10	7.2	7	15	8	122.3	835	835	3 224	631.5	51.5	0.48	186.1	4	
46	130705	2013	7	4	15	7	5	2	63.6	65.0	11	4	中南	7	5	5	7	5	7.5	7	10	8	123	100	100	1 278	631.5	20.3	0.32	128.3	9.5	
47	170715	2017	7	15	0	7	15	20	154.5	42.4	20	8	下南	7	15	1	7	15	8.2	7	21	8	151	446	444	3 033	631.5	48.0	0.31	196.7	3.2	

表 25-4　十字河柴胡店站降雨径流预报精度评定表

序号	洪号	流域平均雨量 P（mm）	前雨影响雨量 P_a（mm）	$P+P_a$（mm）	径流深（mm）		预报误差（mm）	许可误差（mm）	评定结果	
					$R_{实}$	$R_{预}$			合格	不合格
1	640801	98.4	61.3	159.7	45.6	43.8	−1.8	9.1	√	
2	650716	101.0	67.0	168.0	54.3	49.8	−4.5	10.9	√	
3	650818	54.6	80.0	134.6	34.0	28.1	−5.9	6.8	√	
4	690722	41.2	67.6	108.8	15.9	16.3	0.4	3.2	√	
5	690809	34.1	29.2	63.3	6.4	5.0	−1.4	3.0	√	
6	690929	56.7	80.0	136.7	31.2	29.2	−2.0	6.2	√	
7	700726	118.2	80.0	198.2	82.5	73.5	−9.0	16.5	√	
8	700805	63.1	78.4	141.5	34.8	32.0	−2.8	7.0	√	
9	700806	106.2	80.0	186.2	78.2	63.6	−14.6	15.6	√	
10	710629	139.6	58.3	197.9	63.0	73.3	10.3	12.6	√	
11	710701	60.1	74.4	134.5	33.1	28.1	−5.0	6.6	√	
12	710809	178.2	52.3	230.5	109.7	103.2	−6.5	20.0	√	
13	710822	59.4	80.0	139.4	40.7	30.7	−10.0	8.1		√
14	720706	123.1	39.9	163.0	43.4	46.2	2.8	8.7	√	
15	740801	76.8	71.7	148.5	42.4	36.5	−5.9	8.5	√	
16	740813	52.6	79.0	131.6	32.6	26.5	−6.1	6.5	√	
17	750726	52.9	78.2	131.1	23.6	26.2	2.6	4.7	√	
18	750920	124.3	57.4	181.7	51.0	59.9	8.9	10.2	√	
19	790624	118.0	29.1	147.1	29.0	35.6	6.6	5.8		√
20	860801	65.0	76.0	141.0	11.1	31.7	20.6	3.0		√
21	870904	111.7	21.6	133.3	15.6	27.4	11.8	3.1		√
22	930805	245.7	40.3	286.0	152.4	158.9	6.5	20.0	√	
23	980702	116.9	17.9	134.8	28.2	28.2	0.0	5.6	√	
24	980813	78.5	72.9	151.4	37.1	38.4	1.3	7.4	√	
25	980815	42.3	76.4	118.7	23.0	19.8	−3.2	4.6	√	
26	980825	65.2	67.1	132.3	14.4	26.9	12.5	3.0		√
27	990615	215.9	0.0	215.9	51.3	89.3	38.0	10.3		√
28	990801	94.7	20.2	114.9	13.7	18.5	4.8	3.0		√
29	010730	99.4	67.1	166.5	30.4	48.7	18.3	6.1		√
30	030712	111.4	28.6	140.0	25.2	31.0	5.8	5.0		√
31	030830	63.6	69.4	133.0	32.8	27.3	−5.5	6.6	√	
32	040725	71.4	48.1	119.5	22.9	20.1	−2.8	4.6	√	
33	040914	119.0	17.9	136.9	29.3	29.3	0.0	5.9	√	
34	050626	94.9	24.3	119.2	22.4	20.0	−2.4	4.5	√	
35	050701	120.5	53.4	173.9	54.4	54.1	−0.3	10.9	√	
36	050717	111.5	40.4	151.9	38.2	38.7	0.5	7.6	√	
37	050920	131.1	38.8	169.9	51.8	51.2	−0.6	10.4	√	
38	060703	96.8	52.5	149.3	28.9	37.0	8.1	5.8		√
39	060829	79.6	63.7	143.3	37.1	33.1	−4.0	7.4	√	
40	070719	62.4	50.0	112.4	20.9	17.6	−3.3	4.2	√	
41	070817	109.1	62.1	171.2	66.6	52.1	−14.5	13.3		√
42	080723	89.9	56.4	146.3	39.6	35.1	−4.5	7.9	√	
43	080822	76.0	55.8	131.8	27.8	26.6	−1.2	5.6	√	
44	110827	116.0	40.3	156.3	33.0	41.6	8.6	6.6		√
45	120710	106.1	80.0	186.1	51.1	63.5	12.4	10.2		√
46	130705	63.3	65.0	128.3	20.6	24.7	4.1	4.1	√	
47	170715	154.5	42.2	196.7	48.0	72.3	24.3	9.6		√

备注：1. 许可误差 = 实测值的 20%，以 20.0 mm 为上限，以 3.0 mm 为下限；2. 合格率 =70.2%；3. 本方案等级为乙等。

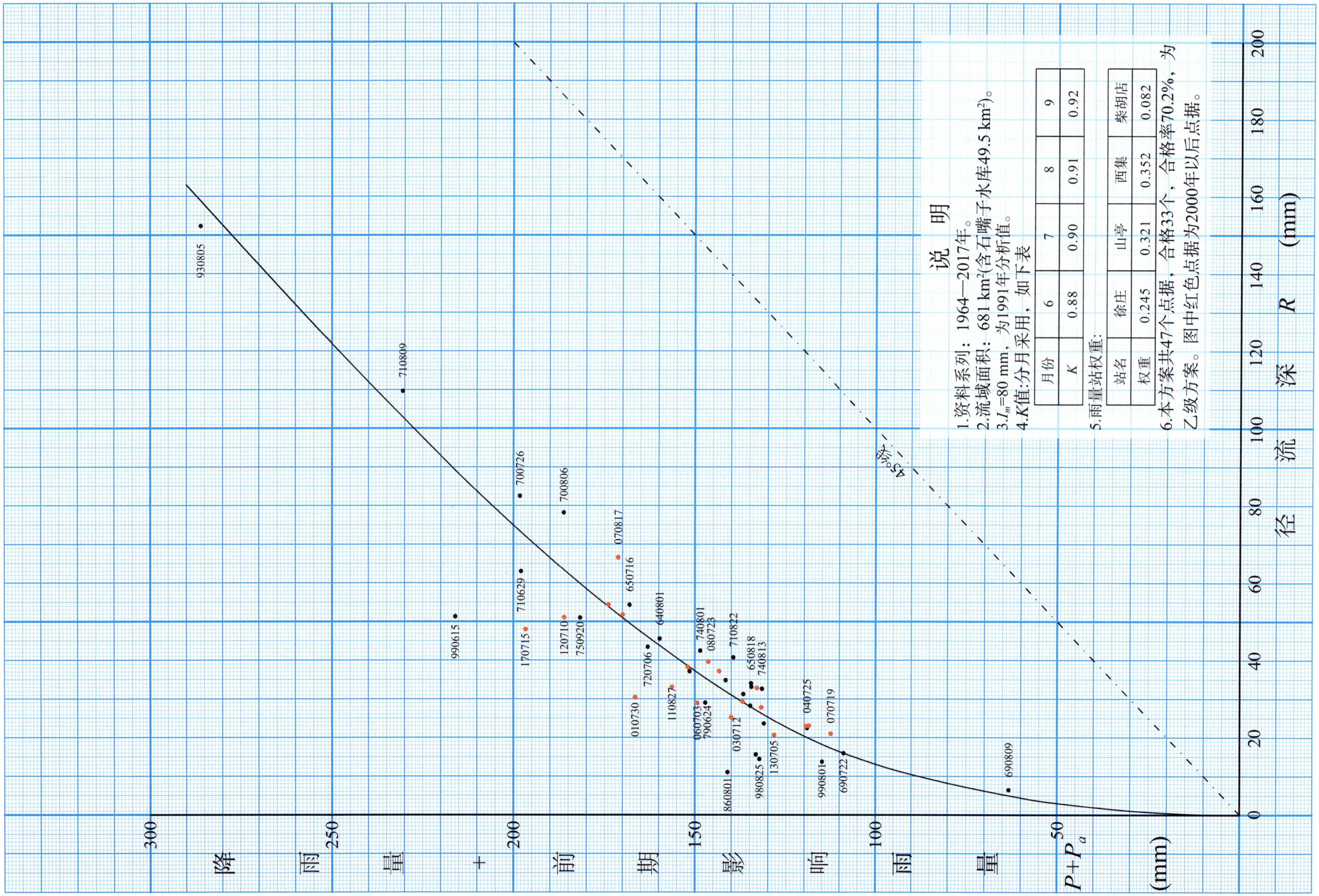

图 25-2　十字河柴胡店站降雨径流相关图

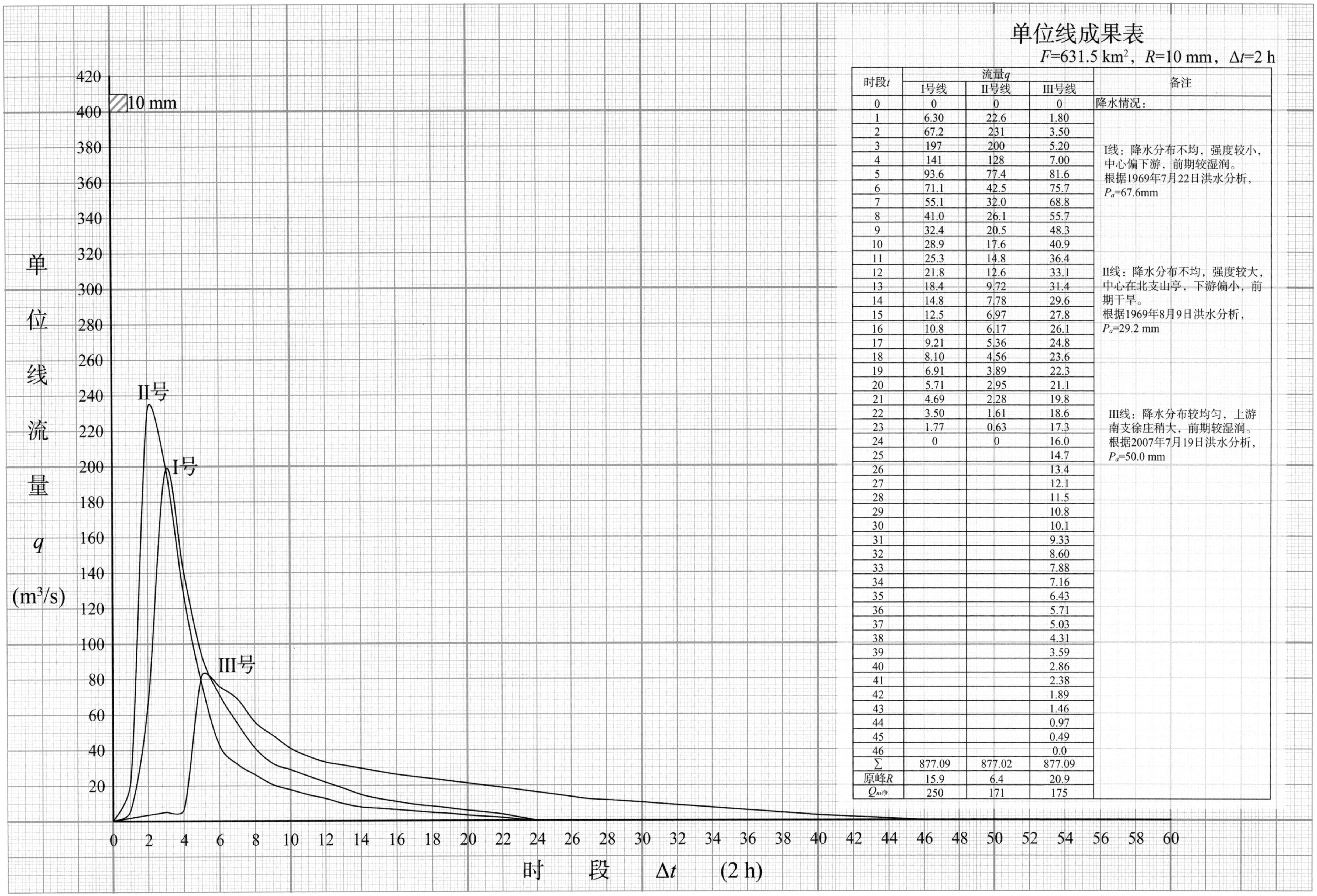

单位线成果表

F=631.5 km^2，R=10 mm，Δt=2 h

时段t	流量q			备注
	I号线	II号线	III号线	
0	0	0	0	降水情况：
1	6.30	22.6	1.80	
2	67.2	231	3.50	
3	197	200	5.20	I线：降水分布不均，强度较小，中心偏下游，前期较湿润。根据1969年7月22日洪水分析，P_a=67.6mm
4	141	128	7.00	
5	93.6	77.4	81.6	
6	71.1	42.5	75.7	
7	55.1	32.0	68.8	
8	41.0	26.1	55.7	
9	32.4	20.5	48.3	
10	28.9	17.6	40.9	
11	25.3	14.8	36.4	
12	21.8	12.6	33.1	II线：降水分布不均，强度较大，中心在北支山亭，下游偏小，前期干旱。根据1969年8月9日洪水分析，P_a=29.2 mm
13	18.4	9.72	31.4	
14	14.8	7.78	29.6	
15	12.5	6.97	27.8	
16	10.8	6.17	26.1	
17	9.21	5.36	24.8	
18	8.10	4.56	23.6	
19	6.91	3.89	22.3	
20	5.71	2.95	21.1	
21	4.69	2.28	19.8	
22	3.50	1.61	18.6	III线：降水分布较均匀，上游南支徐庄稍大，前期较湿润。根据2007年7月19日洪水分析，P_a=50.0 mm
23	1.77	0.63	17.3	
24	0	0	16.0	
25			14.7	
26			13.4	
27			12.1	
28			11.5	
29			10.8	
30			10.1	
31			9.33	
32			8.60	
33			7.88	
34			7.16	
35			6.43	
36			5.71	
37			5.03	
38			4.31	
39			3.59	
40			2.86	
41			2.38	
42			1.89	
43			1.46	
44			0.97	
45			0.49	
46			0.0	
Σ	877.09	877.02	877.09	
原峰R	15.9	6.4	20.9	
$Q_{m净}$	250	171	175	

图 25-3　十字河柴胡店站汇流单位线图

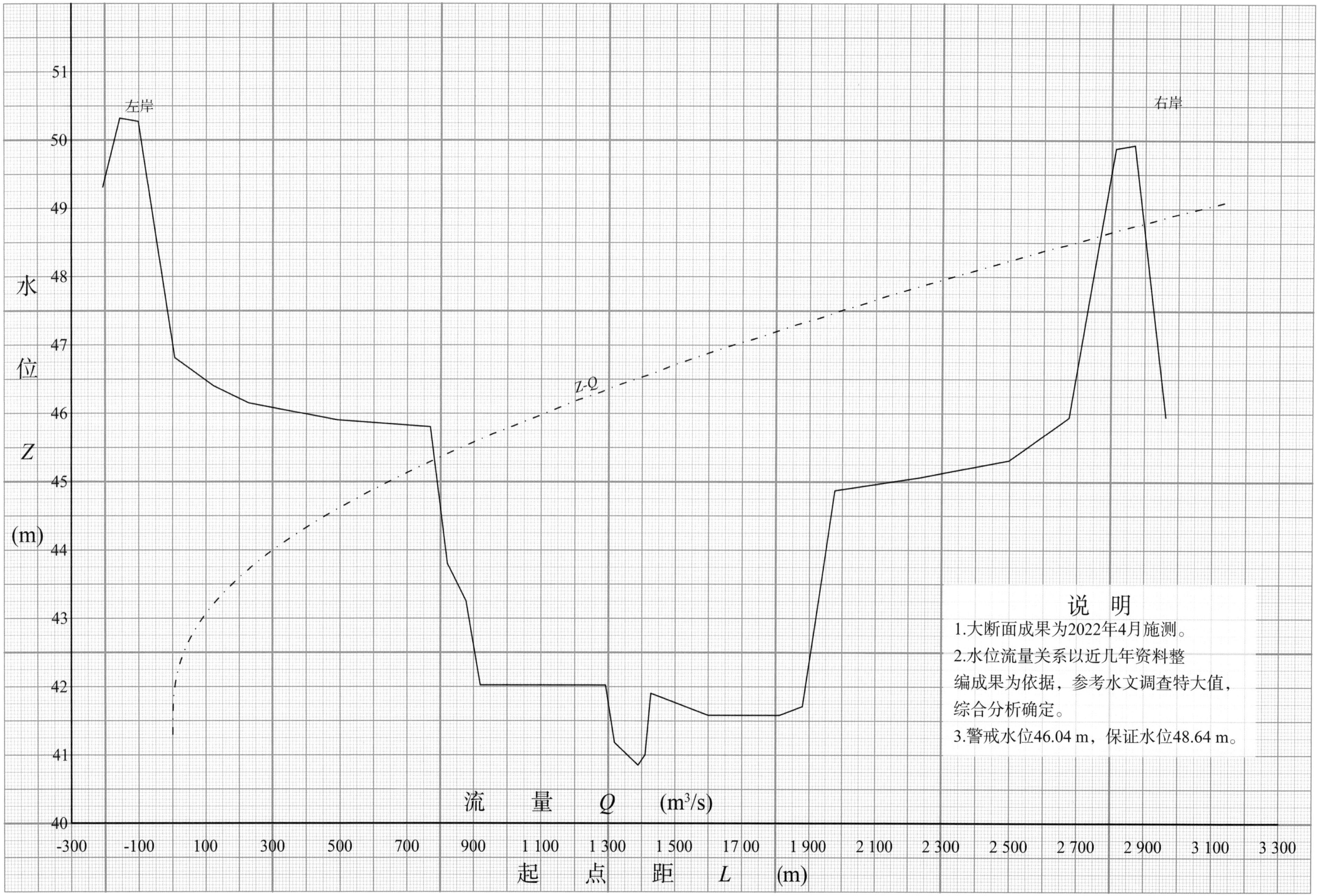

图 25-4　十字河柴胡店站实测大断面及水位－流量关系曲线图

第二十六章　梁济运河后营站水文预报方案编制说明

1　流域概况

1.1　流域自然地理特征

梁济运河位于南四湖湖西济北地区，流域北靠黄河、大汶河，东临洸府河流域，西与洙赵新河流域接壤，流域面积 3 225 km^2，河长约 90 km。干流发源于梁山县黄河南侧路那里村，流经汶上、嘉祥，于济宁郊区李集西南入南阳湖。

梁济运河干流处于西部黄泛区和东部山麓冲积平原交汇处的低洼地带，干流东侧东高西低，地面坡度约为 1/8 000；西侧西高东低，地面坡度约为 1/5 000，干流 57 km 处为金线岭东西走向，是干流的最高处，高程为 41.00 m，自此向南向北逐渐降低。北部宋金河河口处地面高程约为 39.00 m，地面坡度约为 1/16 000；南部入南阳湖湖口处，地面高程约为 34.00 m，平均地面坡度约为 1/11 000。

本流域气候温和、土壤肥沃、植被良好。上游土壤多为粉沙壤土，下游及部分洼地多为黏土。北部黄河大堤沿岸和东平湖库区周围因渗水影响地下水位较高。

梁济运河后营站以上流域图详见图 26–1。

1.2　水利工程情况

后营站上游 40 km 处有 1967 年 12 月建成的郭楼节制闸，控制流域面积 840 km^2，闸底高程为 33.00 m（废黄河口），共 5 孔，闸孔高 3 m、宽 5 m，为钢丝网水泥平面闸门，设计蓄水量为 156 万 m^3，设计防洪水位为 37.51 m（废黄河口），设计防洪流量为 170 m^3/s。2011—2012 年实施了南水北调东线一期南四湖—东平湖段输水与航运结合工程，拆除了郭楼船闸和节制闸，修建了长沟泵站，长沟节制闸、船闸，邓楼泵站，邓楼节制闸。

梁济运河两岸目前共有排灌站 70 座，涵洞 55 座，防洪闸 2 座，节制闸 2 座。另外，梁济运河有 2 座汛期调度的节制闸，即长沟闸和邓楼闸，均已完成除险加固，更换闸门、启闭机等设施，目前运行较好，能满足汛期防洪调度的要求。其中，邓楼闸设计标准为 5 年一遇，长沟闸设计标准为 20 年一遇，两闸校核标准均为 50 年一遇。

1.3　测站概况

后营站于 1960 年 6 月设立，测站附近河段顺直，复式河槽，测流断面未迁移和变动。但由于上游河道开挖，水系调整，流域面积有较大的变动，在方案编制过程中已进行了换算。

本方案采用冻结基面，1956 年黄海基面高程 = 冻结基面高程 –0.200 m，1985 年国家高程基准高程 = 冻结基面高程 –0.266 m，报汛基面高程 = 冻结基面高程 +0.074 m。

1960 年梁济运河开挖工程竣工，后营站以上流域面积为 4 750 km^2。1973 年开挖洙赵新河，截去了上游部分面积，后营站以上流域面积变为 2 862 km^2；1980 年对该流域重新量算，确定流域面积为 3 225 km^2。

1.4　流域雨水情特点

据多年资料统计，流域多年平均年降水量为 642.7 mm，降水量年际变化较大，年内分布也不均匀，汛期 6—9 月份多年平均降水量为 459.3 mm，约占年降水量的 71%。该流域最大 1 h 雨量为 42.0 mm，最大 6 h 雨量为 123.1 mm，最大 24 h 雨量为 204.3 mm。

历史最大洪水发生在 1964 年 9 月 6 日，Q_m=626 m^3/s，Z_m=36.74 m（冻结基面）。

20 世纪 90 年代后，最大洪水发生在 2004 年 8 月 1 日，P=156.3 mm，P_a=75.9 mm，Q_m=355 m^3/s，Z_m=35.42 m（冻结基面）。

2010 年之后，最大洪水发生在 2020 年 8 月 19 日，P=129.0 mm，P_a=49.3 mm，Q_m=356 m^3/s，Z_m=35.14 m（冻结基面）。

2　预报方案编制

2.1　资料情况及方案沿革

2.1.1　资料情况

后营站预报方案于 1981 年分析编制，又于 1991 年、1999 年、2010 年分别进行了预报方案的修订。本次修订除选用之前分析的 1960—2010 年共 34 场次暴雨洪水外，另外补充了 2011—2020 年 6 场次暴雨洪水进行分析，即资料系列为 1960—2020 年，共 40 场次洪水。

2.1.2　方案沿革

原方案中产流方案采用降雨径流相关图 $P+P_a$-R，汇流方案采用径流分配过程线。本次修订，在原产流方案降雨径流相关图 $P+P_a$-R 中增加了 6 个点据，新增 1 条关系线；原汇流方案径流分配过程线关系线保持不变。

2.2　产流方案

本方案采用了降雨径流相关法 $P+P_a$-R，选用该站 1960—2020 年资料 40 个洪水点据，其中大中洪水占 50% 以上。方案合格率为 82.5%，属乙级方案，详见表 26–2、图 26–2。

突出点据分析：

640728 场次洪水径流深偏大，其原因是该次降雨不均，主要雨区在中下游和干流以东，局部地区产流量大。

720710 场次洪水径流深偏大主要是由引黄水量所占比重大，不易分割所致。

770815 场次洪水径流深偏大是因为受引黄水量影响，R 增大。

030904 场次洪水径流深偏小是由前期长期干旱，流域内蓄水，补充地下水所致。

031012 场次洪水径流深偏大是由汛后降水连续，含汛期闸坝蓄水一块下泄所致。

060704 场次洪水径流深偏大是由前期降雨径流被拦蓄，含闸坝蓄水一块下泄所致。

130719 场次洪水径流深偏小是由前期长期干旱，流域内蓄水，补充地下水所致。

2.3 汇流方案

本方案采用径流分配过程线方法预报径流过程。首先选择有代表性的暴雨洪水样本，然后点绘洪水过程线，分割基流，求得地表径流过程，采用下式分别计算出典型洪水的时段流量比 η（%），点绘出径流分配过程线，梁济运河后营站径流分配过程线图详见图 26–3、图 26–4。

$$Q_i=W/(0.36\Delta t)$$

$$\eta=Q_i/\Sigma Q_i$$

式中：η 为时段 dt 相应净流量分配比（%）；Q_i 为时段 dt 相应净流量（m^3/s）；ΣQ_i 为时段净流量之和（m^3/s）；W 为地表径流总量（万 m^3）；Δt 为时段长（h）。

2.4 大断面图

本次绘制了 1990 年、1998 年、2005 年、2010 年及 2020 年的实测大断面图，以分析河道断面变化情况。梁济运河后营站大断面图详见图 26–5。

3 方案使用说明

3.1 产流方案

由各代表站雨量采用算术平均法计算出流域平均降水量 P，加上流域平均前期影响雨量 P_a，查降雨径流相关图（$P+P_a$-R），得到该次降水形成的地表径流深 R。一般情况下建议查图 26–2 中的 2 号线，如流域前期蓄满且雨强较大，则酌情参考 1 号线。

3.2 汇流方案

根据该次降雨的雨型选择适当的径流分配过程线。次净雨乘以流域集水面积，即得出 $\Sigma Q=\dfrac{RF}{3.6\Delta t}$，然后乘以径流分配过程线，得出流域出口断面的净流量过程，再加上基流，即为该次降雨在出口断面的流量过程。

3.3 使用方案注意事项

本方案在编制过程中，流域面积以水文年鉴刊印数据为准。1973 年洙赵新河开挖后，其上游郓巨河截去本流域部分面积，后营站以上流域面积为 2 862 km^2，但 1980 年重新量算又定为 3 225 km^2，经查询，1973—1980 年间本流域内基本未做新工程，流域面积不应有变化，故原定的 2 860 km^2 可能有误，致使 1973—1980 年间洪水 R 值计算可能偏大。$P+P_a$-R 关系线上部由 930806、980808、040801 三点控制，点据不足，作业预报时应慎重。

本河道受引黄水量影响，底水不易分割，同时上游来水受郭楼闸人工控制，尤其是 1991 年 5 月河道开挖以后，洪水期南阳湖水位常超过本站水位，致使洪水历时延长，与后期降水所形成的过程相连，增加了基流分割的难度，影响了方案的精度。

近年来本流域长期干旱，地下水位降低，上游支流建闸筑坝，阻水建筑增多，增加入渗，造成 R 值减小。

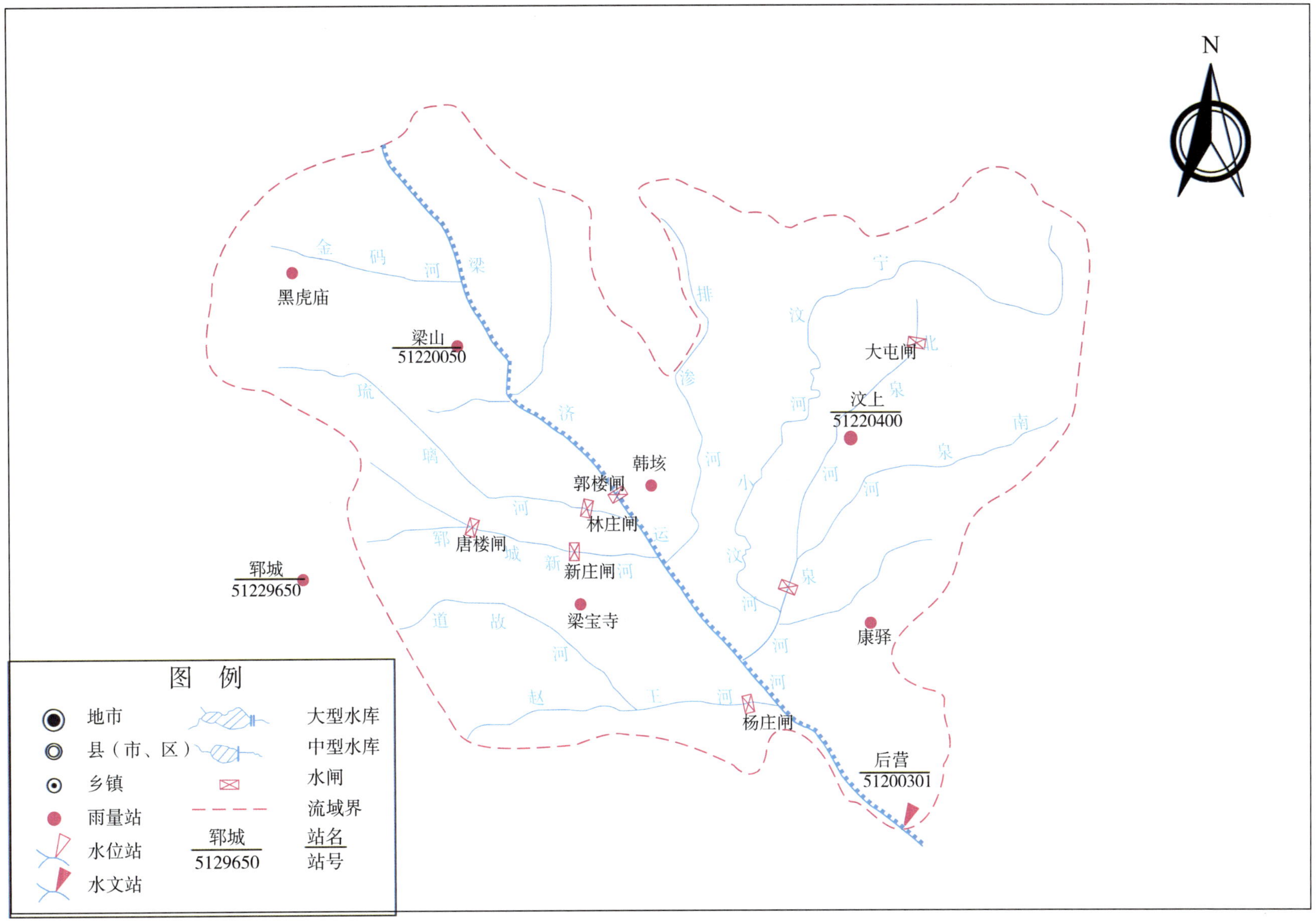

图 26-1　梁济运河后营站以上流域图

表 26-1　梁济运河后营站降雨径流分析成果表

洪号	降雨起讫时间							流域平均雨量 P(mm)	前期影响雨量 P_a(mm)	降雨历时(h)		暴雨中心位置	洪水发生时间									洪水历时 $T_{洪}$(h)	洪峰流量 Q_m(m^3/s)	净峰流量 $Q'_{m净}$(m^3/s)	改正后净峰流量 $Q_{m净}$(m^3/s)	地表径流总量 W(万 m^3)	集水面积 F(km^2)	径流深 R(mm)	径流系数 α	最高水位 Z(m)
	起				讫					全部 T	有效 T_c		起涨			峰顶			落平											
	年	月	日	时	月	日	时						月	日	时	月	日	时	月	日	时									
640728	1964	7	27	8	7	28	14	49.9	33.7	30	12	下游	7	27	14	7	28	18	8	4	0	178	276	256	197	6 585	4 750	13.9	0.28	35.01
640802	1964	7	31	8	8	1	14	104.9	81.9	30	18	上游	7	31	16	8	2	2	8	10	8	232	416	352	271	14 174	4 750	29.8	0.28	35.69
650710	1965	7	9	8	7	10	2	90.6	45.3	18	12	下游	7	9	8	7	10	2	7	14	20	132	295	286	220	4 632	4 750	9.8	0.11	35.19
710626	1971	6	24	14	6	26	2	141.7	13.5	36	18	普雨	6	24	14	6	26	2	7	4	0	226	329	248	191	8 256	4 750	17.4	0.12	35.18
710707	1971	7	6	20	7	7	8	52.7	82.1	12	6	下游	7	7	0	7	7	14	7	11	2	98	420	293	225	3 779	4 750	8.0	0.15	35.82
710710	1971	7	9	14	7	10	8	34.9	89.6	18	6	普雨	7	9	14	7	10	8	7	18	8	210	295	163	125	4 881	4 750	10.3	0.30	35.84
720710	1972	7	5	20	7	10	8	80.4	8.4	108	30	下游	7	6	2	7	10	8	7	15	8	222	159	99.0	73.0	3 813	4 750	8.0	0.10	34.97
720902	1972	9	1	2	9	2	8	76.2	78.2	30	18	下游	9	1	8	9	2	22	9	7	15	151	134	203	155	7 259	4 750	15.3	0.20	35.30
730716	1973	7	14	14	7	18	20	131.2	58.9	102	30	上游	7	14	20	7	16	0	7	23	8	204	300	272	293	8 783	2 862	30.7	0.23	35.51
730729	1973	7	28	8	7	29	8	67.9	64.9	24	12	普雨	7	28	8	7	29	14	8	3	20	156	213	199	215	3 360	2 862	11.7	0.17	35.61
750727	1975	7	26	2	7	27	2	54.3	63.5	24	12	上游	7	26	4	7	27	12	7	30	14	106	71.0	61.0	66.1	1 309	2 862	4.6	0.08	34.62
750831	1975	8	30	8	9	2	8	126.6	32.8	72	30	普雨	8	30	20	8	31	16	9	7	16	188	191	173	187	5 685	2 862	19.9	0.16	35.40
750920	1975	9	19	8	9	20	2	98.5	60.8	18	12	上游	9	19	8	9	20	12	9	28	8	216	161	161	174	4 983	2 862	17.4	0.18	35.55
760813	1976	8	11	14	8	13	20	163.7	32.2	54	30	下游	8	11	20	8	13	2	8	19	16	188	276	266	287	9 798	2 862	34.2	0.21	36.08
770711	1977	7	10	8	7	11	8	53.8	26.9	24	12	普雨	7	10	16	7	11	20	7	12	10	42	25.4	25.4	27.5	340	2 862	1.2	0.02	34.21
770721	1977	7	18	8	7	20	8	48.2	47.4	48	18	下游	7	18	8	7	21	0	7	25	8	168	67.5	61.0	66.1	1 713	2 862	6.0	0.12	34.64
770815	1977	8	12	2	8	13	8	65.5	26.7	30	18	上游	8	12	20	8	15	2	8	18	12	136	68.8	65.0	70.4	1 935	2 862	6.8	0.10	34.59
780703	1978	7	1	8	7	3	8	161.8	33.0	48	30	普雨	7	1	15	7	3	14	7	11	20	245	205	205	222	9 021	2 862	31.5	0.19	35.85
780710	1978	7	9	2	7	11	14	45.8	95.3	60	24	下游	7	9	8	7	10	4	7	17	0	184	140	108	117	3 706	2 862	12.9	0.28	35.25
780714	1978	7	13	8	7	14	2	29.8	106.1	18	12	普雨	7	13	20	7	14	12	7	19	14	138	137	97.0	105	2 833	2 862	9.9	0.33	35.42
790701	1979	6	29	14	6	30	14	48.3	33.5	24	18	上游	6	29	14	7	1	5	7	4	18	124	35.8	34.8	37.7	640	2 862	2.2	0.05	34.31
790917	1978	9	15	14	9	16	14	34.2	37.1	24	12	普雨	9	15	14	9	17	8	9	19	11	93	38.2	16.0	17.3	384	2 862	1.3	0.04	34.73
800617	1980	6	15	14	6	16	14	114.7	14.0	24	18	普雨	6	15	18	6	17	0	6	24	6	204	104	102	102	2 837	3 225	8.8	0.08	34.77
820814	1982	8	9	20	8	12	2	108.3	35.5	54	36	上游	8	10	0	8	14	2	8	21	14	278	81.2	71.2	—	3 777	3 225	11.7	0.11	34.83
830730	1983	7	29	8	7	30	20	111.4	17.5	36	12	上游	7	29	8	7	30	23	8	8	8	240	77.0	65.0	—	2 955	3 225	9.2	0.08	34.56
900817	1990	8	15	14	8	16	14	72.8	59.0	24	12	中上游	8	15	20	8	17	8	8	25	24	244	70.2	54.2	—	1 957	3 225	6.1	0.08	35.24

续表

洪号	降雨起讫时间							流域平均雨量 P(mm)	前期影响雨量 P_a(mm)	降雨历时(h)		暴雨中心位置	洪水发生时间									洪水历时 $T_洪$(h)	洪峰流量 Q_m(m^3/s)	净峰流量 $Q'_{m净}$(m^3/s)	改正后净峰流量 $Q_{m净}$(m^3/s)	地表径流总量 W(万 m^3)	集水面积 F(km^2)	径流深 R(mm)	径流系数 α	最高水位 Z(m)
	起				讫					全部 T	有效 T_c		起涨			峰顶			落平											
	年	月	日	时	月	日	时						月	日	时	月	日	时	月	日	时									
930806	1993	8	4	8	8	5	8	178.8	54.4	24	12	中下游	8	4	20	8	6	2	8	18	8	324	307	302	—	14 517	3 225	45.0	0.25	35.73
980808	1998	8	3	20	8	7	14	245.3	25.2	90	24	中上游	8	3	20	8	8	8	8	19	0	364	244	235	—	16 420	3 225	50.9	0.21	35.70
030904	2003	9	2	8	9	5	8	90.5	108.3	72	12	中下游	9	2	8	9	4	20	9	19	20	420	149	141	—	5 035	3 225	15.6	0.17	35.63
031012	2003	10	9	8	10	12	8	101.7	55.5	72	—	中上游	10	10	8	10	12	9	10	22	8	288	165	148	—	6 983.2	3 225	21.7	0.21	35.18
040718	2004	7	15	14	7	18	2	127.4	34.1	60	6	上游	7	16	9.5	7	18	9	7	27	2	256.5	168	143	—	6 539.3	3 225	20.3	0.16	34.92
040801	2004	7	26	20	8	4	20	156.3	75.9	216	—	中下游	7	27	16.5	8	1	1	8	13	8	399.5	355	268	—	16 130	3 225	50.0	0.32	35.42
040828	2004	8	26	14	8	28	2	95.3	75.9	36	12	普雨	8	27	8	8	28	9	9	6	16	248	281	253	—	8 452.3	3 225	26.2	0.27	35.68
060704	2006	7	3	0	7	3	12	80.5	51.9	12	12	下游	7	3	6	7	4	0	7	9	18	156	243	240	—	4 657	3 225	14.4	0.18	35.21
110918	2011	9	11	20	9	20	8	151.8	13.4	204	66	普雨	9	13	20	9	18	8	9	28	8	348	165	165	—	1 432	3 225	4.4	0.03	34.98
130719	2013	7	17	20	7	26	8	132.8	65.8	204	48	普雨	7	18	20	7	19	20	7	27	14	210	150	150	—	1 806	3 225	5.6	0.04	34.58
160721	2016	7	18	14	7	21	14	112.5	77.1	72	18	普雨	7	19	2	7	21	8	7	30	8	270	177	177	—	2 677	3 225	8.3	0.07	35.16
170803	2017	7	31	14	8	5	8	41.4	77.3	114	18	普雨	7	31	14	8	3	8	8	12	2	276	112	112	—	2 648	3 225	8.2	0.20	34.79
180820	2018	8	18	2	9	4	20	276.0	55.9	426	36	普雨	8	18	8	8	20	2	9	7	2	474	320	320	—	9 420	3 225	29.2	0.11	35.51
200819	2020	8	5	20	8	23	8	129.0	49.3	420	30	普雨	8	15	14	8	19	14	8	24	8	210	356	356	—	1 309	3 225	4.1	0.03	35.14

表 26–2　梁济运河后营站降雨径流预报精度评定表

序号	洪号	降雨量 P（mm）	前期影响雨量 P_a（mm）	$P+P_a$（mm）	实测径流深 $R_{实}$（mm）	预报径流深 $R_{预}$（mm）	预报误差（mm）	许可误差（mm）	评定结果		说明
									合格	不合格	
1	640728	49.9	33.7	83.6	13.9	2.3	−11.6	3.0		√	
2	640802	104.9	81.9	186.8	29.8	27.0	−2.8	6.0	√		
3	650710	90.6	45.3	135.9	9.8	9.8	0	3.0	√		
4	710626	141.7	13.5	155.2	17.4	15.6	−1.8	3.5	√		
5	710707	52.7	82.1	134.8	8.0	9.5	1.5	3.0	√		
6	710710	34.9	89.6	124.5	10.3	7.5	−2.8	3.0	√		
7	720710	80.4	8.4	88.8	8.0	2.6	−5.4	3.0		√	
8	720902	76.2	78.2	154.4	15.3	15.3	0	3.1	√		
9	730716	131.2	58.9	190.1	30.7	28.5	−2.2	6.1	√		
10	730729	67.9	64.9	132.8	11.7	9.0	−2.7	3.0	√		
11	750727	54.3	63.5	117.8	4.6	6.0	1.4	3.0	√		
12	750831	126.6	32.8	159.4	19.9	17.5	−2.4	4.0	√		
13	750920	98.5	60.8	159.3	17.4	17.0	−0.4	3.5	√		
14	760813	163.7	32.2	195.9	34.2	30.6	−3.6	6.8	√		
15	770711	53.8	26.9	80.7	1.2	2.0	0.8	3.0	√		
16	770721	48.2	47.4	95.6	6.0	3.5	−2.5	3.0	√		
17	770815	65.5	26.7	92.2	6.8	3.0	−3.8	3.0		√	
18	780703	161.8	33	194.8	31.5	30.0	−1.5	6.3	√		
19	780710	45.8	95.3	141.1	12.9	11.3	−1.6	3.0	√		
20	780714	29.8	106.1	135.9	9.9	9.9	0	3.0	√		
21	790701	48.3	33.5	81.8	2.2	2.2	0	3.0	√		
22	790917	34.2	37.1	71.3	1.3	1.3	0	3.0	√		
23	800617	114.7	14.0	128.7	8.8	8.0	−0.8	3.0	√		
24	820814	108.3	35.5	143.8	11.7	11.8	0.1	3.0	√		
25	830730	111.4	17.5	128.9	9.2	8.0	−1.2	3.0	√		
26	900817	72.8	59.0	131.8	6.1	8.6	2.5	3.0	√		
27	930806	178.8	54.4	233.2	45.0	45.0	0	9.0	√		
28	980808	245.3	25.2	270.5	50.9	60.0	9.1	10.2	√		
29	030904	90.5	108.3	198.8	15.6	31.8	16.2	3.1		√	
30	031012	101.7	55.5	157.2	21.7	16.4	−5.3	4.3		√	
31	040718	127.4	34.1	161.5	20.3	17.8	−2.5	4.1	√		
32	040801	156.3	75.9	232.2	50.0	44.5	−5.5	10.0	√		
33	040828	95.3	75.9	171.2	26.2	21.5	−4.7	5.2	√		
34	060704	80.5	51.9	132.4	14.4	9.0	−5.4	3.0		√	
35	110918	151.8	13.4	165.2	4.4	4.0	−0.4	3.0	√		适 2 号线
36	130719	132.8	65.8	198.6	5.6	7.7	2.1	3.0	√		适 2 号线
37	160721	112.5	77.1	189.6	8.3	6.5	−1.8	3.0	√		适 2 号线
38	170803	41.4	77.3	118.7	8.2	1.6	−6.6	3.0		√	适 2 号线
39	180820	276.0	55.9	331.9	29.2	29.1	−0.1	5.8	√		适 2 号线
40	200819	129.0	49.3	178.3	4.1	5.1	1.0	3.0	√		适 2 号线

备注：1. 预报误差 = 预报值 − 实测值；2. 许可误差 = 实测值的 20%，以 20.0 mm 为上限，以 3.0 mm 为下限；3. 方案合格率为 82.5%，属乙级方案。

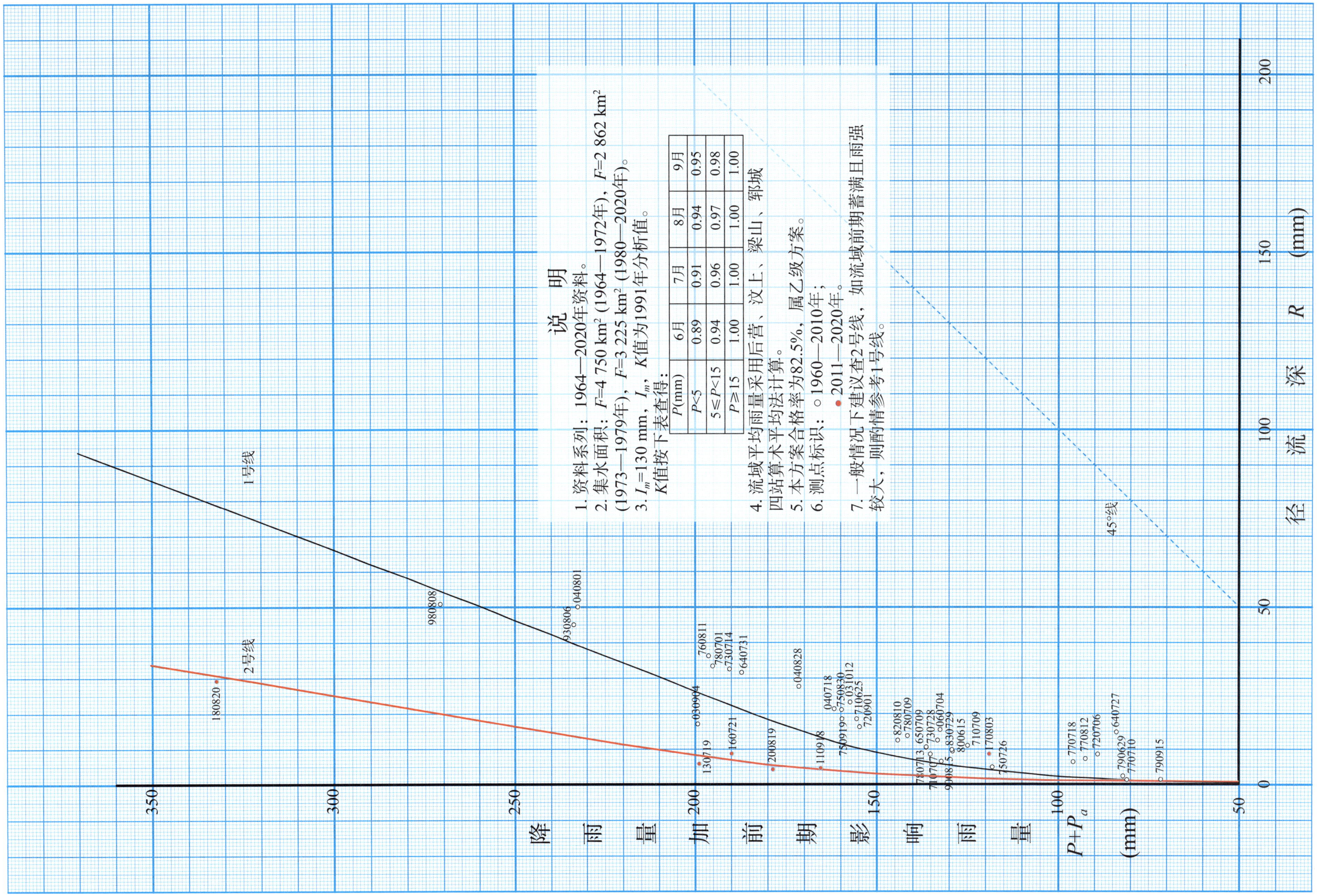

图 26-2 梁济运河后营站降雨径流相关图

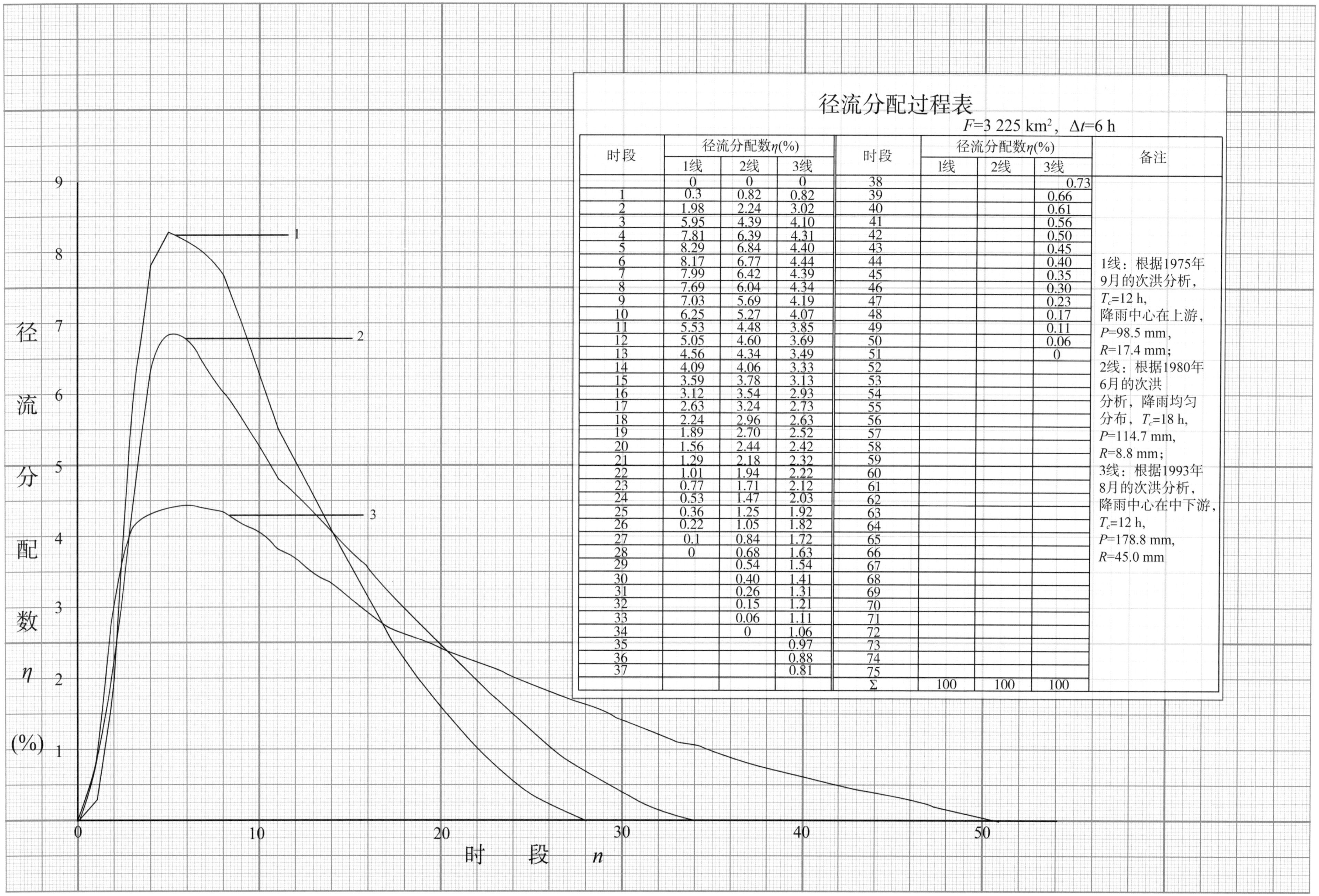

径流分配过程表

F=3 225 km², Δt=6 h

时段	径流分配数η(%)			时段	径流分配数η(%)			备注
	1线	2线	3线		1线	2线	3线	
	0	0	0	38			0.73	1线：根据1975年9月的次洪分析，T_c=12 h，降雨中心在上游，P=98.5 mm，R=17.4 mm； 2线：根据1980年6月的次洪分析，降雨均匀分布，T_c=18 h，P=114.7 mm，R=8.8 mm； 3线：根据1993年8月的次洪分析，降雨中心在中下游，T_c=12 h，P=178.8 mm，R=45.0 mm
1	0.3	0.82	0.82	39			0.66	
2	1.98	2.24	3.02	40			0.61	
3	5.95	4.39	4.10	41			0.56	
4	7.81	6.39	4.31	42			0.50	
5	8.29	6.84	4.40	43			0.45	
6	8.17	6.77	4.44	44			0.40	
7	7.99	6.42	4.39	45			0.35	
8	7.69	6.04	4.34	46			0.30	
9	7.03	5.69	4.19	47			0.23	
10	6.25	5.27	4.07	48			0.17	
11	5.53	4.48	3.85	49			0.11	
12	5.05	4.60	3.69	50			0.06	
13	4.56	4.34	3.49	51			0	
14	4.09	4.06	3.33	52				
15	3.59	3.78	3.13	53				
16	3.12	3.54	2.93	54				
17	2.63	3.24	2.73	55				
18	2.24	2.96	2.63	56				
19	1.89	2.70	2.52	57				
20	1.56	2.44	2.42	58				
21	1.29	2.18	2.32	59				
22	1.01	1.94	2.22	60				
23	0.77	1.71	2.12	61				
24	0.53	1.47	2.03	62				
25	0.36	1.25	1.92	63				
26	0.22	1.05	1.82	64				
27	0.1	0.84	1.72	65				
28	0	0.68	1.63	66				
29		0.54	1.54	67				
30		0.40	1.41	68				
31		0.26	1.31	69				
32		0.15	1.21	70				
33		0.06	1.11	71				
34		0	1.06	72				
35			0.97	73				
36			0.88	74				
37			0.81	75				
				Σ	100	100	100	

图 26-3　梁济运河后营站径流分配过程线图 1

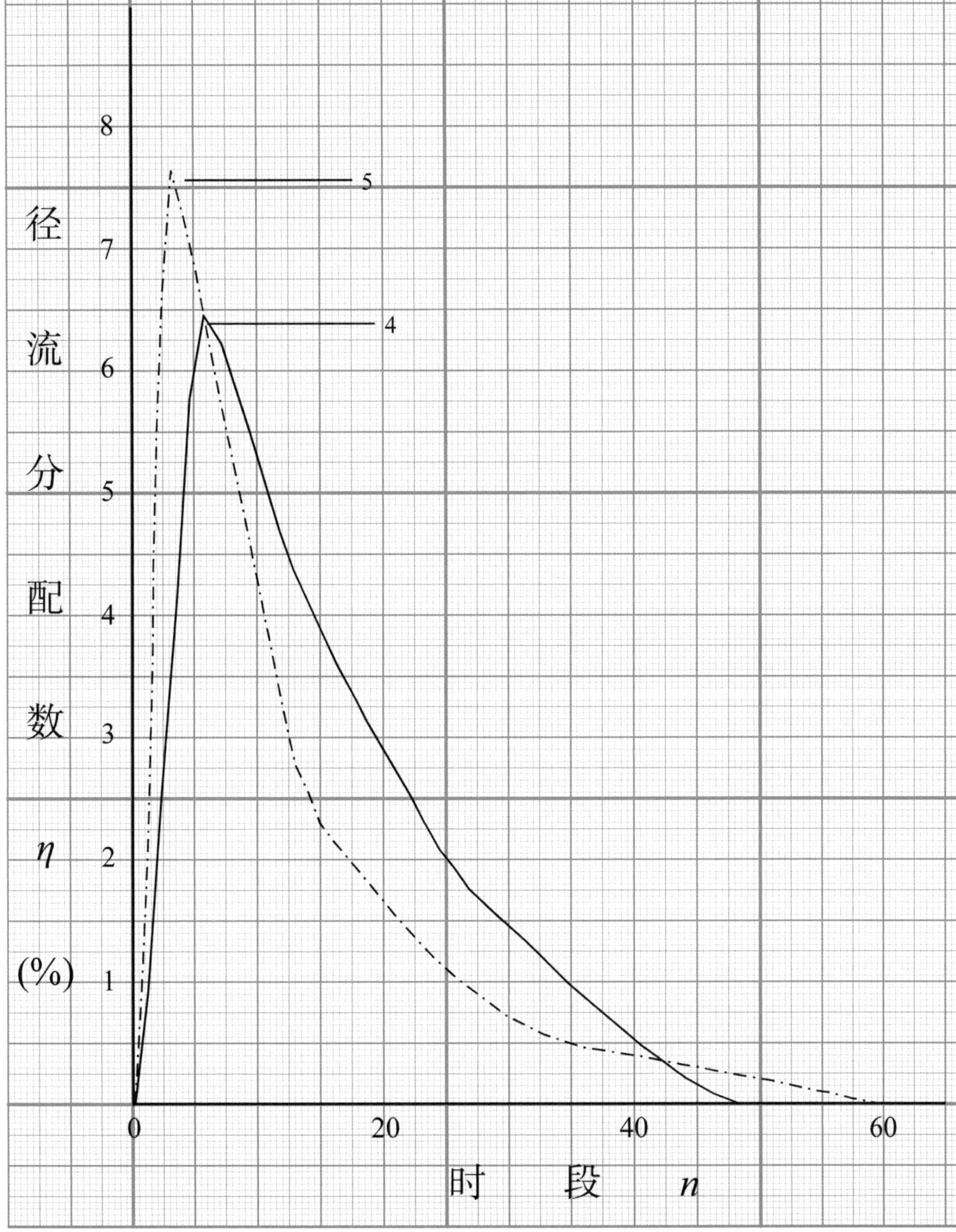

径流分配过程表

F=3 225 km^2，Δt=6 h

时段	径流分配数η(%) 4线	径流分配数η(%) 5线	时段	径流分配数η(%) 4线	径流分配数η(%) 5线	备注
0	0	0	31	0.92	0.68	
1	0.93	1.64	32	0.81	0.63	
2	2.53	6.20	33	0.73	0.59	
3	4.13	7.63	34	0.60	0.55	
4	5.79	7.26	35	0.51	0.50	
5	6.44	6.82	36	0.41	0.48	
6	6.24	6.27	37	0.31	0.46	
7	5.86	5.77	38	0.23	0.44	
8	5.51	5.27	39	0.15	0.42	
9	5.05	4.77	40	0.10	0.40	
10	4.68	4.29	41	0.04	0.38	4线：根据2004年8月28日次洪分析，降雨均匀分布，T=36 h，T_c=12 h，P=95.3mm，R=26.2 mm，P_a=75.9 mm；
11	4.37	3.76	42	0.00	0.36	
12	4.10	3.23	43		0.34	
13	3.85	2.78	44		0.32	
14	3.59	2.54	45		0.30	
15	3.37	2.31	46		0.29	
16	3.14	2.15	47		0.27	
17	2.95	2.04	48		0.25	
18	2.73	1.91	49		0.23	
19	2.52	1.80	50		0.21	
20	2.31	1.67	51		0.19	
21	2.09	1.53	52		0.17	5线：根据2006年7月4日次洪分析，降雨中心在下游，T=12h，T_c=12 h，P=80.5 mm，R=14.4 mm，P_a=51.9 mm
22	1.93	1.42	53		0.15	
23	1.77	1.32	54		0.13	
24	1.65	1.22	55		0.11	
25	1.55	1.13	56		0.09	
26	1.47	1.03	57		0.06	
27	1.35	0.97	58		0.03	
28	1.22	0.89	59		0.02	
29	1.11	0.81	60		0.00	
30	0.99	0.73	Σ	100	100	

图 26-4　梁济运河后营站径流分配过程线图 2

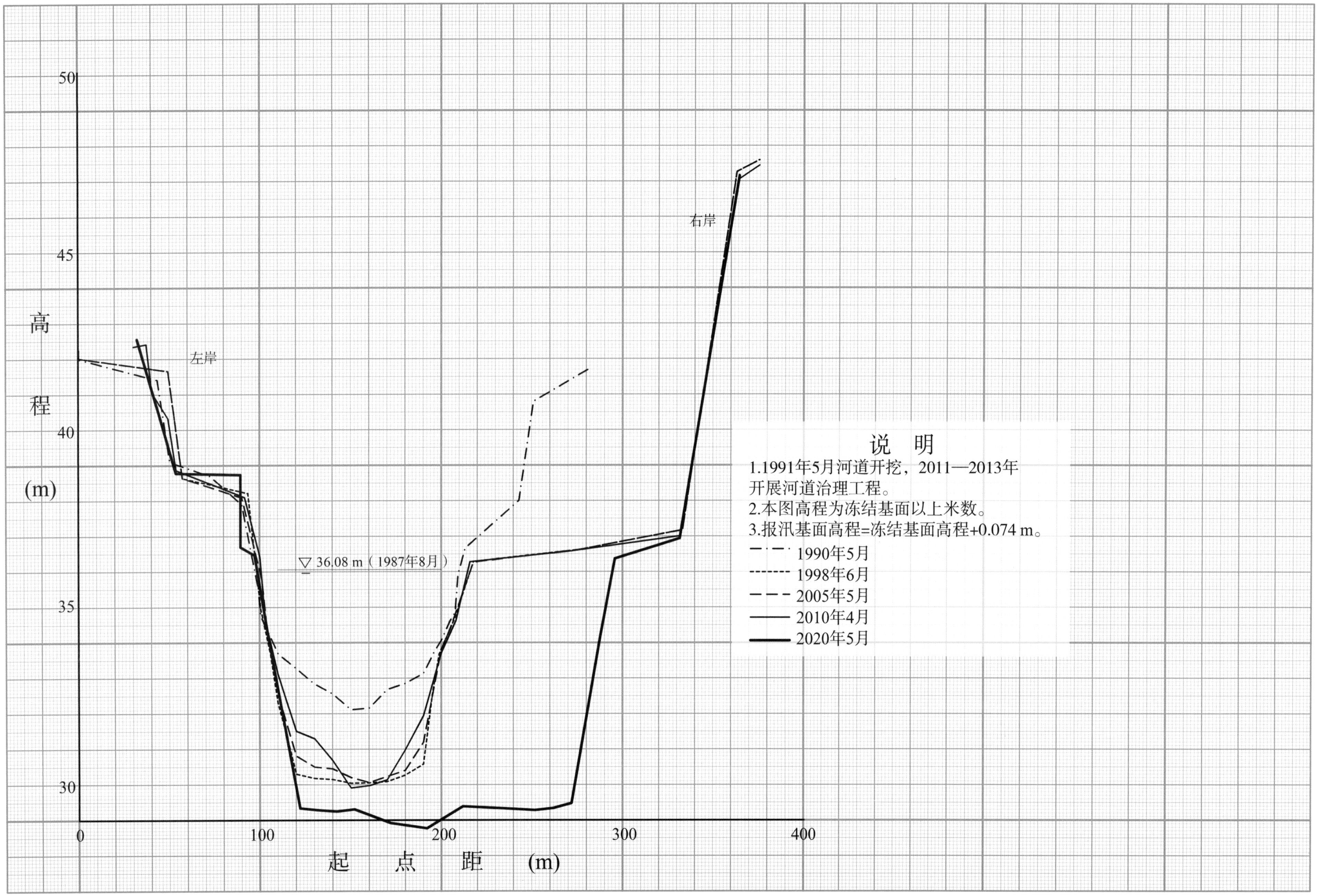

图 26-5　梁济运河后营站大断面图

第二十七章　洙赵新河梁山闸站水文预报方案编制说明

1　流域概况

1.1　流域自然地理特征

洙赵新河是1965—1966年间开挖的南四湖湖西平原坡水河，上游截洙水、赵王两河。干流发源于东明县穆庄村，向东经巨野、嘉祥，流经梁山闸站后，注入南四湖， 全长140.7 km。它北靠黄河，东与大运河、南与万福河接壤。洙赵新河流域面积1972年前为2 664 km^2；1973年上游开挖新河，流域面积为4 335 km^2。

本流域属黄河冲积平原，地势西高东低，除嘉祥、巨野县内有少许孤山外，均为平原。流域东西长145 km，南北宽30 km，西部地面高程为57.40 m（废黄河高程基面，下同），东部滨湖地面高程为34.0 m。地面坡度在1/12 000至1/5 000之间。受黄泛影响，有岗地、坡地和洼地，形成了岗洼相间、大平小不平的较为复杂的微地形地貌，岗地主要分布在郓城县，洼地主要分布在菏泽市牡丹区、郓城、巨野和滨湖一带。洙赵新河沿岸地下水属第四系孔隙潜水，主要储藏于壤土、沙壤土、黏土层中，地层透水性差，地下水运动滞缓。地下水主要补给来源为大气降水，其次为引黄及沟渠渗水。

洙赵新河梁山闸站以上流域图详见图27-1。

1.2　水利工程情况

洙赵新河支流较多，其中主要支流有三条，详见表27-1。

表27-1　洙赵新河主要支流情况表

河名	汇入面积（km^2）	河长（m）
郓巨河	986	47.7
鄄郓河	975	46.6
洙水河	465	55.0

梁山闸站以上主要拦河闸有6座（梁山闸距洙赵新河河口24.3 km），见表27-2。

表27-2　梁山闸站以上主要拦河闸概况表

工程名称	距断面（km）	过水能力（m^3/s）	蓄水量（万m^3）
史庄闸	97	206	69
候集闸	77	374	160
魏楼闸	64	578	450
赵楼闸	41	800	309
毛张庄闸	29	960	542
于楼闸	16	1 205	1 027
湖口闸	0.52（距河口）	1 238	

注：距断面（km）通过里程桩计算，过水能力为设计防洪流量。

洙赵新河济宁段现有拦河节制闸2座，即梁山节制闸和湖口节制闸。2020年梁山节制闸拆除重建；1996年建设完成的湖口节制闸属大型节制闸，按3年一遇除涝、10年一遇防洪标准设计。

1993—1994年实施洙赵新河第一期整治工程，工程治理标准为3年一遇除涝、10年一遇防洪。2014—2016年实施洙赵新河徐河口以下段治理工程，2019年在2014年治理基础上实施洙赵新河济宁段治理工程，现状河道达到5年一遇除涝、50年一遇防洪标准。

1.3　测站概况

该站于1974年1月份从上游3 km处纸坊站迁至梁山闸，由纸坊河道站改为闸坝站，流域面积为4 347 km^2；1979年经流域边界实地调查（济宁水文分站），重新量定为4 236 km^2。设站至1983年测流断面在梁山闸下166 m，1984年1月基本水尺断面和测流断面下迁363 m，1994年春河道进行了清淤。

本站冻结基面与黄海基面的换算关系是：冻结基面（废黄河口）高程+0.217 m（1977年）=1956年黄海基面高程。1985年国家高程基准高程 = 冻结基面高程 +0.311 m。

1.4　流域雨水情特点

本流域多年平均年降水量为654.8 mm，且汛期6—9月份降雨量为465.2 mm，占全年的71%左右。该流域最大1 h雨量为28.2 mm，最大6 h雨量为107.3 mm，最大24 h雨量为193.7 mm。

历史最大洪水：

1973年7月29日，Q_m=913 m^3/s，Z_m=37.48 m；

1993年8月6日，Q_m=404 m^3/s，Z_m=37.23 m；

2006年7月4日，Q_m=658 m^3/s，Z_m=36.83 m；

2010年7月2日，Q_m=611 m^3/s，Z_m=36.76 m。

2010年后最大洪水：

2012年7月8日，P=93.2 mm，P_a=2.6 mm，Q_m=289 m^3/s，Z_m=35.21 m。

2 预报方案编制

2.1 资料情况

2.1.1 资料情况

梁山闸站预报方案于 1981 年分析编制，又于 1991 年、1999 年、2010 年分别进行了预报方案的修订。本次修订除选用之前分析的 1966—2010 年共 35 场次暴雨洪水外，另外补充了 2011—2020 年 7 场次暴雨洪水进行分析，即资料系列为 1966—2020 年，共 42 场次洪水。洙赵新河梁山闸站降雨径流分析成果见表 27–3。

2.1.2 方案沿革

原方案中产流方案采用降雨径流相关图 $P+P_a-R$，汇流方案采用径流分配过程线。本次修订，在原产流方案降雨径流相关图 $P+P_a-R$ 中增加了 7 个点据，增加了一条 2 号线；原汇流方案径流分配过程线关系线保持不变。

2.2 产流方案

产流方案采用降雨径流相关法 $P+P_a-R$，由于梁山闸站建站较晚，资料系列不能满足编制方案的要求，鉴于距纸坊站比较近（3 km），资料衔接较好，在制作本方案时，选用了纸坊站 1966—1973 年、梁山闸站 1974—2020 年的资料，选用洪水 41 场次。2000 年以后点据位置显著偏左，相应径流深 R 偏小，2010 年以后更为明显，因此根据点据分布情况，点绘了 2000 年前后两条曲线。180819 场次洪水占据偏离过远，未参与定线。方案合格率为 77.5%，属乙级方案，详见表 27–4、图 27–2。

突出点据分析：670910 场次洪水暴雨中心在上游，影响了全流域的产流，使得实测径流偏小。730831、740802 场次洪水前期影响雨量较小，天气干旱，上游闸坝拦蓄，致使实测径流深偏小。930806 场次洪水由于前期 7 月有一场较大降水过程，各闸坝蓄水充分，因此受闸坝放水影响，同时暴雨中心在中下游，导致 R 值偏大。2003 年两场洪水及 050921 场次洪水由于上游拦蓄导致洪水总量偏小。2000 年以后有 5 场次洪水落在 1 号线和 2 号线之间。

2.3 汇流方案

本方案采用径流分配过程线方法预报径流过程，详见图 27–3。首先选择有代表性的暴雨洪水样本，然后点绘洪水过程线，分割基流，求得地表径流过程。

$$\sum Q_i=W/(0.36\Delta t)$$

$$\eta=Q_i/\sum Q_i$$

式中：η 为时段 dt 相应净流量分配比（%）；Q_i 为时段 dt 相应净流量（m^3/s）；$\sum Q_i$ 为时段净流量之和（m^3/s）；W 为地表径流总量（万 m^3）；Δt 为时段长（h）。

采取上式分别计算出典型洪水的时段流量比 η（%），点绘出过程线即可得到径流分配过程线。

2.4 大断面图

本次绘制了 1983 年、1993 年、1998 年及 2005 年、2010 年、2020 年的实测大断面图，详见图 27–4。

3 方案使用说明

3.1 产流方案

由各代表站雨量算术平均计算流域平均降水量 P，加上流域平均前期影响雨量 P_a，查降雨径流相关图（$P+P_a-R$），得到该次降水形成的地表径流深 R。一般情况下建议查 2 号线，如流域前期蓄满且雨强较大，则酌情参考 1 号线。

3.2 汇流方案

根据该次降雨的雨型选择适当的径流分配过程线，次净雨乘以流域集水面积，即得 $\sum Q=\frac{RF}{3.6\Delta t}$，然后乘以径流分配过程线，得出流域出口断面的净流量过程，再加上基流，即为该次降雨在出口断面的流量过程。

3.3 使用方案注意事项

由于流域闸坝较多，特别是梁山闸上游于楼闸拦蓄水量较大，因此应仔细分析洪水总量，计算流量时，应同时考虑闸上水位变化情况，才能正确计算出该场降水所造成的径流量。

由于梁山闸闸门开启频繁，开关闸对下游测流断面有很大影响，作业预报时，应对闸门开关、河槽蓄水诸因素加以考虑。

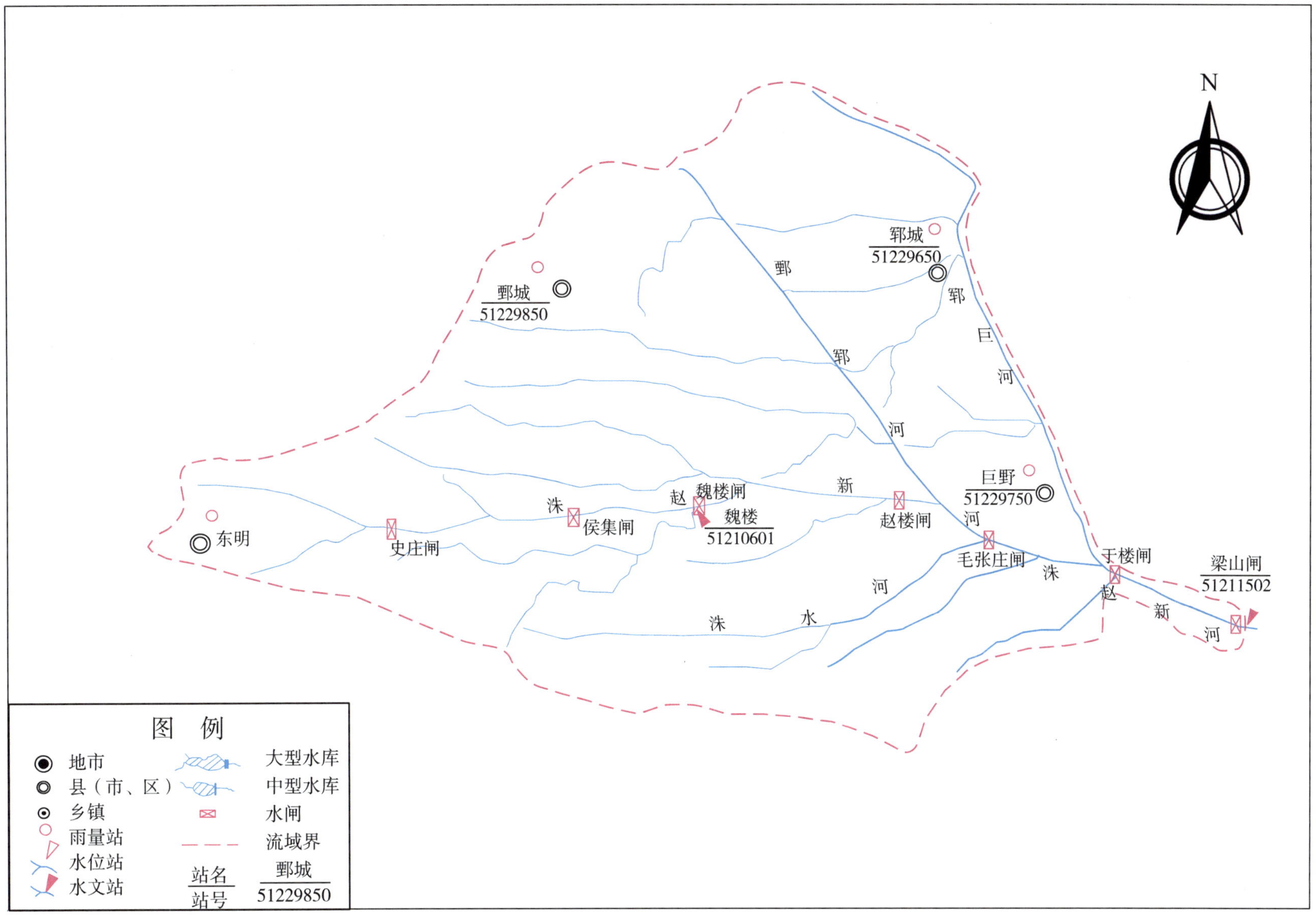

图 27-1　洙赵新河梁山闸站以上流域图

表 27–3　洙赵新河梁山闸站降雨径流分析成果表

洪号	降雨起讫时间							流域平均雨量 P（mm）	前期影响雨量 P_a（mm）	降雨历时（h）		暴雨中心位置	洪水发生时间									洪水历时 $T_洪$（h）	洪峰流量 Q_m（m^3/s）	净峰流量 $Q_{m净}$（m^3/s）	洪水总量 $W_总$（万 m^3）	地表径流总量 W（万 m^3）	集水面积 F（km^2）	径流深 R(mm)	最高水位 Z（m）	径流系数 α
	起				讫					全部 T	有效 T_c		起涨			峰顶			落平											
	年	月	日	时	月	日	时						月	日	时	月	日	时	月	日	时									
670712	1967	7	10	20	7	12	20	111.4	37.3	48	30	下游	7	11	20	7	12	21	7	20	0	196	175	167	5 809	5 187	2 664	19.5	36.35	0.18
670819	1967	8	16	14	8	18	20	125.9	40.0	54	30	下游	8	17	0	8	19	13	8	25	0	192	184	176	5 467	4 879	2 664	18.3	36.54	0.14
670910	1967	9	9	2	9	10	8	67.9	102.8	30	16	上游	9	9	14	9	10	12	9	16	14	168	119	110	3 564	3 019	2 664	11.3	36.15	0.17
700725	1970	7	24	14	7	25	20	90.1	35.8	30	30	下游	7	24	14	7	25	18	7	30	0	130	173	173	3 093	3 093	2 664	11.6	36.88	0.13
710626	1971	6	24	20	6	25	20	121.8	29.3	24	18	普雨	6	25	7	6	26	8	6	30	0	113	324	306	6 348	5 616	2 664	21.1	37.57	0.17
710629	1971	6	28	20	6	29	14	53.3	100.7	18	18	下游	6	29	0	6	29	16	7	3	14	110	304	284	6 386	5 286	2 664	19.8	37.54	0.37
710822	1971	8	21	2	8	22	2	79.8	68.8	24	18	普雨	8	21	12	8	22	16	8	25	22	106	268	262	5 597	5 368	2 664	20.2	37.29	0.25
720707	1972	7	5	20	7	7	8	55.0	11.0	36	30	下游	7	6	14	7	7	10	7	11	0	106	124	96	6 049	1 731	2 664	6.5	35.14	0.12
720902	1972	9	1	2	9	2	8	83.0	79.8	30	18	普雨	9	1	18	9	2	18	9	8	0	150	338	282	9 241	6 081	2 664	22.8	36.03	0.27
730702	1973	7	1	20	7	2	20	28.2	34.8	24	12	普雨	7	1	0	7	2	12	7	4	12	84	203	190	2 470	2 103	4 335	4.9	35.46	0.17
730716	1973	7	14	20	7	15	14	94.7	49.7	18	12	普雨	7	15	6	7	16	2	7	20	12	126	620	592	10 234	8 138	4 335	18.8	36.56	0.20
730831	1973	8	30	14	8	30	8	54.1	37.1	18	12	下游	8	31	2	8	31	21	9	2	12	58	410	380	3 022	2 438	4 335	5.6	36.00	0.10
740802	1974	7	31	14	8	1	14	57.7	60.8	24	6	普雨	8	1	20	8	2	8	8	4	9	61	159	145	1 670	1 449	4 347	3.3	34.43	0.06
740808	1974	8	6	14	8	8	8	72.3	122.2	42	30	普雨	8	6	0	8	8	22	8	12	20	164	410	390	9 817	8 298	4 347	19.1	35.29	0.26
750831	1975	8	30	8	9	2	8	119.5	32.1	72	18	下游	8	31	16	8	31	10	9	7	0	152	386	366	9 933	8 663	4 347	19.9	35.17	0.17
750920	1975	9	19	8	9	19	20	116.5	79.4	12	12	中游	9	19	9	9	20	7	9	25	20	155	691	671	10 930	9 375	4 347	21.6	35.98	0.19
760812	1976	8	11	14	8	13	8	128.4	34.1	42	12	下游	8	12	20	8	12	10	8	19	8	156	665	665	8 106	7 606	4 347	17.5	35.31	0.14
770710	1977	7	10	8	7	11	8	85.4	26.2	24	12	普雨	7	10	3	7	10	21	7	16	0	141	912	912	6 471	5 882	4 347	13.5	34.44	0.16
780703	1978	6	30	20	7	3	2	181.0	31.8	54	16	中游	7	2	8	7	3	2	7	8	8	144	913	909	18 028	16 893	4 347	38.9	36.96	0.21
780725	1978	7	23	20	7	25	8	49.8	34.9	36	18	中游	7	24	4	7	25	16	8	3	20	256	168	139	7 347	4 262	4 347	9.8	34.76	0.20
800617	1980	6	15	14	6	16	14	83.5	7.8	24	9	上游	6	16	20	6	17	5	6	20	7	83	519	519	4 271	4 009	4 236	9.5	36.62	0.11
800904	1980	9	3	20	9	4	14	76.5	59.4	18	18	上游	9	3	20	9	4	20	9	10	16	164	254	254	6 960	6 960	4 236	16.4	35.35	0.21
820812	1982	8	9	20	8	13	2	148.3	39.7	78	30	下游	8	9	4	8	12	3	8	19	17	253	340	324	12 534	11 106	4 236	26.2	35.72	0.18
830730	1983	7	28	20	7	30	2	145.5	16.1	30	18	上游	7	29	0	7	30	3	8	6	20	212	425	411	12 220	9 922	4 236	23.4	36.31	0.16
900816	1990	8	15	8	8	16	12	78.7	50.5	28	8	普雨	8	16	4	8	16	15	8	27	0	260	143	143	6 015	5 888	4 236	13.9	36.56	0.18
930806	1993	8	4	8	8	5	20	133.1	34.3	36	12	中下游	8	4	20	8	6	5	8	14	20	240	404	369	15 723	12 410	4 236	29.3	37.23	0.22
950822	1995	8	21	20	8	22	8	54.8	113.5	12	12	下游	8	21	20	8	22	10	8	29	8	180	346	346	5 490	5 490	4 236	13.0	35.33	0.24
030826	2003	8	25	20	8	27	2	93.8	60.7	30	12	上游	8	26	12	8	26	20	8	27	16	28	375	369	1 574	1 489	4 236	3.5	—	0.04
030904	2003	9	3	8	9	5	8	56.8	124.1	48	12	普雨	9	3	22	9	4	8.8	9	8	16	114	339	333	4 626	4 311	4 236	10.2	—	0.18
040718	2004	7	15	2	7	17	14	125.1	43.6	60	42	普雨	7	15	17	7	18	6	7	22	7	158	258	248	7 732	6 872	4 236	16.2	—	0.13
040828	2004	8	26	14	8	27	20	75.0	76.0	30	18	普雨	8	27	20	8	28	9	9	4	8	180	372	310	11 283	8 006	4 236	18.9	—	0.25
050921	2005	9	19	0	9	21	6	116.2	80.7	54	18	普雨	9	19	12	9	21	0	9	26	12	168	441	423.3	8 656.6	7 338.2	4 236	17.3	36.59	0.15
060704	2006	7	2	18	7	3	12	151.3	58.6	18	12	中下游	7	3	6	7	4	12	7	8	18	132	658	615.4	14 280	1 2971	4 236	30.6	36.83	0.20
100702	2010	6	30	12	7	1	18	142.4	8.8	30	18	普雨	7	1	18	7	2	12	7	7	0	126	611	608.1	6 782.4	6 319.7	4 236	14.9	36.76	0.10

续表

洪号	降雨起讫时间							流域平均雨量 P（mm）	前期影响雨量 P_a（mm）	降雨历时（h）		暴雨中心位置	洪水发生时间									洪水历时 $T_{洪}$（h）	洪峰流量 Q_m（m^3/s）	净峰流量 $Q_{m净}$（m^3/s）	洪水总量 $W_{总}$（万 m^3）	地表径流总量 W（万 m^3）	集水面积 F（km^2）	径流深 R（mm）	最高水位 Z（m）	径流系数 α
	起				讫					全部 T	有效 T_c		起涨			峰顶			落平											
	年	月	日	时	月	日	时						月	日	时	月	日	时	月	日	时									
110921	2011	9	11	14	9	20	2	169.9	33.7	204	60	中游	9	15	8	9	21	14	9	24	14	222	165	165	5 702	5 702	4 236	13.5	34.98	0.08
120708	2012	7	7	14	7	10	14	93.2	2.6	72	24	上游	7	7	14	7	8	20	7	16	14	216	289	289	5 820	5 820	4 236	13.7	35.21	0.15
130706	2013	7	4	14	7	9	2	97.4	12.8	108	12	上游	7	5	20	7	6	14	7	9	2	78	109	109	686	686	4 236	1.6	34.21	0.02
160721	2016	7	18	8	7	21	8	120.3	24.6	72	18	中游	7	19	8	7	21	8	7	26	2	162	152	152	4 982	4 982	4 236	11.8	35.16	0.10
170715	2017	7	15	2	7	20	2	111.9	9.5	120	30	上游	7	15	2	7	15	14	7	22	8	174	203	203	3 601	3 601	4 236	8.5	35.28	0.08
180819	2018	8	18	14	8	20	14	232.8	24.0	48	24	中游	8	19	8	8	19	14	8	26	14	174	277	277	6 070	6 070	4 236	14.3	35.29	0.06
200807	2020	8	6	20	8	9	8	106.9	34.0	60	12	下游	8	7	2	8	7	8	8	11	2	96	184	184	1 720	1 720	4 236	4.1	34.61	0.04

表 27-4　洙赵新河梁山闸站降雨径流预报精度评定表

序号	洪号	降雨量 P（mm）	前期影响雨量 P_a（mm）	$P+P_a$（mm）	径流深 $R_{实}$（mm）	预报径流深 $R_{预}$（mm）	预报误差（mm）	许可误差（mm）	评定结果		说明
									合格	不合格	
1	670712	111.4	37.3	148.7	19.5	17.0	−2.5	3.9	√		
2	670819	125.9	40.0	165.9	18.3	19.3	1.1	3.6	√		
3	670910	67.9	102.8	170.7	11.3	20.0	8.7	3.0		√	
4	700725	90.1	35.8	125.9	11.6	14.0	2.4	3.0	√		
5	710626	121.8	29.3	151.1	21.1	17.6	−3.5	4.2	√		
6	710629	53.3	100.7	154.0	19.8	17.8	−2	4.0	√		
7	710822	79.8	68.8	148.6	20.2	17.0	−3.2	4.0	√		
8	720707	55.0	11.0	66.0	6.5	7.3	0.8	3.0	√		
9	720902	83.0	79.8	162.8	22.8	19.0	−3.8	4.6	√		
10	730702	28.2	34.8	63.0	4.9	7.0	2.1	3.0	√		
11	730716	94.7	49.7	144.4	18.8	16.5	−2.3	3.8	√		
12	730831	54.1	37.1	91.2	5.6	1.0	−4.6	3.0		√	
13	740802	57.7	60.8	118.5	3.3	2.1	−1.2	3.0	√		
14	740808	72.3	122.2	194.5	19.1	24.2	5.1	3.8		√	
15	750831	119.5	32.1	151.6	19.9	17.6	−2.3	4.0	√		
16	750920	116.5	79.4	195.9	21.6	24.5	2.9	4.3	√		
17	760812	128.4	34.1	162.5	17.5	19.0	1.5	3.5	√		
18	770710	85.4	26.2	111.6	13.5	15.0	1.5	3.0	√		
19	780703	181.0	31.8	212.8	38.9	33.1	−5.8	7.8	√		
20	780725	49.8	34.9	84.7	9.8	9.6	−0.2	3.0	√		
21	800617	83.5	7.8	91.3	9.5	10.0	0.5	3.0	√		
22	800904	76.5	59.4	135.9	16.4	15.3	−1.1	3.3	√		
23	820812	148.3	39.7	188.0	26.2	22.3	−3.9	5.2	√		
24	830730	145.5	16.1	161.6	23.4	19.0	−4.4	4.7	√		
25	900816	78.7	50.5	129.2	13.9	14.6	0.7	3.0	√		
26	930806	133.1	34.3	167.4	29.3	19.5	−9.8	5.9		√	
27	950822	54.8	113.5	168.3	13.0	19.6	6.6	3.0		√	
28	030826	93.8	60.7	154.5	3.5	17.6	14.1	3.0		√	
29	030904	56.8	124.1	180.9	10.2	10.2	0.0	3.0	√		
30	040718	125.1	43.6	168.7	16.2	19.3	3.1	3.2	√		
31	040828	75.0	76.0	151.0	18.9	17.2	−1.7	3.8	√		
32	050921	116.2	80.7	196.9	17.3	14.1	−3.2	3.5	√		
33	060704	151.3	58.6	209.9	30.6	31.0	0.4	6.1	√		
34	100702	142.4	8.8	151.2	14.9	17.2	2.3	3.0	√		2 号线
35	110921	169.9	33.7	203.6	13.5	15.8	2.3	3.0	√		2 号线
36	120708	93.2	2.6	95.8	13.7	1.2	−12.5	3.0		√	2 号线
37	130706	97.4	12.8	110.2	1.6	1.7	0.1	3.0	√		2 号线
38	160721	120.3	24.6	144.9	11.8	4.2	−7.6	3.0		√	2 号线
39	170715	111.9	9.5	121.4	8.5	2.3	−6.2	3.0		√	2 号线
40	180819	232.8	24.0	256.8	14.3	29.1	14.8	3.0			不参与定线
41	200807	106.9	34.0	140.9	4.1	3.7	−0.4	3.0	√		2 号线

备注：1. 预报误差 = 预报值 − 实测值；2. 许可误差 = 实测值的 20%，以 20.0 mm 为上限，以 3.0 mm 为下限；3. 方案合格率为 77.5%，为乙级方案。

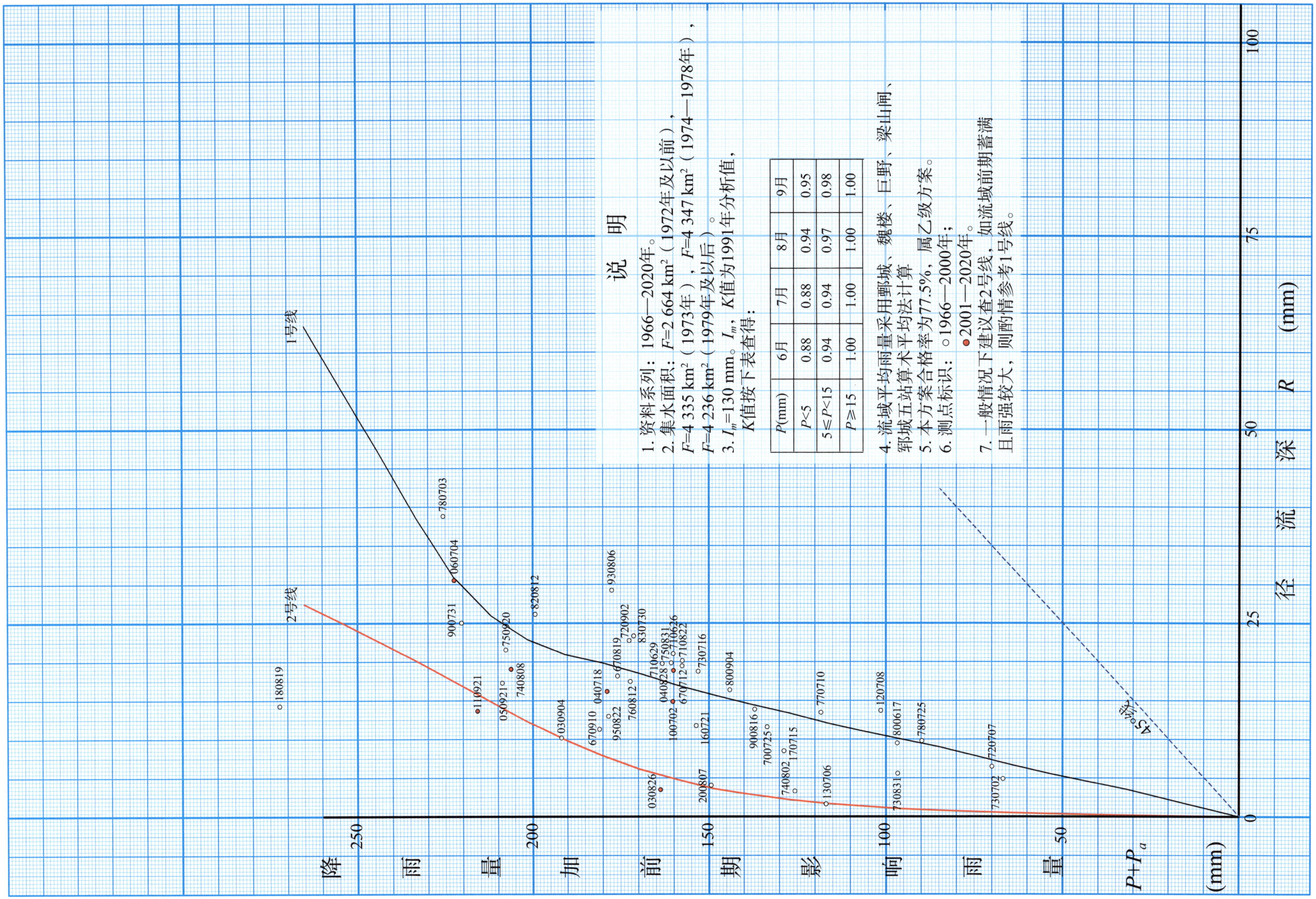

图 27-2　洙赵新河梁山闸站降雨径流相关图

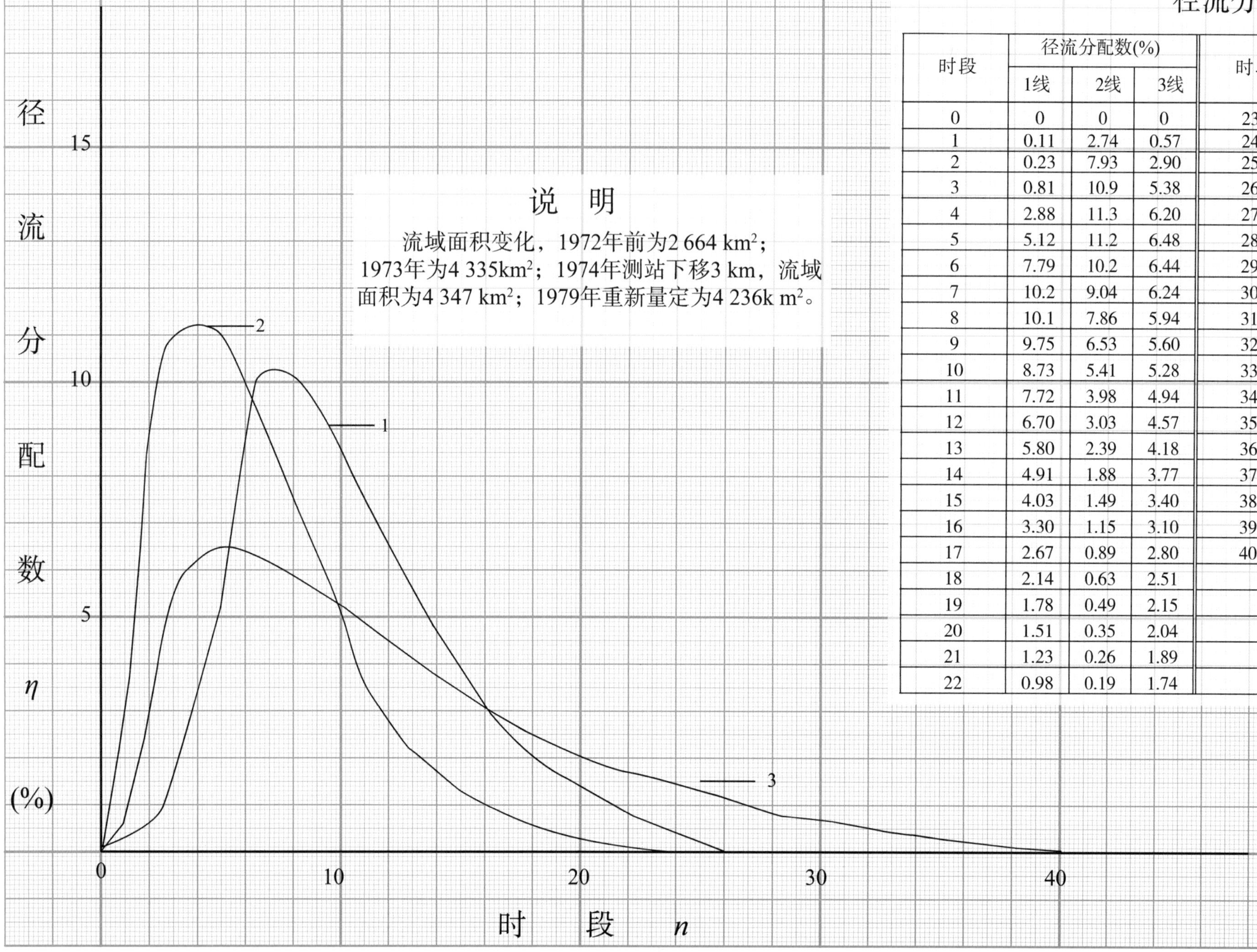

说　明

流域面积变化，1972年前为2 664 km²；1973年为4 335km²；1974年测站下移3 km，流域面积为4 347 km²；1979年重新量定为4 236k m²。

径流分配过程表

时段	径流分配数(%)			时段	径流分配数(%)			备　注
	1线	2线	3线		1线	2线	3线	
0	0	0	0	23	0.74	0.11	1.60	1线根据1972年9月2日洪水分析而得，流域普通降雨，T_c=18 h，P=83.0 mm，R=22.8 mm，F=2 664 km²； 2线根据1978年7月3日洪水分析而得，暴雨中心在中游，T_c=16 h，P=181.0 mm，R=38.9 mm，F=4 347 km²； 3线根据1993年8月6日洪水分析而得，暴雨中心在中下游，T_c=12 h，P=133.1 mm，R=29.3 mm，F=4 236 km²
1	0.11	2.74	0.57	24	0.56	0.05	1.46	
2	0.23	7.93	2.90	25	0.21	0	1.32	
3	0.81	10.9	5.38	26	0		1.17	
4	2.88	11.3	6.20	27			1.03	
5	5.12	11.2	6.48	28			0.89	
6	7.79	10.2	6.44	29			0.78	
7	10.2	9.04	6.24	30			0.71	
8	10.1	7.86	5.94	31			0.63	
9	9.75	6.53	5.60	32			0.55	
10	8.73	5.41	5.28	33			0.47	
11	7.72	3.98	4.94	34			0.40	
12	6.70	3.03	4.57	35			0.31	
13	5.80	2.39	4.18	36			0.23	
14	4.91	1.88	3.77	37			0.17	
15	4.03	1.49	3.40	38			0.11	
16	3.30	1.15	3.10	39			0.05	
17	2.67	0.89	2.80	40			0	
18	2.14	0.63	2.51					
19	1.78	0.49	2.15					
20	1.51	0.35	2.04					
21	1.23	0.26	1.89					
22	0.98	0.19	1.74		100	100	100	

图 27–3　洙赵新河梁山闸站径流分配过程线图

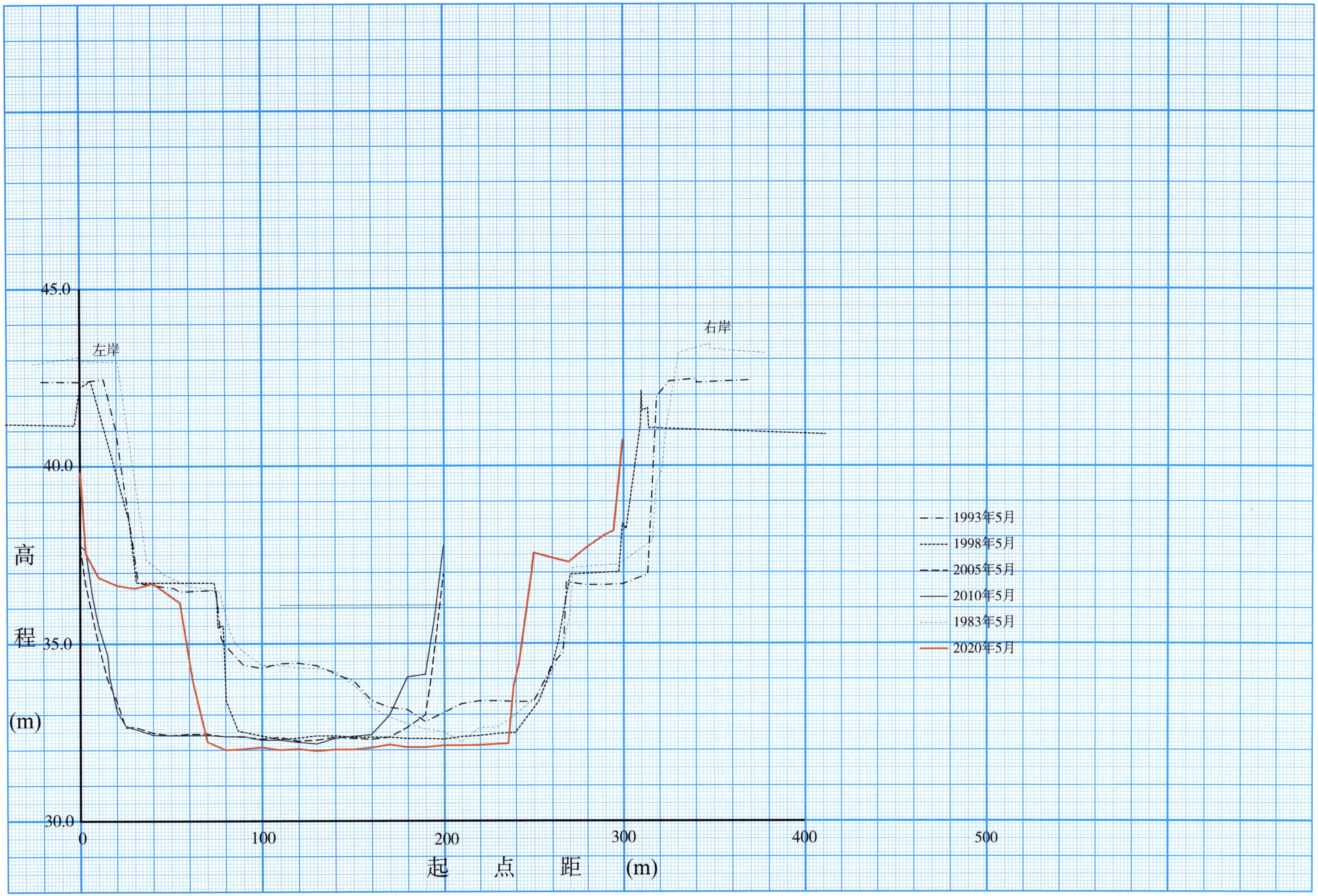

图 27-4 沭赵新河梁山闸站大断面图

第二十八章　万福河孙庄站水文预报方案编制说明

1　流域概况

1.1　流域自然地理特征

万福河发源于菏泽市成武县楚楼，向东至金乡县马庙镇刘庄入济宁市，流经金乡、鱼台、济宁三县（市）于小吴、大周注入南阳湖，全长 71 km，在济宁市境内长 41.5 km，流域面积为 1 287 km^2，济宁市境内面积为 370 km^2。该流域属南四湖湖西平原，地面高程大部分在 33.50 ~ 39.00 m。地面高程在 37 m 以下的地区，大都受湖水位顶托影响，属于滨湖排灌范围；地面高程在 37m 以上的地区为旱田区，大部分在金乡境内，地下水位一般距地面 2.5 ~ 3.0 m。旱田井灌开发浅层水，埋藏深度在地面以下 10 ~ 20 m。孙庄站以上流域图见图 28–1。

1.2　水利工程情况

万福河干流自 1956—1957 年开展第一次大规模治理以来，刘堂坝以上，以老万福河为基础；刘堂坝以下，以南大溜为基础，按 3 年一遇除涝设计标准进行裁弯取直，全长 128 km。

1967 年春，金乡县为解决已建排灌站的灌溉水源问题，自高河屯到吴河入口临时开挖十余公里的低标准引河，引河河底高程为 31.0 m，底宽 7~17 m，当年汛期行洪时又基本淤平子河。

1967 年冬到 1972 年，新开挖了东鱼河北支，调整了水系，截去原万福河楚楼以上流域面积纳入东鱼河，减少来水面积约 82%。

1971 年，在万福河北支开挖建设湘子庙闸及交通桥两座，1973 年元月完工。

1.3　测站概况

孙庄站于 1957 年 6 月设立，原名金乡站，1959 年 1 月 1 日改为孙庄站，该站测验河段顺直，两岸滩地各约 8.0 m 主槽宽 34 m。1972 年在断面上游 13.5 km 处建节制闸一座；上游 14 km 处有湘子庙闸一座，最大蓄水量 503 万 m^3；上游左岸 3 km 处有羊山河汇入；上游右岸 4 km 处有大沙河汇入，来水占 20%。

本站采用冻结基面，冻结基面（废黄河口）高程 –0.114 m=1956 年黄海基面高程。1985 年国家高程基准高程 = 冻结基面高程 –0.209 m。

本方案选用 1971 年后流域面积变动后的 34 场次洪水资料进行分析制作，本站的控制面积变化情况见表 28–1。

表 28–1　孙庄站控制流域面积变化情况表

时间	集水面积（km^2）	说明
1966–1–1	6 482	
1968–1–1	2 466	河流改道截出 4 016 km^2
1971–1–1	1 152	河流改道截出 1 314 km^2
1979–12–24	1 199	上游柳林河加入 47 km^2

1.4　流域雨水情特点

本流域多年平均年降水量为 693.8 mm，汛期 6—9 月份降雨量为 492.3 mm，占全年的 71 %。该流域最大 1 h 雨量为 50.2 mm，最大 6 h 雨量为 154.5 mm，最大 24 h 雨量为 203.2 mm。

由于水系的调整，流域面积变化幅度较大，1971 年前后的最大洪水：1957 年 7 月 17 日，Q_m=747 m^3/s，Z_m=37.90 m（废黄河口）；1973 年 7 月 29 日，Q_m=268 m^3/s，Z_m=36.22 m（废黄河口）。

2000 年后最大洪水：2005 年 9 月 22 日，Q_m=218 m^3/s，Z_m=36.71 m（废黄河口）。

2　方案编制

2.1　资料情况及方案沿革

2.1.1　资料情况

孙庄站预报方案于 1991 年、1999 年、2010 年分别进行过修订。本次修订除选用了之前分析的 1971—2010 年共 34 场次暴雨洪水外，另外补充了 2011—2020 年 10 场次暴雨洪水进行分析，即资料系列为 1971—2020 年，共 44 场次洪水。万福河孙庄站降雨径流分析成果见表 28–2。

2.1.2　方案沿革

原方案中产流方案采用降雨径流相关图 $P+P_a$-R，汇流方案采用径流分配过程线、经验单位线。本次修订，在原产流方案降雨径流相关图 $P+P_a$-R 中增加了 10 个点据，新增了 1 条关系线；新增了 3 条单位线。

2.2　产流方案

产流方案采用了降雨径流相关图 $P+P_a$-R，选用 44 场次洪水资料进行点绘分析，方案合格率为 73%，属乙级方案，详见表 28–3。本次修订新增 1 条关系线，一般情况下建议查 2 号线，如流域前期蓄满且雨强较大，则酌情参考 1 号线，详见图 28–2。

突出点据分析：710630 场次洪水径流深偏小，是由降雨中心在上游所致；720902 场次洪水点据偏小，是因为上游田集、章逢站降雨量大，报汛站没控制住；030906 场次洪水径流深偏小，是由前期长期干旱，又是干旱后第一场洪水，各闸坝蓄水所致；080724 场次洪水径流深偏小，是由前期干旱，各闸坝蓄水所致；180819、190808 场次洪水由于上游拦蓄影响，实测径流偏小。

2.3 汇流方案

2.3.1 径流分配过程线

首先选择有代表性的暴雨洪水样本，然后点绘洪水过程线，分割基流，求得地表径流过程。

$$Q_i=W/(0.36\Delta t)$$

$$\eta=Q_i/\sum Q_i$$

式中：η 为时段 dt 相应净流量分配比（%）；Q_i 为时段 dt 相应净流量（m^3/s）；$\sum Q_i$ 为时段净流量之和（m^3/s）；W 为地表径流总量（万 m^3）；Δt 为时段长（h）。

采取上式分别计算出典型洪水的时段流量比 η（%），点绘出过程线即得径流分配过程线。孙庄站径流分配过程线为原分析成果，详见图 28-3。

2.3.2 经验单位线

本次采用 2012—2020 年多场次暴雨洪水资料，分析出 3 条单位线，分别适用于暴雨中心在上游、中游和下游的情况，详见图 28-4。

2.4 河道大断面图

本次绘制了 1973 年、1998 年、2005 年、2010 年及 2020 年的实测大断面图，以分析河道断面变化情况，详见图 28-5。

3 方案使用

3.1 产流方案

由各代表站雨量算术平均计算流域平均降水量 P，加上流域平均前期影响雨量 P_a，查降雨径流相关图（$P+P_a-R$），得到该次降水形成的地表径流深 R。一般情况下建议查 2 号线，如流域前期蓄满且雨强较大，则酌情参考 1 号线。

3.2 汇流方案

根据该次降雨的雨型选择适当的径流分配过程线，次净雨乘以流域集水面积，即得 $\sum Q=RF/(3.6\Delta t)$，然后乘以径流分配过程线，得出流域出口断面的净流量过程，再加上基流，即为该次降雨在出口断面的流量过程。

3.3 使用方案注意事项

本方案在制作时，由于没有上游闸坝放水资料，未考虑上游拦河闸坝的拦蓄作用，这样就会发生无法排除闸坝拦蓄径流造成的 R 值偏小及降雨时放水造成的 R 值偏大的情况，同时峰现时间的确定也受很大影响，故在今后的预报中，应及时掌握上游闸坝放水的情况，进行必要的经验修正，以便提高预报精度。

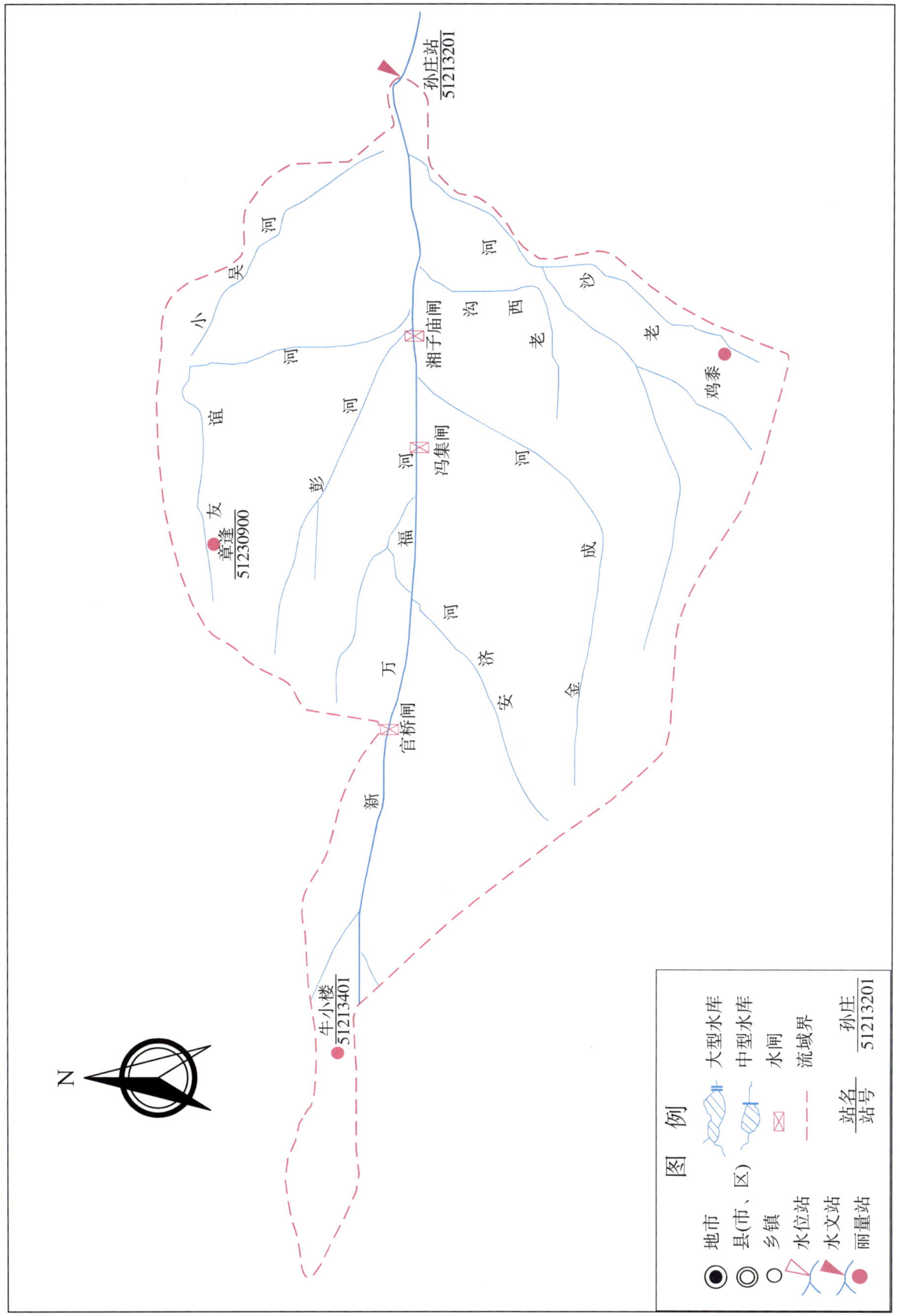

图 28-1 万福河孙庄站以上流域图

表 28–2　万福河孙庄站降雨径流分析成果表

洪号	降雨起讫时间							流域平均雨量 P（mm）	前期影响雨量 P_a（mm）	降雨历时（h）		暴雨中心位置	洪水发生时间									洪水历时 $T_{洪}$（h）	洪峰流量 Q_m（m^3/s）	净峰流量 $Q_{m净}$（m^3/s）	洪水总量 $W_{总}$（万 m^3）	地表径流总量 W（万 m^3）	集水面积 F（km^2）	径流深 R（mm）	径流系数 α	最高水位 Z（m）	净雨中心至峰现时距 t_p（h）
	起				讫					全部 T	有效 T_c		起涨			峰顶			落平												
	年	月	日	时	月	日	时						月	日	时	月	日	时	月	日	时										
710630	1971	6	28	17	7	1	12	143.0	57.0	67	30	普雨	6	29	2	6	30	2	7	5	20	162	229	177	5 264	5 264	1 152	45.7	0.32	36.52	24
710710	1971	7	9	13	7	10	8	70.2	96.7	19	19	下游	7	9	12	7	10	12	7	14	0	108	194	170	2 663	2 661	1 152	23.1	0.33	36.34	20
710822	1971	8	21	3	8	22	3	116.0	65.8	24	24	中下游	8	21	6	8	22	18	8	25	0	90	249	236	4 562	4 562	1 152	39.6	0.34	36.34	34
720703	1972	7	1	14	7	2	8	51.2	7.6	18	18	上游	7	2	20	7	3	8	7	4	2	30	37.0	35.0	176	173	1 152	1.5	0.03	34.22	30
720729	1972	7	28	8	7	29	20	52.4	23.4	36	24	上游	7	28	20	7	29	20	7	31	20	72	42.7	42.7	401	401	1 152	3.5	0.07	34.65	18
720827	1972	8	27	2	8	27	20	33.7	27.8	18	18	上游	8	27	8	8	27	17	8	28	20	36	21.0	13.0	103	103	1 152	0.9	0.03	34.61	9
720902	1972	9	1	5	9	2	8	114.0	29.7	27	24	普雨	9	1	6	9	2	14	9	6	6	120	109	105	2 019	2 016	1 152	17.5	0.15	35.51	27
730702	1973	7	2	2	7	2	20	23.6	25.0	18	12	上游	7	2	8	7	2	18	7	4	15	55	52.0	45.0	310	310	1 152	2.7	0.11	34.32	12
730715	1973	7	14	19	7	15	14	55.4	34.5	19	12	上游	7	14	20	7	15	22	7	17	14	66	73.0	69.0	766	760	1152	6.6	0.12	34.85	20
730729	1973	7	28	12	7	29	8	146.3	36.9	20	20	普雨	7	28	12	7	29	16	8	1	20	104	268	245	3 888	3 888	1 152	33.8	0.23	36.22	20
740810	1974	8	8	14	8	8	20	25.1	103	6	6	上游	8	8	8	8	10	6	8	12	8	96	67.9	58.0	618	618	1 152	5.4	0.22	35.42	36
750815	1975	8	14	14	8	14	20	33.1	33.3	6	6	下游	8	14	20	8	15	12	8	18	20	96	21.0	20.0	340	340	1 152	3.0	0.09	34.77	19
750921	1975	9	19	9	9	20	2	78.7	54.0	17	12	下游	9	19	8	9	21	0	9	25	20	156	19.8	19.0	554	553	1 152	4.8	0.06	35.36	32
760713	1976	7	11	23	7	12	8	13.6	37.7	9	9	下游	7	12	8	7	13	0	7	13	14	30	22.0	19.0	104	104	1 152	0.9	0.07	33.96	20
760715	1976	7	14	14	7	15	8	51.9	43.5	18	18	上游	7	14	14	7	15	19	7	18	8	90	31.5	30.0	504	504	1 152	4.4	0.09	34.37	24
760722	1976	7	20	2	7	21	8	51.7	56.6	30	18	中游	7	20	12	7	22	0	7	24	14	98	30.2	25.0	485	485	1 152	4.2	0.08	34.30	33
760813	1976	8	11	15	8	13	12	111.1	28.7	45	30	上游	8	12	0	8	13	4	8	17	8	128	55.5	46.0	983	979	1 152	8.5	0.08	35.24	18
760819	1976	8	17	14	8	18	14	61.7	88.6	24	24	中游	8	17	8	8	19	12	8	24	8	168	41.0	40.0	1 263	1 094	1 152	9.5	0.15	35.34	34
770711	1977	7	10	12	7	11	8	116.8	36.4	20	12	普雨	7	10	18	7	11	18	7	14	16	94	109	105	1 656	1 656	1 152	14.4	0.12	35.40	12
770720	1977	7	18	8	7	19	20	60.4	90.5	36	12	下游	7	19	8	7	20	16	7	23	8	96	98.8	89.0	1 239	1 239	1 152	10.8	0.18	35.36	16
780704	1978	7	1	13	7	3	8	124.0	30.4	43	24	上游	7	2	12	7	4	6	7	8	0	132	79.0	73.0	1 395	1 395	1 152	12.1	0.10	35.30	60
780714	1978	7	13	14	7	14	14	80.6	84.4	24	18	下游	7	13	8	7	14	18	7	19	20	156	135	124	2 110	2 110	1 152	18.3	0.23	35.71	18
780725	1978	7	24	20	7	25	8	106.6	43.2	12	12	下游	7	24	23	7	25	12	7	28	2	75	140	138	1 605	1 601	1 152	13.9	0.13	35.58	13
830712	1983	7	7	20	7	8	14	57.7	60.4	18	12	下游	7	8	0	7	12	6.5	7	15	12	180	44.8	39.0	963	959	1 199	8.0	0.14	34.86	96
870809	1987	8	6	8	8	6	20	75.8	52.5	12	12	上游	8	6	18	8	9	8	8	17	0	246	32.3	31.0	971	971	1 199	8.1	0.11	34.73	64
930807	1993	8	4	4	8	6	20	111.7	36.0	64	18	普雨	8	4	20	8	7	10	8	14	8	228	34.5	34.5	1 725	1 725	1 199	14.4	0.13	35.45	41
950830	1995	8	29	9	8	30	10	55.6	77.6	25	12	上游	8	30	8	8	30	16	9	4	8	120	38.8	38.8	1 115	1 115	1 199	9.3	0.17	35.35	22
980816	1998	8	12	2	8	15	8	70.9	120.0	78	12	上游	8	14	10	8	16	10	9	4	8	502	37.1	28.1	3 475	3 057	1 199	25.5	0.36	35.56	33
030906	2003	8	29	2	9	4	8	165.9	111.6	150	48	普雨	8	29	20	9	6	8	9	16	6	418	52.4	52.4	5 190.7	4 894.8	1 199	40.8	0.25	35.69	50
040828	2004	8	26	14	8	27	20	148.3	62.9	30	18	下游	8	26	20	8	28	16.3	9	7	20	288	170	158	7 503	6 253.7	1 199	52.2	0.35	36.37	22
040818	2004	8	15	18	8	17	0	58.7	97.7	30	18	普雨	8	15	17.5	8	18	8	8	26	8	254.5	50.2	37.5	2 789	1 861	1 199	15.5	0.26	35.16	20
050922	2005	9	19	12	9	21	12	137.3	108.6	48	24	普雨	9	20	0	9	22	0	10	1	18	282	218	191	12 628	8 743.2	1 199	72.9	0.53	36.71	48
080724	2008	7	15	6	7	23	18	132.8	75.7	204	12	普雨	7	19	6	7	24	6	7	28	18	228	56.4	50.8	1 976.8	1 503.7	1 199	12.5	0.09	34.76	30

续表

洪号	降雨起讫时间							流域平均雨量 P（mm）	前期影响雨量 P_a（mm）	降雨历时（h）		暴雨中心位置	洪水发生时间									洪水历时 $T_{洪}$（h）	洪峰流量 Q_m（m^3/s）	净峰流量 $Q_{m净}$（m^3/s）	洪水总量 $W_{总}$（万 m^3）	地表径流总量 W（万 m^3）	集水面积 F（km^2）	径流深 R（mm）	径流系数 α	最高水位 Z（m）	净雨中心至峰现时距 t_p（h）
	起				讫					全部 T	有效 T_c		起涨			峰顶			落平												
	年	月	日	时	月	日	时						月	日	时	月	日	时	月	日	时										
100911	2010	9	5	18	9	10	6	121.5	70.9	108	30	上游	9	7	0	9	11	0	9	18	0	264	102	78.0	7 268.7	4 122.9	1 199	34.4	0.28	35.88	90
110917	2011	9	11	20	9	29	14	183.2	34.8	426	66	上游	9	14	8	9	17	20	10	9	2	594	65.3	65.3	7 099	7 099	1 199	59.2	0.32	35.68	60
120709	2012	7	4	14	7	10	8	193.6	2.3	138	42	上游	7	4	20	7	9	20	7	18	14	330	73.3	73.3	3 686	3 686	1 199	30.7	0.16	35.44	108
130529	2013	5	25	20	5	27	2	103.4	11.4	30	12	下游	5	26	14	5	29	14	6	5	2	228	42.5	42.5	1 977	1 977	1 199	16.5	0.16	34.45	72
130705	2013	7	2	8	7	5	2	109.6	2.7	66	24	中游	7	4	8	7	5	8	7	14	2	234	42.5	42.5	1 673	1 673	1 199	14.0	0.13	34.42	12
150630	2015	6	24	2	6	30	14	146.5	8.2	156	36	上游	6	24	20	6	30	14	7	10	2	366	22.9	22.9	1 801	1 801	1 199	15.0	0.10	34.07	150
160720	2016	7	14	20	7	20	20	214.5	43.3	144	24	中游	7	14	20	7	20	20	8	4	20	504	105	105	6 033	6 033	1 199	50.3	0.23	35.71	132
170707	2017	7	5	20	7	7	8	151.4	19.2	36	12	上游	7	6	8	7	7	20	7	17	8	264	28.8	28.8	1 320	1 320	1 199	11.0	0.07	34.43	48
180819	2018	8	18	8	8	20	8	238.3	53.6	48	24	下游	8	18	8	8	19	20	8	27	20	228	72.6	72.6	2 085	2 085	1 199	17.4	0.07	35.63	18
190808	2019	8	7	2	8	15	8	210.6	90.5	198	30	下游	8	8	14	8	8	20	8	16	8	186	29.6	29.6	886	886	1 199	7.4	0.04	34.57	36
200807	2020	8	6	2	8	14	14	182.7	78.8	204	18	下游	8	6	2	8	7	20	8	15	8	222	118	118	3 278	3 278	1 199	27.3	0.15	35.40	18

表 28-3　万福河孙庄站降雨径流预报精度评定表

序号	洪号	流域平均雨量 P（mm）	前期影响雨量 P_a（mm）	$P+P_a$（mm）	径流深 $R_实$（mm）	预报径流深 $R_预$（mm）	预报误差（mm）	许可误差（mm）	评定结果		说明	序号	洪号	流域平均雨量 P（mm）	前期影响雨量 P_a（mm）	$P+P_a$（mm）	径流深 $R_实$（mm）	预报径流深 $R_预$（mm）	预报误差（mm）	许可误差（mm）	评定结果		说明
									合格	不合格											合格	不合格	
1	710630	143.0	57.0	200.0	45.7	42.8	−2.9	9.1	√			23	780725	106.6	43.2	149.8	13.9	14.8	0.9	3.0	√		
2	710710	70.2	96.7	166.9	23.1	22.5	−0.6	4.6	√			24	830712	57.7	60.4	118.1	8.0	5.9	−2.1	3.0	√		
3	710822	116.0	65.8	181.8	39.6	30.9	−8.7	7.9		√		25	870809	75.8	52.5	128.3	8.1	7.9	−0.2	3.0	√		
4	720703	51.2	7.6	58.8	1.5	1.9	0.4	3.0	√			26	930807	111.7	36.0	147.7	14.4	14.1	−0.3	3.0	√		
5	720729	52.4	23.4	75.8	3.5	2.5	−1.0	3.0	√			27	950830	55.6	77.6	133.2	9.3	9.3	0.0	3.0	√		
6	720827	33.7	27.8	61.5	0.9	2.0	1.1	3.0	√			28	980816	70.9	120.0	190.9	25.5	36.8	11.3	5.1		√	
7	720902	114.0	29.7	143.7	17.5	12.6	−4.9	3.5		√		29	030906	165.9	111.6	277.5	40.8	36.8	−4.0	8.2	√		
8	730702	23.6	25.0	48.6	2.7	1.5	−1.2	3.0	√			30	040828	148.3	62.9	211.2	52.2	50.9	−1.3	10.4	√		
9	730715	55.4	34.5	89.9	6.6	3.7	−2.9	3.0	√			31	040818	58.7	97.7	156.4	15.5	17.6	2.1	3.1	√		
10	730729	146.3	36.9	183.2	33.8	31.8	−2.0	6.8	√			32	050922	137.3	108.6	245.9	72.9	77.7	4.8	14.6	√		
11	740810	25.1	103.0	128.1	5.4	7.9	2.5	3.0	√			33	080724	132.8	75.7	208.5	12.5	14.2	1.7	3.0	√		
12	750815	33.1	33.3	66.4	3.0	2.2	−0.8	3.0	√			34	100911	121.5	70.9	192.4	34.4	37.8	3.4	6.9	√		
13	750921	78.7	54.0	132.7	4.8	9.1	4.3	3.0		√		35	110917	183.2	34.8	218.0	59.2	56.0	−3.2	11.8	√		
14	760713	13.6	37.7	51.3	0.9	1.6	0.7	3.0	√			36	120709	193.6	2.3	195.9	30.7	40.1	9.4	6.1		√	
15	760715	51.9	43.5	95.4	4.4	3.7	−0.7	3.0	√			37	130529	103.4	11.4	114.8	16.5	5.4	−11.1	3.3		√	
16	760722	51.7	56.6	108.3	4.2	4.7	0.5	3.0	√			38	130705	109.6	2.7	112.3	14.0	5.0	−8.9	3.0		√	
17	760813	111.1	28.7	139.8	8.5	11.2	2.7	3.0	√			39	150630	146.5	8.2	154.7	15.0	16.9	1.9	3.0	√		
18	760819	61.7	88.6	150.3	9.5	7.9	−1.6	3.0	√			40	160720	214.5	43.3	257.8	50.3	26.6	−23.7	10.1		√	
19	770711	116.8	36.4	153.2	14.4	16.2	1.8	3.0	√			41	170707	151.4	19.2	170.6	11.0	9.8	−1.3	3.0	√		
20	770720	60.4	90.5	150.9	10.8	15.3	4.5	3.0		√		42	180819	238.3	53.6	291.9	17.4	45.2	27.8	3.5		√	
21	780704	124.0	30.4	154.4	12.1	16.7	4.6	3.0		√		43	190808	210.6	90.5	301.1	7.4	50.9	43.5	3.0		√	
22	780714	80.6	84.4	165.0	18.3	21.6	3.3	3.7	√			44	200807	182.7	78.8	261.5	27.3	28.2	0.9	5.5	√		

备注：1. 预报误差 = 预报值 − 实测值；2. 许可误差 = 实测值的 20%，以 20.0 mm 为上限，以 3.0 mm 为下限；3. 方案合格率为 73%，属乙级方案。

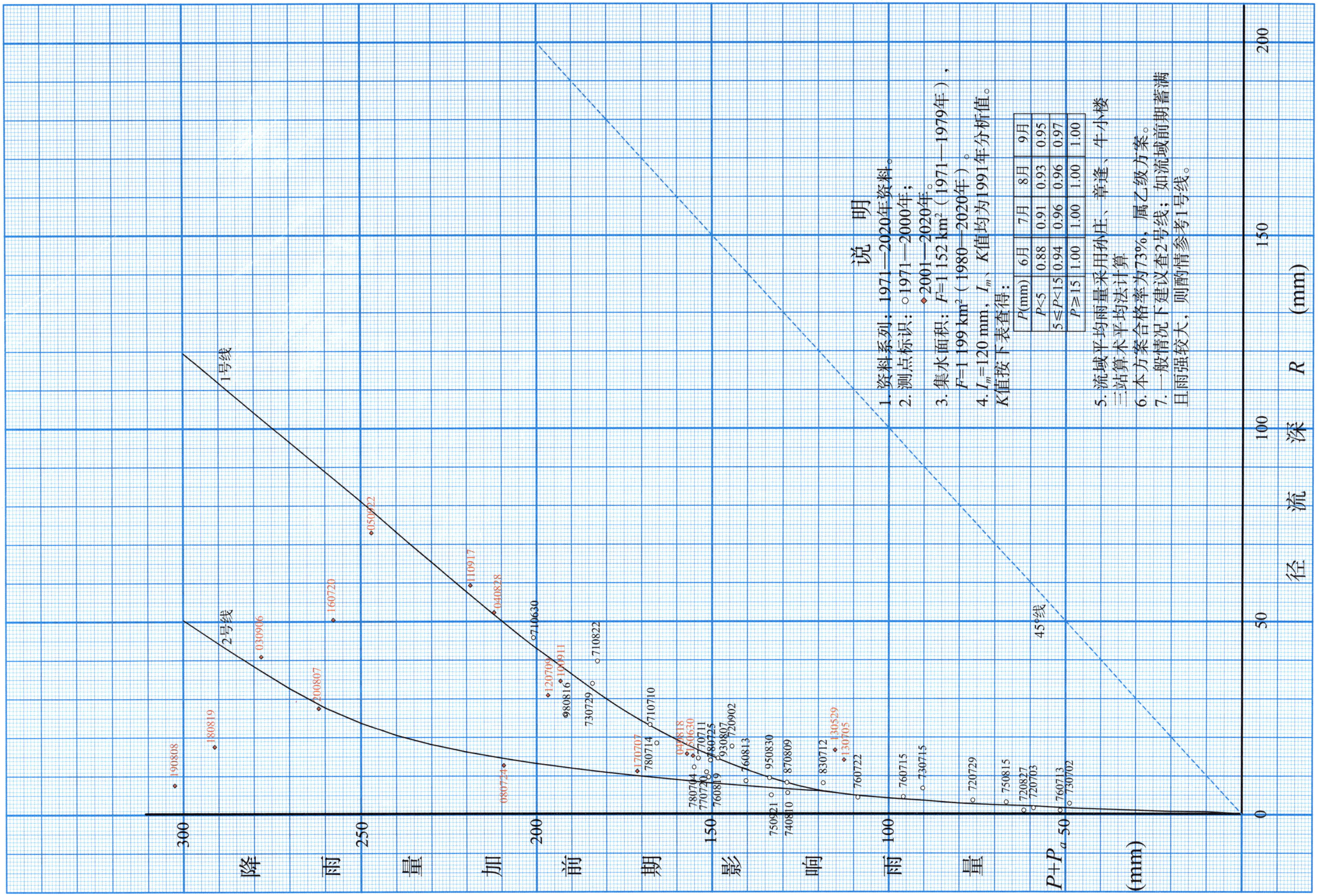

图 28-2　万福河孙庄站降雨径流相关图

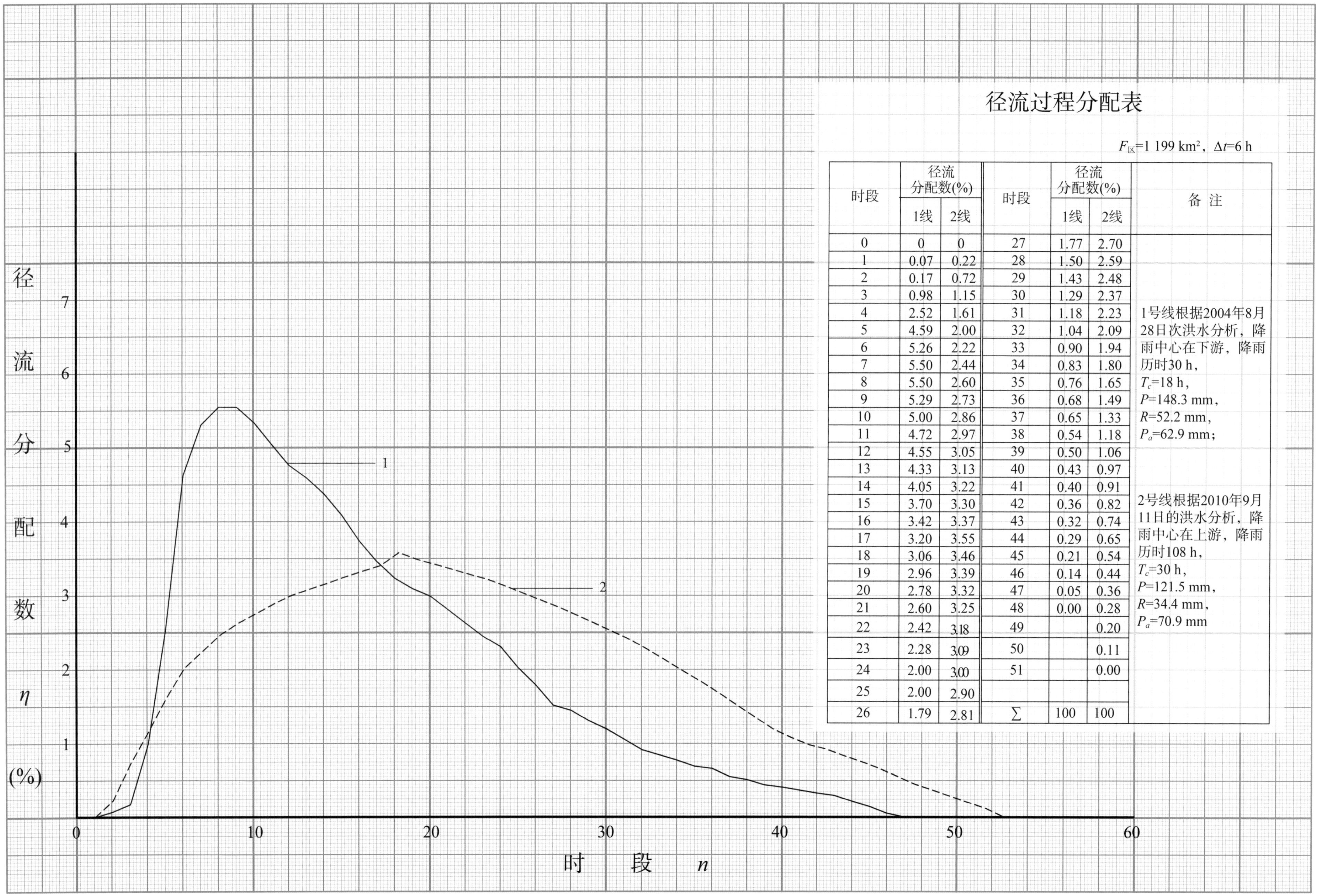

径流过程分配表

$F_{区}$=1 199 km², Δt=6 h

时段	径流分配数(%)		时段	径流分配数(%)		备 注
	1线	2线		1线	2线	
0	0	0	27	1.77	2.70	
1	0.07	0.22	28	1.50	2.59	
2	0.17	0.72	29	1.43	2.48	
3	0.98	1.15	30	1.29	2.37	
4	2.52	1.61	31	1.18	2.23	1号线根据2004年8月28日次洪水分析，降雨中心在下游，降雨历时30 h，T_c=18 h，P=148.3 mm，R=52.2 mm，P_a=62.9 mm；
5	4.59	2.00	32	1.04	2.09	
6	5.26	2.22	33	0.90	1.94	
7	5.50	2.44	34	0.83	1.80	
8	5.50	2.60	35	0.76	1.65	
9	5.29	2.73	36	0.68	1.49	
10	5.00	2.86	37	0.65	1.33	
11	4.72	2.97	38	0.54	1.18	
12	4.55	3.05	39	0.50	1.06	
13	4.33	3.13	40	0.43	0.97	
14	4.05	3.22	41	0.40	0.91	
15	3.70	3.30	42	0.36	0.82	2号线根据2010年9月11日的洪水分析，降雨中心在上游，降雨历时108 h，T_c=30 h，P=121.5 mm，R=34.4 mm，P_a=70.9 mm
16	3.42	3.37	43	0.32	0.74	
17	3.20	3.55	44	0.29	0.65	
18	3.06	3.46	45	0.21	0.54	
19	2.96	3.39	46	0.14	0.44	
20	2.78	3.32	47	0.05	0.36	
21	2.60	3.25	48	0.00	0.28	
22	2.42	3.18	49		0.20	
23	2.28	3.09	50		0.11	
24	2.00	3.00	51		0.00	
25	2.00	2.90				
26	1.79	2.81	∑	100	100	

图 28–3　万福河孙庄站径流分配过程线图

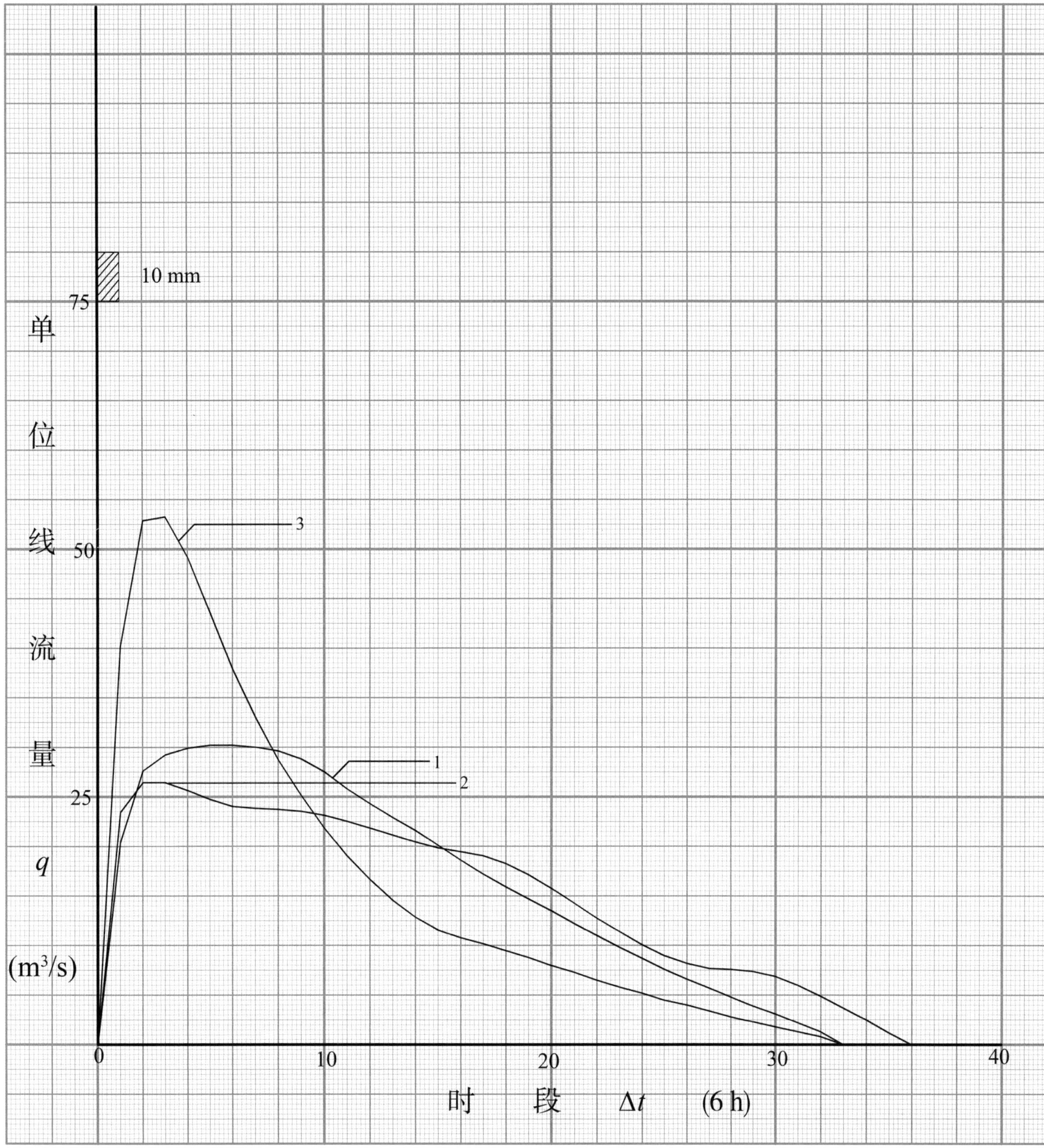

单位线成果表

$F_{区}$=1 199 km^2，Δt=6 h

时段	单位线流量 q (m^3/s)			备 注
	1线	2线	3线	
0	0	0	0	
1	20.4	23.5	40.3	1号线根据120709、170707场次洪水综合分析得到，暴雨中心在上游；
2	27.6	26.5	53	
3	29.2	26.5	53.4	
4	29.9	25.7	49.3	
5	30.2	24.8	43.7	
6	30.2	24.1	38	
7	30	23.9	33.1	2号线根据130705、160720场次洪水综合分析得到，暴雨中心在中游；
8	29.6	23.8	28.8	
9	28.8	23.6	25.2	
10	27.5	23.2	21.9	
11	25.8	22.6	19.1	
12	24.3	21.9	16.7	
13	22.9	21.2	14.6	3号线根据180819、200807场次洪水综合分析得到，暴雨中心在下游
14	21.6	20.5	12.9	
15	20.1	19.9	11.6	
16	18.6	19.5	10.8	
17	17.2	19.1	10.2	
18	15.9	18.3	9.5	
19	14.7	17.2	8.8	
20	13.5	15.8	8	
21	12.2	14.3	7.3	
22	11	12.8	6.5	
23	9.8	11.4	5.8	
24	8.7	10.1	5.2	
25	7.6	9	4.5	
26	6.6	8.2	4	
27	5.7	7.7	3.4	
28	4.8	7.6	2.8	
29	3.9	7.4	2.3	
30	3.1	6.9	1.8	
31	2.2	6	1.3	
32	1.3	4.9	0.8	
33	0	3.7	0	
34		2.5		
35		1.2		
36		0		
37				
38				
Σ	555	555	555	

图 28–4　万福河孙庄站单位线图

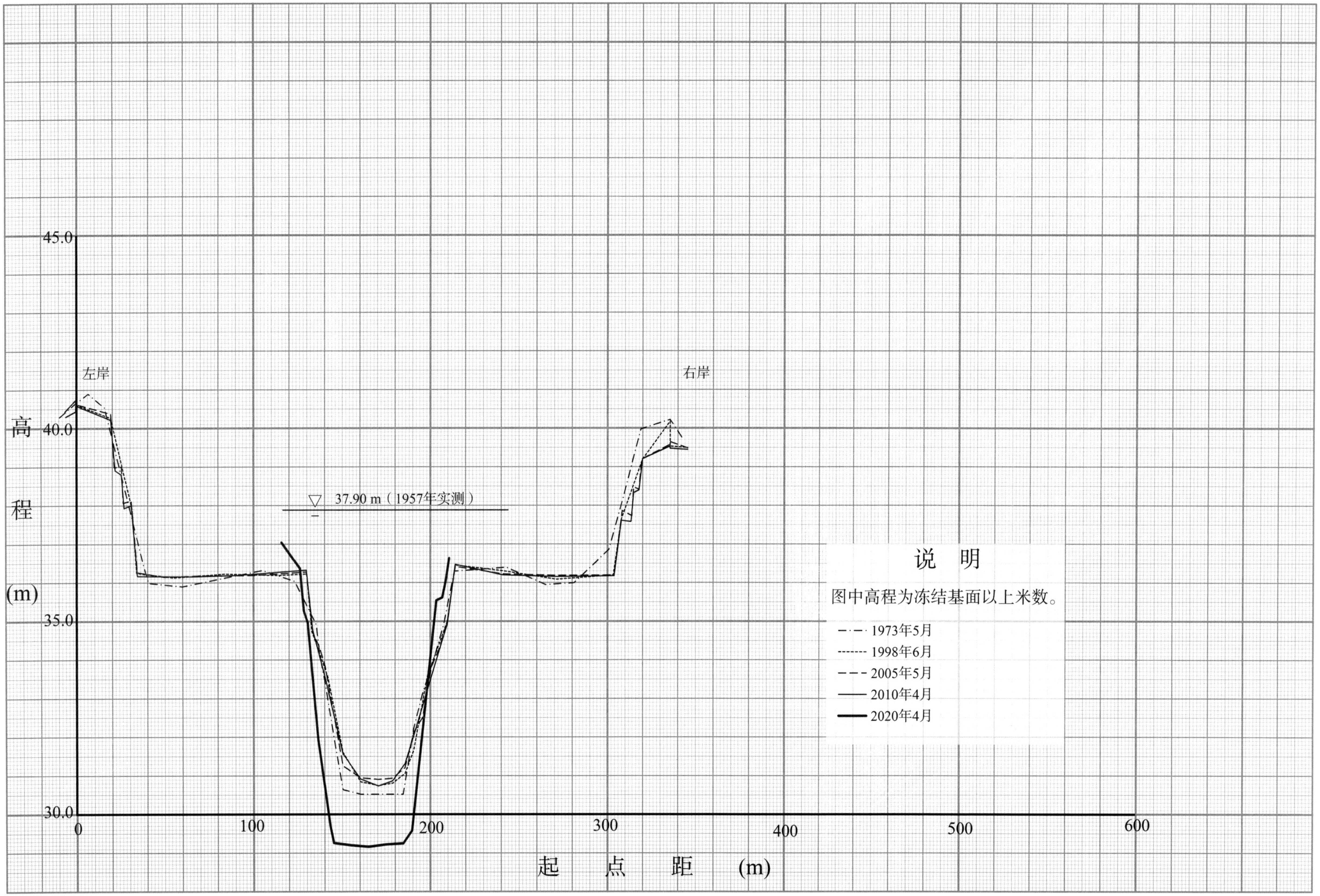

图 28-5 万福河孙庄站大断面图

第二十九章　东鱼河鱼台站水文预报编制说明

1　流域概况

1.1　流域自然地理特征

东鱼河原名万南新河（曾更名为红卫河，1985 年改名东鱼河），是 1967—1968 年新开挖的一条大型河道，它有三条较大的支流（东鱼河北支、东鱼河南支、胜利河）以及六条较小的支流，并接受河南省 800 km^2 的来水，是南四湖湖西区最大的排水河道。

东鱼河发源于菏泽市东明县西南部，由西向东流经菏泽市定陶区、成武县、单县、金乡县等县（区），入鱼台县流经鱼台站，它西靠黄河，北与万福河、洙赵新河流域相邻，南与黄河故道接壤，1968—1970 年流域面积为 4 933 km^2；1971 年东鱼河北支开挖，流域面积为 6 287 km^2；后来重新量定为 5 988 km^2；2005 年断面下迁至鱼台县唐马镇，流域面积改为 5 998 km^2。

本流域地形西高东低，上游地面比降较陡，一般在 1/3 000 ~ 1/5 000，下游平缓，一般在 1/10 000 左右，是华北平原区的一部分。本流域地貌属徐蚌凹折带，长期以来处于下降状态。土壤以沙土和沙壤土为主，低洼地区有部分黏土，另外，局部地区有盐碱土。自然植被较少，树林、草皮覆盖约占整个流域面积的 10%，农作物覆盖占 80%，其余为暴露地面。上游地面比降较陡，土质松软，故水土流失比较严重，本站河床淤积厚度达 2.0 m，低水时造成断面双股水流。

东鱼河鱼台站以上流域图详见图 29–1。

1.2　水利工程情况

本站上游干支流建有拦河节制闸 12 座，其中干流 7 座，分别为唐马闸、徐寨闸、张庄闸、新城闸、路菜园闸、张湾闸、大杨湖闸；南支 1 座，即李庙闸；北支 7 座，分别为楚楼闸、裴河闸、马庄闸、杨店闸、刘士宽闸、袁旗营闸、唐马闸。其中，徐寨闸 26 孔，闸门为直升矩形，闸底高程为 35.09 m，闸门尺寸为 6 m × 4 m，闸门以上控制面积 5 028 km^2。

东鱼河鱼台站上游水利工程基本情况（废黄河口基面）见表 29–1，徐寨闸闸上水位（废黄河口基面）和蓄水量关系见表 29–2。

表 29–1　东鱼河鱼台站上游水利工程基本情况表

闸坝名称	到河口距离（km）	设计			
		防洪水位（m）	防洪流量（m^3/s）	蓄水深（m）	蓄水量（万 m^3）
大杨湖闸	138.35	55.55	204	3	63.0
张湾闸		53.70	204	4	56.7
路菜园闸	115.8	51.00	375	3.3	94.4
新城闸	86				
张庄闸	72	43.65	1 560	46	570
徐寨闸	53	41.95	2 170	3.3	1 230
唐马闸	11		2 490		1 094.5

表 29–2　徐寨闸闸上水位（废黄河口基面）和蓄水量关系

水位（m）	35.14	35.19	35.24	35.29	35.34	35.39
蓄水量（万 m^3）	24	88	200	340	510	700

1.3　测站概况

鱼台站设立于 1968 年 6 月。测验断面为复式河槽，断面规则，上游河段顺直，洪水在水位 37.00 m 时漫滩，冲淤较严重，水位在 34.80 m 以下时，造成两股水流，测站基本水尺距昭阳湖湖口 27 km，受湖水顶托影响严重。本站冻结基面为废黄河口基面，其换算关系为：1956 年黄海基面高程 = 冻结基面高程 −0.002 m。迁站以后，1985 年国家高程基准高程 = 冻结基面 +0.000 m。

1.4　流域雨水情特点

据多年资料统计，流域多年平均年降水量为 706.1 mm，降水量年际变化较大，年内分布也不均匀，汛期 6—9 月份多年平均降水量为 502.4 mm，占年降水量的 71% 左右。流域最大 1 h 雨量为 55.4 mm，最大 6 h 雨量为 116.3 mm，最大 24 h 雨量为 191.0 mm。

历史最大洪水：

1973 年 7 月 29 日，Q_m=910 m^3/s，Z_m=36.91 m；

2005 年 9 月 22 日，Q_m=745 m^3/s，Z_m=35.41 m；

2006 年 7 月 2 日，Q_m=524 m^3/s，Z_m=34.89 m。

2010 年之后最大洪水：

2020 年 8 月 8 日，P=297.7 mm，P_a=57.3 mm，Q_m=356 m^3/s，Z_m=35.02 m（冻结基面）。

2　预报方案编制

2.1　资料情况及方案沿革

2.1.1　资料情况

鱼台站水文预报方案于 1981 年分析编制，又于 1991 年、1999 年、2010 年分别进行了预报方案的修订。本次修订除选用之前分析的 1971—2010 年共 34 场次暴雨洪水外，另外补充了 2011—2020 年 9 场次暴雨洪水进行分析，即资料系列为 1971—2020 年，共 43 场次洪水。鱼台站降雨径流分析成果见表 29–3。

2.1.2 方案沿革

原方案中产流方案采用降雨径流相关图 $P+P_a-R$，汇流方案采用径流分配过程线，单位线由地区综合瞬时单位线计算而得。本次修订，在原产流方案降雨径流相关图 $P+P_a-R$ 中增加了 6 个点据，增加了一条 2 号线；原汇流方案径流分配过程线保持不变，原单位线保持不变。

2.2 产流方案

产流方案采用降雨径流相关图 $P+P_a-R$，详见图 29–2。选用了 42 场次洪水资料进行点绘分析，2000 年以后点据位置显著偏左，相应径流深 R 值偏小，尤其 2010 年以后更为明显，因此根据点据分布情况，点绘了 2010 年前后两条曲线。120709 场次洪水点据偏离过远，未参与定线。本方案合格率为 85.7%，属甲级方案，详见表 29–4。

突出点据分析：850915 场次洪水，由于接近汛末，上游闸坝蓄水量增大，R 值偏小；950831 场次洪水为复式洪水，前期径流不易分割，有偏大的可能，因而造成 R 值偏小；060704 场次洪水，由于进入汛期，上游闸坝蓄水量大，开闸放水导致 R 值偏大；120709 场次洪水，由于上游闸坝蓄水量大，开闸放水，致使 R 值偏大。

2.3 汇流方案

本方案利用 1972 年 7 月、1993 年 8 月及 2006 年 7 月洪水分析了三条单位线，又根据 1976 年 8 月、2004 年 8 月及 2005 年 8 月洪水资料点绘径流分配过程线。东鱼河鱼台站单位线图详见图 29–3，东鱼河鱼台站径流分配过程线图见图 29–4。

2.4 大断面图

本次绘制了 1973 年、1985 年、1998 年及 2010 年、2020 年的实测大断面图，以分析河道断面变化情况。东鱼河鱼台站大断面图详见图 29–5。

3 方案使用说明

3.1 产流方案

由各代表站雨量算术平均计算流域平均降水量 P，加上流域平均前期影响雨量 P_a，查降雨径流相关图（$P+P_a-R$），得到该次降水形成的地表径流深 R。一般情况下建议查 2 号线，如流域前期蓄满且雨强较大，则酌情参考 1 号线。

3.2 汇流方案

根据该次降雨的雨型，选择适当的径流分配过程线或经验单位线，如选用径流分配过程线，以次净雨乘以流域集水面积，即得 $\sum Q=RF/(3.6\Delta t)$，再乘以径流分配过程线，得出流域出口断面的净流量过程，加上基流，即为该次降雨在出口断面的流量过程；如选用经验单位线，则以次净雨乘以经验单位线，得出各时段净雨在流域出口断面的流量过程，然后错时段叠加，再加上基流，即为该次降雨在出口断面的流量过程。

3.3 使用方案注意事项

东鱼河流域集水面积较大，地形复杂，上游闸坝较多，又无开关闸时的资料，因而对流域出口断面的洪水过程有较大影响。在进行作业预报时，应考虑其上游闸坝蓄、放水情况。

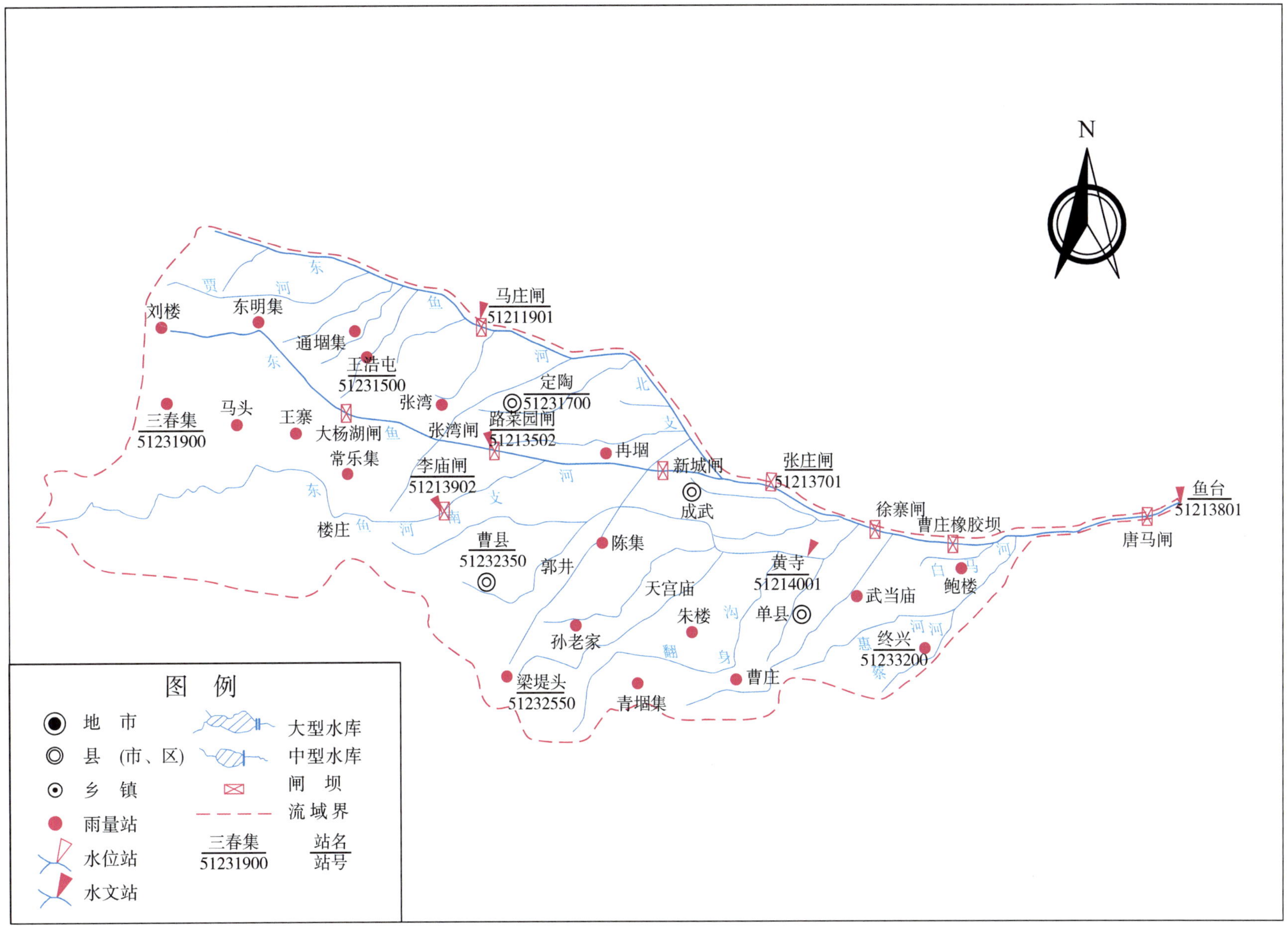

图 29-1 东鱼河鱼台站以上流域图

表 29-3　东鱼河鱼台站降雨径流分析成果表

洪号	降雨起讫时间							流域平均雨量 P（mm）	前期影响雨量 P_a（mm）	降雨历时（h）		暴雨中心位置	洪水发生时间									洪水历时 $T_{洪}$（h）	洪峰流量 Q_m（m³/s）	净峰流量 $Q_{m净}$（m³/s）	洪水总量 $W_{总}$（万 m³）	地表径流总量 W（万 m³）	集水面积 F（km²）	径流深 R（mm）	径流系数 α	最高水位 Z_m（m）	起涨至峰现时距 t_p（h）
	起				讫					全部 T	有效 T_c		起涨			洪峰			落平												
	年	月	日	时	月	日	时						月	日	时	月	日	时	月	日	时										
710626	1971	6	25	2	6	25	20	83.6	23.3	18	12	中游	6	26	2	6	26	7	7	1	4	122	433	433	4 436	4 436	5 988	7.4	0.09	35.3	5
710629	1971	6	28	20	7	1	8	141.5	86.1	60	18	中游	6	29	4	6	29	18	7	6	17	205	686	661	13 612	13 126	5 988	21.9	0.15	36.04	14
710710	1971	7	9	8	7	10	8	58.2	74.0	24	14	下游	7	9	22	7	10	16	7	16	20	166	472	472	6 685	6 685	5 988	11.2	0.19	35.78	18
710822	1971	8	21	2	8	22	2	99.4	61.4	24	18	上游	8	21	8	8	22	8	8	27	0	136	630	595	11 216	9 376	5 988	15.7	0.16	36.10	24
710904	1971	9	2	8	9	3	8	31.2	84.9	24	12	上游	9	2	14	9	4	0	9	12	0	226	226	202	4 669	4 410	5 988	7.4	0.24	35.21	10
720703	1972	7	1	14	7	2	8	68.4	8.7	18	12	上游	7	2	12	7	3	3	7	7	10	118	326	308	4 282	3 870	5 988	6.5	0.10	35.21	15
720706	1972	7	6	2	7	6	8	36.0	54.7	6	6	上游	7	6	8	7	6	2	7	11	0	112	376	358	4 438	3 916	5 988	6.5	0.18	35.67	16
720710	1972	7	9	2	7	10	2	32.5	76.2	24	14	上游	7	9	18	7	10	8	7	13	8	86	149	139	3 191	3 072	5 988	5.1	0.16	35.05	14
720730	1972	7	28	8	7	29	20	58.6	21.5	36	18	上游	7	29	14	7	30	18	8	3	6	112	160	146	3 946	3 259	5 988	5.4	0.09	35.14	28
720902	1972	9	1	2	1	2	8	109.0	61.9	30	18	下游	9	1	2	9	2	15	9	7	0	142	457	447	8 529	8 011	5 988	13.4	0.12	35.97	37
730715	1973	7	14	20	7	15	14	55.4	56.3	18	12	上游	7	14	18	7	15	20	7	19	8	110	459	430	6 786	5 420	5 988	9.0	0.16	36.13	26
730729	1973	7	28	8	7	29	8	100.3	53.2	24	12	下游	7	29	0	7	29	14	8	2	8	104	910	870	12 357	10 594	5 988	17.7	0.18	36.91	14
740809	1974	8	3	14	8	8	2	78.4	52.7	108	48	普雨	8	4	22	8	9	8	8	15	12	254	109	109	4 407	4 407	5 988	7.4	0.09	35.20	106
760715	1976	7	14	14	7	15	8	45.8	37.5	18	12	普雨	7	14	16	7	15	20	7	19	18	122	65.0	65	1 680	1 680	5 988	2.8	0.06	35.07	28
760819	1976	8	17	14	8	19	2	75.9	103.6	36	18	下游	8	17	16	8	19	6	8	22	20	124	552	467	12 269	8 363	5 988	14.0	0.18	36.66	38
770712	1977	7	10	8	7	11	8	104.8	40.9	24	18	普雨	7	10	16	7	12	4	7	18	14	190	244	242	4 617	4 343	5 988	7.3	0.07	36.05	36
780703	1978	7	1	8	7	3	2	126.3	31.7	42	18	上游	7	2	6	7	3	16	7	9	0	162	520	515	8 669	8 334	5 988	13.9	0.11	36.96	34
780725	1978	7	24	20	7	25	8	49.6	46.5	12	6	下游	7	24	20	7	25	16	7	31	0	148	190	190	4 298	4 298	5 988	7.2	0.15	35.92	20
790710	1979	7	9	2	7	9	20	59.3	60.2	18	12	下游	7	9	6	7	10	4	7	16	20	182	183	181	3 714	3 386	5 988	5.7	0.10	36.23	22
790725	1979	7	24	8	7	24	20	33.8	58.1	12	12	中游	7	24	8	7	25	15	7	30	8	144	326	304	5 654	4 355	5 988	7.3	0.22	36.60	31
800824	1980	8	23	20	8	24	14	68.1	48.5	18	12	下游	8	24	10	8	24	22	8	30	12	146	192	192	3 444	3 444	5 988	5.8	0.09	36.38	12
820710	1982	7	8	20	7	9	20	56.3	4.6	24	12	上游	7	10	6	7	10	17	7	15	0	114	186	175	2 981	2 406	5 988	4.0	0.07	36.50	11
820812	1982	8	10	8	8	13	2	97.5	79.5	66	36	普雨	8	11	8	8	12	20	8	20	0	208	268	238	11 286	8 487	5 988	14.2	0.15	36.75	36
850824	1985	8	22	8	8	22	20	112.4	32.6	12	12	上游	8	22	16	8	24	12	9	2	0	248	236	228	8 611	7 495	5 988	12.5	0.11	36.98	44
850918	1985	9	14	8	8	17	8	116.5	98.6	72	30	普雨	9	15	8	9	18	16	9	25	0	232	272	223	10 866	6 806	5 988	11.4	0.10	36.99	80
930806	1993	8	4	8	8	5	8	135.4	22.9	24	12	普雨	8	5	20	8	6	20	8	24	8	444	163	163	55 401	5 540.1	5 988	9.3	0.07	37.02	24
950831	1995	8	29	8	8	30	8	53.5	89.7	24	6	普雨	8	29	8	8	31	20	9	11	8	312	72.0	62.6	3 362	2 890.6	5 988	4.8	0.09	36.54	60
030904	2003	8	29	2	9	4	8	154.4	130.0	150	—	普雨	8	29	9	9	4	20	9	10	0	279	308	308	21 896	21 896	5 988	36.6	0.24	36.88	—
040818	2004	8	15	8	8	17	8	62.4	99.5	48	12	普雨	8	16	8	8	18	9.4	8	25	8	216	332	271	12 936	8 417.6	5 988	14.1	0.23	35.71	49.4
040828	2004	8	26	8	8	28	8	137.9	76.8	48	30	下游	8	26	8	8	28	22	9	4	20	228	467	411	17 765	13 082	5 988	21.8	0.16	36.27	62
050831	2005	8	29	0	8	29	18	60.2	54.7	18	12	中下游	8	31	0	8	31	18	9	4	0	96	218	179	6 178	2 892.1	5 998	4.8	0.08	34.46	—
050922	2005	9	19	8	9	21	8	164.2	120.0	48	30	中下游	9	19	18	9	22	12	9	27	18	192	745	674	34 268	21 095	5 998	35.2	0.21	35.41	—
060704	2006	7	2	12	7	3	18	100.9	48.7	30	18	普雨	7	3	6	7	4	18	7	11	6	192	524	447	19 049	14 098	5 998	23.5	0.23	34.89	—

续表

洪号	降雨起讫时间							流域平均雨量 P（mm）	前期影响雨量 P_a（mm）	降雨历时（h）		暴雨中心位置	洪水发生时间									洪水历时 $T_{洪}$（h）	洪峰流量 Q_m（m³/s）	净峰流量 $Q_{m净}$（m³/s）	洪水总量 $W_{总}$（万 m³）	地表径流总量 W（万 m³）	集水面积 F（km²）	径流深 R（mm）	径流系数 α	最高水位 Z_m（m）	起涨至峰现时距 t_p（h）
	起				讫					全部 T	有效 T_c		起涨			洪峰			落平												
	年	月	日	时	月	日	时						月	日	时	月	日	时	月	日	时										
090714	2009	7	10	18	7	13	18	58.8	56.4	72	12	下游	7	13	12	7	14	6	7	15	18	54	376	349	4 508.8	3 387.7	5 998	5.7	0.10	34.37	—
110807	2011	8	6	8	8	8	14	45.7	111.0	54	12	上游	8	7	8	8	7	14	8	11	2	90	153	153	1 608	1 608	5 998	2.7	0.06	34.05	—
110919	2011	9	14	8	9	20	2	135.8	53.1	138	36	中游	9	15	2	9	19	20	9	27	2	288	152	152	5 872	5 872	5 998	9.8	0.07	34.56	—
120709	2012	7	4	8	7	11	8	177.0	2.5	168	42	中游	7	4	8	7	9	14	7	21	2	402	286	286	16 021	16 021	5 998	26.7	0.15	34.41	—
130709	2013	7	1	8	7	7	8	117.3	3.5	144	24	中游	7	3	2	7	9	8	7	13	20	258	152	152	4 199	4 199	5 998	7.0	0.06	33.94	—
160722	2016	7	14	14	7	21	2	216.5	46.2	156	24	上游	7	15	2	7	22	8	8	6	2	528	177	177	11 774	11 774	5 998	19.6	0.09	33.97	—
170707	2017	7	6	2	7	7	14	116.4	12.1	36	12	上游	7	6	2	7	7	8	7	14	8	198	181	181	2 621	2 621	5 998	4.4	0.04	34.27	—
180820	2018	8	18	2	8	23	8	233.9	75.0	126	24	中游	8	19	8	8	20	8	8	30	20	276	320	320	12 848	12 848	5 998	21.4	0.09	35.21	—
190813	2019	8	10	20	8	13	2	98.1	111.5	54	24	中游	8	11	20	8	13	8	8	18	20	168	79.4	79.4	2 279	2 279	5 998	3.8	0.04	34.11	—
200808	2020	8	1	20	8	22	2	297.7	57.3	486	60	上游	8	1	20	8	8	14	8	28	14	642	356	356	20 675	20 675	5 998	34.5	0.12	35.02	—

表 29-4　东鱼河鱼台站降雨径流预报精度评定表

序号	洪号	降雨量 P（mm）	前期影响雨量 P_a（mm）	$P+P_a$（mm）	实测径流深 $R_{实}$（mm）	预报径流深 $R_{预}$（mm）	预报误差（mm）	许可误差（mm）	评定结果		说明	序号	洪号	降雨量 P（mm）	前期影响雨量 P_a（mm）	$P+P_a$（mm）	实测径流深 $R_{实}$（mm）	预报径流深 $R_{预}$（mm）	预报误差（mm）	许可误差（mm）	评定结果		说明
									合格	不合格											合格	不合格	
1	710626	83.6	23.3	106.9	7.4	6.9	−0.5	3.0	√			23	820812	97.5	79.5	177.0	14.2	13.6	−0.6	3.0	√		
2	710629	141.5	86.1	227.6	21.9	21.9	0	4.4	√			24	850824	112.4	32.6	145.0	12.5	10.2	−2.3	3.0	√		
3	710710	58.2	74.0	132.2	11.2	8.2	−3.0	3.0	√			25	850918	116.5	98.6	215.1	11.4	11.7	0.3	3.0	√		
4	710822	99.4	61.4	160.8	15.7	11.8	−3.9	3.1		√		26	930806	135.4	22.9	158.3	9.3	11.6	2.3	3.0	√		
5	710904	31.2	84.9	116.1	7.4	8.0	0.6	3.0	√			27	950831	53.5	89.7	143.2	4.8	7.1	2.3	3.0	√		
6	720703	68.4	8.7	77.1	6.5	4.8	−1.7	3.0	√			28	030904	154.4	130.0	284.4	36.6	35.8	−0.8	7.3	√		
7	720706	36.0	54.7	90.7	6.5	5.8	−0.7	3.0	√			29	040818	62.4	99.5	161.9	14.1	11.9	−2.2	3.0	√		
8	720710	32.5	76.2	108.7	5.1	7.2	2.1	3.0	√			30	040828	137.9	76.8	214.7	21.8	19.3	−2.5	4.4	√		
9	720730	58.6	21.5	80.1	5.4	5.0	−0.4	3.0	√			31	050831	60.2	54.7	114.9	4.8	7.7	2.9	3.0	√		
10	720902	109.0	61.9	170.9	13.4	12.8	−0.6	3.0	√			32	050922	164.2	120.0	284.2	35.2	35.8	0.6	7.0	√		
11	730715	55.4	56.3	111.7	9.0	7.5	−1.5	3.0	√			33	060704	100.9	48.7	149.6	23.5	10.8	−12.7	4.7		√	
12	730729	100.3	53.2	153.5	17.7	11.0	−6.7	3.5		√		34	090714	58.8	56.4	115.2	5.7	7.8	2.1	3.0	√		
13	740809	78.4	52.7	131.1	7.4	9.0	1.6	3.0	√			35	110807	45.7	111.0	156.7	2.7	7.9	5.2	3.0		√	2 号线
14	760715	45.8	37.5	83.3	2.8	5.2	2.4	3.0	√			36	110919	135.8	53.1	188.9	9.8	9.9	0.1	3.0	√		2 号线
15	760819	75.9	103.6	179.5	14.0	13.8	−0.2	3.0	√			37	120709	177.0	2.5	179.5	26.7	9.3	−17.4	5.3			不参与定线
16	770712	104.8	40.9	145.7	7.3	10.2	2.9	3.0	√			38	130709	117.3	3.5	120.8	7.0	5.9	−1.1	3.0	√		2 号线
17	780703	126.3	31.7	158	13.9	11.3	−2.6	3.0	√			39	160722	216.5	46.2	262.7	19.6	15.7	−3.9	3.9	√		2 号线
18	780725	49.6	46.5	96.1	7.2	6.2	−1.0	3.0	√			40	170707	116.4	12.1	128.5	4.4	6.3	1.9	3.0	√		2 号线
19	790710	59.3	60.2	119.5	5.7	8.2	2.5	3.0	√			41	180820	233.9	75.0	308.9	21.4	21.1	−0.3	4.3	√		2 号线
20	790725	33.8	58.1	91.9	7.3	5.9	−1.4	3.0	√			42	190813	98.1	111.5	209.6	3.8	11.3	7.5	3.0		√	2 号线
21	800824	68.1	48.5	116.6	5.8	8.0	2.2	3.0	√			43	200808	297.7	57.3	355.0	34.5	26.8	−7.7	6.9		√	2 号线
22	820710	56.3	4.6	60.9	4.0	3.6	−0.4	3.0	√														

备注：1. 预报误差 = 预报值 − 实测值；2. 许可误差 = 实测值的 20%，以 20.0 mm 为上限，以 3.0 mm 为下限；3. 方案合格率为 85.7%，为甲级方案。

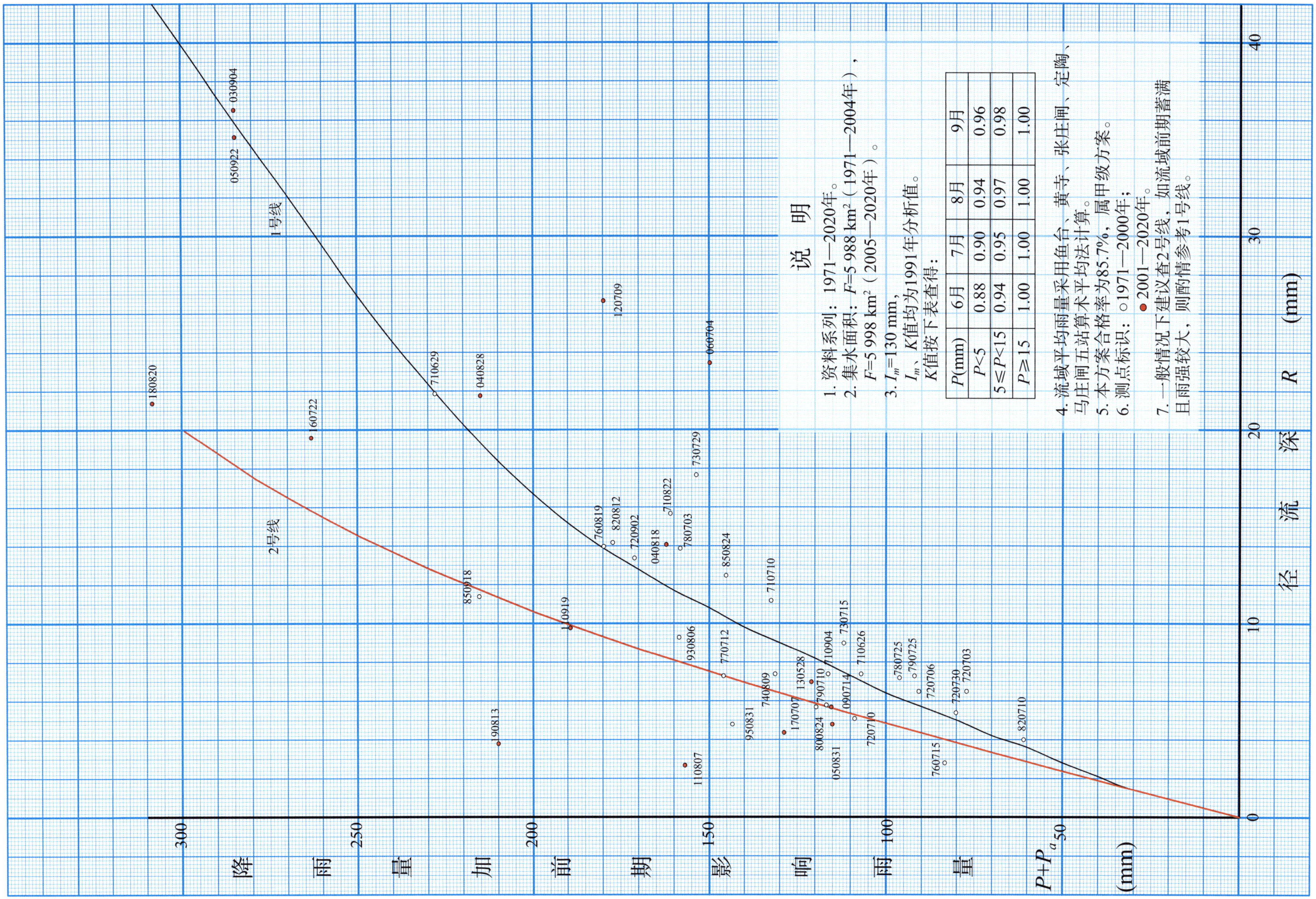

图 29-2 东鱼河鱼台站降雨径流相关图

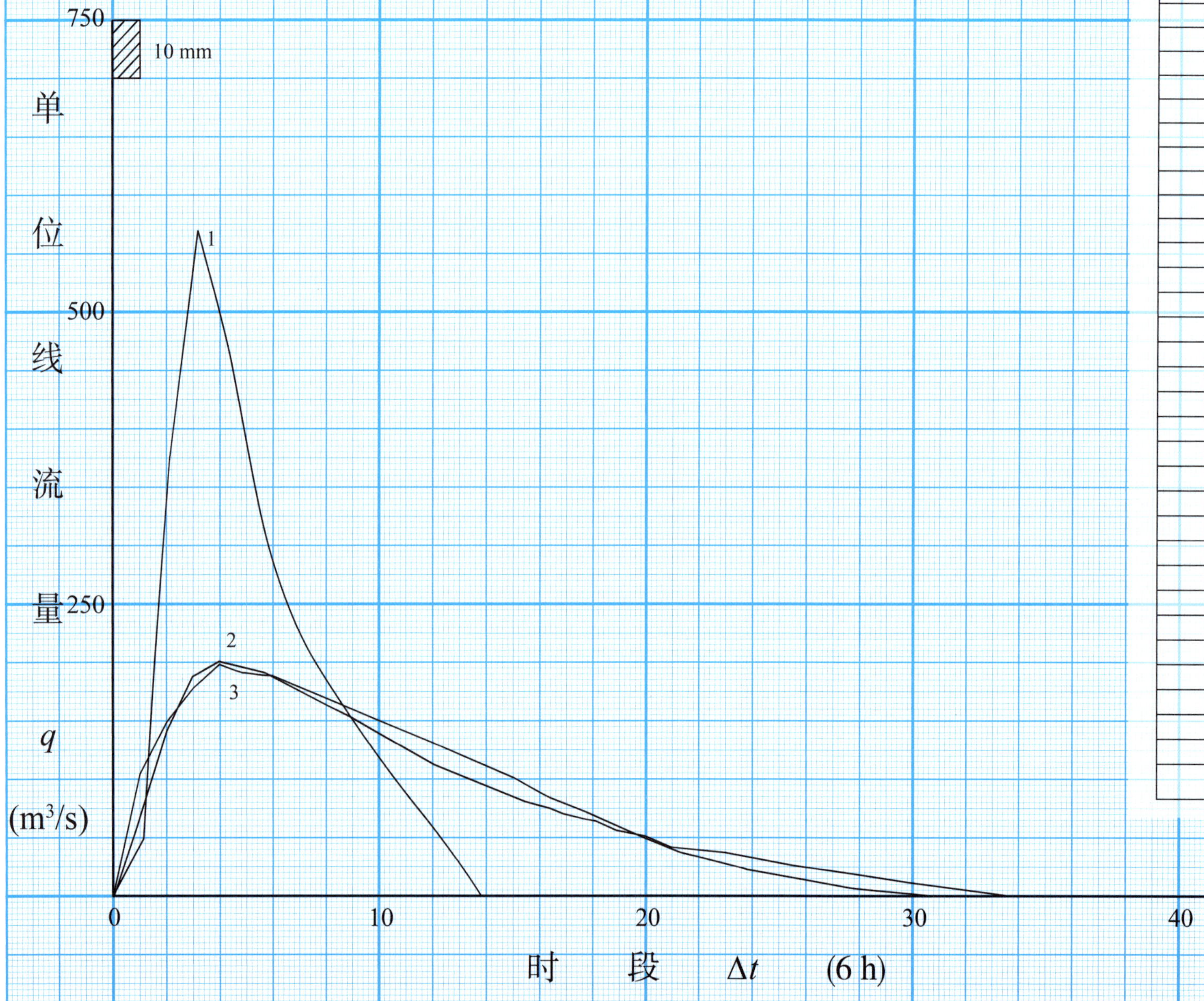

单位线成果表

$F_{区}$=5 998 km²，Δt=6 h

时段t	单位线流量q(m³/s)			备注
	1线	2线	3线	
0	0	0	0	
1	48.5	105	72.0	
2	369	148	142	
3	569	177	188	
4	482	197	200	
5	348	190	196	
6	258	187	188	
7	203	175	179	
8	166	163	170	1号线根据1972年7月6日洪水分析而得，降雨中心在上游，P=36.0 mm，P_a=54.7 mm，$Q_{m净}$=358m³/s，T_c=6 h；
9	132	153	160	
10	100	139	150	
11	67.3	127	140	
12	34.1	113	131	
13	0	104	122	
14		96.0	111	2号线根据1993年8月6日洪水分析而得，流域普遍降雨，P=135.4 mm，P_a=22.9 mm，$Q_{m净}$=163 m³/s，T_c=12 h；
15		85.7	102	
16		77.7	89.5	
17		70.6	78.3	
18		65.5	70.4	
19		57.2	59.6	
20		51.4	50.6	
21		42.7	41.1	3号线根据2006年7月4日洪水分析得到，流域普遍降雨，P=100.9 mm，P_a=48.7 mm，$Q_{m净}$=447 m³/s，T_c=18 h
22		40.6	33.6	
23		36.8	28.3	
24		32.7	22.4	
25		28.6	17.8	
26		25.4	13.9	
27		22.1	10.2	
28		18.8	6.5	
29		16.2	3.3	
30		12.3	0	
31		9.0		
32		6.4		
33		3.2		
34		0		
Σ	2 777	2 777	2 777	

图 29-3 东鱼河鱼台站单位线图

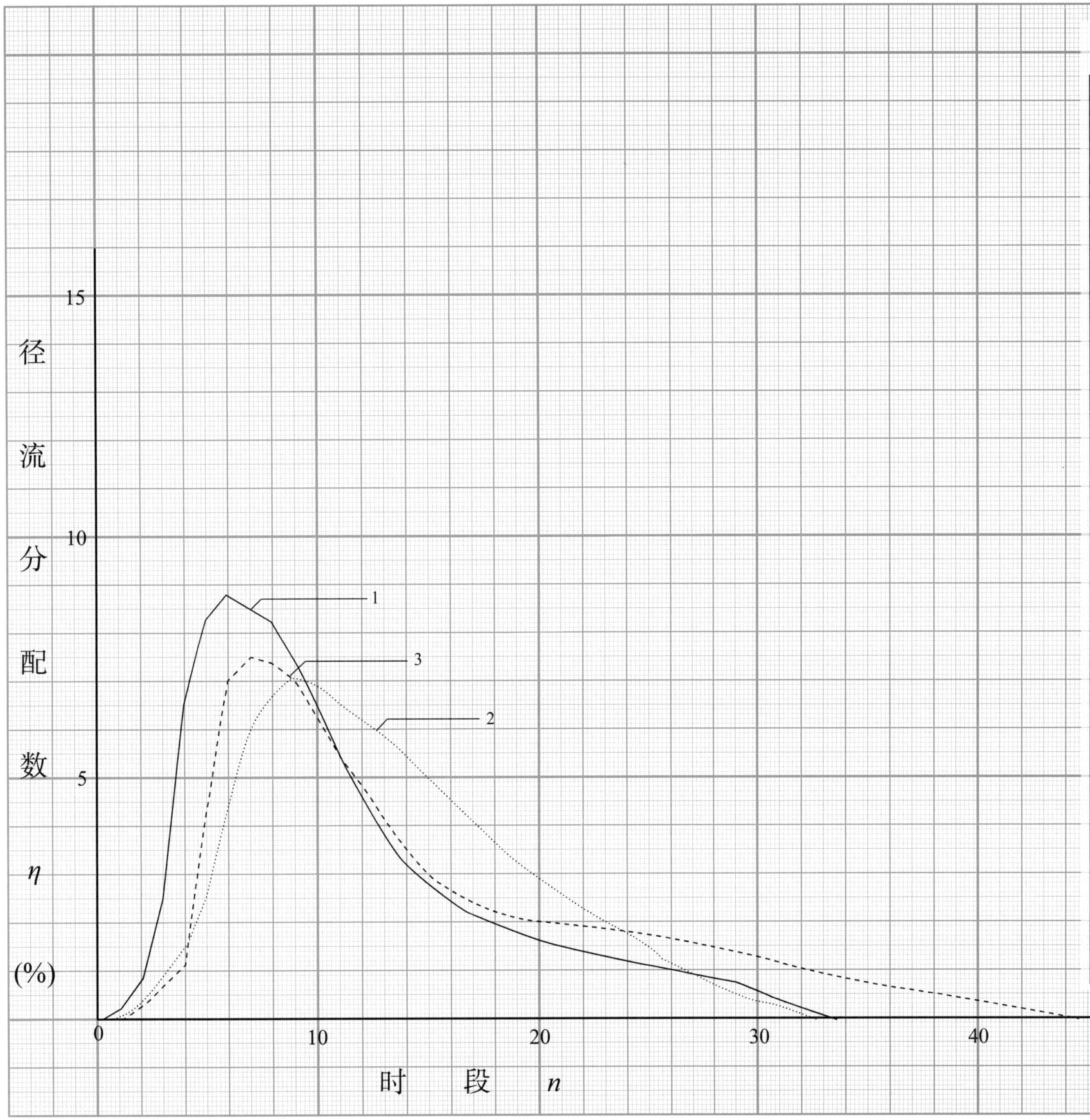

径流过程分配表

$F_{区}$=5 998 km², Δt=6 h

时段	径流分配数(%)			备注
	1线	2线	3线	
0	0	0	0	
1	0.26	0.10	0.29	
2	0.84	0.35	0.73	
3	2.46	0.88	1.17	
4	6.50	1.46	4.18	
5	8.26	2.45	7.01	
6	8.80	4.39	7.50	
7	8.54	5.98	7.39	
8	8.26	6.67	7.05	
9	7.47	7.09	6.33	
10	6.59	6.95	5.50	
11	5.53	6.56	4.92	
12	4.66	6.22	4.19	
13	3.87	5.88	3.56	
14	3.22	5.48	3.02	
15	2.81	5.02	2.71	
16	2.49	4.59	2.46	
17	2.2	4.16	2.26	
18	2.02	3.66	2.12	
19	1.81	3.27	2.05	
20	1.67	2.97	1.99	
21	1.53	2.63	1.95	
22	1.42	2.31	1.90	
23	1.32	2.05	1.85	
24	1.23	1.82	1.78	
25	1.14	1.57	1.71	
26	1.05	1.12	1.62	
27	0.97	0.92	1.51	
28	0.87	0.76	1.41	
29	0.79	0.56	1.30	
30	0.61	0.40	1.18	
31	0.43	0.29	1.07	
32	0.26	0.14	0.96	
33	0.12	0.00	0.86	
34	0		0.79	
35			0.71	
36			0.64	
37			0.56	
38			0.48	
39			0.41	
40			0.34	
41			0.26	
42			0.19	
43			0.11	
44			0	
45				
Σ	100	100	100	

备注：

1号线洪水原型是760819，降雨中心在下游，P=75.9 mm，P_a=103.6 mm，R=14.0 mm，T_c=18 h;

2号线根据2004年8月28日洪水分析得到，暴雨中心在下游，P= 137.9 mm，R=21.8 mm，P_a=76.8 mm, T_c=30 h;

3号线根据2005年8月31日洪水分析，降雨中心在中下游，P= 60.2 mm，R=4.8 mm，P_a=54.7 mm, T_c=12 h

图 29-4　东鱼河鱼台站径流分配过程线图

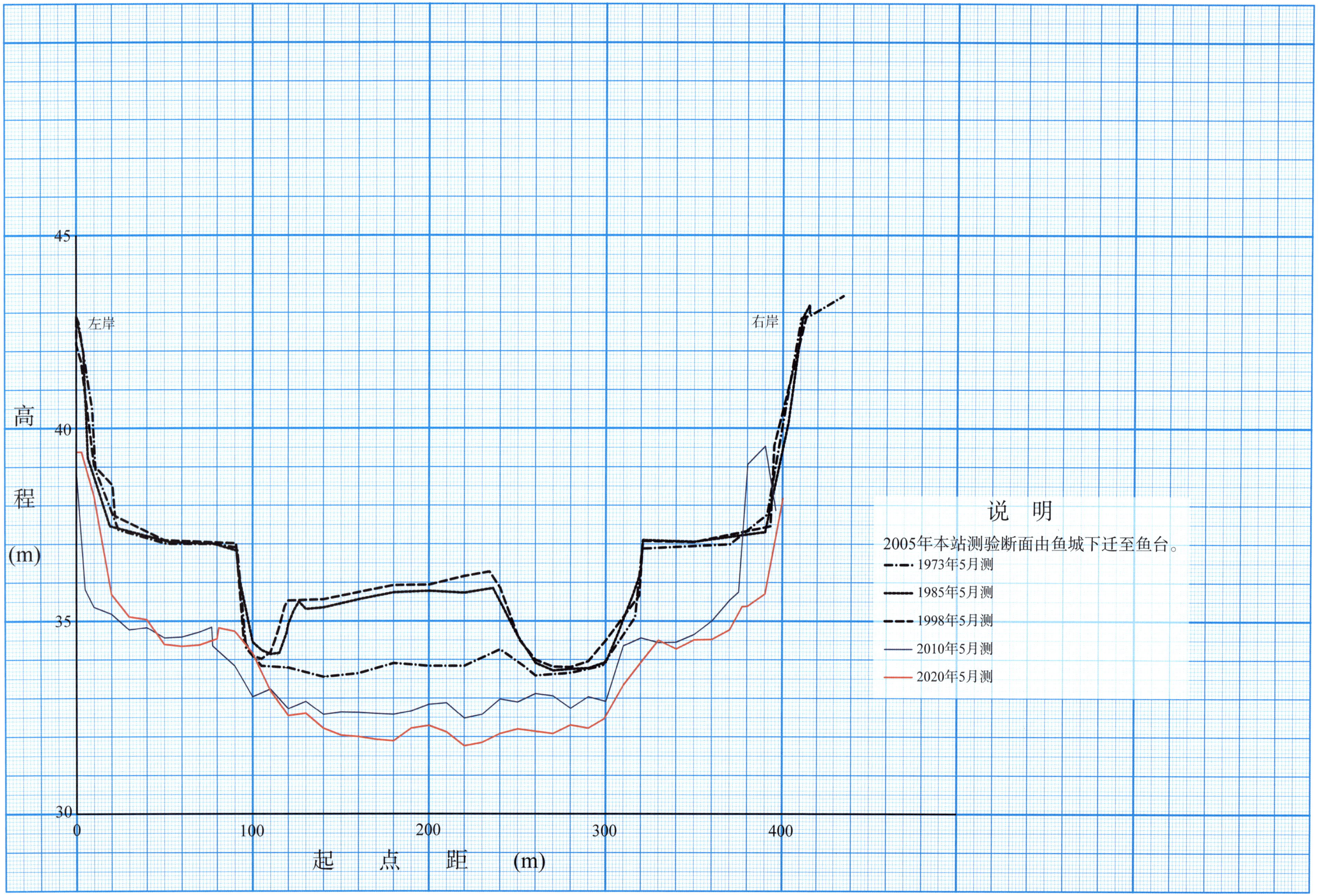

图 29-5　东鱼河鱼台站大断面图

第三十章　南四湖上级湖水文预报方案编制说明

1　流域概况

1.1　流域自然地理特征

南四湖为南阳、独山、昭阳、微山四湖的总称。南四湖地处鲁南泰沂山前冲积平原与鲁西黄泛平原的交接地带，属淮河流域沂沭泗水系，韩庄节制闸以上集水面积原为 31 700 km^2，1987 年江苏省部分河道改道，现改为 31 513 km^2。1958 年开始兴建的二级坝枢纽工程，将南四湖分为上、下两部分，坝北为上级湖，坝南为下级湖。上级湖总集水面积为 27 263 km^2，其中湖东 7 352 km^2，湖西 19 309 km^2，湖区 602 km^2。下级湖总集水面积为 4 250 km^2，其中湖东、湖西合计 3 584 km^2，湖区 666 km^2。

南四湖入湖主要河流共有 53 条，其中 29 条入上级湖，24 条入下级湖；出湖河流共 4 条。入上级湖的河流中受控制（有实测流量资料）的主要有湖东的泗河、白马河、洸府河、北沙河、城河，湖西的梁济运河、洙赵新河、万福河、东鱼河、复新河。入下级湖的河流中受控制的主要有十字河、新薛河、不牢河、郑集河、沿河。出湖河流为老运河、新运河、伊家河、不牢河，自东向西分布于湖区南部，这四条河流均受到控制。上级湖湖面面积占全湖面积的 47.5%，但承担着 86.5% 的流域面积的来水；下级湖占全湖面积的 52.5%，却承担着 13.5% 的流域面积的来水。

南四湖湖区东部为低山丘陵区和山前冲积平原，湖西、湖北为黄河和废黄河间的黄泛平原。湖东区土壤类型主要为沙壤土、棕壤土、褐土；湖西区土壤类型主要为沙土、壤土、黏土等，且土层深厚。湖西区农田林网化已成雏形，对防风固沙、减少水土流失发挥了重要作用；湖东山丘区绿化有较大进展，但仍有一定数量的秃山荒坡。

南四湖流域地处暖温带，属半湿润大陆性季风气候区，多年平均气温为 13.6℃，据 1956—1998 年资料统计，流域多年平均年降水量为 686.9 mm，降水量在地区上分布很不均匀，总的变化趋势是从东南向西北减少。降水量年际变化大，年内分布也很不均匀，汛期 6—9 月份降水量占年降水量的 72% 左右，7、8 月份降水量又占汛期降水量的 60% ~ 70%。全流域多年平均水面蒸发量在 1 000 mm 左右，陆面蒸发量在 500 ~ 650 mm，从陆地蒸散发量的地区分布来看，一般西部大于东部，南部大于北部。

南四湖上级湖流域图见图 30-1。

1.2　水利工程情况

1.2.1　二级坝枢纽工程

二级坝枢纽工程将南四湖截为上、下两级湖，该枢纽位于济宁市微山县境内的昭阳湖，东起微山县常口村老运河西堤，西至顺堤河，全长 7 360 m。该工程于 1958 年开始施工，1975 年全部完成。在拦湖大坝上由东向西建有溢流堰，第一、第二、第三节制闸，船闸和第四节制闸（即湖腰扩大泄洪闸）。因湖腰扩大工程未完成，第四节制闸尚未发挥作用。南四湖二级坝枢纽工程平面布置图见图 30-2，南四湖湖区水利工程见表 30-1。

表 30-1　南四湖湖区水利工程情况表

闸名		闸门					设计洪水位（m）		设计流量（m^3/s）	冻结基面	建造时间	历史最大泄量（m^3/s）	
		型式	孔数	净宽（m）	闸底高（m）	闸顶高（m）	上游	下游				流量	日期
昭阳湖二级湖节制闸	一闸	平板钢	39	6	（1~36）31.00，其余 31.50	35.00	36.87	36.20	4 500	废黄河口	1960 年 5 月	1 280	1978-7-14
	二闸	平板钢	55	5	31.00	35.00	36.87	36.20	3 300	废黄河口	1967 年 7 月	2 350	2018-8-20
	三闸	平板钢	84	6	30.50	35.00	36.87	36.20	4 620	废黄河口	1971 年 8 月	1 800	2005-9-20
	四闸	双曲薄壳	134	6	30.50	35.00	36.87	36.20	4 490	废黄河口	1974 年		未启用
	滚水坝	—	—	370	35.10	38.20	—	—	—	—	—	1 630	1964-9-8
新运河韩庄闸		弧形钢	17 14	12 12	30.30 28.50	37.50	33.50	—	2 050	1956 年黄海	1978 年	1 800	1998-8-16
伊家河新河头闸		平板钢	3	7	28.60	33.60	33.00	—	200	1956 年黄海	1958 年	348	1963-8-17
老运河韩庄闸		平板钢	3	12	28.00	37.50	33.50	—	250	1956 年黄海	1998 年 5 月	109	1998-8-18
不牢河蔺家坝闸		—	12	3.7	28.30	32.00	35.50	—	515	—	1959 年 5 月	452	1963-9-6

1.2.2　京杭运河

1958—1959 年，北起梁济运河入湖口，南至徐州市蔺家坝，在湖内开挖了京杭运河航道，长 126 km，底宽 45 m，河底高程 29.80 m，可通航 100 吨级船舶。同时在湖内还开挖了一般航道，长 350 km，可通航 50 ~ 100 吨级船舶。

1.2.3　湖堤工程

自南阳湖北端石佛至微山湖南端蔺家坝修筑了湖西大堤，长 131.45 km，设计堤顶高程为 39.00 ~ 39.50 m。1999 年末进行了湖西大堤加固工程，现状堤顶高程一般为 39.29 m，堤顶宽 6 m，西支河至东鱼河段长 10 km，设计堤顶高程 40.09 m，堤顶宽 8 m。

南四湖湖东堤北自济宁市任城区石佛村老运河东堤起，南至微山县郗山村止，堤线总长104.45 km。

湖东堤二级坝至新薛河段按防御1957年洪水修建，中心河至二级坝段、新薛河口至郗山段按50年一遇防洪标准修建。其中，中心河至二级坝段、二级坝至新薛河河口段堤顶高程均为39.50 m，新薛河河口至郗山段堤顶高程为39.00 m；堤顶宽均为6.0 m。

湖东堤郗山至韩庄段利用老运河东堤挡水，长约16 km，堤顶高程为35.00 m，堤顶宽在2 m左右。

1.2.4 韩庄水利枢纽工程

韩庄水利枢纽工程位于南四湖东南端的微山县韩庄镇，由韩庄泄洪闸、伊家河泄洪闸和船闸及老运河泄洪闸等建筑物组成。当微山湖水位33.50 m时，该枢纽工程总泄洪能力为2 500 m^3/s。

伊家河除建有泄洪闸外还建有船闸，以沟通南四湖与韩庄运河、老运河（中运河）的航运。该闸于1970年10月建成，单闸室，闸室长129 m、宽10 m，闸底高程为28.60 m，设计水深2.2 m。

1.2.5 蔺家坝泄洪闸

蔺家坝泄洪闸位于微山湖南端江苏省徐州市铜山区境内的不牢河上，于1959年5月建成，当微山湖水位为35.50 m时，设计泄洪流量为500 m^3/s。

1.3 测站概况

南四湖湖区测站主要是湖内的水位站与设于二级坝、韩庄水利枢纽处的水文站。本方案选用的各站主要情况见表30–2。

表30–2 南四湖湖区测站情况表

站名	测站类别	设立日期	是否报汛	冻结基面	淮委精高–冻结基面高程（m）	1956年黄海基面高程–冻结基面高程（m）	备注
南阳湖南阳（南）	水位	1953年1月	√	废黄河口	–0.686	–0.823	1964年由南阳站改名南阳（南）站
独山湖马口	水位	1953年5月	√	废黄河口	+0.137	0.000	1956年1月停测，1971年8月复设，1990年7月向东迁移1 500 m
昭阳湖二级湖闸	水文	1959年6月	√	废黄河口	–0.066	–0.203	
微山湖微山	水位	1952年6月	√	废黄河口	–0.549	–0.717	1982年水尺由微山岛西岸迁至东岸
微山湖韩庄(微)	水位	1951年1月	√	废黄河口	+0.137	–0.148	1964年1月由韩庄站改名为韩庄（微）站
新运河韩庄闸	水文	1961年8月	√	1956年黄海	0.000	–0.148	1979年1月站址与基本水尺由右岸迁至左岸
伊家河新河头闸	水文	1957年7月	√	1956年黄海	0.000	–0.148	

2 预报方案编制

2.1 资料情况及方案沿革

2.1.1 资料情况

本站实测资料年限为58年（1963—2020年）。

本次方案的内容主要包括：上级湖降雨径流相关，上级湖经验单位线分析，上级湖径流分配过程线分析，上级湖调洪演算图，南四湖水位蓄量、水位面积曲线，二级坝枢纽工程平面布置图，二级湖节制闸泄洪曲线。

2.1.2 方案沿革

产流方案采用降雨径流相关图 $P+P_a-R$，本次修订增加了15个点据，新增关系线1条。新增2条径流分配过程线。

2.2 预报方案

2.2.1 上级湖降雨径流相关图

考虑到流域面积大，雨期蒸发对产流的影响较大，故在制作本方案时，建立 $P+P_a-E-R$ 的降雨径流关系。

2.2.1.1 流域平均降雨量的计算

上级湖流域平均雨量计算采用两种方法，分别适用于不同的降雨情况。

（1）算术平均法

这种方法适用于降雨地域分布均匀的情况。若全流域降雨较均匀，则采用泗水、歇马亭、书院、尼山、马楼、兖州、马河、滕州、南阳（南）、二级湖闸、梁山、后营、汶上、郓城、巨野、鄄城、梁山闸、孙庄、黄寺、马庄、鱼台、曹县22个站的雨量，将求得的算术平均值作为流域平均雨量。

（2）面积加权平均法

这种方法适用于降雨地域分布不均匀的情况。若湖东、湖西或湖区为暴雨中心，而其他地区显著偏小，则采用以下方法计算：

湖东平均降雨量计算：采用泗河流域的泗水、贺庄、华村、龙湾套、歇马亭、书院、波罗树、尼山、罗头，白马河流域的莫亭、西苇、马楼，洸府河流域的宁阳、新驿、兖州、黄庄，北沙河流域的马河、岩马、滕州，共计19个站的雨量的算术平均值，作为湖东的平均雨量。

湖区平均降雨量计算：采用南阳、马口、二级湖闸三站雨量算术平均值作为湖区的平均雨量。

湖西平均降雨量计算：采用梁济运河流域的梁山、韩垓、后营、汶上，洙赵新河流域的郓城、巨野、鄄城、魏楼、梁山闸，万福河流域的牛小楼、鸡黍、孙庄，东鱼河流域的定陶、张庄、黄寺、马庄、鱼台、曹县，复新河流域的丰县坝，共计19个站的雨量的算术平均值，作为湖西的流域平均雨量。

上级湖的流域平均雨量采用如下公式计算：

$$P_{上}=P_{东}\times 0.270+P_{西}\times 0.708+P_{区}\times 0.022$$

2.2.1.2 P_a值的计算

对应两种不同的流域平均雨量的算法，P_a 值有两种不同的求法。

（1）流域降雨均匀时 P_a 值的推求

这种情况下，P_a 计算采用下式：

$$P_{a,\ t}=K\left(P_{t-1}+P_{a,\ t-1}\right)$$

式中：P_{t-1} 为前一日流域平均雨量（算术平均法求得）；$P_{a,\ t-1}$ 为前一日流域平均前期影响雨量；K 为前期影响雨量递减系数，K 取值如表 30–3 所示。

表 30–3 前期影响雨量递减系数 K 值的选用

P（mm）	6 月	7 月	8 月	9 月
<5	0.86	0.90	0.92	0.94
5 ~ 15	0.93	0.95	0.96	0.97
>15	1.00	1.00	1.00	1.00

I_m 和 K 值采用 1991 年分析值。最大初损值 I_m 采用 110 mm。

（2）流域降雨不均匀时 P_a 值的推求

这种情况下，P_a 值分为湖东、湖西分别推求，湖东 P_a 值采用泗河、洸府河、白马河、北沙河 4 个 P_a 值算术平均求得，湖西 P_a 值采用梁济运河、洙赵新河、万福河、东鱼河、复新河 5 个 P_a 值算术平均求得，上级湖的流域平均 P_a 值为湖东、湖西 P_a 值的算术平均值。其中湖东、湖西各河的 P_a 值推求，分别采用各自的 I_m 与 K 值。

2.2.1.3 蒸发量的计算

降雨径流关系中的蒸发项，是指雨期蒸发量，即降雨期间的蒸发量，而不是整个洪水期的蒸发量。利用后营、书院、贺庄三站蒸发量的算术平均值作为上级湖的流域平均蒸发量。

2.2.1.4 径流深的计算

（1）反推入湖流量

根据水量平衡原理，若计算时段长为 Δt，则 Δt 内的湖水量平衡方程为

$$\left(I_1+I_2\right)\Delta t/2-\left(O_1+O_2\right)\Delta t/2+\left(P-E\right)F=S_2-S_1$$

式中：I_1、I_2、O_1、O_2、S_1、S_2 分别为时段始末入湖流量、出湖流量及湖蓄水量；P 为时段内湖面降水量；E 为时段内湖面蒸发量；F 为时段内平均湖面面积。

因为本方案是以二级湖闸为预报断面，在预报二级湖水位时，入湖水量应将湖面降水及蒸发考虑在内，故上式变为：$\left(I_1+I_2\right)\Delta t/2=S_2-S_1+\left(O_1+O_2\right)\Delta t/2$，即不扣除湖面降水与蒸发。然而本次方案编制同时推求了扣除湖面降水与蒸发的入湖流量过程，以推求受控区域入湖水量与未控区域的入湖水量占总入湖水量的比例。

上级湖湖面降水量采用南阳（南）、马口、二级湖闸三站雨量的算术平均值，湖面蒸发量为二级湖闸 E601 观测值乘以水面改正系数 0.89。当时段长 Δt=12 h 时，湖面时段蒸发量是日蒸发量的 1/2。

上级湖平均水位采用南阳（南）、马口两站水位的算术平均值。因为二级湖闸闸前水位受开关闸影响太大，计算上级湖平均水位时未被采用。

计算上级湖平均水位时，将南阳（南）、马口两站水位分别由各自的冻结基面统一换算为淮委精高。

本次方案编制采用的水位与库容、面积关系曲线仍为 1971 年 1 月原山东省水利局淮河规划组测绘的曲线（图 30–3）。

二级湖节制闸放水流量为一、二、三闸放水流量的叠加。各闸时段内平均放水流量 $Q=W/\Delta t$，W 为时段内出流水量。

（2）计算径流深

在时段中间时刻点绘时段平均流量，并在流量过程线图的上部，点绘相应时段雨量柱状图。

对于单式洪峰，采用逐时段平均流量累加的方法计算次洪洪水总量；对于复式洪峰，先分割各峰，然后仍采用逐时段平均流量累加的方法计算各峰洪水总量，其中分割线部分直接以逐时段中间时刻在流量过程线上查得。对于过程线上流量出现负值情况按零值处理。

径流深计算公式如下：

$$R=10W/F$$

式中：W 为次洪洪水总量（m^3），F 为上级湖总流域面积，包括湖东、湖西与湖区，F=27 263 km^2。

2.2.1.5 降雨径流相关图的点绘

本方案共选用 1963—2020 年间 47 场次洪水点绘，1990 年以前洪水共 11 场次，借用原方案分析成果，分析补充了 2010 年后的 15 场次洪水。历史最大洪水为 050921 场次洪水，流域平均降雨量 P=159.8 mm，径流深 R=70.3 mm。南四湖上级湖降雨径流分析成果见表 30–4。

以实测径流深的 20% 作为允许误差，并以 20.0 mm 为上限，以 3.0 mm 为下限，进行精度评定，本方案共有 34 个点据合格（其中 2010—2020 年有 12 个点据合格），但有部分个点据（780725、030716、980816、050921、040829）因误差太大，未参与定线。方案合格率为 81.0%，详见表 30–5。

根据点群分布，1963—1999 年点群密集，位置偏右，降雨径流关系较好；2003 年及以后点据位置显著偏左，相应径流深 R 值偏小，因此根据点据分布情况和实际考查，点绘了 2000 年前后两条曲线（图 30–4）。方案使用时优先考虑查 2 号线，1 号线作为参考。

2.2.1.6 突出点据分析

950822 场次洪水：该次洪水降雨分布极不均匀，湖东集中于中南部马河、滕州一带，湖西则集中于各河下游梁山闸、孙庄、鱼台附近，致使流域局部产流，径流深偏小。

980816 场次洪水：与 950822 场次洪水相似，该次降雨地域分布也很不均匀，湖东集中于中部尼山、马楼、马河一带，湖西则集中于洙赵新河、万福河下游梁山闸、孙庄一带，流域未普遍产流，致使径流深偏小。

030716 场次洪水：2002 年汛期至 2003 年汛前期间降水严重偏少，2002 年夏南四湖上、下级湖相继湖干，南四湖流域发生了较严重旱情，流域土湿整体很小，各河道拦蓄工程几乎未蓄水。7 月 11 日至 16 日降水 167.0 mm，产流系数仅 0.06，几乎无产流。径流组成除了湖盆内降水，仅各河末级拦河闸以下的部分面积产流入湖，致使实际径流较预报径流严重偏小。

030904 场次洪水：全流域普遍降水，降水量大，历时长。然而该次降水的大部分被填洼、拦蓄，致使实际入湖径流量远小于预报径流量。其中不排除人为拦蓄的影响，因连续遭受 2001 年、2002 年两年旱灾，而该次降水发生在后汛期，流域内沿河群众拦蓄了尽可能多的水量。

031012 场次洪水：受 8 月下旬至 9 月上旬连续强降水的影响，流域内土湿已达饱和状态，各河道拦蓄工程均已蓄满，湖西各县市田间有大量积水需外排。受此影响，此次降水仅 3 d，但洪水历时却达 20 d，入湖径流量可能包含前次降水径流，因此明显偏大于预报径流量。

040717 场次洪水：该次降水发生在主汛前期，前期土湿较小，另外降水中心主要在湖西各河中上游，湖东仅北沙河、城河一带较大，受湖西田间蓄水（无法及时外排）及沿河闸坝层层拦蓄的影响，实际入湖径流量偏小于预报径流量。

040829 场次洪水：该次降水持续时间约 48 h，但洪水历时达 11 d，暴雨中心位于湖西的万福河与东鱼河中下游及湖东的泗河、白马河中上游一带。流域内尤其湖西地下水水位接近地表，降水下渗量很小，另外入湖径流中包含湖西前次降水田间排水量，致使实际入湖径流量偏大于预报径流量。

080723 场次洪水：全流域普遍降水，降水量大，历时长，然而该次降水的大部分被填洼、拦蓄，致使实际入湖径流量远小于预报径流量。

2.2.2 经验单位线

本方案时段长 Δt 取 12 h，共分析了 3 条经验单位线，洪水原型分别为 700807、930805、980804。南四湖上级湖单位线图见图 30–5。

2.2.3 径流分配过程线

径流分配过程线为逐时段部分洪量占次洪洪水总量的百分比，本方案借用了原方案分析成果的 7 条线，时段长 Δt 均为 12 h，由 1972 年分析得到。根据 170706 和 200806 场次洪水，分析了 2 条线，时段长为 24 h。南四湖上级湖径流分配过程线图见图 30–6 至图 30–8。

2.2.4 调洪演算图

调洪演算图的制作依据水量平衡的原理，即下式：

$$(I_1+I_2)\Delta t/2-(O_1+O_2)\Delta t/2+(P-E)F=W_2-W_1$$

因上级湖水位 - 库容关系没有发生变化，本方案调洪演算图仍采用原方案分析成果，详见图 30–9 至图 30–11。

2.2.5 二级坝节制闸泄流曲线

由图 30–12 查得的流量为单宽流量，总流量为单宽流量乘以开启闸门总净宽，图 30–13 至图 30–15 适合于一闸（39 孔）、二闸（55 孔）、三闸（84 孔）的自由孔流、淹没孔流、自由堰流、淹没堰流各种流态。

2.2.5.1 流态判别

① $e/H \leqslant 0.67$ 时，为孔流；② $e/H > 0.67$ 时，为堰流；③ $h_L/H < 0.80$ 时，为自由堰流；④ $h_L/H \geqslant 0.80$ 时，为淹没堰流；⑤闸下水位淹没闸孔为淹没孔流，否则为自由孔流。

2.2.5.2 各种流态的流量计算公式

自由孔流计算公式：

$$Q_{自}=4.21\varepsilon Be(H-\varepsilon e)^{1/2}$$

淹没孔流公式：

$$Q=б_s Q_{自}$$

自由堰流计算公式：

$$Q_{自}=1.42BH^{3/2}$$

淹没堰流公式：

$$Q=4.43C_1Bh_L\Delta Z^{1/2}$$

式中：$Q_{自}$、Q 分别为自由、淹没出流流量；B 为闸门开启总宽；ε 为垂直收缩系数；e 为闸门开启高度；H 为闸上游总水头；C 为自由堰流流量系数；h_L 为闸下游水头；ΔZ 为上、下游水位差；$б_s$ 为孔流淹没系数；C_1 为淹没堰流流量系数。

当淹没堰流 $\Delta Z<0.05$ m 时，查图 30–13 至图 30–15 中 Z_u–q 关系曲线。对于本图表内不能直接查读者，均需内插或计算。

3 方案使用说明

3.1 径流深预报

3.1.1 流域平均雨量计算

根据流域降雨地域分布情况，若分布均匀，选用算术平均法；若湖东、湖西分布极不均匀，则选用面积加权平均法，计算流域平均雨量。

3.1.2 雨期蒸发量推求

因无实测蒸发资料，日平均蒸发量采用 2 mm，时段蒸发量（Δt=12 h）为 1 mm。

3.1.3 径流深预报

预报上级湖径流深时，尽量查用图 30–4 中 2 号线，并参考 1 号线。

根据流域平均降雨量 P 加上前期影响雨量 P_a 减去雨期蒸发量 E，查降雨径流相关图，得到此次降雨的地表径流深 R，入湖总水量 $W=RF/10$。

3.2 入湖流量过程预报

3.2.1 经验单位线法

根据流域降雨分布情况计算流域平均时段雨量，计算流域累计时段雨量，由累计时段雨量查降雨径流相关图得到累计时段净雨深，由雨型选用适当的单位线，计算入湖流量过程。

3.2.2 径流分配过程线法

根据雨型（降雨中心位置、降雨强度、降雨历时等）选择适当的径流分配过程线，次洪入湖总水量与径流分配过程线的各时段径流分配百分比相乘，即可得到各时段入湖流量过程。

3.3 泄流量推求

由闸上、闸下水位计算闸上、下游水头 $H_{上}$、$H_{下}$，由闸门开高 e 及闸上、下游水头 $H_{上}$、$H_{下}$，判断出流流态，根据不同的流态，查相应的泄流曲线，或乘以相应的系数，即可得到泄流量。

3.4 调洪演算

根据时段入湖流量过程线，求得时段平均入流量，再减去时段平均出流量，得到时段平均入流变量，以时段平均入流变量为参数，由时段初水位查相应的调洪曲线，即可得到时段末水位。

3.5 注意事项

编制产流方案时，雨期蒸发采用实测值。但作业预报时，因没有实测资料，一般以日平均蒸发量 2 mm 进行降雨径流预报。

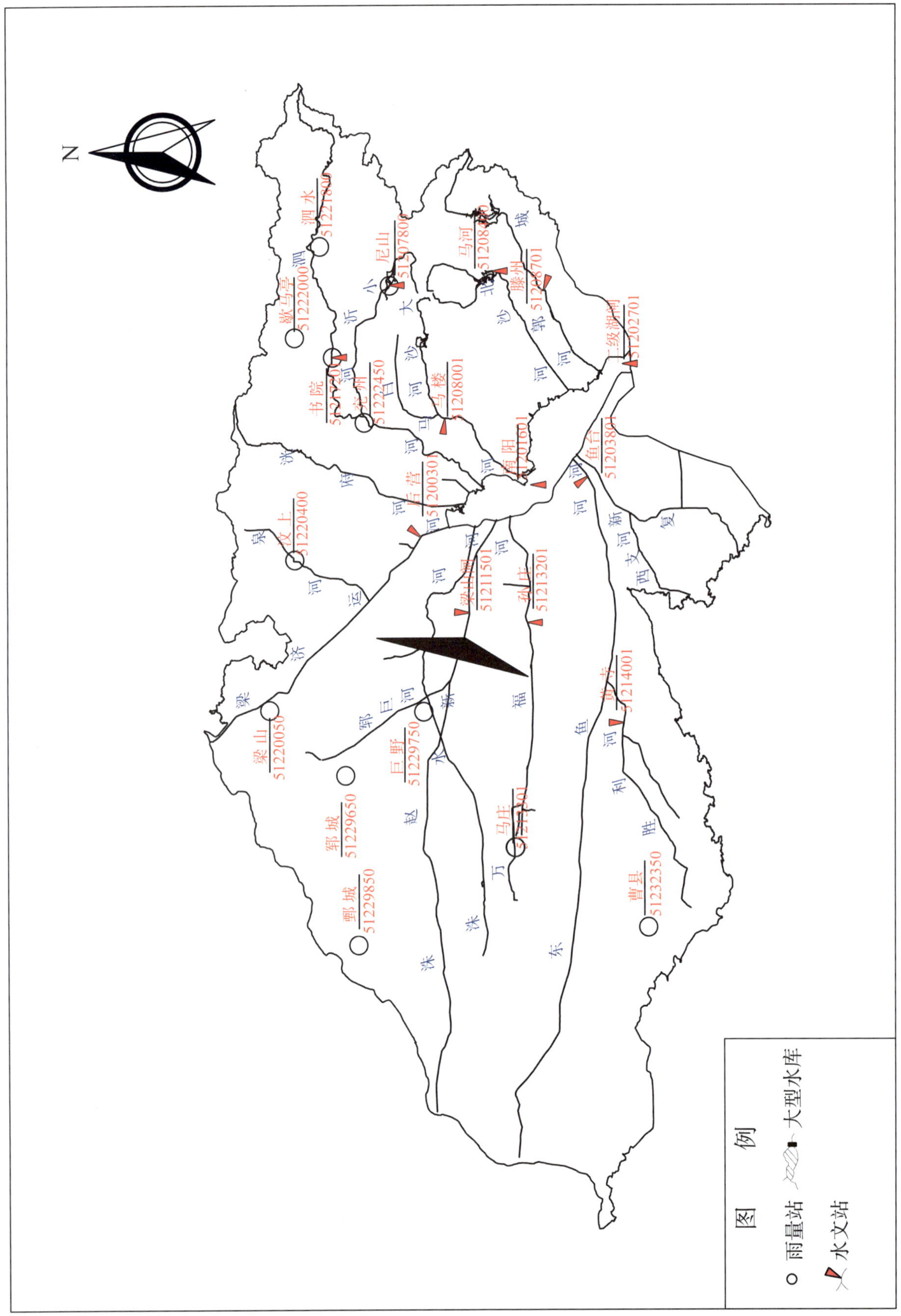

图 30-1　南四湖上级湖流域图

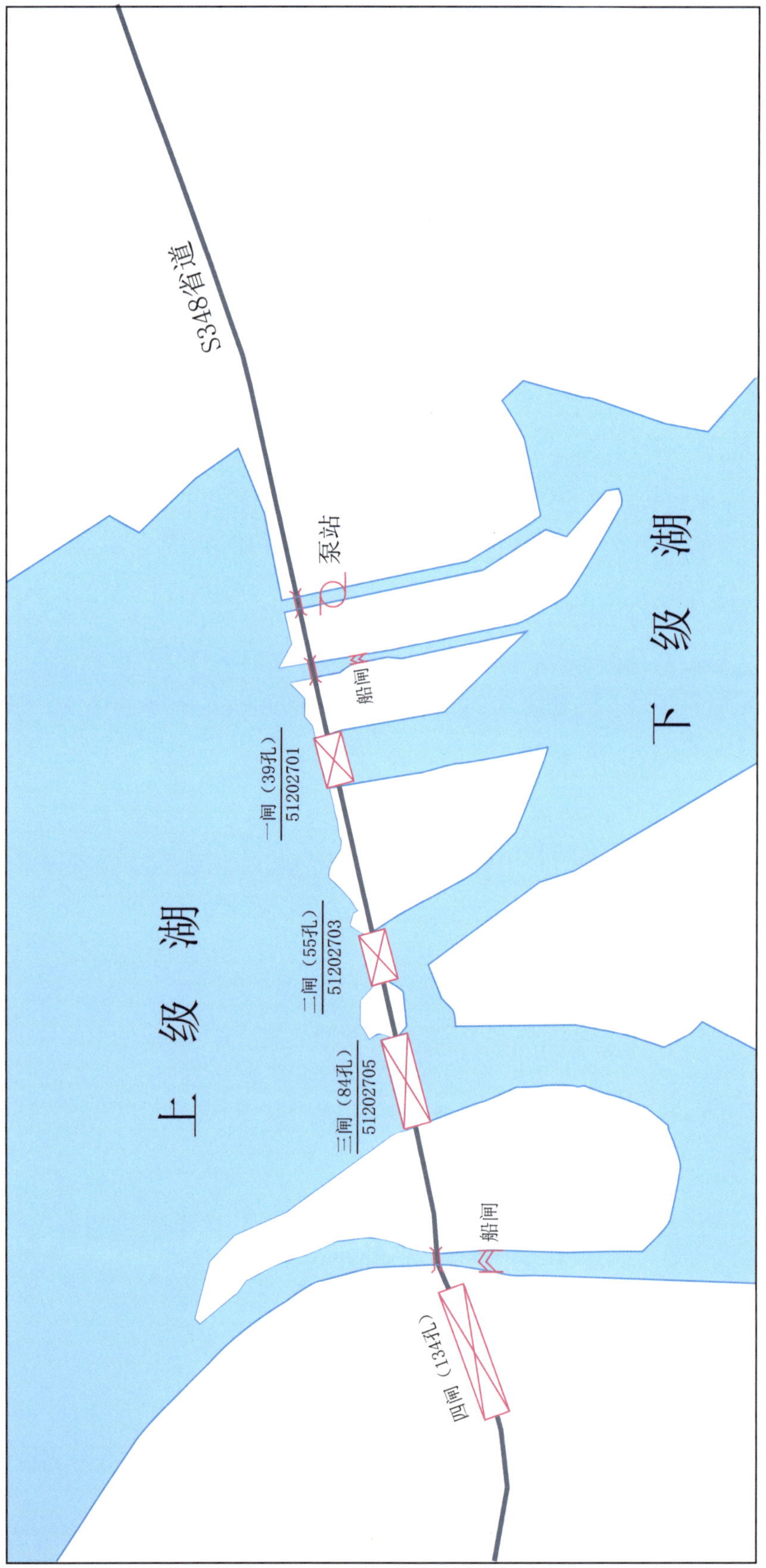

图 30-2　南四湖二级坝枢纽工程平面布置示意图

表 30-4　南四湖上级湖降雨径流分析成果表

洪号	降雨起讫时间							流域平均雨量 P（mm）	前期影响雨量 P_a（mm）	降雨历时（h）		$P+P_a-E$（mm）	洪水发生时间									洪水历时 $T_{洪}$（h）	洪峰流量 Q_m（m^3/s）	净峰流量 $Q_{m净}$（m^3/s）	地表径流总量 W（万 m^3）	集水面积 F（km^2）	径流深 R（mm）	径流系数 α	最高水位 Z_m（m）	最大库容 V_m（万 m^3）	最大出库流量 $Q_{m出}$（m^3/s）
	起				讫					全部	有效		起涨			洪峰			落平												
	年	月	日	时	月	日	时						月	日	时	月	日	时	月	日	时										
630807	1963	7	31	8	8	11	8	166.0	50.0	264	—	206.0	8	1	8	8	7	8	8	14	20	324	2 270	2 270	125 900	27 466	45.8	0.28	35.95	198 400	1 380
640818	1964	8	16	8	8	18	8	108.0	45.0	48	—	147.0	8	16	8	8	18	0	8	23	8	168	2 730	2 730	65 243	27 466	23.8	0.22	35.41	165 400	562
650711	1965	7	8	8	7	10	8	152.0	45.0	48	—	189.0	7	8	8	7	11	8	7	20	8	288	2 530	2 530	108 760	27 466	39.6	0.26	34.68	121 200	2 360
650805	1965	8	3	8	8	5	8	73.0	62.0	48	—	135.0	8	3	20	8	5	20	8	11	20	192	1 580	1 580	61 214	27 466	22.3	0.31	34.97	138 600	845
700807	1970	8	5	8	8	7	8	127.0	43.0	48	—	167.0	8	5	20	8	7	8	8	13	20	192	2 790	2 790	90 661	27 466	33.0	0.26	35.38	163 600	1 100
710630	1971	6	23	8	7	4	8	213.0	20.0	264	—	202.0	6	24	8	6	30	8	7	6	8	288	2 600	2 600	132 657	27 466	48.3	0.23	35.24	155 000	1 210
710711	1971	7	6	8	7	11	8	105.0	85.0	120	—	180.0	7	6	8	7	11	8	7	15	8	216	2 300	2 300	80 248	27 466	29.2	0.28	35.46	168 500	1 250
780704	1978	6	30	8	7	5	8	125.0	40.0	120	—	150.0	7	1	8	7	4	8	7	9	8	192	2 200	2 200	59 044	27 292	21.6	0.17	33.90	74 400	0
780715	1978	7	13	8	7	14	8	59.0	62.0	24	—	109.0	7	9	8	7	15	8	7	22	8	312	2 300	2 300	33 739	27 292	12.4	0.21	34.78	127 200	1 120
780725	1978	7	20	8	7	28	8	57.5	46.0	192	—	82.5	7	21	12	7	25	12	8	2	12	288	1 920	1 920	64 970	27 292	23.8	0.41	34.78	127 200	1 120
850917	1985	9	14	8	9	17	8	90.0	45.0	72	—	126.0	9	14	8	9	17	8	9	30	8	384	815	815	46 500	27 263	17.1	0.19	34.74	114 100	589
930805	1993	8	4	8	8	5	8	49.6	126.8	24	—	174.3	8	3	14	8	5	14	8	16	10	308	3 204	3 204	99 879	27 263	36.6	0.74	34.72	123 600	—
950816	1995	8	13	8	8	18	8	115.6	50.4	120	—	151.9	8	13	20	8	16	8	8	21	8	180	2 150	2 150	61 956	27 263	22.7	0.20	34.32	99 600	—
950822	1995	8	20	20	8	23	8	67.5	93.5	60	—	131.0	8	21	8	8	22	8	8	29	8	192	1 700	1 460	29 361	27 263	10.8	0.16	34.72	123 600	—
950830	1995	8	29	8	8	31	8	44.9	66.7	48	—	108.7	8	29	8	8	30	8	9	5	8	168	828	828	24 313	27 263	8.9	0.20	34.79	127 800	—
980804	1998	8	3	8	8	4	20	115.3	27.8	36	—	140.2	8	3	8	8	4	14	8	16	20	324	1 481	1 481	44 741	27 263	16.4	0.14	33.73	64 500	—
980816	1998	8	11	20	8	15	8	101.7	101.5	84	—	191.1	8	11	20	8	16	2	8	25	8	324	1 881	1 881	76 793	27 263	28.2	0.28	34.86	133 200	—
030716	2003	7	11	8	7	16	8	167.0	34.5	120	—	189.5	7	11	8	7	16	8	7	19	8	192	845	845	27 900	27 263	10.2	0.06	33.07	29 600	—
030826	2003	8	21	8	8	27	8	156.4	38.9	144	—	185.3	8	22	8	8	26	8	9	1	8	240	1 944	1 944	61 096	27 263	22.4	0.14	33.85	71 500	—
030904	2003	8	28	8	9	8	8	174.6	101.3	264	—	255.9	8	28	8	9	4	8	9	13	8	384	2 024	2 024	138 088	27 263	50.7	0.29	35.17	150 800	—
031012	2003	10	9	8	10	12	8	63.5	40.7	72	—	98.2	10	9	8	10	12	8	10	29	8	480	725	630	36 717	27 263	13.5	0.21	34.80	128 400	—
040717	2004	7	14	8	7	21	8	125.0	59.0	168	—	170.0	7	14	8	7	17	8	7	23	8	216	1 250	1 245	43 159	27 263	15.8	0.13	34.36	102 000	—
040818	2004	8	15	8	8	17	8	48.5	77.2	48	—	121.7	8	15	8	8	18	8	8	24	8	216	763	763	26 752	27 263	9.8	0.20	34.67	120 600	—
040829	2004	8	26	8	8	28	8	112.0	53.2	48	—	161.3	8	25	8	8	29	8	9	5	8	264	2 306	2 296	124 888	27 263	45.8	0.41	34.89	133 800	—
050830	2005	8	28	8	9	3	8	62.1	31.0	144	—	84.5	8	27	8	8	30	8	9	7	8	264	903	903	28 200	27 263	10.3	0.17	34.67	120 600	—
050921	2005	9	18	8	9	21	8	159.8	84.4	96	—	240.5	9	13	8	9	21	8	10	11	8	672	3 351	3 351	191 576	27 263	70.3	0.44	35.29	158 100	—
060828	2006	8	24	8	9	7	8	150.9	33.7	336	—	174.4	8	23	8	8	28	8	9	13	8	504	1 111	1 111	71 663	27 263	26.3	0.17	34.62	117 600	—
070620	2007	6	18	8	6	24	8	79.6	2.3	144	—	77.3	6	18	8	6	20	8	6	24	8	144	729	729	16 201	27 263	5.9	0.07	34.25	95 100	—
070818	2007	8	14	8	8	19	8	76.9	85.8	120	—	159.7	8	14	8	8	18	8	8	24	8	240	1 307	1 307	52 029	27 263	19.1	0.25	34.61	116 700	—
080723	2008	7	17	8	8	2	8	113.7	84.9	384	—	191.9	7	17	8	7	23	8	8	3	8	408	1 099	1 099	53 219	27 263	19.5	0.17	34.36	102 000	—
090818	2009	8	15	8	8	30	8	128.5	20.0	360	—	140.2	8	15	8	8	18	8	8	30	8	360	625	625	35 346	27 263	13.0	0.10	34.58	115 200	—
100815	2010	8	12	8	8	15	8	53.3	48.6	72	—	98.2	8	13	8	8	15	8	8	17	8	96	1 105	1 105	19 079	27 263	7.0	0.13	34.43	106 200	—
110706	2011	7	2	8	7	6	8	51.2	11.8	96	48	49.8	7	2	8	7	6	8	7	9	8	168	463	463	7 992	27 263	2.9	0.06	33.64	59 200	—

续表

洪号	降雨起讫时间							流域平均雨量 P（mm）	前期影响雨量 P_a（mm）	降雨历时（h）		$P+P_a-E$（mm）	洪水发生时间									洪水历时 $T_{洪}$（h）	洪峰流量 Q_m（m^3/s）	净峰流量 $Q_{m净}$（m^3/s）	地表径流总量 W（万 m^3）	集水面积 F（km^2）	径流深 R（mm）	径流系数 α	最高水位 Z_m（m）	最大库容 V_m（万 m^3）	最大出库流量 $Q_{m出}$（m^3/s）
	起				讫					全部	有效		起涨			洪峰			落平												
	年	月	日	时	月	日	时						月	日	时	月	日	时	月	日	时										
110917	2011	9	11	8	9	18	8	149.8	33.0	168	96	173.1	9	11	8	9	17	8	9	26	8	360	794	794	56 151	27 263	20.6	0.14	34.62	117 600	—
120709	2012	7	4	8	7	12	8	177.4	6.7	192	72	151.4	7	3	8	7	9	8	7	17	8	336	1 250	1 250	63 037	27 263	23.1	0.13	34.26	96 000	—
130704	2013	7	1	8	7	5	8	106.6	1.8	96	48	97.4	6	30	8	7	4	8	7	9	8	216	1 354	1 354	37 204	27 263	13.6	0.13	34.08	85 200	—
140917	2014	9	11	8	9	18	8	86.7	17.1	168	72	86.0	9	15	8	9	17	8	9	23	8	192	266	266	6 998	27 263	2.6	0.03	32.90	22 800	—
150624	2015	6	22	8	6	27	8	69.1	17.7	120	48	75.4	6	23	8	6	24	8	6	28	8	120	509	509	10 100	27 263	3.7	0.05	33.13	32 200	—
160720	2016	7	12	8	7	21	8	206.9	20.3	216	72	199.6	7	12	8	7	20	8	7	25	8	312	1 285	1 285	61 413	27 263	22.5	0.11	33.85	71 500	—
170706	2017	7	4	8	7	6	8	115.4	13.5	48	24	114.5	7	5	8	7	6	8	7	12	8	168	1 609	1 609	35 398	27 263	13.0	0.11	34.16	90 000	—
180626	2018	6	24	8	6	27	8	69.7	4.1	72	24	58.1	6	25	8	6	26	8	6	28	8	72	475	475	8 208	27 263	3.0	0.04	33.91	75 000	—
180730	2018	7	25	8	8	1	8	57.5	7.5	168	72	40.2	7	29	8	7	30	8	8	3	8	120	394	394	7 992	27 263	2.9	0.05	33.65	59 800	—
180819	2018	8	16	8	8	20	8	190.0	81.4	96	48	257.2	8	16	8	8	19	8	8	27	8	264	3 642	3 581	110 203	27 263	40.4	0.21	34.71	123 000	—
180919	2018	9	13	8	9	20	8	56.1	41.7	168	48	78.3	9	13	8	9	19	8	9	29	8	384	694	694	15 561	27 263	5.7	0.10	34.72	123 600	—
190811	2019	8	5	8	8	15	8	191.0	67.6	240	96	232.5	8	6	8	8	11	8	8	17	8	264	1 921	1 921	56 704	27 263	20.8	0.11	34.28	97 200	—
200722	2020	7	21	8	7	27	8	98.8	28.4	144	48	108.3	7	19	8	7	22	8	7	29	8	240	2 095	2 006	30 404	27 263	11.2	0.11	33.72	63 900	—
200806	2020	7	30	8	8	8	8	218.0	62.5	216	72	258.9	7	29	8	8	6	8	8	15	8	408	2 778	2 745	105 339	27 263	38.6	0.18	34.66	120 000	—

表 30-5　南四湖上级湖降雨径流预报精度评定表

序号	洪号	流域平均雨量 P（mm）	前期影响雨量 P_a（mm）	实测径流深 $R_{实}$（mm）	$P+P_a-E$（mm）	预报径流深 $R_{预}$（mm）	预报误差（mm）	许可误差（mm）	评定结果	
									合格	不合格
1	630807	166.0	50.0	45.8	206.0	49.0	3.2	9.2	√	
2	640818	108.0	45.0	23.8	147.0	21.0	−2.8	4.8	√	
3	650711	152.0	45.0	39.6	189.0	39.0	−0.6	7.9	√	
4	650805	73.0	62.0	22.3	135.0	18.0	−4.3	4.5	√	
5	700807	127.0	43.0	33.0	167.0	28.0	−5.0	6.6	√	
6	710630	213.0	20.0	48.3	202.0	46.3	−2.0	9.7	√	
7	710711	105.0	85.0	29.2	180.0	33.3	4.1	5.8	√	
8	780704	125.0	40.0	21.6	150.0	22.0	0.4	4.3	√	
9	780715	59.0	62.0	12.4	109.0	11.0	−1.4	3.0	√	
10	780725	57.5	46.0	23.8	82.5	6.0	−17.8	4.8		
11	850917	90.0	45.0	17.1	126.0	15.0	−2.1	3.4	√	
12	930805	49.6	126.8	36.6	174.3	31.0	−5.6	7.3	√	
13	950816	115.6	50.4	22.7	151.9	22.6	−0.1	4.5	√	
14	950822	67.5	93.5	10.8	131.0	16.5	5.7	3.0		√
15	950830	44.9	66.7	8.9	108.7	11.0	2.1	3.0	√	
16	980804	115.3	27.8	16.4	140.2	19.0	2.6	3.3	√	
17	980816	101.7	101.5	28.2	191.1	39.0	10.8	5.6		
18	030716	167.0	34.5	10.2	189.5	20.4	10.2	3.0		
19	030826	156.4	38.9	22.4	185.3	19.7	−2.7	4.5	√	
20	030904	174.6	101.3	50.7	255.9	40.8	−9.9	10.1	√	
21	031012	63.5	40.7	13.5	98.2	8.2	−5.3	3.0		√
22	040717	125.0	59.0	15.8	170.0	18.0	2.2	3.2	√	
23	040818	48.5	77.2	9.8	121.7	11.2	1.4	3.0	√	
24	040829	112.0	53.2	45.8	161.3	17.0	−28.7	9.1		
25	050830	62.1	31.0	10.3	84.5	6.4	−3.9	3.0		√
26	050921	159.8	84.4	70.3	240.5	32.9	−37.4	14.1		
27	060828	150.9	33.7	26.3	174.4	18.4	−7.9	5.3		√
28	070620	79.6	2.3	5.9	77.3	5.6	−0.3	3.0	√	
29	070818	76.9	85.8	19.1	159.7	16.8	−2.3	3.8	√	
30	080723	113.7	84.9	19.5	191.9	20.9	1.4	3.9	√	
31	090818	128.5	20.0	13.0	140.2	13.8	0.8	3.0	√	
32	100815	53.3	48.6	7.0	98.2	8.2	1.2	3.0	√	
33	110706	51.2	11.8	2.9	49.8	3.0	0.1	3.0	√	
34	110917	149.8	33.0	20.6	173.1	18.3	−2.3	4.1	√	
35	120709	177.4	6.7	23.1	151.4	15.4	−7.7	4.6		√
36	130703	106.6	1.8	13.6	97.4	8.1	−5.5	3.0		√
37	140917	86.7	17.1	2.6	86.0	6.6	4.0	3.0		√
38	150624	69.1	17.7	3.7	75.4	5.4	1.7	3.0	√	
39	160720	206.9	20.3	22.5	199.6	22.6	0.1	4.5	√	
40	170706	115.4	13.5	13.0	114.5	10.3	−2.7	3.0	√	
41	180626	69.7	4.1	3.0	58.1	3.9	0.9	3.0	√	
42	180730	57.5	7.5	2.9	40.2	2.4	−0.5	3.0	√	
43	180819	190.0	81.4	40.4	257.2	41.6	1.2	8.1	√	
44	180919	56.1	41.7	5.7	78.3	5.6	−0.1	3.0	√	
45	190811	191.0	67.6	20.8	232.5	30.3	9.5	4.2		√
46	200722	98.8	28.4	11.2	108.3	9.6	−1.6	3.0	√	
47	200806	218.0	62.5	38.6	258.9	42.6	4.0	7.7	√	

备注：1. 780725、980816、030716、040829、050921 等 5 场次洪水未参与定线，这部分点据仍点绘与图上，仅供作业预报时参考；2. 预报误差 = 预报值 − 实测值；3. 许可误差 = 实测值的 20%，以 20.0 mm 为上限，以 3.0 mm 为下限；4. 合格率 =81%，属乙级方案。

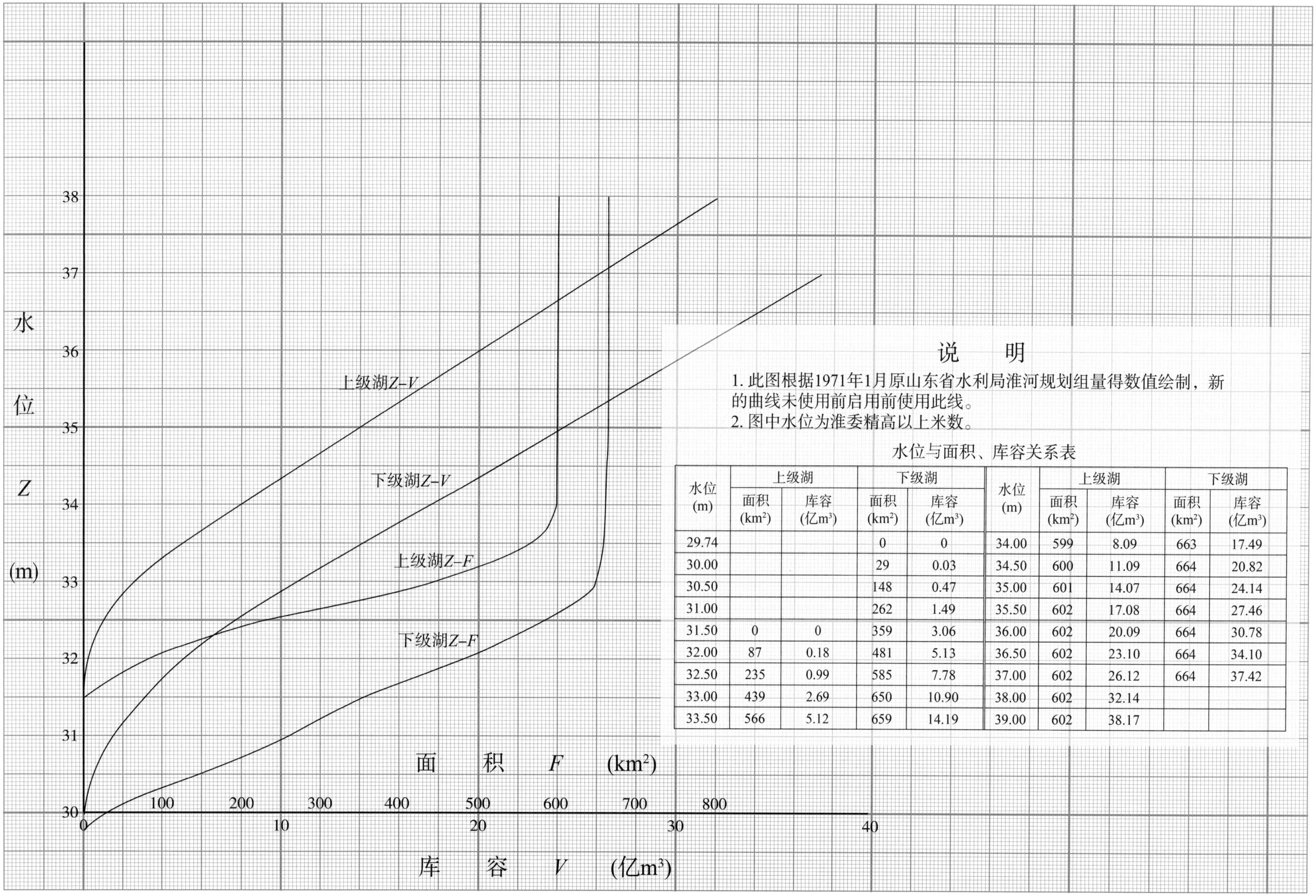

说　　明

1. 此图根据1971年1月原山东省水利局淮河规划组量得数值绘制，新的曲线未使用前启用前使用此线。
2. 图中水位为淮委精高以上米数。

水位与面积、库容关系表

水位(m)	上级湖		下级湖		水位(m)	上级湖		下级湖	
	面积(km²)	库容(亿m³)	面积(km²)	库容(亿m³)		面积(km²)	库容(亿m³)	面积(km²)	库容(亿m³)
29.74			0	0	34.00	599	8.09	663	17.49
30.00			29	0.03	34.50	600	11.09	664	20.82
30.50			148	0.47	35.00	601	14.07	664	24.14
31.00			262	1.49	35.50	602	17.08	664	27.46
31.50	0	0	359	3.06	36.00	602	20.09	664	30.78
32.00	87	0.18	481	5.13	36.50	602	23.10	664	34.10
32.50	235	0.99	585	7.78	37.00	602	26.12	664	37.42
33.00	439	2.69	650	10.90	38.00	602	32.14		
33.50	566	5.12	659	14.19	39.00	602	38.17		

图 30–3　南四湖水位与库容、面积关系曲线图

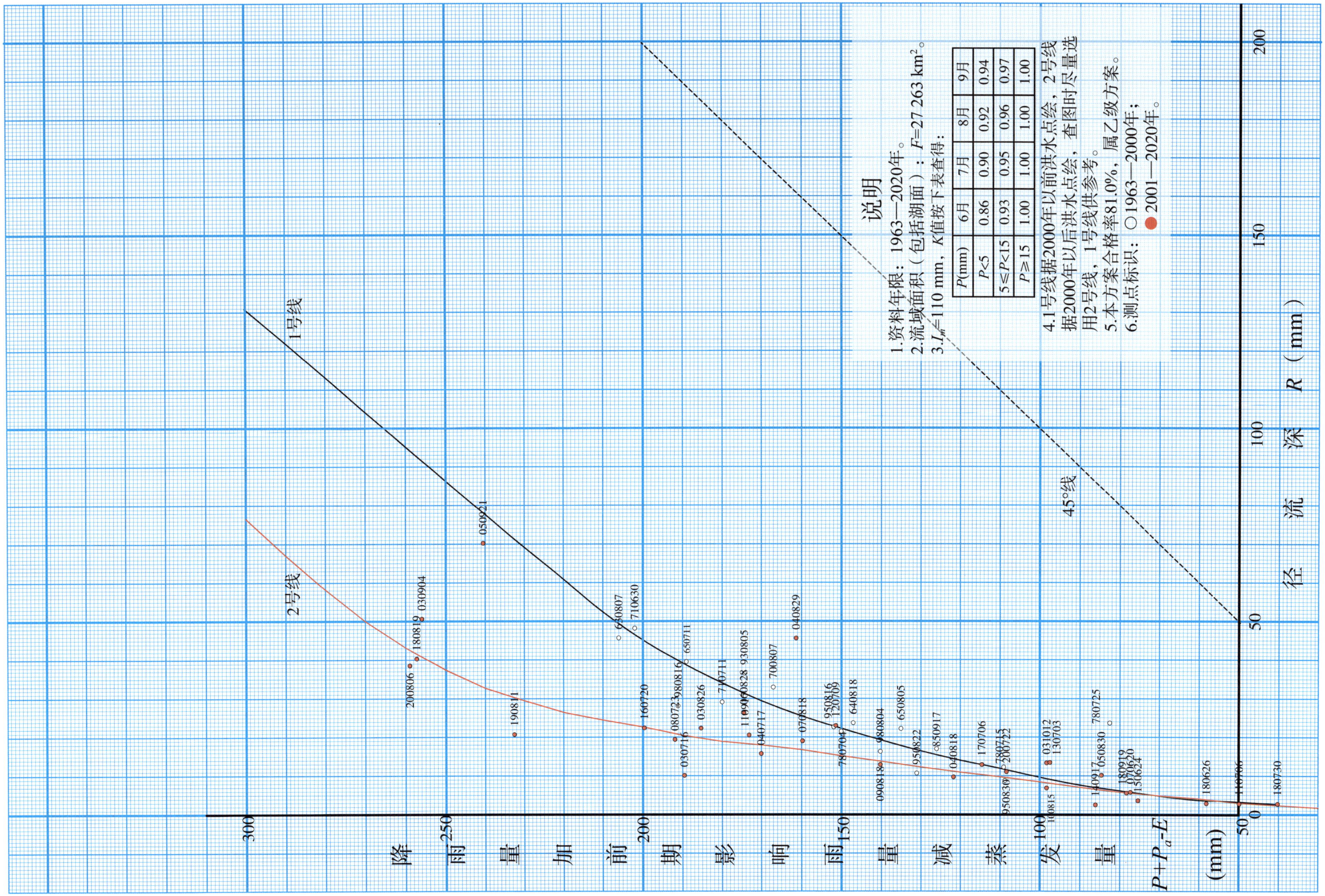

图 30-4　南四湖上级湖降雨径流相关图

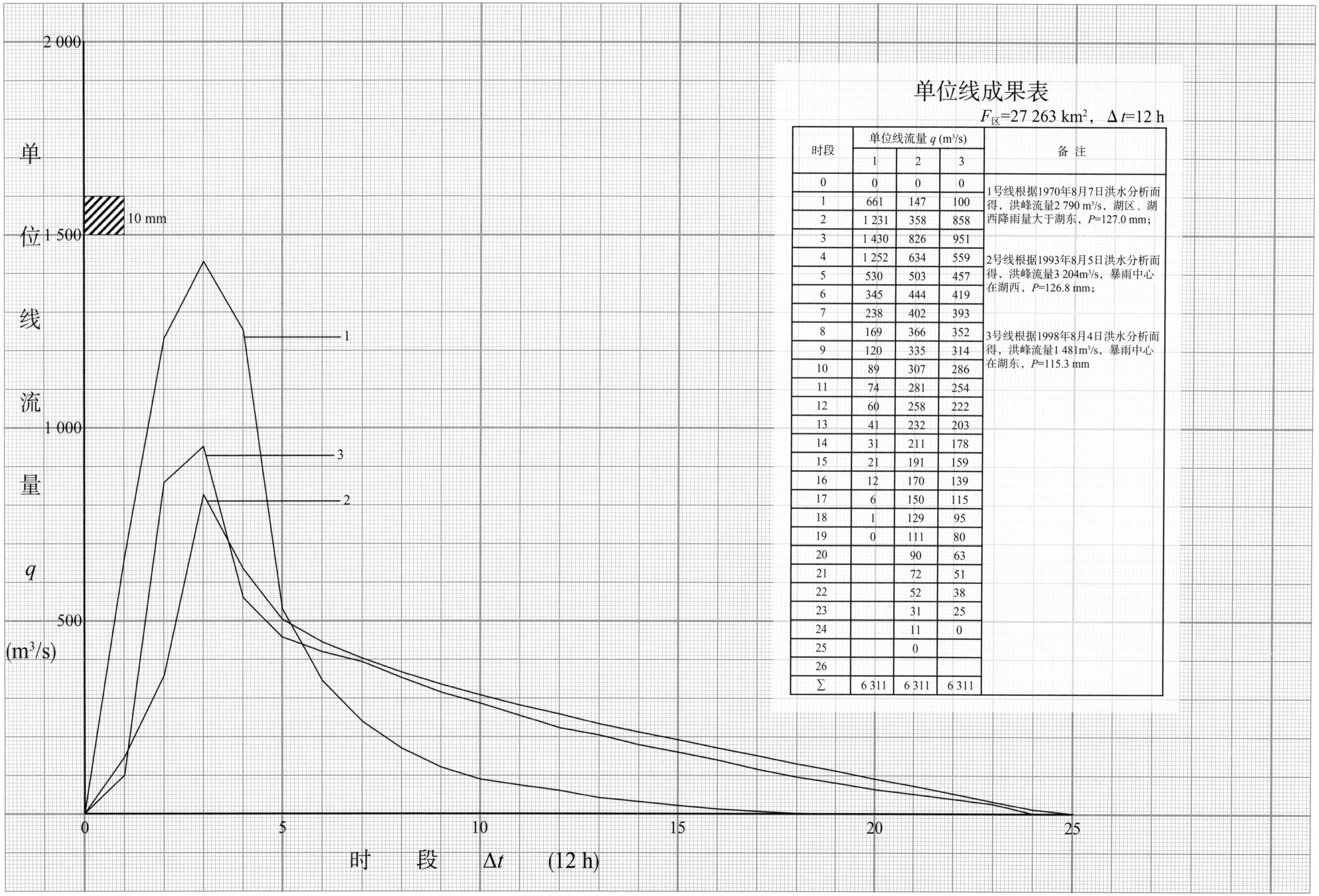

单位线成果表

$F_{区}$=27 263 km², Δt=12 h

时段	单位线流量 q (m³/s)			备注
	1	2	3	
0	0	0	0	1号线根据1970年8月7日洪水分析而得，洪峰流量2 790 m³/s，湖区、湖西降雨量大于湖东，P=127.0 mm； 2号线根据1993年8月5日洪水分析而得，洪峰流量3 204m³/s，暴雨中心在湖西，P=126.8 mm； 3号线根据1998年8月4日洪水分析而得，洪峰流量1 481m³/s，暴雨中心在湖东，P=115.3 mm
1	661	147	100	
2	1 231	358	858	
3	1 430	826	951	
4	1 252	634	559	
5	530	503	457	
6	345	444	419	
7	238	402	393	
8	169	366	352	
9	120	335	314	
10	89	307	286	
11	74	281	254	
12	60	258	222	
13	41	232	203	
14	31	211	178	
15	21	191	159	
16	12	170	139	
17	6	150	115	
18	1	129	95	
19	0	111	80	
20		90	63	
21		72	51	
22		52	38	
23		31	25	
24		11	0	
25		0		
26				
∑	6 311	6 311	6 311	

图 30-5 南四湖上级湖单位线图

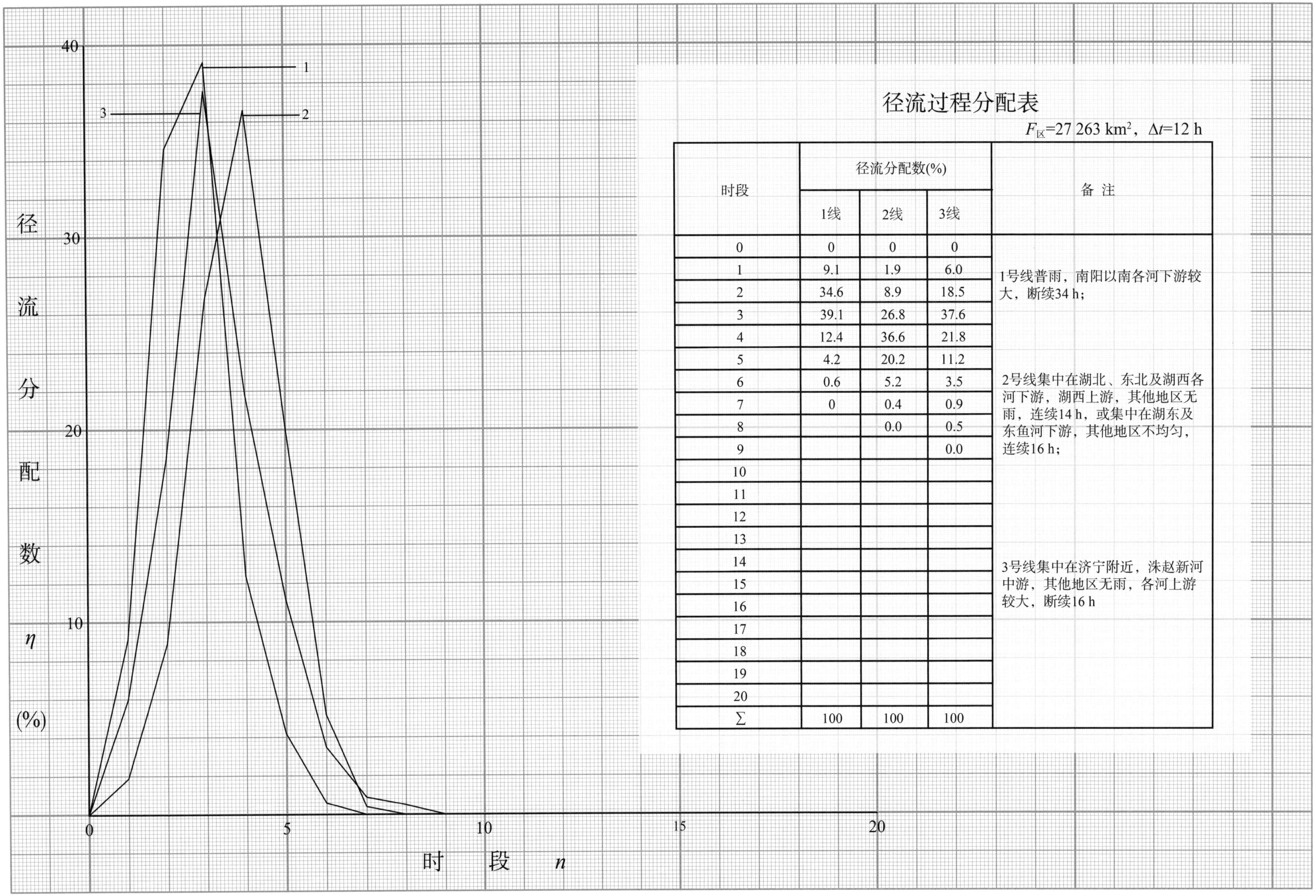

径流过程分配表

$F_{区}$=27 263 km^2，Δt=12 h

时段	径流分配数(%)			备 注
	1线	2线	3线	
0	0	0	0	
1	9.1	1.9	6.0	1号线普雨，南阳以南各河下游较大，断续34 h；
2	34.6	8.9	18.5	
3	39.1	26.8	37.6	
4	12.4	36.6	21.8	
5	4.2	20.2	11.2	
6	0.6	5.2	3.5	2号线集中在湖北、东北及湖西各河下游，湖西上游，其他地区无雨，连续14 h，或集中在湖东及东鱼河下游，其他地区不均匀，连续16 h；
7	0	0.4	0.9	
8		0.0	0.5	
9			0.0	
10				
11				
12				
13				
14				3号线集中在济宁附近，洙赵新河中游，其他地区无雨，各河上游较大，断续16 h
15				
16				
17				
18				
19				
20				
Σ	100	100	100	

图 30-6　南四湖上级湖径流分配过程线图 1

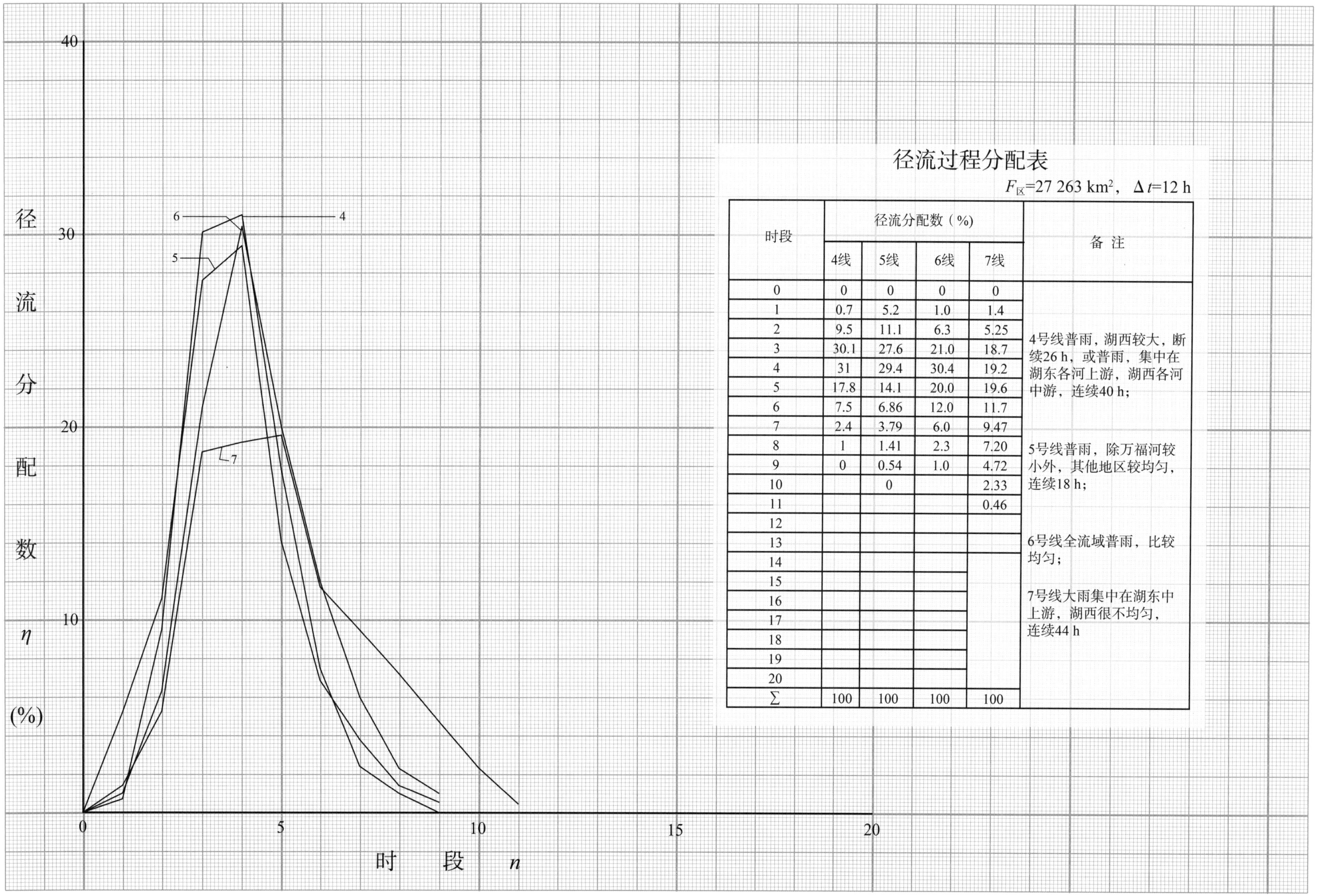

径流过程分配表

$F_{区}$=27 263 km^2，Δt=12 h

时段	径流分配数（%）				备 注
	4线	5线	6线	7线	
0	0	0	0	0	
1	0.7	5.2	1.0	1.4	
2	9.5	11.1	6.3	5.25	4号线普雨，湖西较大，断续26 h，或普雨，集中在湖东各河上游，湖西各河中游，连续40 h；
3	30.1	27.6	21.0	18.7	
4	31	29.4	30.4	19.2	
5	17.8	14.1	20.0	19.6	
6	7.5	6.86	12.0	11.7	
7	2.4	3.79	6.0	9.47	
8	1	1.41	2.3	7.20	5号线普雨，除万福河较小外，其他地区较均匀，连续18 h；
9	0	0.54	1.0	4.72	
10		0		2.33	
11				0.46	
12					
13					6号线全流域普雨，比较均匀；
14					
15					
16					7号线大雨集中在湖东中上游，湖西很不均匀，连续44 h
17					
18					
19					
20					
∑	100	100	100	100	

图 30–7　南四湖上级湖径流分配过程线图 2

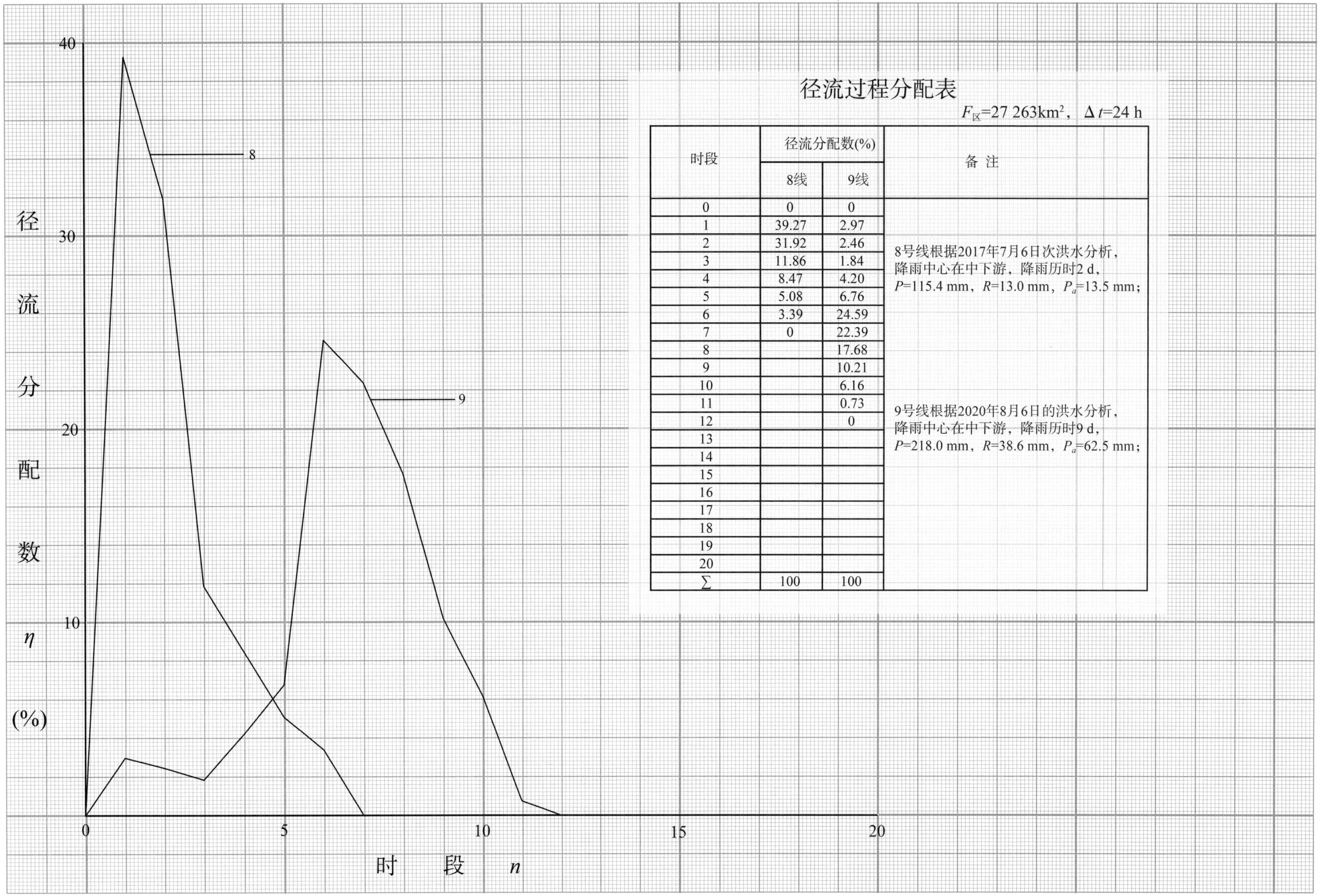

径流过程分配表

$F_{区}$=27 263km^2，Δt=24 h

时段	径流分配数(%)		备注
	8线	9线	
0	0	0	
1	39.27	2.97	8号线根据2017年7月6日次洪水分析，降雨中心在中下游，降雨历时2 d，P=115.4 mm，R=13.0 mm，P_a=13.5 mm；
2	31.92	2.46	
3	11.86	1.84	
4	8.47	4.20	
5	5.08	6.76	
6	3.39	24.59	
7	0	22.39	
8		17.68	
9		10.21	
10		6.16	
11		0.73	9号线根据2020年8月6日的洪水分析，降雨中心在中下游，降雨历时9 d，P=218.0 mm，R=38.6 mm，P_a=62.5 mm；
12		0	
13			
14			
15			
16			
17			
18			
19			
20			
∑	100	100	

图 30-8　南四湖上级湖径流分配过程线图 3

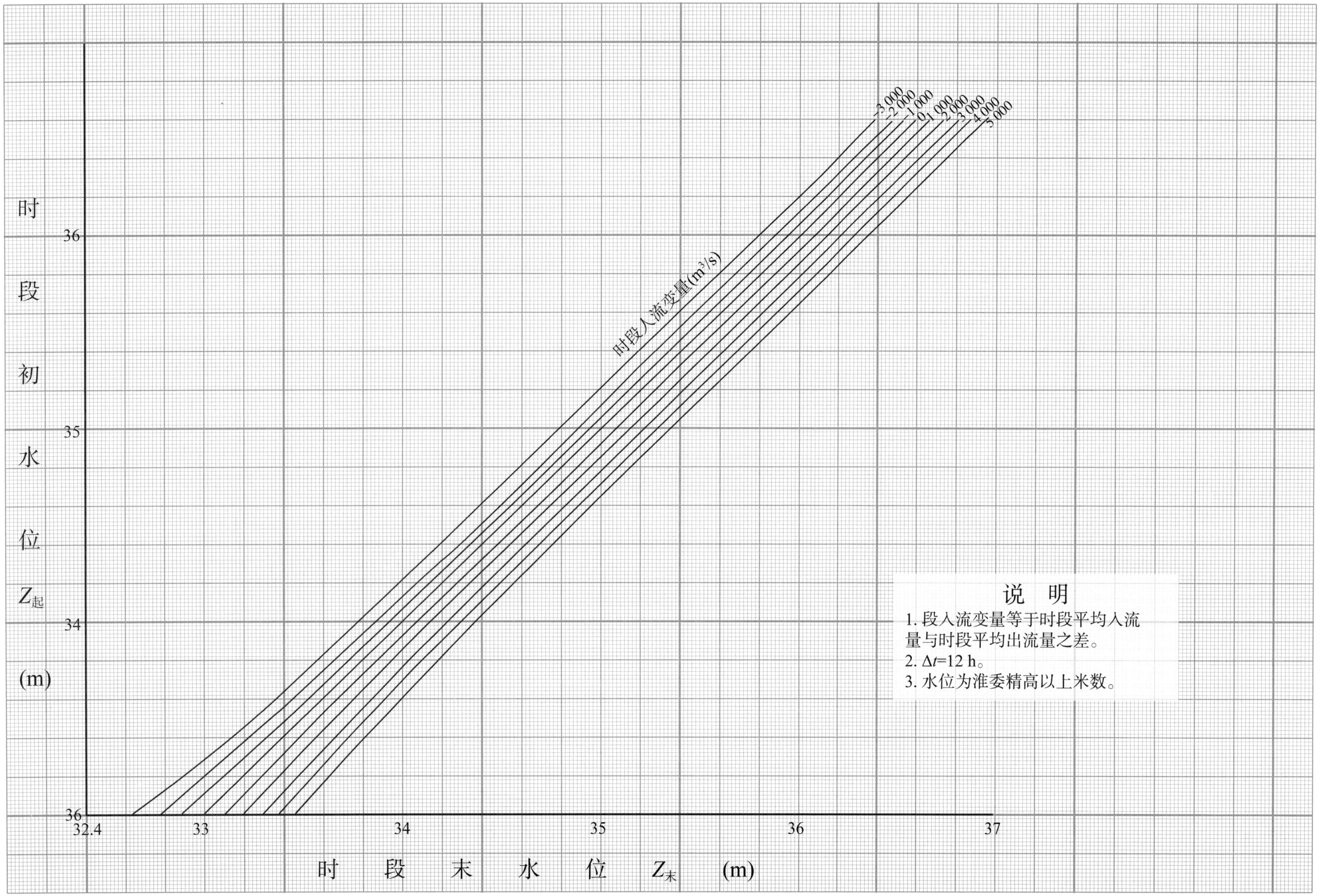

图 30–9 南四湖上级湖调洪演算图 1

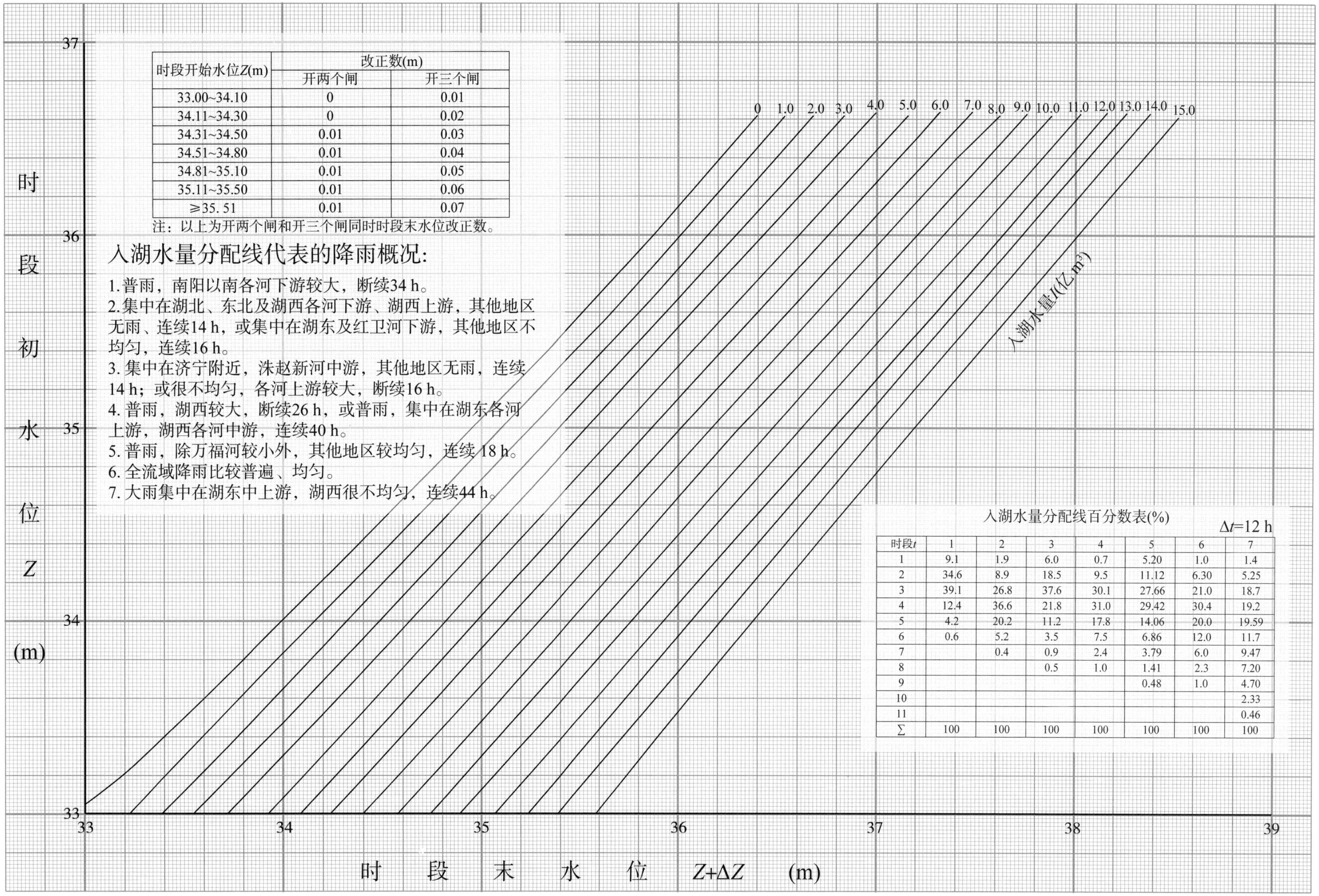

时段开始水位Z(m)	改正数(m)	
	开两个闸	开三个闸
33.00~34.10	0	0.01
34.11~34.30	0	0.02
34.31~34.50	0.01	0.03
34.51~34.80	0.01	0.04
34.81~35.10	0.01	0.05
35.11~35.50	0.01	0.06
≥35. 51	0.01	0.07

注：以上为开两个闸和开三个闸同时时段末水位改正数。

入湖水量分配线代表的降雨概况:

1.普雨，南阳以南各河下游较大，断续34 h。
2.集中在湖北、东北及湖西各河下游、湖西上游，其他地区无雨、连续14 h，或集中在湖东及红卫河下游，其他地区不均匀，连续16 h。
3. 集中在济宁附近，洙赵新河中游，其他地区无雨，连续14 h；或很不均匀，各河上游较大，断续16 h。
4. 普雨，湖西较大，断续26 h，或普雨，集中在湖东各河上游，湖西各河中游，连续40 h。
5. 普雨，除万福河较小外，其他地区较均匀，连续 18 h。
6. 全流域降雨比较普遍、均匀。
7. 大雨集中在湖东中上游，湖西很不均匀，连续44 h。

入湖水量分配线百分数表(%)

Δt=12 h

时段t	1	2	3	4	5	6	7
1	9.1	1.9	6.0	0.7	5.20	1.0	1.4
2	34.6	8.9	18.5	9.5	11.12	6.30	5.25
3	39.1	26.8	37.6	30.1	27.66	21.0	18.7
4	12.4	36.6	21.8	31.0	29.42	30.4	19.2
5	4.2	20.2	11.2	17.8	14.06	20.0	19.59
6	0.6	5.2	3.5	7.5	6.86	12.0	11.7
7		0.4	0.9	2.4	3.79	6.0	9.47
8			0.5	1.0	1.41	2.3	7.20
9					0.48	1.0	4.70
10							2.33
11							0.46
∑	100	100	100	100	100	100	100

图 30-10　南四湖上级湖调洪演算图 2

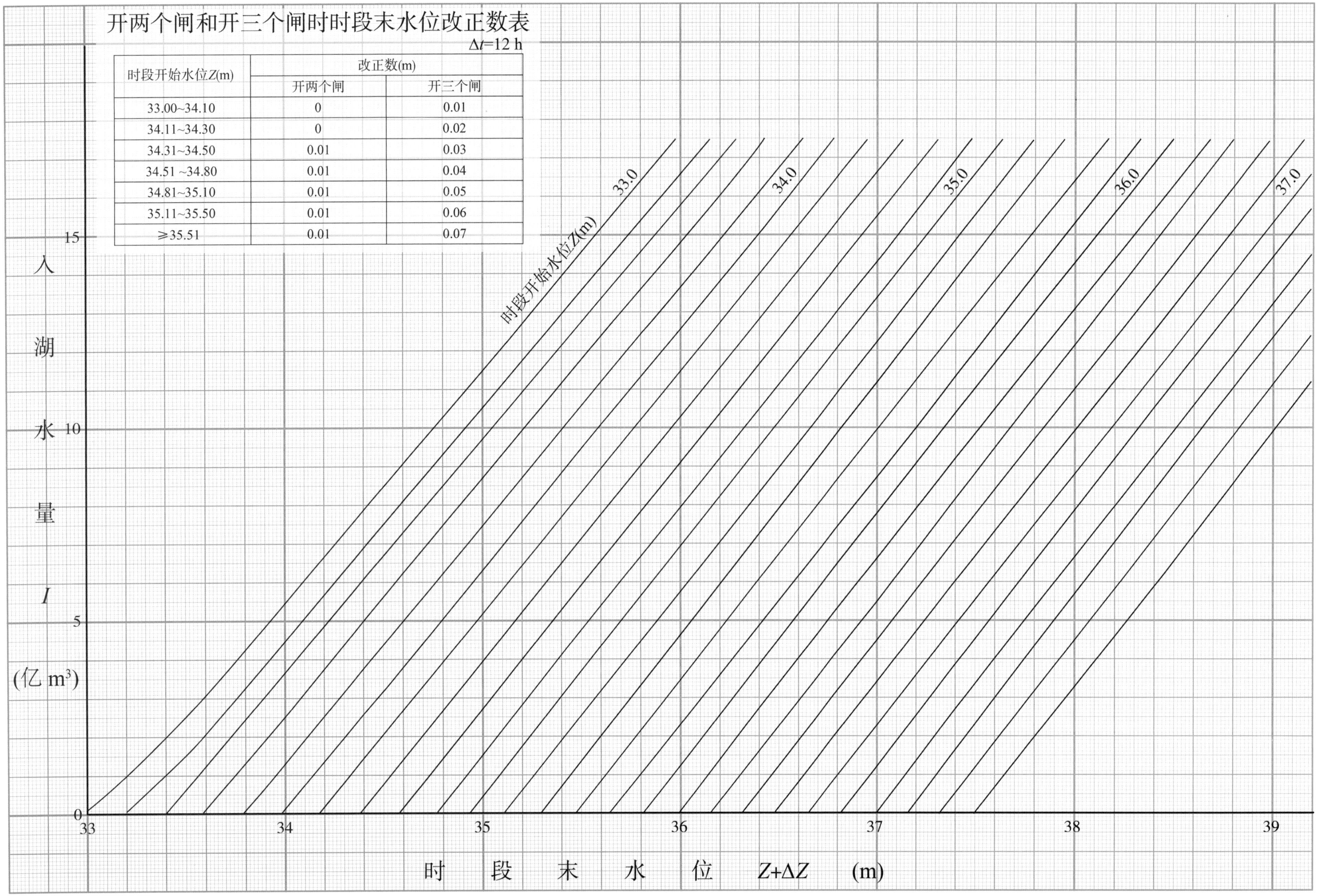

开两个闸和开三个闸时时段末水位改正数表

Δt=12 h

时段开始水位Z(m)	改正数(m)	
	开两个闸	开三个闸
33.00~34.10	0	0.01
34.11~34.30	0	0.02
34.31~34.50	0.01	0.03
34.51 ~34.80	0.01	0.04
34.81~35.10	0.01	0.05
35.11~35.50	0.01	0.06
≥35.51	0.01	0.07

图 30–11　南四湖上级湖调洪演算图 3

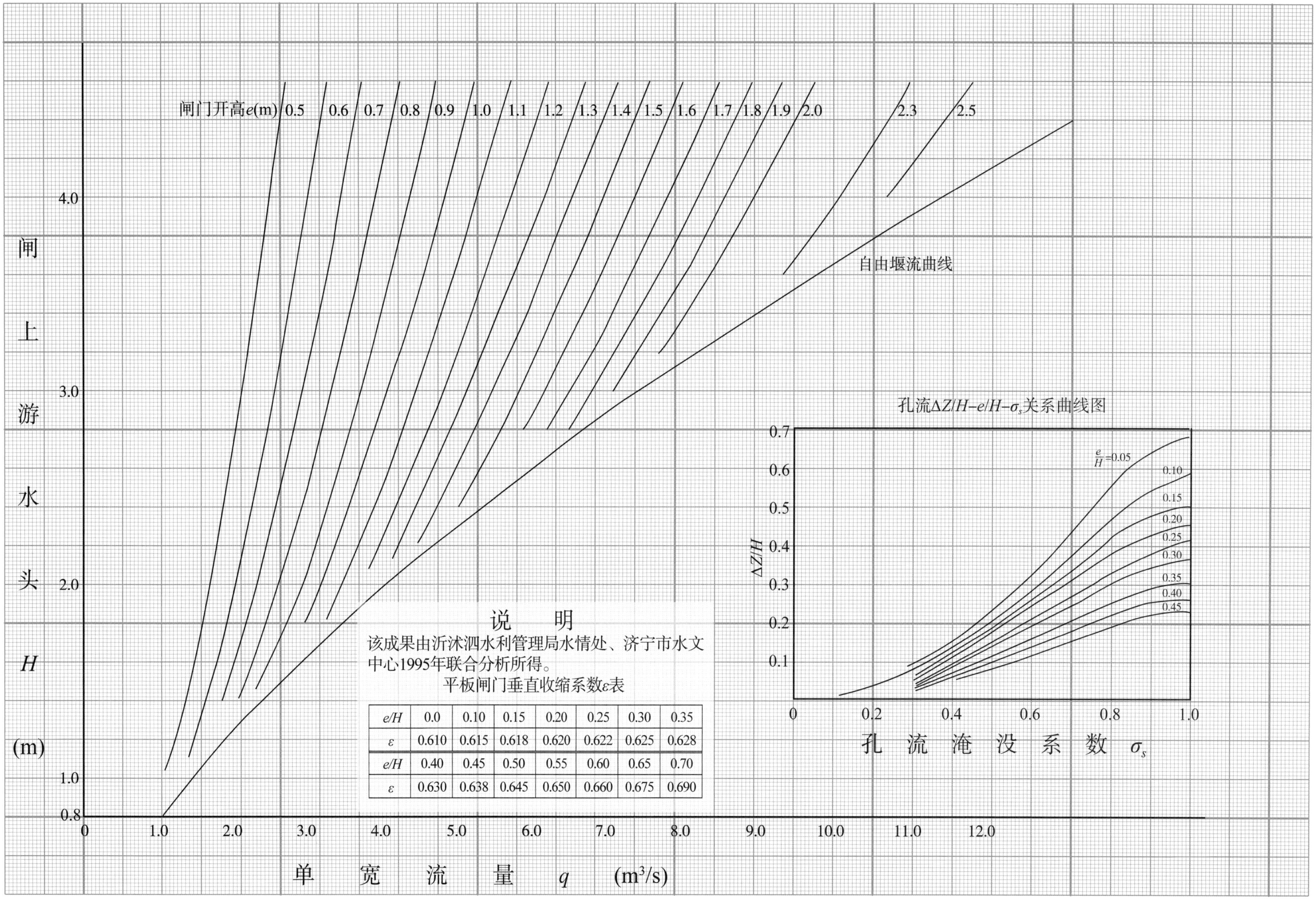

说　明

该成果由沂沭泗水利管理局水情处、济宁市水文中心1995年联合分析所得。

平板闸门垂直收缩系数ε表

e/H	0.0	0.10	0.15	0.20	0.25	0.30	0.35
ε	0.610	0.615	0.618	0.620	0.622	0.625	0.628
e/H	0.40	0.45	0.50	0.55	0.60	0.65	0.70
ε	0.630	0.638	0.645	0.650	0.660	0.675	0.690

图 30–12　南四湖二级坝节制闸一闸、二闸、三闸泄流曲线图

说明

1. 本图查得流量为单宽流量，总流量为单宽流量乘以开启宽度，各线适用范围见表1。

2. 自由孔流计算公式：$Q_{自}=4.21Be\varepsilon\sqrt{H-\varepsilon e}$；淹没孔流公式：$Q=\sigma_s Q_{自}$；自由堰流计算公式：$Q_{自}=1.42BH^{3/2}$；淹没堰流公式：$Q=4.43C_1BH_L\sqrt{\Delta Z}$。

式中：$Q_{自}$、Q——自由、淹没出流流量；B——闸门开启总宽；ε——垂直收缩系数，根据e/H由图30–12中附表查得；e——闸门开启高度；H——闸上游总水头；C——自由堰流系数；H_L——闸下游水头；ΔZ——水位差；σ_s——孔流淹没系数，根据$\Delta Z/H$和e/H由图30–12中附图查得；C_1——淹没堰流流量系数，由左图查得。

3. 流态判别：(1)$e/H\leqslant0.67$，为孔流，(2)$e/H>0.67$，为堰流；(3)$H_L/H\leqslant0.80$，为自由堰流；(4)$H_L/H>0.80$，为淹没堰流；(5)闸下水位淹没闸孔为淹没孔流，否则为自由孔流。

4. 图表内不能直接查读者，均需内插或计算。

5. 淹没孔流$\Delta Z<0.05$m时，查Z_u–q关系曲线图。

6. 冻结基面高程=淮委精高+0.07 m。

表1　二级湖一闸(39孔)泄流量推求方法一览表

发生流态	推流条件		推流方法(所查曲线)
	开启孔数	水位差ΔZ(m)	
自由孔流	1~39孔	—	水力学公式法，查自由孔流曲线
淹没孔流	1~39孔	—	水力学公式法，查自由孔流曲线，由附图查得σ_s相乘而得
自由堰流	1~39孔	—	水力学公式法，查自由堰流曲线
淹没堰流	1~12孔	$\Delta Z\geqslant0.05$m	查图中系数2线得C_1，由$Q=4.43C_1BH_L\sqrt{\Delta Z}$推求
	13~39孔	$\Delta Z\geqslant0.05$m	查图中系数1线得C_1，由$Q=4.43C_1BH_L\sqrt{\Delta Z}$推求
	1~39孔	$\Delta Z<0.05$m	查Z_u–q关系曲线(Z_u为冻结基面高程，q为单宽流量)

表2　C_1查算表(淹没堰流$\Delta Z/H$–开启孔数–C_1关系对照表)

$\Delta Z/H$	0.005	0.01	0.015	0.02	0.025	0.03	0.04	0.05	0.06	0.07	0.08	0.10	0.12	0.14	0.16	≥0.20
C_1系数1线 开13~39孔	0.38	0.46	0.52	0.56	0.60	0.63	0.67	0.71	0.74	0.77	0.79	0.82	0.84	0.85	0.86	0.87
C_1系数2线 开1~12孔	0.38	0.46	0.54	0.60	0.66	0.71	0.77	0.82	0.86	0.89	0.92	0.95	0.97	0.99	1.00	1.02

表3　Z_u–q关系对照表　　单位：Z_u(m)　q(m³/s)

Z_u	33.1	33.2	33.3	33.4	33.5	33.6	33.7	33.8	33.9	34	34.1	34.2	34.3	34.4	34.5	34.6	34.7	34.8
q	1.15	1.16	1.17	1.18	1.20	1.23	1.27	1.32	1.38	1.49	1.62	1.76	1.94	2.12	2.36	2.60	2.87	3.16

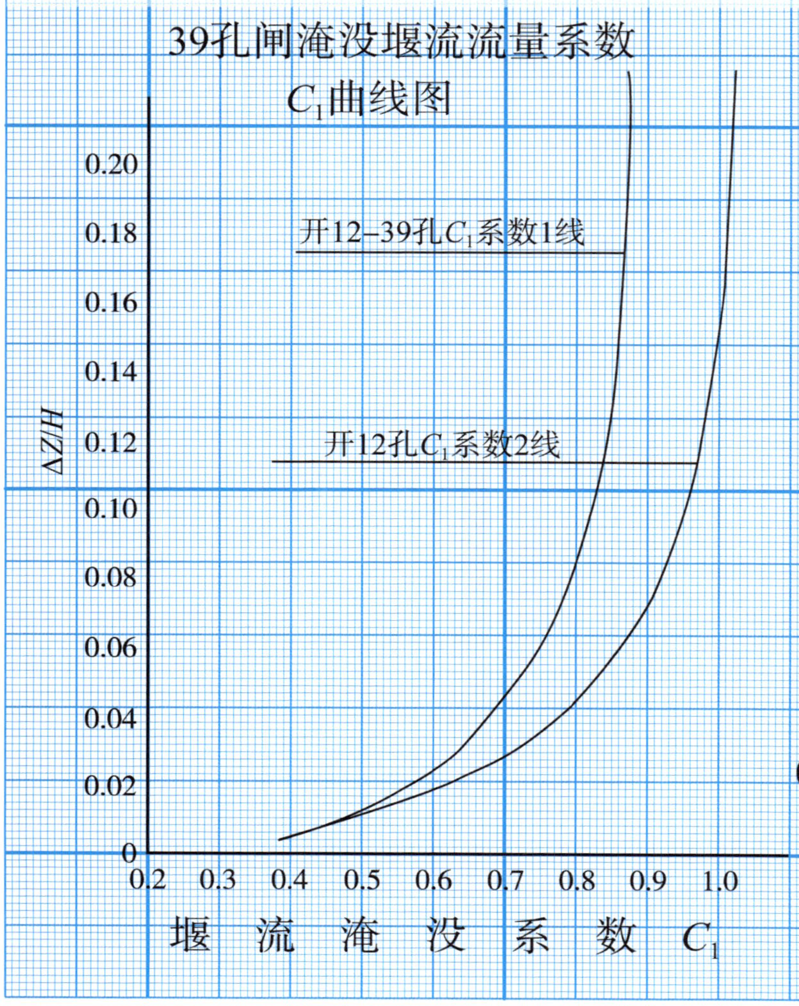

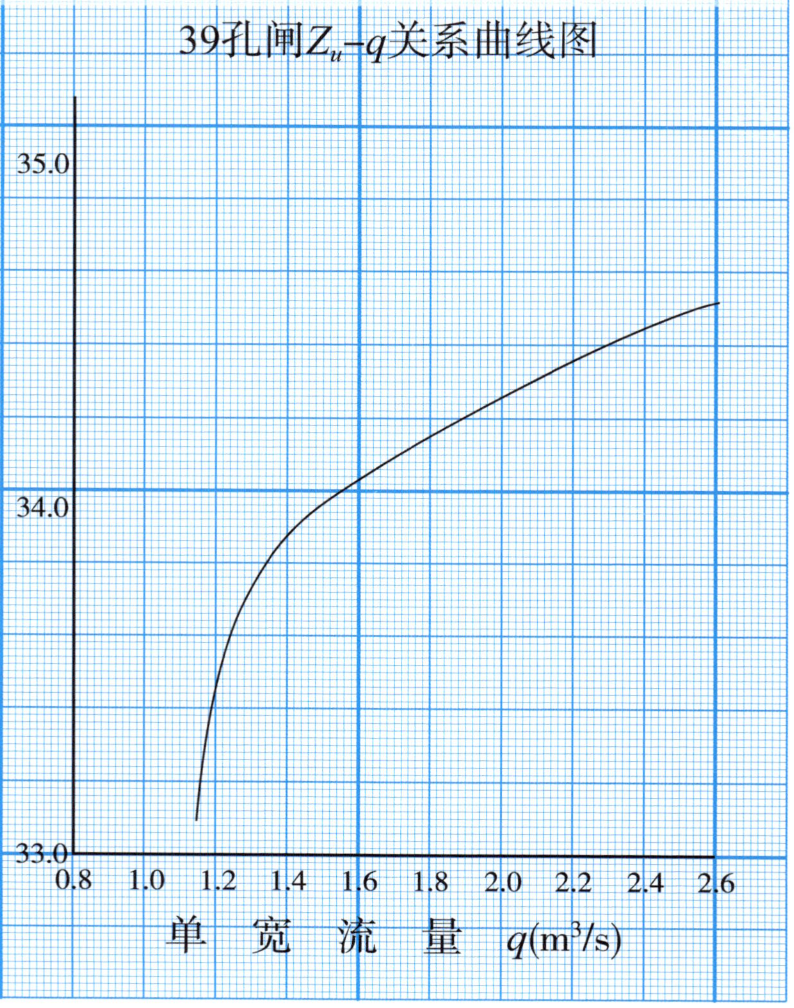

图30–13　二级坝一闸（39孔）泄流关系图

说明

1. 本图查得流量为单宽流量，总流量为单宽流量乘以开启宽度，各线适用范围见表1。
2. 自由孔流计算公式：$Q_{自}=4.21Be\varepsilon\sqrt{H-\varepsilon e}$；淹没孔流公式：$Q=\sigma_s Q_{自}$；自由堰流计算公式：$Q_{自}=1.42BH^{3/2}$；淹没堰流公式：$Q=4.43C_1BH_L\sqrt{\Delta Z}$。
式中：$Q_{自}$、Q——自由、淹没出流流量；B——闸门开启总宽；ε——垂直收缩系数，根据e/H由图30-12中附表查得；e——闸门开启高度；H——闸上游总水头；C——自由堰流系数；H_L——闸下游水头；ΔZ——水位差；σ_s——孔流淹没系数，根据$\Delta Z/H$和e/H由图30-12中附图查得；C_1——淹没堰流流量系数，由左图查得。
3. 流态判别：(1)$e/H\leqslant0.67$，为孔流，(2)$e/H>0.67$，为堰流；(3)$H_L/H\leqslant0.80$，为自由堰流；(4)$H_L/H>0.80$，为淹没堰流；(5)闸下水位淹没闸孔为淹没孔流，否则为自由孔流。
4. 图表内不能直接查读者，均需内插或计算。
5. 淹没孔流$\Delta Z<0.05$ m时，查Z_u–q关系曲线图。
6. 冻结基面高程=淮委精高+0.07 m。

表1　二级湖一闸(55孔)泄流量推求方法一览表

发生流态	推流条件		推流方法(所查曲线)
	开启孔数	水位差ΔZ(m)	
自由孔流	1～55孔	——	水力学公式法，查自由孔流曲线
淹没孔流	1～55孔	——	水力学公式法，查自由孔流曲线，由附图查得σ_s相乘而得
自由堰流	1～55孔	——	水力学公式法，查自由堰流曲线
淹没堰流	1～12孔	$\Delta Z\geqslant0.05$m	查图中系数2线得C_1，由$Q=4.43C_1BH_L\sqrt{\Delta Z}$推求
	13～55孔	$\Delta Z\geqslant0.05$m	查图中系数1线得C_1，由$Q=4.43C_1BH_L\sqrt{\Delta Z}$推求
	1～55孔	$\Delta Z<0.05$m	查Z_u–q关系曲线(Z_u为冻结基面高程，q为单宽流量)

表2　C_1查算表(淹没堰流$\Delta Z/H$–开启孔数–C_1关系对照表)

$\Delta Z/H$	0.005	0.01	0.015	0.02	0.025	0.03	0.04	0.05	0.06	0.07	0.08	0.10	0.12	0.14	0.16	≥0.20
C_1系数1线 开13~39孔	0.38	0.46	0.52	0.56	0.60	0.63	0.67	0.71	0.74	0.77	0.79	0.82	0.84	0.85	0.86	0.87
C_1系数2线 开1~12孔	0.38	0.46	0.54	0.60	0.66	0.71	0.77	0.82	0.86	0.89	0.92	0.95	0.97	0.99	1.00	1.02

表3　Z_u–q关系对照表　　单位:Z_u(m)　q(m³/s)

Z_u	33.1	33.2	33.3	33.4	33.5	33.6	33.7	33.8	33.9	34	34.1	34.2	34.3	34.4	34.5	34.6	34.7	34.8
q	0.89	0.90	0.91	0.94	0.97	1.01	1.06	1.11	1.19	1.28	1.40	1.54	1.73	1.94	2.17	2.43	2.70	3.96

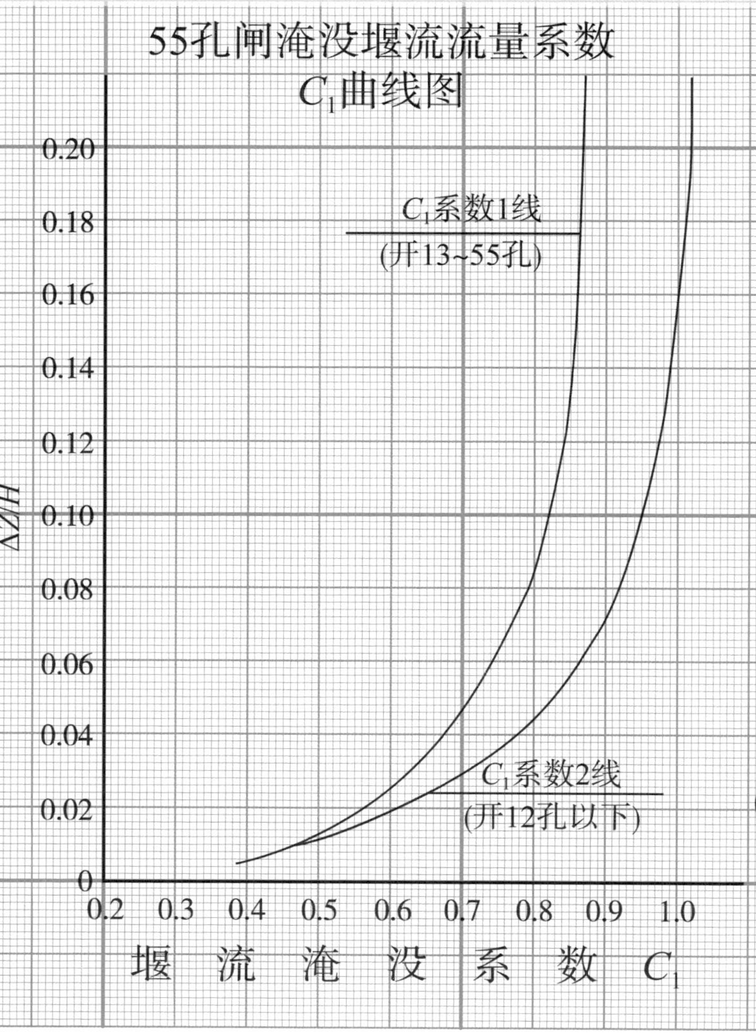

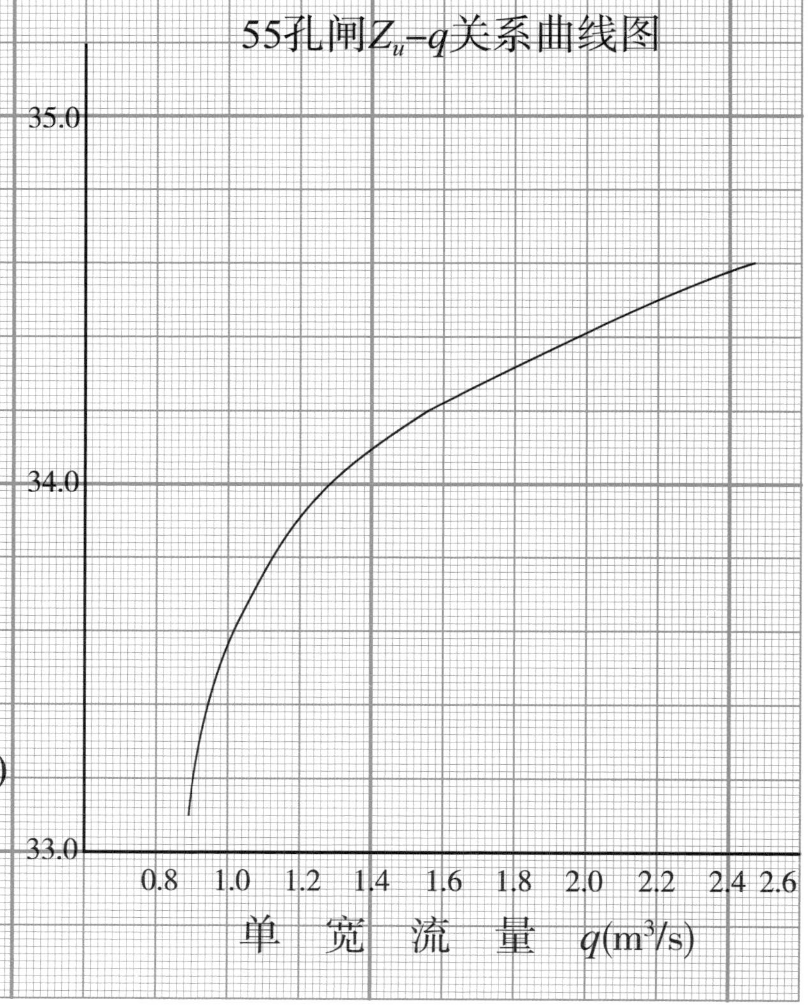

图 30-14　二级坝二闸（55 孔）泄流关系图

说明

1. 本图查得流量为单宽流量，总流量为单宽流量乘以开启宽度，各线适用范围见表1。
2. 自由孔流计算公式：$Q_{自}=4.21Be\varepsilon\sqrt{H-\varepsilon e}$；淹没孔流公式：$Q=\sigma_s Q_{自}$；自由堰流计算公式：$Q_{自}=1.42BH^{3/2}$；淹没堰流公式：$Q=4.43C_1BH_L\sqrt{\Delta Z}$。
式中：$Q_{自}$、Q——自由、淹没出流流量；B——闸门开启总宽；ε——垂直收缩系数，根据e/H由图30-12中附表查得；e——闸门开启高度；H——闸上游总水头；C——自由堰流系数；H_L——闸下游水头；ΔZ——水位差；σ_s——孔流淹没系数，根据$\Delta Z/H$和e/H由图30-12中附图查得；C_1——淹没堰流流量系数，由左图查得。
3. 流态判别：(1)$e/H\leqslant0.67$，为孔流，(2)$e/H>0.67$，为堰流；(3)$H_L/H\leqslant0.80$，为自由堰流；(4)$H_L/H>0.80$，为淹没堰流；(5)闸下水位淹没闸孔为淹没孔流，否则为自由孔流。
4. 图表内不能直接查读者，均需内插或计算。
5. 淹没孔流$\Delta Z<0.05$ m时，查Z_u–q关系曲线图。
6. 冻结基面高程=淮委精高+0.07 m。

表1　二级湖一闸(84孔)泄流量推求方法一览表

发生流态	推流条件		推流方法(所查曲线)
	开启孔数	水位差ΔZ(m)	
自由孔流	1～84孔	——	水力学公式法，查自由孔流曲线
淹没孔流	1～84孔	——	水力学公式法，查自由孔流曲线，由附图查得σ_s相乘而得
自由堰流	1～84孔	——	水力学公式法，查自由堰流曲线
淹没堰流	1～84孔	$\Delta Z\geqslant0.05$m	查图中系数1线得C_1，由$Q=4.43C_1BH_L\sqrt{\Delta Z}$推求
	1～84孔	$\Delta Z<0.05$m	查Z_u–q关系曲线(Z_u为冻结基面高程，q为单宽流量)

表2　C_1查算表(淹没堰流启孔数–C_1关系对照表)

开启孔数	2	4	8	10	12	15	18	20	22	24	26	28	30	32	34	36
C_1	0.42	0.47	0.59	0.66	0.74	0.90	0.83	0.79	0.75	0.72	0.68	0.64	0.61	0.59	0.56	0.54
开启孔数	38	40	45	50	55	60	65	70	75	80	84					
C_1	0.52	0.50	0.46	0.43	0.40	0.37	0.34	0.32	0.30	0.28	0.27					

表3　Z_u–q关系对照表　　单位:Z_u(m)　q(m³/s)

Z_u	33.1	33.2	33.3	33.4	33.5	33.6	33.7	33.8	33.9	34	34.1	34.2	34.3	34.4	34.5	34.6	34.7	34.8
q	0.89	0.90	0.91	0.94	0.97	1.01	1.06	1.11	1.19	1.28	1.40	1.54	1.73	1.94	2.17	2.43	2.70	3.96

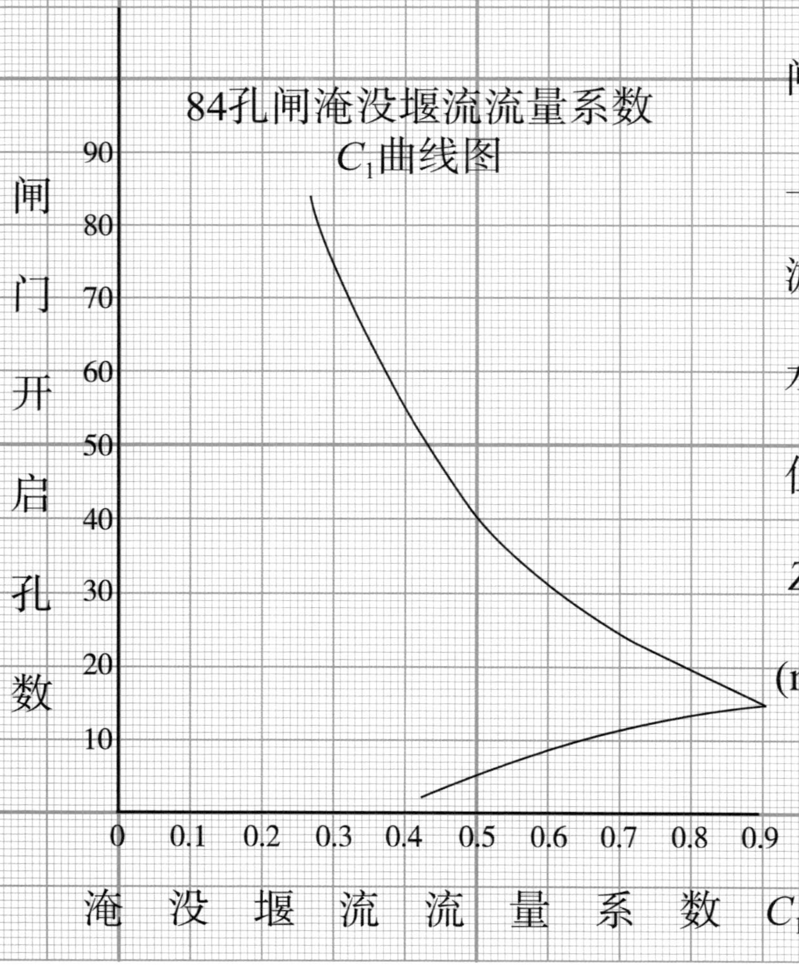

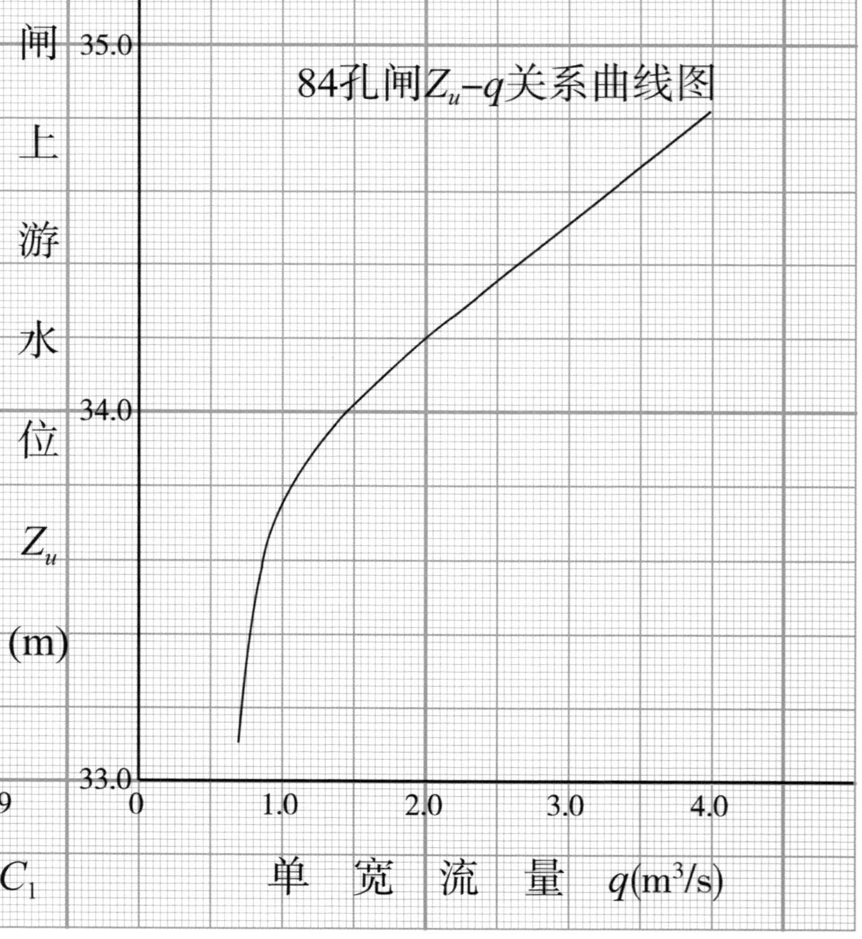

图 30-15　二级坝三闸（84 孔）泄流关系图

第三十一章　南四湖下级湖水文预报方案编制说明

1　流域概况

1.1　流域自然地理特征

南四湖为南阳、独山、昭阳、微山四湖的总称。南四湖地处鲁南泰沂山前冲积平原与鲁西黄泛平原的交接地带，属淮河流域沂沭泗水系，韩庄节制闸以上集水面积原为 31 700 km^2，1987 年江苏省部分河道改道，现改为 31 513 km^2。1958 年开始兴建的二级坝枢纽工程，将南四湖分为上、下两部分，坝北为上级湖，坝南为下级湖。上级湖总集水面积为 27 263 km^2，其中湖东 7 352 km^2，湖西 19 309 km^2，湖区 602 km^2。下级湖总集水面积为 4 250 km^2，其中湖东、湖西合计 3 584 km^2，湖区 666 km^2。

南四湖入湖主要河流共有 53 条，其中 29 条入上级湖，24 条入下级湖；出湖河流共 4 条。入上级湖的河流中受控制（有实测流量资料）的主要有湖东的泗河、白马河、洸府河、北沙河、城河，湖西的梁济运河、洙赵新河、万福河、东鱼河、复新河。入下级湖的河流中受控制的主要有十字河、新薛河、不牢河、郑集河、沿河。出湖河流为老运河、新运河、伊家河、不牢河，自东向西分布于湖区南部，这四条河流均受到控制。上级湖湖面面积占全湖面积的 47.5%，但承担着 86.5% 的流域面积的来水；下级湖占全湖面积的 52.5%，却承担着 13.5% 的流域面积的来水。

南四湖湖区东部为低山丘陵区和山前冲积平原，湖西、湖北为黄河和废黄河间的黄泛平原。湖东区土壤类型主要为沙壤土、棕壤土、褐土；湖西区土壤类型主要为沙土、壤土、黏土等，且土层深厚。湖西区农田林网化已成雏形，对防风固沙、减少水土流失发挥了重要作用；湖东山丘区绿化有较大进展，但仍有一定数量的秃山荒坡。

南四湖流域地处暖温带，属半湿润大陆性季风气候区，多年平均气温为 13.6℃，据 1956—1998 年资料统计，流域多年平均年降水量为 686.9 mm，降水量在地区上分布很不均匀，总的变化趋势是从东南向西北减少。降水量年际变化大，年内分布也很不均匀，汛期 6—9 月份降水量占年降水量的 72% 左右，7、8 月份降水量又占汛期降水量的 60% ~ 70%。全流域多年平均水面蒸发量在 1 000 mm 左右，陆面蒸发量在 500 ~ 650 mm，从陆地蒸散发量的地区分布来看，一般西部大于东部，南部大于北部。

南四湖下级湖流域图见图 31-1。

1.2　水利工程情况

1.2.1　二级坝枢纽工程

二级坝枢纽工程将南四湖截为上、下两级湖，该枢纽位于济宁市微山县境内的昭阳湖，东起微山县常口村老运河西堤，西至顺堤河，全长 7 360 m。该工程于 1958 年开始施工，1975 年全部完成。在拦湖大坝上由东向西建有溢流堰，第一、第二、第三节制闸，船闸和第四节制闸（即湖腰扩大泄洪闸）。因湖腰扩大工程未完成，第四节制闸尚未发挥作用。南四湖下级湖出口位置示意图见图 31-2，南四湖湖区水利工程见表 31-1。

表 31-1　南四湖湖区水利工程情况表

闸名		闸门					设计洪水位（m）		设计流量（m^3/s）	冻结基面	建造时间	历史最大泄量（m^3/s）	
		型式	孔数	净宽（m）	闸底高（m）	闸顶高（m）	上游	下游				流量	日期
昭阳湖二级湖节制闸	一闸	平板钢	39	6	（1~36）31.00，其余 31.50	35.00	36.87	36.20	4 500	废黄河口	1960 年 5 月	1280	1978-7-14
	二闸	平板钢	55	5	31.00	35.00	36.87	36.20	3 300	废黄河口	1967 年 7 月	2350	2018-8-20
	三闸	平板钢	84	6	30.50	35.00	36.87	36.20	4 620	废黄河口	1971 年 8 月	1800	2005-9-20
	四闸	双曲薄壳	134	6	30.50	35.00	36.87	36.20	4 490	废黄河口	1974 年		未启用
	滚水坝	—	—	370	35.10	38.20	—	—	—	—	—	1630	64-9-8
新运河韩庄闸		弧形钢	17 14	12 12	30.30 28.50	37.50	33.50	—	2 050	1956 年黄海	1978 年	1800	98-8-16
伊家河新河头闸		平板钢	3	7	28.60	33.60	33.00	—	200	1956 年黄海	1958 年	348	63-8-17
老运河韩庄闸		平板钢	3	12	28.00	37.50	33.50	—	250	1956 年黄海	1998 年 5 月	109	98-8-18
不牢河蔺家坝闸		—	12	3.7	28.30	32.00	35.50	—	515	—	1959 年 5 月	452	63-9-6

1.2.2　京杭运河

1958—1959 年，北起梁济运河入湖口，南至徐州市蔺家坝，在湖内开挖了京杭运河航道，长 126 km，底宽 45 m，河底高程 29.80 m，可通航 100 吨级船舶。同时在湖内还开挖了一般航道，长 350 km，可通航 50 ~ 100 吨级船舶。

1.2.3　湖堤工程

自南阳湖北端石佛至微山湖南端蔺家坝修筑了湖西大堤，长 131.45 km，设计堤顶高程为 39.00 ~ 39.50 m。1999 年末进行了湖西大堤加固工程，现状堤顶高程一般为 39.29 m，堤顶宽 6 m，西支河至东鱼河段长 10 km，设计堤顶高程 40.09 m，堤顶宽 8 m。

南四湖湖东堤北自济宁市任城区石佛村老运河东堤起，南至微山县郗山村止，堤线总长104.45 km。

湖东堤二级坝至新薛河段按防御1957年洪水修建，中心河至二级坝段、新薛河口至郗山段按50年一遇防洪标准修建。其中，中心河至二级坝段、二级坝至新薛河河口段堤顶高程均为39.50 m，新薛河河口至郗山段堤顶高程为39.00 m；堤顶宽均为6.0 m。

湖东堤郗山至韩庄段利用老运河东堤挡水，长约16 km，堤顶高程为35.00 m，堤顶宽在2 m左右。

1.2.4 韩庄水利枢纽工程

韩庄水利枢纽工程位于南四湖东南端的微山县韩庄镇，由韩庄泄洪闸、伊家河泄洪闸和船闸及老运河泄洪闸等建筑物组成。当微山湖水位33.50 m时，该枢纽工程总泄洪能力为2 500 m^3/s。

伊家河除建有泄洪闸外还建有船闸，以沟通南四湖与韩庄运河、老运河（中运河）的航运。该闸于1970年10月建成，单闸室，闸室长129 m、宽10 m，闸底高程为28.60 m，设计水深2.2 m。

1.2.5 蔺家坝泄洪闸

蔺家坝泄洪闸位于微山湖南端江苏省徐州市铜山区境内的不牢河上，于1959年5月建成，当微山湖水位为35.50 m时，设计泄洪流量为500 m^3/s。

1.3 测站概况

南四湖湖区测站主要是湖内的水位站与设于二级坝、韩庄水利枢纽处的水文站。本方案选用的各站的主要情况见表31–2。

表31–2 南四湖湖区测站情况表

站名	测站类别	设立日期	是否报汛	冻结基面	淮委精高程－冻结基面高程（m）	1956年黄海基面高程－冻结基面高程（m）	备注
南阳湖南阳（南）	水位	1953年1月	√	废黄河口	–0.686	–0.823	1964年由南阳站改名南阳（南）站
独山湖马口	水位	1953年5月	√	废黄河口	+0.137	0.000	1956年1月停测，1971年8月复设，1990年7月向东迁移1 500 m
昭阳湖二级湖闸	水文	1959年6月	√	废黄河口	–0.066	–0.203	
微山湖微山	水位	1952年6月	√	废黄河口	–0.549	–0.717	1982年水尺由微山岛西岸迁至东岸
微山湖韩庄（微）	水位	1951年1月	√	废黄河口	+0.137	–0.148	1964年1月由韩庄站改名为韩庄（微）站
新运河韩庄闸	水文	1961年8月	√	1956年黄海	0.000	–0.148	1979年1月站址与基本水尺由右岸迁至左岸
伊家河新河头闸	水文	1957年7月	√	1956年黄海	0.000	–0.148	

2 预报方案编制

2.1 资料情况及方案沿革

2.1.1 资料情况

下级湖预报方案于1981年分析编制，又于1991年、1999年、2010年分别进行了预报方案的修订。本次修订除选用之前分析的1963—2010年共29场次暴雨洪水外，另外补充了2011—2020年10场次暴雨洪水进行分析，即资料系列为1963—2020年，共39场次洪水。本站实测资料年限为58年（1963—2020年）。

本次方案的内容主要包括：下级湖降雨径流相关（图31–3），下级湖经验单位线分析（图31–4），下级湖径流分配过程线分析（图31–5），下级湖调洪演算图（图31–6），下级湖各出口节制闸泄洪曲线（图31–7至图31–9），新运河韩庄闸实测大断面图（图31–10），上下级湖水位与库容、面积关系曲线（图31–11）。

2.1.2 方案沿革

产流方案采用降雨径流相关图 $P+P_a$–R，本次修订增加了10个点据，新增关系线1条。

2.2 预报方案

2.2.1 下级湖降雨径流相关图

同上级湖，在制作下级湖方案时，也建立降雨径流关系曲线 $P+P_a$–E–R。

2.2.1.1 降雨量的计算

因下级湖集水面积相对较小，各雨量站分布较均匀，流域平均雨量采用算术平均法。采用敬安、沛城、蔺家坝闸、韩庄、微山岛、二级湖闸、薛城、西集、徐庄、山亭共计10个站的雨量的算术平均值作为下级湖的流域平均雨量。1990年后的点据采用11站雨量平均（加柴胡店站）。

2.2.1.2 P_a值的计算

P_a的计算采用下式：

$$P_{a,t}=K(P_{t-1}+P_{a,t-1})$$

其中，前期影响雨量递减系数 K 与最大初损值 I_m 的取值均与上级湖相同。

2.2.1.3 蒸发量的计算

采用二级湖闸、韩庄闸蒸发量的算术平均值作为下级湖流域平均蒸发量。

2.2.1.4 径流深的计算

下级湖入湖洪水径流深计算原理和方法与上级湖完全一样，依据水量平衡原理。

反推下级湖入湖流量过程时，需根据上游二级湖闸放水与下游老运河韩庄闸、新运河韩庄闸、伊家河新河头闸、不牢河蔺家坝闸四个出口的泄流过程计算。

下级湖平均水位由二级湖闸下、微山岛、韩庄（微）三站水位算术平均值求得。

下级湖总流域面积，包括湖东、湖西与湖区，F=4 250 km^2。

2.2.1.5 降雨径流相关图的点绘

南四湖下级湖降雨径流分析成果见表 30–3。2003 年以后，有部分点据偏差过大，未参与定线，方案合格率为 83%，属乙级方案，详见表 31–4。

根据点据分布情况和实际考查，点绘了 2000 年前后两条曲线（图 31–2）。方案使用时优先考虑查 2 号线，1 号线作为参考。

2.2.1.6 突出点据分析

950830 场次洪水：二级湖闸闸下水尺离闸门太近，提闸放水造成闸下水位骤然升高，致使下级湖平均水位比实际值偏大，从而使反推的入湖水量偏大。

030816 场次洪水：下级湖流域 7 月份至 8 月上旬总降水量达 373 mm，流域内田间及各拦河工程均已蓄满，虽然此次暴雨 P_a 计算值较小，但流域内拦蓄量已很小，致使实际入湖径流量偏大于预报径流量。

040710 次场洪水：该次降水湖面平均雨量 73.4 mm，水面面积按水位查线得 447 km^2，仅湖面降水量达 3 281 万 m^3，折合全流域径流深达 7.7 mm，已大于预报径流深 5.8 mm。若加上河道入流，实际径流深为 13.1 mm，明显偏大于预报径流深。预报方案中原降雨径流关系线下部 $P+P_a-E$ 在 90 mm 以下已无实测点据，为顺势延长而得。若湖面降水较大，虽然 P_a 较小，实际径流深仍可能较大（查线径流系数为 0.09，而 040710 场次洪水径流系数为 0.21）。

040718 场次洪水：受 2003 年特大丰水年的影响，地下水位已很浅，下渗及土壤持水较小，且该次降水中心在湖西河道中下游，闸坝拦蓄量也很小，致使实际入湖径流量大于预报径流量。

040810 场次洪水：受 8 月 12 日二级湖开闸影响，闸下水位陡涨 0.13 m，而其他两站水位涨幅分别为 0.01 m、0.03 m（已为该次洪水末期），因此该日计算的蓄水变量较实际值偏大，导致该次洪水计算的入湖水量偏大。

040914 场次洪水：该次降水中心在湖东，而湖西敬安、沛城一带降水量仅约全流域平均降水量的 1/2，湖东地区产流系数较大，且基本不受拦河闸坝的影响，因此实际入湖径流量大于预报径流量。

2.2.2 经验单位线

本次共分析了 4 条经验单位线，其中 2 条单位线时段长 Δt=24 h，洪水原型分别为 640812、710630，另外 2 条时段长为 12 h，洪水原型分别为 930804、950822。下级湖单位线图见图 31–3。

2.2.3 径流分配过程线

径流分配过程线为逐时段部分洪量占次洪洪水总量的百分比，共 5 条线，其中 3 条时段长为 12 h，洪水原型分别为 930804、950814、950822。另外 2 条时段长为 24 h，洪水原型为 040914、040920。下级湖径流分配过程线图见图 31–4。

2.2.4 调洪演算图

调洪演算图的制作依据水量平衡的原理，制作方法同上级湖调洪演算图。因湖水位 – 库容关系没有变化，本方案调洪演算图仍采用原方案分析成果，详见图 31–5。

2.2.5 下级湖节制闸泄流曲线

2.2.5.1 老运河韩庄闸、伊家河新河头闸、不牢河蔺家坝闸泄洪曲线

这三闸泄洪曲线为下级湖平均水位与各闸泄量关系，其中伊家河新河头闸、不牢河蔺家坝闸泄洪曲线根据 1963 年、1964 年实测流量率定资料点绘，老运河韩庄闸泄洪曲线根据该闸设计值点绘，详见图 31–6。

2.2.5.2 新运河韩庄闸、伊家河新河头闸堰流关系曲线

由图 31–7 查得的流量为单宽流量，总流量为单宽流量乘以开启闸门总净宽。本图适合自由堰流、淹没堰流两种流态，当 $h_L/H \geqslant 0.80$ 时，为淹没堰流，所求流量应乘以淹没系数。

2.2.5.3 新运河韩庄闸淹没孔流关系曲线

图 31–8 适用于新运河韩庄闸淹没孔流，图中流量为单宽流量，泄流量为闸门开启总净宽乘以单宽流量。对于本图内不能直接查读者，需内插或计算。

3 方案使用说明

3.1 径流深预报

3.1.1 流域平均雨量计算

根据流域降雨地域分布情况，若分布均匀，选用算术平均法；若湖东、湖西分布极不均匀，则选用面积加权平均法，计算流域平均雨量。

3.1.2 雨期蒸发量推求

因无实测蒸发资料，日平均蒸发量采用 2 mm，时段蒸发量（Δt=12 h）为 1 mm。

3.1.3 径流深预报

预报时尽量查用图 31–2 中 2 号线，并参考 1 号线。

根据流域平均降雨量 P 加上前期影响雨量 P_a 减去雨期蒸发量 E，查降雨径流相关图，得到此次降雨的地表径流深 R，入湖总水量 $W=RF/10$。

3.2 入湖流量过程预报

3.2.1 经验单位线法

根据流域降雨分布情况计算流域平均时段雨量，计算流域累计时段雨量，由累计时段雨量查降雨径流相关图得到累计时段净雨深，由雨型选用适当的单位线，计算入湖流量过程。

3.2.2 径流分配过程线法

根据雨型（降雨中心位置、降雨强度、降雨历时等）选择适当的径流分配过程线，次洪入湖总水量与径流分配过程线的各时段径流分配百分比相乘，即可得到各时段入湖流量过程。

3.3 泄流量推求

由闸上、闸下水位计算闸上、下游水头 $H_{上}$、$H_{下}$，由闸门开高 e 及闸上、下游水头 $H_{上}$、$H_{下}$，判断出流流态，根据不同的流态，查相应的泄流曲线，或乘以相应的系数，即可得到泄流量。

3.4 调洪演算

根据时段入湖流量过程线，求得时段平均入流量，再减去时段平均出流量，得到时段平均入流变量，以时段平均入流变量为参数，由时段初水位查相应的调洪曲线，即可得到时段末水位。

3.5 注意事项

编制产流方案时，雨期蒸发采用实测值。但作业预报时，因没有实测资料，一般以日平均蒸发量 2 mm 进行降雨径流预报。

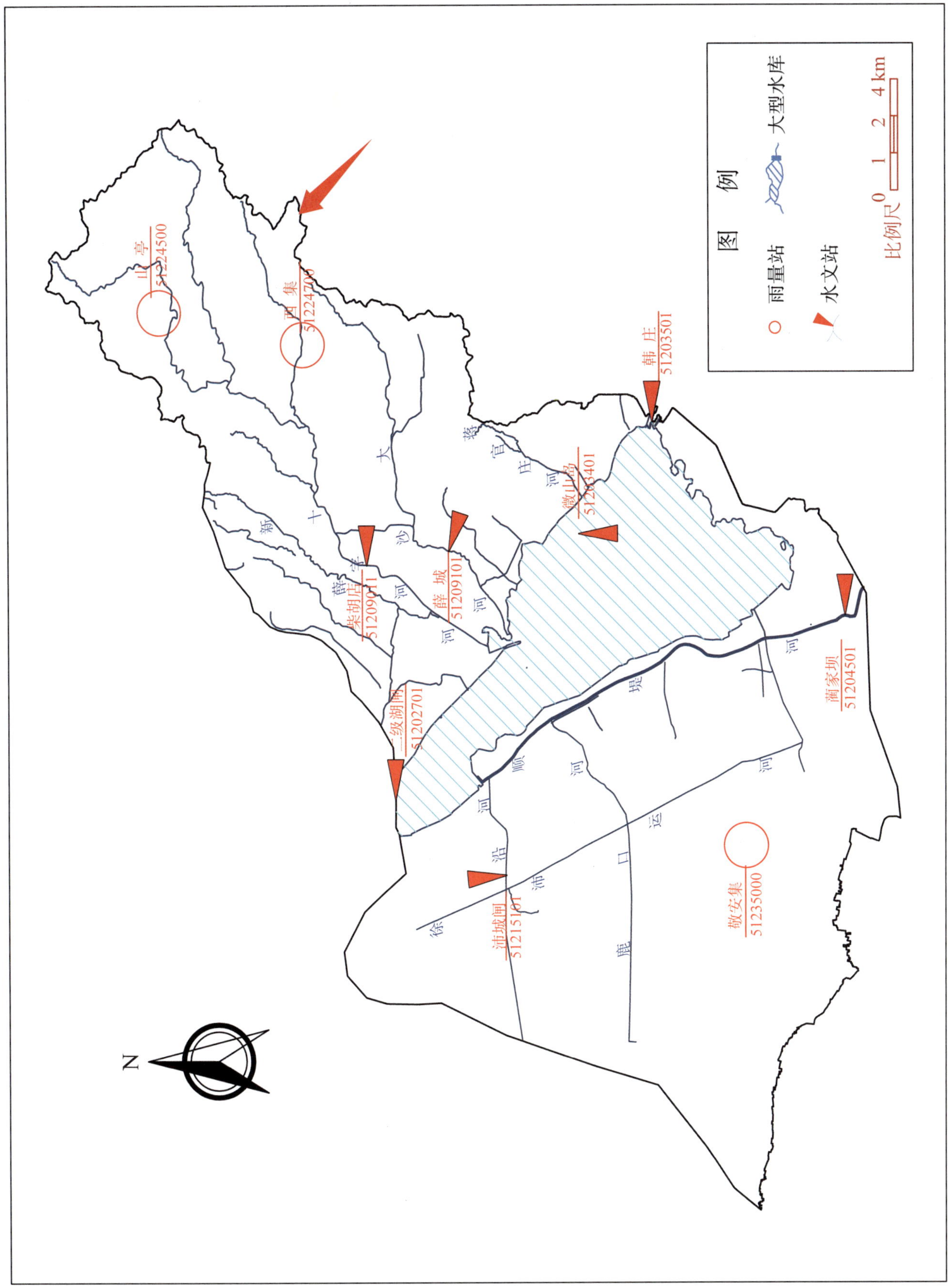

图 31-1　南四湖下级湖流域图

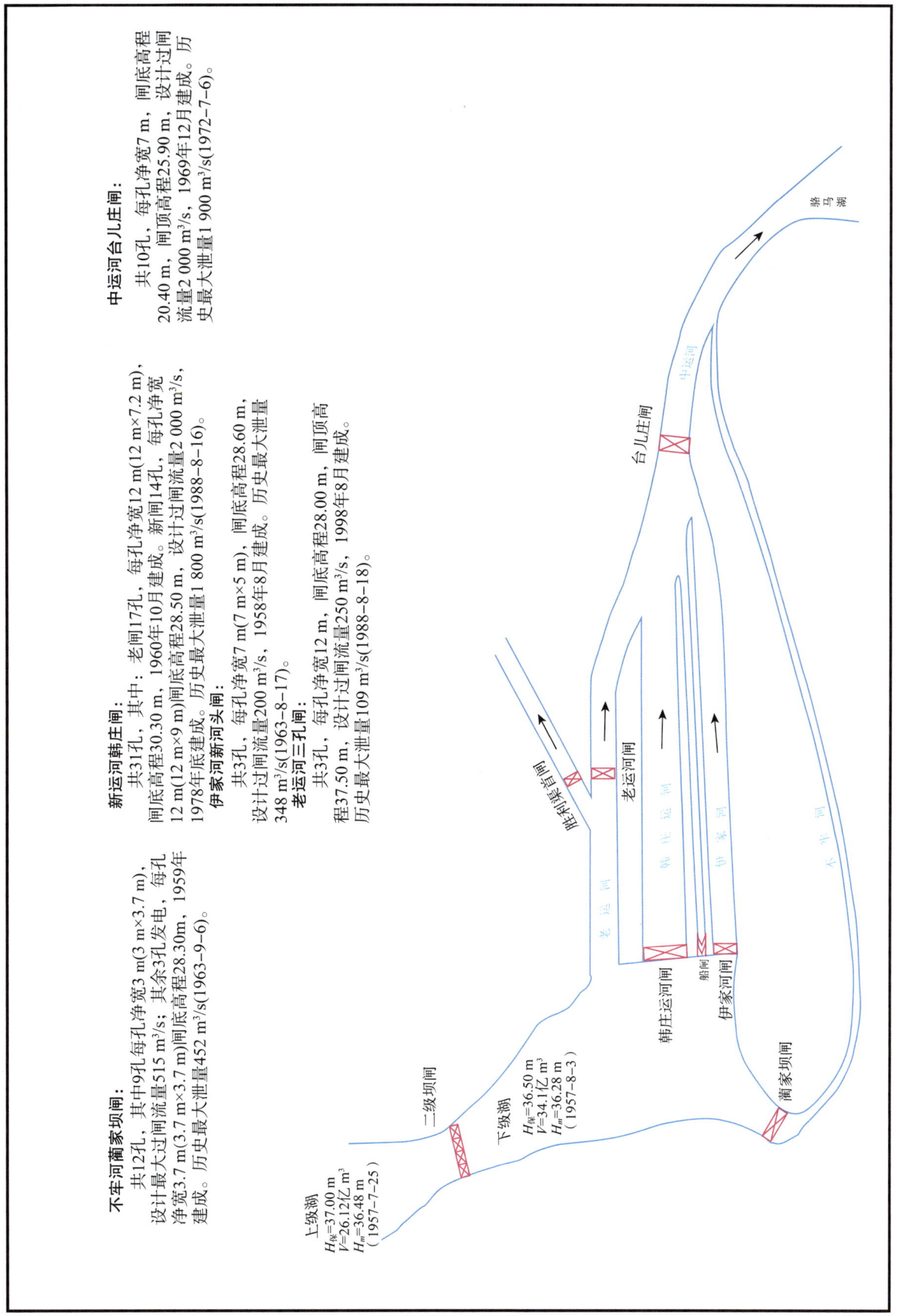

图 31-2　南四湖下级湖出口位置示意图

表 31-3　南四湖下级湖降雨径流分析成果表

洪水编号	降雨起讫时间							流域平均雨量 P（mm）	前期影响雨量 P_a（mm）	降雨历时 T（h）	$P+P_a-E$（mm）	洪水发生时间									洪水历时 $T_{洪}$（h）	洪峰流量 Q_m（m^3/s）	净峰流量 $Q_{m净}$（m^3/s）	地表径流总量 W（万 m^3）	集水面积 F（km^2）	径流深 R（mm）	径流系数 α	最高水位 Z_m（m）	最大库容 V_m（万 m^3）
	起				讫							起涨			洪峰			落平											
	年	月	日	时	月	日	时					月	日	时	月	日	时	月	日	时									
630805	1963	8	3	8	8	6	8	131.0	110.0	72	235.0	8	3	20	8	5	20	8	13	20	240	1 590	1 320	34 474	4 250	81.1	0.62	34.81	228 500
640812	1964	8	9	8	8	12	8	53.4	72.4	72	119.0	8	9	20	8	12	20	8	14	20	120	858	480	7 949	4 250	18.7	0.35	33.21	122 800
640818	1964	8	16	8	8	20	8	95.5	78.6	96	170.0	8	16	20	8	18	20	8	22	20	144	1 290	880	17 453	4 250	41.1	0.43	33.58	147 200
700807	1970	8	4	8	8	7	8	146.0	75.0	72	216.0	8	5	20	8	7	20	8	10	20	120	1 650	1 560	29 894	4 250	70.3	0.48	33.53	143 900
710630	1971	6	28	8	7	2	8	200.5	90.0	96	282.5	6	28	20	6	30	20	7	3	20	120	1 960	1 960	43 779	4 250	103.0	0.51	33.34	131 300
710710	1971	7	9	8	7	10	8	42.0	70.0	24	110.0	7	9	20	7	10	20	7	12	20	72	559	559	5 210	4 250	12.3	0.29	33.53	143 900
850917	1985	9	13	8	9	17	8	55.0	50.0	96	93.0	9	14	20	9	17	20	9	20	20	144	216	216	4 735	4 250	11.1	0.20	32.61	84 200
930804	1993	8	4	8	8	5	8	209.4	37.4	24	244.8	8	4	8	8	4	20	8	9	8	120	5 070	5 070	40 400	4 250	95.0	0.45	32.88	101 200
950814	1995	8	13	8	8	16	20	93.6	50.6	84	134.0	8	13	20	8	14	20	8	18	20	120	671	671	10 200	4 250	24.0	0.26	31.98	49 800
950822	1995	8	21	20	8	23	8	75.8	91.2	36	163.7	8	21	20	8	22	8	8	25	20	96	1 910	1 910	20 195	4 250	47.5	0.63	32.65	86 600
950830	1995	8	29	8	8	30	20	43.9	66.7	36	107.5	8	29	8	8	30	8	8	31	8	48	1 160	1 160	9 343	4 250	22.0	0.50	32.87	100 600
980810	1998	8	9	8	8	10	8	37.1	74.1	24	109.2	8	9	8	8	10	14	8	11	20	60	347	347	4 700	4 250	11.1	0.30	32.22	62 000
980813	1998	8	11	20	8	15	20	135.1	101.3	96	228.5	8	11	20	8	13	2	8	17	20	144	1 990	1 990	39 306	4 250	92.5	0.68	32.82	97 300
030716	2003	7	11	8	7	18	8	235.9	56.2	168	277.5	7	11	8	7	16	8	7	19	8	192	1 447	1 390	42 600	4 250	100.2	0.42	32.27	64 800
030816	2003	8	14	8	8	17	8	60.0	35.6	72	91.6	8	15	8	8	16	8	8	20	8	120	475	475	10 500	4 250	24.7	0.41	32.57	81 900
030826	2003	8	23	8	8	27	8	118.1	52.9	96	163.1	8	23	8	8	26	8	8	29	8	144	1 389	1 339	19 201	4 250	45.2	0.38	32.91	103 200
030830	2003	8	28	8	8	31	8	99.5	101.4	72	193.0	8	28	8	8	30	8	9	2	8	120	1 435	1 365	23 343	4 250	54.9	0.55	33.23	124 100
040710	2004	7	9	8	7	14	8	61.8	18.5	120	70.3	7	10	8	7	10	20	7	15	8	120	255	255	5 550	4 250	13.1	0.21	31.97	49 400
040718	2004	7	15	8	7	20	8	145.1	59.0	120	194.1	7	15	8	7	18	8	7	20	8	120	2 023	2023	38 223	4 250	89.9	0.62	32.86	99 900
040810	2004	8	7	8	8	12	8	54.1	82.8	120	127.0	8	9	8	8	10	8	8	13	8	96	613	613	11 641	4 250	27.4	0.51	32.77	94 100
040914	2004	9	13	20	9	14	20	91.4	34.8	24	122.2	9	13	8	9	14	8	9	16	8	72	1 058	1058	13 553	4 250	31.9	0.35	33.03	110 300
040920	2004	9	19	8	9	20	8	67.8	85.9	24	151.7	9	19	8	9	20	8	9	22	8	72	708	708	11 515	4 250	27.1	0.40	32.98	107 700
050717	2005	7	15	8	7	18	8	119.7	70.5	72	182.5	7	14	8	7	17	8.0	7	20	8	144	820	820	15 744	4 250	37.0	0.31	32.81	96 700
050829	2005	8	28	8	8	30	8	69.7	43.7	48	109.9	8	27	8	8	29	8.0	9	3	8	168	671	671	15 399	4 250	36.2	0.52	32.81	96 700
060829	2006	8	28	8	9	1	8	61.7	58.9	96	117.9	8	27	8	8	29	8.0	9	2	8	144	1 270	1270	23 466	4 250	55.2	0.89	32.93	104 500
070802	2007	8	1	8	8	3	8	50.1	50.5	48	93.4	7	31	8	8	2	8.0	8	3	8	72	455	455	4 588	4 250	10.8	0.22	32.62	84 700
070816	2007	8	14	8	8	18	8	120.7	87.6	96	202.1	8	13	8	8	16	8.0	8	20	8	168	1 793	1793	37 633	4 250	88.5	0.73	33.00	108 900
080723	2008	7	22	8	7	25	8	127.9	77.1	72	201.7	7	21	8	7	23	8.0	7	26	8	120	1 027	1027	21 271	4 250	50.0	0.39	32.92	103 800
090713	2009	7	5	8	7	14	8	134.9	18.9	216	141.6	7	5	8	7	13	8.0	7	15	8	240	1 539	1539	29 996	4 250	70.6	0.52	32.66	87 100
110720	2011	7	18	8	8	20	8	62.9	25.9	48	71.4	7	17	8	7	20	8	7	23	8	144	208	208	4 501.4	4 250	10.6	0.17	31.26	22 300
120821	2012	8	20	8	8	21	8	54.1	31.6	24	71.7	8	19	8	8	21	8	8	23	8	96	417	417	5 607.4	4 250	13.2	0.24	32.13	57 300
130702	2013	6	30	8	7	8	8	156.6	3.4	192	137.7	6	30	8	7	2	8	7	8	8	192	417	417	14 498	4 250	34.1	0.22	31.89	45 800
140917	2014	9	13	8	9	17	8	57.6	14.0	96	60.1	9	16	8	9	17	8	9	20	8	96	185	185	2 998.1	4 250	7.1	0.12	31.34	25 000
150625	2015	6	23	8	6	30	8	131.0	25.6	168	129.5	6	23	8	6	25	8	7	2	8	216	301	301	13 107	4 250	30.8	0.24	31.45	28 800
160623	2016	6	23	8	6	24	8	124.5	26.2	24	129.8	6	22	8	6	23	8	6	26	8	96	486	486	6 799.7	4 250	16.0	0.13	31.56	32 800
170715	2017	7	13	8	7	19	8	139.0	66.2	144	176.4	7	13	8	7	15	8	7	21	8	192	1 354	1 354	35 260	4 250	83.0	0.60	32.74	92 100
180919	2018	9	17	8	9	20	8	84.8	27.9	72	101.7	9	17	8	9	19	8	9	22	8	120	1 551	1 551	17 073	4 250	40.2	0.48	32.69	88 900
190811	2019	8	4	8	8	12	8	271.8	103.5	192	336.8	8	4	8	8	11	8	8	15	8	264	2 789	2 789	56 393	4 250	132.7	0.49	32.72	90 800
200722	2020	7	21	8	7	27	8	167.5	49.9	144	193.9	7	20	8	7	22	8	7	28	8	192	1 563	1 563	35 709	4 250	84.0	0.50	32.37	70 300

表 31–4　南四湖下级湖降雨径流预报精度评定表

序号	洪号	流域平均雨量 P（mm）	前期影响雨量 P_a（mm）	实测径流深 $R_{实}$（mm）	$P+P_a-E$（mm）	预报径流深 $R_{预}$（mm）	预报误差（mm）	许可误差（mm）	评定结果		说明	序号	洪号	流域平均雨量 P（mm）	前期影响雨量 P_a（mm）	实测径流深 $R_{实}$（mm）	$P+P_a-E$（mm）	预报径流深 $R_{预}$（mm）	预报误差（mm）	许可误差（mm）	评定结果		说明
									合格	不合格											合格	不合格	
1	630805	131.0	110.0	81.1	235	84.9	3.8	16.2	√		适 1 号线	21	040914	91.4	34.8	31.9	122.2	29.6	−2.3	6.4	√		适 2 号线
2	640812	53.4	72.4	18.7	119	17.3	−1.4	3.7	√		适 1 号线	22	040920	67.8	85.9	27.1	151.7	33.5	6.4	5.4		√	适 1 号线
3	640818	95.5	78.6	41.1	170	44.0	2.9	8.2	√		适 1 号线	23	050717	119.7	70.5	37.0	182.5	51.5	14.5	7.4		√	适 1 号线
4	700807	146.0	75.0	70.3	216	72.5	2.2	14.1	√		适 1 号线	24	050829	69.7	43.7	36.2	109.9	23.4	−12.8	7.2			不参与定线
5	710630	200.5	90.0	103.0	282.5	116.0	13.0	20.0	√		适 1 号线	25	060829	61.7	58.9	55.2	117.9	27.4	−27.8	11.0			不参与定线
6	710710	42.0	70.0	12.3	110	14.0	1.7	3.0	√		适 1 号线	26	070802	50.1	50.5	10.8	93.4	9.8	−1.0	3.0	√		适 1 号线
7	850917	55.0	50.0	11.1	93	9.7	−1.4	3.0	√		适 1 号线	27	070816	120.7	87.6	86.5	202.1	94.2	7.7	17.3	√		适 2 号线
8	930804	209.4	37.4	95.0	244.8	91.1	−3.9	19.0	√		适 1 号线	28	080723	127.9	77.1	50.0	201.7	63.3	13.3	10.0		√	适 1 号线
9	950814	93.6	50.6	24.0	134	24.0	0.0	4.8	√		适 1 号线	29	090713	134.9	18.9	70.6	141.6	41.4	−29.2	14.1			不参与定线
10	950822	75.8	91.2	47.5	163.7	40.2	−7.3	9.5	√		适 1 号线	30	110720	62.9	25.9	10.6	71.4	11.4	0.8	3.0	√		适 2 号线
11	950830	43.9	66.7	22.0	107.5	22.5	0.5	4.4	√		适 2 号线	31	120821	54.1	31.6	13.2	71.7	11.4	−1.8	3.0	√		适 2 号线
12	980810	37.1	74.1	11.1	109.2	13.9	2.8	3.0	√		适 1 号线	32	130702	156.6	3.4	34.1	137.7	38.8	4.7	6.8	√		适 2 号线
13	980813	135.1	101.3	92.5	228.5	80.6	−11.9	18.5	√		适 1 号线	33	140917	57.6	14.0	7.1	60.1	9.2	2.1	3.0	√		适 2 号线
14	030716	235.9	56.2	100.2	277.5	112.9	12.7	20.0	√		适 1 号线	34	150625	131.0	25.6	30.8	129.5	33.5	2.7	6.2	√		适 2 号线
15	030816	60.0	35.6	24.7	91.6	16.7	−8.0	4.9		√	适 2 号线	35	160623	124.5	26.2	16.0	129.8	33.7	17.7	3.2		√	适 2 号线
16	030826	118.1	52.9	45.2	163.1	40.0	−5.2	9.0	√		适 1 号线	36	170715	139.0	66.2	83.0	176.4	69.8	−13.2	16.6	√		适 2 号线
17	030830	99.5	101.4	54.9	193	57.8	2.9	11.0	√		适 1 号线	37	180919	84.8	27.9	40.2	101.7	20.3	−19.9	8.0		√	适 2 号线
18	040710	61.8	18.5	13.1	70.3	11.1	−2.0	3.0	√		适 2 号线	38	190811	271.8	103.5	132.7	336.8	215.4	82.7	20.0			不参与定线
19	040718	145.1	59.0	89.9	194.1	86.5	−3.4	18.0	√		适 2 号线	39	200722	167.5	49.9	84.0	193.9	86.3	2.3	16.8	√		适 2 号线
20	040810	54.1	82.8	27.4	127	32.2	4.8	5.5	√		适 2 号线												

备注：1. 预报误差 = 预报值 − 实测值；2. 许可误差 = 实测值的 20%，以 20.0 mm 为上限，以 3.0 mm 为下限；3. 合格率 =83%，属乙级方案。

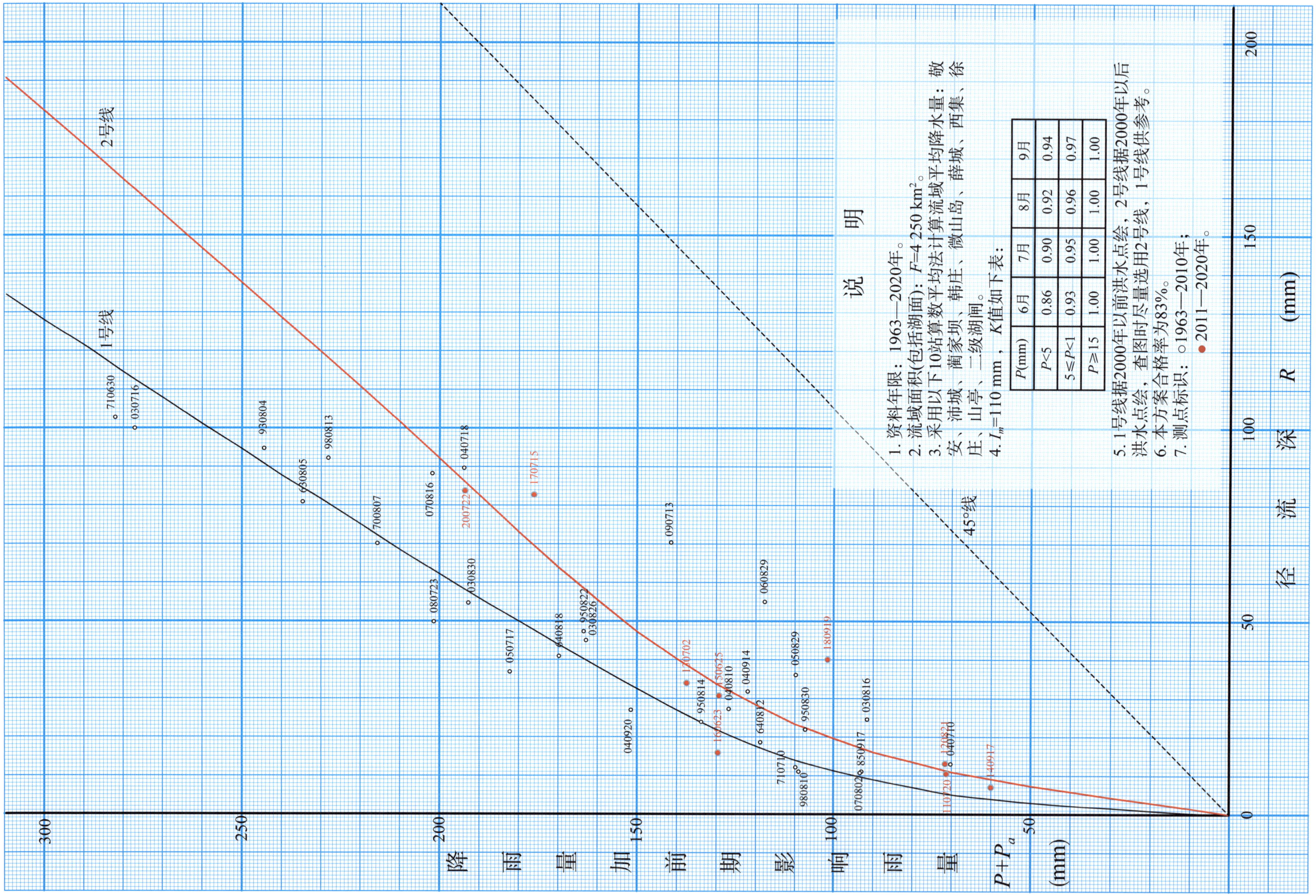

图 31-3　南四湖下级湖降雨径流相关图

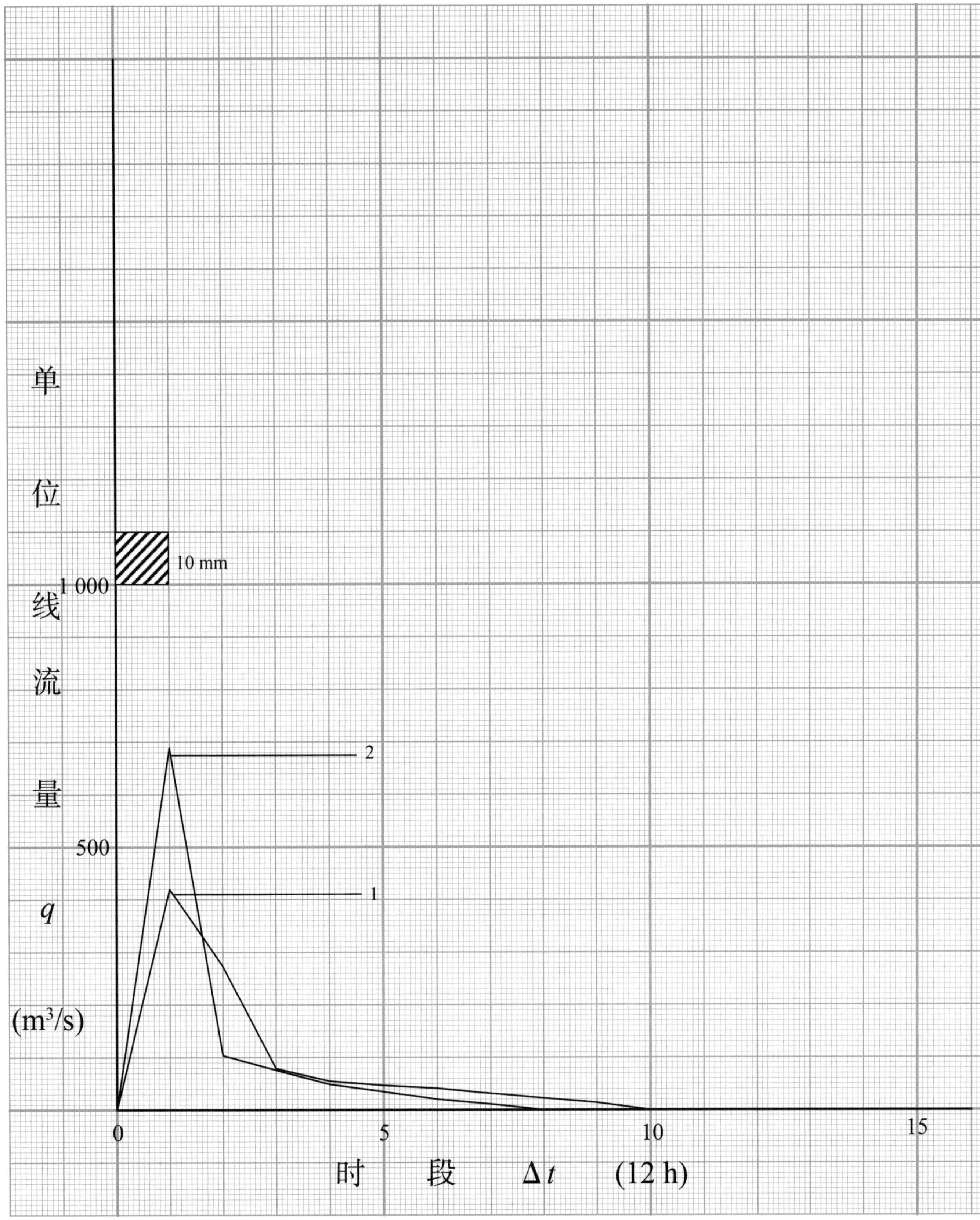

单位线成果表

时段	单位线流量q(m³/s)		备 注
	1线	2线	
0	0	0	1号线洪水原型930804，降雨中心在湖东，最大点雨量为柴胡店的394.4 mm，流域平均雨量P=209.4 mm，P_a=37.4 mm；
1	420	689	
2	274	104	
3	79.0	76.0	
4	55.0	49.0	
5	47.0	35.0	
6	41.2	20.0	2号线洪水原型950822，全流域降雨较均匀，湖区降雨稍小，最大点雨量为沛城的107.0 mm，流域平均雨量P=75.8 mm，P_a=91.2 mm
7	31.6	10.8	
8	22.2	0	
9	13.8		
10	0		
∑	983.8	983.8	

图 31-4　南四湖下级湖单位线图

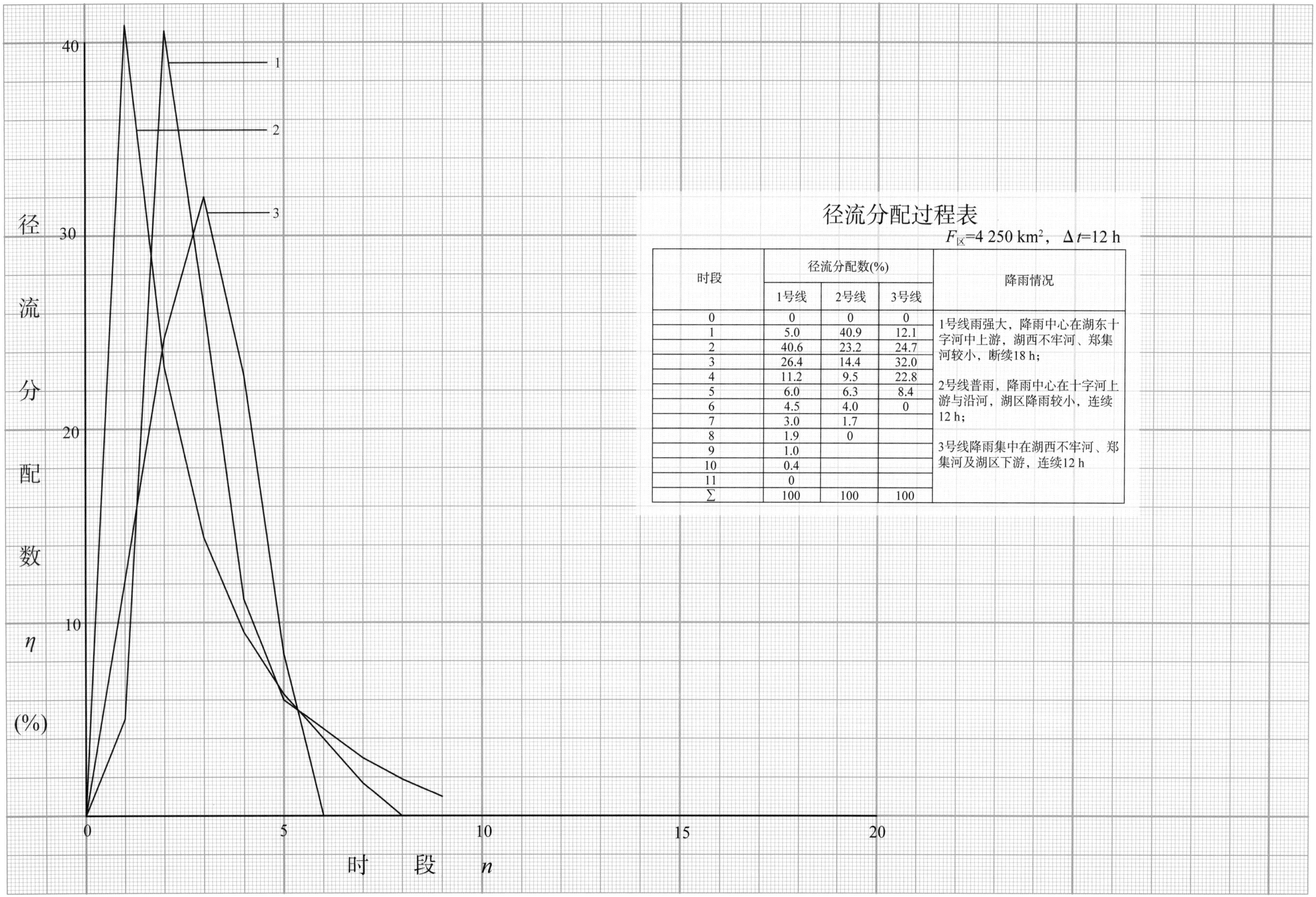

径流分配过程表

$F_{区}$=4 250 km²，Δt=12 h

时段	径流分配数(%)			降雨情况
	1号线	2号线	3号线	
0	0	0	0	1号线雨强大，降雨中心在湖东十字河中上游，湖西不牢河、郑集河较小，断续18 h； 2号线普雨，降雨中心在十字河上游与沿河，湖区降雨较小，连续12 h； 3号线降雨集中在湖西不牢河、郑集河及湖区下游，连续12 h
1	5.0	40.9	12.1	
2	40.6	23.2	24.7	
3	26.4	14.4	32.0	
4	11.2	9.5	22.8	
5	6.0	6.3	8.4	
6	4.5	4.0	0	
7	3.0	1.7		
8	1.9	0		
9	1.0			
10	0.4			
11	0			
Σ	100	100	100	

图 31–5　南四湖下级湖径流分配过程线图

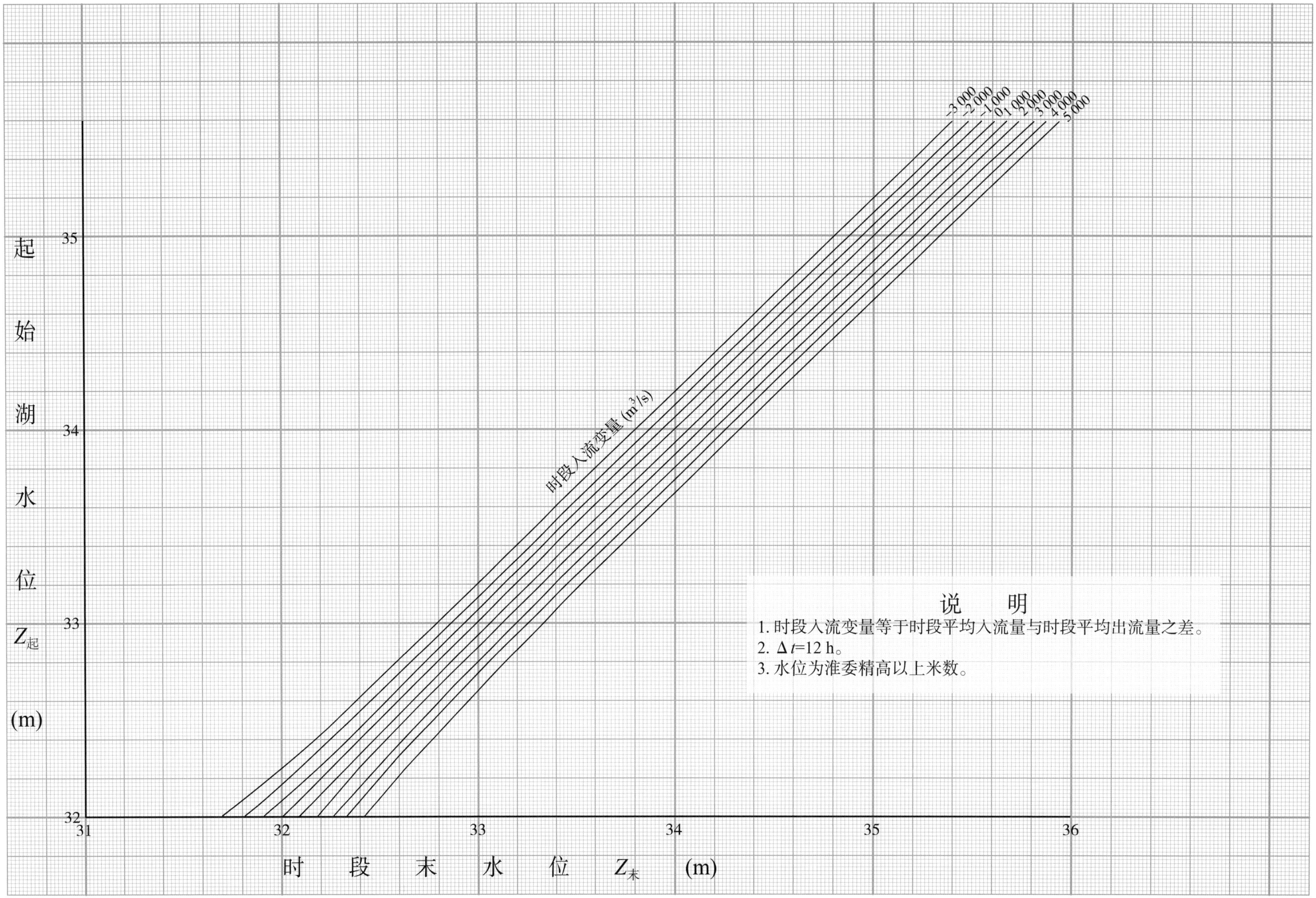

图 31-6　南四湖下级湖调洪演算图

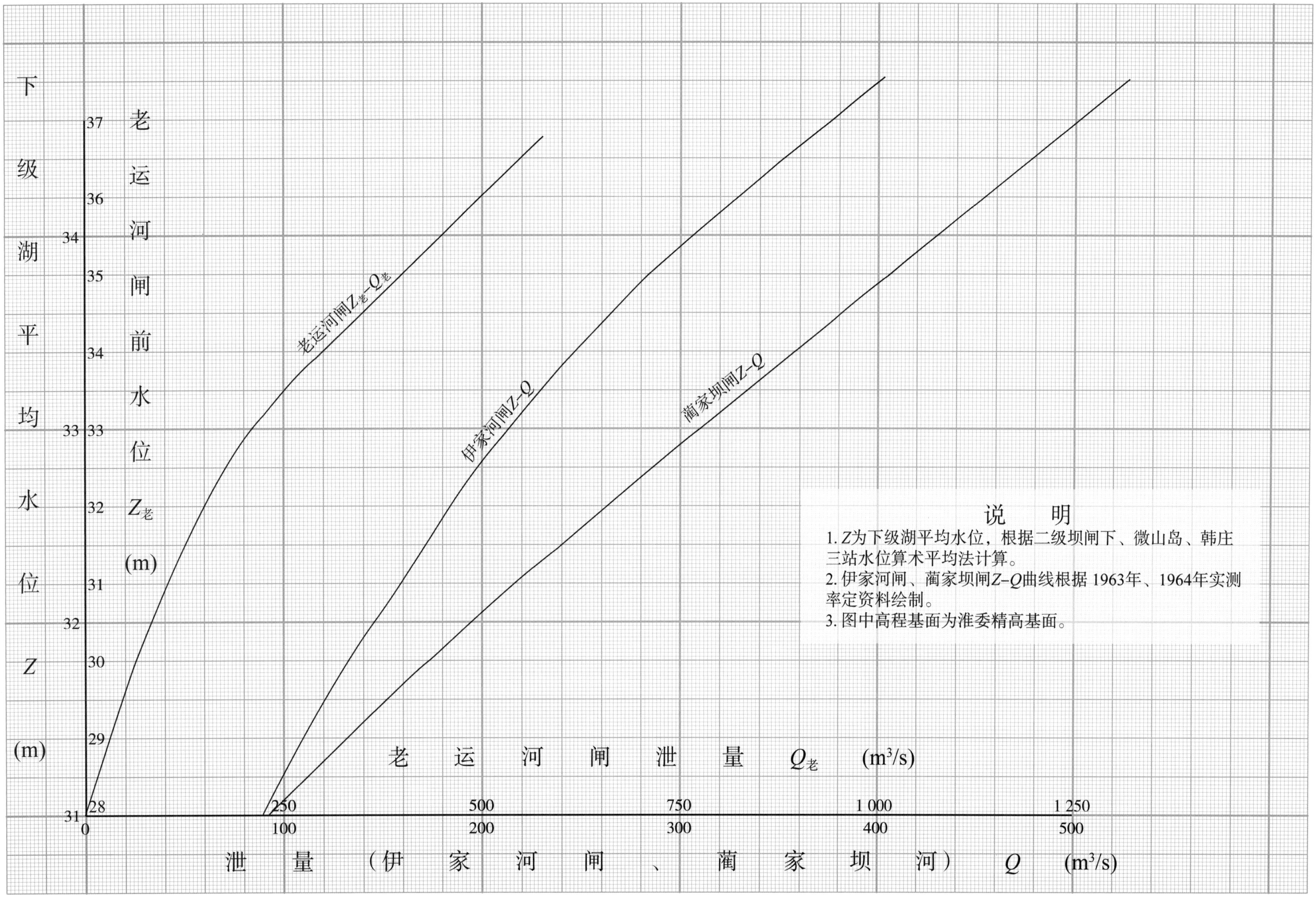

图 31-7　南四湖下级湖各闸泄流曲线图

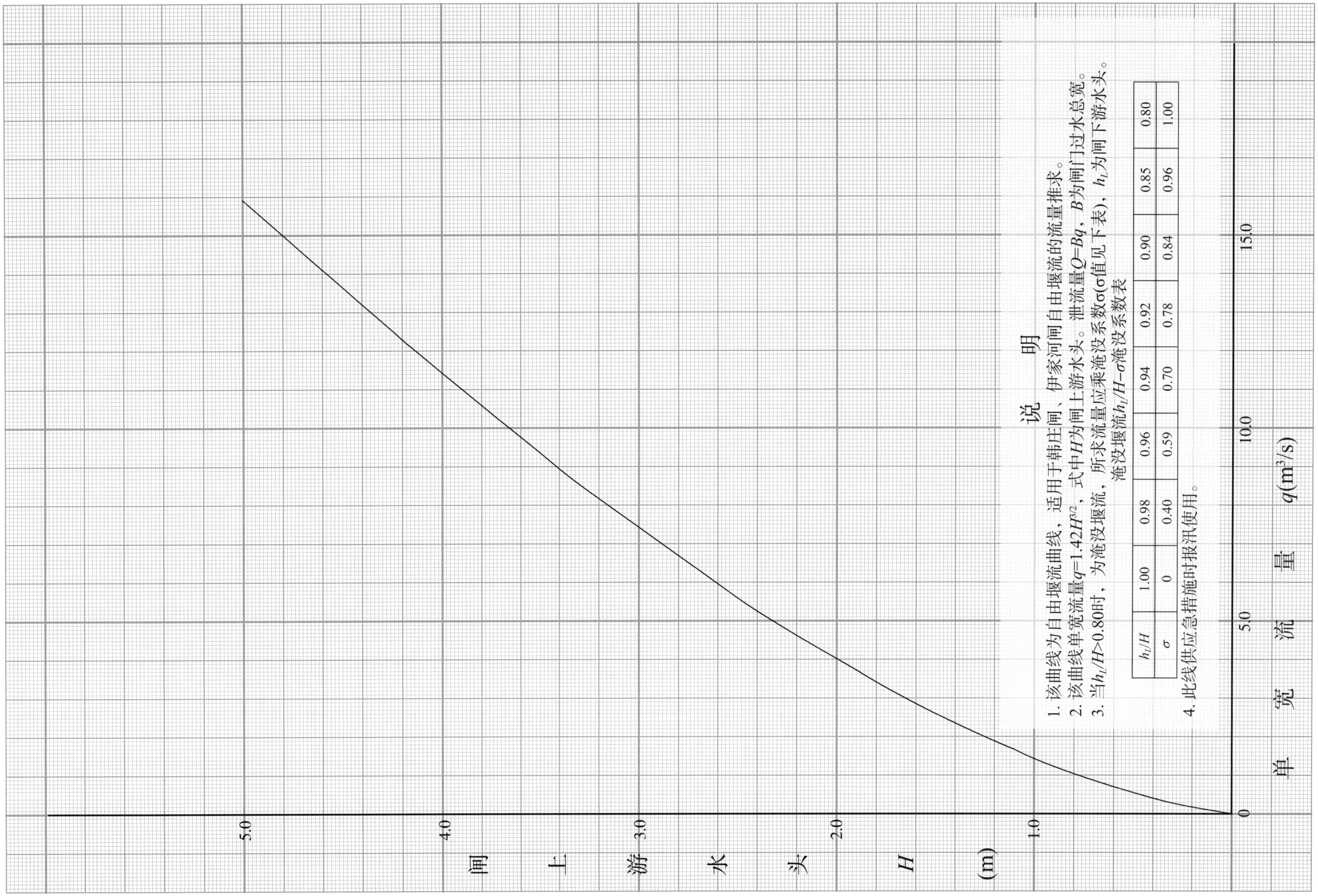

图 31-8 韩庄闸、伊家河闸堰流 H–q 关系曲线图

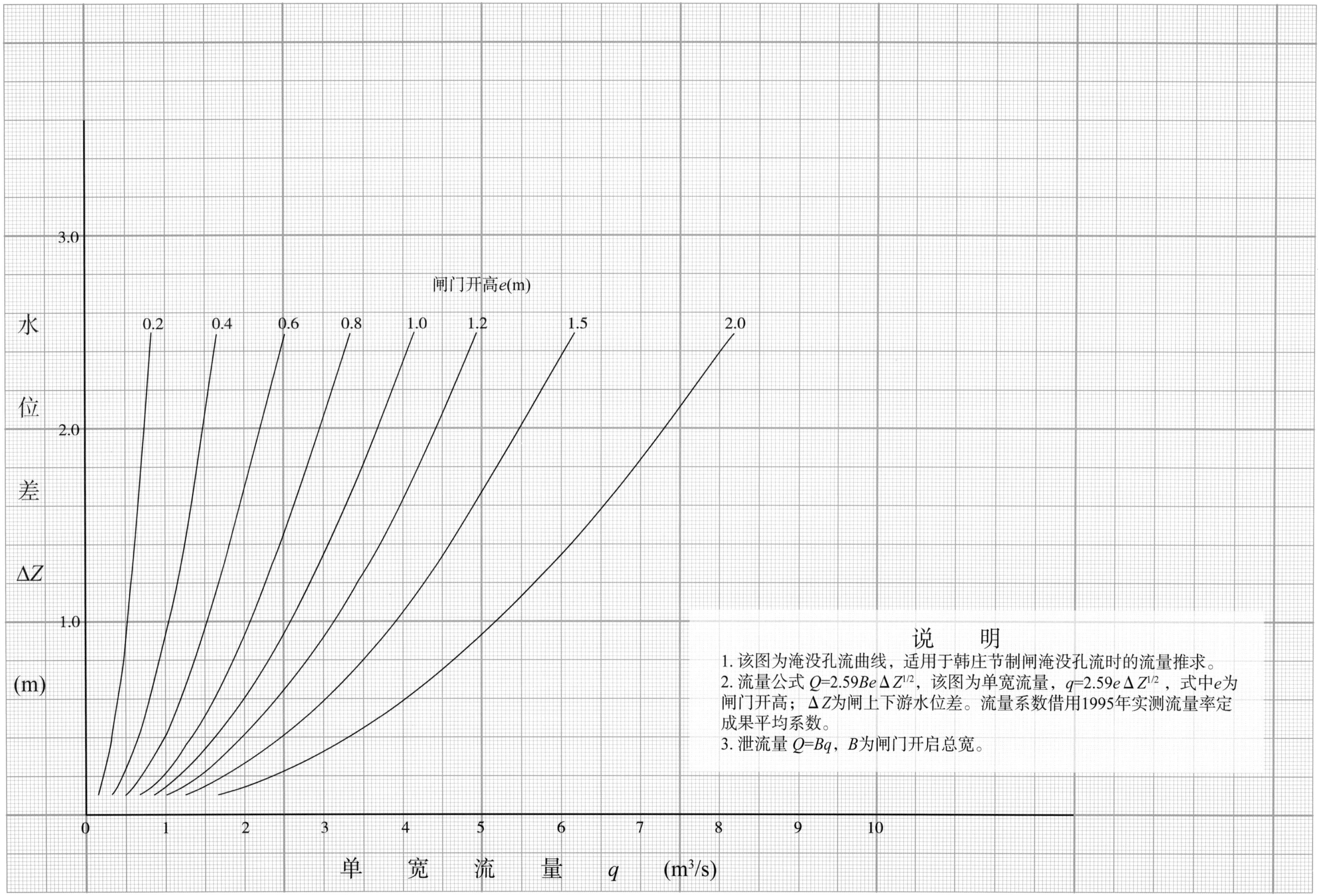

图 31–9 韩庄闸淹没孔流 ΔZ–e–q 关系曲线图

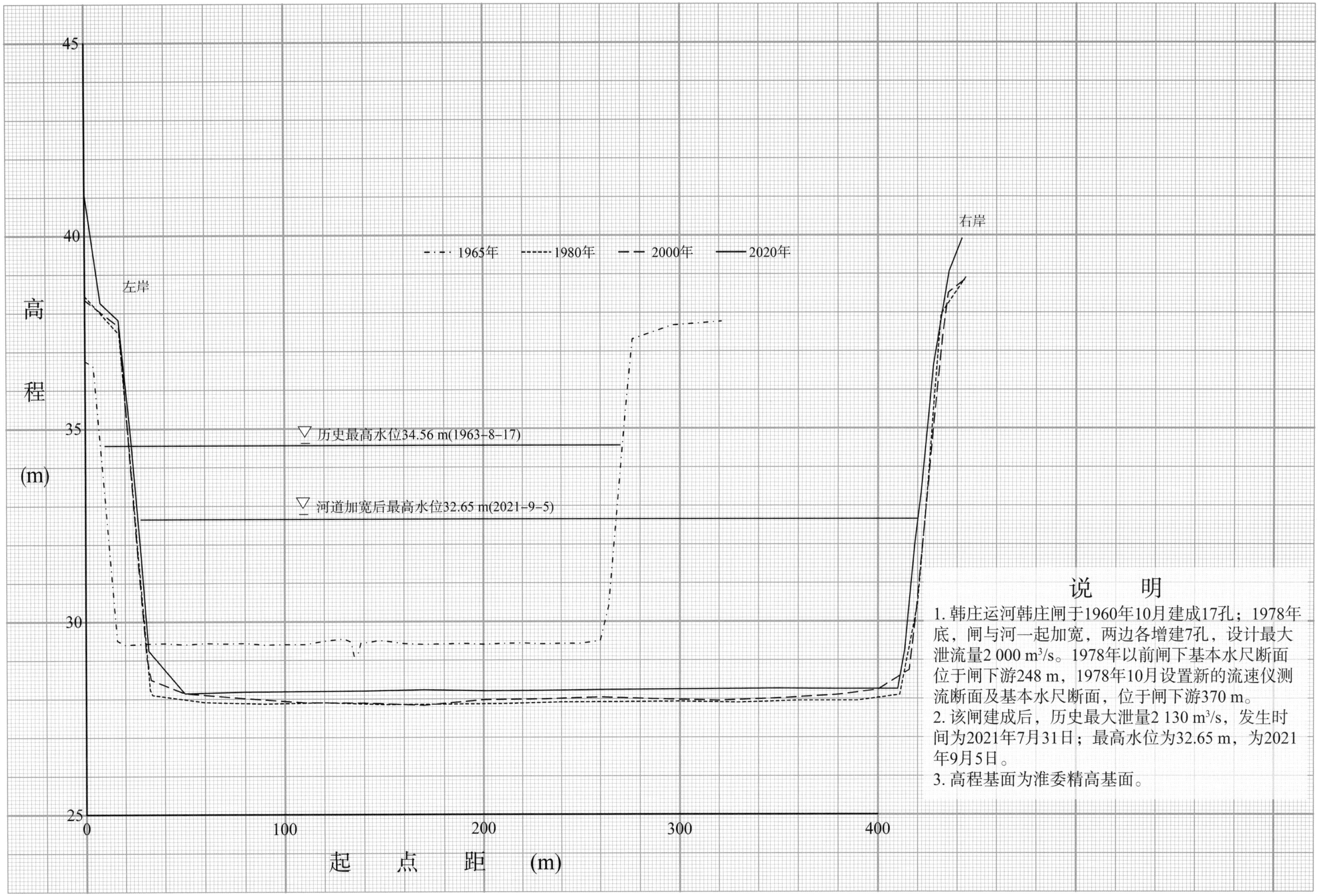

说 明

1. 韩庄运河韩庄闸于1960年10月建成17孔；1978年底，闸与河一起加宽，两边各增建7孔，设计最大泄流量2 000 m^3/s。1978年以前闸下基本水尺断面位于闸下游248 m，1978年10月设置新的流速仪测流断面及基本水尺断面，位于闸下游370 m。
2. 该闸建成后，历史最大泄量2 130 m^3/s，发生时间为2021年7月31日；最高水位为32.65 m，为2021年9月5日。
3. 高程基面为淮委精高基面。

图 31-10　韩庄闸实测大断面图

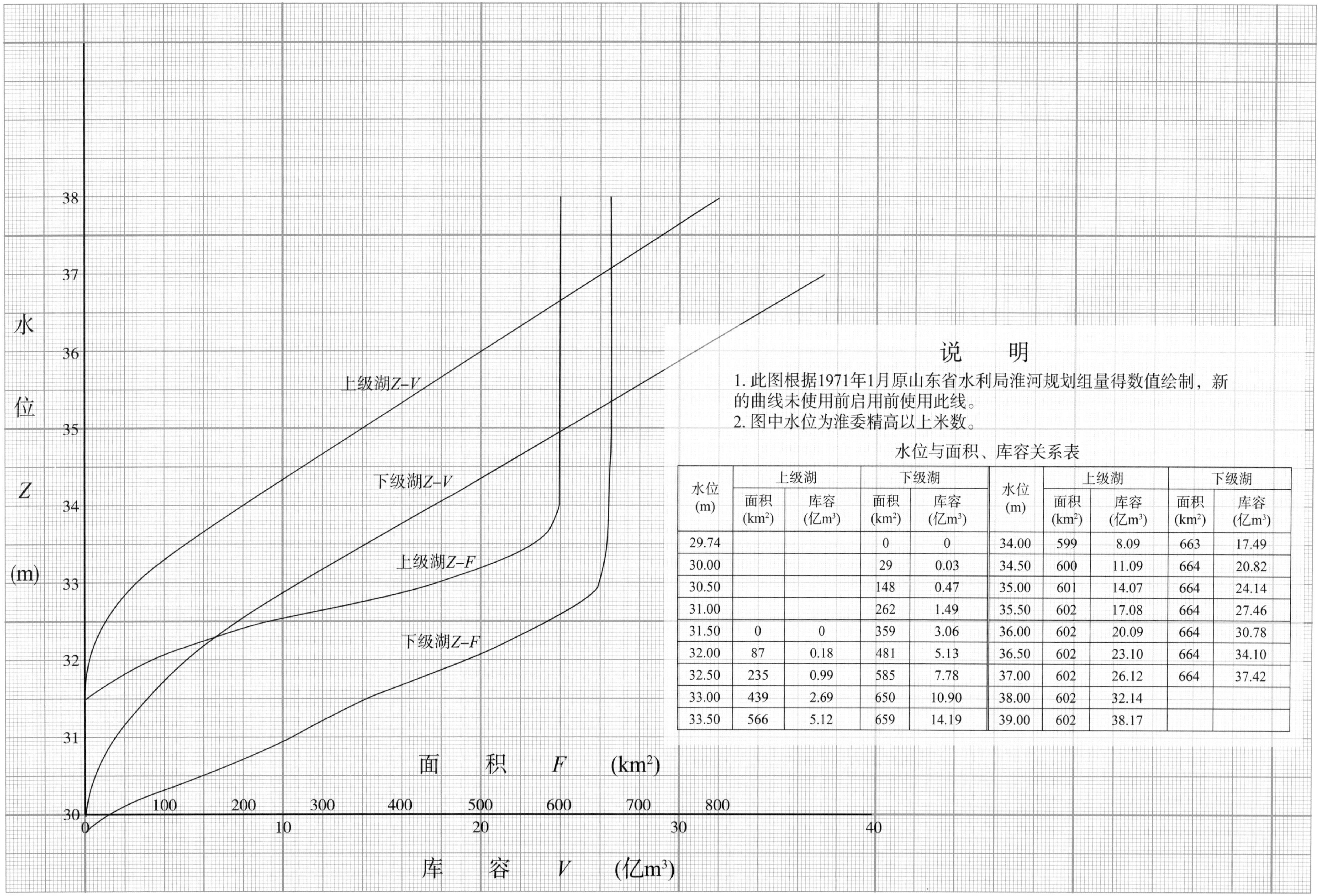

说　明

1. 此图根据1971年1月原山东省水利局淮河规划组量得数值绘制，新的曲线未使用前启用前使用此线。
2. 图中水位为淮委精高以上米数。

水位与面积、库容关系表

水位 (m)	上级湖		下级湖		水位 (m)	上级湖		下级湖	
	面积 (km^2)	库容 (亿m^3)	面积 (km^2)	库容 (亿m^3)		面积 (km^2)	库容 (亿m^3)	面积 (km^2)	库容 (亿m^3)
29.74			0	0	34.00	599	8.09	663	17.49
30.00			29	0.03	34.50	600	11.09	664	20.82
30.50			148	0.47	35.00	601	14.07	664	24.14
31.00			262	1.49	35.50	602	17.08	664	27.46
31.50	0	0	359	3.06	36.00	602	20.09	664	30.78
32.00	87	0.18	481	5.13	36.50	602	23.10	664	34.10
32.50	235	0.99	585	7.78	37.00	602	26.12	664	37.42
33.00	439	2.69	650	10.90	38.00	602	32.14		
33.50	566	5.12	659	14.19	39.00	602	38.17		

图 31–11　南四湖水位与库容、面积关系曲线图

第三十二章　韩庄运河台儿庄闸站水文预报方案编制说明

1　流域概况

1.1　流域自然地理特征

韩庄运河是南四湖韩庄闸以下的泄洪通道，也是枣庄市南部的主要排水河道，横穿枣庄市南部，西自微山湖口韩庄闸开始，东行经万年闸、台儿庄闸，至陶沟河口入江苏境，全长 42.5 km，其中，台儿庄闸水文站以上长约 35 km。

韩庄运河左岸主要有峄城大沙河，周营沙河，阴平沙河及一、二、三、四支沟等汇入，集水面积共计 1 043 km^2；韩庄运河右岸伊家河与其平行，伊家河右岸有引龙河、龙河、于沟河、支流河汇入，合计集水面积 236 km^2，伊家河在台儿庄闸上约 1.5 km 处汇入中运河；韩庄运河、伊家河两河槽滩地及两河之间河套面积计 66 km^2，以上三部分集水面积合计 1 345 km^2。韩庄运河台儿庄闸站以上流域图见图 32–1。

各支流以峄城大沙河最长、集水面积最大。该河发源于枣庄市山亭区付庄、半湖乡北部山区，峄城以上集水面积 400 km^2，设有峄城水文站控制，峄城以下右岸棠阴沙河汇入后继续南流，在台儿庄闸上游约 5 km 处汇入中运河，全长 61.5 km，集水面积 610 km^2，该流域多为浅山、丘陵区，洪水暴涨暴落，对台儿庄闸站的产汇流影响较大。

运北其他支流，大都源短、面积小，上游均为丘陵坡地，中、下段则进入平原区。运南伊家河诸支流上段多为浅山丘陵坡地，中、下段亦为平原。归纳起来，整个区间面积内运北北部及运南部分地区为浅山、丘陵区，分别占区间集水面积的 20%、30%；其余 50% 为平原区，分布在运北、运南部分地区及沙河沿岸、河套地区。山丘区植有杂树木及果树，农作物主要有小麦、玉米、地瓜、高粱、花生、大豆，平原涝洼地区种植少量水稻。

该区间流域多年平均年降水量为 838.9 mm，汛期（6—9 月）为 595.3 mm，占年降水量的 71.0%。而汛期降雨多集中在 7、8 月份或几场暴雨。该区间流域是暴雨集中频发地区，往往因暴雨而造成较大洪水；加之上游微山湖韩庄闸泄洪，下游顶托，河道排水不畅，运北地区经常发生大面积洪涝灾害，故该地区历来有“洪水走廊”之称。

1.2　水利工程情况

1.2.1　蓄水工程

该流域除北部及南部为浅山区外，其他大都是丘陵、平原，故无大中型蓄水工程，仅建有 7 座小（1）型水库和一些小（2）型水库、塘坝，总控制面积 56.8 km^2，总兴利库容 1 006 万 m^3，详见表 32–1。

表 32–1　小（1）型水库基本情况表

水库名称	位置	建成年月	集水面积 F（km^2）	总库容 V（万 m^3）	兴利库容 $V_{兴}$（万 m^3）
郭 村	枣庄市市中区渴口乡郭村	1966 年 7 月	8.2	304	120
谷山	枣庄市市中区齐村镇谷山村	1966 年 10 月	8.5	438	294
双山	枣庄市市中区税郭镇北沙沟	1973 年 5 月	2.45	100	44
龙泉庄	枣庄市峄城区棠阴乡龙泉庄	1978 年 5 月	6.25	360	189
陈刘跃	枣庄市市中区西王庄乡陈刘跃	1979 年 8 月	5.35	190	97
务家后	枣庄市山亭区半湖乡吴家后村	1979 年 9 月	18.7	194	136
西北村	枣庄市市中区税郭镇西北村	1980 年 6 月	7.34	287	126
合计			56.79	1 873	1 006

1.2.2　排灌工程

1.2.2.1　排灌站

韩庄运河、伊家河沿岸较大排灌站有半楼、武宅子、小北庄、老宅子、南巨桥、和尚庄、花山子、月河坝、顿庄、西闫浅等 10 处，总引排水能力为 40.8 m^3/s，灌溉面积为 19.67 万亩。

1.2.2.2　引湖灌渠

运北平原地区建有横穿东西的枣南、刘桥两大灌渠，引提微山湖水灌溉，引水流量为 34.8 m^3/s，设计灌溉面积为 53 万亩，有效灌溉面积约为 50 万亩，两灌渠横穿运北各支沟、河，建有众多的倒虹吸、渡槽、节制闸。两灌渠在一定程度上打乱了运北的排水系统，对产汇流影响较大。

1.2.3　河道工程

除韩庄运河河首建有韩庄节制闸、伊家河新河头闸控制微山湖下泄水量外，在干流及峄城大沙河上还建有一些拦河工程，主要有刘庄船闸、古邵万年闸、峄城裴桥闸、贾庄闸、泥沟红旗闸、贾口三面闸之正面闸等，对汇流都有一定程度的影响。最主要的就是台儿庄节制闸，其主要工程指标见表 32–2。

表 32-2　台儿庄节制闸主要工程指标

闸门	堰顶型式		平底	桥面高程（m）		34.30
	结构型式		平板钢闸门	桥面宽（m）		6.0
	孔数		13	堤顶高程（m）	左岸	32.27
	尺寸（宽 × 高）（m×m）		10 × 5.5，7 × 5.5		右岸	33.11
	总长（m）		83.14	滩地高程（m）	左岸	27.12 ~ 27.73
	闸底高程 Zm）		20.86		右岸	27.12 ~ 27.44
	闸顶高程（m）		26.36	滩地宽度（m）	左岸	220
	设计最高水位（m）	闸上	27.82		右岸	360
		闸下	27.64	最大蓄水量（万 m^3）		659
	设计最大流量（m^3/s）		2 300	灌溉面积（万亩）		—

说明：本表高程采用本站冻结基面（废黄河口）以上米数。与工程应用基面高程相差 0.463 m，与 1956 年黄海基面高程相差 0.666 m。

1.3　预报断面基本情况

台儿庄闸水文站设立于 1919 年 3 月，1949 年之前断断续续只有 6 年资料，1950 年 7 月恢复设站，1969 年 12 月建成台儿庄节制闸后，于 1970 年 1 月 1 日迁至闸下 297 m 处观测，1971 年改为闸坝水文站至今。现测验河段系人工河道，复式河床，较为顺直，主槽在中间，宽约 100 m，两岸均有滩地，总宽约 620 m，河床无冲淤现象。水位在 27.00 m 左右开始漫滩，流量约 1 000 m^3/s，下游 6 km 处有陶沟河自左岸汇入，洪水时有回水顶托影响。

1994 年 12 月至 1995 年 5 月与 2009 年，对闸下 46 m 至下游 6 km 河段分期进行了开挖治理，增加 3 孔 10 m × 5.5 m 节制闸，断面发生了较大变化。

台儿庄站基面采用冻结基面，冻结基面（废黄河口）高程 −0.666 m=1956 年黄海基面高程。

2　预报方案编制

2.1　方案沿革

台儿庄闸水文站预报方案于 2003 年分析编制，又分别于 2010 年、2016 年、2020 年进行了方案的修订。本次修订除选用之前分析的 1964—2009 年共 54 场次暴雨洪水外，另外 2016 年采用马斯京根法进行洪水演算，确定马法系数。2021 年、2022 年台儿庄闸水文站出现超历史场次洪水过程，根据上下游流量相关法，选取 6 场次大洪水，分析制定洪峰流量相关关系。

原方案包括产流方案、汇流方案。产流方案采用降雨径流相关图 $P+P_a-R$，汇流方案采用峰量关系曲线图、径流深 ~ 峰现时距相关图、经验单位线、分级单位线等方案，主要参数流域最大损失量 I_m 及前期影响雨量递减系数 K 值未进行重新分析。本次修订，增加了马斯京根法进行洪水演算和高洪情况下的上下游流量相关法方案。

2.2　产流方案

产流方案采用降雨径流相关图 $P+P_a-R$。台儿庄闸站降雨径流分析成果见表 32-8。

本站区间内雨量站较多，一般采用算术平均计算流域平均降水量。当暴雨分布极不均匀时，改用面积加权法计算，各雨量站权重见表 32-3。

表 32-3　各雨量站权重表

站数	枣庄	税郭	峄城	阴平	涧头集	台儿庄闸	泥沟	棠阴	陶官
7	0.172	0.070	0.114	0.261	0.253	0.046	0.084	—	—
8	0.161	0.070	0.080	0.214	0.253	0.046	0.084	0.092	—
9	0.161	0.070	0.080	0.137	0.253	0.046	0.084	0.092	0.077

备注：今后应用 8 个站的权重。

按许可误差 =20% 实测值的标准（并当许可误差大于 20.0 mm 时以 20.0 mm 为上限，小于 3.0 mm 时以 3.0 mm 为下限）进行逐次洪水评定。本次共选用 54 个洪水点据，合格点 38 个，合格率为 70.4%，属乙级方案，详见表 32-9、图 32-2。

突出点分析：890608、970819、990615 场次洪水由于前期干旱严重，实测径流深显著偏小；970819 场次洪水 P_a 为 18.4 mm，前期干旱，降雨历时长，降雨强度一般，实测径流深偏小；980809 场次洪水未控制住暴雨中心，台儿庄站降雨量为 91.7 mm，据地方雨量站测报：该站西北 7 km 处的马兰镇降水量为 185.0 mm，彭楼 137.0 mm，所以实测径流深偏大。

2.3　汇流方案

本方案采用峰量关系图、经验单位线等方法。

2.3.1　峰量关系图

本次选择孤立或易分割的洪水以及洪水到来前闸门提出水面敞泄情况的洪水资料点绘峰量关系图，详见图 32-3、图 32-4。

精度评定：许可误差按净峰流量实际值 20% 的标准进行逐次洪水评定，本次共选用 21 个洪水点据，合格 16 个，合格率为 76.2%，属乙级方案，详见表 32-10。

2.3.2　经验单位线

根据流域暴雨洪水特性及下垫面变化情况，综合确定出本站 3 条单位线，详见图 32-5。

2.4　大断面图

本次根据 2011 年 5 月、2021 年 5 月实测资料绘制了大断面图，详见图 32-6。

2.5　水位与流量、面积关系曲线

根据韩庄运河河道开挖治理前后的情况，绘制了台儿庄闸闸水位与与流量、面积关系曲线，详见图 32-7。

3 韩庄运河（韩庄至台儿庄段）马斯京根法演算系数

本法假定不论在涨、落水阶段，河段中的水面是直线，流量沿程是直线变化的，把洪水期河段中的蓄水量分为两部分，即平行于河底的直线以下部分（称为柱蓄）和该直线与实际水面线间的部分（称为楔蓄）。

根据以上假定原理，马斯京根法推求的洪水演算公式为

$$Q_2=C_0I_2+C_1I_1+C_2Q_1$$

$$C_0=（1/2\Delta t-Kx）/（K-Kx+1/2\Delta t）$$

$$C_1=（1/2\Delta t+Kx）/（K-Kx+1/2\Delta t）$$

$$C_2=（K-K_x-1/2\Delta t）/（K-Kx+1/2\Delta t）$$

$$C_0+C_1+C_2=1.000$$

式中：I 为河段上断面入流量；Q 为河段下断面出流量；K 为槽蓄系数，是线性槽蓄关系的斜率，具有时间因次；x 为流量比重因子，它反映楔蓄的大小，且 $0\leqslant x\leqslant 0.5$。

3.1 计算时段Δt值的选取

Δt 值的选取对流量演算精度有一定的影响。因为马斯京根法是线性有限差解，要求 I_t，Q_t 在计算时段 Δt 内以及在河段内均呈直线变化。因此，Δt 值不宜太大。但若 Δt 值太小，流量在时段内接近直线变化，但是计算量很大，且容易发生计算时段始末洪水波的峰、谷位于河段中的现象，不符合流量沿程呈直线分布的要求。

按照韩庄水文站和台儿庄闸水文站的洪水资料，韩庄水文站流量为 I，台儿庄闸站的出流量为 Q；区间入流 q 主要来自峄城大沙河；韩庄闸至台儿庄闸水文站约 35 km，可以取 Δt=6 h。

根据本次研制方案要求，分别采用 Δt=6 h、Δt=2 h 试算进行对比分析。

3.2 参数x、K的确定

本次演算方案研制对 x、K 采用试算图解的方法进行推求。

通过假定不同数值的 x 进行试算，点绘 $W/\Delta t–Q$ 关系曲线，经过多次试算，无法确定使 $W=f（Q）$ 呈单一关系的较理想的 x 值（流量比重因数）。因此，根据绘制曲线的点据分布情况将流量分级来试算 x，K 值。

（1）Δt=6 h 时，1 200 $m^3/s<Q<$ 1 700 m^3/s，当 x 取 0.1 时，$W=f（Q）$ 的关系呈比较稳定的单一关系，即得 x=0.1；K=28。可以由上述公式求出 C_0=0.007，C_1=0.206，C_2=0.787，$C_0+C_1+C_2$=1.000。表示计算无误。

对 050919 场次洪水进行流量分级，选取不同等级的流量 Q 试算 x 值，然后得出马斯京根系数，如表 32–4 所示。

表 32–4　各流量级马斯京根系数

Q（m^3/s）	x	C_0	C_1	C_2
$400<Q<600$	0.4	–0.429	0.714	0.714
$600\leqslant Q<800$	0.15	–0.053	0.264	0.789
$800\leqslant Q<1\,200$	0.12	–0.023	0.235	0.788
$1\,200\leqslant Q<1\,700$	0.1	0.007	0.206	0.787

（2）Δt=2 h 时，1 200 $m^3/s<Q<$ 1 700 m^3/s，x=0.1；K=30，求出 C_0=–0.072，C_1=0.143，C_2=0.929；$C_0+C_1+C_2$=1.000。

根据流域特征及历年洪水资料，建议在韩庄至台儿庄河段用马斯京根法进行洪水演算时取 Δt=6 h 比较符合实际情况。基于此，其汇流曲线推算成果见表 32–5。

表 32–5　汇流曲线推算成果

汇流曲线推算（C_0=0.007，C_1=0.206，C_2=0.787，n=1）						
t（Δt）	I	$0.007I_2$	$0.206I_1$	$0.787Q_1$	Q（U_1）	河槽汇流曲线
0	0				0.000	0.000
1	1	0.007	0.000	0.000	0.007	0.007
2	0		0.206	0.006	0.212	0.212
3				0.166	0.166	0.166
4				0.131	0.131	0.131
5				0.103	0.103	0.103
6				0.081	0.081	0.081
7				0.064	0.064	0.064
8				0.050	0.050	0.050
9				0.040	0.040	0.040
10				0.031	0.031	0.031
11				0.024	0.024	0.024
12				0.019	0.019	0.019
13				0.015	0.015	0.015
14				0.012	0.012	0.012
15				0.009	0.009	0.009
16				0.007	0.007	0.007
17				0.006	0.006	0.006
18				0.005	0.005	0.005
19				0.004	0.004	0.004
20				0.003	0.003	0.003
21				0.002	0.002	0.002
22				0.002	0.002	0.002
23				0.002	0.002	0.002
24				0.001	0.001	0.001

汇流曲线推算（C_0=0.007，C_1=0.206，C_2=0.787，n=1）						
25				0.001	0.001	0.001
26				0.001	0.001	0.001
27				0.001	0.001	0.001
28				0.000	0.000	0.000
合计		0.007	0.206	0.787	1.000	1.000

韩庄运河上游坡度大于下游坡度，下游排水不畅，洪水顶托现象时有发生，特别是在微山湖韩庄闸泄洪期间，下游顶托上游，干流顶托支流，加之运河北岸河网密布，受顶托影响的产汇流规律十分复杂——受干流韩庄运河高水位高流量影响，各支流流量不能全部汇入；运北河网纵横交互，严重影响汇流过程；受顶托影响形成的高水位又会进一步影响下游流量；运河及两侧支流长期高水位又会使得地下水位居高不下，影响前期影响雨量的计算。因此，在台儿庄闸的洪水预报过程中常常会出现各类误差相互叠加的情况，从而导致在韩庄闸大流量泄洪的情况下洪水预报结果与实际相差较大，给整个洪水预报、防洪预警工作带来很大难度。

以往采用的降雨径流结合流域汇流单位线等预报方法难以较好地预报台儿庄闸流量。现以该站2021—2022年两年实测历史数据进行分析。

$$Q_{台预}=aQ_{韩}^{m}+bQ_{1}^{n}+cP_{24\,h}^{k}$$

式中：$Q_{台预}$表示台儿庄预报流量；$Q_{韩}$表示预报时刻3 h前韩庄泄洪总量，包括韩庄闸、新河头闸、三孔闸下泄流量；Q_1表示台儿庄预报时刻3 h前流量；$P_{24\,h}$表示预报时刻前24 h降雨量；a、b、c、m、n、k为系数，可通过率定实测资料来确定。

使用台儿庄闸站2021—2022年所有流量大于1 200 m^3/s的实测点据进行参数计算，参数计算结果见表32–6，洪水预报拟合结果见表32–7。

表32–6　参数计算结果

参数	估算	参数	估算
a	192.809	m	0.271
b	2.79×10^{-11}	n	4.004
c	9.975	k	0.624

表32–7　2021—2022年台儿庄闸站洪水预报拟合结果

时间	$Q_{台实}$（m^3/s）	$Q_{韩}$（m^3/s）	Q_1（m^3/s）	$P_{24\,h}$（m^3/s）	$Q_{台预}$（m^3/s）	差值（m^3/s）	误差（%）
2021-7-28 20:49	1 640	1 624	1 140	82	1 634	6	0.37
2021-7-29 0:26	1 920	1 412	1 685	111	1 797	123	6.41
2021-7-29 6:48	2 040	1 333	1 987	134	2 015	25	1.23
2021-7-29 11:29	2 260	1 301	2 122	132	2 138	122	5.40
2021-7-29 15:26	1 950	1 324	2 186	128	2 215	−265	−13.59
2021-7-29 19:08	1 650	860	1 893	99	1 747	−97	−5.88

时间	$Q_{台实}$（m^3/s）	$Q_{韩}$（m^3/s）	Q_1（m^3/s）	$P_{24\,h}$（m^3/s）	$Q_{台预}$（m^3/s）	差值（m^3/s）	误差（%）
2021-7-30 7:40	1 280	782	1 370	7	1 309	−29	−2.27
2021-7-30 13:15	1 400	801	1 335	1	1 284	116	8.29
2021-7-30 18:51	1 740	1 720	1 560	1	1 629	111	6.38
2021-7-31 7:14	1 460	1 826	1 528	0	1 632	−172	−11.78
2021-7-31 17:21	1 640	1 669	1 587	0	1 622	18	1.10
2021-8-1 7:33	1 630	1 669	1 630	0	1 643	−13	−0.80
2021-8-1 15:10	1 460	1 200	1 527	0	1 473	−13	−0.89
2021-8-1 18:37	1 340	1 195	1 444	0	1 440	−100	−7.46
2021-8-1 21:52	1 420	1 358	1 343	0	1 455	−35	−2.46
2021-8-2 7:44	1 560	1 315	1 520	25	1 579	−19	−1.22
2021-8-2 15:19	1 290	870	1 399	26	1 393	−103	−7.98
2021-8-23 12:55	1 400	484	783	46	1 150	250	17.86
2021-8-23 17:09	1 580	1 060	1 456	47	1 512	68	4.30
2021-8-24 7:15	1 300	1 050	1 361	46	1 477	−177	−13.62
2021-8-30 14:25	1 340	487	1 216	27	1 172	168	12.54
2021-8-30 18:05	1 500	1 045	1 367	27	1 447	53	3.53
2021-8-31 6:30	1 530	1 425	1524	0	1 535	−5	−0.33
2021-8-31 19:45	1 520	1 331	1 520	0	1 508	12	0.79
2021-9-1 6:50	1 480	1 291	1 492	0	1 485	−5	−0.34
2021-9-1 16:34	1 480	1 292	1 480	1	1 494	−14	−0.95
2021-9-2 6:56	1 590	1 432	1 567	17	1 614	−24	−1.51
2021-9-2 16:41	1 680	1 629	1 657	17	1 706	−26	−1.55
2021-9-2 22:07	1 720	1771	1 694	11	1 744	−24	−1.40
2021-9-3 6:35	1 740	1742	1 734	2	1 730	10	0.57
2021-9-3 19:17	1 740	1786	1 740	0	1 730	10	0.57
2021-9-4 6:36	1 730	1841	1 730	0	1 736	−6	−0.35
2021-9-4 20:46	1 860	1 853	1 828	13	1 851	9	0.48
2021-9-5 8:12	2 020	1 861	1 978	25	1 998	22	1.09
2021-9-5 12:44	2 250	1 807	2 096	25	2 100	150	6.67
2021-9-5 18:30	2 180	1 674	2 217	20	2 201	−21	−0.96
2021-9-6 9:47	2 000	1 725	2 032	0	1 948	52	2.60
2021-9-6 17:12	1 790	1 713	1 874	0	1 808	−18	−1.01
2021-9-7 6:34	1 740	1 642	1 753	0	1 710	30	1.72
2021-9-7 16:28	1 760	1 722	1 758	0	1 731	29	1.65
2021-9-8 7:09	1 640	1 673	1 663	0	1 660	−20	−1.22
2021-9-8 19:55	1 530	1 395	1 555	0	1 539	−9	−0.59

续表

时间	$Q_{台实}$（m^3/s）	$Q_{韩}$（m^3/s）	Q_1（m^3/s）	P_{24h}（m^3/s）	$Q_{台预}$（m^3/s）	差值（m^3/s）	误差（%）
2021-9-9 6:49	1 500	1 383	1 506	0	1 522	-22	-1.47
2021-9-9 15:36	1 200	975	1 302	4	1 352	-152	-12.67
2021-9-20 17:21	1 300	1 074	1 060	41	1 415	-115	-8.85
2021-9-21 6:26	1 200	1 086	1 220	1	1 353	-153	-12.75
2021-9-21 16:18	1 200	1 090	1 200	0	1 343	-143	-11.92
2021-9-26 14:34	1 520	1 482	1 343	24	1 560	-40	-2.63
2021-9-26 18:17	1 660	1 604	1 547	19	1 651	9	0.54
2021-9-27 7:00	1 680	1 564	1 674	16	1 696	-16	-0.95
2021-9-27 17:15	1 680	1 652	1 680	2	1 678	2	0.12
2021-9-28 7:52	1 660	1 707	1 665	0	1 670	-10	-0.60
2021-9-29 11:29	1 740	1 815	1 732	1	1 740	0	0.00
2021-9-30 9:33	1 720	1 922	1 722	0	1 749	-29	-1.69
2021-9-30 19:07	1 780	1 861	1 763	0	1 761	19	1.07
2021-10-1 6:57	1 800	1 820	1 794	0	1 772	28	1.56
2021-10-2 9:10	1 720	1 582	1 726	0	1 674	46	2.67
2021-10-6 17:44	1 250	1 134	1 250	0	1 367	-117	-9.36
2022-7-6 8:30	1 390	1 028	1 295	38	1 441	-51	-3.67
2022-7-6 13:06	1 680	1 106	1 487	46	1 537	143	8.51
2022-7-6 17:01	1 750	1 620	1 700	48	1 780	-30	-1.71
2022-7-6 21:00	1 71 0	1 613	1 740	48	1 801	-91	-5.32
2022-7-7 9:17	1 620	1 61 0	1 641	8	1 670	-50	-3.09
2022-7-8 9:18	1 630	1 654	1 630	0	1 639	-9	-0.55
2022-7-9 9:43	1 690	1 747	1 686	0	1 690	0	0.00
2022-7-10 16:26	1 81 0	1 683	1 797	36	1 837	-27	-1.49
2022-7-11 9:50	1 750	1 623	1 760	17	1 762	-12	-0.69
2022-7-12 9:32	1 650	1 506	1 665	0	1 624	26	1.58
2022-7-12 19:32	1 600	1 639	1 616	0	1 629	-29	-1.81
2022-7-14 22:01	1 200	652	745	19	1 187	13	1.08
2022-7-14 22:46	1 460	1 151	745	19	1 373	87	5.96
2022-7-15 0:15	1 550	1 739	1 200	19	1 578	-28	-1.81
2022-7-15 6:42	1 590	1 613	1 571	18	1 663	-73	-4.59
2022-7-15 9:18	1 580	1 563	1 588	14	1 649	-69	-4.37
2022-7-16 9:17	1 640	1 537	1 634	0	1 613	27	1.65
2022-7-17 9:34	1 820	1 623	1 800	27	1 809	11	0.60
2022-7-17 17:07	1 780	1 791	1 799	28	1 848	-68	-3.82
2022-7-18 9:30	1 740	1 842	1 745	2	1 759	-19	-1.09
2022-7-19 10:57	1 820	1 985	1 810	5	1 845	-25	-1.37
2022-7-19 14:59	1 860	1 939	1 830	5	1 849	11	0.59
2022-7-20 9:30	1 840	1 726	1 840	0	1 787	53	2.88
2022-7-20 14:51	1 950	1 721	1 887	27	1895	55	2.82
2022-7-20 16:05	21 60	1 725	1 912	29	1 919	241	11.16
2022-7-20 19:32	1 970	1 738	2 136	30	2 137	-167	-8.48
2022-7-21 9:49	1 860	1 865	1 879	30	1 925	-65	-3.49
2022-7-22 9:47	1 760	1 671	1 774	0	1 725	35	1.99
2022-7-23 9:03	1 920	1 655	1 854	28	1 856	64	3.33
2022-7-23 17:44	1 900	1 699	1 910	28	1 909	-9	-0.47
2022-7-24 9:54	1 720	1 427	1 753	0	1 655	65	3.78
2022-7-24 18:24	1 710	1 372	1 717	0	1 616	94	5.50
2022-7-25 9:15	1 710	1 672	1 710	0	1 686	24	1.40
2022-7-25 17:00	1 670	1 711	1 690	0	1 684	-14	-0.84
2022-7-26 9:24	1 660	1 687	1 660	12	1 708	-48	-2.89
2022-7-26 20:57	1 720	1 601	1 700	12	1 709	11	0.64
2022-7-27 9:33	1 710	1 528	1 712	0	1 653	57	3.33
2022-7-28 9:37	1 680	1 413	1 682	0	1 606	74	4.40
2022-7-28 12:57	1 380	1 012	1 654	5	1 500	-120	-8.70
2022-7-31 17:18	1 260	1 199	1 598	1	1 510	-250	-19.84
2022-7-31 17:50	1 600	1 537	883	0	1 429	171	10.69
2022-7-31 21:30	1 700	1 743	1 616	0	1 653	47	2.76
2022-8-1 9:08	1 710	1 620	1 707	0	1 672	38	2.22
2022-8-1 17:33	1 670	1 645	1 687	0	1 667	3	0.18

由上表可知，共 102 次实测流量，合格 91 次，合格率 89.2%。

4 注意事项

流域内水利工程较多，对产汇流影响很大，给方案的编制和应用带来了一定的困难，应随时掌握上游微山湖蓄水及闸门启闭情况，对预报值要根据实际情况及时进行修正。

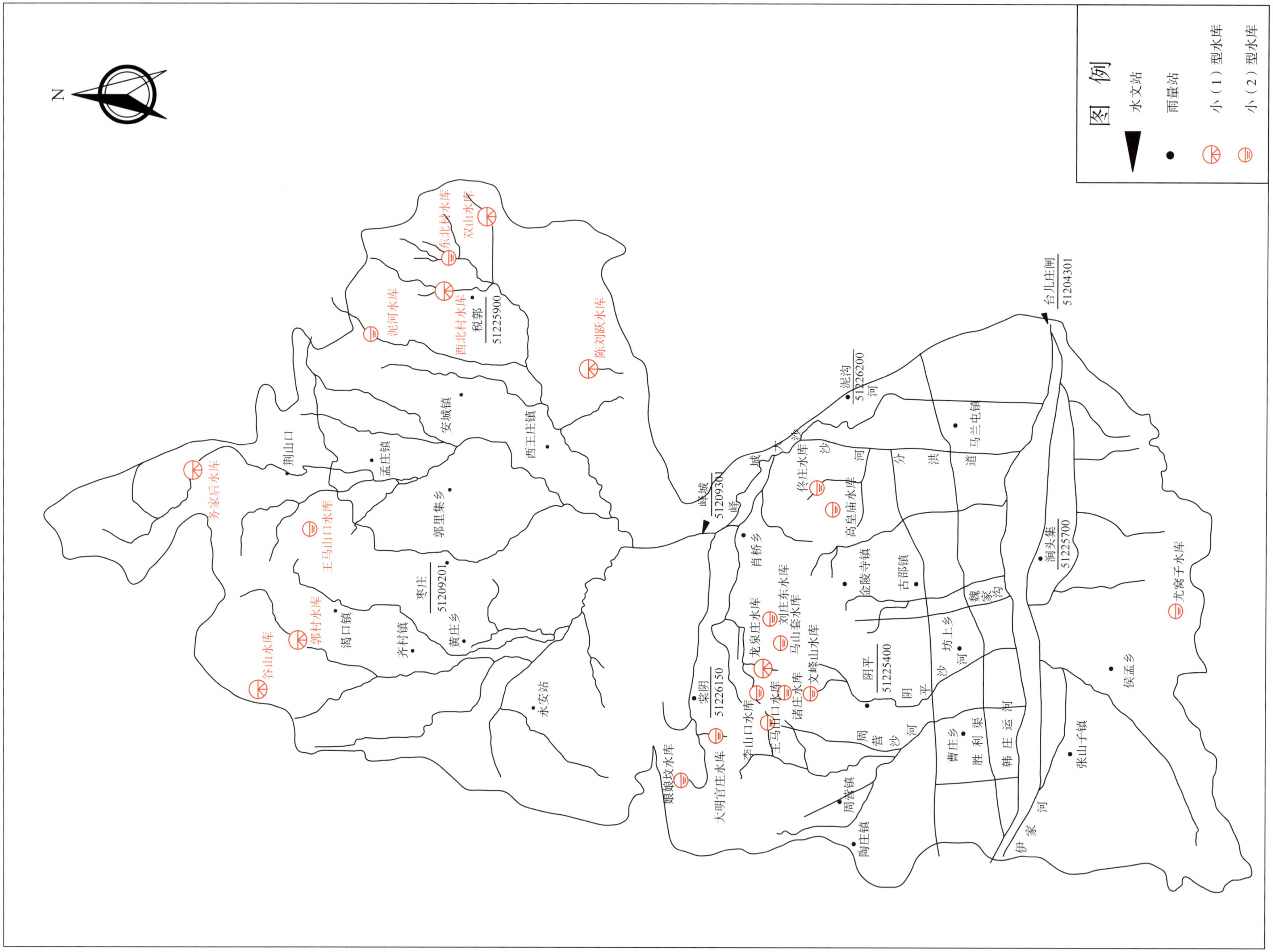

图 32-1 韩庄运河台儿庄闸站以上流域图

表 32-8　韩庄运河台儿庄闸站降雨径流分析成果表

序号	洪号	降雨起讫时间							流域平均雨量 P（mm）	前期影响雨量 P_a（mm）	降雨历时（h）		暴雨中心位置	洪水发生时间									洪水历时 $T_{洪}$（h）	洪峰流量 Q_m（m^3/s）	净峰流量 $Q_{m净}$（m^3/s）	地表径流总量 W（万 m^3）	集水面积 F（km^2）	径流深 R（mm）	径流系数 α	$P+P_a$（mm）	主雨中止到洪峰出现时距 τ（h）	备注
		起				讫								起涨			峰顶			落平												
		年	月	日	时	月	日	时			全部	有效		月	日	时	月	日	时	月	日	时										
1	640801	1964	7	31	8	8	1	8	88.6	50.0	24	4	沙河上游	7	31	18	8	1	7	8	3	8	62	927	652	4 500	1 345	33.5	0.38	138.6	5.0	韩庄泄洪
2	660721	1966	7	21	2	7	21	20	63.7	16.8	18	4	沙河上游	7	21	18	7	21	21.6	7	23	12	42	769	749	2 304	1 345	17.1	0.27	80.5	5.6	运南不产流
3	660723	1966	7	22	2	7	23	8	100.1	74.8	30		较均匀	7	22	4	7	23	6	7	27	14	130	872		6 912	1 345	51.4	0.51	174.9	4.0	复峰合并
4	660724	1966	7	24	2	7	24	14	26.3	80.0	12	2	运南	7	24	6	7	24	12.5	7	27	18	84	760	565	2 412	1 345	17.9	0.68	106.3	4.5	
5	660725	1966	7	25	8	7	26	20	58.5	76.3	36		沙河下游	7	25	14	7	25	21	7	29	20	102	650		4 032	1 345	30.0	0.51	134.8	5.0	多雨峰合并
6	670815	1967	8	15	2	8	16	20	73.7	40.5	42	4	较均匀	8	15	14	8	15	22	8	21	0	130	299	297	2 461	1 345	18.3	0.25	114.2	6.0	
7	670818	1967	8	17	8	8	17	20	23.5	80.0	12	2	沙河上游	8	17	14	8	18	1	8	22	0	106	271	226	1 670	1 345	12.4	0.53	103.5	7.0	
8	670903	1967	9	2	20	9	3	14	31.2	33.3	18	6	沙河上游	9	3	9	9	3	15.5	9	5	14	53	228	226	1 249	1 345	9.3	0.30	64.5	7.5	
9	680715	1968	7	15	2	7	15	20	47.1	74.4	18	4	较均匀	7	15	10	7	15	22	7	20	12	122	220	207	2 167	1 345	16.1	0.34	121.5	8.0	
10	680720	1968	7	20	2	7	20	14	34.1	54.7	12	2	沙河流域	7	20	15	7	20	18	7	22	20	53	162	158	777.6	1 345	5.8	0.17	88.8	8.0	
11	680825	1968	8	25	2	8	25	20	54.2	42.1	18	6	沙河上游	8	25	8	8	25	22	8	28	18	82	261	257	1 382	1 345	10.3	0.19	96.3	6.0	
12	680907	1968	9	7	2	9	7	14	51.2	28.2	12	8	沙河上游	9	7	10	9	7	17	9	9	14	52	207	200	1 260	1 345	9.4	0.18	79.4	7.0	
13	690720	1969	7	19	20	7	20	14	67.6	29.5	18	4	沙河下游	7	20	2	7	20	17	7	23	18	88	428	423	2 592	1 345	19.3	0.29	97.1	7.0	
14	690723	1969	7	22	14	7	23	8	52.7	78.4	18	4	沙河上游	7	22	14	7	23	2	7	27	12	118	660	582	3 960	1 345	29.4	0.56	131.1	6.0	
15	690929	1969	9	28	14	9	30	2	66.7	62.7	36	6	较均匀	9	29	0	9	29	19.7	10	3	0	96	520	508	4 032	1 345	30.0	0.45	129.4	6.7	复峰
16	700628	1970	6	28	8	6	29	8	78.6	14.5	24	6	沙河下游	6	28	14	6	29	3	7	2	16	98	320	286	2 433	1 345	18.1	0.23	93.1	7.0	
17	700726	1970	7	24	20	7	26	8	77.4	72.2	36	14	沙河上游	7	24	20	7	26	5	7	28	8	84	744	717	6 764	1 345	50.3	0.65	149.6	5.0	
18	710629	1971	6	28	20	7	1	14	179.2	54.3	66		较均匀	6	28	20	6	29	12	7	3	0	100	1 650		16 200	1 345	120.4	0.67	233.5	4.0	多雨峰合并
19	710809	1971	8	8	14	8	11	2	153.2	26.3	60		沙河流域	8	8	8	8	9	22	8	12	12	100	1 420		7 020	1 345	52.2	0.34	179.5	10.0	多雨峰合并
20	720702	1972	7	1	14	7	2	20	116.6	12.4	30	4	较均匀	7	2	5	7	2	14	7	5	20	87	762	737	4 212	1 345	31.3	0.27	129.0	6.0	
21	720706	1972	7	5	14	7	6	8	178.5	70.4	18	6	运北地区	7	5	21	7	6	10	7	12	0	147	1 900	1 845	16 308	1 345	121.2	0.68	248.9	6.0	
22	720721	1972	7	20	14	7	21	8	73.7	32.4	18	6	运北西	7	20	17	7	21	4	7	23	2	57	1 110	810	4 644	1 345	34.5	0.47	106.1	6.0	韩庄泄洪
23	730729	1973	7	28	14	7	29	8	83.0	40.7	18	6	较均匀	7	29	0	7	29	13	8	2	0	96	1 240	777	6 192	1 345	46.0	0.55	123.7	5.0	韩庄泄洪
24	740724	1974	7	23	14	7	25	2	76.1	57.1	36		运南、北	7	23	20				7	28	0	100			4 549	1 345	33.8	0.44	133.2		韩庄泄洪
25	740801	1974	7	31	14	8	2	14	90.5	70.6	48	2	运南、北	7	31	15				8	4	10	91			7 327	1 345	54.5	0.60	161.1		韩庄泄洪
26	740813	1974	8	12	2	8	13	20	120.6	67.0	42		运南、北	8	12	2	8	13	16	8	16	14	108	1 870	1 190	9 763	1 345	72.6	0.60	187.6	5.0	复峰合并
27	800824	1980	8	24	2	8	24	20	116.4	43.2	18	4	较均匀	8	24	8				8	28	0	88			8 136	1 345	60.5	0.52	159.6		受闸控制
28	880724	1988	7	24	2	7	25	8	94.2	73.5	30	6	运北西	7	24	2				7	30	12	154			6 084	1 345	45.2	0.48	167.7		受闸控制
29	890608	1989	6	6	14	6	8	8	147.1	5.6	42		沙河上游	6	6	20				6	11	14	114			2 332	1 345	17.3	0.12	152.7		受闸控制
30	890714	1989	7	14	8	7	14	14	77.4	46.0	6	6	运北东	7	14	10				7	18	0	86			4 384	1 345	32.6	0.42	123.4		受闸控制

续表

序号	洪号	降雨起讫时间							流域平均雨量 P（mm）	前期影响雨量 P_a（mm）	降雨历时（h）		暴雨中心位置	洪水发生时间									洪水历时 $T_洪$（h）	洪峰流量 Q_m（m^3/s）	净峰流量 $Q_{m净}$（m^3/s）	地表径流总量 W（万 m^3）	集水面积 F（km^2）	径流深 R（mm）	径流系数 α	$P+P_a$（mm）	主雨中止到洪峰出现时距 τ（h）	备注
		起				讫								起涨			峰顶			落平												
		年	月	日	时	月	日	时			全部	有效		月	日	时	月	日	时	月	日	时										
31	910714	1991	7	14	8	7	15	14	85.4	24.8	30	18	沙河中上游	7	14	14				7	18	12	94			2 885	1 345	21.4	0.25	110.2		受闸控制
32	920901	1992	8	31	8	9	1	4	88.2	17.4	30		沙河中下游	9	31	8				9	5	20	132			2 324	1 345	17.3	0.20	105.6		受闸控制
33	930805	1993	8	4	20	8	5	14	154.4	75.7	18	6	较均匀	8	5	0	8	5	10.7	8	10	6	126	1300	1287	12 345	1 345	91.8	0.59	230.1	4.5	
34	960731	1996	7	30	14	7	31	8	68.8	59.2	18	12	运北西	7	30	14				8	4	20	126			2 472	1 345	18.4	0.27	128.0		受闸控制
35	970819	1997	8	19	8	8	20	14	139.4	18.4	30	18	沙河上游	8	19	14				8	24	14	120			2 251	1 345	16.7	0.12	157.8		受闸控制
36	980702	1998	7	1	14	7	2	8	92.0	8.6	18	12	沙河中上游	7	1	14				7	5	20	102			2 158	1 345	16.0	0.17	100.6		受闸控制
37	980809	1998	8	9	14	8	10	8	54.1	48.9	18	6	沙河下游	8	9	14				8	12	0	58			3 562	1 345	26.5	0.49	103.0		受闸控制
38	980814	1998	8	13	14	8	14	8	62.7	78.4	18	6.0	运南	8	14	0	8	14	7	8	17	0	72	861	711	5 037	1 345	37.4	0.60	141.1	5.0	
39	990615	1999	6	14	20	6	16	2	136.9	0.9	30	18.0	沙河中上游	6	15	10				6	17	22	60			3 426	1 345	25.5	0.19	137.8		受闸控制
40	010731	2001	7	30	2	7	31	8	115.5	67.0	30	12	沙河中上游	7	30	8				8	3	8	96			4 666	1 345	34.7	0.30	182.5		受闸控制
41	030714	2003	7	13	20	7	14	14	87.0	76.0	18	12	沙河下游	7	13	20				7	16	2	54			6 132	1 345	45.6	0.52	163.0		受闸控制
42	030716	2003	7	16	2	7	17	8	74.6	74.4	30	12	较均匀	7	16	2				7	19	7	77			5 355	1 345	39.8	0.53	149.0		
43	030815	2003	8	15	8	8	16	8	62.0	34.2	24	12	较均匀	8	15	20				8	17	8	36			1 799	1 345	13.4	0.22	96.2		
44	030824	2003	8	23	14	8	24	20	49.7	43.4	30	6	下游	8	23	20				8	25	8	36			1 279	1 345	9.5	0.19	93.1		
45	20030826	2003	8	25	20	8	27	8	94.0	76.8	36	6	运北西	8	25	11				8	28	8	69			6 695	1 345	49.8	0.53	170.8		
46	040914	2004	9	14	2	9	14	14	92.4	13.0	12	12	均匀	9	14	2				9	16	8	54			2 969	1 345	22.1	0.24	105.4		韩庄泄洪
47	040920	2004	9	19	14	9	20	8	69.4	56.6	18	12.0	下游	9	19	14				9	22	8	66			3 362	1 345	25.0	0.36	126.0		韩庄泄洪
48	050717	2005	7	16	14	7	17	14	106.6	55.4	24	12	沙河上游	7	16	17				7	20	8	87			5 860	1 345	43.6	0.41	162.0		韩庄泄洪
49	050731	2005	7	31	2	8	2	8	128.1	44.2	54	12	运北西	7	31	2				8	3	8	78			8 222	1 345	61.1	0.48	172.3		韩庄泄洪
50	060703	2006	7	2	20	7	3	20	167.8	57.0	24	12.0	沙河中上游	7	3	6				7	7	8	98			12 226	1 345	90.9	0.54	224.8		韩庄泄洪
51	070816	2007	8	15	20	8	17	20	73.1	56.6	48	12	运北西	8	15	20				8	19	8	84			5 076	1 345	37.7	0.52	129.7		韩庄泄洪
52	080723	2008	7	22	14	7	23	20	128.5	47.6	30	18	沙河中上游	7	22	8				7	26	8	96			9 154	1 345	68.1	0.53	176.1		韩庄泄洪
53	080821	2008	8	20	20	8	21	20	112.4	45.8	24	18	沙河中上游	8	20	21.5				8	24	8	82.5			6 008	1 345	44.7	0.40	158.2		韩庄泄洪
54	090818	2009	8	17	20	8	18	8	94.8	22.6	12	6	沙河下游	8	18	1				8	19	23	46			2 984	1 345	22.2	0.23	117.4		受闸控制

表 32–9　韩庄运河台儿庄闸站降雨径流预报精度评定表

序号	洪 号	流域平均雨量 P（mm）	前雨影响雨量 P_a（mm）	$P+P_a$（mm）	径流深（mm）		预报误差（mm）	许可误差（mm）	评定结果		序号	洪 号	流域平均雨量 P（mm）	前雨影响雨量 P_a（mm）	$P+P_a$（mm）	径流深（mm）		预报误差（mm）	许可误差（mm）	评定结果	
					$R_实$	$R_预$			合格	不合格						$R_实$	$R_预$			合格	不合格
1	640801	88.6	50.0	138.6	33.5	34.1	0.6	6.7	√		28	880724	94.2	73.5	167.7	45.2	53.0	7.8	9.0	√	
2	660721	63.7	16.8	80.5	17.1	10.8	–6.3	3.4		√	29	890608	147.1	5.6	152.7	17.3	42.6	25.3	3.5		√
3	660723	100.1	74.8	174.9	51.4	58.2	6.8	10.3	√		30	890714	77.4	46.0	123.4	32.6	26.2	–6.4	6.5	√	
4	660724	26.3	80.0	106.3	17.9	19.0	1.1	3.6	√		31	910714	85.4	24.8	110.2	21.4	20.6	–0.8	4.3	√	
5	660725	58.5	76.3	134.8	30.0	32.0	2.0	6.0	√		32	920901	88.2	17.4	105.6	17.3	18.7	1.4	3.5	√	
6	670815	73.7	40.5	114.2	18.3	22.0	3.7	3.7	√		33	930805	154.4	75.7	230.1	91.8	107.0	15.2	18.4	√	
7	670818	23.5	80.0	103.5	12.4	18.0	5.6	3.0		√	34	960731	68.8	59.2	128.0	18.4	28.4	10.0	3.7		√
8	670903	31.2	33.3	64.5	9.3	7.2	–2.1	3.0	√		35	970819	139.4	18.4	157.8	16.7	46.0	29.3	3.3		√
9	680715	47.1	74.4	121.5	16.1	25.2	9.1	3.2		√	36	980702	92.0	8.6	100.6	16.0	17.0	1.0	3.2	√	
10	680720	34.1	54.7	88.8	5.8	13.0	7.2	3.0		√	37	980809	54.1	48.9	103.0	26.5	17.9	–8.6	5.3		√
11	680825	54.2	42.1	96.3	10.3	15.4	5.1	3.0		√	38	980814	62.7	78.4	141.1	37.4	35.6	–1.8	7.5	√	
12	680907	51.2	28.2	79.4	9.4	10.2	0.8	3.0	√		39	990615	136.9	0.9	137.8	25.5	33.8	8.3	5.1		√
13	690720	67.6	29.5	97.1	19.3	15.8	–3.5	3.9	√		40	010731	115.5	67.0	182.5	34.7	64.3	29.6	6.9		√
14	690723	52.7	78.4	131.1	29.4	30.0	0.6	5.9	√		41	030714	87.0	76.0	163.0	45.6	49.9	4.3	9.1	√	
15	690929	66.7	62.7	129.4	30.0	29.2	–0.8	6.0	√		42	030716	74.6	74.4	149.0	39.8	40.2	0.4	8.0	√	
16	700628	78.6	14.5	93.1	18.1	14.5	–3.6	3.6	√		43	030815	62.0	34.2	96.2	13.4	15.4	2.0	3.0	√	
17	700726	77.4	72.2	149.6	50.3	40.6	–9.7	10.1	√		44	030824	49.7	43.4	93.1	9.5	14.3	4.8	3.0		√
18	710629	179.2	54.3	233.5	120.4	110.0	–10.4	20.0	√		45	030826	94.0	76.8	170.8	49.8	55.2	5.4	10.0	√	
19	710809	153.2	26.3	179.5	52.2	62.0	9.8	10.4	√		46	040914	92.4	13.0	105.4	22.1	18.7	–3.4	4.4	√	
20	720702	116.6	12.4	129.0	31.3	29.0	–2.3	6.3	√		47	040920	69.4	56.6	126.0	25.0	27.4	2.4	5.0	√	
21	720706	178.5	70.4	248.9	121.2	124.8	3.6	20.0	√		48	050717	106.6	55.4	162.0	43.6	49.0	5.4	8.7	√	
22	720721	73.7	32.4	106.1	34.5	19.0	–15.5	6.9		√	49	050731	128.1	44.2	172.3	61.1	56.4	–4.7	12.2	√	
23	730729	83.0	40.7	123.7	46.0	26.3	–19.7	9.2		√	50	060703	167.8	57.0	224.8	90.9	101.8	10.9	18.2	√	
24	740724	76.1	57.1	133.2	33.8	31.0	–2.8	6.8	√		51	070816	73.1	56.6	129.7	37.7	29.3	–8.4	7.5		√
25	740801	90.5	70.6	161.1	54.5	48.3	–6.2	10.9	√		52	080723	128.5	47.6	176.1	68.1	59.5	–8.6	13.6	√	
26	740813	120.6	67.0	187.6	72.6	68.6	–4.0	14.5	√		53	080821	112.4	45.8	158.2	44.7	46.3	1.6	8.9	√	
27	800824	116.4	43.2	159.6	60.5	47.4	–13.1	12.1		√	54	090818	94.8	22.6	117.4	22.2	23.6	1.4	4.4	√	

备注：资料选用 1964—2010 年，共 54 次洪水点据，合格 38 次，合格率为 70.4%，为乙级方案。

表 32-10　韩庄运河台儿庄闸站峰量关系精度评定表

序号	洪号	径流深 R（mm）	实测净峰流量 $Q_{m净实}$（m^3/s）	预报净峰流量 $Q_{m净预}$（m^3/s）	误差（m^3/s）		评定结果		雨峰中止至峰现时距 τ（h）
					预报	许可	合格	不合格	
1	640801	33.5	652	652	0	130	√		5.0
2	660721	17.1	749	381	−368	150		√	5.6
3	660724	17.9	565	398	−167	113		√	4.5
4	670818	12.4	226	295	69	45.2		√	7.0
5	670903	9.3	226	226	0	45.2	√		7.5
6	680715	16.1	207	362	155	41.4		√	8.0
7	680720	5.8	158	152	−6	31.6	√		8.0
8	680825	10.3	257	250	−7	51.4	√		6.0
9	680907	9.4	200	235	35	40.0	√		7.0
10	690720	19.3	423	423	0	84.6	√		7.0
11	690723	29.4	582	590	8	116	√		6.0
12	690929	30.0	508	600	92	102	√		6.7
13	700628	18.1	286	400	114	57.2		√	7.0
14	700726	50.3	717	835	118	143	√		5.0
15	720702	31.3	737	620	−117	147	√		6.0
16	720706	121.2	1 845	1 820	−25	369	√		6.0
17	720721	34.5	810	667	−143	162	√		6.0
18	730729	46.0	777	827	50	155	√		5.0
19	740813	72.6	1 190	1 190	0	238	√		5.0
20	930805	91.8	1 287	1 440	153	257	√		4.5
21	980814	37.4	711	711	0	142	√		5.0

备注：共选用 21 个洪水点据，合格 16 个，合格率为 76.2%，为乙级方案。

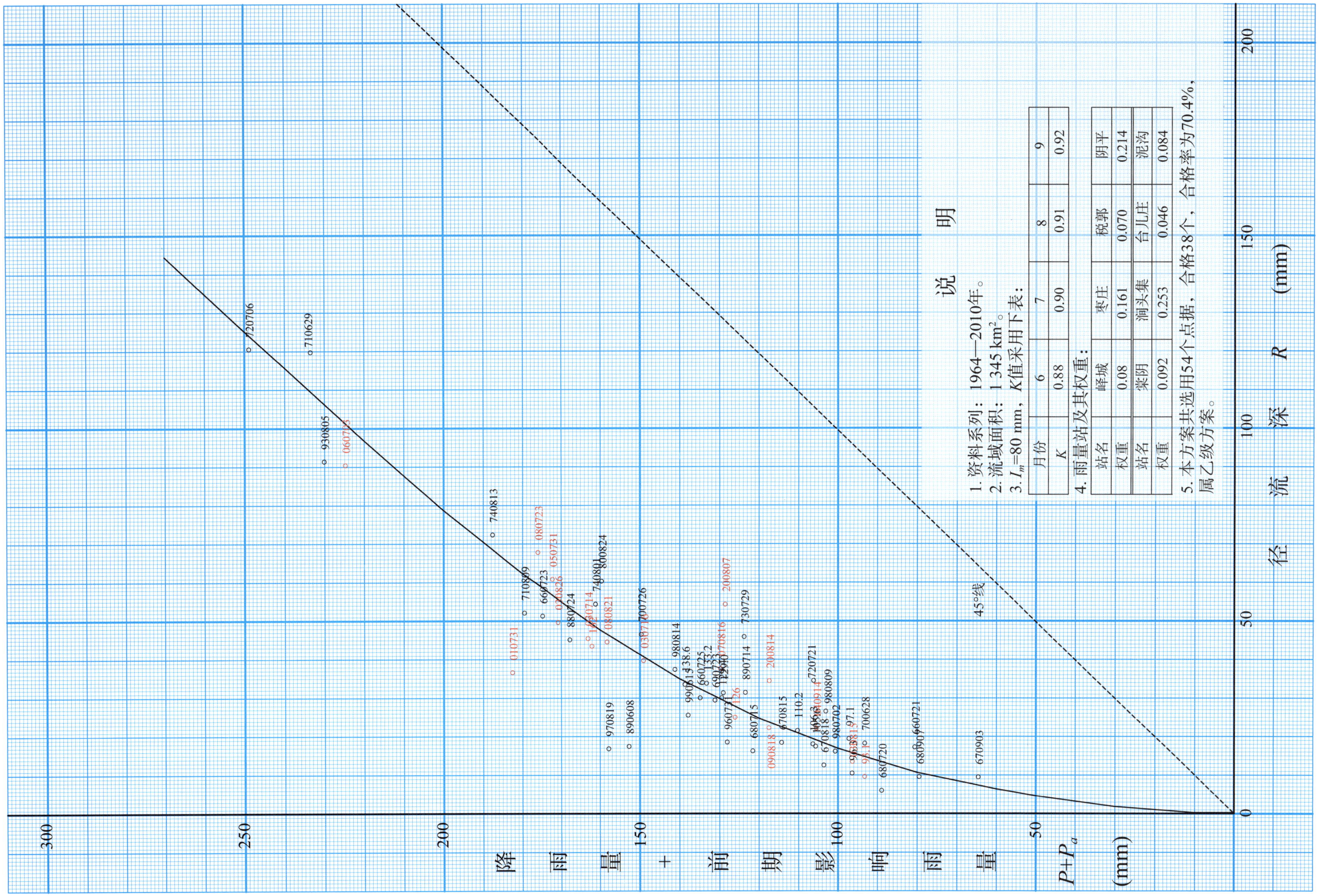

图 32-2　韩庄运河台儿庄闸站降雨径流相关图

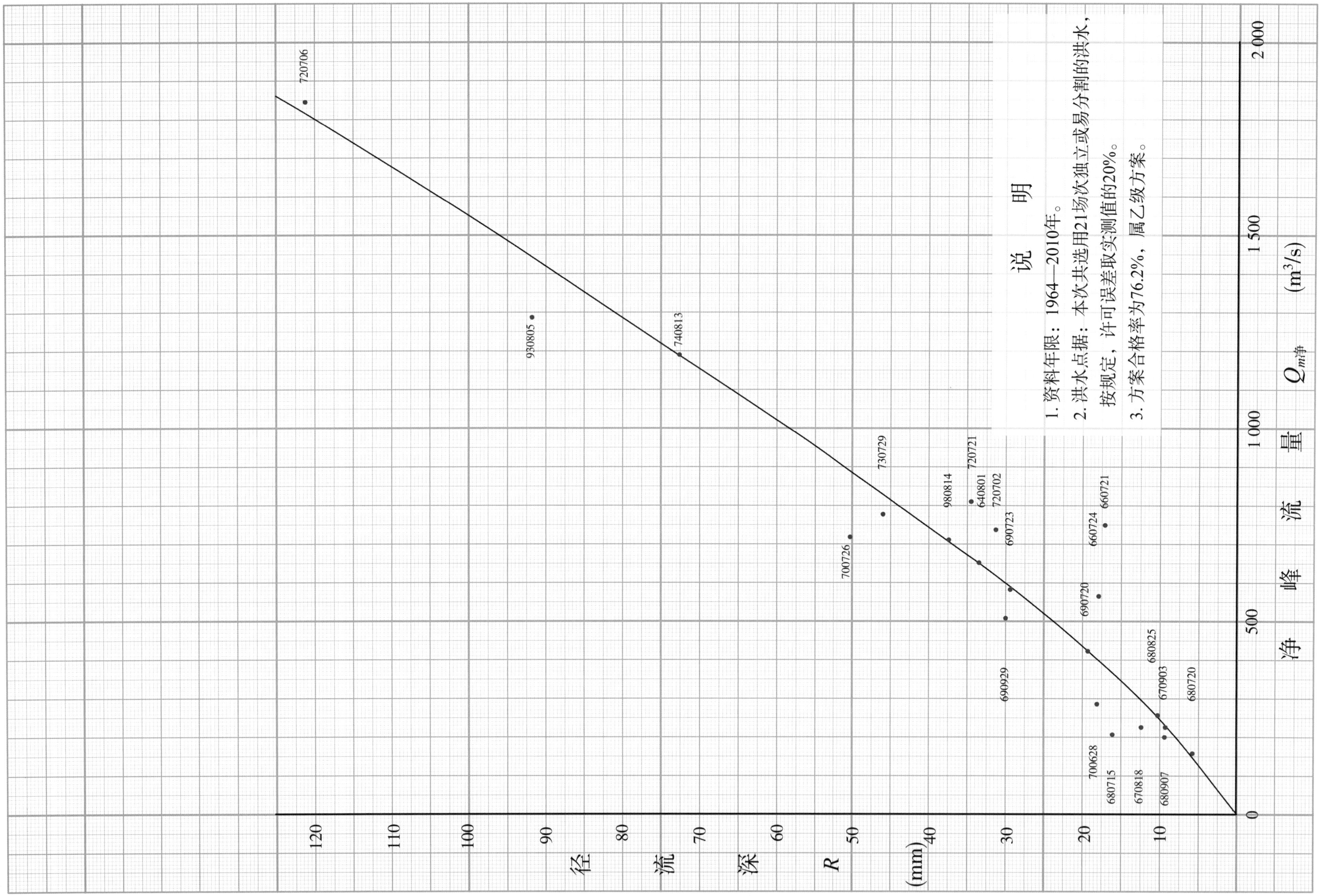

图 32-3　韩庄运河台儿庄闸站峰量关系图

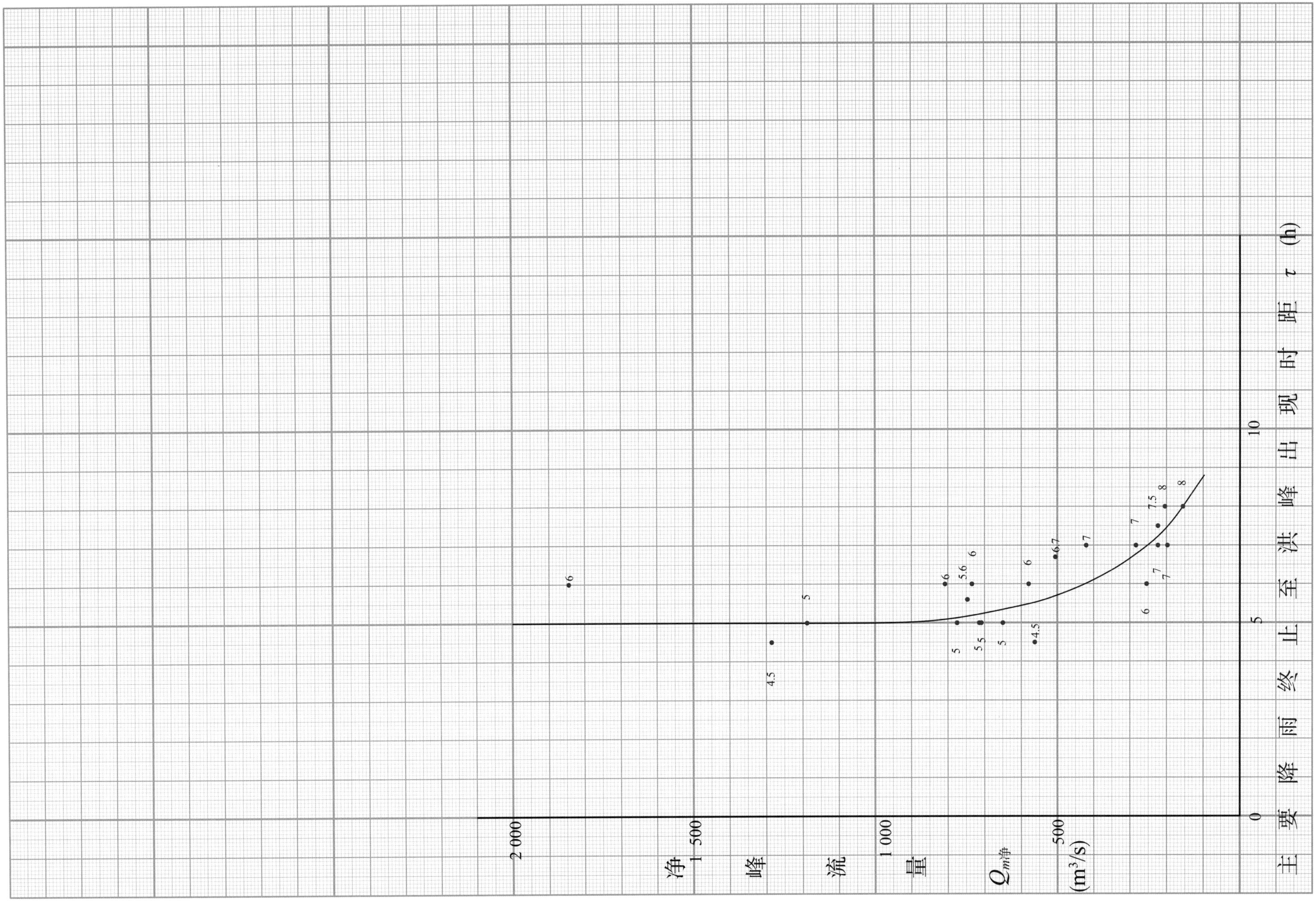

图 32-4　韩庄运河台儿庄闸站 $Q_{m净}-\tau$ 相关图

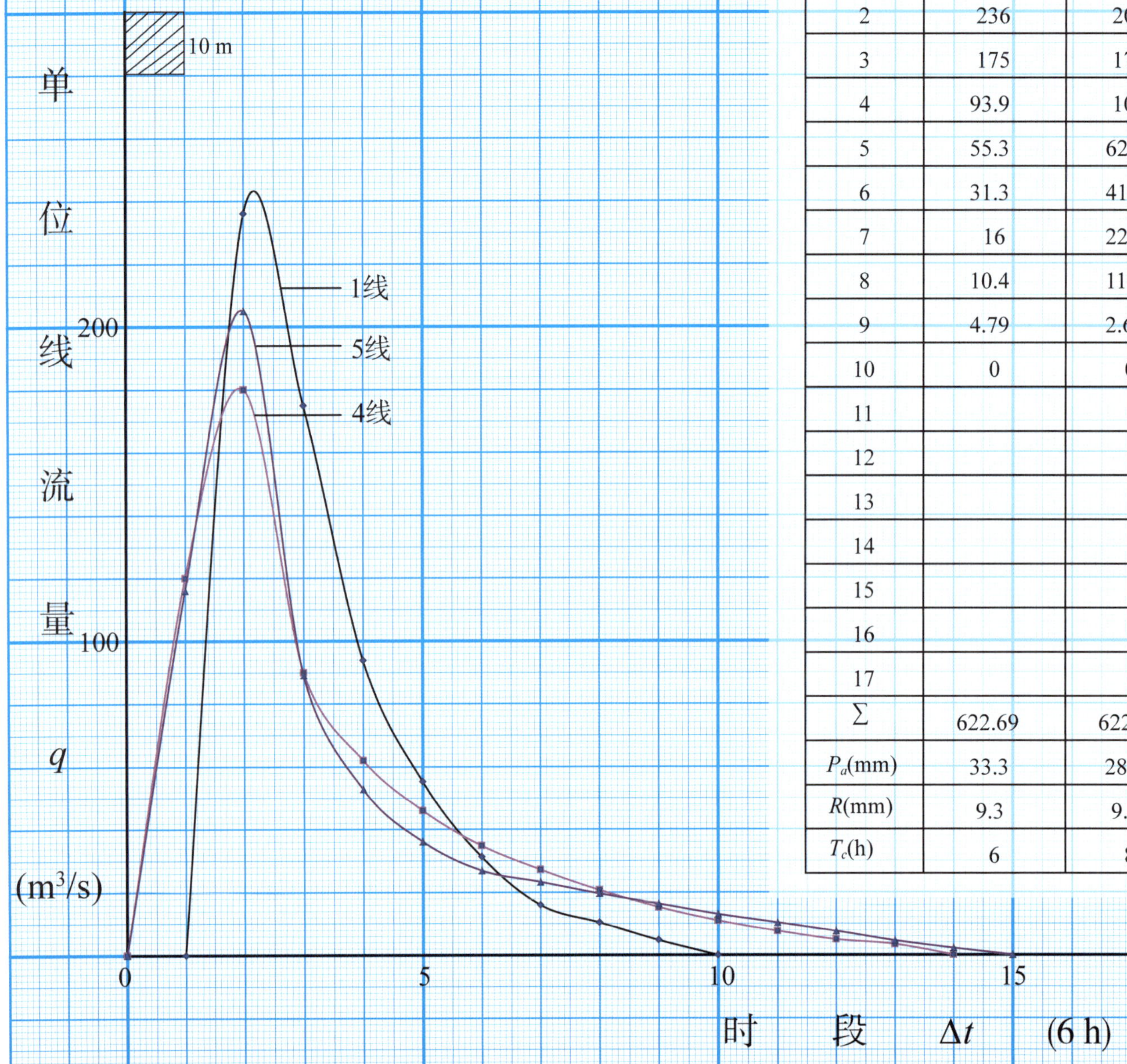

单位线成果表

F=1 345 km², Δt=6 h

时段t	流量q(m³/s)						备注
	1线	2线	3线	4线	5线	6线	
0	0	0	0	0	0	0	
1	0	0	129	120	116	73.3	1、2号单位线属同一类型，降雨中心在峄城大沙河上游，局部产流；
2	236	204	215	180	205	165	
3	175	176	110	90.0	89.1	136	
4	93.9	102	72.5	62.0	52.8	82.2	
5	55.3	62.9	41.0	46.0	36.1	55.2	
6	31.3	41.6	18.8	34.8	26.9	37.0	
7	16	22.3	10.7	27.2	23.3	25.6	3、4号单位线属一类型，降雨比较均匀，3号线降雨强度大，前期干旱，4号线降雨历时长，强度小；
8	10.4	11.2	6.41	20.7	19.6	14.6	
9	4.79	2.69	5.44	15.2	16.3	10.1	
10	0	0	4.48	10.9	13.0	7.14	
11			3.54	7.61	10.3	5.02	
12			2.63	4.89	7.6	4.07	
13			1.73	3.39	4.56	3.38	5、6号单位线属一个类型，全流域普降暴雨或大暴雨，暴雨中心在峄城以下，5号线降雨中心在峄城及沙河干流，运河东部；6号线降雨中心在运北，特大暴雨，强度大，造成大面积积水
14			1.46	0	2.16	2.51	
15			0		0	1.56	
16						0.01	
17						0	
Σ	622.69	622.69	622.69	622.69	622.69	622.69	
P_a(mm)	33.3	28.2	12.4	62.7	46.0	70.4	
R(mm)	9.3	9.4	31.3	30.0	32.6	121.2	
T_c(h)	6	8	4	6	6	6	

图 32-5　韩庄运河台儿庄闸站单位线图

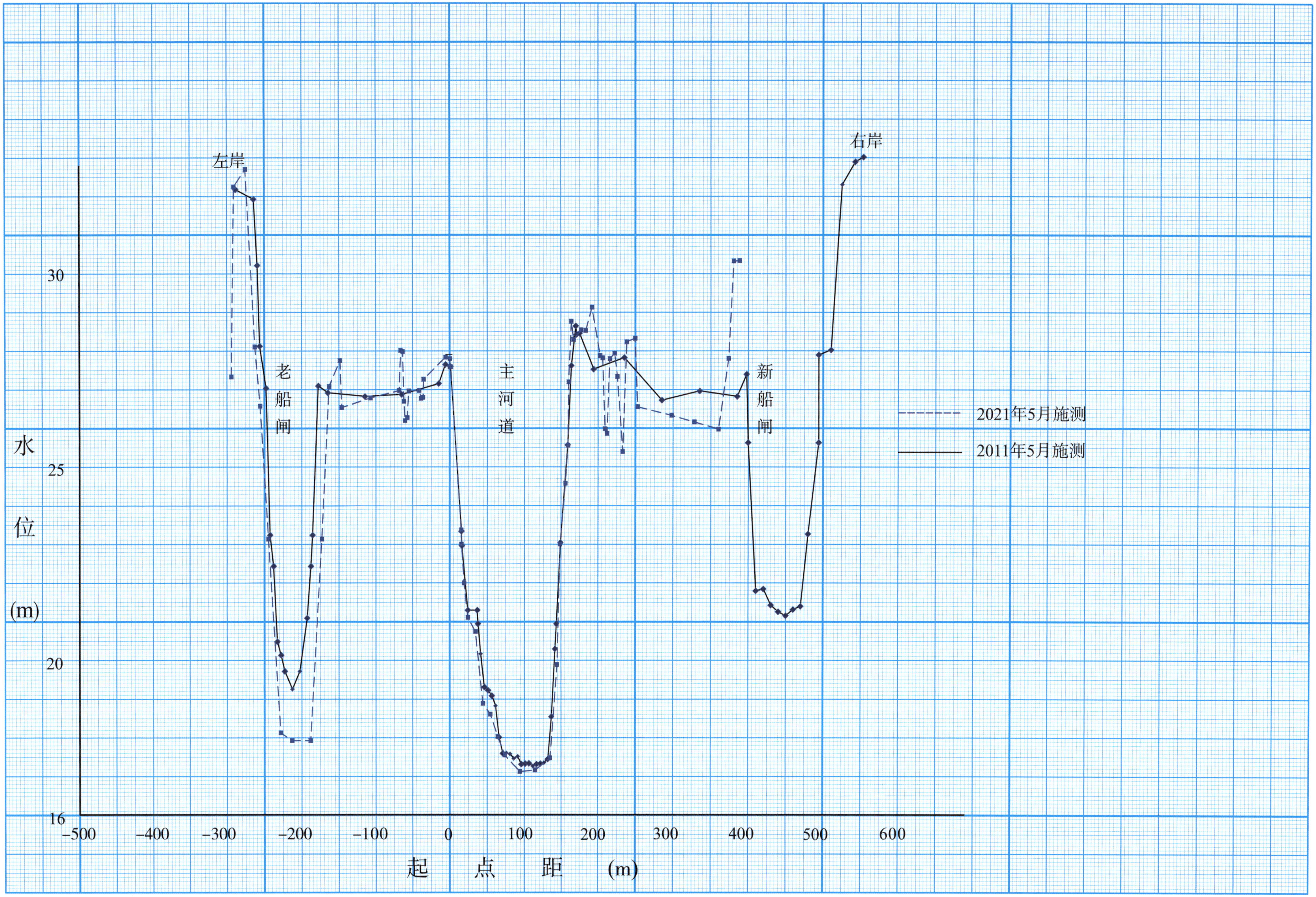

图 32-6 韩庄运河台儿庄闸站大断面图

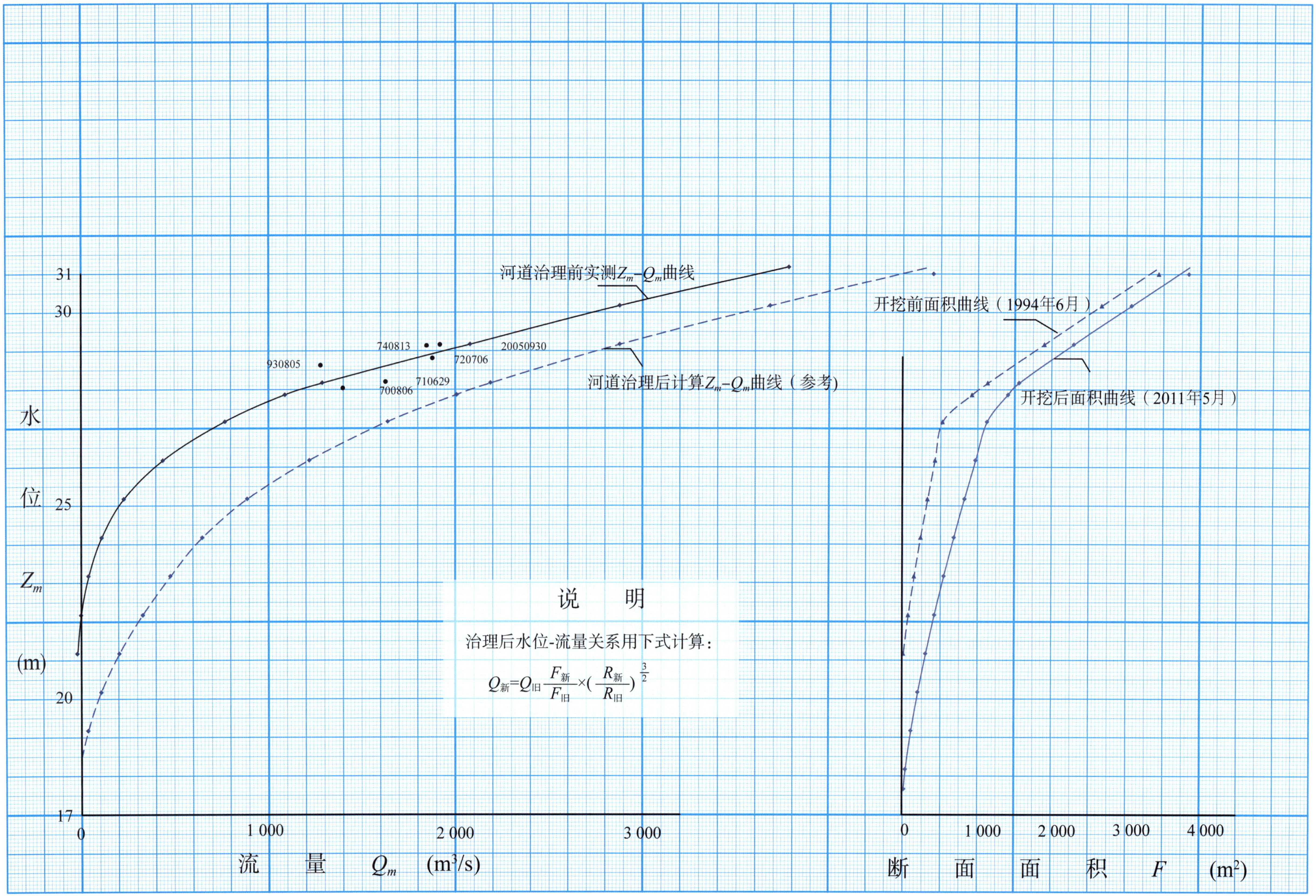

图 32-7 韩庄运河台儿庄闸站水位与流量、面积关系曲线图

第三十三章　大沽河南村站水文预报方案编制说明

1　流域概况

1.1　流域自然地理特征

大沽河发源于烟台市辖招远市的阜山，流经莱西、平度、即墨、胶州及城阳等区（市），于胶州市码头村入海，干流长度 199 km，流域面积 6 205 km^2。南村站位于平度市南村镇，集水面积 3 724 km^2，河道干流长度 145.5 km。南村站流域有小沽河、潴河、五沽河等较大支流。

本流域内深山区约占 1%，浅山区约占 19%，主要分布在干支流上游地带；丘陵平原区约占 80%，主要分布在干支流下游地区。

本流域属暖温带半湿润季风气候区，降水量比较丰沛，但年际变化较大，且有连丰连枯的规律。降水量年内分配不均匀，约有 80% 集中在 6—9 月份，尤以 7—8 月份为最多，约占汛期降水量的 70%，年降水天数一般不足 90 天。据 65 年（1956—2020 年）资料分析，多年平均年降水量为 679.7 mm，最大年降水量为 1 479.8 mm（1964 年），最小年降水量为 350.8 mm（1981 年），年际最大最小比值为 4.2。南村站以上流域图见图 33–1。

1.2　水利工程情况

从 1958 年到 1971 年，在大沽河南村站集水面积内先后建成了产芝、尹府 2 座大型水库及高格庄、勾山、城子、北墅、庙埠河、黄同、堤湾 7 座中型水库（其中堤湾水库 1993 年恢复为滞洪区）。水库总控制面积 1 676.5 km^2（庙埠河水库、勾山水库和城子水库等库套库重复面积不计），大中型水库以下至南村站区间内，小型水利工程控制面积 123.5 km^2。扣除大中型水库后，区间面积为 2 047.5 km^2。各水库控制面积见表 33–1。

表 33–1　大沽河南村站以上流域大中型水库统计表

名称	集水面积（km^2）	总库容（万 m^3）	兴利库容（万 m^3）	死库容（万 m^3）	溢洪道最大流量（m^3/s）	开始蓄水时间
产芝水库	876	37 980	21 500	800	3 380	1959 年 5 月
尹府水库	175	14 458	7 380	720	885	1960 年 6 月
黄同水库	126	5 274	2 450	140	899.5	1959 年
北墅水库	301	4 961	2 237	23	2 513	1971 年
高格庄水库	125	1 603	778	10	1 371	1959 年
堤湾滞洪区	73.5	2 800	400	60	296	1960 年
合计	1 676.5	67 076	34 745	1 753		

自 1965 年到 2020 年，大沽河干流共建有 19 座拦河闸坝，其中南村站以上流域 15 处，详见表 33–2。其中砌石堰 1 座，翻板闸 2 座，机械启闭闸门 3 座，充气式橡胶坝 3 座，充水式橡胶坝 6 座，上游 100 m 处为大坝橡胶坝，下游 2.5 km 处为岔河拦河坝。

表 33–2　大沽河南村站流域干流主要拦河闸坝情况统计表

拦河闸坝及灌区名称	引自河名	总蓄水量（万 m^3）	坝底高程（m）	回水长度（km）	备注
309 砌石堰	大沽河	55	50.4	2.2	新建
上海路橡胶坝	大沽河	117	48.3	2.02	加固
沙埠橡胶坝	大沽河	143	45.0	3.89	加固
早朝拦河闸	大沽河	370	42.5	5.8	新建
孙受翻板闸	大沽河	185	38.5	3.6	新建
许村拦河坝	大沽河	197	35.4	4.55	新建
江家庄橡胶坝	大沽河	73	33.7	4.04	加高改造
庄头橡胶坝	大沽河	92	30.6	3.03	新建
程家小里拦河闸	大沽河	250	27.1	4.05	新建
孙洲庄拦河闸	大沽河	340	25.0	5.17	新建
沙湾庄橡胶坝	大沽河	241	23.5	3.51	加固
袁家庄橡胶坝	大沽河	457	19.2	5.37	加固
移风拦河闸	大沽河	1 050	15.6	7.4	拆除重建
崖头橡胶坝	大沽河	702	13.7	4.68	加固
大坝橡胶坝	大沽河	320	9.9	5.03	新建
合计		4 592			

目前，南村站以上大沽河干流建有 15 座拦河闸坝，蓄水总量 4 592 万 m^3，详见表 33–3；小沽河干流建有龙虎山橡胶坝一处，蓄水总量 120 万 m^3。

1.3　测站概况

1.3.1　基本情况

南村站为大沽河干流控制站，于 1951 年 7 月设立，位于平度市南村镇，距河口 62 km，集水面积 3 724 km^2，流域形状为叶形。

该站自设站以来，观测到的最高水位为 17.92 m，最大流量为 3 360 m^3/s，均出现在 1955 年 7 月 17 日。

因主流变动导致基本断面附近右岸河床淤积，1955 年 6 月起，基本水尺断面下迁 200 m，1958 年 6 月因体制改革调整为南村流量站，1962 年 5 月改为南村水文站。1980 年起，流速仪断面下迁 30 m，与基本水尺断面重合，原基本水尺断面因不垂直流向，向下游调整 8°。1999 年起测验断面下迁 100 m。2018 年 7 月起测验断面下迁 200 m。

1.3.2　采用基面

南村水文站基面采用冻结基面，冻结基面以上米数 +0.000（m）=1985 年国家高程基准以上米数。

表 33-3　大沽河南村站以上流域干流主要拦河闸坝情况统计表

编号	桩号	工程名称	闸坝形式	闸坝长（m）	蓄水量（万 m^3）	水面面积（万 m^2）	底板高程（m）	挡水高度（m）	正常蓄水位（m）	汛中		汛末	
										限制水位（m）	允许超蓄水位（m）	限制水位（m）	允许超蓄水位（m）
1	4+089	309 砌石堰	连拱型砌石堰	150	55	42.5	50.4	2	52.40	52.40	52.70	52.40	52.70
2	6+106	上海路橡胶坝	枕式橡胶充排水坝	180	117	81.5	48.3	3	51.30	49.80	50.10	51.30	51.60
3	10+000	沙埠橡胶坝	枕式橡胶充排水坝	180	143	105	45.0	3.8	48.80	47.30	47.60	48.80	49.10
4	15+800	早朝拦河闸	底横轴翻转闸	200	370	155	42.5	2.5	45.00	43.50	43.80	45.00	45.30
5	19+400	孙受翻板闸	液压翻板闸	173.1	185	125	38.5	3	41.50	40.00	40.30	41.50	41.80
6	24+790	许村拦河坝	“一”形充气橡胶坝	191.5	197	160	35.4	3	38.40	38.40	38.70	38.40	38.70
7	28+825	江家庄橡胶坝	枕式橡胶充排水坝	201	73	101.4	33.7	2	35.70	34.70	35.00	35.70	36.00
8	31+850	庄头橡胶坝	“S”形充气橡胶坝	207	92	70	30.6	3	33.60	33.60	33.90	33.60	33.90
9	35+900	程家小里拦河闸	液压弧形闸	160	250	100	27.1	4	31.10	29.60	29.90	31.10	31.40
10	41+070	孙洲庄拦河闸	液压下卧式水闸	196	340	115	25.0	4	29.00	27.50	27.80	29.00	29.30
11	44+575	沙湾庄橡胶坝	枕式橡胶充排水坝	267	241	129.3	23.5	3.5	27.00	25.50	25.80	27.00	27.30
12	49+945	袁家庄橡胶坝	枕式橡胶充排水坝	264	457	210.2	19.2	3.5	22.70	21.20	21.50	22.70	23.00
13	57+350	移风拦河闸	环形闸（护镜式）	285.8	1 050	540	15.6	3.5	19.10	17.60	17.90	19.10	19.40
14	62+080	崖头橡胶坝	枕式橡胶充排水坝	353.5	702	290.7	13.7	3.2	16.90	15.40	15.70	16.90	17.20
15	67+105	大坝橡胶坝	“C”形充气橡胶坝	307	320	160	9.9	3	12.90	12.90	13.20	12.90	13.20

1.3.3　上下游邻站情况

自 20 世纪 50 年代起，大沽河干流及主要支流上先后设置了多处水文站，南村站上下游邻站情况见表 33-4。

表 33-4　大沽河南村站上下游水文站一览表

站名	站类	所在河流	设立日期	到断面上下游距离（km）	备注
产芝水库	水库站	大沽河	1959 年 5 月	上游　69.7	
莱西	河道站	潴河	2011 年 1 月	上游　62.7	
尹府水库	水库站	猪洞河	1960 年 5 月	上游　58.4	
沙窝	河道站	猪洞河	2018 年 1 月	上游　39.2	
葛家埠	河道站	小沽河	1955 年 7 月	上游　34.4	1978 年改为水位站
程家庄	河道站	五沽河	1955 年 6 月	上游　28.0	1976 年 12 月撤站
岚西头	河道站	五沽河	1976 年 6 月	上游　34.2	1999 年 6 月撤站，2018 年恢复
埠东	河道站	五沽河	2018 年 1 月	上游　21.8	
江家庄	河道站	大沽河	2018 年 1 月	上游　37.9	水位站
沙湾庄	河道站	大沽河	2011 年 1 月	上游　23.6	
五道口	河道站	落药河	2018 年 1 月	上游　6.90	
沙梁	河道站	大沽河	2011 年 1 月	下游　8.80	
大麻湾	河道站	大沽河	2001 年 6 月	下游　27.6	
河西屯	潮水位站	大沽河	1953 年 11 月	下游　41.2	1967 年 1 月撤站
山角底	潮水位站	大沽河	1967 年 1 月	下游　48.0	1986 年 6 月撤站

1.3.4　历史洪水调查资料

根据历史洪水调查资料，编制成大沽河主要站洪水调查成果表（表 33-5），供大洪水时作参考比较使用。

表 33-5　大沽河流域主要站洪水调查成果表

河名	河段名称	河长（km）	集水面积（km^2）	时间	流量（m^3/s）
大沽河	巨家	28.1	587	1953-8-4	4 140
				1898-7-3	2 690
				1914-9-7	2 330
				1911-1-30	950
	产芝村	48.8	876	1953-8-4	4 490
				1789-8-6	3 500
	姜家许村	93.2	1 491	1914-9-8	5 520
				1865 年 8 月	5 450
				1953-8-4	51.2
	南村	145.5	3 724	1912-8-18	5 200
				1914-9-11	5 200
				1955-7-17	3 360
潴河	水集	48.5	342	1865 年	1 480
				1914-9-8	1 010
				1911-1-30	850
				1953-8-4	850

续表

河名	河段名称	河长（km）	集水面积（km^2）	时间	流量（m^3/s）
小沽河	葛家埠	51.2	1 012	1865 年	3 640
				1912-8-18	3 140
				1953-8-6	2 480
猪洞河	尹府	22.2	175	1914-8-26	2 530
	宋格庄	34.5	237	1912-8-18	2 510
				1914-8-7	1 910
				1947 年 8 月	897
				1911-1-30	361
五沽河	岚西头	28	439	1865 年	1 300
				1914-9-9	1 150
				1956-9-5	904
				1911-1-30	137
流浩河	范戈庄	11	120	1949-9-16	733
				1914-9-13	621
				1912-8-18	488

2 预报方案编制

2.1 资料情况及方案沿革

2.1.1 资料情况

南村站预报方案于 1991 年进行了分析、编制，又于 2007 年进行了方案的修订。本次修订除选用之前分析的 1953—2007 年共 46 场次暴雨洪水外，另外补充了 2008—2020 年 3 场次暴雨洪水进行分析，即资料系列为 1953—2020 年，共 49 场次洪水。

本着“高水中水不漏，小洪水适当精简”的原则，共选用 49 场次洪水，其中洪峰流量大于 3 000 m^3/s 的 2 次，2 000 ~ 3 000 m^3/s 的 7 次，1 000 ~ 2 000 m^3/s 的 12 次，分别占选用洪水的 4.1%、14.3% 和 24.5%。按降水量划分，流域平均降雨量大于 300 mm 的 1 次，200 ~ 300 mm 的 2 次，150 ~ 200 mm 的 4 次，100 ~ 150 mm 的 17 次。

2.1.2 方案沿革

原方案包括产流方案、汇流方案及上下游相关方案。产流方案采用降雨径流相关图 $P+P_a$-R、P–P_a-R，汇流方案采用峰量关系曲线图、经验单位线等方案。本次修订，在原产流方案降雨径流相关图 $P+P_a$-R 中增加了 3 个点据，关系线保持不变，在降雨径流相关图 P–P_a-R 中增加了 3 个点据，关系线保持不变；在原汇流方案的峰量关系曲线图中增加了 3 个点据，关系线保持不变，在原径流深 - 峰现时距相关图中增加了 3 个点据，关系线保持不变；经验单位线保持不变；葛家埠站 1978 年改为水位站，因此葛家埠站洪峰流量加岚西头站同时流量与南村站洪峰流量相关图、葛家埠站洪峰流量（$Q_{m葛}$）与葛家埠站至南村站洪峰传播时间（T）相关图没有增加新的点据，保持不变。

2.2 产流方案

产流方案分别采用降雨径流经验相关图 $P+P_a$-R 和 P–P_a-R，利用分析计算的 41 个点据点绘定线，分别见图 33–2 和图 33–3。

20 世纪 80 年代至今，人类活动影响加剧，流域下垫面发生了较大变化，连年干涸加上地下水开采量加大，地下水位下降较快，导致降雨入渗量增大，河道行洪时补给地下水的量也增多，因此实测径流深明显偏小。综合分析，降雨径流经验相关图 $P+P_a$-R 定出 2 条线，即 I 线和 II 线。其中：P 为次降雨流域平均雨量（mm）；P_a 为流域平均前期影响雨量（mm）；R 为次降雨所产生的径流深（mm）。

2.2.1 主要参数的计算

2.2.1.1 流域平均雨量P的计算

流域平均雨量采用 10 站加权法计算求得，雨量站的面积控制权重见表 33–6。

表 33–6 南村站以上流域内雨量站的控制权重表

站名	南墅	黄同水库	尹府水库	葛家埠	高格庄水库	产芝水库	孙受	牛齐埠	岚西头	南村
权重（%）	3	5	12	16	3	15	16	8	13	9
设站日期	1951 年 5 月	1961 年 1 月	1960 年 5 月	1955 年 7 月	1959 年 1 月	1959 年 5 月	1955 年 6 月	1957 年 6 月	1977 年 1 月	1951 年 7 月

2.2.1.2 流域平均前期影响雨量P_a的计算

每年自汛初开始连续计算，先以面积加权法计算流域平均雨量，然后计算前期影响雨量 P_a，其计算公式如下：

$$P_{a,\ t+1}=K\left(P_{a,\ t}+P_t\right)$$

式中：$P_{a,\ t+1}$ 为第 t +1 日的前期影响雨量（mm）；$P_{a,\ t}$ 为第 t 日的前期影响雨量（mm）；P_t 为第 t 日的流域平均雨量（mm）；K 为前期影响雨量递减系数，K=1–E_m/I_m；E_m 为流域蒸发能力；I_m 为流域最大损失量。

2.2.1.3 最大损失量I_m和K值的确定

流域最大损失量 I_m=100 mm。

前期影响雨量递减系数 K，采用以下数值：P < 5.0 mm，K=0.90；5.0 ≤ P < 15.0 mm，K=0.95；P ≥ 15.0 mm，K=1.00。

当连续计算 $P_{a,\ t}$ ≥ 100 mm 时，取 $P_{a,\ t}$=100 mm。

2.2.1.4 径流深R的推求

在洪水过程线上采用斜线分割法切除基流，本次洪水径流深 R 等于洪水总量 W（扣除基流量）除以集水面积 $F_{区}$，其中流域面积 $F_{区}$ =2 047.5 km^2。南村水文站降雨径流成果见表 33–9。

2.2.1.5 暴雨中心位置的确定

上游区：小沽河上游，尹府、黄同、南墅、产芝、高格庄水库一带。

中游区：小沽河下游，大沽河中游，葛家埠、孙受一带。

五沽河区：牛齐埠、岚西头（程家庄）一带。

下游区：葛家埠、岚西头（程家庄）、南村一带。

流域普遍降水时，为普雨。

2.2.2 精度评定

按许可误差 =20% 实测值的标准（当许可误差大于 20.0 mm 时，以 20.0 mm 为上限；小于 3.0 mm 时以 3.0 mm 为下限）进行逐次洪水评定。

$P+P_a-R$ 相关图共选用 41 个点据，其中选用前期干旱的 8 个点据，定出Ⅱ线，合格率为 62.5%，属于丙级方案。其中选取 33 场洪水定出Ⅰ号线，合格率为 87.9%，属于甲级方案，可用于正式预报，见表 33–10。

$P-P_a-R$ 相关图共选用 41 个点据，23 个合格，合格率为 56.1%，属于丙级以下方案，只能用于参考性估报，见表 33–11。

2.2.3 突出点分析

从 1958 年到 1971 年，在大沽河南村站集水面积内，先后建成了产芝、尹府两座大型水库及高格庄、勾山、城子、北墅、庙埠河、黄同、堤湾 7 座中型水库。1953—1957 年的 6 次洪水点据为修建水库前的，比较散乱，定线时仅供参考，不参加精度评定。

850821、970820 两场洪水前期连年干旱，河道干涸，造成降雨洪水下渗严重，致使实测径流深明显偏小，故不参加评定，仅供参考。

2.3 汇流方案

汇流方案主要采用峰量经验公式法、综合单位线等方法。

2.3.1 $Q_{m葛家埠}+Q_{岚西头同时}-P_{区}+P_{a区}-Q_{m净南村}$相关图

大沽河南村站流域有小沽河、五沽河两条较大支流，其中小沽河来水一般占南村站洪水的 70% ~ 80%，民间有“大沽河不大，小沽河不小”的说法，因此编制了葛家埠站洪峰流量加岚西头站同时流量与南村站净峰流量相关图（以区间 $P+P_a$ 为参数），详见图 33–4。

精度评定：按许可误差 =20% 实测值的标准进行逐次洪水评定。本方案共选用 1960—1979 年 40 个点据，34 个合格，合格率为 85.0%，属于甲级方案，可用于正式预报，精度评定见表 33–12。

2.3.2 峰量经验公式

选用 19 次单峰洪水（水库不放水）进行多元回归相关分析，得到南村站洪峰流量经验公式：$Q_{m净}=0.010\,8KF_{区}^{1.056}R^{0.981}T_c^{-0.151}$。根据暴雨中心位置分析出暴雨中心位置修正系数 K：暴雨中心在五沽河及普雨时，K 为 0.8；其他情况下，K 为 1.00，即不须修正。关系图见图 33–5。

精度评定：按许可误差 =20% 实测值的标准进行逐次洪水评定。本方案共选用 1953—2020 年 49 个点据，上游水库放水的 16 场洪水点据不参加评定，33 场洪水点据参与评定，25 个合格，合格率为 75.8%，属于乙级方案，可用于正式预报，精度评定见表 33–13。

2.3.3 综合单位线

根据不同降雨类型综合分析出 2 条单位线：以 1962 年 7 月 20 日洪水分析的单位线代表暴雨中心在下游、五沽河及普雨的情况（称 1 号单位线）；以 1974 年 7 月 28 日洪水分析的单位线代表暴雨中心在上游、中游的情况（称 2 号单位线），详见图 33–6。

2.3.4 $Q_{m净}-P_{\phi}-\tau$关系图

以暴雨中心位置为参数，绘制南村站净峰流量（$Q_{m净}$）– 暴雨中心位置（P_{ϕ}）– 最大 2 h 降雨终止至南村站洪峰出现时间（τ）相关图，关系图见图 33–7。

精度评定：按许可误差 =30% 实测值的标准（并当许可误差小于 3 h 时以 3 h 为下限）进行逐次洪水评定。本方案共选用 1953—2020 年 49 个点据，40 个合格，合格率为 81.6%，属于乙级方案，可用于正式预报，见表 33–14。

2.3.5 $Q_{m葛}-T$ 相关图

根据实测资料分析，编制了葛家埠站洪峰流量（$Q_{m葛}$）与葛家埠站至南村站洪峰传播时间（T）相关图，它能够比较准确地预报出南村站洪峰出现时间，详见图 33–8。

精度评定：按许可误差 =30% 实测值的标准（并当许可误差小于 3 h 时以 3 h 为下限）逐次洪水评定。本方案共选用 1953—1979 年 26 个点据，23 个合格，合格率为 88.5%，属于甲级方案，可用于正式预报，详见表 33–15。

2.4 大断面图

根据南村站 1965 年、1986 年、2002 年、2018 年、2020 年实测大断面资料点绘大断面图，详见图 33–9。

2.5 水位与流量、面积、流速关系图

依据南村站 1964 年、1985 年、2001 年、2020 年实测洪水资料点绘了水位与流量、面积、流速关系图，详见图 33–10、图 33–11。

3 方案使用说明

3.1 径流深预报

计算出流域平均降雨量和流域平均前期影响雨量，根据降雨径流关系图 $P+P_a-R$ 查算结果并进行综合分析，确定径流深 R 的预报值。

3.2 洪峰流量及洪峰出现时间预报

3.2.1 查$Q_{m葛家埠}+Q_{岚西头同时}-P_{区}+P_{a区}-Q_{m净南村}$相关图

以区间 $P+P_a$ 为参数，根据葛家埠站洪峰流量，加上岚西头站同时流量，查图 33–4 即可得出南村站净峰流量，再加上起涨流量，即为南村站洪峰流量。

3.2.2 洪峰流量经验公式

根据 R、T_c 和暴雨中心位置 K，采用洪峰流量经验公式计算得到南村站净峰流量，再加上基流，即为洪峰流量。

3.2.3 单位线法

根据暴雨中心位置选用相应的单位线，以流域平均时段降雨量查 $P+P_a-R$ 相关图求得时段净雨量（ΔR_i），据 ΔR_i 预报该次降雨过程所产生的洪水过程。作业预报时，要以面积换算系数（预报时集水面积 / 原单位线集水面积）分别乘以各时段单位线流量，换算成预报时集水面积的单位线流量再进行预报。

3.2.4 查$Q_{m净}-P_{\phi}-\tau$关系图

在一次降雨过程中，由峰量关系预报出南村站净峰流量，根据暴雨中心位置即可由 $Q_{m净}-P_{\phi}-\tau$ 关系图预报出最大 2 h 降雨终止时间至南村站洪峰出现时间 τ，再加上最大 2 h 降雨出现时间即为南村站洪峰出现时间。

3.2.5 $Q_{m葛}-T$ 相关图

根据葛家埠站洪峰流量，由 $Q_{m葛}-T$ 相关图查出葛家埠站至南村站洪峰传播时间 T，葛家埠洪峰出现时间加上传播时间 T 即为南村站洪峰出现时间。

3.3 上游水库放水时的预报措施

由于南村站断面以上大中型水库较多，而上述方案是在水库未放水或已扣除水库放水的情况下建立的，是一个南村站断面以上、大中型水库拦截面积以下的区间预报方案。当水库放水时，将水库放水过程采汇流系数法演算至南村站，再与预报的区间相应流量过程叠加即可预报出南村站的各水文要素。汇流系数见表 33–7，南村站以上河道分段见表 33–8。

表 33–7 汇流系数统计表

X=0.35，$\Delta t=k=2$ h

n	m													
	0	1	2	3	4	5	6	7	8	9	10	11	12	13
7				0.004	0.027	0.102	0.233	0.299	0.197	0.090	0.033	0.010	0.003	0.001
6			0.003	0.020	0.091	0.239	0.328	0.199	0.083	0.027	0.008	0.002		
5		0.001	0.013	0.077	0.243	0.366	0.199	0.073	0.021	0.005	0.001			
4		0.007	0.059	0.241	0.418	0.194	0.061	0.016	0.003	0.001				
3	0.002	0.039	0.229	0.491	0.181	0.046	0.010	0.002						
2	0.017	0.197	0.597	0.153	0.03	0.005	0.001							

备注：n 为河道分段数，m 为时段数。

表 33–8 大沽河南村站以上河道分段表

区间	距离（km）	传播时间（h）	分段数
北墅水库—南村	84	14	7
高格庄水库—南村	83	14	7
产芝水库—南村	69.7	14	7
黄同水库—南村	62	12	6
尹府水库—南村	58.4	12	6
葛家埠—南村	34.4	8	4
岚西头—南村	34.2	10	5
北墅水库—葛家埠	50	6	3
黄同水库—葛家埠	28	4	2
尹府水库—葛家埠	24	4	2

3.4 方案合理性检查及评定

在方案建立过程中，随时根据规范要求及有关文件规定进行合理性检查，特别对突出点据，从原始资料进行反复查对，对中间处理过程也进行了认真审查，发现不合理的问题基本上做了检查改正。方案建立后，先从线形进行比较，防止出现矛盾现象，然后对每个方案尽量根据规范规定采用表格形式进行了精度评定（用许可误差法）。其中 $P+P_a-R$ 相关图中 I 线合格率为 87.9%，属甲级方案，可用于正式预报；峰量经验公式关系图合格率为 75.8%，属乙级方案，可用于正式预报。根据规范“当一个预报方案包含多个预报项目时，预报方案的合格率为各预报项目合格率的算术平均值”，本预报方案属于乙级方案，可用于正式预报。

3.5 方案适应能力

本方案适用于防洪标准以下的洪水作业预报。如遇超标准洪水，则需根据当时具体情况酌情修正。

3.6 注意事项

（1）方案的制作未考虑上游塘坝的影响，作业预报时也要根据前期降雨情况进行适当修正。

（2）应随时掌握上游工程蓄水及泄洪情况，对预报值要根据实际情况及时进行修正。

（3）局部暴雨时要注意超渗产流，可适当将查算的 R 值加大；久旱初雨时产流偏小，应适当修正所查 R 值。

（4）应用单位线时，需将各时段流量乘以面积换算系数换算成预报时的集水面积的单位线流量方可应用。

（5）峰量经验公式关系图及单位线预报的洪峰流量为净峰流量，需加上基流量方为洪峰流量。

（6）由于上游水利工程较多，进行中小洪水预报及干旱年份洪水预报时，应视前期降雨情况合理确定产流面积。

总之，由于影响因素太多，本方案不能全部反映实际情况，因而不能照搬，应具体问题具体分析，并采用多种方法，考虑各种因素进行综合分析，确定采用的预报值。

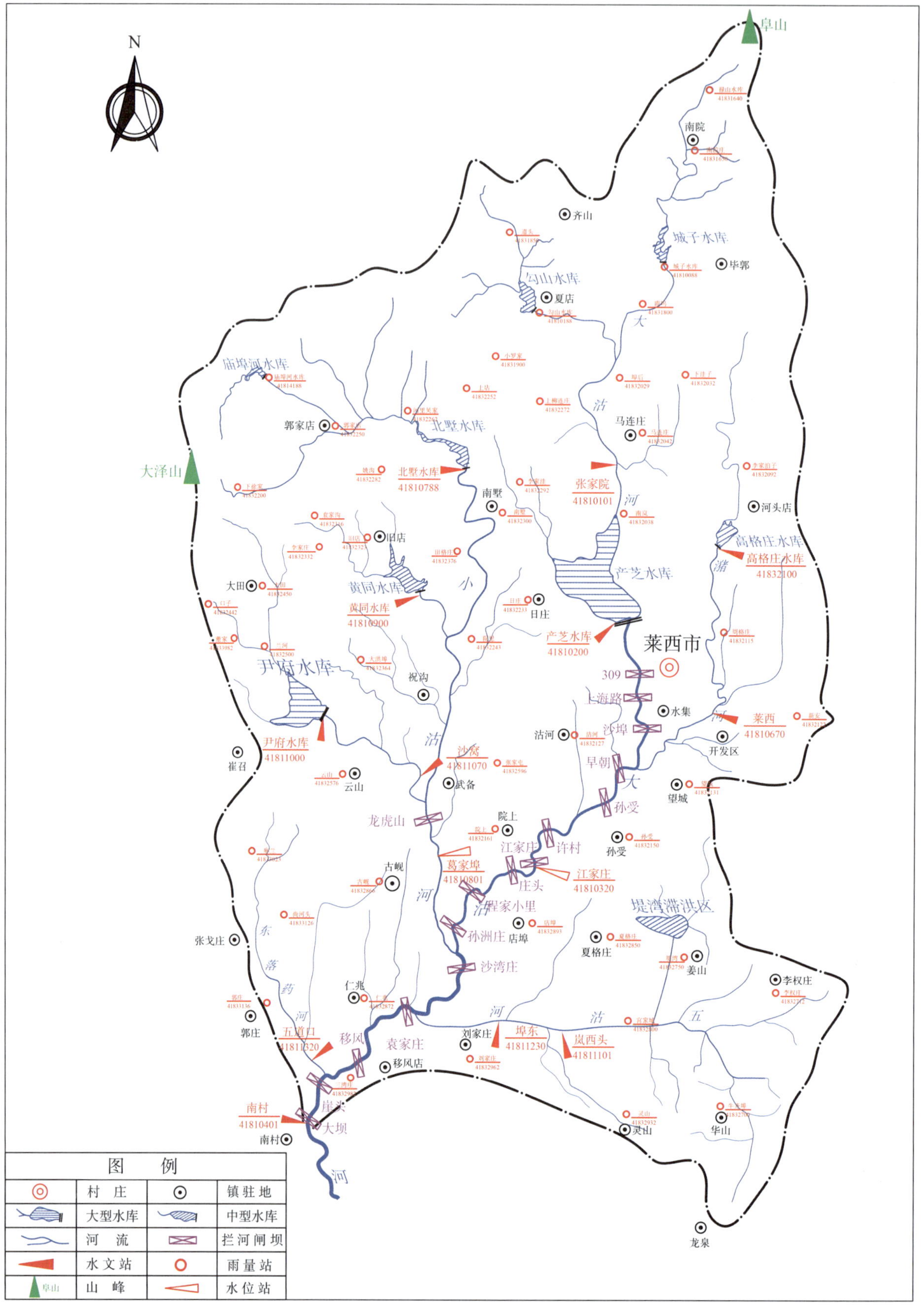

图 33-1 大沽河南村站以上流域图

表 33-9　大沽河南村站降雨径流分析成果表

序号	洪号	降雨起讫时间							流域平均雨量 P（mm）	前期影响雨量 P_a（mm）	$P+P_a$（mm）	降雨历时（h）		暴雨中心位置	洪水发生时间									洪水历时（h）	洪峰流量 Q_m（m^3/s）	净峰流量 $Q_{m净}$（m^3/s）	地表径流总量 W（万 m^3）	集水面积 F（km^2）	径流深 R（mm）	径流系数 α	备注
		起				讫									起涨			峰顶			落平										
		年	月	日	时	月	日	时				全部	有效		月	日	时	月	日	时	月	日	时								
1	530715	1953	7	13	4	7	14	18	59.3	42.0	101.3	38	22	上游	7	14	12	7	15	9	7	17	12	72	870	847	6 084	3 724	16.3	0.28	
2	530730	1953	7	29	16	7	31	22	117.8	65.0	182.8	54	6	上游	7	30	2	7	30	9.5	8	2	3	73	2 270	2 220	17 640	3 724	47.4	0.40	
3	530805	1953	8	3	4	8	6	0	150.0	93.2	243.2	68	34	上游	8	3	15	8	5	18	8	7	18	99	3 200	3 040	37 944	3 724	101.9	0.68	
4	550717	1955	7	15	22	7	17	12	207.8	46.3	254.1	38	24	上游	7	16	11	7	17	13.5	7	20	8	93	3 360	3 300	38 160	3 724	102.5	0.49	
5	560906	1956	9	4	18	9	5	18	135.3	30.8	166.1	24	12	普雨	9	5	7.5	9	6	2	9	8	8	72.5	2 720	2 600	25 200	3 724	67.7	0.50	
6	570719	1957	7	18	8	7	19	22	119.8	90.0	209.8	38	22	中下游	7	18	21	7	19	22	7	22	12	87	2 310	2 210	25 830	3 724	69.4	0.58	
7	590831	1959	8	30	12	8	31	12	108.1	28.4	136.5	24	14	五沽河	8	30	20	8	31	18	9	4	0	100	501	483	6 282	2 597	24.2	0.22	
8	590907	1959	9	6	6	9	7	6	90.3	54.1	144.4	24	14	五沽河	9	6	19.5	9	7	18	9	9	22	74.5	875	817	9 268	2 597	35.7	0.40	
9	600701	1960	6	30	8	7	3	4	131.0	90.0	221.0	68	8	中游	7	1	4	7	1	14.5	7	4	19.5	87.5	1 310	1 240	18 540	2 348.5	78.9	0.60	
10	600818	1960	8	16	22	8	19	18	104.0	53.4	157.4	68	34	上游	8	17	14	8	18	17	8	23	8	138	766	708	10 060	2 348.5	42.8	0.41	
11	610904	1961	9	3	2	9	4	0	115.7	36.1	151.8	22	12	下游	9	3	6	9	4	5	9	7	8	98	977	945	7 819	2 348.5	33.3	0.29	
12	620720	1962	7	18	0	7	19	12	69.9	85.0	154.9	36	8	普雨	7	19	6	7	20	3	7	23	16	106	752	695	7 047	2 348.5	30.0	0.43	
13	620730	1962	7	29	0	7	30	6	68.6	81.0	149.6	30	16	上游	7	29	9	7	30	8	8	1	1	64	1 080	958	9 019	2 348.5	38.4	0.56	
14	620814	1962	8	13	0	8	14	8	85.5	61.9	147.4	32	20	上游	8	13	8	8	14	11	8	16	12	76	1 450	1 340	9 746	2 348.5	41.5	0.49	
15	620819	1962	8	18	6	8	19	6	57.1	88.9	146.0	24	8	上游	8	18	14	8	19	6	8	22	12	94	1 500	1 340	8 126	2 348.5	34.6	0.61	
16	640706	1964	7	4	16	7	6	8	134.8	96.7	231.5	40	24	上游	7	5	6	7	6	12	7	9	10.5	100.5	2 530	2 390	23 810	2 348.5	101.4	0.75	
17	640729	1964	7	28	8	7	29	14	47.6	79.9	127.5	30	8	上游	7	28	16	7	29	18	8	1	23	103	975	820	6 024	2 348.5	25.7	0.54	
18	640819	1964	8	18	4	8	19	20	92.1	91.5	183.6	40	22	中游	8	18	6	8	19	13.5	8	22	12	102	1 710	1 510	15 240	2 348.5	64.9	0.70	
19	640913	1964	9	12	4	9	12	18	70.6	63.9	134.5	14	6	中游	9	12	8	9	13	0	9	15	0	64	1 460	1 380	8 903	2 348.5	37.9	0.54	
20	650728	1965	7	26	18	7	28	14	152.6	56.6	209.2	44	20	上游	7	27	4	7	28	17	7	31	2	94	2 120	2 040	19 920	2 348.5	84.8	0.56	
21	650805	1965	8	4	2	8	5	8	116.7	92.5	209.2	30	14	五沽河	8	4	7	8	5	13	8	8	23	112	2 120	2 030	20 200	2 348.5	86.0	0.74	
22	650812	1965	8	11	16	8	12	0	58.4	55.6	114.0	8	4	上游	8	11	20	8	12	9	8	13	20	48	1 320	1 190	6 972	2 348.5	29.7	0.51	
23	710722	1971	7	20	20	7	21	18	67.3	48.7	116.0	22	12	中游	7	20	20	7	22	4	7	23	23	75	744	700	4 482	2 047.5	21.9	0.33	
24	710810	1971	8	8	16	8	9	22	78.9	57.0	135.9	30	18	下游	8	9	10	8	10	7	8	12	20	82	494	450	4 968	2 047.5	24.3	0.31	
25	710826	1971	8	24	20	8	26	0	78.0	76.0	154.0	28	6	五沽河	8	25	14	8	26	10	8	28	8	66	860	760	7 560	2 047.5	36.9	0.47	
26	710904	1971	9	3	0	9	3	16	27.6	74.9	102.5	16	6	中游	9	3	12	9	4	13	9	6	8	68	398	325	2 916	2 047.5	14.2	0.52	
27	730831	1974	8	30	22	8	31	16	139.9	23.7	163.6	18	8	上游	8	31	6	8	31	22.5	9	3	10	76	994	970	8 343	2 047.5	40.7	0.26	
28	740728	1974	7	27	6	7	27	18	77.0	51.4	128.4	12	4	中游	7	27	18	7	28	3.3	7	30	18	72	676	645	4 974	2 047.5	24.3	0.32	
29	740814	1974	8	12	22	8	14	8	131.5	80.5	212.0	34	20	普雨	8	13	13	8	14	16	8	18	20	127	1 760	1 720	16 670	2 047.5	81.4	0.62	放水
30	750710	1974	7	9	6	7	10	8	48.7	23.8	72.5	26	12	普雨	7	9	12	7	10	18	7	13	8	92	78	73	783	2 047.5	3.8	0.08	

续表

序号	洪号	降雨起讫时间							流域平 P（mm）	前期影响雨量 P_a（mm）	$P+P_a$（mm）	降雨历时（h）		暴雨中心位置	洪水发生时间									洪水历时（h）	洪峰流量 Q_m（m^3/s）	净峰流量 $Q_{m净}$（m^3/s）	地表径流总量 W（万 m^3）	集水面积 F（km^2）	径流深 R（mm）	径流系数 α	备注
		起				讫									起涨			峰顶			落平										
		年	月	日	时	月	日	时				全部	有效		月	日	时	月	日	时	月	日	时								
31	750816	1974	8	13	8	8	15	20	180.2	33.4	213.6	60	40	五沽河	8	14	6	8	16	9.7	8	19	6	120	1 570	1 510	20 110	2 348.5	85.6	0.48	放水
32	790626	1974	6	25	14	6	26	18	49.5	67.4	116.9	28	6	中游	6	25	8	6	26	10.7	6	28	17.5	81.5	476	455	3 308	2 047.5	16.2	0.33	
33	790801	1974	7	30	10	7	31	22	99.0	29.7	128.7	36	26	上游	7	31	16.5	8	1	2	8	3	16.5	72	1 230	1 180	8 080	2 473.5	32.7	0.33	放水
34	850821	1985	8	19	6	8	21	14	232.5	100.0	332.5	56	24	上游	8	19	23.5	8	21	17	8	25	8	128.5	2 120	2 090	15 159	2 047.5	74.0	0.32	放水
35	900723	1974	7	21	2	7	23	1	80.1	75.0	155.1	47	13	下游	7	22	5	7	23	1	7	24	22	65	508	473	4 424	2 047.5	21.6	0.27	
36	900804	1974	8	3	8	8	6	15	103.3	40.5	143.8	79	17	五沽河	8	4	2.5	8	4	18	8	7	0	69.5	578	537	6 877	2 047.5	33.6	0.33	
37	950819	1995	8	17	13	8	19	18	64.3	66.7	131.0	53	9	普雨	8	17	14	8	19	2	8	20	20	78	337	318	862	2 047.5	4.2	0.07	放水
38	970820	1997	8	19	2	8	20	15	301.7	10.6	312.3	37	16	普雨	8	20	13	8	20	20	8	25	8	115	1 260	1 257	8 745	2 047.5	42.7	0.14	放水
39	980823	1998	8	22	10	8	22	23	96.6	53.1	149.7	13	3	普雨	8	22	22	8	23	9	8	26	8	82	630	608	6 283	2 047.5	30.7	0.32	
40	010802	2001	8	1	5	8	1	22	111.7	100.0	211.7	17	6	普雨	8	1	15	8	2	8	8	5	8	89	1 540	1 391	7 593	2 047.5	37.1	0.33	放水
41	030802	2003	8	1	0	8	1	11	87.7	53.5	141.2	11	3	普雨	8	1	21.5	8	2	3	8	5	20	94.5	336	333	1 394	2 047.5	6.8	0.08	放水
42	030806	2003	8	5	22	8	6	5	92.0	73.0	165.0	7	4	上游	8	5	20	8	6	12.7	8	8	20	72	921	853	2 475	2 047.5	12.1	0.13	放水
43	030827	2003	8	26	5	8	27	9	114.6	69.3	183.9	28	7	上游	8	26	16	8	27	17.6	8	29	16	72	1 360	1 347	7 420	2 047.5	36.2	0.32	放水
44	030918	2003	9	17	11	9	17	22	36.7	32.8	69.5	11	4	上游	9	17	20	9	18	15.5	9	22	8	108	499	492	544	2 047.5	2.7	0.07	放水
45	070812	2007	8	10	8	8	12	9	163.1	93.0	256.1	49	34	上游	8	10	18	8	12	12	8	15	20	122	1 090	1 054	10 004	2 047.5	48.9	0.30	放水
46	070921	2007	9	18	19	9	20	15	134.4	7.2	141.6	44	13	下游	9	20	8	9	21	1.8	9	23	12	76	670	659	7 171	2 047.5	35.0	0.26	放水
47	080720	2008	7	18	8	7	21	8	137.3	14.0	151.3	72	42	上游	7	20	6	7	20	22	7	23	12	78	175	156	1 767	2 047.5	8.6	0.06	放水
48	080724	2008	7	23	0	7	24	12	110.6	90.6	201.2	36	18	普雨	7	23	14	7	24	14	7	26	14	72	592	534	5 929	2 047.5	29.0	0.26	放水
49	110915	2011	9	13	6	9	16	0	87.6	21.6	109.2	66	46	上游	9	14	20	9	15	14	9	19	16	116	304	286	4 907	2 047.5	24.0	0.27	放水

表 33-10　大沽河南村站 $P+P_a$-R 预报精度评定表

序号	洪号	降雨量 P（mm）	前期影响雨量 P_a（mm）	$P+P_a$（mm）	径流深 R（mm）		预报误差（mm）	许可误差（mm）	评定结果		选线	序号	洪号	降雨量 P（mm）	前期影响雨量 P_a（mm）	$P+P_a$（mm）	径流深 R（mm）		预报误差（mm）	许可误差（mm）	评定结果		选线
					实测	查图			合格	不合格							实测	查图			合格	不合格	
1	530715	59.3	42.0	101.3	16.3	13.0	−3.3	3.3			查Ⅰ线	26	710904	27.6	74.9	102.5	14.2	13.2	−1.0	3.0	√		查Ⅰ线
2	530730	117.8	65.0	182.8	47.4	68.0	20.6	9.5			查Ⅰ线	27	730831	139.9	23.7	163.6	40.7	44.0	3.3	8.1	√		查Ⅰ线
3	530805	150.0	93.2	243.2	101.9	113	11.1	20.0			查Ⅰ线	28	740728	77.0	51.4	128.4	24.3	24.5	0.2	4.9	√		查Ⅰ线
4	550717	207.8	46.3	254.1	102.5	124	21.5	20.0			查Ⅰ线	29	740814	131.5	80.5	212.0	81.4	82.6	1.2	16.3	√		查Ⅰ线
5	560906	135.3	30.8	166.1	67.7	46.0	−21.7	13.5			查Ⅰ线	30	750710	48.7	23.8	72.5	3.8	4.0	0.2	3.0	√		查Ⅰ线
6	570719	119.8	90.0	209.8	69.4	80.5	11.1	13.9			查Ⅰ线	31	750816	180.2	33.4	213.6	85.6	84.0	−1.6	17.1	√		查Ⅰ线
7	590831	108.1	28.4	136.5	24.2	28.5	4.3	4.8	√		查Ⅰ线	32	790626	49.5	67.4	116.9	16.2	19.0	2.8	3.2	√		查Ⅰ线
8	590907	90.3	54.1	144.4	35.7	32.8	−2.9	7.1	√		查Ⅰ线	33	790801	99.0	29.7	128.7	32.7	24.8	−7.9	6.5		√	查Ⅰ线
9	600701	131.0	90.0	221.0	78.9	91.4	12.5	15.8	√		查Ⅰ线	34	850821	232.5	100.0	332.5	74.0	129.0	55.0	14.8			查Ⅱ线
10	600818	104.0	53.4	157.4	42.8	40.5	−2.3	8.6	√		查Ⅰ线	35	900723	80.1	75.0	155.1	21.6	11.5	−9.2	4.3		√	查Ⅱ线
11	610904	115.7	36.1	151.8	33.3	37.0	3.7	6.7	√		查Ⅰ线	36	900804	103.3	40.5	143.8	33.6	32.5	−1.1	6.7	√		查Ⅰ线
12	620720	69.9	85.0	154.9	30.0	39.0	9.0	6.0		√	查Ⅰ线	37	950819	64.3	66.7	131.0	4.2	4.3	0.1	3.0	√		查Ⅱ线
13	620730	68.6	81.0	149.6	38.4	35.6	−2.8	7.7	√		查Ⅰ线	38	970820	301.7	10.6	312.3	42.7	105.0	62.3	8.5			查Ⅱ线
14	620814	85.5	61.9	147.4	41.5	34.5	−7.0	8.3	√		查Ⅰ线	39	980823	96.6	53.1	149.7	30.7	36.0	5.3	6.1	√		查Ⅰ线
15	620819	57.1	88.9	146.0	34.6	33.5	−1.1	6.9	√		查Ⅰ线	40	010802	111.7	100.0	211.7	37.1	34.0	−3.1	7.4	√		查Ⅱ线
16	640706	134.8	96.7	231.5	101.4	101.3	−0.1	20.0	√		查Ⅰ线	41	030802	87.7	53.5	141.2	6.8	7.2	0.4	3.0	√		查Ⅱ线
17	640729	47.6	79.9	127.5	25.7	24.2	−1.5	5.1	√		查Ⅰ线	42	030806	92.0	73.0	165.0	12.1	14.6	2.5	3.0	√		查Ⅱ线
18	640819	92.1	91.5	183.6	64.9	58.7	−6.2	13.0	√		查Ⅰ线	43	030827	114.6	69.3	183.9	36.2	22.0	−14.2	7.2		√	查Ⅱ线
19	640913	70.6	63.9	134.5	37.9	27.8	−10.1	7.6		√	查Ⅰ线	44	030918	36.7	32.8	69.5	2.7	3.0	0.3	3.0	√		查Ⅰ线
20	650728	152.6	56.6	209.2	84.8	80.4	−4.4	17.0	√		查Ⅰ线	45	070812	163.1	93.0	256.1	48.9	58.3	9.4	9.8	√		查Ⅱ线
21	650805	116.7	92.5	209.2	86.0	80.4	−5.6	17.2	√		查Ⅰ线	46	070921	134.4	7.2	141.6	35.0	31.4	−3.6	7.0	√		查Ⅰ线
22	650812	58.4	55.6	114.0	29.7	17.8	−11.9	5.9		√	查Ⅰ线	47	080720	137.3	14.0	151.3	8.6	10.2	−1.6	3.0	√		查Ⅰ线
23	710722	67.3	48.7	116.0	21.9	18.6	−3.3	4.4	√		查Ⅰ线	48	080724	110.6	90.6	201.2	29.0	28.3	0.7	5.8	√		查Ⅰ线
24	710810	78.9	57.0	135.9	24.3	28.2	3.9	4.9	√		查Ⅰ线	49	110915	87.6	21.6	109.2	24.0	15.8	8.2	4.8		√	查Ⅱ线
25	710826	78.0	76.0	154.0	36.9	38.1	1.2	7.4	√		查Ⅰ线												

备注：1. 1–6 号洪水系上游修建水库前的点子，不参加评定；2. 34 和 38 号洪水前期连年干旱，河道干涸，造成降雨洪水下渗严重，致使实测径流深明显偏小，不参加评定，仅供参考；3. 许可误差 = 实测值 ×20%，以 20.0 mm 为上限，以 3.0 mm 为下限；4. 评定结果：Ⅰ线合格率 =29/33×100%=87.9%，属于甲级方案，可用于发布正式预报；Ⅱ线合格率 =5/8×100%=62.5%，属于丙级方案；可用于参考性预报。

表 33–11　大沽河南村站 P–P_a-R 预报精度评定表

序号	洪号	降雨量 P（mm）	前期影响雨量 P_a（mm）	径流深 R（mm）		预报误差（mm）	许可误差（mm）	评定结果		备注	序号	洪号	降雨量 P（mm）	前期影响雨量 P_a（mm）	径流深 R（mm）		预报误差（mm）	许可误差（mm）	评定结果		备注
				实测	查图			合格	不合格						实测	查图			合格	不合格	
1	530715	59.3	42.0	16.3						不参加评定	26	710904	27.6	74.9	14.2	10.0	–4.2	3.0		√	
2	530730	117.8	65.0	47.4						不参加评定	27	730831	139.9	23.7	40.7	36.0	–4.7	8.1	√		
3	530805	150.0	93.2	101.9						不参加评定	28	740728	77.0	51.4	24.3	21.0	–3.3	4.9	√		
4	550717	207.8	46.3	102.5						不参加评定	29	740814	131.5	80.5	81.4	81.5	0.1	16.3	√		
5	560906	135.3	30.8	67.7						不参加评定	30	750710	48.7	23.8	3.8	2.5	–1.3	3.0	√		
6	570719	119.8	90.0	69.4						不参加评定	31	750816	180.2	33.4	85.6	79.0	–6.6	17.1	√		
7	590831	108.1	28.4	24.2	22.5	–1.7	4.8	√			32	790626	49.5	67.4	16.2	16.0	–0.2	3.2	√		
8	590907	90.3	54.1	35.7	30.1	–5.6	7.1	√			33	790801	99.0	29.7	32.7	18.0	–14.7	6.5		√	
9	600701	131.0	90.0	78.9	91.5	12.6	15.8	√			34	850821	232.5	100.0	74.0	226.0	152.0	14.8			不参加评定
10	600818	104.0	53.4	42.8	37.0	–5.8	8.6	√			35	900723	80.1	75.0	21.6	38.5	16.9	4.3		√	
11	610904	115.7	36.1	33.3	32.0	–1.3	6.7	√			36	900804	103.3	40.5	33.6	37.5	3.9	6.7	√		
12	620720	69.9	85.0	30.0	39.0	9.0	6.0		√		37	950819	64.3	66.7	4.2	23.5	19.3	3.0		√	
13	620730	68.6	81.0	38.4	35.0	–3.4	7.7	√			38	970820	301.7	10.6	42.7	185.0	142.3	8.5			不参加评定
14	620814	85.5	61.9	41.5	33.0	–8.5	8.3		√		39	980823	96.6	53.1	30.7	26.0	–4.7	6.1	√		
15	620819	57.1	88.9	34.6	32.5	–2.1	6.9	√			40	010802	111.7	100.0	37.1	85.0	47.9	7.4		√	
16	640706	134.8	96.7	101.4	102.0	0.6	20.0	√			41	030802	87.7	53.5	6.8	19.0	12.2	3.0		√	
17	640729	47.6	79.9	25.7	21.0	–4.7	5.1	√			42	030806	92.0	73.0	12.1	37.0	24.9	3.0		√	
18	640819	92.1	91.5	64.9	59.5	–5.4	13.0	√			43	030827	114.6	69.3	36.2	48.1	11.9	7.2		√	
19	640913	70.6	63.9	37.9	26.0	–11.9	7.6		√		44	030918	36.7	32.8	2.7	1.5	–1.2	3.0	√		
20	650728	152.6	56.6	84.8	77.0	–7.8	17.0	√			45	070812	163.1	93.0	48.9	128.0	79.1	9.8		√	
21	650805	116.7	92.5	86.0	82.0	–4.0	17.2	√			46	070921	134.4	7.2	35.0	12.0	–23.0	7.0		√	
22	650812	58.4	55.6	29.7	15.5	–14.2	5.9		√		47	080720	137.3	14.0	8.6	28.5	19.9	3.0		√	
23	710722	67.3	48.7	21.9	15.0	–6.9	4.4		√		48	080724	110.6	90.6	29.0	73.0	44.0	5.8		√	
24	710810	78.9	57.0	24.3	24.5	0.2	4.9	√			49	110915	87.6	21.6	24.0	11.0	–13.0	4.8		√	
25	710826	78.0	76.0	36.9	32.0	–4.9	7.4	√													

备注：1. 1–6 号洪水系上游修建水库前的点子，不参加评定；2. 34 和 38 号洪水前期连年干旱，河道干涸，造成降雨洪水下渗严重，致使实测径流深明显偏小，不参加评定，仅供参考；3. 许可误差 = 实测值 ×20%，以 20.0 mm 为上限，以 3.0 mm 为下限；4. 合格率 =23/41×100%=56.1%，属丙级以下方案，仅用于参考性估报。

表 33-12　$Q_{m葛家埠}+Q_{岚西头同时}-P_{区}+P_{a区}-Q_{m净南村}$预报精度评定表

序号	洪号	南村站洪峰出现时间				$Q_{南村起}$ (m³/s)	$Q_{m南村}$ (m³/s)	$Q_{m净南村实}$ (m³/s)	$Q_{m葛家埠}$ (m³/s)	$Q_{岚西头同时}$ (m³/s)	$Q_{m葛家埠}+Q_{岚西头同时}$ (m³/s)	区间前期影响雨量 $P_{a区}$ (mm)	区间降雨量 $P_{区}$ (mm)	$P_{a区}+P_{区}$ (mm)	预报 $Q_{m净南村预}$ (m³/s)	预报误差 (m³/s)	许可误差 (m³/s)	合格率	
		年	月	日	时													合格	不合格
1	600701	1960	7	1	14.5	61.0	1 310	1 249	431	248	679	90.0	89.4	179.4	1 040	−210	250	√	
2	600707	1960	7	7	0	118	373	255	90.6	81.0	172	94.6	37.5	132.1	390	135	51.0		√
3	600713	1960	7	13	10	95.0	660	565	743	19.7	763	82.1	31.3	113.4	674	109	113	√	
4	620720	1962	7	20	3	52.4	752	700	320	174	494	79.0	76.4	155.4	700	0	140	√	
5	620730	1962	7	30	8	109	1 080	971	916	227	1 143	87.6	64.0	151.6	1 090	119	194	√	
6	620808	1962	8	8	16	89.8	499	409	217	66.8	284	80.6	43.0	123.6	430	21	81.8	√	
7	620814	1962	8	14	11	74.0	1 450	1 376	774	26.9	801	80.6	77.5	158.1	930	−450	276		√
8	620819	1962	8	19	6	167	1 500	1 333	1 120	158	1 278	90.0	38.9	128.9	800	−530	266		√
9	630729	1963	7	29	6	45.7	665	619	571	3.3.0	574	56.5	41.8	98.3	511	−108	124	√	
10	630803	1963	8	3	5	70.0	225	155	250	22.0	272	73.1	5.5	78.6	290	135	31		√
11	640706	1964	7	6	12	79.5	2 530	2 451	1 540	176	1 716	100.0	140.8	240.8	2 450	0	490	√	
12	640714	1964	7	14	14	105	915	810	330	110	440	82.3	50.2	132.5	790	−20	162	√	
13	640717	1964	7	17	14	230	675	445	227	173	400	100.0	33.3	133.3	530	85	89	√	
14	640729	1964	7	29	18	150	975	825	940	36.8	977	72.1	41.9	114.0	805	−20	165	√	
15	640808	1964	8	8	9	104	526	422	207	71.0	278	57.9	75.1	133.0	450	28	84.4	√	
16	640819	1964	8	19	13.5	194	1 710	1 516	1 000	242	1 242	100.0	82.1	182.1	1 450	−70	304	√	
17	640902	1964	9	2	20	368	1 110	742	590	115	705	92.4	26.4	118.8	830	88	148	√	
18	650720	1965	7	20	20	28.7	620	591	337	151	488	58.0	97.5	155.5	700	109	118	√	
19	650728	1965	7	28	17	22.0	2 120	2 098	1 560	206	1 766	85.2	118.7	203.9	2 030	−70	420	√	
20	650805	1965	8	5	13	165	2 120	1 955	916	419	1 335	89.7	119.2	208.9	1 800	−160	392	√	
21	650812	1965	8	12	9	96.5	1 320	1 224	695	36.0	731	54.3	51.6	105.9	635	−585	244		√
22	650817	1965	8	17	14	122	1 050	928	780	142	922	68.4	51.4	119.8	805	−125	186	√	
23	660624	1966	6	24	1.3	2.18	440	438	332	103	435	24.8	43.7	68.5	360	−78	87.6	√	
24	660823	1966	8	23	4	1.56	357	355	249	74.6	324	28.4	74.5	102.9	380	25	71.0	√	
25	710707	1971	7	7	14	16.7	386	369	216	20.0	236	74.2	60.5	134.7	430	61	73.8	√	
26	710803	1971	8	3	16	45.3	403	358	356	11.0	367	69.8	34.3	104.1	415	57	71.6	√	
27	710810	1971	8	10	7	31.5	494	463	336	77.0	413	53.1	83.8	136.9	550	87	92.6	√	
28	710820	1971	8	20	16	113	592	479	336	98.0	434	55.3	76.3	131.6	550	71	95.8	√	
29	710826	1971	8	26	10	45.0	860	815	182	296	478	82.3	78.4	160.7	740	−75	163	√	
30	710904	1971	9	4	13	60.8	399	338	198	32.5	231	73.1	27.6	100.7	320	−18	67.6	√	
31	730831	1973	8	31	22.5	2.53	992	990	691	197	888	22.3	129.3	151.6	925	−65	198	√	
32	740814	1974	8	14	16	10.7	1 760	1 749	894	602	1 496	100.0	110.9	210.9	1 920	170	350	√	
33	750816	1975	8	16	9.7	7.00	1 570	1 563	827	509	1 336	87.3	108.5	195.8	1 630	70	312	√	
34	750831	1975	8	31	17.6	11.5	820	809	363	103	466	30.3	80.0	110.3	500	−310	162		√
35	760630	1976	6	30	20.36	1.29	338	337	114	25.2	139	10.1	105.0	115.1	315	−22	67.4	√	
36	760731	1976	7	31	17.2	12.1	497	485	538	150	688	14.8	38.0	52.8	460	−25	97.0	√	
37	760831	1976	8	13	16.3	16	540	524	600	85.6	686	36.5	55.7	92.2	560	36	105	√	
38	790626	1979	6	26	10.7	16.60	476	459	289	7.50	297	66.1	54.2	120.3	430	−30	92.0	√	
39	790721	1979	7	21	15	7.28	106	98.7	21.9	20.6	42.5	49.0	23.4	72.4	143	44.3	19.7	√	
40	790801	1979	8	1	2	9.60	1 230	1 220	1 480	6.25	1 486	31.1	83.2	114.3	1 120	−100	244	√	

备注：1. 葛家埠站 1978 年改为水位站，1999 年岚西头站撤销；2. 1979 年后的洪水场次基本包含上游水库放水，对洪峰流量影响较大，故本表资料不做延长；3. 许可误差 = 实测值 ×20%；4. 合格率 =34/40×100%=85.0%，属于甲级方案，可用于发布正式预报。

表 33-13　大沽河南村站峰量经验公式精度评定表

序号	洪号	暴雨中心位置	有效降雨历时 T_c（h）	径流深 R（mm）	集水面积（km^2）	净峰流量（m^3/s）		预报误差（m^3/s）	许可误差（m^3/s）	评定结果	
						实测	预报			合格	不合格
1	530715	上游	22	16.3	3 724	847	618	−229	169		√
2	530730	上游	6	47.4	3 724	2 220	2 142	−78	444	√	
3	530805	上游	34	101.9	3 724	3 040	3 493	453	608	√	
4	550717	上游	24	102.5	3 724	3 300	3 703	403	660	√	
5	560906	普雨	12	67.7	3 724	2 600	2 190	−410	520	√	
6	570719	中下游	22	69.4	3 724	2 210	2 559	349	442	√	
7	590831	五沽河	14	24.2	2 597	483	533	50	96.6	√	
8	590907	五沽河	14	35.7	2 597	817	780	−37	163	√	
9	600701	中游	8	78.9	2 348.5	1 240	1 662	422	248		√
10	600818	上游	34	42.8	2 348.5	708	917	209	142		√
11	610904	下游	12	33.3	2 348.5	945	839	−106	189	√	
12	620720	普雨	8	30.0	2 348.5	695	644	−51	139	√	
13	620730	上游	16	38.4	2 348.5	958	923	−35	192	√	
14	620814	上游	20	41.5	2 348.5	1 340	970	−370	268		√
15	620819	上游	8	34.6	2 348.5	1 340	926	−414	268		√
16	640706	上游	24	101.4	2 348.5	2 390	2 249	−141	478	√	
17	640729	上游	8	25.7	2 348.5	820	691	−129	164	√	
18	640819	中游	22	64.9	2 348.5	1 510	1 473	−37	302	√	
19	640913	中游	6	37.9	2 348.5	1 380	1 057	−323	276		√
20	650728	上游	20	84.8	2 348.5	2 040	1 942	−98	408	√	
21	650805	五沽河	14	86.0	2 348.5	2 030	1 661	−369	406	√	
22	650812	上游	4	29.7	2 348.5	1 190	885	−305	238		√
23	710722	中游	12	21.9	2 047.5	700	481	−219	140		√
24	710810	下游	18	24.3	2 047.5	450	501	51	90.0	√	
25	710826	五沽河	6	36.9	2 047.5	760	713	−47	152	√	
26	710904	中游	6	14.2	2 047.5	325	349	24	65.0	√	
27	730831	上游	8	40.7	2 047.5	970	939	−31	194	√	
28	740728	中游	4	24.3	2 047.5	645	629	−16	130	√	
29	740814	普雨	20	81.4	2 047.5	1 720	1 291	−429	344	上游水库放水	
30	750710	普雨	12	3.8	2 047.5	73	69	−4	14.6	√	
31	750816	五沽河	40	85.6	2348.5	1 510	1 222	−288	302	上游水库放水	
32	790626	中游	6	16.2	2 047.5	455	397	−58	91.0	√	
33	790801	上游	26	32.7	2473.5	1 180	634	−546	236	上游水库放水	
34	850821	上游	24	74.0	2 047.5	2 090	1 430	−660	418	上游水库放水	
35	900723	下游	13	21.6	2 047.5	473	450	−23	94.6	√	
36	900804	五沽河	17	33.6	2 047.5	537	556	19	107	√	
37	950819	普雨	9	4.2	2 047.5	318	80	−238	63.6	上游水库放水	
38	970820	普雨	16	42.7	2 047.5	1 257	724	−533	251	上游水库放水	
39	980823	普雨	3	30.7	2 047.5	608	633	25	122	√	
40	010802	普雨	6	37.1	2 047.5	1 391	717	−674	278	上游水库放水	
41	030802	普雨	3	6.8	2 047.5	333	151	−182	66.6	上游水库放水	
42	030806	上游	4	12.1	2 047.5	853	317	−536	171	上游水库放水	
43	030827	普雨	7	36.2	2 047.5	1 347	683	−664	269	上游水库放水	
44	030918	上游	4	2.7	2 047.5	492	73	−419	98.4	上游水库放水	
45	070812	普雨	34	48.9	2 047.5	1 054	723	−331	211	上游水库放水	
46	070921	普雨	13	35.0	2 047.5	659	602	−57	132	上游水库放水	
47	080720	上游	42	8.6	2 047.5	156	159	3	31.2	上游水库放水	
48	080724	普雨	18	29.0	2 047.5	534	477	−57	107	上游水库放水	
49	110915	上游	46	24.0	2 047.5	286	430	144	57.2	上游水库放水	

备注：1. 采用公式：$Q_{m净}=0.010\,8F_{区}^{1.056}R^{0.981}T_c^{-0.151}K$；2. 暴雨中心在五沽河及普雨时，$K$=0.8，其他情况下，$K$=1.00；3. 上游水库放水时，由于实测洪峰流量包含水库放水流量，较难分割，故不参加评定；4. 许可误差 = 实测值 ×20%；5. 合格率 =25/33×100%=75.8%，属于乙级方案，可用于发布正式预报。

表 33–14　大沽河南村站 $Q_{m净}$–P_{φ}–τ 预报精度评定表

序号	洪号	暴雨中心位置	洪峰出现时间			南村站净峰流量（m^3/s）	最大 2 h 降雨终止至南村站洪峰出现历时 τ（h）		预报误差（h）	许可误差（h）	评定结果		序号	洪号	暴雨中心位置	洪峰出现时间			南村站净峰流量（m^3/s）	最大 2 h 降雨终止至南村站洪峰出现历时 τ（h）		预报误差（h）	许可误差（h）	评定结果	
			月	日	时		实测	查图			合格	不合格				月	日	时		实测	查图			合格	不合格
1	530715	上游	7	15	9	847	21	20.6	−0.4	6.3	√		26	710904	中游	9	4	13	325	23	20.2	−2.8	6.9	√	
2	530730	上游	7	30	9.5	2 220	11.5	13.7	2.2	3.5	√		27	730831	上游	8	31	22.5	970	18.5	19.2	0.7	5.6	√	
3	530805	上游	8	5	18	3 040	15	12.2	−2.8	4.5	√		28	740728	中游	7	28	3.3	645	13.3	15.7	2.4	4.0	√	
4	550717	上游	7	17	13.5	3 300	11.5	11.8	0.3	3.5	√		29	740814	普雨	8	14	16	1 720	12	13	1.0	3.6	√	
5	560906	普雨	9	6	2	2 600	24	11.2	−12.8	7.2		√	30	750710	普雨	7	10	18	73	22	29.1	7.1	6.6		√
6	570719	中下游	7	19	22	2 210	10	9.9	−0.1	3.0	√		31	750816	五沽河	8	16	9.7	1 510	17.7	13.6	−4.1	5.3	√	
7	590831	五沽河	8	31	18	483	22	22.1	0.1	6.6	√		32	790626	中游	6	26	10.7	455	16.7	17.9	1.2	5.0	√	
8	590907	五沽河	9	7	18	817	22	17.6	−4.4	6.6	√		33	790801	上游	8	1	2	1 180	16	17.3	1.3	4.8	√	
9	600701	中游	7	1	14.5	1 240	10.5	12.2	1.7	3.2	√		34	850821	上游	8	21	17	2 090	17	14	−3.0	5.1	√	
10	600818	上游	8	18	17	708	21	22.8	1.8	6.3	√		35	900723	下游	7	23	1	473	20	17.8	−2.2	6.0	√	
11	610904	下游	9	4	5	945	21	13.6	−7.4	6.3		√	36	900804	五沽河	8	4	18	537	24	21.4	−2.6	7.2	√	
12	620720	普雨	7	20	3	695	21	19	−2.0	6.3	√		37	950819	普雨	8	19	2	318	26	25	−1.0	7.8	√	
13	620730	上游	7	30	8	958	26	19.3	−6.7	7.8	√		38	970820	普雨	8	20	20	1 257	16	14.6	−1.4	4.8	√	
14	620814	上游	8	14	11	1 340	13	16.4	3.4	3.9	√		39	980823	普雨	8	23	9	608	14	20.2	6.2	4.2		√
15	620819	上游	8	19	6	1 340	18	16.4	−1.6	5.4	√		40	010802	普雨	8	2	8	1 391	14	14.1	0.1	4.2	√	
16	640706	上游	7	6	12	2 390	12	13.3	1.3	3.6	√		41	030802	普雨	8	2	3	333	20	24.7	4.7	6.0	√	
17	640729	上游	7	29	18	820	12	21	9.0	3.6		√	42	030806	上游	8	6	12.9	853	11	20.5	9.5	3.3		√
18	640819	中游	8	19	13.5	1 510	7.5	11.3	3.8	3.0		√	43	030827	普雨	8	27	0.7	1 347	12	14.2	2.2	3.6	√	
19	640913	中游	9	13	0	1 380	14	11.7	−2.3	4.2	√		44	030918	上游	9	18	0.6	492	18	26.2	8.2	5.4		√
20	650728	上游	7	28	17	2 040	17	14.1	−2.9	5.1	√		45	070812	普雨	8	12	10.5	1 054	14	15.5	1.5	4.2	√	
21	650805	五沽河	8	5	13	2 030	11	12.3	1.3	3.3	√		46	070921	普雨	9	21	0.1	659	18	19.5	1.5	5.4	√	
22	650812	上游	8	12	9	1 190	15	17.3	2.3	4.5	√		47	080720	上游	7	20	22	156	12	31.7	19.7	3.6		√
23	710722	中游	7	22	4	700	12	15.2	3.2	3.6	√		48	080724	普雨	7	24	14	534	26	21.4	−4.6	7.8	√	
24	710810	下游	8	10	7	450	15	18.1	3.1	4.5	√		49	110915	上游	9	15	14	286	40	29.7	−10.3	12.0	√	
25	710826	五沽河	8	26	10	760	18	18.1	0.1	5.4	√														

备注：1. 许可误差 = 实测值 ×30%，以 3 h 为下限；2. 合格率 =40/49×100%=81.6%，属于乙级方案，可用于发布正式预报。

表 33–15　葛家埠站至南村站洪峰传播历时预报精度评定表

序号	洪号	暴雨中心位置	葛家埠站洪峰流量（m^3/s）	葛家埠站至南村站洪峰传播历时 T（h）		预报误差（h）	许可误差（h）	评定结果		备注
				实测	查图			合格	不合格	
1	590831	五沽河	213	9.5	10.4	0.9	3.0	√		
2	590907	五沽河	108	11	11	0.0	3.3	√		
3	600701	中游	431	5.5	9.5	4.0	3.0		√	
4	600818	上游	375	23	9.7	–13.3	6.9		√	
5	610904	下游	720	7	8.8	1.8	3.0	√		
6	620720	普雨	320	13	9.9	–3.1	3.9	√		
7	620730	上游	916	5.5	8.4	2.9	3.0	√		
8	620814	上游	774	9.3	8.7	–0.6	3.0	√		
9	620819	上游	1 120	13	8.1	–4.9	3.9		√	
10	640706	上游	1 540	6.8	7.5	0.7	3.0	√		
11	640729	上游	940	6.9	8.4	1.5	3.0	√		
12	640819	中游	1 000	7	8.3	1.3	3.0	√		
13	640913	中游	698	9.5	8.8	–0.7	3.0	√		
14	650728	上游	1 560	6.8	7.5	0.7	3.0	√		
15	650805	五沽河	916	7.5	8.4	0.9	3.0	√		
16	650812	上游	695	10	8.8	–1.2	3.0	√		
17	710722	中游	650	10.2	8.9	–1.3	3.1	√		
18	710810	下游	336	9.3	9.8	0.5	3.0	√		
19	710826	五沽河	182	12	10.6	–1.4	3.6	√		
20	710904	中游	198	9	10.5	1.5	3.0	√		
21	730831	上游	691	11	8.8	–2.2	3.3	√		
22	740728	中游	510	9.5	9.3	–0.2	3.0	√		
23	740814	普雨	894	8.8	8.5	–0.3	3.0	√		
24	750816	普雨	827	6.9	8.5	1.6	3.0	√		
25	790626	五沽河	289	11.7	10.1	–1.6	3.5	√		
26	790801	中游	1 480	8	7.6	–0.4	3.0	√		

备注：1. 葛家埠站 1978 年改为水位站，岚西头站 1999 年撤销；2. 1979 年后的洪水场次基本包含上游水库放水，对洪峰流量影响较大，故本表资料不做延长；3. 许可误差 = 实测值 ×30%，以 3 h 为下限；4. 合格率 =23/26×100%=88.5%，属于甲级方案，可用于发布正式预报。

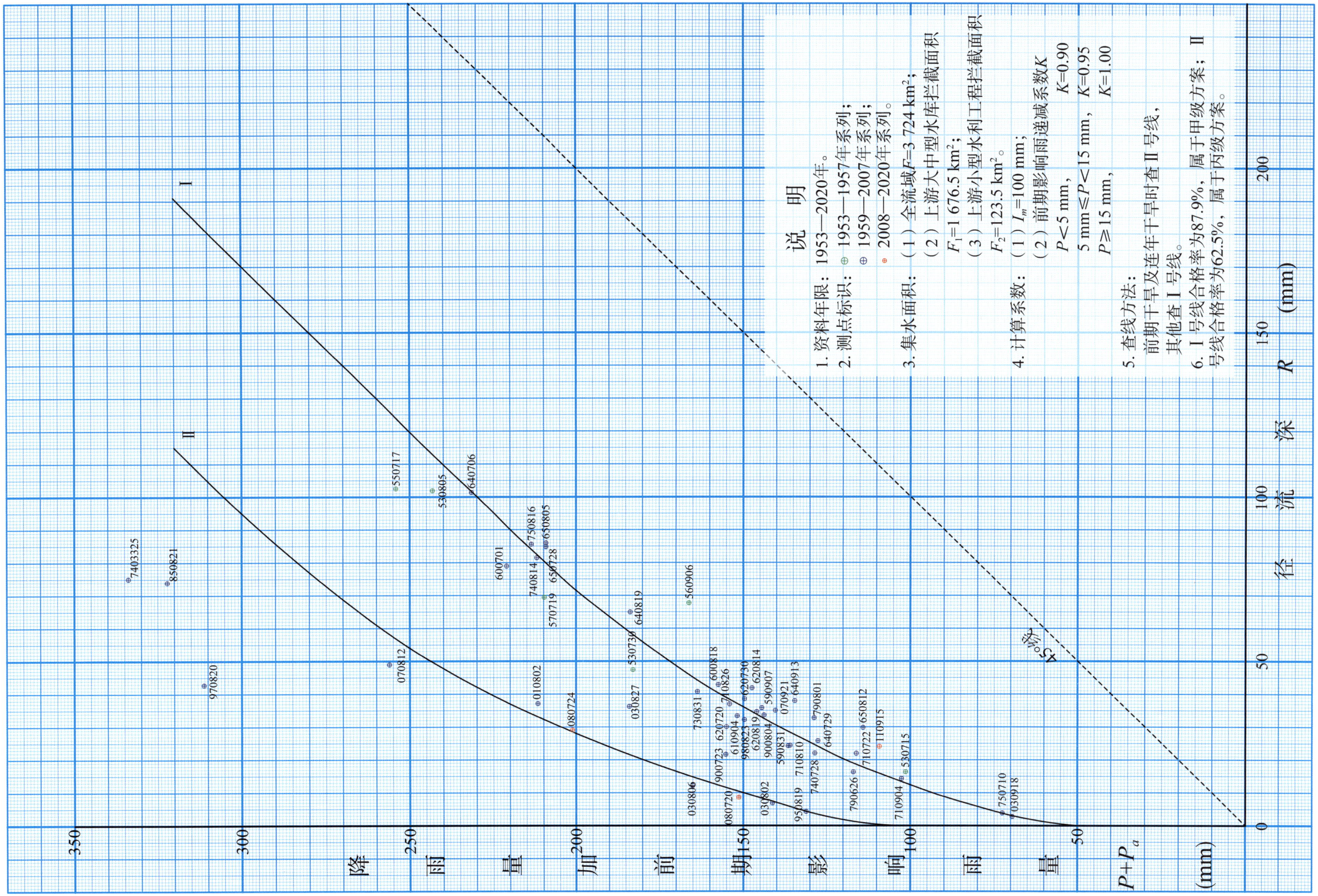

图 33-2　大沽河南村站 $P+P_a$–R 关系曲线图

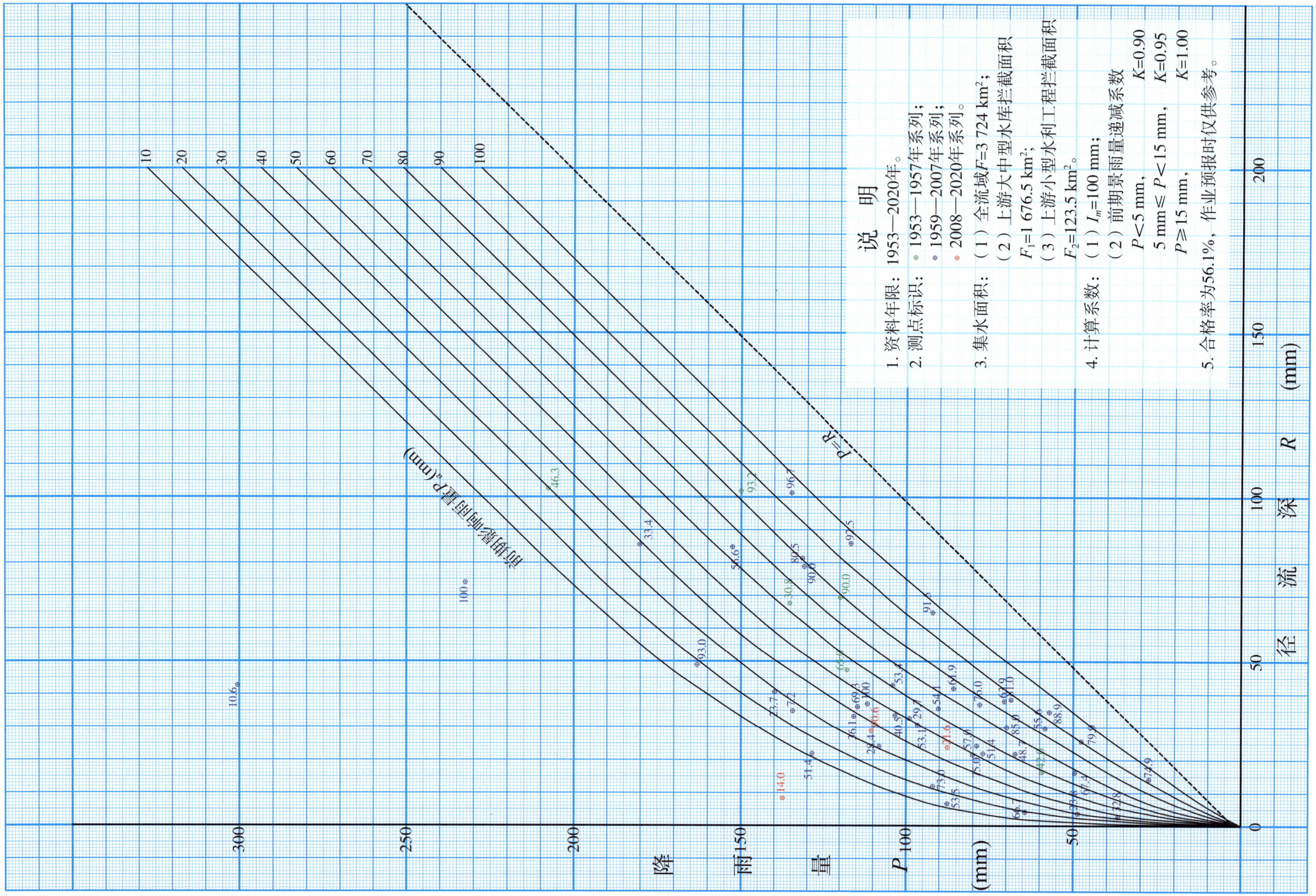

图 33-3　大沽河南村站 P–P_a–R 关系曲线图

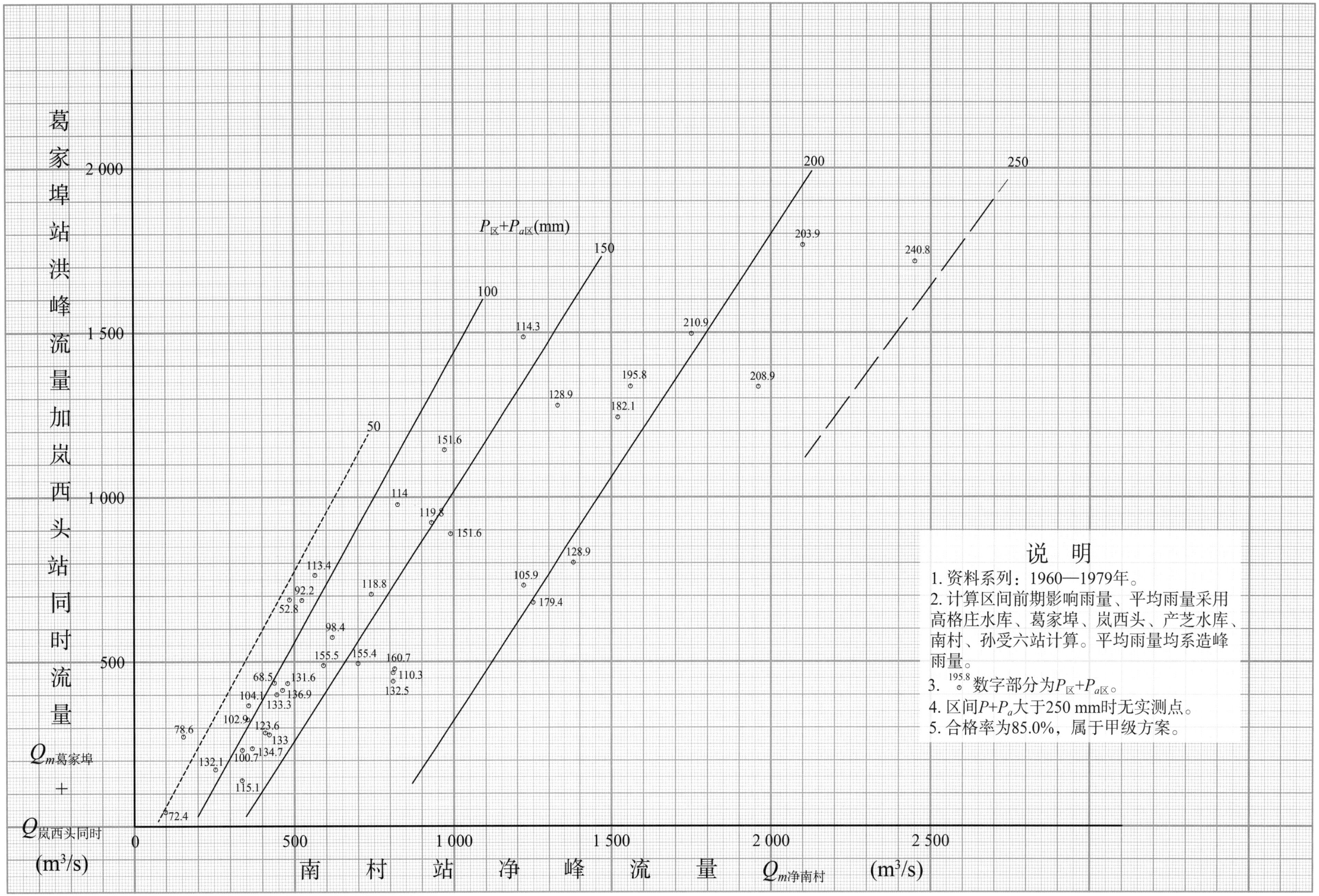

图 33–4 大沽河南村站 $Q_{m葛家埠}+Q_{岚西头同时}-P_{区}+P_{a区}-Q_{m净南村}$相关图

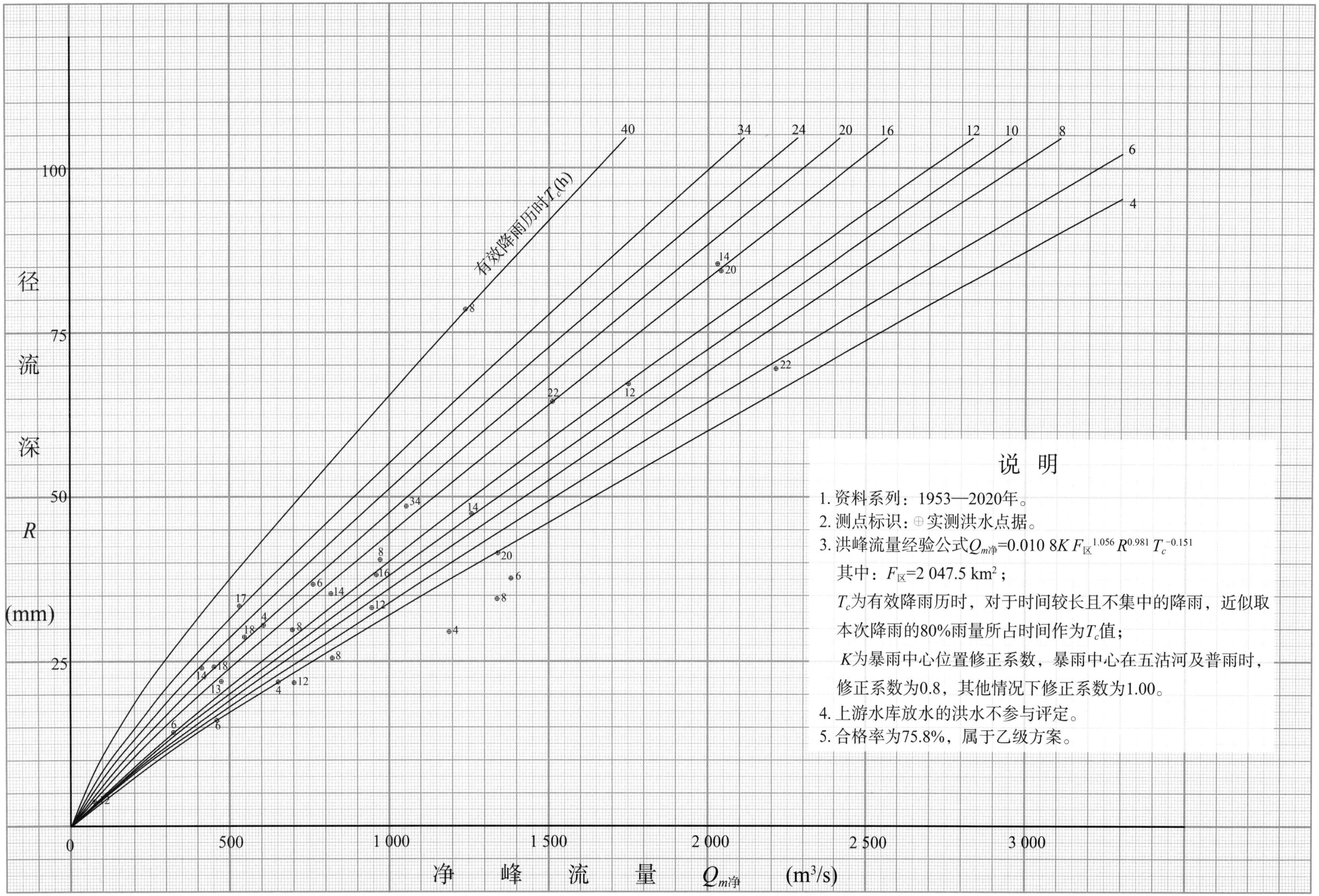

图 33–5　大沽河南村站峰量经验公式关系图

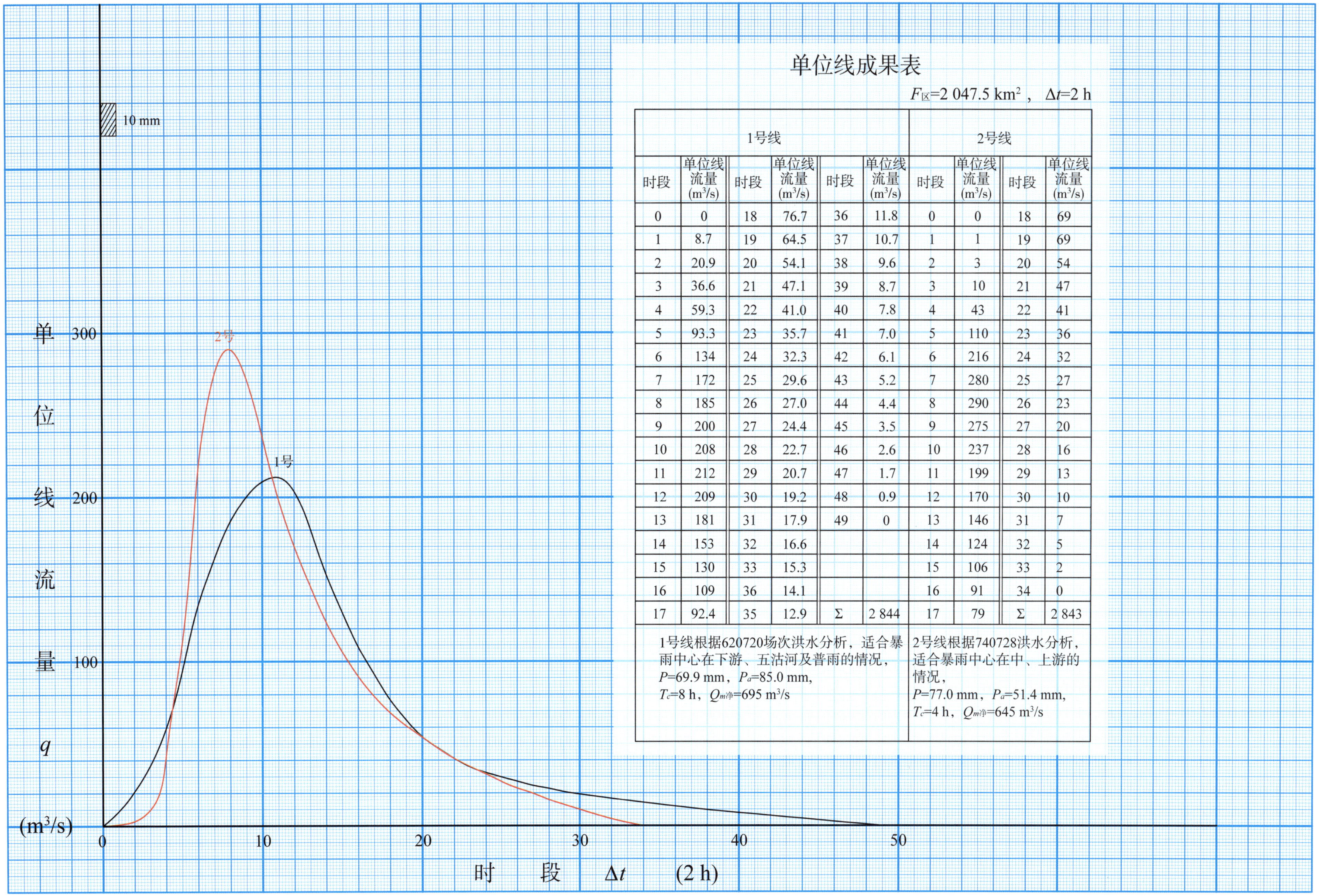

单位线成果表

$F_{区}$=2 047.5 km²，Δt=2 h

1号线						2号线			
时段	单位线流量 (m³/s)	时段	单位线流量 (m³/s)	时段	单位线流量 (m³/s)	时段	单位线流量 (m³/s)	时段	单位线流量 (m³/s)
0	0	18	76.7	36	11.8	0	0	18	69
1	8.7	19	64.5	37	10.7	1	1	19	69
2	20.9	20	54.1	38	9.6	2	3	20	54
3	36.6	21	47.1	39	8.7	3	10	21	47
4	59.3	22	41.0	40	7.8	4	43	22	41
5	93.3	23	35.7	41	7.0	5	110	23	36
6	134	24	32.3	42	6.1	6	216	24	32
7	172	25	29.6	43	5.2	7	280	25	27
8	185	26	27.0	44	4.4	8	290	26	23
9	200	27	24.4	45	3.5	9	275	27	20
10	208	28	22.7	46	2.6	10	237	28	16
11	212	29	20.7	47	1.7	11	199	29	13
12	209	30	19.2	48	0.9	12	170	30	10
13	181	31	17.9	49	0	13	146	31	7
14	153	32	16.6			14	124	32	5
15	130	33	15.3			15	106	33	2
16	109	36	14.1			16	91	34	0
17	92.4	35	12.9	Σ	2 844	17	79	Σ	2 843
1号线根据620720场次洪水分析，适合暴雨中心在下游、五沽河及普雨的情况，P=69.9 mm，P_a=85.0 mm，T_c=8 h，$Q_{m净}$=695 m³/s						2号线根据740728洪水分析，适合暴雨中心在中、上游的情况，P=77.0 mm，P_a=51.4 mm，T_c=4 h，$Q_{m净}$=645 m³/s			

图 33-6　大沽河南村站单位线综合图

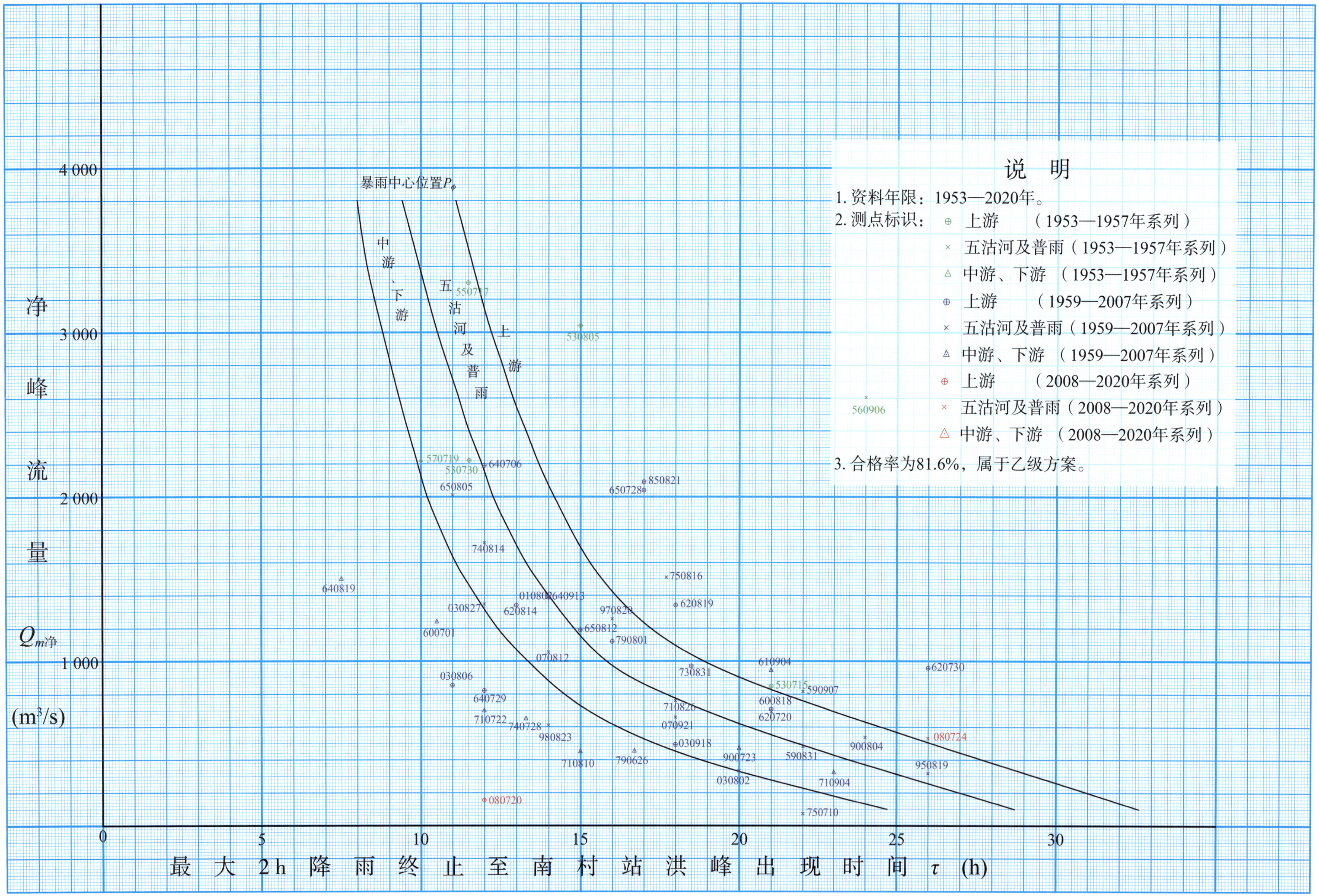

图 33–7　大沽河南村站 $Q_{m净}$–$P_φ$–τ 相关图

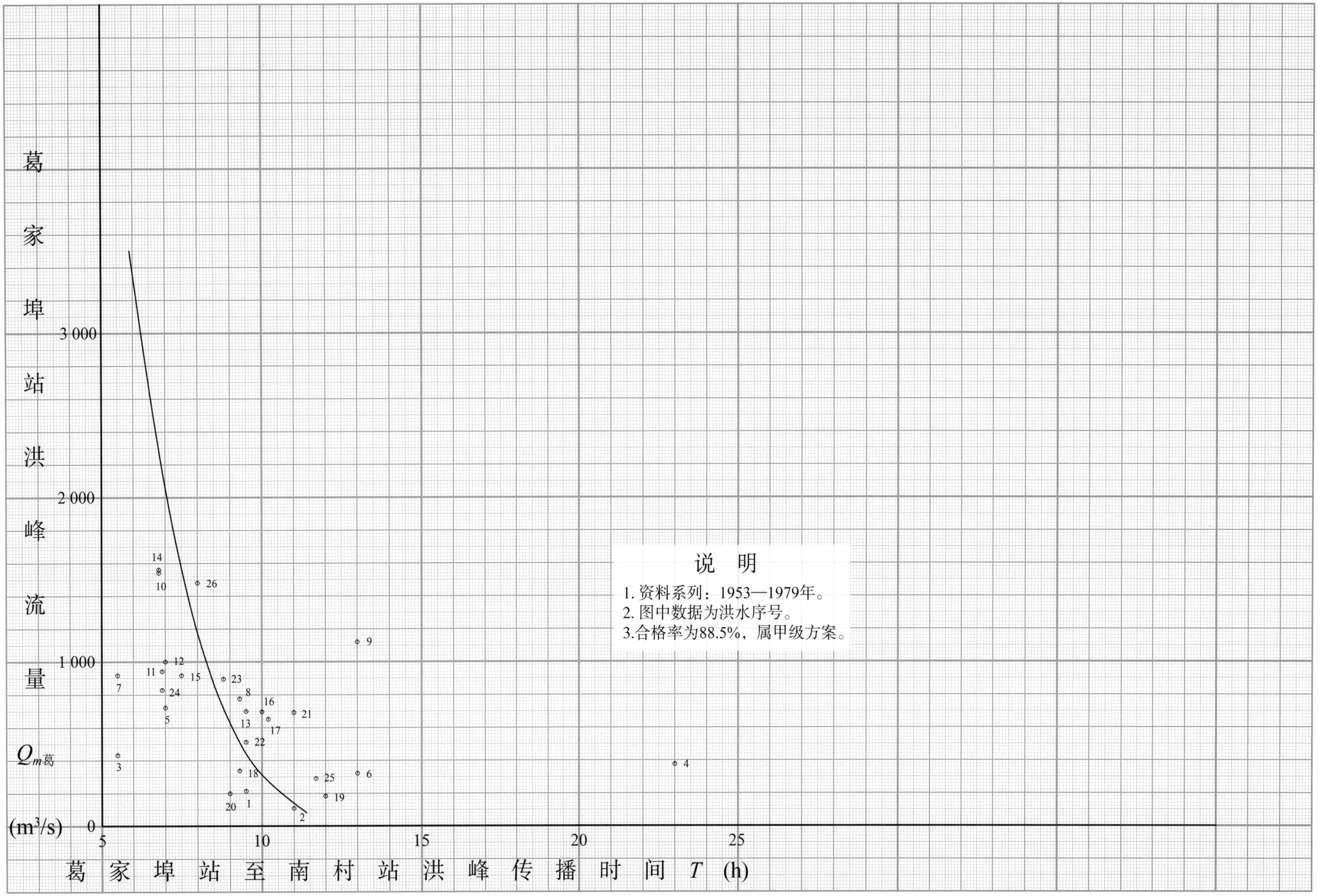

图 33-8 大沽河葛家埠站至南村站洪峰传播历时关系图

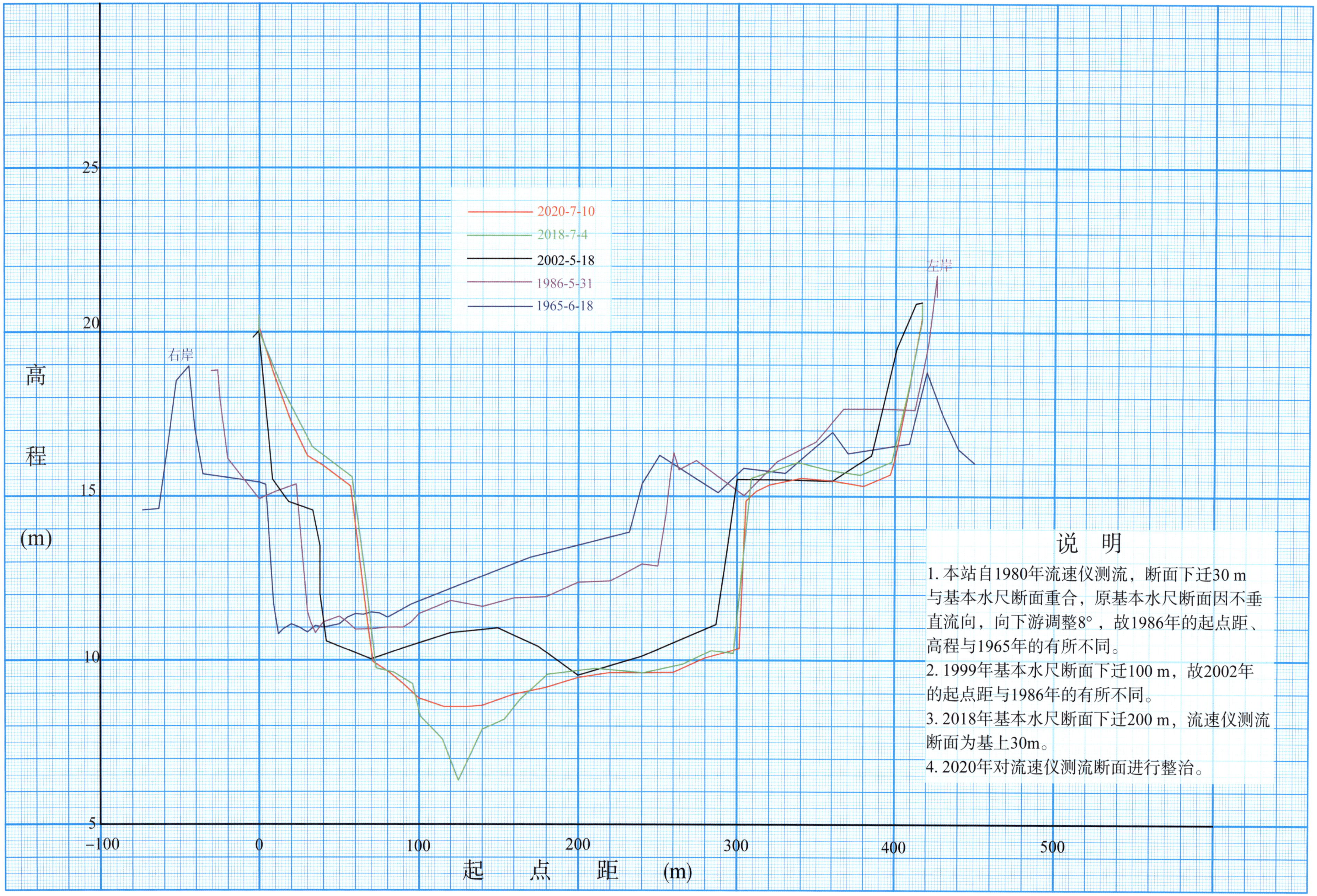

图 33–9 大沽河南村站大断面图

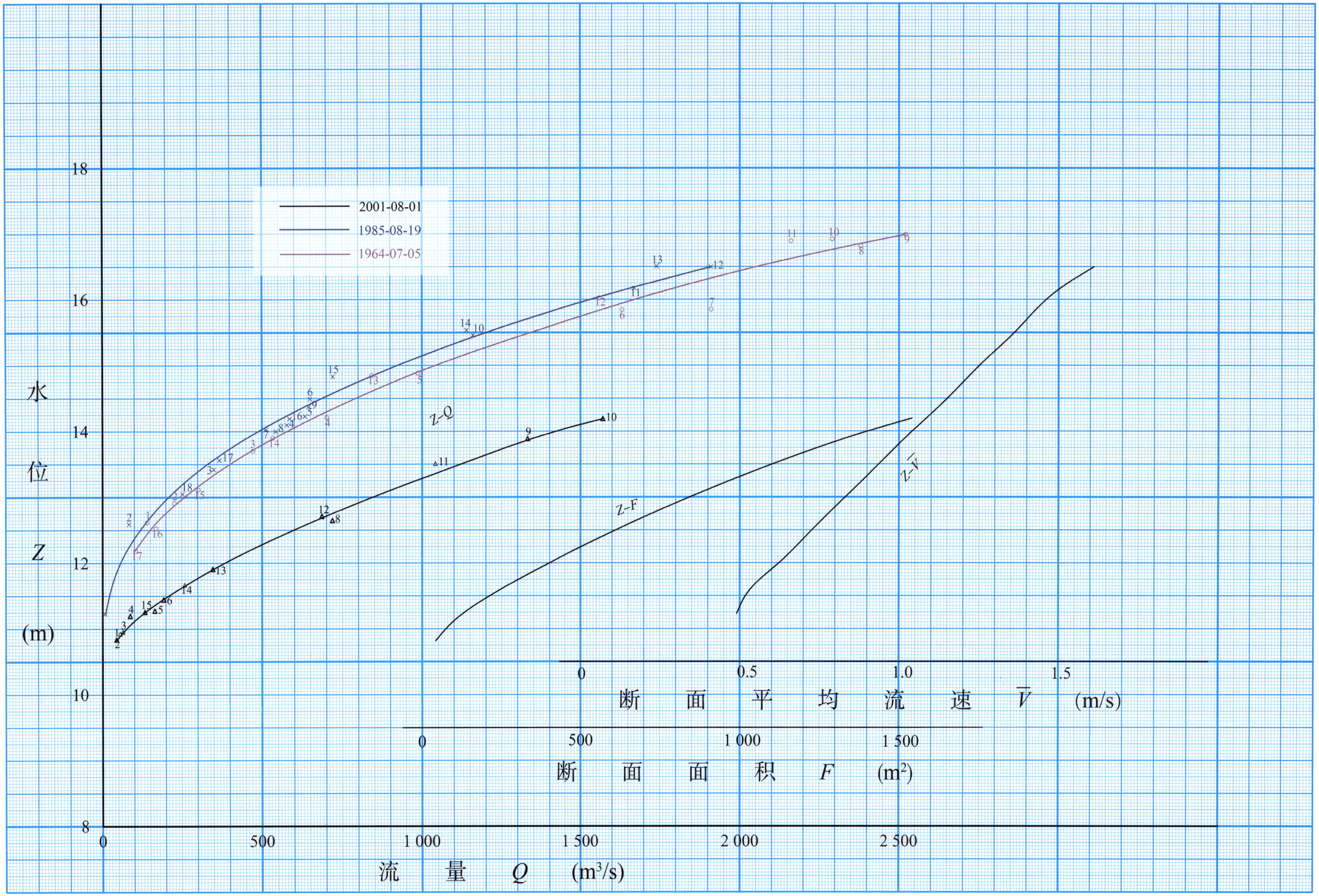

图 33–10　大沽河南村站水位与流量、面积、流速关系图

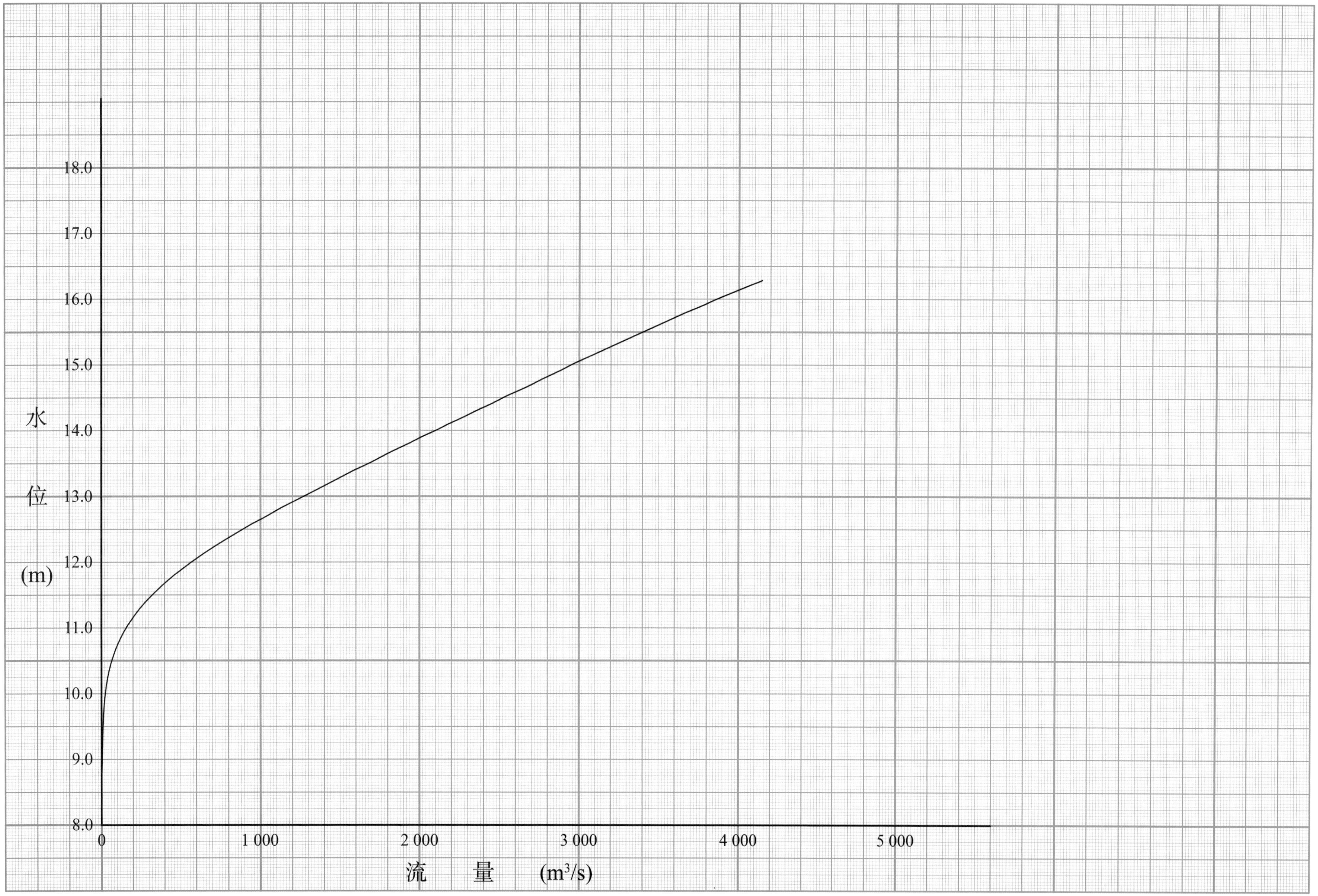

图 33–11 大沽河南村站 2020 年水位 – 流量关系图